機械工程設計

第九版

Shigley's Mechanical Engineering Design, 9e

Richard G. Budynas
Keith J. Nisbett
著

吳嘉祥 陳正光
譯

Mc Graw Hill Education

東華書局

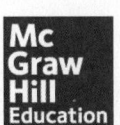

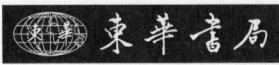

國家圖書館出版品預行編目(CIP)資料

機械工程設計 ／ Richard G. Budynas, Keith J. Nisbett 著；
吳嘉祥, 陳正光譯. – 四版. -- 臺北市：麥格羅希爾, 2015.04
　面；　公分
譯自：Shigley's mechanical engineering design, 9th ed.
ISBN　978-986-341-159-8（平裝）.

1. 機械設計

446.19　　　　　　　　　　　　　　　　　103026477

機械工程設計 第九版

繁體中文版© 2015 年，美商麥格羅希爾國際股份有限公司台灣分公司版權所有。本書所有內容，未經本公司事前書面授權，不得以任何方式（包括儲存於資料庫或任何存取系統內）作全部或局部之翻印、仿製或轉載。

Traditional Chinese Abridged Copyright ©2015 by McGraw-Hill International Enterprises, LLC., Taiwan Branch
Original title: Shigley's Mechanical Engineering Design, 9e (ISBN: 978-0-07-352928-8)
Original title copyright © 2010 by McGraw-Hill Education
All rights reserved.

作　　　者	Richard G. Budynas, Keith J. Nisbett
譯　　　者	吳嘉祥　陳正光
合作出版 暨發行所	美商麥格羅希爾國際股份有限公司台灣分公司 台北市 10044 中正區博愛路 53 號 7 樓 TEL: (02) 2383-6000　　FAX: (02) 2388-8822 http://www.mcgraw-hill.com.tw
	臺灣東華書局股份有限公司 10045 台北市重慶南路一段 147 號 3 樓 TEL: (02) 2311-4027　　FAX: (02) 2311-6615 郵撥帳號：00064813 門市一 10045 台北市重慶南路一段 77 號 1 樓 TEL: (02) 2371-9311 門市二 10045 台北市重慶南路一段 147 號 1 樓 TEL: (02) 2382-1762
總 代 理	臺灣東華書局股份有限公司
出版日期	西元 2015 年 4 月 四版一刷

ISBN：978-986-341-159-8

譯者序

　　Shigley 的機械工程設計自出版以來,一直是工程界最具影響力的機械設計課程的教科書,不僅是世界上使用最廣泛的教材,它包羅了作為機械工程師所必須具備的基本元件設計理論,而且學生於學習時,可以從書末的附錄中查詢設計時所需要的數據,如同工程師進行機械設計工作時的實際工作狀況一般。書中許多範例的解說中,融入了許多工程的實務經驗,也是專業工程師的優良參考書籍。它也引領了後續出版之教科書的選材與編排,本書的內涵簡介在作者的序言中已有詳細的陳述,此處不再贅述。

　　這也是一本大書,內容豐盛、詳盡,猜想是作者為了讓教師們有選擇的彈性,所以其內容遠遠超過實際教學時數所能涵蓋者,如今為了減輕學子的負擔,本書製作時經徵詢一些機械設計課程教學者的意見,將原書的第 2 章「材料」、第 9 章「熔接、黏合與永久接頭的設計」、第 12 章「潤滑」、第 15 章「斜齒輪與蝸齒輪系」、第 19 章「有限元素分析」與第 20 章「統計的考量」等六章刪去。想選擇這幾章作為教學內容的教師,可從教學配件中取得所需要的內容。

　　對於教學,基於譯者二十餘年在機械設計課程的教學與機械設計實務的經驗,覺得以第十四章的動力傳輸案例研習當做藍圖,將其中涉及的各章教完,然後以該章作為綜合演練,可以讓學生有統合的概念,如果尚有餘力再選擇教其它章節來教,應該是一項不錯的教學方案。

　　譯者們已經努力想將翻譯工作儘可能做到完善,但受限於於能力,謬誤、疏失之處在所難免,希望發現的讀者不吝賜教,俾便於再刷時更正造福後來者,善莫大焉。

　　本書製作過程中東華書局編輯部的同仁們幫了許多忙,尤其陳志柱先生費心尤多,謹在此致上最衷心的謝意。

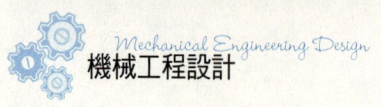

致 Joseph Edward Shigley 的獻詞

Joseph Edward Shigley (1909–1994) 無疑是機械設計教育界最知名與最有貢獻者之一，他總共獨著或合著八本書，包括機器與機構原理 (Theory of Machines and Mechanisms，與 John J. Uicker 合著) 及應用材料力學 (Applied Mechanics of Materials)，也是知名的機器設計標準手冊 (Standard Handbook of Machine Design) 的三位總編輯之一。他在 1956 年就獨自著作機器設計 (Machine Design) 一書，之後並將該書發展成機械工程設計 (Mechanical Engineering Design) 一書，成為這類書籍的模範。他是本書最前面五版的作者，共同作者有 Larry Mitchell 及 Charles Mischke。全世界有數不清的學生透過 Shigley 這本已成為經典的書而第一次接觸機械設計，實務上，過去半世紀以來，每位機械工程師都引用來自 Shigley 的名詞、方程式或程序。McGraw-Hill 出版公司很榮幸能在過去四十多年與 Shigley 教授一起工作，為了尊崇他對這本書的持久貢獻，本書書名正式反應許多人早已如此稱呼的— Shigley 的機械工程設計 (Shigley's Mechanical Engineering Design)。

Shigley 教授從普渡大學 (Purdue University) 電機與機械工程系取得學士學位，從密西根大學 (University of Michigan) 取得工程力學碩士，之後從 1936 到 1954 年他在克萊姆森學院 (Clemson College) 追求他的學術生涯，在該校升到教授並擔任過機械設計與製圖系系主任。他在 1956 年轉任密西根大學 (University of Michigan) 機械工程系，直到 1978 年退休為止，總共在該校 22 年。

Shigley 教授在 1968 年獲頒美國機械工程師學會會士 (ASME Fellow) 的殊榮，在 1974 年獲得美國機械工程師學會的機構委員會獎 (Mechanisms Committee Award)，在 1977 年獲頒 Worcester Reed Warner 勳章，以表揚他在不朽的工程文獻方面的傑出貢獻；1985 年他獲得美國機械工程師學會 (ASME) 的機器設計獎 (Machine Design Award)。

Joseph Edward Shigley 的確相當有成就，他的傳奇將會一直留傳。

關於作者

Richard G. Budynas 是羅徹斯特技術學院 (Rochester Institute of Technology) 的凱特葛里森工程學院 (Kate Gleason College of Engineering) 榮譽教授，他有超過四十年在機械工程設計的教學與實務經驗，他也是 McGraw-Hill 出版公司出版之高等強度與應用應力分析 (Advanced Strength and Applied Stress Analysis, 2nd Ed.) 一書的作者，以及McGraw-Hill出版公司出版之參考書 ── 羅阿克的應力與應變公式 (Roark's Formulas for Stress and Strain, 7th Ed.) ── 的共同作者。他從聯合學院 (Union College) 獲得機械工程學士，從羅徹斯特大學 (University of Rochester) 獲得機械工程碩士，從麻州大學 (University of Massachusetts) 獲得博士學位。他也是美國紐約州核照的專業工程師。

J. Keith Nisbett 是密蘇里科技大學 (Missouri University of Science and Technology) 機械工程系的副教授與副主任，他已有超過25年使用與以此經典教科書教學的經驗。從其穩定不斷獲得的教學獎─包括傑出教學州長獎，顯示出他一直獻身於尋找如何將觀念與學生溝通的方法。他的學士、碩士與博士學位都是從德州大學阿靈頓分校 (University of Texas at Arlington) 獲得。

序

目標

本書適用於初學機械工程設計的學生，其重點在於融合基礎概念的推展與實際元件的規範。使用本書的學生將會發現，它會導引他們同時熟悉決策的基礎與工業用元件的標準。因此之故，當學生過渡到執業工程師時，他們將會發現本書是不可或缺的一本參考書。本書的目標如下：

- 涵蓋機器設計的基本原理，包括：設計步驟、工程力學與材料、靜負荷與變動負荷下的損壞預防，以及主要類型機械元件的特性。
- 經由實際的應用及實例，提供設計課題的實用方法。
- 鼓勵讀者連結設計與分析。
- 鼓勵讀者將基礎觀念與實際元件的規範連結。

本版新增部份

本書第九版之加強與修改的部份總結如下：

- **每章末尾的新增與修訂的問題**：這些新增問題已特別注意，以便提供對基礎觀念的更多練習。對教師與學生而言，這些問題在獲取知識的過程與練習中可予以協助。基礎觀念的多種變化問題也涵蓋其中，以便可以做額外的練習與學期間之類似問題的輪流交替之用。
- **橫跨連結多章的問題**：為協助說明各章主題之間的連結關係，因此引進一系列橫跨連結多章的問題，表 1-1 提供這些問題的一覽表。鼓勵任課老師在每學期從這些連結多章的問題選定數題當做課後作業，以便繼續累積從先前作業所得的背景知識。有些問題直接建立在先前問題的結果，這些結果可以由任課老師直接提供或是由學生做先前的問題而得；其它問題則簡單地建立在先前問題的背景內容。對所有的問題，都應鼓勵學生瞭解整個過程的連接性。當學生已做完一系列的這些連結問題，表示已達到相當充實的分析，包括：撓度、應力、靜負荷損壞、動負荷損壞及各種元件的選用。因為這些分析訓練來自一次又一次指定的作業，所以不會比正規的作業令人怯步的。許多的這些連結問題非常漂亮地融合貫穿全書的動力傳遞個案研究，在第 14 章詳細描述。

- **更改的內容**：本版大部份的更改內容屬於教學法與更新兩大類，這些更改包括：改進的例題、更清楚的呈現、改進的符號及更新的參考文獻。詳細的更動內容清單可在資源網頁 (www.mhhe.com/shigley) 找到。

為讓熟悉先前版本的任課老師受益，有些更改的內容保證值得特別一提：

- 橫向剪應力更深入的描述 (2-11 節及例題 2-7)。
- 關於應變能及 Castigliano 方法的各節，都已在方程式及例題的呈現進行更改，特別是彎曲元件的撓曲 (3-7 節到 3-9 節)。
- 衝擊與衝擊負荷的內容已用一種能量方法在數學上將其簡化 (3-17 節)。
- 引進變量 σ_{rev} 表示完全相反的應力，以避免與表示變動應力對平均應力之振幅 σ_a 相混淆 (5-8 節)。
- 剪力負荷中決定凹痕敏感度的方法已經修正，使其與現有的數據更能前後一致 (5-10 節)。
- 對承受張力負荷的螺栓，定義其安全降伏因數，以別於負荷因數 (7-9 節)。
- 螺栓接頭之疲勞負荷以處理一般變動應力方式呈現，而將重複負荷當成特例處理 (7-11 節)。
- 軸承壽命的符號已在以轉數和小時表示的壽命間更清楚與一致地區別 (9-3 節)。
- 將錐狀滾子軸承的材料一般化，以強調其概念與選用過程，而較少依賴特定製造廠商的專門用語 (9-9 節)。
- **精簡清晰且流暢地呈現給學生**：在廣泛與繁瑣而容易迷惑之間有一細微的界線，琢磨與保持專注在學生需要的焦點上是一連續不斷的過程。首先，本書是一教育工具，用來將其主題初步介紹給正在培養工程專業中的學生，於是內容的呈現都注意以初學學生可能會如何理解而進行檢查，同時還認識到本書對執業工程師也是一本很有價值的參考書，因此作者們一直努力保持內容呈現的完整、正確、適當引用與簡單易懂。

未轉換成 SI 單位的理由

這本 SI 單位版中，在有些情況下仍保留美國習用單位，理由如下：

- 工業界常用的貿易產品與品牌產品採用美國習用單位，因此以這些產品為基礎的問題與例題就沒有將其單位轉換成 SI 單位。這些例題可在第 7 章中找到。
- 可變徑節只有以美國習用單位使用。在第 10 與 11 章中的某些例題及第 14 章的個案研究第 3 部份就沒有轉換成 SI 單位，因為這些題目都是建立在以徑節為基礎之上。
- 像 AGMA 公式一樣的經驗公式都是經由研究使用美國習用單位的產品而推導得

到，故使用這些公式的例題就沒有轉換成SI單位。

附件

任課老師附件 (提供給使用本 SI 單位版的老師)

- **解答手冊**：解答手冊包含大部份章末屬於非設計問題的解答。
- **簡報幻燈片**：提供本書內容中重要圖表的簡報幻燈片，以供教學使用。

下列則與使用美國版的讀者有關：

www.mhhe.com/shigley

- **學習指導-視覺化介紹主要的概念**：涵蓋的課題包括壓力容器設計、壓縮配合、接觸應力及靜負荷損壞設計。
- **機械設計用的 MATLAB®**：含有視覺效果的模擬與附隨的程式碼。模擬是連結內容中的例題與問題，以示範計算軟體可用在機械設計與分析的方法。
- **工程基本原理測驗 (*Fundamentals of Engineering exam*) 的機械設計問題**：互動式的問題與解答提供有效的自我測驗題目與極佳的工程基本原理測驗準備。
- ***C.O.S.M.O.S.***：提供一整個線上解答手動組織系統，讓上課的老師從本書章末問題設計訂製的功課、小考與測驗。

連接工程

本書第九版也具有 McGraw-Hill 連接工程 (Connect Engineering) 的特色，它有一網路之指派與評分的平台，讓上課的老師輕易地在線上指派課後作業、小考與測驗，學生們則可以照自己的步調與時間表而練習重要的技能。

誌謝

過去四十多年對本書八個版本內容有貢獻的許多評論者，作者們藉此致謝，也特別感謝下列對本書第九版提供意見者：

Amanda Brenner, *Missouri University of Science and Technology* (密蘇里科技大學)
C. Andrew Campbell, *Conestoga College* (康涅斯托加學院)
Gloria Starns, *Iowa State University* (愛荷華州立大學)
Jonathon Blotter, *Brigham Young University* (楊百翰大學)
Michael Latcha, *Oakland University* (奧克蘭大學)
Om P. Agrawal, *Southern Illinois University* (南伊利諾大學)

Pal Molian, *Iowa State University* (愛荷華州立大學)
Pierre Larochelle, *Florida Institute of Technology* (佛羅里達技術學院)
Shaoping Xiao, *University of Iowa* (愛荷華大學)
Steve Yurgartis, *Clarkson University* (克拉克遜大學)
Timothy Van Rhein, *Missouri University of Science and Technology* (密蘇里科技大學)

目次

PART 1
基礎

CHAPTER 1
機械工程設計導論　3

1-1	設計	4
1-2	機械工程設計	5
1-3	設計程序的各階段與其交互作用	5
	設計考慮因素	8
1-4	設計工具與資源	8
	計算工具	8
	獲取技術資料	9
1-5	設計工程師職場上的責任	10
1-6	標準與法規	12
1-7	經濟上的考量	13
	標準尺寸	13
	使用較大的公差	14
	損益平衡點	15
	成本估算	15
1-8	安全性與產品責任	15
1-9	應力與強度	16
1-10	不確定度	17
1-11	設計因數與安全因數	18
1-12	可靠度	19
1-13	尺度與公差	20
1-14	單位	22
1-15	計算與數字的有效位數	24
1-16	設計論題相倚性	25
1-17	動力傳輸案例研究規格	26
	設計要求	26
	設計規格	27
	問題	28

CHAPTER 2
負荷與應力分析　75

2-1	平衡與分離體圖	34
	平衡	34
	分離體圖	35
2-2	樑中的剪力與彎矩	37
2-3	奇異函數	38
2-4	應力	42
2-5	直角坐標應力分量	42
2-6	平面應力的莫爾圓	43
	莫爾圓剪應力符號規則	45
2-7	一般三維應力	49
2-8	彈性應變	50
2-9	均勻分佈應力	51
2-10	受彎樑的法向應力	52
	雙平面彎曲	55
	具非對稱剖面的樑	57
2-11	受彎樑的剪應力	57
2-12	扭轉	65
	封閉式薄壁管 ($t \ll r$)	72
	開放式薄壁剖面	73
2-13	應力集中	75
2-14	壓力圓筒中的應力	78
	薄壁容器	78
2-15	旋轉環中的應力	80
2-16	壓入與收縮配合	81
	假設	82
2-17	溫度效應	82

2-18	受彎的曲樑	83		**PART 2**		
	e 的另一種計算	86		**損壞防範**		
2-19	接觸應力	88				
	球接觸	88		**CHAPTER 4**		
	圓柱接觸	90		**靜負荷導致的損壞**		**187**
2-20	摘要	92		4-1	靜強度	190
	問題	93		4-2	應力集中	191
				4-3	損壞理論	192
CHAPTER 3				4-4	延性材料的最大剪應力理論	193
撓度與勁度		**115**		4-5	延性材料的畸變能理論	195
3-1	彈簧率	116		4-6	延性材料的 Coulomb-Mohr 理論	
3-2	拉力、壓力與扭力	117				201
3-3	彎曲導致的撓度	118		4-7	延性材料損壞摘要	204
3-4	樑之撓度求法	121		4-8	脆性材料的最大法向應力理論	
3-5	以重疊法求樑之撓度	122				208
3-6	以奇異函數求樑之撓度	125		4-9	脆性材料的修訂的 Mohr 理論	
3-7	應變能	131				209
3-8	Castigliano 定理	134		4-10	脆性材料的損壞摘要	211
3-9	曲線型元件的撓度	140		4-11	選用損壞準則	212
3-10	靜不定的問題	146		4-12	破裂力學導論	213
	程序 1	147			準靜態破裂	214
	程序 2	149			破裂模式與應力強度因數	215
3-11	受壓元件 — 通論	152			破裂韌度	217
3-12	承受中心負荷之長柱	152		4-13	隨機分析	222
3-13	承受中心負荷之中長柱	155			常態-常態情況	223
3-14	承受偏心負荷之柱	155			對數常態-對數常態之情況	224
3-15	支柱或短承壓元件	160			干涉	227
3-16	彈性穩定度	161		4-14	重要設計方程式	228
3-17	陡震與衝擊	163			最大剪應力理論	228
	問題	165			畸變能理論	229
					Coulumb-Mohr 理論	229
					修正的 Mohr (平面應力)	229
					損壞理論流程圖	229
					破裂力學	230

	隨機分析	230
	常態-常態情況	230
	對數常態-對數常態情況	230
	問題	231

CHAPTER 5
變動負荷導致的疲勞損壞　239

5-1	金屬疲勞導論	240
5-2	於分析與設計中處理疲勞損壞	246
	疲勞壽命法 (5-3 至 5-6 節)	246
	疲勞強度與持久限 (5-7 與 5-8 節)	246
	持久限修正因數 (5-9 節)	246
	應力集中與缺口敏感度 (5-10 節)	247
	波動應力 (5-11 至 5-13 節)	247
	負荷模式的合併 (5-14 節)	247
	變動、波動應力；累積疲勞損壞 (5-15 節)	247
	其餘章節	247
5-3	疲勞－壽命法	247
5-4	應力－壽命法	248
5-5	應變－壽命法	250
5-6	線性－彈性破裂力學法	253
	裂隙成長	253
5-7	持久限	256
5-8	疲勞強度	258
5-9	持久限修正因數	261
	表面修正因數 k_a	261
	尺寸因數 k_b	262
	負荷因數 k_c	264
	溫度因數 k_d	265
	可靠度因數 k_e	267
	雜項效應因數 k_f	267
5-10	應力集中與缺口敏感度	269

5-11	特徵化波動應力	275
5-12	波動應力的疲勞損壞準則	278
5-13	波動應力下的扭轉疲勞強度	293
5-14	承載模式的複合	294
5-15	變動，波動應力；累積疲勞損壞	298
5-16	表面疲勞強度	304
5-17	隨機分析	308
	持久限	308
	持久限修正因數	309
	應力集中與缺口敏感度	312
	波動應力	317
	疲勞的安全因數	321
5-18	應力－壽命法的指引與重要設計方程式	324
	完全反覆的單純負荷	324
	波動的單純負荷	326
	負荷模式的複合	326
	問題	327

PART 3
機械元件設計

CHAPTER 6
各類軸與軸的各種組件　339

6-1	引言	340
6-2	軸的材料	341
6-3	軸的佈置	342
	組件的軸向佈置	343
	支撐軸向負荷	344
	提供扭矩傳遞	344
	組裝和拆卸	346
6-4	軸的設計：依據應力	347
	關鍵位置	347

		軸應力	347
		估算應力集中	352
6-5	撓度的考量		360
6-6	軸的臨界轉速		364
6-7	雜項軸組件		370
		固定螺釘	370
		鍵和銷	371
		扣環	374
6-8	界限與配合		377
		干涉配合中的應力與扭矩容量	381
		問題	383

CHAPTER 7
螺旋、各類扣件與非永久接頭的設計　391

7-1	螺紋標準與定義	392
7-2	傳動螺旋力學	396
7-3	螺紋扣件	405
7-4	接頭 — 扣件勁度	408
7-5	接頭—組件勁度	409
7-6	螺栓強度	416
7-7	拉力接頭 — 外施負荷	420
7-8	關聯螺栓扭矩與螺栓拉力	421
7-9	靜負荷下之具預施負荷的拉力接頭	425
7-10	氣密接頭	428
7-11	拉力接頭的疲勞負荷	429
7-12	承受剪力的螺栓與鉚釘接頭	437
	具偏心負荷的剪力接頭	440
	問題	444

CHAPTER 8
機械彈簧　459

8-1	螺圈彈簧中的應力	460
8-2	曲率效應	461
8-3	螺圈彈簧的撓曲	462
8-4	承壓彈簧	463
8-5	穩定度	464
8-6	彈簧材料	465
8-7	為靜態伺服設計螺圈承壓彈簧	470
	設計策略	471
8-8	螺圈彈簧的臨界頻率	477
8-9	受疲勞負荷的螺圈承壓彈簧	479
8-10	設計承受疲勞負荷的螺圈承壓彈簧	483
8-11	承拉彈簧	486
8-12	螺圈扭轉彈簧	495
	描述端腳位置	496
	彎應力	496
	撓度與彈簧率	498
	靜態強度	499
	疲勞強度	500
8-13	貝里彈簧	503
8-14	雜類彈簧	504
8-15	摘要	506
	問題	507

CHAPTER 9
滾動接觸軸承　515

9-1	軸承型式	517
9-2	軸承壽命	519
9-3	額定可靠度下的軸承負荷壽命	520
9-4	軸承的殘存量：可靠度對壽命	522
9-5	關聯負荷、壽命與可靠度	523

9-6	結合徑向與推力負荷	526
9-7	變動負荷	531
9-8	滾珠與圓柱滾子軸承的選用	536
9-9	圓錐滾子軸承的選用	538
9-10	選用滾動接觸軸承的設計評估	547
	軸承之可靠度	548
	配合的事項	552
9-11	潤滑	552
9-12	安裝及密封	553
	預施負荷	555
	對準	556
	密封	556
	問題	557

CHAPTER 10
齒輪──通論　　565

10-1	齒輪的型式	566
10-2	術語	567
10-3	輪齒共軛作用	569
10-4	漸開線的性質	570
10-5	基本原理	571
10-6	接觸比	576
10-7	干涉	578
10-8	輪齒的成形	580
	銑製	581
	刨削	581
	滾齒	581
	精製	582
10-9	直齒斜齒輪	582
10-10	平行軸螺旋齒輪	583
10-11	蝸齒輪	587
10-12	輪齒齒制	589
10-13	齒輪系	591

10-14	作用力分析 ── 正齒輪	599
10-15	作用力分析 ── 斜齒輪	602
10-16	作用力分析 ── 螺旋齒輪	606
10-17	作用力分析 ── 蝸齒輪	609
	問題	615

CHAPTER 11
正齒輪與螺旋齒輪　　629

11-1	Lewis 彎應力方程式	630
	動態效應	634
11-2	表面耐久性	640
11-3	AGMA 應力方程式	643
11-4	AGMA 強度方程式	644
11-5	幾何因數 I 與 J (Z_I 與 Y_J)	650
	彎曲強度的幾何因數 J (Y_J)	650
	表面強度幾何因數 I (Z_I)	651
11-6	彈性係數 C_p (Z_E)	654
11-7	動態因數 K_v	654
11-8	過負荷因數 K_o	656
11-9	表面狀態因數 C_f (Z_R)	656
11-10	尺寸因數 K_s	656
11-11	負荷分佈因數 K_m (K_H)	657
11-12	硬度比因數 C_H (Z_W)	658
11-13	應力循環因數 Y_N 與 Z_N	660
11-14	可靠度因數 K_R (Y_Z)	661
11-15	溫度因數 K_T (Y_θ)	662
11-16	環厚因數 K_B	663
11-17	安全因數 S_F 與 S_H	663
11-19	分析	664
11-19	齒輪嚙合設計	676
	問題	682

CHAPTER 12
離合器, 煞車, 聯軸器, 及飛輪　687

12-1	離合器與煞車的靜態分析	689
12-2	具內擴環的離合器與煞車	694
12-3	具外縮環的離合器與煞車	702
12-4	帶式離合器與煞車	706
12-5	摩擦接觸軸向離合器	708
	均勻磨耗	709
	均勻壓力	710
12-6	碟式煞車	711
	均勻磨耗	713
	均勻壓力	714
	圓 (鈕扣或冰球) 襯墊卡盤煞車	715
12-7	圓錐離合器與煞車	716
	均勻磨耗	717
	均勻壓力	718
12-8	能量考量	718
12-9	溫升	720
12-10	摩擦材料	724
12-11	雜類離合器與煞車	726
12-12	飛輪	728
	問題	734

CHAPTER 13
撓性機械元件　743

13-1	皮帶	744
13-2	平皮帶與圓皮帶驅動	747
	平金屬帶	760
13-3	V 型皮帶	764
13-4	正時皮帶	772
13-5	滾子鏈條	773
13-6	鋼絲索	782
13-7	撓性軸	791
	問題	792

CHAPTER 14
動力傳輸案例研習　799

14-1	動力傳輸的設計順序	801
14-2	動力與扭矩的條件	802
14-3	齒輪規格	802
14-4	傳動軸的佈置	810
14-5	作用力分析	811
14-6	軸材料選用	812
14-7	依據應力設計軸	812
14-8	依據撓度設計軸	813
14-9	軸承選用	813
14-10	鍵與扣環選用	815
14-11	最後分析	816
	問題	818

附錄 A	819
附錄 B	873
附錄 C	877
索引	883

基礎

chapter 1

機械工程設計導論

本章大綱

- **1-1** 設計　4
- **1-2** 機械工程設計　5
- **1-3** 設計程序的各階段與其交互作用　5
- **1-4** 設計工具與資源　8
- **1-5** 設計工程師職場上的責任　10
- **1-6** 標準與法規　12
- **1-7** 經濟上的考量　13
- **1-8** 安全性與產品責任　15
- **1-9** 應力與強度　16
- **1-10** 不確定度　16
- **1-11** 設計因數與安全因數　18
- **1-12** 可靠度　19
- **1-13** 尺度與公差　20
- **1-14** 單位　22
- **1-15** 計算與數字的有效位數　24
- **1-16** 設計論題相倚性　24
- **1-17** 動力傳輸案例研究規格　25

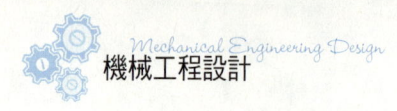

機械設計是一複雜的程序，它需要許多技能，將廣泛的關係細分成一系列的簡單工作。此程序的複雜性需要有一先後次序，其中會引用構想並重複這些構想。

首先我們將提出設計的一般性質，然後特別討論機械設計。設計是一具有許多互動階段的重複程序，目前已有許多資源可支援設計工程師，包括許多資訊及眾多的計算設計工具。設計工程師不僅需要在他們的領域發展能力，他們更要培養強烈的責任感與專業的工作倫理。

法規 (codes) 與標準 (standards)、永遠存在的經濟學 (ever-present economics)、安全性 (safety) 及考慮產品責任 (product liability) 都會在機械設計中扮演許多的角色，但是一個機械元件的留存往往是關聯到應力與強度。不確定性的問題永遠存在於工程設計中，它們很典型地常以決定性 (絕對) 或統計性型式之設計因素及安全因素被提出，後者的統計方式是處理設計的**可靠度** (reliability)，故需要良好的統計數據。

在機械設計中，其它的考慮包括：尺度、公差、單位及計算。

本書由三篇所組成。第一篇為**基礎**，藉著解釋設計與分析之間的某些差異，與引介某些基本觀念及設計的處理方法而開始。接續的二章則複習應力分析、勁度與撓度分析，這些都是本書其餘部分必須用到的原理。

第二篇為**損壞防範**，由討論機件損壞防範的兩章所組成。為何機械零件會損壞，以及如何設計以防範損壞，是個困難的問題，所以我們用了兩章的篇幅來回答它，其中一章討論防範靜負荷導致的損壞，另一章則討論防範隨時間變化之週期性負荷導致的疲勞損壞。

第三篇為**機械元件設計**，應用了第一篇與第二篇中的內容於分析、選用與設計指定的機械元件，例如：軸、扣件、熔接件、彈簧、滾動接觸軸承、油膜軸承、齒輪、皮帶、鏈條與鋼絲索。

本書末尾有三個附錄，附錄 A 包含本書中所提到的許多有用的表，而附錄 B 則列出原文第 20 章統計學相關算式，附錄 C 提供挑選的章末問題答案。

1-1 設計

設計是為了滿足指定的需求而擬訂計畫，或解決指定的問題。如果計畫的結果導致某項具有物理實物的創作，則該項產品必須是具功能的、安全的、可靠的、具有競爭力的、能用的、可製造的，並且是具有市場性的。

設計是一種創新與重複的程序，它也是一項決策程序。有時候必須在資訊極少的情況下作決策，通常是在適量的資訊，或在部分矛盾的過量資訊下作決策。有一支錶的人能知道當時的時間，有兩支錶的人則從來無法確定。決策有時只是暫時的決定，以保留知道更多資訊時可以調整的權力，其意思是工程設計者對做為決策與解決問題者的角色，必須個人感覺舒適。

設計是一項密集溝通 (communication-intensive) 的活動，其中用到文字與圖形，也使用了書寫與口頭報告的形式。工程師必須能有效地溝通，並與許多不同學科領域的人一起工作。這是很重要的技巧，一位工程人員的成功就有賴它們了。

一位設計者的個人創作資源、溝通能力與解題的技巧，會與技術知識和原理相互糾纏。結合工程工具 (例如數學、統計學、計算機、圖形與語言) 以成為一項計畫，當實現它時，產生了功能性的、安全的、可靠的、具有競爭力的、能用的、可製造的、並且是具有市場性的產品，而與誰製造它和誰使用它無關。

1-2　機械工程設計

機械工程師和能源的生產與加工、提供生產的方法、輸送的工具及自動化的技術相關。技巧與知識基礎是廣泛的，其中的這些學科基礎有固體與流體力學、質量與動量輸送、製造程序、電學與資訊學理論等。機械工程設計涉及所有機械工程的學科。

實際的問題是難以分割。簡單的軸頸軸承涉及了流體流動、熱傳導、摩擦、能量輸送、材料選擇、熱與力學的處理及統計的描述等等。一棟建物受環境的支配，其暖氣、通風與空調的考慮是相當地專業，以至於有些人談到暖氣、通風與空調的設計，就好像它們是分開的而且與機械工程設計有所區別。同樣地，內燃機引擎設計、渦輪機設計與噴射引擎設計有時候視為分離的實體。在設計這個詞之前的形容字串只是產品的描述而已，同樣地，像是機器設計 (machine design)、機器元件設計 (machine-element design)、機器組件設計 (machine-component design)、系統設計 (systems design) 與流體動力設計 (fluid-power design) 等所有的這些用詞多少都更聚焦於機械工程設計。它們都來自於相同的知識本體，具有相似的架構並需要相同的技巧。

1-3　設計程序的各階段與其交互作用

設計程序是什麼？它如何開始？是否只是工程師拿一張空白紙坐在桌前，記下一些構想？然後呢？影響或控制必須做的決定是什麼因素？最後，設計程序如何結束？

從開始到結束的整個設計程序通常如圖 1-1 所概述。程序是以確認需求並決定對此需求做一些事而開始，在經歷許多重複嘗試之後，此設計程序以為了滿足該需求而提出的計畫做終結。依設計工作性質而定，從開始到結束，在整個產品的生命可能會重複幾個設計階段。以下的幾節中，將詳細地檢視設計程序中的每個步驟。

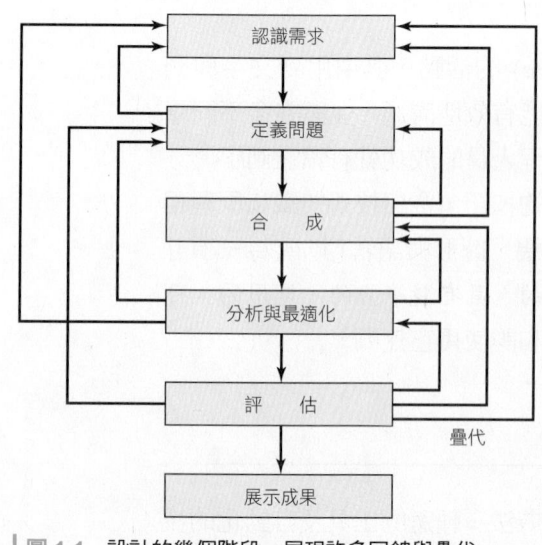

圖 1-1　設計的幾個階段，展現許多回饋與疊代。

確認需求 (Identification of need) 通常會啟動設計程序。認知需求並對需求加以描述，通常構成一項高度創造性的工作，因為需求可能只是某種不是很明確的不滿、不舒服的感覺或覺得某些事物不對勁。通常需求並不明顯，一般都是經由特殊的逆境，或幾乎同時發生的一組混亂情況，而激發了對需求的認知。例如，對食品包裝機做些改良的需求，可能肇因於噪音程度、包裝重量的變異，以及因輕微但可察覺的包裝或打包品質的差異而顯示出來。

需求的陳述與定義問題之間有明顯的差異。**定義問題** (definition of problem) 比較明確，它必須包含待設計物件的所有規格，這些規格為各種輸入量及輸出量、物件的特性與必須佔用之空間的大小，及加諸這些量的限制。待設計的物件可視為黑盒子中的某物，在此情況下必須指定盒子的輸入及輸出，及它們的特性及限制。這些規格訂定了成本、製作的數量、預期壽命、範圍、運轉溫度及可靠度。明確的特性可包括速率、供料、溫度限制、最大範圍、各變數的預期變量，及尺寸與重量的限制。

許多隱含的規格則來自設計者的特殊環境或問題本身的性質。可以採行的製作程序以及某工廠的設備，都限制了設計者的自由，所以是隱含規格的一部分。例如，小型工廠可能沒有冷作機器，瞭解這項事實後，設計者可以選擇工廠內能執行的其它金屬加工法。員工的技術水平與競爭的情況也形成隱含的拘束。任何能限制設計者選擇之自由度的事物，都是一項拘束，例如，雖然供應商的型錄中表列了許多材料及尺寸，但並不是都能輕易地取得，而短缺的情況也經常發生。此外，依存貨經濟學的要求，製造商應維持最小的材料種類與尺寸規格的庫存。第 1-17 節給了一個規格的範例，此範例是作為出現在整本書內容的一個動力傳輸個案研究。

可能之系統元件連結方案的**合成** (synthesis) 有時候稱為**構想發明** (invention of the concept) 或**構想設計** (concept design)，這是合成工作的第一個步驟。各種可能的方案都必須提出、研究及以既定的指標將其量化[1]。當從方案進行中成長時，必須執行分析，以評估系統的性能是否滿足或更好，以及，若能滿足，它的表現有多好。未能續存的方案經分析修訂、改良或放棄。具有可行性的方案則予以最適化，以確定哪一項方案可以有最佳的性能。比較具有競爭力的方案，使得導向最具

---

[1] 此論題的一本極佳參考書是由 Stuart Pugh 所著：*Total Design—Integrated Methods for Successful Product Engineering*, Addison-Wesley, 1991。在 David G. Ullman 所著一書——*The Mechanical Design Process*, 3rd ed., McGraw-Hill, 2003——的第 8 章中也提供說明 *Pugh method*。

競爭力之產品的途徑可以選出來。圖 1-1 中顯示合成和**分析與最適化** (analysis and optimization) 的親密而且重複的關聯。

我們已注意到並強調，設計是一個反覆的過程，其間要經過好幾個步驟進行、評估其結果，然後再回到程序中較前面的階段。因而，我們可合成一系統的數個元件，分析這些元件並加以最適化，然後再回到合成階段，查看對該系統其餘元件有何影響。舉例而言，設計一動力傳輸系統需要注意個別元件 (例如齒輪、軸承與轉軸) 的設計與選用，然而如同在設計經常碰到的情況，這些元件並不是獨立的。為了設計能符合應力與撓度的轉軸，就必須要知道施加的作用力，假若作用力是經由齒輪傳遞，就必須要知道齒輪的規格，以便計算傳遞到轉軸的作用力。但是庫存齒輪具有一定孔徑，我們要知道所需轉軸的直徑。很顯然地，需要粗估才能繼續進行此設計程序，再經過反覆琢磨，直到得出最後的設計，此時每一組件的規格與整體設計的所有規格都已符合。在整個內容中，我們將以一動力傳輸設計的案例研究來詳細闡述這一過程。

分析與最適化需要建構或策劃該系統的抽象模型，才能進行某種類型的數學分析，這些模型稱為數學模型。建立這些模型時，總是希望可以找到一個會逼真模擬真正物理系統的模型。如圖 1-1 指出，**評估** (evaluation) 是整個設計程序的一個重要階段。評估是一成功設計的最終檢驗，通常涉及在實驗室中的原型測試。此處，我們希望能發現該設計是否真正滿足需求？可靠嗎？它能成功地與類似的產品競爭嗎？製造或使用是否符合經濟的原則？維修與調整是否容易？能否從銷售或使用而獲利？導致產品責任訴訟的可能性如何？產品責任保險是否容易地且廉價地取得？是否可能為了更換有瑕疵的部件或系統而需要召回？該計畫設計師或設計團隊將需要解決無數的工程和非工程問題。

與其它人就該項設計的意見加以溝通是設計中最後，且極重要的**展示** (presentation) 步驟。無疑地，許多偉大的設計、發明及創始性的作品，祇因為原創者不能或不願意對其它人說明他們的成就，而消失於後代。展示是一種推銷的工作，當工程師向管理階層或其上司展示某項解決方案時，就是企圖向他們推銷或證實這是一項較佳的解快方案。除非這項工作能夠成功，否則為了得到這項解決方案所消耗的時間及努力就會付諸流水。當設計者推銷一項新的構想時，也同時在推銷他本人。如果他們一再成功地向管理階層推銷了各種新構想、新設計及新解決方案，他們也會開始得到加薪及晉陞。事實上，這也是任何人在其行業中出人頭地的方式。

設計考慮因素

有時候，系統中某元件的強度是決定該元件之幾何形狀及尺寸的重要因素。此種情況可以說**強度** (strength) 為一項重要的**設計考慮因素** (design consideration)。當使用設計考慮因素這個說法時，是在說明能影響元件，甚或是整個系統之設計的特

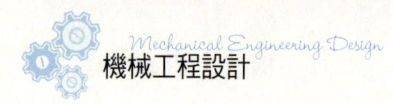

性。在指定的設計情況下，通常有不少此類的特性必須考慮或按優先順序處理。許多重要的考慮因素如下 (並非以重要程度排序)：

1	功能	14	噪音
2	強度／應力	15	風格
3	變形／撓度／勁度	16	形狀
4	磨耗	17	大小
5	腐蝕	18	控制
6	安全	19	熱性質
7	可靠度	20	表面
8	可製造度	21	潤滑
9	效用	22	市場性
10	成本	23	維修
11	摩擦	24	體積
12	重量	25	責任
13	壽命	26	再製／資源回收

這些因素中，有些直接地與尺寸、材料、製程及系統之元素的連結有關。許多特性是相互關聯的，它們會影響整個系統的構形。

1-4 設計工具與資源

現今，工程師有種類繁多的工具和資源，以協助解決設計問題。廉價的微電腦和強大的電腦套裝軟體提供效能強大的機械元件設計、分析和模擬的工具。除了這些工具外，工程師經常需要技術資料，這些資料是以基本科學／工程的性能或特定現成組件之特點的形式呈現。此處所提的資源範圍可從科學／工程教科書到製造商的說明書或目錄；同樣地，此處所提的電腦在資料蒐集上扮演著一個重要的角色。[2]

計算工具

電腦輔助設計 (computer-aided design, CAD) 軟體能將傳統二維正投影視圖轉換產生具自動尺寸標示的三維設計圖，因而製造的刀具路徑可由 3-D 模型產生，且在某些情況下，元件可以直接經由 3-D 資料庫並利用快速原型製造方法 (光固化成形法，stereolithography) 生產——一種**無紙化製造** (paperless manufacturing)。另一個 3-D 資料庫優點是，它容許快速而準確的質量性質計算，諸如質量、重心位置

---

[2] 一個極佳而且全面討論 "資料蒐集" 程序之參考文獻 George E. Dieter 所著：*Engineering Design, A Materials and Processing Approach*, 3rd ed., McGraw-Hill, New York, 2000——該書的第 4 章。

及慣性矩。其它的幾何性質如面積與兩點間之距離，也同樣容易地獲得。目前已有許多電腦輔助設計套裝軟體，略舉其中幾個如：Aries, AutoCAD, CadKey, I-Deas, Unigraphics, Solid Work 及 ProEngineer。

電腦輔助工程 (computer-aided engineering, CAE) 一詞通常用於所有跟電腦有關的工程應用，依此定義，CAD 可被視為 CAE 的一套從屬軟體。某些電腦套裝軟體執行特定的工程分析及/或模擬工作以協助設計者，但它們並不會被如同 CAD 般視為設計創作用的一種工具，這樣的軟體適合分成兩類：工程用與非工程特定用。某些機械工程應用之工程用軟體的例子——也可以整合在一個 CAD 系統內——包括分析應力與撓度、振動及熱傳之有限元素分析 (finite-element analysis, FEA) 程式 (例如：Algor、ANSYS 及 MSC/NASTRAN)，分析與模擬流體流動的計算流體動力 (computational fluid dynamics, CFD) 程式 (例如：CFD++、FIDAP 及 Fluent)，及模擬機構之動力與運動的程式 (例如：ADAMS, DADS 與 Working Model)。

非工程特定用之電腦輔助應用的例子包括文字處理軟體、電子表格軟體 (例如：Excel、Lotus 及 Quattro-Pro) 與數學求解軟體 (例如：Maple、MathCad、MATLAB[3]、Mathematica 及 TKsolver)。

關於你可用的程式，你的老師是最好的資訊來源，也可推薦那些對特定工作有用的程式給你。然而有一點要注意，電腦軟體是無法取代人類的思維過程，在此你是司機而電腦是協助你求解之旅程的車輛。假若你給予錯誤的輸入、假若你誤解程式的應用或輸出、假若該程式還含有錯誤等等，則電腦產生的數字恐怕會離事實很遠。保證結果的有效性是你的責任，所以一定要小心仔細檢查其應用和結果，因此可提交已知答案的問題進行標準檢查測試，並保持查看軟體公司與使用者團體的通訊。

獲取技術資料

我們目前身處所謂的**資訊時代** (information age)，其中資訊正以驚人的速度產生，因而在個人學習領域與工作上要跟上過去與目前的發展，是一件不容易卻是非常重要的事。註腳 2 的參考書對可用的資訊來源提供極佳的描述，強烈建議認真的設計工程師要閱讀。

以下列出一些資訊來源：

- 圖書館 (社區，大學及私人)：工程辭典與百科全書、教科書、專題著作、手冊、索引和摘要服務、期刊、翻譯、技術報告、專利及商業資源／小冊子／目錄。
- 政府資源：國防部、商務部、能源部及交通運輸部、美國航空太空總署、政府

---

[3] MATLAB 是 The MathWorks, Inc. 的註冊商標。

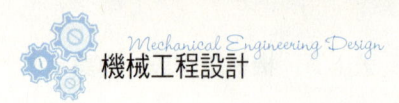

印務局、美國專利與商標局、國家技術資訊服務處及國家標準與技術院。
- **專業協會**：美國機械工程師協會、製造工程師協會、汽車工程師學會、美國材料與測試協會及美國焊接協會。
- **商業供應商**：產品目錄、技術文獻、測試數據、樣品和成本資訊。
- **網路**：電腦網絡途徑到與上面列出之多數類別相關的網站。[4]

上面的列表並不完整，敦促讀者應定期探索各種來源的資訊，並記錄所獲得的知識。

1-5 設計工程師職場上的責任

一般而言，設計工程師必須滿足顧客（管理、客戶、消費者等）的需求，而且被期待以一種稱職的、負責任的、道德的和專業的方式達成。許多工程課程的習題與實作經驗都專注於能力方面，但是工程師是從什麼時候開始培養其工程責任感和敬業精神？為了開始走向成功之路，你應該在早期的教育課程就開始培養這些特性。您需要在畢業前培養你的專業的工作倫理和技能，這樣當你開始正式的工程職業生涯時，你就會準備好迎接所有的挑戰。

溝通技巧在工程設計中起了很大的作用，這對某些學生而言也許不是那麼顯而易見，但是聰明的學生卻會不斷致力於改善這些技能，*即使它們並不是課程作業的直接要求*。工程上的成功（成就、升遷、加薪等）可能在很大程度上是取決於能力的，但如果你不能很清楚簡潔地傳達你的想法，就可能損及你的技術能力。

你可以透過經常在日記或日誌本上記錄下所有你含有日期的活動，開始培養你的溝通技巧（許多公司為了專利與責任問題，會要求它們的工程師記日誌）。每一設計計畫（或課程主題）應該使用不同的日誌本。開始一個計畫或問題，在定義的階段，就要經常地在日誌本上登錄，以便其它人及你自己之後可能會詢問，關於為什麼你所做出的某些決定。良好的依照時間順序的記錄將更容易讓你在日後解釋你的決定。

許多工程科系學生畢業後，將自己視為執業工程師，專注於設計、研發、及分析產品與製程，並且將口頭或書面的良好溝通技巧視為次要。這不是事實，大多數執業工程師花費了大量的時間與他人溝通，撰寫提案和技術報告，並且向工程與非工程的支援人員做簡報及互動。因此，你現在還來得及提高你的溝通技巧。當你被指定撰寫或做任何簡報，不管是技術或非技術性，請熱心地接受，並努力改進你的溝通技巧。這將是現在就值得花時間來學習的技能而不是在工作時才開始學。

當你在進行一設計問題時，很重要的是開發一個系統的方法。仔細注意下列的

---

[4] 列舉一些有益的網站資源，包括 www.globalspec.com、www.engnetglobal.com、www.efunda.com、www.thomasnet.com，及 www.uspto.gov。

行動步驟，將有助於你組織你的解決方案處理技術。

- **瞭解問題**：定義問題可能是在工程設計過程中最重要的一步。仔細閱讀、理解和琢磨該問題的陳述。
- **確認已知**：從琢磨推敲該問題的陳述，簡要地說明哪些資訊是已知的和相關的。
- **確認未知量，並制定解決策略**：說明什麼是必須確定的，以何種順序，以便得到問題的解答。對所探討的部件或系統畫出草圖，確認其已知參數與未知參數。設計要達到最終解決方案所需步驟的流程圖，這些步驟可能包括需要使用自由體圖，由表查得的材料特性，從關於已知參數與未知參數的原理、教科書或用手冊所得的方程式，實驗的或是數值的圖表，及如第 1-4 節所述的特定計算工具等。
- **說明所有的假設與決定**：實際的設計問題，一般不具備唯一的、理想的、封閉形式的解決方案。所有的選擇，如材料的選擇與熱處理，都需要決定。分析需要對實際部件或系統之建模的相關假設。所有的假設和決定都應確認並記錄。
- **分析問題**：以你的解決方案策略及決定和假設一起使用，執行問題的分析。參考所有方程式、表格、圖表、軟體結果等的來源。檢查你的結果的可信度，檢查大小、維度、趨勢、符號等。
- **評估你的解決方案**：評估解決方案中的每一個步驟，並注意策略、決策、假設和執行。如何以正面或負面的方式改變，將可能會改變結果。只要有可能，將正面方式的改變納入你的最終解決方案。
- **簡報你的解決方案**：此時這裡你的溝通技巧就非常重要。在這裡，你是在推銷你自己和你的技術能力。如果你不能熟練地解釋你做了什麼，那可能就有部分或全部的工作會被誤解和不被認可。因此，在簡報前請清楚瞭解你的觀眾。

如前所述，所有的設計過程是交互的和反覆的，因此，如果沒有得到滿意的結果，可能就有必要將上述的某些或全部步驟重複一次以上。

　　實際上，所有專業人員必須在他們工作的領域上跟得上最新知識。設計工程師有幾個途徑可以滿足此要求：作為一個專業協會的活躍成員，如美國機械工程師學會 (American Society of Mechanical Engineers, ASME)、美國汽車工程師學會 (the Society of Automotive Engineers, SAE) 及製造工程師學會 (the Society of Manufacturing Engineers, SME)；參加各種大小會議，以及學會、製造商、大學等等的研討會；選修特定的大學研究所課程；經常閱讀技術和專業期刊等。一個工程師的教育並沒有在畢業就結束。

　　設計工程師的職業責任包括以道德的方式處理各種活動。這裡轉載的是來自全國專業工程師學會 (the National Society of Professional Engineers, NSPE) 的工程師信

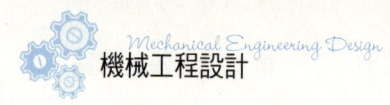

條[5]：

　　作為一名專業工程師，我奉獻我的專業知識和技能以促進人類福利的進步和改善。

　　我承諾：

　　給予最大努力的表現；

　　僅參與有誠信的企業；

　　恪遵世人的法律和專業操守的最高標準而生活和工作；

　　將服務放在利潤前面，將專業的榮譽和地位放在個人利益前面，並將公共福利高於一切其它考量。

　　在謙卑和神聖指引下，我許下這樣的承諾。

1-6　標準與法規

　　標準 (standard) 是為了達到統一性、效率及規定的品質而對各種元件、材料及製程所訂定的一套規格。標準的其中一個重要目的在於，由任意創造出的元件、材料或工序限制其可能產生的許多差異變化。

　　法規 (code) 是為了某物品的分析、設計、製造及構成而制定的一套規格。法規的目的是為了達到指定的安全程度、效率、性能或品質。安全法規並不暗示絕對安全是很重要的認知，事實上，不可能獲致絕對安全。有時會發生非預期的狀況，例如設計建築物能承受 120 mi/h 強風，並不表示設計者認為不致發生 140 mi/h 的強風，祇表示他們認為極不可能發生罷了。

　　下列各組織或學會都已建立了各種標準與安全的規範或設計的法規。組織的名稱提供了標準或法規性質的線索。部分標準與法規可在多數工技圖書館中尋得。機械工程師們會有興趣的組織有：

鋁業協會(Aluminum Association, AA)
美國軸承製造者協會 (American Bearing Manufacturers Association, ABMA)
美國齒輪製造者協會 (American Gear Manufacturers Association, AGMA)
美國鋼結構協會 (American Institute of Steel Construction, AISC)
美國鋼鐵研究院 (American Iron and Steel Institute, AISI)
美國國家標準研究院 (American National Standards Institute, ANSI)
美國暖氣、冷凍和空調工程師協會 (American Society of Heating, Refrigerating

---

[5] 摘自 the National Society of Professional Engineers, June 1954. "The Engineer's Creed."，此獲得 the National Society of Professional Engineers 允許而翻印。NSPE 也出版一套更廣泛的**工程師道德規範** (Code of Ethics for Engineers)，列出執業規則和專業義務。若想參考 2007 年 6 月的最新版 (在本書付印之時)，請前往網址：www.nspe.org/Ethics/CodeofEthics/index.html。

and Air-Conditioning Engineers, ASHRAE)
美國機械工程師學會 (American Society of Mechanical Engineers, ASME)
美國材料測試學會 (American Society of Testing and Materials, ASTM)
美國熔接學會 (American Welding Society, AWS)
國際美國金屬學會 (ASM International)
英國標準協會 (British Standards Institution, BSI)
工業扣件研究院 (Industrial Fasteners Institute, IFI)
運輸工程師協會 (Institute of Transportation Engineers, ITE)
機械工程師研究協會 (Institution of Mechanical Engineers, IMechE)
國際重量與量測局 (International Bureau of Weights and Measures, BIPM)
國際機器人聯合會 (International Federation of Robotics, IFR)
國際標準組織 (International Standards Organization, ISO)
全國電力工程師協會 (National Association of Power Engineers, NAPE)
國家標準與技術研究院 (National Institute for Standards and Technology, NIST)
汽車工程師學會 (Society of Automotive Engineers, SAE)

1-7　經濟上的考量

在設計的決策過程中，成本考慮扮演一個很重要的角色，使得花在研究成本因素的時間，很容易地就和花在研究整個設計主題的時間相等。此處所介紹的祇是少數的一般性處理方式與簡單的原則。

首先，有關成本的絕對感受沒什麼標準可言。材料與勞務的成本，通常顯示每年有增加的趨勢。但是材料的製程則由於自動化機器、工具及機器人的使用，其成本呈現逐年降低的趨勢是可以預期的。因為經常費用、工資、稅捐及運費的差異，以及製造上難以避免的稍許不同，單一產品的製造成本在不同的城市與不同的工廠間都將有所差異。

標準尺寸

使用標準規格或庫存的尺寸是降低成本的首要原則。某個工程師指定採用 53 mm 的 AISI 1020 方形熱軋鋼棒，如果 50 或 60 mm 的兩種方形鋼棒也有同樣的功能，則這項指定便增加了產品的成本。53 mm 的尺寸可由特別訂製或以 60 mm 的方形鋼熱軋或切削而得，但這些方式都將增加產品的成本。為了保證指定標準或優先尺寸，設計者必須能夠取得他們所使用之材料的庫存清單。

對選用優先尺寸多提醒幾句話是必要的。雖然型錄中通常都列有許多尺寸，但並非都能隨時取得。有些尺寸由於極少使用，而沒有庫存。緊急訂購此項產品，可能意味著成本更高昂，或製程受到拖延。因此必須查閱像表 A-17 中的一些以 in 及

mm 為單位的優先尺寸表。

許多機件像電動機、泵、軸承及扣件等係由設計者指定採購。在此情況下,你應該對已有現貨供應的指定機件特別留意。大量製造與銷售的機件,一般而言較特異尺寸的機件成本低廉。例如,滾動軸承的成本,製造商的製作量遠較軸承的尺寸有更大的影響力。

使用較大的公差

設計規格中,會對成本產生影響的各項因素中,可能以公差最重要。各種方式影響最終產品 (end product) 的生產力 (productivity),在製造程序中,緊公差可能需要額外的加工與檢驗步驟,甚至使機件的經濟地生產完全不可能實現。公差含尺寸的變化與表面粗糙度的範圍,以及因熱處理與其它製程所造成的材料機械性質的變化。

因為公差較大的機件,可使用機器以生產較高的生產率,其成本將會顯著地較小。同時,在檢驗程序中也會有較少的不良品,而且較容易組裝。圖 1-2 所示為一個成本對公差／機械加工的圖,它說明當公差以精細加工處理而減少,其製造成本卻急遽增加的情況。

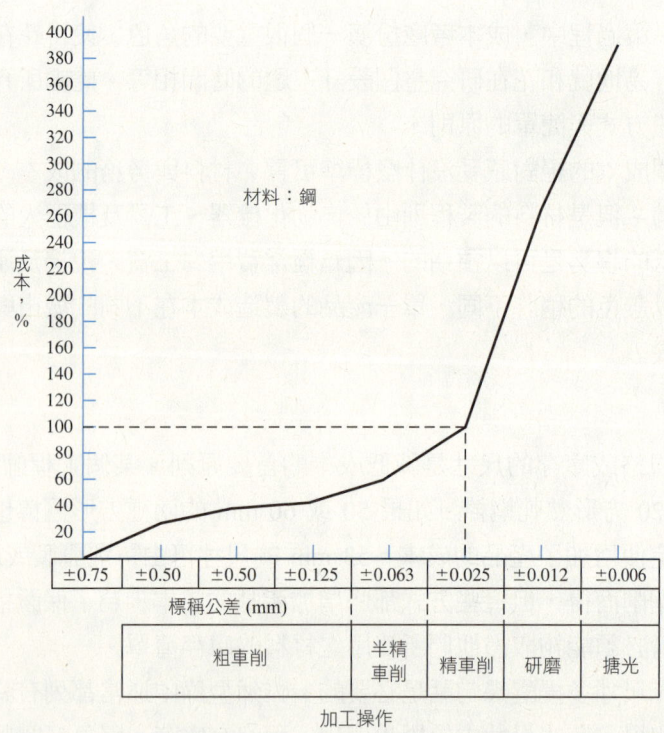

圖 1-2 成本與公差／加工程序。(摘自 David G. Ullman, The Mechanical Design Process, 3rd ed., McGraw-Hill, New York, 2003.)

損益平衡點

為了成本而比較兩種或兩種以上的設計方法時,有時其抉擇視某一組條件,例如,生產量、裝配線的速率,以及其它條件而定。於是會有一組成本相同的對應點,稱為**損益平衡點** (breakeven point)。

例如,若使用自動螺旋成型機,能以每小時生產 25 件的生產率生產某項機件,而使用手工螺旋成型機生產時,每小時可以生產 10 件。如果需要 3 小時裝配自動機器,兩種機器的勞力成本加上經常費用為每小時 $20 元。圖 1-3 為兩種方法的成本相對於產量的關係圖。其損益平衡量對應於 50 件。所以,若需要生產的量多於 50 件,則以使用自動化機械為宜。

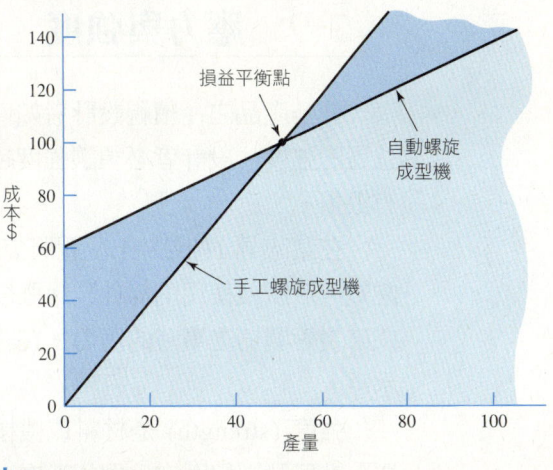

圖 1-3 損益平衡點。

成本估算

有許多方式可以得到相對成本關係圖,因此,對兩種或兩種以上的設計可以做概略的比較。有些例子可能會需要某些程度的判斷,例如,兩輛汽車可以藉每磅重量的成本做比較。零件數目的計算則是比較兩種設計的另一種方式,機件較少者成本可能較低。視應用的場合不同,有許多成本估算的方法可以採用。例如:面積、體積、馬力、扭矩、容量、速率及不同的性能比值。[6]

1-8 安全性與產品責任

在美國產品責任的**嚴格責任** (strict liability) 觀念非常普遍。這一項觀念指的是物品的製造商,對於因為產品缺陷所導致的任何毀損或傷害,應負全責。不論該製造商是否知道該項缺陷。例如,假設某項物品大約製造於十年前,並假設以當時能應用的科技而言,並不認為該項產品具有缺陷。十年後,依據嚴格的責任觀念,製造商對該項產品仍須負責。所以,依據此一觀念,原告祇需證明物品具有缺陷,而該項缺陷導致了某些毀損或傷害,即不須證明製造商的疏忽。

分析與設計、品質管制與廣泛的測試程序等良好的工藝技術是防範產品責任的最佳方式。廣告部門的經理人員在產品的保證書或銷售文件中,常常作令人印象鮮明的承諾。這些承諾應該經過工程部門仔細地審核,以過濾過分的保證,並加入適宜的警告或使用說明。

---

[6] 對估計製造成本的概述,請參考 Karl T. Ulrich and Steven D. Eppinger 所著— "*Product Design and Development*", 3rd ed. (McGraw-Hill, New York, 2004) 一書的第 11 章。

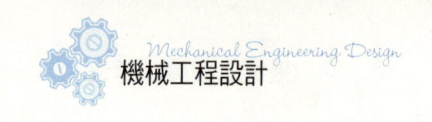

1-9　應力與強度

許多產品之存續視設計者如何調整一部件的最大應力，使之小於該部件在關鍵位置的強度。設計者必須讓強度超過應力充分的餘裕，縱使存在著不確定性，也少有毀損。

在某臨界 (控制中) 位置將焦點置於應力－強度的比較時，我們通常尋找"考慮幾何形狀及使用的條件"。強度是在發生某些像是比例限、百分之 0.2 偏位降伏或破裂等關切之事時的應力。在許多情況下，此類事件代表發生失去功能時的應力水平。

強度 (strength) 是材料或機械元件的**性質** (property)。元件的強度視材料的選擇、處理及製程而定。例如考慮一批彈簧的貨，我們可以將某一強度與特定的彈簧聯繫在一起。當此彈簧置入機械中，因受外力作用而導致彈簧中產生應力，其應力的大小將視彈簧的幾何形狀而定，而與材料及其製程無關。若彈簧在沒有損傷的情況下自機械中移下，由於外力而產生的應力將降低至零，即未安裝組合時的值。但強度仍然是該彈簧的性質之一。請記住，強度是機件的固有特性，而特性的形成乃是使用了特定的材料與製程的緣故。

不同的金屬工作法及熱處理程序，例如，鍛造、滾軋及冷作成形導致機件中點與點間的強度有了差異。前面所提到的彈簧很可能螺圈外側的強度不同於螺圈內側的強度。因為彈簧以冷作捲繞的方式製成，螺圈兩側的總變形量並不相同。所以，也應記得機件上所指明的強度可能祇可以應用在機件上的某個點，或某一群點上。

在本書終將使用大寫字母 S 以標示**強度**，與先前一樣，以適宜的標記與下標標示強度的類別。因此，S_y 為降伏強度，S_u 為極限強度，S_{sy} 為剪降伏強度，而 S_e 為疲勞強度。

依據已被接受的實用方式，法向應力與剪應力將分別以希臘字母的 σ 與 τ 表示。並且再一次以不同的標示及下標來指明一些特殊的特性，例如 σ_1 為主應力，σ_y 為 y 方向的應力分量，而 σ_r 為徑向方向的應力分量。

應力 (stress) 是一物體內某特定點的狀態屬性，它是負載、幾何形狀、溫度，以及製造加工的函數。在材料力學的基礎課程中，應力是與負荷相關，而在某些熱應力的討論則會強調幾何形狀。然而，由熱處理、成型、組裝等而產生的應力也很重要，有時則會被忽略。第 2 章裡將回顧基本負荷狀態與幾何形狀下的應力分析。

1-10　不確定度

機器設計中充滿不確定性，下面列出了關於應力與強度的不確定性：

- 材料成分的變異及其對材料性質的影響

- 在一材料棒中，其性質隨位置而有變異
- 製程對局部或鄰近部位材料性質的影響
- 鄰近組合處，類似熔接件與收縮配合，對應力狀態的效應
- 熱處理對材料性質的影響
- 負荷的強度 (intensity) 與分佈
- 用來代表實際事物之數學模型的有效性
- 應力集中的強度 (intensity)
- 時間對材料強度 (strength) 與幾何形狀的影響
- 腐蝕的效應
- 磨耗的效應
- 與任何不確定性列表長度有關的不確定性

工程師必須適應不確定性，不確定性總是伴隨著改變。材料性質、負荷變化、製作精確度與使用之數學模型的有效性，都是設計者所關切的。

　　已有數學方法用來解決不確定性，主要的技術有確定性和隨機性分析方法兩種。確定性方法是基於一個喪失功能參數 (loss-of-function parameter) 的絕對不確定值和一個最大容許參數 (maximum allowable parametr) 而建立一個設計因素，此處的參數可以是負荷、應力、撓曲等。因此，設計因數 (design factor) n_d 定義如下：

$$n_d = \frac{喪失功能參數}{最大容許參數} \tag{1-1}$$

若參數是負荷，則最大容許負荷可由 (1-2) 式得到

$$最大容許負荷 = \frac{喪失功能負荷}{n_d} \tag{1-2}$$

範例 1-1

已知一結構的最大負荷具有 ±20% 的不確定性，而已知的負荷造成的破壞在 ±15% 內。若負荷造成的破壞其標稱值為 9 kN，則會抵銷其絕對不確定性的設計因素與最大容許負荷為多少？

解答　為考慮到不確定性，喪失功能負荷必須增至 1/0.85，然而最大容許負荷必須減至 1/1.2。因此為了抵銷其絕對不確定性，由 (1-1) 式可得此設計因素為

答案
$$n_d = \frac{1/0.85}{1/1.2} = 1.4$$

　　由式 (1-2) 可得此最大容許負荷為

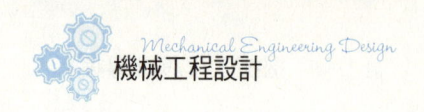

答案
$$\text{最大容許負荷} = \frac{9}{1.4} = 6.4 \text{ kN}$$

隨機性方法是基於設計參數的統計特性,並聚焦在設計函數的生存概率 (也就是聚焦在可靠度)。第 5-13 節和第 6-17 節說明如何實現這一點。

1-11 設計因數與安全因數

容許負荷—喪失功能負荷的問題,一般是以確定性設計因數法處理,有時稱為設計的經典方法,其基本方程式是 (1-1) 式,其中 n_d 稱為**設計因數** (design factor)。所有的喪失功能形式都必須分析,而以導致最小設計因數的形式為主宰。設計完成之後,實際的設計因素可能會改隨著某些改變的結果而變化,這些改變如捨入到一個標準大小的橫截面,或是使用較高等級的現成組件,而不是採用通過使用設計因數計算的組件。此一實際的設計因素就稱為**安全因數** (factor of safety),以 n 表示。安全因數的定義與設計因數相同,但在數值上有所差異。

由於應力可能不會隨著負荷而線性變化 (參閱第 2-19 節),使用負荷作為喪失功能參數可能是不可接受的。因而較普遍可以接受的表示設計因數方法是使用應力與相關的強度,故 (1-1) 式可以改寫為

$$n_d = \frac{\text{喪失功能強度}}{\text{容許應力}} = \frac{S}{\sigma(\text{或}\,\tau)} \tag{1-3}$$

(1-3) 式中的應力和強度必須是相同的類型和單位,此外,應力和強度必須是在元件相同的關鍵位置。

範例 1-2

一截面積為 d 的圓桿受到一彎矩 $M = 100 \text{ N} \cdot \text{m}$ 而產生應力 $\sigma = 16 M / (\pi d^3)$,若材料強度為 170 MPa 而設計因數採用 2.5,則此實心圓桿的最小直徑為多少?請使用表 A-17,選用一優先的分數直徑並計算此圓桿的**安全因數** (factor of safety)。

解答 由 (1-3) 式,$\sigma = S/n_d$,則

$$\sigma = \frac{16M}{\pi d^3} = \frac{S}{n_d}$$

求解 d 而得

答案
$$d = \left(\frac{16Mn_d}{S\pi}\right)^{1/3} = \left(\frac{16(100)2.5}{170(10)^6 2.5}\right)^{1/3} = 0.02111 \text{ m} = 21.11 \text{ mm}$$

查表 A-17，可得下一個更高的首選直徑大小為 22 mm，因此，推導出的上式中，當 n_d 以 n 取代，則安全因素 n 為

答案
$$n = \frac{\pi S d^3}{16M} = \frac{\pi(170)(10^6)0.022^3}{16(100)} = 3.55$$

1-12 可靠度

在現今由於法律責任的訴訟案日增，而且必須嚴守如 EPA 及 OSHA 等政府機構推出之各種規定，設計者及製造商瞭解其產品的可靠度是很重要的。設計的可靠度法 (reliability method) 為用於瞭解或決定應力的分佈或強度的分佈，然後兩者間之關係以依達成某可接受的成功率而決定的方法。

一機械元件將不會在使用中損壞之概率的統計測量值，稱為該元件的**可靠度** (reliability)。可靠度 R 可以表示成

$$R = 1 - p_f \tag{1-4}$$

其中 p_f 是**損壞概率** (probability of failure)，是由可能的實例總數中的破壞實例數量而給定。R 的值落在 $0 \leq R \leq 1$ 範圍內，可靠度 $R = 0.90$ 表示有 90% 的機會，該元件將會執行其應有的功能而不會損壞。某一類產品每生產 1000 件會出現 6 件是損壞的，可視為是可接受的損壞率，這表示它的可靠度為

$$R = 1 - \frac{6}{1000} = 0.994$$

或 99.4%。

在設計的可靠度法中，設計者的任務是對材料、製程與幾何形狀 (大小) 作明智的選擇，以達成一特定的可靠度目標。因此，若一特定的可靠度為 99.4%，如上所提，則為了達成此一目標，材料、製程與尺寸須做什麼組合？若一系統的部件損壞而此系統即損壞，則此系統稱為**連續系統** (series system)。若在由 n 個部件組成的一連續系統中，部件 i 的可靠度為 R_i，則此系統的可靠度為

$$R = \prod_{i=1}^{n} R_i \tag{1-5}$$

舉例而言，考慮一軸上的兩個軸承，其可靠度分別為 95% 和 98%。由 (1-5) 式，此軸的整體可靠度為

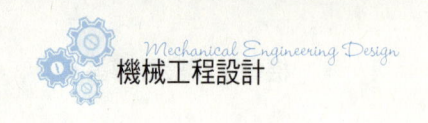

$$R = R_1 R_2 = 0.95 (0.98) = 0.93$$

或 93%。

可靠度評估的各項分析,乃是以描述狀況的各種參數 (parameters) 提出各種不確定性或評估值。隨機變數(stochastic variables),例如應力、強度、負荷或尺寸都以它們的平均值、標準差或分佈來描述。如果軸承的鋼珠依產生某一直徑分佈的製程製造,則選擇一個鋼珠時,可以說其尺寸將具有不確定性。如果希望考慮重量或滾動的慣性矩,該尺寸的不確定性可視為傳遞了有關重量或慣性的知識。由描述尺寸與密度的方式,可以有數種估算描述重量及慣性之統計參數的方法。它們有不同的稱呼,**誤差傳播** (propagation of error)、**不確定性傳播** (propagation of uncertainty),或**離差傳播** (propagation of dispersion)。當涉及損壞的機率時,這些方法是分析或合成工作的整合部分。

很重要且必須注意的是,良好的統計數據和估計是執行一個可接受的可靠性分析所不可缺的,而此需要大量的測試與有效的數據。在許多情況下,這是不實際的,所以必須採用確定性的方法。

1-13　尺度與公差

下列術語通常用於標示尺度中:

- **公稱尺寸 (Nominal size)**:是指論及一元件時所使用的尺寸,例如指明一支 40-mm 的管子或一個 12-mm 的螺栓。理論的尺寸或實際量測而得的尺寸可以是與公稱尺寸完全不同的。一個 40-mm 的管子,其外徑卻是 47.5 mm;而直徑 12-mm 的螺栓,其實際量測而得的直徑是 11.8 mm。
- **界限 (Limits)**:規定的最大和最小尺寸。
- **公差 (Tolerance)**:兩界限之間的差。
- **雙向公差 (Bilateral tolerance)**:是指基本尺寸的雙向差異,亦即基本尺寸是在兩個界限之間,例如,25 ± 0.05 mm。此公差的兩部分不需要相等。
- **單向公差 (Unilateral tolerance)**:基本尺寸取為兩界限中的一個,變異僅允許在一個方向,例如,

$$25 \,^{+0.05}_{-0.000} \text{ mm}$$

- **間隙 (Clearance)**:涉及互相配合之圓柱形元件的一個通用術語,如螺栓和孔配合。間隙僅用於內部構件比外部構件小的情況。直徑間隙 (diametral clearance) 是指量測的兩直徑的差;徑向間隙 (radial clearance) 是指量測的兩半徑的差。
- **干涉 (Interference)**:間隙的相反,是指互相配合之圓柱形元件,其內部構件比外部構件大的情況 (例如:壓入配合)。

- 裕度 (Allowance)：是指互相配合之元件的最小標示間隙或最大標示干涉。

當數個元件組裝一起，其間隙 (或干涉) 是由個別元件的尺寸與公差所決定。

範例 1-3

在螺帽鎖緊於螺肩前，一帶肩螺釘包含三部分空心正圓柱，為維持此功能，間距 w 必須等於或大於 0.08 mm。在圖 1-4 中描繪之配件的各部分，其尺寸和公差如下：

$$a = 44.50 \pm 0.08 \text{ mm} \qquad b = 19.05 \pm 0.02 \text{ mm}$$
$$c = 3.05 \pm 0.13 \text{ mm} \qquad d = 22.23 \pm 0.02 \text{ mm}$$

圖 1-4　在一長 a 的帶肩螺栓桿上三個長度分別為 a, b 及 c 之圓柱形套筒的配件，間隙 w 是此處所關注的。

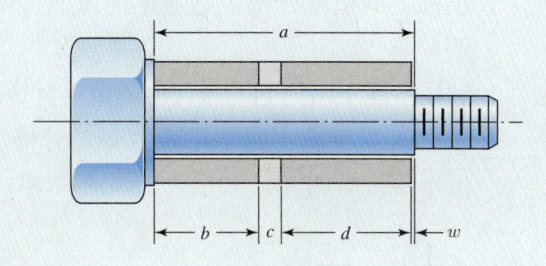

除具尺寸 d 的元件外，其餘都是由供應商提供，尺寸 d 的元件則獨力設計製造。
(a) 估算此間距 w 的平均值與公差。
(b) d 的基本值為多少才能確保 $w \geq 0.08$ mm？

解答　(a) w 的平均值為

答案
$$\bar{w} = \bar{a} - \bar{b} - \bar{c} - \bar{d} = 44.50 - 19.05 - 3.05 - 22.23 = 0.17 \text{ mm}$$

對等雙向公差而言，此間距的公差為

答案
$$t_w = \sum_{\text{all}} t = 0.08 + 0.02 + 0.13 + 0.02 = 0.25 \text{ mm}$$

則，$w = 0.17 \pm 0.25$，而且
$$w_{\max} = \bar{w} + t_w = 0.17 + 0.25 = 0.42 \text{ mm}$$
$$w_{\min} = \bar{w} - t_w = 0.17 - 0.25 = -0.08 \text{ mm}$$

因此，間隙與干涉都有可能。

(b) 若 $w_{\min}$ 設為 0.08 mm，則 $\bar{w} = w_{\min} + t_w = 0.08 + 0.25 = 0.33$ mm，因此

答案
$$\bar{d} = \bar{a} - \bar{b} - \bar{c} - \bar{w} = 44.50 - 19.05 - 3.05 - 0.33 = 22.07 \text{ mm}$$

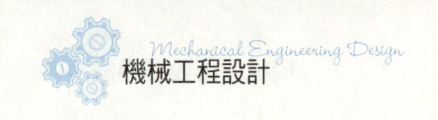

前面的例子代表一個**絕對公差系統** (absolute tolerance system)。據統計，間距尺寸接近間距界限是很少見的情況。使用**統計公差系統** (statistical tolerance system)，是以其間距落在給定範圍內的概率來決定，這個概率涉及各個維度的統計分佈。例如，如果前面的例子中的尺寸分佈是正常的，而且其公差，t，是以尺寸分佈的標準差而給予，則此間距的標準差 $\bar{w}$ 將是 $t_w = \sqrt{\sum_{\text{all}} t^2}$。然而，這種對各個尺寸假定是正常分佈，是一很少見的情況。為求得 w 的分佈和／或 w 在一定限度內之觀察值，在大多數情況下需要電腦模擬。**蒙地卡羅** (Monte Carlo) 電腦模擬是以下列的方法用來求得 w 的分佈：

1. 根據它的概率分佈，透過選擇每個尺度的值而對問題中的每個尺度產生一實例。
2. 利用步驟 1 所得到的該尺度的值，計算 w。
3. 重複 N 次步驟 1 與 2 以產生 w 的分佈。當試驗的次數增加時，其分佈的可靠度也跟著增加。

1-14 單位

牛頓第二定律，$F = ma$，的單位符號表示式為

$$F = MLT^{-2} \tag{1-6}$$

F 代表力，M 代表質量，L 為長度，而 T 為時間。這些量中選任意三個量的單位稱為**基本單位** (base units)。當選定最先的三個單位後，則第四個單位稱為**導出單位** (derived unit)。當選擇力、長度及時間為基本單位時，則質量的單位為導出單位，而所得的單位系統稱為**重力單位系統** (gravitational system of units)；當選擇質量、長度及時間為基本單位時，則力的單位為導出單位，而所得的單位系統稱為**絕對單位系統** (absolute system of units)。

在英語系國家中，美國慣用的**呎-磅-秒制** (foot-pound-second system, fps) 及**吋-磅-秒制** (inch-pound-second system, ips) 為工程師使用最多的兩種標準重力單位系統。在 fps 系統中的質量單位為

$$M = \frac{FT^2}{L} = \frac{(\text{磅-力})(\text{秒})^2}{\text{呎}} = \text{lbf} \cdot \text{s}^2/\text{ft} = \text{slug} \tag{1-7}$$

所以在 fps 重力單位系統中的三個基本單位為長度、時間及力。

在 fps 系統中，力的單位為磅，更精確地說是**磅-力** (pound-force)。我們將經常對此單位縮寫成 lbf，因為本書僅使用美國慣用系統，故容許以 lb 當作該單位的縮寫。某些工程學分支中，1000 磅以 kilopound 表示，並縮寫為 kip，相當好用。請

注意，在 (1-7) 式中，fps 系統的質量導出單位為 lbf · s²/ft，稱為 **slug**，它並沒有縮寫的表示方式。

在 ips 系統中的質量單位

$$M = \frac{FT^2}{L} = \frac{(磅\text{-}力)(秒)^2}{吋} = \text{lbf} \cdot \text{s}^2/\text{in} \tag{1-8}$$

此一質量單位 lbf · s²/in 並無官方名稱。

國際單位系統 (International System of Units, SI) 為絕對系統。它的基本單位為米 (meter)、仟克 (kilogram，使用於質量) 及秒 (second)。力的單位依牛頓第二定律導出，稱為**牛頓** (newton)。構成牛頓的單位為

$$F = \frac{ML}{T^2} = \frac{(\text{kilogram})(\text{meter})}{(\text{second})^2} = \text{kg} \cdot \text{m/s}^2 = \text{N} \tag{1-9}$$

物件的重量為重力作用於物件上的力。將重量標示為 W，重力加速度標示為 g，則

$$W = mg \tag{1-10}$$

在 fps 系統中，標準重力加速度為 $g = 32.1740 \text{ ft/s}^2$。大多數情況下，經四捨五入取值為 32.2。所以，fps 系統中 1 slug 質量的重量為

$$W = mg = (1 \text{ slug})(32.2 \text{ ft/s}^2) = 32.2 \text{ lbf}$$

而在 ips 系統中的標準重力加速度為 386.088 或約 386 in/s²。所以在此系統中，單位質量的重量為

$$W = (1 \text{ lbf} \cdot \text{s}^2/\text{in})(386 \text{ in/s}^2) = 386 \text{ lbf}$$

使用 SI 單位時，標準重力加速度為 9.806 或約 9.81 m/s²。所以，1-kg 質量的重量為

$$W = (1 \text{ kg})(9.81 \text{ m/s}^2) = 9.81 \text{ N}$$

SI 單位中已經建立好一系列用於代表倍數或分數之名稱或符號，作為 10 的指數的另一種表示方式，表 A-1 中含括了這些字首與符號。

含四位或更多位數的數字，採三位成一組，各組間以一個空格隔開的方式，取代以逗點分隔。然而，如果是四位數時，分隔的空格可以省略。小黑點則當作小數點使用。這些建議避免了歐洲某些國家以逗點為小數點，而英語系國家則以小黑點為小數點所導致的混淆。下面列舉了正確與不正確的用法：

1924 或 1 924 但非 1,924

0.1924 或 0.192 4 但非 0.192,4

192 423.618 50 但非 192,423.61850

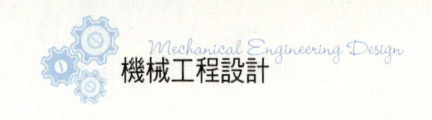

小於 1 的數，一定得有個 0 置於小數點之前。

1-15 計算與數字的有效位數

　　本節中討論的內容適用於實數，而不是整數。實數的精確度取決於描述該數字之有效位數的數量。通常，但不是總是，工程精度需要三個或四個有效位數。除另有說明外，在你的計算中應該使用至少三個有效位數以上。有效位數的數量通常是由給予之數字的有效位數數量推斷 (除了前導的數字零)，例如，706、3.14 和 0.002 19 被設定為具有三個有效位數的數字。對於尾隨的數字零，則有必要多加以澄清。例如為了要將 706 顯示成 4 個有效位數而插入一個尾隨的數字 0，可以寫成 706.0、 7.060×10^2 或 0.7060×10^3。同樣地，考慮一數字 91 600，科學記數法應該用來澄清它的準確度，若要取三個有效位數，則應表示成 91.6×10^3；若要取四個有效位數，則應表示成 91.60×10^3。

　　電腦和計算機的計算顯示了許多有效的位數。但是，對於計算結果的有效位數，你不應該取比用於計算之數字的最小有效位數的數量還多。當然，在進行計算時，你應該使用最大可能的精度。例如，計算一個實心軸直徑為 $d = 11$ mm 的圓周，圓周是由 $C = \pi d$ 計算，由於 d 只有兩個有效位數，所以 C 應當只取兩個有效位數。現在，如果 π 只取用兩個有效位數，則計算機將給 $C = 3.1\,(11) = 34.1$ mm，這是經由四捨五入取兩個有效位數而得 $C = 34$ mm。但是，若使用 $\pi = 3.141\ 592\ 654$ 在計算機中編寫程式計算，則得 $C = 3.141\ 592\ 654\,(11) = 34.557\ 519\ 190$ mm，經由四捨五入取兩個有效位數會得到 $C = 35$ mm，此結果比前述計算的結果高出 8.3 %。但是請注意，因為 d 有兩個有效位數，故此暗示 d 的範圍為 11 ± 0.12，這意味著 C 的計算只是精確到 $\pm 0.12/11 = \pm 0.0109 = \pm 1.09\%$。這樣的計算也可以是在一系列計算中的一個，而對每一計算分別四捨五入則可能導致累積更大的誤差。因此，良好的工程實務是認為，使所有的計算達到最大可能的精度，並在給定的輸入準確度範圍內表示結果。

1-16 設計論題相倚性

　　機械設計問題的特點之一是對一個給定機械系統中各元件間的相互依存關係，例如，若一個驅動軸上的正齒輪改用螺旋齒輪，將會多出作用力的軸向分量，這將涉及該驅動軸上的配置和尺寸、軸承使用的類型和尺寸。此外，即使單一的部件內，它也有必要考慮力學和損壞模式的許多不同面向，如：過度撓曲、靜態降伏、疲勞破壞、接觸應力和材料特性。然而，為了對每個主題的詳細資訊提供顯著的注意，大多數機器設計的教科書分別集中在這些議題，並在每章末尾給予只涉及到特定主題的問題。

　　為了幫助讀者看到各種設計主題之間的相互依存關係，這本教科書中的章末問題部分中，呈現許多該節的及和其它主題相關的問題。表 1-1 中的每一行顯示適用於被分析之相同機械系統之問題的題號，它是依照在特定章節的主題而呈現。例如，在第二列中，問題 2-40、4-65、4-66 是對應於旋轉接頭中的圓銷，該接頭也將在第 2 章分析其應力，然後在第 4 章分析其靜態損壞。這是相互依存的一個簡單例子，但如同在該表中可以看出，其它的系統有多達分析 10 個單獨的問題。透過練習這些連續的序列問題可能是相當有益的，因為這些涵蓋的主題可增加你對主題間各種相互依存關係的認識。

　　除了在表 1-1 中所列的問題外，第 1-17 節說明一動力傳輸的案例研究，在適當的主題呈現時，它使用本書中各種相互依存的分析，此案例研究的最終結果將呈現在第 14 章。

1-17　動力傳輸案例研究規格

　　納入設計過程中許多面向的一動力傳輸減速機的個案研究，將在本教科書中予以考慮。這裡將提出的是，所要設計之減速機產品的規定和規格，進一步詳情及

表 1-1　相關聯之章末問題的題號*

2-1	3-50	3-74										
2-40	4-65	4-66										
2-68	3-23	3-29	3-35	4-39	5-37	6-7	9-14					
2-69	3-24	3-30	3-36	4-40	5-38	6-8	9-15					
2-70	3-25	3-31	3-37	4-41	5-39	6-9	9-16					
2-71	3-26	3-32	3-38	4-42	5-40	6-10	9-17					
2-72	3-27	3-33	3-39	4-43	5-41	6-11	6-19	6-20	6-34	9-27	9-28	10-38	11-36
2-73	3-28	3-34	3-40	4-44	5-42	6-12	6-21	6-22	6-35	9-29	9-30	10-39	11-37
2-74	4-45	5-43	6-13	9-41	10-42							
2-76	4-46	5-44	6-14	9-42	10-42							
2-77	4-47	5-45	6-15	9-18	10-40	11-38						
2-79	4-48	5-46	6-16	9-19	10-41	11-39						
2-80	3-41	3-71	4-49	5-47								
2-81	4-50	5-48										
2-82	4-51	5-49										
2-83	4-52	5-50										
2-84	3-43	3-73	4-53	4-56	5-51							
2-85	4-54	5-52										
2-86	4-55	5-53										
2-87	4-56											

*每一列對應於一重複設計概念的相同機械部件。

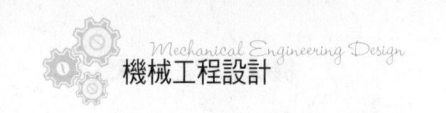

部件分析將在隨後的章節中呈現。第 14 章提供了整個過程的概述，重點在設計順序、部件設計間的互相影響，和與動力傳輸有關的其它細節，它也包含在這裡所提出之動力傳輸減速機的一個完整案例研究。

許多工業應用上，機器需要以引擎或電動馬達驅動，其電源通常在一個狹窄的旋轉速度範圍內能做最有效地運轉。當應用上需要動力以較馬達轉速為慢的速度傳輸時，就需要藉由一減速機。減速機應該以盡可能少的能量損失與同時降低速度而增加扭矩的方式，從馬達傳遞動力到應用端才比較實用。例如，假設一家公司希望提供各種容量和減速比的現成減速機，賣給各式各樣的應用目標使用。

銷售團隊已經確定需要這些減速機中的一台，以滿足下列的客戶要求。

設計要求

傳輸的功率：15 仟瓦 (kW)
輸入轉速：每秒鐘 30 轉
輸出轉速：每秒鐘 2 轉
目標針對均勻負荷的應用，例如輸送帶、送風機，和發電機
輸出軸和輸入軸共線
底座以 4 支螺栓安裝
連續運轉
每星期 5 天，每天運轉 8 小時，6 年的使用壽命
低度維護
具競爭力的成本
工業化地區的額定工作條件
典型之聯軸器輸入軸和輸出軸的標準尺寸

在現實中，公司可能會對每一動力容量設計出一整個範圍內的速度比，它可由相同的整體設計中以互換齒輪尺寸的方式得到。為簡單起見，此處的個案研究中，只考慮一個速比。

請注意，客戶要求的清單中包括一些具體的量化規畫，但也包括一些一般性的要求，例如，低度維護和具競爭力的成本。這些一般性要求提供了有關哪些要求在設計過程中需要考慮的一些引導，但都難以有把握可以達到。為了確定這些含糊不清的要求，最好是進一步將客戶的要求發展為一組可量測的產品規格。這個任務通常是透過一個包括工程、市場行銷、管理和客戶的工作團隊而達成。有各種工具可以使用（見注 1）來定出要求的優先順序，確定實現的合適指標，並對每一指標建立目標值。此一過程的目標是，獲得一種可以精確確認哪些是該產品必須滿足的產品規格。下列產品規格提供此設計任務的一個合適架構。

設計規格

傳輸的功率：15 仟瓦 (kW)

功率效率：＞95%

穩態下的輸入轉速：每秒鐘 30 轉

最大輸入轉速：每秒鐘 40 轉

穩態下的輸出轉速：每秒鐘 1.5~2 轉

通常低衝擊程度，偶爾溫和衝擊

輸入軸和輸出軸伸出齒輪箱外 100 mm (約 4 in)

輸入軸和輸出軸之直徑公差：±0.025 mm

輸入軸和輸出軸共線度：同心度 ±0.125 mm，對準度 ±0.001 rad

輸入軸最大容許負荷：軸向，220 N；橫向，440 N

輸出軸最大容許負荷：軸向，220 N；橫向，2220 N

齒輪箱最大尺寸：底座 350 mm × 350 mm，高 550 mm

底座以 4 支螺栓安裝

安裝方位只同底部底座

100% 的工作循環

保養時間表：每 2000 小時做潤滑檢查；每運轉 8000 小時更換潤滑油；齒輪和軸承壽命大於 12,000 小時；無限的轉軸壽命；齒輪、軸承和軸都可更換

無需拆卸或打開墊圈接頭即可檢查、瀝乾並補充潤滑油的開口

每組製造成本：＜$300

產量：每年 10,000 組

工作溫度範圍：－23° 到 65°C

密封以防止典型天氣下的水和灰塵

噪音：1 公尺外要小於 85 dB

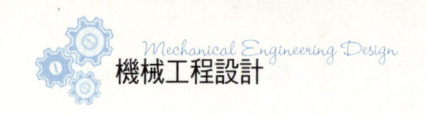

問題

1-1 從這本書的第 3 篇中選擇一個機械部件 (滾子軸承、彈簧等)，到你的大學圖書館或適當的網路網站，查詢使用*托馬斯美國製造商名錄* (www.thomasnet.com)，報告所獲得的五家製造商或供應商的資訊。

*1-2 從這本書的第 3 篇中選擇一個機械部件 (滾子軸承、彈簧等)，到網路網站，並使用蒐尋引擎，報告所獲得的五家製造商或供應商的資訊。

*1-3 選擇一個第 1-6 節所列的組織，上網瀏覽該組織，並列出該組織有哪些資訊是可用的。

1-4 請上網並連到 NSPE 網站 (www.nspe.org/ethics)，閱讀**倫理守則** (Code of Ethics) 的歷史，並簡要討論你的閱讀。

*1-5 請上網並連到 NSPE 網站 (www.nspe.org/ethics)，閱讀完整的 NSPE **工程師倫理守則** (Code of Ethics for Engineers)，並簡要討論一下你的閱讀。

1-6 請上網並連到 NSPE 網站 (www.nspe.org/ethics)，再點選**倫理資源** (Ethics Resources)，並閱讀一個或更多個給定的話題。這一些話題中的例子可以是：
(a) 教育出版品
(b) 倫理案例搜索
(c) 倫理測驗
(d) 常問的問題
(e) 米爾頓 (Milton) 午餐大賽
(f) 其它資源
(g) 你是法官
請簡要討論一下你的閱讀。

1-7 研磨一鋼的元件，若定其公差為 ± 0.0125 mm 相對於公差為 ± 0.075 mm，請估計其相對成本。

1-8 若使用方法 A 和 B 來製造一元件的費用分別由 $C_A = 10 + 0.8 P$ 和 $C_B = 60 + 0.8 P - 0.005 P^2$ 兩式估算，其中 C 的單位是美元而 P 是零件的數目。請估計盈虧平衡點。

1-9 直徑為 d 的圓柱元件受到一軸向力 P 負荷，產生一應力 P/A，其中 $A = \pi d^2/4$。如果負載已知具有 ± 10% 的不確定性，直徑已知在 ± 5% 內 (公差)，而導致損壞的應力 (強度) 已知在 ± 15% 內，請計算保證該元件不會損壞的最小設計因素。

1-10 當你知道真值 x_1 與 x_2，而手中有逼近值 X_1 與 X_2，則你可以發現有誤差發生。藉著將誤差視為加至逼近值使它與真值相等的某個值，依循誤差 e_i 與 X_i 和 x_i 的關係為 $x_i = X_i + e_i$。
(a) 試證明 $X_1 + X_2$ 之和的誤差為

$$(x_1 + x_2) - (X_1 + X_2) = e_1 + e_2$$

(b) 試證明 $X_1 - X_2$ 之差為

$$(x_1 - x_2) - (X_1 - X_2) = e_1 - e_2$$

(c) 試證明 $X_1 X_2$ 之積的誤差為

$$x_1 x_2 - X_1 X_2 = X_1 X_2 \left(\frac{e_1}{X_1} + \frac{e_2}{X_2} \right)$$

(d) 試證明 X_1/X_2 之商的誤差為

$$\frac{x_1}{x_2} - \frac{X_1}{X_2} = \frac{X_1}{X_2} \left(\frac{e_1}{X_1} - \frac{e_2}{X_2} \right)$$

1-11 試使用真值 $x_1 = \sqrt{7}$ 與 $x_2 = \sqrt{8}$
  (a) 如果對 X_1 與 X_2 使用三個正確的數字，試展示問題 1-10 中加法之誤差方程式的正確性。
  (b) X_1 與 X_2 使用三位有效數字，試展示加法之誤差方程式的正確性。

1-12 一截面積為 A 之圓桿受一軸向拉力負荷 $P = 9$ kN 而承受應力 $\sigma = P/A$。使用 168 N/mm^2 的材料強度和 3.0 的**設計因數** (design factor)，試決定桿的最小直徑。使用表A-17，選擇一個最佳分數的直徑，並決定由此產生的**安全因數** (factor of safety)。

1-13 一個機械系統包括三個串聯的子系統，其可靠度分別為 98%，96%，和 94%，則該系統整體的可靠度為何？

1-14 三個質塊 A、B 和 C 以及開槽質塊 D 具有如下的尺寸 a、b、c 和 d：

$$a = 37.5 \pm 0.025 \text{ mm} \qquad b = 50 \pm 0.075 \text{ mm}$$

$$c = 75 \pm 0.1 \text{ mm} \qquad d = 163 \pm 0.25 \text{ mm}$$

問題 1-14

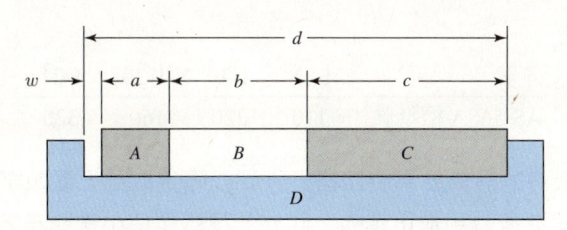

(a) 試求其平均間距 $\bar{w}$ 與其公差。
(b) 試求保證 $w \geq 0.25$ mm 之 d 的平均大小。

1-15 一長方體的體積由 $V = xyz$ 決定，若
$x = a \pm \Delta a, y = b \pm \Delta b, z = c \pm \Delta c$，試證明

$$\frac{\Delta V}{\bar{V}} = \frac{\Delta a}{\bar{a}} + \frac{\Delta b}{\bar{b}} + \frac{\Delta c}{\bar{c}}$$

試用這個結果來決定此長方體體積的雙向公差，此長方體的尺寸為

$$a = 37.5 \pm 0.05 \text{ mm} \qquad b = 47 \pm 0.075 \text{ mm} \qquad c = 75 \pm 0.1 \text{ mm}$$

1-16 如圖所示的連桿組中的一樞軸，要建立其尺寸 $a \pm t_a$。已知連桿 U 形夾的厚度為

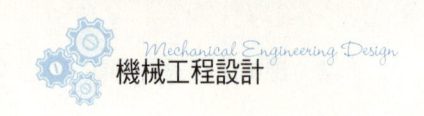

37.5 ± 0.125 mm，而設計者已論定其間距在 0.1 和 1.25 mm 之間，會令人滿意地維持連桿樞軸的功能，試決定 a 的大小及其公差。

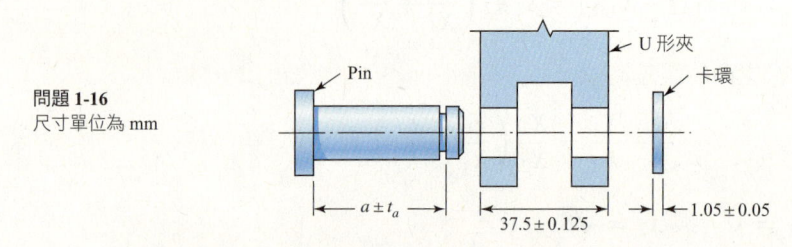

問題 1-16
尺寸單位為 mm

1-17 一圓形截面之 O 形環具有如圖所示的尺寸，特別是，一個 AS 568A 標準號 240 之 O 形環其內徑 D_i 和橫截面直徑 d 為

$$D_i = 84.4 \pm 0.7 \text{ mm} \qquad d = 3.5 \pm 0.1 \text{ mm}$$

試估計其平均外徑 $\bar{D}_o$ 與它的雙向公差。

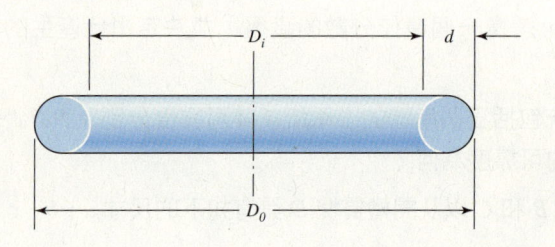

問題 1-17

1-18 至 1-21

給予下表，請對表中 AS 568A 標準號之 O 形環重作問題 1-17。請注意：此題解答需要研究。

題號	1-18	1-19	1-20	1-21
AS 568A 標準號	110	220	160	320

1-22 一般而言，最終的設計結果將四捨五入到或固定取到三個數字，因為給定的數據不能證明展示更多數字是正當的。此外，應選擇使小數點左方的數字串不超過 4 位的字首。使用這些規則，以及那些為字首的選擇，解下列關係：
(a) $\sigma = M/Z$，其中 $M = 200$ N·m 與 $Z = 15.3 \times 10^3$ mm^3。
(b) $\sigma = F/A$，其中 $F = 42$ kN 與 $A = 600$ mm^2。
(c) $y = Fl^3/3EI$，其中 $F = 1200$ N，$l = 800$ mm，$E = 207$ GPa 及 $I = 64 \times 10^3$ mm^4。
(d) $\theta = Tl/GJ$，其中 $T = 1100$ N·m，$l = 250$ mm，$G = 79.3$ GPa 及 $d = 25$ mm。

1-23 以下列各子題條件重作問題 1-22：
(a) $\sigma = F/wt$，其中 $F = 1$ kN，$w = 25$ mm 及 $t = 5$ mm。
(b) $I = bh^3/12$，其中 $b = 10$ mm 及 $h = 25$ mm。
(c) $I = \pi d^4/64$，其中 $d = 25.4$ mm。
(d) $\tau = 16 T/\pi d^3$，其中 $T = 25$ N·m 與 $d = 12.7$ mm。

1-24 以下列各子題條件重作問題 1-22：

(a) $\tau = F/A$,其中 $A = \pi d^2/4$,$F = 120$ kN 及 $d = 20$ mm。
(b) $\sigma = 32\, Fa/\pi d^3$,其中 $F = 800$ N,$a = 800$ mm 及 $d = 32$ mm。
(c) $Z = \pi(d_o^4 - d_i^4)/(32\, d_o)$,其中 $d_o = 36$ mm 與 $d_i = 26$ mm。
(d) $k = (d^4 G)/(8 D^3 N)$,其中 $d = 1.6$ mm,$G = 79.3$ GPa,$D = 19.2$ mm 及 $N = 32$ (一個無因次數目)。

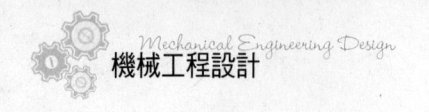

chapter

2

負荷與應力分析

本章大綱

- **2-1** 平衡與分離體圖　　34
- **2-2** 樑中的剪力與彎矩　　37
- **2-3** 奇異函數　　38
- **2-4** 應力　　42
- **2-5** 直角坐標應力分量　　42
- **2-6** 平面應力的莫耳圓　　43
- **2-7** 一般三維應力　　49
- **2-8** 彈性應變　　50
- **2-9** 均勻分佈應力　　51
- **2-10** 受彎樑的法向應力　　52
- **2-11** 受彎樑的剪應力　　57
- **2-12** 扭轉　　65
- **2-13** 應力集中　　75
- **2-14** 壓力圓筒中的應力　　78
- **2-15** 旋轉環中的應力　　80
- **2-16** 壓入與收縮配合　　81
- **2-17** 溫度效應　　82
- **2-18** 受彎的曲樑　　83
- **2-19** 接觸應力　　88
- **2-20** 摘要　　92

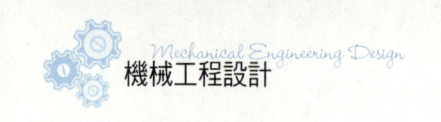

本書的一個主要目的是描述特定的機器部件如何作用，以及如何設計或規定，使它們能在結構無損壞下安全地運行。雖然前面的討論已經從負荷或應力對強度的角度來描述結構強度，但是因為結構使然，而運行失敗仍可能從其它因素而產生，例如過度變形或撓度。

這裡假定讀者已經完成剛/體靜力學和材料力學的基礎課程，而且相當熟悉負荷分析，以及簡單稜柱元件受到基本負荷狀態下相關的應力和變形。在本章和第3章，我們將回顧和簡要地延伸討論這些主題。完整的推導將不會在此呈現，請讀者返回閱讀有關這些主題的基本教材和筆記。

本章將首先複習承受負荷部件相關的平衡和分離體圖 (或稱為自由體圖)。在試圖執行一個機械部件的廣泛壓力或變形分析之前，我們必須瞭解作用力的性質。在處理結構不連續負荷的一個非常有用的工具，是採用**麥考列 (Macaulay)** 或**奇異函數** (singularity functions)。第 2-3 節說明奇異函數應用於樑的剪力和彎矩。在第 3 章中，將擴展奇異函數的使用，以顯示應用在處理複雜的幾何結構和靜不定問題的撓度上，其真正的能力。

機器部件將作用力和運動從一個點傳遞到另一個。作用力的傳遞可以設想作為一個流動或力的分佈，可以透過分離部件中的內表面而進一步觀察。力分佈在一個表面上導致所有可能的表面上某一點之應力、應力分量及應力轉換 (莫爾圓，Mohr's circle) 的概念。

本章的其餘部分是專注在稜柱元件受到基本負荷，如均勻負荷、彎曲和扭轉，而產生的相關應力，以及主要之縱橫交錯的設計課題，如應力集中、薄壁和厚壁壓力容器、旋轉環、壓入和收縮配合、熱應力、彎曲樑和接觸應力。

2-1　平衡與分離體圖

平衡

系統 (system) 這個詞將用於表示任何我們想研究的一台機器或結構的分離元件或一部分，若有需要的話，也可包括全部分。在這種定義下，一系統可以由一質點、許多質點、一剛體的一部分、整個剛體、或甚至幾個剛體而組成。

如果我們假設要研究的系統是不動或至多以等速度運動，那麼該系統具有零加速度，在此條件下該系統被認為是處於**平衡狀態** (equilibrium)。**靜平衡** (static equilibrium) 一詞也可以用來暗示該系統是處於**靜止狀態** (at rest)。對於平衡而言，力和力矩作用於系統而平衡，使得

$$\sum \mathbf{F} = 0 \tag{2-1}$$

$$\sum \mathbf{M} = 0 \tag{2-2}$$

此指出，作用在一個系統而使該系統處於平衡之所有作用力的和與所有力矩向量的和是零。

分離體圖

我們可以大大簡化非常複雜結構或機械的分析，使用**分離體圖** (free-body diagrams，或稱自由體圖) 而連續隔離每個元件並研究與分析它。當所有的組件都以這種方式處理，所獲得的知識可以匯集，以獲得關於整個系統性能的資訊。因此，畫分離體圖實質上是將複雜問題分解成數個容易處理的部分，再分析這些單純的問題，然後，在通常情況下，把這些所得資訊重新整理組合。

使用分離體圖進行受力分析，可達成以下重要的目的：

- 分離體圖建立參考軸的方向，提供記錄次系統尺寸的位置和已知力的大小與方向，並且有助於假設未知力的方向。
- 分離體圖可以簡化你的思考，因為它提供進行下一個思考時，儲存先前一個想法的位置。
- 分離體圖提供清楚明確地傳達你的想法給別人的一種方法。
- 仔細且完整建構的分離體圖，可以帶出整個問題在敘述或幾何形狀上並不總是顯而易見的許多地方，以便澄清模糊的思維，因此，該圖有助於理解這一問題的所有面向。
- 分離體圖有助於對問題邏輯推展的規劃和建立數學關係式。
- 分離體圖有助於記錄解題的進展和說明使用的方法。
- 分離體圖可以讓別人按照你的推理，顯示所有的作用力。

範例 2-1

如圖 2-1a 所示為一齒輪減速器的簡化複製示意圖，其中輸入軸和輸出軸 AB 和 CD 分別以 ω_i 和 ω_o 作等速轉動，其輸入和輸出扭矩分別為 $T_i = 28$ N·m 與 T_o。該軸在 A、B、C 和 D 處由軸承支撐於殼體中。齒輪 G_1 和 G_2 的節圓半徑分別為 $r_1 = 20$ mm 和 $r_2 = 40$ mm。試畫出每個元件的分離體圖，並決定各點的淨反力和淨力矩。

解答 首先，列出所有簡化的假設：

1. 齒輪 G_1 和 G_2 是具有標準壓力角 $\phi = 20°$ 的單式正齒輪 (參閱第 10-5 節)。
2. 該軸承是自動對準，而此軸可視為是簡單地支承。
3. 各元件的重量可以忽略不計。
4. 摩擦可以忽略不計。
5. 在 E、F、H 和 I 處的固定螺栓都具有相同尺寸。

(a) 齒輪減速機

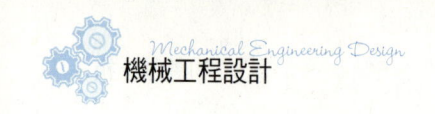

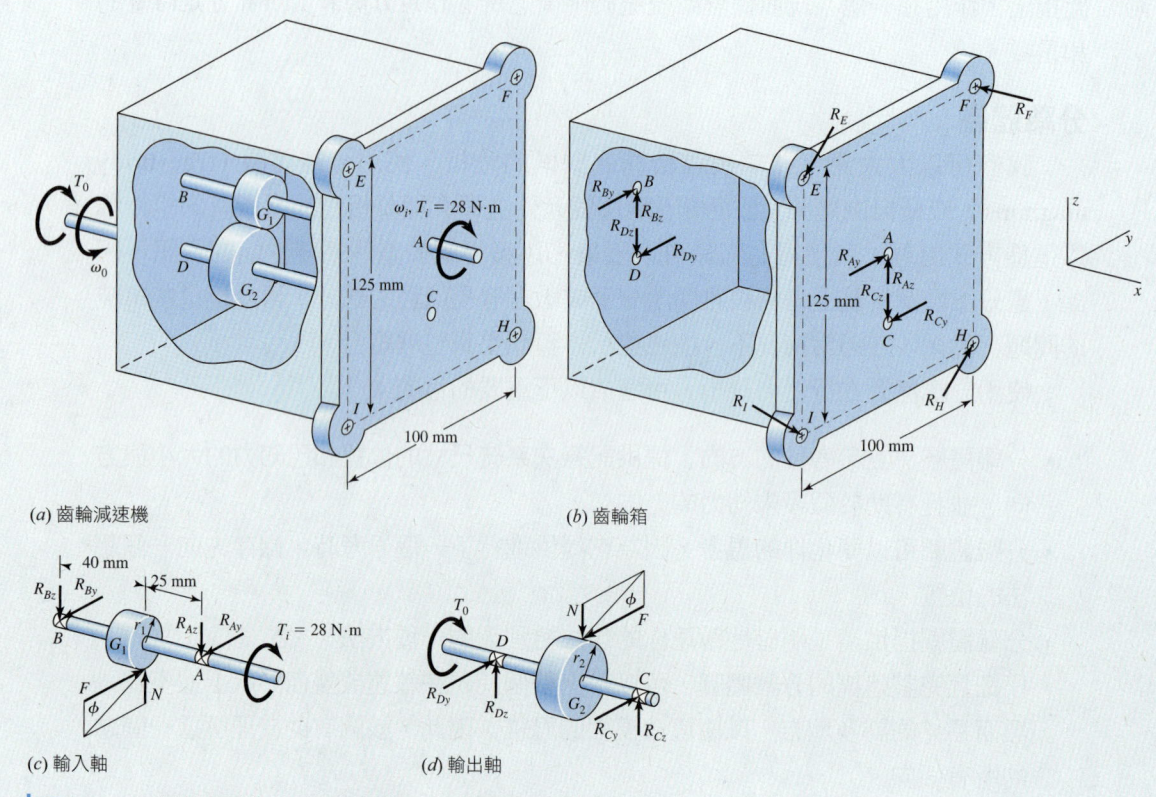

(b) 齒輪箱

(c) 輸入軸

(d) 輸出軸

圖 2-1 (a) 齒輪減速機；(b-d) 分離體圖。這些圖並非依比例尺繪製。

所有元件的分離體圖分別如圖 2-1b-d 所示。請注意，稱做作用力和反作用力定律的牛頓第三定律，被廣泛使用於每個互相配合的元件。正齒輪之間傳遞的力並非沿切線方向，而是沿壓力角 ϕ 的方向。因此，$N = F \tan \phi$。

圖 2-1d 中對轉軸 AB 之 x 軸求力矩和，可得，

$$\sum M_x = F(0.02) - 28 = 0$$

$$F = 1400 \text{ N}$$

法向力為 $N = 320 \tan 20° = 509.6$ N。

對圖 2-1c 和 d 寫出其平衡方程式，讀者應驗證：$R_{Ay} = 861.5$ N、$R_{Az} = 313.6$ N、$R_{By} = 538.5$ N、$R_{Bz} = 196$ N、$R_{Cy} = 861.5$ N、$R_{Cz} = 313.6$ N、$R_{Dy} = 538.5$ N、$R_{Dz} = 196$ N、和 $T_o = 56$ N · m。輸出扭矩 T_o 的方向是和 ω_o 的方向相反，因為它是作用在系統上且和 ω_o 的方向相反的抗力負荷。

注意，圖 2-1b 中的軸承反力的合力為零，然而對 x 軸的合力矩是 0.06 (861.5) + 0.06 (538.5) = 84 N · m，此值與 $T_i + T_o = 28 + 56 = 84$ N · m 相同，如圖 2-1a 所示。來自固定螺栓的反力 R_E、R_F、R_H 與 R_I 無法從這些平衡方程式求得。因為有太多的未知數，但只有三個方程式可用，即 $\sum F_y = \sum F_z$

$=\sum M_x = 0$，如果你想知道有關假設 5，此處我們將使用它 (參見第 7-12 節)。該齒輪箱由於承受 84 N·m 的純扭矩作用，傾向繞 x 軸轉動，故螺栓的反力必須提供一個大小相同但方向相反的扭矩。相對於螺栓的旋轉中心位於在四支螺栓截面的質心。因此，如果螺栓的截面積相等，則旋轉中心位在四支螺栓的中心，距離每支螺栓 $\sqrt{(100/2)^2 + (125/2)^2} = 80$ mm；這些螺栓的反力相等 ($R_E = R_F = R_H = R_I = R$)，而每支螺栓反力垂直於從螺栓到旋轉中心的連線。這使來自四支螺栓的淨扭矩為 $4R(0.08) = 84$，因此 $R_E = R_F = R_H = R_I = 262.5$ N。

2-2 樑中的剪力與彎矩

圖 2-2a 所示為反力 R_1 和 R_2 所支撐及由集中負荷 F_1、F_2 與 F_3 作用的樑。如果此樑在位於 $x = x_1$ 部分切斷，將左邊部分移出繪製分離體圖，則必有一**內剪力** (internal shear force) V 和**彎矩** (bending moment) M 作用在切斷面上，以確保平衡 (參見圖 2-2b)。計算在分離部分的作用力總和可得到剪力，而彎矩是切斷面左側各力對通過此斷面之軸線所取力矩的和。本書中使用於彎矩及剪力的正負號規則如圖 2-3 所示。剪力和彎矩的關係式如下式：

$$V = \frac{dM}{dx} \tag{2-3}$$

有時候彎矩是由分佈負荷 $q(x)$ 所導致，如圖 2-4 所示；$q(x)$ 稱為**負荷強度** (load

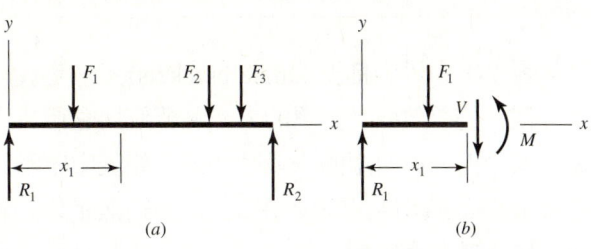

圖 2-2 V 和 M 在正方向之簡支樑的分離體圖。

圖 2-3 彎矩及剪力的正負號規則。

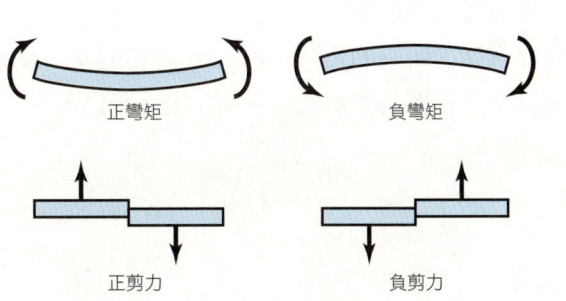

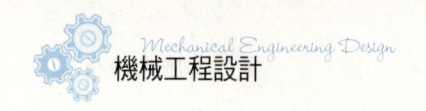

圖 2-4 樑上的分佈負荷

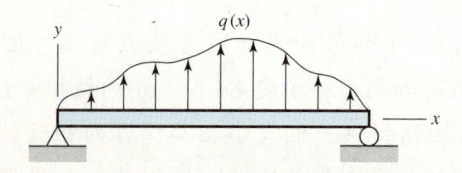

intensity)，其單位為單位長度的力，而且指向 y 的正方向時為正。

可以證明將 (2-3) 式微分可得

$$\frac{dV}{dx} = \frac{d^2M}{dx^2} = q \tag{2-4}$$

通常所施加的分佈負荷方向朝下，並以 w 表示 (見圖 2-6 的範例)。在此情況下，$w = -q$。

如果將 (2-3) 式與 (2-4) 式積分，則將揭示額外的關係。因此，若我們在 x_A 與 x_B 之間積分，可得

$$\int_{V_A}^{V_B} dV = V_B - V_A = \int_{x_A}^{x_B} q\, dx \tag{2-5}$$

此式顯示自 A 至 B 間的剪力變化量等於 x_A 與 x_B 間負荷圖的面積。

以相似的方式，可得

$$\int_{M_A}^{M_B} dM = M_B - M_A = \int_{x_A}^{x_B} V\, dx \tag{2-6}$$

此式顯示自 A 至 B 間的彎矩變化量等於 x_A 與 x_B 間剪力圖的面積。

2-3 奇異函數

表 2-1 中以**尖括號** (angle brackets) < > 定義的四個奇異函數，構成了跨越不連續性積分的有效而且簡單的方法。藉使用它們，當樑承受集中力矩或集中力時，可寫出樑中剪力與彎矩的一般數學式。如表中所示，集中力矩或集中力的函數在 x 不等於 a 時的值均為零，而在 $x = a$ 處則無定義。請注意，單階與斜坡函數只有在 x 值小於 a 時其值為零。表中展示之積分的性質也構成數學定義的一部分，若在 $q(x)$ 中已經含括了所有的負荷，則 $q(x)$ 最初的兩次積分成 $V(x)$ 與 $M(x)$ 並不需要積分常數。以下的範例將顯示如何利用這些函數。

表 2-1　奇異 (Macaulay†) 函數

Function	Graph of $f_n(x)$	Meaning
集中力矩 (單對)	$\langle x-a \rangle^{-2}$	$\langle x-a \rangle^{-2} = 0 \quad x \neq a$ $\langle x-a \rangle^{-2} = \pm\infty \quad x = a$ $\int \langle x-a \rangle^{-2} dx = \langle x-a \rangle^{-1}$
集中力 (單衝)	$\langle x-a \rangle^{-1}$	$\langle x-a \rangle^{-1} = 0 \quad x \neq a$ $\langle x-a \rangle^{-1} = +\infty \quad x = a$ $\int \langle x-a \rangle^{-1} dx = \langle x-a \rangle^{0}$
單階	$\langle x-a \rangle^{0}$	$\langle x-a \rangle^{0} = \begin{cases} 0 & x < a \\ 1 & x \geq a \end{cases}$ $\int \langle x-a \rangle^{0} dx = \langle x-a \rangle^{1}$
斜坡	$\langle x-a \rangle^{1}$	$\langle x-a \rangle^{1} = \begin{cases} 0 & x < a \\ x-a & x \geq a \end{cases}$ $\int \langle x-a \rangle^{1} dx = \dfrac{\langle x-a \rangle^{2}}{2}$

† W. H. Macaulay, "Note on the deflection of beams," *Messenger of Mathematics*, vol. 48, pp. 129-130, 1919.

範例 2-2

試導出圖 2-5a 中樑的負荷、剪力與彎矩的關係式。

解答　將負荷函數藉使用表 2-1 與 $q(x)$ 表示，可得

答案　$q = R_1 \langle x \rangle^{-1} - 800 \langle x - 0.1 \rangle^{-1} - 400 \langle x - 0.25 \rangle^{-1} + R_2 \langle x - 0.5 \rangle^{-1}$ （1）

將其連續積分可得

答案　$V = \int q\, dx = R_1 \langle x \rangle^{0} - 800 \langle x - 0.1 \rangle^{0} - 400 \langle x - 0.25 \rangle^{0} + R_2 \langle x - 0.5 \rangle^{0}$ （2）

圖 2-5　(a) 簡支樑的負荷圖
(b) 剪力圖
(c) 彎矩圖。

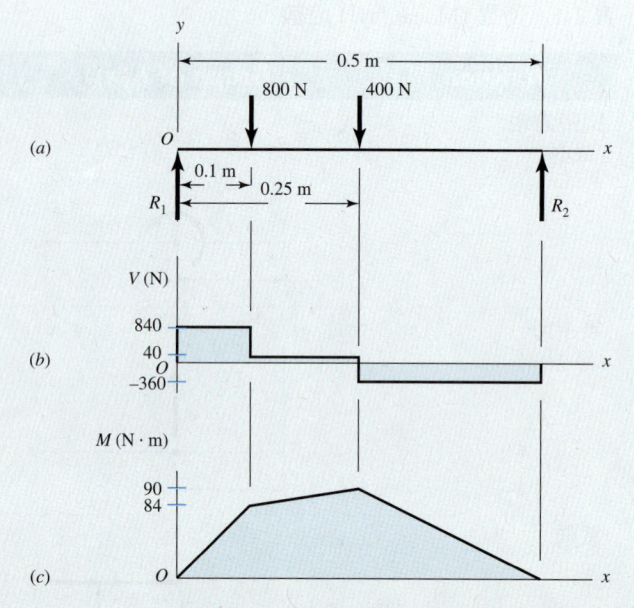

答案　$M = \int V\,dx = R_1\langle x \rangle^1 - 800\langle x - 0.1 \rangle^1 - 400\langle x - 0.25 \rangle^1 + R_2\langle x - 0.5 \rangle^1$　(3)

請注意：在 $x = 0$ 處，$V = M = 0$。

反力 R_1 與 R_2 可依一般取力與力矩之和的方式求得，或由指出除了 $0 \leq x \leq 0.5$ m 之外的區域，剪力或彎矩必須為零的方式求得。這表示由 (2) 式將可得到在 x 稍微大於 0.5 m 處的 $V = 0$。所以

$$R_1 - 800 - 400 + R_2 = 0 \tag{4}$$

因為彎矩在相同的區域也必定等於零，由 (3) 式可得

$$R_1(0.5) - 800(0.5 - 0.1) - 400(0.5 - 0.25) = 0 \tag{5}$$

由 (4) 與 (5) 是求解可得反力 $R_1 = 840$ N 與 $R_2 = 360$ N。

讀者應確認將 R_1 和 R_2 的值代入 (2) 和 (3) 式而得到圖 2-5b 和 c。

範例 2-3

圖 2-6a 所示為於 A 處懸臂之樑的負荷圖，在 75 mm $\leq x \leq$ 175 mm 的部分具有均佈負荷 3.5 kN/m，及在 $x = 250$ mm 處有逆時針方向的集中力矩 1 kN·m。試推導剪力及彎矩的關係，以及其支撐反力 M_1 與 R_1。

解答　依照範例 2-2 的步驟，我們可求得負荷強度函數為

$$q = -M_1\langle x \rangle^{-2} + R_1\langle x \rangle^{-1} - 3.5\langle x - 0.075 \rangle^0 + 3.5\langle x - 0.175 \rangle^0 - 1\langle x - 0.25 \rangle^{-2} \tag{1}$$

請注意必須有 $3.5\langle x - 0.175\rangle^0$ 這一項來結束在 C 點的均佈負荷。連續積分可得

答案

$$V = -M_1\langle x\rangle^{-1} + R_1\langle x\rangle^0 - 3.5\langle x - 0.075\rangle^1 + 3.5\langle x - 0.175\rangle^1 - 1\langle x - 0.25\rangle^{-1} \quad (2)$$

$$M = -M_1\langle x\rangle^0 + R_1\langle x\rangle^1 - 1.75\langle x - 0.075\rangle^2 + 1.75\langle x - 0.175\rangle^2 - 1\langle x - 0.25\rangle^0 \quad (3)$$

藉由讓 x 稍大於 250 mm，在此範圍內 V 與 M 都等於零而可求得反力。由 (2) 式將可求得

$$-M_1(0) + R_1(1) - 3.5(0.25 - 0.075) + 3.5(0.25 - 0.175) - 1(0) = 0$$

圖 2-6　(a) 於 A 處懸臂之樑的負荷圖
(b) 剪力圖
(c) 彎矩圖。

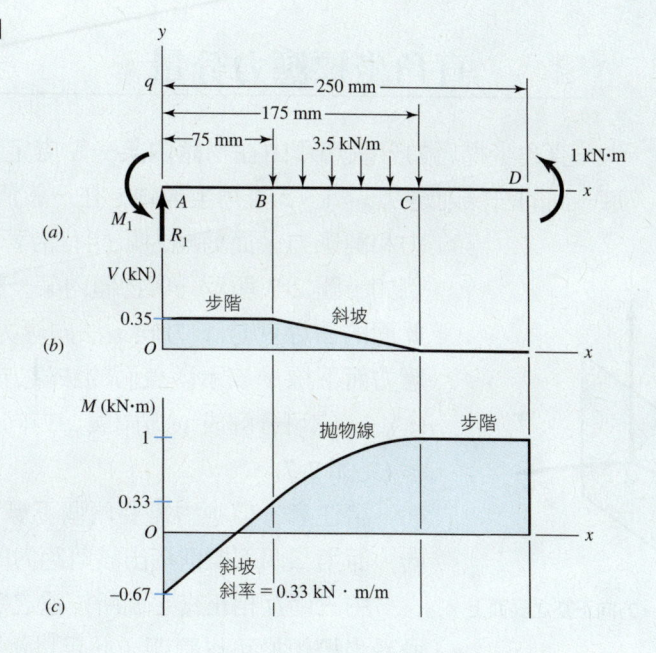

答案　由此式可得 $R_1 = 350$ N。

由 (3) 式我們可得

$$-M_1(1) + 0.35(0.25) - 1.75(0.25 - 0.075)^2 + 1.75(0.25 - 0.175)^2 - 1(0.025) = 0$$

答案　可得 $M_1 = 0.67$ kN·m。

圖 2-6b 與圖 2-6c 所示為剪力圖及彎矩圖。請注意，在 (2) 式中的衡量項 $-M_1\langle x\rangle^{-1}$ 和 $-1\langle x - 0.25\rangle^{-1}$ 就物理意義而言，並不是力，所以在剪力圖中並未顯示。也請注意，在彎矩式中 M_1 和 1 kN·m 兩者都是逆時針方向，而且是負值奇異方程式；然而，由圖 2-2 所示的正負號可知 M_1 和 1 kN·m 分別為負及正值彎矩，它反映於圖 2-6c 中。

2-4 應力

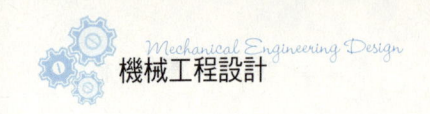

當某一內表面被分離如圖 2-2b 中所示，其作用在表面上的淨力和淨力矩表明為橫跨整個面上的力分佈。作用在表面上某一點的力分佈是獨特的，而且會在法向與切向有分量，分別稱為**法向應力** (normal stress) 與**切向剪應力** (tangential shear stress)。法向應力和剪應力分別以希臘字母 σ 及 τ 標示。若 σ 的方向是從該表面向外，即視為**拉應力** (tensile stress) 而且是正值法向應力；若 σ 是指向該表面，則為**壓應力** (compressive stress)，通常視為負值。應力的單位，在美國習用單位中為每平方英寸的磅數 (pounds per square inch, psi)，在 SI 單位中，應力為每平方公尺的牛頓數 (newtons per square meter, N/m^2)； $1\ N/m^2 = 1$ pascal (Pa)。

2-5 直角坐標應力分量

直角坐標應力分量乃藉由在物體內某一點處定義三個相互正交的面而建立，每一面的法線則建立 x、y、z 直角坐標軸。在一般情況下，每個面將有一個法向應力和剪應力，而剪應力可能有沿著兩條直角坐標軸方向的分量。例如，圖 2-7 顯示一個物體內某一點 Q 處的無窮小的隔離表面，此面的法線就是 x 方向。法向應力以 σ_x 標示，σ 符號表示法向應力而下標 x 表示該表面的法線方向。作用在此面的淨剪應力為 $(\tau_x)_{net}$，它可分解成 y 方向與 z 方向的分量，並分別以 τ_{xy} 與 τ_{xz} 標示 (見圖 2-7)。

請注意，剪應力需要兩個下標，第一個下標指出該表面的法向，而第二個下標則指出該剪應力的方向。

由三個互相正交平面所描述之點的應力狀態如圖 2-8a 所示，通過坐標轉換可以證明，此足以決定與此點相交之任何表面上的

圖 2-7 與 x 方向正交之表面上的應力分量。

圖 2-8 (a) 一般三維應力；(b) 具相等相交剪應力 (cross-shears) 的平面應力。

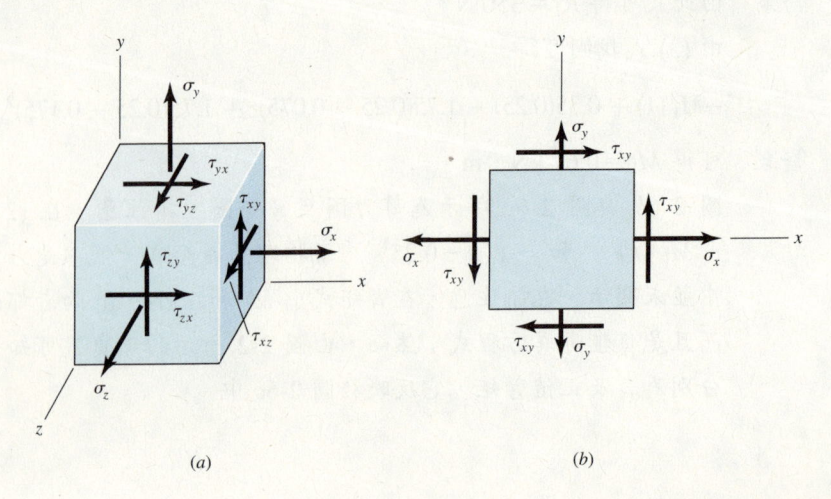

(a)

(b)

應力狀態。當圖 2-8a 所示之立方體大小趨近於零時，在各隱藏表面上的應力將與各相對之可見表面上的應力相等但方向相反，因此，在一般情況下，應力的一個完整狀態是由 9 個應力分量所定義，即 σ_x、σ_y、σ_z、τ_{xy}、τ_{xz}、τ_{yx}、τ_{yz}、τ_{zx}、τ_{zy}。

在大多數情況下，由於平衡之故，相交剪應力 (cross-shears) 相等，所以

$$\tau_{yx} = \tau_{xy} \qquad \tau_{zy} = \tau_{yz} \qquad \tau_{xz} = \tau_{zx} \tag{2-7}$$

這將一般之三維應力狀態的應力分量數目從九個減少成六個量，即 σ_x、σ_y、σ_z、τ_{xy}、τ_{yz}、τ_{zx}。

當某個表面上的應力等於零的時候，將會出現一種很普遍的應力狀態。當出現此種應力狀態時稱為**平面應力** (plane stress)。圖 2-8b 所示為一平面應力狀態，它是任意假設無應力表面的法向為 z 軸方向，使得 $\sigma_z = \tau_{zx} = \tau_{zy} = 0$。很重要值得提醒的是，圖 2-8b 中的應力元素仍然是三維的方塊。此外，這裡假定各相交剪應力是相等，使得 $\tau_{yx} = \tau_{xy}$，$\tau_{yz} = \tau_{zy} = \tau_{xz} = \tau_{zx} = 0$。

2-6　平面應力的莫爾圓

假設圖 2-8b 中的元素 $dx\,dy\,dz$ 以傾斜面切割，此傾斜面的法向 n 與 x 軸成任意 ϕ 角如圖 2-9 所示。此處將討論作用於此傾斜平面上之應力 σ 與 τ。將各由應力分量所導致的作用力相加並令其為零，可得應力 σ 與 τ 為

$$\sigma = \frac{\sigma_x + \sigma_y}{2} + \frac{\sigma_x - \sigma_y}{2} \cos 2\phi + \tau_{xy} \sin 2\phi \tag{2-8}$$

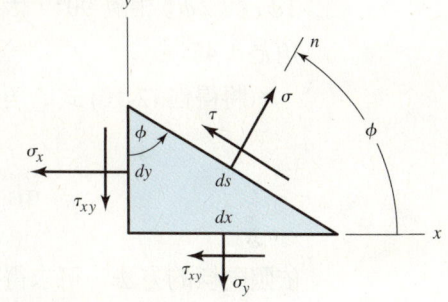

$$\tau = -\frac{\sigma_x - \sigma_y}{2} \sin 2\phi + \tau_{xy} \cos 2\phi \tag{2-9}$$

圖 2-9

(2-8) 式與 (2-9) 式稱為**平面應力轉換方程式** (plane-stress transformation equations)。

將 (2-8) 式對 ϕ 微分並令其為零，可求最大的 σ 而得到

$$\tan 2\phi_p = \frac{2\tau_{xy}}{\sigma_x - \sigma_y} \tag{2-10}$$

(2-10) 式定義了角 $2\phi_p$ 的兩個特定值，其中之一定義最大法向應力 σ_1，另一值則定義最小法向應力 σ_2。這兩個應力稱為**主應力** (principal stresses)，而它們所對應的方向為**主方向** (principal directions)。兩個主方向之間的夾角為 90°。重要而值得注意的是，(2-10) 式可以寫成下式

$$\frac{\sigma_x - \sigma_y}{2} \sin 2\phi_p - \tau_{xy} \cos 2\phi_p = 0 \tag{a}$$

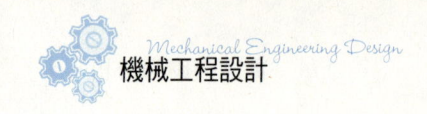

將此式與 (2-9) 式相比，可看出 $\tau = 0$，意即含主應力的各正交表面上的剪應力等於零。

依相似的方法，將 (2-9) 式微分並令其為零，可得

$$\tan 2\phi_s = -\frac{\sigma_x - \sigma_y}{2\tau_{xy}} \tag{2-11}$$

(2-11) 式定義 $2\phi_s$ 的兩個值，在這兩個方向其剪應力 τ 達到極值。含最大剪應力的兩個表面間成 90°。(2-11) 式也可以寫成

$$\frac{\sigma_x - \sigma_y}{2} \cos 2\phi_p + \tau_{xy} \sin 2\phi_p = 0 \tag{b}$$

將此式代入 (2-8) 式可得

$$\sigma = \frac{\sigma_x + \sigma_y}{2} \tag{2-12}$$

(2-12) 式透露含最大剪應力的兩個表面，也含相等的法向應力 $(\sigma_x + \sigma_y)/2$。

比較 (2-10) 式與 (2-11) 式，可看出 $\tan 2\phi_s$ 是 $\tan 2\phi_p$ 的負值倒數。這表示 $2\phi_s$ 與 $2\phi_p$ 相隔 90°，因此，含最大剪應力的各表面與含主應力的各表面之間的夾角為 ±45°。

將得自 (2-10) 式的角 $2\phi_p$ 代入 (3-8) 式，可得兩主應力的公式為

$$\sigma_1, \sigma_2 = \frac{\sigma_x + \sigma_y}{2} \pm \sqrt{\left(\frac{\sigma_x - \sigma_y}{2}\right)^2 + \tau_{xy}^2} \tag{2-13}$$

依照同樣的方法，可求得剪應力的兩個極值為

$$\tau_1, \tau_2 = \pm\sqrt{\left(\frac{\sigma_x - \sigma_y}{2}\right)^2 + \tau_{xy}^2} \tag{2-14}$$

你必須特別注意的事實是，剪應力的某一極值未必就是實際的最大值。請參閱第 2-7 節。

重要而值得一提的是，到此為止所導出的方程式對執行任何平面應力轉換已非常足夠。然而，應用這些方程式時必須十分小心，例如你嘗試求得某個問題的主應力狀態，其 $\sigma_x = 14$ MPa，$\sigma_y = -10$ MPa 及 $\tau_{xy} = -16$ MPa 時，由 (2-10) 式求得 $\phi_p = -26.57°$ 與 $63.43°$ 以定出主應力平面的方位。而由 (2-13) 式可得到主應力分別為 $\sigma_1 = 22$ MPa 與 $\sigma_2 = -18$ MPa。如果只是要主應力，那我們的工作已經完成。然而，若我們想要繪製包含方位正確相對於 x、y 軸之主應力的元素呢？那麼，我們有兩個 ϕ_p 值和兩個主應力值。我們如何知道哪個 ϕ_p 值對應到哪個主應力呢？為了澄清這點，我們必須將 ϕ_p 值代入 (2-8) 式中，以求得對應於該角度的法向應力。

一種以圖形方法表示本節所推導的關係式，稱為**莫爾圓圖** (Mohr's circle diagram)，它是顯現某一點應力狀態非常有效的一種方法，並且也是維持追蹤與平面應力相關之各分量方向的方法。可以證明 (2-8) 式與 (2-9) 式為 σ 與 τ 的參數方程式，其參數為 2ϕ。σ 與 τ 之間的關係為 σ、τ 平面中所畫的圓，該圓的圓心落在 $C = (\sigma, \tau) = [(\sigma_x + \sigma_y)/2, 0]$，而其半徑為 $R = \sqrt{[(\sigma_x - \sigma_y)/2]^2 + \tau_{xy}^2}$，此時剪應力的正負號可能會出現問題。由於轉換方程式是以逆時針方向的 ϕ 為正值，如圖 2-9 所示，若正值的 τ 繪於 σ 軸上方，則點將依在元素上相反的旋轉方向而在圓上順時針旋轉 2ϕ。若旋轉方向都相同，此時就很方便。雖然吾人可藉由將正值的 τ 繪於 σ 軸下方而很容易地解決此問題，然而傳統的莫爾圓法其剪應力卻使用不同的正負號規則。

莫爾圓剪應力符號規則

此規則沿用於繪製莫爾圓：

- 傾向於將該元素順時針 (cw) 旋轉的剪應力繪於 σ 軸上方。
- 傾向於將該元素逆時針 (ccw) 旋轉的剪應力繪於 σ 軸下方。

例如，由莫爾圓考慮圖 2-8b 中元素的右面，依照莫爾圓符號規則，則剪應力應繪於 σ 軸下方，因為它傾向於將此元素依逆時針方向旋轉。此元素頂面上的剪應力應繪於 σ 軸上方，因為它傾向於將此元素依順時針方向旋轉。

圖 2-10 中我們設定一座標系，其法向應力沿橫座標繪製，而剪應力繪成縱座標。在橫座標軸上，法向拉應力 (正值) 繪於原點 O 的右側，而法向壓應力 (負值)

圖 2-10　莫爾圓圖。

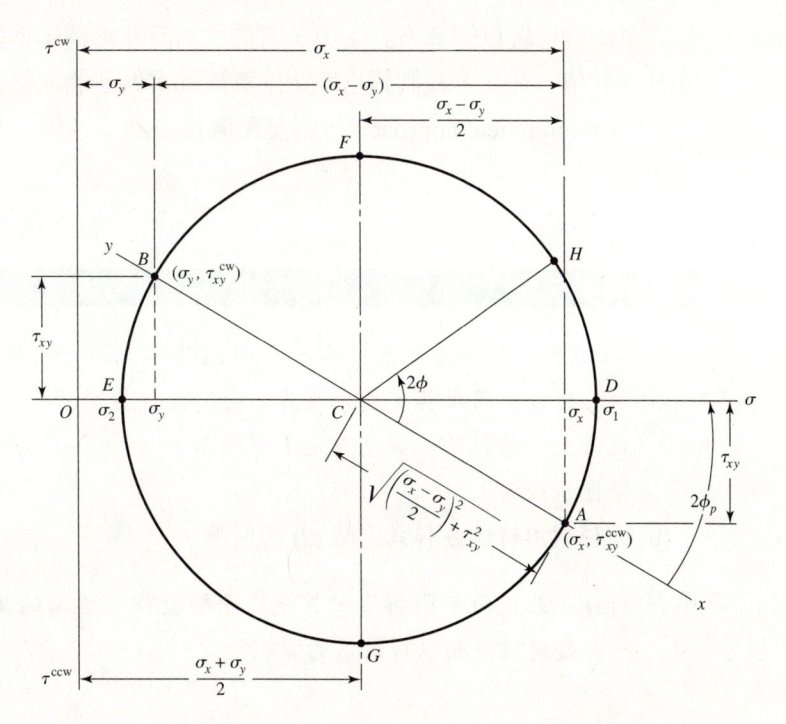

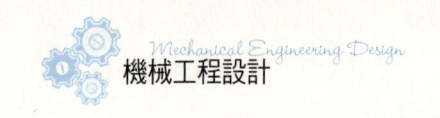

繪於原點 O 的左側；在縱座標軸上，順時針方向 (cw) 的剪應力 (正值) 向上畫，而逆時針方向 (ccw) 的剪應力 (負值) 向下畫。

利用圖 2-8b 的應力狀態，藉由先看含 σ_x 的該元素右表面，以建立 σ_x 的正負號及剪應力的順時針與逆時針方向，而畫出如圖 2-10 的莫爾圓。此元素右表面稱為 **x 表面** (x face)，其 $\phi = 0°$。若 σ_x 為正值而剪應力 τ_{xy} 為逆時針方向，如圖 2-8b 中所示，我們可以在圖 2-10 中以座標 (σ_x, τ^{ccw}) 建立 A 點。其次，觀察頂面的 **y 表面** (y face)，其 $\phi = 90°$ 且含 σ_y，並重複先前的程序，以座標 (σ_y, τ^{ccw}) 得到圖 2-10 中的 B 點。這兩個應力狀態在該元素上彼此相差 $\Delta\phi = 90°$，所以它們在莫爾圓上相差 $2\Delta\phi = 180°$。A 點及 B 點與 σ 軸有相同的垂直距離，因此，AB 必然在該莫爾圓的直徑上，而圓心 C 是在 AB 與 σ 軸的交點處。以圓周上的 A 點、B 點及圓心 C，即可畫出完整的圓。請注意，AB 線的延伸端標示 x 與 y，乃用於 A 點及 B 點所代表之應力存在之表面的垂直方向的參考。

整個莫爾圓代表結構中某單一點的應力狀態，而在圓上的每一點代表結構中與該點相交之某一指定表面的應力狀態。在莫爾圓上相隔 180° 的每一對點，代表某元素上相隔 90° 之兩表面上的應力狀態。一旦繪成莫爾圓，即可看出與被分析點相交之不同表面的應力狀態，例如主應力 σ_1 與 σ_2 分別為 D 點與 E 點，而它們的值明顯地與 (2-13) 式求得的值一致，同時也可看出含 σ_1 與 σ_2 的兩表面上的剪應力為零。兩剪應力的極值，一個為順時針方向而另一個為逆時針方向，則出現在 F 與 G，其值等於莫爾圓的半徑。在 F 與 G 的兩表面也含有法向應力 $(\sigma_x + \sigma_y)/2$，正如之前在 (2-12) 式所指出者。最後，自 x 軸逆時針方向夾 ϕ 角之任意面上的應力狀態為 H 點。

莫爾圓曾經以圖解方式使用，它依比例而非常精確地繪製，並以比例尺及分度規量測其值。在此，我們嚴格地使用莫爾圓當做一個視覺輔助工具，並使用半圖解方式 (semigraphical approach)，從莫爾圓性質計算各值。此作法將藉由下列範例加以說明。

範例 2-4

如圖 2-11a 所示的應力元素，其 $\sigma_x = 80$ MPa 及 $\tau_{xy} = 50$ MPa cw。

(a) 試利用莫爾圓求其主應力及其方向，並將其顯示於正確對齊 xy 座標系的應力元素上。繪製另一個應力元素以顯示 τ_1 與 τ_2，求其所對應的法向應力，並完整標示於圖上。

(b) 試僅利用轉換方程式重解 (a) 的問題。

解答 (a) 在此使用半圖解法，首先徒手繪製一近似的莫爾圓，然後利用該圖的幾何性質而取得所需的資訊。

首先繪製 σ 與 τ 軸 (圖 2-11b)，並從 x 面沿 σ 軸定出 $\sigma_x = 80$ MPa 的位置。在該元素的 x 面上，我們可知其剪應力為 50 MPa，cw 方向，因此，就 x 面而言，此數據可建立 A 點 (80, 50^{cw}) MPa。對應於 y 面，其應力為 $\sigma = 0$ 與 $\tau = 50$ MPa，ccw 方向，此數據則確定 B 點 (0, 50^{ccw}) MPa 位置。線 AB 形成所需之圓的直徑，此圓即可畫出。此圓與 σ 軸的交點可確定 σ_1 與 σ_2，如圖所示。現在請注意三角形 ACD，圖中顯示 AD 與 CD 兩股長度分別為 50 與 40 MPa，所以此直角三角形的斜邊 AC 長度為

答案
$$\tau_1 = \sqrt{(50)^2 + (40)^2} = 64.0 \text{ MPa}$$

此結果也應標示於圖上。因為交點 C 距離原點 40 MPa，故主應力可求得為

答案
$$\sigma_1 = 40 + 64 = 104 \text{ MPa} \quad \text{及} \quad \sigma_2 = 40 - 64 = -24 \text{ MPa}$$

由 x 軸順時針方向至 σ_1 的角為 2ϕ

答案
$$2\phi_p = \tan^{-1}\frac{50}{40} = 51.3°$$

為了繪製主應力元素 (圖 2-11c)，繪出 x 與 y 軸平行於原來的座標軸。此主應力元素上的 ϕ_p 角量取的方向必須跟莫爾圖上 $2\phi_p$ 角的方向相同，因此，從 x 軸順時針方向量取 25.7° (51.3° 的一半) 而定出 σ_1 軸。而 σ_2 軸與 σ_1 軸相隔 90°，於是此主應力元素現在即可完成繪出並標示如圖所示。請注意，此主應力元素上並沒有剪應力。

兩個最大剪應力發生於圖 2-11b 中的 E 與 F 點，對應於此兩剪應力的兩個主應力都是 40 MPa，如圖所示。E 點位於從莫爾圖上的 A 點逆時針方向轉 38.7° 的位置。因此，在圖 2-11d 中所繪的應力元素，其方位是從 x 軸以逆時針方向轉 19.3° (38.7° 的一半)，然後該應力元素應將其數值與方向標示出來，如圖所示。

在建構這些應力元素時，指出原座標系的 x 與 y 軸方向是很重要的，這才使得原始機械元件與它的主應力方向之間有完整的連結。

(b) 轉換方程式是可以程式化的。由 (2-10) 式

$$\phi_p = \frac{1}{2}\tan^{-1}\left(\frac{2\tau_{xy}}{\sigma_x - \sigma_y}\right) = \frac{1}{2}\tan^{-1}\left(\frac{2(-50)}{80}\right) = -25.7°，64.3°$$

由 (2-8) 式，對第一個角 $\phi_p = -25.7°$，

$$\sigma = \frac{80+0}{2} + \frac{80-0}{2}\cos[2(-25.7)] + (-50)\sin[2(-25.7)] = 104.03 \text{ MPa}$$

圖 2-11 所有應力單位均為 MPa。

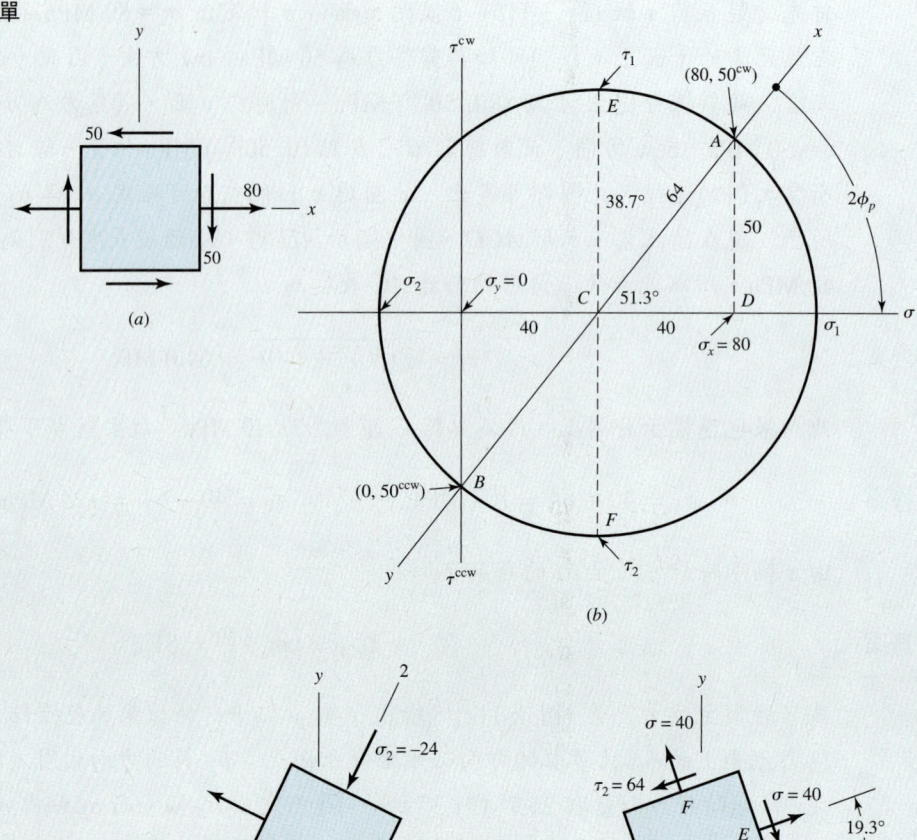

在該面上的剪應力由 (2-9) 式可得

$$\tau = -\frac{80-0}{2}\sin[2(-25.7)] + (-50)\cos[2(-25.7)] = 0 \text{ MPa}$$

此結果證實 104.03 MPa 為主應力。由 (2-8) 式，對 $\phi_p = 64.3°$，

$$\sigma = \frac{80+0}{2} + \frac{80-0}{2}\cos[2(64.3)] + (-50)\sin[2(64.3)] = -24.03 \text{ MPa}$$

答案 將 $\phi_p = 64.3°$ 再代入 (2-9) 式，可得 $\tau = 0$，此結果指出 -24.03 MPa 也是一個主應力。一旦主應力都已求得，可將其排序為 $\sigma_1 \geq \sigma_2$。因此 $\sigma_1 = 104.03$ MPa 及 $\sigma_2 = -24.03$ MPa。

因為 $\sigma_1 = 104.03$ MPa，$\phi_p = -25.7°$，而且因為在轉換方程式中，定義逆時

針方向的 ϕ 為正值，我們順時針方向轉 25.7° 而取得含 σ_1 的面。由圖 2-11c 中我們可以看出，此與半圖解法的答案完全一致。

為求得 τ_1 與 τ_2，我們以 (2-11) 式計算 ϕ_s：

$$\phi_s = \frac{1}{2}\tan^{-1}\left(-\frac{\sigma_x - \sigma_y}{2\tau_{xy}}\right) = \frac{1}{2}\tan^{-1}\left(-\frac{80}{2(-50)}\right) = 19.3°，109.3°$$

就 $\phi_s = 19.3°$，由 (2-8) 與 (2-9) 兩式可得

答案
$$\sigma = \frac{80+0}{2} + \frac{80-0}{2}\cos[2(19.3)] + (-50)\sin[2(19.3)] = 40.0 \text{ MPa}$$

$$\tau = -\frac{80-0}{2}\sin[2(19.3)] + (-50)\cos[2(19.3)] = -64.0 \text{ MPa}$$

請記住，(2-8) 與 (2-9) 兩式為**座標** (coordinates) 轉換方程式。想像我們以逆時針方向旋轉 x、y 軸 19.3°，則 y 軸將指向左上方，所以負值的剪應力將指向右下方，如圖 2-11d 所示。因此，所得結果再次與半圖解法一致。就 $\phi_s = 109.3°$，由 (2-8) 與 (2-9) 兩式得 $\sigma = 40.0$ MPa 及 $\tau = +64.0$ MPa。以座標轉換的相同邏輯，我們再次發現其結果與圖 2-11d 一致。

2-7 一般三維應力

與平面應力的情況相似，某一特殊方位的空間應力元素也會發生所有的剪應力都為零的情況。當應力元素與此特殊方位一致時，元素表面的法向都互相垂直而且對應於主方向，這些面上的法向應力即為主應力。因為該元素有三個面，因此會有三個主方向與三個主應力。以平面應力而言，無應力的面則含有第三個主應力，其值為零。

在研習平面應力時，我們能指定各種應力狀態 σ_x、σ_y 與 τ_{xy}，並求得其主應力與主方向。但在三維中，需要六個應力分量才能規範一般的應力狀態，若要求得其主應力與主方向，所面臨的問題就困難多了。在設計中，因為多數的最大應力發生在平面應力的情況下，所以很少進行三維應力的轉換。一個值得注意的例外是接觸應力，它並不是平面應力的情況，其三個主應力列在第 2-19 節中。事實上，所有的應力狀態都是真正的三維，它們可能相對於特定座標軸以一維或二維方式描述。在此，最重要的是瞭解三個主應力間的關係。從六個應力分量 σ_x、σ_y、σ_z、τ_{xy}、τ_{yz} 及 τ_{zx} 求得三個主應力的程序，涉及到求解三次方程式的根[1]

---

[1] 為導出此方程式及更詳細的三維應力轉換，請參考：Richard G. Budynas, *Advanced Strength and Applied Stress Analysis*, 2nd ed., McGraw-Hill, New York, 1999, pp. 46-78.

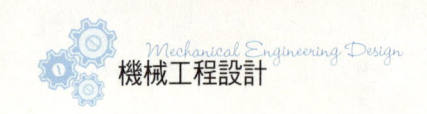

$$\sigma^3 - (\sigma_x + \sigma_y + \sigma_z)\sigma^2 + (\sigma_x\sigma_y + \sigma_x\sigma_z + \sigma_y\sigma_z - \tau_{xy}^2 - \tau_{yz}^2 - \tau_{zx}^2)\sigma$$
$$- (\sigma_x\sigma_y\sigma_z + 2\tau_{xy}\tau_{yz}\tau_{zx} - \sigma_x\tau_{yz}^2 - \sigma_y\tau_{zx}^2 - \sigma_z\tau_{xy}^2) = 0 \quad (2\text{-}15)$$

繪製三軸向應力的莫爾圓時，主法向應力通常都排序成 $\sigma_1 \geq \sigma_2 \geq \sigma_3$，所得結果如圖 2-12$a$ 所示。對任意平面而言，其應力座標 σ, τ 都應該落在各邊界或陰影區中。

圖 2-12a 也顯示三個**主剪應力** (principal shear stresses)：$\tau_{1/2}$、$\tau_{2/3}$ 及 $\tau_{1/3}$ [2]。每個應力都發生於兩平面上，圖 2-12b 中即顯示了其中之一。圖中顯示主剪應力可以由下列各式求得

$$\tau_{1/2} = \frac{\sigma_1 - \sigma_2}{2} \qquad \tau_{2/3} = \frac{\sigma_2 - \sigma_3}{2} \qquad \tau_{1/3} = \frac{\sigma_1 - \sigma_3}{2} \quad (2\text{-}16)$$

當然，當主應力排序為 $\sigma_1 > \sigma_2 > \sigma_3$ 時，$\tau_{\max} = \tau_{1/3}$。所以你都得為主應力排序。在任你撰寫的任何計算機程式碼中都這麼做的話，你都能求得 $\tau_{\max}$。

圖 2-12 三維應力的莫爾圓。

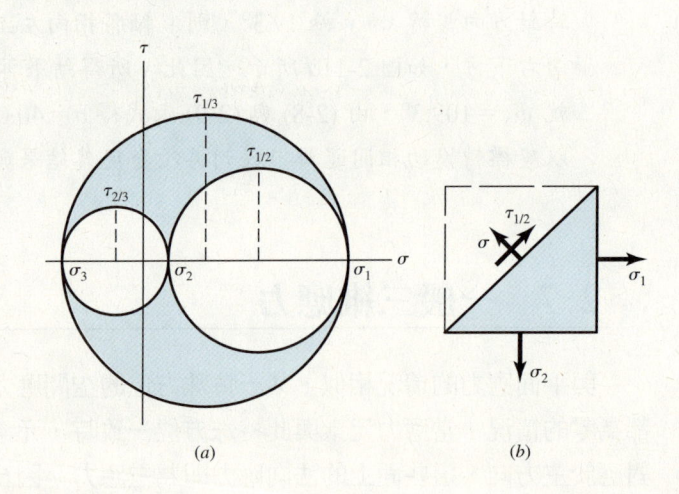

2-8 彈性應變

對拉伸試片定義並討論法向應變 ϵ，表示成 $\epsilon = \delta/l$，其中 δ 是長度為 l 之試桿的總伸長量。對此拉伸試片，虎克定律表示成

$$\sigma = E\epsilon \quad (2\text{-}17)$$

式中的常數 E 稱為**楊氏模數** (Young's modulus) 或**彈性模數** (modulus of elasticity)。

當材料受拉伸時，不僅產生軸向應變，也產生垂直於軸向應變的負值應變 (收縮)。假設一線性、均質且等向的材料，此側向應變與軸向應變成比例關係，

---

[2] 請注意此符號與任一剪應力如 τ_{xy} 之間的差異。實務上並不接受使用此種先令標記，此處使用它是為了凸顯其差異。

若軸向為 x，則側向應變為 $\epsilon_y = \epsilon_z = -\nu\epsilon_x$。此比例常數 ν 稱為**浦松比** (Poisson's ratio)，對大部分的結構材料而言其值大約為 0.3。表 A-5 中列出常見材料的浦松比 ν。

假若軸向應力是在 x 方向，由 (2-17) 式

$$\epsilon_x = \frac{\sigma_x}{E} \qquad \epsilon_y = \epsilon_z = -\nu\frac{\sigma_x}{E} \tag{2-18}$$

對一同時受到 σ_x、σ_y 及 σ_z 作用的應力元素而言，其法向應變為

$$\begin{aligned}\epsilon_x &= \frac{1}{E}\left[\sigma_x - \nu(\sigma_y + \sigma_z)\right] \\ \epsilon_y &= \frac{1}{E}\left[\sigma_y - \nu(\sigma_x + \sigma_z)\right] \\ \epsilon_z &= \frac{1}{E}\left[\sigma_z - \nu(\sigma_x + \sigma_y)\right]\end{aligned} \tag{2-19}$$

剪應變 (shear strain) γ 為應力元素承受純剪應力時之直角的改變量，而剪應力的虎克定律為

$$\tau = G\gamma \tag{2-20}$$

式中的常數 G 稱為**剪彈性模數** (shear modulus of elasticity) 或**剛度模數** (modulus of rigidity)。

對一線性、等向且均質的材料，可證明三個彈性係數相互間關係為

$$E = 2G(1+\nu) \tag{2-21}$$

2-9　均勻分佈應力

設計上經常假設應力是均勻分佈的，這些應力常視外力如何施加於研討中的物體，而稱之為**純拉** (pure tension)、**純壓** (pure compression) 或**純剪** (pure shear)。有時則以"單純"(simple) 取代"純"(pure) 以表示沒有其它複雜的影響。拉力桿即為典型的範例，其拉力負荷經由桿子兩端的銷作用於桿子上。均勻應力的假設表示在遠離桿端的某個剖面，將桿子切斷並移去一端，則我們可以大小為 σA 的均勻分佈力作用於切開的剖面上以取代其效應。因此，稱應力為均勻分佈，其值可由下式求得

$$\sigma = \frac{F}{A} \tag{2-22}$$

假設為均勻應力必須滿足下列條件：

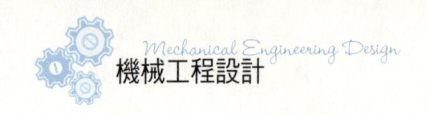

- 桿子是直的，而且是均質的材料。
- 力的作用線與剖面的形心重合。
- 截取的剖面必須遠離兩端，或剖面不連續處或剖面突然變化等位置。

對於單純壓縮，(2-22) 式可適用，式中的 F 通常考慮成負值。此外，承受壓力的細長桿可能因挫曲而損壞，在使用 (2-22) 式前應將其可能性排除[3]。

另一類型負荷則是假設均勻分佈應力而稱之為**直接剪力** (direct shear)，此發生於只有剪切而沒有彎曲作用時。一個例子是由錫剪刀的兩片刀片於一金屬片上作用時。承受剪力負荷的螺栓和銷釘經常有直接剪力。考慮承受一向下推之作用力的懸臂樑，現在將此作用力往牆壁方向移動，直到樑中沒有彎矩為止，此時就如同僅有一作用力將此懸臂樑從牆壁切離，這就是直接剪力。直接剪力通常假設呈均勻分佈於剖面，其大小由下式得出

$$\tau = \frac{V}{A} \tag{2-23}$$

式中 V 是剪力而 A 是被剪切的剖面面積。均勻應力的假設並不準確，特別是在作用力施加的附近，但是此假設通常給出可接受的結果。

2-10　受彎樑的法向應力

直樑中的法向彎應力方程式是基於下列的假設：

- 樑承受純彎矩，此表示剪力為零，且扭矩與軸向負荷都不存在 (對多數的工程應用而言，假定這些負荷最低限度地影響彎應力)。
- 材料為等向性而且是均質的。
- 材料遵守虎克定律。
- 樑原來是直的，而且樑的全長中其剖面都維持一致。
- 在彎曲平面上，此樑具有一對稱軸。
- 樑的比例會因彎曲而破壞，而非**擠壓** (crushing)、**皺折** (wrinkling) 或**側向挫曲** (sidewise buckling)。
- 彎曲期間，樑的剖面仍然維持平面。

圖 2-13 中，我們看到一段直樑，它受到一正彎矩 M 作用，此正彎矩以一彎曲箭頭表示該力矩的物理作用而以一直箭頭表明此力矩向量。x 軸與剖面的**中立軸** (neutral axis) 重合，而含有所有剖面中立軸的 xz 平面則稱為**中立面** (neutral plane)。

---

[3] 請見第 4-11 節。

樑元素與此平面重合者，其應力為零。相對於剖面，中立軸的位置則與剖面的**形心軸** (centroidal axis) 重合。

彎應力隨著與中立軸，y，的距離而呈線性變化，其值由下式得出

$$\sigma_x = -\frac{My}{I} \qquad (2\text{-}24)$$

式中 I 為剖面積對 z 軸的二次面積矩 (second-area moment)，亦即

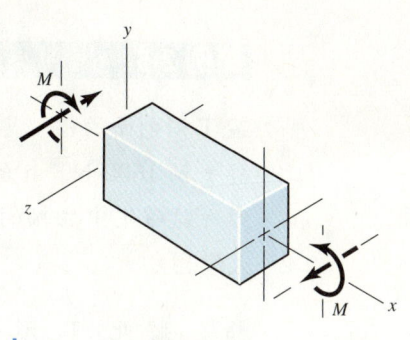

圖 2-13 直樑承受正彎矩。

$$I = \int y^2 dA \qquad (2\text{-}25)$$

由 (2-24) 式給予的應力分佈如圖 2-14 所示。彎應力的最大值發生在 y 為最大值處。指定 σ_{max} 為彎應力的**最大值** (maximum magnitude)，而指定 c 為 y 的最大值，則

$$\sigma_{max} = \frac{Mc}{I} \qquad (2\text{-}26a)$$

(2-24) 式仍可用在確認 σ_{max} 是拉應力或壓應力。

(2-26a) 式通常寫成

$$\sigma_{max} = \frac{M}{Z} \qquad (2\text{-}26b)$$

式中的 $Z = I/c$ 稱為**剖面模數** (section modulus)。

圖 2-14 依據 (2-24) 式的彎應力。

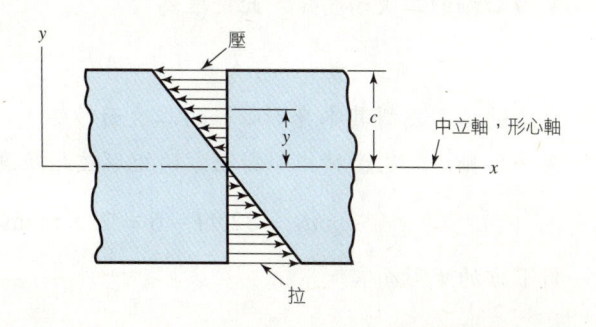

範例 2-5

某 T 形剖面的樑，其尺寸如圖 2-15 所示，承受對負 z 軸 1600 N·m 的彎矩，使其上表面產生拉應力。試確定中立軸的位置，並求最大拉應力與最大壓應力。

解答 將此 T 形剖面切割成兩個矩形並分別編號為 1 與 2，則總面積為 $A = 12(75) + 12(88) = 1956$ mm^2。求此兩個矩形對樑的上緣之一次面積矩的和，其中矩形 1 與 2 的矩臂常分別為 6 mm 和 $(12 + 88/2) = 56$ mm，可得

$$1956c_1 = 12(75)(6) + 12(88)(56)$$

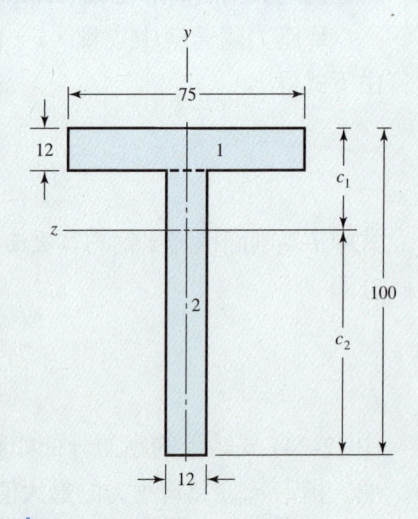

圖 2-15 尺寸以 mm 為單位。

所以 $c_1 = 32.99$ mm，因此 $c_2 = 100 - 32.99 = 67.01$ mm。
接著計算每個矩形對通過其本身形心軸的二次面積矩。利用表 A-18 可求得上方矩形的二次面積矩

$$I_1 = \frac{1}{12}bh^3 = \frac{1}{12}(75)12^3 = 1.080 \times 10^4 \text{ mm}^4$$

對下方的矩形而言，可得

$$I_2 = \frac{1}{12}(12)88^3 = 6.815 \times 10^5 \text{ mm}^4$$

現在我們可使用**平行軸定理** (parallel-axis theorem) 以求出此組合圖形對其本身形心軸的二次面積矩，此定理為

$$I_z = I_{ca} + Ad^2$$

式中的 I_{ca} 為對其本身形心軸的二次面積矩，而 I_z 則為剖面對距離 d 之任意平行軸的二次面積矩。對上方的矩形該距離為

$$d_1 = 32.99 - 6 = 26.99 \text{ mm}$$

對下方的矩形而言，

$$d_2 = 67.01 - \frac{88}{2} = 23.01 \text{ mm}$$

對此兩矩形都用平行軸定理，可得

$$I = [1.080 \times 10^4 + 12(75)26.99^2] + [6.815 \times 10^5 + 12(88)23.01^2]$$
$$= 1.907 \times 10^6 \text{ mm}^4$$

最後，發生於頂面的最大拉應力值為

答案
$$\sigma = \frac{Mc_1}{I} = \frac{1600(32.99)10^{-3}}{1.907(10^{-6})} = 27.68(10^6) \text{ Pa} = 27.68 \text{ MPa}$$

同樣地，底面的最大壓應力值為

答案
$$\sigma = -\frac{Mc_2}{I} = -\frac{1600(67.01)10^{-3}}{1.907(10^{-6})} = -56.22(10^6) \text{ Pa} = -56.22 \text{ MPa}$$

雙平面彎曲

在機械設計中，經常會在 xy 與 xz 平面都發生彎曲。僅考慮剖面有一個或兩個對稱平面，其彎應力為

$$\sigma_x = -\frac{M_z y}{I_z} + \frac{M_y z}{I_y} \tag{2-27}$$

此方程式中等號右邊的第一項和 (2-24) 式完全一樣，而 M_y 是在 xz 平面的彎矩 (彎矩向量在 y 方向)，z 是與中立軸 y 的距離，而 I_y 是對 y 軸的二次面積矩。

對**非圓形** (noncircular) 剖面而言，(2-27) 式是由兩個彎矩分量造成的應力疊加而成，其最大的彎曲拉應力與彎曲壓應力分別發生在加總後最大正值應力與負值應力處。對實心圓形剖面而言，所有的橫軸都一樣，而含有 M_z 與 M_y 向量和之彎矩的平面，將會有最大彎應力。對一直徑為 d 的樑而言，與中立軸最大的距離為 $d/2$，從表 A-18 可查得其 $I = \pi d^4/64$，因此一實心圓形剖面其最大彎應力為

$$\sigma_m = \frac{Mc}{I} = \frac{(M_y^2 + M_z^2)^{1/2}(d/2)}{\pi d^4/64} = \frac{32}{\pi d^3}(M_y^2 + M_z^2)^{1/2} \tag{2-28}$$

範例 2-6

如圖 2-16a 所示，樑 OC 在 xy 平面承受一均勻分佈負荷 9 kN/m，而在 xz 平面承受一作用在端點 C 處的 0.4 kN 集中負荷。此樑長 0.2 m。

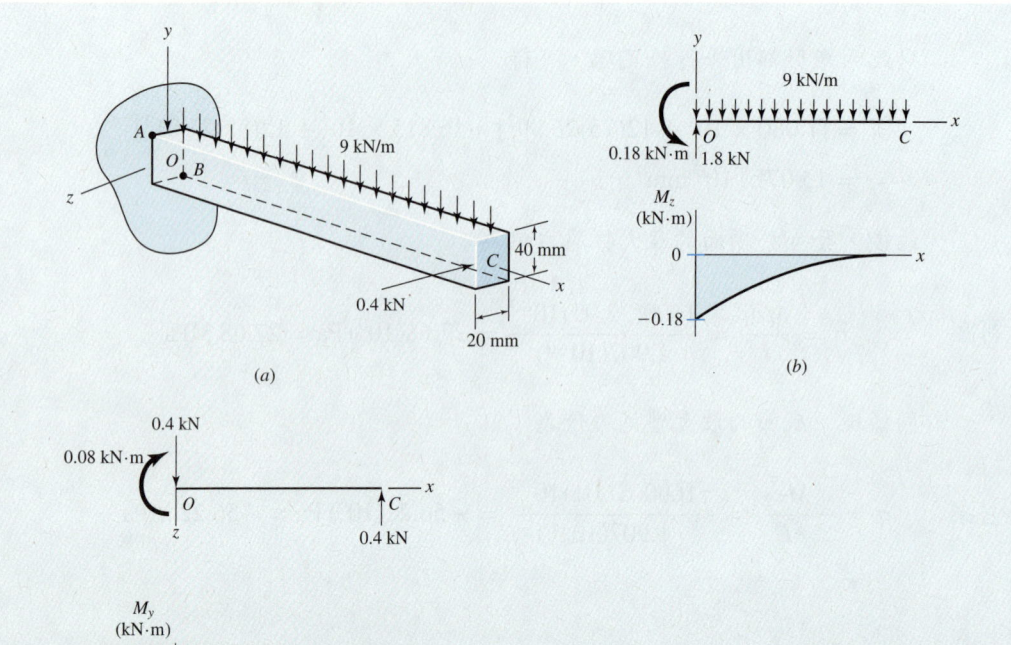

圖 2-16 (a) 樑承受兩個平面負荷；(b) xy 平面的負荷與彎矩圖；(c) xy 平面的負荷與彎矩圖。

(a) 對圖示的剖面，試求其最大的彎曲拉應力與壓應力，及其作用處。
(b) 假若是一直徑 $d = 30$ mm 實心圓桿的剖面，試求其最大彎應力的值。

解答 (a) 在 O 點處的反力及在 xy 與 xz 平面的彎矩圖，分別如圖 2-16b 與 c 所示。在兩個平面上的最大彎矩都發生在 O 點，其值為

$$(M_z)_O = -\frac{1}{2}(9)0.2^2 = -0.18 \text{ kN·m} \qquad (M_y)_O = 0.4(0.2) = 0.08 \text{ kN·m}$$

此兩平面的面積二次矩分別為

$$I_z = \frac{1}{12}(0.02)0.04^3 = 106.7 \times 10^{-9} \text{ m}^4 \qquad I_y = \frac{1}{12}(0.04)0.02^3 = 26.7 \times 10^{-9} \text{ m}^4$$

最大的拉應力發生在 A 點，如圖 2-16a 所示，其最大的拉應力是由兩個力矩所造成。在 A 點處，$y_A = 0.02$ m 而 $z_A = 0.01$ m，因此由 (2-27) 式

答案
$$(\sigma_x)_A = -\frac{-0.18(0.02)}{106.7 \times 10^{-9}} + \frac{0.08(0.01)}{26.7 \times 10^{-9}} = 63\,702 \text{ kPa} = 637 \text{ MPa}$$

最大的彎曲壓應力發生在 B 點，其 $y_B = -0.02$ m 而 $z_B = -0.01$ m，因此

答案
$$(\sigma_x)_B = -\frac{-0.18(-0.02)}{106.7 \times 10^{-9}} + \frac{0.08(-0.01)}{26.7 \times 10^{-9}} = -63\,702 \text{ kPa} = -637 \text{ MPa}$$

(b) 對一直徑 $d = 30$ mm 的實心剖面，最大的彎應力發生在端點 O，其值由 (2-28) 式可得

答案
$$\sigma_m = \frac{32}{\pi(0.03)^3}\left[0.08^2 + (-0.18)^2\right]^{1/2} = 2229 \text{ kPa} = 2.2 \text{ MPa}$$

具非對稱剖面的樑[4]

如果彎曲平面與該剖面的**面積主軸** (area principal axes) 重合，則 (2-24) 式與 (2-27) 式的彎應力方程式也可以應用於具有非對稱剖面的樑。決定面積主軸方位及其對應**主面積二次矩** (principal second-area moments) 之值的方法可見於任一本靜力學的書。若一剖面具有對稱軸，則該軸和與其垂直的軸就是該面積的主軸。

舉例而言，考慮一承受負荷而彎曲的樑，使用表 A-6 所示的等邊角。若將彎矩分解成對軸 1-1 及/或軸 2-2 的分量，則 (2-27) 式是不能使用；然而若將彎矩分解成對軸 3-3 及與其垂直之軸 (假設稱此軸為 4-4) 的分量，則 (2-27) 式可以使用。

請注意，對此剖面而言，軸 4-4 是一對稱軸。表 A-6 是一標準表，它並不直接給予需要用到的所有資訊。面積主軸的方位及 $I_{2\text{-}2}$、$I_{3\text{-}3}$ 與 $I_{4\text{-}4}$ 的值並沒給予，因為它們可以由下列方式計算求得。由於是等邊，所以主軸與軸 1-1 夾 $\pm 45°$，而且 $I_{2\text{-}2} = I_{1\text{-}1}$。面積二次矩 $I_{3\text{-}3}$ 為

$$I_{3-3} = A(k_{3-3})^2 \tag{a}$$

式中 $k_{3\text{-}3}$ 為**迴轉半徑** (radius of gyration)。對一面積而言，其面積二次矩的和是不變的，因此 $I_{1\text{-}1} + I_{2\text{-}2} = I_{3\text{-}3} + I_{4\text{-}4}$，所以 $I_{4\text{-}4}$ 可知為

$$I_{4-4} = 2\,I_{1-1} - I_{3-3} \tag{b}$$

其中 $I_{2\text{-}2} = I_{1\text{-}1}$。例如考慮一 $80 \times 80 \times 6$ 的角，利用表 A-6 及 (a) 式與 (b) 式，可得 $I_{3\text{-}3} = 9.35(1.57)^2 = 23.047$ mm^4 及 $I_{4\text{-}4} = 2(55.8) - 23.047 = 88.553$ mm^4。

2-11 受彎樑的剪應力

大多數的樑都同時有剪力與彎矩存在，僅偶爾會遭遇承受純彎矩，也就是剪力為零的樑。然而，先前導出的撓曲公式卻使用了純彎矩的假設。事實上，假設承受純彎矩的理由只是為了消除在推導過程中剪力所產生的複雜效應。就工程目標而言，撓曲公式不論剪力是否存在都有效。基於此一理由，當剪力也存在時，我們仍將使用相同的法向彎應力分佈 [(2-24) 與 (2-26) 式]。

---

[4] 進一步的討論請看 Richard G. Budynas, *Advanced Strength and Applied Stress Analysis*, 2nd ed., McGraw-Hill, New York, 1999 的第 5.3 節。

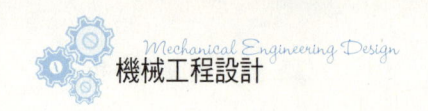

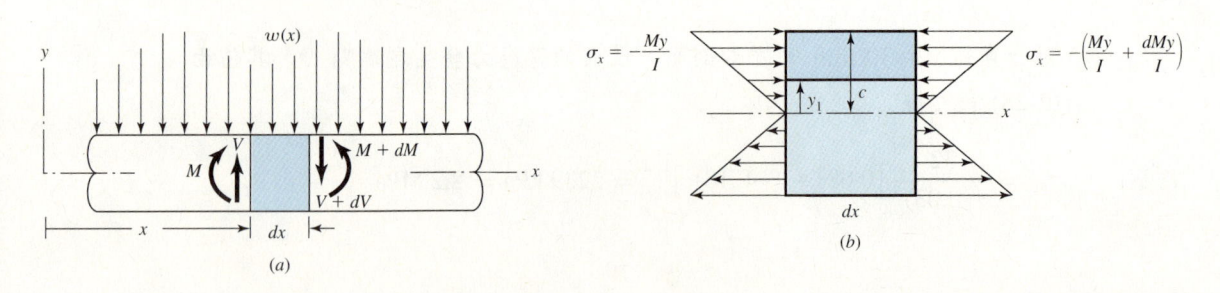

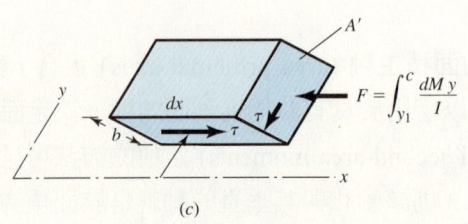

圖 2-17 隔離的一段樑。注意：在 (b) 圖的 dx 的元素中，只顯示出 x 方向的作用力。

在圖 2-17a 中，顯示某段在 x 處承受剪力 V 與彎矩 M 的均勻剖面的樑。由於受到外部負荷，剪力 V 與彎矩 M 將隨著 x 而改變，因此在 x + dx 處，其剪力與彎矩分別為 V + dV 與 M + dM。僅考慮 x 方向的作用力，圖 2-17b 顯示由彎矩所造成得應力分佈 σ_x。若 dM 為正值，即代表彎矩增大，則對一給予的 y 值，右面的彎矩值將大於左面。若我們進一步將在 $y = y_1$ 處隔離一小片元素 (參閱圖 2-17b)，在 x 方向的**淨力** (force) 將指向左邊，如旋轉視圖圖 2-17c 所示，其值為

$$\int_{y_1}^{c} \frac{(dM)y}{I} dA$$

從平衡而言，需要在底面有一指向右邊的剪力，此剪力會產生剪應力 τ，若假設均勻分佈，則此剪力為 $\tau b\, dx$。因此

$$\tau b\, dx = \int_{y_1}^{c} \frac{(dM)y}{I} dA \tag{a}$$

dM/I 項可以從積分中移出，而將 $b\, dx$ 放在方程式等號的右邊；然後由 (2-3) 式並以 $V = dM/dx$ 代入，(a) 式變成

$$\tau = \frac{V}{Ib} \int_{y_1}^{c} y\, dA \tag{2-29}$$

在此式中，其積分為面積 A' 對中立軸的一次矩 (參閱圖 2-17c)，此積分通常以 Q 標示，因此

$$Q = \int_{y_1}^{c} y \, dA = \bar{y}'A' \tag{2-30}$$

對從 y_1 到 c 的隔離面而言，式中的 $\bar{y}'$ 是從中立面到面積 A' 之形心的 y 方向距離。據此，(2-29) 式可寫成

$$\tau = \frac{VQ}{Ib} \tag{2-31}$$

此應力稱為**橫向剪應力** (transverse shear stress)，它通常伴隨著彎應力。

使用此方程式時，請注意 b 代表在 $y = y_1$ 處該剖面的寬；同時，I 代表整個剖面對中立軸的面積二次矩。

由於相交剪應力相等，而且面積 A' 是**有限的** (finite)，故由 (2-31) 式所得的剪應力 τ 且顯示在圖 2-17c 中的面積 A' 中，僅發生在 $y = y_1$ 處。在側面上的剪應力隨 y 而變，正常情況下，在 $y = 0$ 處為最大 (該處 $\bar{y}'A'$ 值為最大)，而在樑的外層纖維處，因為 $A' = 0$，所以剪應力為零。

樑中剪應力的分佈視 Q/b 如何隨著 y_1 函數變化而決定，此處我們將展示如何得到一矩形剖面樑的剪應力分佈，同時提供其它標準剖面的最大剪應力的值。圖 2-18 所示為矩形剖面樑的一小段，它承受一剪力 V 與一彎矩 M 作用。受彎矩作用的結果，在如 A-A 的剖面上就會產生法向應力 σ，它在中立軸之上為壓應力而在中立軸之下為拉應力。為探討在距離中立軸之上 y_1 處的剪應力，我們選擇在距離中立軸之上 y 的面積元素 dA，則 $dA = b \, dy$，而 (2-30) 式成為

$$Q = \int_{y_1}^{c} y \, dA = b \int_{y_1}^{c} y \, dy = \left.\frac{by^2}{2}\right|_{y_1}^{c} = \frac{b}{2}\left(c^2 - y_1^2\right) \tag{b}$$

將此 Q 值代入 (2-31) 式可得

$$\tau = \frac{V}{2I}\left(c^2 - y_1^2\right) \tag{2-32}$$

此為矩形樑中之剪應力的通式。為了對它有所認識，讓我們進行一些代換。由表 A-18 可知，矩形剖面的面積二次矩 $I = bh^3/12$，以 $h = 2c$ 及 $A = bh = 2bc$ 代入可得

$$I = \frac{Ac^2}{3} \tag{c}$$

假若現在將此 I 值代入 (2-32) 式並重新整理，可得

$$\tau = \frac{3V}{2A}\left(1 - \frac{y_1^2}{c^2}\right) \tag{2-33}$$

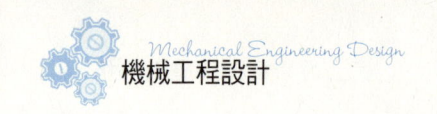

由此我們可注意到，最大的剪應力存在於 $y_1 = 0$ 處，也就是在彎曲的中立軸，因此矩形剖面的最大的剪應力為

$$\tau_{max} = \frac{3V}{2A} \tag{2-34}$$

當從中立軸離開，剪應力以拋物線狀的方式遞減，直到外緣表面 $y_1 = \pm c$ 處時其值為零，如圖 2-18c 所示。水平剪應力總是伴隨著大小相等的垂直剪應力，所以其分佈可以圖解成如圖 2-18d。圖 2-18c 顯示剪應力 τ 在垂直面上隨著 y 值變化，而我們總是對圖 2-18d 中的水平剪應力 τ 感關切，它於 $y=y_1$ 的定值時，在 dx 範圍間其值幾乎是均勻的。最大水平剪應力發生於垂直剪應力為最大值的位置，通常是在中立軸，但如果其它某處的寬度 b 較小，則不一定會在中立軸。再者如果剖面使得 b 可以在並非水平的平面上最小化，則最大水平剪應力發生於傾斜面上。例如管件，水平剪應力發生於徑向平面，對應的"垂直剪應力"並非垂直，而是在切線方向上。

幾個常用剖面的橫向剪應力分佈列於表 2-2 中。這些量變曲線表示 VQ/Ib 的關係，亦即是跟中立軸之距離 y 的函數。對每一剖面而言，表中給予在中立軸處的最大剪應力值的公式。請注意，給予 I 樑的表示式是一般常用的近似式，對標準的薄腹板 (thin web) I 樑而言是合理的。而且，I 樑的剖面是理想化的，實際上，從腹板過渡到凸緣是相當局部地複雜，並不單純地是階梯式的變化。

最值得觀察的是，在每一常用的剖面上其橫向剪應力在中立軸有最大值，在外緣表面等於零。此與彎應力及扭轉應力的最大值和最小值正好相反，因而從設計的

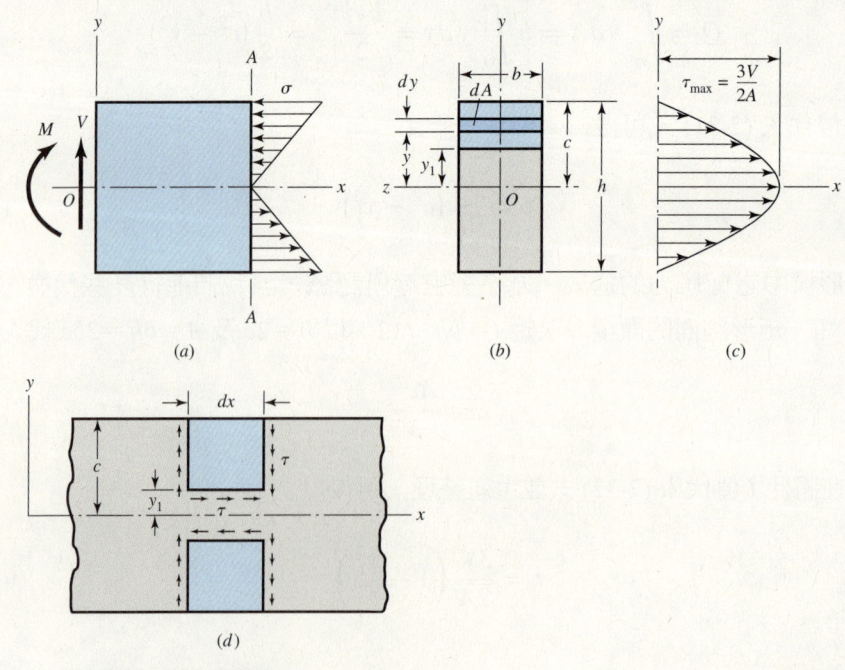

圖 2-18 一矩形樑中的橫向剪應力。

表 2-2 由 VQ/Ib 而得的最大橫向剪應力公式

Beam Shape	Formula	Beam Shape	Formula
矩形 $\tau_{avg} = \dfrac{V}{A}$	$\tau_{max} = \dfrac{3V}{2A}$	中空，薄圓壁 $\tau_{avg} = \dfrac{V}{A}$	$\tau_{max} = \dfrac{2V}{A}$
圓形 $\tau_{avg} = \dfrac{V}{A}$	$\tau_{max} = \dfrac{4V}{3A}$	結構 I 樑 (薄壁) A_{web}	$\tau_{max} \doteq \dfrac{V}{A_{web}}$

角度來看，橫向剪應力往往不是至關重要的。

讓我們檢視一下橫向剪應力的意義，以一長度 L 的懸臂樑為例，其剖面為 $b \times h$，在自由端受到一橫向作用力 F。在牆壁端處，其彎矩為最大，此時距離中立軸 y 處的應力元素將同時含有彎應力與橫向剪應力。在第 4-4 節將會證明，一應力元素上其多重應力綜合效應的一個良好估量方法，就是最大剪應力。將彎應力 (My/I) 和橫向剪應力 (VQ/Ib) 代入最大剪應力公式 (2-14) 式，我們就可得到具矩形剖面之懸臂樑的最大剪應力的一個通式。將此式對 L/h 和 y/c 正規化，其中 c 是中立軸到外表面 ($h/2$) 的距離，可得

$$\tau_{max} = \sqrt{\left(\frac{\sigma}{2}\right)^2 + \tau^2} = \frac{3F}{2bh}\sqrt{4(L/h)^2(y/c)^2 + [1-(y/c)^2]^2} \tag{d}$$

為了研究橫向剪應力的意義，我們將 τ_{max} 取數個 y/c 值以 L/h 的函數畫出，如圖 2-19 所示。因為 F 和 b 僅在根號外以線性乘數形式出現，所以它們僅扮演在垂直方向的圖將其依比例繪製而不改變任何的關係。請注意，在 $y/c = 0$ 的中立軸處，任何長度的樑其 τ_{max} 都是定值，這是因為在中立軸處的彎應力為零，而橫向

圖 2-19 一懸臂樑之最大剪應力繪圖，含彎應力與橫向應力的綜合效應。

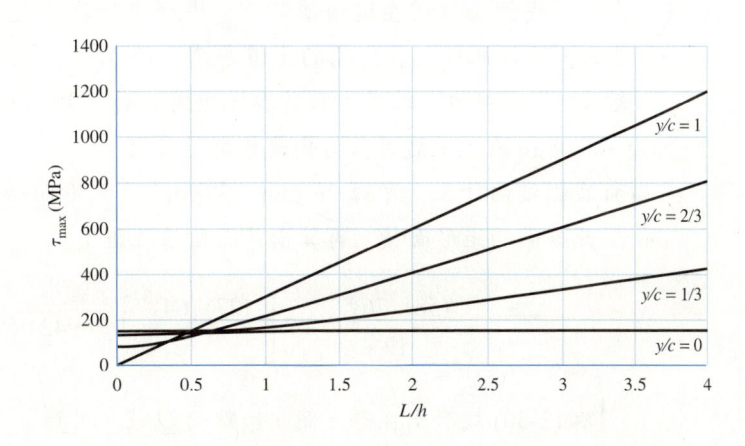

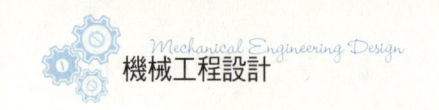

剪應力跟長度 L 無關。另一方面，在 $y/c = 1$ 的外表面，因為彎矩之故而使 τ_{max} 隨著 L/h 呈線性增加。當 y/c 值在 0 和 1 之間時，對較小值的 L/h 而言，其 τ_{max} 是非線性，但是當 L/h 值增大時則呈線性，此展現當力矩臂增大時彎應力的支配性。從圖中我們可以看出，臨界應力元素 (τ_{max} 為最大值) 將始終是落在外表面 ($y/c = 1$) 上或在中性軸 ($y/c = 0$) 上，而決不會在兩者之間。因此，對矩形剖面而言，這兩位置間的過渡發生在 $L/h = 0.5$ 處，在該處 $y/c = 1$ 的線與 $y/c = 0$ 的水平線相交。臨界應力元素可以是在橫向剪應力為零的外表面上，或者如果 L/h 足夠小，則它是在彎應力為零的中立軸上。

從圖 2-19 所得到的結論，大體上與遠離中立軸但寬度不變的任意剖面相類似，這尤其包括實心圓形剖面，但不是 I 樑或槽。對具有延伸相當遠離中性軸之薄腹板的 I 樑或槽而言，必須特別小心，因為在同一應力元素上其彎應力與剪應力兩者可以都是相當顯著 (請參閱範例 2-7)。對任意一般剖面的樑而言，假若樑的長與高比值大於 10，則在剖面內任一點處，與彎應力相比，通常橫向剪應力可以忽略不計。

範例 2-7

一長 0.3 m 的樑，支撐作用於距左邊支承處 80 mm 的 2 kN 負荷，如圖 2-20a 所示。此樑為一支 I 樑，其剖面尺寸示於圖中。為簡化計算，假設為具有方角的剖面如圖 2-20c 中所示。關切點的標示 (a, b, c 和 d) 在距離中立軸為 y 等於 0 mm、32^- mm、32^+ mm 及 38 mm 處 (圖 2-20c)。在沿著此樑的臨界軸向位置，試求下列資訊：

(a) 試求橫向剪應力分佈的輪廓，求出在每一關切點的剪應力值。
(b) 試求在關切點的彎應力。
(c) 試求在關切點的最大剪應力，並比較之。

解答 首先，我們注意到在這種情況下，橫向剪切應力是不太可能是可以忽略不計的，因為此樑之長與高的比值是遠小於 10，而且薄腹板與寬凸緣將容許大的橫向剪應力。其剪力負荷與彎矩圖如圖 2-20b 所示。臨界的軸向位置在 $x = 0.08$ m 處，該處其剪力與彎矩都是最大。

(a) 我們經由計算一實心 76-mm × 58-mm 之矩形面積，然後扣除兩塊不屬於此剖面的矩形面積，再算出其面積慣性矩：

$$I = \frac{(58)(76)^3}{12} - 2\left[\frac{(27)(64)^3}{12}\right] = 942\,069 \text{ mm}^4$$

以 (2-30) 式求出在每一個關切點的 Q 值，可得

圖 2-20

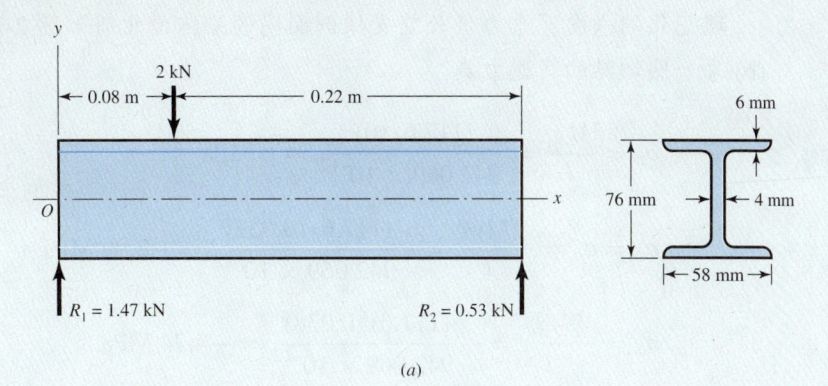

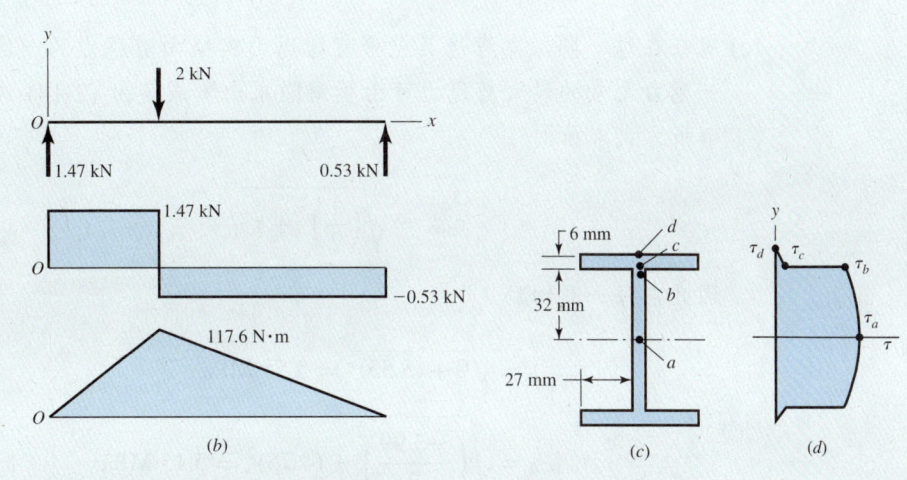

$$Q_a = \left(32 + \frac{6}{2}\right)[(58)(6)] + \left(\frac{32}{2}\right)[(32)(4)] = 14\,228 \text{ mm}^3$$

$$Q_b = Q_c = \left(32 + \frac{6}{2}\right)[(58)(6)] = 12\,180 \text{ mm}^3$$

$$Q_d = (38)(0) = 0 \text{ mm}^3$$

以每一關切點的 V 和 I 為常數而 b 等於剖面寬，應用 (2-31) 式可給予每一關切點之橫向剪應力的值為

答案

$$\tau_a = \frac{VQ_a}{Ib_a} = \frac{(1470)(14\,228 \times 10^{-9})}{(942\,069 \times 10^{-12})(0.004)} = 5.55 \text{ MPa}$$

$$\tau_b = \frac{VQ_b}{Ib_b} = \frac{(1470)(12\,180 \times 10^{-9})}{(942\,069 \times 10^{-12})(0.004)} = 4.75 \text{ MPa}$$

$$\tau_c = \frac{VQ_c}{Ib_c} = \frac{(1470)(12\,180 \times 10^{-9})}{(942\,069 \times 10^{-12})(0.058)} = 0.33 \text{ MPa}$$

$$\tau_d = \frac{VQ_d}{Ib_d} = \frac{(1470)(0)}{(942\,069 \times 10^{-12})(0.058)} = 0 \text{ MPa}$$

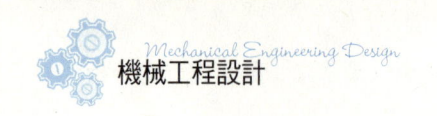

理想化的橫向剪應力值於整支樑剖面高的分佈變化將如圖 2-20d 所示。

(b) 每一關切點的彎應力為

答案

$$\sigma_a = \frac{My_a}{I} = \frac{(117.6)(0)}{942\,069 \times 10^{-12}} = 0 \text{ MPa}$$

$$\sigma_b = \sigma_c = -\frac{My_b}{I} = -\frac{(117.6)(0.032)}{942\,069 \times 10^{-12}} = -3.99 \text{ MPa}$$

$$\sigma_d = -\frac{My_d}{I} = -\frac{(117.6)(0.038)}{942\,069 \times 10^{-12}} = -4.74 \text{ MPa}$$

(c) 現在在每一關切點考慮其包含有彎應力與橫向剪應力的一應力元素。每一應力元素的最大剪應力可由莫爾圖求出，或是由 (2-14) 式且 $\sigma_y = 0$ 以解析方式求出：

$$\tau_{\max} = \sqrt{\left(\frac{\sigma}{2}\right)^2 + \tau^2}$$

因此在每一關切點

$$\tau_{\max,a} = \sqrt{0 + (5.55)^2} = 5.55 \text{ MPa}$$

$$\tau_{\max,b} = \sqrt{\left(\frac{-3.99}{2}\right)^2 + (4.75)^2} = 5.15 \text{ MPa}$$

$$\tau_{\max,c} = \sqrt{\left(\frac{-3.99}{2}\right)^2 + (0.33)^2} = 2.02 \text{ MPa}$$

$$\tau_{\max,d} = \sqrt{\left(\frac{-4.74}{2}\right)^2 + 0} = 2.37 \text{ MPa}$$

答案

有趣的是，臨界位置是在具有最大剪應力的 a 點，即使其彎應力為零。下一個臨界位置是在腹板上的 b 點，在該處此薄腹板的橫向剪應力相較於 c 點或 d 點很顯著地提高。這些結果是違反直覺的，因為這兩點 a 和 b 成為比 d 點更關鍵，即使在 d 點的彎應力為最大。此腹板與凸緣增大對橫向剪應力產生的影響，假若將此樑之長對高的比增大，則臨界點將從 a 點移到 b 點，這是因為 a 點的橫向剪應力仍然維持不變，但是 b 點的彎應力卻會增大。對於遠離中立軸而變更寬的剖面，其臨界應力元素不是在其外表面的可能性，設計者應特別保持警戒，尤其是具有薄腹板與凸緣的剖面。然而對矩形剖面與圓形剖面而言，在其外表面的最大彎應力將處於主導地位，如圖 2-19 所示。

2-12 扭轉

與機械元件的軸線共線的任何力矩向量稱為**扭矩向量** (torque vector)，因為此一力矩會導致該元件對其軸線扭曲。桿件承受此種力矩作用時稱為承受**扭轉** (torsion)。

如圖 2-21 所示，桿件受扭矩 T 作用時，可指定在桿件的表面畫上箭頭，或沿著桿件承受扭矩的軸線畫上扭矩向量的箭頭以指出方向。扭矩向量是在圖 2-21 中，沿著的 x 軸上的中空箭頭。請注意，它符合與向量的右手定則。

對實心圓桿而言，其**扭轉角** (angle of twist) 為

$$\theta = \frac{Tl}{GJ} \tag{2-35}$$

式中　T = 扭矩
　　　l = 長度
　　　G = 剛性模數
　　　J = 剖面面積的極慣性矩

剪應力在整個剖面上產生，對於承受扭轉的實心圓桿而言，剪應力分佈與半徑 ρ 成正比，而為

$$\tau = \frac{T\rho}{J} \tag{2-36}$$

以 r 標示到外表面的半徑時，可得

$$\tau_{\max} = \frac{Tr}{J} \tag{2-37}$$

| 圖 2-21

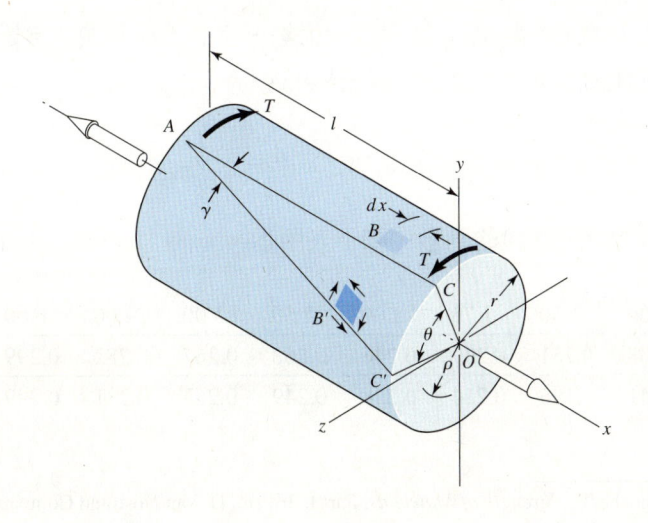

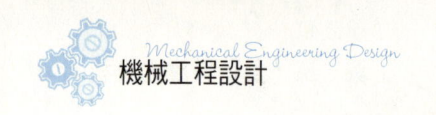

用於此一分析的假設有：

- 該桿承受純扭矩，所考慮的剖面遠離負荷的作用點及直徑改變處。
- 材料遵守虎克定律 (Hooke's Law)。
- 相鄰的剖面原來為平面而且互相平行，扭曲後仍為平面而且互相平行，其任何徑向線也仍然維持為直線。

最後一個假設取決於元件的軸對稱性，因而對非圓形剖面該假設並不成立。所以 (2-35) 式到 (2-37) 式僅適用於圓形剖面。對實心圓形剖面而言

$$J = \frac{\pi d^4}{32} \tag{2-38}$$

式中 d 是該桿的直徑。若為空心圓形剖面

$$J = \frac{\pi}{32}(d_o^4 - d_i^4) \tag{2-39}$$

其中的下標 o 與 i 分別指的是外直徑與內直徑。

機械中有一些應用使用到非圓形剖面組件與軸，其中正多邊形剖面於傳遞扭矩到在軸向可以改變位置的齒輪或皮帶輪時非常有用。由於不需要鍵或鍵槽，而避免丟失鍵的可能性。對於非圓形剖面承受扭轉負荷之應力與撓曲公式的推導，可由彈性力學的數學理論而得。一般而言，剪應力並不會隨著與軸線的距離成線性變化，而取決於特定的剖面形狀。事實上，對矩形剖面桿件而言，距離軸線最遠的角落其剪應力為零。一個 $b \times c$ 矩形剖面桿的最大剪應力發生在最長邊 b 的中點處，其值為

$$\tau_{\max} = \frac{T}{\alpha bc^2} \doteq \frac{T}{bc^2}\left(3 + \frac{1.8}{b/c}\right) \tag{2-40}$$

式中 b 為寬 (長邊) 而 c 為厚度 (短邊)，它們不能互換。參數 α 是一因子，它是 b/c 比值的函數，如下表所示[5]。扭轉角為

$$\theta = \frac{Tl}{\beta bc^3 G} \tag{2-41}$$

式中 β 是 b/c 比值的函數，如下表所示。

b/c	1.00	1.50	1.75	2.00	2.50	3.00	4.00	6.00	8.00	10	∞
α	0.208	0.231	0.239	0.246	0.258	0.267	0.282	0.299	0.307	0.313	0.333
β	0.141	0.196	0.214	0.228	0.249	0.263	0.281	0.299	0.307	0.313	0.333

---

[5] S. Timoshenko, *Strength of Materials*, Part I, 3rd ed., D. Van Nostrand Company, New York, 1955, p. 290.

(2-40) 式對等邊角也近似有效；它們可以考慮成由兩個矩形構成，每一個矩形都能承受一半的扭矩[6]。

通常需要從考慮旋轉軸的轉速與功率而得到扭矩 T。為方便起見，當使用美國慣用單位時，此關係式的三種型式為

$$H = \frac{FV}{33\,000} = \frac{2\pi Tn}{33\,000(12)} = \frac{Tn}{63\,025} \tag{2-42}$$

式中　H = 功率，hp
　　　T = 扭矩，lbf·in
　　　n = 軸轉速，rev/min
　　　F = 作用力，lbf
　　　V = 速度，ft/min

當使用 SI 單位時，則此式為

$$H = T\omega \tag{2-43}$$

式中　H = 功率，W
　　　T = 扭矩，N·m
　　　ω = 角速度，rad/s

對應於以瓦特 (watt) 為單位的功率，扭矩 T 近似於下式：

$$T = 9.55\frac{H}{n} \tag{2-44}$$

式中 n 是每分鐘的轉數。

範例 2-8

圖 2-22 顯示一曲柄承受一作用力 $F = 1.3$ kN，造成固定於參考座標系原點上直徑 20 mm 的圓軸承受扭轉與彎曲。實際上，該支撐可能是我們希望驅動的慣性體，但為了應力分析起見，可將其視為靜態的問題。

(a) 試繪出軸 AB 與臂 BC 的分離體圖，並計算所有作用的力、力矩與扭矩之值。請在這些圖中標示座標軸的方向。

(b) 計算作用於 BC 臂上的最大扭轉應力及彎應力，並指出其作用的位置。

(c) 在軸上 A 點的軸頂面上找出一應力元素，計算作用於該元素上所有的應力分量。

---

[6] 對其它剖面請看 W. C. Young and R. G. Budynas, *Roark's Formulas for Stress and Strain*, 7th ed., McGraw-Hill, New York, 2002.

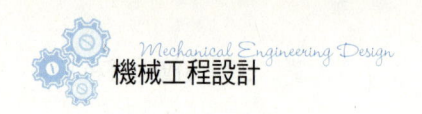

| 圖 2-22

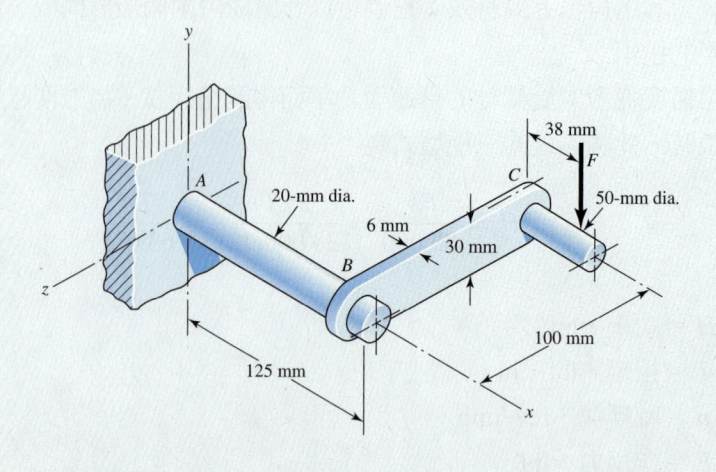

(d) 試求在 A 點的最大法向應力與剪應力。

解答 (a) 兩個分離體圖如圖3-23所示，其結果為

在臂 BC 的端點 C：$\mathbf{F} = -1.3\mathbf{j}$ kN，$\mathbf{T}_C = -0.05\mathbf{k}$ kN·m

在臂 BC 的端點 B：$\mathbf{F} = 1.3\mathbf{j}$ kN，$\mathbf{M}_1 = 0.13\mathbf{i}$ kN·m，$\mathbf{T}_1 = 0.05\mathbf{k}$ kN·m

在軸 AB 的端點 B：$\mathbf{F} = -1.3\mathbf{j}$ kN，$\mathbf{T}_2 = -0.13\mathbf{i}$ kN·m，$\mathbf{M}_2 = -0.05\mathbf{k}$ kN·m

在軸 AB 的端點 A：$\mathbf{F} = 1.3\mathbf{j}$ kN，$\mathbf{M}_A = 0.66\mathbf{k}$ kN·m，$\mathbf{T}_A = 0.13\mathbf{i}$ kN·m

(b) 對臂 BC 而言，彎矩將在鄰近軸的 B 端處達到最大值。如果假設該值為

| 圖 2-23

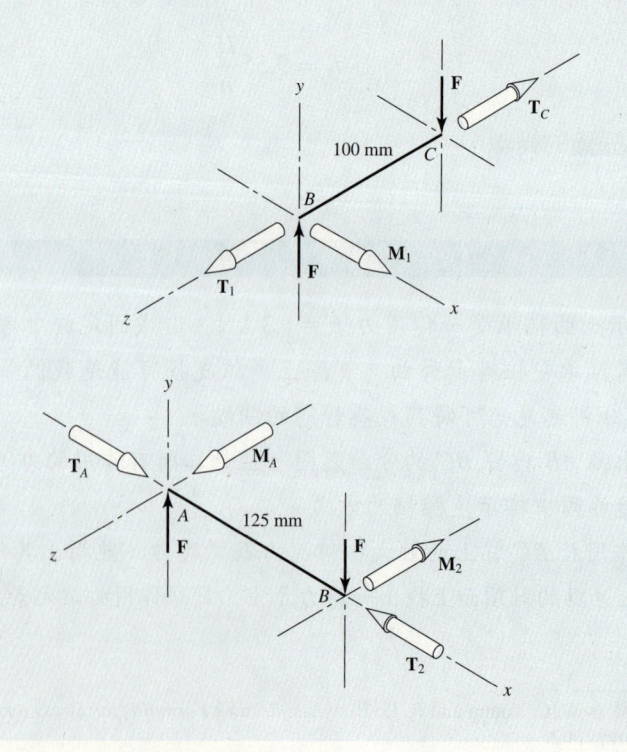

0.13 kN·m，則矩形剖面的彎應力將為

答案 $$\sigma = \frac{M}{I/c} = \frac{6M}{bh^2} = \frac{6(130)}{0.006(0.03)^2} = 144.4 \text{ MPa}$$

當然，這個答案並非完全正確，因為實際上在 B 點彎矩可能通過熔接件傳到軸上。

就扭轉應力而言，可利用 (2-43) 式，因此

答案 $$\tau_{\max} = \frac{T}{bc^2}\left(3 + \frac{1.8}{b/c}\right) = \frac{50}{0.03(0.006)^2}\left(3 + \frac{1.8}{0.03/0.006}\right) = 155.6 \text{ MPa}$$

此一應力發生於 30 mm 邊的中點。

(c) 就 A 點的應力元素而言，其彎應力為拉伸，其值為

答案 $$\sigma_x = \frac{M}{I/c} = \frac{32M}{\pi d^3} = \frac{32(660)}{\pi(0.02)^3} = 840.3 \text{ MPa}$$

扭轉應力為

答案 $$\tau_{xz} = \frac{-T}{J/c} = \frac{-16T}{\pi d^3} = \frac{-16(130)}{\pi(0.02)^3} = -82.8 \text{ MPa}$$

其中讀者應該驗證表示 τ_{xz} 方向的負號。

(d) A 點為應力在 xz 平面的平面應力，因此主應力可由 (2-13) 式求出，以下標對應於 x、z 軸。

答案 最大法向應力由下式求出

$$\sigma_1 = \frac{\sigma_x + \sigma_z}{2} + \sqrt{\left(\frac{\sigma_x - \sigma_z}{2}\right)^2 + \tau_{xz}^2}$$

$$= \frac{840.3 + 0}{2} + \sqrt{\left(\frac{840.3 - 0}{2}\right)^2 + (-82.8)^2} = 848.4 \text{ MPa}$$

答案 在 A 點產生最大剪應力的平面，不同於含有主應力的平面或是同時含有彎應力與扭轉剪應力的平面。在更改下標後，最大剪應力可由 (2-14) 式求出如下

$$\tau_1 = \sqrt{\left(\frac{\sigma_x - \sigma_z}{2}\right)^2 + \tau_{xz}^2} = \sqrt{\left(\frac{840.3 - 0}{2}\right)^2 + (-82.8)^2} = 428.2 \text{ MPa}$$

範例 2-9

直徑為 40 mm 的實心鋼軸如圖 2-24a 所示，其兩端為簡支撐。兩個滑輪以鍵固定在軸上，其中 B 滑輪的直徑為 100 mm 而 C 滑輪的直徑為 200 mm。若僅考慮彎應力與扭轉應力，試求出此軸上最大拉應力、壓應力及剪應力的位置與大小。

解答 圖 2-24b 顯示此軸上的淨力、反力及扭矩。雖然這是一個三維的問題且其向量似乎也適當，但是我們將考慮力矩向量的分量而執行雙平面分析。圖 2-24c 所示為俯視 z 軸時之 xy 平面的負荷，其中彎矩實際上是在 z 方向上的向量，因此我們將彎矩圖標示為 M_z 對 x。對 xz 平面而言，俯視 y 軸時，其彎矩圖為 M_y 對 x，如圖 2-24d 所示。

某一段軸上的淨力矩是其分量的向量和，那就是：

$$M = \sqrt{M_y^2 + M_z^2} \tag{1}$$

在 B 點：

$$M_B = \sqrt{225^2 + 900^2} = 928 \text{ N·m}$$

在 C 點：

$$M_C = \sqrt{450^2 + 450^2} = 636 \text{ N·m}$$

因此最大的彎矩為 928 N·m 而在 B 滑輪處最大的彎應力為

$$\sigma = \frac{Md/2}{\pi d^4/64} = \frac{32M}{\pi d^3} = \frac{32(928)}{\pi(0.04)^3} = 147.7 \text{ MPa}$$

發生在 B 與 C 之間的最大扭轉剪應力為

$$\tau = \frac{Td/2}{\pi d^4/32} = \frac{16T}{\pi d^3} = \frac{16(180)}{\pi(0.04^3)} = 14.3 \text{ MPa}$$

最大彎應力和扭轉剪應力剛好發生在 B 滑輪的右側的 E 點和 F 點，如圖 2-24e 所示。在 E 點的最大拉應力 σ_1 如下：

答案
$$\sigma_1 = \frac{\sigma}{2} + \sqrt{\left(\frac{\sigma}{2}\right)^2 + \tau^2} = \frac{147.7}{2} + \sqrt{\left(\frac{147.7}{2}\right)^2 + 14.3^2} = 149.1 \text{ MPa}$$

在 F 點的最大壓應力 σ_2 如下：

答案
$$\sigma_2 = \frac{-\sigma}{2} - \sqrt{\left(\frac{-\sigma}{2}\right)^2 + \tau^2} = \frac{-147.7}{2} - \sqrt{\left(\frac{-147.7}{2}\right)^2 + 14.3^2} = -1.4 \text{ MPa}$$

最大的剪應力也發生在 E 點和 F 點，其值為

圖 2-24

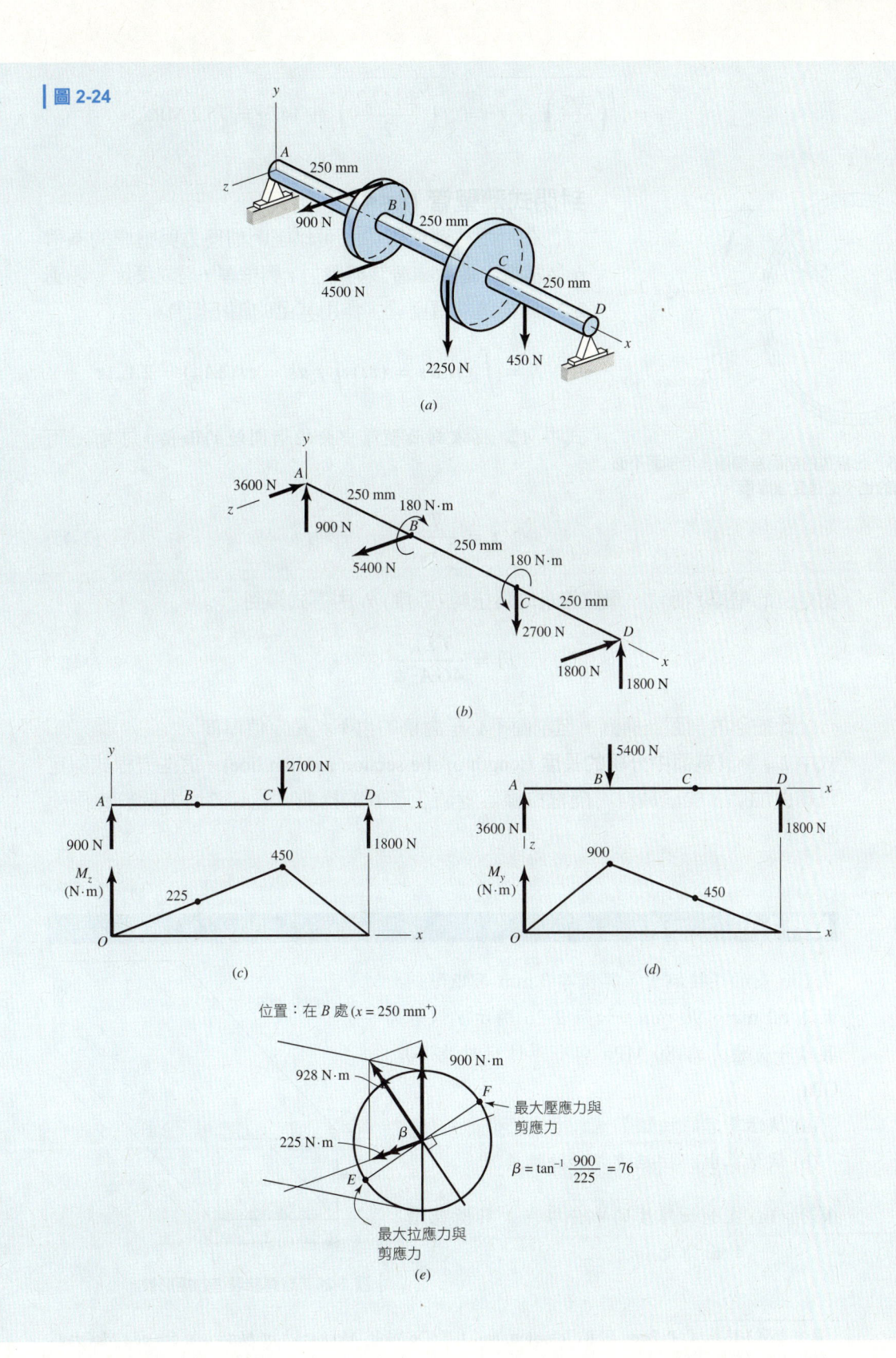

(a)

(b)

(c)

(d)

位置：在 B 處 ($x = 250$ mm$^+$)

$\beta = \tan^{-1} \dfrac{900}{225} = 76$

最大壓應力與剪應力

最大拉應力與剪應力

(e)

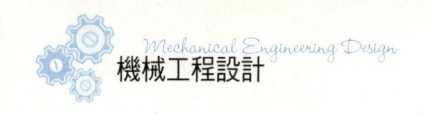

答案
$$\tau_1 = \sqrt{\left(\frac{\pm\sigma}{2}\right)^2 + \tau^2} = \sqrt{\left(\frac{\pm 147.7}{2}\right)^2 + 14.3^2} = 75.2 \text{ MPa}$$

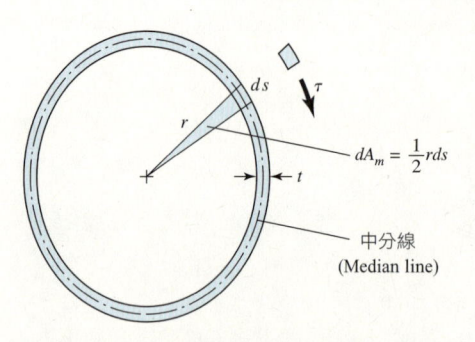

封閉式薄壁管 ($t \ll r$)[7]

在封閉式薄壁管中，可以證明剪應力與壁厚的乘積 τt 為常數，這意味著該剪應力 τ 與壁厚 t 是成反比。如圖 2-25 所描述的薄壁管，作用其上的總扭矩為

$$T = \int \tau t r\, ds = (\tau t)\int r\, ds = \tau t(2A_m) = 2A_m t\tau$$

式中 A_m 為該剖面壁厚中分線所圍繞的面積。求解 τ 可得

$$\tau = \frac{T}{2A_m t} \tag{2-45}$$

圖 2-25 此描述的剖面為橢圓，但剖面不必是對稱的也不必是定值厚度。

對定值的壁厚 t 而言，單位管長的角扭轉 (弧度) θ_1 由下式得到

$$\theta_1 = \frac{TL_m}{4GA_m^2 t} \tag{2-46}$$

此描述的剖面為橢圓，但剖面不必是對稱的也不必是定值厚度。

式中 L_m 為其**剖面中分線的長度** (length of the section median line)。這些方程式假定已經由加肋、加固襯料、隔框拉條等等防止了管的挫曲，並且該應力低於比例極限。

範例 2-10

某 1 m 長的焊接鋼管，其壁厚 3 mm 而矩形剖面為 60 mm×90 mm，如圖 2-26 所示。假若其容許剪應力為 80 MPa 與剪彈性模數為 80 GPa。

(a) 試估算容許扭矩 T。
(b) 試估算由於扭矩造成的扭轉角。

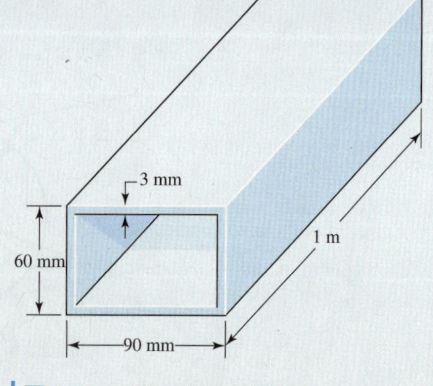

解答 (a) 在剖面厚度的中分線內，其所包圍的面積是：

圖 2-26 以焊接製造的矩形管。

---

[7] 請參考第3-13節, F. P. Beer, E. R. Johnston, and J. T. De Wolf, *Mechanics of Materials*, 5th ed., McGraw-Hill, New York, 2009.

$$A_m = (60 - 3)(90 - 3) = 4959 \text{ mm}^2$$

而中分線的周長是

$$L_m = 2[(60 - 3) + (90 - 3)] = 288 \text{ mm}$$

答案   由 (2-45) 式，可得扭矩 T 是

$$T = 2A_m t\tau = 2(4959 \times 10^{-6})(0.003)(80 \times 10^6) = 2380 \text{ N·m}$$

答案   (b) 由 (2-46) 式，可得扭轉角 θ 為

$$\theta = \theta_1 l = \frac{T L_m}{4 G A_m^2 t} l = \frac{2380(0.288)}{4(80 \times 10^9)(4959 \times 10^{-6})^2 (0.003)} \quad (1)$$

$$= 0.029 \text{ rad} = 1.66°$$

範例 2-11

一個圓形的圓筒形管其外直徑為 25 mm 而內直徑為 22 mm，請比較以 (2-37) 式描述的剪應力與 (2-45) 式所估算的剪應力。

解答   由 (2-37) 式，

$$\tau_{max} = \frac{Tr}{J} = \frac{Tr}{(\pi/32)(d_o^4 - d_i^4)} = \frac{T(0.0125)}{(\pi/32)(0.025^4 - 0.022^4)} = 814\,253\,T$$

由 (2-45) 式，

$$\tau = \frac{T}{2A_m t} = \frac{T}{2(\pi 0.0235^2/4)0.0015} = 768\,516\,T$$

以 (2-37) 式的答案為正確，則在薄壁管估算的誤差為 −5.6%。

開放式薄壁剖面

當薄壁中線沒有封閉，此剖面稱為**開放式剖面** (open section)，圖 2-27 呈現一些例子。承受扭矩的開放式剖面，當管壁為薄壁時，從**薄膜類比理論** (membrane analogy theory)[8] 推導其扭轉剪應力關係可得：

---

[8] 請看 S. P. Timoshenko and J. N. Goodier, *Theory of Elasticity*, 3rd ed., McGraw-Hill, New York, 1970, Sec. 109.

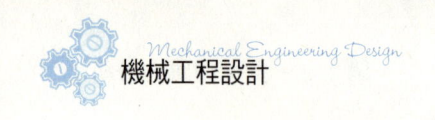

$$\tau = G\theta_1 c = \frac{3T}{Lc^2} \tag{2-47}$$

式中 τ 為剪應力、G 為剪彈性模數、θ_1 為單位長度扭轉角、T 為扭矩而 L 是壁厚中分線長度，壁厚以 c 標示 (而不是 t) 以提醒你現在是處理開放式剖面。經由研究在 (2-41) 式之後的表，你將會發現薄膜理論是假定 $b/c \to \infty$。請注意，設計時應該避免使用開放式薄壁剖面來承受扭矩。如同在 (2-47) 式所指出，剪應力和扭轉角分別與 c^2 和 c^3 成反比，因此，對薄的壁厚而言，應力與扭轉會變得相當大。舉例而言，考慮有一狹縫的薄圓管如圖 2-27 所示，對壁厚與外直徑的比值 $c/d_o = 0.1$ 時，對比於相同尺寸的封閉式剖面，此開放式剖面具有較大的應力與扭轉角，分別是封閉式剖面的 12.3 與 61.5 倍。

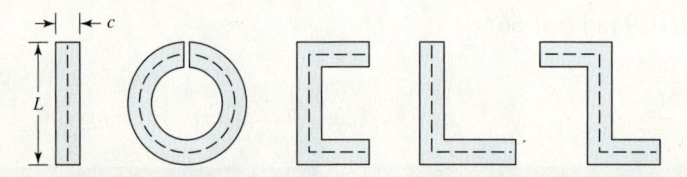

圖 2-27 一些開放式薄壁剖面。

範例 2-12

一 0.3 m 長的鋼條，厚 3 mm 而寬 25 mm，如圖 2-28 所示。若容許剪應力為 80 MPa 而剪彈性模數為 80 GPa，試求對應於容許剪應力的扭矩和扭轉角 (以角度為單位)：(a) 使用 (3-47) 式，與 (b) 使用 (2-40) 式和 (2-41) 式。

解答 (a) 此壁厚中分線的長度為 25 mm，由 (2-47) 式

$$T = \frac{Lc^2\tau}{3} = \frac{(0.025)(0.003)^2 \, 80 \times 10^6}{3} = 6 \text{ N} \cdot \text{m}$$

$$\theta = \theta_1 l = \frac{\tau l}{Gc} = \frac{80 \times 10^6 (0.3)}{80 \times 10^9 (0.003)} = 0.1 \text{ rad} = 5.7°$$

圖 2-28 一承受扭轉矩 T 之薄條鋼的剖面。

扭轉彈簧率 k_t 可表示成 T/θ：

$$k_t = 6/0.1 = 60 \text{ N} \cdot \text{m/rad}$$

(b) 由 (2-40) 式，

$$T = \frac{\tau_{max}bc^2}{3 + 1.8/(b/c)} = \frac{80 \times 10^6 (0.25)(0.003)^2}{3 + 1.8/(25/3)} = 5.6 \text{ N} \cdot \text{m}$$

由 (3-41) 式，以 $b/c = 25/3 = 8.3$ 代入，

$$\theta = \frac{Tl}{\beta bc^3 G} = \frac{5.6\,(0.3)}{0.307\,(0.025)\,(0.003)^3\,80 \times 10^9} = 0.1011 \text{ rad} = 5.8°$$

$$k_t = 5.6/0.1011 = 55.4 \text{ N} \cdot \text{m/rad}$$

此剖面並不薄，其 b 應該大於 c 至少 10 倍。在估算扭矩時，(3-47) 式提供比 (3-40) 式高 7.5％ 的值，而且比使用 108 頁表的值高出 8.5％。

2-13 應力集中

在推導拉伸、壓縮、彎曲與扭轉的基本應力方程式時，假設所考慮的元件內沒有幾何不規則性存在。但是要設計剖面都沒有稍許變化的機器元件相當困難。例如，旋轉軸上必須有軸肩的設計，以使軸承得以適當地定位並能承擔推力；而軸本身必須製作鍵槽，以使皮帶輪與齒輪的裝置穩固。螺栓一端具有螺栓頭，另一端則製作螺紋，這兩者都使剖面形狀有了突然的改變。其它元件需要孔、油槽及各種缺口。機器零件中任何點的不連續性都會改變其附近的應力分佈，使得基本應力方程式不再能描述零件在這些不連續點位置的應力狀態。此類不連續性稱為**應力提升子** (stress raiser)，而發生此種現象的區域則稱為**應力集中** (stress concentration) 區。應力集中也會從一些不規則但不是元件固有的地方產生，比如工具的標記、孔、缺口，凹槽或螺紋。

理論或**幾何應力集中因數** (theoretical, or geometric, stress-concentration factor) K_t 或 K_{ts} 用於關聯不連續處的實際最大應力與**標稱應力** (nominal stress)。這些因數由下列方程式定義：

$$K_t = \frac{\sigma_{\max}}{\sigma_0} \qquad K_{ts} = \frac{\tau_{\max}}{\tau_0} \tag{2-48}$$

其中 K_t 用於法向應力，而 K_{ts} 用於剪應力。標稱應力 σ_0 或 τ_0 是以基本應力方程式與淨面積或淨剖面積計算的應力。但有時候會以剖面總面積取代，所以在計算最大應力之前先仔細檢查 K_t 或 K_{ts} 的來源是聰明的作法。

應力集中因數的值僅取決於零件的**幾何形狀** (geometry)，也就是使用特殊的材料不會影響的 K_t 值。這就是為什麼稱它為**理論的** (theoretical) 應力集中因數的原因。

以分析幾何形狀來決定應力集中因數是一困難的問題，而且沒有多少解決辦法可以求得。大多數的應力集中因數是藉實驗的技巧得來的[9]。雖然已使用有限元素

---

[9] 最好的來源參考書為：W. D. Pilkey and D. F. Pilkey, *Peterson's Stress Concentration Factors*, 3rd ed., John Wiley & Sons, New York, 2008.

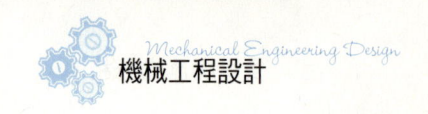

法，但元素的數量實際上是有限的，妨礙了尋求真正的最大應力。使用的實驗方法有光彈法 (photoelasticity)、網格法 (grid method)、脆性被覆法 (brittle coating)，以及電氣應變規法 (electrical strain-gauge method) 等。當然，網格法與應變規法遭受與有限元素法相同的缺點。

各種不同幾何形狀的應力集中因數，可以自表 A-15 與 A-16 中查得。

圖 2-29 所示為一個例子，它是承受拉力負荷的薄板，此薄板包含位於正中的孔。

承受**靜負荷** (static loading) 時，應力集中因數的使用方式如下所述。若為韌性材料 (ductile materials, $\epsilon_f \geq 0.05$)，應力集中因數通常不用於預測臨界應力，因為在該應力範圍內的塑性應變是局部的而且具有強化的效應。若為**脆性材料** (brittle materials, $\epsilon_f < 0.05$) 在與強度做比較前，幾何的應力集中因數使用於標稱應力。灰鑄鐵有許多固有的應力提升子，這些由設計者引入的應力提升子只有不多 (但是添加) 的效應。

圖 2-29 具橫向中心孔之薄板受拉力或純壓力，其淨拉力為 $F = \sigma_{wt}$，其中 t 是板厚。標稱應力由下式得出：

$$\sigma_0 = \frac{F}{(w-d)t} = \frac{w}{(w-d)}\sigma$$

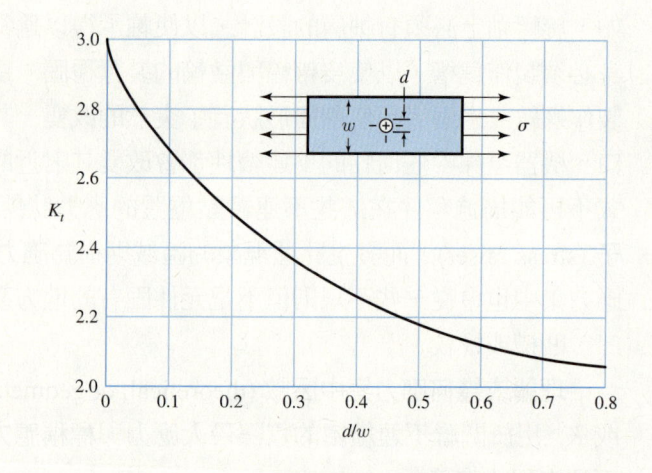

考慮一韌性材料製作的部件承受一漸漸施加的靜態負荷，使得在應力集中區的應力超過降伏強度，其降伏將被侷限於非常小的區域，而且永久變形和負荷釋放後之殘餘應力將是微不足道的，通常是可以容忍的。若降伏發生，其應力分佈將改變並趨於更均勻的分佈。在降伏發生的區域，韌性材料斷裂的危險性不大，但如果存在脆性斷裂的可能性，則應力集中必須認真處理。脆性斷裂並不僅僅局限於脆性材料。材料常考慮成是韌性，在某些條件下如：任何單一的應用程序、週期性負荷、靜態負荷的快速應用、低溫下的負荷與含有材料結構缺陷的部件，會以脆性方式破壞 (參閱第 4-12 節)。韌性材料加工過程的影響，例如硬化、氫脆及焊接，也會加速破壞。因此，當處理應力集中時應始終要小心。

對**動態負荷** (dynamic loading) 而言，應力集中效應對韌性與脆性材料皆是顯著的，而且必須始終考慮到 (參閱第 5-10 節)。

範例 2-13

如圖 2-30 所示的 2 mm 厚的桿件承受一 10 kN 定值作用力的軸向負荷。桿件材料已經過熱處理與焠火以提高其強度，因而已經失去了其大部分的延展性。現在要在此 40 mm 面寬的板中心上鑽透一孔，以讓纜索通過。一個 4 mm 的孔已足夠適合電纜，但 8 mm 鑽頭是現成的。裂紋比較可能在較大的孔或較小的孔或在圓角引發？

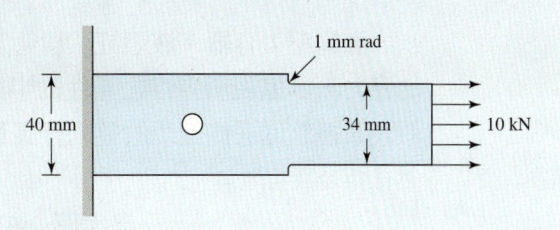

圖 2-30

解答 因為材料為脆性，因此靠近不連續處的應力集中效應必須考慮。首先處理該孔，對 4 mm 的孔，其標稱應力為

$$\sigma_0 = \frac{F}{A} = \frac{F}{(w-d)t} = \frac{10\,000}{(40-4)2} = 139 \text{ MPa}$$

由圖 A-15-1，以 $d/w = 4/40 = 0.1$ 可得理論應力集中因數 $K_t = 2.7$，則最大應力為

答案
$$\sigma_{\max} = K_t \sigma_0 = 2.7(139) = 380 \text{ MPa}$$

相同地，對 8 mm 的孔：

$$\sigma_0 = \frac{F}{A} = \frac{F}{(w-d)t} = \frac{10\,000}{(40-8)2} = 156 \text{ MPa}$$

以 $d/w = 8/40 = 0.2$ 可查得 $K_t = 2.5$，而最大應力為

答案
$$\sigma_{\max} = K_t \sigma_0 = 2.5(156) = 390 \text{ MPa}$$

雖然應力集中比 4 mm 孔來得高，但 8 mm 孔增大的標稱應力卻對最大應力有較大的影響。

對圓角而言，

$$\sigma_0 = \frac{F}{A} = \frac{10\,000}{(34)2} = 147 \text{ MPa}$$

由表 A-15-5，以 $D/d = 40/34 = 1.18$ 和 $r/d = 1/34 = 0.026$，查得 $K_t = 2.5$。

答案
$$\sigma_{\max} = K_t \sigma_0 = 2.5(147) = 368 \text{ MPa}$$

答案 裂紋最有可能發生在 8 mm 的孔，其次的可能是 4 mm 的孔，最不可能發生在圓角處。

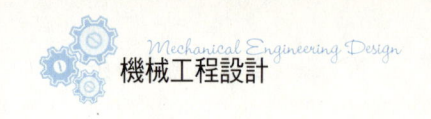

2-14 壓力圓筒中的應力

圓筒壓力容器、液壓缸、槍管及高壓流體流通的管子中都會發展出徑向與切向的應力，其值視所考慮之元件的半徑而定。在求徑向應力 σ_r 與切向應力 σ_t 時，將假設環繞整個圓筒圓周的縱向伸長量為定值，換言之，圓筒的剖面在承受應力後仍然維持為平面。

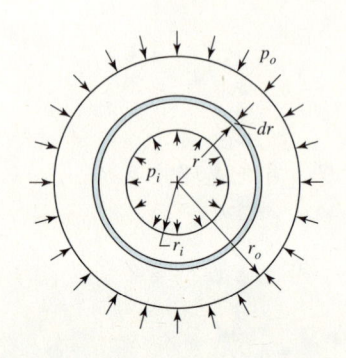

參考圖 2-31，我們將圓筒的內半徑標示為 r_i，外半徑標示為 r_o，內壓力標示為 p_i，外壓力標示為 p_o，於是可以證明切向應力與徑向應力存在，其值為[10]

$$\sigma_t = \frac{p_i r_i^2 - p_o r_o^2 - r_i^2 r_o^2 (p_o - p_i)/r^2}{r_o^2 - r_i^2}$$

$$\sigma_r = \frac{p_i r_i^2 - p_o r_o^2 + r_i^2 r_o^2 (p_o - p_i)/r^2}{r_o^2 - r_i^2} \tag{2-49}$$

圖 2-31 同時承受內壓力與外壓力的圓筒。

如往常一樣，正值代表張應力，負值代表壓應力。

在 $p_o = 0$ 的特殊狀況下，由 (2-49) 式得知：

$$\sigma_t = \frac{r_i^2 p_i}{r_o^2 - r_i^2}\left(1 + \frac{r_o^2}{r^2}\right)$$

$$\sigma_r = \frac{r_i^2 p_i}{r_o^2 - r_i^2}\left(1 - \frac{r_o^2}{r^2}\right) \tag{2-50}$$

(2-50) 方程式組的結果繪成圖 2-32，以顯示在整個壁厚上的應力分佈。必須瞭解的是當內部壓力對端部所造成的反力由壓力容器本身來承當時，縱向應力即存在，此應力之值為

$$\sigma_l = \frac{p_i r_i^2}{r_o^2 - r_i^2} \tag{2-51}$$

更須注意的是 (2-49)、(2-50) 與 (2-51) 等式僅能用於與端部有相當距離及遠離應力集中區的剖面上。

薄壁容器

當圓筒型壓力容器的壁厚為其半徑的十分之一或更小時，容器因壓力所引起的徑向應力遠比縱向應力小。在此情況下，切向應力可依下列作法求得：令內壓力 p 作用於壁厚為 t，內直徑為 d_i 的圓筒壁上。欲將單位長度的此圓筒分裂為兩半的作

---

[10] 請參閱 Richard G. Budynas, *Advanced Strength and Applied Stress Analysis*, 2nd ed., McGraw-Hill, New York, 1999, pp. 348-352.

圖 2-32 厚壁圓筒承受內部壓力的應力分佈。

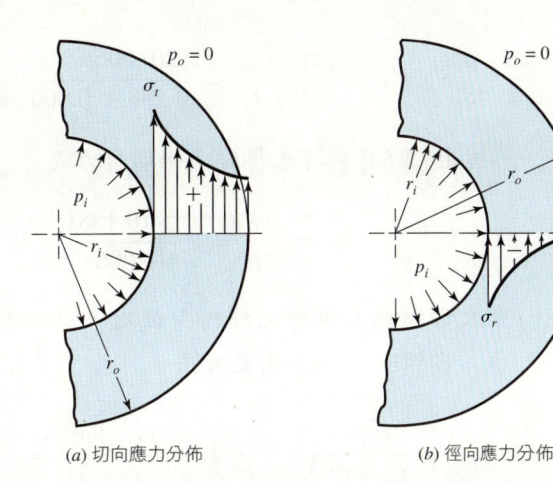

(a) 切向應力分佈   (b) 徑向應力分佈

用力為 pd_i，該力由切向應力抗拒之，也稱為**環應力** (hoop stress)，均勻地作用於承受應力的面積上。於是可得 $pd_i = 2t\sigma_t$，或

$$(\sigma_t)_{av} = \frac{pd_i}{2t} \tag{2-52}$$

由此式可求得平均 (average) 切向應力，而且其有效性與壁厚無關。對薄壁壓力容器而言，最大切向應力的近似值為

$$(\sigma_t)_{max} = \frac{p(d_i + t)}{2t} \tag{2-53}$$

式中的 $d_i + t$ 為平均直徑。

在封閉的圓筒中，由於壓力作用於容器的兩端，也存在著縱向應力 σ_l。如果假設此應力也均勻地分佈於壁厚上，可以很容易地求得其值為

$$\sigma_l = \frac{pd_i}{4t} \tag{2-54}$$

範例 2-14

某鋁合金壓力容器以外直徑為 200 mm，壁厚為 6 mm 的管子製成。

(a) 如果容許切向應力為 82 MPa，而且使用薄壁壓力容器的理論，試求容器能承擔的壓力為若干？

(b) 基於 (a) 部分所求得的壓力，試以厚壁圓筒的理論求各應力分量。

解答 (a) 此處 $d_i = 200 - 2(6) = 188$ mm, $r_i = 188/2 = 94$ mm 和 $r_o = 200/2 = 100$ mm. 則 $t/r_i = 6/94 = 0.064$。由於比值較 1/20 大，薄壁容器理論仍然不能產生安全的結果。

首先解 (2-53) 式以求得容許壓力，可得為

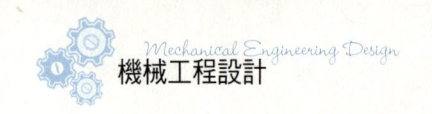

答案
$$p = \frac{2t(\sigma_t)_{\max}}{d_i + t} = \frac{2(0.006)(82)}{0.188 + 0.006} = 5.07 \text{ MPa}$$

然後由 (2-54) 式可求得縱向平均應力為

$$\sigma_l = \frac{pd_i}{4t} = \frac{2.54(0.188)}{4(0.006)} = 19.9 \text{ MPa}$$

(b) 最大切向應力將發生於內半徑處，所以在方程式對 (2-50) 式中的第一式，我們令 $r = r_i$，由此可得

答案
$$(\sigma_t)_{\max} = \frac{r_i^2 p_i}{r_o^2 - r_i^2}\left(1 + \frac{r_o^2}{r_i^2}\right) = p_i\frac{r_o^2 + r_i^2}{r_o^2 - r_i^2} = 2.54\frac{0.1^2 + 0.094^2}{0.1^2 - 0.094^2} = 41.1 \text{ MPa}$$

同樣地，從方程式對 (2-50) 式中的第二式可以求得最大徑向壓力為

答案
$$\sigma_r = -p_i = -2.54 \text{ MPa}$$

由 (2-51) 式可以求得縱向應力為

答案
$$\sigma_l = \frac{p_i r_i^2}{r_o^2 - r_i^2} = \frac{2.54(0.094)^2}{0.1^2 - 0.094^2} = 19.28 \text{ MPa}$$

σ_t 與 σ_r 就是主應力，因為這些表面上並沒有剪應力。請注意，在 (a) 和 (b) 部分得出的切向應力並沒有太明顯的差異，因而薄壁理論被認為是可以令人滿意地解決此問題。

2-15 旋轉環中的應力

許多迴轉元件，像是飛輪與鼓風機，可以簡化為迴轉環以求得各項應力。依此方式將發現，除了它們是由作用於環上所有質點的慣性力所導致之外，切向應力與徑向應力與由厚壁圓筒理論所得的應力相同。該切向應力與縱向應力承受到下列的限制：

- 環或圓盤的外半徑與壁厚的比較必須大於 $r_o \geq 10t$。
- 環或圓盤的厚度是均勻的。
- 應力在整個厚度上為定值。

所得的應力是[11]

---
[11] Ibid, pp. 348-357.

$$\sigma_t = \rho\omega^2 \left(\frac{3+\nu}{8}\right)\left(r_i^2 + r_o^2 + \frac{r_i^2 r_o^2}{r^2} - \frac{1+3\nu}{3+\nu}r^2\right)$$

$$\sigma_r = \rho\omega^2 \left(\frac{3+\nu}{8}\right)\left(r_i^2 + r_o^2 - \frac{r_i^2 r_o^2}{r^2} - r^2\right) \tag{2-55}$$

式中的 r 為所考慮之應力元素的半徑，ρ 為質量密度，而 ω 為以 rad/s 為單位之環的角速度。對迴轉圓盤而言，這些方程式中的 $r_i = 0$。

2-16 壓入與收縮配合

當兩個圓筒型零件以收縮或壓入配合的方式組合時，兩零件間將產生接觸壓力。由壓力導致的應力可以藉前一節中的方程式輕易地求得。

圖 2-33 顯示以收縮配合組合的兩圓筒型零件。在組合前，內零件的外半徑大於外零件的內半徑，此差異稱為**徑向干涉** (radial interference) δ；組合後，干涉接觸壓力在兩元件間的標稱半徑 R 處產生，導致每個零件接觸面上有徑向應力 $\sigma_r = -p$。此壓力為[12]

$$p = \frac{\delta}{R\left[\dfrac{1}{E_o}\left(\dfrac{r_o^2 + R^2}{r_o^2 - R^2} + \nu_o\right) + \dfrac{1}{E_i}\left(\dfrac{R^2 + r_i^2}{R^2 - r_i^2} - \nu_i\right)\right]} \tag{2-56}$$

式中材料性質的下標 o 和 i 分別對應於外零件和內零件。若兩零件為相同材料，以 $E_o = E_i = E$、$\nu_o = \nu_i$ 代入，則此關係式簡化成

$$p = \frac{E\delta}{2R^3}\left[\frac{(r_o^2 - R^2)(R^2 - r_i^2)}{r_o^2 - r_i^2}\right] \tag{2-57}$$

對 (2-56) 式或 (2-57) 式，假使 δ 為直徑干涉量 (兩倍的徑向干涉)，則式中的 R、r_i 和 r_o 都可以直徑取代。

圖 2-33 押入與伸縮配合的符號
(*a*) 組合前零件
(*b*) 組合後。

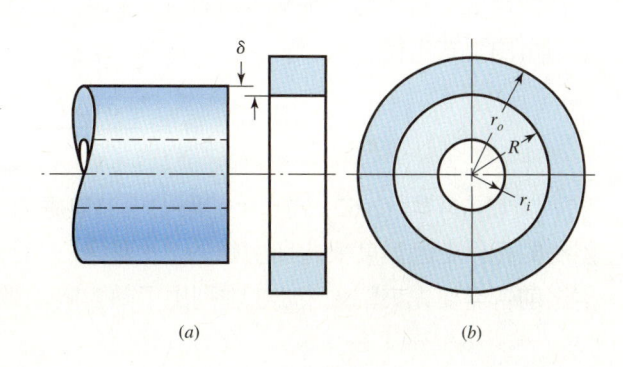

---
[12] Ibid, pp. 348-354.

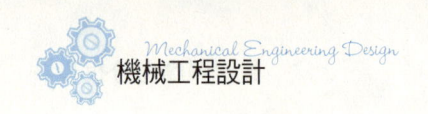

以求得之 p，可以用 (2-49) 式計算每一零件上的徑向與切向應力。對內零件而言，$p_o = p$ 和 $p_i = 0$；對外零件而言，$p_o = 0$ 和 $p_i = p$。例如，兩零件之切向應力值在過渡半徑 R 處為最大，對於內零件：

$$(\sigma_t)_i \bigg|_{r=R} = -p \frac{R^2 + r_i^2}{R^2 - r_i^2} \tag{2-58}$$

而對於內零件：

$$(\sigma_t)_o \bigg|_{r=R} = p \frac{r_o^2 + R^2}{r_o^2 - R^2} \tag{2-59}$$

假設

上述推導是假設兩零件都有相同長度，在輪轂以壓入配合到軸上的情形，這種假設並不真實，此時在輪轂的兩端其壓力將增大。習慣上允許這種情況可以採用應力集中因數處理，此應力集中因數值取決於接觸壓力與母配件的設計，但是理論值很少是大於 2。

2-17 溫度效應

當不受拘束的物體的溫度均勻地升高時，該物體將會膨脹，其法向應變為

$$\epsilon_x = \epsilon_y = \epsilon_z = \alpha(\Delta T) \tag{2-60}$$

式中的 α 為熱膨脹係數而 ΔT 為溫度變量，以度為單位。在此作用下，該物體經歷單純的體積增加，而剪應變分量均等於零。

如果直桿的兩端受到限制，以防止縱向膨脹，而且使其均勻地升高溫度，則由於軸向的拘束，將導致壓應力。該應力為

$$\sigma = -\epsilon E = -\alpha(\Delta T) E \tag{2-61}$$

同樣地，若對均勻平板的邊緣加以約束，也使其均勻地升高溫度，則產生的壓應力可由下式求得

$$\sigma = -\frac{\alpha(\Delta T) E}{1 - \nu} \tag{2-62}$$

以 (2-61) 與 (2-62) 式表示的應力稱為**熱應力** (thermal stress)，它是因受夾或受限制的元件上因溫度變化所引起的。例如，在熔接時會發生此種應力，因為零件在熔之前皆需要先夾緊。表 2-3 中列出了熱膨脹係數的約略值。

表 2-3　熱膨脹係數 (溫度 0-100°C 範圍內的線性平均係數)

材料	攝氏標度 ($°C^{-1}$)	華氏標度 ($°F^{-1}$)
鋁	$23.9(10)^{-6}$	$13.3(10)^{-6}$
鑄黃銅	$18.7(10)^{-6}$	$10.4(10)^{-6}$
碳鋼	$10.8(10)^{-6}$	$6.0(10)^{-6}$
鑄鐵	$10.6(10)^{-6}$	$5.9(10)^{-6}$
鎂	$25.2(10)^{-6}$	$14.0(10)^{-6}$
鎳鋼	$13.1(10)^{-6}$	$7.3(10)^{-6}$
不鏽鋼	$17.3(10)^{-6}$	$9.6(10)^{-6}$
鎢	$4.3(10)^{-6}$	$2.4(10)^{-6}$

2-18　受彎的曲樑[13]

曲線型撓曲元件中的應力分佈藉下列的假設求得：

- 剖面在彎曲平面中具有對稱軸。
- 平剖面於彎曲後仍然維持為平面。
- 受壓與受拉的彈性模數相等。

我們將找出曲樑的中立軸與形心軸，與直樑不同的是它們並不重合，而且應力不與到中立軸的距離成線性變化。出現在圖 2-34 中的符號定義如下：

r_o = 外側纖維的曲率半徑

r_i = 內側纖維的曲率半徑

h = 剖面的深度

c_o = 從中立軸至外側纖維的距離

c_i = 從中立軸至內側纖維的距離

r_n = 中立軸的曲率半徑

r_c = 形心軸的曲率半徑

e = 從形心軸至中立軸的距離

M = 彎矩；正直的 M 減少曲率

圖 2-34 中顯示了中立軸與形心軸並不重合。而中立軸相對於曲率中心 O 的位置可由下式求得

---

[13] 此節中之關係式的完整推導，請參考 Richard G. Budynas, *Advanced Strength and Applied Stress Analysis*, 2nd ed., McGraw-Hill, New York, 1999, pp. 309-317.

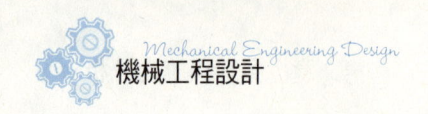

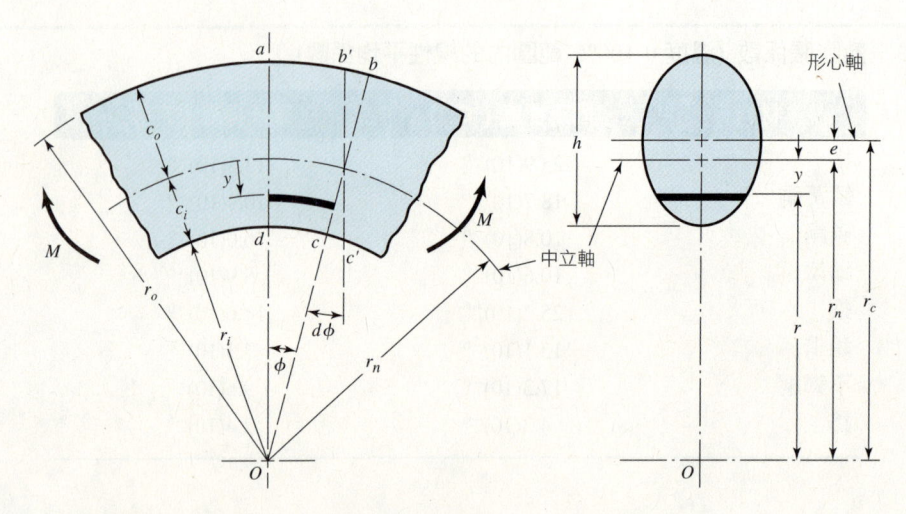

圖 2-34 請注意 y 在指向曲率中心 O 點的方向為正值。

$$r_n = \frac{A}{\int \frac{dA}{r}} \tag{2-63}$$

此外，它可以證明應力分佈由下式得出

$$\sigma = \frac{My}{Ae(r_n - y)} \tag{2-64}$$

式中 M 的正值方向如圖 2-34 中所示。(2-64) 式顯示應力成**雙曲線** (hyperbolic) 分佈，與直樑的線性分佈不同。發生於內側表面 ($y = c_i$) 與外側表面 ($y = -c_o$) 的臨界應力分別為

$$\sigma_i = \frac{Mc_i}{Aer_i} \qquad \sigma_o = -\frac{Mc_o}{Aer_o} \tag{2-65}$$

這些方程式適用於承受純彎矩的情況。於一般而且較廣義的情況中，例如起重機的吊鉤，壓床的 U 形機架或夾具的框架，其彎矩是由力作用於所考慮的剖面的某一距離處所導致。因此，剖面傳遞一彎矩和一軸向力，此軸向力是位在剖面的形心軸處，而彎矩是對形心軸計算。由於軸向力產生的拉應力或壓應力，可由 (2-22) 式求出，再加到由 (2-64) 與 (2-65) 式所得的彎應力，以求得作用於該剖面的合應力。

範例 2-15

試繪出圖 2-35a 中所示之起重機吊鉤的 A-A 剖面上的應力分佈。其剖面為矩形，$b = 18$ mm 與 $h = 100$ mm，而負荷 $F = 22$ kN。

解答 由於 $A = bh$，可得 $dA = b\,dr$，而由 (2-63) 式，

$$r_n = \frac{A}{\int \frac{dA}{r}} = \frac{bh}{\int_{r_i}^{r_o} \frac{b}{r} dr} = \frac{h}{\ln \frac{r_o}{r_i}} \qquad (1)$$

由圖 2-35b，可知 $r_i = 50$ mm、$r_o = 150$ mm、$r_c = 100$ mm 及 $A = 1800$ mm^2，因而由 (1) 式

$$r_n = \frac{h}{\ln(r_o/r_i)} = \frac{100}{\ln \frac{150}{50}} = 91 \text{ mm}$$

所以偏心量為 $e = r_c - r_n = 100 - 91 = 9$ mm。力矩 M 為正值，而且為 $M = Fr_c = 22(0.1) = 2.2$ kN·m，將應力的軸向分量加至 (2-64) 式，可得

$$\sigma = \frac{F}{A} + \frac{My}{Ae(r_n - y)} = \frac{22 \times 10^3}{1800 \times 10^{-6}} + \frac{(2.2 \times 10^3)(0.091 - r)}{1800 \times 10^{-6}(0.009)r} \qquad (2)$$

r 以 50 到 150 mm 的值代入，可得圖 2-35c 中的應力分佈，在內半徑與外半徑處的應力可求得分別為 123.6 與 −41.2 MPa，如圖所示。

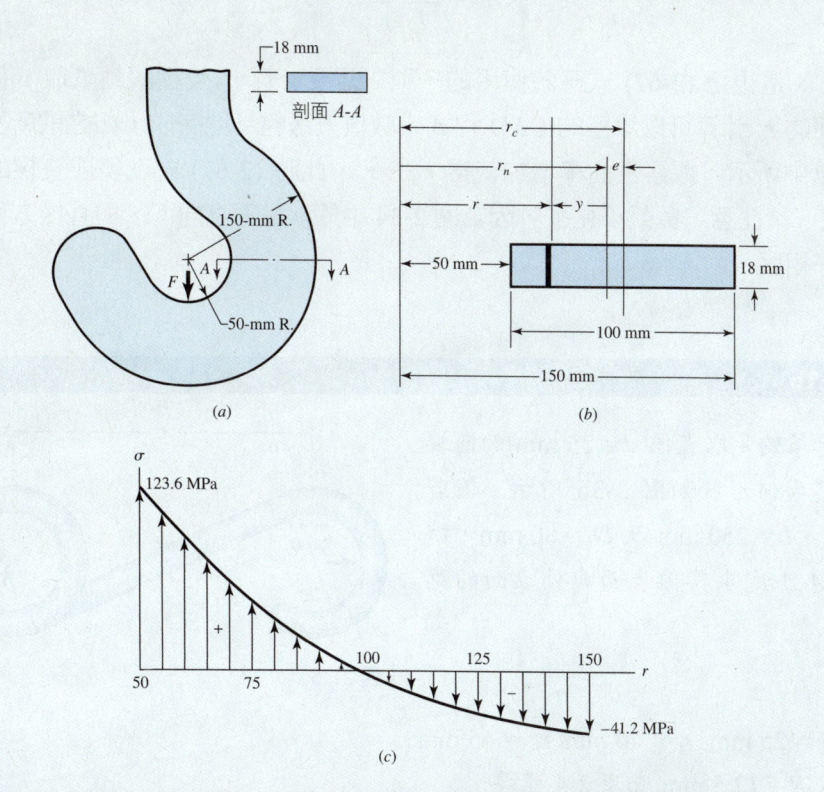

圖 2-35 (a) 起重機吊鉤平面圖；(b) 剖面與符號；(c) 導致的應力分佈。本題並無應力集中。

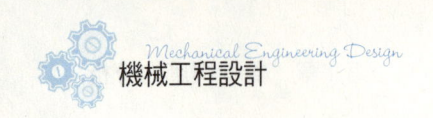

請注意，在起重機吊鉤的範例中，其對稱的矩形剖面導致最大的拉應力比最大壓應力大 3 倍。若設計時我們想要更有效地使用材料，則應在內半徑使用較多材料而外半徑使用較少材料。為此之故，一般常用梯形、T 或不對稱的剖面。在曲樑的應力分析最常遇到的剖面如表 2-4 所示。

e 的另一種計算

相較於 e，因為 r_n 與 r_c 的值通常是很大，如果不加小心，以數學方式計算 r_n 與 r_c 並減去差值可能會導致很大的誤差。因為 e 是在 (2-64) 與 (2-65) 式中的分母，所以很大誤差的 e 將會導致不準確的應力計算。此外，如果你有一個複雜的剖面而無法由查表處理，此時就需要計算 e 值的另一種方法。對於 e 值的一個快速和簡單的近似值，可證明為下式[14]

$$e \doteq \frac{I}{r_c A} \qquad (2\text{-}66)$$

對大曲率且其 e 較小與 $r_n \doteq r_c$，此近似式很好。將 (2-66) 式代入 (2-64) 式，並以 $r_n - y = r$ 可得

$$\sigma \doteq \frac{My}{I} \frac{r_c}{r} \qquad (2\text{-}67)$$

若 $r_n \doteq r_c$，這也是 (2-67) 式應該使用的，則只需要計算 r_c 及從該軸量取 y 值。一複雜剖面的 r_c 計算可以眾多的 CAD 程式或數值方法輕易地完成，如之前所提到的參考文獻中所示。觀察當曲率增加使得 $r \rightarrow r_c$，此時 (2-67) 式就變成直樑的公式 (2-24) 式。請注意，負號不見了，因為圖 2-34 中的 y 是垂直向下，與直樑方程式的方向正好相反。

範例 2-16

一多用途吊鉤是以直徑 $d = 25$ mm 的圓桿成型，其幾何形狀如圖 2-36 所示。假若 $F = 4$ kN、$L = 250$ mm 及 $D_i = 80$ mm，試在剖面 A-A 處求其內表面與外表面的應力。

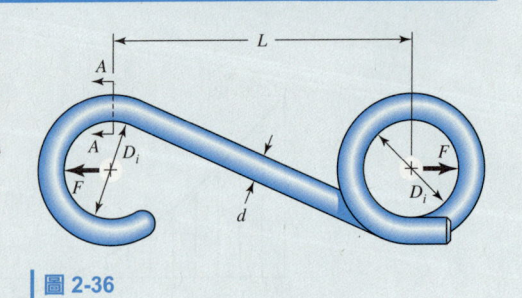

圖 2-36

解答 $d = 25$ mm, $r_i = 40$ mm, $r_o = 65$ mm.
以 $R = 12.5$ mm 查表 2-4 可得

---

[14] Ibid., pp. 317-321. 它同時還提出了一種數值方法。

表 2-4　各種曲樑剖面的公式

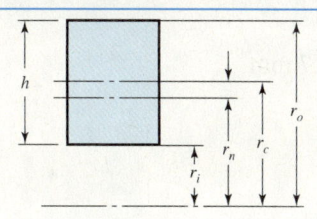

$$r_c = r_i + \frac{h}{2}$$

$$r_n = \frac{h}{\ln(r_o/r_i)}$$

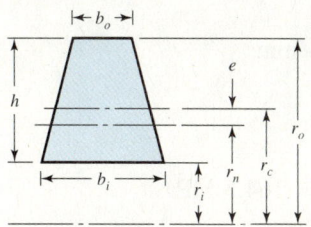

$$r_c = r_i + \frac{h}{3}\frac{b_i + 2b_o}{b_i + b_o}$$

$$r_n = \frac{A}{b_o - b_i + [(b_i r_o - b_o r_i)/h]\ln(r_o/r_i)}$$

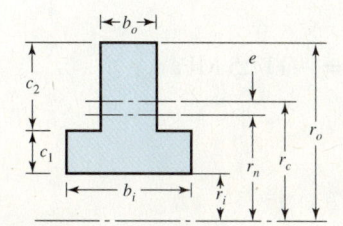

$$r_c = r_i + \frac{b_i c_1^2 + 2b_o c_1 c_2 + b_o c_2^2}{2(b_o c_2 + b_i c_1)}$$

$$r_n = \frac{b_i c_1 + b_o c_2}{b_i \ln[(r_i + c_1)/r_i] + b_o \ln[r_o/(r_i + c_1)]}$$

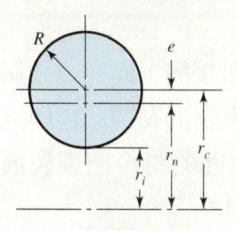

$$r_c = r_i + R$$

$$r_n = \frac{R^2}{2\left(r_c - \sqrt{r_c^2 - R^2}\right)}$$

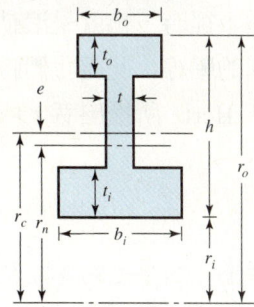

$$r_c = r_i + \frac{\frac{1}{2}h^2 t + \frac{1}{2}t_i^2(b_i - t) + t_o(b_o - t)(h - t_o/2)}{t_i(b_i - t) + t_o(b_o - t) + ht}$$

$$r_n = \frac{t_i(b_i - t) + t_o(b_o - t) + h t_o}{b_i \ln\dfrac{r_i + t}{r_i} + t \ln\dfrac{r_o - t_o}{r_i + t_i} + b_o \ln\dfrac{r_o}{r_o - t_o}}$$

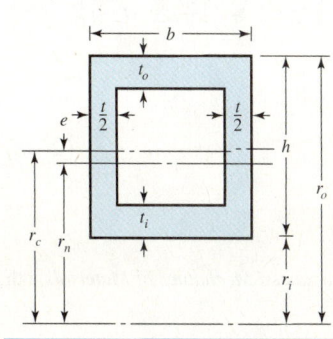

$$r_c = r_i + \frac{\frac{1}{2}h^2 t + \frac{1}{2}t_i^2(b - t) + t_o(b - t)(h - t_o/2)}{ht + (b - t)(t_i + t_o)}$$

$$r_n = \frac{(b - t)(t_i + t_o) + ht}{b\left(\ln\dfrac{r_i + t_i}{r_i} + \ln\dfrac{r_o}{r_o - t_o}\right) + t\ln\dfrac{r_o - t_o}{r_i + t_i}}$$

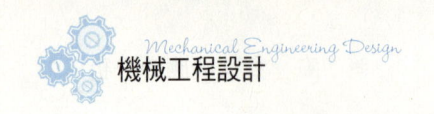

$$r_c = 40 + 12.5 = 52.5 \text{ mm}$$

$$r_n = \frac{12.5^2}{2(52.5 - \sqrt{52.5^2 - 12.5^2})} = 51.7 \text{ mm}$$

$$e = r_c - r_n = 52.5 - 51.7 = 0.8 \text{ mm}$$
$$c_i = r_n - r_i = 51.7 - 40 = 11.7 \text{ mm}$$
$$c_o = r_o - r_n = 65 - 51.7 = 13.3 \text{ mm}$$
$$A = \pi d^2/4 = \pi(25)^2/4 = 491 \text{ mm}^2$$
$$M = Fr_c = 4000(52.5) = 210\,000 \text{ N} \cdot \text{mm}$$

代入 (2-64) 式可得

答案
$$\sigma_i = \frac{F}{A} + \frac{Mc_i}{Aer_i} = \frac{4000}{491} + \frac{210\,000(11.7)}{491(0.8)(40)} = 164.5 \text{ MPa}$$

答案
$$\sigma_o = \frac{F}{A} - \frac{Mc_o}{Aer_o} = \frac{4000}{491} - \frac{210\,000(13.3)}{491(0.8)(65)} = -117.5 \text{ MPa}$$

2-19　接觸應力

當兩個具有曲面的物體壓在一起時，將由點或線接觸變成面接觸，而在這兩個物體中發展出三維應力。接觸應力的問題發生於車輪與車軌、車輛的閥門凸輪與挺桿、齒輪嚙合及滾動軸承的接觸，其典型的損壞方式則是在表面的材料出現**裂痕** (cracks)、**點蝕** (pits) 或**剝落** (flaking)。

接觸應力最廣泛的情況發生於各接觸物體具有雙重的曲率半徑時，也就是滾動面的半徑與垂直面的半徑不同時，此兩平面都通過接觸力作用的軸線。此處我們將僅討論球接觸與圓柱接觸兩種特殊情況[15]。此處呈現的結果為 Hertz 所提出者，所以通常稱為 **Hertzian 應力** (Hertzian stresses)。

球接觸

當直徑為 d_1 與 d_2 的兩個圓球，以力 F 壓在一起時，將產生一個半徑為 a 的圓形接觸區。若以 E_1、v_1 及 E_2、v_2 分別表示兩個球的彈性常數，則半徑 a 可以下式表示

$$a = \sqrt[3]{\frac{3F}{8} \frac{(1-v_1^2)/E_1 + (1-v_2^2)/E_2}{1/d_1 + 1/d_2}} \tag{2-68}$$

---

[15] 接觸應力的廣泛描述可參考 Arthur P. Boresi and Richard J. Schmidt, *Advanced Mechanics of Materials*, 6th ed., Wiley, New York, 2003, pp. 589-623.

在各球接觸區域中的應力呈現半球形分佈，如圖 2-37b 所示。最大應力發生於接觸區域的中央，其大小為

$$p_{\max} = \frac{3F}{2\pi a^2} \tag{2-69}$$

(2-68) 與 (2-69) 式是完全地普遍通用的，可應用於球與平面接觸或球與內球面接觸。對平面而言，$d=\infty$，對內球面則直徑為負值。

最大應力發生於 z 軸上，而且是主應力，其值為

$$\sigma_1 = \sigma_2 = \sigma_x = \sigma_y = -p_{\max}\left[\left(1 - \left|\frac{z}{a}\right|\tan^{-1}\frac{1}{|z/a|}\right)(1+\nu) - \frac{1}{2\left(1+\dfrac{z^2}{a^2}\right)}\right] \tag{2-70}$$

$$\sigma_3 = \sigma_z = \frac{-p_{\max}}{1 + \dfrac{z^2}{a^2}} \tag{2-71}$$

這些方程式對接觸的兩個球都適用，但 Poisson 比應對應於所考慮的球。如須計算不在 z 軸上的應力時，方程式會更加複雜，因為此時必須於方程式中引入 x 與 y 座標。但為了設計的目的則無此需要，因為最大值發生於 z 軸上。

(2-70) 與 (2-71) 式所描述之應力狀態的莫爾圓為一個點與兩個重合的圓。因為 $\sigma_1 = \sigma_2$，可知 $\tau_{1/2} = 0$ 而且

$$\tau_{\max} = \tau_{1/3} = \tau_{2/3} = \frac{\sigma_1 - \sigma_3}{2} = \frac{\sigma_2 - \sigma_3}{2} \tag{2-72}$$

圖 2-38 中顯示至表面下方 $3a$ 之範圍內的 (2-70)、(2-71) 與 (2-72) 式。請注意，剪

圖 2-37
(a) 兩個球以力 F 壓在一起；
(b) 跨直徑為 $2a$ 的接觸區，接觸應力呈現半球形分佈。

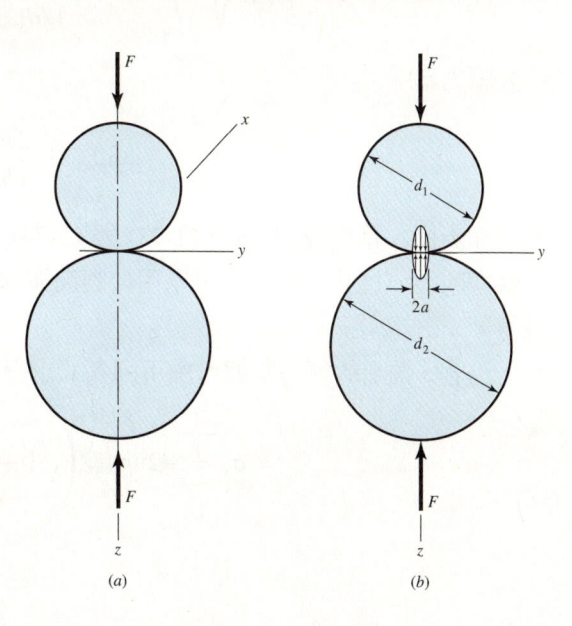

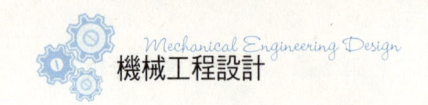

圖 2-38 表面下的應力分量值以球接觸之最大壓力的涵數表示。
請注意，最大的剪應力是略低於表面下，在 $z=0.48a$ 處，且約為 $0.3p_{max}$。此曲線圖是基於 Poisson 比值為 0.30 而得出，並注意，法向應力都是壓應力。

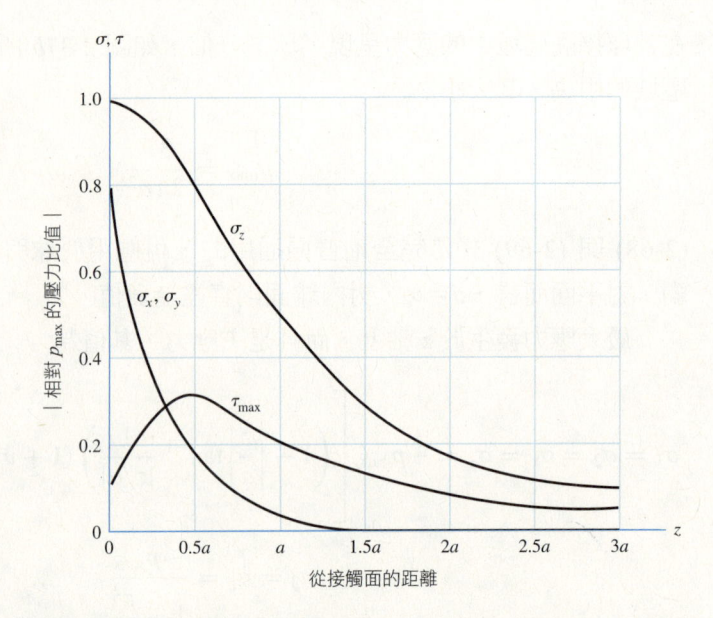

應力在略低於表面下方達到最大值，許多權威人士認為該最大剪應力應為造成接觸元件的表面發生疲勞損壞的主因。其解釋為：裂縫最先發生於表面下剪應力最大的點，然後逐漸延伸至表面，最後由潤滑油的壓力形成擠入作用，而使屑片脫落。

圓柱接觸

圖 2-39 中顯示了相似的情況，兩接觸元件為長度 l 的圓柱，其直徑分別為 d_1 與 d_2。如圖 2-39b 所示，其接觸區為一窄矩形，寬度為 $2b$，長度為 l，其壓力分佈為橢圓形。一半的寬度 b 可由下式求得

$$b = \sqrt{\frac{2F}{\pi l} \frac{(1-v_1^2)/E_1 + (1-v_2^2)/E_2}{1/d_1 + 1/d_2}} \tag{2-73}$$

最大壓力為

$$p_{max} = \frac{2F}{\pi bl} \tag{2-74}$$

對平面表面，藉由取 $d=\infty$，(2-73) 與 (2-74) 式可應用於圓柱與平面的接觸，像是車輪與軌道。這些方程式也可以用於圓筒與內圓筒面的接觸，此時內圓筒面的 d 取負值。

沿著 z 軸上的應力狀態可由下列各式求得

$$\sigma_x = -2v p_{max} \left(\sqrt{1 + \frac{z^2}{b^2}} - \left|\frac{z}{b}\right| \right) \tag{2-75}$$

圖 2-39 (a) 兩圓柱以力F壓在一起，F 是沿著長度的圓柱均勻分佈。(b) 跨寬度為 2b 的接觸區，接觸應力呈現橢圓形分佈。

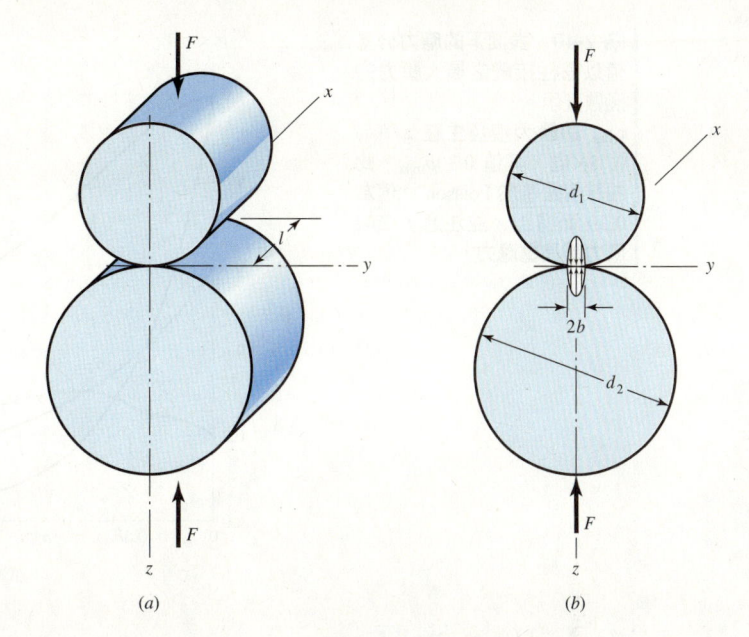

$$\sigma_y = -p_{max}\left(\frac{1+2\dfrac{z^2}{b^2}}{\sqrt{1+\dfrac{z^2}{b^2}}} - 2\left|\dfrac{z}{b}\right|\right) \qquad (2\text{-}76)$$

$$\sigma_3 = \sigma_z = \frac{-p_{max}}{\sqrt{1+z^2/b^2}} \qquad (2\text{-}77)$$

圖 2-40 中畫出了這三個式子一直到表面下方 3b 處的變化。當 $0 \leq z \leq 0.436b$ 時，$\sigma_1 = \sigma_x$ 且 $\tau_{max} = (\sigma_1 - \sigma_3)/2 = (\sigma_x - \sigma_z)/2$；當 $z \geq 0.436b$ 時，$\sigma_1 = \sigma_y$ 且 $\tau_{max} = (\sigma_y - \sigma_z)/2$。$\tau_{max}$ 的曲線圖也含在圖 2-40 中，其最大值發生在 $z/b = 0.786$ 處，其值為 $0.300\, p_{max}$。

當接觸區沒有剪應力存在時，Hertz (1881) 提供了前述應力場的數學模型。倘若接觸區存在著剪應力時，另一種重要的接觸情況為具有摩擦的**線接觸** (line of contact)。使用凸輪或滾子時，此剪應力很小，但是凸輪搭配平面從動件、車輪-軌道的接觸及齒輪的輪齒等情況下，這些應力將升高至高於 Hertz 應力場所得的值。由接觸區的法向應力與剪應力導致對應力場之影響的研究始於 Lundberg (1939) 的理論探討，並由 Mindlin (1949)、Smith-Liu (1949) 及 Poritsky (1949) 各自持續研究。進一步的細節，請參閱註腳 15 引述的參考文獻。

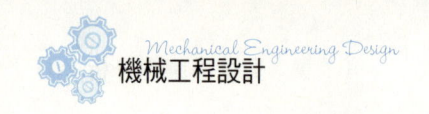

圖 2-40 表面下的應力分量值以圓柱接觸之最大壓力的涵數表示。τ_{max} 的最大值發生在 $z/b = 0.786$ 處，其值 $0.30p_{max}$。此曲線圖是基於 Poisson 比值為 0.30 而得出，並注意，法向應力都是壓應力。

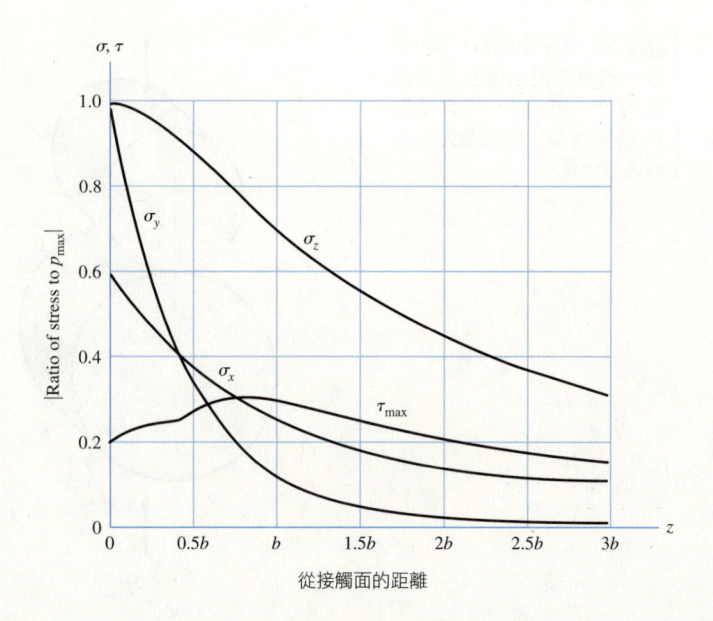

2-20 摘要

對工程師而言，能夠量化機械元件中臨界位置的應力狀況是很重要的能力。為什麼？因為該機件是否會失效是藉臨界位置的應力 (有害的應力) 與在此位置之對應的材料強度比較來評估。本章已討論了應力的描述。

在幾何形狀足夠單純使得理論能夠提供必要之量化關係式的地方，應力能得到很高精確度的評估。其它的情況下，則使用近似法。數值近似法如有限元素分析 (FEA)，其結果往往收斂於真實值。也有許多實驗量測，例如應變規，允許從量測所得的應變條件而**推測 (inference)** 應力。無論用什麼方法，都是為了強健地描述在臨界位置的應力狀況。

任何領域之研究結果與理解的本質是，從事得愈久，似乎涉及的事情愈多，並尋求新的處理方法幫助解決這些混亂。一旦引入新的計畫，迫切地追求承諾可以改進的新方法的工程師們，就開始使用該新方法。當另外的經驗加入一些重要的考量時，樂觀通常就會開始退縮。承諾會擴展非專家之能力的工作，終究會證明專業知識不是隨意可選擇的。

在應力分析中，如果必要的方程式可以取得，計算機將極有助益。試算表分析可以迅速地減少參數化研習的複雜計算，容易地操控"如果"與交換 (例如降低成本或使用較便宜的材料) 的問題，它甚至可以深入瞭解最佳化的機會。

當無法取得必要的方程式時，類似 FEA 的各種方法就非常吸引人，但是訂購時應小心。即使你已經使用了功能強大的 FEA 程式碼，在你學習時你應該求教於專家。對於不連續性的收斂有許多值得不斷地挑剔的問題。彈性分析遠較彈塑性分析容易，其結果並不比用來闡述該問題的實際模型來得好。

問題

註記星號 (*) 的問題表示與其它章的問題連結，這些連結的問題匯總於第 1-16 節中的表 1-1。

2-1* 至 2-4

對圖中的每一元件畫出其自由體圖，利用指定的代數方法或向量方法，計算每一作用力的大小和方向。

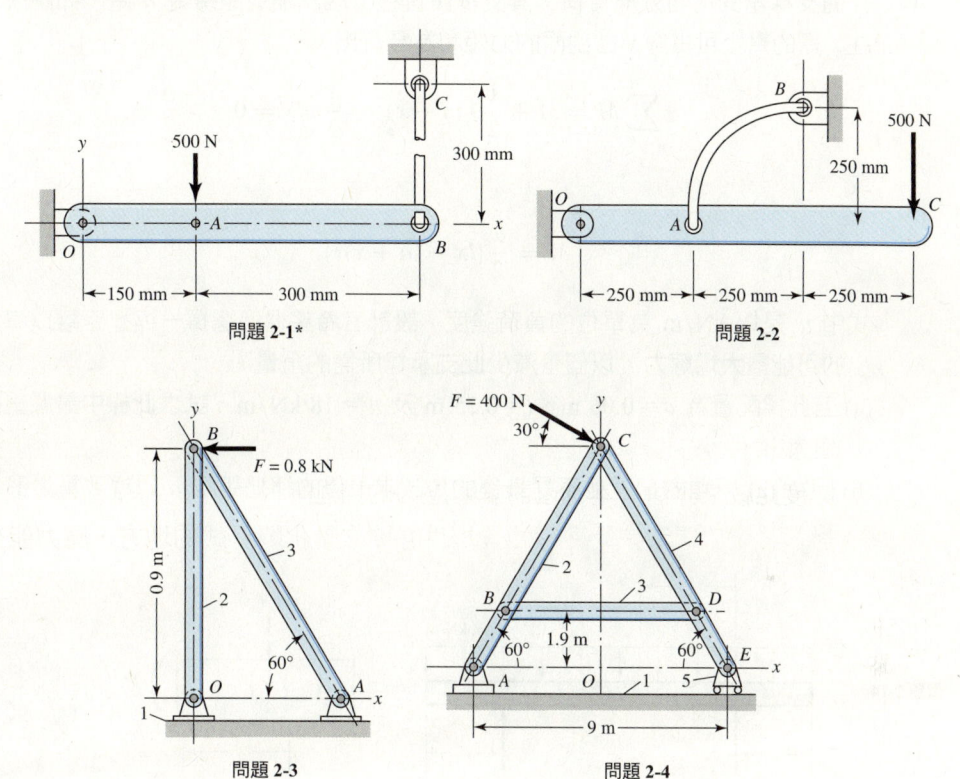

問題 2-1*

問題 2-2

問題 2-3

問題 2-4

2-5 至 2-8

如圖所示之樑，試求在支撐處的反力並畫出其剪力圖與彎矩圖。請正確地標示這些圖並提供在所有關鍵點的值。

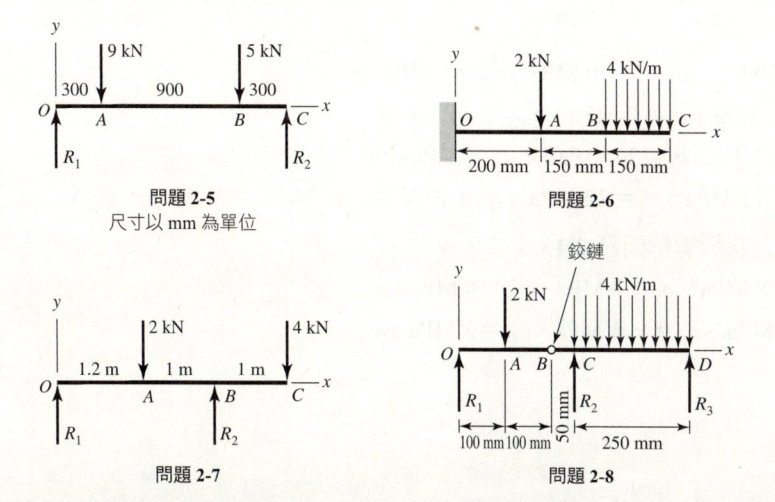

問題 2-5
尺寸以 mm 為單位

問題 2-6

問題 2-7

問題 2-8

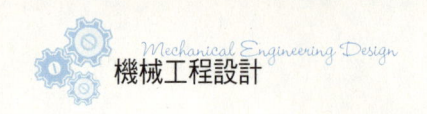

2-9 只使用奇異函數，重解問題 2-5 (包含反力)。

2-10 只使用奇異函數，重解問題 2-6 (包含反力)。

2-11 只使用奇異函數，重解問題 2-7 (包含反力)。

2-12 只使用奇異函數，重解問題 2-8 (包含反力)。

2-13 對表 A-9 中由你的老師指定的一樑，試推導其負荷、剪力、彎矩及支撐處反力的通式。請使用你的老師指定的方法。

2-14 一簡支樑承受均勻分佈負荷，其支撐設置在從端點縮退距離為 a 處，如圖所示。在 x 處的彎矩可由對 x 處剖面的力矩和為零得出：

$$\sum M = M + \frac{1}{2}w(a+x)^2 - \frac{1}{2}wlx = 0$$

或

$$M = \frac{w}{2}[lx - (a+x)^2]$$

式中 w 是以 kN/m 為單位的負荷強度。設計者希望通過選擇一縮退距離以導致最小的可能最大彎應力，以儘量減少此支承樑所需的重量。

(a) 若此樑配置為 $a = 0.06$ m、$l = 0.25$ m 及 $w = 18$ kN/m，試求此樑中最嚴重的彎矩大小。

(b) 因為 (a) 子題的配置並不是最優的，試求最優的縮退距離 a 以導致重量最輕的樑。

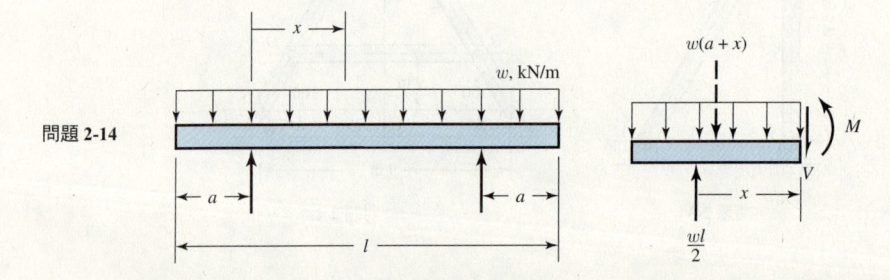

問題 2-14

2-15 對下列的每一平面應力狀態繪製正確標示的莫爾圓，試求主法向應力與主剪應力，並求由 x 軸至 σ_1 的角度。繪出如圖 2-11c 與 d 中的應力元素，並標示所有的細節。

(a) $\sigma_x = 20$ MPa、$\sigma_y = -10$ MPa、$\tau_{xy} = 8$ MPa cw
(b) $\sigma_x = 16$ MPa、$\sigma_y = 9$ MPa、$\tau_{xy} = 5$ MPa ccw
(c) $\sigma_x = 10$ MPa、$\sigma_y = 24$ MPa、$\tau_{xy} = 6$ MPa ccw
(d) $\sigma_x = -12$ MPa、$\sigma_y = 22$ MPa、$\tau_{xy} = 12$ MPa cw

2-16 以下列應力狀態重解問題 2-15：

(a) $\sigma_x = -8$ MPa、$\sigma_y = 7$ MPa、$\tau_{xy} = 6$ MPa cw
(b) $\sigma_x = 9$ MPa、$\sigma_y = -6$ MPa、$\tau_{xy} = 3$ MPa cw

(c) $\sigma_x = -4$ MPa、$\sigma_y = 12$ MPa、$\tau_{xy} = 7$ MPa ccw
(d) $\sigma_x = 6$ MPa、$\sigma_y = -5$ MPa、$\tau_{xy} = 8$ MPa ccw

2-17 以下列應力狀態重解問題 2-15：
(a) $\sigma_x = 12$ MPa、$\sigma_y = 6$ MPa、$\tau_{xy} = 4$ MPa cw
(b) $\sigma_x = 30$ MPa、$\sigma_y = -10$ MPa、$\tau_{xy} = 10$ MPa ccw
(c) $\sigma_x = -10$ MPa、$\sigma_y = 18$ MPa $\tau_{xy} = 9$ MPa cw
(d) $\sigma_x = 9$ MPa、$\sigma_y = 19$ MPa、$\tau_{xy} = 8$ MPa cw

2-18 對於下列的每一應力狀態，試求所有的三個主法向應力與主剪應力。試繪製三個圓的莫爾圓圖，並標示出值得關切之各個點。
(a) $\sigma_x = -80$ MPa、$\sigma_y = -30$ MPa、$\tau_{xy} = 20$ MPa cw
(b) $\sigma_x = 30$ MPa、$\sigma_y = -60$ MPa、$\tau_{xy} = 30$ MPa cw
(c) $\sigma_x = 40$ MPa、$\sigma_z = -30$ MPa、$\tau_{xy} = 20$ MPa ccw
(d) $\sigma_x = 50$ MPa、$\sigma_z = -20$ MPa、$\tau_{xy} = 30$ MPa cw

2-19 以下列應力狀態重解問題 2-18：
(a) $\sigma_x = 10$ MPa、$\sigma_y = -4$ MPa
(b) $\sigma_x = 10$ MPa、$\tau_{xy} = 4$ MPa ccw
(c) $\sigma_x = -2$ MPa、$\sigma_y = -8$ MPa、$\tau_{xy} = 4$ MPa cw
(d) $\sigma_x = 10$ MPa、$\sigma_y = -30$ MPa、$\tau_{xy} = 10$ MPa ccw

2-20 在某一點的應力狀態為 $\sigma_x = -6$、$\sigma_y = 18$、$\sigma_z = -12$、$\tau_{xy} = 9$、$\tau_{yz} = 6$ 和 $\tau_{zx} = -15$ MPa。試求其主應力，繪出一完整之三個圓的莫爾圓圖，並標示出值得關切之各個點，以及對此種情況報告其最大剪應力。

2-21 以 $\sigma_x = 20$、$\sigma_y = 0$、$\sigma_z = 20$、$\tau_{xy} = 40$、$\tau_{yz} = -20\sqrt{2}$ 和 $\tau_{zx} = 0$ MPa 重解問題 2-20。

2-22 以 $\sigma_x = 10$、$\sigma_y = 40$、$\sigma_z = 40$、$\tau_{xy} = 20$、$\tau_{yz} = -40$ 和 $\tau_{zx} = -20$ MPa 重解問題 2-20。

2-23 某直徑 12 mm 的鋼質拉力桿長 1.8 m，承受 9 kN 的負荷。試求張應力、總變形量、單位應變及該桿的直徑變化量。

2-24 將桿改成鋁質，負荷改為 1.8 kN，重解問題 2-23。

2-25 某直徑 30 mm 的銅質圓桿，長 1 m，降伏強度為 70 MPa。假設彈性變形，試求導致此圓桿直徑縮減 0.01 % 所需的軸向力。將軸向應力與降伏強度相比，檢驗彈性變形的假設是否有效？

2-26 於矩形框架的對角線上，使用一直徑為 d、初始長度為 l 的鋁合金拉力桿以防止框架倒塌。該桿可以安全地承受 σ_{allow} 的張應力。若 $d = 15$ mm、$l = 3$ m 及 $\sigma_{\text{allow}} = 135$ MPa，試求桿子需拉長若干才能產生出此一容許應力 σ_{allow}。

2-27 以 $d = 16$ mm、$l = 3$ m 及 $\sigma_{\text{allow}} = 140$ MPa 重解問題 2-26。

2-28 以 $d = 15$ mm、$l = 3$ m 及 $\sigma_{\text{allow}} = 105$ MPa 重解問題 2-26。

2-29 使用電應變規於一缺口試片以確定缺口處的應力，其結果為 $\epsilon_x = 0.0019$ 與

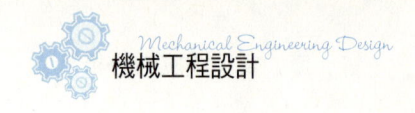

$\epsilon_y = -0.00072$。若材料為碳鋼，試求 σ_x 與 σ_y。

2-30 若材料為鋁，重解問題 2-29。

2-31 在解決設計上的不確定性，羅馬人的方法 (Roman method) 是建立該設計的一個令人滿意並已被證明耐用的複製品。雖然早期的羅馬人沒有智慧工具來處理尺寸的縮小或放大，你現在已有這樣的工具。考慮一矩形剖面的簡支樑承受一集中負荷 F，如圖所描述。

(a) 證明應力對負荷的關係方程式為

$$F = \frac{\sigma b h^2 l}{6ac}$$

(b) 將每一參數給予下標 m (表示模型)，並將其餘以上述方程式。引進一個比例因數：$s = a_m/a = b_m/b = c_m/c$ 等，因為羅馬人的方法不是"依靠"材料而是經過驗證的設計，所以設定 $\sigma_m/\sigma = 1$。試以比例因數與 F 表示 F_m，並對你所得到的結果做評論。

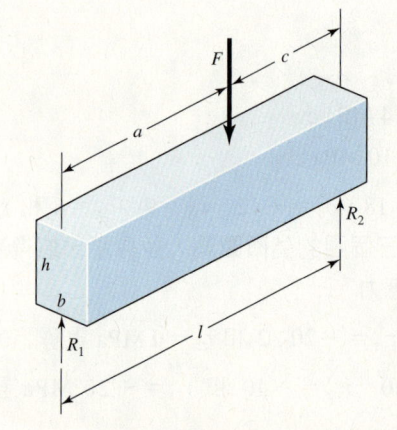

問題 2-31

2-32 使用我們對簡支樑承受集中負荷的經驗，考慮一簡支樑承受均勻分佈負荷 (表 A-9-7)。

(a) 對矩形剖面樑而言，證明其應力對負荷的關係方程式為

$$W = \frac{4}{3}\frac{\sigma b h^2}{l}$$

式中 $W = wl$。

(b) 將每一參數給予下標 m (表示模型)，並將此模型方程式除以原型方程式。如同問題 2-31，引進一個比例因數 s，設定 $\sigma_m/\sigma = 1$。試以比例因數表示 W_m 與 w_m，並對你所得到的結果做評論。

2-33 芝加哥北岸與米爾瓦基鐵道公司為一奔馳於其公司名稱中之兩城市間的電動軌道車輛公司。它的載客車廂如圖示，重 460 kN，具有 10 m 長的貨車中心，2 m 輪基貨車及 17 m 的連結長度。考慮單一車廂在 30 m 長簡支甲板大樑的橋上。

(a) 樑中的最大彎矩為若干？

(b) 該彎矩位於橋上的哪個位置？
(c) 該車在橋上的位置何在？
(d) 該彎矩在哪支輪軸下方？

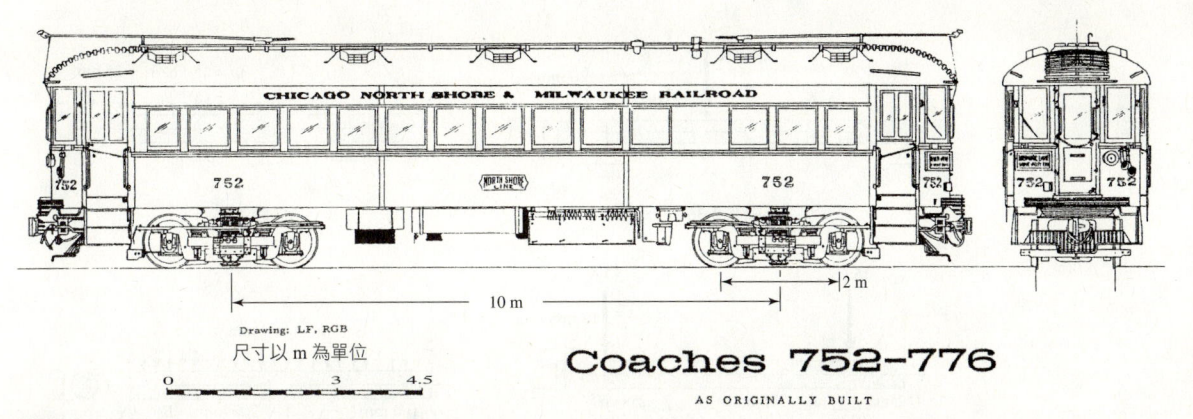

問題 2-33
版權所有 1963 by Central Electric Railfans Association, Bull. 107, p. 145 未經許可，不得轉載。

2-34 就圖示的各剖面，試求面積慣性矩、中立軸位置、中立軸至頂面及底面的距離。考慮此剖面傳遞對 z 軸的一正值彎矩 M_z，$M_z = 50\ \text{kN}\cdot\text{m}$，試求在其頂面與底面導致的應力以及在每個剖面突然改變處的應力。

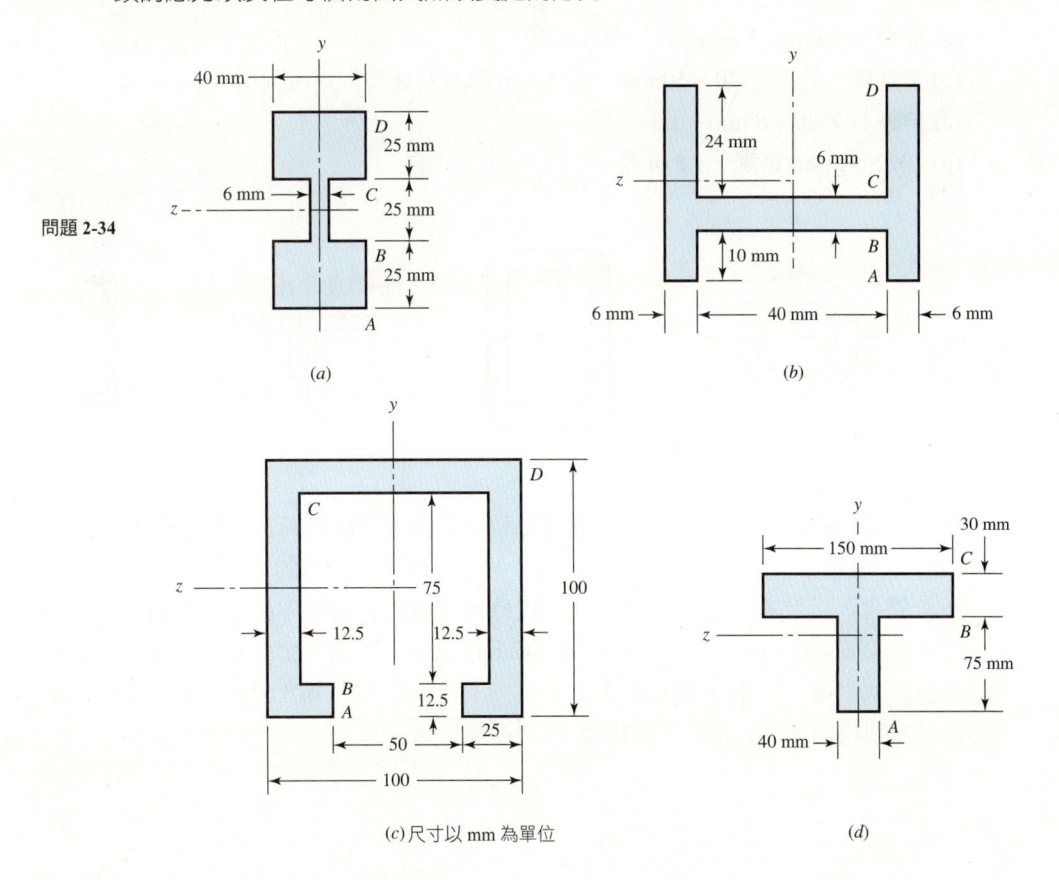

問題 2-34

(a)

(b)

(c) 尺寸以 mm 為單位

(d)

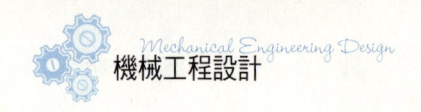

2-35 至 2-38

就圖示各樑，試求其由 M 導致之最大彎曲張應力與由 V 導致之最大剪應力的位置與大小。

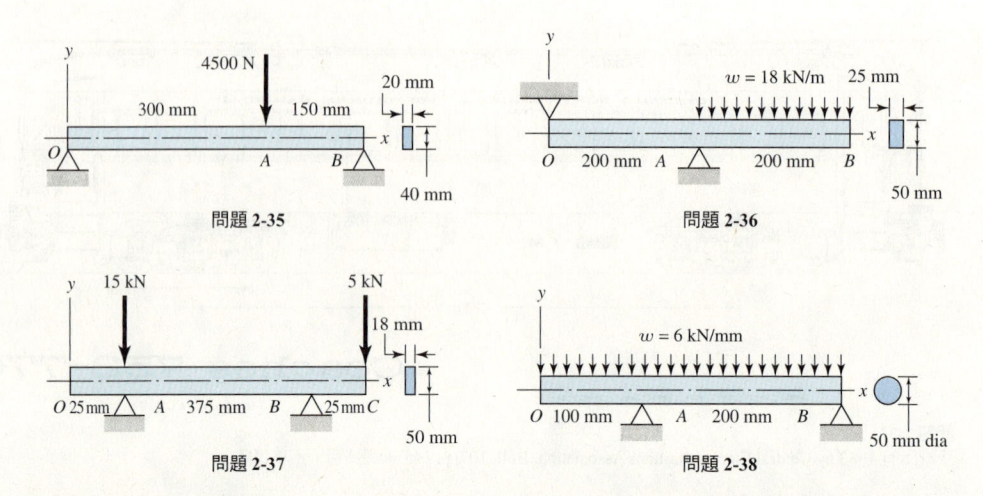

問題 2-35

問題 2-36

問題 2-37

問題 2-38

2-39 如圖所示的數個樑的剖面，若使用鋼材的容許彎曲應力為 80 MPa，試求每支樑可以承受之最大的安全均勻分佈負荷。以下所給予的長度是指兩簡單支撐處的距離。

(a) 標準 50 mm × 5 mm 圓管，3.6 m 長
(b) 空鋼管，外尺寸 70×50 mm，由 5 mm 厚材料成型與焊接而成，1.2 m 長
(c) 角鋼 80×80×6 mm，1.8 m 長
(d) 102×51 mm 槽鋼，1.8 m 長

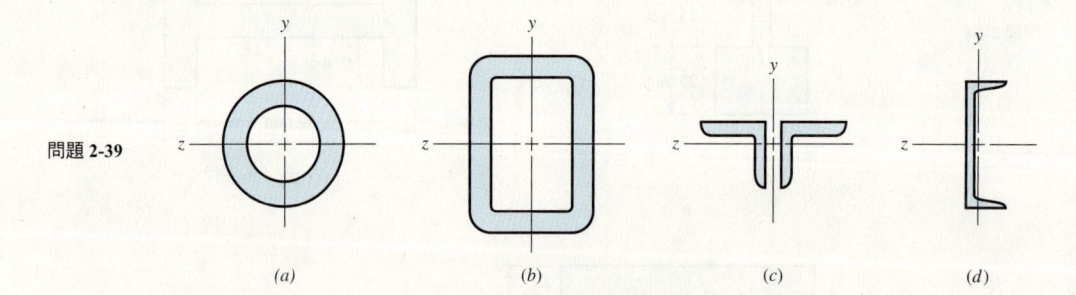

問題 2-39

2-40* 某絞鏈接頭的銷承受拉力負荷 F 而導致稍微彎曲，其反力與負荷的分佈如圖中的 (b) 部分所示。一般的簡化是假設均勻負荷分佈作用如圖中的 (c) 部分所示，若進一步簡化，設計者可考慮以點負荷取代分佈負荷載，如圖中的 (d) 與 (e) 部分所示。如果 $a = 12$ mm、$b = 18$ mm、$d = 12$ mm 及 $F = 4$ kN，試為此三個簡化模型估算其最大彎應力與由 V 導致的最大剪應力。從設計者的角度來看，以準確性、安全性和建模時間來比較此三種模型。

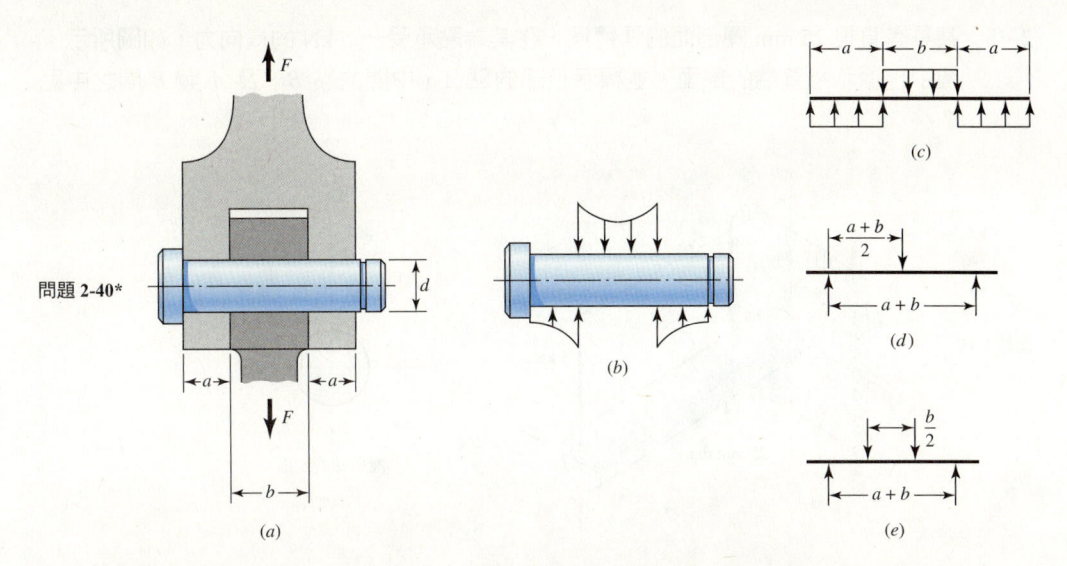

2-41 以 $a = 6$ mm、$b = 18$ mm、$d = 12$ mm 及 $F = 4$ kN 重解問題 2-40。

2-42 對問題 2-40 中描述的絞鏈接頭，假設其銷的最大容許拉應力為 200 MPa 而最大容剪應力為 100 MPa，試以圖中 (c) 部分所示的模型，對下列的每一種潛在損壞方式，求銷的最小直徑。

(a) 在銷中最大彎應力點處，考慮基於彎曲而損壞。

(b) 在絞鏈接合與 U 形夾之介面處，考慮基於銷之剖面上的平均剪力而損壞。

(c) 在銷中最大橫向剪應力點處，考慮基於剪力而損壞。

2-43 如圖所示之某支銷緊密地配合置入堅實元件的孔中。一般的分析是假設集中反力 R 與 M 距離 F 為 l。若假設反力沿著距離 a 分佈，則所產生的彎矩較集中反力所產生的彎矩大或小？負荷強度 q 為若干？對採用一般假設，你的觀點為何？

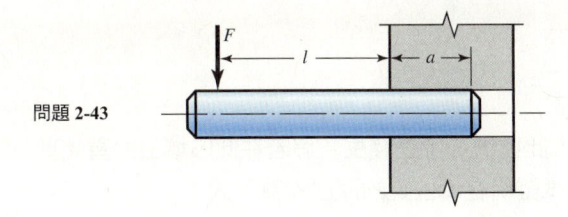

2-44 對圖示之樑，試求 (a) 最大拉伸和壓縮彎曲應力，(b) 由 V 導致的最大剪應力，及 (c) 樑中最大剪應力。

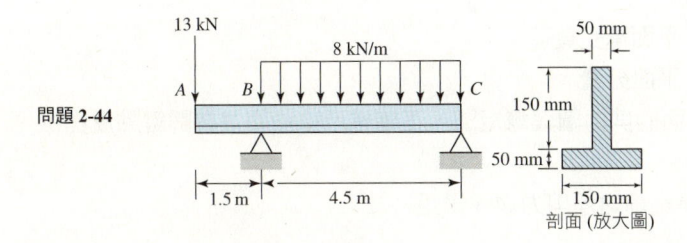

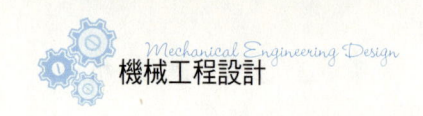

2-45 某具有直徑 25 mm 圓剖面的懸臂樑，在其端點承受一 5 kN 的橫向力，如圖所示。圖中也顯示牆壁端的剖面，並標示頂部的點 A、中間的點 B、及 A 與 B 間之中點 C。

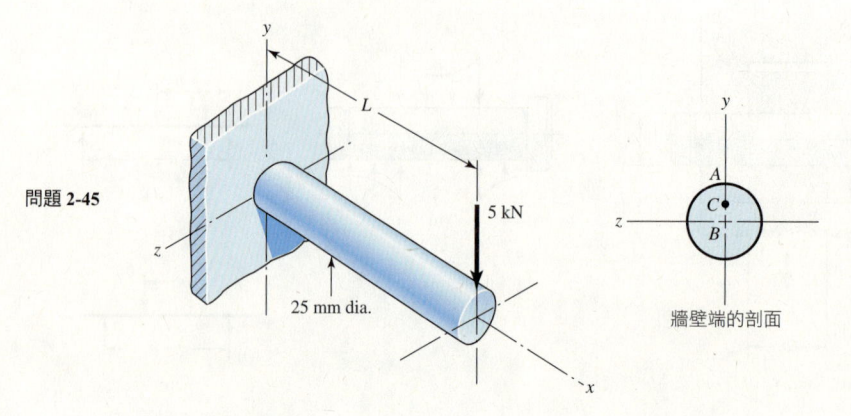

問題 2-45

以下列步驟討論：

(a) 假設 L = 250 mm，對點 A、B 和 C 繪製其三維的應力元素，標示坐標軸方向並顯示所有應力。試求在應力元素上的所有應力的值，不要忽略掉橫向剪應力；求出每一應力元素的最大剪應力。

(b) 對 (a) 部分中的每一應力元素，假若忽略掉橫向剪應力，試求其最大剪應力。忽略掉橫向剪應力時，計算在每一應力元素最大剪應力的誤差百分比。

(c) 以 L = 100、25 及 2.5 mm，重解此問題。比較所得的結果，並說明關於橫向剪應力與彎曲應力一起考慮之重要性的任何結論。

2-46 某具定值寬度 b 和可變深度 h 之矩形剖面的簡支樑，h 與 b 調合使得在承受距離左支撐處 a 與距離右支撐處 c 之負荷 F 時，在外表面上由於彎曲產生之最大應力 σ_x 為定值。試證明在 x 位置的深度 h 為下式：

$$h = \sqrt{\frac{6Fcx}{lb\sigma_{max}}} \qquad 0 \le x \le a$$

2-47 問題 2-46 中，當 x → 0 則 h → 0，此種情況不會發生。假若在此區域由於直接剪力，使得最大剪應力 τ_{max} 為定值，試證明在 x 位置的深度 h 為下式：

$$h = \frac{3}{2}\frac{Fc}{lb\tau_{max}} \qquad 0 \le x \le \frac{3}{8}\frac{Fc\sigma_{max}}{lb\tau_{max}^2}$$

2-48 至 2-49

圖示的樑在 xy 平面與 xz 平面承受負荷：

(a) 試求支撐處反力的 yz 平面分量。

(b) 繪製 xy 平面與 xz 平面的剪力圖與彎矩圖，正確標示這些圖並在關鍵點處提供其值。

(c) 試求在 (b) 部分的關鍵點處之淨剪力與淨彎矩。

(d) 試求最大拉伸彎應力。問題 2-48 使用問題 2-34 (a) 部分中的剖面；問題 2-49 則使用問題 2-39 (b) 部分中的剖面。

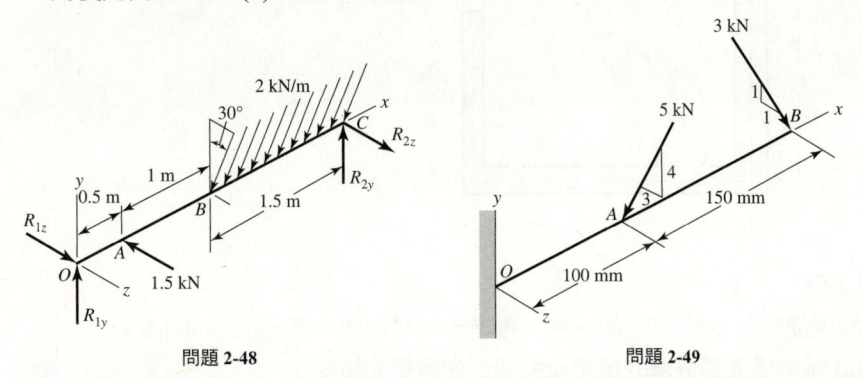

問題 2-48

問題 2-49

2-50 兩等長薄壁鋼管承受扭轉負荷進行比較，第一個為方形剖面，邊長 b 而壁厚為 t；第二個為直徑 b 的剖面且壁厚為 t。此兩種情況下，其最大的容許剪應力 τ_{all} 是相同的。比較其單位長度的扭轉角各為何？

2-51 某 25 mm 方形剖面之薄壁鋼管承受扭矩，此鋼管壁厚為 $t = 2$ mm，長 1 m，最大容許剪應力為 80 MPa。試求可以施加的最大扭矩及此鋼管對應的扭轉角。
(a) 假設在四個角的內半徑 $r_i = 0$。
(b) 假設在四個角的內半徑更實際些而取為 $r_i = 3$ mm。

問題 2-51

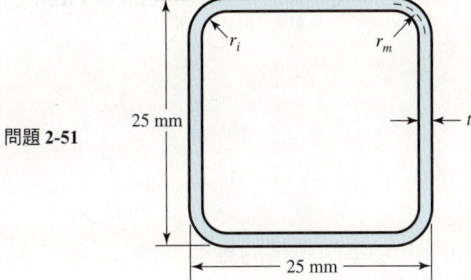

2-52 如圖所示之薄壁開放式剖面用來傳遞一扭矩 T，每支腳的單位長度扭轉角可以用 (2-47) 式分別求得如下式：

$$\theta_1 = \frac{3T_i}{GL_i c_i^3}$$

對此題，式中 $i = 1$、2、3，而 T_i 表示在腳 i 的扭矩。假設每支腳的單位長度扭轉角都相同，試證明：

$$T = \frac{G\theta_1}{3} \sum_{i=1}^{3} L_i c_i^3 \quad \text{和} \quad \tau_{max} = G\theta_1 c_{max}$$

問題 2-52

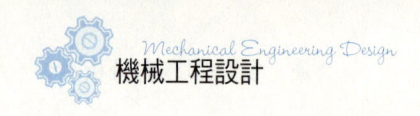

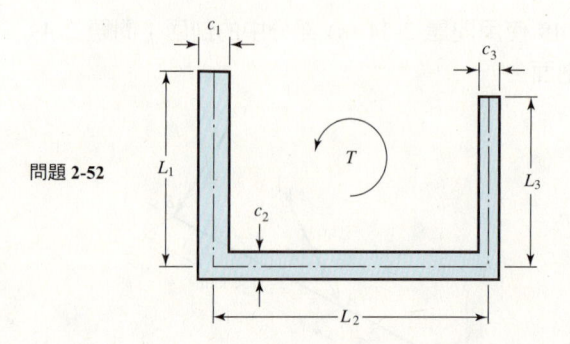

2-53 至 2-55

利用從問題 2-52 得到的結果，考慮一鋼材剖面，其 $\tau_{\text{allow}} = 80$ MPa。
(a) 試求每支腳傳遞的扭矩及整個剖面傳遞的扭矩。
(b) 試求單位長度扭轉角。

問題題號	c_1	L_1	c_2	L_2	c_3	L_3
2–53	2 mm	20 mm	3 mm	30 mm	0	0
2–54	1.5 mm	18 mm	3 mm	25 mm	1.5 mm	15 mm
2–55	2 mm	20 mm	3 mm	30 mm	2 mm	25 mm

2-56 兩條長 300 mm 的矩形鋼帶置放一起，如圖所示。以最大容許剪應力 80 MPa，試求其最大扭矩、扭轉角及扭轉彈簧率。請將此結果與一條剖面為 30 mm×4 mm 的鋼帶相比較。

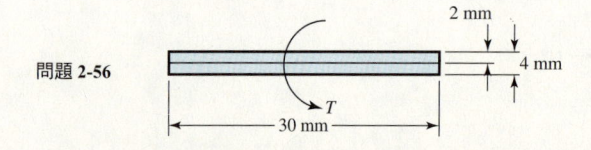

問題 2-56

2-57 以最大容許剪應力為 70 MPa，試求傳遞 40 kW 功率時所需的軸徑。當
(a) 軸的轉速為 2500 rev/min。
(b) 軸的轉速為 250 rev/min。

2-58 以容許剪應力為 140 MPa 及 37 kW 功率，重解問題 2-57。

2-59 以容許剪應力為 50 MPa，試求經由直徑 30 mm 轉軸在轉速為 2000 rpm 傳遞的功率為多少？

2-60 直徑 20 mm 的鋼桿當作扭轉彈簧使用，當此桿的一端扭轉 15° 時，若桿中的扭轉應力不超過 110 MPa，試求鋼桿所需的長度為多少？

2-61 直徑 20 mm 長 0.6 m 的鋼桿當作扭轉彈簧使用，若桿中的扭轉應力不超過 210 MPa，則此桿的最大扭轉角為多少？

2-62 用於傳遞扭矩的實心鋼軸直徑為 40 mm，以外徑 40mm 內徑 36 mm 的空心軸取代。若材料的強度相同，則傳遞的扭矩減少的百分比為多少？而軸的重量減少的百分比為多少？

2-63 將問題 2-62 一般化，即直徑為 d 的實心鋼軸以相同材料的空心軸取代，此空心軸

的外徑為 d 而內徑為外徑的一部分，等於 $x \times d$，其中 x 為 0 到 1 之間的任意值。請推導僅以 x 表示之傳遞扭矩減少的百分比與軸重量減少的百分比。請注意，在此比較中，軸的直徑與長度及材料並不需要。將這兩結果以 $0 < x < 1$ 範圍之相同軸線繪製，由繪製的圖，得到重量減少百分比和扭矩減少百分比兩者最大差異的 x 值大約是多少？

2-64 欲以空心軸傳遞 4200 N．m 的扭矩，並依扭轉應力不得超過 120 MPa 來選定尺寸。
(a) 若內直徑為外直徑的 70%，應使用什麼尺寸的軸？請使用優先尺寸。
(b) 若施以全扭矩時，試求軸內側的應力為多少？

2-65 圖中所示為某無端皮帶輸送機的驅動滾子，此滾子直徑為 120 mm 且由額定功率 1.5 kW 的齒輪馬達驅動以 10 rev/min 轉動。若容許扭轉應力為 80 MPa，試求合適的軸徑 d_C。
(a) 若該馬達的啟動扭矩為運轉扭矩的兩倍，則你所選定尺寸的軸中，其應力為若干？
(b) 彎應力是否可能成為問題？不同的滾子長度 B 對彎曲的影響為何？

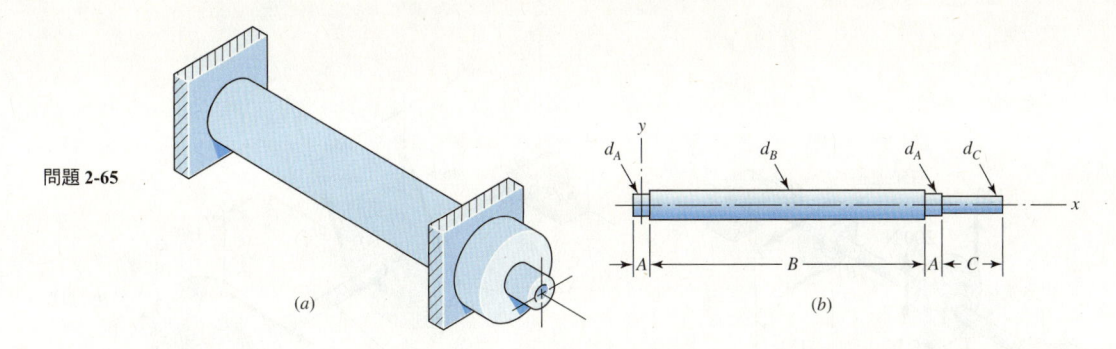

問題 2-65

3-66 若問題 2-65 之皮帶輸送機的驅動滾子直徑為 150 mm，且由額定功率 1 kW 的齒輪馬達驅動以 8 rev/min 轉動。若以容許扭轉應力為 75 MPa，試求合適的軸徑 d_C。

3-67 承受扭矩負荷的兩軸，具有相同的材料、長度與剖面積。其中一軸為實心方形剖面，另一軸為實心圓形剖面。
(a) 那支軸有較大的最大剪應力？大多少百分比？
(b) 那支軸有較大的扭轉角 θ？大多少百分比？

2-68* 至 2-71*
如圖所示之某傳動中間軸上有兩個 V 型皮帶的帶輪。帶輪 A 的動力透過皮帶來自馬達，皮帶的張力如圖所示，該動力再經由此軸傳遞到帶輪 B 上的皮帶。假設帶輪 B 的鬆邊皮帶張力為緊邊皮帶的 15%。
(a) 假設軸以定速轉動，試求帶輪 B 上的皮帶張力。
(b) 假設軸承扮演類似簡支承，試求軸承反力的大小。
(c) 繪製此軸的剪力圖與彎矩圖，若有需要，繪製一組水平面的及另一組垂直平面的。

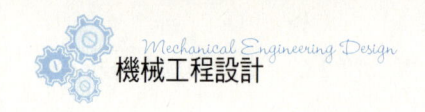

(d) 在最大彎矩處，試求其彎應力與扭轉剪應力。

(e) 在最大彎矩處，試求其主應力與最大剪應力。

問題 2-68*

問題 2-69*

問題 2-70*
尺寸以 mm 為單位

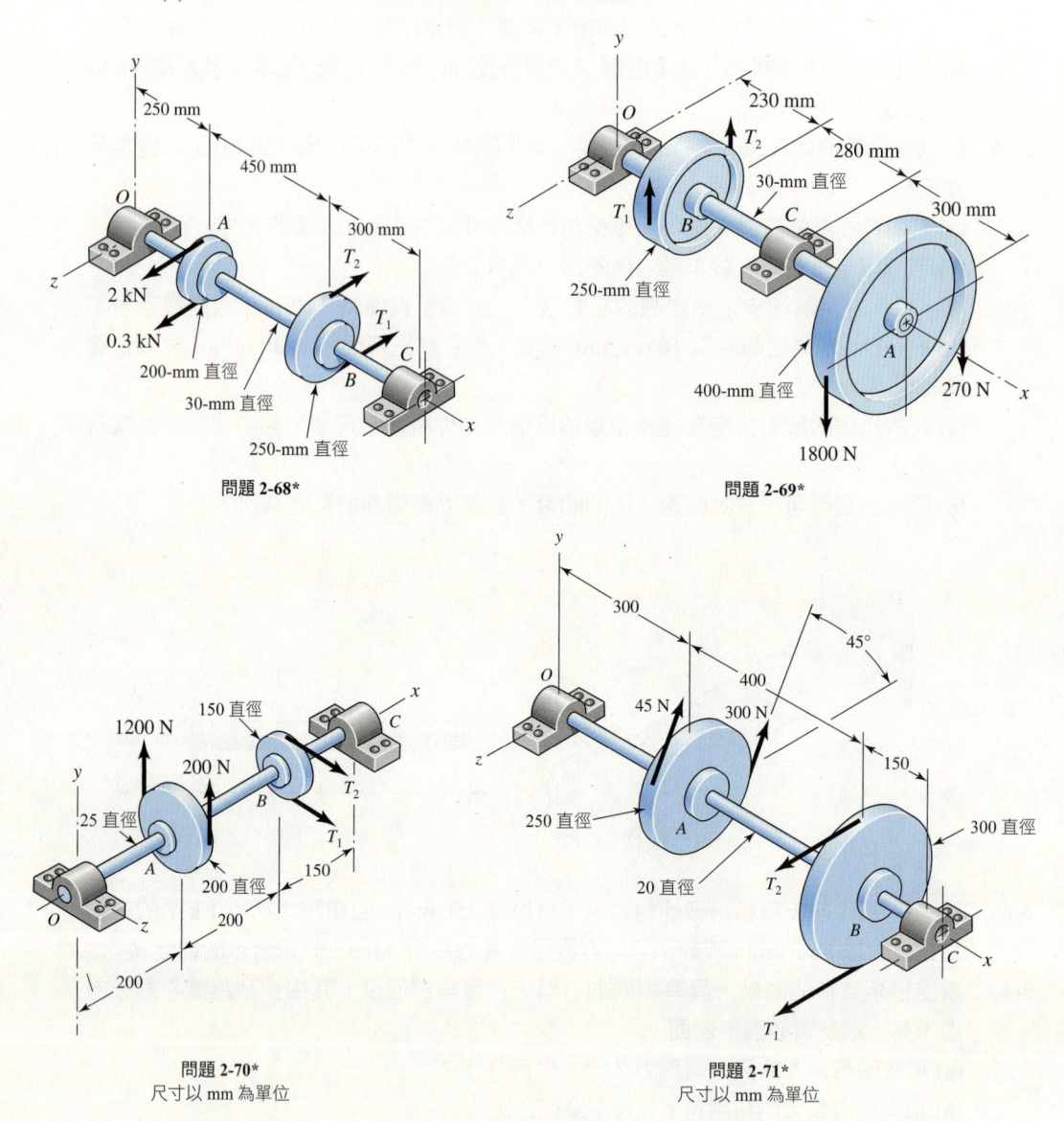

問題 2-71*
尺寸以 mm 為單位

2-72* 至 2-73*

某齒輪減速機使用如圖所示之中間傳動軸，齒輪 A 從另一齒輪以傳遞作用力 F_A 作用於如圖所示之壓力角 20° 處而接收動力，然後該動力經由此中間傳動軸，再經由齒輪 B 以一傳遞作用力 F_B 作用於如圖所示之壓力角處而送出。

(a) 假設軸以定速轉動，試求作用力 F_B。

(b) 假設軸承扮演類似簡支承，試求軸承反力的大小。

(c) 繪製此軸的剪力圖與彎矩圖，若有需要，繪製一組水平面的及另一組垂直平面的。

(d) 在最大彎矩處，試求其彎應力與扭轉剪應力。

(e) 在最大彎矩處，試求其主應力與最大剪應力。

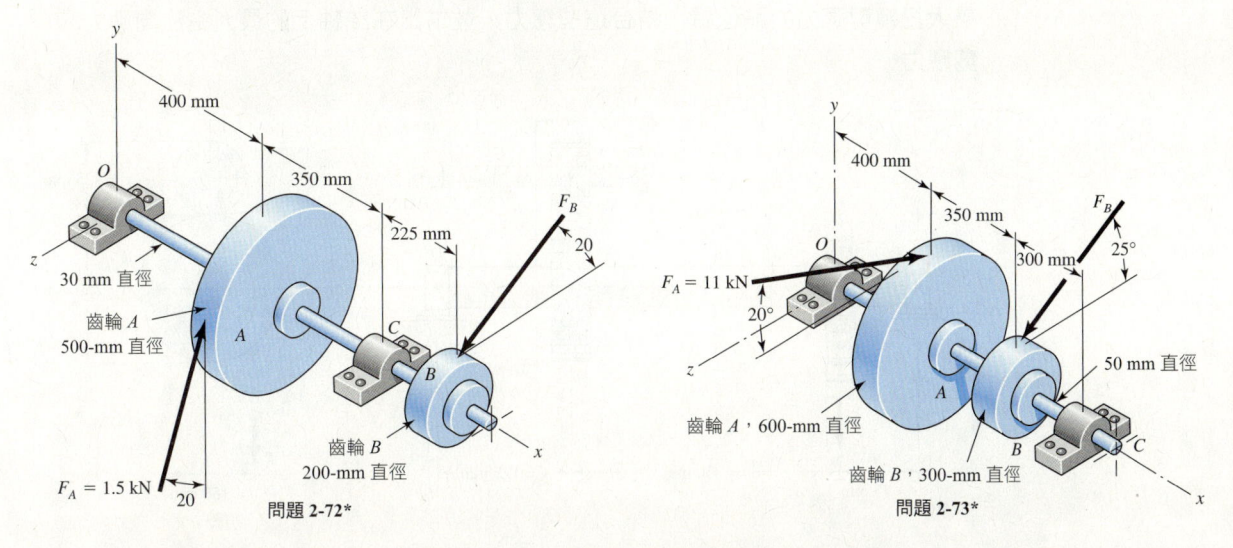

問題 2-72*

問題 2-73*

2-74* 如圖中所示，軸 AB 經由一組傘齒輪在E點接觸而傳遞動力到軸 CD。作用在齒輪軸 CD 的接觸作用力為 $(\mathbf{F}_E)_{CD} = -400\mathbf{i} - 1600\mathbf{j} + 3600\mathbf{k}$ N。試對軸 CD：(a) 畫出其自由體圖，假設其為簡支承 (同時假設軸承 C 承受軸向推力負荷)，求出在軸承 C 與軸承 D 處的反力；(b) 繪製此軸的剪力圖與彎矩圖；(c) 對臨界應力元素，試求其扭轉剪應力、彎應力及軸向應力；(d) 對臨界應力元素，試求其主應力與最大剪應力。

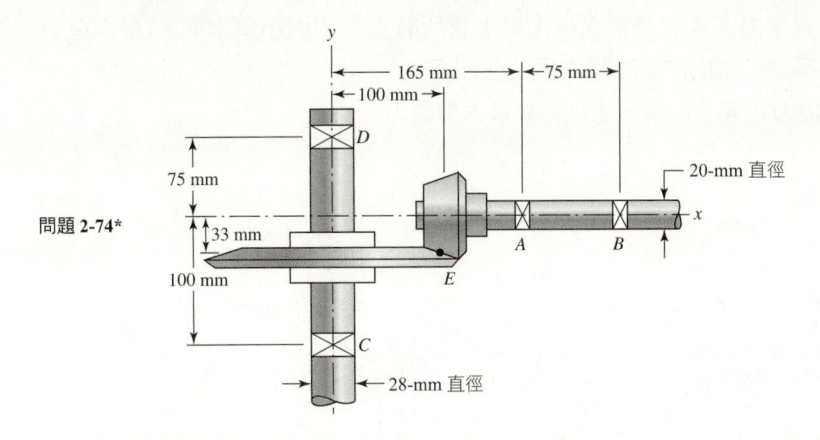

問題 2-74*

2-75 重解問題 2-74，惟在 E 點的接觸力是 $(\mathbf{F}_E)_{CD} = -200\mathbf{i} - 600\mathbf{j} + 1800\mathbf{k}$ N 與 a 軸徑為 25 mm。

2-76* 對軸 AB 重解問題 2-74，假設軸承 A 承受軸向推力負荷。

2-77* 扭矩 $T = 100$ N·m 作用於以固定速度旋轉並含齒輪 F 的轉軸 EFG 上，齒輪 F 經由齒輪 C 傳遞扭矩至軸 ABCD，再驅動位於 B 處的鏈輪而傳遞出一作用力 P，如圖所示。鏈輪 B、齒輪 C 及齒輪 F 的節圓直徑分別為 $a = 150$、$b = 250$ 及 $c =$

105

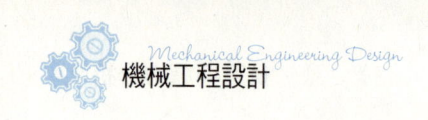

125 mm。齒輪之間的所有接觸力都經由壓力角 $\phi = 20°$ 傳遞。假設沒有摩擦損失,而且將 A、D、E 及 G 處的軸承視為簡支承,試求在軸上有最大彎曲拉應力與最大扭轉剪應力的點位置。結合這些應力,並求出在該軸上的最大主法向應力和剪應力。

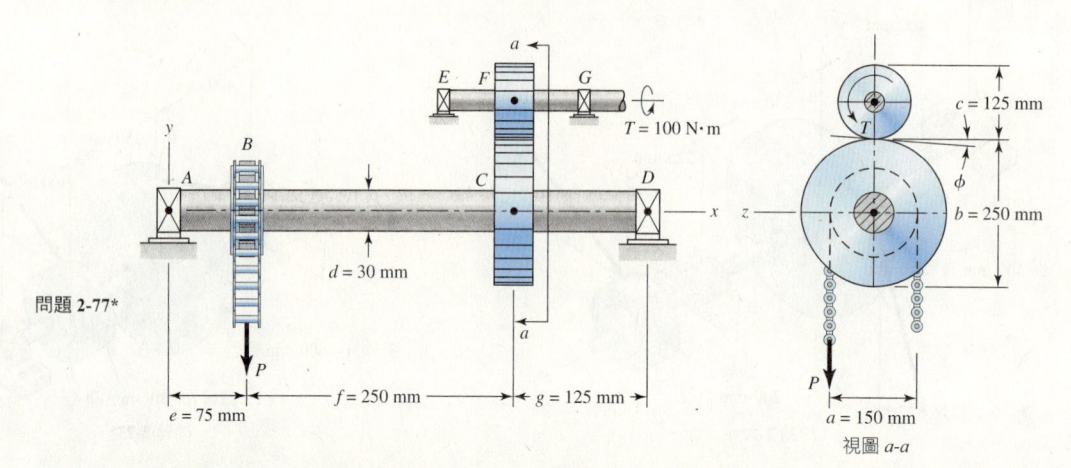

問題 2-77*

2-78 以鏈條平行於 z 軸而且作用力 P 在正 z 軸方向,重解習題 2-77。

2-79* 以 $T = 100$ N·m、$a = 150$ mm、$b = 125$ mm、$c = 250$ mm、$d = 35$ mm、$e = 100$ mm、$f = 250$ mm 及 $g = 150$ mm,重解習題 2-77。

2-80* 如圖所示之懸臂桿是以韌性材料製作,它承受靜態負荷 $F_y = 800$ N 及 $F_x = F_z = 0$。請由以下獲得的資訊,分析桿 AB 的應力情況。
(a) 試求臨界應力元素的精確位置。
(b) 繪製此臨界應力元素,並求出作用其上之所有應力的大小與方向。(橫向剪應力可忽略不計,如果你能證明這個決定。)
(c) 對此臨界應力元素,試求其主應力與最大剪應力。

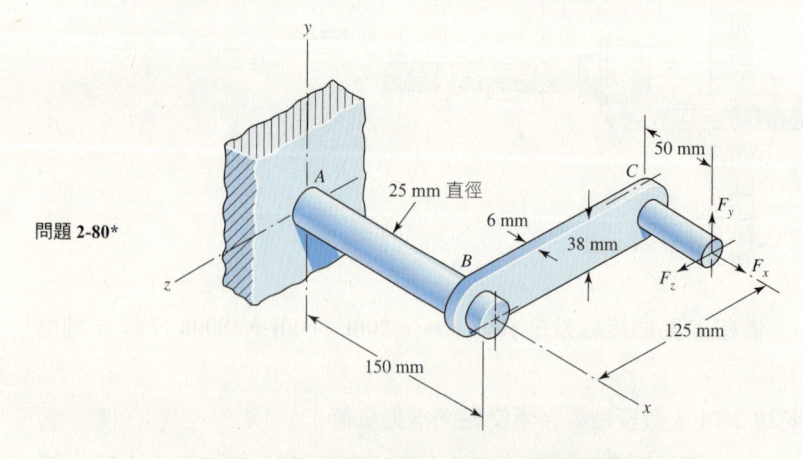

問題 2-80*

2-81* 以 $F_x = 0$、$F_y = 700$ N 及 $F_z = 400$ N,重解問題 2-80。

2-82* 以 $F_x = 300$ N、$F_y = -800$ N 及 $F_z = 400$ N,重解問題 2-80。

2-83* 對於問題 2-80 中的手柄,一個潛在的失效模式是平板 BC 的扭轉。試求由於平板的主要剖面承受扭轉而導致的最大剪應力值，請忽略在 B 和 C 之交界面的複雜性。

2-84* 如圖所示之懸臂桿是以韌性材料製作，它承受靜態負荷 $F_y = 1$ kN 及 $F_x = F_z = 0$。請由以下獲得的資訊，分析在 A 處之肩部較小直徑的應力情況。

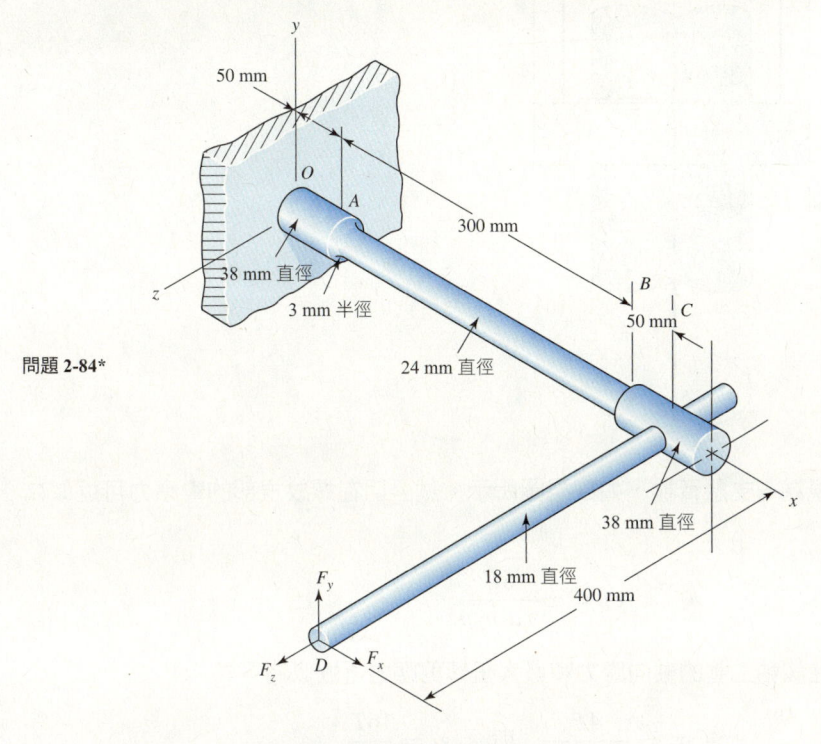

問題 2-84*

(a) 試求在 A 處剖面之臨界應力元素的精確位置。

(b) 繪製此臨界應力元素，並求出作用其上之所有應力的大小與方向。(橫向剪應力可忽略不計，如果你能證明這個決定。)

(c) 對此臨界應力元素，試求其主應力與最大剪應力。

2-85* 以 $F_x = 1.2$ kN、$F_y = 1$ kN 及 $F_z = 0$，重解問題 2-84。

2-86* 以 $F_x = 1.2$ kN、$F_y = 1$ kN 及 $F_z = -0.4$ kN，重解問題 2-84。

2-87* 以脆性材料重解問題 2-84，需要列入圓角半徑中的應力集中。

2-88 以脆性材料及 $F_x = 1.2$ kN、$F_y = 1$ kN、$F_z = 0$，重解問題 2-84，需要列入在圓角半徑中的應力集中。

2-89 以脆性材料及 $F_x = 1.2$ kN、$F_y = 1$ kN、$F_z = -0.4$ kN，重解問題 2-84，需要列入在圓角半徑中的應力集中。

2-90 圖中所示為方形螺紋的動力螺桿承受負荷的簡單模型，它受到扭矩 T 的作用而傳遞一軸向負荷 F。此扭矩係由沿著螺紋頂面的摩擦力而平衡；在螺紋上的作用力視為在所有嚙合螺紋數 (n_t) 上，沿著平均直徑 (d_m) 的圓周上分佈。由此圖可知，$d_m = d_r + p/2$，其中 d_r 是螺紋的**根直徑** (root diameter) 而 p 是螺紋的**螺距** (pitch)。

問題 2-90

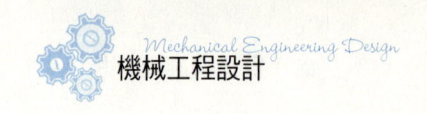

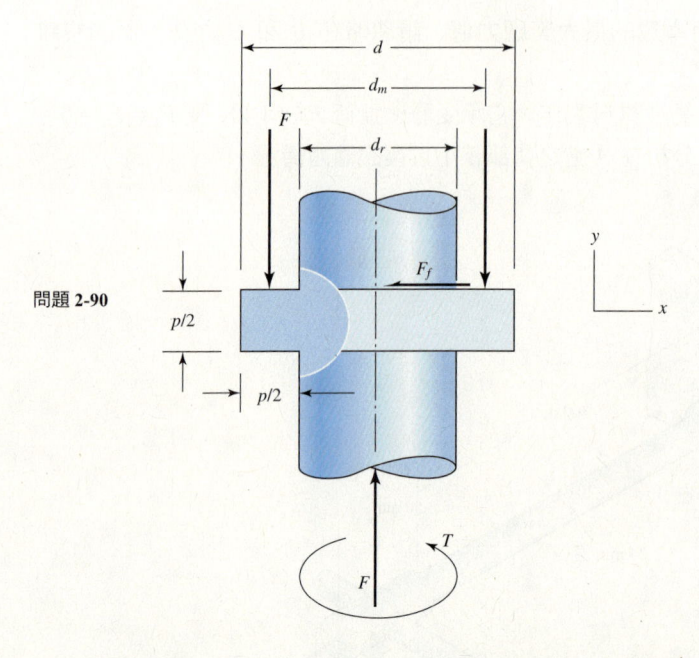

(a) 將螺紋視為一支懸臂樑，如剖視圖所示，試證明在螺紋根部的彎應力可近似為下式

$$\sigma_b = \pm \frac{6F}{\pi d_r n_t p}$$

(b) 試證明在該軸主體的軸向應力和最大扭轉剪應力可近似為下式

$$\sigma_a = -\frac{4F}{\pi d_r^2} \quad 與 \quad \tau_t = \frac{16T}{\pi d_r^3}$$

(c) 對 (a) 與 (b) 部分的應力，試對下螺紋根部底和螺紋本體交界處的應力元素，以三維表示其應力狀態。請以給予的座標系統標示，並使用在圖 2-8a 中的符號。

(d) 某方形螺紋動力螺桿具有外徑 $d = 38$ mm 和螺距 $p = 6$ mm，並透過施加的扭矩 $T = 26$ N·m 而傳遞一負荷 $F = 6$ kN。假若 $n_t = 2$，試求關鍵應力及其對應的主應力 (法向應力與剪應力)。

2-91 若厚壁圓筒僅受內壓力作用，試導出其最大徑向與切向應力的公式。

2-92 若厚壁圓筒僅受外壓力作用，試重作問題 2-91。試問於半徑為若干時會產生最大應力？

2-93 試導出薄壁球形壓力容器的主應力公式，其內徑 d_i、厚度 t 及內壓力 p_i。你不妨跟隨類似用於在圖 2-14 的薄壁圓筒形壓力容器推導過程。

2-94 至 2-96

某壓力容器具有外徑 d_o、壁厚 t、內壓力 p_i 及最大容許剪應力 τ_{max}。在給定的下表中，試求適當的 x 值。

問題題號	d_o	t	p_i	τ_{max}
2-94	150 mm	6 mm	x_{max}	70 MPa
2-95	200 mm	x_{min}	4 MPa	25 MPa
2-96	200 mm	6 mm	3 MPa	x

2-97 至 2-99 某壓力容器具有外徑 d_o、壁厚 t、外壓力 p_o 及最大容許剪應力 τ_{max}。在給定的下表中，試求適當的 x 值。

問題題號	d_o	t	p_o	τ_{max}
2-97	150 mm	6 mm	x_{max}	70 MPa
2-98	200 mm	x_{min}	4 MPa	25 MPa
2-99	200 mm	6 mm	3 MPa	x

2-100 某 AISI 1040 冷拉鋼管的外徑 50 mm 及壁厚 6 mm，若最大主法向應力不超過材料之最小降伏度的 80% 時，則該管所能承受的最大外壓力為若干？

2-101 以外徑 48 mm 及壁厚 6 mm，重解問題 2-100。

2-102 重解問題 2-100，改求最大內壓力。

2-103 重解問題 2-101，改求最大內壓力。

2-104 某薄壁圓筒形鋼製貯水塔，直徑 9 m、長 18 m，其縱向軸線方位在垂直方向。該貯水塔加蓋一半球形鋼穹頂。該貯水塔與鋼穹頂的壁厚皆為 18 mm。假若該貯水塔沒有加壓而從底部算起的貯水高度為 16 m，在一併考慮儲水塔重量下，試求貯水塔的最大應力狀態及其對應的主應力 (法向應力及剪應力)。水的重量密度為 9810 N/m^3。

2-105 若貯水塔加壓到 350 kPa，重解問題 2-104。

2-106 某 132 mm 直徑的圓盤鋸片以 5000 rev/min 的轉速空轉，試求其最大剪應力。若該鋸使用 14 級 (1.9mm) 鋼，並安裝於 15 mm 直徑的轉軸上，其厚度是均勻的，試求其最大的徑向應力為若干？

2-107 對於直徑 250 mm 之研磨砂輪的最大建議轉速為 2000 rev/min，假設材料具有均向性，若使用孔徑為 20 mm，$v = 0.24$，而質量密度為 3320 kg/m^3，試求在該速率下的最大張應力為若干？

2-108 直徑 120 mm 之研磨切割砂輪的厚度為 1.5 mm、孔徑為 18 mm、重 140 g，設計轉速為 12000 rev/min。若材料具有均向性，且 $v = 0.20$，試求在設計轉速下的最大剪應力。

2-109 某旋轉割草機的刀片以 3500 rev/min 的轉速旋轉，其鋼刀片有均勻的剖面，厚 3 mm 寬 30 mm，中心有個直徑 12 mm 的孔，如圖所示。試求因旋轉而在中央剖面處所導致的標稱拉應力。

問題 2-109

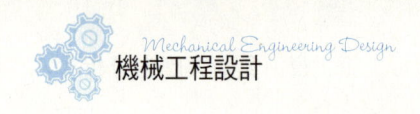

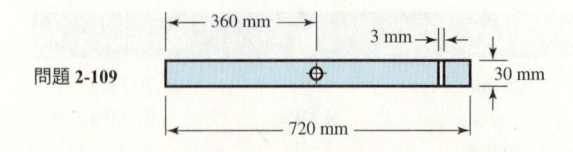

2-110 至 2-115

下表列出各種標準壓入或收縮配合的最大或最小軸孔尺寸，材料均為熱軋鋼，試求最大和最小的徑向干涉量及介面處的壓力。偶數題號與奇數題號的套環直徑分別為 100 mm 與 80 mm。

問題題號	配合稱號†	基本尺寸	孔 D_{max}	孔 D_{min}	軸 d_{max}	軸 d_{min}
2–110	50H7/p6	50 mm	50.025	50.000	50.042	50.026
2–111	40H7/p6	40 mm	40.025	40	40.042	40.026
2–112	50H7/s6	50 mm	50.025	50.000	50.059	50.043
2–113	40H7/s6	40 mm	40.025	40	40.059	40.043
2–114	50H7/u6	50 mm	50.025	50.000	50.086	50.070
2–115	40H7/u6	40 mm	40.025	40	40.076	40.060

† 注意：關於各種配合的描述請參閱表 6-9。

2-116 至 2-119

下表列出關於不同材料之兩圓筒的收縮配合數據，其尺寸規格的單位為英寸。不同材料的彈性係數可在表 A-5 找到。試先確認其徑向干涉量 δ，然後求出干涉壓力 p 及配合面兩側的切向正應力。若給予在配合面的尺寸公差，重解此問題求其最高與最低應力水平。

問題題號	內圓筒 材料	d_i	d_o	外圓筒 材料	D_i	D_o
2–116	鋼	0	50.05	鋼	50	75
2–117	鋼	0	50.05	鑄鐵	50	75
2–118	鋼	0	25.48	鋼	25.4/25.43	50
2–119	鋁	0	50.88/50.93	鋼	50.8/50.85	75

2-120 某圓形剖面如表 2-4 中所示，其 $r_c = 75$ mm 及 $R = 25$ mm。試分別以表中的公式求 e 值及以 (2-66) 式求出近似的 e 值，請比較這兩個求法的結果。

2-121 以 $d = 18$ mm、$F = 3$ kN、$L = 240$ mm 及 $D_i = 60$ mm，重解範例 2-16。

2-122 圖中的鋼質環眼螺栓承受 $F = 300$ N 的負荷。螺栓是以直徑 $d = 6$ mm 的線材彎成半徑 $R = 10$ mm 的環眼及在螺栓柄處形成 $R_i = 10$ mm 的曲率半徑。試估算在剖面 A-A 處內側與外側表面的應力。

問題 2-122

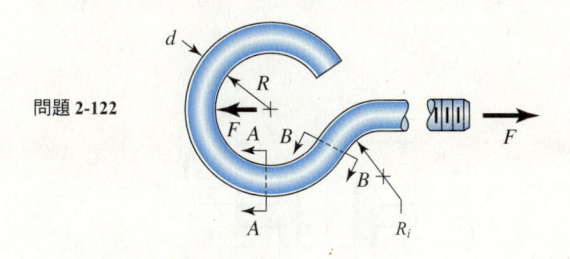

2-123 試求問題 2-122 中，在剖面 $B\text{-}B$ 處內側與外側表面的應力。

2-124 以 $d = 6$ mm、$R_i = 12$ mm 及 $F = 300$ N，重解問題 2-122。

2-125 以 $d = 6$ mm、$R_i = 12$ mm 及 $F = 300$ N，重解問題 2-123。

2-126 圖中為一個 $2.8 \text{ mm} \times 20 \text{ mm}$ 的閂片彈簧，支持一負荷 $F = 100$ N。其彎曲的內半徑為 3 mm。

(a) 以直樑理論，試求在緊鄰彎曲右側的上表面和下表面的應力。

(b) 以彎樑理論，試求在彎曲處的內表面和外表面的應力。

(c) 彎曲處的應力和彎曲前的標稱應力相比較，試估算內、外表面的有效應力集中因數。

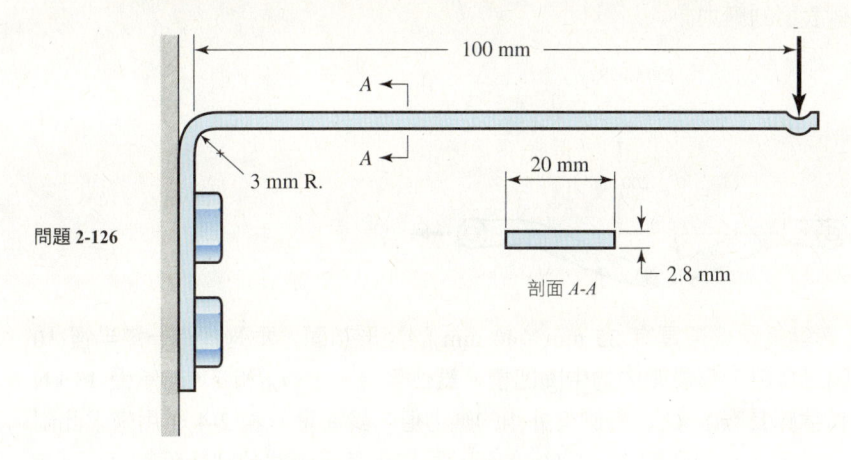

問題 2-126

2-127 以 3.6 mm 的材料厚度，重解問題 2-126。

2-128 以彎曲的半徑為 6 mm，重解問題 2-126。

2-129 圖中之鑄鐵製曲柄槓桿承受 $F_1 = 2.4$ kN 與 $F_2 = 3.2$ kN 作用。在中心樞軸上的剖面 $A\text{-}A$ 處其彎曲內表面半徑為 $r_i = 25$ mm，試估算槓桿彎曲部分內側與外側表面的應力。

問題 2-129

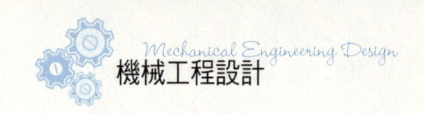

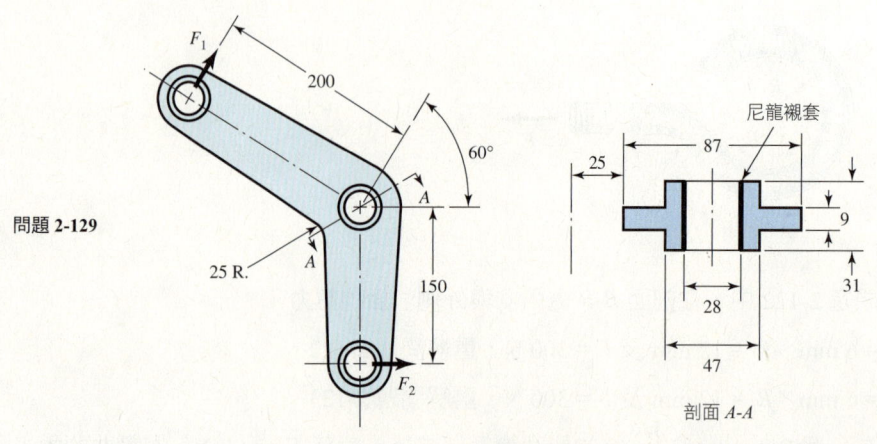

尺寸單位為 mm

剖面 A-A

2-130 圖 2-35 中的起重機吊鉤於其臨界剖面的中心處，有個直徑 18 mm 的孔。若承受 30 kN 的負荷，試估算在臨界剖面之內側與外側表面的彎應力。

2-131 為了避開障礙物，某偏位拉力桿的形狀如圖示。已知其臨界位置的剖面為橢圓形，其長軸為 100 mm 而短軸為 50 mm。若承受 90 kN 的負荷，試求其臨界剖面之內側與外側表面的應力。

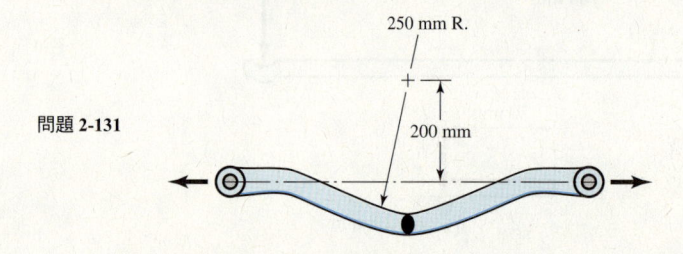

問題 2-131

2-132 圖中的 C 形鑄鋼質機架具有 25 mm×40 mm 的矩形剖面，兩側各有一道半徑 10 mm 的半圓形缺口，形成圖中的中間凹槽。試估算 A、r_c、r_n 和 e，若承受 13 kN 的負荷，試估算其喉部 C 之內側與外側的應力值。請注意：表 2-4 可用來求此剖面的 r_n，由該表，矩形和圓之 $\int dA/r$ 的積分可以對每一形狀分別計算其 A/r_n [參閱 (2-64) 式]，再將矩形的 A/r_n 扣除圓形的 A/r_n 而得此 C 形機架的 $\int dA/r$，然後就可計算其 r_n。

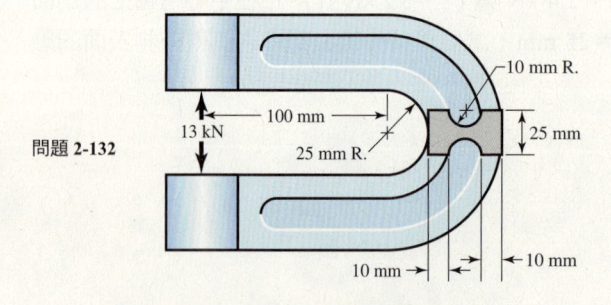

問題 2-132

2-133 直徑 30 mm 的兩個碳鋼圓球，以力 F 壓迫使之接觸。試以力 F 表示主應力及最大剪應力的值，單位為 MPa。

2-134 直徑 25 mm 的碳鋼圓球以 10 N 作用力壓靠直徑 40 mm 的鋁球使之接觸一起。對此鋁球，試求會產生的最大剪應力及其對應的深度。基於一標準的 Poisson 比值 $v = 0.3$，假設圖 2-37 可用於估算這些材料產生的最大剪應力的深度。

2-135 重解問題 2-134，但是求鋼球的最大剪應力及其對應的深度。

2-136 直徑 30 mm 的碳鋼圓球以 20 N 作用力壓靠扁平碳鋼板，試求碳鋼板會產生的最大剪應力及其對應的深度。

2-137 某直徑 25 mm 的 AISI 1018 鋼球當作 2024 T3 鋁製扁平版和 ASTM No. 30 灰鑄鐵的平坦檯面間的滾子，若以此三件中的任意一件不超過其最大剪應力 140 MPa，試求可堆放在該鋁板上的最大重量。基於一標準的 Poisson 比值 $v = 0.3$，假設圖 2-38 可用於估算這些材料產生的最大剪應力的深度。

2-138 直徑 25 mm、長度 50 mm 的鋁合金圓柱滾子，在內半徑 100 mm、厚度 50 mm 的鑄鐵環中滾動，若剪應力不超過 28 MPa，試求可以承受的最大接觸力 F。

2-139 齒面寬 18 mm 的一對嚙合正齒輪傳遞 200 N 的負荷。為估算其接觸應力而作一簡單的假設，即兩齒形視為在所關注之接觸點處具有瞬時半徑分別為 11 mm 與 15 mm 的圓柱。試估算任一齒輪上承受到的最大接觸壓力和最大剪應力。

2-140 至 2-142

某直徑 d 寬 w 的輪子承受負荷 F，在一平坦軌道上滾動。

基於一標準的 Poisson 比值 $v = 0.3$，假設圖 2-40 可用於估算這些材料產生的最大剪應力的深度。在此臨界深度，試求此輪子的 Hertzian 應力 σ_x、σ_y、σ_z 及 τ_{max}。

問題題號	d	w	f	輪子材料	軌道材料
2-140	125 mm	50 mm	3 kN	鋼	鋼
2-141	150 mm	40 mm	2 kN	鋼	鑄鐵
2-142	72 mm	30 mm	1 kN	鑄鐵	鑄鐵

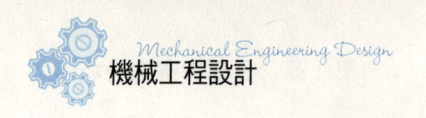

chapter 3

撓度與勁度

本章大綱

- 3-1　彈簧率　116
- 3-2　拉力、壓力與扭力　117
- 3-3　彎曲導致的撓度　118
- 3-4　樑之撓度求法　121
- 3-5　以重疊法求樑之撓度　122
- 3-6　以奇異函數求樑之撓度　125
- 3-7　應變能　131
- 3-8　Castigliano 定理　134
- 3-9　曲線型元件的撓度　140
- 3-10　靜不定的問題　146
- 3-11　受壓元件 ── 通論　152
- 3-12　承受中心負荷之長柱　152
- 3-13　承受中心負荷之中長柱　155
- 3-14　承受偏心負荷之柱　155
- 3-15　短柱或短承壓元件　160
- 3-16　彈性穩定度　161
- 3-17　陡震與衝擊　163

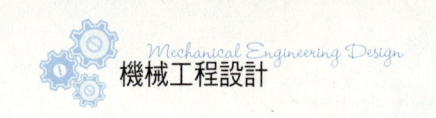

所有實際的物體不論是彈性的或塑性的，承受負荷下都會變形。一個物體可能對變形充分地不敏感，使得假設為剛體並不足以影響分析而成為要以非剛體處理的理由。如果稍後證實物體的變形是不可忽略的，則差勁的是宣稱具有剛性的決策，而非假設。**絲索** (wire rope) 是可撓的，但是承受拉力時它是強健地剛固，而它在嘗試承受壓力下則變形極大。因此相同的物體可以同時是剛固的與非剛固的。

撓度分析以許多方式進入設計情況中。扣環必須有充分的撓度，使它承受彎曲時，不至於永久變形，以便於與其它機件組合；而它也需要有足夠的勁度以維持組件組合在一起。傳動機構中，齒輪必須以剛固的軸來支撐，若軸過度彎曲，亦即撓度太大，則齒輪無法精確地嚙合，將導致過度的衝擊、噪音、磨損而提早損壞。輥軋鋼板或鋼條成預期的厚度時，輥子需做成冠狀，也就是成曲線的形狀，以使得成品能有均勻的厚度。所以設計輥子時，必須確實知道鋼板在輥子間輥軋時，輥子將產生多少彎曲。有時機械元件必須依特定的力 — 撓度特性設計。例如車輛的懸吊系統，必須依在各種負荷狀態下，於很狹窄的範圍內，可以獲得最理想的跳動頻率，因為人體僅在此受限的頻率範圍內才感到舒適。

承受負荷元件的尺寸通常依撓度來決定，而非依應力加以限制。

本章討論單一物體由於幾何形狀與負荷而產生的變形，然後簡短地討論組合物體的狀態。

3-1 彈簧率

彈性 (elasticity) 是材料的性質，使材料於變形後能恢復原有的形狀。**彈簧** (spring) 是一種機械元件，當它變形時能產生作用力。圖 3-1a 所示長度為 l，兩端簡支承的樑承受橫向負荷 F。只要未超過該材料的彈性限，其撓度 y 與該力為線性相關，如圖所示。該樑即可描述為**線性彈簧** (linear spring)。

圖 3-1b 中的直樑兩端以圓柱支撐，所以當力 F 作用其上時，圓柱間的跨距將變小，由於令短樑彎曲所需的力比令長樑彎曲所需的力大，所以該樑撓曲愈甚就愈剛強。同時，力與撓度間的關係不再是線性關係。因此該樑可以稱之為**非線性強化彈簧** (nonlinear stiffening spring)。

圖 3-1c 中的是一個碟形圓盤，壓平該盤所需的力起先是增大，而於其形狀逐漸接近平面時，所需的力又逐漸減小，如圖所示。任何具有此一特徵的機械元件稱為**非線性軟化彈簧** (nonlinear softening spring)。

如果指定將力與撓度的一般關係以下列方程式表示

$$F = F(y) \tag{a}$$

則**彈簧率** (spring rate) 定義為

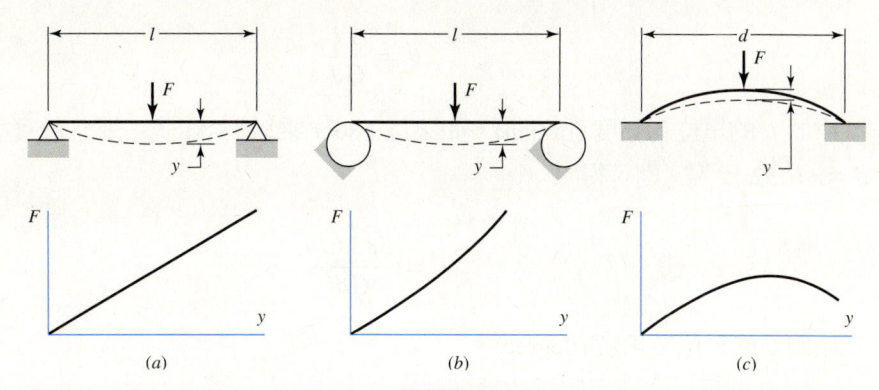

圖 3-1　(a) 線性彈簧；(b) 強化彈簧；(c) 軟化彈簧。

$$k(y) = \lim_{\Delta y \to 0} \frac{\Delta F}{\Delta y} = \frac{dF}{dy} \tag{3-1}$$

式中的 y 必須沿 F 的作用方向和自 F 的作用點量測。本書中所碰到的力 —— 撓度問題，大部分是線性的，如圖 3-1a 中所示。對於這類情況，k 為定值，也稱為**彈簧常數** (spring constant)；於是 (3-1) 式可以寫成

$$k = \frac{F}{y} \tag{3-2}$$

我們可能會注意到，(3-1) 與 (3-2) 式都是很通用的公式，如果以角位移代替 y，則同樣適用於扭矩與彎矩。在線位移中，k 的單位為 lb/in 或 N/m；在角位移中，k 的單位為 lb-in/rad 或 N-m/rad。

3-2　拉力、壓力與扭力

均勻桿件承受純拉力或純壓力下，總伸長量或收縮量可分別由下式求得

$$\delta = \frac{Fl}{AE} \tag{3-3}$$

如果有發生挫曲的可能性 (請參閱第 3-11 至 3-15 節)，則此式不適合用於承受壓力的長桿。以 $\delta = y$，由 (3-2) 與 (3-3) 式，我們可知承受軸向負荷之桿件的彈簧常數為

$$k = \frac{AE}{l} \tag{3-4}$$

均勻實心或空心圓桿承受扭矩 T 的角變形量可由 (2-35) 式求得如下

117

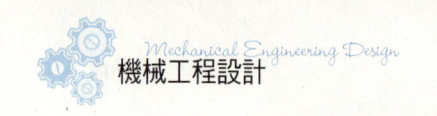

$$\theta = \frac{Tl}{GJ} \tag{3-5}$$

式中的 θ 的單位為弳度 (radian)。如果以 $180/\pi$ 乘以 (3-5) 式,並且於實心圓桿時以 $J = \pi d^4/32$ 代入,則可得

$$\theta = \frac{583.6Tl}{Gd^4} \tag{3-6}$$

式中的 θ 的單位為角度 (degree)。

(3-5) 式可以改寫而給予扭轉彈簧率為

$$k = \frac{T}{\theta} = \frac{GJ}{l} \tag{3-7}$$

(3-5)、(3-6) 與 (3-7) 式僅適用於圓形剖面,非圓形剖面桿承受扭轉負荷已在第 2-12 節討論過。對於矩形剖面、封閉式薄壁管及開放式薄壁管的扭轉角,請分別參考 (3-41)、(3-46) 與 (3-47) 式。

3-3 彎曲導致的撓度

在機械設計中,樑的彎曲問題可能比其它負荷的問題出現得更頻繁。軸、車軸、曲柄、槓桿、彈簧、托架和輪子及其它元件,於機械結構及系統的設計與分析時,通常將它視為樑來處理。無論如何,彎曲這項主題在研習本書之前的先修課程中,你應該已經學過了。職是之故,此處僅簡要地複習本書中使用到的專有名詞及慣用符號。

樑承受彎矩 M 時的曲率為

$$\frac{1}{\rho} = \frac{M}{EI} \tag{3-8}$$

式中的 ρ 為曲率半徑。從數學的研習中,可知平面曲線的曲率可由下式求得

$$\frac{1}{\rho} = \frac{d^2y/dx^2}{[1 + (dy/dx)^2]^{3/2}} \tag{3-9}$$

此處的 y 是樑在沿著其軸線上任意 x 位置處的撓度。在 x 處,樑的斜率為

$$\theta = \frac{dy}{dx} \tag{a}$$

許多彎曲問題中,斜率都很小,因此 (3-9) 式中的分母可以取為 1。於是 (3-8) 式可以寫成

$$\frac{M}{EI} = \frac{d^2y}{dx^2} \tag{b}$$

由 (2-3) 與 (2-4) 兩式，並連續微分 (b) 式可得

$$\frac{V}{EI} = \frac{d^3y}{dx^3} \tag{c}$$

$$\frac{q}{EI} = \frac{d^4y}{dx^4} \tag{d}$$

為了方便，將這些關係式整組列出如下：

$$\frac{q}{EI} = \frac{d^4y}{dx^4} \tag{3-10}$$

$$\frac{V}{EI} = \frac{d^3y}{dx^3} \tag{3-11}$$

$$\frac{M}{EI} = \frac{d^2y}{dx^2} \tag{3-12}$$

$$\theta = \frac{dy}{dx} \tag{3-13}$$

$$y = f(x) \tag{3-14}$$

專有名詞與慣用符號以圖 3-2 說明之。圖中樑長 $l = 0.5$ m 承受 $w = 14$ kN/m 的均佈負荷。x 軸向右與 y 軸向上為正值，所有各量──負荷、剪力、彎矩、斜率及撓度──之指向的定義與 y 軸相同；它們的值都是向上為正，向下為負。

以第 2 章中的方法，很容易地可求得反力 $R_1 = R_2 = +3.5$ kN，剪力 $V_0 = +3.5$ kN 及 $V_1 = -3.5$ kN。由於樑為簡支承，其兩端的彎矩為零。對簡支樑而言，在兩端的撓度也都為零。

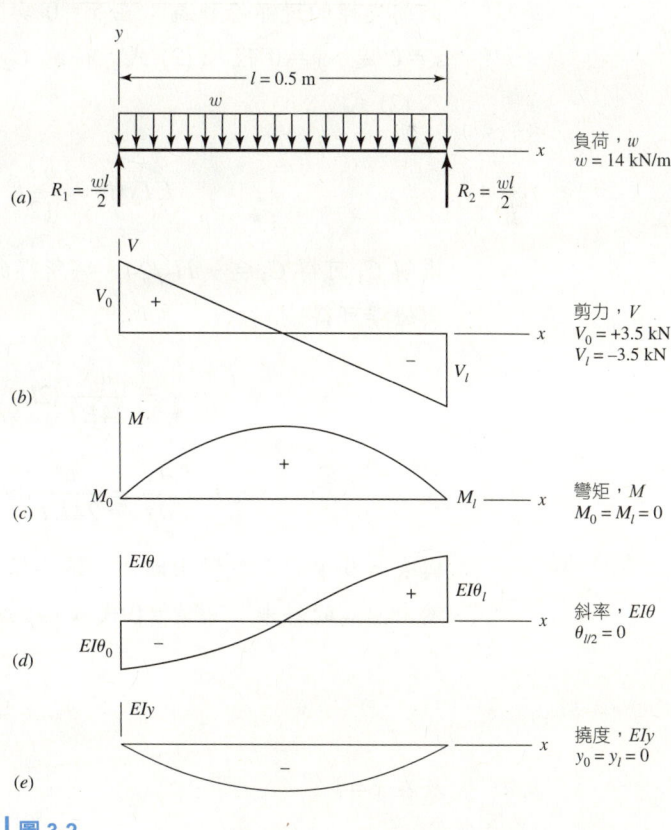

圖 3-2

範例 3-1

圖 3-2 中所示的樑，在 $0 \leq x \leq l$ 區間，其彎矩方程式為

$$M = \frac{wl}{2}x - \frac{w}{2}x^2$$

試以 (3-12) 式求出此樑的斜率與撓度方程式、兩端的斜率及最大的撓度。

解答 將 (3-12) 式以不定積分方式積分，可得

$$EI\frac{dy}{dx} = \int M\,dx = \frac{wl}{4}x^2 - \frac{w}{6}x^3 + C_1 \tag{1}$$

式中 C_1 為積分常數，可由幾何邊界條件而得到。因為此樑及負荷對稱於跨距中點，所以在樑的跨距中點，我們可強加其斜率為零。然而，我們將使用此問題給定的邊界條件，並證實在跨距中點的斜率為零。將 (1) 式積分可得

$$EIy = \iint M\,dx = \frac{wl}{12}x^3 - \frac{w}{24}x^4 + C_1 x + C_2 \tag{2}$$

此簡支樑的邊界條件為：在 $x=0$ 與 l 處，$y=0$。應用第一個邊界條件，在 $x=0$ 處，$y=0$ 代入 (2) 式，得到 $C_2=0$。應用第二個邊界條件與 $C_2=0$ 代入 (2) 式

$$EIy(l) = \frac{wl}{12}l^3 - \frac{w}{24}l^4 + C_1 l = 0$$

求解 C_1 可得 $C_1 = -wl^3/24$。將所得的兩個常數代入 (1) 與 (2) 式，求解撓度與斜率可得

$$y = \frac{wx}{24EI}(2lx^2 - x^3 - l^3) \tag{3}$$

$$\theta = \frac{dy}{dx} = \frac{w}{24EI}(6lx^2 - 4x^3 - l^3) \tag{4}$$

與表 A-9 中的 7 號樑相比較，這些結果是相吻合的。

為求左端的斜率，將 $x=0$ 代入 (4) 式可得：

$$\theta|_{x=0} = -\frac{wl^3}{24EI}$$

及在 $x = l$

$$\theta|_{x=l} = \frac{wl^3}{24EI}$$

在跨距中點處，將 $x = l/2$ 代入可得 $dy/dx = 0$，正如前面所懷疑存在的情況。

最大的撓度發生在 $dy/dx = 0$ 處，將 $x = l/2$ 代入 (3) 式可得

$$y_{max} = -\frac{5wl^4}{384EI}$$

此結果再度與表 A-9-7 相吻合。

使用於解此範例的方法對簡支樑與連續負荷而言是很好的，然而對不連續負荷或不連續幾何形狀的樑，例如有多個齒輪、飛輪、皮帶輪等的階梯式軸，此方法就變得笨拙。下一節將討論一般的彎曲撓度和本章中所提供的方法。

3-4 樑之撓度求法

(3-10) 式至 (3-14) 式是將負荷強度 q、垂直剪力 V、彎矩 M、中立面的斜率 θ 及橫向撓度 y 關聯一起的依據。樑有各種負荷強度，範圍從 $q =$ 常數 (均佈負荷)、可變強度 $q(x)$ 到 Dirac δ 函數 (集中負荷)。

負荷強度通常含片段連續區 (piecewise continuous zone)，它們的表示式由 (3-10) 至 (3-14) 各式積分時都具有不等的難度。另一種處理的方式是將撓度 $y(x)$，以能表示具有有限個數之有限不連續性之單值函數的傅立葉級數表示，然後微分 (3-10) 至 (3-14) 各式，並停止於可以計算傅立葉係數的某個階層。某些樑 (軸) 為階段式直徑的物體 (stepped-diameter body)，形成片段連續性質而導致複雜的情況。

所有上述的情況，以一種或另一種型式，構成正式的積分方法，配合適當選擇的問題，它可以解得 q、V、M、θ 及 y。這些解可能是

1. 閉合解 (close-form)，或
2. 以無窮級數表示，若級數收斂迅速，它將逼近閉合解的結果，或
3. 以第一項或第一與第二項計算近似值。

利用計算機得出的級數解可以等效於閉合解。Roark's[1] 的公式已經寫入於商用軟體中，並且可以在個人電腦上使用。

---

[1] Warren C. Young and Richard G. Budynas, *Roark's Formulas for Stress and Strain*, 7th ed., McGraw-Hill, New York, 2002.

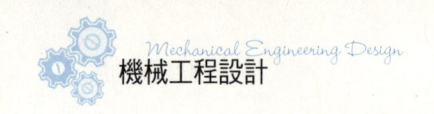

目前已有許多用來解樑撓曲的積分問題的方法，一些流行的方法包括：

- 重疊法 (參閱第 3-5 節)
- 彎矩面積法[2]
- 奇異函數法 (參閱第 3-6 節)
- 數值積分法[3]

本章中介紹的兩種方法很容易執行，並能處理一大系列的問題。

也有不直接以 (3-10) 至 (3-14) 式處理的方法，例如依據 Castigliano 定理的能量法，對不適合使用前面提到之方法的問題相當有效，此方法將在第 3-7 節至第 3-10 節討論。對於求解樑的撓度，有限元素程式也相當有用。

3-5 以重疊法求樑之撓度

許多簡單的負載情況和邊界條件的結果都已解得，都可取得使用。表 A-9 提供有限數量的案例。Roark's[4] 提供一個更為全面的列表。**重疊法** (Superposition) 是分解結構所承受複合負荷的效應，它透過個別求出每一負荷產生的效應，然後再以代數方式將所有結果加總一起。假如以下條件符合，則可以應用重疊法：(1) 每一效應都與產生該效應的負荷呈線性關係，(2) 每一負荷不會產生影響另一負荷之結果的情況，及 (3) 從任何特定的負載而產生的變形並沒有大到足以明顯地改變結構系統之部件的幾何關係。

下列範例將說明重疊法的使用。

範例 3-2

某樑承受均佈負荷及一集中作用力，如圖 3-3 所示。試用重疊法求解反力及以 x 的函數表示的撓度。

解答 對每一負荷情況分開考量，我們可將表 A-9 的樑 6 與 7 疊加。

對反力而言，我們可得

答案
$$R_1 = \frac{Fb}{l} + \frac{wl}{2}$$

---

[2] See Chap. 9, F. P. Beer, E. R. Johnston Jr., and J. T. DeWolf, *Mechanics of Materials*, 5th ed., McGraw-Hill, New York, 2009.
[3] See Sec. 4-4, J. E. Shigley and C. R. Mischke, *Mechanical Engineering Design*, 6th ed., McGraw-Hill, New York, 2001.
[4] Warren C. Young and Richard G. Budynas, *Roark's Formulas for Stress and Strain*, 7th ed., McGraw-Hill, New York, 2002.

答案
$$R_2 = \frac{Fa}{l} + \frac{wl}{2}$$

樑 6 的負荷是不連續的，因而分別對 AB 與 BC 區段列出撓度方程式；樑 7 的負荷是連續的，所以只有一個撓度方程式。將其重疊一起可得

答案
$$y_{AB} = \frac{Fbx}{6EIl}(x^2 + b^2 - l^2) + \frac{wx}{24EI}(2lx^2 - x^3 - l^3)$$

答案
$$y_{BC} = \frac{Fa(l-x)}{6EIl}(x^2 + a^2 - 2lx) + \frac{wx}{24EI}(2lx^2 - x^3 - l^3)$$

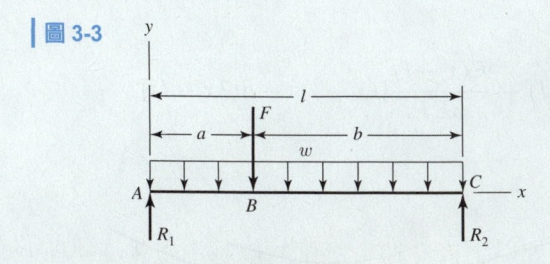

| 圖 3-3

若想要得知此樑的最大撓度，它發生在斜率為零處，或是該樑有自由端則發生在伸出部分的端點。在前述的範例中，並沒有伸出部分，所以設定 $dy/dx = 0$ 將可得到發生最大撓度的位置 x。此範例中對撓度 y 有兩個方程式，其中僅有一個可求得解。若 $a = l/2$，因為對稱的關係，最大撓度很顯然發生在 $x = l/2$ 處，然而若 $a < l/2$，那最大撓度發生在何處？當 F 移向左邊支撐時，最大撓度也跟著移向左邊支撐，但是沒有 F 那麼多，這是可以證明的 (請參考問題 3-34)。因此，我們設定 $dy_{BC}/dx = 0$ 並求解 x。若 $a > l/2$，我們設定 $dy_{AB}/dx = 0$。對更複雜的問題，則利用數據資料繪製方程式是尋找最大撓度的最簡單方法。

有時候，它可能不是很明顯可以利用查手邊的表而疊加，如以下範例

範例 3-3

試對圖 3-4a 所示的樑，以重疊法求其撓度方程式。

解答 對區段 AB 而言，我們可將表 A-9 中的樑 7 與

答案
$$y_{AB} = \frac{wx}{24EI}(2lx^2 - x^3 - l^3)$$

對區段 BC，我們如何表示均佈

圖 3-4b 所示。因為沒有 w 導致的彎矩，所以區段 BC 為直的。此樑在 B 點的斜率為 θ_B，可將表中給予的 y 對 x 微分並令 $x = l$ 而得。因此，

$$\frac{dy}{dx} = \frac{d}{dx}\left[\frac{wx}{24EI}(2lx^2 - x^3 - l^3)\right] = \frac{w}{24EI}(6lx^2 - 4x^3 - l^3)$$

以 $x = l$ 代入可得

$$\theta_B = \frac{w}{24EI}(6ll^2 - 4l^3 - l^3) = \frac{wl^3}{24EI}$$

在區段 BC 由 w 導致的撓度為 $\theta_B(x-l)$，將此與由 F 導致在區段 BC 的撓度相加，可得

答案
$$y_{BC} = \frac{wl^3}{24EI}(x-l) + \frac{F(x-l)}{6EI}[(x-l)^2 - a(3x-l)]$$

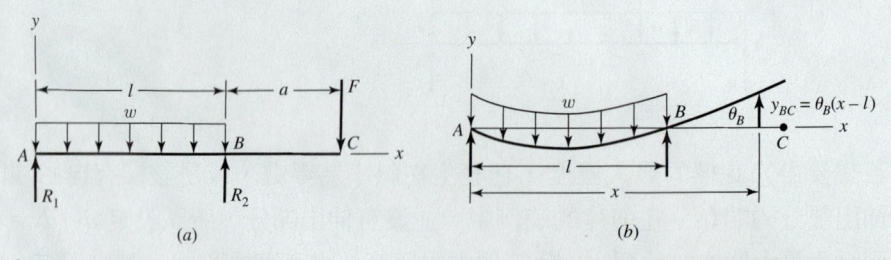

圖 3-4 (a) 承受均佈負荷與突出部份作用力的樑；(b) 僅由均佈負荷導致的撓度。

範例 3-4

圖 3-5a 所示為承受端負荷的懸臂樑。通常情況下，我們考慮左支撐為剛固而為此建模。測試該牆壁的剛性後，發現牆壁的平移勁度為 k_t 力/單位垂直撓度，而此度為 k_r 力矩/單位角撓度 (radian)，如圖 3-5b 所示。在負荷 F 作用下，試求⋯⋯方程式。

解答

⋯⋯們將以撓度的**模式** (modes) 相疊加，它們為：(1) 由於壓縮彈簧 k_t 導⋯⋯ (2) 由於彈簧 k_r 導致的旋轉，及 (3) 在表 A-9 中之樑 1 的彈性變⋯⋯作用力為 $R_1 = F$，依 (3-2) 式可得撓度為

$$y_1 = -\frac{F}{k_t} \tag{1}$$

⋯⋯Fl，此產生順時針方向旋轉的角度為 $\theta = Fl/k_r$。僅考⋯⋯剛體似地順時針旋轉而導致的撓度方程式為

$$y_2 = -\frac{Fl}{k_r}x \tag{2}$$

最後,由表 A-9 中的樑 1 彈性變形為

$$y_3 = \frac{Fx^2}{6EI}(x - 3l) \tag{3}$$

將由每一撓度的模式相加而得

答案
$$y = \frac{Fx^2}{6EI}(x - 3l) - \frac{F}{k_t} - \frac{Fl}{k_r}x$$

| 圖 3-5

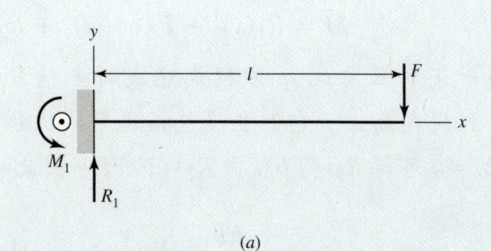

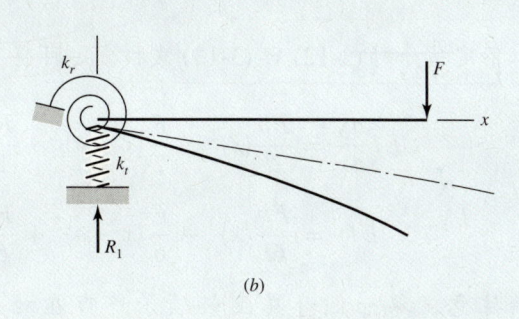

3-6 以奇異函數求樑之撓度

在第 2-3 節的介紹中,奇異函數對處理不連續的問題是相當出色的,其應用於樑的撓曲就是呈現在前面章節中的一個簡單延伸。它們很容易將其寫成程式,而且隨後也可看到,它們可以大大地簡化靜不定問題的求解。下列幾個範例用來說明使用奇異函數法評估靜定樑的撓度問題。

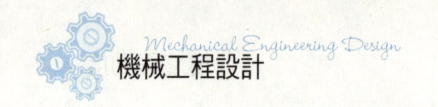

範例 3-5

表 A-9 中的樑 6，承受非作用於中央位置之集中負荷 F 的簡支樑。試以奇異函數導出撓度方程式。

解答 首先，從自由體圖寫出負荷強度方程式

$$q = R_1 \langle x \rangle^{-1} - F \langle x - a \rangle^{-1} + R_2 \langle x - l \rangle^{-1} \tag{1}$$

將 (1) 式積分二次而得

$$V = R_1 \langle x \rangle^0 - F \langle x - a \rangle^0 + R_2 \langle x - l \rangle^0 \tag{2}$$

$$M = R_1 \langle x \rangle^1 - F \langle x - a \rangle^1 + R_2 \langle x - l \rangle^1 \tag{3}$$

回想一下，只要此 q 方程式完成時，積分常數對 V 和 M 就沒必要；因此，到現在為止，它們並沒包括進來。從靜力學，對 x 稍大於 l 時，設定 $V = M = 0$ 可得 $R_1 = Fb/l$ 與 $R_2 = Fa/l$。因此 (3) 式成為

$$M = \frac{Fb}{l} \langle x \rangle^1 - F \langle x - a \rangle^1 + \frac{Fa}{l} \langle x - l \rangle^1$$

以不定積分對 (3-12) 與 (3-13) 式積分，可得

$$EI \frac{dy}{dx} = \frac{Fb}{2l} \langle x \rangle^2 - \frac{F}{2} \langle x - a \rangle^2 + \frac{Fa}{2l} \langle x - l \rangle^2 + C_1$$

$$EIy = \frac{Fb}{6l} \langle x \rangle^3 - \frac{F}{6} \langle x - a \rangle^3 + \frac{Fa}{6l} \langle x - l \rangle^3 + C_1 x + C_2$$

請注意，第一個奇異函數項始終存在於此兩式中，所以 $\langle x \rangle^2 = x^2$ 及 $\langle x \rangle^3 = x^3$。此外，此兩式中的最後一項奇異函數直到 $x = l$ 才存在，且其值為零，又對 $x > l$ 而言，不再有樑，所以我們可將最後一項奇異函數刪除。因此

$$EI \frac{dy}{dx} = \frac{Fb}{2l} x^2 - \frac{F}{2} \langle x - a \rangle^2 + C_1 \tag{4}$$

$$EIy = \frac{Fb}{6l} x^3 - \frac{F}{6} \langle x - a \rangle^3 + C_1 x + C_2 \tag{5}$$

兩個積分常數 C_1 與 C_2 可透過兩個邊界條件而求其值，此兩個邊界條件為：在 $x = 0$ 處 $y = 0$ 及在 $x = l$ 處 $y = 0$。將第一個條件代入 (5) 式，可得 $C_2 = 0$ (請回想 $\langle 0 - a \rangle^3 = 0$)。將第二個條件代入 (5) 式，可得

$$0 = \frac{Fb}{6l} l^3 - \frac{F}{6} (l - a)^3 + C_1 l = \frac{Fbl^2}{6} - \frac{Fb^3}{6} + C_1 l$$

第 3 章 撓度與勁度

解 C_1 得到

$$C_1 = -\frac{Fb}{6l}(l^2 - b^2)$$

最後，將 C_1 與 C_2 代入 (5) 式，並化簡為

$$y = \frac{F}{6EIl}[bx(x^2 + b^2 - l^2) - l\langle x - a\rangle^3] \tag{6}$$

將 (6) 式和表 A-9 中之樑 6 的二個撓度方程式相比，應可注意到，利用奇異函數使我們能夠用單一方程式表示撓度方程式。

範例 3-6

試求簡支樑的撓度方程式，其負荷分佈如圖 3-6 中所示。

解答 這是一個很好範例的樑，可添加到我們的表中，以便以後使用重疊法。此樑的負荷強度方程式為

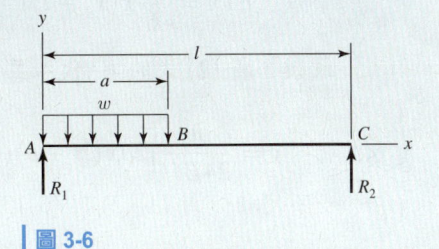

▎圖 3-6

$$q = R_1\langle x\rangle^{-1} - w\langle x\rangle^0 + w\langle x - a\rangle^0 + R_2\langle x - l\rangle^{-1} \tag{1}$$

式中 $w\langle x-a\rangle^0$ 是必要的，以便"關掉"在 $x=a$ 處的均佈負荷。
由靜力學，反力為

$$R_1 = \frac{wa}{2l}(2l - a) \qquad R_2 = \frac{wa^2}{2l} \tag{2}$$

為簡單起見，我們保留 (1) 式的形式以便積分，並且之後再將反力代入。
對 (1) 式二次積分，得出

$$V = R_1\langle x\rangle^0 - w\langle x\rangle^1 + w\langle x - a\rangle^1 + R_2\langle x - l\rangle^0 \tag{3}$$

$$M = R_1\langle x\rangle^1 - \frac{w}{2}\langle x\rangle^2 + \frac{w}{2}\langle x - a\rangle^2 + R_2\langle x - l\rangle^1 \tag{4}$$

如同前面範例般，在 $x=0$ 開始的零階或更高階的奇異函數可以由正常多項式函數取代。此外，一旦反力確定後，開始於樑的極右端之奇異函數可以被省略。因此，(4) 式可改寫為

$$M = R_1 x - \frac{w}{2}x^2 + \frac{w}{2}\langle x - a\rangle^2 \tag{5}$$

127

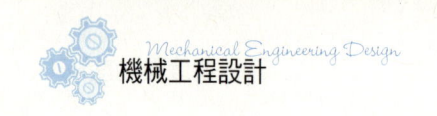

為求斜率與撓度，再積分二次而得

$$EI\frac{dy}{dx} = \frac{R_1}{2}x^2 - \frac{w}{6}x^3 + \frac{w}{6}\langle x-a \rangle^3 + C_1 \tag{6}$$

$$EIy = \frac{R_1}{6}x^3 - \frac{w}{24}x^4 + \frac{w}{24}\langle x-a \rangle^4 + C_1 x + C_2 \tag{7}$$

其邊界條件為：在 $x = 0$ 處，$y = 0$ 和在 $x = l$ 處，$y = 0$。將第一個條件代入 (7) 式得到 $C_2 = 0$；第二個條件代入

$$0 = \frac{R_1}{6}l^3 - \frac{w}{24}l^4 + \frac{w}{24}(l-a)^4 + C_1 l$$

求解 C_1 並代入 (7) 式，可得

$$EIy = \frac{R_1}{6}x(x^2 - l^2) - \frac{w}{24}x(x^3 - l^3) - \frac{w}{24l}x(l-a)^4 + \frac{w}{24}\langle x-a \rangle^4$$

最後，將 (2) 式的 R_1 代入並將結果化簡而得

答案
$$y = \frac{w}{24EIl}[2ax(2l-a)(x^2-l^2) - xl(x^3-l^3) - x(l-a)^4 + l\langle x-a \rangle^4]$$

如前所述，奇異函數相對地容易寫成計算機程式，因為當它們的引數為負值時，則省略；當它們的引數為正值時，括號 $\langle\rangle$ 則以括號 ( ) 取代。

範例 3-7

如圖 3-7a 所示之某鋼質梯級式軸，在 A 與 F 處安裝於軸承中。一滑輪置中於有 2.6 kN 總徑向力作用的 C 處，試以奇異函數評估此軸於每一 12 mm 增量處的位移量。假設此軸為簡支承。

解答 支撐處的反力為 $R_1 = 1.56$ kN 與 $R_2 = 1.04$ kN。忽略掉 R_2，使用奇異函數表示其彎矩方程式為

$$M = 1560x - 2600\langle x - 0.2 \rangle \tag{1}$$

此式繪圖於圖 3-7b。

為簡化起見，我們只考慮在 D 處的梯階，也就是說，我們將假定 AB 區段具有和 BC 區段相同的直徑，EF 區段和 DE 區段有相同的直徑。因為這些區段很短，而且在支撐處，尺寸的縮減對變形不會增加太多。之後，我們會檢視此簡化。BC 與 DE 區段的面積二次矩為

$$I_{BC} = \frac{\pi}{64}0.038^4 = 102.35 \times 10^{-9}\,\text{m}^4 \quad I_{DE} = \frac{\pi}{64}0.045^4 = 2147 \times 10^{-9}\,\text{m}^4$$

M/I 繪圖示於圖 3-7c 中，在 b 與 c 點的值及梯階變化量分別如下：

$$\left(\frac{M}{I}\right)_b = \frac{302}{102.35 \times 10^{-9}} = 2.95 \times 10^9\,\text{N/m}^3$$

$$\left(\frac{M}{I}\right)_c = \frac{302}{2147 \times 10^{-9}} = 0.141 \times 10^9\,\text{N/m}^3$$

$$\Delta\left(\frac{M}{I}\right) = \langle 0.141 - 2.95\rangle 10^9 = -2.81 \times 10^9\,\text{N/m}^3$$

ab 與 cd 的斜率及其變化分別如下：

$$m_{ab} = \frac{1560 - 2600}{102.39 \times 10^{-9}} = -10.16 \times 10^9\,\text{N/m}^4$$

$$m_{cd} = \frac{-0.141 \times 10^9}{0.29} = -0.49 \times 10^9\,\text{N/m}^4$$

$$\Delta m = -0.49 \times 10^9 - \langle -10.16 \times 10^9\rangle = 9.67 \times 10^9\,\text{N/m}^4$$

將 (1) 式除以 I_{BC}，並在 $x = 0.21$ m 處，加上一個 -2.81×10^9 N/m^3 的梯階及斜率為 9.67×10^9 N/m^4 的坡道，可得

$$\frac{M}{I} = 15.24 \times 10^9 x - 25.4 \times 10^9 \langle x - 0.2\rangle^1 - 2.81 \times 10^9 \langle x - 0.21\rangle^0 \\ + 9.67 \times 10^9 \langle x - 0.21\rangle^1 \tag{2}$$

將其積分而得

圖 3-7　尺寸單位為 mm。

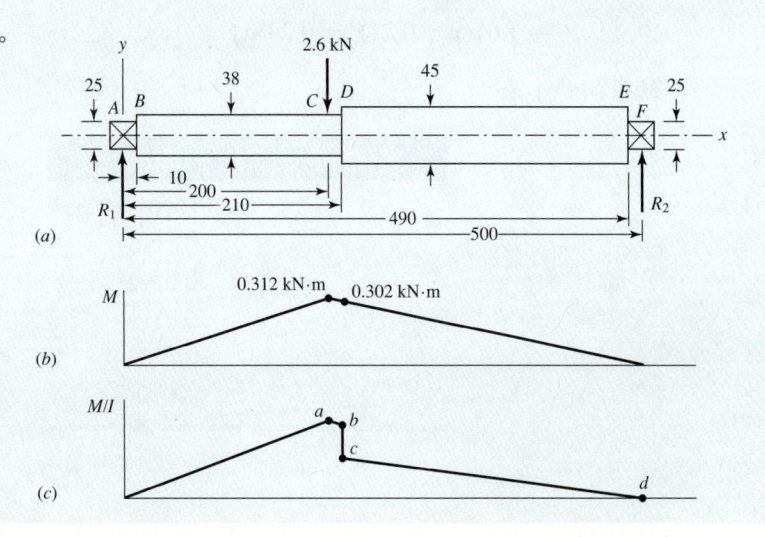

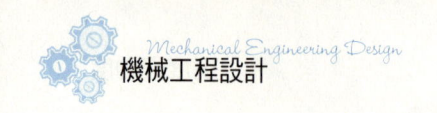

$$E\frac{dy}{dx} = 10^9[7.62x^2 - 12.7\langle x - 0.2\rangle^2 - 2.81\langle x - 0.21\rangle^1 \quad (3)$$
$$+ 4.84\langle x - 0.21\rangle^2] + C_1$$

再次積分而得

$$Ey = 10^9[2.54x^3 - 4.23\langle x - 0.2\rangle^3 - 1.41\langle x - 0.21\rangle^2 + 1.61\langle x - 0.21\rangle^5] + C_1 x + C_2$$
(4)

在 $x = 0$ 處，$y = 0$，此條件得到 $C_2 = 0$ (請記住，奇異函數在引數為正值前並不存在)。在 $x = 0.5$ m 處，$y = 0$，以及

$$0 = 10^9[2.54\langle 0.5\rangle^3 - 4.23\langle 0.5 - 0.2\rangle^3 - 1.41\langle 0.5 - 0.21\rangle^2 + 1.61\langle 0.5 - 0.21\rangle^3] + 0.5C_1$$

求解可得 $C_1 = -0.248 \times 10^9$ N/m^2。因此以 $E = 200$ GPa 代入，(4) 式成為

$$y = \frac{1}{200}[2.54x^3 - 4.23\langle x - 0.2\rangle^3 - 1.41\langle x - 0.21\rangle^2$$
$$+ 1.61\langle x - 0.21\rangle^3 - 0.248x] \quad (5)$$

當使用電子表格程式 (spreadsheet)，將下列式子寫成計算機程式：

$$y = \frac{1}{200}(2.54x^3 - 0.248x) \qquad 0 \leq x \leq 0.2 \text{ m}$$

$$y = \frac{1}{200}[2.54x^3 - 4.23(x - 0.2)^3 - 0.248x] \qquad 0.2 \leq x \leq 0.21 \text{ m}$$

$$y = \frac{1}{200}[2.54x^3 - 4.23(x - 0.2)^3 - 1.41(x - 0.21)^2$$
$$+ 1.61(x - 0.21)^3 - 0.248x] \qquad 0.21 \leq x \leq 0.5 \text{ m}$$

結果列於下表：

x (m)	y (mm)
0	0.0000
0.1	−0.1113
0.2	−0.0292
0.21	−0.0311
0.4	−0.0203
0.5	0.0000

其中 x 的單位為 m 而 y 的單位為 mm。我們看到最大的撓度在 $x = 0.21$ m 處，其中 $y = -0.0311$ mm。

將 C_1 代入 (3) 式，可得在支撐處的斜率為 $\theta_A = 1.686(10^{-3})$ rad $= 0.09657$ deg 及 $\theta_F = 1.198(10^{-3})$ rad $= 0.06864$ deg。你也許會認為這些是微不足道的撓曲，但是你將在第 6 章看到，其實它們並非如此。

對此相同模型以有限元素分析，得到結果為

$$y|_{x=0.21 \text{ m}} = -0.0307 \text{ mm} \qquad \theta_A = -0.09653° \qquad \theta_F = 0.06868°$$

幾乎相同的答案，在方程式中保留一些捨入的誤差而已。

如果軸承所在的梯階被納入模型中，將會導致更多方程式，但是求解過程還是一樣。此模型的解答是

$$y|_{x=0.21 \text{ m}} = -0.0315 \text{ mm} \qquad \theta_A = -0.09763° \qquad \theta_F = 0.06973°$$

兩個模型之間的最大差異是在 1.3% 的量級，因而這樣的簡化是合理的。

在第 3-9 節，我們將說明奇異函數用於解決靜不定問題的實用性。

3-7 應變能

彈性元件變形時，外部作的功轉換成**應變能** (strain energy) 或**勢能** (potential energy)。如果元件變形距離為 y 而且作用力與撓度之間為線性關係，則此能量等於平均作用力與該撓度的乘積，或

$$U = \frac{F}{2}y = \frac{F^2}{2k} \tag{3-15}$$

此式為通式，也就是力 F 也可能表示扭矩或彎矩，當然，用於 k 的單位必須符合。經由代入適宜的 k 的表示式，可以得到不同的單純負荷的應變能公式。例如，對張力與壓力，可以利用 (3-4) 式而得到

或

$$\left. \begin{array}{l} U = \dfrac{F^2 l}{2AE} \\[2mm] U = \displaystyle\int \dfrac{F^2}{2AE} dx \end{array} \right\} \text{張力與壓力} \qquad \begin{array}{l}(3\text{-}16)\\[2mm](3\text{-}17)\end{array}$$

其中第一式在式中各項於元件整個長度中都是定值時，才適用；若式中各項隨著元件長度而變化時，則需要更一般的積分方程式。

相同地，由 (3-7) 式，扭轉的應變能為

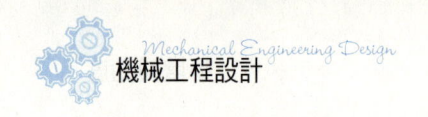

或
$$U = \frac{T^2 l}{2GJ} \quad \text{扭轉} \tag{3-18}$$

$$U = \int \frac{T^2}{2GJ} dx \tag{3-19}$$

為了導出由於直接剪力產生之應變能的表示式，考慮在圖 3-8a 中一邊固定的元件。力 F 使得元件處於承受純剪力的情況，而所做的功為 $U = F\delta/2$。由於剪應變為 $\gamma = \delta/l = \tau/G = F/AG$，所以

或
$$U = \frac{F^2 l}{2AG} \quad \text{直接剪應力} \tag{3-20}$$

$$U = \int \frac{F^2}{2AG} dx \tag{3-21}$$

以彎曲的方式儲存於樑或槓桿中的應變能，可以藉參考圖 3-8b 而獲得。其中 AB 長為 ds 的一段彈性曲線，其曲率半徑為 ρ。儲存於此一樑之元素的應變能為 $dU = (M/2)d\theta$，因為 $\rho\, d\theta = ds$，可得

$$dU = \frac{M\, ds}{2\rho} \tag{a}$$

利用 (3-8) 式可以將 ρ 消去，$\rho = EI/M$ 於是

$$dU = \frac{M^2\, ds}{2EI} \tag{b}$$

對很小的撓曲而言 $ds \doteq dx$，因此對整個樑

$$U = \int dU = \int \frac{M^2}{2EI} dx \tag{c}$$

對彎曲而言，通常需要此積分方程式，其彎矩通常是 x 的函數。總結彎曲的應變能方程式，包括積分與非積分型式，如下：

或
$$U = \frac{M^2 l}{2EI} \quad \text{彎曲} \tag{3-22}$$

$$U = \int \frac{M^2}{2EI} dx \tag{3-23}$$

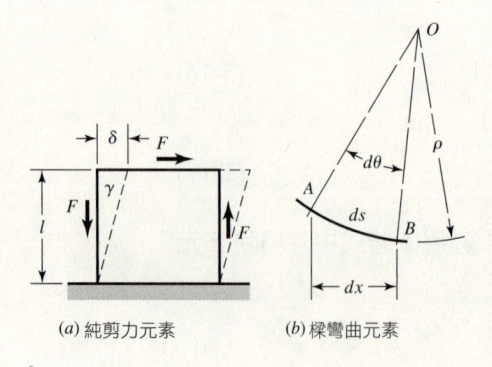

(3-22) 與 (3-23) 式僅在樑承受純彎矩時才是精確的。然而即使當橫向剪力存在時，這些式子仍然能提供相當好的結果，除非是非常短的樑。由於樑的剪力負荷產生的應變能是個複雜的問題。利用 (3-20) 式與數值視剖面形狀而定的修正因數，可以得到近似解。如果以 C

(a) 純剪力元素　　(b) 樑彎曲元素

圖 3-8

表示修正因數，以 V 表示剪力，則由於彎曲之剪力產生的應變能為

$$U = \frac{CV^2 l}{2AG} \quad \text{橫向剪力} \tag{3-24}$$

或

$$U = \int \frac{CV^2}{2AG} dx \tag{3-25}$$

修正因數 C 的值列於表 3-1 中。

表 3-1 橫向剪力的應變能修正因數

樑的剖面形狀	修正因素 C
矩形	1.2
圓形	1.11
圓形薄壁管狀	2.00
箱形剖面[†]	1.00
結構剖面[†]	1.00

[†] 僅使用腹板面積

來源：Richard G. Budynas, *Advanced Strength and Applied Stress Analysis*, 2nd ed., McGraw-Hill, New York, 1999. Copyright © 1999 The McGraw-Hill Companies.

範例 3-8

某圓剖面的懸臂樑在端點承受一集中負荷 F，如圖 3-9a 中所示，試求樑中的應變能。

圖 3-9

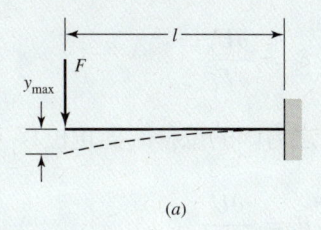

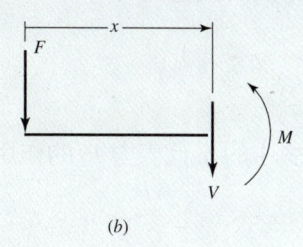

(a)　(b)

解答 為確定什麼形式的應變能涉及此樑的撓曲，我們切斷此樑並繪製一個自由體圖，看看樑內承受的力和彎矩。圖 3-9b 展示此自由體圖，其中橫向剪力為 $V = -F$ 而彎矩為 $M = -Fx$。變數 x 僅是一個積分變數，可定義為從任意方便的點量取。相同結果已可以從右邊部分的自由體圖得到，其中的 x 則從牆壁量起。使用該樑的自由端通常可以導致降低求解的工作量，這是因為不需要求出固定端的反作用力。

對橫向剪力導致的應變能，由表 3-2 查得的修正因數 $C = 1.11$ 並使用 (3-24) 式得到下式，請注意，在此樑的整個長度中 V 都是定值。

$$U_{剪力} = \frac{CV^2 l}{2AG} = \frac{1.11 F^2 l}{2AG}$$

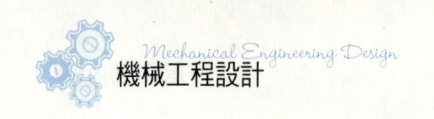

對彎矩導致的應變能，因為 M 是 x 的函數，由 (3-23) 式可得

$$U_{彎曲} = \int \frac{M^2 dx}{2EI} = \frac{1}{2EI} \int_0^l (-Fx)^2 dx = \frac{F^2 l^3}{6EI}$$

因此總應變能為

答案
$$U = U_{彎曲} + U_{剪力} = \frac{F^2 l^3}{6EI} + \frac{1.11 F^2 l}{2AG}$$

請注意，除了非常短樑，相對於彎曲項 (l^3 量級) 而言，剪切項 (l 量級) 通常很小。此將在下一個範例示範說明。

3-8　Castigliano 定理

處理樑的撓度分析法中最不尋常、有威力而且常簡單得令人驚異的是稱為**卡氏定理** (Castigliano's theorem) 的能量法。它是分析撓度的獨特方式，甚至可用於求出靜不定結構的反力。卡氏定理的敘述是：當作用於彈性系統上的各力歷經一小位移時，對應於任意其中一力並在該力作用線方向的位移，等於總應變能對該力的偏導數。此敘述中的力與位移也廣義地解釋為同樣適用於力矩與角位移。以數學型式表示的卡氏定理為

$$\delta_i = \frac{\partial U}{\partial F_i} \tag{3-26}$$

式中的 δ_i 代表力 F_i 的作用點沿力 F_i 之方向的位移。對角位移，(3-26) 式可寫成

$$\theta_i = \frac{\partial U}{\partial M_i} \tag{3-27}$$

式中的 θ_i 為彎矩 M_i 存在之處的樑的角位移，單位為弳度 (radians)，在 M_i 的方向。

例如，藉 (3-16) 式與 (3-18) 式，應用卡氏定理以求軸向與扭轉撓曲時，其結果為

$$\delta = \frac{\partial}{\partial F} \left(\frac{F^2 l}{2AE} \right) = \frac{Fl}{AE} \tag{a}$$

$$\theta = \frac{\partial}{\partial T} \left(\frac{T^2 l}{2GJ} \right) = \frac{Tl}{GJ} \tag{b}$$

請將 (a)、(b) 兩式和 (3-3) 與 (3-5) 式相比較。

範例 3-9

範例 3-8 中的懸臂樑為碳鋼桿，長 250 mm，直徑 25 mm，而承受 F = 400 N 的力作用。

    (a) 試以卡氏定理求最大撓度，並含由剪力所產生者。

    (b) 如果剪力忽略不計，所導致的誤差為若干？

解答 (a) 從範例 3-8 的結果可知總應變能為

$$U = \frac{F^2 l^3}{6EI} + \frac{1.11 F^2 l}{2AG} \tag{1}$$

然後依據卡氏定理，該端的撓度為

$$y_{max} = \frac{\partial U}{\partial F} = \frac{F l^3}{3EI} + \frac{1.11 F l}{AG} \tag{2}$$

我們也可以得到

$$I = \frac{\pi d^4}{64} = \frac{\pi (25)^4}{64} = 19\ 175\ \text{mm}^4$$

$$A = \frac{\pi d^2}{4} = \frac{\pi (25)^2}{4} = 491\ \text{mm}^2$$

將這些值與 F = 400 N、l = 0.25 m、E = 209 GPa 代入 (2) 式中可得

答案
$$y_{max} = 0.52 + 0.003 = 0.523\ \text{mm}$$

請注意，此項結果為正值，因為它的方向與 F 一致。

答案 (b) 本問題在忽略剪力下，產生的誤差為 (0.523 − 0.52)/0.523 = 0.0057 = 0.57%。

當樑的長度對高度的比值增加，橫向剪力對樑撓度的相對貢獻就減少，而且在 $l/d > 10$ 時，通常視為可忽略不計。請注意，在表 A-9 中之樑的撓度方程式並沒有包含橫向剪力的效應。

卡氏定理也可以用於求得即使沒有力或力矩作用之點的撓度。其程序為：

1. 建立包含由作用於撓度待求之點的**虛構力**或虛構力矩 (fictitious force or moment) Q 所產生之應變能的總應變能 U 的方程式。
2. 藉取總應變能對 Q 的導數，求得在 Q 方向所需撓度的表示式。
3. 因為 Q 為虛構力，將第二個步驟所得的表示式令 Q 為零而求解。因此，在虛構力 Q 作用點的位移為

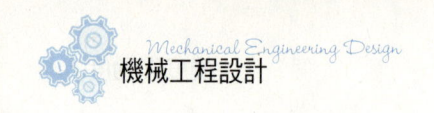

$$\delta = \left.\frac{\partial U}{\partial Q}\right|_{Q=0} \tag{3-28}$$

在必須積分才能獲得應變能的情況下,透過將偏導數移入積分子中,不必明確求出應變能而直接求得撓度是更有效率的。以彎曲情況舉例

$$\delta_i = \frac{\partial U}{\partial F_i} = \frac{\partial}{\partial F_i}\left(\int \frac{M^2}{2EI}dx\right) = \int \frac{\partial}{\partial F_i}\left(\frac{M^2}{2EI}\right)dx = \int \frac{2M\frac{\partial M}{\partial F_i}}{2EI}dx$$
$$= \int \frac{1}{EI}\left(M\frac{\partial M}{\partial F_i}\right)dx$$

此作法使得在積分前先求導數,因而簡化數學計算。若作用力為虛構力 Q,這個方法特別有用,因為在求導數後即可令其為零。(3-17)、(3-19) 與 (3-23) 式在普通情況下改寫成

$$\delta_i = \frac{\partial U}{\partial F_i} = \int \frac{1}{AE}\left(F\frac{\partial F}{\partial F_i}\right)dx \quad \text{拉力與壓力} \tag{3-29}$$

$$\theta_i = \frac{\partial U}{\partial M_i} = \int \frac{1}{GJ}\left(T\frac{\partial T}{\partial M_i}\right)dx \quad \text{扭轉} \tag{3-30}$$

$$\delta_i = \frac{\partial U}{\partial F_i} = \int \frac{1}{EI}\left(M\frac{\partial M}{\partial F_i}\right)dx \quad \text{彎曲} \tag{3-31}$$

範例 3-10

利用卡式定理方法,圖 3-10 中之梯級式軸,試求由於作用於端點的力 F 導致在 A 與 B 點的撓度。區段 AB 與 BC 的面積二次矩分別為 I_1 與 $2I_1$。

解答 為避免求解固定端的反力,因此將 x 軸的原點設定在此樑的左端,如圖所示。對 $0 \leq x \leq l$,其彎矩為

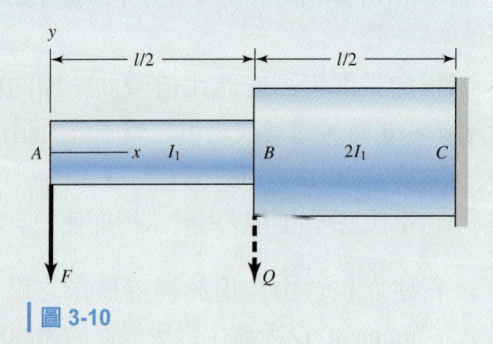

| 圖 3-10

$$M = -Fx \tag{1}$$

因為 F 作用在 A 點而且是在所求撓度的方向,由 (3-31) 式可得 A 點的撓度為 Eq.

$$\delta_A = \frac{\partial U}{\partial F} = \int_0^l \frac{1}{EI}\left(M\frac{\partial M}{\partial F}\right)dx \tag{2}$$

將 (1) 式代入 (2) 式,並注意在 $0 \le x \le l/2$ 時,$I = I_1$;在 $l/2 \le x \le l$ 時,$I = 2I_1$,可得

答案
$$\delta_A = \frac{1}{E}\left[\int_0^{l/2} \frac{1}{I_1}(-Fx)(-x)\,dx + \int_{l/2}^l \frac{1}{2I_1}(-Fx)(-x)\,dx\right]$$
$$= \frac{1}{E}\left[\frac{Fl^3}{24I_1} + \frac{7Fl^3}{48I_1}\right] = \frac{3}{16}\frac{Fl^3}{EI_1}$$

其值為正值,因為它在 F 的方向。

對 B 點,在此點需要一虛構力 Q。假設 Q 朝下作用在 B 點,而 x 軸如同前面,則彎矩方程式為

$$\begin{aligned} M &= -Fx & 0 \le x \le l/2 \\ M &= -Fx - Q\left(x - \frac{l}{2}\right) & l/2 \le x \le l \end{aligned} \tag{3}$$

對 (3-31) 式,我們需要 $\partial M/\partial Q$。由 (3) 式

$$\begin{aligned} \frac{\partial M}{\partial Q} &= 0 & 0 \le x \le l/2 \\ \frac{\partial M}{\partial Q} &= -\left(x - \frac{l}{2}\right) & l/2 \le x \le l \end{aligned} \tag{4}$$

一旦導數已求出,Q 即可令其為零,所以 (3-31) 式成為

$$\delta_B = \left[\int_0^l \frac{1}{EI}\left(M\frac{\partial M}{\partial Q}\right)dx\right]_{Q=0}$$
$$= \frac{1}{EI_1}\int_0^{l/2}(-Fx)(0)dx + \frac{1}{E(2I_1)}\int_{l/2}^l (-Fx)\left[-\left(x - \frac{l}{2}\right)\right]dx$$

計算最後一項積分可得

答案
$$\delta_B = \frac{F}{2EI_1}\left(\frac{x^3}{3} - \frac{lx^2}{4}\right)\bigg|_{l/2}^l = \frac{5}{96}\frac{Fl^3}{EI_1}$$

此值再度為正值,亦即表示在 Q 的方向。

範例 3-11

圖 3-11a 中所示直徑為 d 的線型架，試求 B 點在作用力 F 方向的撓度 (忽略橫向剪力的效應)。

解答 圖 3-11b 展示數個自由體圖，圖中物體在每個區段中切斷，並顯示出其內部平衡的力與力矩。力與力矩變量的符號規定，在圖示的方向為正。對使用能量法而言，符號規定為任意選取，因此選用一個方便的。在每一區段中，變量 x 被圖示的原點所定義。變量 x 用來當作每一區段各自獨立的一個積分變量，所以每一區段重複使用同一個變量是可接受的。為了完整性，橫向剪力都包括在內，但橫向剪力對應變能（和撓度）的效應將被忽略。

元素 BC 僅有彎曲，所以從 (3-31) 式[5]

$$\frac{\partial U_{BC}}{\partial F} = \frac{1}{EI}\int_0^a (Fx)(x)\,dx = \frac{Fa^3}{3EI} \tag{1}$$

元素 CD 處於彎曲和扭轉，此扭轉為定值，所以 (3-30) 式可寫成

$$\frac{\partial U}{\partial F_i} = \left(T\frac{\partial T}{\partial F_i}\right)\frac{l}{GJ}$$

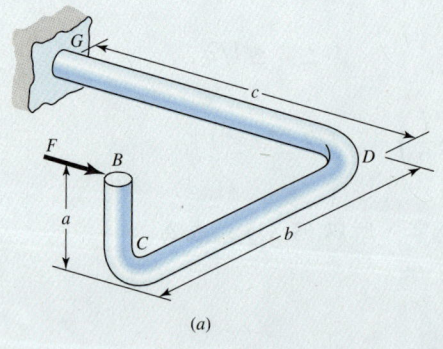

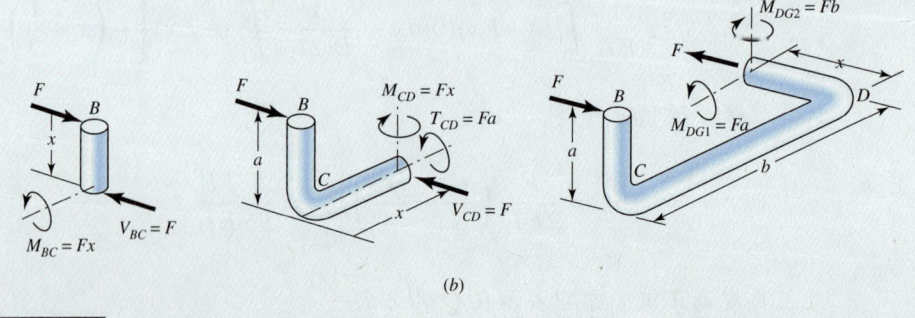

圖 3-11

---
[5] 混合技術是非常誘人的，舉例而言，也嘗試使用重疊法。然而，一些微妙的東西可能發生，你可能會直觀地錯過。因此強烈建議，對某問題如果你使用的是卡氏定理，你應對該問題的所有部分都使用它。

式中 l 為元件的長度。所以對元件 CD 中的扭轉而言，$F_i = F$、$T = F_a$ 及 $l = b$。因此

$$\left(\frac{\partial U_{CD}}{\partial F}\right)_{扭轉} = (Fa)(a)\frac{b}{GJ} = \frac{Fa^2b}{GJ} \tag{2}$$

元件 CD 中的彎曲為

$$\left(\frac{\partial U_{CD}}{\partial F}\right)_{彎曲} = \frac{1}{EI}\int_0^b (Fx)(x)\,dx = \frac{Fb^3}{3EI} \tag{3}$$

元件 DG 承受軸向負荷並在兩個平面上彎曲。該軸向負荷為定值，所以 (3-29) 式可寫成

$$\frac{\partial U}{\partial F_i} = \left(F\frac{\partial F}{\partial F_i}\right)\frac{l}{AE}$$

式中 l 為該元件的長度。因此，對元件 DG 的軸向負荷而言，$F_i = F$、$l = c$，而

$$\left(\frac{\partial U_{DG}}{\partial F}\right)_{軸向} = \frac{Fc}{AE} \tag{4}$$

沿著其長度，在 DG 區段的每一平面上的彎矩都是定值，分別為 $M_{DG2} = Fb$ 及 $M_{DG1} = Fa$。將每一個以 (3-31) 式的形式個別考慮，可得

$$\left(\frac{\partial U_{DG}}{\partial F}\right)_{彎曲} = \frac{1}{EI}\int_0^c (Fb)(b)\,dx + \frac{1}{EI}\int_0^c (Fa)(a)\,dx \tag{5}$$

$$= \frac{Fc(a^2 + b^2)}{EI}$$

將 (1) 至 (5) 式相加，請注意 $I = \pi d^4/64$、$J = 2I$、$A = \pi d^2/4$ 及 $G = E/[2(1+v)]$，可得到在 F 的方向 B 點的撓度為

答案 $(\delta_B)_F = \dfrac{4F}{3\pi E d^4}[16(a^3 + b^3) + 48c(a^2 + b^2) + 48(1+v)a^2b + 3cd^2]$

既然我們已經完成了求解，看看你是否可以使用一個獨立的方法，例如重疊法，實際上說明結果中的每一項。

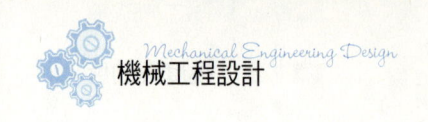

3-9　曲線型元件的撓度

機架、彈簧、夾子、扣件，以及類似的元件經常呈現彎曲的外型。如何求得彎曲元件的應力已經在第 2-18 節中說明過了。對彎曲元件的撓度分析，卡式定理也是特別有用的方法[6]。例如圖 3-12a 中的彎曲構架，令人感到興趣的是求構架因 F 的作用而在力 F 的方向上所產生的撓度。其總應變能含四項，我們將分別討論之。首先是由於彎矩產生者[7]

$$U_1 = \int \frac{M^2 \, d\theta}{2AeE} \tag{3-32}$$

此式中，偏心量 e 為

$$e = R - r_n \tag{3-33}$$

式中 r_n 為中立軸的半徑，如第 2-18 節中的定義，並顯示於圖 2-34 中。

由於法向力 F_θ 所導致的應變能由兩部分所組成，其一為軸向應變所導致，並且類比於 (3-17) 式。此部分為

$$U_2 = \int \frac{F_\theta^2 R \, d\theta}{2AE} \tag{3-34}$$

力 F_θ 也產生彎矩，其方向與圖 3-12b 中的彎矩 M 相反。所得的應變能帶有負號，為

$$U_3 = -\int \frac{M F_\theta \, d\theta}{AE} \tag{3-35}$$

參考 3-12 中的兩個圖，即能瞭解 (3-35) 式中的負號。請注意，力矩 M 趨向於減小

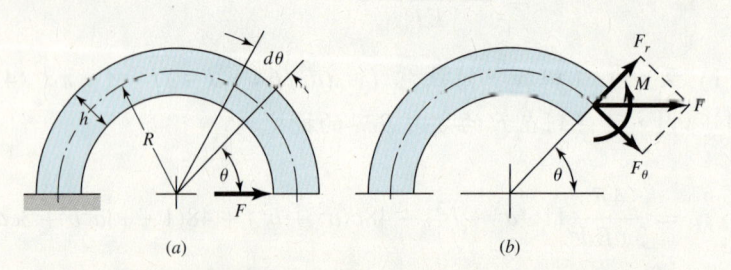

圖 3-12　(a) 作用力 F 負荷下的曲線型桿，R = 至剖面形心軸的半徑；h = 剖面厚度。(b) 在 θ 處剖面圖，顯示作用其上的力：$F_r = V = F$ 的剪力分量；F_θ 為 F 垂直於剖面的分量；M 為 F 導致的彎矩。

---

[6] 除了這個解之外，其它的解請參閱 Joseph E. Shigley, "Curved Beams and Rings," Chap. 38 in Joseph E. Shigley, Charles R. Mischke, and Thomas H. Brown, Jr. (eds.), *Standard Handbook of Machine Design*, 3rd ed., McGraw-Hill, New York, 2004.

[7] 請參閱 Richard G. Budynas, *Advanced Strength and Applied Stress Analysis*, 2nd ed., Sec. 6.7, McGraw-Hill, New York, 1999.

$d\theta$ 角。另一方面，F_θ 所導致的彎矩傾向於增大 $d\theta$ 角。因此 U_3 是負值。如果 F_θ 以反方向作用，則 M 與 F_θ 都傾向於減小 $d\theta$ 角。

第四項也就是最後一項為由 F_r 所導致的剪應變能。選用 (3-25) 式可得

$$U_4 = \int \frac{CF_r^2 R\, d\theta}{2AG} \tag{3-36}$$

其中的 C 為表 3-1 的修正因數。

合併四項可得總應變能為

$$U = \int \frac{M^2\, d\theta}{2AeE} + \int \frac{F_\theta^2 R\, d\theta}{2AE} - \int \frac{MF_\theta\, d\theta}{AE} + \int \frac{CF_r^2 R\, d\theta}{2AG} \tag{3-37}$$

現在可以求出由 F 所產生的撓度為

$$\delta = \frac{\partial U}{\partial F} = \int \frac{M}{AeE}\left(\frac{\partial M}{\partial F}\right)d\theta + \int \frac{F_\theta R}{AE}\left(\frac{\partial F_\theta}{\partial F}\right)d\theta$$

$$- \int \frac{1}{AE}\frac{\partial(MF_\theta)}{\partial F}d\theta + \int \frac{CF_r R}{AG}\left(\frac{\partial F_r}{\partial F}\right)d\theta \tag{3-38}$$

此式為通式，可適用於厚壁圓形曲線樑的任何剖面，應用適當的積分上下限。

如圖 3-12b 所示的特定曲線樑，其積分是從 0 至 π。另外，對於這種情況，我們可得

$$M = FR\sin\theta \qquad \frac{\partial M}{\partial F} = R\sin\theta$$

$$F_\theta = F\sin\theta \qquad \frac{\partial F_\theta}{\partial F} = \sin\theta$$

$$MF_\theta = F^2 R\sin^2\theta \qquad \frac{\partial(MF_\theta)}{\partial F} = 2FR\sin^2\theta$$

$$F_r = F\cos\theta \qquad \frac{\partial F_r}{\partial F} = \cos\theta$$

將這些項代入 (3-38) 式，並作因式分解可得

$$\delta = \frac{FR^2}{AeE}\int_0^\pi \sin^2\theta\, d\theta + \frac{FR}{AE}\int_0^\pi \sin^2\theta\, d\theta - \frac{2FR}{AE}\int_0^\pi \sin^2\theta\, d\theta$$

$$+ \frac{CFR}{AG}\int_0^\pi \cos^2\theta\, d\theta$$

$$= \frac{\pi FR^2}{2AeE} + \frac{\pi FR}{2AE} - \frac{\pi FR}{AE} + \frac{\pi CFR}{2AG} = \frac{\pi FR^2}{2AeE} - \frac{\pi FR}{2AE} + \frac{\pi CFR}{2AG} \tag{3-39}$$

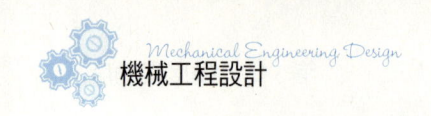

由於第一項中含半徑的平方,如果構架的半徑夠大,則隨後的二項相較之下將顯得很小。

對於彎曲剖面,若其半徑比厚度顯著較大,比如說 $R/h > 10$,偏心量是可忽略不計,所以應變能可以直接由 (3-17)、(3-23) 與 (3-25) 式用 $R\,d\theta$ 取代 dx 而近似求得。此外,當 R 增加時,與彎曲分量相比,從法向力和切向力對撓度的貢獻就變成可以忽略地小。因此,薄圓形曲線型元件的一個近似結果可得為

$$U \doteq \int \frac{M^2}{2EI} R\,d\theta \qquad R/h > 10 \qquad (3\text{-}40)$$

$$\delta = \frac{\partial U}{\partial F} \doteq \int \frac{1}{EI}\left(M\frac{\partial M}{\partial F}\right) R\,d\theta \qquad R/h > 10 \qquad (3\text{-}41)$$

範例 3-12

如圖 3-13a 所示的懸臂掛鉤是以直徑 2 mm 的圓鋼絲成型,此掛鉤的尺寸為 $l = 40$ 與 $R = 50$ mm。大小為 1 N 的力 P 作用在 C 點,試以卡氏定理估算在前端處 D 點的撓度。

解答 因為 l/d 與 R/d 的值很明顯地大於 10,所以僅考慮彎曲導致的撓度。為求得在 D 點的垂直方向撓度,故假設虛構力 Q 將作用於該處。AB、BC 與 CD 各段的自由體圖分別示於圖 3-13b、c 及 d 中。法向力 N 與剪力 V 也顯示於圖中,但是在撓度分析中卻視為可忽略不計。

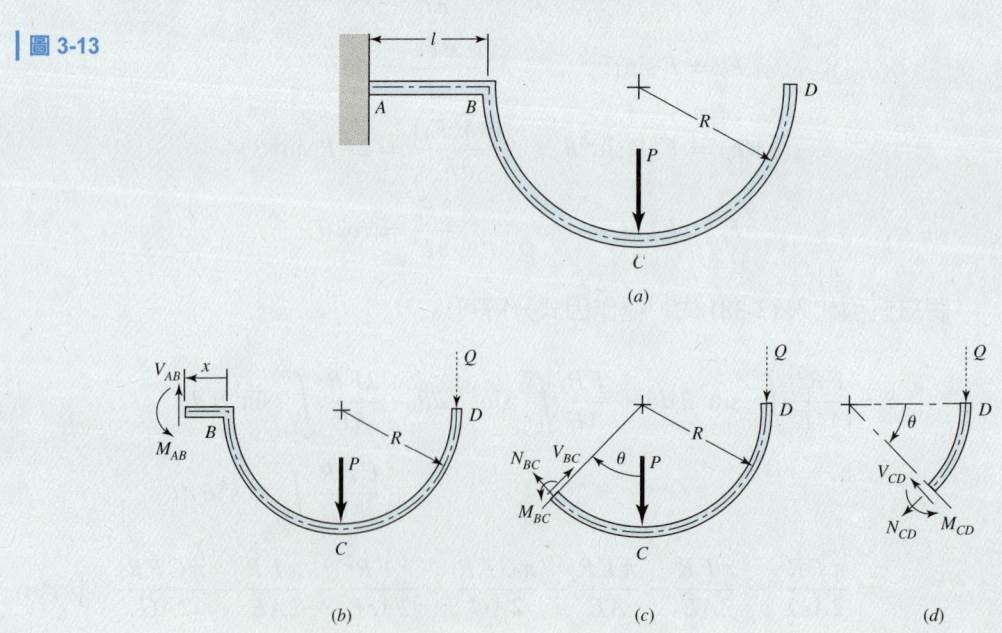

圖 3-13

對 AB 段而言，積分變數 x 的定義如圖 3-13b 所示，可得對 AB 區段中之斷面的彎矩和的式子為

$$M_{AB} = P(R+x) + Q(2R+x) \tag{1}$$

$$\partial M_{AB}/\partial Q = 2R + x \tag{2}$$

因為已對 Q 求導數，故可以設定 Q 為零。由 (3-31) 式，將 (1) 與 (2) 式代入，可得

$$(\delta_D)_{AB} = \int_0^l \frac{1}{EI}\left(M_{AB}\frac{\partial M_{AB}}{\partial Q}\right)dx = \frac{1}{EI}\int_0^l P(R+x)(2R+x)\,dx$$

$$= \frac{P}{EI}\int_0^l (2R^2 + 3Rx + x^2)\,dx = \frac{P}{EI}\left(2R^2 l + \frac{3}{2}l^2 R + \frac{1}{3}l^3\right) \tag{3}$$

對 BC 段而言，積分變數 θ 定義如圖 3-13c 所示，可得對 BC 區段中之斷面的彎矩和的式子為

$$M_{BC} = Q(R + R\sin\theta) + PR\sin\theta \tag{4}$$

$$\partial M_{BC}/\partial Q = R(1 + \sin\theta) \tag{5}$$

由 (3-41) 式，將 (4) 與 (5) 式代入而且令 $Q = 0$，可得

$$(\delta_D)_{BC} = \int_0^{\pi/2} \frac{1}{EI}\left(M_{BC}\frac{\partial M_{BC}}{\partial Q}\right)R\,d\theta = \frac{R}{EI}\int_0^{\pi/2}(PR\sin\theta)[R(1+\sin\theta)]\,dx$$

$$= \frac{PR^3}{EI}\left(1 + \frac{\pi}{4}\right) \tag{6}$$

請注意，CD 段中的斷面僅含有 Q，在令 $Q = 0$ 之後，我們可以得知，本區段對實際應變能並沒有貢獻。結合從 (3) 及 (6) 式的各項，可得在 D 點處的總垂直撓度為

$$\delta_D = (\delta_D)_{AB} + (\delta_D)_{BC} = \frac{P}{EI}\left(2R^2 l + \frac{3}{2}l^2 R + \frac{1}{3}l^3\right) + \frac{PR^3}{EI}\left(1 + \frac{\pi}{4}\right)$$

$$= \frac{P}{EI}(1.785R^3 + 2R^2 l + 1.5\,Rl^2 + 0.333 l^3) \tag{7}$$

將已知數值代入，並請注意 $I = \pi d^4/64$ 與鋼的 $E = 207\,\text{GPa}$，可得

答案
$$\delta_D = \frac{1}{207(10^9)[\pi(0.002^4)/64]}[1.785(0.05^3) + 2(0.05^2)0.04$$
$$+ 1.5(0.05)0.04^2 + 0.333(0.04^3)]$$

$$= 3.47(10^{-3})\,\text{m} = 3.47\,\text{mm}$$

範例 3-13　可變剖面之沖床機架的撓度

(3-39) 式中所示的一般結果，

$$\delta = \frac{\pi FR^2}{2AeE} - \frac{\pi FR}{2AE} + \frac{\pi CFR}{2AG}$$

在剖面一致不變且其形心軌跡是圓形時是有用的。在材料離負荷軸最遠處，其彎曲力矩為最大。若想要強化，則需要較大的面積二次矩 I。因此一個可變深度的剖面是頗具吸引力的，但是要讓積分得到閉合型式的結果卻是相當難的。然而，若你想要得到結果，藉由電腦協助以數值積分方式是相當有幫助的。

考慮圖 3-14a 中描述的 C 型鋼架，其形心軸半徑為 800 mm，在兩端的剖面尺寸為 50 mm×50 mm，其深度以振幅 50 mm 的正弦波方式變化，負荷為 4 kN。已知 $C = 1.2$、$G = 80$ GPa，$E = 210$ GPa。其外徑與內徑分別為

$$R_{\text{out}} = 0.825 + 0.05\sin\theta \qquad R_{\text{in}} = 0.775 - 0.05\sin\theta$$

其它各幾何形狀尺寸項為

$$h = R_{\text{out}} - R_{\text{in}} = 0.05(1 + 0.05\sin\theta)$$

$$A = bh = 0.1(1 + 0.05\sin\theta)$$

$$r_n = \frac{h}{\ln[(R + h/2)/(R - h/2)]} = \frac{0.05(1 + 0.05\sin\theta)}{\ln[(0.825 + 0.05\sin\theta)/(0.775 - 0.05\sin\theta)]}$$

$$e = R - r_n = 0.8 - r_n$$

圖 3-14
(a) 某沖床的 C 型鋼架具有可變深度的矩形剖面，此剖面從在 $\theta = 0°$ 處為 50 mm×50 mm，以正弦波式地變化到在 $\theta = 90°$ 處為 50 mm×150 mm 再變回到在 $\theta = 180°$ 處為 50 mm×50 mm。於此負荷下，設計者的中度關注在於負荷軸線方向的撓度。
(b) 有限元素模型。

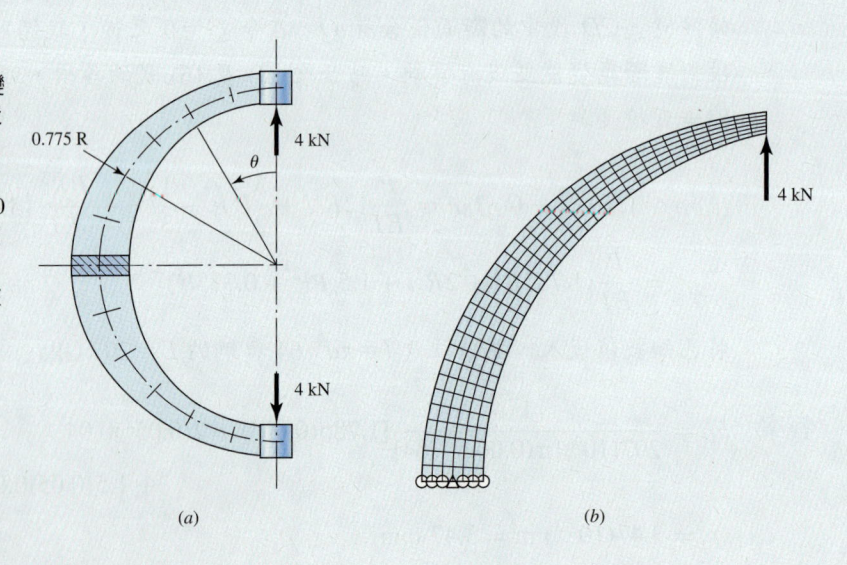

(a)   (b)

請注意

$$M = FR\sin\theta \qquad \partial M/\partial F = R\sin\theta$$
$$F_\theta = F\sin\theta \qquad \partial F_\theta/\partial F = \sin\theta$$
$$MF_\theta = F^2 R\sin^2\theta \qquad \partial MF_\theta/\partial F = 2FR\sin^2\theta$$
$$F_r = F\cos\theta \qquad \partial F_r/\partial F = \cos\theta$$

將這些項代入 (3-38) 式可得三個積分

$$\delta = I_1 + I_2 + I_3 \tag{1}$$

式中的三個積分為

$$I_1 = 213.33\,(10^{-3})\int_0^\pi \frac{\sin^2\theta\,d\theta}{(1+0.05\sin\theta)\left[0.8 - \dfrac{0.05(1+0.05\sin\theta)}{\ln\left(\dfrac{0.825+0.05\sin\theta}{0.775-0.05\sin\theta}\right)}\right]} \tag{2}$$

$$I_2 = -66.67\,(10^{-4})\int_0^\pi \frac{\sin^2\theta\,d\theta}{1+0.05\sin\theta} \tag{3}$$

$$I_3 = 208.70\,(10^{-4})\int_0^\pi \frac{\cos^2\theta\,d\theta}{1+0.05\sin\theta} \tag{4}$$

這些積分可以用幾個方法計算：以辛普遜規則積分 (Simpson's rule integration)[8] 的計算機程式、以電子表格撰寫的計算機程式、或數學軟體。若使用 MathCad 軟體並以 Excel 檢查結果，可得 $I_1 = 1.915375$，$I_2 = -0.003975$ 及 $I_3 = 0.019325$。將這些結果代入 (1) 式，可得

答案
$$\delta = 1.93 \text{ mm}$$

各種有限元素 (finite-element, FE) 程式現在很容易取得。由於對稱性，圖 3-14b 所示為此沖床半個簡單模型，由 216 個平面應力 (二維) 元素組成。建構此模型與分析它而求得解，需要花上幾分鐘時間。將此有限元素分析的結果乘 2，可得 $\delta = 1.95$ mm，與數值積分得到的結果大約有 1% 的差異。

---

[8] 請參閱 J. E. Shigley 和 C. R. Mischke 所著一書：*Mechanical Engineering Design*, 6th ed., McGraw-Hill, New York, 2001，第 203 頁的案例探討 4。

3-10 靜不定的問題

當系統的未知支撐力 (反力) 及/或力矩數目多於靜平衡方程式時，此系統為**過度拘束** (overconstrained)。這樣的系統被認為是**靜不定** (statically indeterminate)，而額外的拘束支撐則稱為**多餘的支撐** (redundant supports)。除了靜平衡方程式之外，對**每一個**多餘的支撐都需要寫出其撓度方程式，才能求解。舉例而言，考慮某承受彎曲負荷的樑，其一端由牆壁支撐而另一端為簡支撐，如同表 A-9 的樑 12。此時總共有三個支撐反力，卻僅有兩個靜平衡方程式可用，因此此樑有**一**個多餘的支撐。為解此三個未知的支撐反力，我們使用此兩個靜平衡方程式和一個額外的撓度方程式。再舉一例，考慮表 A-9 的樑 15，此樑兩端都是牆壁支撐，故產生**兩**個多餘的支撐，因而除了靜平衡方程式外，還需要**兩**個撓度方程式。使用多餘支撐的目的在於提供安全性與減少撓曲。

靜不定問題的一個簡單範例如圖 3-15a 中所提供的巢式螺圈彈簧 (nested helical spring)。當這個組合承受壓縮力 F 作用而有了距離 δ 的變形時，每一支彈簧承受了多大的壓縮力？

從靜力平衡僅能寫出一個方程式，那就是：

$$\sum F = F - F_1 - F_2 = 0 \tag{a}$$

此式只是簡單地說明總力 F 由彈簧 1 中的力 F_1 與彈簧 2 中的力 F_2 所支持。因為有兩個未知數而只有一個方程式，所以是靜不定系統。

為了寫出另一個方程式，請注意圖 3-15b 中的變形關係。這兩個彈簧的變形量相同。因此，可以得到第二個方程式

$$\delta_1 = \delta_2 = \delta \tag{b}$$

如果將 (3-2) 代入 (b) 式中，可得

$$\frac{F_1}{k_1} = \frac{F_2}{k_2} \tag{c}$$

現在由 (c) 式解得 F_1 並將所得代入 (a) 式，可得

$$F - \frac{k_1}{k_2}F_2 - F_2 = 0 \quad 或 \quad F_2 = \frac{k_2 F}{k_1 + k_2} \tag{d}$$

將 F_2 代入 (c) 式，可得 $F_1 = k_1 F/(k_1 + k_2)$，所以 $\delta = \delta_1 = \delta_2 = F/(k_1 + k_2)$。因此，兩個並聯的彈簧

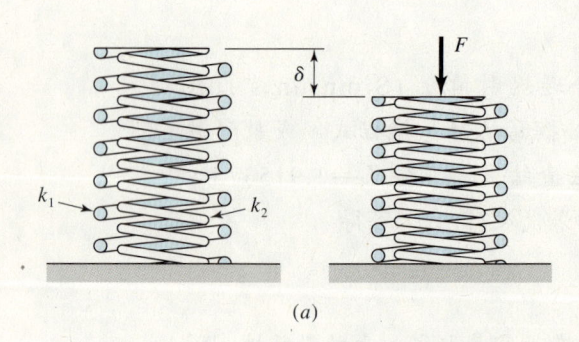

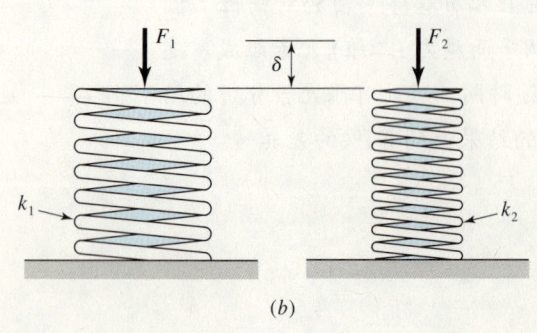

圖 3-15

其整體的彈簧常數為 $k = F/\delta = k_1 + k_2$。

在此彈簧範例中，求得所需的變形方程式是非常簡單的，然而對其它的情況而言，變形的關係可能不那麼容易求得。在此，對一般的靜不定問題我們將指出兩個基本程序。

程序 1

1. 選擇一個或數個多餘的反力，通常是力或力矩。有可能有另一些其它選擇 (參閱範例 3-14)。
2. 以施加的負荷及步驟 1 的多餘反力，對其餘反力寫出靜力平衡方程式。
3. 以施加的負荷及步驟 1 的多餘反力，對所有步驟 1 之多餘反力處的點寫出其撓度方程式。通常這些撓度都是零。假若多餘反力為力矩，則其對應的撓度方程式為旋轉撓度方程式。
4. 由步驟 2 和 3 的方程式一起聯立求解得出所有的反力。

在步驟 3 中，其撓度方程式可以任何標準的方法求解。在此，我們將示範使用重疊法和卡式定理於樑的問題。

範例 3-14

附錄的表 A-9 中的靜不定樑 11 重繪於圖 3-16 中，試以程序 1 求所有的反力。

解答　所有的反力如圖 3-16b 中所示。若沒有 R_2，則此樑為一靜定懸臂樑；若沒有 M_1，則此樑為一靜定簡支樑。在這兩種情況下，此樑都只有一個多餘的支撐。我們首先使用重疊法並選擇 R_2 為多餘的反力對此問題求解。第二種解法，我們將使用卡式定理並以 M_1 為多餘的反力。

解答 1
1. 選取在 B 點的 R_2 為多餘的反力。
2. 使用靜平衡方程式求解以 F 和 R_2 表示的 R_1 與 M_1，結果如下

$$R_1 = F - R_2 \qquad M_1 = \frac{Fl}{2} - R_2 l \tag{1}$$

3. 以 F 和 R_2 表示而寫出 B 點的撓度方程式。以表 A-9 中的樑 1，其

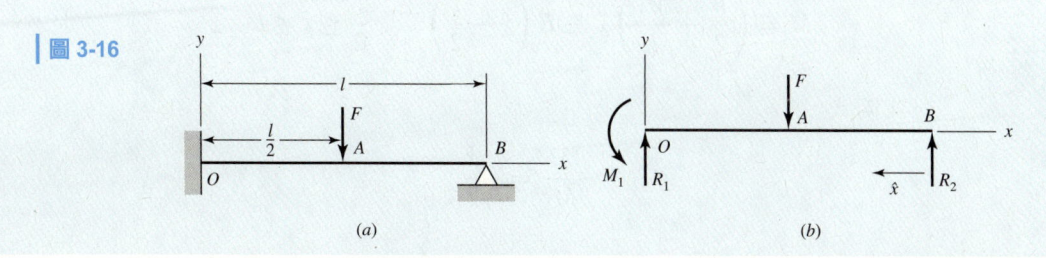

圖 3-16

(a)　　　　　　　　　　(b)

$F = -R_2$,及表 A-9 中的樑 2,其 $a = l/2$,使用重疊法得到在 $x = l$ 處之 B 點的撓度為

$$\delta_B = -\frac{R_2 l^2}{6EI}(l - 3l) + \frac{F(l/2)^2}{6EI}\left(\frac{l}{2} - 3l\right) = \frac{R_2 l^3}{3EI} - \frac{5Fl^3}{48EI} = 0 \tag{2}$$

4 (2) 式可直接求解 R_2 而得

答案
$$R_2 = \frac{5F}{16} \tag{3}$$

接著將 R_2 代入 (1) 式,完成求解而得

答案
$$R_1 = \frac{11F}{16} \qquad M_1 = \frac{3Fl}{16} \tag{4}$$

請注意,此答案與表 A-9 中的樑 11 所列完全一致。

解答 2 **1** 選擇在 O 點處的力矩 M_1 為多餘的反力。

2 用靜平衡方程式解出以 F 和 M_1 表示的 R_1 與 R_2,可得

$$R_1 = \frac{F}{2} + \frac{M_1}{l} \qquad R_2 = \frac{F}{2} - \frac{M_1}{l} \tag{5}$$

3 因為 M_1 是在 O 點處的多餘反力,寫出在 O 點處的角撓度方程式。由卡式定理可得此式為

$$\theta_O = \frac{\partial U}{\partial M_1} \tag{6}$$

使用圖 3-16b 中所示的變數 x,我們可以套用 (3-31) 式。然而,若使用從 B 點開始且往左為正值的變數 $\hat{x}$,將可得更簡單的項,藉此以及由 (5) 式得出的 R_2 表示式,可得彎矩方程式為

$$M = \left(\frac{F}{2} - \frac{M_1}{l}\right)\hat{x} \qquad 0 \leq \hat{x} \leq \frac{l}{2} \tag{7}$$

$$M = \left(\frac{F}{2} - \frac{M_1}{l}\right)\hat{x} - F\left(\hat{x} - \frac{l}{2}\right) \qquad \frac{l}{2} \leq \hat{x} \leq l \tag{8}$$

對此兩式,

$$\frac{\partial M}{\partial M_1} = -\frac{\hat{x}}{l} \tag{9}$$

將 (7) 至 (9) 式代入 (6) 式中，並使用 (3-31) 式的型式，其中 $F_i = M_1$，可得

$$\theta_O = \frac{\partial U}{\partial M_1} = \frac{1}{EI} \left\{ \int_0^{l/2} \left(\frac{F}{2} - \frac{M_1}{l} \right) \hat{x} \left(-\frac{\hat{x}}{l} \right) d\hat{x} + \int_{l/2}^{l} \left[\left(\frac{F}{2} - \frac{M_1}{l} \right) \hat{x} - F \left(\hat{x} - \frac{l}{2} \right) \right] \left(-\frac{\hat{x}}{l} \right) d\hat{x} \right\} = 0$$

將 $1/EIl$ 消掉，並將前兩項的積分合併，可相當容易地簡化此式成為

$$\left(\frac{F}{2} - \frac{M_1}{l} \right) \int_0^l \hat{x}^2 \, d\hat{x} - F \int_{l/2}^l \left(\hat{x} - \frac{l}{2} \right) \hat{x} \, d\hat{x} = 0$$

積分後可得

$$\left(\frac{F}{2} - \frac{M_1}{l} \right) \frac{l^3}{3} - \frac{F}{3} \left[l^3 - \left(\frac{l}{2} \right)^3 \right] + \frac{Fl}{4} \left[l^2 - \left(\frac{l}{2} \right)^2 \right] = 0$$

此式可歸併成為

$$M_1 = \frac{3Fl}{16} \tag{10}$$

4 將 (10) 式代入 (5) 式而得

$$R_1 = \frac{11F}{16} \qquad R_2 = \frac{5F}{16} \tag{11}$$

此結果再度與表 A-9 之樑 11 所列的完全一致。

對某些問題即使使用程序 1 也得費一番功夫，程序 2 消除了一些會讓程序 1 很難對付之棘手的幾何問題。我們以樑的問題說明此程序。

程序 2

1 對此樑寫出以施加的負荷和未知的拘束反力表示之靜平衡方程式。
2 對此樑寫出以施加的負荷和未知的拘束反力表示之撓度方程式。
3 應用與拘束一致的邊界條件於步驟 2 的撓度方程式。
4 由步驟 1 至 3 的方程式求解。

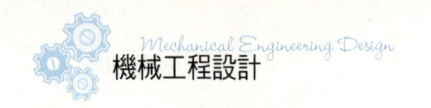

範例 3-15

圖 3-17a 中所示的鋼樑 ABCD，在 C 點的支撐如圖示，而在 B 與 D 點則各以直徑 8 mm 的凸肩不鏽鋼螺栓支撐。BE 與 DF 的長度分別為 50 mm 與 62 mm。此樑的面積二次矩 $20.8(10^3)$ mm^4。在承受負荷之前，這些元件中都無應力存在，然後在 A 點處施加 2 kN 的作用力，試以第 3-10 節的程序 2 求螺栓中的應力與 A、B、D 點的撓度。鋼的 $E = 207$ GPa。

圖 3-17 尺寸單位為 mm。

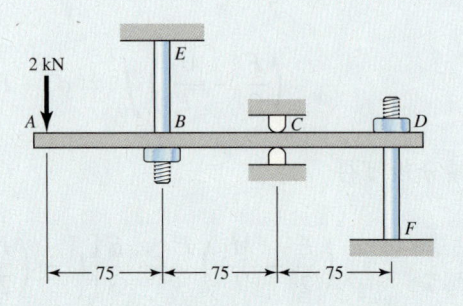

解答 $EI = 207(10^9)20.8(10^{-9}) = 4305.6$ N·m^2

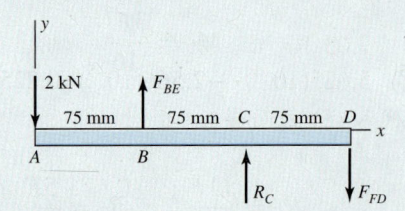

1. $$R_C + F_{BE} - F_{FD} = 2000 \quad \text{(a)}$$
    $$0.075\, R_C + 0.15\, F_{BE} = 0.225(2000) = 450 \quad \text{(b)}$$

2. $$M = -2000\, x + F_{BE}\langle x - 0.075\rangle^1 + R_C\langle x - 0.15\rangle^1$$

$$EI \frac{dy}{dx} = -1000 x^2 + \frac{F_{BE}}{2}\langle x - 0.075\rangle^2 + \frac{R_C}{2}\langle x - 0.15\rangle^2 + C_1$$

$$EI y = -\frac{1000}{3} x^3 + \frac{F_{BE}}{6}\langle x - 0.075\rangle^3 + \frac{R_C}{6}\langle x - 0.15\rangle^3 + C_1 x + C_2$$

$$y_B = \left(\frac{Fl}{AE}\right)_{BE} = -\frac{F_{BE}(0.05)}{(\pi/4)(0.008)^2(207)10^9} = -4.805(10^{-9}) F_{BE}$$

代入並計算在 $x = 0.075$ m

$$EI y_B = 4305.6(-4.805)10^{-9} F_{BE} = -\frac{1000}{3}(0.075^3) + 0.075\, C_1 + C_2$$

$$2.069(10^{-5})\, F_{BE} + 0.075\, C_1 + C_2 = 0.1406 \quad \text{(c)}$$

因為在 $x = 0.15$ m 處，$y = 0$

$$EIy|_{=0} = -\frac{1000}{3}(0.15^3) + \frac{F_{BE}}{6}(0.15 - 0.075)^3 + 0.15\,C_1 + C_2$$

$$7.03(10^{-5})\,F_{BE} + 0.15\,C_1 + C_2 = 1.125 \tag{d}$$

$$y_D = \left(\frac{Fl}{AE}\right)_{DF} = \frac{F_{DF}(0.062)}{(\pi/4)(0.008)^2 207(10^9)} = 5.96(10^{-9})\,F_{DF}$$

代入並計算在 $x = 0.225$ m

$$EIy_D = 4305.6(5.96)10^{-9}\,F_{DF} = -\frac{1000}{3}(0.225^3) + \frac{F_{BE}}{6}(0.225 - 0.075)^3$$
$$+ \frac{R_C}{6}(0.225 - 0.15)^3 + 0.225\,C_1 + C_2$$

$$7.03(10^{-5})\,R_C + 5.625(10^{-4})\,F_{BE} - 2.566(10^{-5})\,F_{DF} + 0.225\,C_1 + C_2 = 3.8 \tag{e}$$

$$\begin{bmatrix} 1 & 1 & -1 & 0 & 0 \\ 0.075 & 0.15 & 0 & 0 & 0 \\ 0 & 2.069(10^{-5}) & 0 & 0.075 & 1 \\ 0 & 7.03(10^{-5}) & 0 & 0.15 & 1 \\ 7.03(10^{-5}) & 5.625(10^{-4}) & -2.566(10^{-5}) & 0.225 & 1 \end{bmatrix} \begin{Bmatrix} R_C \\ F_{BE} \\ F_{DF} \\ C_1 \\ C_2 \end{Bmatrix} = \begin{Bmatrix} 2000 \\ 450 \\ 0.1406 \\ 1.125 \\ 3.8 \end{Bmatrix}$$

$R_C = -2.657$ kN、$F_{BE} = 3783$ kN、$F_{DF} = -0.203$ kN

$C_1 = 12$ N·m²、$C_2 = -0.85$ N·m³

答案 $\sigma_{BE} = \dfrac{4703}{(\pi/4)(8)^2} = 93.6$ MPa

答案 $\sigma_{DF} = -\dfrac{203}{(\pi/4)(8)^2} = -4.04$ MPa

答案 $y_A = \dfrac{1}{4305.6}(-0.85) = -0.000\,197$ m $= -0.197$ mm

答案 $y_B = \dfrac{1}{4305.6}\left[-\dfrac{1000}{3}(0.075^3) + 12(0.075) - 0.85\right] = -2.1(10^{-5})$ m $= 0.021$ mm

答案 $y_D = \dfrac{1}{4305.6}\left[-\dfrac{1000}{3}(0.225^3) + \dfrac{3783}{6}(0.225 - 0.075)^3\right.$
$\left. + \dfrac{-2675}{6}(0.225 - 0.15)^3 + 12(0.225) - 0.85\right] = -1.34(10^{-6})$ m

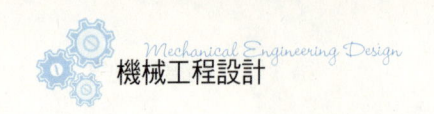

3-11 受壓元件 —— 通論

受壓元件的設計與分析和受拉或承受扭矩的元件有明顯的差異。如果你取像米尺的長桿或長柱，並於兩端施加逐漸增大的力，最初不會發生任何情況，但接下來桿子將會呈現彎曲 (挫曲)，最後因彎曲過度導致破裂。另一極端的情況會發生，若鋸下一段 5 mm 長的米尺，並對此短片執行相同的實驗，你將觀察到該試片呈現碎裂的毀損，也就是單純的壓縮毀損。基於這些理由，依據受壓元件的長度，並依負荷是否通過中心線或偏心來分類受壓元件比較合適。除了因為承受純壓而導致毀損的元件之外，其它此類的元件都稱之為"柱" (column)。柱可以分類如下：

1. 承受中心負荷的長柱
2. 承受中心負荷的中長柱
3. 承受偏心負荷的長柱
4. 承受偏心負荷的支柱或短柱

將柱作如上的分類，使得針對每一種類型的柱發展分析與設計的方法成為可行。再者，這些方法也將顯示你是否選取了適合你的特定問題的類型。隨後的四節將分別對應於上面所列的四個類型。

3-12 承受中心負荷之長柱

圖 3-18 展示具有不同端點 (邊界) 條件下的長柱。若所示的軸向力 P 沿著此柱的形心軸線作用，在較小的作用力下，會發生此元件的單純壓縮；然而在某些條件下，當 P 達到某特定值時，此柱就變成**不穩定** (unstable) 而快速地產生如圖 3-18 中所示的彎曲。此作用力可藉由寫出此柱的彎曲撓度方程式，將得到一微分方程式，當代入邊界條件求解，可得導致不穩定彎曲的**臨界負荷** (critical load)[9]。對圖 3-18a

圖 3-18　(a) 兩端都是圓端或樞接；(b) 兩端都是固定；(c) 一端為自由端而另一端固定；(d) 一端為圓端或樞接，一端為固定。

(a) $C = 1$　　(b) $C = 4$　　(c) $C = \dfrac{1}{4}$　　(d) $C = 2$

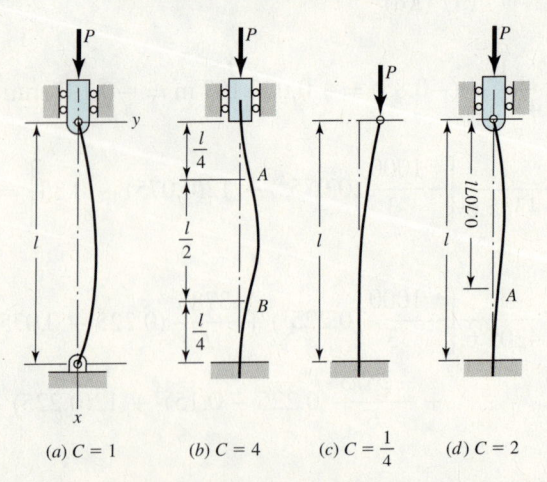

[9] 請參閱 F. P. Beer, E. R. Johnston, Jr., and J. T. DeWolf, *Mechanics of Materials*, 5th ed., McGraw-Hill, New York, 2009, pp. 610-613.

所示之銷接端的長柱而言，其臨界作用力為

$$P_{cr} = \frac{\pi^2 EI}{l^2} \tag{3-42}$$

此式稱為**歐拉柱公式** (Euler column formula)。(3-42) 式可以擴展應用到其它端點的條件而寫成

$$P_{cr} = \frac{C\pi^2 EI}{l^2} \tag{3-43}$$

式中的常數 C 是由如圖 3-18 所示之端點條件而定。

利用關係式 $I = Ak^2$，式中的 A 為面積，而 k 為**迴轉半徑** (radius of gyration)，可以再將 (3-43) 式整理成更容易使用的型式

$$\frac{P_{cr}}{A} = \frac{C\pi^2 E}{(l/k)^2} \tag{3-44}$$

式中的 l/k 稱為**細長比** (slenderness ratio)。藉柱長分類柱的類型時，使用的是這個比值，而不是實際柱長。

在 (3-44) 式中的 P_{cr}/A 為**臨界單位負荷** (critical unit load)，乃是指需要使柱處於**不穩定平衡** (unstable equilibrium) 時，單位面積上必須承擔的負荷。在此情況下，任何微小的彎曲，或是支撐或負荷的微小移動，都將導致柱的崩潰。單位負荷與強度的單位相同，但它是某特定柱的強度，不是柱材料的強度。例如，使柱的長度加倍，將對 P_{cr}/A 值產生劇烈的影響，但不會影響柱材料本身的降伏強度 S_y。

(3-44) 式顯示臨界單位負荷的值僅視端點條件、彈性模數與細長比而定。因此以高強度合金鋼製成且遵守歐拉公式的柱，並不比以低碳鋼製成的柱強，因為兩者的 E 值相同。

常數 C 稱為**端點條件常數** (end-condition constant)，它可能是 1/4、1、2 或 4 中的任何一個理論值，須視負荷以什麼方式作用而定。實際應用上，雖非不可能，但是很難將柱的兩端完全固定，使得可以應用 $C = 2$ 或 $C = 4$。甚至兩端都熔接，仍將發生稍許撓曲。因此，有些設計者絕對不採用大於 1 的 C 值。然而，若採用安全裕度，並且明確知道柱的負荷狀況，對兩端固定或一端為圓端一端固定的柱，C 值不超過 1.2 是合理的，因為僅是假設它為部分固定。當然，若是柱的一端固定，另一端為自由端時，C 值必須為 1/4。這些建議值已表列於表 3-2 中。

當 (3-44) 式依細長比 l/k 解得不同的單位負荷 P_{cr}/A 時，可以繪成圖 3-19 中的 PQR 曲線。因為材料的降伏強度與單位負荷有相同的單位，在圖中加入了由 S_y 至 Q 的水平直線。這使得該 $S_y QR$ 圖將涵蓋從最短的到最長的整個壓縮問題的範圍。因此，似乎 l/k 小於 $(l/k)_Q$ 的任何壓縮元件應以純壓元件處理，而所有其它情況則

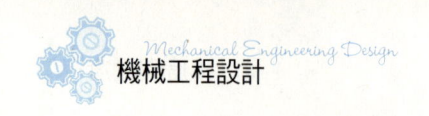

表 3-2　歐拉柱所使用的端點常數［將使用於 (3-43) 式］

	端點條件常數 C		
柱端	理論值	保守值	建議值*
固定端——自由端	1/4	1/4	1/4
圓端——圓端	1	1	1
固定端——圓端	2	1	1.2
固定端——固定端	4	1	1.2

* 僅於明確知道柱的負荷狀況時，與安全裕度一起使用。

圖 3-19　使用 (3-43) 式且 $C=1$ 所繪成的歐拉曲線。

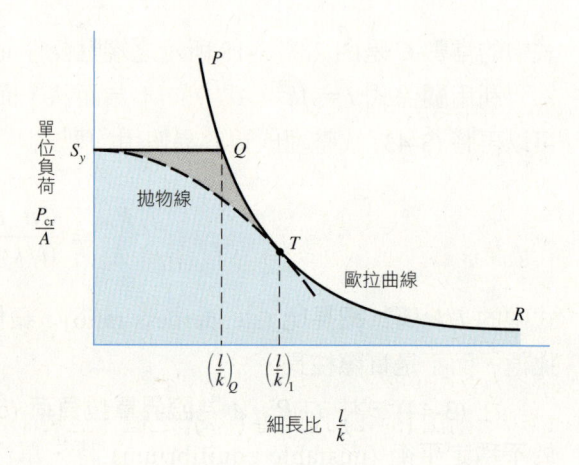

以歐拉柱來處理。不幸的是，這是不正確的。

　　實際設計功能與柱類似的元件時，設計者將注意到圖 3-18 中所示的端點條件而努力地配置這些端點，例如，以螺栓、熔接或銷接來達成理想的端點狀態。雖然事先做了這些小心的措施，製造後的結果仍然可能包含某些缺陷，例如，初始彎曲或負荷偏置。這些缺點的存在與導致的方法通常涉及安全因數處理法或隨機分析法。這些方法對長柱和純壓件有效，然而，實驗顯示，當細長比之值低於及鄰近 Q 點之值時，如圖 3-19 中的陰影部分，試驗出現許多失敗。即使實驗程序中使用近乎完美之試片，已經有仍然招致失敗的報告。

　　柱的毀損經常是突然地、全面性地而且無法預知，因此非常危險而沒有事先的預警。樑會彎曲，而且有可見的警示，顯示它已經過度負荷，柱則完全沒有。因此，當細長比接近 $(l/k)_Q$ 時，不論是純壓件或歐拉柱方程式都不能使用。那麼應該如何處理？通常處理的方式是在圖 3-19 中的歐拉曲線上選擇某個點 T，若對應於 T 點的細長比指定為 $(l/k)_1$，則只有當實際的細長比大於 $(l/k)_1$ 時才能使用歐拉柱方程式，否則應使用隨後幾節中介紹的任一種方法。見範例 3-17 與 3-18。

　　多數的設計者將 T 點選為使 $P_{cr}/A = S_y/2$ 的點。利用 (3-43) 式，可求得對應的 $(l/k)_1$ 值為

$$\left(\frac{l}{k}\right)_1 = \left(\frac{2\pi^2 CE}{S_y}\right)^{1/2} \tag{3-45}$$

3-13 承受中心負荷之中長柱

在過去的歲月中，曾經提出過不少的柱公式，它們使用於歐拉柱公式不適合使用的 l/k 值範圍。有不少這些公式是基於使用某單一材料，而其它的公式則是依據所謂安全的單位負荷而非臨界負荷。大多數公式建立於細長比與單位負荷的線性關係上。在機器、車輛、飛機及鋼結構等領域中，設計者則似乎比較偏好**拋物線或江森公式** (parabolic or J. B. Johnson formula)。

拋物線公式的一般式為

$$\frac{P_{cr}}{A} = a - b\left(\frac{l}{k}\right)^2 \tag{a}$$

式中的 a 與 b 為常數，其值是通過以拋物線擬合於圖 3-19 中的歐拉曲線而得，如圖中終結於 T 點的虛線所示。若拋物線自 S_y 開始，則 $a = S_y$。若 T 點依先前所述的選擇，則由 (3-42) 式可得 $(l/k)_1$ 之值，並可求得 b 為

$$b = \left(\frac{S_y}{2\pi}\right)^2 \frac{1}{CE} \tag{b}$$

將所得的 a 與 b 代入 (a) 式中，可得拋物線方程式為

$$\frac{P_{cr}}{A} = S_y - \left(\frac{S_y}{2\pi}\frac{l}{k}\right)^2 \frac{1}{CE} \qquad \frac{l}{k} \leq \left(\frac{l}{k}\right)_1 \tag{3-46}$$

3-14 承受偏心負荷之柱

先前已經指出，在製造與裝配時，可能發生類似負荷偏置或彎曲等偏離理想柱的情形。雖然這些偏差通常很小，但仍可以某種方法方便地處理它們。負荷偏置問題的發生，通常是難以規避。

圖 3-20a 中顯示作用於柱之力的作用線偏離柱的形心軸線，其偏心量為 e。由圖 3-20b，可知 $M = -P(e+y)$。代入 (3-12) 式，$d^2y/dx^2 = M/EI$，可得微分方程式如下

$$\frac{d^2y}{dx^2} + \frac{P}{EI}y = -\frac{Pe}{EI} \tag{a}$$

以邊界條件在 $x = 0$ 處 $y = 0$，則 (a) 式的解是

$$y = e\left[\tan\left(\frac{l}{2}\sqrt{\frac{P}{EI}}\right)\sin\left(\sqrt{\frac{P}{EI}}x\right) + \cos\left(\sqrt{\frac{P}{EI}}x\right) - 1\right] \tag{b}$$

以 $x = l/2$ 代入 (b) 式，由三角等式可得

$$\delta = e\left[\sec\left(\sqrt{\frac{P}{EI}}\frac{l}{2}\right) - 1\right] \tag{3-47}$$

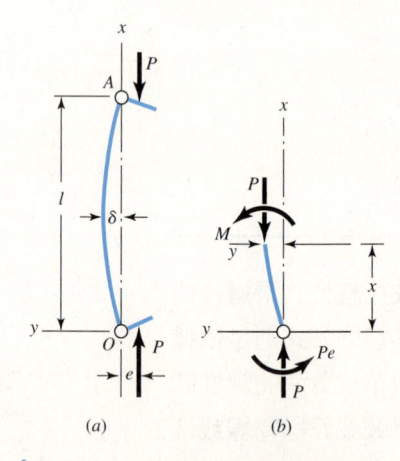

圖 3-20 偏心負荷之柱使用的符號。

最大彎矩的值也發生於跨距中央處，其值為

$$M_{\max} = P(e + \delta) = Pe\sec\left(\frac{l}{2}\sqrt{\frac{P}{EI}}\right) \tag{3-48}$$

在跨距中央處之最大壓應力的值，可藉由將軸向分量與彎曲分量疊加而得

$$\sigma_c = \frac{P}{A} + \frac{Mc}{I} = \frac{P}{A} + \frac{Mc}{Ak^2} \tag{c}$$

將由 (3-48) 式所得的 $M_{\max}$ 代入可得

$$\sigma_c = \frac{P}{A}\left[1 + \frac{ec}{k^2}\sec\left(\frac{l}{2k}\sqrt{\frac{P}{EA}}\right)\right] \tag{3-49}$$

藉由設定壓縮降伏強度 S_{yc} 為 σ_c 的最大值，則 (3-49) 式可以寫成下列的型式

$$\frac{P}{A} = \frac{S_{yc}}{1 + (ec/k^2)\sec[(l/2k)\sqrt{P/AE}]} \tag{3-50}$$

此式稱為**正割柱公式** (secant column formula)，ec/k^2 項稱為**偏心率** (eccentricity ratio)。圖 3-21 為 (3-50) 式以壓縮 (及拉伸) 降伏強度 280 MPa 的鋼材繪成的線圖。當 l/k 值增大時，請注意 P/A 線如何逐漸趨近於歐拉曲線。

　　(3-50) 式中無法解得顯函數表示的負荷 P。如果需要完成很多此類之柱的設計，可以針對單一材料準備如圖 3-21 之型式的線圖。否則必須使用數值法求根的技巧。

圖 3-21 $S_y = 280$ MPa 的鋼材，其正割公式與歐拉方程式之比較

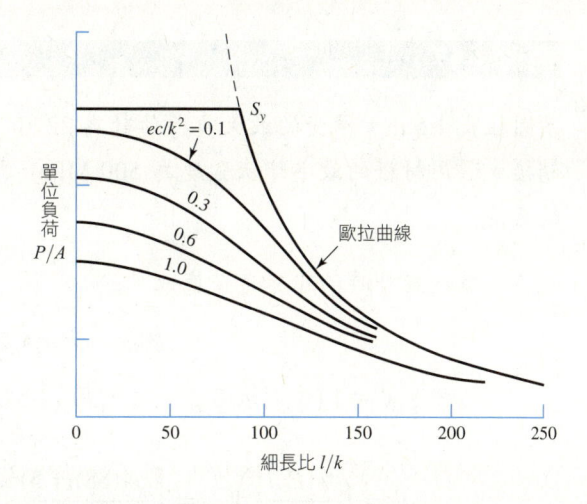

範例 3-16

試推導下列指定剖面之尺寸的歐拉方程式。
(a) 圓形剖面。
(b) 矩形剖面。

解答 (a) 利用 $A = \pi d^2/4$ 與 $k = \sqrt{I/A} = [(\pi d^4/64)/(\pi d^2/4)]^{1/2} = d/4$ 以及 (3-44) 式，可得

答案
$$d = \left(\frac{64 P_{cr} l^2}{\pi^3 CE}\right)^{1/4} \tag{3-51}$$

(b) 對矩形柱，我們令剖面 $h \times b$，並限制 $h \leq b$。若假設在兩方向之挫曲的端點條件相同，則挫曲將發生於較薄的方向。因此

$$I = \frac{bh^3}{12} \qquad A = bh \qquad k^2 = I/A = \frac{h^2}{12}$$

將這些代入 (3-44) 式可得

答案
$$b = \frac{12 P_{cr} l^2}{\pi^2 CE h^3} \qquad h \leq b \tag{3-52}$$

然而特別要指出，矩形柱在兩個方向的端點條件通常並不相同。

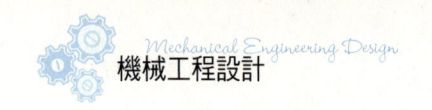

範例 3-17

某圓柱長 1.5 m，承受的最大負荷估計為 22 kN，設計因數取 $n_d = 4$，並考慮兩端為銷接。選用材料的最小降伏強度為 500 MPa，彈性模數為 207 GPa，試決定該圓柱的直徑。

解答 該柱設計時的臨界負荷應取

$$P_{cr} = n_d P = 4(22) = 88 \text{ kN}$$

然後令 $C = 1$ (參閱表 3-2)，並利用 (3-51) 式可得

$$d = \left(\frac{64 P_{cr} l^2}{\pi^3 C E}\right)^{1/4} = \left[\frac{64(88)(1.5)^2}{\pi^3 (1)(207)}\right]^{1/4} \left(\frac{10^3}{10^9}\right)^{1/4} (10^3) = 37.48 \text{ mm}$$

由表 A-17 顯示優先尺寸為 40 mm，該尺寸的細長比為

$$\frac{l}{k} = \frac{l}{d/4} = \frac{1.5(10^3)}{40/4} = 150$$

為了確認它是歐拉柱，由 (3-45) 式可求得

$$\left(\frac{l}{k}\right)_1 = \left(\frac{2\pi^2 C E}{S_y}\right)^{1/2} = \left[\frac{2\pi^2 (1)(207)}{500}\right]^{1/2} \left(\frac{10^9}{10^6}\right)^{1/2} = 90.4$$

由此可知它確實是歐拉柱，所以選擇

答案
$$d = 40 \text{ mm}$$

範例 3-18

試以江森柱公式，重作範例 3-16。

解答 (a) 對圓柱而言，由 (3-46) 式可得

答案
$$d = 2 \left(\frac{P_{cr}}{\pi S_y} + \frac{S_y l^2}{\pi^2 C E}\right)^{1/2} \tag{3-53}$$

(b) 對矩形柱，而且尺寸之 $h \leq b$ 者而言

答案
$$b = \frac{P_{cr}}{h S_y \left(1 - \dfrac{3 l^2 S_y}{\pi^2 C E h^2}\right)} \qquad h \leq b \tag{3-54}$$

範例 3-19

圖 3-22 所示，液壓缸，口徑 80 mm，在 5.6 MPa 的壓力下運轉。U 形夾安裝座如圖所示，對任意平面的挫曲而言，活塞桿應相等於兩端皆為圓端的柱。此桿是以 AISI 1030 鍛造鋼不經過進一步的熱處理製成。

(a) 使用設計因素 $n_d = 3$，若柱長為 1.5 m，試選取此桿直徑的優先尺寸。

(b) 若柱長為 0.5 m，重作(a)。

(c) 上述兩種情形，實際結果的安全因素為何？

圖 3-22

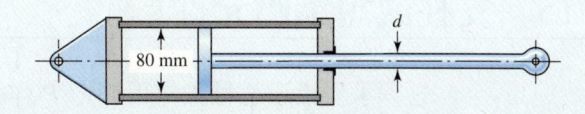

解答 $F = 5.6 \left(\dfrac{\pi}{4} \right)(80^2) = 28\,149$ N，$S_y = 260$ MPa

$P_{cr} = n_d F = 3(28149) = 84\,447$ N

(a) 假定是歐拉柱，$C = 1$

$$I = \frac{\pi}{64} d^4 = \frac{P_{cr} l^2}{C \pi^2 E} \Rightarrow d = \left[\frac{64 P_{cr} l^2}{\pi^3 C E} \right]^{1/4} = \left[\frac{64(84\,447)(1.5)^2}{\pi^3 (1)(207)10^9} \right]^{1/4} = 0.0371 \text{ m}$$

選用 $d = 40$ mm，$k = d/4 = 10$

$$\frac{l}{k} = \frac{1500}{10} = 150$$

$$\left(\frac{l}{k} \right)_1 = \left(\frac{2\pi^2 (1)(207)10^9}{260(10)^6} \right)^{1/2} = 125.4 \quad \therefore 選用歐拉柱$$

$$P_{cr} = \frac{\pi^2 (207)10^9 (\pi/64)(0.04^4)}{1.5^2} = 114.1 \text{ kN}$$

答案 $d = 40$ mm 是符合的。

(b) $d = \left[\dfrac{64(84\,447)(0.5)^2}{\pi^3(1)(207)10^9} \right]^{1/4} = 0.0214$ m，所以選用 22 mm

$k = \dfrac{22}{4} = 5.5$ mm

$l/k = \dfrac{500}{5.5} = 90.9$ 試江森柱

$$P_{cr} = \frac{\pi}{4}(0.022^2) \left[260(10^6) - \left(\frac{260(10^6)}{2\pi} 90.9 \right)^2 \frac{1}{1(207)(10^9)} \right] = 98\,831 \text{ N}$$

答案　　選用 $d = 22$ mm

答案　(c)　$n_{(a)} = \dfrac{114\,100}{28\,149} = 4.05$

答案　　$n_{(b)} = \dfrac{98\,831}{28\,149} = 3.51$

3-15　支柱或短承壓元件

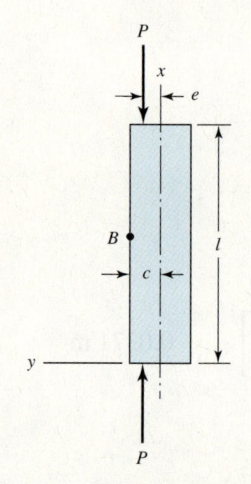

短桿承受沿形心軸線作用的力 P 作純壓縮時，將遵循 Hook 定律而縮短，直到應力已經達到材料的彈性限為止。此時將產生永久變形，而做為機械元件的用途也告終了。如果 P 值持續增大，材料不是變成"筒型"狀就是破裂。當承受的負荷偏心時，在較小的負荷時便將達到彈性限。

支柱 (strut) 是如圖 3-23 中所示的**短承壓元件** (short compression member)。在中間剖面之 B 點處，x 方向上的最大壓應力是純壓分量 P/A 與彎曲分量 Mc/I 的和；即

$$\sigma_c = \frac{P}{A} + \frac{Mc}{I} = \frac{P}{A} + \frac{PecA}{IA} = \frac{P}{A}\left(1 + \frac{ec}{k^2}\right) \tag{3-55}$$

圖 3-23　支柱的負荷偏心量。

式中 $k = (I/A)^{1/2}$ 為迴轉半徑，c 是 B 點的座標，e 為負荷的偏心量。

請注意，柱的長度未出現於 (3-55) 式中。為了於設計或分析時使用這個方程式，必須知道該方程式適用柱長的範圍限制。換言之，即短柱究竟是多長？

正割公式 (3-50) 與 (3-55) 式間的差異，在於正割公式考慮了由於彎曲撓度導致了彎矩的增大，而 (3-55) 式卻沒有。因此，正割公式顯示偏心量因彎曲撓度而放大。兩公式間的此一區別，提供了"正割柱"與"支柱"或純壓元件的區別方法，那就是在支柱中，彎曲撓度的效應必須限制於偏心量的某一百分比之內。如果我們決定限制的百分比為 e 的 1%，則由 (3-44) 式將細長比的限定值成為

$$\left(\frac{l}{k}\right)_2 = 0.282\left(\frac{AE}{P}\right)^{1/2} \tag{3-56}$$

此方程式給出了使用 (3-55) 式的細長比界限值。如果實際的細長比大於 $(l/k)_2$，則使用正割公式；否則使用 (3-55) 式。

範例 3-20

圖 3-24a 中顯示某工件以螺栓夾緊於銑床的機台上，並將螺栓旋緊至承受 8.9 kN 的張力。夾子的接觸位置偏離支柱之形心軸的距離為 $e = 2.5$ mm，如圖中 b 部分所示。該支柱或墊塊以鋼料製成，為 25 mm 的方形剖面，0.1 m 長，如圖示。試求該墊塊中的最大壓應力。

解答 首先我們求得 $A = bh = 0.025(0.025) = 625 \times 10^{-6}$ m^2，$I = bh^3/12 = 0.025(0.025)^3/12 = 32.55 \times 10^{-9}$ m^4，$k^2 = I/A = 32.55 \times 10^{-9}/625 \times 10^{-6} = 52.1 \times 10^{-6}$ m^2，及 $l/k = 0.1/(52.1 \times 10^{-6})^{1/2} = 13.9$。(3-56) 式提供的細長比界限值為

$$\left(\frac{l}{k}\right)_2 = 0.282 \left(\frac{AE}{P}\right)^{1/2} = 0.282 \left[\frac{625 \times 10^{-6}(210 \times 10^9)}{8900}\right]^{1/2} = 34.2$$

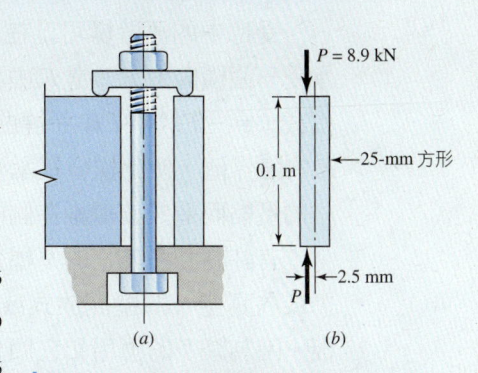

| 圖 3-24 某工件夾緊裝置中的短柱

而該支柱的長可達

$$l = 34.2k = 34.2(52.1 \times 10^{-6})^{1/2} = 0.24 \text{ m}$$

小於該使用正割公式之值。因此使用 (3-55) 式，而最大壓應力為

答案
$$\sigma_c = \frac{P}{A}\left(1 + \frac{ec}{k^2}\right) = \frac{8900}{625 \times 10^{-6}}\left[1 + \frac{0.0025(0.0125)}{52.1 \times 10^{-6}}\right] = 22.8 \text{ MPa}$$

3-16 彈性穩定度

第 3-12 節提出了細長柱的不穩定行為的條件。**彈性不穩定** (elastic instability) 也可能發生在柱以外的結構構件中。在任何長而細的結構中的壓縮負荷/應力可能會導致結構不穩定 (挫曲)。壓應力可以是彈性或非彈性的，而不穩定可能是整體的或局部的。整體的不穩定可能會導致**災難性** (catastrophic) 的損壞，而局部的不穩定可能會造成永久性的變形和功能損壞，但不會是災難性的損壞。第 3-12 節中所討論的挫曲屬於整體的不穩定。然而，考慮受彎中的寬凸緣樑，其中一個凸緣將處於壓縮，並且如果足夠薄的話，可能於彎矩為最大的區域中產生局部化的挫曲。局部化的挫曲也可能發生在樑的腹板，該處橫向剪應力出現在樑的形心。回想一下，對於純剪應力 τ 的情況下，經過應力變換將顯示在 45° 處，存在**壓應力** (compressive stress) $\sigma = -\tau$。如果該腹板足夠薄,其上的剪力 V 是最大,則在腹板的局部化挫曲就可能發生。由於這個原因,以支撐形式的附加支撐通常應用在高剪力的位置[10]。

受彎中的薄壁樑可以在承受扭轉方式中挫曲,如圖 3-25 所示。這裡的懸臂樑承受一個橫向力 F。當 F 由零增大,此樑的一端通常將會在負的 y 方向依據彎曲方程式 $y = -FL^3/(3EI)$ 而撓曲。然而,若此樑夠長且 b/h 的比值足夠小,則有一個 F 的臨界值,使此樑會在承受扭轉方式中崩壞,如圖所示。這是由於在樑的底部纖維的壓縮而造成該纖維在側向(z 方向)產生挫曲。

有許許多多其它的不穩定結構行為的例子,例如薄壁壓力容器受壓或有外部壓力或內真空、薄壁開放式或封閉式元件承受扭轉、薄拱門受壓、機架受壓及剪力板。因為繁多的應用和它們分析的複雜度,進一步闡述已超出了本書的範圍。這一節的目的是為了使讀者瞭解其可能性和潛在的安全問題。關鍵議題是,設計師應該知道,如果一個結構構件的任何**無支撐** (unbraced) 部分比較薄、且/或長,而且在受壓中(直接或間接),則挫曲的可能性就要研究[11]。

對於特殊應用,設計人員可能需要恢復到使用數值解,例如採用有限元素法。根據不同的應用和可用的有限元素程式,可進行分析以確定臨界負荷 (參見圖 3-26)。

圖 3-25 受彎中之薄壁樑的扭轉挫曲。

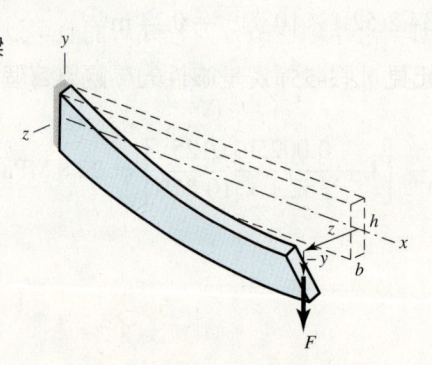

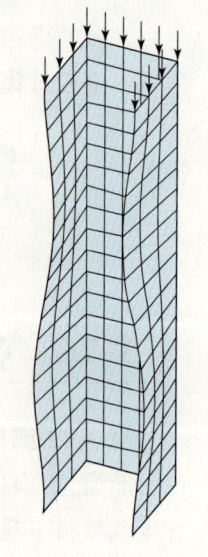

圖 3-26 某受壓槽之凸緣挫曲的有限元素表示。

---

[10] 請參閱 C. G. Salmon, J. E. Johnson, and F. A. Malhas, *Steel Structures: Design and Behavior*, 5th ed., Prentice Hall, Upper Saddle River, NJ, 2009.

[11] 請參閱 S. P. Timoshenko and J. M. Gere, *Theory of Elastic Stability*, 2nd ed., McGraw-Hill, New York, 1961. 也請參閱 Z. P. Bazant and L. Cedolin, *Stability of Structures*, Oxford University Press, New York, 1991.

3-17 陡震與衝擊

衝擊 (impact) 指兩個具有初始**相對速度** (initial relative velocity) 之物體的碰撞。某些情況下，設計中需要達成已知的衝擊，例如設計模壓機、鍛壓機及成型壓機。其它情況中，因為機件過度變形或兩機件的間隙也會產生衝擊，在這些情況中，需要將其效應減至最小。嚙合齒輪齒隙間的嘎嘎作響，乃是軸的彎曲與齒間餘隙所導致的衝擊問題。此種衝擊導致齒輪的噪音與齒面的疲勞損壞。凸輪與從動件間的餘隙和軸與軸承間的餘隙，都可能導致交錯衝擊，也造成過度的噪音和快速的疲勞損壞。

陡震 (shock) 是用於描述任何突然施加之力或擾動的更普遍的名詞。衝擊為陡震研究中的一項特殊案例。

圖 3-27 中顯示了車輛與剛固的障礙物衝擊的高度簡化數學模型，其中 m_1 為引擎的**集總質量** (lumped mass)。位移、速度、及加速度以其座標 x_1 和其時間的導數來表示。除了引擎外之車體的集總質量以 m_2 表示，而它的運動則以其座標 x_2 與對時間的導數表示之。彈簧 k_1、k_2 與 k_3 表示構成車輛之各結構元件的線性或非線性的**勁度** (stiffness)，摩擦和阻尼可以而且應該被納入，但此模型中並未顯示。如此複雜之結構體的彈簧率幾乎一定是以實驗的方法決定之。一旦得到了 — k、m、阻尼與摩擦係數 — 這些值，即可寫出一組非線性微分方程式，而且可以對任意的衝擊速度以計算機求得解。為了說明起見，假設彈簧是線性的，隔離每個質塊並寫出它們的運動方程式如下

$$m\ddot{x}_1 + k_1 x_1 + k_2(x_1 - x_2) = 0 \\ m\ddot{x}_2 + k_3 x_2 - k_2(x_1 - x_2) = 0 \tag{3-57}$$

(3-57) 兩式的解析解為簡諧，它是在機械振動課程中所探討[12]。假若所有 k、m 的值都已知，則其解可以使用如 MATLAB 的程式輕易地求得。

圖 3-27　車輛與剛固的障礙物衝擊的二個自由度數學模型。

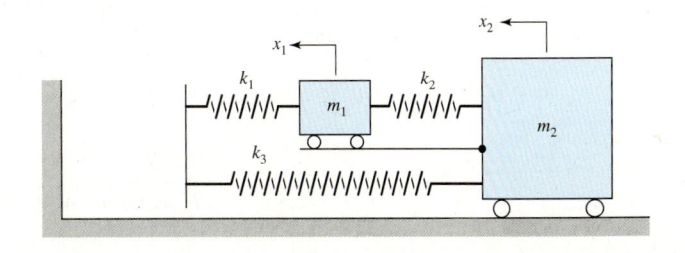

---

[12] 請參閱 William T. Thomson and Marie Dillon Dahleh, *Theory of Vibrations with Applications*, 5th ed., Prentice Hall, Upper Saddle River, NJ, 1998.

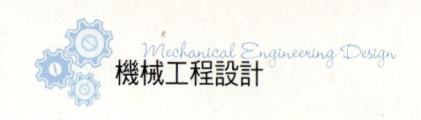

圖 3-28 (a) 重物自由落下一距離 h 而衝擊到樑的自由端；(b) 等效的彈簧模型。

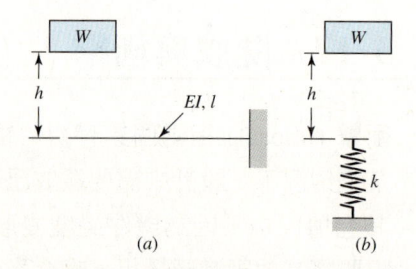

突施負荷

圖 3-28a 中顯示的是一種單純的衝擊情況，其中的重物 W 掉落一距離 h 而衝擊到勁度為 EI 且長為 l 的懸臂樑。我們尋求樑由於衝擊所導致的最大撓度與最大作用力。

圖 3-28b 所示為此系統的抽象模型，其中將該樑視為簡單的彈簧。對表 A-9 中的樑 1 而言，可得彈簧率將為 $k = F/y = 3EI/l^3$。樑的質量和阻尼可以一併考慮，但對於這個例子將忽略不計。如果樑被視為是無質量，則沒有動量傳遞，只有能量傳遞。如果彈簧（樑）的最大撓度為 δ，重物掉落的距離為 $h+\delta$，而重力位能的損失為 $W(h+\delta)$，因而導致增加彈簧的應變位能 $(1/2)k\delta^2$。因此，由能量守恆 $(1/2)k\delta^2 = W(h+\delta)$，重寫此式可得

$$\delta^2 - 2\frac{W}{k}\delta - 2\frac{W}{k}h = 0 \tag{a}$$

求解 δ 而得

$$\delta = \frac{W}{k} \pm \frac{W}{k}\left(1 + \frac{2hk}{W}\right)^{1/2} \tag{b}$$

負的解只有在重物"黏住"該樑且在 (b) 式的界限內振動才有可能，因此，最大的撓度為

$$\delta = \frac{W}{k} + \frac{W}{k}\left(1 + \frac{2hk}{W}\right)^{1/2} \tag{3-58}$$

作用於此樑的最大作用力現在可求得為

$$F = k\delta = W + W\left(1 + \frac{2hk}{W}\right)^{1/2} \tag{3-59}$$

請注意，此式中若 $h = 0$，則 $F = 2W$。此結果意謂當重物與彈簧接觸著的時候釋放，但是並沒有施加任何作用力於彈簧，則最大的作用力是該重物重量的兩倍。

多數的系統不會如這裡所探討的系統那麼理想，所以使用這些關係式於非理想系統時要比較小心。

問題

註記星號 (*) 的問題表示與其它章的問題連結，這些連結的問題匯總於 1-16 節中的表 1-1。

3-1　圖中所示的扭桿 OA，固定在 O 點，在 A 點為簡支承並連接懸臂樑 AB。此扭桿的彈簧率為 k_T，單位為 N·m/rad；而懸臂樑的彈簧率為 k_l，單位為 N/m。依據在 B 點的撓度 y，試求整體的彈簧率？

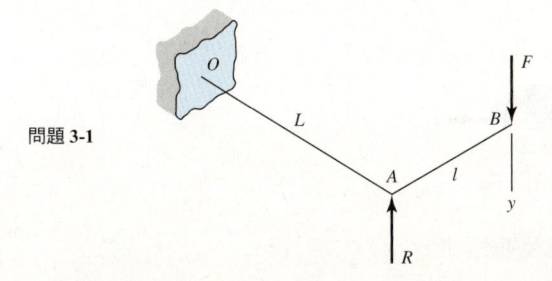

問題 3-1

3-2　對問題 3-1 而言，若移除在 A 點的簡支承而懸臂樑 OA 的彈簧率為 k_L。依據在 B 點的撓度 y，試求整體的彈簧率？

3-3　某扭桿彈簧含有一支通常為圓形剖面的滑桿，在一端將其扭轉而在另一端緊緊夾住而形成剛性彈簧。某工程師需要比平常更剛硬的扭桿彈簧，所以考慮將兩端固定而在跨距的某中心處施加扭矩，如圖所示，形成有效地創造並聯的兩個彈簧。若此桿的直徑為均勻的，亦即 $d = d_1 = d_2$，(a) 試求彈簧率與兩端點反力如何隨扭矩施加處 x 而定？(b) 若 $d = 12$ mm、$x = 120$ mm、$l = 240$ mm、$T = 150$ N·m 及 $G = 79$ GPa，試求彈簧率、兩端點反力及最大剪應力。

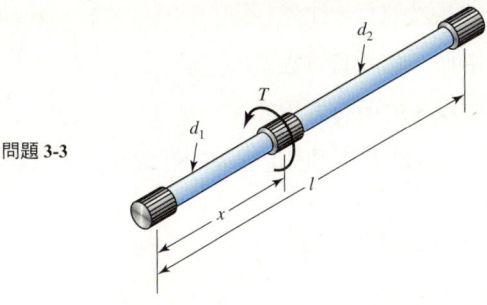

問題 3-3

3-4　某工程師由於幾何考量，對問題 3-3 的彈簧在 $x = 0.4l$ 處施加扭矩。對均勻直徑的彈簧而言，當兩個支撐腳具有相同的直徑時，這將導致此跨距的其中一個支撐腳未充分利用。對最佳化設計而言，每一個支撐腳的直徑設計應使得在每一個支撐腳具有相同的最大剪應力。本問題是重新設計問題 3-3 之 (b) 部分的彈簧率。試以 $x = 0.4l$、$l = 240$ mm、$T = 150$ N·m 及 $G = 79$ GPa，設計此彈簧，使其每一個支撐腳具有相同的最大剪應力，且具有與問題 3-3 之 (b) 部分相同的彈簧率 (扭轉

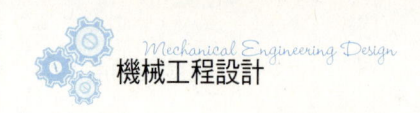

角)。請詳細指名 d_1、d_2、彈簧率 k、扭矩以及在每一個支撐腳的最大剪應力。

3-5 某承受張力的桿,具有圓形剖面並包括長度為 l 的推拔剖面的部分,如圖所示。

(a) 對推拔的部分,以 $\delta = \int_0^l [F/(AE)]\, dx$ 表示的 (3-3) 式,試證

$$\delta = \frac{4}{\pi} \frac{Fl}{d_1 d_2 E}$$

(b) 若 $d_1 = 12$ mm、$d_2 = 18$ mm、$l = l_1 = l_2 = 48$ mm、$E = 207$ GPa 及 $F = 4$ kN,試求每一部分的伸長量。

問題 3-5

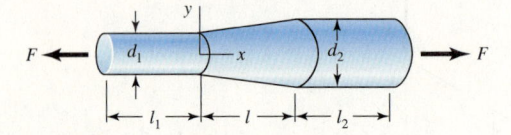

3-6 問題 3-5 中的桿,沒有拉力而改成承受扭矩 T。

(a) 以 $\theta = \int_0^l [T/(GJ)]\, dx$ 型式表示的 (3-5) 式,證明推拔剖面的部分的扭轉角為

$$\theta = \frac{32}{3\pi} \frac{Tl\left(d_1^2 + d_1 d_2 + d_2^2\right)}{G d_1^3 d_2^3}$$

(b) 以問題 3-5b 中相同的幾何形狀及 $T = 150$ N · m 與 $G = 79$ GPa,試求每一部分的扭轉角。

3-7 當一個垂直懸掛的起吊纜線很長時,纜線本身的重量是其伸長變形的部分原因。若一條 150 m 長、有效直徑 12 mm 的鋼纜吊起一 20 kN 的負荷,試求總伸長量以及因鋼纜本身的重量導致之伸長量佔總伸長量的百分比。

3-8 試以靜力學及雙重積分法,推導表 A-9 中樑 2 的所有方程式。

3-9 試以靜力學及雙重積分法,推導表 A-9 中樑 5 的所有方程式。

3-10 圖中所示者為 $100 \times 100 \times 12$ mm 之角鋼以背對背方式固定安裝的懸臂樑。試以重疊法求 B 點的撓度以及樑中的最大應力。

問題 3-10

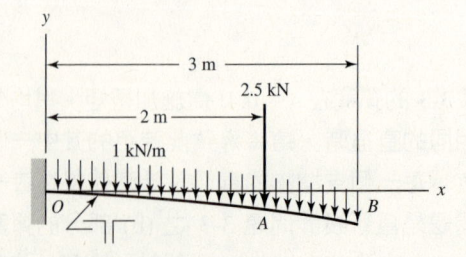

3-11 圖中的簡支樑承受二力作用。試選出一對結構用槽型鋼,以背對背方式聯結固定

來承受負荷，使樑中央的撓度不致於超過 1.6 mm 及最大應力則不超過 40 MPa。
請使用重疊法。

問題 3-11

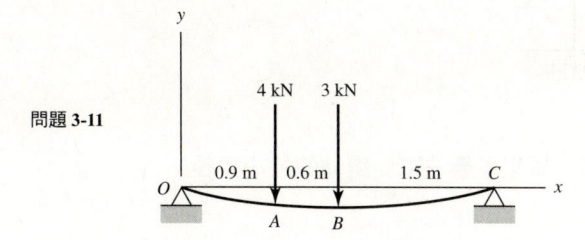

3-12 試以重疊法求圖中之鋼軸於 A 處的撓度，並求在跨距中央的撓度。這兩個值之差的百分比為若干？

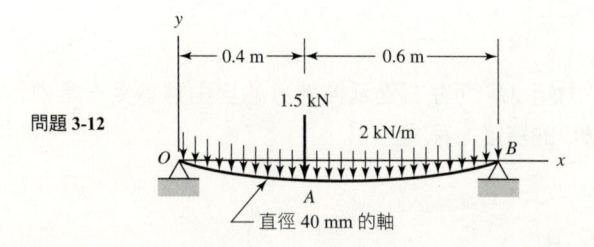

問題 3-12

3-13 某矩形鋼桿承受兩延伸負荷，如圖所示。試以重疊法求其兩端及中央的撓度。

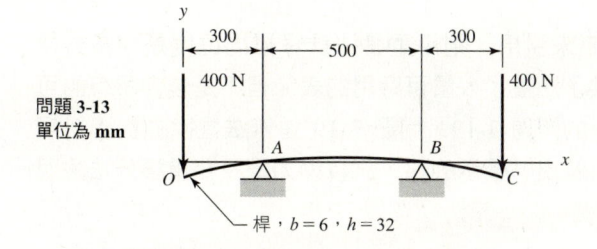

問題 3-13
單位為 mm

3-14 某外徑 50 mm、內徑 38 mm 的鋁管以懸臂式安裝而承受負荷，如圖所示，試以附錄之表 A-9 中的公式及使用重疊法，求 B 點的撓度。

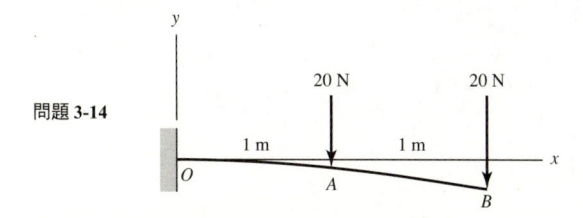

問題 3-14

3-15 圖中的懸臂樑是由兩支 76×38 mm 的結構用槽型鋼所構成。試以重疊法求 A 點的撓度。請考慮包括槽型鋼的重量。

問題 3-15

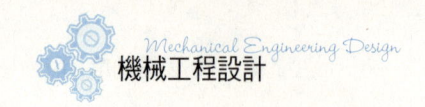

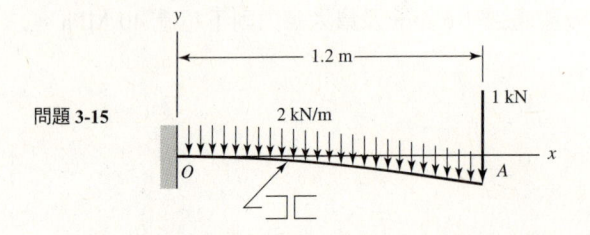

3-16 對圖示的桿，若最大撓度為 2 mm，試以重疊法求此鋼軸的最小直徑。

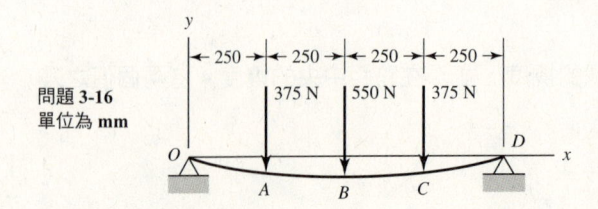

問題 3-16
單位為 mm

3-17 某簡支樑在左支撐端承受一集中力矩 M_A 而在右邊延伸部分的自由端承受一集中力 F，試以重疊法求區段 AB 與 BC 的撓度方程式。

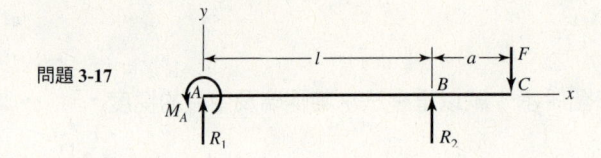

問題 3-17

3-18 你若是有一個全面無所不包的表來引用，則用重疊法計算樑的撓度是相當方便的。由於篇幅有限，這本書提供了涵蓋了大量可應用的表，但不是包含所有的可能應用。舉例而言，在本題之後的問題 3-19，問題 3-19 並無法直接由表 A-9 解出，但是加上本題的結果，即可解出。圖示的樑，試以靜力學及雙重積分法證明下列結果：

$$R_1 = \frac{wa}{2l}(2l - a) \qquad R_2 = \frac{wa^2}{2l} \qquad V_{AB} = \frac{w}{2l}[2l(a-x) - a^2] \qquad V_{BC} = -\frac{wa^2}{2l}$$

$$M_{AB} = \frac{wx}{2l}(2al - a^2 - lx) \qquad M_{BC} = \frac{wa^2}{2l}(l - x)$$

$$y_{AB} = \frac{wx}{24EIl}[2ax^2(2l - a) - lx^3 - a^2(2l - a)^2] \qquad y_{BC} = y_{AB} + \frac{w}{24EI}(x - a)^4$$

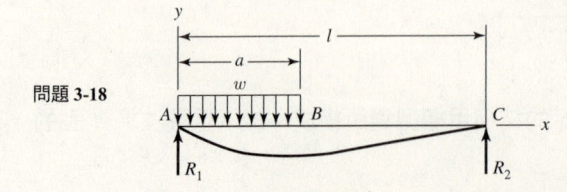

問題 3-18

3-19 利用問題 3-18 所得結果，試以重疊法求圖示之樑的三個區段的撓度方程式。

問題 3-19

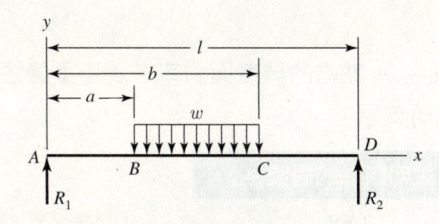

3-20 如同問題 3-18，本問題提供可加入表 A-9 中的另一種樑。如圖所示之簡支樑承受一延伸均佈負荷，試以靜力學及雙重積分法證明下列結果：

$$R_1 = \frac{wa^2}{2l} \qquad R_2 = \frac{wa}{2l}(2l+a) \qquad V_{AB} = -\frac{wa^2}{2l} \qquad V_{BC} = w(l+a-x)$$

$$M_{AB} = -\frac{wa^2}{2l}x \qquad M_{BC} = -\frac{w}{2}(l+a-x)^2$$

$$y_{AB} = \frac{wa^2 x}{12EIl}(l^2 - x^2) \qquad y_{BC} = -\frac{w}{24EI}[(l+a-x)^4 - 4a^2(l-x)(l+a) - a^4]$$

問題 3-20

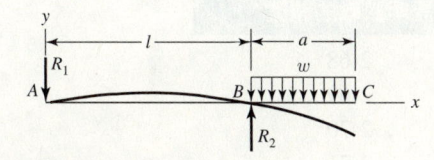

3-21 如圖所示之具有延伸部分的簡支鋼樑承受均佈負荷，其面積二次矩為 $I = 19500$ mm^4。試以重疊法 (及表 A-9 與問題 3-20 的結果) 求支撐處的反力與此樑的撓度方程式，並繪製撓度的圖。

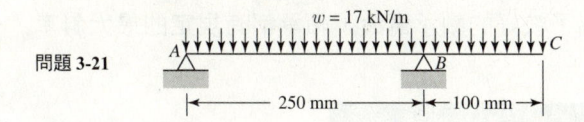

問題 3-21　$w = 17$ kN/m，250 mm，100 mm

3-22 圖中所顯示的是兩端簡支承的矩形鋼棒，於中央承受力 F 作用。該鋼棒的作用充當一彈簧，其寬與厚的比值大約為 $b = 10h$，所需的彈簧率為 300 kN/m。

(a) 試求一組剖面尺寸，從表 A-17 選用優先尺寸。

(b) 若估計於法向應力值達到 400 MPa 時將發生永久變形，試求其撓度為若干？

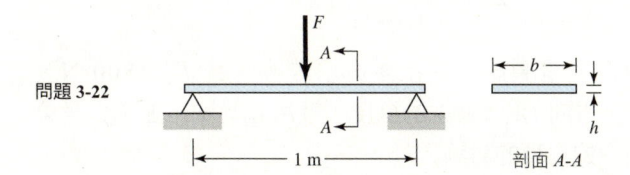

問題 3-22　1 m，剖面 A-A

169

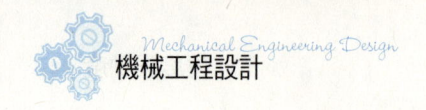

3-23* 至 3-28*

對於表中指定的鋼副軸,試求此軸在 A 點處的撓度與斜率。請用重疊法與表 A-9 中的撓度方程式,並假設軸承構成簡支承。

問題題號	說明該軸的題號
3-23*	2-68
3-24*	2-69
3-25*	2-70
3-26*	2-71
3-27*	2-72
3-28*	2-73

3-29* 至 3-34*

對於表中指定的鋼副軸,試求此軸在每一軸承處的斜率。請用重疊法與表 A-9 中的撓度方程式,並假設軸承構成簡支承。

問題題號	說明該軸的題號
3-29*	2-68
3-30*	2-69
3-31*	2-70
3-32*	2-71
3-33*	2-72
3-34*	2-73

3-35* 至 3-40*

對於表中指定的鋼副軸,假設為了較好的軸承壽命,軸承都有規定的最大斜率 0.06°,試求最小的軸徑。

問題題號	說明該軸的題號
3-35*	2-68
3-36*	2-69
3-37*	2-70
3-38*	2-71
3-39*	2-72
3-40*	2-73

3-41* 圖中所示之懸臂式手柄是由低碳鋼製成,在接頭處已焊接。若 $F_y = 800$ N、$F_x = F_z = 0$,試求在前端之垂直方向 (沿 y 軸) 的撓度。請用重疊法,並請參考第 2-12 節關於 BC 段之矩形剖面中的扭轉的討論。

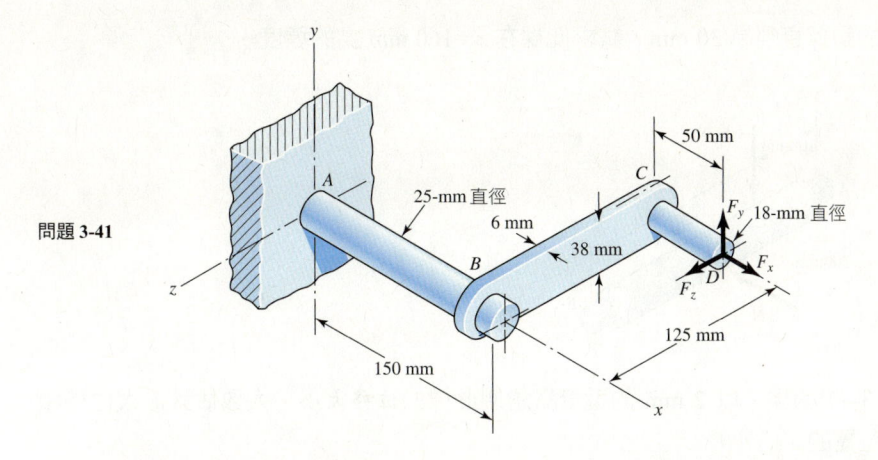

問題 3-41

3-42 對問題 3-41 中的懸臂式手柄，令 $F_x = -600$ N、$F_y = 0$ N、$F_z = -400$ N，試求在前端沿 x 軸方向的撓度。

3-43* 在問題 2-84 中的懸臂式手柄，它是由低碳鋼製成。令 $F_y = 1$ kN、$F_x = F_z = 0$。若忽略內圓角，但包括沿著在 400 mm 有效長度的直徑變化，試求 OC 桿中的扭轉角。若將 OC 桿簡化成直徑皆為 24 mm 的均勻桿，請比較其扭轉角。利用重疊法與簡化的 OC 桿，試求在前端之垂直方向 (沿 y 軸) 的撓度。

3-44 某平板拖車被設計成具有曲度，使得負荷到其容量時拖車床板是平的。相距 7 m 之兩軸間的負載容量為 45 kN/m，而床板鋼結構的面積二次矩為 $I = 190 \times 10^6$ mm^4。試求未負載之拖車床板的曲率方程式及相對於車軸之床板的最大高度。

3-45 軸的設計者常因所用軸承而受到容許斜率的拘束。假設此項限制以 ξ 標示之。如果圖中所示之軸除了在軸承座鄰近處外，具有均勻的軸徑 d，而可以以簡支承的均勻樑近似之。試證明能符合左、右兩端之斜率拘束所需的最小軸徑分別為

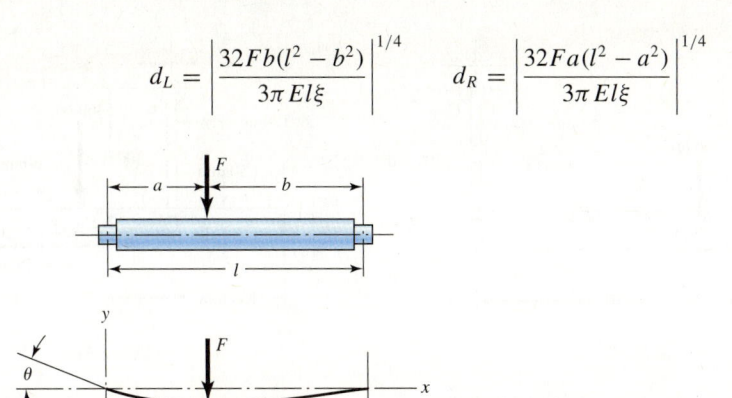

$$d_L = \left| \frac{32Fb(l^2 - b^2)}{3\pi El\xi} \right|^{1/4} \qquad d_R = \left| \frac{32Fa(l^2 - a^2)}{3\pi El\xi} \right|^{1/4}$$

問題 3-45

3-46 某鋼軸設計成以滾柱軸承支撐。其基本幾何形狀如問題 3-45 之圖中所示，其中 $l = 300$ mm、$a = 100$ mm 及 $F = 3$ kN。為了不使軸承壽命受損，在軸承位置的容許斜率為 0.001 mm/mm。對於設計因數採用 1.28，則不使軸承壽命受損所需之均勻軸的軸徑為若干？試求此軸的最大撓度。

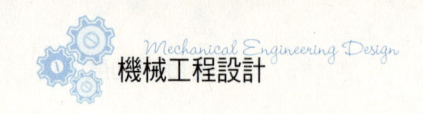

3-47 若圖中的鋼樑直徑為 30 mm，試求此樑在 $x = 160$ mm 處的撓度。

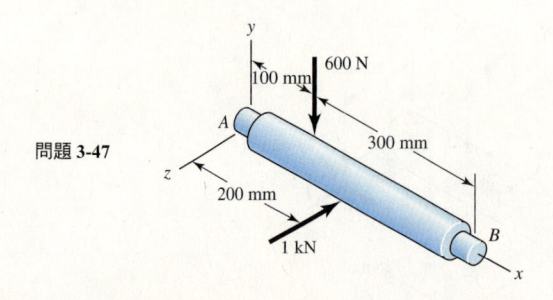

問題 3-47

3-48 對問題 3-47 的樑，以 2 mm 的遞增量繪製此樑的位移大小。大致估計最大位移和發生之位置的 x 值。

3-49 圖中顯示的均勻軸兩端均具有軸肩，該軸承受集中力矩 $M = 130$ N·m。該軸為碳鋼製成，且 $a = 80$ mm 和 $l = 200$ mm。若其兩端的斜率必須限制為 0.002 rad。試求適宜的軸徑 d。

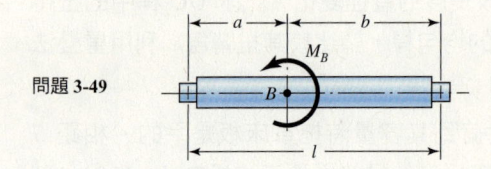

問題 3-49

3-50* 及 3-51

圖中所示為由 6 mm 厚之鋁板製成的矩形元件 OB，它的一端銷接於地而藉由直徑 12 mm 的圓鋼棒端部處形成的鉤支承。施加的 400 N 負荷如圖示，試用重疊法求 B 點的垂直方向撓度。

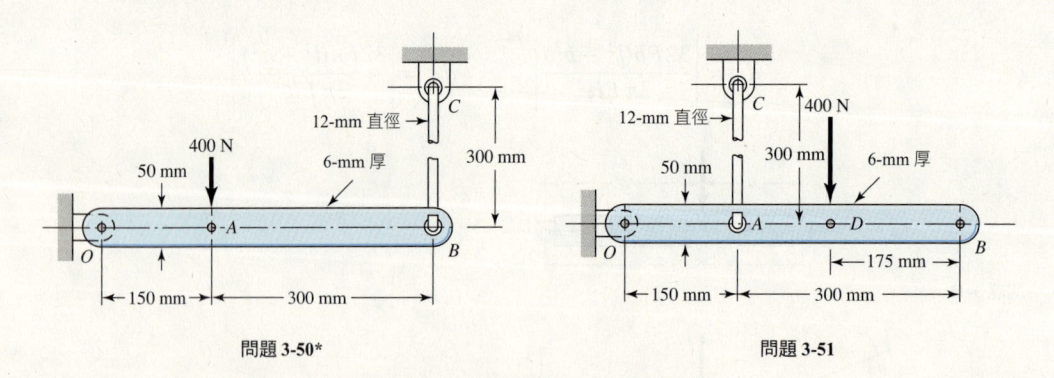

問題 3-50*   問題 3-51

3-52 圖中顯示的是梯階式的扭轉桿彈簧 OA 及其作動的懸臂桿 AB，兩元件均以碳鋼製成。試以重疊法求對應於力 F 作用於 B 處的彈簧率 k。

問題 3-52

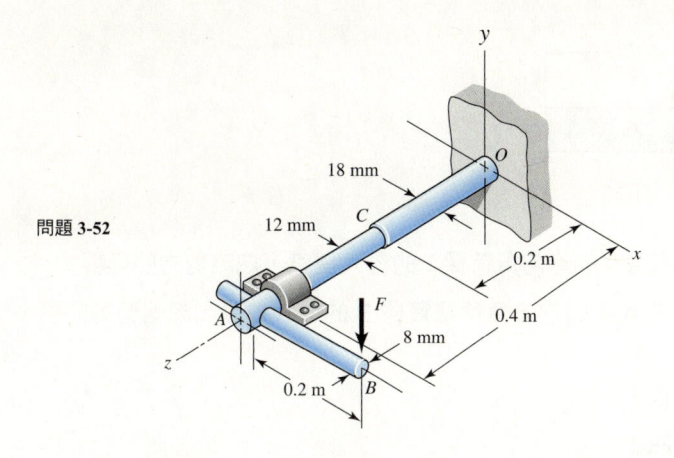

3-53 考慮在附錄 A-9 中承受中心負荷的簡支樑 5，若左支撐及右支撐的勁度別為 k_1 與 k_2，試求其撓度方程式。

3-54 考慮在附錄 A-9 中承受延伸負荷的簡支樑 10，若左支撐及右支撐的勁度別為 k_1 與 k_2，試求其撓度方程式。

3-55 對兩端為簡支承之均勻剖面樑，承受一個單一的集中負荷，試證明：無論負荷位置在沿著樑的何處，最大撓度的位置絕不會超出 $0.423l \le x \le 0.577l$ 的範圍。這一點的重要性在於，你總是可以藉由 $x = l/2$ 得到 y_{max} 的快速估計。

3-56 以奇異函數解問題 3-10，使用靜力學求所有的反力。

3-57 以奇異函數解問題 3-11，使用靜力學求所有的反力。

3-58 以奇異函數解問題 3-12，使用靜力學求所有的反力。

3-59 試以奇異函數解問題 3-21 求該樑的撓度方程式，使用靜力學求所有的反力。

3-60 以奇異函數解問題 3-13。因為該樑為對稱，只須對一半的樑寫出方程式，並以樑中心的斜率作為邊界條件。使用靜力學求所有的反力。

3-61 以奇異函數解問題 3-17，使用靜力學求所有的反力。

3-62 試以奇異函數解問題 3-19 求該樑的撓度方程式，使用靜力學求所有的反力。

3-63 試以奇異函數寫出圖示之鋼樑的撓度方程式。因為該樑為對稱，只須對一半的樑寫出方程式，並以樑中心的斜率作為邊界條件。繪製你的結果並求其最大撓度。

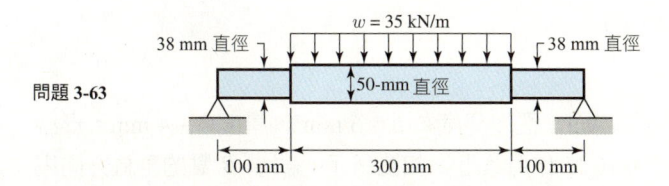

問題 3-63

3-64 試以奇異函數寫出圖示之懸臂樑的撓度方程式。評估在 B 和 C 的撓度，並與範例 3-10 的結果相比較。

問題 3-64

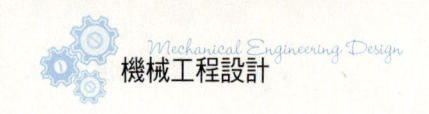

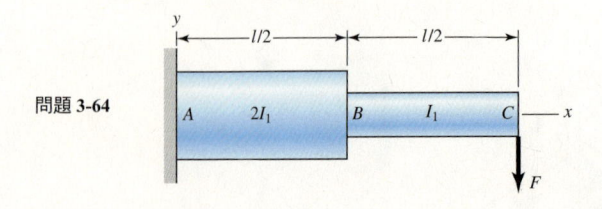

(圖示：懸臂樑，A 端固定，AB 段長度 l/2 慣性矩 2I₁，BC 段長度 l/2 慣性矩 I₁，C 端施力 F 向下)

3-65 試以卡氏定理證明附錄之表 A-9 的均勻負荷樑 7 的最大撓度，忽略剪力的影響。

3-66 試以卡氏定理證明附錄之表 A-9 的均勻負荷懸臂樑 3 的最大撓度，忽略剪力的影響。

3-67 試以卡氏定理求解問題 3-15。

3-68 試以卡氏定理求解問題 3-52。

3-69 試以卡氏定理求解問題 3-63 之樑的跨距中點的撓度。

3-70 試以卡氏定理求解圖示之鋼樑於 B 點處在作用力 F 方向的撓度。

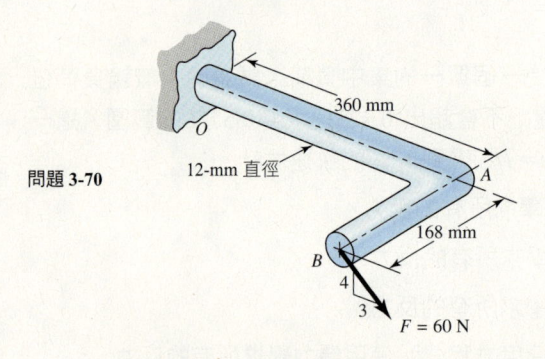

問題 3-70

(圖示：曲型桿，O 端固定，OA 段長 360 mm，12-mm 直徑，AB 段長 168 mm，B 端施力 F = 60 N，方向 3-4 斜率)

3-71* 試以卡氏定理求解問題 3-41。因為扭轉應變能的 (3-18) 式是對圓形剖面的角位移推導而得，因而區段 BC 不能適用。你必須由 (3-18) 式和 (3-41) 式導出矩形剖面的一條新的應變能方程式。

3-72 試以卡氏定理求解問題 3-42。

3-73* 在問題 2-84 中的懸臂式手柄，它是由低碳鋼製成。令 $F_y = 1$ kN、$F_x = F_z = 0$，試以卡氏定理求在前端之垂直方向 (沿 y 軸) 的撓度。若將 OC 桿整支簡化成直徑皆為 24 mm 的均勻桿，重解此問題。簡化後的結果，其誤差百分比為多少？

3-74* 試以卡氏定理求解問題 3-50。

3-75 試以卡氏定理求解問題 3-51。

3-76 圖示之鋼質曲型桿，具有矩形剖面，徑向高度為 $h = 6$ mm，厚度 $b = 4$ mm，形心軸半徑 $R = 40$ mm。一力 $P = 10$ N 作用其上，如圖所示。試求 B 點的垂直方向撓度。請以卡氏定理處理此曲型彈性元件，而且因為 $R/h < 10$，請勿忽略任何其中一項。

問題 3-76

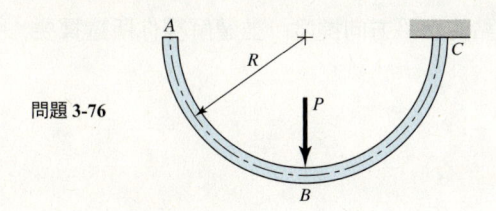

3-77 重作問題 3-76，求 A 點的垂直方向撓度。

3-78 圖示之曲型鋼樑，$F = 30$ kN。試求這些作用力的相對撓度。

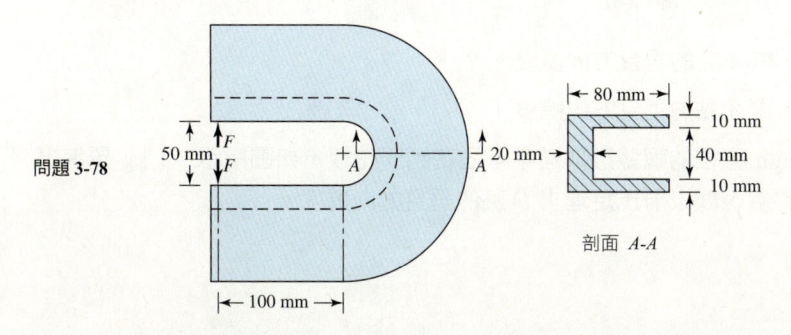

問題 3-78

剖面 A-A

3-79 某鋼活塞環平均直徑為 70 mm，徑向高度 $h = 4.5$ mm 及厚度 $b = 3$ mm。該環是用擴張工具藉由施加力 F 將分叉口分隔一距離 δ，如圖所示。試以卡氏定理求解將分叉口擴張距離 $\delta = 1$ mm 時，所需的作用力 F。

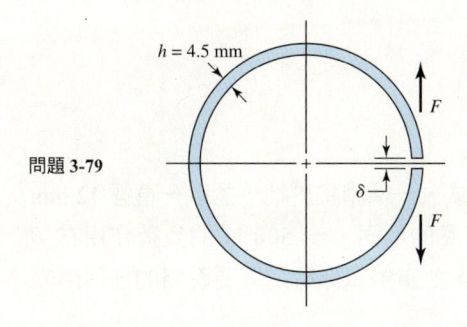

問題 3-79

3-80 對圖示之鋼絲型件，試以卡氏定理求解在 A 與 B 處的水平方向反力，以及在 C 點的撓度。

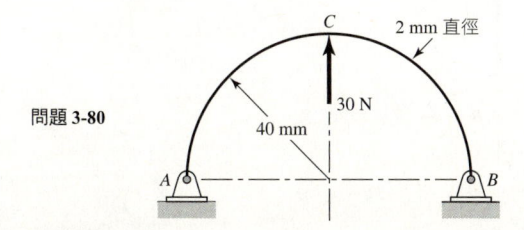

問題 3-80

3-81 及 3-82 圖示之元件是由直徑 3 mm 的鋼絲形成，其中 $R = 125$ mm 而 $l = 100$ mm。施加之

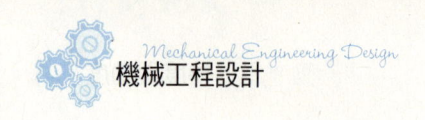

作用力 $P = 5$ N，試以卡氏定理估算在 A 點的水平方向撓度，並請解釋你所選擇要忽略的任何應變能分量。

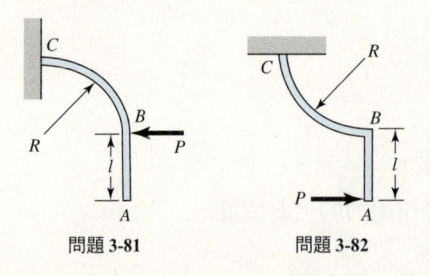

問題 3-81　　問題 3-82

3-83　重作問題 3-81，求 A 點的垂直方向撓度。

3-84　重作問題 3-82，求 A 點的垂直方向撓度。

3-85　某掛鉤是由 2 mm 直徑的鋼絲形成並牢牢固定到天花板，如圖所示。1 kg 質塊懸掛在鉤子的 D 點處，試以卡氏定理求 D 點的垂直方向撓度。

問題 3-85

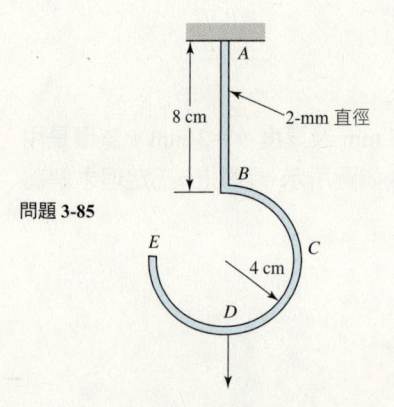

3-86　圖示之矩形元件 OB 是由 6 mm 厚的鋁板製成，一端銷接於地，並以一直徑 12 mm 的鋼棒支撐，該鋼棒彎成弧形並銷接於 C 點的地面。一 500 N 的負荷作用在 B 點，試以卡氏定理求 B 點的垂直方向撓度，並請解釋你所選擇要忽略的任何應變能分量。

問題 3-86

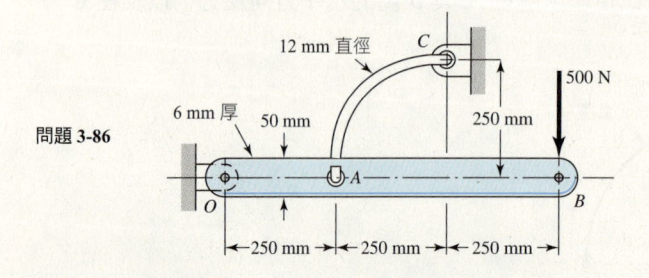

3-87　重作問題 3-86，求 A 點的垂直方向撓度。

3-88　對圖示之線型件，試求 A 點在 y 方向的撓度。假設 $R/h > 10$，而且僅考慮彎曲與扭轉效應。該線為鋼材，其 $E = 200$ GPa、$v = 0.29$ 且直徑為 6 mm。在施加 250 N

作用力之前，該線型件在 xz 平面上而其半徑為 R = 80 mm。

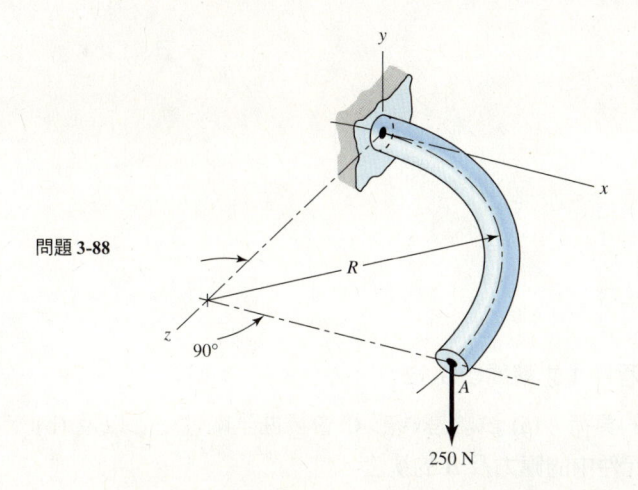

問題 3-88

3-89 某 30 m 長的纜索由 1.6 mm 之鋼絲與三股 2 mm 之銅線捻成。若該纜索承受 2 kN 的拉力時，試求纜索的撓度及各股金屬線中的應力。

3-90 圖中的壓力缸直徑 100 mm，使用了六支夾柄長度為 300 mm 的 SAE 5 級螺栓。此一尺寸的螺栓保證強度 (見第 7 章) 為 580 MPa。假設這些螺栓旋緊至其強度的 90%。
(a) 試求螺栓中的張應力與缸壁中之壓應力。
(b) 假設壓力缸中有 4 MPa 的流體，試重作 (a) 部分。

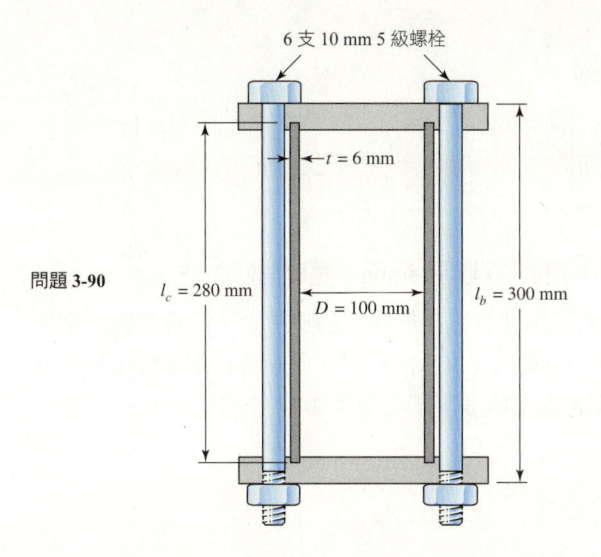

問題 3-90

3-91 某長度為 L 的扭力桿由勁度 $(GJ)_c$ 的圓形核心與勁度 $(GJ)_s$ 的殼部組成。若扭矩 T 作用於此一複合桿上，由殼部分承受之總扭矩的百分比為若干？

3-92 圖中 10 mm 厚、60 mm 寬的矩形鋁桿兩端各熔接於固定的支撐上。該桿承受一作用於圖示 A 處之銷的作用力 W = 4 kN，假設該桿不會發生橫向挫曲，試求兩固定支撐處的反力及 A 點的撓度。

問題 3-92

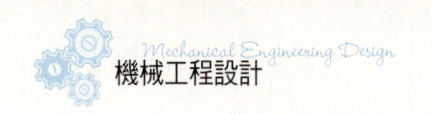

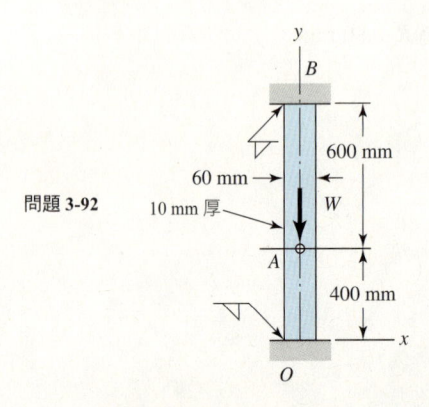

3-93 試以卡氏定理及第 3-10 節的程序 1 求解問題 3-92。

3-94 某鋁質梯階式桿承受如圖示的負荷。(a) 試驗證端部 C 會撓曲至剛性壁，以及 (b) 試求所有的牆壁反力、每一元件中的應力及 B 的撓度。

問題 3-94
(未依比例繪製)

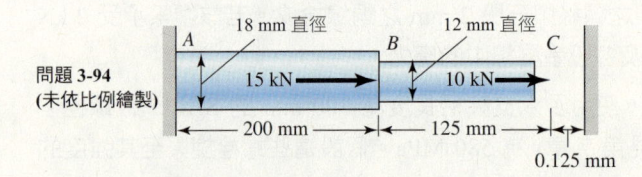

3-95 圖示之鋼軸承受施加於 A 點的 5 N·m 扭矩，試求：在 O 與 B 的扭矩反應；在 A 的扭轉角，以角度 (degree) 表示；在 OA 段與 AB 段中的剪應力。

問題 3-95

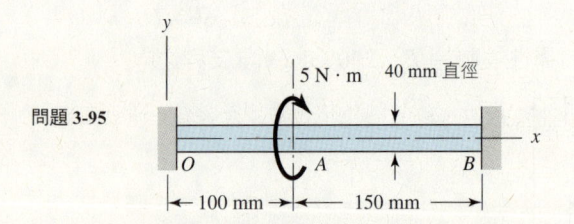

3-96 試以 OA 段的直徑為 12 mm 及 AB 段的直徑為 18 mm，重解問題 3-95。

3-97 圖中之 10 mm×40 mm 的矩形鋼桿兩端各熔接於固定的支撐上，該桿受到分別作用於 A 與 B 兩銷上的力 F_A = 60 kN 與 F_B = 30 kN 作用。假設該桿不會發生橫向挫曲，試求兩固定支撐處的反力及 A 點的撓度。請使用第 3-10 節的程序 1。

問題 3-97

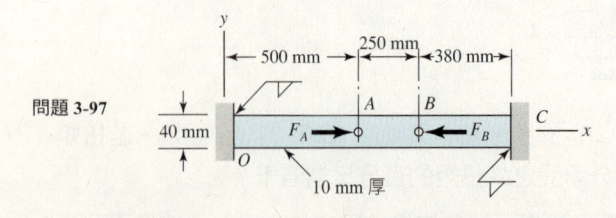

3-98 對圖中所示之樑，以重疊法與第 3-10 節的程序 1 試求支撐反力。

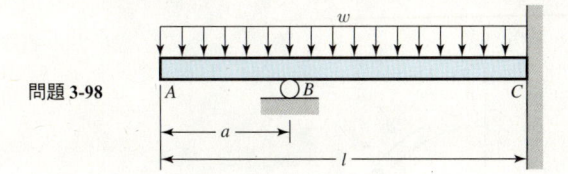

問題 3-98

3-99 試以卡式定理與第 3-10 節的程序 1 求解問題 3-98。

3-100 考慮表 A-9 中之樑 13，但使用彈性支撐。令 $w = 7$ kN/m，$l = 0.6$ m，$E = 207$ GPa 及 $I = 330 \times 10^3$ mm^4。在左端的支撐有一平移彈簧常數 $k_1 = 255(10^6)$ N/m 及一扭轉彈簧常數 $k_2 = 280$ N·m。右端的支撐有一平移彈簧常數 $k_3 = 340(10^6)$ N/m。以第 3-10 節的程序 2，試求兩支撐處的反力及該樑之中點的撓度。

3-101 圖示之鋼樑 ABCD 在 A 點簡支撐，而在 B 與 D 點皆以有效直徑為 12 mm 的鋼纜支撐。該樑的面積二次矩為 $I = 8(10^5)$ mm^4。一 20 kN 的力作用在 C 點，試以第 3-10 節的程序 2，求兩鋼纜中的應力及 B、C 與 D 點的撓度。

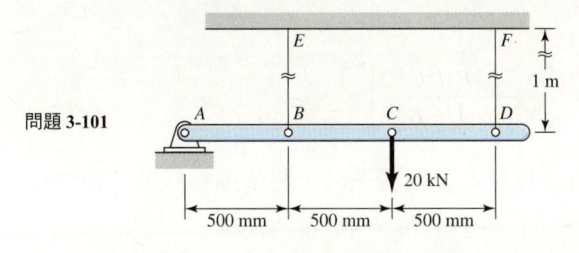

問題 3-101

3-102 圖示之 AD 桿與 CE 桿的直徑皆為 10 mm，樑 ABC 的面積二次矩為 $I = 62.5(10^3)$ mm^4。兩支桿與樑所使用之材料的彈性模數為 $E = 200$ GPa。兩支桿之端部的螺紋為 1.5 mm 螺距的單螺紋。螺帽首先緊貼住樑 ABC 成水平，然後將 A 的螺帽轉緊一整圈，試求每支桿中導致的張力及 A 與 C 點的撓度。

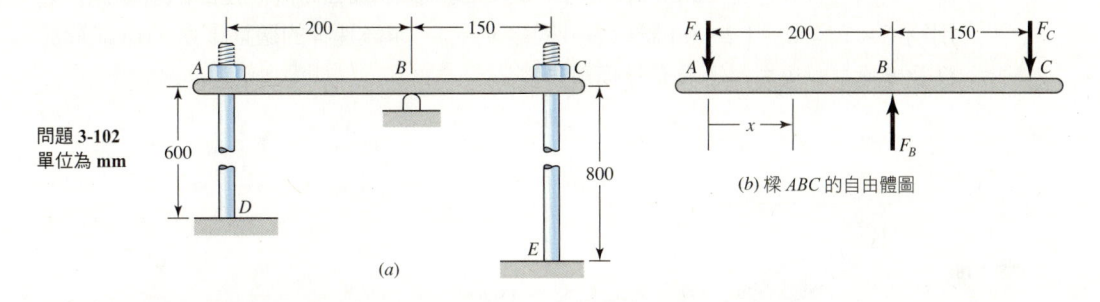

問題 3-102
單位為 mm

(b) 樑 ABC 的自由體圖

3-103 某薄環承受兩個相等但方向相反的力 F，如圖中的 a 部分所示，其四分之一的自由體圖如 b 部分所示。這是靜不定的問題，因為彎矩無法由靜力學求得。(a) 試求由力 F 導致此薄環中的最大彎矩，及 (b) 試求此薄環沿著 y 軸方向的直徑增大量。假設此薄環的半徑大到足以適用 (3-41) 式。

問題 3-103

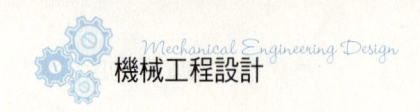

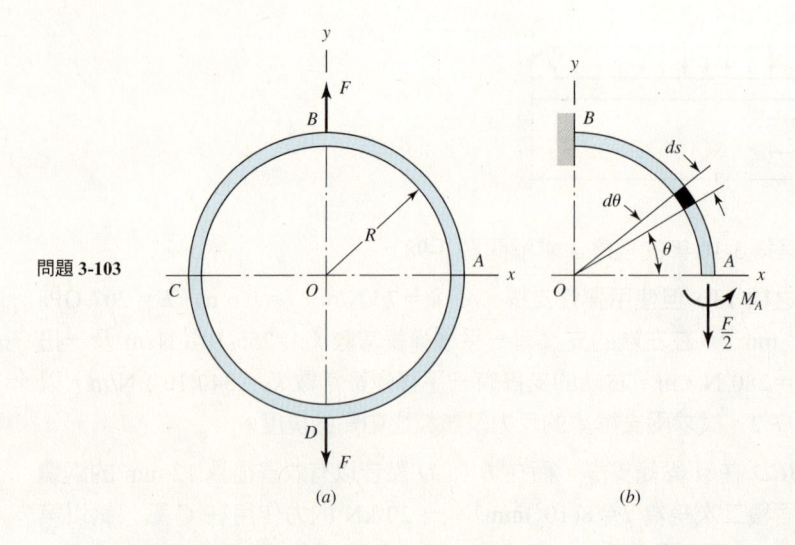

(a)   (b)

3-104 某圓管柱的外直徑與內直徑分別為 D 與 d，且其直徑比為 $K = d/D$。試證明該柱於外直徑為下列式子時，將發生挫曲。

$$D = \left[\frac{64 P_{cr} l^2}{\pi^3 C E (1 - K^4)}\right]^{1/4}$$

3-105 對問題 3-104 的情況，試證明當外直徑為下列式子時，將依拋物線公式發生挫曲。

$$D = 2\left[\frac{P_{cr}}{\pi S_y (1 - K^2)} + \frac{S_y l^2}{\pi^2 C E (1 + K^2)}\right]^{1/2}$$

3-106 圖中的連桿 2 寬為 25 mm，是由最小降伏強度為 165 MPa 的庫存低碳鋼桿切削而成，其兩端各有直徑 12 mm 的軸承。已知該桿出入圖面方向之挫曲的端點條件分別為 $C = 1$ 與 $C = 1.2$。(a) 試以設計因數 $n_d = 4$，求該連桿的適宜厚度。(b) 試問於 O 及 B 處之承應力是否具有任何重要性？

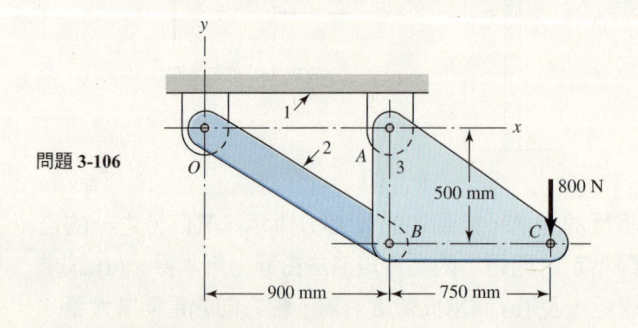

問題 3-106

3-107 以簡圖方式示於圖中的連桿 3，其作用如撐桿，用來支撐 1.2 kN 的負荷。對進入圖面方向的挫曲而言，該連桿可視為兩端銷接；對出圖面方向的挫曲而言，則視為兩端固定。試為油田機械中偶爾使用的撐桿，選擇適宜的材料及製作方式，如鍛造、鑄造、模造或車削。並規定剖面的尺寸及兩端點狀況,以獲得堅固、安全、製作良好而且經濟的撐桿。

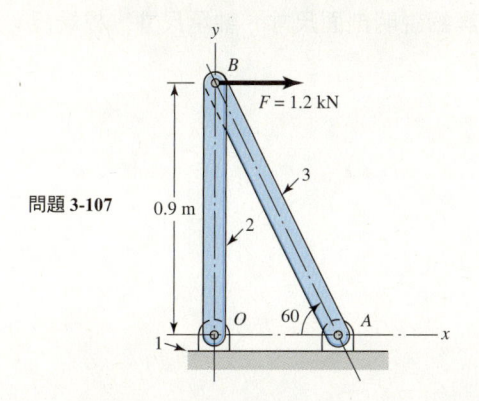

問題 3-107

3-108 試選定一矩形連桿的一組尺寸,使其可以承受 20 kN 的最大壓負荷。選用的材料具有最小的降伏強度 500 MPa 及彈性模數 $E = 210$ GPa。設計因素採用 4,而在最軟弱方向挫曲的端點條件常數為 $C = 1$,試為下列兩種情況設計:(a) 長度為 0.4 m;(b) 長度為 0.2 m 與最小厚度為 12 mm。

3-109 圖中是一具以設計因素 $n_d = 3.50$ 設計,用於支撐最大 300 kg 質量的車用千斤頂示意圖。螺桿兩端切成相反轉向的螺紋,以容許連桿角 θ 能變化於 15 到 70° 間。各連桿均以 AISI 1010 熱軋鋼桿切削而成。此四支連桿的每一支都由兩桿組成,這兩桿分別在中央軸承的兩側。這些桿子的長度均為 350 mm,寬度則為 $w = 30$ mm。兩銷接端的設計使得突出圖面方向之挫曲的端點常數至少為 $C = 1.4$。試求一個合適的優先厚度,並就該厚度計算所得的安全因數。

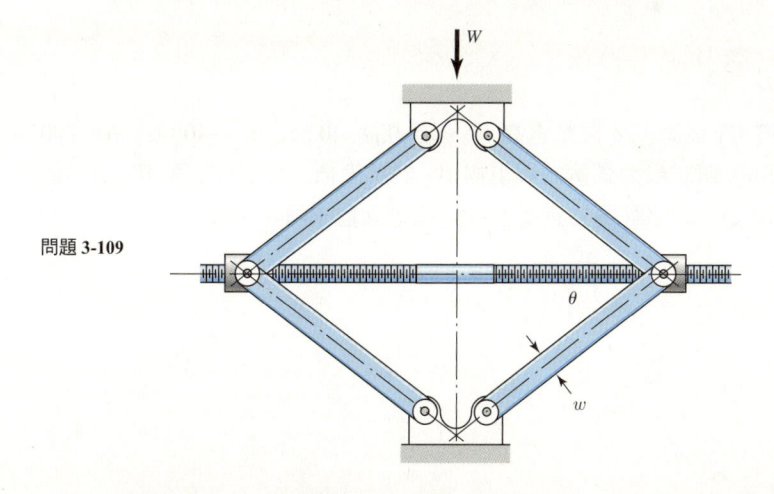

問題 3-109

3-110 如果繪出本問題的圖形,將類似於問題 3-90 的圖形。某支柱為標準中空的直圓形柱體,其外直徑為 100 mm 而壁厚為 10 mm,使其在由等間隔分佈於直徑 140 mm 之螺栓圓上的四支螺栓固定的兩圓形端板之間承受壓縮。四支螺栓都已徒手旋緊,然後將螺栓 A 旋緊至承受 10 kN 的張力,在螺栓 A 對角方向上的螺栓 C 則

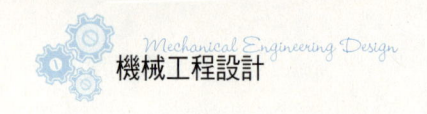

旋緊至 50 kN。已知該支柱的對稱軸線與四個螺栓圓的中心重合，試求最大壓縮負荷、負荷偏心度與支柱中的最大壓應力。

3-111 試設計圖中之手操作壓機的連桿 CD，並詳細說明剖面尺寸、軸承尺寸、桿端尺寸、材料以及加工法。

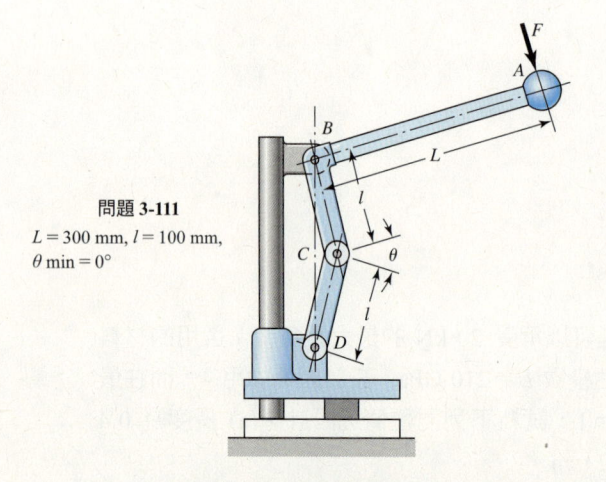

問題 3-111
$L = 300$ mm, $l = 100$ mm,
θ min $= 0°$

3-112 圖中所示之衝擊系統，若 $W = 150$ N、$k = 17$ kN/m 及 $h = 50$ mm，試求該系統中的最大彈簧力與撓度的值。請忽略彈簧的質量並使用能量守恆。

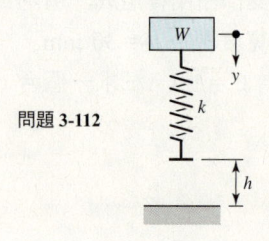

問題 3-112

3-113 如圖中所示，重物 W_1 從高度 h 撞擊重物 W_2。若 $W_1 = 40$ N、$W_2 = 400$ N、$h = 200$ mm 及 $k = 32$ kN/m，試求最大彈簧力與重物 W_2 的撓度值。假設 W_1 與 W_2 間的撞擊是**非彈性** (inelastic)，忽略彈簧的質量並使用能量守恆求解。

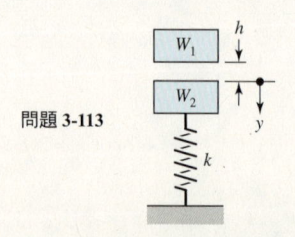

問題 3-113

3-114 圖中 (a) 部分所示為一重物 W 架置於兩彈簧間，若彈簧 k_1 的自由端突然移動一距離 $x = a$，如 (b) 部分所示，試求此重物的最大位移量 y。令 $W = 20$ N、$k_1 = 1.7$ kN/m、$k_2 = 3.4$ kN/m 及 $a = 6$ mm，忽略每個彈簧的質量並使用能量守恆求解。

問題 3-114

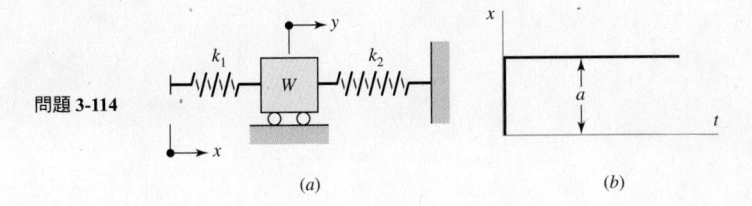

(a)

(b)

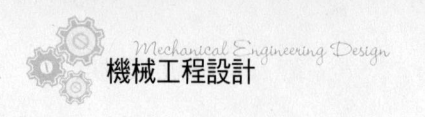

PART 2

損壞防範

chapter 4

靜負荷導致的損壞

本章大綱

- 4-1　靜強度　　190
- 4-2　應力集中　　191
- 4-3　損壞理論　　192
- 4-4　延性材料的最大剪應力理論　　193
- 4-5　延性材料的畸變能理論　　195
- 4-6　延性材料的 Coulomb-Mohr 理論　　201
- 4-7　延性材料的損壞摘要　　204
- 4-8　脆性材料的最大法向應力理論　　208
- 4-9　脆性材料的修訂的 Mohr 理論　　209
- 4-10　脆性材料的損壞摘要　　211
- 4-11　選用損壞準則　　212
- 4-12　破裂力學導論　　213
- 4-13　隨機分析　　222
- 4-14　重要的設計方程式　　228

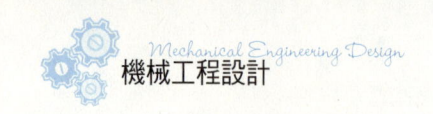

在第 1 章中，已知道強度是機械元件的性質或特徵。此一性質得自於材料本身，處理與產生其幾何形狀的製程、負荷而且它是在控制之下或在臨界位置。

除了考慮單一部件的強度之外，我們必須知道，量產部件的強度與在該集合中的其它部件或其它相似的部件，由於尺寸加工成型與成分的變異而有些微的差異。強度的描述詞在性質上必須是隨機的，涉及像是平均值與標準差及分佈的辨識等統計參數。

靜負荷是作用於部件上的恆定力或力偶。要成為恆定的力或力偶必須是大小、作用點或作用的各點與方向都維持不變。靜負荷可以產生軸向的拉伸、壓縮、剪切、彎曲、扭轉或任何這些作用的組合。為了考慮為靜態的，靜負荷不得以任意方式改變。

本章中，考量為了做有關材料及其處理、製作，及為了滿足功能性、安全性、勘用性、有用性、製造性與市場性之幾何形狀的決策，而討論強度與靜負荷間的關係。我們依循此列舉討論到什麼程度，與各範例的範圍有關。

"損壞"是本章標題中的一個字。損壞可以表示一個部件分成兩個或更多的碎片；已經永久變形者，於是毀損了它的形狀，降低了它的可靠度，或已經危及其功能。設計者所說的損壞可以是這些可能性中之任一項或全部。本章中我們將專注於永久變形或分裂的可預期性。在強度敏感的情況下，設計者必須於臨界位置區分平均應力與平均強度，以充分地達成其目的。

圖 4-1 至圖 4-5 為許多損壞零件的照片。這些圖片為設計者必須精通損壞防範所必要的例證。朝向此一目的，我們將對延性與脆性材料，考慮具有或沒有應力集中之一維、二維、及三維的應力狀態。

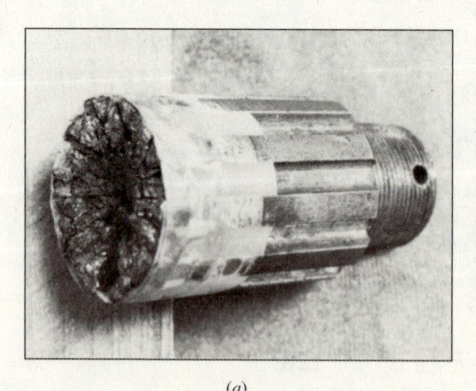

(a)

(b)

圖 4-1 (a) 卡車驅動軸栓槽因腐蝕疲勞導致的損壞，請注意，它必須使用透明的膠帶綁住各碎片。(b) 損壞的端視圖。

第 5 章　靜負荷導致的損壞

圖 4-2　割草機葉片驅動器輪轂的衝擊損壞。葉片衝擊了查勘管的標記。

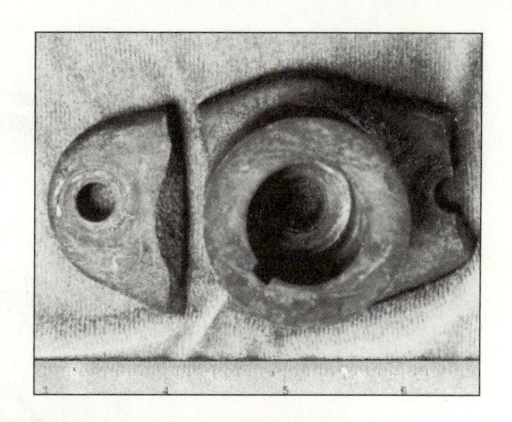

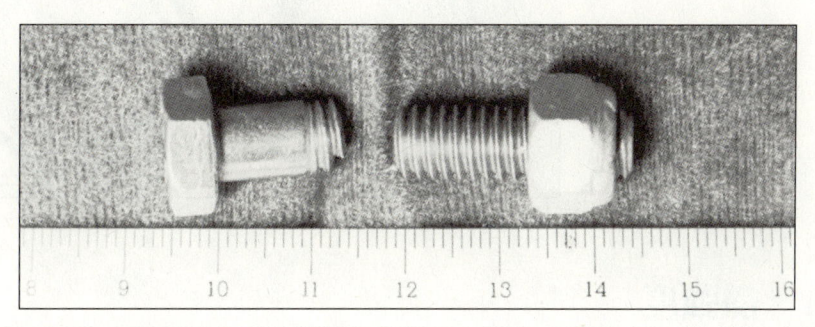

圖 4-3　吊重機架高索輪之固定螺栓的損壞。製造上的失誤導致產生裂隙，迫使該螺栓承受所有的力矩負荷。

(a)　　　　　　　　　　　　　(b)

圖 4-4　一次循環即損壞的鏈條測試夾置具。為緩和對過度磨耗的怨言，製造商決定對材料施以表面硬化。(a) 顯示破裂的兩半件，這是由應力集中起始脆性破裂的極佳範例。(b) 半件之一的放大圖，顯示由鄰近支撐銷孔的應力集中誘發裂痕。

189

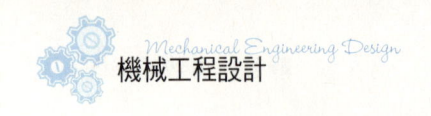

圖 4-5 引擎閥門彈簧因彈簧顫動所導致的損壞。顯示了古典的 45° 剪力損壞。

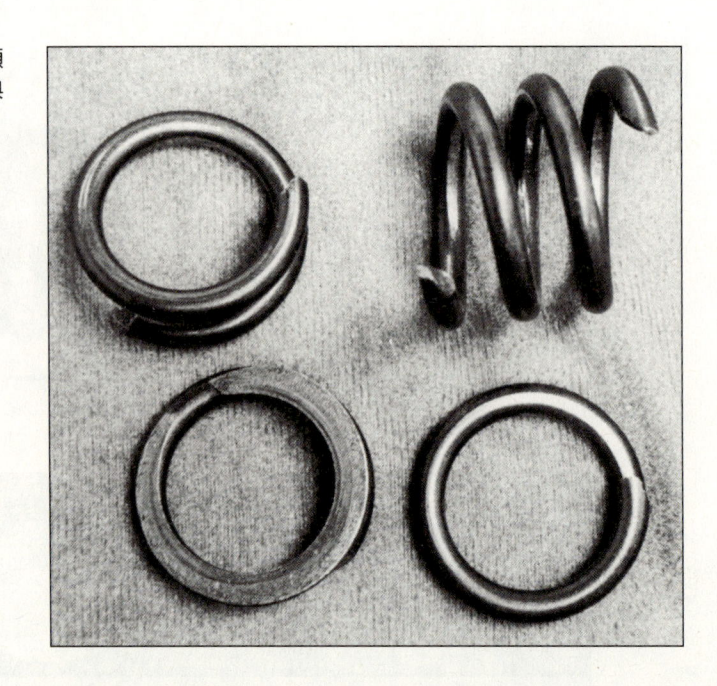

4-1 靜強度

　　設計機器元件時，理想的情況是設計者擁有所選特定材料強度的大量測試結果。這些測試必須對一與工程師設計之元件有相同的熱處理、表面精製，與尺寸製作的試片。而且該測試的負荷必須與該零件於使用中承受的負荷完全相同。這表示如果該零件承受彎曲負荷，就應該以彎曲負荷測試。如果它承受彎曲與扭轉的複合負荷，就得在複合負荷下作測試。如果它是以在 500°C 下拉製的 AISI 1040 熱處理鋼料精研磨精製製成，則試片的測試也應該以相同的材料經相同的製程製作。此類的測試將提供非常有用而且精準的資訊。無論何時，當設計時可取得此類的數據，則工程師可以確定其將完成最佳的工程任務。

　　如果零件的損壞將危及人命，或該零件的製作量夠大，則在設計之前為匯集此類廣泛的數據投入成本是值得的。例如，冰箱或其它器具具有非常良好的可靠度，因為它們的製作量大得足以在製作之前作徹底的測試。作這些測試的花費若除了以製造的總零件數，其值很低。

　　現在你可以來瞭解下列之設計的四大類別：

1　零件損壞可能危及人命，或該零件的製造量極大，結論是設計時可以做詳盡的測試。

2　零件的製作量大到做中等的測試是可行的。

3　少量製作的零件，不值得作測試；或設計必須迅速完成，而沒有足夠的時間作測試。

4 零件已經完成設計、製造、與測試,並且發現並不滿意。必須藉分析瞭解為何該零件無法令人滿意,及如何改善。

較常見的是使用像列於附錄 A 中那些已經分佈的降伏強度、抗拉強度、面積的收縮百分比與伸長百分比等試驗數值作設計的依據。如何使用如此貧乏的數據作同時抗靜負荷與動負荷、雙軸與三軸的應力狀態、高溫與低溫,及很大與很小之零件的設計?在本章與隨後的數章中將處理的就是與這些類似的問題。但是想一想,如果可以取得複製實際設計狀態的數據,會有多好。

4-2 應力集中

應力集中 (見 2-13 節) 是高度局部化的效應。某些實例中可能由表面的刮痕導致。如果是延性材料且負荷是靜態的,則設計負荷可能在缺口的臨界位置導致降伏。此降伏現象涉及**材料的應變強化** (strain-strengthening),而在小的臨界缺口位置其降伏強度將會提升。由於負荷是靜態的,該零件可以滿足地承受它們而沒有一般的降伏現象。在此類情況下,設計者可令幾何應力集中因數 K_t 為 1。

基本理論可以表示如下。最差的情況是如圖 4-6 中的理想化無應變強化材料。其應力-應變的軌跡線性地升至 S_y,然後就以等於 S_y 的定值應力繼續進行。考慮像圖 A-15-5 所示的含缺口的矩形桿,其較小之柄部的剖面面積為 645 mm^2。如果該材料是延性材料,降伏點應力為 280 MPa,理論應力集中因數 (SCF) K_t 為 2

- 於負荷為 90 kN 時,在柄部誘發 140 MPa 的拉應力,如圖 4-6 中的 A 點所示。而 SCF 為 $K = \sigma_{max}/\sigma_{nom} = 280/140 = 2$。
- 於負荷為 135 kN 時,在柄部誘發了 B 點的 210 MPa 拉應力,在內圓角的臨界位置應力為 280 MPa (D 點),而 SCF 為 $K = \sigma_{max}/\sigma_{nom} = S_y/\sigma = 280/210 = 1.33$。
- 於負荷為 180 kN 時,柄部誘發了 280 MPa 拉應力 (C 點),在內圓角的臨界位置應力為 280 MPa (E 點)。其 SCF 為 $K = \sigma_{max}/\sigma_{nom} = S_y/\sigma = 280/280 = 1$。

具應變強化性質的材料,缺口臨界位置處的 S_y 值較高。柄部的剖面面積於承受負荷時,處於略低於 280 MPa 的應力水準,非常接近因一般降伏而損壞的狀況。這是設計者於延性材料彈性地施予靜負荷時不應用 K_t,而代以 $K_t = 1$ 的原因。

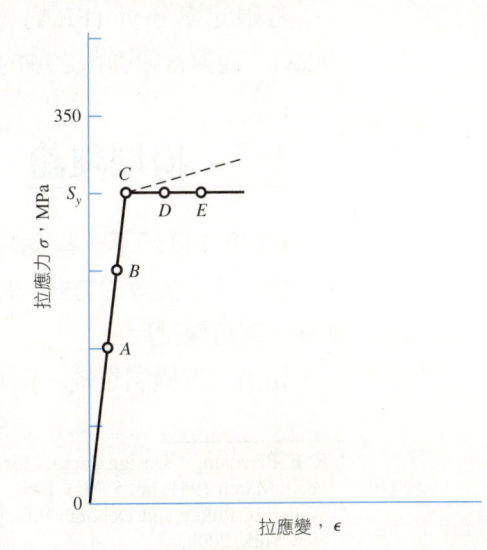

圖 4-6 理想化應力-應變曲線。點線代表應變強化材料。

當此一法則用於承受靜負荷的延性材料時，你得仔細確認該材料在使用環境中對脆性破裂 (見 4-12 節) 並不敏感。通常幾何 (理論) 應力集中因數的定義為：對法向應力為 K_t，對剪應力為 K_{ts}，由 (2-48) 式的方程式對表示為

$$\sigma_{\max} = K_t \sigma_{\text{nom}} \tag{a}$$

$$\tau_{\max} = K_{ts} \tau_{\text{nom}} \tag{b}$$

由於注意的是應力集中因數，而且 σ_{nom} 或 τ_{nom} 的定義可自圖的標題中或計算機程式求得，應確認標稱應力的值與承受負荷的剖面相稱。

脆性材料不會展現塑性區域。而使用 (a) 或 (b) 式的應力集中因數，可能在應力集中處提升應力至導致破裂的水準，並開始該組件災禍似的毀損。

該法則的一項例外為自身含微觀不連續性之應力集中的脆性材料，比設計者已牢記心中的巨觀應力集中更險惡。砂鑄引入砂粒、空氣與水蒸氣的氣泡。鑄鐵的晶粒結構中含片狀石墨 (強度很小)，它是在固化過程中引入的裂隙。當對鑄鐵執行拉力試驗時，文獻中的強度報告已包含了這些應力集中。在此情況下不必使用 K_t 或 K_{ts}。

R. E. Peterson[1] 編輯了他自己以及其它研究者的成果，成為應力集中因數的重要來源。Peterson 發展出以應力集中因數 K_t 乘標稱應力 σ_{nom} 以估算局部之最大應力值的表現型式。他的近似方式乃是築基於二維板條之光彈 (photoelastic) 研究 (Hartman and Levan, 1951；Wilson and White, 1973)，與 Hartman 和 Levan 所做三維光彈試驗的有限數據。含內圓角之軸承受拉力的情況是基於二維板條。表 A-15 為許多基本負荷狀況與幾何形狀，提供了許多理論應力集中因數的線圖。從Peterson[2] 的出版物中也可以取得其它線圖。

有限元素分析 (FEA) 也可以用於獲取應力集中因數。Tipton、Sorem 與 Rolovic[3] 從對含內圓角之軸的報告改善了 K_t 及 K_{ts} 的值。

4-3 損壞理論

4-1 節中展示了一些喪失功能的方式。像是永久扭曲變形，脆裂及破裂等事件都是機械元件失效的方式。試驗機器出現於 1700 年代，並使用單純的負荷拉伸、彎曲，與扭轉試片。

如果損壞機制單純，則單純的試驗能提供線索。只是什麼是單純？拉伸試驗

---

[1] R. E. Peterson, "Design Factors for Stress Concentration," *Machine Design*, vol. 23, no. 2, February 1951; no. 3, March 1951; no. 5, May 1951; no. 6, June 1951; no. 7, July 1951.

[2] Walter D. Pilkey and Deborah Pilkey, *Peterson's Stress-Concentration Factors*, 3rd ed, John Wiley & Sons, New York, 2008.

[3] S. M. Tipton, J. R. Sorem Jr., and R. D. Rolovic, "Updated Stress-Concentration Factors for Filleted Shafts in Bending and Tension," *Trans. ASME, Journal of Mechanical Design*, vol. 118, September 1996, pp. 321–327.

是單軸向 (夠單純) 而且在軸向上的伸長最大，所以應變可以量測而應力用來推斷損壞。評斷哪一項重要：**臨界應力** (critical stress)，**臨界應變** (critical strain)，**臨界能** (critical energy)？在隨後幾節中，將展示對這些問題的一些答案有幫助的損壞理論。

不幸地，對材料性質與應力狀態的一般案例並沒有通用的損壞理論。取而代之的是經過多年，有些假設業經擬式與測試，引領成為今日接受的實務。由於已被接受，我們將如大多數設計者的作法，以理論陳述這些"實務"。

構造用金屬的性質通常區分為延性或脆性，雖然在特殊情況下，通常視為延性的材料會以脆性的方式損壞 (見 4-12 節)。延性材料常以 $\varepsilon_f \geq 0.05$ 來分類，而且有可辨識的降伏強度，它在承壓與承拉情況下是相同的 $(S_{yt} = S_{yc} = S_y)$。脆性材料的 $\varepsilon_f < 0.05$，沒有可辨識的降伏強度，典型地分別以極限承拉與極限承壓強度，S_{ut} 與 S_{uc}，區分 (其中 S_{uc} 為正值)。被一般接受的理論是：

延性材料 (降伏準則)
- 最大剪應力理論 (MSS)，4-4 節
- 畸變能理論 (DE)，4-5 節
- 延性 Coulomb-Mohr 理論 (DCM)，4-6 節

脆性材料 (破裂準則)
- 最大法向應力理論 (MNS)，4-8 節
- 脆性 Coulomb-Mohr 理論 (BCM)，4-9 節
- 修訂的 Mohr 理論 (MM)，4-9 節

如果能有對每種材料類型全都能接受的理論，將是很誘人的，然而由於一個或其它的理由，他們都已成過去。稍後將提供選用特定理論的一些理論基礎。首先，我們將陳述這些理論的基本內容，然後將它們應用於一些範例之中。

4-4 延性材料的最大剪應力理論

最大剪應力 (maximum-shear-stress, MSS) 理論預言無論何時，當任意元件中的最大剪應力，等於或超過相同材料的拉伸試驗試片開始降伏的應力，該元件即開始降伏。該 MSS 理論也稱為 *Tresca* 或 *Guest* 理論。

許多理論的假設都基於拉伸試驗的結果。當一條狀的延性材料承受拉力時，在與該試片之軸趨近 45° 的方向形成滑動線 (稱為 *Lüder* 線)。這些滑動線為降伏的起始，而當施加負荷至破裂時，破裂線似乎也與拉伸軸成 45°。因為剪應力的最大值在與拉伸軸成 45° 的位置，使得視它為損壞的機制顯得有其意義。在下一節中將證實有更甚於此者。無論如何，它揭示 MSS 理論為一可接受但卻是保守的預言者；

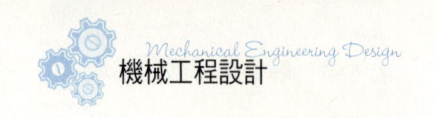

而因為設計者天生保守，經常使用它。

回顧單純拉伸應力，$\sigma = P/A$，而其最大剪應力發生於與拉伸表面成 45° 的表面 其值為 $\tau_{max} = \sigma/2$。所以發生降伏時的最大剪應力為 $\tau_{max} = S_y/2$。就應力的一般狀態而言，可以確定三個主應力，並依 $\sigma_1 \geq \sigma_2 \geq \sigma_3$ 排序。其最大剪應力為 $\tau_{max} = (\sigma_1 - \sigma_3)/2$ (見圖 2-12)。因此，對一般應力狀態，最大剪應力理論預言元件將開始降伏，當

$$\tau_{max} = \frac{\sigma_1 - \sigma_3}{2} \geq \frac{S_y}{2} \quad \text{或} \quad \sigma_1 - \sigma_3 \geq S_y \tag{4-1}$$

請注意，這隱含承受剪應力時的降伏強度為

$$S_{sy} = 0.5 S_y \tag{4-2}$$

這個值稍後將見到低了大約 15% (較保守)。

作為設計目的，(4-1) 式可加修正併入安全因數 n。則，

$$\tau_{max} = \frac{S_y}{2n} \quad \text{或} \quad \sigma_1 - \sigma_3 = \frac{S_y}{n} \tag{4-3}$$

設計時平面應力是很普遍的應力狀態。然而，瞭解平面應力屬於**三維** (three-dimensional) 應力是很重要的。2-6 節中的平面應力僅限制在同平面應力，其中同平面主應力可由 (2-13) 式求得，並以 σ_1 與 σ_2 標示。在分析平面上它們真的是主應力，但離開這個平面有一第三個主應力，而且對平面應力而言，它永遠為零。這表示使用三維分析的習慣排序 $\sigma_1 \geq \sigma_2 \geq \sigma_3$，遵照 (4-1) 式的依據，不能任意稱呼同平面應力 σ_1 與 σ_2，直到它們與等於零的第三個主應力關聯上。為了針對平面應力以圖形說明 MSS 理論，將先以 σ_A 與 σ_B 標示，以 (2-13) 式求得的主應力，然後與零主應力依 $\sigma_1 \geq \sigma_2 \geq \sigma_3$ 的習慣排序。假設 $\sigma_A \geq \sigma_B$，則對平面應力使用 (4-1) 式時，須考慮三種情況：

情況 1：$\sigma_A \geq \sigma_B \geq 0$，對此情況，$\sigma_1 = \sigma_A$ 及 $\sigma_3 = 0$。(4-1) 式簡化成降伏條件

$$\sigma_A \geq S_y \tag{4-4}$$

情況 2：$\sigma_A \geq 0 \geq \sigma_B$，在此，$\sigma_1 = \sigma_A$ 及 $\sigma_3 = \sigma_B$，而 (4-1) 式變成

$$\sigma_A - \sigma_B \geq S_y \tag{4-5}$$

情況 3：$0 \geq \sigma_A \geq \sigma_B$，對此情況，$\sigma_1 = 0$ 及 $\sigma_3 = \sigma_B$，而 (4-1) 式變成

$$\sigma_B \leq -S_y \tag{4-6}$$

圖 4-7 中 (4-4) 至 (4-6) 式在 $\sigma_A - \sigma_B$ 平面以三條線表示。其餘未標示的線表示 $\sigma_B \geq \sigma_A$ 的各種情況，它完成了應力降伏包絡線，但通常不使用。最大剪應力理論預言：如果應力狀態在被應力降伏包絡線包圍的陰影區就會降伏。在圖 4-7 中，假設

圖 4-7　最大剪應力 (MSS) 理論的平面應力降伏包絡線。其中 σ_A 與 σ_B 為兩非零主應力

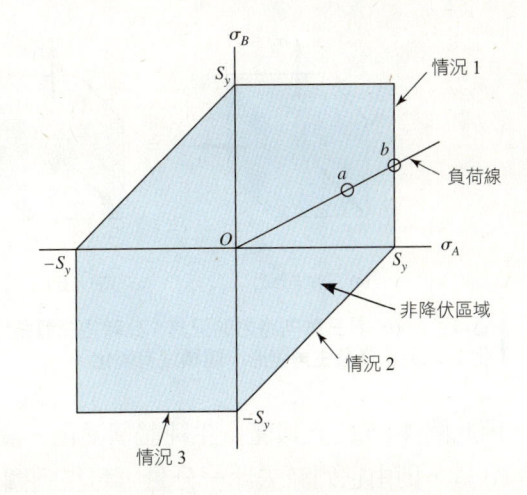

的點 a 代表組件臨界應力元素的應力狀態。如果負荷增大，一般假設兩剪應力將循從原點通過 a 點的直線依比例移動。圖中呈現了負荷線。若應力狀況持續增大，循負荷線直到它跨越損壞包絡線，像是 b 點，MSS 理論預言應力元素將會降伏。a 點處防範降伏的安全因數已知為強度 (到損壞處 b 點的距離) 對應力的 (到代表應力之 a 點的距離) 比值，意指 $n = Ob/Oa$。

請注意，(4-3) 式的第一部分，$\tau_{\max} = S_y/2n$，對設計目的已經足夠，如果設計者仔細地確定了 $\tau_{\max}$。對於平面應力，(2-14) 式並非總能預言 $\tau_{\max}$。然而，考量當該平面中某法向應力等於零的特殊情況，即 σ_x 和 τ_{xy} 有值，$\sigma_y = 0$，很容易可以證明這是情況 2 的問題，而以 (2-14) 式求得的剪應力為 $\tau_{\max}$。軸設計問題是此類別的典型問題，其法向應力因彎曲/或軸向負荷而存在，而剪應力則來自扭轉。

4-5　延性材料的畸變能理論

畸變能理論 (distortion-energy theory) 預言：無論何時，當單位體積中的畸變能，與相同材料於單純拉力或壓力下達到降伏時之單位體積的畸變能相等，即發生降伏。

畸變能 (DE) 理論最初是因為觀察到承受液靜作用 (各主應力相等) 的延性材料，呈現的降伏強度遠超過單純的拉力試驗所得到的值。所以假設降伏並非簡單的拉伸或壓縮的現象而已，而是多少與承受應力之元素的角變形有些牽扯。為了發展此一理論，於圖 4-8a 中，單位體積承受的任意的三維應力狀態以 σ_1、σ_2 與 σ_3 標示。圖 4-8b 中的應力狀態是應力 σ_{av} 作用於與圖 4-8a 中的每一主軸方向相同所導致的液靜法向應力之一。σ_{av} 的公式是

$$\sigma_{av} = \frac{\sigma_1 + \sigma_2 + \sigma_3}{3} \tag{a}$$

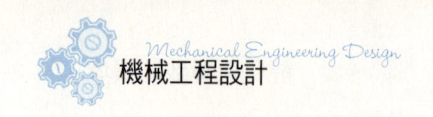

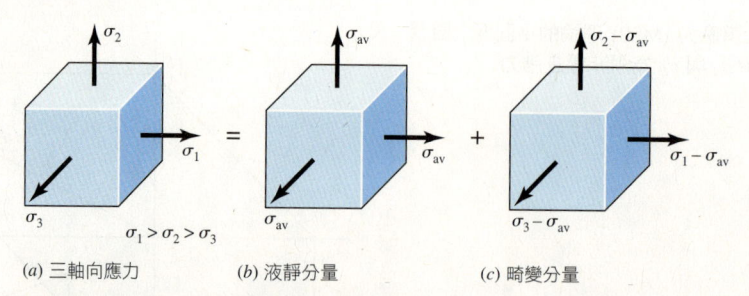

(a) 三軸向應力　　　(b) 液靜分量　　　(c) 畸變分量

圖 4-8　(a) 具三軸向應力的元素；此時經歷體積變化與角變形；(b) 受液靜張力的元素僅體積發生變化；(c) 元素僅發生角變形，體積沒有變化。

因此圖 4-8b 的元素僅發生純體積變化，沒有角變形。若將 σ_{av} 視為 σ_1、σ_2 與 σ_3 的分量，則由它們減去此一分量，可得到圖 4-8c 中的應力狀態。該元素將僅作角變形，體積則沒有變化。

單純拉力之單位體積的應變能為 $u = \frac{1}{2}\sigma$。對圖 4-8a 中的元素，單位體積中的應變能為 $u = \frac{1}{2}[\epsilon_1\sigma_1 + \epsilon_2\sigma_2 + \epsilon_3\sigma_3]$。以 (3-19) 式的主應變代入可得

$$u = \frac{1}{2E}\left[\sigma_1^2 + \sigma_2^2 + \sigma_3^2 - 2\nu(\sigma_1\sigma_2 + \sigma_2\sigma_3 + \sigma_3\sigma_1)\right] \tag{b}$$

僅產生體積變化的應變能 u_v 可由 σ_{av} 代入 (b) 式中的 σ_1、σ_2 與 σ_3，得到

$$u_v = \frac{3\sigma_{av}^2}{2E}(1 - 2\nu) \tag{c}$$

如果現在以 (a) 式中的平方代入 (c) 式中並簡化表示式，可得

$$u_v = \frac{1 - 2\nu}{6E}(\sigma_1^2 + \sigma_2^2 + \sigma_3^2 + 2\sigma_1\sigma_2 + 2\sigma_2\sigma_3 + 2\sigma_3\sigma_1) \tag{4-7}$$

則從 (b) 式中減去 (4-7) 式，可得畸變能為

$$u_d = u - u_v = \frac{1 + \nu}{3E}\left[\frac{(\sigma_1 - \sigma_2)^2 + (\sigma_2 - \sigma_3)^2 + (\sigma_3 - \sigma_1)^2}{2}\right] \tag{4-8}$$

請注意，如果 $\sigma_1 = \sigma_2 = \sigma_3$，則畸變能等於零。

對單純的拉力試驗，發生降伏時，$\sigma_1 = S_y$ 而 $\sigma_2 = \sigma_3 = 0$，而由 (4-8) 式，畸變能為

$$u_d = \frac{1 + \nu}{3E}S_y^2 \tag{4-9}$$

所以對 (4-8) 式給予的一般應力狀態，降伏的預言是如果 (4-8) 式等於或超過 (4-9) 式將預期會發生降伏。由此得

$$\left[\frac{(\sigma_1 - \sigma_2)^2 + (\sigma_2 - \sigma_3)^2 + (\sigma_3 - \sigma_1)^2}{2}\right]^{1/2} \geq S_y \tag{4-10}$$

如果有單純情況的拉應力 σ，則降伏將發生於 $\sigma \geq S_y$。於是，(4-10) 式的左端可以考慮為由 σ_1、σ_2 與 σ_3 給定之一般應力狀態的單一、等效或有效應力。此一有效應力於貢獻此一理論的 R. von Mises 博士身後，命名為 von Mises stress 應力，σ'。因此，就降伏而言 (4-10) 式可以表示為

$$\sigma' \geq S_y \qquad (4\text{-}11)$$

式中 von Mises 應力為

$$\sigma' = \left[\frac{(\sigma_1 - \sigma_2)^2 + (\sigma_2 - \sigma_3)^2 + (\sigma_3 - \sigma_1)^2}{2}\right]^{1/2} \qquad (4\text{-}12)$$

對於平面應力，von Mises 應力能以主應力 σ_A、σ_B 與零表示。由 (4-12) 式可得

$$\sigma' = \left(\sigma_A^2 - \sigma_A \sigma_B + \sigma_B^2\right)^{1/2} \qquad (4\text{-}13)$$

(4-13) 式為在 σ_A、σ_B 平面上經旋轉的橢圓，如以 $\sigma' = S_y$ 的圖 4-9 所示。圖中的點線代表 MSS 理論，可看出限制更多，所以，更為保守[4]。

三維應力以 *xyz* 分量表示時，von Mises 應力可寫成

$$\sigma' = \frac{1}{\sqrt{2}}\left[(\sigma_x - \sigma_y)^2 + (\sigma_y - \sigma_z)^2 + (\sigma_z - \sigma_x)^2 + 6\left(\tau_{xy}^2 + \tau_{yz}^2 + \tau_{zx}^2\right)\right]^{1/2} \qquad (4\text{-}14)$$

平面應力則為

$$\sigma' = \left(\sigma_x^2 - \sigma_x \sigma_y + \sigma_y^2 + 3\tau_{xy}^2\right)^{1/2} \qquad (4\text{-}15)$$

畸變能理論也稱為：

- von Mises 或 von Mises-Hencky 理論

圖 4-9 最大畸變能 (DE) 理論之平面應力狀態的降伏包絡線。這是以 $\sigma' = S_y$ 得自 (5–13) 式的數據繪製。

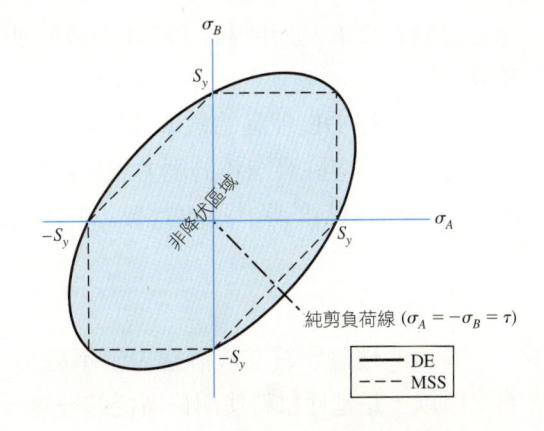

---

[4] DE 與 MSS 理論的三維方程式，可以相對於三維的 σ_1、σ_2、σ_3 座標軸繪圖。DE 理論的損壞表面為中心軸與各主應力軸傾斜 45° 的圓柱表面，而 MSS 理論則是在圓柱內雕刻出的六角柱，見 Arthur P. Boresi 與 Richard J. Schmidt 著作的 *Advanced Mechanics of Materials*, 6th ed., John Wiley & Sons, New York, 2003, 4.4 節。

- 應變能理論
- 八面體剪應力理論

瞭解八面體剪應力將釐清為何 MSS 比較保守。考慮某孤立的元素，其每一個表面的法向應力等於液靜壓力 σ_{av}。有八個表面對稱於含此應力的主方向 (principal directions)。這形成如圖 4-10 八面體。這些表面上的剪應力稱為八面體剪應力 (圖 4-10 中只在八個面之一標示)。經由座標系轉換，得到八面體剪應力為[5]

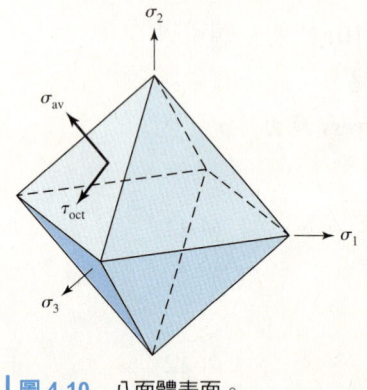

圖 4-10　八面體表面。

$$\tau_{\text{oct}} = \frac{1}{3}\left[(\sigma_1 - \sigma_2)^2 + (\sigma_2 - \sigma_3)^2 + (\sigma_3 - \sigma_1)^2\right]^{1/2} \tag{4-16}$$

在名為八面體剪應力理論之下，假設無論何時，任何應力狀態的八面體剪應力，等於或大於在單純拉力試驗使試片損壞時之八面體剪應力，即發生損壞。

如同先前，在拉力試驗結果的基礎下，當 $\sigma_1 = S_y$，而且 $\sigma_2 = \sigma_3 = 0$ 時發生降伏。在此條件下，從 (4-16) 式，八面體剪應力為

$$\tau_{\text{oct}} = \frac{\sqrt{2}}{3}S_y \tag{4-17}$$

就一般應力狀況而言，當 (4-16) 式等於或大於 (4-17) 式時，預計會發生降伏。這簡化為

$$\left[\frac{(\sigma_1 - \sigma_2)^2 + (\sigma_2 - \sigma_3)^2 + (\sigma_3 - \sigma_1)^2}{2}\right]^{1/2} \geq S_y \tag{4-18}$$

此式與 (4-10) 式完全相同，證明了八面體剪應力理論等效於畸變能理論。

MSS 理論的模型忽視了在拉伸試片 45° 表面上之法向應力的貢獻。然而這些應力值是 $P/2A$，並非等於 $P/3A$ 的液靜應力。這就是存在於 MSS 與 DE 理論間的差異。

涉及描述 DE 理論的數學運算可能趨於模糊真實的值使其結果無用。給予一特定方程式，容許最複雜的應力狀態以單一量、von Mises 應力來表示，然後透過 (4-11) 式與該材料的降伏強度比較，此一方程式能表示成設計方程式

$$\sigma' = \frac{S_y}{n} \tag{4-19}$$

畸變能理論預言在液靜應力下不發生損壞，且與延性材料所有的數據非常吻合。所以，是延性材料使用最廣泛的理論，並推薦給設計問題，除非另有指定。

最後一項註記關切到承剪的降伏強度。考慮純剪 τ_{xy} 的情況，其中的平面應力 $\sigma_x = \sigma_y = 0$。就降伏而言，由 (4-11) 式與 (4-15) 式可得

---

[5] 推導，見 Arthur P. Boresi, op. cit., pp. 36–37.

$$(3\tau_{xy}^2)^{1/2} = S_y \quad \text{或} \quad \tau_{xy} = \frac{S_y}{\sqrt{3}} = 0.577 S_y \tag{4-20}$$

因此，畸變能理論預言的承剪降伏強度為

$$S_{sy} = 0.577 S_y \tag{4-21}$$

這正如早先所陳述的，大於 MSS 理論所預言的 $0.5\,S_y$ 約 15%，就純剪 τ_{xy} 而言，從 (2-13) 式得到的主應力為 $\sigma_A = -\sigma_B = \tau_{xy}$。此種情況的負荷線是在圖 4-9 的第三象限，與 σ_A、σ_B T 軸成 45° 角的線。

範例 4-1

某熱軋鋼的降伏強度 $S_{yt} = S_{yc} = 700$ Mpa，而破裂時的真應變為 $\varepsilon_f = 0.55$。試就下列主應力狀態估算其安全因數：

(a) 490、490、0 MPa
(b) 210、490、0 MPa
(c) 0、490、−210 MPa
(d) 0、−210、−490 MPa
(e) 210、210、210 MPa

解答 因為 $\varepsilon_f > 0.05$ 而且 S_{yt} 和 S_{yc} 相等，該材料為延性材料，畸變能 (DE) 理論與最大剪應力 (MSS) 理論都可以使用。兩者將用於比較。請注意從 a 到 d 都以平面應力陳述。

(a) 主應力的排序為 $\sigma_A = \sigma_1 = 490, \sigma_B = \sigma_2 = 490, \sigma_3 = 0$ Mpa

DE 由 (4-13) 式

$$\sigma' = [490^2 - 490(490) + 490^2]^{1/2} = 490 \text{ MPa}$$

答案
$$n = \frac{S_y}{\sigma'} = \frac{700}{490} = 1.43$$

MSS 情況 1，使用 (4-4) 式求安全因數

答案
$$n = \frac{S_y}{\sigma_A} = \frac{700}{490} = 1.43$$

(b) 主應力的排序為 $\sigma_A = \sigma_1 = 490, \sigma_B = \sigma_2 = 210, \sigma_3 = 0$ Mpa

DE $\quad \sigma' = [490^2 - 490(210) + 210^2]^{1/2} = 426$ MPa

答案
$$n = \frac{S_y}{\sigma'} = \frac{700}{426} = 1.64$$

MSS 情況1，使用 (4-4) 式，

答案
$$n = \frac{S_y}{\sigma_A} = \frac{700}{490} = 1.43$$

(c) 主應力的排序為 $\sigma_A = \sigma_1 = 490, \sigma_2 = 0, \sigma_B = \sigma_3 = -210$, Mpa

DE $\quad \sigma' = [490^2 - 490(-210) + (-210)^2]^{1/2} = 622$ MPa

答案
$$n = \frac{S_y}{\sigma'} = \frac{700}{622} = 1.13$$

MSS 情況2，使用 (4-5) 式，

答案
$$n = \frac{S_y}{\sigma_A - \sigma_B} = \frac{700}{490 - (-210)} = 1.00$$

(d) 主應力的排序為 $\sigma_1 = 0, \sigma_A = \sigma_2 = -210, \sigma_B = \sigma_3 = -490$ Mpa

DE $\quad \sigma' = [(-490)^2 - (-490)(-210) + (-210)^2]^{1/2} = 426$ MPa

答案
$$n = \frac{S_y}{\sigma'} = \frac{700}{426} = 1.64$$

MSS 情況3，使用 (4-6) 式，

答案
$$n = -\frac{S_y}{\sigma_B} = -\frac{700}{-490} = 1.43$$

(e) 主應力的排序為 $\sigma_1 = 210, \sigma_2 = 210, \sigma_3 = -210$ Mpa

DE 由 (4-12) 式，

$$\sigma' = \left[\frac{(210-210)^2 + (210-210)^2 + (210-210)^2}{2}\right]^{1/2} = 0 \text{ MPa}$$

答案
$$n = \frac{S_y}{\sigma'} = \frac{700}{0} \to \infty$$

MSS 由 (4-3) 式，

答案
$$n = \frac{S_y}{\sigma_1 - \sigma_3} = \frac{700}{210 - 210} \to \infty$$

表列包含的安全因數作為比較：

	(a)	(b)	(c)	(d)	(e)
DE	1.43	1.64	1.13	1.64	∞
MSS	1.43	1.43	1.00	1.43	∞

圖 4-11 範例 4-1 的負荷線。

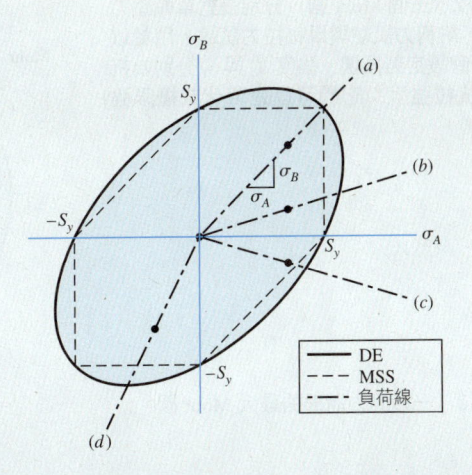

因為 MSS 理論在 DE 理論的邊界上或邊界內，它預言的安全因數將總是等於或小於 DE 理論所預言的值，正如在表中所見。除了情況 (e)，每一情況的座標與負荷線都呈現在圖 4-11 中。情況 (e) 不是平面應力。請留意，情況 (a) 是在兩項理論中唯一一致的平面應力，因此得到相同的安全因數。

4-6 延性材料的 Coulomb-Mohr 理論

並非所有材料的承壓強度值都等於其相對應的承拉強度值。例如，鎂合金的承壓降伏強度可能比承拉降伏強度小 50%。灰鑄鐵的極限承壓強度在大於極限承拉強度 3 到 4 倍間變化。所以，本節中主要是關切那些可用於預言承拉與承壓強度不同之材料的理論。

歷史上，Mohr 損壞理論繫年於 1900 年，那是它發表的年代。在那個年代沒有計算機，只有計算尺、圓規、與曲線板。繪圖程序很尋常，當今為了視覺化仍然使用。Mohr 的想法基於三項單純的試驗：拉力、壓力與施加剪力至降伏，如果材料能降伏，或破裂。它比試驗更容易定義剪降伏強度 S_{sy}。

先將實際的困難擱在一邊，Mohr 的假設是使用拉力、壓力與扭轉剪力試驗的結果去構成圖 4-12 中的三個圓，以定義與三個圓相切，在圖中描成 ABCDE 的損壞包絡線。自變量等於是描述物體中應力狀態的三個 Mohr 圓（見圖 2-12），在承載期間逐漸變大，直到它們之一與損壞包絡線相切，從而定義了損壞。損壞包絡線的型式是直線、圓、或二次曲線？以圓規或曲線板可定義損壞曲線。

一種 Mohr 理論的變異型式，稱為 Coulomb-Mohr 理論或內摩擦理論，假設圖 4-12 中的邊界是 BCD 是直線。以此假設唯有承拉與承壓強度是必要的。考量慣用的主應力排序，即 $\sigma_1 \geq \sigma_2 \geq \sigma_3$。最大的圓連結 σ_1 與 σ_3，如圖 4-13 中所示。圖 4-13 中的圓心是 C_1、C_2、及 C_3。三角形 OB_iC_i 都相似，所以

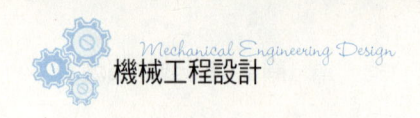

圖 4-12 三個 Mohr 圓，分別是對單軸壓力試驗，純剪力試驗與單軸拉力試驗，用於以 Mohr 假設定義損壞。強度 S_c 與 S_t 分別為抗壓與抗拉強度；它們可以是降伏或極限強度。

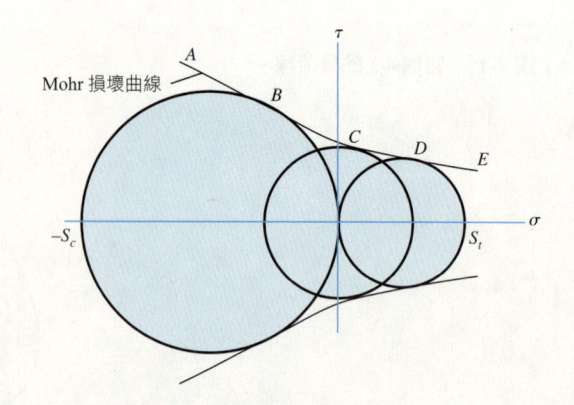

圖 4-13 一般應力狀態的最大 Mohr 圓。

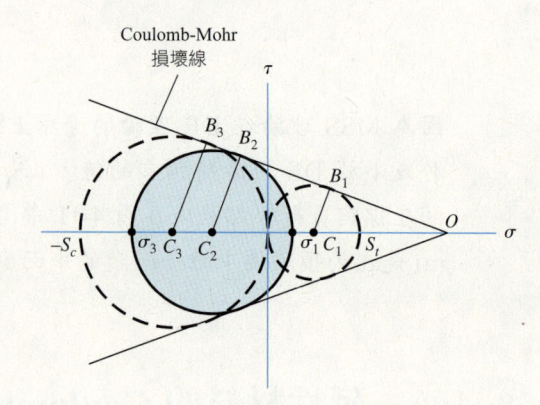

$$\frac{B_2C_2 - B_1C_1}{OC_2 - OC_1} = \frac{B_3C_3 - B_1C_1}{OC_3 - OC_1}$$

或

$$\frac{B_2C_2 - B_1C_1}{C_1C_2} = \frac{B_3C_3 - B_1C_1}{C_1C_3}$$

其中 $B_1C_1 = S_t/2$，$B_2C_2 = (\sigma_1 - \sigma_3)/2$，而 $B_3C_3 = S_c/2$，分別為右側中間與左側各圓的半徑。從原點到 C_1 的距離是 $S_t/2$，到 C_3 是 $S_c/2$，而從原點 O 到 C_2 (循正值 σ 方向) 則為 $(\sigma_1 + \sigma_3)/2$。因此

$$\frac{\dfrac{\sigma_1 - \sigma_3}{2} - \dfrac{S_t}{2}}{\dfrac{S_t}{2} - \dfrac{\sigma_1 + \sigma_3}{2}} = \frac{\dfrac{S_c}{2} - \dfrac{S_t}{2}}{\dfrac{S_t}{2} + \dfrac{S_c}{2}}$$

從每一項中消去 2，等式兩端交叉相乘並簡化得

$$\frac{\sigma_1}{S_t} - \frac{\sigma_3}{S_c} = 1 \tag{4-22}$$

式中可以使用降伏強度或極限強度。

就平面應力而言，當兩非零主應力為 $\sigma_A \geq \sigma_B$，有與 MSS 理論相似的三種情

況，(4-4) 式到 (4-6) 式。也就是，損壞條件為

情況 1：$\sigma_A \geq \sigma_B \geq 0$。在此情況，$\sigma_1 = \sigma_A$ 而 $\sigma_3 = 0$。(4-22) 式簡化成

$$\sigma_A \geq S_t \tag{4-23}$$

情況 2：$\sigma_A \geq 0 \geq \sigma_B$。在此，$\sigma_1 = \sigma_A$ 與 $\sigma_3 = \sigma_B$，而 (4-22) 式變成

$$\frac{\sigma_A}{S_t} - \frac{\sigma_B}{S_c} \geq 1 \tag{4-24}$$

情況 3：$0 \geq \sigma_A \geq \sigma_B$。在此情況，$\sigma_1 = 0$ 與 $\sigma_3 = \sigma_B$，而由 (4-22) 式得到

$$\sigma_B \leq -S_c \tag{4-25}$$

這些情況結合對應於通常不用的情況 $\sigma_B \geq \sigma_A$，繪製於圖 4-14 中。

對於併入安全因數設計 n 的設計方程式，所有的強度都需以 n 除之，例如 (4-22) 式，作為設計方程式可以寫成

$$\frac{\sigma_1}{S_t} - \frac{\sigma_3}{S_c} = \frac{1}{n} \tag{4-26}$$

由於 Coulomb-Mohr 理論不需要剪強度圓，而可以從 (4-22) 式導出，以純剪應力 τ 而言，$\sigma_1 = -\sigma_3 = \tau$。扭轉降伏發生於 $\tau_{\max} = S_{sy}$ 時，將 $\sigma_1 = -\sigma_3 = S_{sy}$ 代入 (4-22) 式，並簡化，可得

$$S_{sy} = \frac{S_{yt} S_{yc}}{S_{yt} + S_{yc}} \tag{4-27}$$

圖 4-14 平面應力狀態之損壞理論 Coulomb-Mohr 理論的包絡線圖。

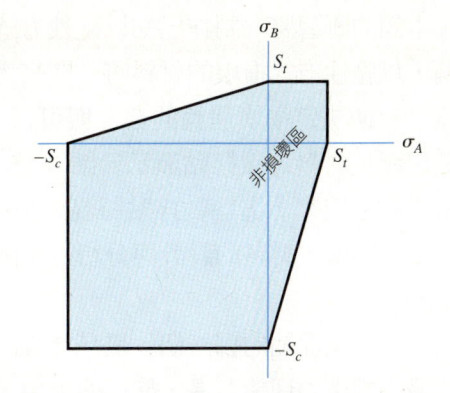

範例 4-2

某直徑 25 mm 的軸，承受靜態扭矩至 230 N·m。它以 195-T6 鋁鑄成，具有拉伸降伏強度 160 MPa，而承壓降伏強度為 170 MPa。它經車削至最終尺寸。試估算該軸的安全因數。

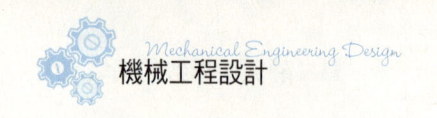

解答 最大剪應力得自

$$\tau = \frac{16T}{\pi d^3} = \frac{16(230)}{\pi \left[25\left(10^{-3}\right)\right]^3} = 75\left(10^6\right) \text{N/m}^2 = 75 \text{ MPa}$$

兩非零主應力為 75 與 −75 MPa，令主應力排序為 $\sigma_1 = 75$，$\sigma_2 = 0$，及 $\sigma_3 = -75$ MPa。從 (4-26) 式，對降伏而言，

答案

$$n = \frac{1}{\sigma_1/S_{yt} - \sigma_3/S_{yc}} = \frac{1}{75/160 - (-75)/170} = 1.10$$

另解，由 (4-27) 式，

$$S_{sy} = \frac{S_{yt} S_{yc}}{S_{yt} + S_{yc}} = \frac{160(170)}{160 + 170} = 82.4 \text{ MPa}$$

而 $\tau_{\max} = 75$ MPa。因此，

答案

$$n = \frac{S_{sy}}{\tau_{\max}} = \frac{82.4}{75} = 1.10$$

4-7 延性材料損壞摘要

已研習過一些不同的損壞理論，現在評估它們並顯示它們是如何應用於設計與分析。本節的研習將限制在已知以延性方式損壞的材料與部件。由於需要不同的損壞理論，以脆性方式損壞的材料將分開來考量。

為了有助決定損壞理論的合適與可行，Marin[6] 收集了許多來源的數據。有些用於選用延性材料的數據點顯示於圖 4-15[7] 中。Mann 也收集許多銅與鎳合金的數據；如果顯示出來，這些數據點將混入那些已經在圖中的點。圖 4-15 顯示，對於以延性方式損壞之材料的設計與分析，不論最大剪應力理論或畸變能理論，都是可以接受的。

選用這兩個理論的哪一個，是身為設計者的工程師必須決定的事。就設計目的而言，最大剪應力理論容易，能迅速上手，而且保守。如果問題是部件為何損壞，那麼最好使用畸變能理論。圖 4-15 顯示畸變能理論的圖線從較接近數據點區域中

---

[6] Joseph Marin 是對工程元件的損壞，收集、發展並傳播的先驅。它在此一主題下出版許多書籍與論文。此處使用的參考文獻是 Joseph Marin, *Engineering Materials*, Prentice-Hall, Englewood Cliffs, N.J., 1952. (見 pp.156 及 157，有一些數據點使用於此。)

[7] 請留意，圖 4-15 中某些數據循 $\sigma_B \geq \sigma_A$ 線上的水平邊界陳列。這通常的作法是藉在 $\sigma_B = \sigma_A$ 線的鏡像上畫線以分散擁擠的損壞數據點。

圖 4-15 實驗數據重疊於損壞理論上。(*From Fig. 7.11, p. 257, Mechanical Behavior of Materials*, 2nd ed., N. E. Dowling, Prentice Hall, Englewood Cliffs, N. J., 1999. Modified to show only ductile failures.)

圖中標示：σ_2/S_c、σ_1/S_c、八面體剪應力、最大剪應力

降伏 ($S_c = S_y$)
- ○ 鎳鉻鉬鋼
- ● AISI 1023 鋼
- □ 2024-T4 Al
- ■ 3S-H Al

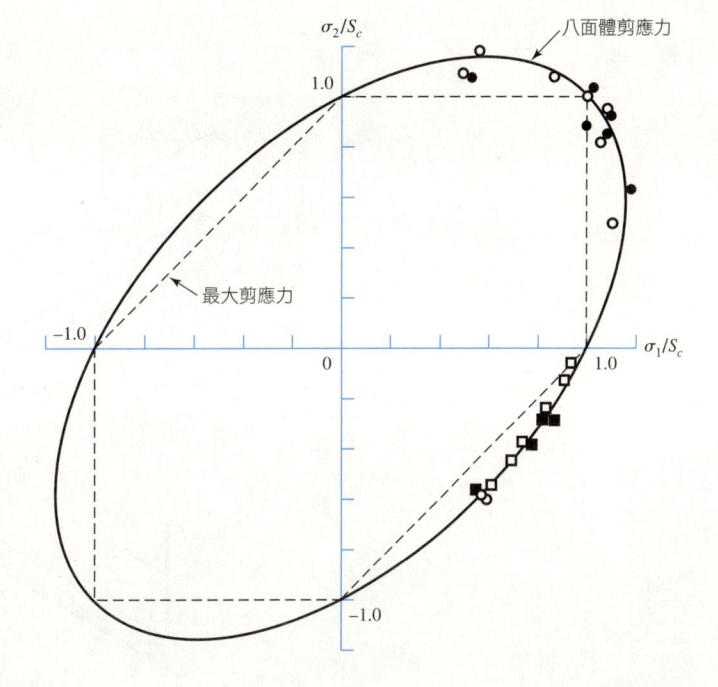

心處通過，因此，通常是損壞的較佳預言者。然而，應謹記於心的是，雖然損壞曲線通過典型數據之實驗數據的中心，從統計觀點它的可靠度是 50%。從設計目的來看，當使用這些理論時，可使用較大的安全因數來保證。

對具有不等降伏強度，承拉為 S_{yt}，承壓為 S_{yc} 的延性材料，Mohr 理論是較佳的選擇。然而，該理論需要從三個不同模式試驗的結果，繪製損壞軌跡的圖線並將最大的 Mohr 圓與損壞軌跡配合。對此的另一種選擇是使用 Coulomb-Mohr 理論，它僅需要承拉與承壓降伏強度，而且容易以方程式的型式處理。

範例 4-3

本範例說明使用損壞理論以決定機械元件或部件的強度。本範例也可以釐清存在於機器部件強度，材料強度以及部件某一點強度等措辭間的混淆。

某 F 力作用於 380 mm 長桿的 D 端，如圖 4-16，與套筒板手很相似，導致懸臂桿 OABC 中有某些應力。此 (OABC) 桿的材質為 AISI 1035 鋼，經鍛造及熱處理使它具有最小 (ASTM) 降伏強度 560 MPa。假設此一分件降伏後即沒有價值。因此視啟始分件降伏的力 F 為該分件的強度。試求該力之值。

解答 假設長桿 DC 有足夠強度，所以不成為問題的一部分。1035 鋼料經熱處理後面積將有 50% 或更多的縮減，所以在常溫下屬於延性材料。這也表示在肩部的應力集中因數無需考慮。在 A 點頂面的應力元素將承受彎曲導致

▌圖 4-16

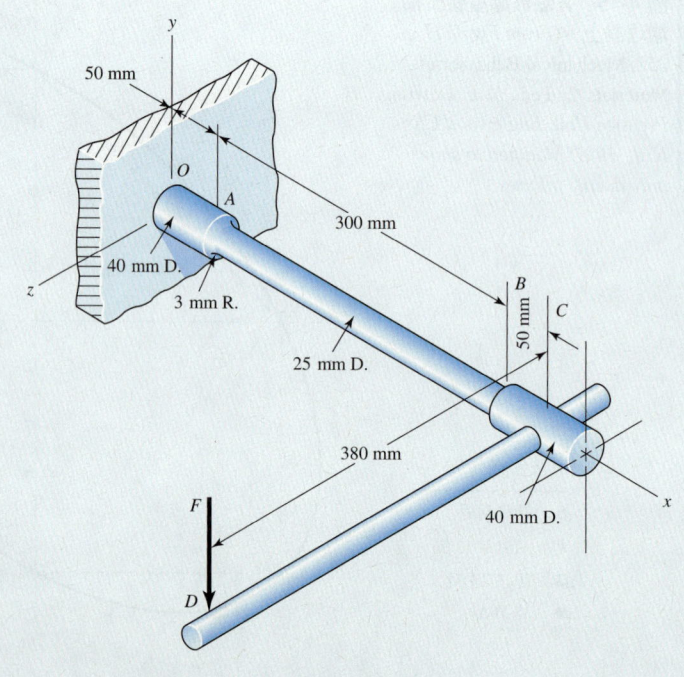

的拉應力及扭轉剪應力。這個點在 25 mm 直徑的剖面上，是個最脆弱的剖面，而支配了該組件的強度。此二應力分別為

$$\sigma_x = \frac{M}{I/c} = \frac{32M}{\pi d^3} = \frac{32(0.355F)}{\pi(0.025^3)} = 231\,424\,F$$

$$\tau_{zx} = \frac{Tr}{J} = \frac{16T}{\pi d^3} = \frac{16(0.38F)}{\pi(0.025^3)} = 123\,860\,F$$

使用畸變能理論，從 (4-15) 式可得

$$\sigma' = (\sigma_x^2 + 3\tau_{zx}^2)^{1/2} = [(231\,424F)^2 + 3(123\,860F)^2]^{1/2} = 315\,564\,F$$

令 von Mises 應力等於 S_y，求解 F 可得

答案
$$F = \frac{S_y}{315\,564} = \frac{560 \times 10^6}{315\,564} = 1.77\,\text{kN}$$

在本範例中在 A 點的材料強度為 $S_y = 560$ MPa。該組件或分件的強度為 $F = 1.8$ kN。

現在應用 MSS 理論以作為比較。一個僅有一非零法向應力及一剪應力之平面應力的點，經轉換將成為正負相反的兩個非零主應力，所以適合 MSS 理論的情況 2。從 (2-14) 式

$$\sigma_A - \sigma_B = 2\left[\left(\frac{\sigma_x}{2}\right)^2 + \tau_{zx}^2\right]^{1/2} = (\sigma_x^2 + 4\tau_{zx}^2)^{1/2}$$

就 MSS 理論的情況 2，應用 (4-3) 式，所以

$$\left(\sigma_x^2 + 4\tau_{zx}^2\right)^{1/2} = S_y$$
$$[(231\,424F)^2 + 4(123\,860F)^2]^{1/2} = 339\,002\,F = 560 \times 10^6$$
$$F = 1.65 \text{ kN}$$

這個少於 DE 理論所求得的值約 7%。就像先前所陳述的，MSS 理論較 DE 理論更為保守。

範例 4-4

圖 4-17 中的懸臂管將以經處理至具有指定之最小降伏強度 276 MPa 之鋁合金 2014 製作。希望使用設計因數 $n_d = 4$，從表 A-8 中選用庫存尺寸的圓管。彎曲負荷為 $F = 1.75$ kN，軸向拉力為 $P = 9.0$ kN，而扭矩為 $T = 72$ N·m。試求實際的安全因數值。

解答 臨界應力元素在與牆的接腳處頂面的 A 點，此處的彎矩最大，而且彎應力與扭轉剪應力都是最大值。臨界應力元素展示於圖 4-17b。因為軸向應力與彎應力都是循 x-軸的拉應力，它們相加成為法向應力，得

$$\sigma_x = \frac{P}{A} + \frac{Mc}{I} = \frac{9}{A} + \frac{120(1.75)(d_o/2)}{I} = \frac{9}{A} + \frac{105 d_o}{I} \quad (1)$$

式中如果面積性質以 mm 為單位，應力的單位為 GPa。
而同一點上的扭轉剪應力為

$$\tau_{zx} = \frac{Tr}{J} = \frac{72(d_o/2)}{J} = \frac{36 d_o}{J} \quad (2)$$

為了精準，選用畸變能理論作為設計的基準。從 (4-15) 式，von Mises 應力為

$$\sigma' = \left(\sigma_x^2 + 3\tau_{zx}^2\right)^{1/2} \quad (3)$$

在指定設計因數的基礎上，σ' 的目標為

$$\sigma' \le \frac{S_y}{n_d} = \frac{0.276}{4} = 0.0690 \text{ GPa} \quad (4)$$

此處使用 GPa 於關係式中，以與 (1) 式與 (2) 式一致。
使用試算表程式化 (1) 式到 (3) 式，並從表 A-8 輸入米制的尺寸，揭示尺寸

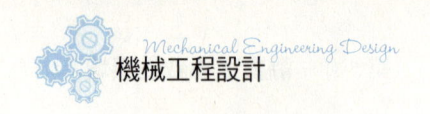

| 圖 4-17

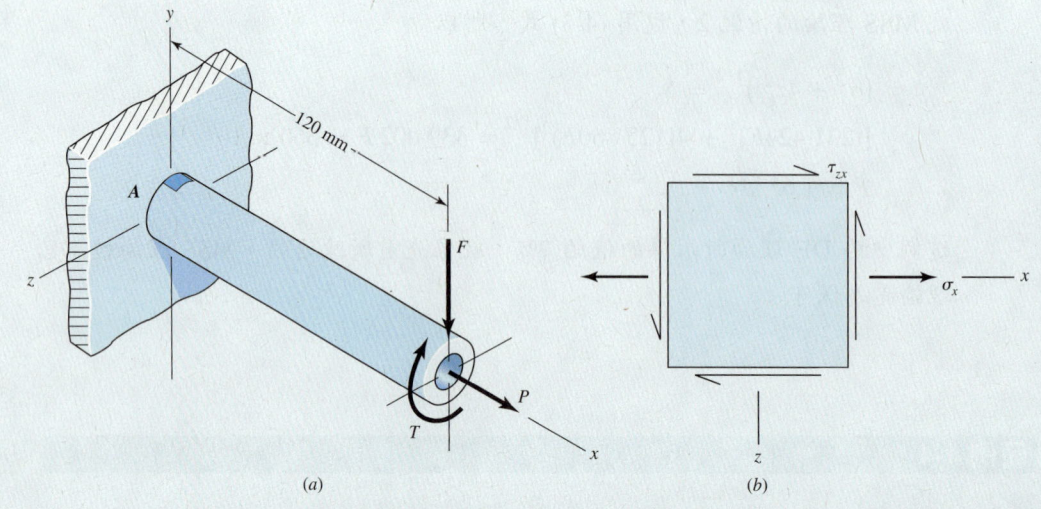

為 42×5 mm 者能夠滿足所求。就此尺寸求得 von Mises 應力為 $\sigma' = 0.06043$ GPa

答案
$$n = \frac{S_y}{\sigma'} = \frac{0.276}{0.06043} = 4.57$$

對尺寸次小的 42×4 mm 圓管，$\sigma' = 0.07105$ GPa 求得安全因數為

$$n = \frac{S_y}{\sigma'} = \frac{0.276}{0.07105} = 3.88$$

4-8　脆性材料的最大法向應力理論

最大法向應力 (maximum-normal stress, MNS) 理論陳述：無論何時，當三個主應力之一的值超過或等於強度時即發生損壞。再次安排一般應力狀態的主應力排序成 $\sigma_1 \geq \sigma_2 \geq \sigma_3$ 的型式。則此理論預言損壞將發生於

$$\sigma_1 \geq S_{ut} \quad 或 \quad \sigma_3 \leq -S_{uc} \tag{4-28}$$

時，其中 S_{ut} 與 S_{uc} 分別為極限承拉與極限承壓強度，都是正值量。

對於平面應力，由 (2-13) 式求得主應力，而且 $\sigma_A \geq \sigma_B$，則 (4-28) 式可寫成

$$\sigma_A \geq S_{ut} \quad 或 \quad \sigma_B \leq -S_{uc} \tag{4-29}$$

它於圖 4-18 中繪成線圖。

與先前一樣，損壞準則可轉成設計方程式。考慮兩組方程式為

$$\sigma_A = \frac{S_{ut}}{n} \quad 或 \quad \sigma_B = -\frac{S_{uc}}{n} \tag{4-30}$$

圖 4-18　平面應力狀態之最大法向應力 (MNS) 理論的包絡線圖。

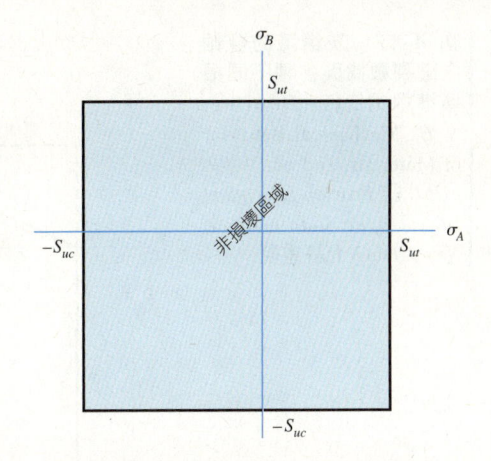

正如隨後將看到的，最大法向應力理論在 σ_A、σ_B 平面的第四象限並沒有很好的預言。因此，不推薦使用這個理論。它出現於此主要是歷史的緣由。

4-9　脆性材料的修訂的 Mohr 理論

對脆性材料將討論兩項修訂的理論：脆性- Coulomb-Mohr (BCM) 理論與修訂的 Mohr (MM) 理論。兩理論提供的方程式將僅限用於平面應力狀態，與計入安全因數的設計型式。

Coulomb-Mohr 理論稍早與 (4-23) 至 (4-25) 式在 4-6 節中討論過了。寫成脆性材料的設計方程式時，它們是：

脆性-Coulomb-Mohr

$$\sigma_A = \frac{S_{ut}}{n} \qquad \sigma_A \geq \sigma_B \geq 0 \tag{4-31a}$$

$$\frac{\sigma_A}{S_{ut}} - \frac{\sigma_B}{S_{uc}} = \frac{1}{n} \qquad \sigma_A \geq 0 \geq \sigma_B \tag{4-31b}$$

$$\sigma_B = -\frac{S_{uc}}{n} \qquad 0 \geq \sigma_A \geq \sigma_B \tag{4-31c}$$

基於對第四象限的觀察數據，修訂的 Mohr 理論以圖 4-19 中在第二與第四象限的實線擴展第四象限。

修訂的 Mohr

$$\sigma_A = \frac{S_{ut}}{n} \qquad \sigma_A \geq \sigma_B \geq 0$$

$$\sigma_A \geq 0 \geq \sigma_B \quad 與 \quad \left|\frac{\sigma_B}{\sigma_A}\right| \leq 1 \tag{4-32a}$$

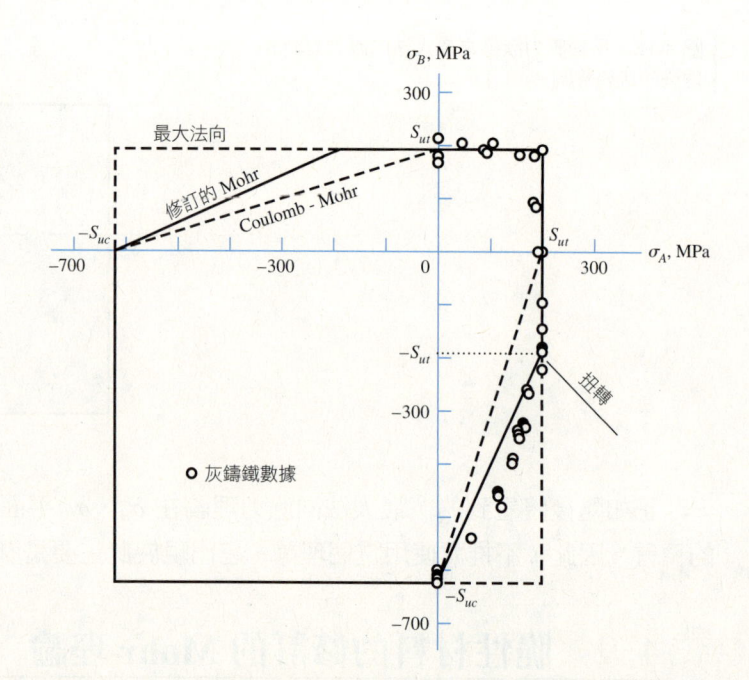

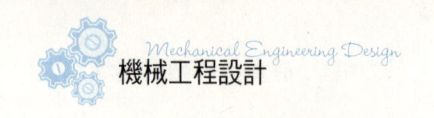

圖 4-19 灰鑄鐵的雙軸向破裂數據與各種不同損壞準則的比較 (*Dowling, N. E.*, Mechanical Behavior of Materials, 2nd ed., *1999, p.261.* 經 *Pearson Education, Inc., Upper Saddle River, New Jersey.*) 允許重製。

$$\frac{(S_{uc} - S_{ut})\sigma_A}{S_{uc}S_{ut}} - \frac{\sigma_B}{S_{uc}} = \frac{1}{n} \qquad \sigma_A \geq 0 \geq \sigma_B \quad 與 \quad \left|\frac{\sigma_B}{\sigma_A}\right| > 1 \tag{4-32b}$$

$$\sigma_B = -\frac{S_{uc}}{n} \qquad 0 \geq \sigma_A \geq \sigma_B \tag{4-32c}$$

數據仍落在延伸區的外頭。Mohr 理論引入的直線是針對 $\sigma_A \geq 0 \geq \sigma_B$ 與 $|\sigma_B/\sigma_A| > 1$，能以拋物線關係取代。它更接近地代表一些數據[8]。然而這將為了小小的修正引入非線性方程式，此處將不呈現。

範例 4-5

設想範例 4-3，圖 4-16 中的板手以灰鑄鐵製作並切削成圖中的尺寸。使該部件破裂的力 F 可視為該部件的強度。若材料為灰鑄鐵 ASTM grade 30，試以

(a) Coulomb-Mohr 損壞模型

(b) 修訂的 Mohr 損壞模型

求力 F 的值。

解答 假設長桿 DC 有足夠強度，所以不成為問題的一部分。因灰鑄鐵 grade 30 為脆性材料，而鑄鐵的應力集中因數 K_t 與 K_{ts} 為 1。從表 A-24，其極限承拉強

---

[8] 見 J. E. Shigley, C. R. Mischke, R. G. Budynas, *Mechanical Engineering Design*, 7th ed., McGraw-Hill, New York, 2004, p. 275.

度為 210 MPa，而極限承壓強度為 750 MPa。在頂面 A 點處的應力元素承受拉伸的彎應力與扭轉剪應力。這個位置在 1 in 直徑的內圓角上，試最脆弱的位置，它支配該組件的強度。在 A 處的法向應力 σ_x 與剪應力分別為

$$\sigma_x = K_t \frac{M}{I/c} = K_t \frac{32M}{\pi d^3} = (1)\frac{32(0.355)}{\pi(0.025)^3} = 231\,424F$$

$$\tau_{xy} = K_{ts}\frac{Tr}{J} = K_{ts}\frac{16T}{\pi d^3} = (1)\frac{16(0.38)}{\pi(0.025)^3} = 123\,860F$$

由 (2-13) 式，其非零主應力 σ_A 與 σ_B 為

$$\sigma_A, \sigma_B = \frac{231\,424F + 0}{2} \pm \sqrt{\left(\frac{231\,424F - 0}{2}\right)^2 + (123\,860F)^2} = 285\,213F, -53\,789F$$

這落在 σ_A、σ_B 平面的第四象限。

(a) 對於 BCM 而言，對損壞應用 (4-31b) 式，令 $n = 1$

$$\frac{\sigma_A}{S_{ut}} - \frac{\sigma_B}{S_{uc}} = \frac{285\,213F}{210 \times 10^6} - \frac{(-53\,789F)}{750 \times 10^6} = 1$$

求解 F 得

解答

$$F = 699\text{ N}$$

(b) 對於 MM 而言，負荷線的斜率為 $|\sigma_B/\sigma_A| = 53\,789/285\,213 = 0.189 < 1$，明顯地應用 (4-32a) 式。

$$\frac{\sigma_A}{S_{ut}} = \frac{285\,213F}{210 \times 10^6} = 1$$

解答

$$F = 736\text{ N}$$

正如檢視圖 4-19 時期望的，Coulomb-Mohr 比較保守。

4-10 脆性材料的損壞摘要

本節中確認了脆性材料的損壞或強度與通常"脆性"的意思一致，與那些破裂時真應變為 0.05 或更少的材料相關。也必須注意常態下為延性的材料為了某些理由，在低於變脆溫度下使用時，可能發展出脆性破裂或碎裂。圖 4-20 顯示標稱為 30 級的鑄鐵於雙軸向應力下的數據，一併疊上多種脆性損壞。要提醒下列各點：

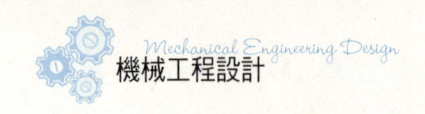

圖 4-20 得自灰鑄鐵測試的實驗數據點圖。也顯示了對脆性材料可能有用的三項損壞理論的圖形。請留意 A、B、C、D 點。為避免第一象限中太壅塞，繪製了 $\sigma_A > \sigma_B$ 與反向的數據點。(來源：*Charles F. Walton (ed.)*, *Iron Castings Handbook*, *Iron Founders' Society*, *1971, pp. 215, 216, Cleveland, Ohio.*)

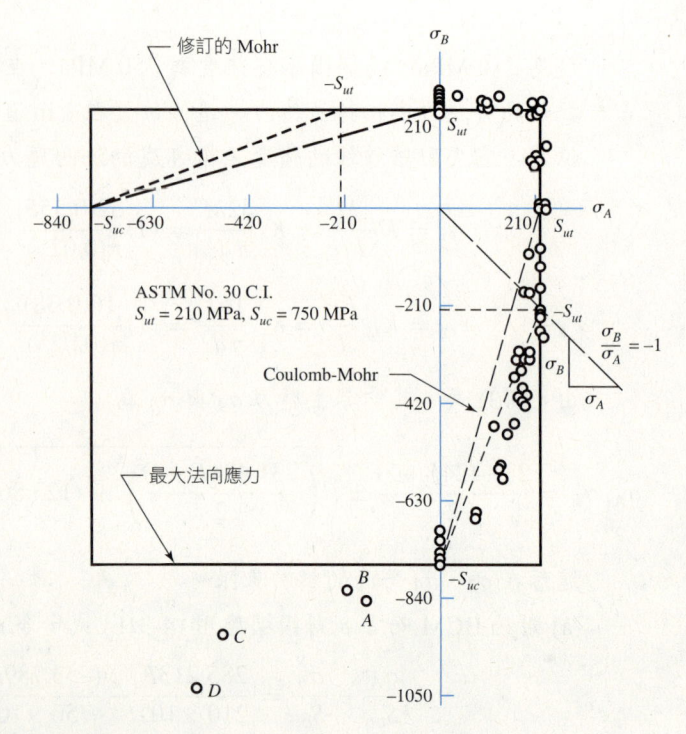

- 在第一象限中，數據點出現於兩邊上，而且循最大法向應力，Coulomb-Mohr，與修訂的 Mohr 的損壞軌跡，數據點的適配情形良好。
- 在第四象限中，只有修訂的 Mohr 適配數據最佳，然而最大法向應力則否。
- 在第三象限中的 A、B、C 與 D 點點數太少，難以做出有關破裂軌跡的提示。

4-11 選用損壞準則

對延性行為的材料畸變能理論是較佳的準則，雖然有些設計者因為最大剪應力準則單純，而且比較保守而應用它。當 $S_{yt} \neq S_{yc}$ 時的少數情況下，也使用延性 Coulomb-Mohr 法。

對脆性行為的材料，初始的 Mohr 假說憑藉承拉、承壓、與扭轉試驗建構，具有曲線的損壞軌跡是現有的最佳假說。然而，由於沒有計算機使用它有困難，導致工程師選擇修訂它，名之為 Coulomb Mohr 或修訂的 Mohr。圖 4-21 對從分析或預言靜負荷下脆性或延性材料的損壞，提供選用準則之有效程序的摘要流程圖。請注意，最大法向應力理論排除於圖 4-21 中，因為其它理論對實驗數據的適配更佳。

圖 4-21 損壞理論選擇流程圖。

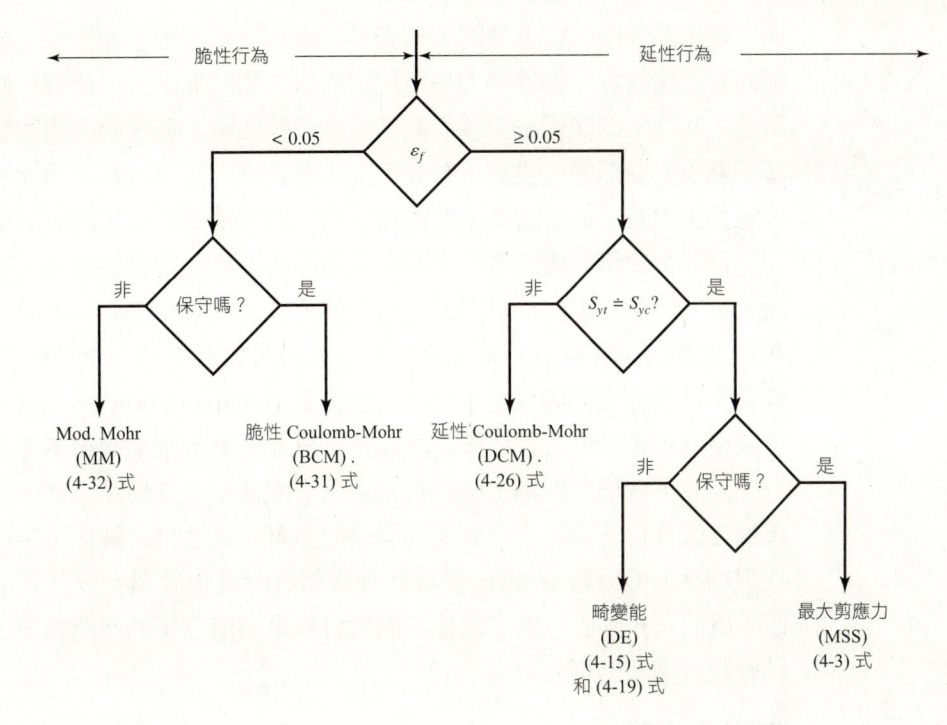

脆性行為 ← | → 延性行為

ε_f 判斷：< 0.05 (脆性) ； ≥ 0.05 (延性)

脆性分支：
- 保守嗎？
  - 非 → Mod. Mohr (MM) (4-32) 式
  - 是 → 脆性 Coulomb-Mohr (BCM) (4-31) 式

延性分支：
- $S_{yt} \doteq S_{yc}$？
  - 非 → 延性 Coulomb-Mohr (DCM) (4-26) 式
  - 是 → 保守嗎？
    - 非 → 畸變能 (DE) (4-15) 式 和 (4-19) 式
    - 是 → 最大剪應力 (MSS) (4-3) 式

4-12 破裂力學導論

裂隙甚至存在於開始使用之前，以及裂隙於使用中會增長的概念，已經導出"容許的損壞設計"(damage-tolerant design) 的描述詞。此一哲學的焦點在於裂隙將會成長直至其變成臨界狀態，而該零件將解除使用狀態。其分析的工具為**線性彈性破裂力學** (linear elastic fracture Mechanics, LEFM)。在裂隙達到造成災禍的大小之前，決定使該零件除役，檢視及維護是很重要的。關切人類安全的處所，對裂隙的週期性檢視，以法規與政府的法令委任。

現在將簡短地檢視一些基本概念與具有潛力之處理法所需要的詞彙。在此意圖使讀者留意所謂延性材料突然脆性破裂所伴隨的危險。這個論題太過廣泛，以致無法含括於此，鼓勵讀者對此複雜的主題進一步閱讀。[9]

彈性應力集中因數的使用，提供了使機件開始塑性變形，或降伏所需要之平均負荷的指標。這些因數對分析造成部件之疲勞破裂的負荷也有用。然而，應力集中因數僅限用於所有的尺寸，尤其是高應力集中區的曲率半徑都已經精確地知道的結

---

[9] 脆性破裂的參考文獻包含：
H. Tada, P. C. Paris, and G. R. Irwin, *The Stress Analysis of Cracks Handbook*, 3rd ed., ASME Press, New York, 2000.
D. Broek, *Elementary Engineering Fracture Mechanics*, 4th ed., Martinus Nijhoff, London, 1985.
D. Broek, *The Practical Use of Fracture Mechanics*, Kluwar Academic Pub., London, 1988.
David K. Felbeck and Anthony G. Atkins, *Strength and Fracture of Engineering Solids*, 2nd ed., Prentice-Hall, Englewood Cliffs, N.J., 1995.
Kåre Hellan, *Introduction to Fracture Mechanics*, McGraw-Hill, New York, 1984.

構。如果部件中存在著裂隙、瑕疵、外來物或直徑很小而未定的缺陷時,則當其根部的直徑趨於零,彈性應力集中因數的值將趨於無限大,使彈性應力集中因數毫無用途。此外,即使瑕疵尖端的曲率半徑已經知曉,局部的高應力將造成由彈性變形區所圍繞的局部塑性變形。對此情況,彈性應力集中因數不再能適用。因此,當在裂隙很尖銳時,從應力集中的觀點分析,將無法得到有用的設計準則。

藉一併分析結構或部件中某尖銳裂隙成長時的總彈性變形,與量測形成新破裂面所需的能量,即可能計算出將導致零件中之裂隙成長的平均應力(若沒有裂隙存在)。此類計算,僅在已經完成部件中裂隙的彈性分析,而且破裂的材料相當脆,破裂能量也經過仔細量測才可能。相當脆 (relatively brittle) 一詞,在試驗程序[10] 中有嚴格的定義,但其意義概略地說是:**破裂時整個破裂剖面不發生降伏**。

因此,玻璃、硬鋼、強鋁合金以及溫度低於延性變脆溫度的低碳鋼,都可以用這種方式分析。幸好,正如先前發現的事實,延性材料鈍化了尖銳的裂隙。因此,使平均應力的**級數** (order) 與降伏強度相等時發生破裂。設計者可以從此項條件著眼。處於"相當脆"與"延性"間的材料是目前分析的熱門對象,但是這些材料的精確設計準則仍不可得。

準靜態破裂

不論是鑄鐵試片在拉力試驗中的斷裂,或黑板用粉筆的扭轉破裂,許多人有觀察脆性破裂的經驗。它發生得如此迅速,令人覺得有如瞬間發生,也就是剖面單純地分離。很少人曾經在初春無人鄰近的結凍池塘上溜冰,聽到破裂的雜音,並停下來觀察。這種雜音乃源自破裂。而此種破裂則慢到足以使我們觀察到它的進行。此一現象不是瞬間的,因為有時為了傳播,得從應力場供給破裂的能量至裂隙。對瞭解這種現象的細節,量化這些事件是很重要的。從大處來看,靜態破裂可能是穩定的,而且不會傳播。某些負荷水準能使裂隙不穩定,使得裂隙傳播而破裂。

破裂力學最先由 Griffith 於 1921 年,使用由 Inglis 於 1913 年發展含橢圓形瑕疵的薄板計算應力場奠基。對圖 4-22 中施予單軸向應力 σ 之無限大薄板,其最小應力發生於 $(\pm a, 0)$,而且其值為

$$(\sigma_y)_{\max} = \left(1 + 2\frac{a}{b}\right)\sigma \tag{4-33}$$

請注意,當 $a = b$、橢圓變成圓形,而 (4-33) 式得到應力集中因數 3,這與熟知的無限大薄板含圓孔 (見表 A-15-1) 的結果一致。對小裂隙,$b/a \to 0$,(4-33) 式預言 $(\sigma_y)_{\max} \to \infty$。然而就微觀而言,無限尖銳的裂隙是虛擬的假設,在物理上不可能存在,而且當發生塑性變形時在裂隙尖端的應力將有定值。

Griffith 證實當外施負荷的能量釋放率大於裂隙的能量釋放率,裂隙即開始成

---

[10] BS 5447:1977 and ASTM E399-78.

圖 4-22

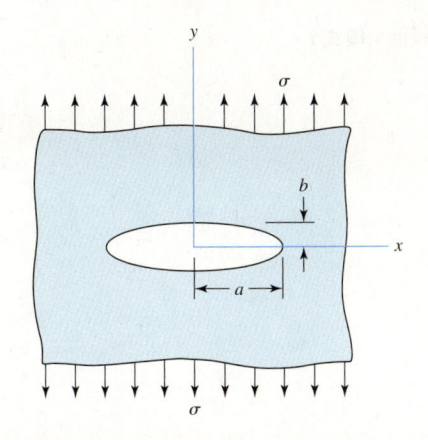

長。裂隙可能穩定成長，也可能不穩定成長。不穩定裂隙成長發生於裂隙能量釋放的變化率相對於裂隙長等於或大於能量之裂隙成長率的改變率。Griffith 的實驗工作限制於脆性材料，即玻璃，它非常漂亮地確認他的表面能量假說。然而，對於延性材料，發現在裂隙尖端執行塑性變形的能量較表面能量重要得多。

破裂模式與應力強度因數

如圖 4-23 中所示，有三種不同的裂隙傳播模式。拉應力場引發模式 I，**拉開破裂傳播** (opening crack propagation) 模式。此一模式實務上最常見，如圖 4-23a 所示。模式 II 為**滑開模式** (sliding mode)，導因於同平面剪應力，可在圖 4-23b 中看到。模式 III 為**撕開模式** (tearing mode)，它起因於平面外剪力。如圖 4-23c 所示。也會發生這些模式的複合模式。因為模式 I 最常見也最重要，本節隨後的部分，將僅考慮此一模式。

考慮圖 4-24 中之無限平板含長 $2a$ 裂隙的模式 I。藉複數應力函數已經證實在鄰近裂隙尖端之 $dx\,dy$ 應力元素上的應力場為

$$\sigma_x = \sigma\sqrt{\frac{a}{2r}}\cos\frac{\theta}{2}\left(1 - \sin\frac{\theta}{2}\sin\frac{3\theta}{2}\right) \qquad (4\text{-}34a)$$

$$\sigma_y = \sigma\sqrt{\frac{a}{2r}}\cos\frac{\theta}{2}\left(1 + \sin\frac{\theta}{2}\sin\frac{3\theta}{2}\right) \qquad (4\text{-}34b)$$

圖 4-23 破裂傳播模式。

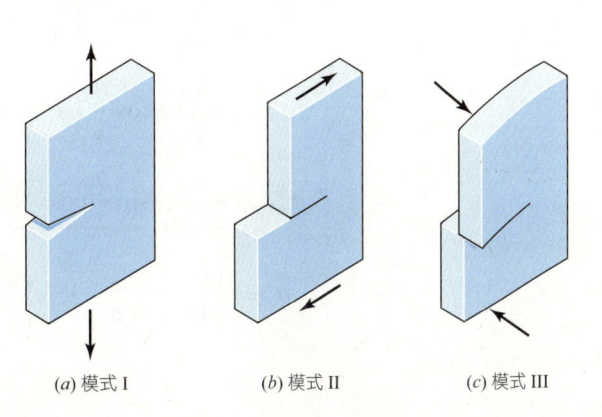

(a) 模式 I   (b) 模式 II   (c) 模式 III

圖 4-24 破裂模型：模式 I。

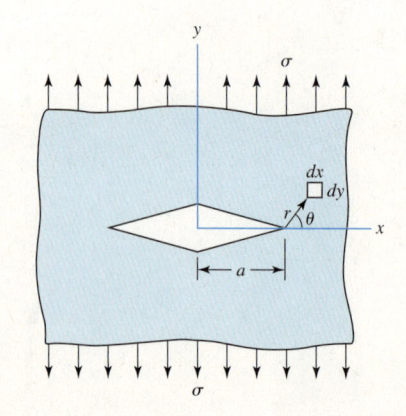

$$\tau_{xy} = \sigma\sqrt{\frac{a}{2r}} \sin\frac{\theta}{2}\cos\frac{\theta}{2}\cos\frac{3\theta}{2} \tag{4-34c}$$

$$\sigma_z = \begin{cases} 0 & \text{(平面應力時)} \\ \nu(\sigma_x + \sigma_y) & \text{(平面應變時)} \end{cases} \tag{4-34d}$$

鄰近尖端的應力 σ_y，於 $\theta = 0$，時為

$$\sigma_y|_{\theta=0} = \sigma\sqrt{\frac{a}{2r}} \tag{a}$$

當裂隙為橢圓形時，可看出當 $r \to 0$，$\sigma_y|\theta = 0 \to \infty$，再次得到不適宜的裂隙尖端應力集中為無限大的觀念。然而，當 $r \to 0$ 時，$\sigma_y|_{\theta=0}\sqrt{2r} = \sigma\sqrt{a}$ 為一定值。一般實務上定義一個因數 K 稱為應力強度因數

$$K = \sigma\sqrt{\pi a} \tag{b}$$

其單位為 MPa$\sqrt{\text{m}}$ 或 kpsi$\sqrt{\text{in}}$。因為將處理模式 I，(b) 式將寫成

$$K_I = \sigma\sqrt{\pi a} \tag{4-35}$$

應力強度因數不會與定義於 2-13 節的靜態應力集中因數 K_t 與 K_{ts} 混淆。

因此 (4-34) 式中之各式可改寫成

$$\sigma_x = \frac{K_I}{\sqrt{2\pi r}}\cos\frac{\theta}{2}\left(1 - \sin\frac{\theta}{2}\sin\frac{3\theta}{2}\right) \tag{4-36a}$$

$$\sigma_y = \frac{K_I}{\sqrt{2\pi r}}\cos\frac{\theta}{2}\left(1 + \sin\frac{\theta}{2}\sin\frac{3\theta}{2}\right) \tag{4-36b}$$

$$\tau_{xy} = \frac{K_I}{\sqrt{2\pi r}}\sin\frac{\theta}{2}\cos\frac{\theta}{2}\cos\frac{3\theta}{2} \tag{4-36c}$$

$$\sigma_z = \begin{cases} 0 & \text{(平面應力時)} \\ \nu(\sigma_x + \sigma_y) & \text{(平面應變時)} \end{cases} \tag{4-36d}$$

應力強度因數為幾何、裂隙尺寸與形狀，以及負荷型態的函數。對不同的負荷與幾何構型，(4-35) 式可以寫成

$$K_I = \beta\sigma\sqrt{\pi a} \qquad (4\text{-}37)$$

式中的 β 為**應力強度修飾因數** (stress intensity modification factor)。對基本構型，從文獻中可以找到 β 的數值表[11]。圖 4-25 到 4-30 呈現模式 I 裂隙傳播的幾種 β 的範例。

破裂韌度

當模式 I 的應力強度因數值達到臨界值 K_{Ic} 時，裂隙開始傳播。**臨界應力強度因數** (critical stress intensity factor) K_{Ic} 為材料性質、與材料、裂隙模式、材料製程、

圖 **4-25** 承受縱向拉力的薄板存在偏心的裂隙，實曲線適用於裂隙的 A 端，點曲線則適用於裂隙的 B 端。

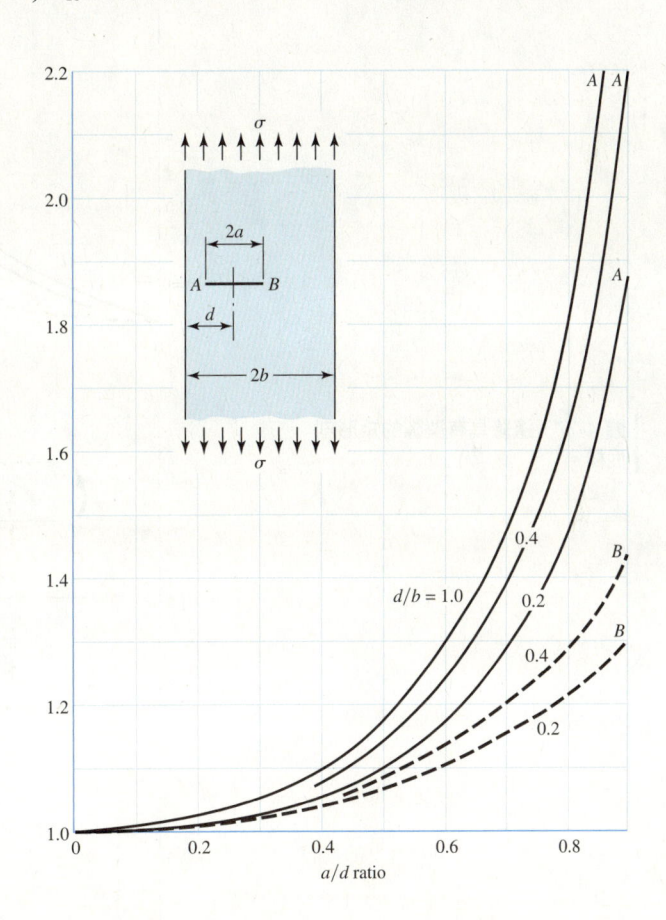

---

[11] 參考文獻為：

H. Tada, P. C. Paris, and G. R. Irwin, *The Stress Analysis of Cracks Handbook*, 3rd ed., ASME Press, New York, 2000.

G. C. Sib, *Handbook of Stress Intensity Factors for Researchers and Engineers*, Institute of Fracture and Solid Mechanics, Lehigh University, Bethlehem, Pa., 1973.

Y. Murakami, ed., *Stress Intensity Factors Handbook*, Pergamon Press, Oxford, U.K., 1987.

W. D. Pilkey, *Formulas for Stress, Strain, and Structural Matrices*, 2nd ed. John Wiley & Sons, New York, 2005.

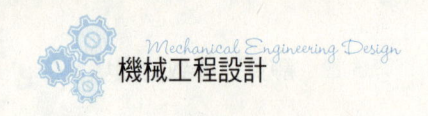

圖 4-26 承受縱向拉力的薄板在邊緣存在裂隙，實曲線對彎曲不加拘束，點曲線則是對彎曲施予拘束所得的結果。

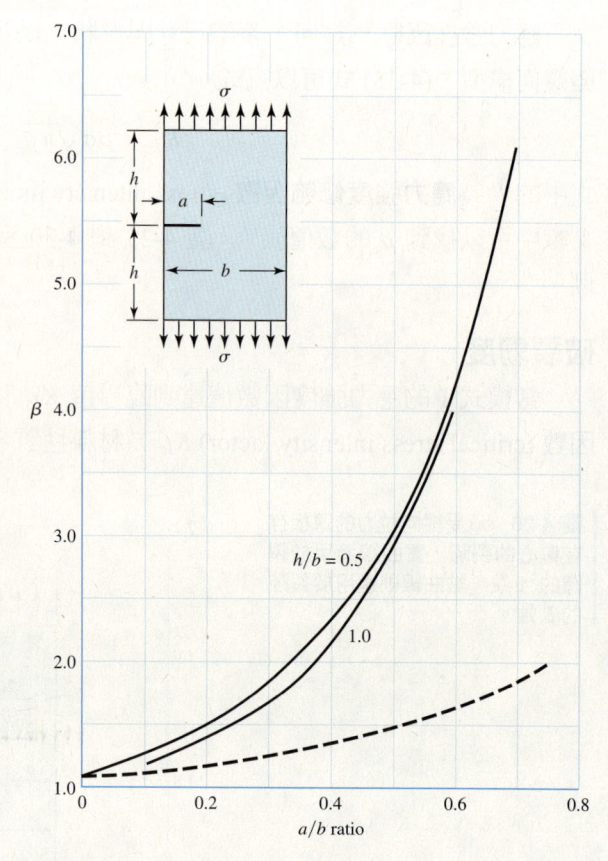

圖 4-27 邊緣具有裂隙的矩形剖面樑。

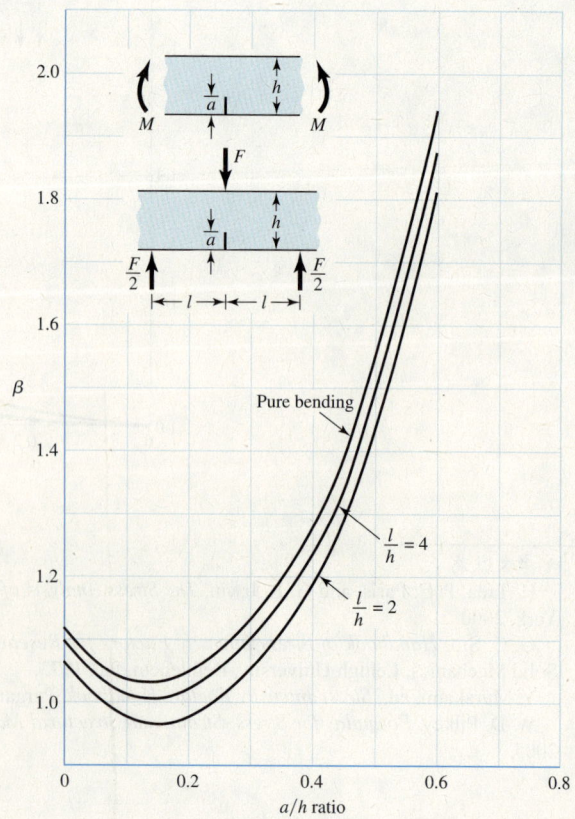

圖 4-28 承受拉力的薄板，其中的圓孔含兩裂隙。

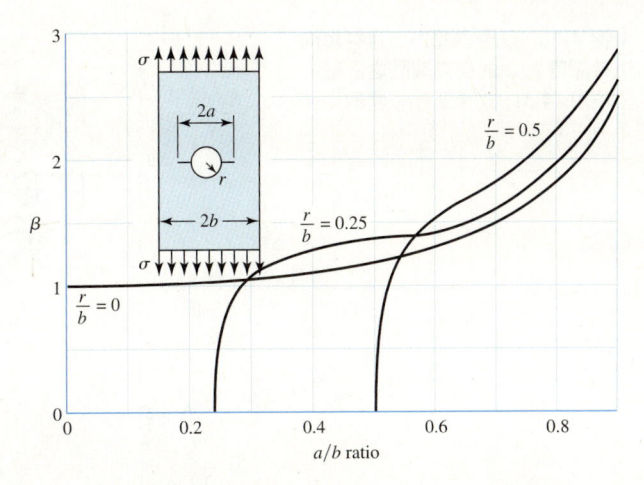

圖 4-29 承受軸向拉力，而且全圓周具有深度為 a 的徑向裂隙之圓筒。

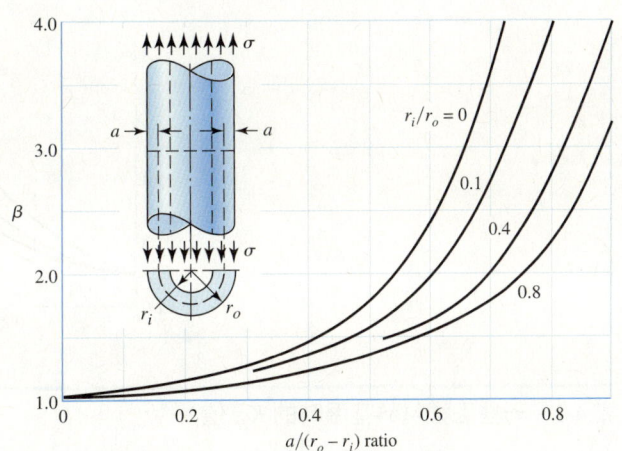

溫度、負荷率及裂隙位置之應力狀態（就像平面應力對平面應變）有關。臨界應力強度因數 K_{Ic} 也稱為材料的**破裂韌度** (fracture toughness)。平面應變的破裂韌度通常小於平面應力的破裂韌度。基於此一理由，K_{Ic} 典型地定義為模式 I，平面應變破裂韌度。工程金屬材料的破裂韌度 K_{Ic} 落在 $20 \leq K_{Ic} \leq 200$ MPa·$\sqrt{\text{m}}$ 範圍內；工程聚合物與陶瓷材料則在 $1 \leq K_{Ic} \leq 5$ MPa·$\sqrt{\text{m}}$。對 4340 鋼，由於熱處理其降伏強度的範圍從 800 至 1600 MPa，K_{Ic} 從 190 降低至 40 MPa·$\sqrt{\text{m}}$。

表 4-1 提供一些材料在近似典型室溫時的 K_{Ic} 值。正如先前的提示，破裂韌度值視許多因數而定，而該表只是傳達一些典型的 K_{Ic} 值。對於實際的應用，建議指定的材料應使用標準試驗程序 [見美國測試與材料學會 (ASTM) 的標準 E399，American Society for Testing and Materials (ASTM) standard E399] 驗證。

設計者最先面對的問題之一是判定脆性破裂的條件是否存在。低溫作業，也就是在室溫以下作業，是脆性破裂可能成為損壞模式的關鍵指標之一。仍然未見各種材料之變脆溫度表的公開資料，可能是因為即使是單一材料，其值的變化仍然很大之故。因此許多情況下，實驗式中的測試也只能提供脆性破裂可能性的線索。破裂

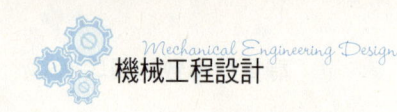

圖 4-30 承受內壓力，且在縱向有深度為 a 的徑向裂隙之圓筒。使用 (4-51) 式求 $r = r_0$ 處的切線力。

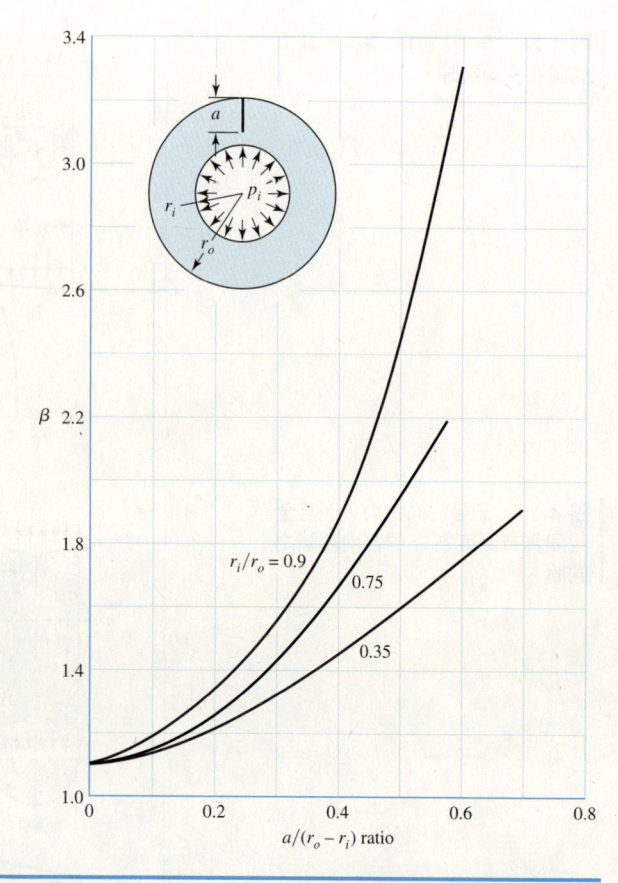

表 4-1　一些工程材料室溫時的 K_{Ic} 值

材料	K_{Ic}, MPa$\sqrt{m}$	S_y, MPa
鋁		
2024	26	455
7075	24	495
7178	33	490
鈦		
Ti-6AL-4V	115	910
Ti-6AL-4V	55	1035
鋼		
4340	99	860
4340	60	1515
52100	14	2070

可能性的另一項關鍵指標是降伏強度對抗拉強度的比值。較高的 S_y/S_u 值，表示在塑性區域中吸收能量的能力較差，所以有可能發生脆性破裂。

強度對應力的比值 K_{Ic}/K_I 可以當做安全因數，如

$$n = \frac{K_{Ic}}{K_I} \tag{4-38}$$

範例 4-6

某平板 100 mm 寬、200 mm 長、12 mm 厚，在長度方向承受拉力。該板含一個如圖 4-26 的裂隙，其長度為 15.65 mm，其材質為鋼，具有 $K_{Ic} = 490$ MPa·$\sqrt{m}$，及強度 $S_y = 1.1$ GPa。試求在 (a) 降伏前；(b) 有無法控制的裂隙成長之可能的負荷。

解答 (a) 忽略應力集中因數

答案
$$F = S_y A = 1.1(10^9)0.1(0.012) = 1320 \text{ kN}$$

(b) 由圖 4-26：$h/b = 1$，$a/b = 15.65/100 = 0.1565$，$\beta = 1.3$

(4-37) 式

$$490 = 1.3 \frac{F}{100(12)} \sqrt{\pi(15.65)}$$

答案
$$F = 64.5 \text{ kN}$$

範例 4-7

某薄板寬 1.4 m、長 2.8 m，必須沿著 2.8 m 的方向支撐 4.0 MN 的拉力，檢查程序將僅能偵察出大於 2.7 mm 穿透厚度的邊緣裂隙。考慮應用表 4-1 中的兩種 Ti-6AL-4V 合金，由於安全因數為 1.3，而且重量最輕的要求很重要。請問應使用哪一種合金？

解答 (a) 首先估算抵抗降伏所需的厚度。由於 $\sigma = P/wt$，可得 $t = P/w\sigma$。較弱的合金可從表 4-1 得 $S_y = 910$ MPa，因此

$$\sigma_{\text{all}} = \frac{S_y}{n} = \frac{910}{1.3} = 700 \text{ MPa}$$

可知

$$t = \frac{P}{w\sigma_{\text{all}}} = \frac{4.0(10)^3}{1.4(700)} = 4.08 \text{ mm 或更厚。}$$

較強的鈦合金，由表 4-1 可得

$$\sigma_{\text{all}} = \frac{1035}{1.3} = 796 \text{ MPa}$$

所以厚度為

答案
$$t = \frac{P}{w\sigma_{\text{all}}} = \frac{4.0(10)^3}{1.4(796)} = 3.59 \text{ mm 或更厚}$$

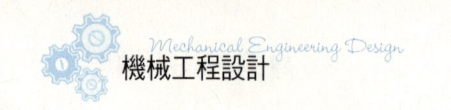

(b) 接著求防範裂隙成長所需的厚度，由圖 4-26，因

$$\frac{h}{b} = \frac{2.8/2}{1.4} = 1 \qquad \frac{a}{b} = \frac{2.7}{1.4(10^3)} = 0.001\,93$$

對應於這些比值，可由圖 4-26 查得 $\beta \doteq 1.1$，而 $K_I = 1.1\sigma\sqrt{\pi a}$。

$$n = \frac{K_{Ic}}{K_I} = \frac{115\sqrt{10^3}}{1.1\sigma\sqrt{\pi a}} \qquad \sigma = \frac{K_{Ic}}{1.1n\sqrt{\pi a}}$$

由表 4-1，可得知兩合金較弱者之 $K_{IC} = 115$ MPa $\sqrt{\text{m}}$。令 $n = 1$ 求 σ 可得破裂應力為

$$\sigma = \frac{115}{1.1\sqrt{\pi(2.7 \times 10^{-3})}} = 1135 \text{ MPa}$$

這個值大於降伏強度 910 MPa，所以降伏強度作為幾何形狀決策之基準。對於較強的合金 $S_y = 1035$ MPa，令 $n = 1$ 時其破裂應力為

$$\sigma = \frac{K_{Ic}}{nK_I} = \frac{55}{1(1.1)\sqrt{\pi(2.7 \times 10^{-3})}} = 542.9 \text{ MPa}$$

這個值較 1035 MPa 的降伏強度小，其厚度為

$$t = \frac{P}{w\sigma_{\text{all}}} = \frac{4.0(10^3)}{1.4(542.9/1.3)} = 6.84 \text{ mm 或更厚}$$

此例顯示，當使用較強的合金時，破裂韌度 K_{Ic} 限制了幾何性質，所以需要 6.84 mm 或更厚。當使用較弱的合金時，降伏強度限制了幾何性質，得到的厚度僅為 4.08 mm，因此，選用較弱的合金得到較薄，且較輕的選擇，因為損壞的模式不相同。

4-13　隨機分析

隨機分析是機械系統與分件能滿足地執行其預期功能而不損壞的機率。直到此刻，本章中討論的靜應力、強度、設計因數間都限制於決定論的關係。然而，應力與強度具統計的天性，而且與應力分量的可靠度非常緊密地聯繫在一起。考慮圖 4-31a 中所示應力與強度，σ 與 $\mathbf{S}$，的機率密度函數。應力與強度的平均值分別為 μ_σ 與 μ_S。在此"平均"安全因數為

$$\bar{n} = \frac{\mu_S}{\mu_\sigma} \tag{a}$$

應力 σ 與強度 S 的**安全性邊際 (margin of safety)** 定義

圖 4-31 密度函數線圖，顯示 S 與 σ 的干涉如何用於獲得應力邊際 m。
(a) 應力與強度分佈
(b) 干涉的分佈
可靠度 R 為密度函數之 m 大於零的區域，干涉區是面積 $(1-R)$

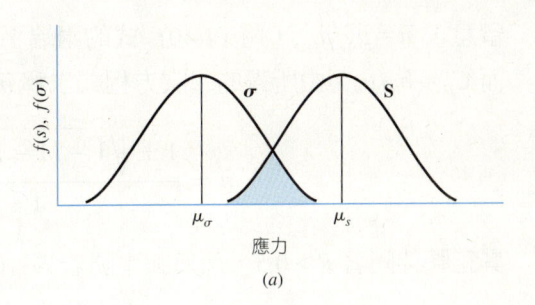

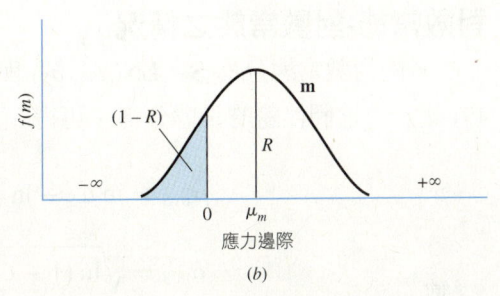

$$m = S - \sigma \tag{b}$$

"平均"部分具有的邊際安全性將為 $\overline{m} = \mu_S - \mu_\sigma$。然而，在圖 4-31a 中以陰影表示的分佈重疊區，應力超過強度，邊際安全性為負值。這些部件預期會損壞。此陰影區稱為 σ 與 S 的**干涉** (interference)。

圖 4-31b 顯示 m 的分佈，很明顯地，它依憑於應力與強度的分佈。部件能運作而不損壞的可靠度，R，為邊際安全性分佈 $m > 0$ 的區域。干涉區 $1-R$ 的部件預期將會損壞。接下來將考慮涉及應力-強度干涉的一些典型狀況。

常態-常態情況

考慮常態分佈，$\mathbf{S} = \mathbf{N}(\mu_S, \hat{\sigma}_S)$ 與 $\boldsymbol{\sigma} = \mathbf{N}(\mu_\sigma, \hat{\sigma}_\sigma)$。應力邊際為 $\mathbf{m} = \mathbf{S} - \boldsymbol{\sigma}$，因常態分佈的加或減仍是常態分佈。於是 $\mathbf{m} = \mathbf{N}(\mu_m, \hat{\sigma}_m)$。可靠度為 $m > 0$ 的機率 p。亦即

$$R = p(S > \sigma) = p(S - \sigma > 0) = p(m > 0) \tag{4-39}$$

為尋找 $m > 0$ 的機會，構成 **m** 的 z 變數，並以 $m = 0$ 代入 [見 (20-16) 式]。請注意，$\mu_m = \mu_S - \mu_\sigma$ 而 $\hat{\sigma}_m = (\hat{\sigma}_S^2 + \hat{\sigma}_\sigma^2)^{1/2}$，寫成

$$z = \frac{m - \mu_m}{\hat{\sigma}_m} = \frac{0 - \mu_m}{\hat{\sigma}_m} = -\frac{\mu_m}{\hat{\sigma}_m} = -\frac{\mu_S - \mu_\sigma}{\left(\hat{\sigma}_S^2 + \hat{\sigma}_\sigma^2\right)^{1/2}} \tag{4-40}$$

(4-40) 式稱為**常態耦合方程式** (normal coupling equation)。伴隨可靠度的 z 可自

$$R = \int_x^\infty \frac{1}{\sqrt{2\pi}} \exp\left(-\frac{u^2}{2}\right) du = 1 - F = 1 - \Phi(z) \tag{4-41}$$

求得。從表 A-10 中的部分，當 $z > 0$ 時可查得 R，當 $z \leq 0$ 時，查得 $(1 - R = F)$。請

留意，$\bar{n} = \mu_S/\mu_\sigma$，將 (4-40) 式的兩端平方，並引入 C_S 與 C_σ，其中 $C_S = \hat{\sigma}_S/\mu_S$，而 $C_\sigma = \hat{\sigma}_\sigma/\mu_\sigma$。由所得的二次方程式求解 $\bar{n}$，可得

$$\bar{n} = \frac{1 \pm \sqrt{1 - (1 - z^2 C_S^2)(1 - z^2 C_\sigma^2)}}{1 - z^2 C_S^2} \tag{4-42}$$

其正號伴隨著 $R > 0.5$，而負號半隨著 $R < 0.5$。

對數常態-對數常態之情況

考慮對數常態分佈 $\mathbf{S} = \mathbf{LN}(\mu_S, \hat{\sigma}_S)$ 與 $\sigma = \mathbf{LN}(\mu_\sigma, \hat{\sigma}_\sigma)$。如果使用 (20-18) 與 (20-19) 式介入它們伴隨的常態分佈。可得

$$\mu_{\ln S} = \ln \mu_S - \ln \sqrt{1 + C_S^2}$$
$$\hat{\sigma}_{\ln S} = \sqrt{\ln(1 + C_S^2)} \quad \text{(強度)}$$

及

$$\mu_{\ln \sigma} = \ln \mu_\sigma - \ln \sqrt{1 + C_\sigma^2}$$
$$\hat{\sigma}_{\ln \sigma} = \sqrt{\ln(1 + C_\sigma^2)} \quad \text{(強力)}$$

使用 (4-40) 式介入常態分佈得

$$z = -\frac{\mu_{\ln S} - \mu_{\ln \sigma}}{(\hat{\sigma}_{\ln S}^2 + \hat{\sigma}_{\ln \sigma}^2)^{1/2}} = -\frac{\ln\left(\dfrac{\mu_S}{\mu_\sigma}\sqrt{\dfrac{1 + C_\sigma^2}{1 + C_S^2}}\right)}{\sqrt{\ln[(1 + C_S^2)(1 + C_\sigma^2)]}} \tag{4-43}$$

可靠度 R 以 (4-41) 式表示。設計因數 $\mathbf{n}$ 是個隨機變數，它是 $\mathbf{S}/\sigma$ 的商。對數常態的商仍然是對數分佈，所以，進行對數常態的變數 z，在此提示

$$\mu_n = \frac{\mu_S}{\mu_\sigma} \qquad C_n = \sqrt{\frac{C_S^2 + C_\sigma^2}{1 + C_\sigma^2}} \qquad \hat{\sigma}_n = C_n \mu_n$$

從 (20-18) 式與 (20-19) 式，對 $\mathbf{n} = \mathbf{LN}(\mu_n, \hat{\sigma}_n)$ 的相伴常態的平均值與標準差為

$$\mu_y = \ln \mu_n - \ln \sqrt{1 + C_n^2} \qquad \hat{\sigma}_y = \sqrt{\ln(1 + C_n^2)}$$

相伴常態 y 分佈的 z 變數為

$$z = \frac{y - \mu_y}{\hat{\sigma}_y}$$

當應力大於強度，將發生損壞，即當 $\bar{n} < 1$，或當 $y < 0$ 時

$$z = \frac{0-\mu_y}{\hat{\sigma}_y} = -\frac{\mu_y}{\sigma_y} = -\frac{\ln\mu_n - \ln\sqrt{1+C_n^2}}{\sqrt{\ln(1+C_n^2)}} \doteq -\frac{\ln\left(\mu_n/\sqrt{1+C_n^2}\right)}{\sqrt{\ln(1+C_n^2)}} \quad (4\text{-}44)$$

解 μ_n 得

$$\mu_n = \bar{n} = \exp\left[-z\sqrt{\ln(1+C_n^2)} + \ln\sqrt{1+C_n^2}\right] \doteq \exp\left[C_n\left(-z + \frac{C_n}{2}\right)\right] \quad (4\text{-}45)$$

基於幾個理由，(4-42) 式與 (4-45) 式很值得注意：

- 它們使設計因數 $\bar{n}$ 與可靠度目標 (透過 z) 與強度和應力的變量係數產生關聯。
- 它們不是應力與強度平均值的函數。
- 它們在涉及方法的決策決定前，推估達成可靠度目標必須的設計因數。C_S 與特定材料稍有關聯。C_σ 具有負荷的變量係數 (COV)，而且通常為已知。

範例 4-8

某 1018 冷拉鋼質的圓桿具有 0.2% 的降伏強度 $S_y = \mathbf{N}(540, 40)$ Mpa 而且將用來承受靜軸向負荷 $\mathbf{P} = \mathbf{N}(220, 18)$ kN。試求對應於防範降伏 ($z = -3.09$)，可靠度為 0.999 的設計因數 $\bar{n}$ 之值。試求該桿的對應直徑。

解答 $C_S = 40/540 = 0.0741$，而

$$\sigma = \frac{\mathbf{P}}{A} = \frac{4\mathbf{P}}{\pi d^2}$$

因為直徑之 COV 的值階小於負荷或強度的 COV，直徑以決定論的方式處理：

$$C_\sigma = C_P = \frac{18}{220} = 0.082$$

從 (4-42) 式，

$$\bar{n} = \frac{1 + \sqrt{1 - [1-(-3.09)^2(0.0741^2)][1-(-3.09)^2(0.082^2)]}}{1-(-3.09)^2(0.0741^2)} = 1.41$$

直徑以決定論的方式求得為：

答案 $$d = \sqrt{\frac{4\bar{P}}{(\pi\bar{S}_y)\bar{n}}} = \sqrt{\frac{4(220\,000)}{\pi(540\times10^6)/1.41}} = 0.027 \text{ m}$$

核驗 $S_y = \mathbf{N}(540, 40)$ MPa，$\mathbf{P} = \mathbf{N}(220, 18)$ kN，而 $d = 0.027$ m。則

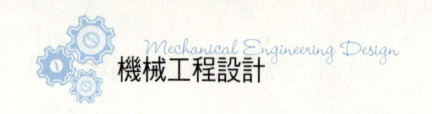

$$A = \frac{\pi d^2}{4} = \frac{\pi(0.027^2)}{4} = 572.6 \times 10^{-6} \text{ m}^2$$

$$\bar{\sigma} = \frac{\bar{P}}{A} = \frac{(220\,000)}{572 \times 10^{-6}} = 384.6 \text{ MPa}$$

$$C_P = C_\sigma = \frac{18}{220} = 0.082$$

$$\hat{\sigma}_\sigma = C_\sigma \bar{\sigma} = 0.082(384.6) = 31.5 \text{ MPa}$$

$$\hat{\sigma}_S = 40 \text{ MPa}$$

從 (4-40) 式

$$z = -\frac{540 - 384.6}{(40^2 + 31.5^2)^{1/2}} = -3.09$$

從附錄表 A-10，$R = \Phi(-3.09) = 0.999$。

範例 4-9

試將應力與強度以對數常態分佈重解範例 4-8。

解答 $C_S = 40/540 = 0.0741$，而 $C_\sigma = C_P = 18/220 = 0.082$。則

$$\boldsymbol{\sigma} = \frac{\mathbf{P}}{A} = \frac{4\mathbf{P}}{\pi d^2}$$

$$C_n = \sqrt{\frac{C_S^2 + C_\sigma^2}{1 + C_\sigma^2}} = \sqrt{\frac{0.0741^2 + 0.082^2}{1 + 0.082^2}} = 0.111$$

從表 A-10，$z = -3.09$。由 (4-45) 式，

$$\bar{n} = \exp\left[-(-3.09)\sqrt{\ln(1 + 0.111^2)} + \ln\sqrt{1 + 0.111^2}\right] = 1.416$$

$$d = \sqrt{\frac{4\bar{P}}{\pi \bar{S}_y/\bar{n}}} = \sqrt{\frac{4(220\,000)}{\pi(540 \times 10^6)/1.416}} = 0.0271 \text{ m}$$

核驗 $\mathbf{S}_y = \mathbf{LN}(540, 40)$，$\mathbf{P} = \mathbf{LN}(220, 18)$ MPa。則

$$A = \frac{\pi d^2}{4} = \frac{\pi(0.0271^2)}{4} = 576.8 \times 10^{-6} \text{ m}^2$$

$$\bar{\sigma} = \frac{\bar{P}}{A} = \frac{220\,000}{576.8 \times 10^{-6}} = 381.4 \text{ MPa}$$

$$C_\sigma = C_P = \frac{18}{220} = 0.082$$

$$\hat{\sigma}_\sigma = C_\sigma \mu_\sigma = 0.082(381.4) = 31.3 \text{ MPa}$$

從 (4-43) 式,

$$z = -\frac{\ln\left(\frac{540}{381.4}\sqrt{\frac{1+0.082^2}{1+0.0741^2}}\right)}{\sqrt{\ln[(1+0.0741^2)(1+0.082^2)]}} = -3.1566$$

從附錄的表 A-10 可得 $R = 0.9998$。

干涉

在先前的段落中,當兩分佈都屬常態,或當兩分佈都屬對數常態分佈時,使用了干涉理論以推估可靠度。然而,有時候顯示強度呈現 Weibull 分佈,而應力呈現對數常態分佈。事實上,應力非常可能是對數常態分佈,因為變量常態分佈相乘的結果近似對數常態分佈。這些情況意指必須預期涉及混合分佈的干涉問題,因而需要一套通用的方法以處理此種問題。

除了強度與應力,對涉及兩種分佈的問題使用干涉理論十分可能。職是之故,將使用下標 1 以標示強度分佈,並以下標 2 標示應力分佈。圖 4-32 顯示安排這兩種分佈使得單一標記可同時用來辨識在兩種分佈中的點。現在寫成

$$\text{應力小於強度的機率} = dp(\sigma < x) = dR = F_2(x)\, dF_1(x)$$

圖 4-32 (a) 強度分佈的PDF;(b) 負荷導致之應力分佈的PDF。

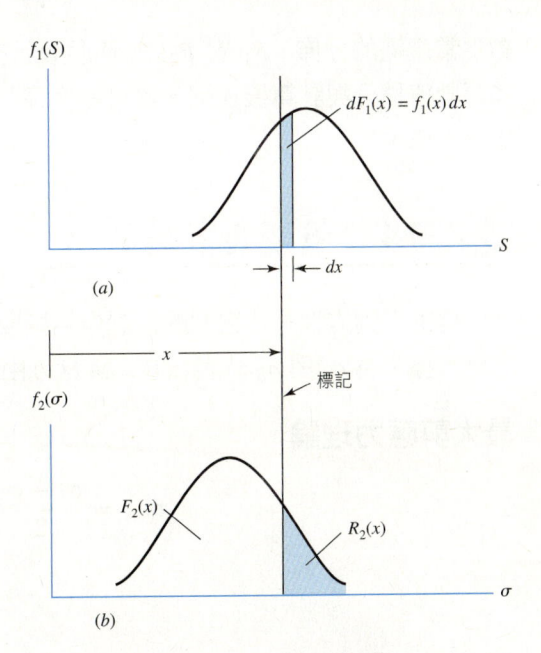

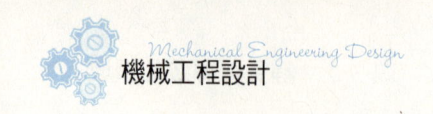

圖 4-33　$R_1 R_2$ 圖形的曲線形狀。每一種情況的陰影面積都等於 $1-R$ 並以數值積分求得。(a) 漸近分佈的典型曲線；(b) 得自如 Weibull 分佈 之下截分佈的曲線形狀。

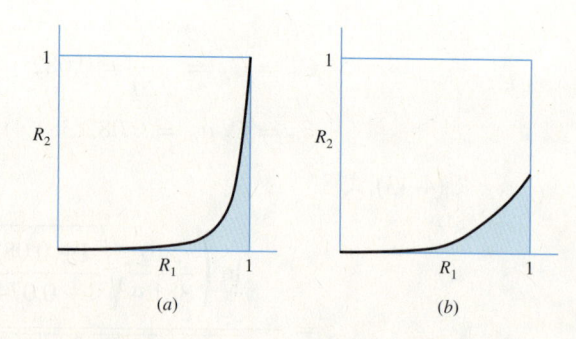

藉以 $1-R_2$ 取代 F_2，並以 $-dR_1$ 取代 dF_1，可得

$$dR = -[1 - R_2(x)]\,dR_1(x)$$

對標記的所有可能位置，其可靠度可由從 $-\infty$ 積分 x 到 ∞ 求得，但這對應於在 R_1 上從 1 積分到 0。所以，

$$R = -\int_1^0 [1 - R_2(x)]\,dR_1(x)$$

它可寫成

$$R = 1 - \int_0^1 R_2\,dR_1 \tag{4-46}$$

其中

$$R_1(x) = \int_x^\infty f_1(S)\,dS \tag{4-47}$$

$$R_2(x) = \int_x^\infty f_2(\sigma)\,d\sigma \tag{4-48}$$

對平常遭遇的分佈，R_1 對 R_2 的圖形顯示於圖 4-33 中。圖示的兩種情況都很容易執行數值積分與計算機求解。當可靠度高時，在圖 4-33a 右手陡升曲線下方有大的積分面積。

4-14　重要設計方程式

提供下列方程式及它們的位置作為摘要。平面應力的註記：在下列方程式中，主應力標示為 σ_A 與 σ_B 時表示該二主應力由二維的方程式 (4-13) 求得。

最大剪應力理論

$$\tau_{\max} = \frac{\sigma_1 - \sigma_3}{2} = \frac{S_y}{2n} \tag{4-3}$$

畸變能理論

Von Mises 應力，

$$\sigma' = \left[\frac{(\sigma_1 - \sigma_2)^2 + (\sigma_2 - \sigma_3)^2 + (\sigma_3 - \sigma_1)^2}{2}\right]^{1/2} \tag{4-12}$$

$$\sigma' = \frac{1}{\sqrt{2}}\left[(\sigma_x - \sigma_y)^2 + (\sigma_y - \sigma_z)^2 + (\sigma_z - \sigma_x)^2 + 6(\tau_{xy}^2 + \tau_{yz}^2 + \tau_{zx}^2)\right]^{1/2} \tag{4-14}$$

平面應力，

$$\sigma' = (\sigma_A^2 - \sigma_A\sigma_B + \sigma_B^2)^{1/2} \tag{4-13}$$

$$\sigma' = (\sigma_x^2 - \sigma_x\sigma_y + \sigma_y^2 + 3\tau_{xy}^2)^{1/2} \tag{4-15}$$

降伏設計方程式，

$$\sigma' = \frac{S_y}{n} \tag{4-19}$$

承剪降伏設計，

$$S_{sy} = 0.577\, S_y \tag{4-21}$$

Coulumb-Mohr 理論

$$\frac{\sigma_1}{S_t} - \frac{\sigma_3}{S_c} = \frac{1}{n} \tag{4-26}$$

式中 S_t 為承拉降伏強度 (延性) 或極限承拉強度 (脆性)，S_t 為承壓降伏強度 (延性) 或極限承壓強度 (脆性)。

修正的 Mohr (平面應力)

$$\sigma_A = \frac{S_{ut}}{n} \qquad \sigma_A \geq \sigma_B \geq 0$$

$$\sigma_A \geq 0 \geq \sigma_B \text{ 而且 } \left|\frac{\sigma_B}{\sigma_A}\right| \leq 1 \tag{4-32a}$$

$$\frac{(S_{uc} - S_{ut})\sigma_A}{S_{uc}S_{ut}} - \frac{\sigma_B}{S_{uc}} = \frac{1}{n} \qquad \sigma_A \geq 0 \geq \sigma_B \text{ 而且 } \left|\frac{\sigma_B}{\sigma_A}\right| > 1 \tag{4-32b}$$

$$\sigma_B = -\frac{S_{uc}}{n} \qquad 0 \geq \sigma_A \geq \sigma_B \tag{4-32c}$$

損壞理論流程圖

圖 4-21，

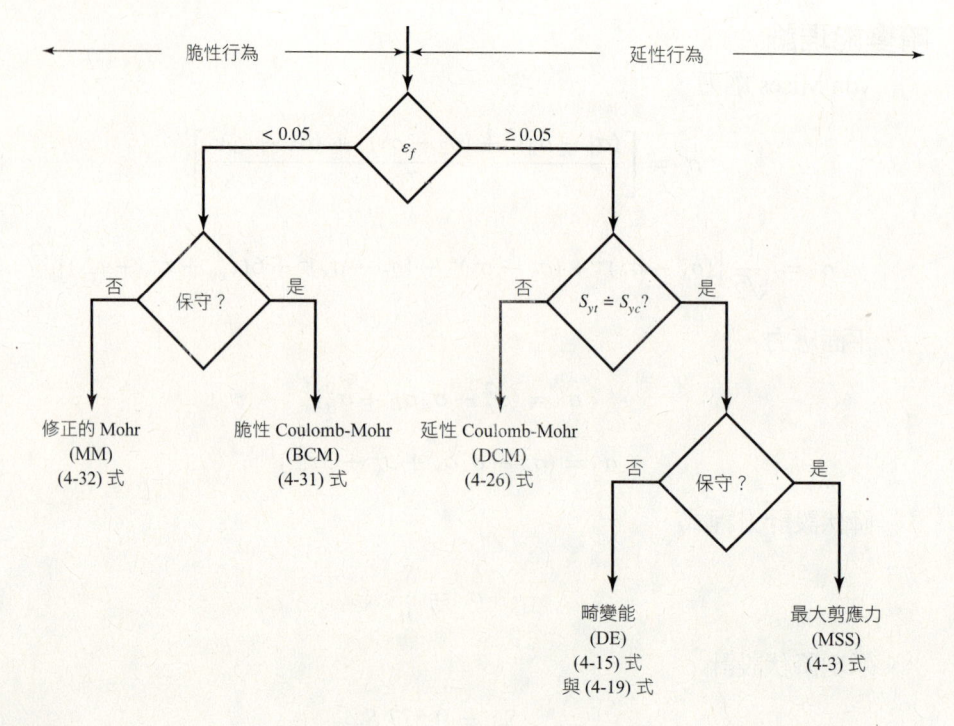

```
      ←―― 脆性行為 ――     ↓     ―― 延性行為 ――→
                    < 0.05  ε_f  ≥ 0.05
              ┌──────┘         └──────┐
           否 ┤ 保守？├ 是       否 ┤S_yt ≐ S_yc?├ 是
          ┌──┘      └──┐       ┌──┘           └──┐
      修正的 Mohr    脆性 Coulomb-Mohr  延性 Coulomb-Mohr       否 ┤保守？├ 是
        (MM)           (BCM)              (DCM)             ┌──┘     └──┐
       (4-32) 式      (4-31) 式           (4-26) 式       畸變能        最大剪應力
                                                          (DE)         (MSS)
                                                        (4-15) 式      (4-3) 式
                                                       與 (4-19) 式
```

破裂力學

$$K_I = \beta\sigma\sqrt{\pi a} \tag{4-37}$$

式中 β 從圖 4-25 至圖 4-30 查出

$$n = \frac{K_{Ic}}{K_I} \tag{4-38}$$

式中的 K_{Ic} 從表 4-1 中查得

隨機分析

平均安全因數定義為 $\bar{n} = \mu_S/\mu_\sigma$ (μ_S 與 μ_σ 分別為平均強度與平均應力)

常態-常態情況

$$\bar{n} = \frac{1 \pm \sqrt{1 - (1-z^2 C_S^2)(1-z^2 C_\sigma^2)}}{1 - z^2 C_S^2} \tag{4-42}$$

式中 z 可自表 A-10 中查得，$C_S = \hat{\sigma}_S/\mu_S$，與 $C_\sigma = \hat{\sigma}_\sigma/\mu_\sigma$。

對數常態-對數常態情況

$$\bar{n} = \exp\left[-z\sqrt{\ln(1+C_n^2)} + \ln\sqrt{1+C_n^2}\right] \doteq \exp\left[C_n\left(-z + \frac{C_n}{2}\right)\right] \tag{4-45}$$

式中

$$C_n = \sqrt{\frac{C_S^2 + C_\sigma^2}{1 + C_\sigma^2}}$$

(在常態-常態情況中見其它的定義)

問題

標示 **(*)** 號的問題表示與其它章的問題相鏈結，就像摘要於 **1-16** 節中的表 **1-1**。

4-1 某延性熱軋鋼棒具有最小承拉與承壓降伏強度 350 MPa。
試使用畸變能與最大剪應力理論，求下列平面應力狀態的安全因數：
(a) $\sigma_x = 100$ MPa，$\sigma_y = 100$ MPa
(b) $\sigma_x = 100$ MPa，$\sigma_y = 50$ MPa
(c) $\sigma_x = 100$ MPa，$\tau_{xy} = -75$ MPa
(d) $\sigma_x = -50$ MPa，$\sigma_y = -75$ MPa，$\tau_{xy} = -50$ MPa
(e) $\sigma_x = 100$ MPa，$\sigma_y = 20$ MPa，$\tau_{xy} = -20$ MPa

4-2 以下列得自 (2-13) 式的主應力，重解問題 4-1：
(a) $\sigma_A = 100$ MPa，$\sigma_B = 100$ MPa
(b) $\sigma_A = 100$ MPa，$\sigma_B = -100$ MPa
(c) $\sigma_A = 100$ MPa，$\sigma_B = 50$ MPa
(d) $\sigma_A = 100$ MPa，$\sigma_B = -50$ MPa
(e) $\sigma_A = -50$ MPa，$\sigma_B = -100$ MPa

4-3 試以 AISI 1030 熱軋鋼重解問題 4-1：
(a) $\sigma_x = 175$ MPa，$\sigma_y = 105$ MPa
(b) $\sigma_x = 105$ MPa，$\sigma_y = -105$ MPa
(c) $\sigma_x = 140$ MPa，$\tau_{xy} = -70$ MPa
(d) $\sigma_x = -84$ MPa，$\sigma_y = 105$ MPa i，$\tau_{xy} = -63$ MPa
(e) $\sigma_x = -168$ MPa，$\sigma_y = -168$ MPa，$\tau_{xy} = -105$ MPa

4-4 試以具有列得自 (2-13) 式的主應力之 AISI 1015 冷拉鋼重解問題 4-1：
(a) $\sigma_A = 210$ MPa，$\sigma_B = 210$ MPa
(b) $\sigma_A = 210$ MPa，$\sigma_B = -210$ Mpa
(c) $\sigma_A = 210$ MPa，$\sigma_B = 105$ MPa
(d) $\sigma_A = -210$ MPa，$\sigma_B = -105$ MPa
(e) $\sigma_A = -350$ MPa，$\sigma_B = 70$ MPa

4-5 重解問題 4-1。經由先在 σ_A、σ_B 平面依比例描繪損壞軌跡，然後對每一應力狀態描繪負荷線，並由圖形量度推估安全因數。

4-6 重解問題 4-3。經由先在 σ_A、σ_B 平面一比例描繪損壞軌跡，然後對每一應力狀態描繪負荷線，並由圖形量度推估安全因數。

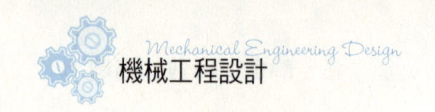

4-7 至 4-11

某 AISI 1018 鋼具有降伏強度 $S_y = 295$ MPa，試以畸變能理論就指定的平面應力狀態，(a) 求安全因數；(b) 描繪損壞軌跡，負荷線，並以圖形量度推估安全因數。

問題題號	σ_x (MPa)	σ_y (MPa)	τ_{xy} (MPa)
4-7	75	−35	0
4-8	−100	30	0
4-9	100	0	−25
4-10	−30	−65	40
4-11	−80	30	−10

4-12 某延性材料的性質為 $S_{yt} = 420$ MPa 及 $S_{yc} = 525$ MPa。試使用延性 Coulomb-Mohr 理論，求問題 4-3 中指定之平面應力狀態的安全因數。

4-13 經由先在 σ_A、σ_B 平面依比例描繪損壞軌跡，然後對每一應力狀態描繪負荷線，並由圖形量度推估安全因數。重解問題 4-12。

4-14 至 4-18

某材料於 427°C 展現 $S_{yt} = 235$ MPa、$S_{yc} = 285$ MPa，及 $\varepsilon_f = 0.07$。試就指定的平面應力狀態，(a) 求安全因數； (b) 描繪損壞軌跡，然後對每一應力狀態描繪負荷線，並由圖形量度推估安全因數。

問題題號	σ_x (MPa)	σ_y (MPa)	τ_{xy} (MPa)
4-14	150	−50	0
4-15	−150	50	0
4-16	125	0	−75
4-17	−80	−125	50
4-18	125	80	−75

4-19 某脆性材料的性質為 $S_{ut} = 210$ MPa 及 $S_{uc} = 630$ MPa，試使用脆性 Coulomb-Mohr 與修訂的 Mohr 理論，求下列平面應力的安全因數

(a) $\sigma_x = 175$ MPa，$\sigma_y = 105$ MPa
(b) $\sigma_x = 105$ MPa，$\sigma_y = -105$ MPa
(c) $\sigma_x = 140$ MPa，$\tau_{xy} = -70$ MPa
(d) $\sigma_x = -105$ MPa，$\sigma_y = 70$ MPa，$\tau_{xy} = -105$ MPa
(e) $\sigma_x = -84$ MPa，$\tau_{xy} = 105$ MPa

4-20 經由描繪損壞軌跡，然後對每一應力狀態描繪負荷線，並由圖形量度推估安全因數。重解問題 4-19。

4-21 至 4-25

試就 ASTM 30 鑄鐵，(a) 使用 BCM 與 MM 理論求安全因數；(b) 於 σ_A、σ_B 平面依比例繪製損壞圖，標出應力狀態的座標；並 (c) 循負荷線以圖形量度從這兩項理論推估安全因數之值。

問題題號	σ_x (MPa)	σ_y (MPa)	τ_{xy} (MPa)
4-21	105	70	0
4-22	105	−350	0
4-23	105	0	−70
4-24	−70	−175	−70
4-25	−245	91	−70

4-26 至 4-30

鑄鋁 195-T6 展現 S_{ut} = 252 MPa，S_{uc} = 245 MPa，及 ε_f = 0.045。試就指定的平面應力狀態，(a) 使用 Coulomb-Mohr 理論，求安全因數，(b) 描繪損壞軌跡與負荷線，並藉徒刑量度的方式推估其安全因數。

問題題號	σ_x (MPa)	σ_y (MPa)	τ_{xy} (MPa)
4-26	105	−70	0
4-27	−105	70	0
4-28	84	0	−56
4-29	−70	−105	70
4-30	105	56	−56

4-31 至 4-35

試使用修訂的 Mohr 理論重解問題 4-26 至 4-30。

問題題號	4-31	4-32	4-33	4-34	4-35
重解問題	4-26	4-27	4-28	4-29	4-30

4-36 本問題說明了機械元件的安全因數視所選擇的特定分析點而定。在此你將基於畸變能理論，對圖中所示之機械元件的應力元素 A 與 B，計算安全因數。該桿以 AISI 1006 冷拉鋼製成，並承受 F = 0.55 kN、P = 4.0 kN，與 T = 25 N·m 的作用。

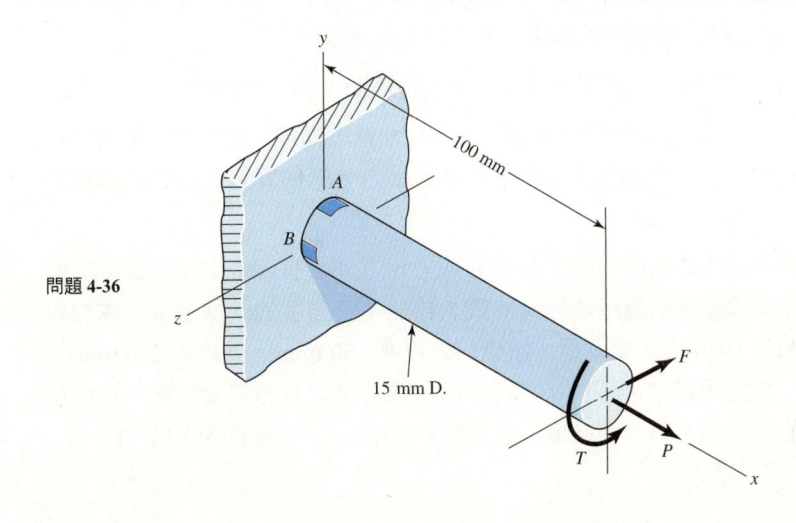

問題 4-36

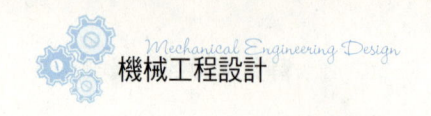

4-37 針對問題 2-44 中的樑，試求基於畸變能理論，至少能得到安全因數 2 所需要的最小降伏強度。

4-38 某 1020 CD 鋼質的軸，以 1750 rpm 的轉速傳遞 15 kW。試求基於最大剪應力理論，能提供安全因數至少為 3 所需的最小軸徑。

4-39* 至 4-55*
試對表中所指定的問題，建立於原問題的結果上，求對降伏的最小安全因數。同時使用最大剪應力理論與畸變能理論，並比較其結果。軸的材質為 1018 CD 鋼。

問題題號	原問題
4-39*	2-68
4-40*	2-69
4-41*	2-70
4-42*	2-71
4-43*	2-72
4-44*	2-73
4-45*	2-74
4-46*	2-77
4-47*	2-79
4-48*	2-80
4-49*	2-81
4-50*	2-82
4-51*	2-83
4-52*	2-84
4-53*	2-85
4-54*	2-86
4-55*	2-86

4-56* 基於問題 2-84 與 2-87 的結果，比較使用低強度材料 (1018 CD)，其應力集中因數可以忽略，對高強度但比較脆的材料 (4140 Q&T @ 400°F)，其應力集中因數則必須計入。對每一情況使用畸變能理論求對降伏的安全因數。

4-57 試藉規定適宜的尺寸與材料，利用 $F = 1770$ N，設計圖 4-16 中的桿臂。

4-58 某圓球形壓力容器以 1.25 mm 厚的冷拉鋼 AISI 1020 鋼板構成。若該容器的直徑為 200 mm，試使用畸變能理論估算它開始降伏的壓力。試估算它爆裂的壓力為若干？

4-59 本問題說明了機器部件的強度，除了那些力或力矩之外，有時能以單位量度。例如，飛輪在無降伏或破裂情況所能達到的最大轉速是其強度的一種量度。本問題中有個熱鍛鋼 AISI 1020 製的旋轉環，該環的內直徑 150 mm，外直徑 250 mm，厚度為 40 mm。試使用畸變能理論，求將導致該環降伏之每分鐘旋轉數。從什麼半徑處開始降伏？[注意：最大徑向應力發生於 $r = (r_o r_i)^{1/2}$；見 (2-55) 式。]

4-60 某輕壓力容器以 2024-T3 鋁合金管與適宜的端封製成。該汽缸具有 100 mm 外徑，1.5 mm 的缺壁，及 v = 0.334。訂購單指定最小降伏強度為 320 MPa。試使用畸變能理論求其安全因數，若釋壓閥設定在 3.5 MPa。

4-61 某冷拉的 AISI 1015 鋼管有 300 mm 外徑×200 mm 內徑，將因收縮配合而承受外壓。試以畸變能理論求導致該管降伏之最小壓力。

4-62 若問題 4-59 中的環以 grade 30 的鑄鐵製成，試求導致該環破裂的轉速為若干？

4-63 圖中顯示由 A 和 D 處的軸承支持的軸在 B 及 C 處有皮帶輪，皮帶輪表面顯示的力即代表皮帶拉力，此軸以 AISI 1035 鋼料製成，試以保守的損壞理論，取設計因數為 2，求為避免降伏該軸的最小直徑。

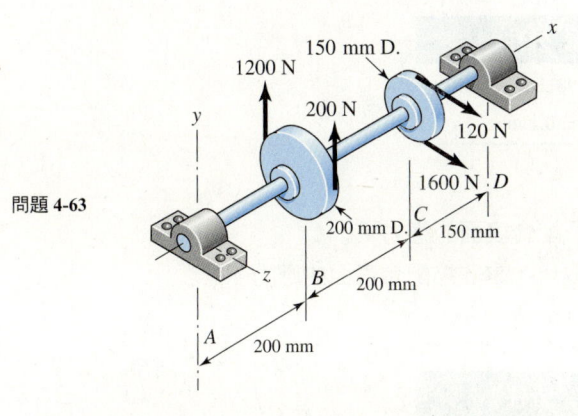

問題 4-63

4-64 依據現代標準，問題 4-63 中的軸設計因為太長，而甚差。假使重新設計成原來長度的一半，試以與問題 4-63 相同之材料和設計求出新的直徑。

4-65* 基於問題 2-40 的結果，試依據畸變能理論，對問題 2-40 圖中部件 c、d 與 e 的每一簡化模型，求其對降伏的安全因數。該銷是以 AISI 1018 HR 熱軋鋼製作。試依精度、安全，與模型化，從設計者的透視比較這三種模型。

4-66* 試重新設計問題 2-40 中 U 型鉤的銷，以提供基於保守之降伏損壞理論，與問題 2-40 之圖中，部件 c、d 與 e 間最保守的負荷模型，有 2.5 的安全因數。該銷以 AISI 1018 HR 熱軋鋼製作。

4-67 圖中所示為夾緊型開口軸環。其外徑為 50 mm，內徑為 25 mm，寬度為 12 mm。螺釘指定為 M 6×1。螺釘的扭緊力矩 T，螺釘的標稱直徑 d 和螺釘中之拉力 F_i 間的關係大約為 $T = 0.2\, F_i\, d$。軸徑的大小，以能成為旋轉配合為準。試將軸環的軸向握持力 F_x 表示成摩擦係數和螺釘之扭矩的函數。

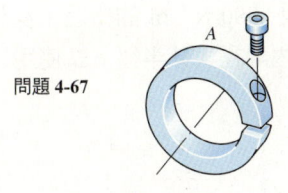

問題 4-67

4-68 假使問題 4-67 中之軸環以 20 N·m 的螺釘扭矩鎖緊。軸環材料為 AISI 1035 鋼，

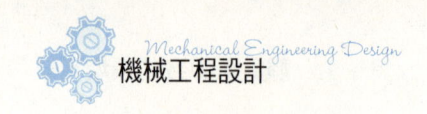

經熱處理至最小拉力降伏強度是 450 MPa。

(a) 試求在螺釘中的拉力。

(b) 試經由切線應力和軸環拉力的關係,求軸作用於軸環內的壓力為若干?

(c) 試求軸環內表面切線和徑向應力為若干?

(d) 試求最大剪應力和 von Mises 應力。

(e) 試求一最大剪應力理論和畸變能理論所得的安全因數。

4-69 問題 4-67 中,螺旋扮演的角色為導入產生夾持力的軸環張力。螺旋的安置應使得軸環上不至於誘導出力矩。則螺旋應置於何處?

4-70 一管子以另一管子套緊。規格是:

	內件	外件
ID	25 ± 0.05 mm	49.98 ± 0.01 mm
OD	50 ± 0.01 mm	75 ± 0.1 mm

兩支管子皆以普通碳鋼製成。

(a) 試求收縮配合所產生的壓力及配合表面的應力。

(b) 若內管以相同外徑的實心軸取代,求收縮配合表面的應力。

4-71 兩鋼管的規格為:

	內件	外件
ID	20 ± 0.050 mm	39.98 ± 0.008 mm
OD	40 ± 0.008 mm	65 ± 0.10 mm

兩管間為收縮配合,試求內外管配合表面間的壓力和 von Mises 應力。

4-72 試針對最大收縮配合重解問題 4-71。

4-73 某直徑 50 mm 之實心鋼軸,有個具有 ASTM grade 20 鑄鐵 ($E = 100$ GPa) 質輪轂的齒輪,以收縮配合於它。軸的規格是:

$$50 \begin{array}{l} + \ 0.0000 \\ - \ 0.01 \end{array} \text{mm}$$

輪轂軸孔的尺寸為 49 mm ± 0.01 mm,外徑為 100 mm ± 0.8 mm。試使用中幅值與修訂的 Mohr 理論,推估防範齒輪輪轂由於收縮配合導致破裂的安全因數。

4-74 兩鋼管以收縮配合在一起,其標稱直徑分別為 40、45 與 50 mm。在配合前仔細量測確定兩管間的干涉為 0.062 mm。於配合後,該組合承受 900 N‧m 的扭矩,及 675 N‧m 的彎矩。假設兩管間沒有滑動。試分析外管的內半徑與外半徑。試使用畸變能理論求安全因數,其中 $S_y = 415$ MPa。

4-75 針對內管,重解問題 4-74。

4-76 至 4-81

針對表中給予的問題,兩圓筒的壓入配合規格在第 2 章的原問題中指定。若兩圓筒的材質都是 AISI 1040 HR 熱軋鋼。試求外圓筒基於畸變能理論的最小安全因數。

問題題號	原問題
4-76	2-110
4-77	2-111
4-78	2-113
4-79	
4-80	2-114
4-81	2-115

4-82 試就 (4-36) 式證明主應力可由下列各式求得：

$$\sigma_1 = \frac{K_I}{\sqrt{2\pi r}} \cos \frac{\theta}{2} \left(1 + \sin \frac{\theta}{2}\right)$$

$$\sigma_2 = \frac{K_I}{\sqrt{2\pi r}} \cos \frac{\theta}{2} \left(1 - \sin \frac{\theta}{2}\right)$$

$$\sigma_3 = \begin{cases} 0 & \text{(平面應力時)} \\ \sqrt{\frac{2}{\pi r}}\, \nu K_I \cos \frac{\theta}{2} & \text{(平面應變時)} \end{cases}$$

4-83 試使用問題 4-82 的結果，對平面應變於鄰近裂隙尖端 $\theta = 0$ 與 $\nu = \frac{1}{3}$。若該平板的降伏強度為 S_y，當降伏開始時的 σ_1 為若干？
(a) 使用畸變能理論。
(b) 使用最大剪應力理論。利用 Mohr 圓說明所得的結果。

4-84 某鋼殼船的甲板厚 30 mm，寬 12 m。它承受單軸向的標稱拉應力 50 Mpa。它以等於 28.3 MPa 操作於其延性轉脆性的轉移溫度下。如果存在一個 65 mm 長的中心裂隙，試估算將發生災禍性損壞的拉應力。在降伏強度 240 MPa 的鋼料下試比較此應力。

4-85 某圓筒承受內壓 p_i，其外徑為 350 mm，壁厚 25 mm。該圓筒的 K_{Ic} = 80 MPa · $\sqrt{\text{m}}$，S_y = 1200 MPa 及 S_{ut} = 1350 MPa。若該圓筒含一個縱向深 12.5 mm 的徑向裂隙，試求將導致無法控制之裂隙成長的壓力。

4-86 某碳鋼質套環長 25 mm，經切削成內、外直徑分別為

$$D_i = 20 \pm 0.01 \text{ mm} \qquad D_o = 30 \pm 0.05 \text{ mm}$$

該套環將收縮配合於內、外直徑分別為

$$d_i = 10 \pm 0.05 \text{ mm} \qquad d_o = 20.06 \pm 0.01 \text{ mm}$$

的空心軸上。這些公差假設都是常態分佈，集中於散佈區間中心，其總散佈的標準差為 ± 4。試求兩圓筒在其介面上之切向應力分量的平均值與標準差。

4-87 假設問題 4-86 中套環的降伏強度為 $\mathbf{S}_y = \mathbf{N}(660, 46)$ MPa。試求該材料不會損壞的

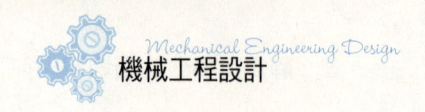

4-88 某碳鋼管的外直徑 75 mm，壁厚 3 mm，該管承受的內部液壓已知 **p** = **N**(20, 1) MPa。鋼管材料的降伏強度 **Sy** = **N**(350, 29) MPa。試使用薄壁理論求其可靠度。

chapter 5

變動負荷導致的疲勞損壞

本章大綱

- 5-1　金屬疲勞導論　240
- 5-2　於分析與設計中處理疲勞損壞　246
- 5-3　疲勞–壽命法　247
- 5-4　應力–壽命法　248
- 5-5　應變–壽命法　250
- 5-6　線性–彈性破裂力學法　253
- 5-7　持久限　256
- 5-8　疲勞強度　258
- 5-9　持久限修正因數　261
- 5-10　應力集中與缺口敏感度　269
- 5-11　特徵化波動應力　275
- 5-12　波動應力的疲勞損壞準則　278
- 5-13　波動應力下的扭轉疲勞強度　293
- 5-14　承載模式的複合　294
- 5-15　變動，波動應力；累積疲勞損壞　298
- 5-16　表面疲勞強度　304
- 5-17　隨機分析　308
- 5-18　應力–壽命法的指引圖與重要設計方程式　324

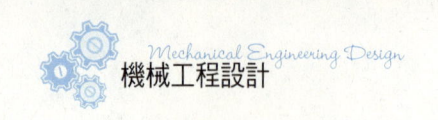

第 4 章中考量了部件承受靜負荷時的分析與設計。當承受隨時間變化的負荷時，部件的行為將截然不同。本章中將檢視在變動負荷下，部件將如何失效，及如何使它們成功地抵禦此種狀況。

5-1 金屬疲勞導論

大多數關於材料性質的應力應變圖測試，其負荷都是逐漸增大，使應變有充分的時間發展。此外，試片毀於測試中，所以應力僅作用一次。此類試驗僅能應用於所謂的"靜態情況"；這種情況與許多結構與機器組件實際受力的情況很近似。

然而，應力隨時間變化，或在不同數值間波動的情況經常發生。例如，承受彎曲負荷的旋轉軸，其表面上某特定纖維，軸每一次旋轉都將經歷拉伸與壓縮。如果該軸是以 1725 rev/min 旋轉之電動機的部件，則該纖維每一分鐘將承受拉應力與壓應力 1725 次。此外，如果該軸也承受軸向負荷 (例如來自螺旋齒輪或蝸輪)，在彎應力分量上還要重疊上軸向應力分量。在此情況下，任何纖維總是存在某些應力，但現在應力的值呈現波動。發生在機器組件中之此種與他種負荷產生的應力稱為**變動** (variable)、**重複** (repeated)、**交變** (alternating)，或**波動** (fluctuating) 應力。

機器組件在重複或波動應力作用下常發現損壞，而且經最仔細的分析揭示，實際的最大應力還低於材料的極限強度，甚至低於降伏強度。這些損壞最顯著的特徵是這種應力重複的次數極多。所以，此種損壞稱為**疲勞損壞** (fatigue failure)。

當機器部件毀於靜負荷時，因為應力超過降伏強度，通常展現很大的變形，在實際破裂前該部件將遭更換。因此，靜損壞事先會呈現可見的警訊。但疲勞損壞不提示警訊。它突然發生而且徹底破裂，所以很危險。由於已有知識相當全面，防範靜損壞的設計相對地容易。疲勞是複雜得多的現象，僅部分瞭解，因此工程師尋求競爭力，必須儘可能地獲得更多該主題的相關知識。

疲勞損壞呈現的外觀與脆性破裂相似，因為破裂面為平面，而且垂直於應力軸，也沒有頸縮現象。然而，疲勞損壞的破裂性質與靜態的脆性破裂十分不同，它經過三發展階段後發生。階段 I 是由於週期性的塑性變形，導致產生一處或多處微裂隙，循晶界傳播，於原點周圍從二個擴展到五個晶粒。階段 I 的裂隙通常無法以裸眼察覺。階段 II 從一些微裂隙進行至成為大裂隙，形成被平行縱向皺摺分開的類似臺地平行破裂表面。這種臺地一般多很光滑，而且與最大拉應力的方向正交。這些表面可為明與暗色帶間飄移的波紋，稱作**海灘痕** (beach marks) 或**蛤殼痕** (clamshell marks)，如圖 5-1 所見。在循環承載期間，這些裂隙表面時開、時合，互相摩擦，而海灘痕的外觀視改變的大小或承載的頻率以及周遭的腐蝕性質而定。階段 III 發生於最後應力循環，當時尚餘的材料無法支撐負荷，導致突然、迅速的破裂。階段 III 的破裂可以是脆性、延性，或複合兩者。海灘痕如果存在，在階段 III 的破裂中，可能的模式稱為臂章線，指向初始裂隙的原點。

圖 5-1 由於重複單軸向彎曲的螺栓疲勞損壞。損壞始自 A 處的螺紋根部，散播經標示為 B 的海灘紋，橫過大部分剖面，在最終迅速破裂之前到達 C 點。
(From ASM Handbook, Vol. 12: Fractography, 2nd printing, 1992, ASM International, Materials Park, OH 44073-0002, fig 50, p. 120. Reprinted by permission of ASM International ®, www.asminternational.org.)

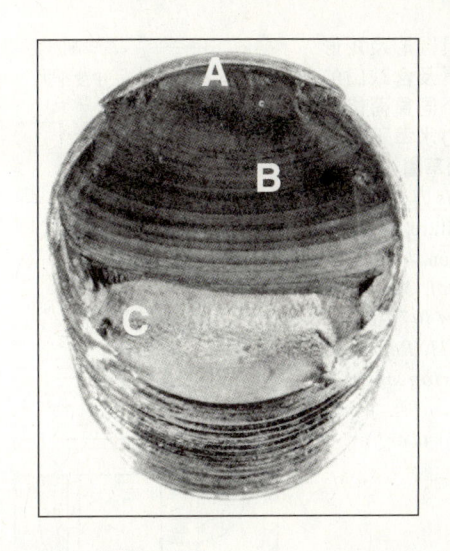

　　從疲勞損壞的破裂模式學習是一個好的方式[1]。圖 5-2 顯示許多不同幾何形狀的部件，在不同負荷條件以及應力集中程度下的代表性破裂表面。請留意，在旋轉彎曲的情況下，甚至旋轉方向都會影響損壞模式。

　　疲勞損壞是由於裂隙的形成與擴展所導致。典型的疲勞裂隙始自材料不連續，其中循環應力是最大的。不連續的產生係因為：

- 剖面急速變化的設計，如 2-13 節及 4-2 節中所討論之應力集中的場合，鍵槽、孔等處。
- 彼此滾動兼/或滑動的元件 (軸承、齒輪、凸輪等)，在高接觸應力下，發展成應力集中的次表面接觸應力 (2-19 節)，歷經許多負荷循環後會導致表面孔蝕或剝落。
- 粗心所造成的印記、工具壓痕，刮傷及毛頭 (burr)；不良的接頭設計；與其它的製造瑕疵。
- 材料本身經滾軋、鍛造、鑄造、擠製、抽製、熱處理等製程，其微觀、次微觀與次表面產生了不連續，例如含外來材料、合金偏析、空隙、硬的沉澱粒子及結晶的不連續。

　　包含殘留拉應力、提高的溫度、溫度的循環變動、腐蝕環境及高頻循環等，各種情況將加速裂隙的萌發。

　　裂隙的傳播速率及方向，主要由局部應力與裂隙位置的材料組織掌控。然而，隨著裂隙成形，其它因素可能施予重大的影響，像是環境、溫度及頻率。正如先前所述，裂隙將循著與最大拉應力方向成正交的平面成長。裂隙成長過程能以破裂力學作解說 (見 5-6 節)。

---

[1] 見 ASM Handbook, *Fractography*, ASM International, Metals Park, Ohio, vol. 12, 9th ed., 1987.

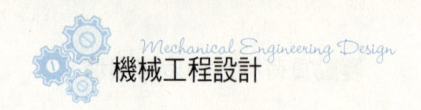

圖 5-2 具圓形及矩形剖面之光滑及含缺口的分件，於不同負荷條件與標稱應力水準下的疲勞破裂表面草圖。(*From ASM Metals Handbook, Vol. 11*: Failure Analysis and Prevention, *1986, ASM International, Materials Park, OH 44073-0002, fig 18, p. 111. Reprinted by permission of ASM International®, www.asminternational.org.*)

第 5 章 變動負荷導致的疲勞損壞

21 冊的《ASM 金屬手冊》(*ASM Metals Handbook*) 是研習疲勞破裂時之主要參考資料來源。圖 5-1 至 5-8，經 ASM International 同意重製，但僅是該手冊中許多不同條件下之疲勞損壞的一小部分而已。比較圖 5-3 與圖 5-2，可看到因旋轉彎應力而發生的疲勞損壞，其相對於視圖以順時針方向旋轉，而且具有中等應力集中與低標稱應力。

圖 5-3 某 AISI 4320 鋼質驅動軸的疲勞破裂。疲勞損壞發端於鍵槽端的 B 點，然後逐漸擴展，至 C 點處終於破裂。最終斷裂區域很小，顯示其負荷很低。
(*From ASM Handbook, Vol. 12*: Fractography, *2nd printing, 1992, ASM International, Materials Park, OH 44073-0002, fig 51, p. 120. Reprinted by permission of ASM International®, www.asminternational.org.*)

圖 5-4 某 AISI 8640 鋼銷的疲勞破裂表面。匹配不良之油脂孔的尖銳角隅提供了應力集中。在箭頭指示處萌發兩疲勞裂隙。
(*From ASM Handbook, Vol. 12*: Fractography, *2nd printing, 1992, ASM International, Materials Park, OH 44073-0002, fig 520, p. 331. Reprinted by permission of ASM International®, www.asminternational.org.*)

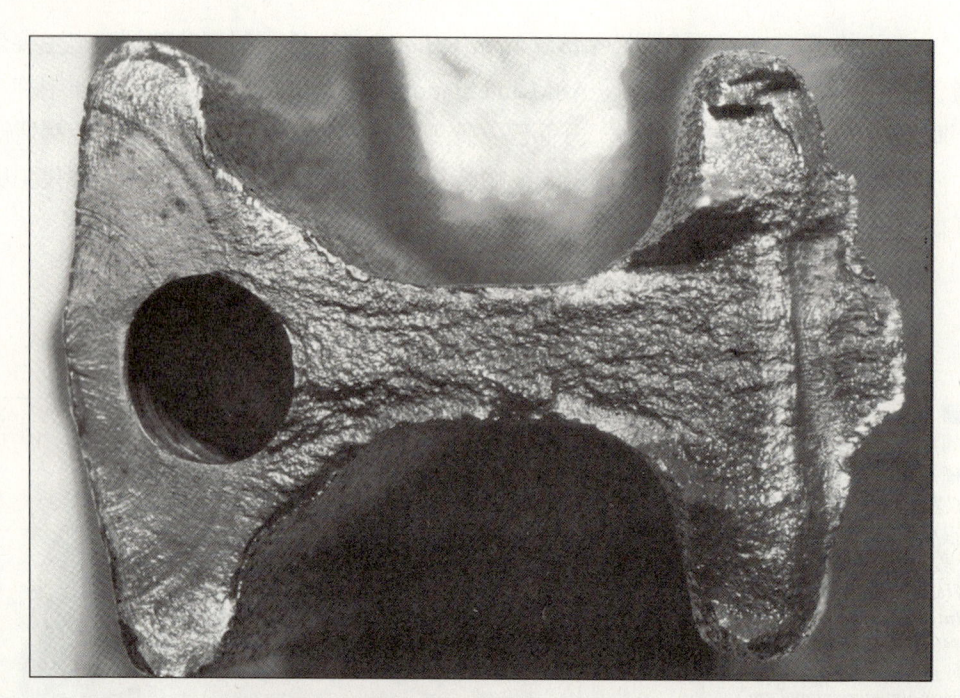

圖 5-5 AISI 8640 鋼質鍛造連桿的疲勞破裂表面，疲勞破裂始於左緣的鍛造皺紋線，但並未指出不尋常的粗糙修剪。該疲勞裂隙擴展至環繞油孔的一半，在發生最終的迅速破裂前以海灘紋顯示。請留意，在最終破裂時的顯著剪力唇在右側邊緣。
(ASM International®, *www.asminternational.org*. 惠允從 ASM Handbook, Vol. 12: Fractography, 2nd printing, 1992, ASM International, Materials Park, OH 44073-0002, fig 523, p. 332 重製。)

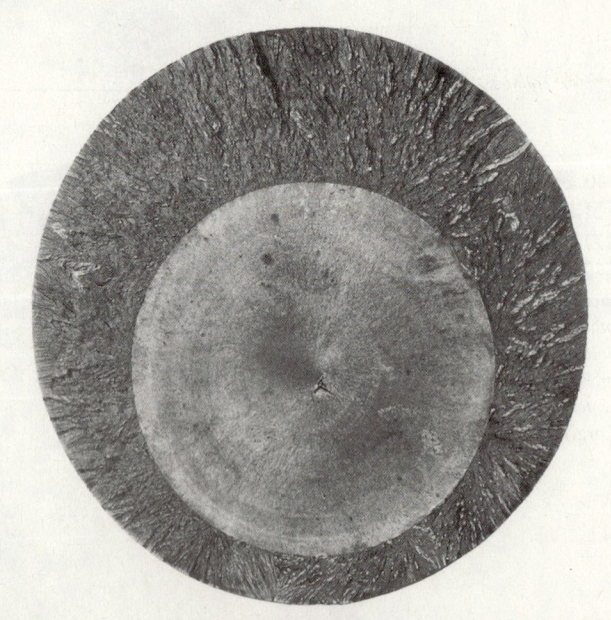

圖 5-6 鍛造用蒸汽鎚之 200 mm (8-in) 直徑活塞桿的疲勞損壞表面。這是一件由純拉力導致的疲勞破裂範例，並無應力集中，裂隙可能始自剖面上的任一點。本例中，初始裂隙形成於圓心稍下方處的鍛造裂紋。向外對稱地擴展，終於無預警地發生脆性破裂。
(承 ASM International®, *www.asminternational.org*. 惠允從 ASM Handbook, Vol. 12: Fractography, 2nd printing, 1992, ASM International, Materials Park, OH 44073-0002, fig 570, p. 342 重製。)

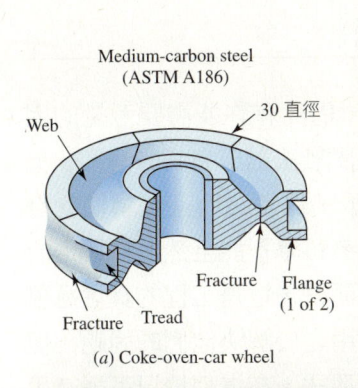

第 5 章　變動負荷導致的疲勞損壞

圖 5-7　某 ASTM A186 鋼質的雙凸緣拖車輪，因壓印痕導致的疲勞損壞。(a) 焦炭爐車輪壓印痕顯示的位置，及肋板與腹板中的破裂。(b) 壓印痕顯示重壓痕，而破裂循著數字列下方的基線延伸。(c) 箭頭指示的缺口產生嚴重的壓印痕，從該處裂隙循破裂面的上方開始。(承 ASM International®, www.asminternational.org. 惠允從 ASM Handbook, Vol. 11: Failure Analysis and Prevention, 1986, ASM International, Materials Park, OH 44073-0002, fig 510, p. 130 重製。)

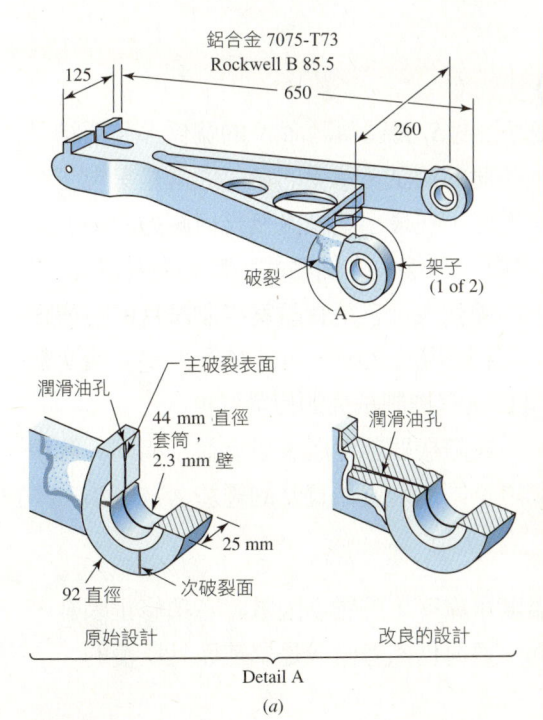

圖 5-8　重新設計 7075-T73 鋁合金質起落架的扭矩臂組裝，以消除潤滑油孔處的疲勞破裂。(a) 臂桿構圖，原設計及改良設計 (尺寸以 in 標示)。(b) 破裂表面，圖中箭頭指出多處裂隙原點。(承 ASM International®, www.asminternational.org. 惠允從 ASM Metals Handbook, Vol. 11: 損壞分析與防範，1986, ASM, International, Materials Park, OH 44073-0002, fig 23, p. 114 重製。)

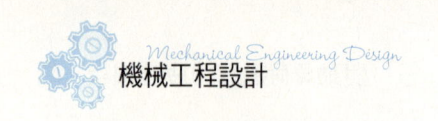

5-2　於分析與設計中處理疲勞損壞

正如前一節中的提示，即使是很單純的負荷狀況，仍然有許多需要考量的因素。疲勞分析的方法的呈現結合了工程與科學。通常科學無法提出完備的答案。但飛機仍須製造並安全地飛行。汽車也必須於某可靠度下，保證長而且無煩惱的壽命，同時能讓該工業的股票持有者獲得利潤。因此，雖然科學不能全然解釋疲勞的機制，工程師仍然必須設計出不失效的東西。就其意義而言，這是工程的真實意義與科學對比的典型範例。若科學能提供方法，工程師會用之於解決他們的問題。但不論能不能提供，問題總得解決，而不論解法呈現什麼型式，在這種情況下稱為**工程 (engineering)**。

本章中，防範疲勞損壞的設計將採取結構性的處理方式。就像處理靜態損壞，將試圖對試片與執行單純負荷所得的結果取得關聯。然而，由於疲勞的複雜性質，有許多需要說明。基於此點，將有方法地，分階段進行。為了試圖對本章討論什麼提供一些洞察，此處將對其餘各節做簡潔的描述。

疲勞壽命法 (5-3 至 5-6 節)

機器組件承受循環負荷超過某一期間幾乎都會毀於疲勞，有三種主要的方法用於設計與分析，以預言如果機械分件承受循環性負荷經過一段時間，什麼時候將因疲勞失效。每一種處理法的前提都很不相同，但每一種都將增加對伴隨於疲勞之機制的瞭解。它們的應用，優點與缺點都經指出。過了 5-6 節後，只有一種方法，應力 - 壽命法，將進一步的進行設計應用。

疲勞強度與持久限 (5-7 與 5-8 節)

強度 —— 壽命 (S-N) 圖提供材料之疲勞強度 S_f 對循環壽命 N 的關係。此項結果是產生自使用實驗室控制試片，承受單純負荷的測試。承受的負荷通常是呈現弦波變化的反覆純彎矩。實驗室控制試片則經拋光，在最小區域內無幾何應力集中。

以鋼與鐵而言，其 S-N 圖於某個點變成水平線。這個點的強度稱為持久限 S'_e 而且發生於 10^6 到 10^7 次循環之間。S'_e 上的撇號表示它是**實驗室控制試片的疲勞限 (controlled laboratory specimen)**。非鐵金屬未展現持久限，可能賦予指定循環次數的疲勞強度 S'_f。此處的撇號再次表示它是實驗室控制試片的疲勞強度。

強度的數據是基於許多受控的情況，與實際機器部件所承受者並不相同。解釋試片的承載及物理條件與實際機器部件間之不同，乃遵循實務的經驗。

持久限修正因數 (5-9 節)

定義關於表面狀態、尺寸、負荷、溫度可靠度，及雜項因數等各項修正因數，並用於解釋試片與實際機器部件間的差異，負荷仍然考慮成是單純而且反覆的。

應力集中與缺口敏感度 (5-10 節)

實際部件可能有幾何應力集中,從而使疲勞行為視靜應力集中及分件材料對疲勞損壞的敏感度而定。

波動應力 (5-11 至 5-13 節)

這幾節從非純弦波的反覆軸向,彎曲或扭轉應力的波動負荷狀況解說單純應力狀態。

負荷模式的合併 (5-14 節)

該節呈現基於畸變能理論,分析結合像是彎曲與扭轉等波動應力狀態的程序。並假設各波動應力同相 (in phase),而且不隨時間變化。

變動、波動應力;累積疲勞損壞 (5-15 節)

作用於機器部件上的波動應力水準可能具時變性。本節提供一些評估累積疲勞損壞的方法。

其餘章節

本章的其餘章節與表面疲勞強度的特殊論題,隨機分析,及重要方程式的導引有關。

5-3 疲勞-壽命法

設計與分析使用的三種主要的疲勞-壽命法為:**應力-壽命法** (stress-life method)、**應變-壽命法** (strain-life method),及**線性-彈性破裂力學法** (linear-elastic fracture mechanics method)。這些方法試圖預測於指定的負荷水準至疲勞損壞前的壽命循環次數,N,$1 \leq N \leq 10^3$ 循環數的壽命通常歸類為低循環數疲勞,而高循環數疲勞則是考量 $N > 10^3$ 次循環的情況。

應力-壽命法僅基於應力水準,是精準度最小的處理法,尤其是應用於低循環數疲勞。然而,它是最傳統的方法,因為對大範圍的設計應用,最容易執行,有豐沛的支援數據,並足以代表高循環數的應用。

應變-壽命法涉及為推估壽命而需要考慮應力與應變之局部範圍的仔細塑性變形分析。這個方法對低循環數疲勞的應用尤其適合。應用此法必須混用許多理想化,所以其結果存在某些不確定性。基於這個理由,只因為它具有提高瞭解疲勞性質的價值而討論它。

破裂力學法假設裂隙已存在,並已偵測到。然後用於預測相對於應力強度的裂隙成長。當用於大型結構,連結計算機程式與週期性檢測時,它最具實務性。

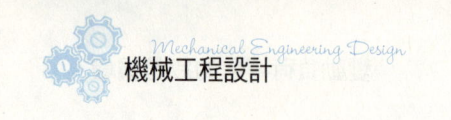

5-4 應力-壽命法

為了確定材料在疲勞負荷作用下的強度,試片承受指定大小之重複或變動的力,同時計算它到損壞時的循環或應力反覆次數。使用最廣泛的疲勞測試裝置為 R. R. Moore 的高速旋轉樑試驗機。此裝置藉重量對試片施以純彎矩 (無橫向剪力)。試片如圖 5-9,經非常仔細的切削與拋光,並循軸向做最終拋光,以避免周邊刮傷。也能找到對試片施加波動或反覆的軸向應力、扭轉剪應力,或複合應力的其它疲勞測試機器。

由於疲勞具有統計性質,為了確立材料的疲勞強度,需要做數目龐大的試驗。以旋轉樑試驗而言,需施加定值的彎曲負荷,並記錄旋轉的次數 (應力反覆次數)。首次試驗使用略低於材料極限強度的應力執行。以小於首次測試的應力做第二次測試。持續此程序,並將所得的數據繪製於 S-N 圖 (圖 5-10) 上。此一線圖也可以繪製於半對數或全對數紙上。在鐵族金屬與合金的情況下,材料於經歷某循環數後,圖中的線變成水平線。在對數座標紙上繪圖強調了曲線的彎折,如果使用直角座標繪圖,其結果並不明顯。

S-N 圖的縱座標稱為**疲勞強度** (fatigue strength) S_f;陳述這個強度值時必須伴隨對應於該值的循環次數 N。

圖 5-9 R. R. Moore 旋轉樑試驗機試片的幾何形狀。跨越其曲線長作用的彎矩為均勻的 $M=Fa$,而最高應力剖面在該量的終點上。

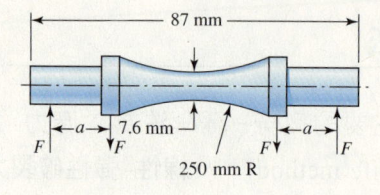

圖 5-10 得自完全反覆軸向疲勞試驗的 S-N 圖。材料:UNS G41300 鋼,正常化,$S_{ut}=810$ MPa;最大 $S_{ut}=105$ MPa。(數據取自 NACA Tech. Note 3866, December 1966.)

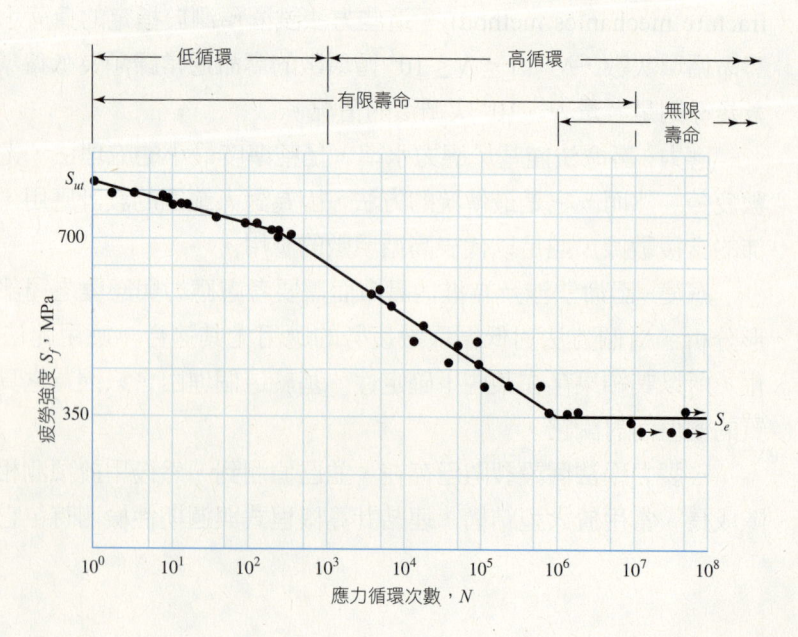

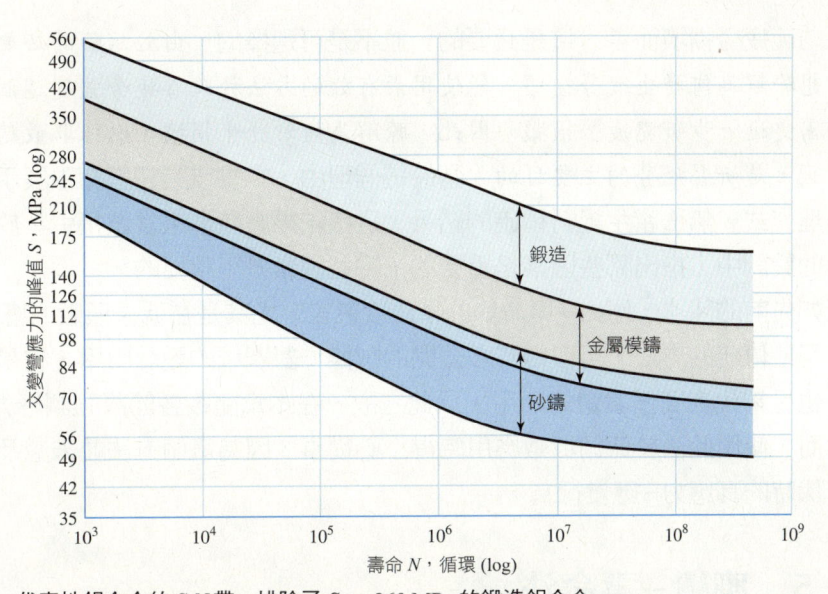

圖 5-11 代表性鋁合金的 S-N 帶，排除了 S_{ut} = 260 MPa 的鍛造鋁合金。
(經惠允取自 R. C. Juvinall, Engineering Considerations of Stress, Strain and Strength. Copyright © 1967 by The McGraw-Hill Companies, Inc. Reprinted by permission.)

即將學到的是 S-N 圖可藉試片或實際的機械元件求得。即使當試片與機器元件的材料完全相同，兩者的圖之間仍有極大的差異。

在鋼的情況下，圖中出現膝彎 (knee)，而超過此膝彎，不論循環的數目有多大，將不會損壞。對應於此膝彎的強度稱為**持久限** (endurance limit) S_e，或疲勞限。對非鐵金屬與合金，圖 5-10 的線永遠不會變成水平，所以這些材料沒有持久限。圖 5-11 顯示排除極限承拉強度 S_{ut} < 260 MPa 的鍛造合金外，大多數鋁合金的 S-N 圖呈現帶狀分佈。由於鋁沒有持久限，通常以特定循環數，通常是 $N = 5(10^8)$ 次應力反覆循環數的疲勞強度 S_f (見表 A-24)。

S-N 圖通常得自完全反覆應力循環，其間的應力水準交變於等值的承拉與承壓應力之間。在此要指出一次應力循環 (N = 1)，構成單一應用，然後移除負荷，其後以反方向作用並移除負荷各一次。所以，$N = \frac{1}{2}$ 表示負荷作用一處，然後移除，亦即單純拉力試驗的情況。

從 N = 1 到 N = 1000 次循環疲勞損壞，通常稱為**低循環數疲勞** (low-cycle fatigue)，如圖 5-10 所示。**高循環數疲勞** (high-cycle fatigue) 則關切對應於應力循環數大於 10^3 次循環的損壞。

圖 5-10 中的**有限壽命區** (finite-life region) 與**無限壽命區** (infinite-life region) 也須加以區分。除非指定材料，否則這些區域間的邊界無法清晰地定義。但以鋼料而言，約落在 10^6 到 10^7 次循環之間，如圖 5-10 所示。

先前指出，對設計及製造所用的材料執行試驗計畫是良好的工程實務。事實上,對防範疲勞損壞而言,這是必要的,並不是可選擇的。由於試驗的必要性,使得除了想瞭解為何發生疲勞損壞,能使用最有效的方法於改善疲勞強度這個理由之外,不需更進一步研究疲勞損壞。因此,瞭解為何會發生損壞,以採取最適宜的方法來防範,是研習疲勞的主要目的。基於這個理由,本書或其它書籍中展示的分析設計處理方式,無法產生絕對精確的結果。這些結果應該拿來當做指引,於防範疲勞損壞的設計中,指出哪些因素是重要的,哪些因素是不重要的。

正如先前的陳述,應力-壽命法的精確度最差,尤其是在低循環數的應用。然而,它是最傳統的方法,可取得許多公開的數據。對廣域的設計應用,它是最容易實施,也足夠代表高循環數的應用。以此之故,在本章隨後各節將強調應力-壽命法。然而,使用此法於低循環數應用時得小心從事,因為這個方法並未慮及發生局部化降伏時的真應力-應變行為。

5-5 應變-壽命法

至目前為止,解釋疲勞損壞性質之最佳且進階的方法稱為應變-壽命法。本處理法能用於推估疲勞強度,但使用它時,必須混用許多理想化的假設,其結果將存在某些不確定性。因此,在此展示它僅是因為它具有解釋疲勞性質的價值。

疲勞損壞都是始自像缺口、裂隙,或具應力集中區域的局部不連續處。當不連續處的應力超過彈性限,就發生塑性應變。如果發生疲勞破裂,必然發生循環性塑性應變。因此,必須探究材料承受循環變形的行為。

Bairstow 於 1910 年,以實驗 Bauschinger 的理論[2],證明鐵與鋼的彈性限可藉循環性變化應力來增大或變小。通常,退火鋼承受反覆應力循環時,其彈性限可能增大,而冷拉鋼的彈性限則變小。

R. W. Landgraf 曾探究過大量非常高強度鋼的低循環數疲勞行為,而在研究其間,他繪製了許多循環應力-應變圖[3]。圖 5-12 顯示初始幾次受控的循環應變線圖。在此例中,強度隨著應力重複降低,從交變發生於越來越小的應力,明顯地看出強度隨著應力反覆而降低。正如早先所言,其它材料可能經由循環的反覆應力而強化。

1975 年,美國 SAE 疲勞設計與評估指導委員會 (The SAE Fatigue Design and Evaluation Steering Committee) 釋出一份報告,指出材料損壞時的反覆次數與應變變化幅度 $\Delta\varepsilon/2$[4] 的大小有關。

---

[2] L. Bairstow, "The Elastic Limits of Iron and Steel under Cyclic Variations of Stress," *Philosophical Transactions*, Series A, vol. 210, Royal Society of London, 1910, pp. 35-55.
[3] R. W. Landgraf, *Cyclic Deformation and Fatigue Behavior of Hardened Steels*, Report no. 320, Department of Theoretical and Applied Mechanics, University of Illinois, Urbana, 1968, pp. 84-90.
[4] *Technical Report on Fatigue Properties*, SAE J1099, 1975.

圖 5-12 真應力–真應變遲滯迴圈顯示循環軟化材料的前五次應力反覆。為了清晰起見，此圖略微誇張。請留意 AB 線的斜率是彈性模數 E。應力幅度 $\Delta\sigma$、$\Delta\varepsilon_p$ 為塑性應變幅度。而 $\Delta\varepsilon_e$ 為彈性應變幅度。$\Delta\varepsilon_e$ 為彈性應變幅度。總應變幅度為 $\Delta\varepsilon = \Delta\varepsilon_p + \Delta\varepsilon_e$。

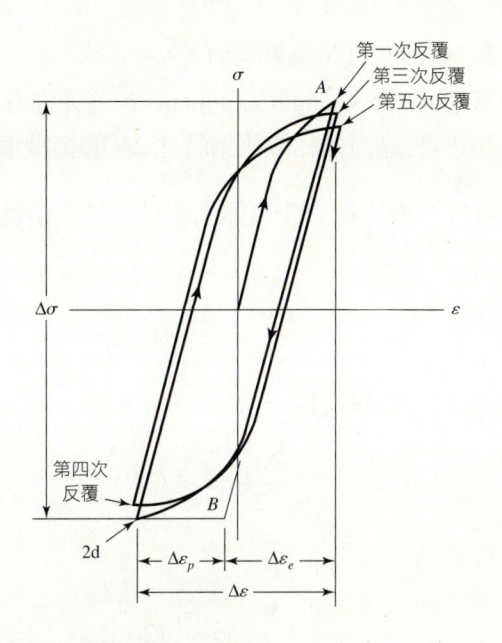

圖 5-13 SAE 1020 熱軋鋼的對數–對數線圖，顯示疲勞壽命如何與真應變振幅關聯。
(Reprinted with permission from SAE J1099_200208© 2002 SAE International.)

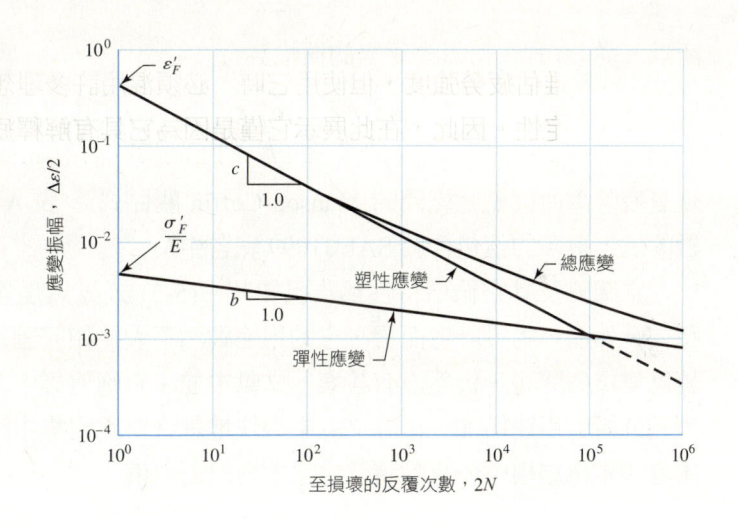

這份報告含 SAE 1020 熱軋鋼的關係線圖；該圖經重製成圖 5-13。為解釋該圖，先定義下列各詞：

- **疲勞延性係數** (fatigue ductility coefficient)　ε'_F 是對應於一次反覆即破裂的真應變 (圖 5-12 中的 A 點)。塑性應變線在圖 5-13 中從該點開始。

- **疲勞強度係數** (fatigue strength coefficient)　σ'_F 是對應於一次反覆即破裂的真應力 (真應力在圖 5-12 中的 A 點)。請留意圖 5-13 中的彈性應變線從 σ'_F/E 開始。

- **疲勞延性值指數** (fatigue ductility exponent)　c 為圖 5-13 中塑性應變線的斜率，也是使壽命 $2N$ 必須自乘以與真應變振幅成比例時之 $2N$ 的指數值。如果

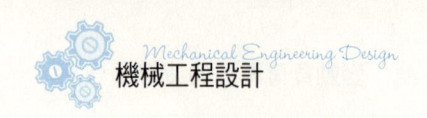

應力反覆次數為 $2N$，則 N 為循環數。

- **疲勞強度指數** (fatigue strength exponent) b 為彈性應變線的斜率，也是使壽命 $2N$ 必須自乘以與真應力振幅成比例時之 $2N$ 的指數值。

現在從圖 (5-12) 可看出總應變為彈性應變分量與塑性應變分量之和。因此，總應變振幅為

$$\frac{\Delta\varepsilon}{2} = \frac{\Delta\varepsilon_e}{2} + \frac{\Delta\varepsilon_p}{2} \tag{a}$$

圖 5-13 中塑性應變線的方程式為

$$\frac{\Delta\varepsilon_p}{2} = \varepsilon'_F(2N)^c \tag{5-1}$$

彈性應變線的方程式為

$$\frac{\Delta\varepsilon_e}{2} = \frac{\sigma'_F}{E}(2N)^b \tag{5-2}$$

所以，從 (a) 式，可得總應變的振幅為

$$\frac{\Delta\varepsilon}{2} = \frac{\sigma'_F}{E}(2N)^b + \varepsilon'_F(2N)^c \tag{5-3}$$

這是疲勞壽命與總應變間的 Manson-Coffin 關係式[5]。表 A-23 中列出部分係數和指數的值。更多的值包含於 SAE J1099 報告中[6]。

當應變及其它循環特性都為已知時，(5-3) 式雖然是獲取部件的疲勞壽命的方程式，然而，對設計者而言，它的用途顯然不大。如何確定缺口或不連續處底部的總應變這個問題，仍然沒有答案。文獻中並沒有應變集中因數的線圖或表。由於有限元分析的用途增加，也許文獻中很快地就會有應變集中因數。此外，有限元分析本身能求得結構中所有點將發生之應變的近似值[7]。

---

[5] J. F. Tavernelli and L. F. Coffin, Jr., "Experimental Support for Generalized Equation Predicting Low Cycle Fatigue," and S. S. Manson, discussion, *Trans. ASME, J. Basic Eng.*, vol. 84, no. 4, pp. 533–537.

[6] See also, Landgraf, Ibid.

[7] For further discussion of the strain-life method see N. E. Dowling, *Mechanical Behavior of Materials*, 2nd ed., Prentice-Hall, Englewood Cliffs, N.J., 1999, Chap. 14.

5-6 線性-彈性破裂力學法

疲勞破裂的第一階段標示為疲勞階段 I (stage I fatigue)。推測透過許多接壤的晶粒、雜質、不完美的表面擴張的晶粒滑動，扮演主要的角色。由於對觀察者來說，這些大多數屬於無法目視，只能說階段 I 涉及許多晶粒。第二階段，裂隙擴張，稱為疲勞階段 II (stage II fatigue)。這是在裂隙 (亦即產生新的裂隙) 之前，產生從電子顯微鏡的顯微照片中可觀察得到的證據。裂隙的成長是有次序的。最終的破裂發生於疲勞階段 III，雖然並未涉及疲勞。當該裂隙長到涉及的應力振幅 $K_I = K_{Ic}$ 時，則 K_{Ic} 為損壞金屬的臨界應力強度，然後，剩餘的剖面在拉力過負荷的情況下，發生突發式損壞 (見 4-12 節)。階段 III 伴隨裂隙加速成長，然後破裂。

裂隙成長

當應力變動，且每次應力循環都含部分拉應力時，疲勞裂隙核化 (nucleate) 並成長。考慮應力在 σ_{min} 及 σ_{max} 兩界限間波動，並定義應力幅 (stress range) 為 $\Delta\sigma = \sigma_{max} - \sigma_{min}$。從 (4-37) 式應力強度已知為 $K_I = \beta\sigma\sqrt{\pi a}$，因此，對 $\Delta\sigma$，每一循環的應力強度幅 (stress intensity range) 為

$$\Delta K_I = \beta(\sigma_{max} - \sigma_{min})\sqrt{\pi a} = \beta\Delta\sigma\sqrt{\pi a} \tag{5-4}$$

為了發展疲勞強度的數據，用許多相同材料的試片以不同的 $\Delta\sigma$ 值執行試驗。在非常鄰近自由表面或大的不連續處，裂隙開始核化。假設初始裂隙長 a_i，裂隙成長如應力循環數 N 的函數而與 $\Delta\sigma$，也就是 ΔK_I 相關。因為 ΔK_I 小於某下限值 $(\Delta K_I)_{th}$ 時，裂隙將不會成長。圖 5-14 展現三種應力水準 $(\Delta\sigma)_3 > (\Delta\sigma)_2 > (\Delta\sigma)_1$ 的情況，而裂隙長 a 為 N 的函數，對已知的裂隙大小，其中 $(\Delta K_I)_3 > (\Delta K_I)_2 > (\Delta K_I)_1$。請注意，較高應力幅的效應在圖 5-14 中，於特定循環數產生較長裂隙。

當圖 5-14 中每循環的裂隙成長率，da/dN，繪成圖 5-15 的線圖時，從三種應力幅的所有數據重疊成 sigmoidal 曲線。裂隙發展的三個階段是可觀察的，而且階

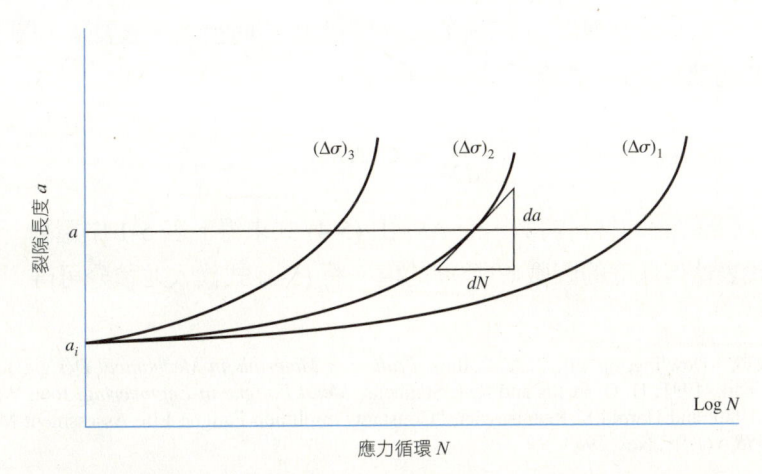

圖 5-14　裂隙長 a 從初始長 a_i 以循環數之函數開始增長的三個應力區間，$(\Delta\sigma)_3 > (\Delta\sigma)_2 > (\Delta\sigma)_1$。

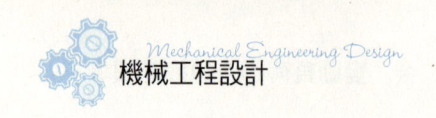

圖 5-15 當從圖 5-14 中量得 da/dN 並於 log-log 座標圖上繪製線圖時，重疊了不同應力區間的數據，得出圖中所示的 sigmoid 曲線，$(\Delta K_\mathrm{I})_\mathrm{th}$ 是 ΔK_I 的下限值，低於它，裂隙不會成長。從下限值到使鋁合金破裂，將在階段 I 中消耗 85-90%，在階段 II 中消耗 5-8%，在階段 III 中消耗 1-2% 的壽命。

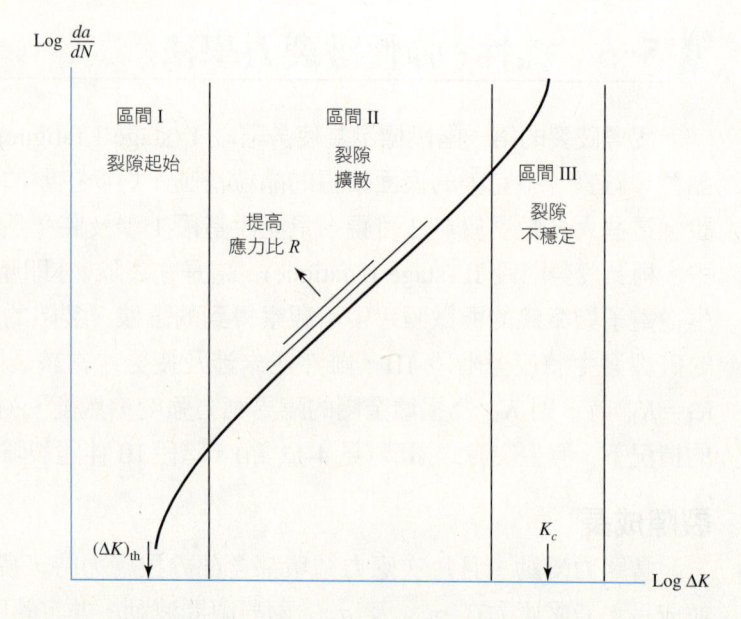

表 5-1 (5-5) 式中不同鋼組織的因數 C 與 m 的保守值。$(R = \sigma_\mathrm{max}/\sigma_\mathrm{min} \doteqdot 0)$

材料	$C, \dfrac{\mathrm{m}/\text{循環}}{(\mathrm{MPa}\sqrt{\mathrm{m}})^m}$	$C, \dfrac{\mathrm{in}/\text{循環}}{(\mathrm{kpsi}\sqrt{\mathrm{in}})^m}$	m
肥粒鐵-波來鐵鋼	$6.89(10^{-12})$	$3.60(10^{-10})$	3.00
麻田散鋼	$1.36(10^{-10})$	$6.60(10^{-9})$	2.25
奧斯田不鏽鋼	$5.61(10^{-12})$	$3.00(10^{-10})$	3.25

來源：J. M. Barsom and S. T. Rolfe, *Fatigue and Fracture Control in Structures, 2nd ed.*, Prentice Hall, Upper Saddle River, NJ, 1987, pp. 288–291, Copyright ASTM International. Reprinted with permission.

段 II 中的數據在 log-log 座標中呈現線性，在此區間中線性–彈性破裂力學 (LEFM) 的有效性存在。藉變化實驗的應力比 $R = \sigma_\mathrm{min}/\sigma_\mathrm{max}$，能產生一群相似的曲線。

此處將展示估算承受循環應力之部件，於發現裂隙後之殘存壽命的簡化步驟。這需要假設是在平面應變的情況[8]。假設在階段 II 初期發現一處裂隙，圖 5-15 中的裂隙成長 II 可藉以 Paris 式來近似，其型式為

$$\frac{da}{dN} = C(\Delta K_\mathrm{I})^m \tag{5-5}$$

式中 C 與 m 為經驗的材料常數，而 ΔK_I 由 (5-4) 式求得。表 5-1 中羅列一些不同鋼組織的具代表性但保守的因數 C 與 m 的值。將 (5-4) 式代入並積分可得

---

[8] 推薦參考文獻：Dowling, op. cit.; J. A. Collins, *Failure of Materials in Mechanical Design*, John Wiley & Sons, New York, 1981; H. O. Fuchs and R. I. Stephens, *Metal Fatigue in Engineering*, John Wiley & Sons, New York, 1980; and Harold S. Reemsnyder, "Constant Amplitude Fatigue Life Assessment Models," *SAE Trans. 820688*, vol. 91, Nov. 1983.

$$\int_0^{N_f} dN = N_f = \frac{1}{C} \int_{a_i}^{a_f} \frac{da}{(\beta \Delta \sigma \sqrt{\pi a})^m} \tag{5-6}$$

式中 a_i 為初始裂隙的長度，a_f 為對應於損壞之裂隙的長度，而 N_f 為初始裂隙形成後，到產生損壞的推估循環數。請留意，β 在積分變數中可能變化 (例如，見圖 4-25 至 4-30)。若發生這種情況，Reemsnyder[9] 建議以下列演算法進行數值積分

$$\begin{aligned} \delta a_j &= C(\Delta K_I)_j^m (\delta N)_j \\ a_{j+1} &= a_j + \delta a_j \\ N_{j+1} &= N_j + \delta N_j \\ N_f &= \sum \delta N_j \end{aligned} \tag{5-7}$$

式中的 δa_j 與 δN_j 分別為裂隙長與循環數的增量。運算程序為選擇一 δN_j 的值，利用 a_i 求得 β，並計算 ΔK_I，以確定 δa_j，然後計算下一個 a 值。重複此一程序直到 $a = a_f$。

為了提供對此程序的一些瞭解，下列範例對常數 β 高度簡化。通常會使用 NASA/FLAGRO 2.0 的疲勞裂隙成長計算機程式，以更具理解性的理論模型來解決這些問題。

範例 5-1

圖 5-16 中的桿承受 $0 \leq M \leq 135$ N·m 的重複彎矩。該桿以 AISI 4430 鋼製，$S_{ut} = 1.28$ GPa，$S_y = 1.17$ GPa，而 $K_{Ic} = 81$ MPa $\sqrt{\text{m}}$。對此種材料經相同熱處理之試片做材料試驗顯示，在最糟情況下的常數值為 $C = 114 \times 10^{-15}$ (m/循環)/(Mpa $\sqrt{\text{m}}$)^m 及 $m = 3.0$。如圖中所示，在桿的底部發現尺寸為 0.1 mm 的刻痕。試估算其殘餘的壽命循環數。

解答 應力幅 $\Delta \sigma$ 總是以標稱面積 (未出現裂隙) 計算。因此

$$\frac{I}{c} = \frac{bh^2}{6} = \frac{0.006(0.012)^2}{6} = 144 \times 10^{-9} \text{ m}^3$$

所以，裂隙起始前應力幅為

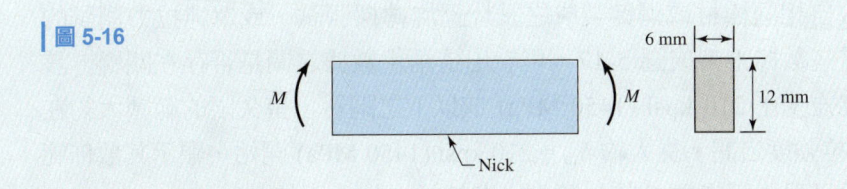

圖 5-16

[9] Op. cit.

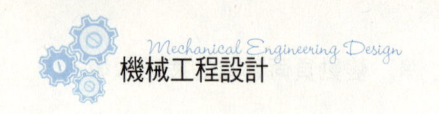

$$\Delta\sigma = \frac{\Delta M}{I/c} = \frac{135}{144 \times 10^{-9}} = 937.5 \text{ MPa}$$

此值小於降伏強度。由於裂隙成長，它終究會長到足以使該桿完全降伏或經歷脆性破裂。由於 S_y/S_{ut} 的比值，它達到完全降伏非常不可能。對於脆性破裂，標示破裂強度為 a_f。若 $\beta = 1$，則由 (4-37) 式與 $K_I = K_{Ic}$，可得 a_f 的近似值為

$$a_f = \frac{1}{\pi}\left(\frac{K_{Ic}}{\beta\sigma_{\max}}\right)^2 \doteq \frac{1}{\pi}\left(\frac{81}{937.5}\right)^2 = 0.0024 \text{ m}$$

由圖 4-27，可算出 a_f/h 的比值

$$\frac{a_f}{h} = \frac{0.0024}{0.012} = 0.2$$

因此，a_f/h 值從零變化到大約 0.2。從圖 4-27，對此區間而言，β 為近似於 1.05 的定值。假設它確實如此，並重估 a_f 得

$$a_f = \frac{1}{\pi}\left(\frac{81}{1.05(937.5)}\right)^2 = 0.00216 \text{ m}$$

因此，由 (5-6) 式推估殘餘壽命為

$$N_f = \frac{1}{C}\int_{a_i}^{a_f}\frac{da}{(\beta\Delta\sigma\sqrt{\pi a})^m} = \frac{1}{114 \times 10^{-15}}\int_{0.0001}^{0.00216}\frac{da}{[1.05(937.5)\sqrt{\pi a}]^3}$$

$$= -\frac{825.8}{\sqrt{a}}\bigg|_{0.0001}^{0.00216} = 64.8(10^3) \text{ 次循環}$$

5-7 持久限

　　藉疲勞試驗，透過冗長的程序以確定持久限，現在已成例行公事。通常，應力測試優於應變測試。

　　對於初步與原型設計，以及一些疲勞分析而言，需要能迅速估算持久限的方法。文獻中有取自相同棒材或鋼錠製成之試片經旋轉樑測試，或單純拉力測試的大量數據。以這些數據繪製成圖 5-17，可看出這兩組數據之間是否存在關聯。該圖中推薦對承拉強度在 210 kpsi (1450 MPa) 或以下之鋼料，持久限的範圍大約在 40 % 到 60% 承拉強度之間。從大約 S_{ut} = 210 kpsi (1450 MPa) 開始，顯示其散佈範圍增大，但似乎呈現水平走向。就像圖中以點線推介的水平線 S'_e = 105 kpsi (735 MPa)。

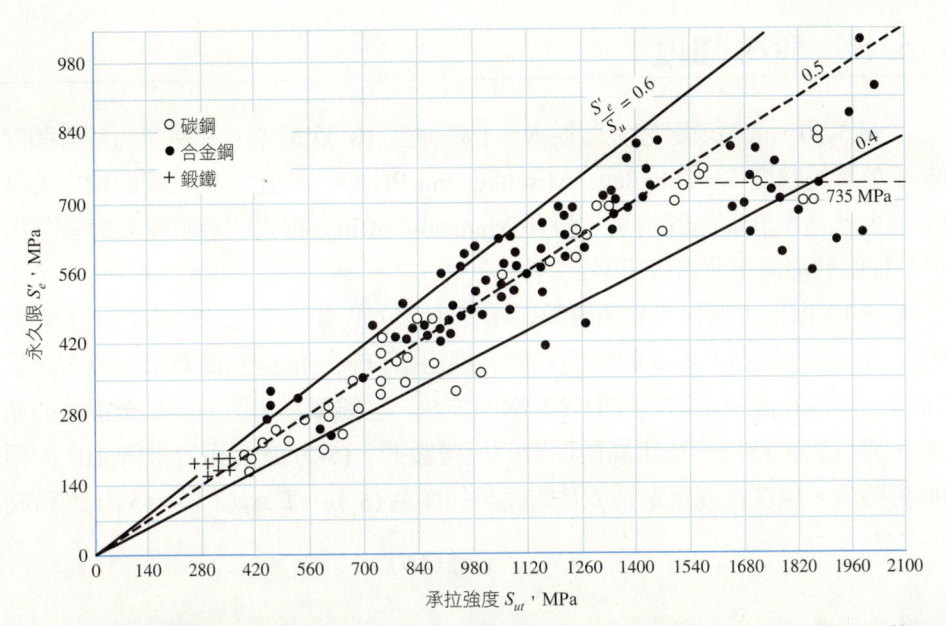

圖 5-17 得自大量鍛鐵與鋼的實際試驗的結果繪成的持久限對承拉強度圖。0.60、0.50 及 0.40 的 S_e'/S_{ut} 比值在圖中以實線與點線顯示。請注意，水平點線代表 $S_e' = 735$ Mpa。圖中各點顯示，承拉強度大於 1470 MPa 者的平均持久限為 $S_e' = 735$ MPa，而標準差為 95 MPa。(Collated from data compiled by H. J. Grover, S. A. Gordon, and L. R. Jackson in Fatigue of Metals and Structures, Bureau of Naval Weapons Document NAVWEPS 00-25-534, 1960; and from Fatigue Design Handbook, SAE, 1968, p. 42.)

現在將展示一種估算持久限的方法。請注意，此一估算得自從很多資料來源取得的大量數據，它們對透過嚴苛採購規範得到的試片，經實驗室實際試驗所得的機械性質，可能散佈頗廣，而且可能有重大的偏差。因為不確定性的區域比較大，必須使用比靜態設計更大的安全因數作為補償。

就鋼料而言，簡化對圖 5-17 的觀察，可推估持久限為

$$S_e' = \begin{cases} 0.5 S_{ut} & S_{ut} \le 200 \text{ kpsi } (1400 \text{ MPa}) \\ 100 \text{ kpsi} & S_{ut} > 200 \text{ kpsi} \\ 700 \text{ MPa} & S_{ut} > 1400 \text{ MPa} \end{cases} \quad (5\text{-}8)$$

式中的 S_{ut} 為**最小承拉強度** (minimum tensile strength)。此式中在 S_e' 上的撇號指出是**旋轉樑試片** (rotating-beam specimen)。書中保留無撇號的符號 S_e，用於標示特定機件承受任何種類之負荷時的持久限。很快地，就會知道這兩者可能大不相同。

鋼料經處理得到不同微觀結構繪有不等的 S_e'/S_{ut} 比值。它顯現更具延性的微觀結構有更高的比值。麻田散鋼具有很脆的性質，而高度容易受疲勞導致裂隙的影響，因此其比值很低。當設計含詳細的熱處理規範以獲得指定的微觀結構時，可以基於該特定微觀結構的測試數據估算持久限；如此估算更加可靠，而且理當如此。

拋光或經車削之不同類別鑄鐵的持久限，列於表 A-24 中。鋁合金沒有持久限。表 A-24 中也列出了部分鋁合金在 $5(10^8)$ 次反覆應力循環的疲勞強度。

5-8 疲勞強度

　　如圖 5-10，低循環數疲勞區從 $N = 1$ 延伸至 10^3 次循環。本區中的疲勞強度 S_f 僅略小於承拉強度 S_{ut}。Shigley、Mischke, and Brown[10] 提出一種可同時使用於高循環數區與低循環數區的解析法，需要 Manson-Coffin 方程式的參數及應變強化指數 m。工程師們經常得面對資訊不足的情況。

　　圖 5-10 指出，鋼料的高循環數區域從 10^3 次循環到持久限的壽命 N_e，大約在 10^6 到 10^7 次循環間。本節的目的在於發展出當資訊可能少到僅有單純拉力試驗的結果時，可以在高循環區域近似 S-N 圖的方法。經驗顯示，應力與其至損壞的循環次數，施以對數轉換能矯正高循環數的疲勞數據。(5-2) 式能用於求得 10^3 次循環的疲勞強度。現在定義規定循環數的疲勞強度為 $(S'_f)_N = E\Delta\varepsilon_e/2$，將 (5-2) 式寫成

$$(S'_f)_N = \sigma'_F (2N)^b \tag{5-9}$$

於 10^3 次循環

$$(S'_f)_{10^3} = \sigma'_F (2 \cdot 10^3)^b = f S_{ut}$$

式中 f 為 S_{ut} 的分數，以 $(S'_f)_{10^3}$ 次循環數表示，求解 f 可得

$$f = \frac{\sigma'_F}{S_{ut}} (2 \cdot 10^3)^b \tag{5-10}$$

現在，$\sigma'_F = \sigma_0 \varepsilon^m$ 與 $\varepsilon = \varepsilon'_F$。若此真應力 - 真應變方程式未知，則鋼料於 $H_B \leq 500$ 時，可以使用 SAE 的近似式[11]

$$\sigma'_F = S_{ut} + 50 \text{ kpsi} \quad \text{或} \quad \sigma'_F = S_{ut} + 345 \text{ Mpa} \tag{5-11}$$

以求 b 值，將持久強度與對應的循環數，S'_e 與 N_e，代入 (5-9) 式，並求解 b

$$b = -\frac{\log(\sigma'_F/S'_e)}{\log(2N_e)} \tag{5-12}$$

於是方程式 $S'_f = \sigma'_F (2N)^b$ 為已知，若 $S_{ut} = 735$ MPa 及 $S'_e = 366$ Mpa，以 $N_e = 10^6$ 次循環

(5-11) 式　　　　　　$\sigma'_F = 735 + 345 = 1080$ MPa

(5-12) 式　　　　　　$b = -\dfrac{\log(1080/366)}{\log(2 \cdot 10^6)} = -0.0746$

---

[10] J. E. Shigley, C. R. Mischke, and T. H. Brown, Jr., *Standard Handbook of Machine Design*, 3rd ed., McGraw-Hill, New York, 2004, pp. 29.25-29.27.
[11] *Fatigue Design Handbook*, vol. 4, Society of Automotive Engineers, New York, 1958, p. 27.

(5-10) 式
$$f = \frac{1080}{735}(2 \cdot 10^3)^{-0.0746} = 0.833$$

而且從 (5-9) 式，令 $S'_f = (S'_f)_N$

$$S'_f = 1080(2N)^{-0.0746} = 1026\, N^{-0.0746} \tag{a}$$

求解 f 的程序對不同的極限強度可以重複。圖 5-18 是 $490 \leq S_{ut} \leq 1400$ MPa 中 f 的線圖。為求保守對 $S_{ut} < 350$ MPa 的情況令 $f = 0.9$。

就實際機械元件 S'_e 降低至 S_e (見 5-9 節)，這個值小於 $0.5\,S'_{ut}$。然而，除非可取得實際數據，推薦使用從圖 5-18 找到的 f 值。(a) 式對實際機械元件可以寫成

$$S_f = a\, N^b \tag{5-13}$$

式中 N 為至損壞的循環數，而常數 a 與 b 以 10^3、$(S_f)_{10^3}$ 及 10^6 來定義，加上 S_e 與 $(S_f)_{10^3} = f S_{ut}$，將這兩點代入 (5-13) 式，可得

$$a = \frac{(f S_{ut})^2}{S_e} \tag{5-14}$$

$$b = -\frac{1}{3} \log\left(\frac{f S_{ut}}{S_e}\right) \tag{5-15}$$

如果完全反覆應力 σ_{rev} 已知，於 (5-13) 式中令 $S_f = \sigma_{\text{rev}}$，至損壞的循環數可以表示為

$$N = \left(\frac{\sigma_{\text{rev}}}{a}\right)^{1/b} \tag{5-16}$$

請留意，典型的 S-N 圖，與 (5-16) 式只能用於完全反覆的負荷。對於一般的波動負荷狀，必須求得一可視為等效於其為實際波動應力之疲勞損壞的完全反覆應力。

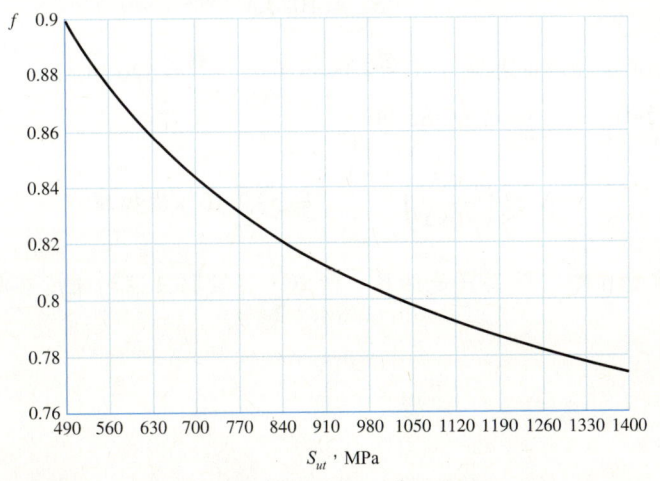

圖 5-18 於 10^3 次循環時，S_{ut} 的疲勞強度為分數 f；於 10^6 次循環時，$S_e = S'_e = 0.5\, S_{ut}$。

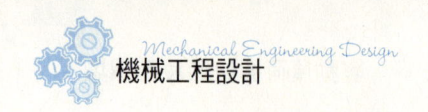

(範例 5-12)。

低循環數疲勞常定義為發生於 $1 \leq N \leq 10^3$ 區 (見圖 5-10) 的損壞。如圖 5-10 的 log-log 線圖上的損壞軌跡，在此區 10^3 次循環之後幾乎呈線性。在 10^3、fS_{ut}，與 1、S_{ut} (轉換後) 的直線是保守的，而可以表示為

$$S_f \geq S_{ut} N^{(\log f)/3} \qquad 1 \leq N \leq 10^3 \tag{5-17}$$

範例 5-2

已知某 1050 HR 鋼料，試估算
(a) 旋轉樑 10^6 次循環的持久限
(b) 經拋光的旋轉樑試片對應於 10^4 次循環後損壞的持久強度
(c) 經拋光的旋轉樑試片在完全反覆應力 385 MPa 作用下的預期壽命

解答 (a) 從表 A-20，$S_{ut} = 630$ MPa，由 (5-8) 式

答案
$$S'_e = 0.5(630) = 315 \text{ MPa}$$

(b) 由圖 5-18，對 $S_{ut} = 630$ MPa，$f = 0.86$，由 (5-14) 式

$$a = \frac{[0.86(630)^2]}{315} = 1084 \text{ MPa}$$

由 (5-15) 式，

$$b = -\frac{1}{3} \log \left[\frac{0.86(630)}{315}\right] = -0.0785$$

因此，(5-13) 式成為

$$S'_f = 1084 \, N^{-0.0785}$$

答案 經 10^4 次循環而損壞，$S'_f = 1084(10^4)^{-0.0785} = 526$ MPa

(c) 從 (5-16) 式，以 $\sigma_a = 385$ MPa

答案
$$N = \left(\frac{385}{1084}\right)^{1/-0.0785} = 53.3(10^4) \text{ 次循環}$$

請牢記在心，這些只是估算。所以，答案取三位精確度有些誤導。

5-9 持久限修正因數

由於已知實驗室用於決定持久限的旋轉樑試片，經非常仔細的方式準備，並在嚴格控制的情況下測試。因此，預期機械或結構的組件有與實驗室所得相符的持久限，乃不切實際的事。期間的差別在於：

- **材料**：成分、損壞的基準、變異性。
- **製造**：方法、熱處理、磨耗腐蝕、表面狀態、應力集中。
- **環境**：腐蝕、溫度、應力狀態、備用時間。
- **設計**：尺寸、形狀、壽命、應力狀態、速率、磨耗、擦損。

Marin[12] 確認了表面狀態、尺寸、負荷、溫度及雜項等一些因數之效應的量化值。持久限應以減法或乘法修正的問題，已經藉廣泛統計分析 4340 鋼 (電爐、航空品質) 加以解決。其中發現相關係數值在乘法型式為 0.85，加法型式為 0.40。因此，Marin 修正式寫成

$$S_e = k_a k_b k_c k_d k_e k_f S_e' \tag{5-18}$$

式中
$\quad k_a =$ 表面修正因數
$\quad k_b =$ 尺寸修正因數
$\quad k_c =$ 負荷修正因數
$\quad k_d =$ 溫度修正因數
$\quad k_e =$ 可靠度因數[13]
$\quad k_f =$ 雜項效應修正因數
$\quad S_e' =$ 旋轉樑試驗試片的持久限
$\quad S_e =$ 在機器部件的臨界位置與狀態下使用的持久限

當無法取得部件的持久限試驗值時，可應用 Marin 因數修正持久限以估算其值。

表面修正因數 k_a

旋轉樑試片的表面經高度拋光，最後並循軸向拋光以去除任何的周邊刮痕。表面修正因數視表面精製品質與部件材料的承拉強度而定。為求得機器部件常用精製方式 (研磨、車削、熱軋及擬鍛造) 的計量表達式，Lipson 與 Noll 自持久限對承拉強度曲線重新擷取收集的數據點座標值，並由 Horger[14] 重製。這些數據可表示成

---

[12] Joseph Marin, *Mechanical Behavior of Engineering Materials*, Prentice-Hall, Englewood Cliffs, N.J., 1962, p. 224.
[13] 完整的隨機分析限於 5-17 節。在該節之前，此處的呈現方式仍具有確定性質。然而，必須留意疲勞數據已知的發散。這意指此時將不執行真的可靠度分析，但將試圖回答此問題：已知 (假設) 從某材料製程之分件群中，隨機選出的部件其應力超過材料強度的機率為若干？
[14] C. J. Noll and C. Lipson, "Allowable Working Stresses," *Society for Experimental Stress Analysis*, vol. 3, no. 2, 1946, p. 29. Reproduced by O. J. Horger (ed.), *Metals Engineering Design ASME Handbook*, McGraw-Hill, New York, 1953, p. 102.

$$k_a = aS_{ut}^b \tag{5-19}$$

式中的 S_{ut} 是最小的承拉強度，而 a 與 b 的值可自表 5-2 查得。

表 5-2 Marin 的表面修正因數 (5-19) 式中的各參數值

表面精製	因數 a S_{ut}, kpsi	S_{ut}, MPa	指數 b
研磨	1.34	1.58	-0.085
車削或冷拉	2.70	4.51	-0.265
熱軋	14.4	57.7	-0.718
擬鍛造	39.9	272.	-0.995

來源：C.J. Noll and C. Lipson, "Allowable Working Stresses," *Society for Experimental Stress Analysis*, vol. 3, no. 2, 1946 p. 29. Reproduced by O.J. Horger (ed.) Metals Engineering Design ASME Handbook, McGraw-Hill, New York. Copyright © 1953 by The McGraw-Hill Companies, Inc. Reprinted by permission.

範例 5-3

某熱軋鋼的最小極限強度為 600 MPa，試估算 k_a 值，

解答 從表 5-2 查得，$a = 57.7$ 及 $b = -0.718$，則從 (5-19) 式

答案
$$k_a = 57.7(600)^{-0.718} = 0.584$$

再次提醒很重要，由於典型的數據十分零散，這只是一種近似值。此外，這不是輕度的修正值。例如，前一例的鋼料經鍛造，修正因數將是 0.540，嚴重地削減了強度值。

尺寸因數 k_b

尺寸因數曾以 133 個數據點[15] 做過評估。彎曲與扭轉所得的結果如下：

$$k_b = \begin{cases} (d/0.3)^{-0.107} = 0.879 d^{-0.107} & 0.11 \leq d \leq 2 \text{ in} \\ 0.91 d^{-0.157} & 2 < d \leq 10 \text{ in} \\ (d/7.62)^{-0.107} = 1.24 d^{-0.107} & 2.79 \leq d \leq 51 \text{ mm} \\ 1.51 d^{-0.157} & 51 < d \leq 254 \text{ mm} \end{cases} \tag{5-20}$$

軸向負荷沒有尺寸因數，所以

$$k_b = 1 \tag{5-21}$$

---

[15] Charles R. Mischke, "Prediction of Stochastic Endurance Strength," *Trans. of ASME, Journal of Vibration, Acoustics, Stress, and Reliability in Design*, vol. 109, no. 1, January 1987, Table 3.

只見到 k_c。

使用 (5-20) 式有個問題,那就是當圓桿承受彎曲,但不旋轉,或當使用非圓桿時,應如何處理?例如 6 mm 厚、40 mm 寬的桿件,其尺寸因數為若干?使用的處理方式是,使用承受超過或等於最大應力之 95% 的材料體積,等於旋轉樑試片之體積,所得到的**等效尺寸** (equivalent diameter) d_e[16]。兩體積相等時,可以消去長度,僅需要靠慮面積。對原型的剖面,承受高於 95% 最大應力的面積是以 d 為外直徑 $0.95d$ 為內直徑的環形面積。所以,標示 95% 應力面積為 $A_{0.95\sigma}$,可得

$$A_{0.95\sigma} = \frac{\pi}{4}[d^2 - (0.95d)^2] = 0.0766d^2 \tag{5-22}$$

此式也對旋轉的空心圓桿一樣適用。對不旋轉的實心圓桿或空心圓桿,95% 最大應力面積為 2 倍相距 $0.95d$ 之兩平行弦之外的面積,其中 d 為直徑。經精確計算,可得

$$A_{0.95\sigma} = 0.01046d^2 \tag{5-23}$$

將 d_e 用於 (5-22) 式中,令 (5-22) 式與 (5-23) 式相等,即可求得等效直徑。從而可得

$$d_e = 0.370d \tag{5-24}$$

作為對應於不旋轉之軸或空心圓管的等效尺寸。

尺寸為 $h \times b$ 的矩形剖面,其 $A_{0.95\sigma} = 0.05hb$。使用與先前相同的處理方式,可得

$$d_e = 0.808(hb)^{1/2} \tag{5-25}$$

表 5-3 提供一些常見結構剖面經歷無旋轉彎曲的 $A_{0.95\sigma}$。

範例 5-4

某承受彎矩的鋼軸,直徑為 52 mm,鄰近含內圓角而直徑為 38 mm 的軸肩。鋼軸材料的平均極限承拉強度為 690 MPa。試估算 Marin 的尺寸因數,如果該軸用於
(a) 旋轉模式。
(b) 不旋轉模式。

解答 (a) 由 (5-20) 式,

答案 $$k_b = 1.51d^{-0.157} = 1.51(52)^{-0.157} = 0.812$$

---

[16] 見 R. Kuguel, "A Relation between Theoretical Stress-Concentration Factor and Fatigue Notch Factor Deduced from the Concept of Highly Stressed Volume," *Proc. ASTM*, vol. 61, 1961, pp. 732–748.

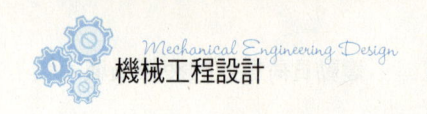

(b) 由表 5-3，

$$d_e = 0.37d = 0.37(52) = 19.24 \text{ mm}$$

再從 (5-20) 式，

答案
$$k_b = \left(\frac{19.24}{7.62}\right)^{-0.107} = 0.906$$

負荷因數 k_c

以旋轉彎曲，軸向 (推 - 拉)，與扭轉負荷執行疲勞試驗時，其持久限與 S_{ut} 間的關係不同。將在 5-17 節中進一步研討。此處將規定負荷因數的平均值為

表 5-3 常見不旋轉的結構剖面的 $A_{0.95\sigma}$ 面積

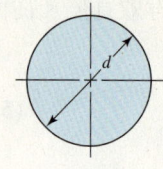

$$A_{0.95\sigma} = 0.01046d^2$$
$$d_e = 0.370d$$

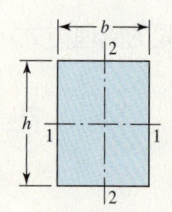

$$A_{0.95\sigma} = 0.05hb$$
$$d_e = 0.808\sqrt{hb}$$

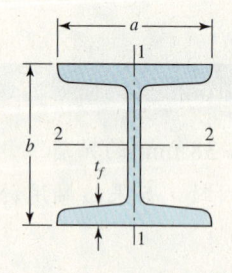

$$A_{0.95\sigma} = \begin{cases} 0.10at_f & \text{軸 1-1} \\ 0.05ba \quad t_f > 0.025a & \text{軸 2-2} \end{cases}$$

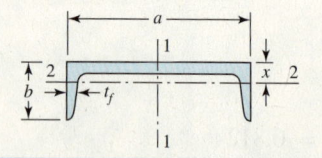

$$A_{0.95\sigma} = \begin{cases} 0.05ab & \text{軸 1-1} \\ 0.052xa + 0.1t_f(b-x) & \text{軸 2-2} \end{cases}$$

$$k_c = \begin{cases} 1 & \text{彎曲} \\ 0.85 & \text{軸向} \\ 0.59 & \text{扭轉}^{17} \end{cases} \qquad (5\text{-}26)$$

溫度因數 k_d

當運轉溫度低於室溫，脆性破裂的機率提高，應先予以探究。當運轉溫度高於室溫，應先探究降伏強度，因為降伏強度隨著溫度急速下降。在高溫運轉時，任何應力都將在材料中誘發潛變 (creep)，所以也必須考慮此一因數。最後，在高溫運轉時，材料可能沒有疲勞限。因為疲勞阻抗降低，損壞過程多少視時間而定。

可取得的有限數據顯示，鋼的持久限在溫度升高時稍微提高，然後在溫度 400 到 700°F 區間開始下降。由於這個緣故，溫度升高時之持久限與承拉強度的關係和室溫時相同可能是真的[18]。所以，至少在更廣泛的數據可以取得之前，在高溫時取用與室溫時相同的關係式來預測持久限，似乎很合理。至少，這項實務提供了比較各種材料性能可用的標準。

表 5-4 僅使用到承拉強度。請留意這個表代表 21 種不同的碳鋼與合金鋼經 145 次試驗的結果。所得數據的四次多項式為

$$\begin{aligned} k_d = {} & 0.975 + 0.432(10^{-3})T_F - 0.115(10^{-5})T_F^2 \\ & + 0.104(10^{-8})T_F^3 - 0.595(10^{-12})T_F^4 \end{aligned} \qquad (5\text{-}27)$$

式中 $70 \leq T_F \leq 1000°F$。

當考慮溫度時，會發生兩種型式的問題。若已知室溫時之旋轉樑持久限，則使用

$$k_d = \frac{S_T}{S_{RT}} \qquad (5\text{-}28)$$

從表 5-4 或 (5-27) 式取得數據，並依一般程序處置。若旋轉樑持久限未知，則使用 (5-8) 式，並由表 (5-4) 取得因數以計算經溫度修正的承拉強度，然後令 $k_d = 1$。

---

[17] 這個值僅於承受純扭轉疲勞負荷時使用，當扭轉剪應力與其它應力，如彎應力，複合時，$k_c = 1$。而複合應力藉使用 4-5 節中的等效 von Mises 應力來處理。請留意：對純扭轉，畸變能理論預言 $(k_c)_{扭轉} = 0.577$。

[18] For more, see Table 2 of ANSI/ASME B106. 1M-1985 shaft standard, and E. A. Brandes (ed.), *Smithell's Metals Reference Book*, 6th ed., Butterworth, London, 1983, pp. 22-134 to 22-136, where endurance limits from 100 to 650°C are tabulated.

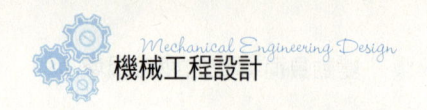

表 5-4　運轉溫度對鋼料承拉強度的影響* (S_T = 運轉溫度時的承拉強度；S_{RT} = 室溫時的承拉強度，$0.099 \leq \hat{\sigma} \leq 0.110$)．

溫度, °C	S_T/S_{RT}	溫度, °F	S_T/S_{RT}
20	1.000	70	1.000
50	1.010	100	1.008
100	1.020	200	1.020
150	1.025	300	1.024
200	1.020	400	1.018
250	1.000	500	0.995
300	0.975	600	0.963
350	0.943	700	0.927
400	0.900	800	0.872
450	0.843	900	0.797
500	0.768	1000	0.698
550	0.672	1100	0.567
600	0.549		

範例 5-5

某 1035 鋼料的承拉強度為 490 MPa，用於使用溫度 230°C 的部件。試估算 Marin 的溫度修正因數及 $(S_e)_{230°}$。若

(a) 室溫持久限經試驗得知為 $(S'_e)_{37°} = 270$ MPa。

(b) 僅知道室溫時的承拉強度

解答　(a) 首先，由 (5-27) 式

$$k_d = 0.9877 + 0.6507(10^{-3})(230) - 0.3414(10^{-5})(230^2)$$
$$+ 0.5621(10^{-8})(230^3) - 6.246(10^{-12})(230^4) = 1.00767$$

因此

答案　　　　$(S_e)_{230°} = k_d(S'_e)_{37°} = 1.00767(270) = 272.07$ MPa

(b) 從表 5-4 內插可得

$$(S_T/S_{RT})_{230°} = 1.02 + (1.0 - 1.02)\frac{230 - 200}{250 - 200} = 1.0197$$

因此，230°C 時的承拉強度估計為

$$(S_{ut})_{230°} = (S_T/S_{RT})_{230°}(S_{ut})_{37°} = 1.0197(490) = 499.7 \text{ MPa}$$

由 (5-8) 式，則

答案　　　　　　$(S_e)_{230°} = 0.5(S_{ut})_{230°} = 0.5(499.7) = 249.9$ MPa

由於該特定材料由實際試驗得來，a 部分的估算值較佳。

可靠度因數 k_e

本節討論的內容說明如圖 5-17 中平均持久限以 $S'_e/S_{ut} \doteq 0.5$ 顯示，或得自 (5-8) 式的數據發散程度。大多數持久限值以平均值表示，由 Haugen 與 Wirching[19] 展示的數據顯示持久限的標準差小於 8%。因此，可靠度修正因數可以寫成：

$$k_e = 1 - 0.08\, z_a \tag{5-29}$$

其中 z_a 以 (20-16) 式定義，而任何需要的可靠度值可由表 A-10 中取得。表 5-5 提供一些標準的指定可靠度。

更廣泛的可靠度處理方式請見 5-17 節。

雜項效應因數 k_f

雖然因數 k_f 試圖含括所有減損持久限的其它效應，實際上僅是用來提醒這些效應也必須考量，因為實際的 k_f 值並非都能取得。

殘留應力 (residual stresses) 可能改善持久限，也可能導致反向的影響。通常若部件的表面殘留應力屬於壓應力，將能改善持久限，疲勞損壞以拉伸損壞的模式呈現，或是至少將導致拉應力，所以，任何能減少拉應力的方法都能降低疲勞損壞的機率。像是珠擊法 (shot peening)、槌打 (hammering) 及冷軋 (cold rolling) 等製程，將在部件表面植入壓應力，而明顯地改善持久限。當然，材料不能加工至損壞。

以滾軋 (rolled) 或拉製 (drawn) 的板材或棒料，與鍛造的部件，其持久限可能

表 5-5 可靠度因數 k_e 對應於持久限 8% 的標準差

可靠度 %	轉換變量 z_a	可靠度因數 k_e
50	0	1.000
90	1.288	0.897
95	1.645	0.868
99	2.326	0.814
99.9	3.091	0.753
99.99	3.719	0.702
99.999	4.265	0.659
99.9999	4.753	0.620

[19] E. B. Haugen and P. H. Wirsching, "Probabilistic Design," *Machine Design*, vol. 47, no. 12, 1975, pp. 10–14.

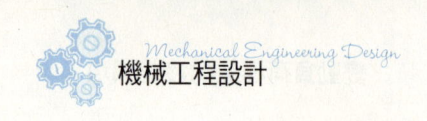

圖 5-19 表面硬化的部件因承受彎曲或扭轉負荷而損壞。本例的損壞發生於核心部分。

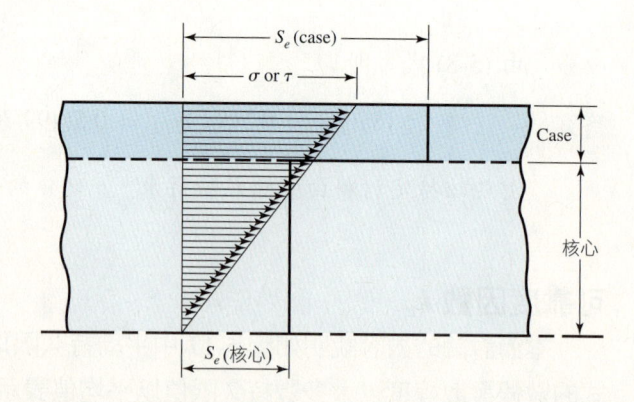

受所謂的**製程方向特性** (directional characteristics) 的影響。例如，滾軋或拉製的部件，其橫向持久限可能較縱向持久限低 10 到 20%。

經表面硬化的部件，視其應力梯度，於表面或最大核心半徑處損壞。圖 5-19 顯示棒料承受彎曲或扭轉時的典型三角形應力分佈。圖中也畫出一條粗線，顯示表面與核心部分的持久限 S_e。本例中，核心的持久限支配了設計。因圖中顯示，不論施加應力 σ 或 τ，在核心半徑之外部分的持久性質，很明顯地大於核心的持久性。

腐蝕

運轉於腐蝕氛圍中的部件預期疲勞阻抗會降低。當然，這麼預期很實際，那是由於腐蝕材料使表面粗化或孔蝕所致。但這個問題並不像找出已腐蝕試片的疲勞限那麼單純。其原因是腐蝕與承受應力同時發生，基本上，這意指任何部件於腐蝕氛圍中承受重複應力時，終將損壞，而無疲勞限存在。因此，設計者的問題是試圖最小化影響疲勞壽命的因數；其中有：

- 平均或靜應力
- 交變應力
- 電解液濃度
- 電解液中溶解的氧
- 材料性質與成分
- 溫度
- 循環頻率
- 環繞試片之流體的流率
- 局部縫隙

電鍍

金屬塗敷，如鍍鉻、鍍鎳或鍍鎘，將降低持久限值大約 50%。在某些情況下，塗敷導致的持久限減損嚴重至必須取消電鍍製程。鍍鋅對疲勞強度沒有影響，輕合金的陽極化減損彎曲持久限達 39%，但不影響扭轉持久限。

金屬被覆

金屬被覆會導致引起裂隙的表面瑕疵。有限的試驗顯示減損的疲勞強度達 14%。

循環頻率

若因某些緣由使疲勞程序變成與時間相關，它也將變得與頻率相關。通常疲勞損壞與頻率無關，但若遭遇腐蝕、高溫或兩者兼之，則循環率變得很重要。頻率愈低，溫度愈高，則裂隙擴散率也愈高，而於指定的應力水準縮短了壽命。

摩擦腐蝕

摩擦腐蝕現象是緊配合部件或結構件的微觀運動所導致。螺栓接頭、軸承槽配合、輪轂，及任何緊配合的部件組合都是例子。其過程涉及表面變色、孔蝕，及最終的疲勞。摩擦腐蝕因數 k_f 視匹配的材料而定，其範圍在 0.24 至 0.90 之間。

5-10 應力集中與缺口敏感度

在 2-13 節中已經指出部件上存在不規則形狀或不連續性，例如孔、槽，或缺口，將使鄰近不連續處的理論應力明顯地提高。(2-48) 式定義了應力集中因數 K_t (或 K_{ts})，與標稱應力一併使用，以獲得不規則形狀或瑕疵導致的最大應力。已經證實了有些材料對缺口的存在並不敏感，所以，對這些材料可使用降值的 K_t。對於這些材料，疲勞的有效最大應力為

$$\sigma_{\max} = K_f \sigma_0 \qquad \text{或} \qquad \tau_{\max} = K_{fs} \tau_0 \tag{5-30}$$

式中的 K_f 為降值的 K_t，而 σ_0 為標稱應力。因數 K_f 一般稱為**疲勞的應力集中因數** (fatigue stress-concentration factor)，而添加了下標 f。所以，將 K_f 想成由於對缺口的敏感度較小，而從 K_t 降值的應力集中因數。所得的因數以下式定義之：

$$K_f = \frac{\text{含缺口試片中的最大應力}}{\text{無缺口試片中的最大應力}} \tag{a}$$

缺口敏感度 (Notch sensitivity) q 以下式定義之

$$q = \frac{K_f - 1}{K_t - 1} \qquad \text{或} \qquad q_{\text{shear}} = \frac{K_{fs} - 1}{K_{ts} - 1} \tag{5-31}$$

式中的 q 值通常在 0 與 1 之間。(5-31) 式顯示，若 $q = 0$，則 $K_f = 1$，而該材料對缺口毫不敏感。另一方面，若 $q = 1$，則 $K_f = K_t$，材料對缺口完全敏感。在分析或設計工作中，先從部件的幾何形狀找到 K_t，然後規範材料找出 q，再從下列式中求解 K_f

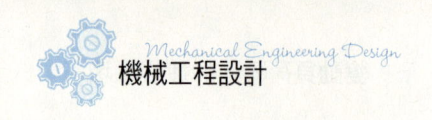

$$K_f = 1 + q(K_t - 1) \quad 或 \quad K_{fs} = 1 + q_{\text{shear}}(K_{ts} - 1) \tag{5-32}$$

對指定材料的缺口敏感度得自實驗。已公開的實驗數值很有限,但鋼與鋁可取得某些數據。缺口敏感度的趨勢像是缺口半徑與極限強度的函數,在圖 5-20 中顯示反覆彎曲或軸向承載的情況,圖 5-21 中則展示反覆扭轉的情形。

使用這些線圖時,應該知道導出這些曲線的實際測試結果呈現相當大的散度。由於其發散的狀況,如果對實際 q 值存有任何疑慮,可使用 $K_f = K_t$ 以確保安全。而且大的缺口半徑,q 的值總是接近 1。

圖 5-20 以 Neuber 方程式為基石,此式為

$$K_f = 1 + \frac{K_t - 1}{1 + \sqrt{a/r}} \tag{5-33}$$

式中的 $\sqrt{a}$ 定義為 Neuber 常數,是一個材料常數。令 (5-31) 式與 (5-33) 式相等,可得缺敏感度方程式

$$q = \frac{1}{1 + \dfrac{\sqrt{a}}{\sqrt{r}}} \tag{5-34}$$

使圖 5-20 與圖 5-21 相互關聯,可得

彎曲或軸向:$\sqrt{a} = 0.246 - 3.08(10^{-3})S_{ut} + 1.51(10^{-5})S_{ut}^2 - 2.67(10^{-8})S_{ut}^3$ (5-35a)

扭轉:$\sqrt{a} = 0.190 - 2.51(10^{-3})S_{ut} + 1.35(10^{-5})S_{ut}^2 - 2.67(10^{-8})S_{ut}^3$ (5-35b)

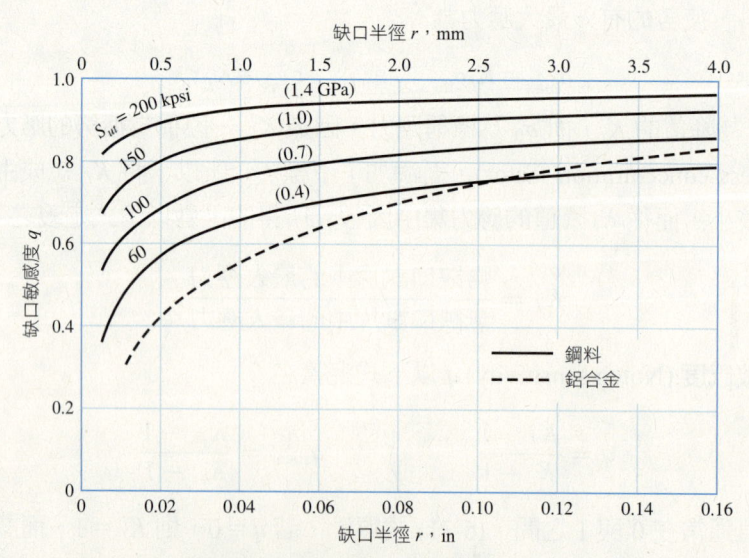

圖 5-20 鋼與 UNS A92024-T 鍛鋁合金承受反覆彎曲或反覆軸向負荷的缺口敏感度線圖。對更大的缺口半徑使用的 q 值對應於 $r = 0.16$ in (4 mm) 的縱座標。

(取自 George Sines and J. L. Waisman (eds.), Metal Fatigue, McGraw-Hill, New York. Copyright © 1969 by The McGraw-Hill Companies, Inc. Reprinted by permission.)

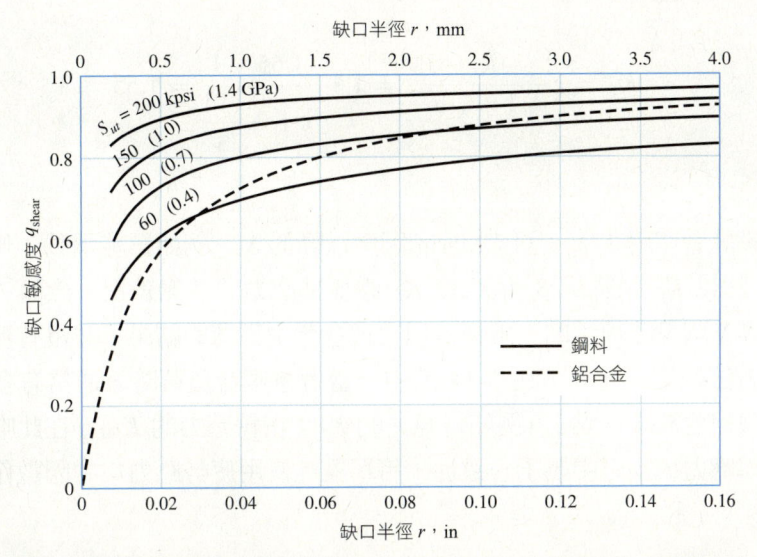

圖 5-21 承受反覆扭轉之材料的缺口敏感度曲線。對更大的缺口半徑使用的 q 值對應於 $r = 0.16$ in (4 mm)。

此處的兩個方程式用於鋼料，而 S_{ut} 的單位是 kpsi。(5-34) 式用於協同方程式對 (5-35) 式，等效於圖 (5-20) 與 (5-21)。就像使用線圖，從曲線適配得到的結果，僅提供實驗數據的近似值。

鑄鐵的缺口敏感度非常小，變化於 0 到大約 0.20，視承拉強度而定。為了保守之故推薦對各級鑄鐵使用 $q = 0.20$。

範例 5-6

某承受彎曲的鋼軸擁有極限強度 690 MPa，及 3 mm 的內圓角半徑，以連接 32 mm 直徑與 38 mm 直徑。試推估 K_f。使用：
(a) 圖 5-20。
(b) (5-33) 式與 (5-35) 式。

解答 由圖 A-15-9 中，使用 $D/d = 38/32 = 1.1875$，$r/d = 3/32 = 0.093\ 75$，可查得 $K \doteq 1.65$。

(a) 由圖 5-20，對 $S_{ut} = 690$ MPa 及 $r = 3$ mm，$q \doteq 0.84$。於是，由 (5-32) 式

答案 $$K_f = 1 + q(K_t - 1) \doteq 1 + 0.84(1.65 - 1) = 1.55$$

(b) 由 (5-35a) 式，使用 $S_{ut} = 690$ MPa $= 100$ kpsi，$\sqrt{a} = 0.0622\sqrt{\text{in}}$
$= 0.313\sqrt{\text{mm}}$。

代入 (5-33) 式，以 $r = 3$ mm 可得

答案
$$K_f = 1 + \frac{K_t - 1}{1 + \sqrt{a/r}} \doteq 1 + \frac{1.65 - 1}{1 + \frac{0.313}{\sqrt{3}}} = 1.55$$

有些設計者使用 $1/K_f$ 當作 Marin 因數以降低 S_e。例如單純承載、無限壽命問題，將 S_e 除以 K_f 來降低 S_e 值或以 K_f 乘標稱應力，並無差別。然而，對有限壽命，因為 S-N 圖是非線性的，兩種處理方式會產生不同的結果。並沒有清晰的事證指出哪個方法較佳。此外，在 5-14 節中，當考慮複合負荷時，通常有多重疲勞應力集中因數發生於同一點上 (例如彎應力的 K_f；扭轉應力的 K_{fs})。在此唯一的實務是修正標稱應力。本書中為了一致性，將單獨地使用疲勞應力集中因數作為標稱應力的乘子。

範例 5-7

對範例 5-6 中的階級形軸，已確定經完全修正的持久限 $S_e = 280$ MPa。考量該軸於內圓角處經歷完全反覆的標稱應力 $(\sigma_{\text{rev}})_{\text{nom}} = 260$ MPa。試估算該軸至損壞的循環數。

解答　從範例 5-6 可知，$K_f = 1.55$，及極限強度 $S_{ut} = 690$ MPa $= 100$ kpsi。其最大的反轉應力為

$$(\sigma_{\text{rev}})_{\text{max}} = K_f(\sigma_{\text{rev}})_{\text{nom}} = 1.55(260) = 403 \text{ MPa}$$

從圖 5-18，$f = 0.845$。由 (5-14)、(5-15) 及 (5-16) 各式

$$a = \frac{(fS_{ut})^2}{S_e} = \frac{[0.845(690)]^2}{280} = 1214 \text{ MPa}$$

$$b = -\frac{1}{3}\log\frac{fS_{ut}}{S_e} = -\frac{1}{3}\log\left[\frac{0.845(690)}{280}\right] = -0.1062$$

答案
$$N = \left(\frac{\sigma_{\text{rev}}}{a}\right)^{1/b} = \left(\frac{403}{1214}\right)^{1/-0.1062} = 32.3(10^3) \text{ 次循環}$$

到目前為止，各範例僅單獨說明 Marin 式的每個因數及應力集中因數。現在要考量同時發生數個因數的情形。

範例 5-8

某 1015 熱軋鋼桿經車削成直徑 25 mm。將置於 300°C 的運轉環境，承受反覆軸向負荷 70 000 次循環後損壞。使用 ASTM 的最小性質，並要求可靠度為 99%，試估算其持久限與 70 000 次循環的疲勞強度。

解答 從表 A-20，20°C 時 S_{ut} = 340 MPa。由於室溫下的旋轉樑試片持久限未知，在使用表 5-4 時，得先確定在高溫時的極限強度。首先，從表 5-4，

$$\left(\frac{S_T}{S_{RT}}\right)_{300°} = 0.975$$

極限強度於 300°C 時為

$$(S_{ut})_{300°} = (S_T/S_{RT})_{300°} \, (S_{ut})_{70°} = 0.975(340) = 331.5 \text{ MPa}$$

則旋轉樑試片的持久限於 300°C 時的估算值從 (5-8) 式可求得為

$$S'_e = 0.5(331.5) = 165.8 \text{ MPa}$$

接著，確定各 Marin 因數就車削表面，由 (5-19) 式與表 5-2 可得

$$k_a = aS_{ut}^b = 4.51(331.5^{-0.265}) = 0.969$$

對於軸向負荷，從 (5-21) 式，尺寸因數 k_b = 1，並從 (5-26) 式其負荷因數值為 k_c = 0.85，溫度因數 k_d = 1，因為在修正極限強度時已經含括了溫度。從表 5-5 中可查得 99% 的可靠度因數為 k_e = 0.814。最後，因為其它條件未詳，雜項因數為 k_f = 1。於是該部件的持久限可以由 (5-18) 式估算得

答案
$$S_e = k_a k_b k_c k_d k_e k_f S'_e$$
$$= 0.969(1)(0.85)(1)(0.814)(1)165.8 = 111 \text{ MPa}$$

為求得 70 000 次循環的疲勞強度，必須先建構 S-N 方程式。從圖 5-18，因為 S_{ut} = 331.5 < 490 MPa，則 f = 0.9。從 (5-14) 式，

$$a = \frac{(fS_{ut})^2}{S_e} = \frac{[0.9(331.5)]^2}{111} = 891 \text{ MPa}$$

而由 (5-15) 式，

$$b = -\frac{1}{3} \log\left(\frac{fS_{ut}}{S_e}\right) = -\frac{1}{3} \log\left[\frac{0.9(331.5)}{111}\right] = -0.1431$$

最後，在 70 000 次循環的疲勞強度由 (5-13) 式可得

答案
$$S_f = a N^b = 891(70\,000)^{-0.1431} = 180.5 \text{ MPa}$$

範例 5-9

圖 5-22a 顯示某旋轉軸以軸承於 A 與 D 點做簡單支撐，並承受 6.8 kN 不旋轉的負荷 F。使用 ASTM 的最小性質，試估算該部件的壽命。

解答 從圖 5-22b 可知損壞可能發生於 B 點，而不是 C 點或承受最大彎矩的位置。相較於 C 點，B 點的剖面積較小，承受較大的彎矩，而且應力集中因數也比較大。而彎矩最大處有較大的尺寸，而且沒有應力集中因數。

由於他處的強度不相同，首先估算 B 點的強度，並與同一點的強度比較。
從表 A-20 可找到 $S_{ut} = 690$ MPa 及 $S_y = 580$ MPa。其持久限 S'_e 估計為

$$S'_e = 0.5(690) = 345 \text{ MPa}$$

由 (5-19) 式與表 5-2，

$$k_a = 4.51(690)^{-0.265} = 0.798$$

由 (5-20) 式，

$$k_b = (32/7.62)^{-0.107} = 0.858$$

因 $k_c = k_d = k_e = k_f = 1$，

$$S_e = 0.798(0.858)345 = 236 \text{ MPa}$$

為求得幾何應力集中因數 K_t，以 $D/d = 38/32 = 1.1875$ 與 $r/d = 3/32 = 0.09375$ 進入圖 A-15-9，並找到 $K_t \doteq 1.65$，將 $S_{ut} = 690/6.89 = 100$ kpsi 代入 (5-35a) 式得到 $\sqrt{a} = 0.0622 \sqrt{\text{in}} = 0.313 \sqrt{\text{mm}}$，將這些值代入 (5-33) 式可得

圖 5-22 (a) 圖中以 mm 顯示所有軸的尺寸。所有的內圓角半徑為 3 mm，該軸旋轉，但承受靜態的負荷。以冷拉鋼料 AISI 1050 車削製成；(b) 彎矩圖。

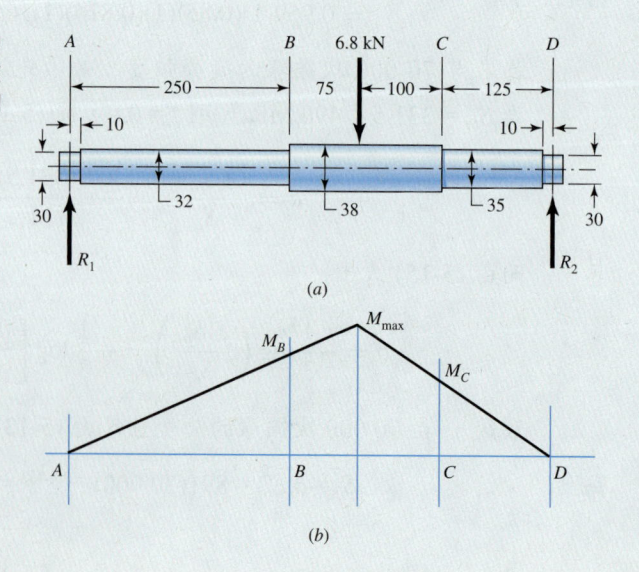

$$K_f = 1 + \frac{K_t - 1}{1 + \sqrt{a/r}} = 1 + \frac{1.65 - 1}{1 + 0.313/\sqrt{3}} = 1.55$$

接下來是估算 B 點的彎應力，此處的彎矩為

$$M_B = R_1 x = \frac{225F}{550} 250 = \frac{225(6.8)}{550} 250 = 695.5 \text{ N} \cdot \text{m}$$

緊鄰剖面 B 左側的剖面模數為 $I/c = \pi d^3/32 = \pi 32^3/32 = 3.217 (10^3) \text{ mm}^3$。假設具有無限壽命，其反覆彎應力為

$$\sigma_{\text{rev}} = K_f \frac{M_B}{I/c} = 1.55 \frac{695.5}{3.217} (10)^{-6} = 335.1(10^6) \text{ Pa} = 335.1 \text{ MPa}$$

此應力大於 S_e 而小於 S_y。這表示會是有限壽命，且不會毀於第一次循環中。因為是有限壽命，需要使用 (5-16) 式。極限強度 $S_{ut} = 690$ MPa $= 100$ kpsi。從圖 5-18 中，$f = 0.844$。由 (5-14) 式

$$a = \frac{(f\, S_{ut})^2}{S_e} = \frac{[0.844(690)]^2}{236} = 1437 \text{ MPa}$$

並從 (5-15) 式，

$$b = -\frac{1}{3} \log \left(\frac{f\, S_{ut}}{S_e} \right) = -\frac{1}{3} \log \left[\frac{0.844(690)}{236} \right] = -0.1308$$

再由 (5-16) 式，

答案
$$N = \left(\frac{\sigma_{\text{rev}}}{a} \right)^{1/b} = \left(\frac{335.1}{1437} \right)^{-1/0.1308} = 68(10^3) \text{ 次循環}$$

5-11 特徵化波動應力

　　由於某些旋轉機器的性質，使得機器中的波動應力呈現正弦波模式。然而，一些十分不規則的其它模式也會出現。已經找到以週期性模式呈現單一最大值與單一最小值的力，其波形並不重要，但在高值側 (最大值) 與低值側 (最小值) 的峰值則是重要的。因此，在力的循環中，$F_{\max}$ 與 $F_{\min}$ 可用於特徵化力的模式。幅度在某基準線以上與以下，在特徵化力的模式時有相同程度的影響。如果最大力為 $F_{\max}$ 而最小力為 $F_{\min}$，則穩定分量與交變分量可循依下式構成：

$$F_m = \frac{F_{\max} + F_{\min}}{2} \qquad F_a = \left| \frac{F_{\max} - F_{\min}}{2} \right|$$

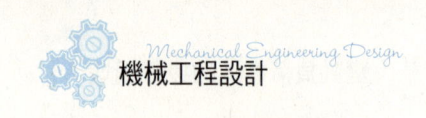

式中 F_m 為力的穩定中值分量 (midrange steady component)，而 F_a 為力的交變分量 (alternating component) 振幅。

圖 5-23 中展示了一些不同的應力-時間關係。有些應力分量已經顯示於圖 5-23d 中，它們是

$\sigma_{\min}$ = 最小應力 　　　　　σ_m = 中值分量
$\sigma_{\max}$ = 最大應力 　　　　　σ_r = 應力變幅
σ_a 　= 振幅分量 　　　　　σ_s = 靜態或穩定應力

穩定或靜態應力與中值應力並不相同。事實上，它可以是在 $\sigma_{\min}$ 與 $\sigma_{\max}$ 間的任何值，穩定應力之存在，是由於固定負荷或預施負荷作用於部件，通常它獨立於負荷的變動部分。例如，螺圈承壓彈簧總是在承載的情況下，置入比自由長度短的空間。此初始壓縮產生的應力稱為應力的穩定，或靜態分量。它與中值應力不相同。

這些標示分量的下標，將有機會用於剪應力與法向應力。

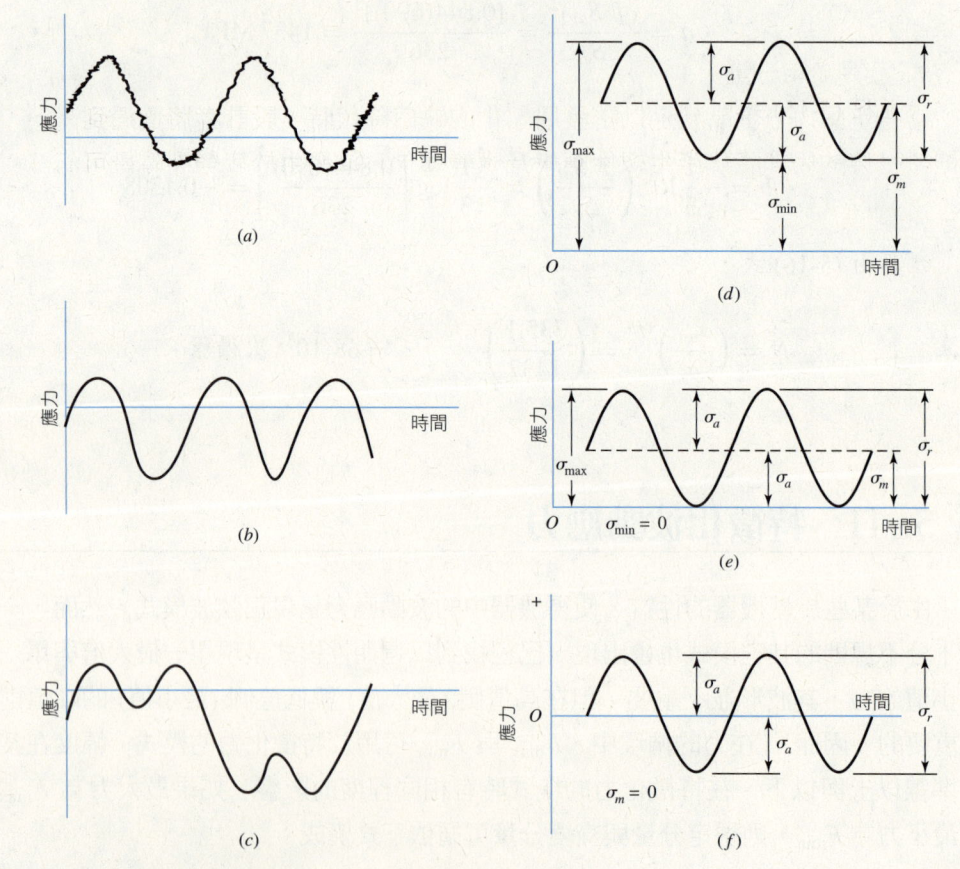

圖 5-23 一些應力-時間關係圖。
(a) 含高頻波紋的波動應力；(b 與 c) 非正弦波波動應力；(d) 正弦波波動應力；(e) 重複應力；(f) 完全反覆正弦波應力。

從圖 5-23，可以明顯地看出：

$$\sigma_m = \frac{\sigma_{\max} + \sigma_{\min}}{2}$$
$$\sigma_a = \left|\frac{\sigma_{\max} - \sigma_{\min}}{2}\right| \tag{5-36}$$

除了 (5-36) 式，也定義**應力比** (stress ratio)

$$R = \frac{\sigma_{\min}}{\sigma_{\max}} \tag{5-37}$$

與**振幅比** (amplitude ratio)

$$A = \frac{\sigma_a}{\sigma_m} \tag{5-38}$$

並使用於與波動應力連結。

(5-36) 式中使用 σ_a 與 σ_m 以表示在檢測處的應力分量。這表示在無缺口狀態下，σ_a 與 σ_m 等於分別由負荷 F_a 與 F_m 所誘發的標稱應力 σ_{ao} 與 σ_{mo}；缺口存在時，則只要材料維持沒有塑性應變，即分別為 $K_f \sigma_{ao}$ 與 $K_f \sigma_{mo}$。換言之，疲勞應力集中因數 K_f 應用於兩分量。

當穩定應力分量高到足以誘發局部化的缺口降伏時，設計者將遭遇到問題。第一次循環的局部降伏產生塑性應變及應變強化。這發生於疲勞裂隙最可能核化與成長的位置。材料性質 (S_y 與 S_{ut}) 更新而且難以量化。謹慎的工程師支配此一概念、材料與使用條件，以及幾何形狀，以防止發生塑性應變。有些量化涉及存在缺口而且經歷降伏時發生之現象的討論，名之為標稱**平均應力法** (nominal mean stress method)，**殘留應力法** (residual stress method)，及類似的方法[20]。 標稱平均應力法 (令 $\sigma_a = K_f \sigma_{ao}$ 及 $\sigma_m = \sigma_{mo}$) 提供的結果與殘留應力法約略可以相提並論，但兩者俱屬**近似法** (approximations)。

Dowling[21] 法適用於延性材料，對具有明顯降伏點，而且可以彈性-完全塑性行為模型近似的材料，穩定應力分量的應力集中因數 K_{fm} 可量化表示為

$$\begin{aligned} K_{fm} &= K_f & K_f|\sigma_{\max,o}| &< S_y \\ K_{fm} &= \frac{S_y - K_f \sigma_{ao}}{|\sigma_{mo}|} & K_f|\sigma_{\max,o}| &> S_y \\ K_{fm} &= 0 & K_f|\sigma_{\max,o} - \sigma_{\min,o}| &> 2S_y \end{aligned} \tag{5-39}$$

---

[20] R. C. Juvinall, *Stress, Strain, and Strength*, McGraw-Hill, New York, 1967, articles 14.9–14.12; R. C. Juvinall and K. M. Marshek, *Fundamentals of Machine Component Design*, 4th ed., Wiley, New York, 2006, Sec. 8.11; M. E. Dowling, *Mechanical Behavior of Materials*, 2nd ed., Prentice Hall, Englewood Cliffs, N.J., 1999, Secs. 10.3-10.5.

[21] Dowling, op. cit., pp. 437-438.

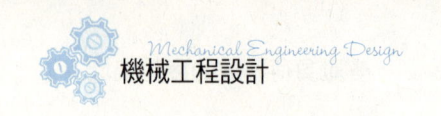

就本書的目的，承受疲勞負荷的延性材料，

- 避免在缺口處局部化塑性應變，令 $\sigma_a = K_f \sigma_{a,o}$ 及 $\sigma_m = K_f \sigma_{mo}$。
- 當缺口處無法避免塑性應變時，使用 (5-39) 式，或保守地令 $\sigma_a = K_f \sigma_{ao}$ 並使用 $K_{fm} = 1$，亦即，$\sigma_m = \sigma_{mo}$。

5-12　波動應力的疲勞損壞準則

至此已經定義了部件承受波動應力時伴隨的各種應力分量，接著想同時變動中值應力與應力振幅，或交變分量，以瞭解部件處於此種情況下，對疲勞阻抗的相關資訊。圖 5-24、5-25 與 5-26 中的線圖，顯示一般常用之三種方法的測試結果。

圖 5-24 中修訂的 Goodman 圖 (modified Goodman diagram)，中值應力循橫軸繪製，而其它的應力分量繪於縱軸上，且拉應力指向正值方向。持久限、疲勞強度，或有限壽命強度，無論應用哪一項，都須繪製於縱軸原點的上方或下方。中值應力線是一條 45°線，從原點直到部件材料的承拉強度。修訂的 Goodman 圖含繪於原點上方或下方的 S_e (或 S_f) 線。請留意，兩軸上也都繪出降伏強度，因為若 σ_{max} 超過 S_y，降伏強度將成為損壞的準則。

圖 5-25 呈現的是測試結果的另一種方法。其中橫座標代表中值應力 S_m 對極限強度的比值。其右側代表拉應力，左側代表壓應力。縱座標代表交變強度對持久限

圖 5-24　修訂的 Goodman 圖；顯示所有的強度，與對特定中值應力之所有應力分量的限值。

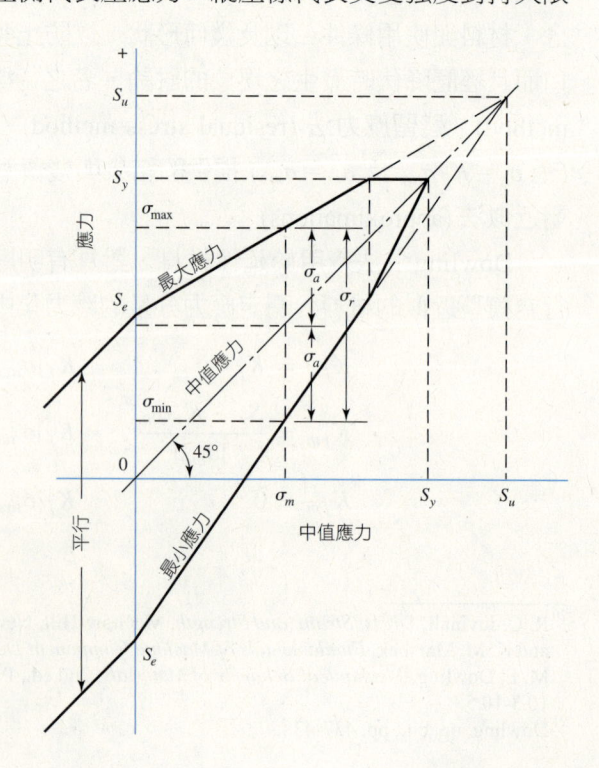

第 5 章　變動負荷導致的疲勞損壞

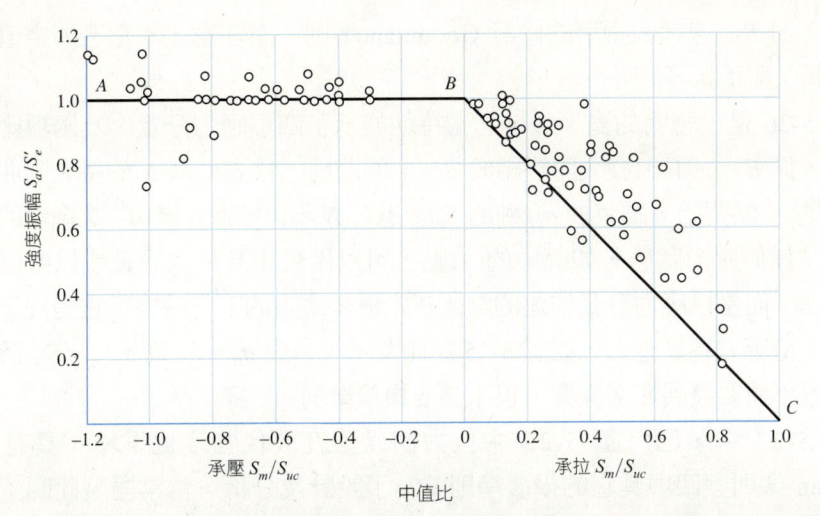

圖 5-25 中值應力在承拉與承壓區中的疲勞損壞圖。以穩定強度分量對承拉強度，S_m/S_{ut}，穩定強度分量對承壓強度 S_m/S_{uc} 及強度振幅分量對持久限 S_a/S_e' 等的比值，正規化數據，使圖能代表不同鋼料的實驗數據。
(來源：Thomas J. Dolan, "Stress Range," Sec. 6.2 in O. J. Horger (ed.), ASME Handbook-Metals Engineering Design, McGraw-Hill, New York, 1953.)

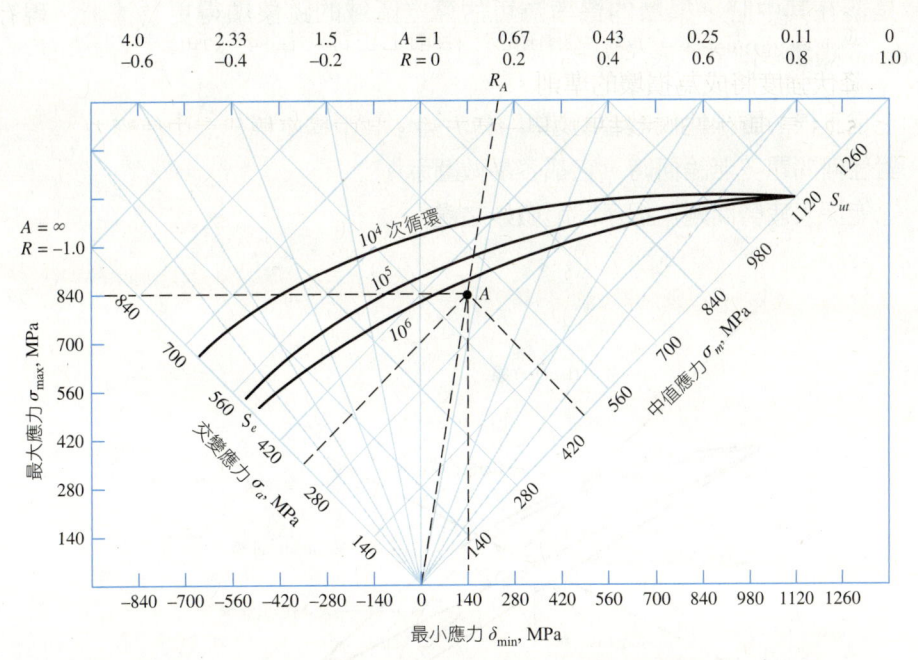

圖 5-26 以 $S_{ut}=1100$ 及 $S_y=1025$ MPa 的 AISI 4340 鋼料繪製的專家疲勞圖。在 A 點的應力分量為 $\sigma_{\min}=140$、$\sigma_{\max}=840$、$\sigma_m=490$ 及 $\sigma_a=350$，所有的值以 MPa 為單位。
(來源：H. J. Grover, Fatigue of Aircraft Structures, U.S. Government Printing Office, Washington, D.C., 1966, pp. 317, 322. See also J. A. Collins, Failure of Materials in Mechanical Design, Wiley, New York, 1981, p. 216.)

的比值。則 BC 線代表損壞的修訂 Goodman 準則。請注意，承壓區內中值應力的存在對持久限的影響很小。

圖 5-26 是很聰明的表示法，它獨特地展示了四項應力分量，及兩項應力比值的曲線，從 $R = -1$ 出發，而終結於 $R = 1$ 的曲線，代表值為 R 的持久限曲線，從 S_e 軸上的 σ_a 點開始，結束於 σ_m 軸的 S_{ut}。還有 $N = 10^5$ 與 $N = 10^4$ 次循環的定值壽命曲線。任何應力狀態，如圖中的 A 點，可以用最小及最大分量或以中值及交變分量描述。而當以應力分量描述的點落在定值壽命限的下方時表示它是安全的。

當中值應力為壓應力，如圖 5-25 左側所示，只要 $\sigma_a = S_e$ 或 $\sigma_{max} = S_{yc}$ 時即發生損壞。既不需要發展疲勞線圖，也不需要損壞準則。

圖 5-27 中，已將圖 5-25 中拉力側以強度取代強度比重繪，具有修訂的 Goodman 準則與四項其它的損壞準則。為了設計及分析，常常繪製此圖；它容易使用，而且可以直接以比例尺獲得結果。

早期在 σ_m、σ_a 圖上的表達，存在一條結合了 σ_m 及 σ_a，以區分安全與不安全的軌跡。接連提出的有 Gerber (1874) 拋物線，the Goodman (1890) [22] (直) 線，及 Soderberg (1930) (直) 線。由於產生了更多的數據，疲勞準則並非是一種藩籬，而更像是落在其中時，損壞的機率為可估算之區域的跡象顯得更為清晰。現在以 Goodman 損壞準則當代表，因為

- 它是直線，屬線性代數容易運算。
- 對任何問題，無論何時，它都容易做圖示。
- 它能深入疲勞問題，揭示問題微妙之處。

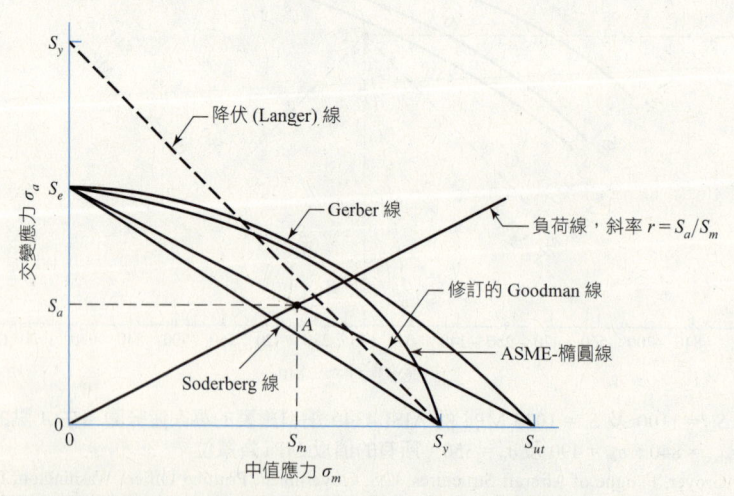

圖 5-27 顯示不同損壞準則的疲勞線圖。對每一準則，點落在對應的線上或之外時，表示損壞。有些點，例如 Goodman 線上的 A 點，提供強度 S_m 為 σ_m 的上限值，對應的強度 S_a 是與 σ_m，成對之 σ_a 的上限值。

---

[22] 鑑定 Goodman 研究成果的日期不容易，因為它經歷許多修訂，而且不曾發表。

- 可自圖中以比例尺獲得答案，作為代數運算答案的核驗。

你也會注意到這是確定論的結果，但現象卻不是。它存在偏頗，但對此偏頗卻無法量化。它也不保守，但卻是瞭解疲勞現象的踏腳石。它是歷史，瞭解其它工程師的成就。並與他們做有意義的意見交換，若牽扯到 Goodman 法，你就得瞭解它。

圖 5-27 的縱軸上都畫出了疲勞限 S_e 或有限壽命強度 S_f。這些值都經 (5-18) 式的 Marin 因數修正。請留意，降伏強度也畫在縱軸上，以提醒損壞準則可能是首循環損壞，而非疲勞損壞。

圖 5-27 中的中值應力軸上，依序畫有降伏強度 S_y 與承拉強度 S_{ut}。

圖 5-27 中畫出了五種損壞準則：Soderberg，修訂的 Goodman、Gerber、ASME-橢圓及降伏。該圖顯示只有 Soderberg 防範了任何降伏，但是偏向於保守。

考慮以修訂的 Goodman 線當作準則，A 點代表交變強度 S_a 與中值強度 S_m 的極限值。圖中負荷線斜率的定義如 $r = S_a/S_m$。

Soderberg 線的方程式為

$$\frac{S_a}{S_e} + \frac{S_m}{S_y} = 1 \tag{5-40}$$

同樣地，修訂的 Goodman 關係式為

$$\frac{S_a}{S_e} + \frac{S_m}{S_{ut}} = 1 \tag{5-41}$$

檢視圖 5-25 顯示拋物線與橢圓線通過拉力試驗數據區中央的機會較高，而容許損壞機率量化。Gerber 損壞準則寫成

$$\frac{S_a}{S_e} + \left(\frac{S_m}{S_{ut}}\right)^2 = 1 \tag{5-42}$$

而 ASME-橢圓寫成

$$\left(\frac{S_a}{S_e}\right)^2 + \left(\frac{S_m}{S_y}\right)^2 = 1 \tag{5-43}$$

Langer 首循環降伏準則用於連結疲勞曲線：

$$S_a + S_m = S_y \tag{5-44}$$

應力 $n\sigma_a$ 與 $n\sigma_m$ 可用於取代 S_a 及 S_m，其中 n 為設計因數或安全因數。則 (5-40) 式的 Soderberg 線變成

$$\textbf{Soderberg} \quad \frac{\sigma_a}{S_e} + \frac{\sigma_m}{S_y} = \frac{1}{n} \tag{5-45}$$

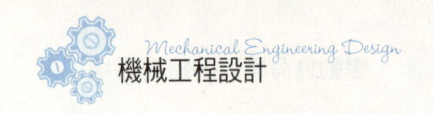

(5-41) 式中修訂的 Goodman 線，變成

$$\text{修訂的-Goodman} \quad \frac{\sigma_a}{S_e} + \frac{\sigma_m}{S_{ut}} = \frac{1}{n} \tag{5-46}$$

(5-42) the Gerber line, becomes

$$\textbf{Gerber} \quad \frac{n\sigma_a}{S_e} + \left(\frac{n\sigma_m}{S_{ut}}\right)^2 = 1 \tag{5-47}$$

(5-43) 式的 ASME-橢圓線，變成

$$\textbf{ASME-橢圓} \quad \left(\frac{n\sigma_a}{S_e}\right)^2 + \left(\frac{n\sigma_m}{S_y}\right)^2 = 1 \tag{5-48}$$

此處將強調 Gerber 與 ASME-橢圓作為疲勞損壞準則，而以 Langer 作為首循環降伏準則。然而，保守的設計者常使用修訂的 Goodman 準則，所以討論中將繼續含括它。Langer 首循環降伏準則的設計者方程式為

$$\textbf{Langer 靜態降伏} \quad \sigma_a + \sigma_m = \frac{S_y}{n} \tag{5-49}$$

損壞準則與負荷線 $r = S_a/S_m = \sigma_a/\sigma_m$ 協同使用。其主要交點表列於表 5-6 到表 5-8。疲勞安全因數的正式表示式則列於表 5-6 到表 5-8 的下方。每一表的首列是靜態的 Langer 準則，而第二列則對應於靜態與疲勞的交點。

有兩條途徑可進行典型的分析。方法之一是先假設發生疲勞，並使用 (5-45) 至 (5-48) 式之一以確定 n 或尺寸，視任務而定。疲勞大多時候是支配損壞的模式。隨之作靜態損壞驗證。若支配的是靜態損壞，則使用 (5-49) 式重複分析。

另一個方法是使用各列表。確定負荷線並確認負荷線先與哪一準則相交，然後使用表中的對應方程式。

接著討論一些範例以有助於鞏固這些想法。

表 5-6　強度的振幅與穩定分量座標及修訂的 Goodman 與 Langer 損壞準則在第一象限的重要交點

交線方程式	交點座標
$\dfrac{S_a}{S_e} + \dfrac{S_m}{S_{ut}} = 1$	$S_a = \dfrac{rS_e S_{ut}}{rS_{ut} + S_e}$
負荷線 $r = \dfrac{S_a}{S_m}$	$S_m = \dfrac{S_a}{r}$
$\dfrac{S_a}{S_y} + \dfrac{S_m}{S_y} = 1$	$S_a = \dfrac{rS_y}{1+r}$
負荷線 $r = \dfrac{S_a}{S_m}$	$S_m = \dfrac{S_y}{1+r}$
$\dfrac{S_a}{S_e} + \dfrac{S_m}{S_{ut}} = 1$	$S_m = \dfrac{(S_y - S_e)S_{ut}}{S_{ut} - S_e}$
$\dfrac{S_a}{S_y} + \dfrac{S_m}{S_y} = 1$	$S_a = S_y - S_m$，$r_{\text{crit}} = S_a/S_m$

疲勞的安全因數

$$n_f = \dfrac{1}{\dfrac{\sigma_a}{S_e} + \dfrac{\sigma_m}{S_{ut}}}$$

表 5-7　強度的振幅與穩定分量座標及修訂的 Gerber 與 Langer 損壞準則在第一象限的重要交點

交線方程式	交點座標
$\dfrac{S_a}{S_e} + \left(\dfrac{S_m}{S_{ut}}\right)^2 = 1$	$S_a = \dfrac{r^2 S_{ut}^2}{2S_e}\left[-1 + \sqrt{1 + \left(\dfrac{2S_e}{rS_{ut}}\right)^2}\right]$
負荷線 $r = \dfrac{S_a}{S_m}$	$S_m = \dfrac{S_a}{r}$
$\dfrac{S_a}{S_y} + \dfrac{S_m}{S_y} = 1$	$S_a = \dfrac{rS_y}{1+r}$
負荷線 $r = \dfrac{S_a}{S_m}$	$S_m = \dfrac{S_y}{1+r}$
$\dfrac{S_a}{S_e} + \left(\dfrac{S_m}{S_{ut}}\right)^2 = 1$	$S_m = \dfrac{S_{ut}^2}{2S_e}\left[1 - \sqrt{1 + \left(\dfrac{2S_e}{S_{ut}}\right)^2\left(1 - \dfrac{S_y}{S_e}\right)}\right]$
$\dfrac{S_a}{S_y} + \dfrac{S_m}{S_y} = 1$	$S_a = S_y - S_m$，$r_{\text{crit}} = S_a/S_m$

疲勞的安全因數

$$n_f = \dfrac{1}{2}\left(\dfrac{S_{ut}}{\sigma_m}\right)^2 \dfrac{\sigma_a}{S_e}\left[-1 + \sqrt{1 + \left(\dfrac{2\sigma_m S_e}{S_{ut}\sigma_a}\right)^2}\right] \qquad \sigma_m > 0$$

表 5-8　強度的振幅與穩定分量座標及修訂的 ASME-橢圓與 Langer 損壞準則在第一象限的交點

交線方程式	交點座標
$\left(\dfrac{S_a}{S_e}\right)^2 + \left(\dfrac{S_m}{S_y}\right)^2 = 1$ 負荷線 $r = S_a/S_m$	$S_a = \sqrt{\dfrac{r^2 S_e^2 S_y^2}{S_e^2 + r^2 S_y^2}}$ $S_m = \dfrac{S_a}{r}$
$\dfrac{S_a}{S_y} + \dfrac{S_m}{S_y} = 1$ 負荷線 $r = S_a/S_m$	$S_a = \dfrac{rS_y}{1+r}$ $S_m = \dfrac{S_y}{1+r}$
$\left(\dfrac{S_a}{S_e}\right)^2 + \left(\dfrac{S_m}{S_y}\right)^2 = 1$ $\dfrac{S_a}{S_y} + \dfrac{S_m}{S_y} = 1$	$S_a = 0$，$\dfrac{2S_y S_e^2}{S_e^2 + S_y^2}$ $S_m = S_y - S_a$，$r_{\text{crit}} = S_a/S_m$

疲勞的安全因數

$$n_f = \sqrt{\dfrac{1}{(\sigma_a/S_e)^2 + (\sigma_m/S_y)^2}}$$

範例 5-10

某支以 AISI 1050 CD 冷拉鋼棒車削成 40 mm 直徑的圓桿，用於承受變化於 0 到 70 kN 的波動拉伸負荷。由於兩端及內圓角半徑，其 10^6 或更久壽命的疲勞應力集中因數 K_f 為 1.85。試求 S_a 與 S_m，防範疲勞損壞及首循環降伏的安全因數。使用 (a) Gerber 疲勞線；(b) ASME-橢圓疲勞線。

解答　從一些初步程序著手。由表 A-20 可查得 $S_{ut} = 690$ MPa 及 $S_y = 580$ MPa。請注意 $F_a = F_m = 35$ kN。各 Marin 因數確定為

$k_a = 4.51(690)^{-0.265} = 0.798$：從 (5-19) 式及表 5-2

$k_b = 1$ (軸向負荷，見 k_c)

從 (5-26) 式，$k_c = 0.85$，

$k_d = k_e = k_f = 1$

$S_e = 0.798(1)0.850(1)(1)(1)0.5(690) = 234$ MPa：從 (5-8)、(5-18) 式

其標稱軸向應力分量 σ_{ao} 與 σ_{mo} 為

$$\sigma_{ao} = \frac{4F_a}{\pi d^2} = \frac{4(35000)}{\pi\, 0.04^2} = 27.9 \text{ <Pa} \qquad \sigma_{mo} = \frac{4F_m}{\pi d^2} = \frac{4(35000)}{\pi\, 0.04^2} = 27.9 \text{ <Pa}$$

應用 K_f 於兩應力分量 σ_{ao} 及 σ_{mo}，以構成無缺口降伏的處方：

$$\sigma_a = K_f \sigma_{ao} = 1.85(27.9) = 51.6 \text{ MPa} = \sigma_m$$

(a) 現在先計算安全因數。從表 5-7 的底列知疲勞的安全因數為

答案
$$n_f = \frac{1}{2}\left(\frac{690}{51.5}\right)^2 \left(\frac{51.9}{234}\right) \left\{-1 + \sqrt{1 + \left[\frac{2(51.6)234}{690(51.6)}\right]^2}\right\} = 4.13$$

從 (5-49) 式，防範首循環降伏的安全因數為

答案
$$n_y = \frac{S_y}{\sigma_a + \sigma_m} = \frac{580}{51.6 + 51.6} = 5.62$$

因此，疲勞先發生而安全因數為 4.13。從圖 5-28 可看出，圖中負荷線先交 Gerber 疲勞曲線於 B 點。若圖線都以真實的比例創建，將見到 $n_f = OB/OA$。

從表 5-7 的第一列，$r = \sigma_a / \sigma_m = 1$，

答案
$$S_a = \frac{(1)^2 690^2}{2(234)}\left\{-1 + \sqrt{1 + \left[\frac{2(234)}{(1)690}\right]^2}\right\} = 211.9 \text{ MPa}$$

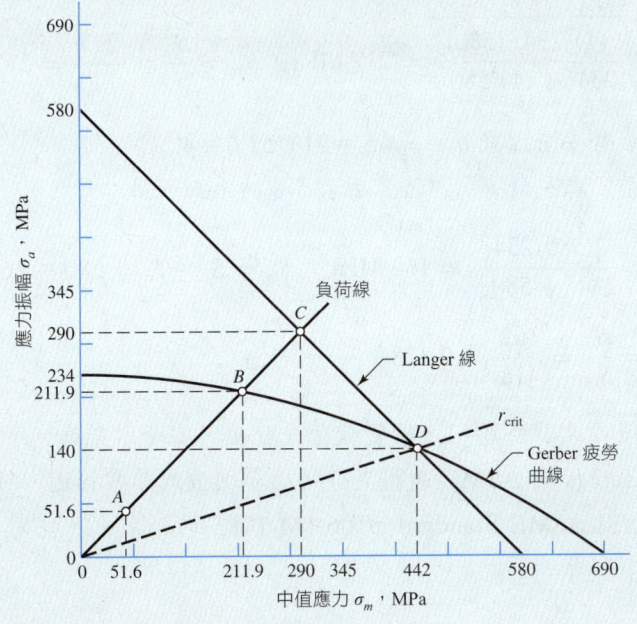

圖 5-28 Gerber、Langer 線上與負荷線的主交點 A、B、C 與 D。

答案
$$S_m = \frac{S_a}{r} = \frac{211.9}{1} = 211.9 \text{ MPa}$$

作為前面結果的核驗，$n_f = OB/OA = S_a/\sigma_a = S_m/\sigma_m = 211.9/51.6 = 4.12$，可看出完全一致。

經由計算 r_{crit} 也可以在未繪製圖 5-28 的情況下，察覺會先發生疲勞。從表 5-7 的第三列第三行，疲勞和首循環的交點為

$$S_m = \frac{690^2}{2(234)}\left[1 - \sqrt{1 + \left(\frac{2(234)}{690}\right)^2\left(1 - \frac{580}{234}\right)}\right] = 442 \text{ MPa}$$

$$S_a = S_y - S_m = 580 - 442 = 138 \text{ MPa}$$

因此，臨界斜率為

$$r_{\text{crit}} = \frac{S_a}{S_m} = \frac{138}{442} = 0.312$$

這個值小於實際負荷線的斜率 $r = 1$。這指出疲勞發生於疲勞之前。

(b) 重複相同的程序於 ASME-橢圓線，對疲勞的安全因數

答案
$$n_f = \sqrt{\frac{1}{(51.6/234)^2 + (51.6/580)^2}} = 4.21$$

再一次，此值小於 $n_y = 5.62$，而預期疲勞會先發生。從表 5-8 的第一列第二行，與 $r = 1$，可得圖 5-29 中之 B 點的座標 S_a 與 S_m。因為

答案
$$S_a = \sqrt{\frac{(1)^2 234^2 (580)^2}{234^2 + (1)^2 580^2}} = 217 \text{ MPa}, \quad S_m = \frac{S_a}{r} = \frac{217}{1} = 217 \text{ MPa}$$

證實疲勞安全因數 $n_f = S_a/\sigma_a = 217/51.6 = 4.21$。

和先前一樣，計算 r_{crit} 值。由表 5-8 的第三列第二行，

$$S_a = \frac{2(580) 234^2}{234^2 + 580^2} = 162 \text{ MPa} \quad S_m = S_y - S_a = 580 - 162 = 418 \text{ MP}$$

$$r_{\text{crit}} = \frac{S_a}{S_m} = \frac{162}{418} = 0.388$$

這個值再次小於 $r = 1$，證實疲勞先發生，安全因數為 $n_f = 4.21$。

Gerber 與 ASME-橢圓疲勞損壞準則彼此非常接近，可以交換使用。在 ANSI/ASME Standard B106.1M-1985 的軸系中，採用 ASME-橢圓準則。

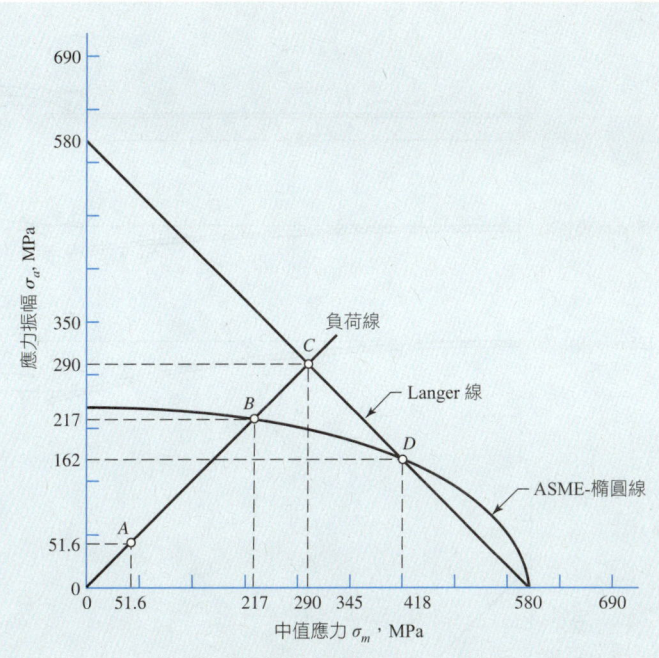

圖 5-29 ASME-elliptic、Langer 線上與負荷線的主交點 A、B、C 與 D。

範例 5-11

某葉片彈簧用於使震動的平面從動件與一平板凸輪維持接觸。從動件的移動為 50 mm 且是固定的，因此力的交變分量、彎矩及應力也都是固定值。對不同的凸輪轉速，彈簧需調整預負荷。為防範從動件浮動或跳躍，彈簧必須提高預負荷。對較低的轉速，則需降低預負荷以延長凸輪與從動件表面的壽命。彈簧是 0.8 m 長的懸臂樑，寬 50 mm，厚 6 mm，如圖 5-30a 所示。彈簧的各項強度分別為 $S_{ut} = 1000$ MPa，$S_y = 880$ MPa，而 $S_e = 195$ MPa 已經完全修正。凸輪的總移動距離為 50 mm。設計者希望於低速時以撓曲 50 mm，高速時以撓曲 125 mm 對彈簧施予預負荷。

(a) 試繪出 Gerber-Langer 損壞線與負荷線。

(b) 對應於預負荷 50 mm 與 125 mm 的安全因數為若干？

解答 從準備工作著手。懸臂樑剖面的二次面積矩為

$$I = \frac{bh^3}{12} = \frac{0.05(0.006)^3}{12} = 0.9 + 10^{-9} \text{ m}^4$$

從表 A-9 中的樑 1，懸臂樑的力與撓度的關係為 $F = 3EIy/l^3$，則應力 σ 與撓度 y 的關係為

287

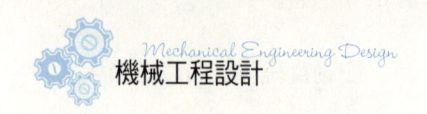

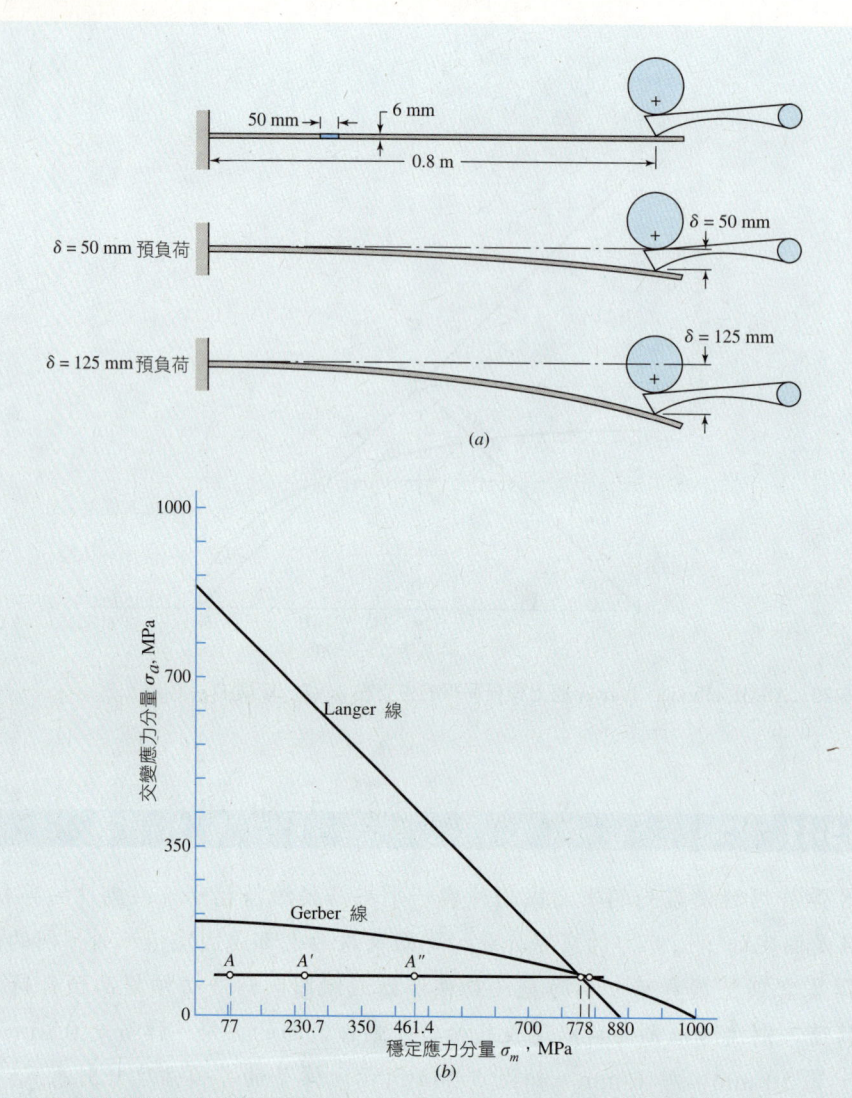

圖 5-30 凸輪從動件的維持彈簧。(a) 幾何形狀；(b) 範例 5-11 的設計者疲勞圖。

$$\sigma = \frac{Mc}{I} = \frac{0.8Fc}{I} = \frac{0.8(3EIy)}{l^3}\frac{c}{I} = \frac{2.4Ecy}{l^3} = Ky$$

式中的 $K = \dfrac{2.4Ec}{l^3} = \dfrac{2.4(210 \times 10^9)(0.003)}{0.8^3} = 2.95$ GPa/m

此時最大及最小的 y 與 σ 可定義為

$$y_{\min} = \delta \qquad y_{\max} = 0.05 + \delta$$
$$\sigma_{\min} = K\delta \qquad \sigma_{\max} = K(0.05 + \delta)$$

應力分量分別為

$$\sigma_a = \frac{K(0.05+\delta) - K\delta}{0.05} = K = 76.9 \text{ MPa}$$

$$\sigma_m = \frac{K(0.05+\delta) + K\delta}{0.05} = K(1+40\delta) = 76.9(1+40\delta)$$

對 $\delta = 0$, $\qquad \sigma_a = \sigma_m = 76.9 = 77$ MPa

對 $\delta = 50$ mm, $\quad \sigma_a = 77$ MPa, $\sigma_m = 76.9[1+40(0.05)] = 230.7$ MPa

對 $\delta = 125$ mm, $\sigma_a = 77$ MPa, $\sigma_m = 76.9[1+40(0.125)] = 461.4$ MPa

(a) 圖 5-30b 顯示 Gerber 與 Langer 準則的線圖。以 A、A'、A" 三個點表示三項預負荷撓度 0、50 和 125 mm。請注意，因為 σ_a 等於定值 77 MPa，負荷線呈現水平，而未包含原點。Gerber 線與負荷線的交點可由 (5-42) 式解得 S_m 並以 77 MPa 代入 S_a 求得為：

$$S_m = S_{ut}\sqrt{1 - \frac{S_a}{S_e}} = 1000\sqrt{1 - \frac{77}{195}} = 778 \text{ MPa}$$

Langer 線與負荷線的交點可由 (5-44) 式解得 S_m 並以 77 MPa 代入 S_a 求得為：

$$S_m = S_y - S_a = 880 - 77 = 803 \text{ MPa}$$

疲勞與首循環降伏的威脅相當。

(b) 對 $\delta = 50$ mm，

答案
$$n_f = \frac{S_m}{\sigma_m} = \frac{778}{230.7} = 3.37 \qquad n_y = \frac{803}{230.7} = 3.48$$

對 $\delta = 125$ mm，

答案
$$n_f = \frac{778}{461.4} = 1.69 \qquad n_y = \frac{803}{461.4} = 1.74$$

範例 5-12

圖 5-31 顯示某成形的圓線懸臂樑彈簧承受變動的作用力。對 25 個彈簧作硬度試驗得到的最小硬度為 380 Brinell。從安裝細節明顯看出沒有應力集中因數。憑目視檢視該彈簧顯示其表面加工相近於熱軋加工。試問多少次的負荷循環可能導致其疲勞損壞？使用：

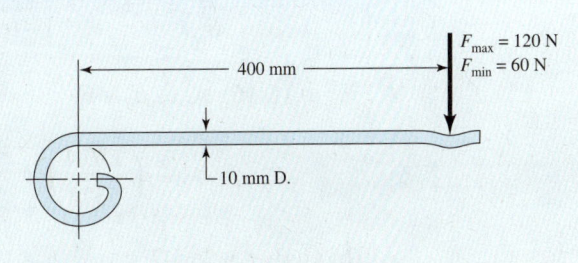

圖 5-31

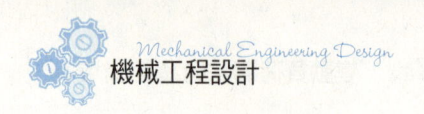

(a) 修訂的 Goodman 準則。

(b) Gerber 準則。

解答

$$S_{ut} = 3.41(380) = 1295.8 \text{ MPa}$$

$$S'_e = 0.5(1295.8) = 648 \text{ MPa}$$

$$k_a = 57.7(1295.8)^{-0.718} = 0.336$$

對承受彎矩之不旋轉圓桿，由 (5-24) 式可求得：$d_e = 0.370d = 0.370(10) = 3.7$ mm

$$k_b = \left(\frac{3.7}{7.62}\right)^{-0.107} = 1.08$$

$$S_e = 0.336(1.08)(648) = 235 \text{ MPa}$$

$$F_a = \frac{120-60}{2} = 30 \text{ N}, \quad F_m = \frac{120+60}{2} = 90 \text{ N},$$

$$\sigma_m = \frac{32 M_m}{\pi d^3} = \frac{32(90)(400)}{\pi(10^3)} = 366.7 \text{ MPa}$$

$$\sigma_a = \frac{32(30)(400)}{\pi(10^3)} = 122.2 \text{ MPa}$$

$$r = \frac{122.2}{366.7} = 0.333$$

(a) 修訂的 Goodman，表 5-6

$$n_f = \frac{1}{(122.2/235)+(366.7/1295.8)} = 1.25$$

由圖 5-18，對於 $S_{ut} = 1295.8$ MPa，$f = 0.78$

由 (5-14) 式：$a = \frac{[0.78(1295.8)]^2}{235} = 5573$ MPa

由 (5-15) 式：$b = -\frac{1}{3}\log\frac{0.78(1295.8)}{235} = -0.211\,19$

$$\frac{\sigma_a}{S_f} + \frac{\sigma_m}{S_{ut}} = 1 \Rightarrow S_f = \frac{\sigma_a}{1-(\sigma_m/S_{ut})} = \frac{122.2}{1-(366.7/1295.8)} = 170.4 \text{ MPa}$$

由 (5-16) 式與 $\sigma_a = S_f$

答案

$$N = \left(\frac{170.4}{5573}\right)^{1/-0.211\,19} = 14\,853\,650 \text{ 次循環}$$

(b) Gerber，表 5-7

$$n_f = \frac{1}{2}\left(\frac{1295.8}{366.7}\right)^2 \left(\frac{122.2}{235}\right)\left\{-1+\sqrt{1+\left[\frac{2(366.7)(235)}{1295.8(122.2)}\right]^2}\right\} = 1.55$$

答案　因此預期有無限的壽命 ($N \geq 10^6$ 次循環)。

就許多脆性材料而言，其第一象限的疲勞損壞準則遵循上凹的 Smith-Dolan 軌跡，表示為方程式

$$\frac{S_a}{S_e} = \frac{1 - S_m/S_{ut}}{1 + S_m/S_{ut}} \tag{5-50}$$

或是設計方程式

$$\frac{n\sigma_a}{S_e} = \frac{1 - n\sigma_m/S_{ut}}{1 + n\sigma_m/S_{ut}} \tag{5-51}$$

就斜率為 r 的徑向線而言，以 S_a/r 取代 (5-50) 式中的 S_m，並解得 S_a 為

$$S_a = \frac{rS_{ut} + S_e}{2}\left[-1 + \sqrt{1 + \frac{4rS_{ut}S_e}{(rS_{ut}+S_e)^2}}\right] \tag{5-52}$$

脆性材料的疲勞圖與延性材料的疲勞圖明顯地不相同：

- 由於材料沒有降伏強度，不會涉及降伏。
- 在特徵上，承壓強度超過成拉強度好幾倍。
- 第一象限中的疲勞損壞軌跡為上凹線 (Smith-Dolan)，而且平坦如 Goodman 線。脆性材料對中值應力比較敏感，應設法降低，但負值的中值應力則是有利的。
- 對脆性疲勞尚無足夠的研究成果以瞭解它的通性，所以討論將駐足於第一象限及少許的第二象限。

設計者最可能使用的空間在 $-S_{ut} \leq \sigma_m \leq S_{ut}$ 之間。在第一象限中的軌跡有 Goodman、Smith-Dolan，或介於兩者間的某些曲線。第二象限中使用的部分以在 $-S_{ut}$、S_{ut} 與 0、S_e 之間的直線表示，其方程式為

$$S_a = S_e + \left(\frac{S_e}{S_{ut}} - 1\right)S_m \quad -S_{ut} \leq S_m \leq 0 \quad \text{(用於鑄鐵)} \tag{5-53}$$

表 A-24 中提供了鑄鐵的性質，表列的持久限實際上是 $k_a k_b S'_e$，僅需再做 k_c、k_d、k_e 與 k_f 的修正。軸向與扭轉負荷的 k_c 平均值為 0.9。

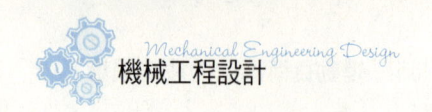

範例 5-13

圖 5-32a 中，負荷 F 作用於剖面為 25×10 mm，中央含一個直徑 6 mm 圓孔的 grade 30 灰鑄鐵質連桿上，其表面經過車削。試求孔緣鄰近位置，在下列條件下防範損壞的安全因數：

(a) 負荷 $F = 4500$ N，穩定的拉伸負荷。

(b) 4500 N 重複施加負荷。

(c) 負荷波動於 -4500 N 與 1300 N 之間，沒有柱效應。

使用 Smith-Dolan 疲勞軌跡。

解答 需要一些準備工作。從表 A-24 可查得，$S_{ut} = 214$ MPa，$S_{uc} = 752$ MPa，$k_a k_b S'_e = 97$ Mpa。因為軸向負荷的 k_c 為 0.9，於是 $S_e = (k_a k_b S'_e) k_c = 97(0.9) = 87.3$ MPa。從表 A-15-1，$A = t(w - d) = 0.01(0.025 - 0.006) = 190 \times 10^{-6}$ m^2，$d/w = 6/25 = 0.24$ 及 $K_t = 2.45$。鑄鐵的缺口敏感度為 0.2 (見圖 5-21)，所以

$$K_f = 1 + q(K_t - 1) = 1 + 0.20(2.45 - 1) = 1.29$$

(a) $\sigma_a = \dfrac{K_f F_a}{A} = \dfrac{1.29(0)}{A} = 0 \quad \sigma_m = \dfrac{K_f F_m}{A} = \dfrac{1.29(4500)}{190 \times 10^{-6}} = 30.6$ MPa

而

答案
$$n = \frac{S_{ut}}{\sigma_m} = \frac{214}{30.6} = 6.99$$

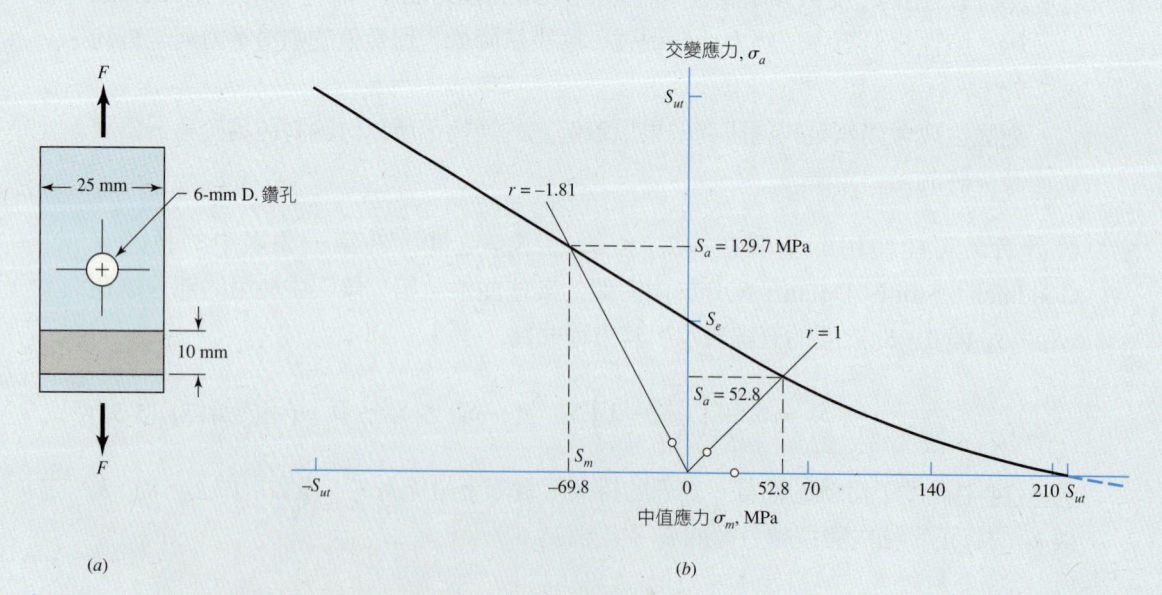

圖 5-32 grade 30 鑄鐵部件承受軸向疲勞負荷；(a) 部件幾何形狀展示及 (b) 範例 5-13 之條件下的設計者疲勞圖。

(b) $$F_a = F_m = \frac{F}{2} = \frac{4500}{2} = 2250 \text{ N}$$

$$\sigma_a = \sigma_m = \frac{K_f F_a}{A} = \frac{1.29(2250)}{190 \times 10^{-6}} = 15.3 \text{ MPa}$$

$$r = \frac{\sigma_a}{\sigma_m} = 1$$

由 (5-52) 式,

$$S_a = \frac{(1)31 + 12.6}{2}\left[-1 + \sqrt{1 + \frac{4(1)214(87.3)}{[(1)214 + 87.3]^2}}\right] = 52.8 \text{ MPa}$$

答案
$$n = \frac{S_a}{\sigma_a} = \frac{52.8}{15.3} = 3.45$$

(c) $\quad F_a = \frac{1}{2}|1300 - (-4500)| = 2900 \text{ N} \quad \sigma_a = \frac{1.29(2900)}{190 \times 10^{-6}} = 19.7 \text{ MPa}$

$F_m = \frac{1}{2}|1300 + (-4500)| = -1600 \text{ N} \quad \sigma_m = \frac{1.29(-1600)}{190 \times 10^{-6}} = -10.9 \text{ MPa}$

$$r = \frac{\sigma_a}{\sigma_m} = \frac{19.7}{-10.9} = -1.81$$

由 (5-53) 式, $S_a = S_e + (S_e/S_{ut} - 1)S_m$, 及 $S_m = S_a/r$, 從而可得

$$S_a = \frac{S_e}{1 - \frac{1}{r}\left(\frac{S_e}{S_{ut}} - 1\right)} = \frac{87.3}{1 - \frac{1}{-1.81}\left(\frac{87.3}{214} - 1\right)} = 129.7 \text{ MPa}$$

答案
$$n = \frac{S_a}{\sigma_a} = \frac{129.7}{19.7} = 6.58$$

圖 5-32b 中顯示了所建構之設計者疲勞圖的一部分。

5-13 波動應力下的扭轉疲勞強度

Smith[23] 的廣泛試驗為脈衝扭轉疲勞提供了很值得關切的結果,Smith 的第一項結果基於 72 次試驗,顯示若是延性材料,經拋光,沒有缺口,而且成圓柱形,則

---

[23] James O. Smith, "The Effect of Range of Stress on the Fatigue Strength of Metals," *Univ. of Ill. Eng. Exp. Sta. Bull*. 334, 1942.

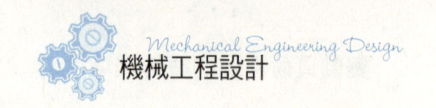

不超過扭轉降伏強度之穩定應力分量的存在,並不影響扭轉持久強度。

Smith 的第二項結果應用於具應力集中,缺口或表面瑕疵的材料。在此情況下,他發現扭轉疲勞限單調地隨著扭轉穩定應力的增高而遞減。由於絕大多數的部件表面都非完美,此一結果指出,Gerber、ASME-橢圓,及其它的近似法都可以應用。Associated Spring-Barnes 集團的 Joerres 證實了 Smith 的結果,並推薦對脈衝扭轉使用修訂的 Goodman 關係式。於構成 Goodman 圖時,Joerres 使用

$$S_{su} = 0.67\, S_{ut} \tag{5-54}$$

同時,從第 4 章的畸變能理論,$S_{sy} = 0.577\, S_{yt}$,以及 (5-26) 式得到的平均負荷因數 k_c,或 0.577。這個問題將在第 8 章中作更深入的探討。

5-14 承載模式的複合

疲勞問題歸類成以下三類型將很有幫助:

- 單純的完全反覆負荷
- 單純的波動負荷
- 複合的承載模式

最單純的類型是以 S-N 圖處理之完全反覆的單應力,將交變應力與壽命關聯在一起。僅容許有一類型的負荷存在,而且中值應力必須為零。第二類型合併一般的波動負荷,關聯中值應力與交變應力的是使用某一準則 (修訂的 Goodman、Gerber、ASME-橢圓,或 Soderberg)。再一次,每次僅容許有一類型的負荷存在。第三類型將在本節中推展,涉及的情況是結合不同型的負荷,例如,結合彎曲、扭轉,及軸向負荷。

在 5-9 節中,已經得知負荷因數 k_c 用於求得持久限,所以其值視該負荷為軸向,彎曲或扭轉負荷而定。本節中將回答"如何處理混合了軸向、彎曲,與扭轉負荷的情形"這個問題。此型承載引起少許複雜問題,目前存在複合法向與剪應力,每一應力都含中值與交變分量,而且有許多視負荷類型而定之決定持久限的因數。也可能有多樣應力集中因數,每種承載有一個。當發展靜態損壞理論時,即已遭遇如何處理複合應力的問題。畸變能理論已經證明是能滿足於延性材料的應力元素上結合多重應力成單一 von Mises 應力的方法。此處將採用相同的處理方式。

第一步是產生兩個應力元素 —— 其一用於交變應力,另一用於中值應力。對每一項應力使用近似的疲勞應力集中因數;亦即應用 $(K_f)_{彎曲}$ 於彎應力,$(K_{fs})_{扭轉}$ 於扭轉應力,以及 $(K_f)_{軸向}$ 於軸向應力。其次,對這些兩應力元素分別計算其等效的 von Mises 應力,σ'_a 及 σ'_m,最後選擇一種疲勞損壞準則 (修訂的 Goodman、Gerber、ASME-橢圓,或 Soderberg),以完成疲勞分析。對持久限,S_e,應使用持

久限修正因數，對彎曲應力使用 k_a、k_b 及 k_c。此處不應應用扭轉負荷因數 $k_c = 0.59$，因為於計算 von Mises stress 時已經計入 (見腳註 17)。軸向負荷的負荷因數，可以經由將軸向交變應力除以 0.85 予以含括。例如，考慮軸具彎應力、扭轉應力、及軸向應力的常見情況。對此情況，von Mises 應力的型式為 $\sigma' = (\sigma_x^2 + 3\tau_{xy}^2)^{1/2}$。考量彎應力、扭轉應力，及軸向應力都有交變與中值分量，則這兩應力元素的 von Mises 應力可寫成

$$\sigma'_a = \left\{ \left[(K_f)_{\text{bending}}(\sigma_a)_{\text{bending}} + (K_f)_{\text{axial}} \frac{(\sigma_a)_{\text{axial}}}{0.85} \right]^2 + 3 \left[(K_{fs})_{\text{torsion}}(\tau_a)_{\text{torsion}} \right]^2 \right\}^{1/2} \tag{5-55}$$

$$\sigma'_m = \left\{ \left[(K_f)_{\text{bending}}(\sigma_m)_{\text{bending}} + (K_f)_{\text{axial}}(\sigma_m)_{\text{axial}} \right]^2 + 3 \left[(K_{fs})_{\text{torsion}}(\tau_m)_{\text{torsion}} \right]^2 \right\}^{1/2} \tag{5-56}$$

對首循環局部降伏，得計算其最大 von Mises 應力。這可經由先將軸向及彎曲的交變與中值應力相加，以獲得 $\sigma_{\max}$，並將剪應力的交變與中值應力相加以取得 $\tau_{\max}$。然後將 $\sigma_{\max}$ 與 $\tau_{\max}$ 代入 von Mises 應力的方程式。更簡單且更保守的方法是將 (5-55) 式與 (5-56) 式相加。也就是 $\sigma'_{\max} \doteq \sigma'_a + \sigma'_m$。

如果應力分量不同步，但頻率相同，其最大值可由以使用相角的三角函數來表示每個分量，然後求其和。若兩個或更多應力分量的頻率不同，這種問題就難了。解法之一是假設二 (或更多) 應力分量常達成相為相同的情況，使得它們的值可以相加。

範例 5-14

某旋轉軸以 42×4 mm 的 AISI 1018 CD 冷拉鋼管製成，而且有個直徑 6 mm 的橫貫鑽孔。試估算其防範疲勞及靜態損壞的安全因數。針對下列情況，使用 Gerber 與 Langer 損壞準則。

(a) 該軸承受 120 N·m 的完全反覆扭矩，並與 150 N·m 的同相位完全反覆彎矩。
(b) 該軸承受從 20 到 160 N·m 的脈衝扭矩，及 150 N·m 的穩定彎矩。

解答 在此將循先估算強度然後估算應力的程序，接著再關聯兩者。

從表 A-20 可查得最小強度為 $S_{ut} = 440$ MPa 及 $S_y = 370$ MPa。旋轉樑試片的持久限為 $0.5(440) = 220$ MPa。從 (5-19) 式與表 5-2，可得表面因數

$$k_a = 4.51 S_{ut}^{-0.265} = 4.51(440)^{-0.265} = 0.899$$

從 (5-20) 式，尺寸因數為

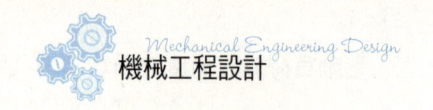

$$k_b = \left(\frac{d}{7.62}\right)^{-0.107} = \left(\frac{42}{7.62}\right)^{-0.107} = 0.833$$

其餘的 Marin 因數都為 1，所以，修正的持久限 S_e

$$S_e = 0.899(0.833)220 = 165 \text{ MPa}$$

(a) 理論應力集中因數可由表 A-16 使用 $a/D = 6/42 = 0.143$ 及 $d/D = 34/42 = 0.810$，並使用線性內插，可得對彎曲 $A = 0.798$ 及 $K_t = 2.366$；而對扭轉 $A = 0.89$ 及 $K_{ts} = 1.75$。因此，對彎曲而言，

$$Z_{\text{net}} = \frac{\pi A}{32 D}(D^4 - d^4) = \frac{\pi(0.798)}{32(42)}[(42)^4 - (34)^4] = 3.31\,(10^3)\text{mm}^3$$

而對扭轉而言

$$J_{\text{net}} = \frac{\pi A}{32}(D^4 - d^4) = \frac{\pi(0.89)}{32}[(42)^4 - (34)^4] = 155\,(10^3)\text{mm}^4$$

接著以缺口半徑 3 mm，從圖 5-20 及 5-21，可查得缺口敏感度對彎曲為 0.78，對扭轉為 0.96。相關的兩疲勞應力集中因數可由 (5-32) 式求得為：

$$K_f = 1 + q(K_t - 1) = 1 + 0.78(2.366 - 1) = 2.07$$
$$K_{fs} = 1 + 0.96(1.75 - 1) = 1.72$$

現在可求得交變彎應力為

$$\sigma_{xa} = K_f \frac{M}{Z_{\text{net}}} = 2.07 \frac{150}{3.31(10^{-6})} = 93.8(10^6)\text{Pa} = 93.8 \text{ MPa}$$

而交變扭轉應力為

$$\tau_{xya} = K_{fs} \frac{TD}{2J_{\text{net}}} = 1.72 \frac{120(42)(10^{-3})}{2(155)(10^{-9})} = 28.0(10^6)\text{Pa} = 28.0 \text{ MPa}$$

中值的 von Mises 分量 $\sigma'_m = 0$。交變分量 σ'_a 可由

$$\sigma'_a = \left(\sigma_{xa}^2 + 3\tau_{xya}^2\right)^{1/2} = [93.8^2 + 3(28^2)]^{1/2} = 105.6 \text{ MPa}$$

因為 $S_e = S_a$，疲勞的安全因數 n_f

答案
$$n_f = \frac{S_a}{\sigma'_a} = \frac{165}{105.6} = 1.56$$

首循環降伏的安全因數為

$$n_y = \frac{S_y}{\sigma'_a} = \frac{370}{105.6} = 3.50$$

圖 5-33 Designer's fatigue diagram for Ex. 5-14。

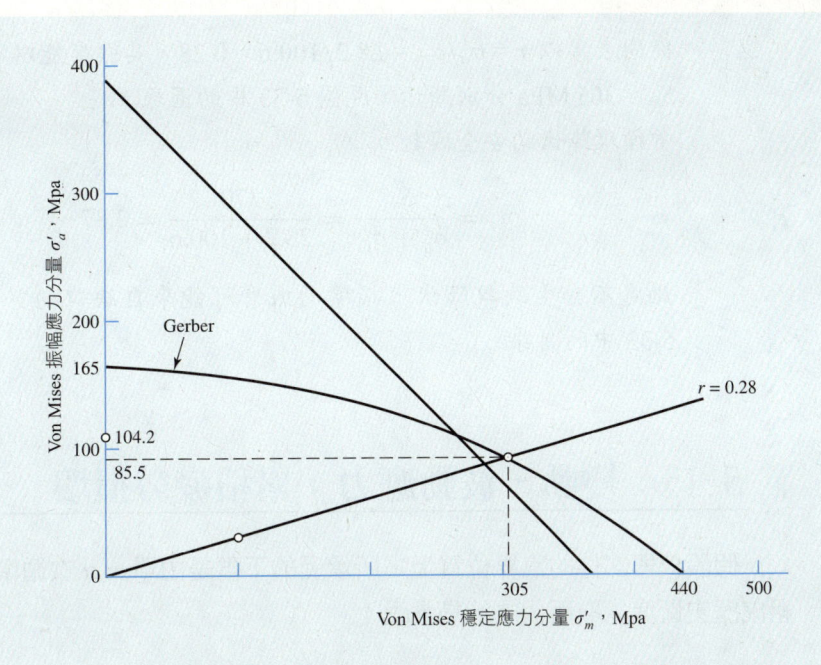

答案

不會發生局部降伏，損壞的威脅來自疲勞。參見圖 5-33。

(b) 這一部分要求當交變分量因脈衝扭矩導致，而穩定分量由扭矩與彎矩導致時，求得其安全因數。已知 $T_a = (160-20)/2 = 70$ N·m 而 $T_m = (160+20)/2 = 90$ N·m。對應的振幅及穩定應力分量分別為：

$$\tau_{xya} = K_{fs}\frac{T_a D}{2J_{net}} = 1.72\frac{70(42)(10^{-3})}{2(155)(10^{-9})} = 16.3(10^6)\text{Pa} = 16.3 \text{ MPa}$$

$$\tau_{xym} = K_{fs}\frac{T_m D}{2J_{net}} = 1.72\frac{90(42)(10^{-3})}{2(155)(10^{-9})} = 21.0(10^6)\text{Pa} = 21.0 \text{ MPa}$$

穩定彎應力分量 σ_{xm} 為

$$\sigma_{xm} = K_f\frac{M_m}{Z_{net}} = 2.07\frac{150}{3.31(10^{-6})} = 93.8(10^6)\text{Pa} = 93.8 \text{ MPa}$$

von Mises 分量 σ'_a 與 σ'_m 分別為

$$\sigma'_a = [3(16.3)^2]^{1/2} = 28.2 \text{ MPa}$$

$$\sigma'_m = [93.8^2 + 3(21)^2]^{1/2} = 100.6 \text{ MPa}$$

從表 5-7，疲勞的安全因數為

答案

$$n_f = \frac{1}{2}\left(\frac{440}{100.6}\right)^2\frac{28.2}{165}\left\{-1+\sqrt{1+\left[\frac{2(100.6)165}{440(28.2)}\right]^2}\right\} = 3.03$$

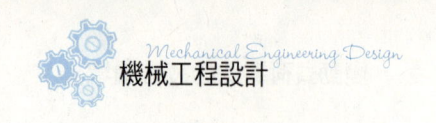

從同表，以 $r = \sigma'_a/\sigma'_m = 28.2/100.6 = 0.28$，其強度能以 $S_a = 85.5$ MPa 與 $S_m = 305$ MPa 分別顯示，見圖 5-33 中的圖線。

首循環降伏的安全因數 n_y 為

答案
$$n_y = \frac{S_y}{\sigma'_a + \sigma'_m} = \frac{370}{28.2 + 100.6} = 2.87$$

此處不發生缺口降伏，損壞的威脅可能來自缺口的首循環降伏。見圖 5-33 中的圖線。

5-15 變動，波動應力；累積疲勞損壞

假設機器部件的臨界位置上，所承受的不再是由單一 n 次循環的完全反覆應力組成歷史區塊，取而代之的是承受：

- 完全反覆的 σ_1 應力 n_1 次循環，σ_2 應力 n_2 次循環，……或
- 依循展現許多不同波峰及波谷的 "鋸齒狀" 應力時間－時間的圖線。

那麼什麼應力比較重要，如何計算循環數，及如何量測招致的損壞？考量某完整的轉向循環，應力變化於 420、560、280 及 420 MPa，第二個完整的轉向循環，應力變化於 −280、−420、−140 及 −280 MPa，如圖 5-34a 所示。首先，顯然地，將圖 5-34a 的應力模式施加於部件，必須時間的跡線像圖 5-34a 中的實線加上圖 5-34a

圖 5-34　為評估累積損壞而準備的可變應力圖。

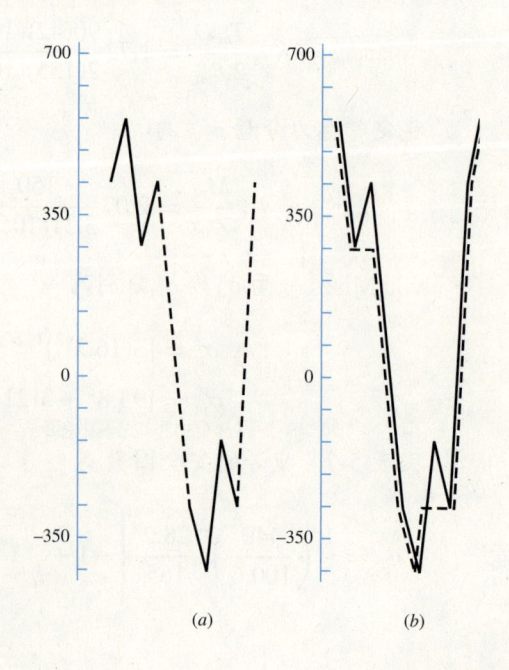

(a)　(b)

中的點線。圖 5-34b 中移動圖形使它自 560 MPa 起始並於 560 Mpa 終了。認知單一應力－時間跡線的存在，可以揭示像圖 5-34b 中如點線所示的隱藏循環。如果作用 100 次全為正值的應力循環，再作用 100 次全為負值的應力循環，則僅有一次隱藏的循環，若使正值應力循環與負值應力循環交錯作用，則將有 100 次的隱藏循環作用。

為確認沒有漏失隱藏的循環，在圖中以最大 (或最小) 起始，並將前一段歷史附加於其右側，如圖 5-34b 所示。循環的特徵顯示於最大－最小－相同的最大 (或最小－最大－相同的最小) 的型式。首先經由循圖 5-34b 中的點線跡線移動，以確認最大值 560 MPa，最小值 420 MPa，並回到 560 MPa 確認一次循環。心理上消除已使用過的跡線 (點跡線)，留下 280、420、280 循環與 −40、−20、−40 次循環。因為損壞軌跡以應力振幅分量 σ_a 與穩定分量 σ_m 表示，使用 (5-36) 式可構成下表：

循環數	σ_{max}	σ_{min}	σ_a	σ_m
1	560	−420	490	70
2	420	280	70	350
3	−140	−420	70	−210

1 號循環最具傷害性，它可能遭到遺漏。

循環計數的方法包含：

- 直至損壞時的拉伸峰次數
- 高於波形平均值的所有最大值數目，所有最小值數目
- 在與平均值的交點間大於平均值的全域最大值數目，及在與平均值的交點間小於平均值的全域最小值數目
- 在平均值之上，具正值斜率的水平交點數，及在平均值之下，具負值斜率的水平交點數。
- 伴隨每一計數水平的連續交點之間，前一法的修訂，僅計數一次。
- 每一局部最大－最小間的行走計數為半個循環，而伴隨的振幅也以半個幅度計數。
- 前一法加上考量局部平均值。
- 雨流計數技巧。

此處使用的方法等於是雨流計數技巧的變異。

Palmgren-Miner[24] 循環比總和法則，也稱為 Miner's 法則，寫成

---

[24] A. Palmgren, "Die Lebensdauer von Kugellagern," *ZVDI*, vol. 68, pp. 339–341, 1924; M. A. Miner, "Cumulative Damage in Fatigue," *J. Appl. Mech.*, vol. 12, *Trans. ASME*, vol. 67, pp. A159–A164, 1945.

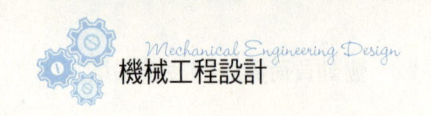

$$\sum \frac{n_i}{N_i} = c \tag{5-57}$$

式中 n_i 為應力值 σ_i 時的循環數,而 N_i 為承受應力 σ_i 至損壞時的循環數。參數 c 已經由實驗確定,其值通常在 $0.7 < c < 2.2$,平均值接近 1。

使用確定式作為線性損壞法則時,寫成

$$D = \sum \frac{n_i}{N_i} \tag{5-58}$$

式中的 D 為累積損壞。當 $D = c = 1$,即發生損壞。

範例 5-15

已知某部件的 $S_{ut} = 1057$ MPa,於該部件的臨界位置的 $S_e = 472.5$ MPa。承受圖 5-34 中的負荷。試推估在它損壞前可以承受圖 5-34 中之負荷-時間區塊重複作用的次數。

解答 從圖 5-18,因 $S_{ut} = 1057$ MPa,$f = 0.795$。再從 (5-14) 式,

$$a = \frac{(fS_{ut})^2}{S_e} = \frac{[0.795(1057)]^2}{472.5} = 1494.5 \text{ MPa}$$

由 (5-15) 式,

$$b = -\frac{1}{3}\log\left(\frac{fS_{ut}}{S_e}\right) = -\frac{1}{3}\log\left[\frac{0.795(1057)}{472.5}\right] = -0.0833$$

所以,

$$S_f = 1494.5 N^{-0.0833} \quad \text{是} \quad N = \left(\frac{S_f}{1494.5}\right)^{-1/0.0833} \tag{1}, (2)$$

現在準備增加兩欄至前一表中。使用 (5-47) 式的 Gerber 疲勞準則,令 $S_e = S_f$ 及 $n = 1$,可寫成

$$S_f = \begin{cases} \dfrac{\sigma_a}{1 - (\sigma_m/S_{ut})^2} & \sigma_m > 0 \\ S_e & \sigma_m \leq 0 \end{cases} \tag{3}$$

循環 1:$r = \sigma_a/\sigma_m = 490/70 = 7$,而從表 5-7 可得

$$S_a = \frac{7^2 1057^2}{2(472.5)}\left\{-1 + \sqrt{1 + \left[\frac{2(472.5)}{7(1057)}\right]^2}\right\} = 470.4 \text{ MPa}$$

因為 $\sigma_a > S_a$,亦即 $490 > 472.5$,壽命將會縮短。從 (3) 式

$$S_f = \frac{490}{1 - (70/1057)^2} = 492.1 \text{ MPa}$$

並從 (2) 式

$$N = \left(\frac{492.1}{1494.5}\right)^{-1/0.0833} = 619(10^3) \text{ 次循環}$$

循環 2：$r = 70/350 = 0.2$，且強度振幅為

$$S_a = \frac{0.2^2 1057^2}{2(472.5)} \left\{-1 + \sqrt{1 + \left[\frac{2(472.5)}{0.2(1057)}\right]^2}\right\} = 169.4 \text{ MPa}$$

因為 $\sigma_a < S_a$，亦即 $70 < 169.4$，則 $S_f = S_e$ 而將有無限的壽命。所以，$N \to \infty$。

循環 3：$r = 70/-210 = -0.333$，而且，因為 $\sigma_m < 0$、$S_f = S_e$，而會有無限的壽命，所以，$N \to \infty$。

循環數	S_f, MPa	N, 循環
1	492.1	$619(10^3)$
2	472.5	∞
3	472.5	∞

從 (5-58) 式，每一區塊的損壞為

$$D = \sum \frac{n_i}{N_i} = N\left[\frac{1}{619(10^3)} + \frac{1}{\infty} + \frac{1}{\infty}\right] = \frac{N}{619(10^3)}$$

答案　令 $D = 1$ 得到 $N = 619(10^3)$ 次循環。

為進一步說明 Miner 法則的用途，考量某 $S_{ut} = 560$ MPa、$S'_{e,0} = 280$ MPa 及 $f = 0.9$ 的鋼料，其中以標示 $S'_{e,0}$ 取代更常用的 S'_e，以代表原始的持久限，或尚未損傷的材料。該材料的 log S-log N 圖如圖 5-35 中的粗實線所示。從 (5-14) 及 (5-15) 式可得 $a = 907$ MPa 及 $b = -0.085\,091$。現在以反轉應力 $\sigma_1 = 420$ MPa 作用 $n_1 = 3000$ 次循環。因為 $\sigma_1 > S'_{e,0}$，持久限將遭損傷，而受損材料的新持久限 $S'_{e,1}$ 將以 Miner 法則求得。圖 5-35 中，原始材料在 10^3 到 10^6 次循環間之損壞線的方程式為

$$S_f = aN^b = 907\,N^{-0.085\,091}$$

於應力水準為 $\sigma_1 = 420$ MPa 至損壞前的循環數為

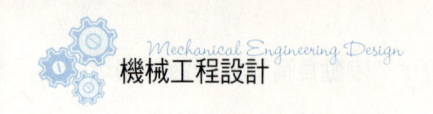

$$N_1 = \left(\frac{\sigma_1}{907}\right)^{-1/0.085\,091} = \left(\frac{420}{907}\right)^{-1/0.085\,091} = 8520 \text{ 次循環}$$

圖 5-35 中顯示該材料於應力 420 MPa 時的壽命為 $N_1 = 8520$ 次循環，而於應力 σ_1 作用 3000 次循環後，承受 σ_1 的壽命尚餘 $N_1 - n_1 = 5520$ 次循環。這個值將受損材料之有限壽命的強度 $S_{f,1}$ 定位於圖 5-35 中的位置。為得到第二個點應詢問的問題是：在已知 n_1 與 N_1 時，受損材料損壞前還能承受多少次 $\sigma_2 = S'_{e,0}$ 的應力循環？這對應於應力的 n_2 次反轉循環，所以，由 (5-58) 式

$$\frac{n_1}{N_1} + \frac{n_2}{N_2} = 1 \tag{a}$$

求解 n_2，可得

$$n_2 = (N_1 - n_1)\frac{N_2}{N_1} \tag{b}$$

則

$$n_2 = \left[8.52\left(10^3\right) - 3\left(10^3\right)\right]\frac{10^6}{8.52\left(10^3\right)} = 0.648(10^6) \text{ 次循環}$$

此值對應於圖 5-35 中的有限壽命強度 $S_{f,2}$。依據 Miner 法則，通過 $S_{f,1}$ 與 $S_{f,2}$ 的線段即為受損材料的 log S-log N 圖。$(N_1 - n_1, \sigma_1)$ 與 (n_2, σ_2) 兩個點決定了新的線方程式，$S_f = a'N^{b'}$。因此，$\sigma_1 = a'(N_1 - n_1)^{b'}$，及 $\sigma_2 = a'n_2^{b'}$。將兩式相除，對其結果取對數，然後解得 b' 為

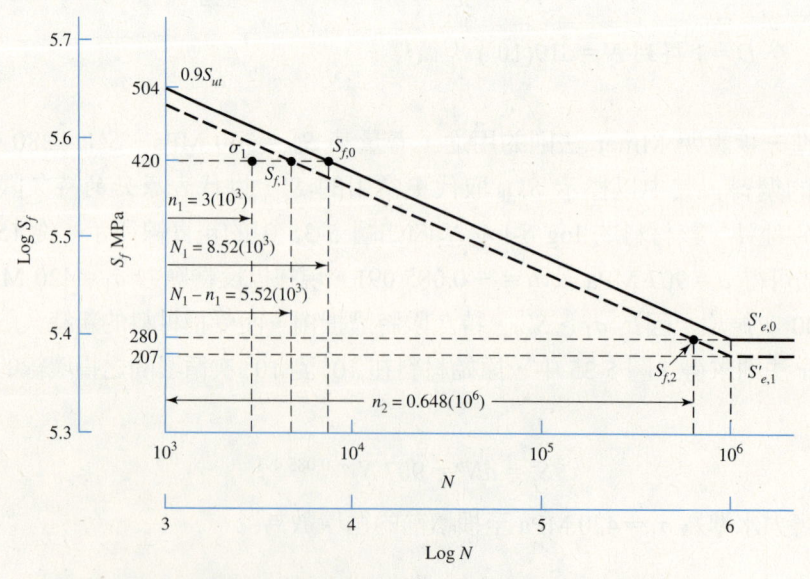

圖 5-35 使用 Miner 法則於預測已經承受過有限次數過應力循環數之材料的持久限。

$$b' = \frac{\log(\sigma_1/\sigma_2)}{\log\left(\dfrac{N_1-n_1}{n_2}\right)}$$

以 (b) 式代入 n_2 並簡化後可得

$$b' = \frac{\log(\sigma_1/\sigma_2)}{\log(N_1/N_2)}$$

因為未受損材料的 $N_1 = (\sigma_1/a)^{1/b}$ 而 $N_2 = (\sigma_2/a)^{1/b}$，則

$$b' = \frac{\log(\sigma_1/\sigma_2)}{\log\left[(\sigma_1/a)^{1/b}/(\sigma_2/a)^{1/b}\right]} = \frac{\log(\sigma_1/\sigma_2)}{(1/b)\log(\sigma_1/\sigma_2)} = b$$

這意指受損材料的疲勞線與原始材料之疲勞線的斜率相同。而這兩條線互相平行。則 a' 的值可由 $a' = S_f/N^b$ 求得。

對正在說明的的例子，$a' = 420/[5.52(10)^3]^{-0.085\,091} = 874.286$ MPa。因而新的持久限為 $S'_{e,1} = a'N_e^b = 874.286$ MPa$[(10)^6]^{-0.085\,091} = 207$ MPa。

雖然 Miner 法則非常通用，但有兩處不能與實驗結果相符。首先，此項理論指出由於 σ_1 的作用使靜態強度 S_{ut} 受損，亦即降低；見圖 5-35 中的 $N = 10^3$ 次循環處。實驗卻無法證實此項預言。

以 (5-58) 式給定的 Miner 法則並未考慮應力施加的順序，而忽視了小於 $S'_{e,0}$ 的任何應力。然而，從圖 5-35 中可看到，若於持久限已因承受 σ_1 受損後，承受在 $S'_{e,1} < \sigma_3 < S'_{e,0}$ 範圍的應力 σ_3，將導致損傷。

Manson 法[25]克服了 Palmgren-Miner 法則的兩項缺點。就歷史而言，它是比較近代的方法，也一樣易於使用。除了稍有改變之外，本書將使用並推薦使用 Manson 法。Manson 以繪製 S-log N 圖取代此處所推薦的 log S-log N 圖。Manson 也經由實驗找到 S-log N 線收斂的點對應於靜態強度，取代此處所為的任意地選擇 $N = 10^3$ 次循環與 $S = 0.9S_{ut}$ 的交點。當然，能藉助實驗總是比較好的方法，但本書的目的是儘可能地以單純拉伸試驗的數據，以學習儘可能多的疲勞損壞問題。

在此展現的 Manson 法，其受損材料與原始材料的所有 log S-log N 線，都一致地收斂於同一個點，$N = 10^3$ 次循環與 $0.9S_{ut}$ 的交點。此外，建構 log S-log N 線都必須依循應力作用的次序。

此處將使用前一範例中的數據來做說明。其結果於圖 5-36 中呈現。請留意，對應於 $N_1-n_1 = 5.52(10)^3$ 次循環的強度 $S_{f,1}$ 以與先前相同的方法取得。通過該點和 10^3 次循環與 $0.9S_{ut}$ 的交點，繪出粗點線以與 $N = 10^6$ 次循環線相交，並定義受損

---

[25] S. S. Manson, A. J. Nachtigall, C. R. Ensign, and J. C. Fresche, "Further Investigation of a Relation for Cumulative Fatigue Damage in Bending," *Trans. ASME, J. Eng. Ind.*, ser. B, vol. 87, No. 1, pp.25-35, February 1965.

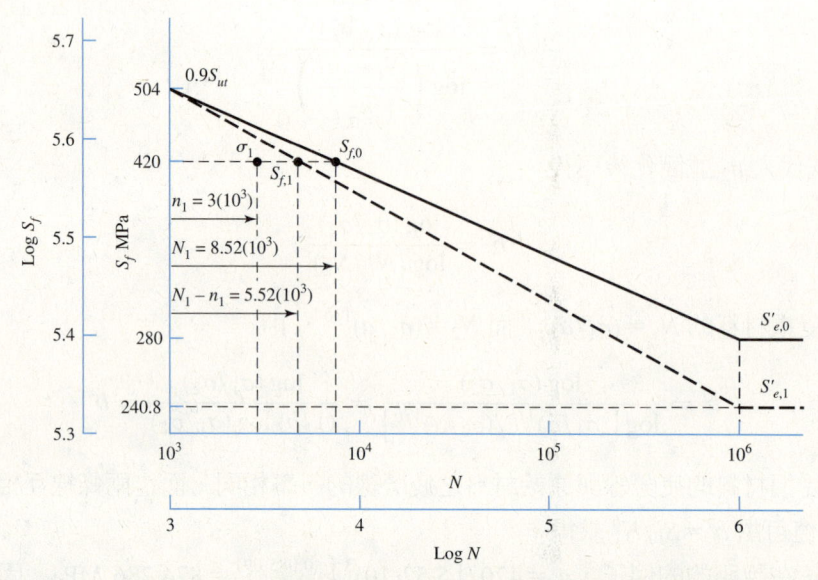

▎圖 5-36　使用 Manson 法於預言已經承受有限次數過應力循環材料的持久限

材料的持久限 $S'_{e,1}$。再一次，以兩個在該線上的點，可以得到 $b' = [\log(504/420)] / [\log(10^3)/5.52(10^3)] = -0.106\,722$ 及 $a' = 420/[5.52(10^3)]^{-0.106\,722} = 1053.4$ MPa。在本例中，新的持久限為 $S'_{e,1} = a'N_e^{b'} = 1053.4(10^6)^{-0.106\,722} = 240.8$ MPa，這個值略小於以 Miner 法則所得到的值。

現在很容易從圖 5-36 中看出，反轉應力 $\sigma = 252$ MPa 無論作用多少次循環，都不致對原始材料的持久限造成傷害。然而，若 252 MPa 作用於材料已遭 $\sigma_1 = 420$ MPa 損傷之後，則將造成額外的損傷。

這兩種方法都涉及大量的計算，每逢估算到損傷即需重複。對複雜的應力-時間跡線，可能每個循環都得重複。能執行含掃描跡線及確認循環數等任務的計算機程式，顯然大有裨益。

Collins 說得好："即便是所有的問題都證明 Palmgren 線性損傷法則因其單純而經常使用，且經由其它較複雜的損傷理論，對損壞預測的可靠度也未必有重大的改善。"[26]

5-16　表面疲勞強度

表面疲勞的機制仍未完全瞭解。在無表面剪力存在的情況下，**接觸影響區** (contact-affect zone) 承受壓縮主應力。旋轉疲勞的裂痕發生於或鄰近表面存在拉應力處，其裂隙伴隨著裂隙擴散而成長，直到發生毀滅性損壞。在該區存在剪應力，

---

[26] J. A. Collins, *Failure of Materials in Mechanical Design*, John Wiley & Sons, New York, 1981, p. 243.

其最大值正好在表面下方。裂隙似乎由該層成長,直到小片材料剝落,而於表面留下小孔。由於工程人員必須在瞭解表面疲勞現象的細節之前,設計出耐久的機器,他們採取執行試驗,觀察表面上的小孔,並宣稱損壞發生在孔的任意投影區,然後將這些現象關聯到 Hertz **接觸壓力** (Hertzian contact pressure)。該壓應力並未直接產生損壞,但不論損壞的機制是什麼,不論什麼應力形式在損壞中起了作用,接觸應力的值就是一項指標。

Buckingham[27] 指引了大量關聯於 10^8 次循環疲勞與持久強度 (Hertz 接觸應力) 的試驗。顯示鑄件的持久限大約在 $3(10^7)$ 次循環,硬化鋼質的滾子則直到 $4(10^8)$ 次循環仍無持久限。隨後對硬化鋼的試驗也顯示沒有持久限。硬化鋼展現如此高的疲勞強度而廣泛地應用於抵抗表面疲勞。

到此刻的研習,已經處理了機器元件因降伏、破裂,與疲勞的損壞。經由旋轉樑試驗得到的持久限常稱為**彎曲持久限** (flexural endurance limit),因為它以旋轉樑做試驗。本節中將研習**匹配材料** (mating materials) 的一項性質,稱為**表面持久剪力** (surface endurance shear)。設計工程人員經常得解決兩機器元件以滾動、滑動、或結合滾動與滑動接觸的接觸匹配問題。齒輪對的匹配齒,凸輪與從動件,輪與軌道,鏈條與鏈輪等都是此類結合的明顯實例。若設計想創作滿足且長壽的機器,則必須有材料表面強度的知識。

當兩表面以充分的力做相互滾動或滾動帶滑動時,則經歷某些數目的循環後將產生孔蝕損壞。權威人士對孔蝕機制目前尚無一致的看法。雖然此項論題十分複雜,但他們都同意 Hertz 應力、循環數、表面精製、硬度、潤滑程度、及溫度都會影響持久強度。在 2-19 節中已經知道,當兩表面壓在一起時,在接觸表面的稍下方會發展出最大剪應力。有些學者認為表面疲勞損壞即由該最大剪應力發端,接著迅速蔓延以迄於表面。然後潤滑劑進入這些形成的裂隙,最終將在壓力下將金屬屑自表面劈開。

為決定匹配材料的表面疲勞強度,Burkingham 設計了依據簡單的機器,以測試與其研究齒輪輪齒磨耗相關聯之成對的接觸滾動表面。Buckingham 及稍後的 Talbourdet 從許多測試聚集了大量的數據,使得目前有可觀的設計資訊可供使用。為了使這些結果對設計者有用,Buckingham 定義了**負荷-應力因數** (load-stress factor),也稱為**磨耗因數** (wear factor),它由 Hertz 方程式導出。從 (2-73) 與 (2-74) 式發現,對接觸中的圓柱體為

$$b = \sqrt{\frac{2F}{\pi l}\frac{(1-\nu_1^2)/E_1 + (1-\nu_2^2)/E_2}{(1/d_1)+(1/d_2)}} \qquad (5\text{-}59)$$

$$p_{\max} = \frac{2F}{\pi b l} \qquad (5\text{-}60)$$

---
[27] Earle Buckingham, *Analytical Mechanics of Gears*, McGraw-Hill, New York, 1949.

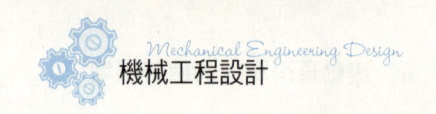

式中　b = 矩形接觸面積的半寬
　　　F = 接觸力
　　　l = 圓柱長度
　　　v = Poisson 比
　　　E = 彈性模數
　　　d = 圓柱直徑

因為使用圓柱半徑比較方便，所以，令 $2r = d$。若以 w 取代 l 以標示圓柱長度 (為了齒面、軸承、凸輪等的寬度)，並移除平方根的符號，(5-59) 式變成

$$b^2 = \frac{4F}{\pi w} \frac{\left(1 - v_1^2\right)/E_1 + \left(1 - v_2^2\right)/E_2}{1/r_1 + 1/r_2} \tag{5-61}$$

以定義表面持久強度 (surface endurance strength) S_c

$$p_{\max} = \frac{2F}{\pi bw} \tag{5-62}$$

現在使用

$$S_C = \frac{2F}{\pi bw} \tag{5-63}$$

它也稱為**接觸強度** (contact strength)、**接觸疲勞強度** (contact fatigue strength) 或 **Hertz 持久強度** (Hertzian endurance strength)。此一強度為經歷某指定循環數之後，會導致表面損壞的接觸壓力。由於需經歷很長久的時間才發生，此類損壞常稱**磨耗** (wear)。然而，不宜將它們與磨粒磨耗混淆。經由 (5-63) 式平方，並將 (5-61) 式的 b^2 代入後重整，可得

$$\frac{F}{w}\left(\frac{1}{r_1} + \frac{1}{r_2}\right) = \pi S_C^2 \left[\frac{1 - v_1^2}{E_1} + \frac{1 - v_2^2}{E_2}\right] = K_1 \tag{5-64}$$

此式左端的表示式中含幾個設計者可以尋求獨立支配的參數。中間的表示式含隨材料及規範條件而來的材料性質。第三個表示式為參數 K_1，Buckingham 的負荷－應力因數，以固定 F、w、r_1、r_2 的值，及伴隨著初次顯現明確疲勞跡象的循環數的試驗來確定。在齒輪的研習中，使用了一個相似的 K 因數：

$$K_g = \frac{K_1}{4} \sin \phi \tag{5-65}$$

式中的 ϕ 為輪齒的壓力角，而 $(1-v_1^2)/E_1 + (1-v_2^2)/E_2$ 這一項定義為 $1/(\pi C_P^2)$，使得

$$S_C = C_P \sqrt{\frac{F}{w}\left(\frac{1}{r_1} + \frac{1}{r_2}\right)} \tag{5-66}$$

Buckingham 及其它報告僅提供 10^8 次循環的 K_1 值而無其它數據。這僅於 $S_C N$ 曲線上提供一個點。對鑄造金屬而言，可能已經足夠，但對鍛造鋼、熱處理鋼，有些斜率的概念對達成其它 10^8 次循環以上的設計目標很有裨益。

實驗顯示 K_1 對 N，K_g 對 N，與 S_C 對 N 的數據經 by log-log 轉換修正，變成

$$K_1 = \alpha_1 N^{\beta_1} \qquad K_g = aN^b \qquad S_C = \alpha N^\beta$$

其中的三個指數分別是

$$\beta_1 = \frac{\log(K_1/K_2)}{\log(N_1/N_2)} \qquad b = \frac{\log(K_{g1}/K_{g2})}{\log(N_1/N_2)} \qquad \beta = \frac{\log(S_{C1}/S_{C2})}{\log(N_1/N_2)} \qquad (5\text{-}67)$$

感應硬化鋼對鋼的數據為 $(S_C)_{10^7} = 1897$ MPa 及 $(S_C)_{10^8} = 1673$ MPa，所以從 (5-67) 式，β 的值為

$$\beta = \frac{\log(1897/1673)}{\log(10^7/10^8)} = -0.055$$

若設計者沒有其它超過 10^7 次循環的相反數據，則可能會對美國齒輪製造商協會 (American Gear Manufacturers Association, AGMA) 對循環數在 $10^4 < N < 10^{10}$ 間時，使用 $\beta = -0.056$ 感到興趣。

長久以來，鋼的 S_c 與 H_B 之間於 10^8 次循環的關聯式為

$$(S_C)_{10^8} = \begin{cases} 0.4 H_B - 10 \text{ kpsi} \\ 2.76 H_B - 70 \text{ MPa} \end{cases} \qquad (5\text{-}68)$$

AGMA 使用

$$_{0.99}(S_C)_{10^7} = 0.327\, H_B + 26 \text{ kpsi} \qquad (5\text{-}69)$$

(5-66) 式可於設計時藉使用設計因數以尋求容許表面應力。因為於此式於應力－負荷轉換非線性關係，設計者必須判定是否喪失功能，標示無能承擔負荷。如果是，則尋求容許應力，以設計因數 n_d 除負荷 F：

$$\sigma_C = C_P \sqrt{\frac{F}{wn_d}\left(\frac{1}{r_1}+\frac{1}{r_2}\right)} = \frac{C_P}{\sqrt{n_d}}\sqrt{\frac{F}{w}\left(\frac{1}{r_1}+\frac{1}{r_2}\right)} = \frac{S_C}{\sqrt{n_d}}$$

及 $n_d = (S_c/\sigma_c)^2$。若喪失功能聚焦於應力，則 $n_d = S_c/\sigma_c$。對工程人員建議：

- 判定是否喪失功能無法承擔負荷或應力
- 依前面的討論定義設計因數與安全因數
- 宣佈採取的作法及其理由
- 準備為自己的處境辯護

依此方法每個溝通成員將瞭解設計因數 (或安全因數) 為 2 的意義及調整，是否必

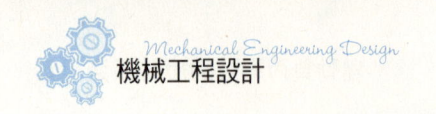

要,其判斷是準確的。

5-17 隨機分析

正如本章中已經演示的,考慮疲勞分析有許多得考量的因數,較諸靜態分析多很多。迄至目前,每個因數都以確定的方式處理,如果條件不是很明顯,這些因數將承受可變性,而且支配結果的可靠度。當可靠度很重要時,必須採取疲勞試驗,無其它途徑可想。結果此處呈現的,及本書其它章節的隨機分析法建構的指引,將使設計者於發展安全且可靠的設計時,對涉及的不同問題,獲得良好的瞭解與協助。

本節中,將依相同的呈現順序,對先前各章節中描述的確定性質及方程式,提供關鍵的隨機修訂法。

持久限

一開始我們將展示估算持久限的方法,**承拉強度關聯法** (tensile strength correlation method)。比值 $\phi = S'_e/\bar{S}_{ut}$ 稱為**疲勞比** (fatigue ratio)[28]。對鐵族金屬,大多展現持久限,以此持久限當作分子。對未顯示持久限的材料,則採用標示至指定之循環數損壞的疲勞強度當作分子。Gough[29] 提報了許多類金屬之疲勞比 ϕ 的隨機性質,並於圖 5-37 中展現之。其第一項應留意的是**變異係數** (coefficient of variation) 的階由 0.10 到 0.15,而且其分佈隨金屬類別而變化。第二項應留意的是 Gough 的數據包含了工程人員不感興趣的材料。在缺乏試驗時,工程人員使用代表從平均極限強度 $\bar{S}_{ut}$ 估算持久限 S'_e 的關聯式。

Gough 的數據針對整體的金屬,有些選擇是對冶金的關切,也包含了機器部件不常選用的材料。Mischke[30] 以變化直徑的旋轉彎曲試驗分析了 133 種鋼料及處理

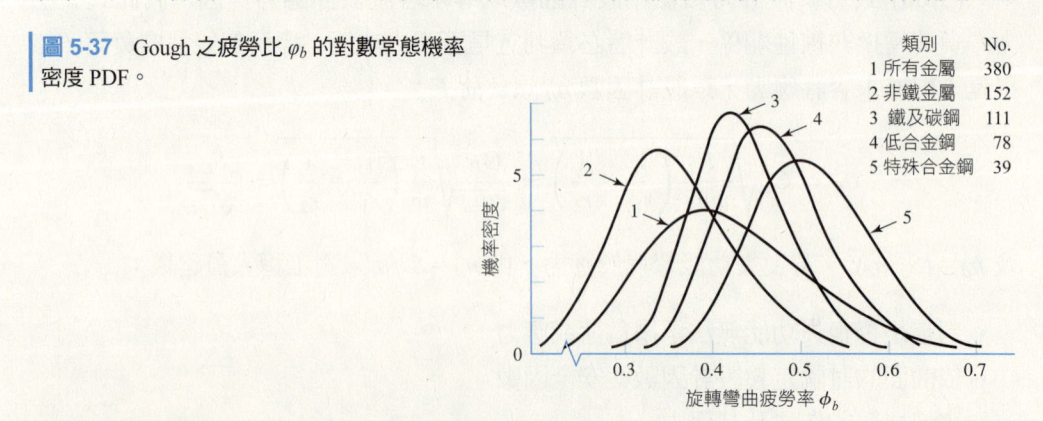

圖 5-37 Gough 之疲勞比 φ_b 的對數常態機率密度 PDF。

類別	No.
1 所有金屬	380
2 非鐵金屬	152
3 鐵及碳鋼	111
4 低合金鋼	78
5 特殊合金鋼	39

---

[28] 從此刻開始,由於將依據平均值、標準差等處理統計分佈。其關鍵量、極限強度,將以其平均值,$\bar{S}_{ut}$ 標示。這表示先前以最小 S_{ut} 值定義的某些項,將有稍許改變。

[29] In J. A. Pope, *Metal Fatigue*, Chapman and Hall, London, 1959.

[30] Charles R. Mischke, "Prediction of Stochastic Endurance Strength," *Trans. ASME, Journal of Vibration, Acoustics, Stress, and Reliability in Design*, vol. 109, no. 1, January 1987, pp. 113–122.

的數據[31]，其結果是

$$\phi = 0.445d^{-0.107}\mathbf{LN}(1, 0.138)$$

式中的 d 是試片直徑，單位為 inches，而 $\mathbf{LN}(1, 0.138)$ 是平均值為 1，而標準差 (及變異係數) 為 0.138 的單元對數常態變量。對標準 R. R. Moore 試片，

$$\phi_{0.30} = 0.445(0.30)^{-0.107}\mathbf{LN}(1, 0.138) = 0.506\mathbf{LN}(1, 0.138)$$

還有，25 件強度 $S_{ut} > 212$ kpsi 之普通鋼及低合金鋼之敘述如下：

$$S'_e = 107\mathbf{LN}(1, 0.139) \text{ kpsi}$$

總結而言，對旋轉樑試片，

$$S'_e = \begin{cases} 0.506\bar{S}_{ut}\mathbf{LN}(1, 0.138) \text{ kpsi or MPa} & \bar{S}_{ut} \leq 212 \text{ kpsi (1460 MPa)} \\ 107\mathbf{LN}(1, 0.139) \text{ kpsi} & \bar{S}_{ut} > 212 \text{ kpsi} \\ 740\mathbf{LN}(1, 0.139) \text{ MPa} & \bar{S}_{ut} > 1460 \text{ MPa} \end{cases} \quad (5\text{-}70)$$

式中 $\bar{S}_{ut}$ 為極限承拉強度的平均值。

(5-70) 式代表工程人員選定材料之前的狀態資訊。選擇過程中，設計者從整體可能性做出隨機選擇，而統計學會給予失望的機會。如果試驗受限，以致無法得到選用材料之極限承拉強度的平均值時 $\bar{S}_{ut}$ 的估算值，(5-70) 式的助益是直接的。如果將做旋轉樑試驗，則應集結持久限的統計資訊，而無需前面所提的關聯式。

表 5-9 比較了多類鐵族材料之疲勞比的平均值 $\bar{\phi}_{0.30}$。

持久限修正因數

Marin 方程式可以寫成

$$S_e = k_a k_b k_c k_d k_f S'_e \quad (5\text{-}71)$$

其中的尺寸因數 k_b 為確定值，並且仍維持 5-9 節的形式而沒有改變。此外，由於正在執行隨機分析，此處不需要 "可靠度因數" k_e。

表 5-9 一些金屬類別之平均疲勞比近似值的比較

材料類別	$\bar{\phi}_{0.30}$
鍛鋼	0.50
鑄鋼	0.40
粉末冶金鋼	0.38
灰鑄鐵	0.35
延展性鑄鐵	0.40
標準球墨鑄鐵	0.33

---

[31] 數據取自 H. J. Grover, S. A. Gordon, and L. R. Jackson, *Fatigue of Metals and Structures*, Bureau of Naval Weapons, Document NAVWEPS 00-2500435, 1960.

表 5-10　Marin 表面因數中的參數

表面精製方式	kpsi	MPa	b	變量係數, C
		$ka = aS_{ut}^b \text{LN}(1, C)$		
研磨*	1.34	1.58	−0.086	0.120
車削或冷軋	2.67	4.45	−0.265	0.058
熱軋	14.5	58.1	−0.719	0.110
類鍛造	39.8	271	−0.995	0.145

*由於研磨表面的數據分佈寬廣，另一個函數為 $k_a = 0.878\text{LN}(1, 0.120)$。請留意：$S_{ut}$ 單位為 kpsi 或 MPa。

表面因數 k_a 引自稍早 (5-20) 式的確定式，現在則提供其隨機形式

$$\mathbf{k}_a = a\bar{S}_{ut}^b \mathbf{LN}(1, C) \quad (\bar{S}_{ut} \text{ 以 kpsi 或 MPa 為單位}) \tag{5-72}$$

其中的表 5-10 提供不同表面狀態的 a、b 與 C 的值。

範例 5-16

某鋼料的平均極限強度為 520 MPa 且具有車削表面。試估算 $\mathbf{k}_a$。

解答　從表 5-10，

$$\mathbf{k}_a = 4.45(520)^{-0.265}\mathbf{LN}(1, 0.058)$$
$$\bar{k}_a = 4.45(520)^{-0.265}(1) = 0.848$$
$$\hat{\sigma}_{ka} = C\bar{k}_a = (0.058)4.45(520)^{-0.265} = 0.049$$

答案　所以 $\mathbf{k}_a = \mathbf{LN}(0.848, 0.049)$。

軸向與扭轉負荷的負荷因數 k_c 為

$$(\mathbf{k}_c)_{\text{axial}} = 1.23\bar{S}_{ut}^{-0.0778}\mathbf{LN}(1, 0.125) \tag{5-73}$$

$$(\mathbf{k}_c)_{\text{torsion}} = 0.328\bar{S}_{ut}^{0.125}\mathbf{LN}(1, 0.125) \tag{5-74}$$

式中的 $\bar{S}_{ut}$ 單位為 kpsi。研究軸向疲勞的數據很少。(5-73) 式從 Landgraf 與 Grover、Gordon 及 Jackson (如同早先援引者) 的數據推導得之。

扭轉數據更缺乏，(5-74) 式推導自 Grover 及其它人的數據。請留意，軸向與扭轉負荷因數對強度的輕微敏感度，所以，在這些情況下，$\mathbf{k}_c$ 並非定值。平均值顯示於表 5-11 中的最後一欄，及表 5-12 與表 5-13 的註腳。表 5-14 顯示材料類別對負荷因數 k_c 的影響。畸變能理論預言了對應用畸變能理論的材料 $(k_c)_{\text{torsion}} = 0.577$。對彎曲負荷 $\mathbf{k}_c = \mathbf{LN}(1, 0)$。

表 5-11　Marin 負荷因數中的參數

$$k_c = \alpha \bar{S}_{ut}^b \, \text{LN}(1, C)$$

負荷模式	α kpsi	α MPa	β	C	平均值 k_c
彎曲	1	1	0	0	1
軸向	1.23	1.43	−0.0778	0.125	0.85
扭轉	0.328	0.258	0.125	0.125	0.59

表 5-12　軸向負荷的平均 Marin 負荷因數值

S_{ut}, MPa	k_c^*
350	0.907
700	0.860
1050	0.832
1400	0.814

*平均登入值 0.85

表 5-13　扭轉負荷的平均 Marin 負荷因數值

S_{ut}, MPa	k_c^*
350	0.535
700	0.583
1050	0.614
1400	0.636

*平均登入值 0.59

表 5-14　數種材料的平均 Marin 扭轉負荷因數 k_c

材料	範圍	n	$\bar{k}_c$	$\hat{\sigma}_{kc}$
鍛鋼	0.52–0.69	31	0.60	0.03
鍛鋁	0.43–0.74	13	0.55	0.09
鍛銅及合金	0.41–0.67	7	0.56	0.10
鍛鎂及合金	0.49–0.60	2	0.54	0.08
鈦	0.37–0.57	3	0.48	0.12
鑄鐵	0.79–1.01	9	0.90	0.07
鑄鋁、鎂及合金	0.71–0.91	5	0.85	0.09

來源：本表是 P. G. Forrest, *Fatigue of Metals*, Pergamon Press, London, 1962, Table 17, p.110 的延伸，具使用 J. B. Kennedy and A. M. Neville, *Basic Statistical Methods for Engineers and Scientists*, 3rd ed., Harper & Row, New York, 1986 中 pp.54-55 .之表 A-1 從範圍及試片估算的標準差

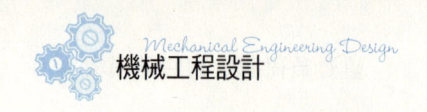

> **範例 5-17**
>
> 試估算直徑25 mm 圓棒於下列使用情況下之 Marin 負荷因數 k_c。
> (a) 承受彎曲以強度 S_{ut} = 690**LN**(1, 0.035) MPa，的鋼製成，設計者企圖使用關聯式 $S'_e = \phi_{0.30}\bar{S}_{ut}$，以預言 S'_e。
> (b) 承受彎曲但由持久限試驗得到 S'_e = 379**LN**(1, 0.081) MPa。
> (c) 承受推拉(軸向)疲勞負荷，S_{ut} = **LN**(594, 27) MPa，而設計者企圖使用關聯式 $S'_e = \phi_{0.30}\bar{S}_{ut}$。
> (d) 承受扭轉疲勞負荷材料為鑄鐵，而 S'_e 以測試取得。
>
> **解答** (a) 由於圓棒承受彎曲，
>
> **答案** $$k_c = (1, 0)$$
>
> (b) 因為以彎曲負荷測試，也用於彎曲負荷
>
> **答案** $$k_c = (1, 0)$$
>
> (c) 從 (5-73) 式，
>
> **答案**
> $$(k_c)_{ax} = 1.43(594)^{-0.0778}\mathbf{LN}(1, 0.125)$$
> $$\bar{k}_c = 1.43(594)^{-0.0778}(1) = 0.870$$
> $$\hat{\sigma}_{kc} = C\bar{k}_c = 0.125(0.870) = 0.109$$
>
> (d) 由表 5-15，$\bar{k}_c = 0.90$，$\hat{\sigma}_{kc} = 0.07$，以及
>
> **答案**
> $$C_{kc} = \frac{0.07}{0.90} = 0.08$$

溫度因數 k_d 為

$$k_d = \bar{k}_d \mathbf{LN}(1, 0.11) \tag{5-75}$$

式中 $\bar{k}_d = k_d$，由 (5-27) 式求得。

最後，k_f，仍如先前在 5-9 節討論的雜項因數，它來自許多項的考量，現在以統計分佈，或可能來自試驗。

應力集中與缺口敏感度

缺口敏感度 q 以 (5-31) 式定義，對等的隨機項定義為

$$q = \frac{K_f - 1}{K_t - 1} \tag{5-76}$$

式中的 K_t 為理論(或幾何)應力集中因數，是個確定值。將這些結果銘記於心，可

表 5-15　Heywood 的參數 $\sqrt{a}$ 及鋼的變量係數 C_{Kf}

缺口型式	$\sqrt{a}(\sqrt{in})$, S_{ut} in kpsi	$\sqrt{a}(\sqrt{mm})$, S_{ut} in MPa	變量係數 C_{Kf}
橫穿孔	$5/S_{ut}$	$174/S_{ut}$	0.10
軸肩	$4/S_{ut}$	$139/S_{ut}$	0.11
槽溝	$3/S_{ut}$	$104/S_{ut}$	0.15

將統計參數與缺口敏感度相關聯，而得到

$$\mathbf{q} = \mathbf{LN}\left(\frac{\bar{K}_f - 1}{K_t - 1}, \frac{C\bar{K}_f}{K_t - 1}\right)$$

式中的 $C = C_{Kf}$ 而

$$\bar{q} = \frac{\bar{K}_f - 1}{K_t - 1}$$

$$\hat{\sigma}_q = \frac{C\bar{K}_f}{K_t - 1} \tag{5-77}$$

$$C_q = \frac{C\bar{K}_f}{\bar{K}_f - 1}$$

疲勞應力集中因數 $\mathbf{K}_f$ 的探討英國比美國做得多。對於 $\bar{K}_f$，考量修訂的 Neuber 方程式 (於 Heywood[32] 之後)，其中給出的疲勞應力集中因數為

$$\bar{K}_f = \frac{K_t}{1 + \dfrac{2(K_t - 1)}{K_t}\dfrac{\sqrt{a}}{\sqrt{r}}} \tag{5-78}$$

表 5-15 提供了鋼料具有橫穿孔、軸肩及槽溝時的 $\sqrt{a}$ 及 C_{Kf} 值。一旦得知 $\mathbf{K}_f$，$\mathbf{q}$ 也能自 (5-77) 式的方程式組量化之。

修訂的 Neuber 方程式提供疲勞應力集中因數為

$$\mathbf{K}_f = \bar{K}_f \mathbf{LN}(1, C_{K_f}) \tag{5-79}$$

---
[32] R. B. Heywood, *Designing Against Fatigue*, Chapman & Hall, London, 1962.

範例 5-18

試就範例 5-6 中的鋼軸估算 K_f 與 q 的值。

解答 由範例 5-6，某鋼軸的 $S_{ut} = 690$ MPa 而軸肩的內圓角半徑為 3 mm，並得稀奇理論應力集中因數 $K_t \doteq 1.65$。從表 5-15，

$$\sqrt{a} = \frac{139}{S_{ut}} = \frac{139}{690} = 0.2014\sqrt{\text{mm}}$$

由 (5-78) 式，

$$K_f = \frac{K_t}{1 + \frac{2(K_t - 1)}{K_t}\frac{\sqrt{a}}{\sqrt{r}}} = \frac{1.65}{1 + \frac{2(1.65 - 1)}{1.65}\frac{0.2014}{\sqrt{3}}} = 1.51$$

這個值小於範例 5-6 中的值 2.5%。

從表 5-15，$C_{Kf} = 0.11$。因此，從 (5-79) 式

答案
$$\mathbf{K}_f = 1.51\ \mathbf{LN}(1, 0.11)$$

由 (5-77) 式，以 $K_t = 1.65$

$$\bar{q} = \frac{1.51 - 1}{1.65 - 1} = 0.785$$

$$C_q = \frac{C_{K_f}\bar{K}_f}{\bar{K}_f - 1} = \frac{0.11(1.51)}{1.51 - 1} = 0.326$$

$$\hat{\sigma}_q = C_q \bar{q} = 0.326(0.785) = 0.256$$

所以，

答案
$$\mathbf{q} = \mathbf{LN}(0.785, 0.256)$$

範例 5-19

圖 5-38 中的部件以冷軋鋼板切削，具有極限強度 $\mathbf{S}_{ut} = \mathbf{LN}(604, 39.6)$ MPa。承受完全反覆的軸向負荷。負荷振幅為 $\mathbf{F}_a = \mathbf{LN}(4450, 534)$ N。

(a) 試估算可靠度。

(b) 當旋轉彎曲持久試驗顯示 $\mathbf{S}'_e = \mathbf{LN}(276, 13.8)$ MPa。

解答 (a) 由 (5-70) 式，$\mathbf{S}'_e = 0.506\bar{S}_{ut}\ \mathbf{LN}(1, 0.138) = 0.506(604)\mathbf{LN}(1, 0.138)$
$$= 305.6\mathbf{LN}(1, 0.138)\text{ MPa}$$

| 圖 5-38

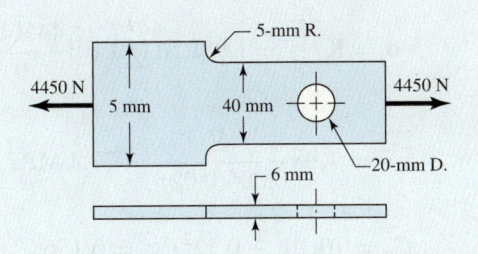

由 (5-72) 式及表 5-10，

$$\mathbf{k}_a = 4.45\bar{S}_{ut}^{-0.265}\mathbf{LN}(1, 0.058) = 4.45(604)^{-0.265}\mathbf{LN}(1, 0.058)$$
$$= 0.816\mathbf{LN}(1, 0.058)$$

$k_b = 1$　　（軸向負荷）

從 (5-73) 式，

$$\mathbf{k}_c = 1.43\bar{S}_{ut}^{-0.0778}\mathbf{LN}(1, 0.125) = 1.43(604)^{-0.0778}\mathbf{LN}(1, 0.125)$$
$$= 0.869\mathbf{LN}(1, 0.125)$$

$\mathbf{k}_d = \mathbf{k}_f = (1, 0)$

從 (5-71) 式，持久限為

$$\mathbf{S}_e = \mathbf{k}_a k_b \mathbf{k}_c \mathbf{k}_d \mathbf{k}_f \mathbf{S}'_e$$
$$\mathbf{S}_e = 0.816\mathbf{LN}(1, 0.058)(1)0.869\mathbf{LN}(1, 0.125)(1)(1)305.6\mathbf{LN}(1, 0.138)$$

S_e 的參數為

$$\bar{S}_e = 0.816(0.869)305.6 = 216.7 \text{ MPa}$$
$$C_{Se} = (0.058^2 + 0.125^2 + 0.138^2)^{1/2} = 0.195$$

所以，$\mathbf{S}_e = 216.7\mathbf{LN}(1, 0.195)$ MPa。

計算應力時，支配的是穿孔處的剖面。使用表 A-15-1 中的術語，可以查得 $d/w = 0.50$，所以，$K_t \doteq 2.18$。從表 5-15 $\sqrt{a} = 174/S_{ut} = 174/604 = 0.288$，而 $C_{Kf} = 0.10$。從 (5-78) 及 (5-79) 式與 $r = 10$ mm。

$$\mathbf{K}_f = \frac{K_t}{1 + \dfrac{2(K_t - 1)}{K_t}\dfrac{\sqrt{a}}{\sqrt{r}}}\mathbf{LN}(1, C_{K_f}) = \frac{2.18}{1 + \dfrac{2(2.18 - 1)}{2.18}\dfrac{0.280}{\sqrt{10}}}\mathbf{LN}(1, 0.10)$$
$$= 1.98\mathbf{LN}(1, 0.10)$$

鄰近孔位置的應力為

$$\sigma = K_f \frac{F}{A} = 1.98\mathbf{LN}(1, 0.10)\frac{4450\mathbf{LN}(1, 0.12)}{0.006(0.02)}$$

$$\bar{\sigma} = 1.98\frac{4450}{0.006(0.02)} = 73.4 \text{ MPa}$$

$$C_\sigma = (0.10^2 + 0.12^2)^{1/2} = 0.156$$

所以應力可以表示為 $\sigma = 73.4\mathbf{LN}(1, 0.156)$ MPa[33]。

這個持久限值較負荷誘發的應力高出不少，顯示有限壽命不會有問題。

就對數常態-對數常態分佈而言，由 (4-43) 式得

$$z = -\frac{\ln\left(\dfrac{\bar{S}_e}{\bar{\sigma}}\sqrt{\dfrac{1+C_\sigma^2}{1+C_{S_e}^2}}\right)}{\sqrt{\ln\left[(1+C_{S_e}^2)(1+C_\sigma^2)\right]}} = -\frac{\ln\left(\dfrac{216.7}{73.4}\sqrt{\dfrac{1+0.156^2}{1+0.195^2}}\right)}{\sqrt{\ln[(1+0.195^2)(1+0.156^2)]}} = -4.37$$

從表 A-10 可知損壞機率 $p_f = \Phi(-4.37) = .000\,006\,35$，而可靠度為

答案 $\qquad R = 1 - 0.000\,006\,35 = 0.999\,993\,65$

(b) 旋轉持久試驗得到 $S'_e = 275.8\mathbf{LN}(1, 0.05)$ MPa，其平均值小於 a 部分預言的平均值。平均持久強度 $\bar{S}_e$ 為

$$\bar{S}_e = 0.816(0.869)275.8 = 195.6 \text{ MPa}$$

$$C_{Se} = (0.058^2 + 0.125^2 + 0.05^2)^{1/2} = 0.147$$

所以持久強度可以表示為 $S_e = 195.6\mathbf{LN}(1, 0.147)$ MPa。從 (4-43) 式，

$$z = -\frac{\ln\left(\dfrac{195.6}{73.4}\sqrt{\dfrac{1+0.156^2}{1+0.147^2}}\right)}{\sqrt{\ln[(1+0.147^2)(1+0.156^2)]}} = -4.65$$

從表 A-10 可知，損壞機率 $p_f = \Phi(-4.65) = 0.000\,001\,71$，而可靠度為

$$R = 1 - 0.000\,001\,71 = 0.999\,998\,29$$

可靠度提升了！損壞機率減少了 $(0.000\,001\,71 - 0.000\,006\,35)/0.000\,006\,35 = -0.73$，降低了 73%。正在分析的是一項已經存在的設計，所以在 (a) 部分中的安全因數為 $\bar{n} = \bar{S}/\bar{\sigma} = 216.7/73.4 = 2.95$。在 (b) 部分中 $\bar{n} = 195.6/73.4 = 2.66$，變小了。此範例提供了瞭解設計因數所扮演角色

---

[33] 請注意，此處做了簡化，該面積並非確定的量，它也有統計分佈。然而，此處沒有相關資訊，所以以確定的量處理它。

的機會。給予了 $\bar{S}$、C_S、$\bar{\sigma}$、C_σ 及可靠度 (透過 z)，平均安全因數 (正如設計因數) 等的知識，分離了 $\bar{S}$ 與 $\bar{\sigma}$ 使得可靠度的目標得以達成。單獨知道 $\bar{n}$ 並不能表達損壞機率的任何資訊。請注意 $\bar{n} = 2.95$ 與 $\bar{n} = 2.66$ 並未表達有關損壞機率的資訊。試驗未明顯地降低 $\bar{S}_e$ 的值，但縮小了變異量 C_S 因而提升了可靠度。

當平均設計因數 (或平均安全因數) 定義為 $\bar{S}_e/\bar{\sigma}$ 時，對損壞頻率的資訊維持沈默，意即純量的安全因數本身，不對損壞機率提供任何資訊。不過有些工程人員讓安全因數發聲，而他們可能得到錯誤的結論。

正如範例 5-19 中所揭示的對設計因數或安全因數意義 (或缺乏意義) 的關切，且回顧伴隨於 (b) 部分的旋轉試驗對該部件並無任何改變，只是改變了對該部件的瞭解。其平均持久限一直維持 280 MPa，而勝任的評估必須隨著所知曉的資訊進步。

波動應力

確定式的疲勞曲線處於迴歸模型的數據群之間。其間包含適用延性材料的 Gerber 與 ASME-橢圓，與適用脆性材料的 Smith-Dolan 模型，在他們的表示式中都使用平均值。正如確定式的疲勞曲線以持久強度與極限承拉強度 (或降伏強度) 定位，隨機式的疲勞曲線也以 S_e 與以 S_{ut} 或 S_y 定位。圖 5-33 顯示拋物線 Gerber 平均曲線。還須在距離平均值一個標準差處建立起輪廓。因為隨機曲線最可能與放射的負荷線一起使用。在此處將使用表 5-7 中以平均強度表示的方程式

$$\bar{S}_a = \frac{r^2 \bar{S}_{ut}^2}{2\bar{S}_e} \left[-1 + \sqrt{1 + \left(\frac{2\bar{S}_e}{r\bar{S}_{ut}}\right)^2} \right] \tag{5-80}$$

由於 S_e 與 S_{ut} 的**正相關** (positive correlatiom)，此處 $\bar{S}_e$ 以 $C_{Se}\bar{S}_e$，$\bar{S}_{ut}$ 以 $C_{Sut}\bar{S}_{ut}$ 及 $\bar{S}_a$ 以 $C_{Sa}\bar{S}_a$ 為增量，代入 (5-80) 式，並求 C_{Sa} 之解，可得

$$C_{Sa} = \frac{(1+C_{Sut})^2}{1+C_{Se}} \frac{\left\{-1 + \sqrt{1 + \left[\frac{2\bar{S}_e(1+C_{Se})}{r\bar{S}_{ut}(1+C_{Sut})}\right]^2}\right\}}{\left[-1 + \sqrt{1 + \left(\frac{2\bar{S}_e}{r\bar{S}_{ut}}\right)^2}\right]} - 1 \tag{5-81}$$

(5-81) 式可以當做 C_{Sa} 的內插式，它視負荷線的斜率 r 落在 C_{Se} 與 C_{Sut} 之間。請留意 $\mathbf{S}_a = \bar{S}_a \mathbf{LN}(1, C_{Sa})$。

同樣地，表 5-8 中的 ASME-橢圓準則以平均值表示成

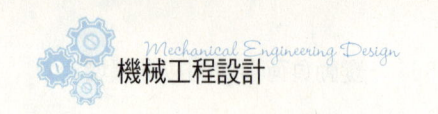

$$\bar{S}_a = \frac{r\bar{S}_y\bar{S}_e}{\sqrt{r^2\bar{S}_y^2 + \bar{S}_e^2}} \tag{5-82}$$

同樣地，$\bar{S}_e$ 以 $C_{Se}\bar{S}_e$，$\bar{S}_y$ 以 $C_{Sy}\bar{S}_y$，而 $\bar{S}_a$ 以 $C_{Sa}\bar{S}_a$ 為增量，代入 (5-82) 式，並求解 C_{Sa} 可得：

$$C_{Sa} = (1+C_{Sy})(1+C_{Se})\sqrt{\frac{r^2\bar{S}_y^2 + \bar{S}_e^2}{r^2\bar{S}_y^2(1+C_{Sy})^2 + \bar{S}_e^2(1+C_{Se})^2}} - 1 \tag{5-83}$$

許多脆性材料遵循 Smith-Dolan 損壞準則，以確定式寫成

$$\frac{n\sigma_a}{S_e} = \frac{1 - n\sigma_m/S_{ut}}{1 + n\sigma_m/S_{ut}} \tag{5-84}$$

以其平均值表示則為

$$\frac{\bar{S}_a}{\bar{S}_e} = \frac{1 - \bar{S}_m/\bar{S}_{ut}}{1 + \bar{S}_m/\bar{S}_{ut}} \tag{5-85}$$

對斜率為 r 的輻射狀負荷線，以 $\bar{S}_a/r$ 代入 $\bar{S}_m$ 並解 $\bar{S}_a$，可得

$$\bar{S}_a = \frac{r\bar{S}_{ut} + \bar{S}_e}{2}\left[-1 + \sqrt{1 + \frac{4r\bar{S}_{ut}\bar{S}_e}{(r\bar{S}_{ut} + \bar{S}_e)^2}}\right] \tag{5-86}$$

而將 C_{Sa} 表示成

$$\begin{aligned}C_{Sa} = {} & \frac{r\bar{S}_{ut}(1+C_{Sut}) + \bar{S}_e(1+C_{Se})}{2\bar{S}_a}\\ & \cdot\left\{-1 + \sqrt{1 + \frac{4r\bar{S}_{ut}\bar{S}_e(1+C_{Se})(1+C_{Sut})}{[r\bar{S}_{ut}(1+C_{Sut}) + \bar{S}_e(1+C_{Se})]^2}}\right\} - 1\end{aligned} \tag{5-87}$$

範例 5-20

某旋轉軸承受穩定扭矩 $\mathbf{T} = 154\mathbf{LN}(1, 0.05)\mathrm{N \cdot m}$，且於較小直徑為 28 mm 的軸肩處，其疲勞的應力集中因數 $\mathbf{K}_f = 1.50\mathbf{LN}(1, 0.11)$，$\mathbf{K}_{fs} = 1.28\mathbf{LN}(1, 0.11)$，而在該處的彎矩為 $\mathbf{M} = 142\mathbf{LN}(1, 0.05)\mathrm{N \cdot m}$。該軸以 $\mathbf{S}_{ut} = 594\mathbf{LN}(1, 0.045)$ MPa，$\mathbf{S}_y = 386\mathbf{LN}(1, 0.077)$ MPa 的熱軋鋼 1035 車削製成，試以隨機的 Gerber 損壞區估算可靠度。

解答 先求得疲勞強度。從 (5-70) 式至 (5-72) 式及 (5-20) 式，

$$S'_e = 0.506(594)\mathbf{LN}(1, 0.138) = 300.6\mathbf{LN}(1, 0.138) \text{ MPa}$$

$$\mathbf{k}_a = 4.45(594)^{-0.265}\mathbf{LN}(1, 0.058) = 0.820\mathbf{LN}(1, 0.058)$$

$$k_b = (28/7.62)^{-0.107} = 0.870$$

$$\mathbf{k}_c = \mathbf{k}_d = \mathbf{k}_f = \mathbf{LN}(1, 0)$$

$$\mathbf{S}_e = 0.820\mathbf{LN}(1, 0.058)0.870(300.6)\mathbf{LN}(1, 0.138)$$

$$\bar{S}_e = 0.820(0.870)300.6 = 214.4 \text{ MPa}$$

$$C_{Se} = (0.058^2 + 0.138^2)^{1/2} = 0.150$$

所以,$\mathbf{S}_e = 214.4\mathbf{LN}(1, 0.150)$ MPa

應力 (以MPa為單位):

$$\sigma_a = \frac{32\mathbf{K}_f\mathbf{M}_a}{\pi d^3} = \frac{32(1.50)\mathbf{LN}(1, 0.11)142\mathbf{LN}(1, 0.05)}{\pi(0.028)^3}$$

$$\bar{\sigma}_a = \frac{32(1.50)142}{\pi(0.028)^3} = 98.8 \text{ MPa}$$

$$C_{\sigma a} = (0.11^2 + 0.05^2)^{1/2} = 0.121$$

$$\boldsymbol{\tau}_m = \frac{16\mathbf{K}_{fs}\mathbf{T}_m}{\pi d^3} = \frac{16(1.28)\mathbf{LN}(1, 0.11)154\mathbf{LN}(1, 0.05)}{\pi(0.028)^3}$$

$$\bar{\tau}_m = \frac{16(1.28)154}{\pi(0.028)^3} = 45.7 \text{ MPa}$$

$$C_{\tau m} = (0.11^2 + 0.05^2)^{1/2} = 0.121$$

$$\bar{\sigma}'_a = (\bar{\sigma}_a^2 + 3\bar{\tau}_a^2)^{1/2} = [98.8^2 + 3(0)^2]^{1/2} = 98.8 \text{ MPa}$$

$$\bar{\sigma}'_m = (\bar{\sigma}_m^2 + 3\bar{\tau}_m^2)^{1/2} = [0 + 3(45.7)^2]^{1/2} = 79.2 \text{ MPa}$$

$$r = \frac{\bar{\sigma}'_a}{\bar{\sigma}'_m} = \frac{98.8}{79.2} = 1.25$$

強度:從 (5-80) 式及 (5-81),

$$\bar{S}_a = \frac{1.25^2 594^2}{2(214.4)}\left\{-1 + \sqrt{1 + \left[\frac{2(214.4)}{1.25(594)}\right]^2}\right\} = 159.2 \text{ MPa}$$

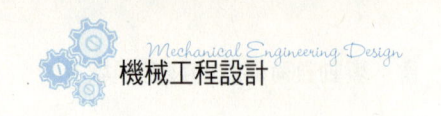

$$C_{Sa} = \frac{(1+0.045)^2}{1+0.150} \frac{-1+\sqrt{1+\left[\frac{2(214.4)(1+0.15)}{1.25(594)(1+0.045)}\right]^2}}{-1+\sqrt{1+\left[\frac{2(214.4)}{1.25(594)}\right]^2}} - 1 = 0.134$$

可靠度：由於 $S_a = 159.2\mathbf{LN}(1, 0.134)$ MPa 而 $\sigma'_a = 98.8\mathbf{LN}(1, 0.121)$ MPa。從 (5-43) 式可得

$$z = -\frac{\ln\left(\frac{\bar{S}_a}{\bar{\sigma}_a}\sqrt{\frac{1+C_{\sigma_a}^2}{1+C_{S_a}^2}}\right)}{\sqrt{\ln\left[(1+C_{S_a}^2)(1+C_{\sigma_a}^2)\right]}} = -\frac{\ln\left(\frac{159.2}{98.8}\sqrt{\frac{1+0.121^2}{1+0.134^2}}\right)}{\sqrt{\ln[(1+0.134^2)(1+0.121^2)]}} = -3.83$$

由表 A-10，損壞機率為 $p_f = 0.000\,065$，而防範疲勞的可靠度為

答案
$$R = 1 - p_f = 1 - 0.000\,065 = 0.999\,935$$

首循環降伏的機會以 $\mathbf{S}_y$ 與 $\sigma'_{\max}$ 的干涉估算。$\sigma'_{\max}$ 由 $\sigma'_a + \sigma'_m$ 構成。$\sigma'_{\max}$ 的平均值為 $\bar{\sigma}'_a + \bar{\sigma}'_m = 98.8 + 79.2 = 178$ MPa。總和的變異量係數為 0.121，因為兩 COV 的值都是 0.121，因此，$C_{\sigma_{\max}} = 0.121$。現在令 $\mathbf{S}_y = 386\mathbf{LN}(1, 0.077)$ MPa，與 $\sigma'_{\max} = 26.04\mathbf{LN}(1, 0.121)$ MPa，對應的變數

$$z = -\frac{\ln\left(\frac{386}{178}\sqrt{\frac{1+0.121^2}{1+0.077^2}}\right)}{\sqrt{\ln[(1+0.077^2)(1+0.121^2)]}} = -5.39$$

從表 A-10，它代表內圓角處的首循環損壞之機率為 0.0^7358 [即 $3.58(10^{-8})$]。從觀察到的疲勞損壞機率，超過降伏損壞的機率，有些情況確定論分析無法預見，而事實上可能誤導你預期會發生降伏損壞。請注意 $\sigma'_a \mathbf{S}_a$ 干涉與 $\sigma'_{\max} \mathbf{S}_y$ 干涉，並檢驗 z 的表示式。這些項控制了相對機率。確定論分析遺忘了這些，而可能產生誤導。檢視統計教材中獨立而不互斥的事件，對量化損壞機率，防範任一或兩種損壞模式的機率：

$p_f = p\,($降伏$) + p\,($疲勞$) - p\,($降伏與疲勞$)$
$\quad = p\,($降伏$) + p\,($疲勞$) - p\,($降伏$)\,p\,($疲勞$)$
$\quad = 0.358(10^{-7}) + 0.65(10^{-4}) - 0.358(10^{-7})0.65(10^{-4}) = 0.650(10^{-4})$
$R = 1 - 0.650(10^{-4}) = 0.999\,935$

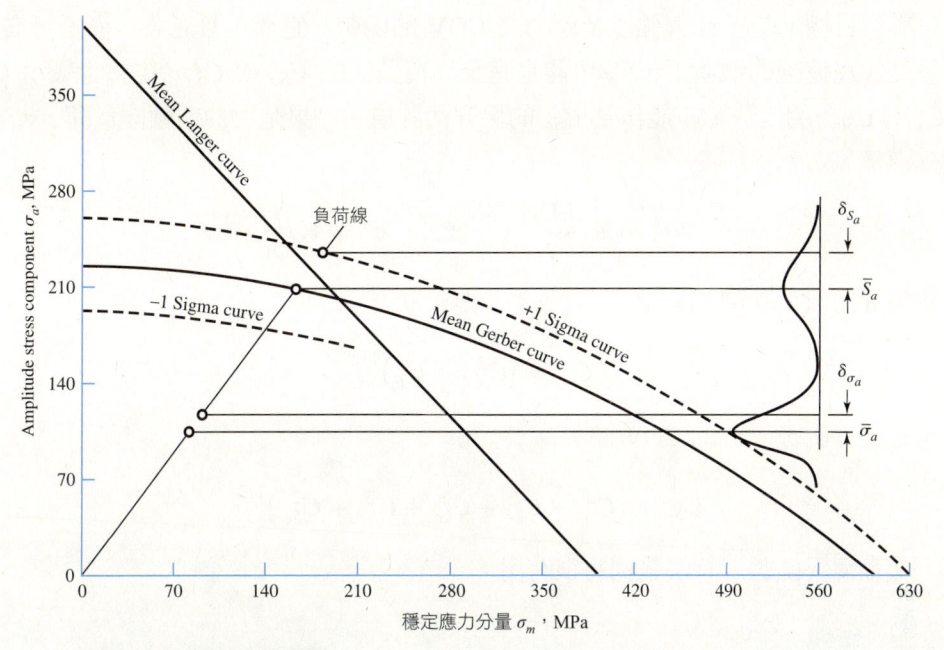

圖 5-39 範例 5-20 的設計者疲勞圖。

　　檢視範例 5-20 的結果繪成圖 5-39。問題中的 S_e 分佈結合了以往 S'_e 的數據及由於需要考量 Marin 因數的性質導致不確定放大。Gerber "損壞區"展現了此一現象，而與負荷誘發應力的干涉預言了損壞的風險。如果知道額外的資訊 (R. R. Moore 試驗，具有或不具 Marin 性質)，隨機的 Gerber 準則能容納這項資訊。通常容納的額外試驗資訊是移動與收縮損壞區。隨機損壞模型以其自身的方式更精準地完成確定式模型及保守姿態企圖達成的目的。除此之外，隨機模型可以估算損壞機率，則是確定式模型無法處理的任務。

疲勞的安全因數

　　設計人員籌思如何在承受強加約束條件下實現部件的幾何形狀時，能於未瞭解對設計任務之衝擊的情況下，做出**先行決策** (priori decisions)。此刻已經是專注這種情況與可靠度目標如何關聯的時機了。

　　設計因數的平均值可由 (4-45) 式求得，此處再次提起為

$$\bar{n} = \exp\left[-z\sqrt{\ln\left(1+C_n^2\right)} + \ln\sqrt{1+C_n^2}\right] \doteq \exp[C_n(-z+C_n/2)] \tag{5-88}$$

其中從表 20-6，可得商為 **n = S/σ**，

$$C_n = \sqrt{\frac{C_S^2 + C_\sigma^2}{1+C_\sigma^2}}$$

式中的 C_S 為重要強度的 COV，而 C_σ 為臨界位置之主要應力的 COV。請注意，$\bar{n}$

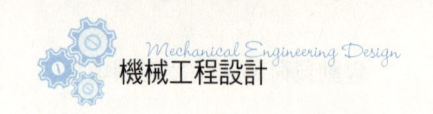

為可靠度目標 (透過 z) 與強度及應力之 COV 的函數。它們不具意義，僅是可變度的量度。在疲勞的情境下，C_S 可能是完全反覆負荷的 C_{Se} 或 C_{Sa}。經驗也顯示 C_{Se} > C_{Sa} > C_{Sut}，所以，C_{Se} 能作為 C_{Sa} 的保守估計值。如果是彎曲或軸向負荷，σ'_a 可能分別是

$$\sigma'_a = K_f \frac{M_a c}{I} \quad \text{或} \quad \sigma'_a = K_f \frac{F}{A}$$

這使得 σ'_a 的 COV 標示為 $C_{\sigma'_a}$，可以表示為

$$C_{\sigma'_a} = \left(C_{Kf}^2 + C_F^2\right)^{1/2}$$

這也是變異函數。S_e 的 COV 標示為 C_{Se} 為

$$C_{Se} = \left(C_{ka}^2 + C_{kc}^2 + C_{kd}^2 + C_{kf}^2 + C_{Se'}^2\right)^{1/2}$$

再一次是變異函數。有個範例將很有用。

範例 5-21

某冷拉鋼帶製成的帶狀工件，承受圖 5-40 中的完全反覆軸向負荷 **F** = **LN**(4450, 534) N 作用。基於考量鄰近部件，除了厚度 t 之外，決定製成圖示的形狀。如果可靠度目標為 0.999 95，試決定設計因數之值。然後做出工件厚度 t 的決策。

解答 先就各項做出先行決策，並列初期結果：

先行決策	結果
使用 1018 CD 鋼帶	$\bar{S}_{ut} = \pm'' \div M\Pi\alpha, C_{Sut} = 0.0655$
功能：	
承當軸向負荷	$C_F = 0.12, C_{kc} = 0.125$
$R \geq 0.999\,95$	$z = -3.891$
切削表面	$C_{ka} = 0.058$
臨界位置的孔	$C_{Kf} = 0.10, C_{\sigma'_a} = (0.10^2 + 0.12^2)^{1/2} = 0.156$
環境溫度	$C_{kd} = 0$
關聯法	$C_{S'_e} = 0.138$
鑽出孔	$C_{Se} = (0.058^2 + 0.125^2 + 0.138^2)^{1/2} = 0.195$

$$C_n = \sqrt{\frac{C_{Se}^2 + C_{\sigma'_a}^2}{1 + C_{\sigma'_a}^2}} = \sqrt{\frac{0.195^2 + 0.156^2}{1 + 0.156^2}} = 0.2467$$

$$\bar{n} = \exp\left[-(-3.891)\sqrt{\ln(1 + 0.2467^2)} + \ln\sqrt{1 + 0.2467^2}\right]$$
$$= 2.65$$

這八項先行決策將平均設計因數定量為 $\overline{n} = 2.65$。今後確定式的過程將寫成

$$\sigma'_a = \frac{\bar{S}_e}{\overline{n}} = \bar{K}_f \frac{\bar{F}}{(w-d)t}$$

由此式可得

$$t = \frac{\bar{K}_f \overline{n} \bar{F}}{(w-d)\bar{S}_e} \qquad (1)$$

為估算前端的方程式，需要 $\bar{S}_e$ 及 $\bar{K}_f$。Marin 的個因數值為

$\mathbf{k}_a = 4.45\bar{S}_{ut}^{-0.265}\mathbf{LN}(1, 0.058) = 4.45(604)^{-0.265}\mathbf{LN}(1, 0.058)$
$\bar{k}_a = 0.816$
$k_b = 1$
$\mathbf{k}_c = 1.43\bar{S}_{ut}^{-0.078}\mathbf{LN}(1, 0.125) = 0.868\mathbf{LN}(1, 0.125)$
$\bar{k}_c = 0.868$
$\bar{k}_d = \bar{k}_f = 1$

於是持久強度為

$$\bar{S}_e = 0.816(1)(0.868)(1)(1)0.506(604) = 216.5 \text{ MPa}$$

孔居支配地位。從表 A-15-1 可尋得 $d/w = 0.50$，所以，$K_t = 2.18$。從表 5-15，$\sqrt{a} = 174/\bar{S}_{ut} = 174/604 = 0.288$，$r = 5$ mm。從 (5-78) 式，疲勞應力集中因數為

$$\bar{K}_f = \frac{2.18}{1 + \dfrac{2(2.18-1)}{2.18}\dfrac{0.288}{\sqrt{5}}} = 1.91$$

現在厚度 t 可由 (1) 式決定為

$$t \geq \frac{\bar{K}_f \overline{n} \bar{F}}{(w-d)S_e} = \frac{1.91(2.65)4450}{(0.02-0.01)216.5 \times 10^6} = 0.0104 \text{ m} = 10.4 \text{ mm}$$

使用 12 mm 厚的鋼帶製作工件。12 mm 厚的鋼帶可捨入以及可購得的公稱尺寸，可超過可靠度的目標。

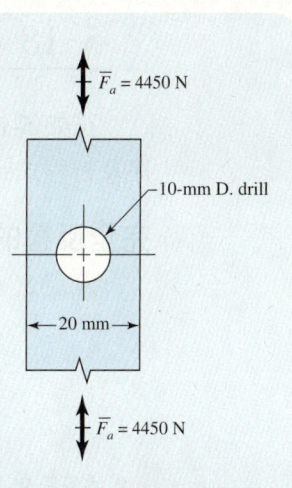

圖 5-40 厚度 t 的鋼帶承受 4450 N 的完全反覆的軸向負荷。範例 5-21 考量防範疲勞損壞達到可靠度 0.999 95 所必要的厚度。

　　本範例說明了就指定的可靠度目標，協助其達成的疲勞設計因數，乃經由其處境的變異性而定。此外，必要的設計因數並非獨立於觀念開展方式的常數。反而，它是一些似乎與對定義觀念無關之先行決策的函數。隨機方法的涉入限制了定義必要的設計因數。尤其在本範例中，設計因數不是設計變數 t 的函數；而是 t 值遵循設計因數變動。

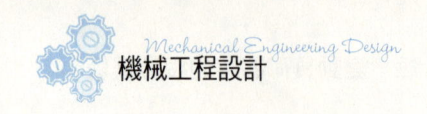

5-18　應力-壽命法的指引與重要設計方程式

正如 5-15 節中的陳述，疲勞問題有三大類型。確定是應力-壽命問題的重要程序及方程式展示於此。

完全反覆的單純負荷

1　確定 S'_e，由試驗數據或

$$S'_e = \begin{cases} 0.5 S_{ut} & S_{ut} \leq 200 \text{ kpsi (1400 MPa)} \\ 100 \text{ kpsi} & S_{ut} > 200 \text{ kpsi} \\ 700 \text{ MPa} & S_{ut} > 1400 \text{ MPa} \end{cases} \tag{5-8}$$

2　修正 S'_e 以確定 S_e。

$$S_e = k_a k_b k_c k_d k_e k_f S'_e \tag{5-18}$$

$$k_a = a S_{ut}^b \tag{5-19}$$

表 5-2　Marin 因數的參數表面修正 (5-19) 式中的各參數值

表面精製	因數 a S_{ut}, kpsi	S_{ut}, MPa	指數 b
研磨	1.34	1.58	−0.085
車削或冷拉	2.70	4.51	−0.265
熱軋	14.4	57.7	−0.718
擬鍛造	39.9	272.	−0.995

旋轉軸：對彎曲或扭轉負荷

$$k_b = \begin{cases} (d/0.3)^{-0.107} = 0.879 d^{-0.107} & 0.11 \leq d \leq 2 \text{ in} \\ 0.91 d^{-0.157} & 2 < d \leq 10 \text{ in} \\ (d/7.62)^{-0.107} = 1.24 d^{-0.107} & 2.79 \leq d \leq 51 \text{ mm} \\ 1.51 d^{-0.157} & 51 < 254 \text{ mm} \end{cases} \tag{5-20}$$

對軸向負荷，

$$k_b = 1 \tag{5-21}$$

非旋轉組件：利用表 5-3，求得 d_e 然後代入 (5-20) 式求 d。

$$k_c = \begin{cases} 1 & \text{彎曲} \\ 0.85 & \text{軸向} \\ 0.59 & \text{扭轉} \end{cases} \tag{5-26}$$

利用表 5-4 的 k_d，或

$$k_d = 0.975 + 0.432(10^{-3})T_F - 0.115(10^{-5})T_F^2$$
$$+ 0.104(10^{-8})T_F^3 - 0.595(10^{-12})T_F^4 \tag{5-27}$$

表 5-1 的 k_e

表 5-5 對應於持久限 8% 標準差的可靠度因數 k_e

可靠度 %	轉換變量 z_a	可靠度因數 k_e
50	0	1.000
90	1.288	0.897
95	1.645	0.868
99	2.326	0.814
99.9	3.091	0.753
99.99	3.719	0.702
99.999	4.265	0.659
99.9999	4.753	0.620

3 確定疲勞應力集中因數，K_f 或 K_{fs}。首先從表 A-15 求 K_t 或 K_{ts}。

$$K_f = 1 + q(K_t - 1) \quad 或 \quad K_{fs} = 1 + q(K_{ts} - 1) \tag{5-32}$$

從圖 5-20 或圖 5-21 查詢 q。

另一種選擇

$$K_f = 1 + \frac{K_t - 1}{1 + \sqrt{a/r}} \tag{5-33}$$

其中 $\sqrt{a}$ 以 $\sqrt{\text{in}}$ 為單位；S_{ut} 的單位為 kpsi。

彎曲或軸向負荷時：

彎曲：$\sqrt{a} = 0.246 - 3.08(10^{-3})S_{ut} + 1.51(10^{-5})S_{ut}^2 - 2.67(10^{-8})S_{ut}^3$ (5-35a)

扭轉：$\sqrt{a} = 0.190 - 2.51(10^{-3})S_{ut} + 1.35(10^{-5})S_{ut}^2 - 2.67(10^{-8})S_{ut}^3$ (5-35b)

4 應力集中因數經由對 S_e 除以或純反覆應力乘以 K_f 或 K_{fs} 但非同時來應用。

5 確定疲勞壽命常數 a 與 b。若 $S_{ut} \geq 490$ MPa，由圖 5-18 決定 f。

若 $S_{ut} < 490$ MPa，令 $f = 0.9$。

$$a = (fS_{ut})^2/S_e \tag{5-14}$$

$$b = -[\log(fS_{ut}/S_e)]/3 \tag{5-15}$$

6 求 N 次循環的疲勞強度 S_f，或至 N 次循環時損壞的反覆應力 σ_{rev}。
(注意：這僅能應用於 $\sigma_m = 0$ 時的純反覆應力)。

$$S_f = aN^b \tag{5-13}$$

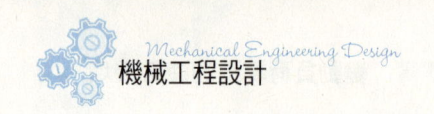

$$N=(\sigma_{\text{rev}}/a)^{1/b} \tag{5-16}$$

波動的單純負荷

關於 S_e、K_f 或 K_{fs},請參見先前的小節。

1 計算 σ_m 及 σ_a。應用 K_f 於這兩項應力。

$$\sigma_m=(\sigma_{\max}+\sigma_{\min})/2 \qquad \sigma_a=|\sigma_{\max}-\sigma_{\min}|/2 \tag{5-36}$$

2 應用以下之某項疲勞損壞準則。

$\sigma_m \geq 0$

Soderburg	$\sigma_a/S_e + \sigma_m/S_y = 1/n$	(5-45)
修訂的-Goodman	$\sigma_a/S_e + \sigma_m/S_{ut} = 1/n$	(5-46)
Gerber	$n\sigma_a/S_e + (n\sigma_m/S_{ut})^2 = 1$	(5-47)
ASME-橢圓	$(\sigma_a/S_e)^2 + (\sigma_m/S_y)^2 = 1/n^2$	(5-48)

$\sigma_m < 0$

$$\sigma_a = S_e/n$$

扭轉 使用與應用於 $\sigma_m \geq 0$ 相同的方程式,除了以 τ_m 及 τ_a 取代 σ_m 及 σ_a 外,對 S_e 使用 $k_c = 0.59$,以 $S_{su} = 0.67 S_{ut}$ [(5-54) 式] 取代 S_{ut},並以 $S_{sy} = 0.577 S_y$ [(4-21) 式] 取代 S_y

3 核驗局部化降伏,

$$\sigma_a + \sigma_m = S_y/n \tag{5-49}$$

或,對扭轉 $\qquad \tau_a + \tau_m = 0.577 S_y/n$

4 對有限壽命疲勞強度,對等的完全反覆應力 (參見範例 5-12),

$$\text{修訂的-Goodman} \qquad \sigma_{\text{rev}} = \frac{\sigma_a}{1-(\sigma_m/S_{ut})}$$

$$\text{Gerber} \qquad \sigma_{\text{rev}} = \frac{\sigma_a}{1-(\sigma_m/S_{ut})^2}$$

如果以安全因數 n 求有限壽命 N 次循環,於 (5-16) 式中以 σ_{rev}/n 取代 σ_{rev},亦即

$$N = \left(\frac{\sigma_{\text{rev}}/n}{a}\right)^{1/b}$$

負荷模式的複合

參見先前小節中較早的定義。

1 以交變與中值應力 σ'_a 與 σ'_m,計算 von Mises 應力。於決定 S_e 時,不使用 k_c,

也不除以 K_f 或 K_{fs}。直接對每一交變與中值應力應用 K_f 及/或 K_{fs}。如果存在軸向應力，對反覆軸向應力除以 $k_c = 0.85$。對複合彎應力、扭轉剪應力，及軸向應力的特定狀況：

$$\sigma'_a = \left\{ \left[(K_f)_{bending}(\sigma_a)_{bending} + (K_f)_{axial} \frac{(\sigma_a)_{axial}}{0.85} \right]^2 + 3\left[(K_{fs})_{torsion}(\tau_a)_{torsion} \right]^2 \right\}^{1/2} \tag{5-55}$$

$$\sigma'_m = \left\{ \left[(K_f)_{bending}(\sigma_m)_{bending} + (K_f)_{axial}(\sigma_m)_{axial} \right]^2 + 3\left[(K_{fs})_{torsion}(\tau_m)_{torsion} \right]^2 \right\}^{1/2} \tag{5-56}$$

2 應用各應力於疲勞準則 [參見先前小節中的 (5-45) 至 (5-48) 式]。
3 使用 von Mises 應力做保守的局部化降伏核驗。

$$\sigma'_a + \sigma'_m = S_y/n \tag{5-49}$$

問題

具有星號的問題與他章的問題鏈結。其摘要在 1-16 節中的表 1-1。

問題 **5-1** 至 **5-63** 都以確定式法求解。問題 **5-64** 至 **5-78** 都以隨機法求解。問題 **5-71** 至 **5-78** 為計算機問題。

確定型問題

5-1 某具 10 mm 鑽孔的圓棒經熱處理並研磨。量測所得的硬度是 300 H_B。若該圓桿承受旋轉彎曲負荷，試以 MPa 估算持久強度。

5-2 試以 MPa 為單位，估算下列材料的 S'_e：
(a) 冷拉鋼 AISI 1020 CD。
(b) 熱軋鋼 AISI 1080 HR。
(c) 鋁 2024 T3。
(d) 熱處理至承拉強度 1750 MPa 的 AISI 4340 鋼。

5-3 某極限強度為 840 MPa 的鋼質旋轉樑試片，若該試片以振幅為 490 MPa 的完全反覆應力測試，試估算其壽命。

5-4 某極限強度為 1600 MPa 的鋼質旋轉樑試片，若該試片以振幅為 900 MPa 的完全反覆應力測試，試估算其壽命。

5-5 某鋼質旋轉樑試片的極限強度為 1610 MPa。試估算對應於壽命 150 次循環應力反覆的疲勞強度。

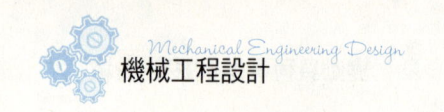

5-6 試以具有 1100 MPa 的極限強度的試片，重解問題 5-5。

5-7 某鋼質旋轉樑試片的極限強度為 1050 MPa，降伏強度為 945 MPa，想以它做大約 500 次循環的低循環數疲勞試驗。藉確定必要的反覆應力振幅，核驗它是否不會降伏。

5-8 試導出 (5-17) 式。重整該式以求解 N 值。

5-9 試就 $10^3 \leq N \leq 10^6$ 次循環區間，導出用於獲取圖 5-10 使用之 4130 鋼質拋光試片之軸向疲勞強度 $(S'_f)_{ax}$ 的表示式。鋼的極限強度為 $S_{ut} = 875$ MPa 而持久限為 $(S'_e)_{ax} = 350$ MPa。

5-10 試估算具車削表面，直徑 32 mm 並熱處理至承拉強度為 710 MPa 之 AISI 1035 鋼質圓棒的持久強度。

5-11 考慮以兩種鋼製作具類鍛造表面的連桿。其一是 AISI 4340 Cr-Mo-Ni 鋼，經熱處理承拉強度 S_{ut} 可達 1820 MPa。另一種是普通碳鋼 AISI 1040 承拉強度 S_{ut} 可達 791 MPa。若每根圓棒具有等效直徑 d 20 mm，此一疲勞應用，使用合金鋼有任何好處嗎？

5-12 某直徑 25 mm 的實心圓棒，切出一個半徑 2.5 mm，深 2.5 mm 的槽，該圓棒以 AISI 1018 CD 鋼料製成，並承受純反覆扭矩 200 N·m。對該材料的 S-N 曲線令 $f = 0.9$。
(a) 試估算直到損壞的循環次數。
(b) 若該棒也處於 450°F 的環境時，試估算直到損壞的次循環數。

5-13 某一端懸臂的實心方棒長 0.6 m，在另一端承受 ±2 kN 的完全反覆橫向負荷。其材質為 AISI 1080 熱軋鋼。若該棒必須於安全因數為 1.5 的條件下支撐此負荷 10^4 次循環。試問該矩形剖面的尺寸應為何？忽略支撐端的任何應力集中。

5-14 某矩形桿切割自 AISI 1018 冷拉鋼板。該桿有 60 mm 寬，10 mm 厚，通過其中央有一個直徑 12 mm 的穿透孔，如表 A-15-1 所示。該桿承受均勻分佈於其橫向寬度上的軸向推-拉負荷 F_a。試使用設計因數 $n_d = 1.8$ 估算可作用的最大 F_a，忽略柱的效應。

5-15 某直徑 50 mm 的實心圓棒，切出一個直徑 45 mm，半徑 2.5 mm 的槽，該圓棒承受反覆彎曲負荷，導致在切槽的彎矩波動於 0 到 2825 N·m。該桿以熱軋鋼 AISI 1095 HR製成，但切槽經過車削。試求基於無限壽命之防範疲勞的安全因數；及防範降伏的安全因數。

5-16 圖中的旋轉軸以冷拉鋼 AISI 1020 CD 車削製成。承受負荷 $F = 6$ kN。試求基於無限壽命之防範疲勞的最小安全因數。若其壽命非無限，試估算其次循環數。確認核驗降伏。

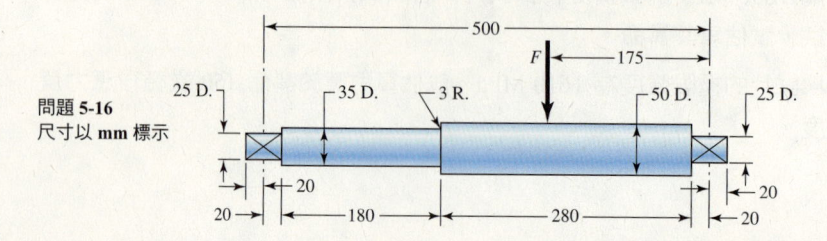

問題 5-16
尺寸以 mm 標示

5-17 圖中所示的軸以冷拉鋼 AISI 1040 CD 車削製成。該軸以 1600 rpm 旋轉，而在 A 與 B 點處以滾動軸承支持。作用力分別為 $F_1 = 10$ kN 及 $F_2 = 4$ kN。試基於無限壽命的最小防範疲勞的安全因數。若不預期有無窮壽命，試估算直到損壞的次循環數。也須核驗降伏損壞。

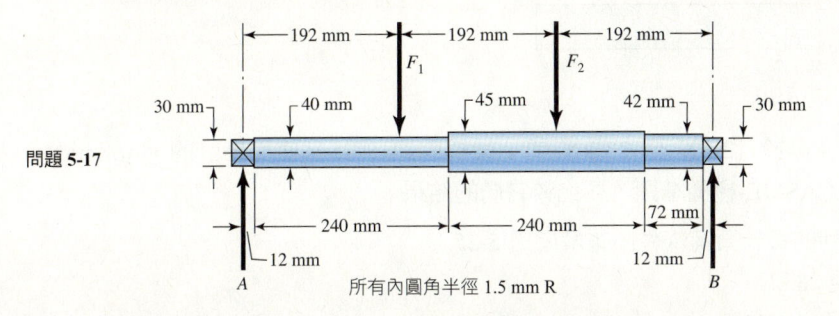

問題 5-17

5-18 試以力 $F_1 = 4.8$ kN 及 $F_2 = 9.6$ kN 重解問題 5-17。

5-19 圖中的軸承反力 R_1 及 R_2 作用於以熱軋鋼 1095 HR 車削製成的軸上。該軸以 1150 rev/min 旋轉，並支撐 45 kN 的彎曲力。試為 10 小時的壽命及設計因數 $n_d = 1.6$ 指定直徑 d。

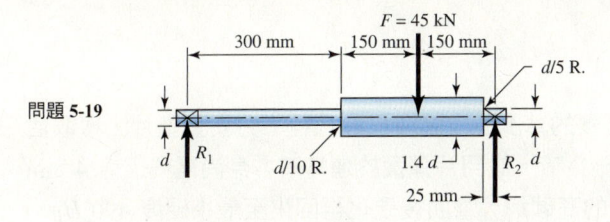

問題 5-19

5-20 A 某鋼桿的最小性質為 $S_e = 276$ MPa，$S_y = 413$ MPa，及 $S_{ut} = 551$ MPa。該鋼桿承受穩定的扭轉應力 103 MPa 及交變彎應力 172 MPa。試求該部件防範靜態損壞的安全因數，及防範疲勞損壞的安全因數，或預期壽命。針對疲勞分析使用：
(a) 修訂的 Goodman 準則
(b) Gerber 準則
(c) ASME-橢圓準則

5-21 試以穩定扭轉應力 138 MPa，及交變彎應力 69 MPa，重解問題 5-20。

5-22 試以穩定扭轉應力 103 MPa，及交變彎應力 83 MPa，重解問題 5-20。

5-23 試以交變扭轉應力 207 MPa，重解問題 5-20。

5-24 試以交變扭轉應力 138 MPa，及穩定彎應力 103 MPa，重解問題 5-20。

5-25 圖示的某冷拉鋼 AISI 1040 鋼棒，承受波動於 28 kN 拉伸，及 28 kN 壓縮的完全反覆負荷。試基於達成無限壽命估算其疲勞的安全因數，及降伏的安全因數。若非預期的無限壽命，試估算直到損壞的次循環數。

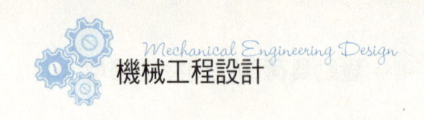

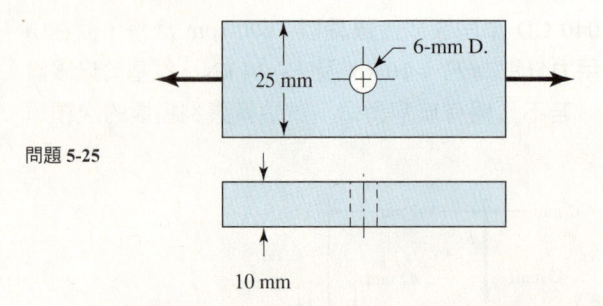

問題 5-25

5-26 試就負荷波動於 12 kN 至 28 kN 間，重解問題 5-25。使用修訂的 Goodman、Gerber，及 ASME-橢圓準則，並比較它們的結果。

5-27 試使用下列的每一負荷條件，重解問題 5-25：
(a) 0 kN 至 28 kN
(b) 12 kN 至 28 kN
(c) −28 kN 至 12 kN

5-28 某鋼棒經歷 $\sigma_{max} = 420$ MPa 及 $\sigma_{min} = -140$ MPa 的循環負荷。試就材料性質 $S_{ut} = 560$ MPa，$S_y = 455$ MPa，完全修正的持久限 $S_e = 280$ MPa 及 $f = 0.9$，估算至疲勞損壞的循環次數：使用
(a) 修訂的 Goodman 準則
(b) Gerber 準則

5-29 圖中是一具 4×20 mm 閂片彈簧的草圖。安裝時已在螺栓下方安置墊片，獲取估計約 2 mm 的撓度，而得到預施負荷。該閂片彈簧於運轉時本身尚需精確值 4 mm 的額外撓曲。其材質為經研磨的高碳鋼，彎曲後硬化再回火至最小硬度 490 H_B。估計降伏強度為極限強度的 90%。
(a) 試求最大與最小的閂片力。
(b) 該彈簧是否可能達成無限壽命？

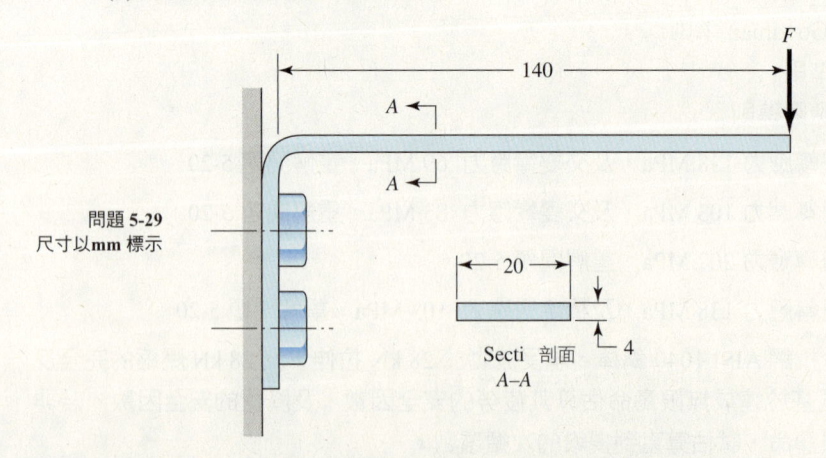

問題 5-29
尺寸以 mm 標示

5-30 圖中顯示某連桿的部分分離體圖，在三處剖面有應力集中。其尺寸分別為 $r = 6$ mm、$d = 20$ mm、$h = 12$ mm、$w_1 = 90$ mm 與 $w_2 = 60$ mm。作用力 F 波動於 18 kN 與 72 kN 之間，忽略柱的效應，試求其最小的安全因數。若材料為冷拉鋼 AISI 1018。

問題 5-30

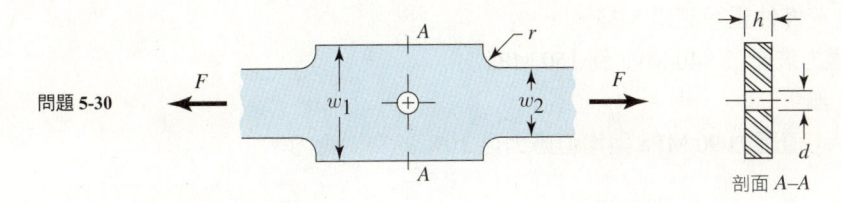

5-31 除了令 $w_1 = 60$ mm、$w_2 = 36$ mm，而作用力波動於 72 kN 拉伸與 18 kN 壓縮之間。試重解問題 5-30。

5-32 試對問題 5-30，推薦內圓角半徑 r 的值，以使孔與內圓角處之疲勞的安全因數值相等。

5-33 圖中的扭轉聯軸器，以熔接於輸入軸及輸出板間之具方形剖面的曲樑組成。作用於該軸的扭矩循環於 0 到 T 間。方樑尺寸為 5×5 mm，而其形心軸曲線能以 $r = 20 + 10\,\theta/\pi$ 描述，式中 r 與 θ 分別為 mm 及 rad ($0 \le \theta \le 4\pi$)。曲樑表面經車削，降伏強度與極限強度分別為 420 MPa 及 770 MPa。

(a) 試以修訂的 Goodman 準則，求使該聯軸器具有無限壽命的安全因數 $n = 3$ 時所容許的最大 T 值。

(b) 試使用 Gerber 準則重解 (a) 部分。

(c) 試使用 (b) 部分求得的 T，求防範疲勞及降伏的安全因數。

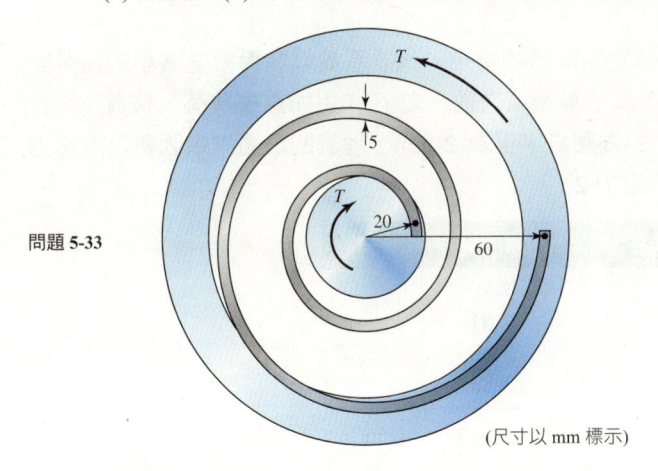

問題 5-33

(尺寸以 mm 標示)

5-34 忽略曲率對彎應力的影響，試重解問題 5-33。

5-35 某部件承受複合了彎曲、軸向，及扭轉的負荷，使得特定位置出現下列應力：

彎應力：完全反覆，最大應力為 60 MPa

軸向應力：定值應力 20 MPa

扭轉應力：重複負荷，變動於 0 MPa 到 50 MPa 之間

假設變動應力彼此同步。該部件含一個缺口使得 $K_{f,\text{彎曲}} = 1.4$、$K_{f,\text{軸向}} = 1.1$ 及 $K_{f,\text{扭轉}} = 2.0$。其材料的性質為 $S_y = 300$ MPa 與 $S_u = 400$ MPa。經完全調整的持久限為 $S_e = 200$ MPa。試求基於無限壽命之疲勞的安全因數。若壽命並非無限，試估算壽命的循環數。並確認核驗降伏問題。

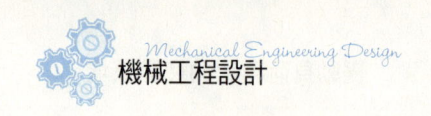

5-36 試以下列負荷條件重解問題 5-35。
彎應力：應力波動於 −40 MPa 到 150 MPa
軸向應力：無
扭轉應力：均值應力 90 MPa 與均值應力之 10% 的交變應力。

5-37* 至 5-46*

針對表中指定的問題，依據原始問題的結果，試求基於無限壽命之最小的疲勞安全因數。該軸以定速旋轉，直徑為定值，並以冷拉鋼 AISI 1018 製成。

問題題號	原問題
5-37*	2-68
5-38*	2-69
5-39*	2-70
5-40*	2-71
5-41*	2-72
5-42*	2-73
5-43*	2-74
5-44*	2-76
5-45*	2-77
5-46*	2-79

5-47 至 5-50

針對表中指定的問題，依據原始問題的結果，試求基於無窮壽命之最小的疲勞安全因數。若壽命並非無限，試估算循環次數。力 F 作用如重複負荷，材質為冷拉鋼 AISI 1018 CD。在牆上的內圓角半徑為 2 mm，理論的應力集中因數為彎應力 1.5，軸向應力 1.2，扭轉剪應力 2.1。

問題題號	原問題
5-47*	2-80
5-48*	2-81
5-49*	2-82
5-50*	2-83

5-51* 至 5-53*

針對表中指定的問題，依據原始問題的結果，試求在 A 點基於無限壽命之最小的疲勞安全因數。若壽命並非無限，試估算循環數。力 F 作用如重複負荷，材質為冷拉鋼 AISI 1018 CD。

問題題號	原問題
5-51*	2-84
5-52*	2-85
5-53*	2-86

5-54 試解問題 5-17。但在兩力的作用點之間包含穩定的傳輸扭矩 280 N・m。

5-55 試解問題 5-18。但在兩力的作用點之間包含穩定的傳輸扭矩 250 N・m。

第 5 章　變動負荷導致的疲勞損壞

5-56　於圖中顯示，以熱軋鋼 AISI 1010 HR 製成的軸 A 熔接於固定支撐上，並經由軸 B 承受相等但方向相反的兩力 F。其 3 mm 的內圓角半徑引發了理論應力集中因數 K_{ts} = 1.6。軸 A 從固定支持端至與軸 B 的連接點長 1 m。負荷 F 循環於 0.5 到 2.0 kN 之間。
(a) 對軸 A，試以修訂的 Goodman 疲勞損壞準則，求具有無限壽命的安全因數。
(b) 使用 Gerber 疲勞損壞準則重解 (a) 部分。

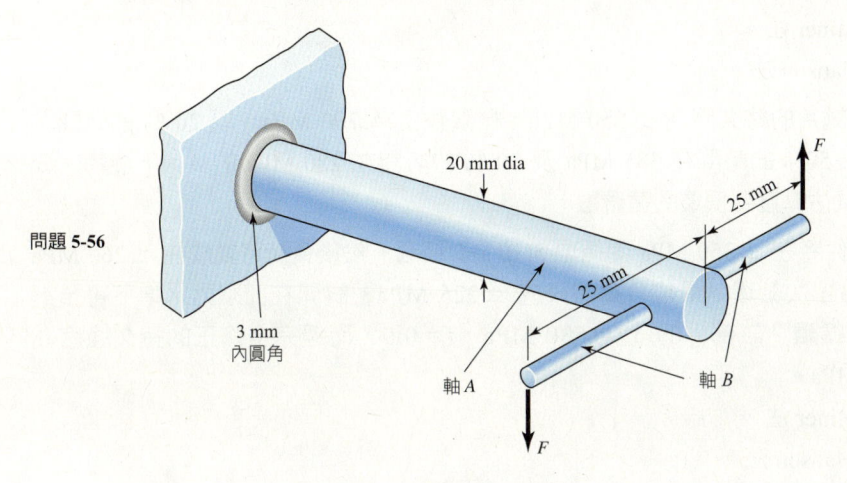

問題 5-56

5-57　圖中顯示某離合器試驗機的草圖。其鋼軸以定速率 w 旋轉，有一循環於 0 到 P 的軸向負荷作用於該軸上。離合器表面誘發而作用於軸上的扭矩 T 可由下式求得

$$T = \frac{fP(D+d)}{4}$$

式中的 D 與 d 都定義於圖中而 f 為離合器表面的摩擦係數。軸以 S_y = 800 MPa 及 S_{ut} = 1000 MPa 的鋼料車削製成。其軸向及扭轉負荷的理論應力集中因數分別為 3.0 與 1.8。

假設負荷 P 的變化與軸的旋轉同步。令 f = 0.3，使該軸經歷最少 10^6 次循環仍能殘存的安全因數為 3 時，試以修訂的 Goodman 準則求最大的容許負荷 P。試求對應之防範降伏的安全因數。

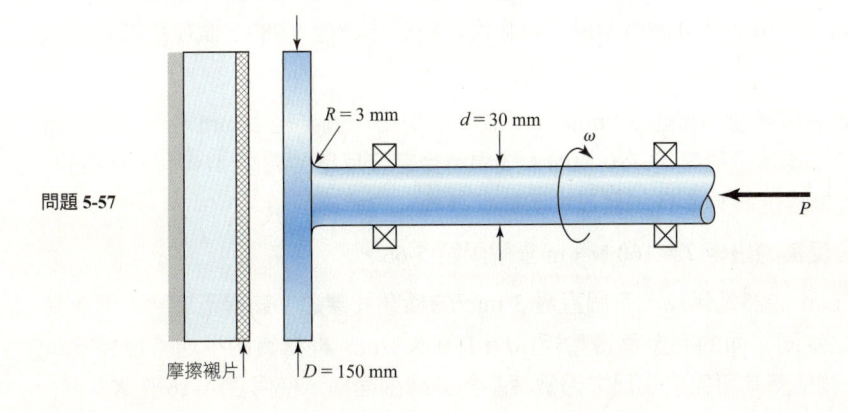

問題 5-57

5-58 問題 5-57 中的外施負荷 P 循環於 20 kN 到 80 kN 之間。假設該軸的旋轉與外施負荷的循環同步。試使用修訂的 Goodman 損壞準則估算直到損壞的循環數。

5-59 某扁平的葉片彈簧承受 $\sigma_{max} = 360$ MPa 及 $\sigma_{min} = 160$ MPa 的波動負荷作用 $8(10^4)$ 次循環。若負荷改成 $\sigma_{max} = 320$ MPa 及 $\sigma_{min} = -200$ MPa，試求該彈簧殘存的壽命有若干循環？彈簧的材質為 AISI 1020 CD，而經過完全修正的持久強度為 $S_e = 175$ MPa。假設 $f = 0.9$。
(a) 使用 Miner 法。
(b) 使用 Manson 法。

5-60 某旋轉樑試片的持久限為 ± 350 MPa，極限強度為 700 MPa，以 20 % 的時間在 490 Mpa，50% 的時間在 385 MPa 及 30 % 的時間在 280 MPa 的負荷下旋轉。令 $f = 0.8$，試估算直到損壞的循環數。

5-61 某機器部件將在 ± 350 MPa 間循環 $5(10^3)$ 次循環。然後負荷將變成在 ± 260 MPa 循環 $5(10^4)$ 次循環。最後負荷將改成 ± 225 MPa。試問在此應力水準下可預期會有若干循環？該部件的 $S_{ut} = 530$ MPa，$f = 0.9$，而經完全修正的持久強度為 $S_e = 210$ MPa。
(a) 使用 Miner 法。
(b) 使用 Manson 法。

5-62 某機器部件的材料性質為 $S_{ut} = 595$ MPa，$f = 0.86$ 及經完全修正的持久強度 $S_e = 315$ MPa。該部件將在 $\sigma_a = 245$ MPa 及 $\sigma_m = 210$ MPa 的負荷下經歷 $12(10^3)$ 次循環。在循環後使用 Gerber 準則估算新的持久強度。
(a) 使用 Miner 法。
(b) 使用 Manson 法。

5-63 試使用 Goodman 準則重解問題 5-62。

隨機問題

5-64 若產品的極限強度為 $\mathbf{S}_{ut} = 1030\mathbf{LN}(1, 0.0508)$ MPa，試重解問題 5-1。

5-65 本題情況與問題 5-14 相似，等待設計者指定厚度的連桿將承受完全反覆的軸向負荷 $\mathbf{F}_a = 15\mathbf{LN}(1, 0.20)$ kN。使用問題 5-14 的冷拉鋼 1018 CD，其 $S_{ut} = 440\mathbf{LN}(1, 0.28)$ MPa，及 $S_{yt} = 370\mathbf{LN}(1, 0.058)$ MPa。可靠度目標必須超過 0.999。試使用關聯法指定厚度 t。

5-66 以實心的圓鋼桿車削至直徑 32 mm。並於其上切出一個半徑 3 mm，深 3 mm 的槽。材料的平均承拉強度為 780 MPa。該桿承受完全反覆的彎矩 $M = 160$ N·m。試估算其可靠度。該桿旋轉，且尺寸因數應基於它的總剖面積。

5-67 以承受完全反覆的扭矩 $T = 160$ N·m 重解問題 5-66。

5-68 某直徑 30 mm 的熱軋鋼棒，有個直徑 3 mm 的橫穿孔穿透。該桿不旋轉，但承受與穿透孔之軸同平面的完全反覆彎矩 $M = 180$ N·m。桿材質的平均承拉強度為 406 MPa。試估算其可靠度。尺寸因數應基於其總剖面積。使用表 A-16 查 K_t。

5-69 使該桿承受完全反覆扭矩 $T = 270$ N·m，重解問題 5-68。

5-70 某連桿的平面視圖與問題 5-30 的視圖相同。然而，作用的力 F 為完全反覆的 45 kN，可靠度目標為 0.998，材料的性質為 $\mathbf{S}_{ut} = 448\mathbf{LN}(1, 0.045)$ MPa 及 $\mathbf{S}_y = 378\mathbf{LN}(1, 0.077)$ MPa。F 以確定方式處理，試指定厚度 h。

計算機問題

5-71 某 6×40 mm 的鋼桿有個位於形心的 20 mm 鑽孔，很像表 A-15-1 所示。該桿承受視為確定型的完全反覆軸向負荷 5.4 kN。其材料具有平均極限承拉強度 $\bar{S}_{ut} = 560$ MPa。
(a) 試估算其可靠度。
(b) 執行計算機模擬以確認在 (a) 部分得到的答案。

5-72 從問題 5-71 及範例 5-19 得到的經驗，觀察到就完全反覆軸向及彎曲疲勞而言，可能：

- 配合先行決策的考量觀察各 COVs。
- 注意可靠度目標。
- 求得容許作幾何設計決策之平均設計因數 $\bar{n}_d$，結合使用確定法以達成目標。

試撰寫使用者能求得 $\bar{n}_d$ 的交談式計算機程式。其中材料性質的 $\mathbf{S}_{ut}$、$\mathbf{S}_y$ 及負荷的 COV 必須由使用者輸入，所有伴隨 $\phi_{0.30}$、k_a、k_c、k_d 及 K_f 的 COV 值可內存，而為了問題的答案，將容許計算 C_n 及 $\bar{n}_d$。稍後你還可以再加以改良。試利用已經解過的問題測試你的程式。

5-73 當使用 Gerber 疲勞損壞準則於隨機問題時，(5-80) 及 (5-81) 式非常好用。它們的計算也很繁複。若能以計算機常式 (subroutine) 或程序 (procedure) 執行這些計算將很有幫助。當撰寫可執行的程式時，適合以最小的努力，單純地呼叫次常式計算 S_a 及 C_{Sa}。而且，一旦該常式測試完畢，即準備就緒，隨時都可執行。試撰寫並測試這樣的程式。

5-74 試以 ASME-橢圓疲勞損壞準則，重解問題 5-73。為求疲勞損壞軌跡，執行 (5-82) 及 (5-83) 式。

5-75 試就 Smith-Dolan 疲勞損壞軌跡，重解問題 5-73。執行 (5-86) 及 (5-87) 式。

5-76 試撰寫並測試計算機常式或程序，以執行：
(a) 表 5-2，傳回 a、b、C 及 $\bar{k}_a$。
(b) 使用表 5-4 執行 (5-20) 式。傳回 k_b。
(c) 表 5-11，傳回 α、β、C 及 $\bar{k}_c$。
(d) (5-27) 及 (5-75) 式，傳回 $\bar{k}_d$ 及 C_{kd}。

5-77 撰寫並測試計算機常式或程序以執行 (5-76) 及 (5-77) 式，傳回 $\bar{q}$、$\hat{\sigma}_q$ 及 C_q。

5-78 撰寫並測試計算機常式或程序以執行 (5-78) 式及表 5-15，傳回 $\sqrt{a}$、C_{Kf} 及 $\bar{K}_f$。

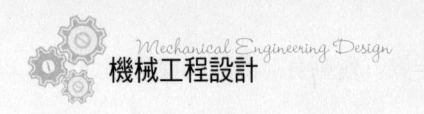

機械元件設計

PART 3

chapter 6

各類軸與軸的各種組件

本章大綱

- **6-1** 引言　　340
- **6-2** 軸的材料　　341
- **6-3** 軸的佈置　　342
- **6-4** 軸的設計：依據應力　　347
- **6-5** 撓度的考量　　360
- **6-6** 軸的臨界轉速　　364
- **6-7** 雜項軸組件　　370
- **6-8** 界限與配合　　377

6-1 引言

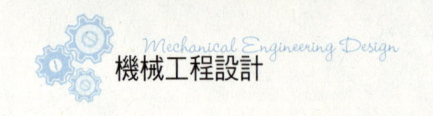

傳動軸 (shaft) 是旋轉的機件，通常具有圓形的剖面，用於傳遞功率或運動。它提供像是齒輪、帶輪、飛輪、曲柄、鏈輪及其它類似元件旋轉或擺動的中心軸，並控制其運動的幾何形狀。**輪軸** (axle) 是非旋轉的機件，不承擔扭矩，用於支撐旋轉的車輪、帶輪及類似的元件。自動車輛的輪軸不是真正的輪軸；這個詞來自馬與輕馬車世代的傳輸器，當時輪子是在不旋轉的機件上旋轉。非旋轉的輪軸可以很容易地如同靜態的樑似地設計和分析，因而便不值得本章給予如同承受疲勞負荷的旋轉軸般的特別關注。

對於傳動軸，實在沒有什麼獨特而需要超越前幾章已提出之基本方法的任何特殊論述。然而因為在這麼多的機器設計應用中都有無所不在的傳動軸，故給予傳動軸及其設計進一步的審視將會有一些好處。一個完整的傳動軸設計更是相互依賴於組件的設計。機器設計的本身將會要求某些特定的齒輪、帶輪、軸承及其它元件，這些元件至少作了部分的分析，而且其大小及間距至少初步確定。本章中，將進行仔細檢查設計軸本身的細節，主要包括以下：

- 材料選用
- 幾何形狀設計
- 應力與強度
    靜態強度
    疲勞強度
- 撓度與勁度 (deflection and rigidity)
    彎曲撓度
    扭轉撓度
    軸承與軸支撐元件處的斜率
    短軸由於橫向負荷導致的剪撓度 (shear deflection)
- 自然頻率導致的振動

在決定設計傳動軸的大小的方法時，有必要認識到，對軸的特定點進行應力分析，只可以使用鄰近該點處之傳動軸的幾何形狀，因此無需整支軸的幾何形狀。在設計中，通常可以找到所有關鍵區域，對這些區域先進行尺寸設計以滿足強度要求，然後對軸的其餘部分進行尺寸設計，以滿足所有軸支承元件的要求。

請注意，要直到整支軸的幾何形狀已確定，才能作撓度與斜率的分析。因此撓度為**每一處**之幾何形狀的函數，然而，在感興趣之剖面的應力為**局部幾何形狀** (local geometry) 的函數。因此之故，傳動軸的設計容許先考慮應力，然後在初步建立傳動軸的相關尺寸後，再判定撓度與斜率。

6-2 軸的材料

撓度不是受強度影響，而是受到由彈性模數所表示的勁度所影響，對所有的鋼而言，基本上彈性模數為定值。為此之故，剛性不能由材料的選定而控制，而是僅由幾何形狀的選定。

抵擋承受之負荷應力所必要的強度影響了材料及其處理的選擇。許多傳動軸是由低碳鋼、冷拉或熱軋鋼所製成，如 ANSI 1020-1050 鋼料。

由熱處理和高合金含量而得的顯著強化往往是不值得的。疲勞損壞可藉由增加強度而適度地降低，然後在疲勞極限和缺口敏感性的不良影響開始抵銷更高強度的優點之前，只能增到某一定的水平。一個好的做法是首先藉由設計計算而使用廉價的低碳鋼或中碳鋼。如果強度方面的考慮變成支配撓度，此時應該嘗試使用更高強度的材料，以便允許軸的尺寸縮小，直到過量的撓度變成是個問題為止。使用的材料成本和其加工必須對需要較小的軸直徑而加以權衡。當已證明熱處理是合理時，適合熱處理的典型合金鋼包括 ANSI 1340-50、3140-50、4140、4340、5140 和 8650。

傳動軸通常不需要進行表面硬化的，除非它們作為一個支承表面的實際軸頸。典型表面硬化的材料選擇包括滲碳等級的 ANSI 1020、4320、4820 和 8620。

冷拉鋼通常用於直徑在約 3 英寸以下，該圓棒的公稱直徑可以在不需要組件裝配的區域保留而不需要加工；熱軋鋼應該全部加工。對於需要移除大量材料的大軸，殘餘應力往往可能會引起翹曲變形。如果同心度是很重要的，它可能就必要先粗加工，然後以熱處理去除殘餘應力並提高強度，最後加工修整至最終的尺寸。

在著手處理材料的選擇時，所要生產的量是一個顯著的因素。對於低產量，車削通常是主要的成形方法。以經濟學的觀點來看，可能需要移除最少的材料。高生產量可允許**容積保守成形方法** (volume-conservative shaping method)（熱或冷成形、鑄造），和使用最小材料的軸可以成為一個設計目標。如果生產量高則可以指定用鑄鐵，而齒輪可以與軸整體鑄造。

軸的性質局部地視其歷史而定：冷作、冷成形、內圓角特徵的軋製、熱處理，包括淬火介質、攪動及回火過程[1]。

不鏽鋼可能適合於某些環境中。

---

[1] 請參閱 Joseph E. Shigley, Charles R. Mischke, and Thomas H. Brown, Jr. (eds-in-chief), *Standard Handbook of Machine Design*, 3rd ed., McGraw-Hill, New York, 2004。關於冷作性質的預測請參閱第 29 章，而關於熱處理性質的預測請參閱第 29 和 33 章。

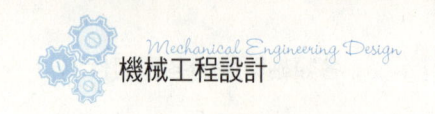

6-3 軸的佈置

軸的總體佈置為能容納軸元件，如齒輪、軸承與皮帶輪，必須在早期的設計過程就必須詳細指定，以便執行自由體的力分析而獲得剪力彎矩圖。軸的幾何形狀通常是一個步階式的圓柱。採用軸肩是軸的元件軸向定位與承受任何推力負荷的一個很好的設計方法。圖 6-1 顯示一個步階軸支承蝸輪減速器的齒輪的一個例子，其中軸上的每一個軸肩供某一個特定的目的使用，你應該嘗試去觀察來確定其目的為何。

設計傳動軸的幾何構形經常是單純地對現有的模型進行修改，其中僅是有限項目需要修改而已。如果沒有可以作為起始的現有設計，則傳動軸幾何形狀的佈置可以有許多的解。此一問題可藉圖 6-2 中的兩個例子加以說明。圖 6-2a 中之齒輪的副軸由兩個軸承支撐，而圖 6-2c 中則是作為風扇軸的構形設計。針對這兩個問題，你可以產生各種不同的解。圖 6-2b 與 6-2d 中顯示的解不一定是最佳的解，但它們確實說明了如何將軸上安置的裝置在軸向方向上定位與固定，以及如何為將扭矩從一個元件傳至另一個元件做準備。並沒有絕對的規則用來詳細指定總體佈置，但下列準則可能會有所幫助。

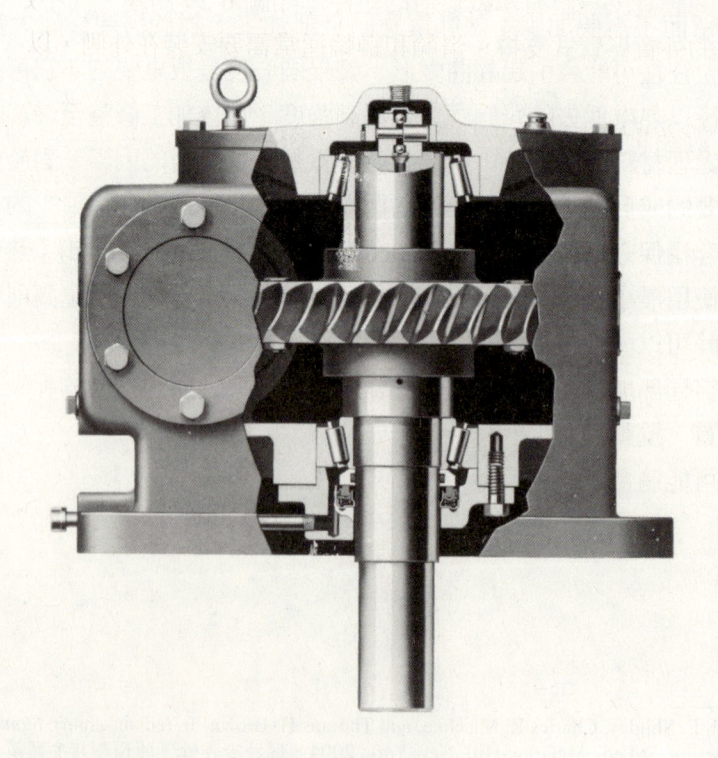

圖 6-1　垂直型蝸齒輪減速機。(*The Cleveland Gear Company* 提供)

第 6 章　各類軸與軸的各種組件

(a)

(b)

Fan

(c)

(d)

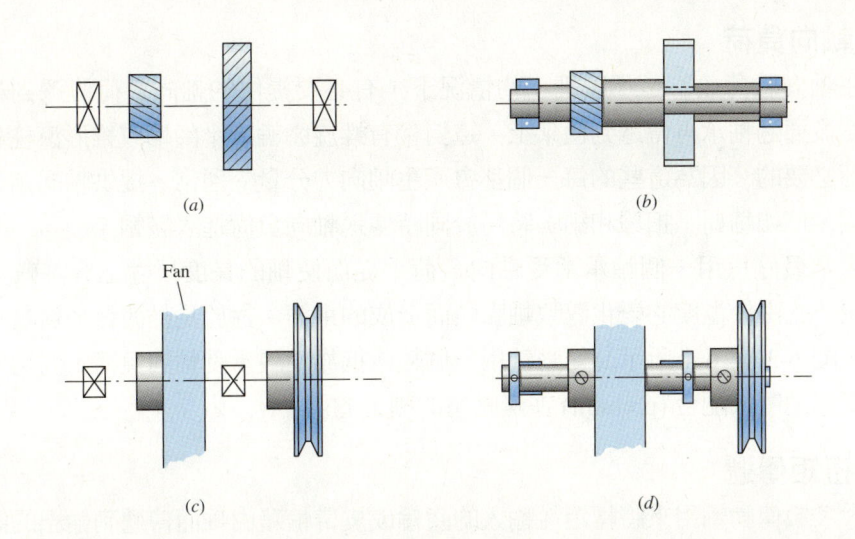

圖 6-2　(*a*) 選擇軸的構形，以支撐並定位軸上的兩個齒輪與軸承。(*b*) 用於整體小齒輪的解。有三處軸肩、鍵與鍵槽，以及套筒。軸承殼用軸承的外環將它定位，並承受推力負荷。(*c*) 選擇風扇軸的構形。(*d*) 使用套筒軸承、直通軸、定位軸環以及用於軸環、風扇帶輪與風扇本身的定位螺釘之設計解。風扇外殼支撐套筒軸承。

組件的軸向佈置

　　組件的軸向定位通常由外殼和其它嚙合組件的配置而指定。一般情況下，最好是在軸承之間設計支撐所有承載負荷的組件，如圖 6-2*a* 所示，而不是如圖 6-2*c* 中所示之軸承的外置懸臂式支撐。滑輪和鏈輪通常需要安裝在外側，以利方便安裝皮帶或鏈條。懸臂的長度應盡量短，以盡量減少撓度。

　　在大多數情況下只需要使用兩個軸承，但對於承載數個承重組件之非常長的軸，它可能需要提供兩個以上的軸承來支撐。在這種情況下，必須特別注意考慮到軸承的對準。

　　傳動軸應盡可能短，以減少彎矩和撓度。組件之間的一些軸向空間是值得配置的，以允許潤滑劑流動，並為拔取器拆卸組件提供進入的空間。承載組件應配置在軸承附近，再次將可能有應力集中之位置的彎矩最小化，並在承載組件處減少其撓度。

　　所有組件必須精確地定位在軸上，以便與其它配合的組件對齊，並必須能提供可靠地保持組件在其位置上。定位組件的主要方式是將其與軸的軸肩相倚靠，而軸肩還提供了堅實的支承，以減少撓曲和組件的振動。有些時候，當作用力的大小相當低，軸肩可以配合軸槽中的扣環、組件間的套筒或鉗式軸環而建構。在軸向負荷非常小的情況下，完全都不用軸肩而依靠壓合、銷或軸環與固定螺絲以保持軸向位置，或許是可行的。請參見圖 6-2*b* 和 6-2*d* 中對於一些軸向位置定位方法的例子。

343

支撐軸向負荷

在軸向載荷並不是那麼細小的情況下，有必要提供的軸向負荷傳遞到軸的裝置，然後通過軸承再傳遞到機架上。這對帶有螺旋齒輪或傘齒輪或錐形滾柱軸承時是特別必要的，因為這些的每一個都會產生軸向力分量。通常，提供軸向定位的相同方式，例如軸肩、扣環和銷，將用於同時傳送軸向負荷進入該軸。

通常最好只用一個軸承承受軸向負荷，從而使軸的長度尺寸上容許較大的公差，並防止由於溫度的變化導致軸膨脹而造成的束縛。對於長軸而言，這是特別重要的。圖 6-3 與 6-4 所示為傳動軸用一個軸承抵靠軸肩承受軸向負荷，而另一個軸承是簡單地壓入配合 (press fit) 在無軸肩的軸上的例子。

提供扭矩傳遞

大多數傳動軸用來將轉矩從輸入的齒輪或皮帶輪藉由軸而傳遞到輸出的齒輪或皮帶輪。當然，軸本身的尺寸設計必須能支撐扭轉應力和扭轉撓度，也還需要提供傳動軸與齒輪之間傳遞扭矩的方法。通用的扭矩傳動元件有：

- 鍵 (keys)
- 軸栓 (splines)
- 固定螺釘 (setscrews)
- 銷 (pins)
- 壓入或收縮配合 (press or shrink fits)
- 推拔配合 (tapered fits)

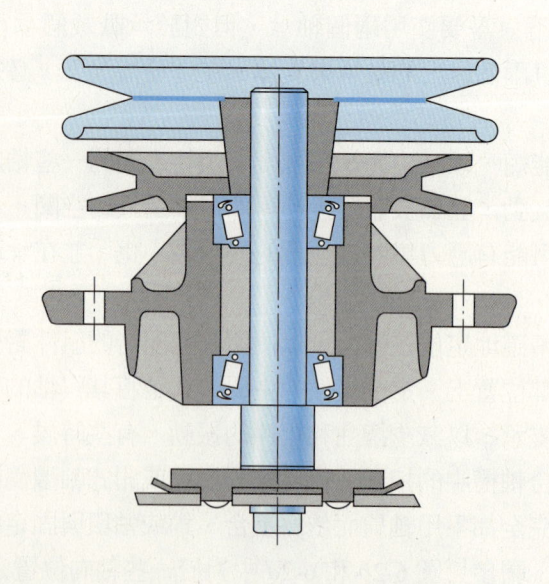

圖 6-3 割草機主軸中使用的錐形滾柱軸承。對其中一個或多個轉矩傳輸元件必須外置安裝的情況，這個設計是很好的做法。
(來源：由 *The Timken Company* 提供的資料重新繪製)

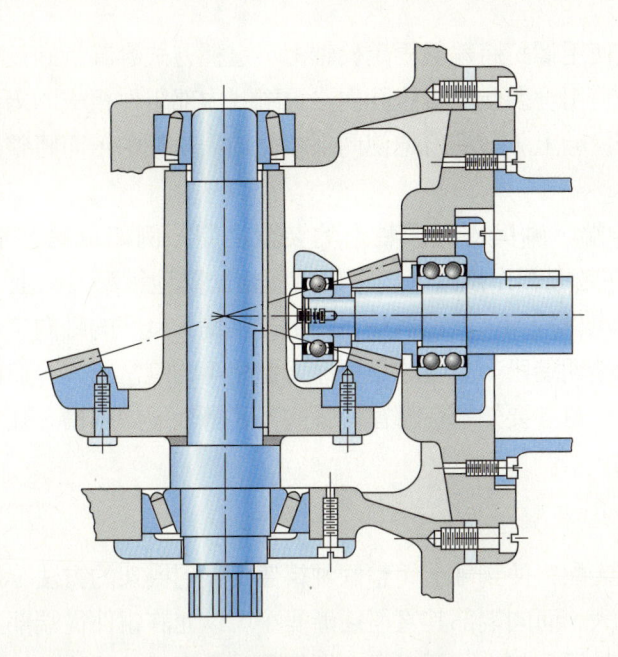

圖 6-4 一組傘齒輪傳動設計，其中小齒輪和大齒輪皆以跨式安裝。
(來源：由 Gleason Machine Division 提供的資料重新繪製)

　　除了傳遞轉矩，如果扭矩超過可接受的工作極限，許多這些裝置的設計會讓其損壞，以便保護更昂貴的組件。

　　關於硬體組件的詳細描述，如**鍵** (keys)、**銷** (pins) 以及**固定螺釘** (setscrews)，將在第 6-7 節詳細討論。一個傳遞中至高度扭矩的最有效和最經濟的方法是藉由鍵配合於軸和齒輪間的凹槽。鍵接的組件一般在軸上都具有滑動配合，所以容易裝配和拆卸。鍵提供了組件的正向角方位，此在相位角的安排是很重要的情況下是有用的。

　　軸栓 (splines) 基本上是粗短的齒輪輪齒，它是在軸的外側和負荷傳遞組件的輪轂內側而成型。製造軸栓通常比鍵更昂貴，對簡單的扭矩傳遞而言，通常沒有必要使用軸栓，它們通常用於傳遞高轉矩。軸栓的一個特點是，它可以做成適度寬鬆的滑動配合，以允許軸和組件之間較大的軸向運動，同時還可以傳遞轉矩。這對於連接彼此間常有相對運動的兩個軸，例如連接拖拉機的動力起動 (power takeoff, PTO) 軸到用具，是有用的。SAE 和 ANSI 已公佈軸栓的標準。軸栓結束並與軸融成一體之處，其應力集中因數為最大，但一般都相當適度的。

　　對於低扭矩傳遞的情況下，有各種傳遞扭矩的方式，這些包括銷、在輪轂上的固定螺絲、推拔配合與壓合。

　　將輪轂牢固於軸上的**壓入與收縮配合** (press and shrink fits) 用於傳遞扭矩和保持軸向定位，其所導致的應力集中因數通常是相當小的。關於以壓入與收縮配合傳遞扭矩之適當尺寸和公差設計的準則，請參見第 6-8 節。一種相似的方式是使用分件式的輪轂，並使用螺釘將輪轂固定於軸上，這種方式容許拆卸及橫向調整。另一種相似的方式是使用含裝配於推拔孔內之分離式內部組件組成的兩件式輪轂，此組裝使用螺釘鎖緊於軸上，該螺釘迫使內部組件進入輪轂中，而將整個組裝夾緊於軸上。

在軸的延伸端，軸與安裝於軸上的裝置之間，例如車輪，常使用**推拔配合**(tapered fits)。在軸端製作螺紋，則得以用螺帽緊緊地鎖緊於軸上。此種處理方式很有用，因為它可以拆卸，但它無法在軸上提供輪子良好的軸向定位。

在軸佈置的早期階段，重要的是選擇傳遞扭矩的適當方式，並確定它是如何影響整體的軸佈置。有必要知道在哪裡有軸的不連續性，如鍵槽、孔和軸栓，以確定分析的關鍵位置。

組裝和拆卸

應當考慮到裝配組件到軸上與整個軸組件安裝到機架的方法，這通常需要在軸的中間其直徑最大，而向端部其直徑逐漸變小，以允許組件從端部上滑入。如果組件的兩側都需要軸肩，其中一個必須由像扣環或是兩組件間的套筒這樣的裝置而設計。變速箱本身需要實際上將軸定位到其軸承，並將軸承定位到機架的方法，這通

圖 6-5 此配置顯示軸承內圈壓入到軸上，而外圈浮在殼體中。軸向間隙應足以僅允許機器振動。請注意右邊的迷宮式密封。

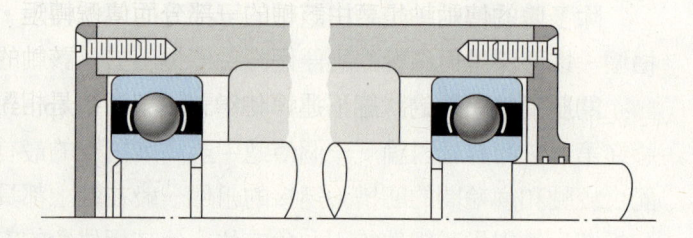

圖 6-6 相似於圖 6-5 的佈置，除了外軸承環為預負荷。

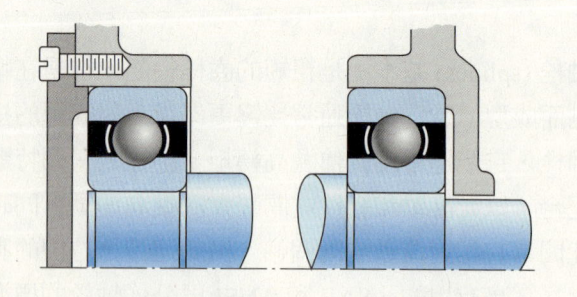

圖 6-7 在這種配置中，左側的軸承內圈被鎖定到一個螺帽和一個軸肩之間的軸上。防鬆螺帽和墊圈是 AFBMA 標準。在外圈的止動環是用來積極定位軸組件在軸向方向上。請注意右側的浮動軸承和在該軸上的研磨徑向跳動溝槽。

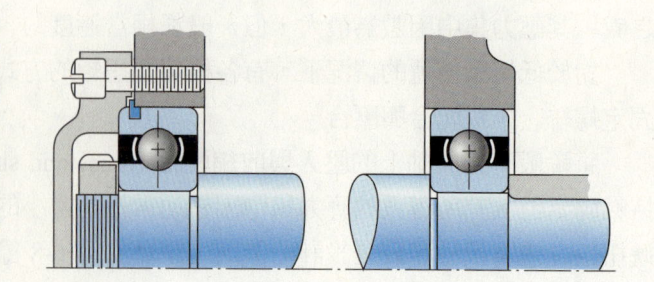

常是藉由提供殼體到軸一端的軸承的通道。請參見圖 6-5 至 6-8 的範例。

當組件準備以壓入方式安裝到軸上，該軸應設計成沒有必要將組件要向下壓入一段長距離的軸長。這可能需要在直徑上作額外的變化，但是它會只需要很短長度的緊密公差便可降低製造和裝配成本。

也應考慮到從軸上拆卸組件的必要性。這就需要考慮一些問題，例如可用的扣環、拔取器進到軸承的空間、殼體的開口以便將軸或軸承壓出……等等。

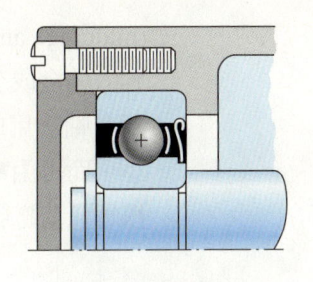

圖 6-8 這種配置類似於圖 6-7，其中的左側軸承定位整個軸組件。在本例中，其內環是用一個卡環固定在軸上。請注意，這裡使用的屏蔽是防止從機器內產生的灰塵進入軸承。

6-4 軸的設計：依據應力

關鍵位置

沒有必要評估軸上每一點的應力，只要評估幾個潛在的關鍵位置就足夠了。關鍵位置通常是在其外表面上、在彎矩大的軸向位置、在扭矩作用處及應力集中存在之處。藉由直接比較沿著軸上的各點，就可以根據設計而確認出幾個關鍵位置。典型的應力情況評估會有所幫助。

大多數的傳動軸是藉由該軸的一部分而傳遞轉矩。通常情況下，扭矩是從某一個齒輪進入該軸而從軸上另一個齒輪傳輸出去。該軸的自由體圖將可確定在任何剖面上的扭矩，在穩定狀態下運轉時，該扭矩通常是相對地不變的。由扭轉所導致的剪應力，在軸的外表面將會是最大。

軸上的彎矩可以藉由剪力和彎矩圖來確定。大多數包括齒輪或皮帶輪的傳動軸問題，因為會引入在兩個平面中的作用力，所以一般將需要在兩個平面上的剪力和彎矩圖。合力矩是將沿軸上關切點處的力矩以向量方式加總而獲得，因為該軸旋轉，所以力矩的相位角並不重要。一個穩定的彎矩會在旋轉軸上產生一個完全相反方向的力矩，如同一個特定的應力元素在軸每轉一圈時，它從壓縮交替變化到拉伸。由彎矩導致的法向應力在最外層表面上將是最大。在某個軸承位於軸的端部情況下，因為在軸承處的彎矩較小，所以在軸承附近的應力往往不是關鍵的應力。

由螺旋齒輪或錐形滾子軸承所傳遞的軸向分量而導致的軸向應力，若與彎矩應力相比，幾乎總是小到可以忽略。它們往往也是定值不變，所以它們對疲勞損壞貢獻不大。因此，當軸上出現彎矩應力時，忽視由齒輪和軸承引起的軸向應力通常是可接受。如果軸向負荷以某種其它方式施加到軸上，此時不檢查它的大小而假設它是可以忽略，並不是安全可靠的做法。

軸應力

彎曲應力、扭轉應力和軸向應力可能會同時存在於中值分量和交變分量

347

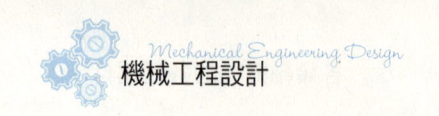

(midrange and alternating components)。為了便於分析，它足夠簡單到將不同類型的應力結合成交變分量的應力和 von Mises 應力的中值分量，如 5-14 節所示。自訂專門在軸應用的公式，有時候是相當方便的。在關鍵位置的軸向負荷通常相對非常小，而是由彎曲和扭轉負荷主宰，所以軸向負荷將被排除在以下方程式。由彎曲與扭轉負荷導致的波動應力如下列方程式：

$$\sigma_a = K_f \frac{M_a c}{I} \qquad \sigma_m = K_f \frac{M_m c}{I} \tag{6-1}$$

$$\tau_a = K_{fs} \frac{T_a c}{J} \qquad \tau_m = K_{fs} \frac{T_m c}{J} \tag{6-2}$$

其中 M_m 與 M_a 分別為中值及交變的彎矩，T_m 與 T_a 分別為中值及交變的扭矩，而 K_f 與 K_{fs} 分別為彎曲與扭轉的疲勞損壞應力集中因數 (fatigue stress-concentration factors)。

假設一個圓橫截面的實心軸，對 c、I 及 J 引用適當的幾何名稱，可導致

$$\sigma_a = K_f \frac{32 M_a}{\pi d^3} \qquad \sigma_m = K_f \frac{32 M_m}{\pi d^3} \tag{6-3}$$

$$\tau_a = K_{fs} \frac{16 T_a}{\pi d^3} \qquad \tau_m = K_{fs} \frac{16 T_m}{\pi d^3} \tag{6-4}$$

根據畸變能破壞理論 (the distortion energy failure theory)、旋轉實心圓柱軸的 von Mises 應力及忽略軸向負荷，結合這些應力可得

$$\sigma'_a = (\sigma_a^2 + 3\tau_a^2)^{1/2} = \left[\left(\frac{32 K_f M_a}{\pi d^3} \right)^2 + 3 \left(\frac{16 K_{fs} T_a}{\pi d^3} \right)^2 \right]^{1/2} \tag{6-5}$$

$$\sigma'_m = (\sigma_m^2 + 3\tau_m^2)^{1/2} = \left[\left(\frac{32 K_f M_m}{\pi d^3} \right)^2 + 3 \left(\frac{16 K_{fs} T_m}{\pi d^3} \right)^2 \right]^{1/2} \tag{6-6}$$

請注意，對延性材料的中值分量，其應力集中因數有時被認為是可選擇的，這是因為延性材料具有在不連續處之局部降伏能力之故。

這些等效的交變和中值應力，可以使用修正 Goodman 圖中適當的損壞曲線進行評估 (請見 5-12 節及圖 5-27)。舉例而言，如之前 (5-46) 式所表示對修正 Goodman 線的疲勞損壞準則為

$$\frac{1}{n} = \frac{\sigma'_a}{S_e} + \frac{\sigma'_m}{S_{ut}}$$

將由 (6-5) 與 (6-6) 式的 σ'_a 及 σ'_m 代入可得

$$\frac{1}{n} = \frac{16}{\pi d^3} \left\{ \frac{1}{S_e} \left[4(K_f M_a)^2 + 3(K_{fs} T_a)^2 \right]^{1/2} + \frac{1}{S_{ut}} \left[4(K_f M_m)^2 + 3(K_{fs} T_m)^2 \right]^{1/2} \right\}$$

以設計目的而言，值得為求直徑而解此方程式，由此解得

$$d = \left(\frac{16n}{\pi} \left\{ \frac{1}{S_e} \left[4(K_f M_a)^2 + 3(K_{fs} T_a)^2 \right]^{1/2} \right. \right.$$
$$\left. \left. + \frac{1}{S_{ut}} \left[4(K_f M_m)^2 + 3(K_{fs} T_m)^2 \right]^{1/2} \right\} \right)^{1/3}$$

類似的表示式可以對任何常見的損壞準則，以從 (6-5) 與 (6-6) 式得到的 von Mises 應力代入任何以 (5-45) 式至 (5-48) 式表示的損壞準則而獲得。依據幾個常用的損壞曲線所得到的方程式總結如下，每組方程式的名稱標示重要的損壞理論，這是採用疲勞損壞軌跡曲線名稱。例如，DE-Gerber 表示使用畸變能理論的結合應力，而 Gerber 準則用於疲勞損壞。

DE-Goodman

$$\frac{1}{n} = \frac{16}{\pi d^3} \left\{ \frac{1}{S_e} \left[4(K_f M_a)^2 + 3(K_{fs} T_a)^2 \right]^{1/2} + \frac{1}{S_{ut}} \left[4(K_f M_m)^2 + 3(K_{fs} T_m)^2 \right]^{1/2} \right\} \tag{6-7}$$

$$d = \left(\frac{16n}{\pi} \left\{ \frac{1}{S_e} \left[4(K_f M_a)^2 + 3(K_{fs} T_a)^2 \right]^{1/2} + \frac{1}{S_{ut}} \left[4(K_f M_m)^2 + 3(K_{fs} T_m)^2 \right]^{1/2} \right\} \right)^{1/3} \tag{6-8}$$

DE-Gerber

$$\frac{1}{n} = \frac{8A}{\pi d^3 S_e} \left\{ 1 + \left[1 + \left(\frac{2BS_e}{AS_{ut}} \right)^2 \right]^{1/2} \right\} \tag{6-9}$$

$$d = \left(\frac{8nA}{\pi S_e} \left\{ 1 + \left[1 + \left(\frac{2BS_e}{AS_{ut}} \right)^2 \right]^{1/2} \right\} \right)^{1/3} \tag{6-10}$$

式中

$$A = \sqrt{4(K_f M_a)^2 + 3(K_{fs} T_a)^2}$$
$$B = \sqrt{4(K_f M_m)^2 + 3(K_{fs} T_m)^2}$$

DE-ASME 橢圓

$$\frac{1}{n} = \frac{16}{\pi d^3} \left[4 \left(\frac{K_f M_a}{S_e} \right)^2 + 3 \left(\frac{K_{fs} T_a}{S_e} \right)^2 + 4 \left(\frac{K_f M_m}{S_y} \right)^2 + 3 \left(\frac{K_{fs} T_m}{S_y} \right)^2 \right]^{1/2} \tag{6-11}$$

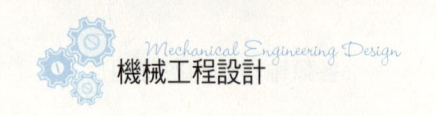

$$d = \left\{\frac{16n}{\pi}\left[4\left(\frac{K_f M_a}{S_e}\right)^2 + 3\left(\frac{K_{fs} T_a}{S_e}\right)^2 + 4\left(\frac{K_f M_m}{S_y}\right)^2 + 3\left(\frac{K_{fs} T_m}{S_y}\right)^2\right]^{1/2}\right\}^{1/3}$$
(6-12)

DE-Soderberg

$$\frac{1}{n} = \frac{16}{\pi d^3}\left\{\frac{1}{S_e}\left[4(K_f M_a)^2 + 3(K_{fs} T_a)^2\right]^{1/2} + \frac{1}{S_{yt}}\left[4(K_f M_m)^2 + 3(K_{fs} T_m)^2\right]^{1/2}\right\}$$
(6-13)

$$d = \left(\frac{16n}{\pi}\left\{\frac{1}{S_e}\left[4(K_f M_a)^2 + 3(K_{fs} T_a)^2\right]^{1/2} + \frac{1}{S_{yt}}\left[4(K_f M_m)^2 + 3(K_{fs} T_m)^2\right]^{1/2}\right\}\right)^{1/3}$$
(6-14)

對於具有定值彎矩和扭矩的旋轉軸，彎曲應力是完全反覆的而扭轉應力則是穩定不變的。(6-7) 至 (6-14) 式可藉由設定 M_m 和 T_a 等於 0，消掉式中的一些項而簡化。

請注意，在直徑是已知而需要安全因數的分析情況中，作為使用上述特定方程式的一種替代方法，則是利用 (6-5) 與 (6-6) 式計算交變和中值應力，並代入 (5-45) 式至 (5-48) 式的其中一個損壞準則方程式，而直接解出安全因數 n。然而在設計的情況中，若有可預先解出直徑的方程式，則是相當有幫助的。

在第一負荷週期就考慮靜態損壞的可能性，始終是必要的。Soderberg 準則本質上是防止降伏，因為可以從注意其損壞曲線在圖 5-27 中的降伏 (Langer) 線內是保守的而可以看出。ASME 橢圓曲線也考慮降伏，但在其範圍內也不是完全保守的，這是很明顯的可以注意到，該曲線穿過圖 5-27 中的降伏線。Gerber 和修正 Goodman 準則並不防止降伏，它需要對降伏進行另外的檢驗。von Mises 最大應力就是為此目的而計算。

$$\sigma'_{\max} = \left[(\sigma_m + \sigma_a)^2 + 3(\tau_m + \tau_a)^2\right]^{1/2}$$
$$= \left[\left(\frac{32K_f(M_m + M_a)}{\pi d^3}\right)^2 + 3\left(\frac{16K_{fs}(T_m + T_a)}{\pi d^3}\right)^2\right]^{1/2}$$
(6-15)

要檢查降伏，像往常一樣，將 von Mises 最大應力與降伏強度相比。

$$n_y = \frac{S_y}{\sigma'_{\max}}$$
(6-16)

對於一個快速而保守的 $\sigma'_{\max}$ 檢查，可簡單地將 σ'_a 和 σ'_m 相加而得到。

$(\sigma'_a + \sigma'_m)$ 總是會大於或等於 $\sigma'_{\max}$，因而將會是較保守的。

範例 6-1

某軸肩處之較小直徑 d 為 28 mm，較大的直徑 D 為 42 mm，內圓角半徑為 2.8 mm。承受彎矩 142.4 N·m 及穩定扭矩 124.3 N·m。該熱處理鋼軸的極限強度為 S_{ut} = 735 MPa 及降伏強度為 S_y = 574 MPa。設定可靠度目標為 0.99。
(a) 利用本節描述的疲勞損壞準則，計算此設計的疲勞安全因數。
(b) 計算此設計的降伏安全因數。

解答 (a) $D/d = 42/28 = 1.50$，$r/d = 2.8/28 = 0.10$，$K_t = 1.68$（圖 A-15-9），$K_{ts} = 1.42$（圖 A-15-8），$q = 0.85$（圖 5-20），$q_{\text{shear}} = 0.92$（圖 5-21）。
由 (5-32) 式，

$$K_f = 1 + 0.85(1.68 - 1) = 1.58$$
$$K_{fs} = 1 + 0.92(1.42 - 1) = 1.39$$

(5-8) 式： $S'_e = 0.5(735) = 367.5$ MPa

(5-19) 式： $k_a = 4.51(735)^{-0.265} = 0.787$

(5-20) 式： $k_b = \left(\dfrac{28}{7.62}\right)^{-0.107} = 0.870$

$$k_c = k_d = k_f = 1$$

查表 5-6： $k_e = 0.814$
$$S_e = 0.787(0.870)0.814(367.5) = 205 \text{ MPa}$$

對旋轉軸而言，定值的彎矩會產生一個完全反覆的彎曲應力。

$$M_a = 142.4 \text{ N·m} \qquad T_m = 124.3 \text{ N·m} \qquad M_m = T_a = 0$$

使用 (6-7) 式的 DE-Goodman 準則，可得

$$\dfrac{1}{n} = \dfrac{16}{\pi(0.028)^3}\left\{\dfrac{[4(1.58 \cdot 142.4)^2]^{1/2}}{205 \times 10^6} + \dfrac{[3(1.39 \cdot 124.3)^2]^{1/2}}{735 \times 10^6}\right\} = 0.615$$

答案 $\qquad\qquad n = 1.62 \qquad$ DE-Goodman

相同地，使用 (6-9) 式、(6-11) 及 (6-13) 式的其它損壞準則可分別得到：

答案 $\qquad\qquad n = 1.87 \qquad$ DE-Gerber

答案 $\qquad\qquad n = 1.88 \qquad$ DE-ASME 橢圓

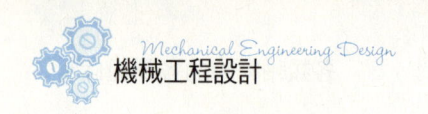

答案 $n = 1.56$ DE-Soderberg

為了進行比較，考慮計算的應力和直接應用疲勞損壞準則的等效方法。由 (6-5) 與 (6-6) 式，

$$\sigma'_a = \left[\left(\frac{32 \cdot 1.58 \cdot 142.4}{\pi (0.028)^3}\right)^2\right]^{1/2} = 104.4 \text{ MPa}$$

$$\sigma'_m = \left[3\left(\frac{16 \cdot 1.39 \cdot 124.3}{\pi (0.028)^3}\right)^2\right]^{1/2} = 69.4 \text{ MPa}$$

例如，以 Goodman 損壞準則，應用 (5-46) 式可得

$$\frac{1}{n} = \frac{\sigma'_a}{S_e} + \frac{\sigma'_m}{S_{ut}} = \frac{104.4}{205} + \frac{69.4}{735} = 0.604$$

$$n = 1.62$$

這與先前的結果完全一樣。相同的過程可以用於其它的損壞準則。

(b) 對於降伏安全因數，以 (6-15) 式計算等效的 von Mises 最大應力。

$$\sigma'_{\max} = \left[\left(\frac{32(1.58)(142.4)}{\pi (0.028)^3}\right)^2 + 3\left(\frac{16(1.39)(124.3)}{\pi (0.028)^3}\right)^2\right]^{1/2} = 125.4 \text{ MPa}$$

答案 $n_y = \dfrac{S_y}{\sigma'_{\max}} = \dfrac{574}{125.4} = 4.58$

為了比較，對降伏的一個快速和非常保守的檢查可以將 $\sigma'_{\max}$ 以 $\sigma'_a + \sigma'_m$ 取代而得到。若 σ'_a 與 σ'_m 已經確定，則此方法可以節省額外計算 $\sigma'_{\max}$ 的時間。對此範例

$$n_y = \frac{S_y}{\sigma'_a + \sigma'_m} = \frac{574}{104.4 + 69.4} = 3.3$$

此數值若與 $n_y = 4.58$ 相比較，則相當保守。

估算應力集中

對疲勞損壞的應力分析方法是高度依賴於應力集中。軸肩和鍵槽的應力集中依賴於尺寸規格，但是此過程的首次並不知道這些尺寸規格。幸運的是，因為這些元素通常是標準的比例，對該軸的初次設計是可能予以估計其應力集中因數。一旦細節為已知，這些應力集中將在其後的連續迭代中予以微調。

軸承和齒輪的支承處的軸肩應該符合目錄對特定之軸承和齒輪的建議。檢視軸承的目錄，顯示了一個典型的軸承要求的 D/d 之比值是在 1.2 至 1.5 之間。對

於第一次概算，可以假定為最壞情況的 1.5。同樣地，在軸肩的圓角半徑需要估量尺寸大小，以避免與配合組件的圓角半徑產生干涉。在典型的軸承中，其圓角半徑與孔直徑之比值中有著顯著變化，r/d 通常大約介於 0.02 至 0.06 之間。很快地檢視應力集中的圖表（圖 A-15-8 和 A-15-9）可以看出，彎曲和扭轉的應力集中在這個範圍內很顯著地增加。舉例而言，以 $D/d = 1.5$ 的彎曲應力，在 $r/d = 0.02$ 其 $K_t = 2.7$，而在 $r/d = 0.05$ 時則減至 $K_t = 2.1$，在 $r/d = 0.1$ 時則更進一步減至 $K_t = 1.7$。此表明，這是一個注意一些細節可能會得出顯著差異的區域。幸運的是，在大多數情況下，剪力和彎矩圖顯示靠近軸承處的彎矩是相當低的，這是由於來自地面反作用力的彎矩較小。

在發現軸承處的軸肩是關鍵的情況下，設計者應計劃選擇較大圓角半徑的軸承，或考慮提供在傳動軸上較大的圓角半徑，以減緩至軸肩的底部，如圖 6-9a 所示。這有效地在不承受彎曲應力的軸肩部區域產生一無作用區域，如圖中應力流線所示。圖 6-9b 中所示的軸肩部壓力減輕槽可以達到類似的目的，而另一個選擇是將大半徑壓力減輕槽銑切成軸的小直徑，如圖 6-9c 中所示。這會有減少剖面積的缺點，但此種方式經常被使用而且是相當有用，它是為了提供在軸肩前的壓力減輕槽，以防止研磨或車削操作必須一路到軸肩部的情況。

對於標準的軸肩圓角，在第一次迭代中的 K_t 估計值，r/d 比值的選用應使得可以得到 K_t 值。對於範圍內的最差值，以 $r/d = 0.02$ 和 $D/d = 1.5$，從軸肩部的應力集中圖表查 K_t 值，可得承受彎曲負荷為 2.7、承受扭轉負荷為 2.2，而承受軸向負荷為 3.0。

鍵槽會在靠近傳遞負荷的組件所在的關鍵點處產生應力集中。端銑鍵槽的應力集中是槽底部的半徑 r 和軸直徑 d 之比值的函數。對設計過程的早期階段而言，不管實際的軸尺寸為何，可藉由假定的 $r/d = 0.02$ 的典型比值來估算鍵槽的應力集中。假定鍵已經放置，此估算方法可得出承受彎曲負荷的 $K_t = 2.14$ 和承受扭轉負荷的 $K_{ts} = 3.0$。

圖 A-15-16 和 A-15-17 給予用於如扣環之平底槽的應力集中值。檢視在供應商目錄裡典型的扣環規格，可以看出，此種平底槽的寬度通常比槽深度稍大，槽底部

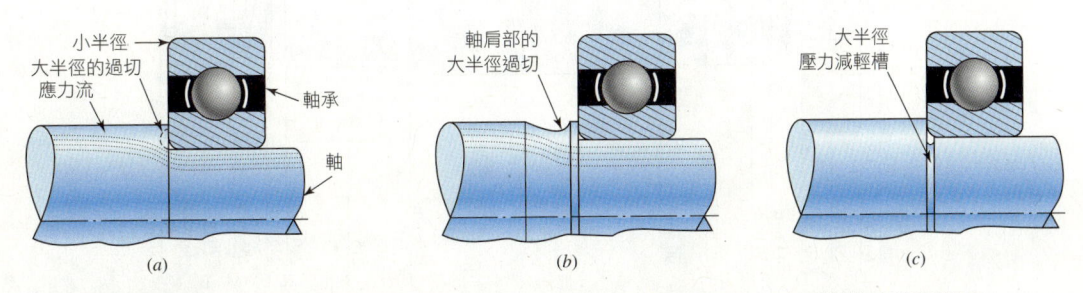

圖 6-9 在支撐具小半徑圓角之軸承的軸肩部為減少應力集中的技術。(a) 切入軸肩部的大半徑過切。(b) 切入軸肩背部的大半徑壓力減輕槽。(c) 大半徑壓力減輕槽成為小直徑。

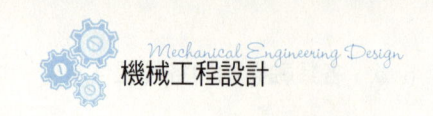

的半徑是槽寬度的 1/10 左右。由圖 A-15-16 和 A-15-17 可知，典型扣環尺寸的應力集中因數對承受彎曲與軸向負荷大約是 5 左右，對承受扭轉負荷則是 3 左右。幸運的是，小半徑往往會導致一個較小的缺口敏感度，降低 K_f。

表 6-1 總結在傳動軸設計的第一次迭代的一些典型應力集中因數。對其它的特徵，可以做出類似的估計。要注意的一點是，應力集中基本上為無因次化，使得它們都取決於幾何特徵的比率，而不是在特定的尺寸。因此，藉由估計適當的比值，可以得到第一次迭代的應力集中值。這些值可用於初步設計，一旦直徑已經確定後，再將實際值代入。

表 6-1 應力集中因數 K_t 與 K_{ts} 的第一次迭代估計值。
警告：這些因數僅用於實際尺寸尚未確定時的估算。一旦實際尺寸可供選擇時，請勿使用。

	彎曲負荷	扭轉負荷	軸向負荷
軸肩圓角一尖銳 ($r/d = 0.02$)	2.7	2.2	3.0
軸肩圓角一圓潤 ($r/d = 0.1$)	1.7	1.5	1.9
端銑刀鍵槽 ($r/d = 0.02$)	2.14	3.0	—
滑動輪鍵槽 Sled runner keyseat	1.7	—	—
扣環槽	5.0	3.0	5.0

表中所缺的數值目前尚未能取得。

範例 6-2

本範例問題是一個較大個案研究的一部分，完整的上下文請參閱第 14 章。

某雙減速齒輪箱的設計已經發展到整體配置和帶有兩個正齒輪之副軸的軸向尺寸，並已提出如圖 6-10 所示。齒輪和軸承已放置軸上並由軸肩部支承，且透過扣環保持在適當位置。齒輪藉由鍵而傳遞扭矩。齒輪具體指定如圖所示，藉此可以計

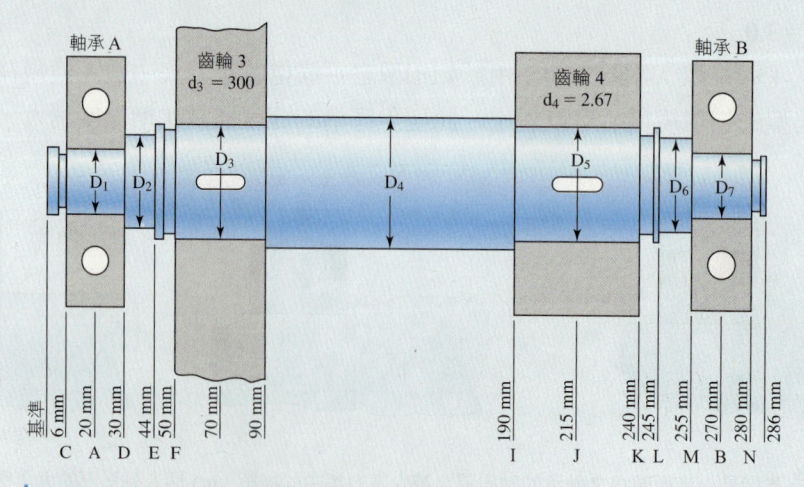

圖 6-10 範例 6-2 的傳動軸配置。尺寸單位為 mm。

算從齒輪傳遞到軸之切向力和徑向力，結果如下。

$$W_{23}^t = 2400 \text{ N} \qquad W_{54}^t = -10\,800 \text{ N}$$
$$W_{23}^r = -870 \text{ N} \qquad W_{54}^r = -3900 \text{ N}$$

其中的上標 t 與 r 分別表示切向與徑向；而下標 23 與 54 分別表示由齒輪 2 與 5 (未顯示) 分別施加在齒輪 3 與 4 作用力。

繼續進行下一階段的設計，其中選擇一種合適的材料，並且估計此軸中每一段適當的直徑，此估計是基於假設該軸有無限壽命對應疲勞和靜態應力的最大限度，及最小安全因數 1.5。

解答 進行自由體圖的分析以得到軸承處的所有反力：

$R_{Az} = 422$ N

$R_{Ay} = 1439$ N

$R_{Bz} = 8822$ N

$R_{By} = 3331$ N

由 $\sum M_x$ 求此傳動軸在齒輪間的扭矩，

$T = W_{23}^t (d_3/2) = 2400\,(0.3/2)$
$\quad = 360$ N·m

產生兩個平面的剪力-彎矩圖。

以向量方式結合兩正交平面，以得到總彎矩，例如在 J 點處，其總彎矩為 $\sqrt{485^2 + 183^2} = 518$ N·m。

從 I 點開始，該處的彎矩較高，在軸肩處存在應力集中，而且也有扭矩作用。

在 I 點，$M_a = 468$ N·m，$T_m = 360$ N·m，$M_m = T_a = 0$

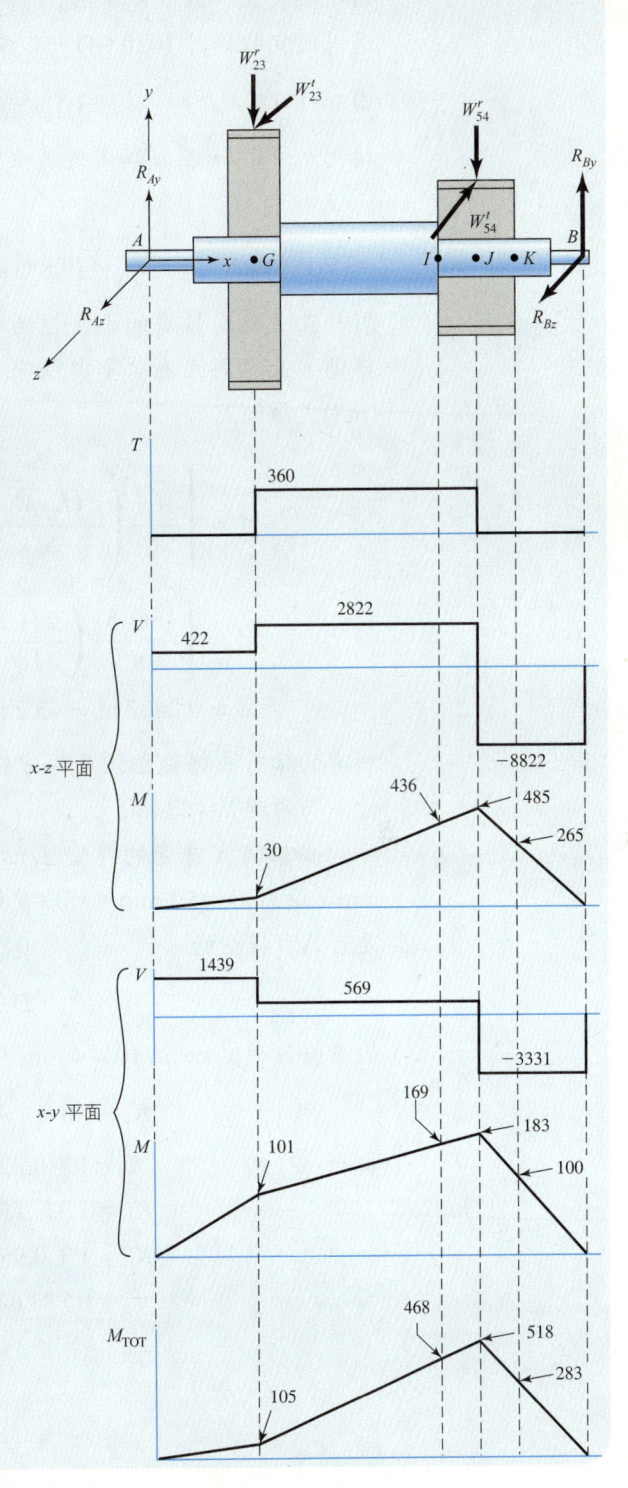

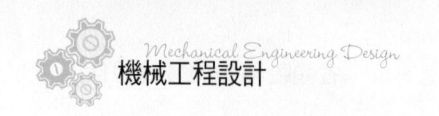

假設在 I 點的齒輪處有較大的圓角半徑。

查表 6-1，估計 $K_t = 1.7$、$K_{ts} = 1.5$。為了快速，第一次情況採取保守，因而假設 $K_f = K_t$，$K_{fs} = K_{ts}$。

選用便宜的鋼材 1020 CD，其 $S_{ut} = 469$ MPa。至於 S_e，

由 (5-19) 式， $\quad k_a = aS_{ut}^b = 4.51(469)^{-0.265} = 0.883$

猜測 $k_b = 0.9$，在 d 知道後再檢查。

$$k_c = k_d = k_e = 1$$

由 (5-18) 式， $\quad S_e = (0.883)(0.9)(0.5)(469) = 186$ MPa

對於在 I 點處軸肩的小直徑的第一次估計，使用 (6-8) 式的 DE-Goodman 準則。此準則因為簡單與保守，故適合用於初始的設計。以 $M_m = T_a = 0$，(6-8) 式簡化成

$$d = \left\{ \frac{16n}{\pi} \left(\frac{2(K_f M_a)}{S_e} + \frac{\left[3(K_{fs} T_m)^2\right]^{1/2}}{S_{ut}} \right) \right\}^{1/3}$$

$$d = \left\{ \frac{16(1.5)}{\pi} \left(\frac{2(1.7)(468)}{186 \times 10^6} + \frac{\{3[(1.5)(360)]^2\}^{1/2}}{469 \times 10^6} \right) \right\}^{1/3}$$

$$d = 0.0432 \text{ m} = 43.2 \text{ mm}$$

所有的估計或許都已經是保守的，因此選擇小於 43.2 mm 的下一個標準尺寸，而勾選 $d = 42$ mm。

在軸肩支撐處的典型 D/d 比為 $D/d = 1.2$，因此 $D = 1.2 \times 42 = 50.4$ mm。選用 $D = 50$ mm。可以使用標稱 50 mm 的冷拉軸直徑，檢查這些估計是否為可接受的。

$$D/d = 50/42 = 1.19$$

假設圓角半徑 $r = d/10 \cong 4$ mm，$r/d = 0.1$

$\qquad K_t = 1.6$（圖 A-15-9），$q = 0.82$（圖 5-20）

由 (5-32) 式 $\qquad K_f = 1 + 0.82(1.6 - 1) = 1.49$

$\qquad K_{ts} = 1.35$（圖 A-15-8），$q_s = 0.95$（圖 5-21）

$\qquad K_{fs} = 1 + 0.95(1.35 - 1) = 1.30$

$\qquad k_a = 0.883$（不變）

由(5-20)式
$$k_b = \left(\frac{42}{7.62}\right)^{-0.107} = 0.833$$

$$S_e = (0.883)(0.833)(0.5)(469) = 172 \text{ MPa}$$

由(6-5)式
$$\sigma_a' = \frac{32 K_f M_a}{\pi d^3} = \frac{32(1.49)(468)}{\pi(0.042)^3} = 96 \text{ MPa}$$

由(5-6)式
$$\sigma_m' = \left[3\left(\frac{16 K_{fs} T_m}{\pi d^3}\right)^2\right]^{1/2} = \frac{\sqrt{3}(16)(1.33)(360)}{\pi(0.042)^3} = 57 \text{ MPa}$$

使用 Goodman 準則

$$\frac{1}{n_f} = \frac{\sigma_a'}{S_e} + \frac{\sigma_m'}{S_{ut}} = \frac{96}{172} + \frac{57}{469} = 0.68$$

$$n_f = 1.55$$

請注意，我們也可以直接使用 (6-7) 式。檢查降伏：

$$n_y = \frac{S_y}{\sigma_{\max}'} > \frac{S_y}{\sigma_a' + \sigma_m'} = \frac{393}{96+57} = 2.57$$

還要檢查在 I 點的右邊之鍵槽端點處的直徑，以及在 K 點處之槽直徑。由彎矩圖估計在鍵槽端點處的彎矩 M 為 M = 443 N·m。

假設鍵槽底部的半徑採用標準尺寸，即 r/d = 0.02，r = 0.02 d = 0.02(42) = 0.84 mm

$K_t = 2.14$ (圖 A-15-18)，$q = 0.65$ (圖 5-20)

$K_f = 1 + 0.65(2.14 - 1) = 1.74$

$K_{ts} = 3.0$ (圖 A-15-19)，$q_s = 0.9$ (圖 5-21)

$K_{fs} = 1 + 0.9(3 - 1) = 2.8$

$$\sigma_a' = \frac{32 K_f M_a}{\pi d^3} = \frac{32(1.74)(443)}{\pi(0.042)^3} = 106 \text{ MPa}$$

$$\sigma_m' = \sqrt{3}(16)\frac{K_{fs} T_m}{\pi d^3} = \frac{\sqrt{3}(16)(2.8)(443)}{\pi(0.042)^3} = 148 \text{ MPa}$$

$$\frac{1}{n_f} = \frac{\sigma_a'}{S_e} + \frac{\sigma_m'}{S_{ut}} = \frac{106}{172} + \frac{148}{469} = 0.93$$

$$n_f = 1.08$$

結果顯示鍵槽比軸肩更關鍵。我們可以增大直徑，或者使用強度更高的材料。除非撓度分析顯示需要更大的直徑，讓我們選擇增加強度的方式。我們

開始以非常低強度和能負擔得起下而增大一些，以避免選用更大的尺寸。試著選用 $S_{ut} = 690$ MPa 的 1050 CD。

重新計算受到 S_{ut} 影響的因數，換句話說，$k_a \to S_e$；$q \to K_f \to \sigma'_a$

$$k_a = 4.51(690)^{-0.265} = 0.797 \quad S_e = 0.797(0.833)(0.5)(690) = 229 \text{ MPa}$$

$$q = 0.72, K_f = 1 + 0.72(2.14 - 1) = 1.82$$

$$\sigma'_a = \frac{32(1.82)(443)}{\pi(0.042)^3} = 110.8 \text{ MPa}$$

$$\frac{1}{n_f} = \frac{110.8}{229} + \frac{148}{690} = 0.7$$

$$n_f = 1.43$$

因為 Goodman 準則是保守的，我們接受這是足夠接近要求的 1.5。

檢查在 K 處的槽，由於平底槽的 K_t 往往是非常高的。由扭矩圖，可注意到在平底槽處並沒有扭矩；由彎矩圖可知，$M_a = 283$ N·m，$M_m = T_a = T_m = 0$。為了快速檢查此處是否為可能的關鍵處，可查表 6-1，只要用 $K_f = K_t = 5.0$ 當成估計值。

$$\sigma_a = \frac{32 K_f M_a}{\pi d^3} = \frac{32(5)(283)}{\pi(0.042)^3} = 194.5 \text{ MPa}$$

$$n_f = \frac{S_e}{\sigma_a} = \frac{229}{194.5} = 1.18$$

此結果偏低，我們會為特定的扣環查找數據以更準確地獲得 K_f。使用網站 www.globalspec.com 進行扣環規格的一個快速網上搜索，可得用於 42 mm 軸直徑之扣環的適當槽規格如下：寬度 $a = 1.73$ mm；深度 $t = 1.22$ mm；而槽底的角半徑，$r = 0.25$ mm。

由圖 A-15-16，以 $r/t = 0.25/1.22 = 0.205$，及 $a/t = 1.73/1.22 = 1.42$ 可得

$$K_t = 4.3，q = 0.65 \text{ (圖 5-20)}$$

$$K_f = 1 + 0.65(4.3 - 1) = 3.15$$

$$\sigma_a = \frac{32 K_f M_a}{\pi d^3} = \frac{32(3.15)(283)}{\pi(0.042)^3} = 122.6 \text{ MPa}$$

$$n_f = \frac{S_e}{\sigma_a} = \frac{229}{122.6} = 1.87$$

快速檢查 M 點是否為關鍵點。在 M 點處僅彎矩存在，並且彎矩的值小，但

是該處的直徑小,對軸承需要的銳圓角而言,其應力集中是高的。由彎矩圖可知,$M_a = 113\ \text{N·m}$,及 $M_m = T_m = T_a = 0$。

由表 6-1 估計 $K_t = 2.7$,$d = 25\ \text{mm}$,以及安裝典型軸承的圓角半徑 r。

$$r/d = 0.02 \quad r = 0.02(25) = 0.5$$
$$q = 0.7\ (\text{圖 5-20})$$
$$K_f = 1 + (0.7)(2.7 - 1) = 2.19$$
$$\sigma_a = \frac{32 K_f M_a}{\pi d^3} = \frac{32(2.19)(113)}{\pi(0.025)^3} = 161\ \text{MPa}$$
$$n_f = \frac{S_e}{\sigma_a} = \frac{229}{161} = 1.42$$

此結果顯示應該沒問題,在選定軸承後重新檢查,它已足夠接近。

憑藉對關鍵位置所指定的直徑,為軸承與齒輪支撐而考慮到典型的軸肩高度下,填入其餘直徑的試用值。

$$D_1 = D_7 = 25\ \text{mm}$$
$$D_2 = D_6 = 35\ \text{mm}$$
$$D_3 = D_5 = 42\ \text{mm}$$
$$D_4 = 50\ \text{mm}$$

在軸的左端其彎矩小得多,所以 D_1、D_2 與 D_3 可以較小一些。然而,除非重量是一個問題,要求去除更多的材料只會有小小的好處。此外,為保持小的撓度,就可能需要額外的剛性。

表 6-2 斜率及橫向撓度的典型最大範圍

斜率	
圓錐滾柱軸承	0.0005-0.0012 rad
圓柱滾子軸承	0.0008-0.0012 rad
深槽滾珠軸承	0.001-0.003 rad
球面球軸承	0.026-0.052 rad
自動對位滾珠軸承	0.026-0.052 rad
非冠狀正齒輪	< 0.0005 rad
橫向撓度	
$P < 10$ 齒/cm 的正齒輪	0.25 mm
$11 < P < 19$ 的正齒輪	0.125 mm
$20 < P < 50$ 的正齒輪	0.075 mm

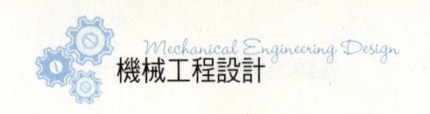

6-5 撓度的考量

即使對某一關注點的撓度分析，都需要整個軸的完整幾何資訊。基於這個原因，在進行撓度分析之前，需要在關鍵位置設計其尺寸以便處理應力，並填入所有其它尺寸的合理估計。軸的撓度，包括線性撓度和角撓度，應在齒輪和軸承處進行檢查。容許的撓度將取決於許多因素，應該使用軸承和齒輪目錄來諮詢對特定的軸承和齒輪的容許偏差。作為一個粗略的指引，軸中心線之最大斜率和橫向撓度的典型範圍如表 6-2 所列。正齒輪的容許橫向撓度依賴於輪齒的大小，此大小以徑節 $P =$ 齒數/節圓直徑表示。

在第 3-4 節中，已描述數個分析樑撓度的方法。對於軸而言，可探索其上多個不同點的撓度，使用奇異函數或數值積分方法來積分是實際可行的。在梯級軸中，橫截面特性沿著軸上的每個梯級而發生變化，由於 M 和 I 都會改變，因而增加了積分的複雜度。幸運的是，只有顯著的幾何尺寸需要納入考慮，因為局部的因素，如圓角、溝槽和鍵槽並不會對撓度有太大的影響。範例 3-7 展示如何使用奇異函數對梯級軸。許多軸包括在多個平面上的作用力，將需要三維分析，或利用重疊法得到在兩個平面上的撓度，然後以向量方式加總一起。

撓度的分析很簡單，但是以人工方式執行卻是冗長而乏味的，特別是對於多個關注點。因此，幾乎所有軸的撓度分析將依靠軟體的協助而進行評估，任何通用的有限元素軟體可以很快地處理軸問題。如果設計師已經熟悉使用軟體及如何正確模擬該軸，這是相當實用的。目前已有可用的 3-D 軸分析的專用軟體解決方案，但如果只是偶爾使用則會稍微昂貴些。對平面樑分析而言，目前已有需要很少訓練就會用的軟體，並可以從網路下載使用。範例 6-3 示範如何將這樣一個軟體程式，用於有多個平面作用力的軸。

範例 6-3

本範例問題是一個較大個案研究的一部分，完整的上下文請參閱第 14 章。

在範例 6-2 中，在應力設計的基礎下已得到初步的傳動軸幾何尺寸，所得到的軸已示於圖 6-10 中，其提議的直徑為：

$$D_1 = D_7 = 25 \text{ mm}$$
$$D_2 = D_6 = 35 \text{ mm}$$
$$D_3 = D_5 = 40 \text{ mm}$$
$$D_4 = 50 \text{ mm}$$

檢查在齒輪和軸承處的撓度和斜率是否可以接受。如果有必要，建議幾何形狀尺寸的改變，以解決任何問題。

解答 將使用一個簡單的平面樑分析程式。藉由讓負載在兩個正交的平面，模擬此軸兩次，並將結果合併，則軸的撓度可以很容易地獲得。對此兩平面而言，材料已選定 ($E = 210$ GPa 的鋼材)，已輸入該軸的長度和直徑，並且已指定該軸承的位置。諸如槽和鍵槽的局部細節已被忽略，因為它們對撓度的影響不大。然後，切向的齒輪作用力輸入到水平的 xz 平面模型中，而徑向的齒輪作用力輸入到垂直的 xy 平面模型中。該軟體可以計算軸承反力，再以數值方法積分產生剪力圖、彎矩圖、斜率圖及撓度圖，如圖 6-11 所示。

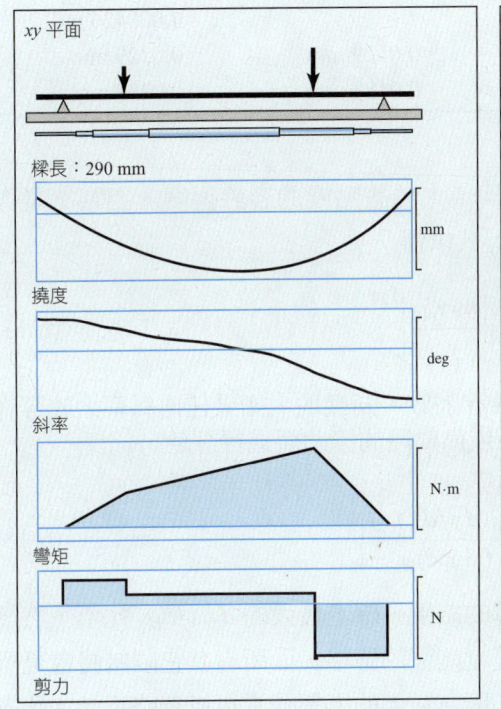

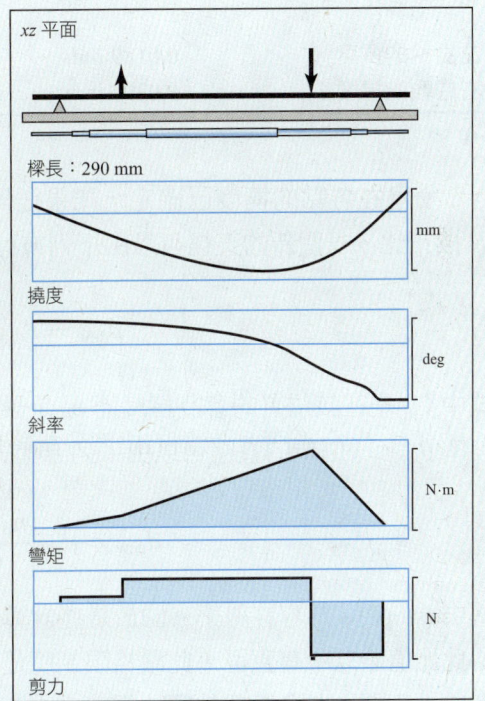

圖 6-11 來自兩個平面的剪力圖、彎矩圖、斜率圖及撓度圖。
(來源：樑的 2D 應力分析，Orand Systems, Inc.)

這些關注點的撓度與斜率是由圖中取得，並以正交向量相加方式組合，亦即由 $\delta = \sqrt{\delta_{xz}^2 + \delta_{xy}^2}$，所得結果列於表 6-3 中。

是否這些值是可以接受，將取決於所選擇的特定軸承和齒輪，以及預期性能的水準。按照表 6-2 中的指導方針，所有的軸承斜率遠遠低於球軸承的典型限制。右邊軸承的斜率是在滾柱軸承的典型範圍內，因為在右邊的軸承負荷比較高，所以可以使用滾柱軸承。一旦軸承被選定，這個限制應該針對特定的軸承規格進行檢查。

此齒輪的斜率和撓度甚為符合表 6-2 中所推薦的限值。我們建議著手進行設計，且要意識到，會降低剛度的任何改變，應保證進行另一次的撓度檢查。

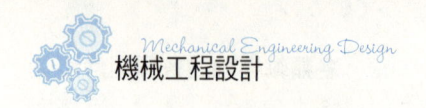

表 6-3　主要位置的斜率與撓度

關注點	xz 平面	xy 平面	總和
左軸承的斜率	0.02263 deg	0.01770 deg	0.02872 deg 0.000501 rad
右軸承的斜率	0.05711 deg	0.02599 deg	0.06274 deg 0.001095 rad
左齒輪的斜率	0.02067 deg	0.01162 deg	0.02371 deg 0.000414 rad
右齒輪的斜率	0.02155 deg	0.01149 deg	0.02442 deg 0.000426 rad
左齒輪的撓度	0.0189 mm	0.0129 mm	0.0229 mm
右齒輪的撓度	0.0397 mm	0.0188 mm	0.0439 mm

一旦在各點的撓度已確定，如果任何值大於該點處的容許撓度，因為 I 是與 d^4 成正比，一個新的直徑可以由下列方程式求得

$$d_{\text{new}} = d_{\text{old}} \left| \frac{n_d y_{\text{old}}}{y_{\text{all}}} \right|^{1/4} \tag{6-17}$$

式中 y_{all} 是在該位置的容許撓度而 n_d 是設計因數。同樣地，如果任何斜率大於容許斜率 θ_{all}，一個新的直徑可以由下列方程式求得：

$$d_{\text{new}} = d_{\text{old}} \left| \frac{n_d (dy/dx)_{\text{old}}}{(\text{slope})_{\text{all}}} \right|^{1/4} \tag{6-18}$$

式中 $(\text{slope})_{\text{all}}$ 為容許斜率。由於這些計算的結果，確定最大的 $d_{\text{new}}/d_{\text{old}}$ 比值，然後將此比值乘以所有直徑。此嚴格限制將是剛剛好的嚴格，而所有其它限制將會是寬鬆的。不要太在意端部軸頸的尺寸大小，因為它們的影響通常可以忽略不計。此方法的優點在於撓度只須一次就完成，並且除了一個限制外，其它限制可以成為寬鬆的，包括所有直徑都確定而不需對每個撓度重新計算。

範例 6-4

範例 6-3 中的軸，曾經指出，在右邊的軸承斜率接近圓柱滾子軸承的極限。試在直徑上適當增大，將此斜率降低至 0.0005 rad。

解答　應用 (6-17) 式於右邊軸承的撓度，可得

$$d_{\text{new}} = d_{\text{old}} \left| \frac{n_d \text{slope}_{\text{old}}}{\text{slope}_{\text{all}}} \right|^{1/4} = 25 \left| \frac{(1)(0.001095)}{(0.0005)} \right|^{1/4} = 30.4 \text{ mm}$$

將所有直徑乘以此比值

$$\frac{d_{\text{new}}}{d_{\text{old}}} = \frac{30.4}{25} = 1.216$$

因而得到一組新的直徑如下：

$D_1 = D_7 = 30.4$ mm

$D_2 = D_6 = 42.6$ mm

$D_3 = D_5 = 49.4$ mm

$D_4 = 60.8$ mm

以此組新的直徑重作範例 6-3 的樑撓度分析，得到在右邊軸承的斜率為 0.0125 mm，及其它所有的撓度都小於它們先前的值。

在撓曲樑之剖面的橫向剪力 V 施加剪切撓度，而疊加在彎曲撓度上。通常這樣的剪切撓度小於 1% 的橫向彎曲撓度，並且它很少被評估。然而，當軸的長度對直徑的比小於 10 時，橫向撓度的剪切分量就值得關注。目前應用上有許多短軸，表格式的方法已在其它地方進行了詳細說明[2]，包括一些例子。

對於承受扭轉的右圓柱軸的角撓度 θ，可由 (3-5) 式得到。對於有個別圓柱長度 l_i 和扭矩 T_i 的梯級軸而言，其角撓度可由下式估計：

$$\theta = \sum \theta_i = \sum \frac{T_i l_i}{G_i J_i} \tag{6-19}$$

或者在整個為均質材料而承受定值的扭矩時，可由下式估計：

$$\theta = \frac{T}{G} \sum \frac{l_i}{J_i} \tag{6-20}$$

這應該被視為僅作為估計值，因為實驗證據表明，實際的 θ 大於由 (6-19) 和 (6-20) 式所得出的[3]。

假若扭轉剛度定義為 $k_i = T_i/\theta_i$，而且因為 $\theta_i = T_i/k_i$ 與 $\theta = \sum \theta_i = \sum (T_i/k_i)$、以及對定值扭矩 $\theta = T\sum(1/k_i)$，隨之可得到軸的扭轉剛度 k 以每段剛度表示為

$$\frac{1}{k} = \sum \frac{1}{k_i} \tag{6-21}$$

---

[2] C.R. Mischke, "Tabular Method for Transverse Shear Deflection," Sec. 17.3 in Joseph E. Shigley, Charles R. Mischke, and Thomas H. Brown, Jr. (eds.), *Standard Handbook of Machine Design*, 3rd ed., McGraw-Hill, New York, 2004.

[3] R. Bruce Hopkins, *Design Analysis of Shafts and Beams*, McGraw-Hill, New York, 1970, pp. 93-99.

6-6　軸的臨界轉速

當軸旋轉時，偏心會造成離心力撓度 (centrifugal force deflection)，而需賴軸的彎曲勁度 EI 以抗拒之。只要是撓曲很小，即不致造成傷害。然而另一個潛在的問題是**臨界轉速** (critical speed)：令傳動軸不穩定的某些轉速，其撓度將持續增加而沒有上限。幸運的是，雖然動態撓曲形狀未知，使用靜態撓曲曲線也能提供極佳的最低臨界轉速估算值。此一曲線符合微分方程式的邊界條件 (在兩軸承處的彎矩與撓度為零)，而且該軸的能量對撓曲曲線的精確形狀並不特別敏感。設計者於至少兩倍運轉轉速處尋找第一個臨界轉速。

由於自身的質量，傳動軸會有一臨界轉速。軸的附件整體一樣有個臨界轉速，但遠小於軸固有的臨界轉速。估算這些臨界轉速 (與諧波轉速) 9是設計者的任務之一。當軸的幾何形狀很單純，例如具有均勻直徑的軸，及簡單支撐時，這項任務很容易。它可以表示成下式[4]

$$\omega_1 = \left(\frac{\pi}{l}\right)^2 \sqrt{\frac{EI}{m}} = \left(\frac{\pi}{l}\right)^2 \sqrt{\frac{gEI}{A\gamma}} \tag{6-22}$$

式中 m 為單位長度的質量、A 為剖面面積而 γ 為比重。對附件整體而言，以 Rayleigh 法對集中質量可得[5]

$$\omega_1 = \sqrt{\frac{g\sum w_i y_i}{\sum w_i y_i^2}} \tag{6-23}$$

式中的 w_i 為第 i 個附件的重量，而 y_i 為第 i 個附件位置的撓度。藉由利用將軸分割成數段，並將其本身的重力置於該段形心的位置如圖 6-12 所示，就可能對 (6-22) 式的情況而使用 (6-23) 式。

圖 6-12　(*a*) (6-22) 式的均勻直徑軸。
(*b*) (6-23) 式的分段均勻直徑軸。

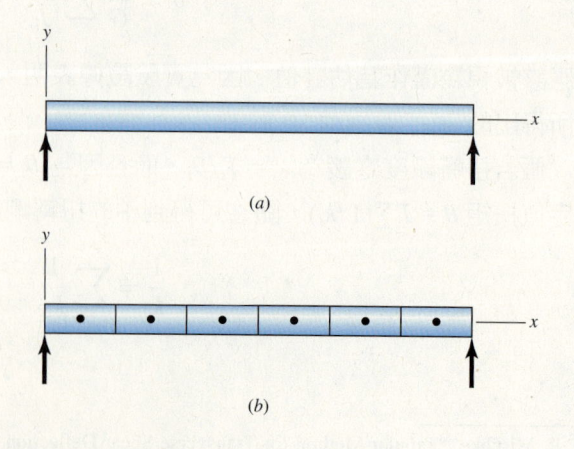

---

[4] William T. Thomson and Marie Dillon Dahleh, *Theory of Vibration with Applications*, Prentice Hall, 5th ed., 1998, p. 273.

[5] Thomson, op. cit., p. 357.

圖 6-13 影響係數 δ_{ij} 為在 j 的單位負荷造成在 i 的撓度。

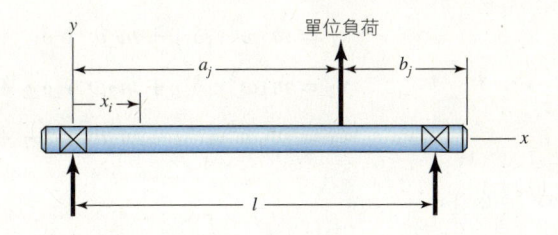

計算機的輔助常用於降低求梯級軸之橫向撓度的難度。Rayleigh 法過度估算了軸的臨界轉速。

為了應付細節漸增的複雜性,我們選擇一項有用的觀點。由於軸是彈性體,我們可以使用**影響係數** (influence coefficients)。影響係數是在軸上 j 位置之單位負荷於軸上之 i 位置處所導致的橫向撓度。從表 A-9-6,我們可得對具有單一單位負荷之簡支樑,如圖 6-13 所示,其影響係數為

$$\delta_{ij} = \begin{cases} \dfrac{b_j x_i}{6EIl}(l^2 - b_j^2 - x_i^2) & x_i \leq a_i \\ \dfrac{a_j(l-x_i)}{6EIl}(2lx_i - a_j^2 - x_i^2) & x_i > a_i \end{cases} \quad (6\text{-}24)$$

對三個負荷而言,其影響係數可以表示為

i \ j	1	2	3
1	δ_{11}	δ_{12}	δ_{13}
2	δ_{21}	δ_{22}	δ_{23}
3	δ_{31}	δ_{32}	δ_{33}

依 Maxwell 的倒置定理 (Maxwell's reciprocity theorem)[6],它對由 δ_{11}、δ_{22} 及 δ_{33} 構成之以 $\delta_{ij} = \delta_{ji}$ 型式的主對角線呈現對稱性。此項關係減少了求取影響係數的工作。從上述的影響係數,你可以求得 (6-23) 式中的撓度 y_1、y_2 及 y_3 如下:

$$\begin{aligned} y_1 &= F_1\delta_{11} + F_2\delta_{12} + F_3\delta_{13} \\ y_2 &= F_1\delta_{21} + F_2\delta_{22} + F_3\delta_{23} \\ y_3 &= F_1\delta_{31} + F_2\delta_{32} + F_3\delta_{33} \end{aligned} \quad (6\text{-}25)$$

作用力 F_i 可能自附著的重量 w_i 或離心力 $m_i \omega^2 y_i$ 產生。(6-25) 的方程式組加入慣性力可以寫成

---

[6] Thomson, op. cit., p. 167.

$$y_1 = m_1\omega^2 y_1\delta_{11} + m_2\omega^2 y_2\delta_{12} + m_3\omega^2 y_3\delta_{13}$$
$$y_2 = m_1\omega^2 y_1\delta_{21} + m_2\omega^2 y_2\delta_{22} + m_3\omega^2 y_3\delta_{23}$$
$$y_3 = m_1\omega^2 y_1\delta_{31} + m_2\omega^2 y_2\delta_{32} + m_3\omega^2 y_3\delta_{33}$$

它可改寫成

$$(m_1\delta_{11} - 1/\omega^2)y_1 + (m_2\delta_{12})y_2 + (m_3\delta_{13})y_3 = 0$$
$$(m_1\delta_{21})y_1 + (m_2\delta_{22} - 1/\omega^2)y_2 + (m_3\delta_{23})y_3 = 0 \tag{a}$$
$$(m_1\delta_{31})y_1 + (m_2\delta_{32})y_2 + (m_3\delta_{33} - 1/\omega^2)y_3 = 0$$

方程式組 (a) 是以 y_1、y_2 及 y_3 表示的三個聯立方程式。為了避免無義解 $y_1 = y_2 = y_3 = 0$，行列式的係數 y_1、y_2 及 y_3 必須為零（特徵值問題）。因此

$$\begin{vmatrix} (m_1\delta_{11} - 1/\omega^2) & m_2\delta_{12} & m_3\delta_{13} \\ m_1\delta_{21} & (m_2\delta_{22} - 1/\omega^2) & m_3\delta_{23} \\ m_1\delta_{31} & m_2\delta_{32} & (m_3\delta_{33} - 1/\omega^2) \end{vmatrix} = 0 \tag{6-26}$$

此式說明不同於零的撓度僅存在於三個不同的臨界轉速 ω 值。將此行列式展開可得

$$\left(\frac{1}{\omega^2}\right)^3 - (m_1\delta_{11} + m_2\delta_{22} + m_3\delta_{33})\left(\frac{1}{\omega^2}\right)^2 + \cdots = 0 \tag{6-27}$$

(6-27) 式的三個根可表示成 $1/\omega_1^2$、$1/\omega_2^2$ 與 $1/\omega_3^2$。因此 (6-27) 式可寫成下列的型式

$$\left(\frac{1}{\omega^2} - \frac{1}{\omega_1^2}\right)\left(\frac{1}{\omega^2} - \frac{1}{\omega_2^2}\right)\left(\frac{1}{\omega^2} - \frac{1}{\omega_3^2}\right) = 0$$

或

$$\left(\frac{1}{\omega^2}\right)^3 - \left(\frac{1}{\omega_1^2} + \frac{1}{\omega_2^2} + \frac{1}{\omega_3^2}\right)\left(\frac{1}{\omega^2}\right)^2 + \cdots = 0 \tag{6-28}$$

比較 (6-27) 式和 (6-28) 式，我們可看到

$$\frac{1}{\omega_1^2} + \frac{1}{\omega_2^2} + \frac{1}{\omega_3^2} = m_1\delta_{11} + m_2\delta_{22} + m_3\delta_{33} \tag{6-29}$$

如果只有一個單一的質量 m_1，則臨界轉速為 $1/\omega^2 = m_1\delta_{11}$。將此臨界轉速以 ω_{11} (其僅有單獨 m_1 作用) 表示。同樣對 m_2 或 m_3 單獨作用時，我們相同地分別定義此兩項 $1/\omega_{22}^2 = m_2\delta_{22}$ 或 $1/\omega_{33}^2 = m_3\delta_{33}$。因此 (6-29) 式可改寫成

$$\frac{1}{\omega_1^2} + \frac{1}{\omega_2^2} + \frac{1}{\omega_3^2} = \frac{1}{\omega_{11}^2} + \frac{1}{\omega_{22}^2} + \frac{1}{\omega_{33}^2} \tag{6-30}$$

假若將臨界轉速排序,使得 $\omega_1 < \omega_2 < \omega_3$,則 $1/\omega_1^2 \gg 1/\omega_2^2$ 及 $1/\omega_3^2$。所以第一臨界轉速或基本臨界轉速 (critical speed) ω_1 可由下式得到近似值

$$\frac{1}{\omega_1^2} \doteq \frac{1}{\omega_{11}^2} + \frac{1}{\omega_{22}^2} + \frac{1}{\omega_{33}^2} \tag{6-31}$$

此一概念可以推廣至有 n 個物體的軸:

$$\frac{1}{\omega_1^2} \doteq \sum_{1=1}^{n} \frac{1}{\omega_{ii}^2} \tag{6-32}$$

此式稱為 *Dunkerley* 方程式。藉忽略較高模態的各項,則第一臨界轉速的估計值較實際值為低。

因為 (6-32) 式中沒有負荷出現於方程式中,由此推斷若每一負荷能置於某方便的位置以轉換成等效負荷,則負荷陣列的臨界轉速可經由求所有置於單一適宜位置之等效負荷的和而求得。就位置 1 的負荷而言,置於跨距的中心,並以下標 c 標示,則其等效負荷可由下式求得

$$\omega_{11}^2 = \frac{1}{m_1 \delta_{11}} = \frac{g}{w_1 \delta_{11}} = \frac{g}{w_{1c} \delta_{cc}}$$

或

$$w_{1c} = w_1 \frac{\delta_{11}}{\delta_{cc}} \tag{6-33}$$

範例 6-5

考慮如圖 6-14 所示之直徑 25 mm 及兩軸承間之跨距為 775 mm 之簡支鋼軸,裝載兩個重量為 175 N 及 275 N 的齒輪。
(a) 試求影響係數。
(b) 試求 $\sum \omega y$ 及 $\sum \omega y^2$,並使用 Rayleigh 方程式 (6-23) 式求第一臨界轉速。

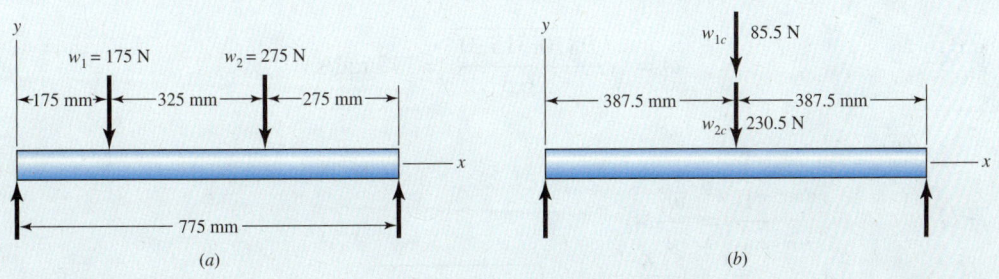

圖 6-14 (a) 範例 6-5 中之 25 mm 直徑的均勻軸。(b) 為了求得第一臨界轉速的目的,於該軸的中心重疊等效負荷。

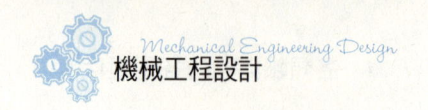

(c) 從影響係數求 ω_{11} 及 ω_{22}。
(d) 利用 Dunkerley 方程式估算第一臨界轉速。
(e) 使用重疊原理估算第一臨界轉速。
(f) 試估算該軸的固有臨界轉速。建議對 Dunkerley 方程式修訂，以包含軸之質量對附件之第一臨界轉速的影響。

解答 (a)
$$I = \frac{\pi d^4}{64} = \frac{\pi (25)^4}{64} = 19\ 175\ \text{mm}^4$$

$$6EIl = 6(207\ 000)(19\ 175)775 = 18.5 \times 10^{12}\ \text{N} \cdot \text{mm}^3$$

由 (6-24) 方程式組，

$$\delta_{11} = \frac{600(175)(775^2 - 600^2 - 175^2)}{18.5 \times 10^{12}} = 0.001\ 19\ \text{mm/N}$$

$$\delta_{22} = \frac{275(500)(775^2 - 275^2 - 500^2)}{18.5 \times 10^{12}} = 0.002\ 04\ \text{mm/N}$$

$$\delta_{12} = \delta_{21} = \frac{275(175)(775^2 - 275^2 - 175^2)}{18.5 \times 10^{12}} = 0.001\ 29\ \text{mm/N}$$

答案

	i	
i	1	2
1	0.001 19	0.001 29
2	0.001 29	0.002 04

$$y_1 = w_1\delta_{11} + w_2\delta_{12} = 175(0.001\ 19) + 275(0.001\ 29) = 0.56\ \text{mm}$$

$$y_2 = w_1\delta_{21} + w_2\delta_{22} = 175(0.001\ 29) + 275(0.002\ 04) = 0.79\ \text{mm}$$

(b) $\sum w_i y_i = 175(0.56) + 275(0.79) = 315.3\ \text{N} \cdot \text{m}$

答案
$$\sum w_i y_i^2 = 175(0.56)^2 + 275(0.79)^2 = 226.5\ \text{N} \cdot \text{mm}^2$$

答案
$$\omega = \sqrt{\frac{9810(315.3)}{226.5}} = 117\ \text{rad/s}$$

(c)

答案
$$\frac{1}{\omega_{11}^2} = \frac{w_1}{g}\delta_{11}$$

$$\omega_{11} = \sqrt{\frac{g}{w_1\delta_{11}}} = \sqrt{\frac{9810}{175(0.001\ 19)}} = 217\ \text{rad/s}$$

答案
$$\omega_{22} = \sqrt{\frac{g}{w_2 \delta_{22}}} = \sqrt{\frac{9810}{275(0.002\ 04)}} = 132\ \text{rad/s}$$

(d)
$$\frac{1}{\omega_1^2} \doteq \sum \frac{1}{\omega_{ii}^2} = \frac{1}{217^2} + \frac{1}{132^2} = 7.863(10^{-5}) \tag{1}$$

答案
$$\omega_1 \doteq \sqrt{\frac{1}{7.863(10^{-5})}} = 113\ \text{rad/s}$$

如同原來的預期，此答案比 (b) 小。

(e) 從 (6-24) 式，
$$\delta_{cc} = \frac{b_{cc} x_{cc}(l^2 - b_{cc}^2 - x_{cc}^2)}{6EIl} = \frac{387.5(387.5)(775^2 - 387.5^2 - 387.5^2)}{18.5 \times 10^{12}}$$
$$= 0.002\ 44\ \text{mm/N}$$

從 (6-33) 式，
$$w_{1c} = w_1 \frac{\delta_{11}}{\delta_{cc}} = 175\ \frac{0.001\ 19}{0.002\ 44} = 85.3\ \text{N}$$
$$w_{2c} = w_2 \frac{\delta_{22}}{\delta_{cc}} = 275\ \frac{0.002\ 04}{0.002\ 44} = 229.9\ \text{N}$$

答案
$$\omega = \sqrt{\frac{g}{\delta_{cc} \sum w_{ic}}} = \sqrt{\frac{9810}{0.002\ 44(85.3 + 229.9)}} = 112.9\ \text{rad/s}$$

除了四捨五入外，如同原來的預期，此答案與 (d) 相符合。

(f) 對軸而言，$E = 207\ 000\ \text{N/mm}^2$、$\gamma = 76.6 \times 10^{-6}\ \text{N/mm}^3$ 及 $A = \pi(25^2)/4 = 491\ \text{mm}^2$。單獨考慮此軸，由 (6-22) 式，其臨界轉速為

答案
$$\omega_s = \left(\frac{\pi}{l}\right)^2 \sqrt{\frac{gEI}{A\gamma}} = \left(\frac{\pi}{775}\right)^2 \sqrt{\frac{9810(207\ 000)19\ 175}{491(76.6 \times 10^{-6})}}$$
$$= 529\ \text{rad/s}$$

我們可以簡單地將 $1/\omega_s^2$ 加入 Dunkerley 方程式 (1) 式的右邊，以包含此軸的貢獻，

答案
$$\frac{1}{\omega_1^2} \doteq \frac{1}{529^2} + 7.863(10^{-5}) = 8.22(10^{-5})$$
$$\omega_1 \doteq 110\ \text{rad/s}$$

如同原來的預期，此答案略小於 (d) 的答案。

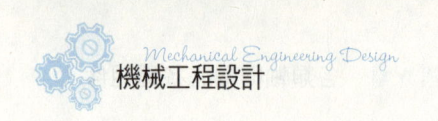

該軸的固有第一臨界轉速 ω_s 僅是多一項單一的效應加到 Dunkerley 方程式。因為它不適於放到加總求和內，通常將它寫到最前面。

答案
$$\frac{1}{\omega_1^2} \doteq \frac{1}{\omega_s^2} + \sum_{i=1}^{n} \frac{1}{\omega_{ii}^2} \tag{6-34}$$

一般的軸由於梯級圓柱幾何外型而複雜，使得影響係數決定部分的數值解。

6-7 雜項軸組件

固定螺釘

不像螺栓和螺釘是依賴張力而產生一個夾緊力，固定螺釘則依賴壓力而產生夾緊力。軸環或輪轂相對於軸的軸向運動阻力稱為**保持力** (holding power)。此保持力是一個真正的力阻抗，它是由於軸環和軸的接觸部分、以及固定螺釘任何輕微穿入軸的接觸部分的摩擦阻力所造成。

圖 6-15 顯示已有的承窩固定螺釘 (socket setscrew) 的端頭型式，這些也有製成螺絲起子槽和方頭。

對英寸系列的固定螺釘，表 6-4 列出鎖緊扭矩 (seating torque) 與其對應的保持力之值，列出的值同時適用於抵抗推力的軸向保持力及抵抗扭矩的橫向保持力。典型的安全因數對靜負荷是 1.5 到 2.0，而對各種動態載荷則是 4 至 8。

固定螺釘應該有大約一半的軸直徑的長度。請注意，這種做法也提供了一個輪轂或軸環的徑向厚度的粗略規定。

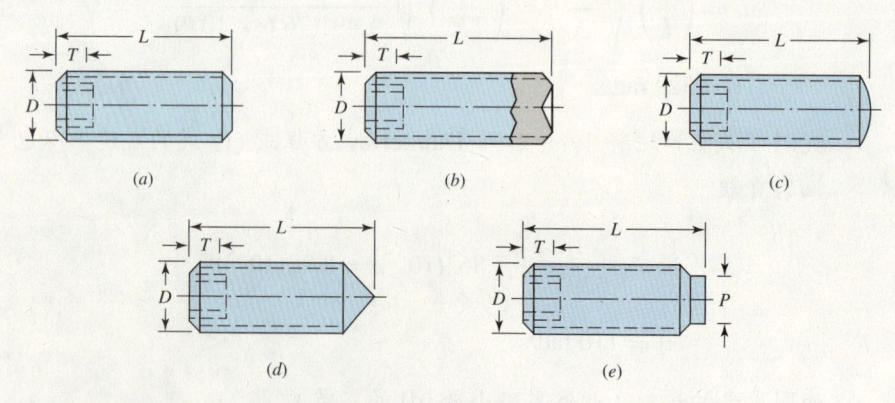

圖 6-15 承窩固定螺釘：(a) 平頭；(b) 凹頭；(c) 橢圓頭；(d) 錐頭；(e) 半柱頭。

表 6-4　承窩固定螺釘的典型保持力*
來源：Unbrako Division, SPS Technologies, Jenkintown, Pa.

尺寸大小，mm	鎖緊扭矩，N·m	保持力，N
#0	0.11	222
#1	0.2	289
#2	0.2	378
#3	0.5	534
#4	0.5	712
#5	1.1	890
#6	1.1	1112
#8	2.2	1713
#10	4.0	2403
6	9.8	4450
8	18.6	6675
10	32.8	8900
11	48.6	11 125
12	70.0	13 350
14	70.0	15 575
16	149.7	17 800
20	271.2	22 250
22	587.6	26 700
25	813.6	31 150

*基於合金鋼螺釘對鋼軸，3A 等級的粗或細螺紋在 2B 等級的孔，及凹頭承窩固定螺釘。

鍵和銷

鍵和銷用在軸上，以緊固旋轉元件，諸如齒輪、滑輪或者其它的輪。鍵用於使扭矩從軸傳遞到軸支承的元件，銷則用於軸向定位和傳輸扭矩或推力或兩者皆有。

圖 6-16 顯示各種鍵和銷。當主要負荷是剪力及扭矩和推力同時存在時，銷是很有用的。推拔銷是根據在大端的直徑而按尺寸分類，其中的一些最有用的尺寸列於表 6-5 中。在小端的直徑為

$$d = D - 0.0208L \tag{6-35}$$

式中　d = 小端的直徑，mm
　　　D = 大端的直徑，mm
　　　L = 長度，mm

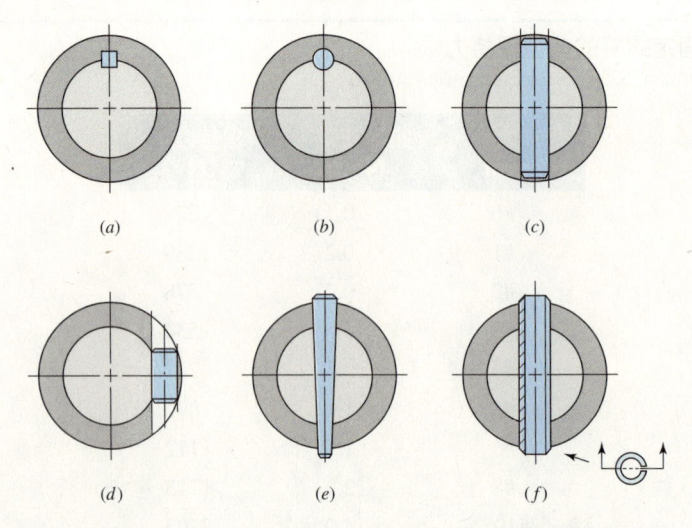

圖 6-16 (a) 方形鍵；(b) 圓鍵；(c 和 d) 圓銷；(e) 推拔銷；(f) 開口空心彈性銷。在(e) 及 (f) 所示的銷超過所需的長度，是為了說明端部的倒角，但它們的長度應保持比輪轂的直徑更小，以防止來自旋轉部件上的凸出物造成的傷害。

表 6-5 某些標準推拔銷的大端尺寸— 毫米 (mm) 系列

	商用		精密	
尺寸	最大	最小	最大	最小
4/0	2.802	2.751	2.794	2.769
2/0	3.614	3.564	3.607	3.581
0	3.995	3.945	3.988	3.962
2	4.935	4.884	4.928	4.902
4	6.383	6.332	6.375	6.350
6	8.694	8.644	8.687	8.661
8	12.530	12.479	12.522	12.497

對於不太重要的應用中，一個定位銷或驅動銷都可以使用。這些種類繁多的銷都列在製造商的產品目錄中。[7]

如圖 6-16a 中所示的方形鍵，也有矩形的尺寸。這些標準尺寸及可應用的軸直徑的範圍，均列於表 6-6 中。軸的直徑決定了鍵的寬度、高度和深度的標準尺寸。設計者可選擇一個合適的鍵長度來承受扭轉負荷。鍵的損壞可能由於直接的剪力或是承載應力。範例 6-6 說明估算鍵長度的步驟。鍵的最大長度受限於所連接元件的輪轂長度，一般以不超過約 1.5 倍的軸直徑，以避免與軸的角撓曲一起的過多扭

---

[7] 也可參閱 Joseph E. Shigley, "Unthreaded Fasteners," Chap. 24. In Joseph E. Shigley, Charles R. Mischke, and Thomas H. Brown, Jr. (eds.), *Standard Handbook of Machine Design*, 3rd ed., McGraw-Hill, New York, 2004.

表 6-6　某些標準方形鍵與矩形鍵應用的毫米尺寸

來源：Joseph E. Shigley, "Unthreaded Fasteners," Chap. 24 in Joseph E. Shigley, Charles R. Mischke, and Thomas H. Brown, Jr. (eds.), *Standard Handbook of Machine Design*, 3rd ed., McGraw-Hill, New York, 2004.

軸直徑 超過	軸直徑 到 (含)	鍵尺寸 w	鍵尺寸 h	鍵槽深度
8	11	2	2	1
11	14	3	2	1
		3	3	1.5
14	22	5	3	1.5
		5	5	2
22	30	6	5	2
		6	6	3
30	36	8	6	3
		8	8	5
36	44	10	6	3
		10	10	5
44	58	12	10	5
		12	12	6
58	70	16	12	5.5
		16	16	8
70	80	20	12	6
		20	20	10

轉。當需要承受更大的負荷時，可以使用多個鍵，通常取為彼此相隔 90°。鍵的設計上應避免採用過大的安全因數，因為超過負荷而造成鍵的損壞是必要的，它比讓更昂貴的部件因超過負荷而損壞來得好。

　　庫存的鍵材料通常是由低碳冷軋鋼製成，並且製造成其尺寸絕不超過標稱尺寸，這允許加工鍵槽時可以使用標準的刀具尺寸。固定螺釘有時和鍵一起用來將輪轂固定於軸向，當軸在兩個方向上轉動時，也可儘量減小轉動背隙。

　　圖 6-17*a* 所示的鉤頭鍵是錐形的，使得當牢固地驅動時，它的作用是防止相對的軸向運動。這也具有優點，即輪轂的位置可以進行調整，以獲得最佳的軸向位置。頭端部使得不必使用另一端即可能移除鉤頭鍵，但其凸出部可能是危險的。

　　圖 6-17*b* 所示的的半圓鍵是一般用途，特別是用在車輪靠著軸肩定位時，這是由於鍵孔不需要加工進去軸肩的應力集中區域，使用半圓鍵組裝完成車輪和軸之後，可得到較佳的同心度。半圓鍵對較小的軸特別有用，因為它們較深的穿透有助於防止鍵滾動。某些標準的半圓鍵大小尺寸可以在表 6-7 中找到，而表 6-8 列出了

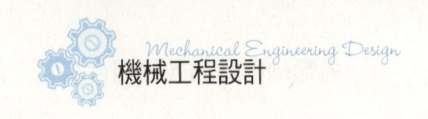

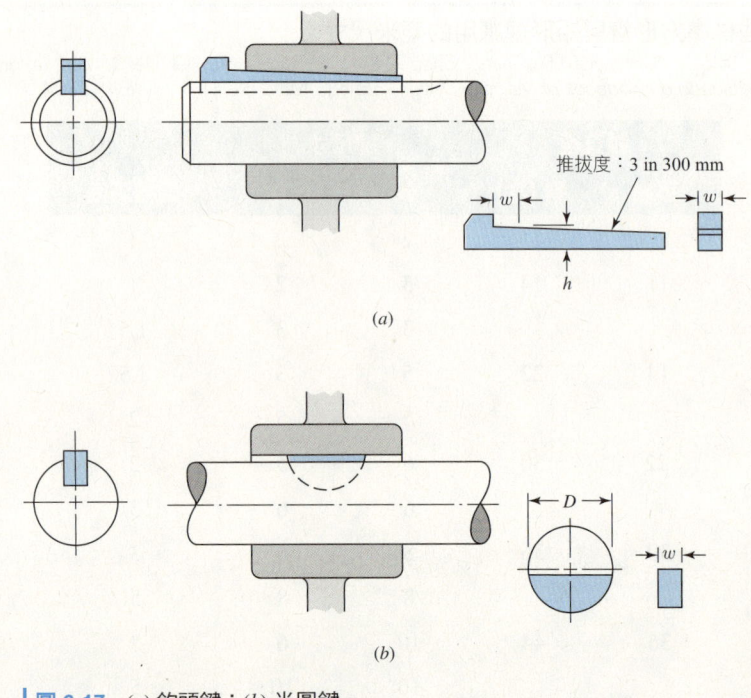

圖 6-17 (a) 鉤頭鍵；(b) 半圓鍵。

軸的直徑及其合適的不同鍵槽寬度。

　　Pilkey[8] 對端銑鍵槽給予其應力集中的值，該值表示成鍵槽底部的半徑 r 和軸直徑 d 比值的函數。對於以標準銑床刀具切削的圓角，以 $r/d = 0.02$ 的比值，查 Peterson 的圖表可得承受彎矩時的 $K_t = 2.14$；而承受扭矩時，若鍵不到位則 $K_{ts} = 2.62$，若鍵到位則 $K_{ts} = 3.0$。在鍵槽端部的應力集中可以用雪撬形鍵槽、消除突然終止的鍵槽而稍微降低，如圖 6-17 所示。然而，它仍然在槽底部的側面上有小半徑。雪撬形鍵槽只有當確定縱向的鍵定位是沒有必要的時候才能使用，它在接近軸肩部也是不適合使用。鍵槽的端部到從軸肩圓角開始處保持至少 $d/10$ 的距離，將可防止兩個應力集中彼此結合。[9]

扣環

　　扣環經常代替軸肩或套筒，用來對軸上或殼體孔上的組件做軸向定位。如圖 6-18 所示，在軸上或孔上切出一槽，以容納此彈簧扣環。對於大小、外形尺寸及軸向負荷額定值，應參考諮詢製造商的型錄。

　　附錄表 A-15-16 和 A-15-17 列出軸上適用扣環之平底槽的應力集中因數值。為了扣環能很妥適地扣在槽底部，並抵靠槽的兩側而承受軸向負荷，在槽的底部的半

---

[8] W. D. Pilkey, *Peterson's Stress-Concentration Factors*, 2nd ed., John Wiley & Sons, New York, 1997, pp. 408-409.

[9] Ibid, p. 381.

表 6-7　半圓鍵尺寸——毫米系列

鍵的大小 W	D	高度 b	Offset e	鍵槽深度 軸	輪轂
1.5	6	3	0.4	1.8	0.95
1.5	10	4	0.4	3.4	0.95
2	10	4	0.4	3.0	1.3
2	12	5	1	3.8	1.3
2	16	6	1.5	5.0	1.3
3	12	5	1	3.4	1.7
3	16	6	1.5	4.6	1.7
3	20	8	1.5	6.2	1.7
5	16	6	1.5	4.2	2.1
5	20	8	1.5	5.8	2.1
5	22	10	1.5	7.4	2.1
5	20	8	1.5	5.4	2.5
5	22	10	1.5	7.0	2.5
5	25	11	1.5	8.6	2.5
6	22	10	1.5	6.2	3.3
6	25	11	1.5	7.8	3.3
6	30	14	2	10.6	3.3
8	25	11	1.5	7.0	4.1
8	30	14	2	9.8	4.1
8	38	16	3	12.2	4.1
10	30	14	2	9.0	4.9
10	38	16	3	11.4	4.9

表 6-8　適用於不同軸直徑的半圓鍵尺寸

鍵槽寬度 mm	軸直徑, mm 從	至 (含)
1.5	8	12
2	10	22
3	10	38
5	12	40
5	14	50
6	18	58
8	20	60
10	25	66

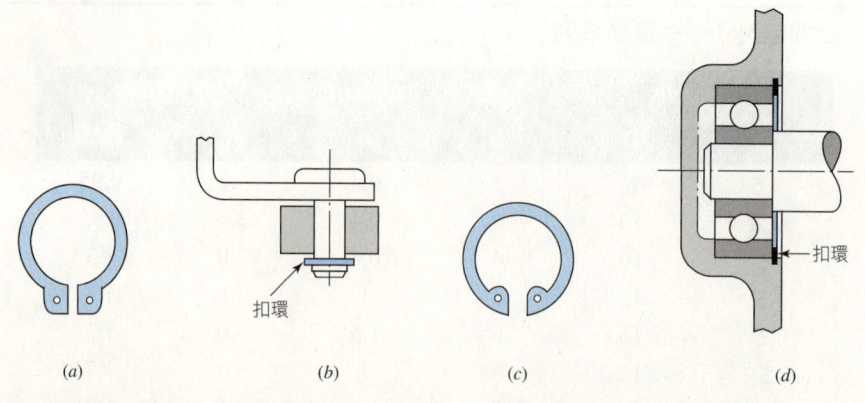

圖 6-18 典型用途的扣環。(a) 外部環及 (b) 它的應用；(c) 內部環及 (d) 它的應用。

徑必須相當小，一般約十分之一的槽寬度。這將導致相對較高的應力集中因數值，對彎曲及軸向負荷大約為 5 而對扭轉負荷大約為 3。使用扣環時應小心注意，特別是在具有高彎應力的位置。

範例 6-6

某 UNS G10350 鋼軸，經過熱處理而具有 525 MPa 的最小降伏強度，其直徑為 36 mm。此軸轉速為 600 rpm，並經由一齒輪傳遞 30 kW 的功率。試為此齒輪選用一合適的鍵。

解答 選用一 10 mm 的方形鍵，使用材料為 UNS G10200 冷拉鋼。此設計將基於 455 MPa 的降伏強度。在缺乏關於負荷的正確資訊下，將採用安全因數 2.80。

由馬力方程式可得扭矩

$$\text{角速率 } \omega = 600(2)\pi/60 = 62.8 \text{ rad/s}$$
$$T = 30\,000/62.8 = 478 \text{ N} \cdot \text{m}$$

由圖 6-19，在軸面上的作用力為

$$F = \frac{T}{r} = \frac{478}{0.018} = 26\,556 \text{ N}$$

藉由畸變能理論，剪降伏強度為

$$S_{sy} = 0.577 S_y = (0.577)(455) = 262.5 \text{ MPa}$$

由遍佈在面積 ab 的剪力造成的損壞將會產生一應力 $\tau = F/tl$，將此應力以剪降伏強度除以安全因數代入，

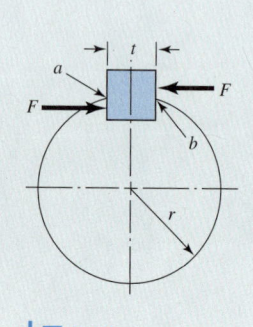

圖 6-19

可得

$$\frac{S_{sy}}{n} = \frac{F}{tl} \quad \text{或} \quad \frac{262.5 \times 10^6}{2.80} = \frac{26556}{0.01l}$$

或 $l = 0.0283$ m。為抵抗破碎，使用鍵面的一半面積：

$$\frac{S_y}{n} = \frac{F}{tl/2} \quad \text{或} \quad \frac{455 \times 10^6}{2.80} = \frac{26556}{0.01l/2}$$

及 $l = 0.0327$ mm。為了穩定性，齒輪的輪轂長度通常比軸的直徑大。如果在此範例中的鍵，使其長度上等於輪轂，因此，它將有足夠的強度，因為它很可能是 36 mm 或更長。

6-8 界限與配合

　　設計師可以自由地為軸和孔採取任何配合的幾何形狀，以確保預期的功能。現在已有足夠累積的經驗與共同經常出現的情況，可以使得標準成為有用的。在美國有兩個界限與配合的標準，一個是基於英寸單位而另一個是基於米制 (公制) 單位[10]。這兩個標準的不同在術語、定義和組織。分別研究這兩個系統並沒有意義。米制單位版本是這兩個中較新的，而且組織很好，所以此處我們僅介紹米制單位版本，但是附有一套英寸的轉換，以使兩個單位系統都能使用此米制單位版本系統。

　　使用標準時，大寫字母總是指孔；小寫字母則用在軸上。

　　在圖 6-20 中所示的定義解釋如下：

- **基本尺寸** (basic size) 是界限或偏差被指定到的尺寸，並且是該配合之兩個元件的相同尺寸。
- **偏差** (deviation) 是一個尺寸和相對應的基本尺寸之間的代數差。
- **上偏差** (upper deviation) 是最大界限和相對應的基本尺寸之間的代數差。
- **下偏差** (lower deviation) 是最小界限和相對應的基本尺寸之間的代數差。
- **基本偏差** (fundamental deviation) 為上偏差或下偏差，這取決於哪一個更接近於基本尺寸。
- **公差** (tolerance) 為一部件最大和最小尺寸界限之間的差異。
- **國際公差等級** (international tolerance grade) 以數字 (IT) 標示公差群組，使得對特定的 IT 數字的公差具有準確度的相同相對水平，但取決於其基本尺寸而變

---

[10] *Preferred Limits and Fits for Cylindrical Parts*, ANSI B4.1-1967. *Preferred Metric Limits and Fits*, ANSI B4.2-1978.

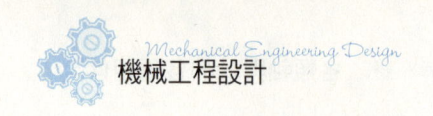

圖 6-20 應用於圓柱配合的定義。

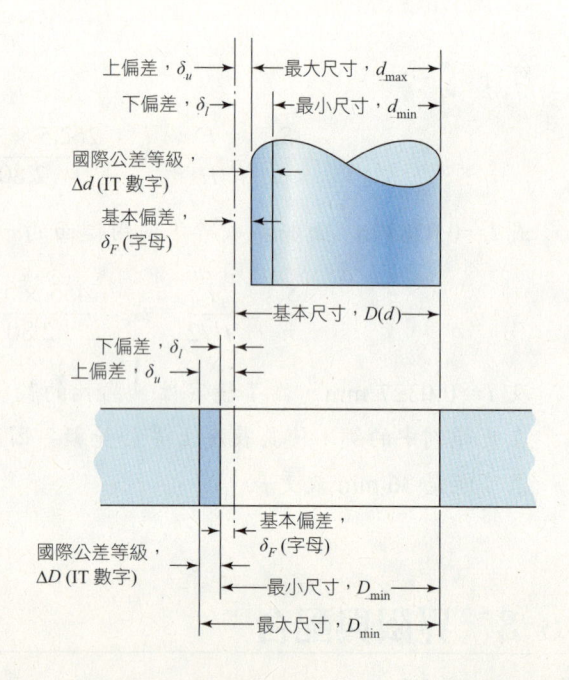

化。
- **基孔** (hole basis) 表示對應於一個基本開孔尺寸的配合系統，其基本偏差為 H。
- **基軸** (shaft basis) 表示對應於基本之軸尺寸的配合系統，其基本偏差為 h。本書此處不包括基軸系統。

公差帶的大小是在部件尺寸的變化，並且對內部和外部尺寸兩者是相同的。公差帶是以國際公差等級的數字標明，稱為 IT 數字。較小的級數指明一個較小的公差帶，這些範圍從 IT0 到 IT16，但只有優先配合需要 IT6 至 IT11 級。對基本尺寸到 16 in 或 400 mm 為止，這些都列在表 A-11 到 A-14 中。

此標準使用**公差位置字母** (tolerance position letters)，大寫字母為內部尺寸（孔）和小寫字母的外部尺寸（軸）。如該圖 6-20 所示，基本偏差確定相對於基本尺寸的公差帶位置。

表 6-9 顯示字母是如何與公差等級結合，以建立一個優先配合。基本尺寸為 32 mm 之滑動配合的孔，其 ISO 符號為 32H7。英寸單位並不是此 ISO 標準的一部分，然而，指定符號 (1⅜ in) H7 包含相同的訊息，因而在此建議使用。在這兩種情況下，大寫字母 H 確立其基本偏差而數字 7 定義 IT7 的公差等級。

對滑動配合而言，相應的軸尺寸由符號 32g6 [(1$^{3/8}$ in)g6] 所限定。

對於軸的基本偏差則列於表 A-11 和 A-13 中。對於字母代碼 c、d、f、g 和 h，

上偏差 = 基本偏差
下偏差 = 上偏差 − 公差等級

表 6-7　半圓鍵尺寸──毫米系列

來源：Preferred Metric Limits and Fits, ANSI B4.2-1978. See also BS 4500.

配合類型	描述	符號
間隙、餘隙	**鬆轉配合** (Loose running fit)：外部元件上廣泛的商業用公差或裕度	H11/c11
	自由轉動配合 (Free running fit)：不用在精確度是至關重要之處，但適合用在溫度變化大、高轉速、或高軸頸壓力	H9/d9
	緊密轉動配合 (Close running fit)：為精確機器上運轉與在中速和普通的軸頸壓力下精確定位	H8/f7
	滑動配合 (Sliding fit)：其部件並非為了自由運轉，但必須自由移動和轉動而且準確地定位	H7/g6
	定位餘隙配合 (Locational clearance fit)：對於靜止部件定位提供緊密貼合，但可以自由地裝配和拆卸	H7/h6
過渡	**定位過渡配合** (Locational transition fit)：為準確定位，是一種間隙和干涉之間的妥協	H7/k6
	定位過渡配合 (Locational transition fit)：為更準確定位，其較大的干涉是允許的	H7/n6
干涉	**定位干涉配合** (Locational interference fit)：對於部件需要剛性和以基本準確性的位置對準，但沒有特殊膛壓的要求	H7/p6
	中級驅動配合 (Medium drive fit)：對普通鋼零件或小剖面上的收縮配合，可用鑄鐵做最緊密配合	H7/s6
	壓入配合 (Force fit)：適用於部件可被高度加壓，或在需要大擠壓力但不可行而採收縮配合之處	H7/u6

對於字母代碼 k、n、p、s 和 u，其軸的偏差為

下偏差＝基本偏差

上偏差＝下偏差＋公差等級

下偏差 H (對孔而言) 為零，對於這些情況，其上偏差等於公差等級。

如圖 6-20 中所示，我們使用下列的符號：

D = 孔的基本尺寸

d = 軸的基本尺寸

δ_u = 上偏差

δ_l = 下偏差

δ_F = 基本偏差

ΔD = 孔的公差等級

Δd = 軸的公差等級

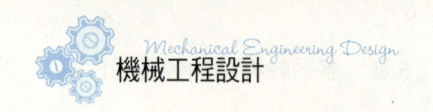

請注意，這些數量都是確定性的。因此，對孔而言，

$$D_{\max} = D + \Delta D \qquad D_{\min} = D \tag{6-36}$$

對於以 c、d、f、g 和 h 之餘隙配合的軸而言，

$$d_{\max} = d + \delta_F \qquad d_{\min} = d + \delta_F - \Delta d \tag{6-37}$$

對於以 k、n、p、s 和 u 之干涉配合的軸而言，

$$d_{\min} = d + \delta_F \qquad d_{\max} = d + \delta_F + \Delta d \tag{6-38}$$

範例 6-7

某頸軸承與襯套需要加以描述。其公稱尺寸為 25 mm，對基本尺寸為 25mm 採用緊密轉動配合，假若為輕負荷的頸軸承與襯套的裝配，它們需要的尺寸為何？

解答 選擇基本尺寸為 25 mm，以 25 mm 查表 6-9 可知，其配合符號為 H8/f7。從表 A-11，查得公差等級 IT11 為 $\Delta D = 0.033$ mm 及 $\Delta d = 0.021$ mm。

對孔而言：

答案 $\qquad D_{\max} = D + (\Delta D)_{\text{hole}} = 25 + 0.033 = 25.033$ mm

答案 $\qquad\qquad\qquad D_{\min} = D = 25$ mm

對軸而言：從表 A-12 查得，基本偏差為 $\delta_F = -0.02$ mm

答案 $\qquad d_{\max} = d + \delta_F = 25.0000 + (-0.02) = 24.98$ mm

答案 $\quad d_{\min} = d + \delta_F - \Delta d = 25.0000 + (-0.02) - 0.021 = 24.959$ mm

或兩者擇其一，

答案 $\qquad d_{\min} = d_{\max} - \Delta d = 24.98 - 0.021 = 24.595$ mm

範例 6-8

對使用 50 mm 的孔基本尺寸的中級驅動配合，試求該孔與軸的界限。

解答 從表 6-9 可知，此配合的符號為 H7/s6。對孔而言，我們使用表 A-11 並查得 IT7 等級為 $\Delta D = 0.025$ mm。因此，由 (6-36) 式

答案 $\qquad D_{\max} = D + \Delta D = 50 + 0.025 = 50.025$ mm

答案 $\qquad\qquad\qquad D_{\min} = D = 50$ mm

此軸的 IT6 公差為 $\Delta d = 0.016$ mm，此外，由表 A-12，其基本偏差為

$\delta_F = 0.043$ mm。由 (6-38) 式，可得此軸的界限為：

答案 $$d_{\min} = d + \delta_F = 50 + 0.043 = 50.043 \text{ mm}$$

答案 $$d_{\max} = d + \delta_F + \Delta d = 50 + 0.043 + 0.016 = 50.059 \text{ mm}$$

干涉配合中的應力與扭矩容量

軸和它的組件間的干涉配合有時可以有效地使用，以減少對軸肩和鍵槽的需要。干涉配合產生的應力可以藉由將軸視為承受均勻外部壓力的圓柱，以及承受均勻內部壓力的中空輪轂而獲得。對於這些情況的應力方程式已在第 2-16 節推導得到，並將於此處從式中半徑項轉換成直徑項，以配合本節的術語。

干涉配合中，在介面產生的壓力 p，可從已轉換成直徑項的 (2-56) 式而得到：

$$p = \frac{\delta}{\frac{d}{E_o}\left(\frac{d_o^2 + d^2}{d_o^2 - d^2} + v_o\right) + \frac{d}{E_i}\left(\frac{d^2 + d_i^2}{d^2 - d_i^2} - v_i\right)} \tag{6-39}$$

或，在兩個配合元件的材料相同的情況下，

$$p = \frac{E\delta}{2d^3}\left[\frac{(d_o^2 - d^2)(d^2 - d_i^2)}{d_o^2 - d_i^2}\right] \tag{6-40}$$

式中 d 為公稱軸直徑，d_i 為該軸的內直徑 (如果有的話)，d_o 為該輪轂的外直徑，E 為**楊氏模數** (Young's modulus) 而 v 為**浦松比** (Poisson's ratio)，其下標 o 和 i 分別代表外部件（輪轂）和內部部件（軸）。δ 項是軸和輪轂之間的**徑向干涉**(diametral interference)，亦即，軸外直徑和輪轂內直徑之間的差異。

$$\delta = d_{\text{shaft}} - d_{\text{hub}} \tag{6-41}$$

因為將會有兩個直徑的公差，最大和最小壓力可以透過施加最大和最小的干涉而得到。採用圖 6-20 的符號，我們寫成

$$\delta_{\min} = d_{\min} - D_{\max} \tag{6-42}$$

$$\delta_{\max} = d_{\max} - D_{\min} \tag{6-43}$$

式中的直徑項已在 (6-36) 式和 (6-38) 式規定。在方程式 (6-39) 或 (6-40) 中應使用最大干涉，以確定最大壓力進而檢查過大的壓力。

從 (2-58) 和 (2-59) 式，將式中的半徑轉換為直徑，則在軸和輪轂的介面其切向應力為

$$\sigma_{t,\text{shaft}} = -p\frac{d^2 + d_i^2}{d^2 - d_i^2} \tag{6-44}$$

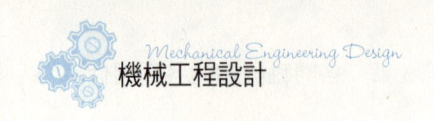

$$\sigma_{t,\text{hub}} = p\frac{d_o^2 + d^2}{d_o^2 - d^2} \tag{6-45}$$

在介面的徑向應力很單純地為

$$\sigma_{r,\text{shaft}} = -p \tag{6-46}$$

$$\sigma_{r,\text{hub}} = -p \tag{6-47}$$

切向和徑向應力是正交的，並且應該合併而使用損壞理論與降伏強度進行比較。如果軸或輪轂在裝配中產生降伏，則完整的壓力將無法實現，而減少了可傳遞的轉矩。由於干涉配合產生的應力與由於軸負荷產生之軸中的應力，彼此間的互相作用並不是無意義的。必要時，界面的有限元素分析是適當的。旋轉軸表面上的應力元素將經歷在軸向的完全反覆彎應力，以及切向和徑向上的穩定壓應力。這是三維的應力元素，由於軸中的扭力也可能使剪應力存在。因為由壓配合產生的應力為壓應力，使得疲勞情況通常是實際改善了。為此之故，藉由忽略因壓配合產生的穩定壓應力以簡化軸的分析，是可以接受的。然而，軸的彎應力在靠近輪轂端部處存在著應力集中效應，這是由於從壓縮材料突然改變至非壓縮的材料所造成。因此輪轂幾何形狀的設計，其均勻性和剛性可以對應力集中因數的特定值具有顯著效應，使得很難描述大致的值。對於第一個估計值，其值通常不大於 2。

通過干涉配合可以傳遞扭矩的量，可以用一個在界面上的簡單摩擦分析而估計。摩擦力是摩擦係數 f 和作用在界面之法向力的乘積。法向力可以由壓力 p 和界面的表面積 A 的乘積來表示，因此，摩擦力 F_f 為

$$F_f = fN = f(pA) = f[p2\pi(d/2)l] = \pi fpld \tag{6-48}$$

式中 l 是輪轂的長度。這個摩擦力以 $d/2$ 的力矩臂作用，以提供接合處的扭矩容量，所以

$$T = F_f d/2 = \pi fpld(d/2)$$

$$T = (\pi/2)fpld^2 \tag{6-49}$$

由 (6-42) 式而得的最小干涉應用來確定最小的壓力，以便用來檢查接合處設計使其不產生滑動而能傳遞的最大扭矩容量。

問題

標示星號 (*) 的問題與其它各章的問題相連結，如 **1-16** 節表 **1-1** 的摘要。

6-1 某支軸承受彎矩與扭矩，使得：M_a = 70 N・m，T_a = 45 N・m，M_m = 55 N・m 及 T_m = 35 N・m。該軸材料的性質假設為，S_u = 700 MPa，S_y = 560 MPa，以及完全修正的疲勞限 S_e = 210 MPa。令 K_f = 2.2 與 K_{fs} = 1.8，試以設計因數 2.0 決定該軸可接受的最小值徑，使用

(a) DE-Gerber 準則。

(b) DE-elliptic 準則。

(c) DE-Soderberg 準則。

(d) DE-Goodman 準則。

試討論並比較其結果。

6-2 圖中所示之軸的剖面將以近似相對尺寸 d = 0.75D 及 r = D/20 設計，使直徑 d 匹配標準的標準米制滾動軸承的內孔尺寸。該軸將以 SAE 2340 鋼材製作，並經熱處理以獲得在軸肩區段有最小承拉強度 1226 MPa，降伏強度 1130 MPa，而 Bhn 硬度不小於 370。在該軸軸肩承受 70 N・m 的完全反覆彎矩，伴隨 45 N・m 的穩定扭矩。試使用設計因數 2.5 決定該軸具無限壽命的軸徑。

問題 6-2
含研磨退刀槽之軸的剖面。除非另有規範，槽根的直徑為 $d_r = d - 2r$，而雖然直徑 d 的剖面經過研磨，其槽底仍然是車削表面。

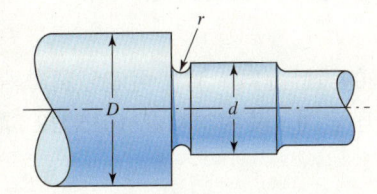

6-3 圖中旋轉的實心軸以在 B 點及 C 點的軸承做簡單支持，並以在 D 點與正齒輪嚙合的齒輪驅動，該齒輪的節圓直徑為 150 mm。來自驅動齒輪的力 F 以 20° 壓力角作用。該軸傳輸扭矩 T_A = 340 N・m 至 A 點。軸以強度 S_y = 420 MPa 及 S_{ut} = 560 MPa 的鋼材車削製成。試使用設計因數 2.5，基於 (a) 靜降伏分析使用畸變能理論；(b) 疲勞損壞分析；確定該軸剖面的最小容許直徑為 250 mm。為估算應力集中因數，假設在軸承的軸肩處有尖銳的內圓角。

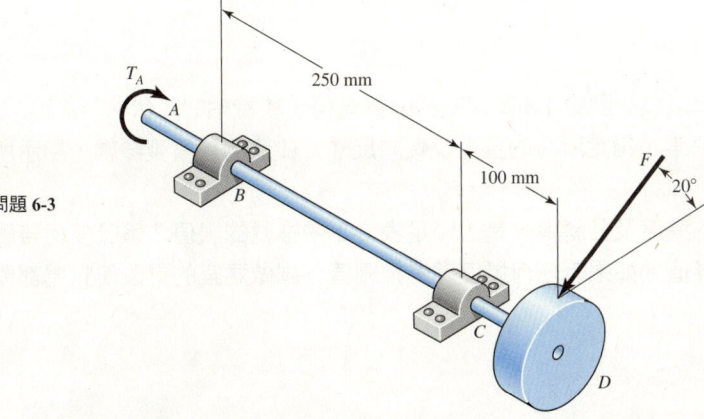

問題 6-3

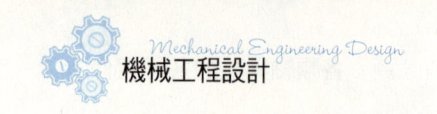

6-4 某齒輪驅動的工業滾軋機如圖示，藉作用於節圓直徑 75 mm 上之力驅動而以 300 rev/min 旋轉。當拖拉材料通過時，該滾軋機作用 5200 N/m 的法向力，其摩擦係數為 0.40。試為該軸繪製彎矩圖與剪力圖，將滾軋力視為 (a) 作用於滾子中央的集中力；及 (b) 沿該滾子均勻分佈的均佈力。這些圖將顯示於兩正交的平面上。

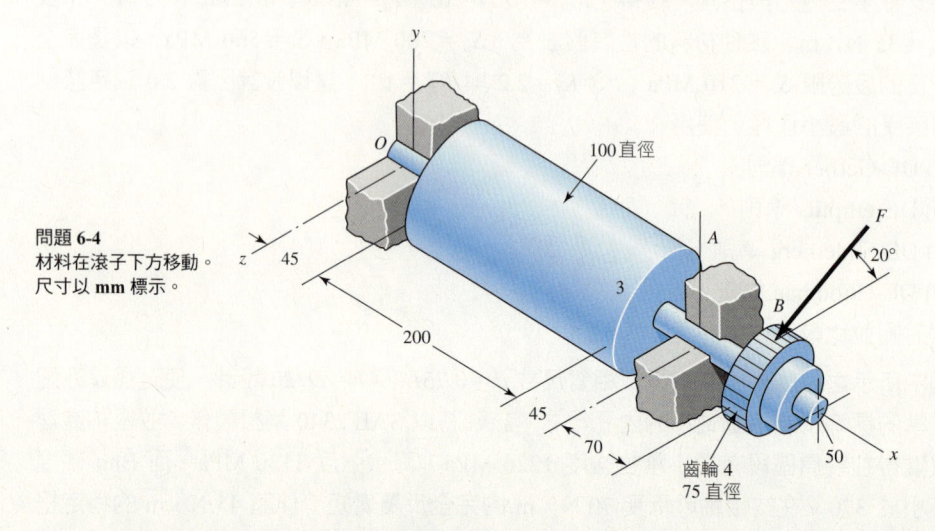

問題 6-4
材料在滾子下方移動。
尺寸以 mm 標示。

6-5 試為問題 6-4 之工業滾子的處境，以設計因數 2 及防範疲勞損壞之可靠度目標 0.999 設計其軸。計畫在其左端安裝滾珠軸承，右端安裝滾子軸承。針對變形而將安全因數取 2。

6-6 圖中顯示對問題 6-4 之工業用滾子軸的設計提案。將使用液動潤滑軸承。除了軸頸經研磨並拋光外，其餘表面都屬切削表面。使用材料為 1035 HR 鋼。試執行設計評估，這一設計提案能滿足需要嗎？

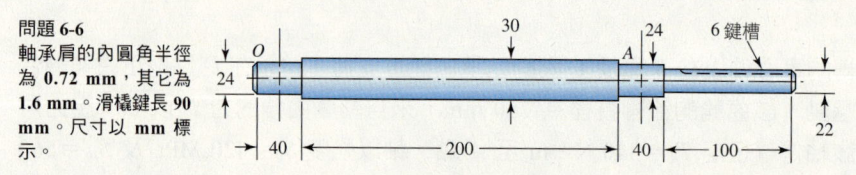

問題 6-6
軸承肩的內圓角半徑為 0.72 mm，其它為 1.6 mm。滑橇鍵長 90 mm。尺寸以 mm 標示。

6-7* 到 6-16*

對表中規範的問題，試基於原始問題的結果以獲得軸的初步設計，進行下列工作：

(a) 試繪製通用的軸的佈置圖，包含安置各部件的位置，以傳輸扭矩。估算該部件在其位置上可接受的寬度。
(b) 試為該軸指定材料。
(c) 試基於無限疲勞壽命，以設計因數 1.5 確定軸的臨界直徑，校驗軸的降伏。
(d) 決定其它需要的尺寸決策，指定所有的直徑及軸向尺寸。依比例尺繪製該軸，顯示所有提出的尺寸。
(e) 校驗齒輪與軸承位置的撓度及其斜率，是否滿足表 6-2 中推薦的限值？假設任何帶輪的撓度不可能達到臨界值。如果有任何撓度超過推薦值，試做適宜的更改使它們都能在限值之內。

問題題號	原問題
6-7*	2-68
6-8*	2-69
6-9*	2-70
6-10*	2-71
6-11*	2-72
6-12*	2-73
6-13*	2-74
6-14*	2-76
6-15*	2-77
6-16*	2-79

6-17 在圖示的兩段減速齒輪系中，軸 a 藉安置於延伸端的撓性聯軸器連結以電動機驅動。該電動機以 1200 rpm 提供扭矩 10 N·m。齒輪的壓力角 20°，節圓直徑顯示於圖中。軸使用AISI 1020 冷拉鋼材。試執行下列工作以設計因數 1.5 設計其中的一支軸 (由講師指定)。

(a) 試繪製通用的軸的佈置圖，包含安置各部件的位置，以傳輸扭矩。
(b) 執行作用力分析以求得軸承的反力，並繪製剪力與彎矩圖。
(c) 確定需做應力設計之潛在臨界位置。
(d) 基於臨界位置之疲勞及靜態應力決定該軸的臨界直徑值。
(e) 決定其它需要的尺寸決策，指定所有的直徑及軸向尺寸。依比例尺繪製該軸，顯示所有提出的尺寸。
(f) 校驗齒輪與軸承位置的撓度及其斜率，是否滿足表 6-2 中推薦的限值？假設任何帶輪的撓度不可能達到臨界值。如果有任何撓度超過推薦值，試對軸承做適宜的更改使它們都能在限值之內。
(g) 如果有任何撓度超過推薦值，試做適宜的更改使它們都能在限值之內。

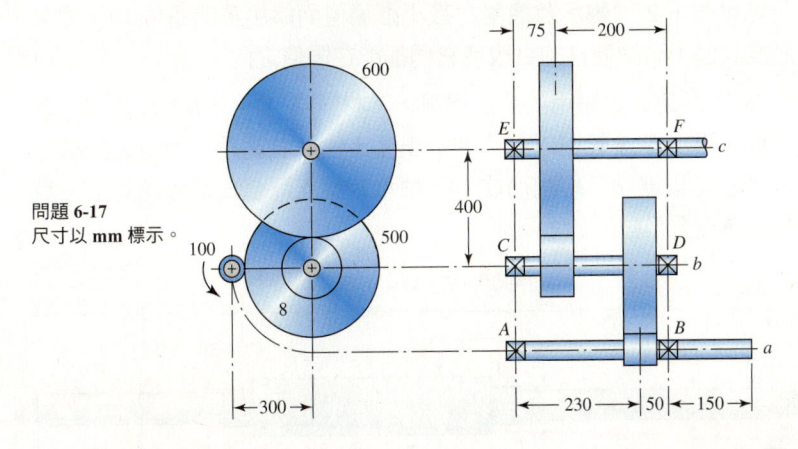

問題 6-17
尺寸以 mm 標示。

6-18 圖中為問題 6-17 之輸出軸 a 的設計提案。計畫以滾珠軸承為左側的軸承，而以滾子軸承當右側軸承。
(a) 試藉評估任意臨界位置，確定最小的疲勞安全因數。使用視為典型疲勞數據的疲勞損壞準則，而非被視為保守的準則。也確認該軸不會於第一次負荷循環即降伏。

(b) 試依據表 6-2 中的推薦值，對於變形而核驗該設計是否符合要求。

問題 6-18
除了右側軸承座過度為 6 mm，軸承座的軸肩內圓角半徑為 0.75 mm。其它為 3 mm。軸的材料為 1030 HR。鍵槽 10 mm 寬，5 mm 深。尺寸以 mm 標示。

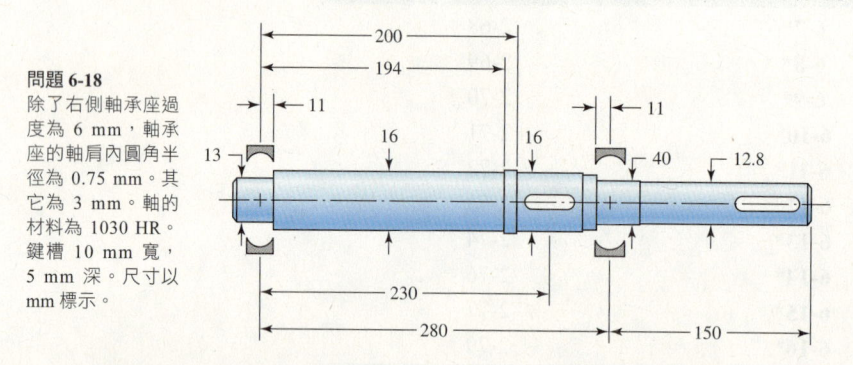

超過推薦值，試做適宜的更改使它們都能在限值之內。

6-19* 圖示的軸為問題 2-72 所定義之應用的設計提案，其材料為 AISI 1018 冷拉鋼。各齒輪倚靠於軸肩而安裝，而輪轂則以定位螺釘鎖住定位。各齒輪之力傳輸的有效中心如圖所示。各鍵座以端銑刀切削而成。各軸承藉壓入配合倚靠於軸肩上。試求其最小的疲勞損壞安全因數。

問題 6-19*
尺寸以 mm 標示。

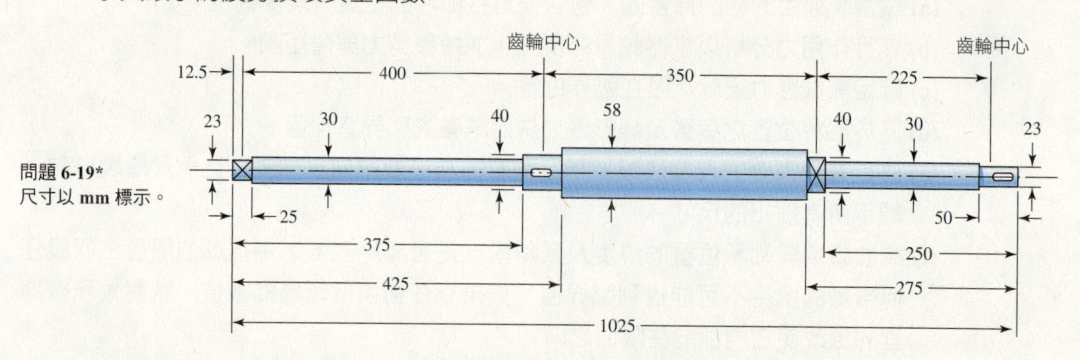

6-20* 藉核驗撓度是否滿足表 6-2 對軸承及齒輪之最小推薦值而繼續解問題 6-19。如果有任何撓度超過推薦值，試做適宜的更改使它們都能在限值之內。

6-21* 圖示的軸為問題 2-73 所定義之應用的設計提案。其材料為 AISI 1018 冷拉鋼。各齒輪倚靠於軸肩而安裝，而輪轂則以定位螺釘鎖住定位。各齒輪之力傳輸的有效中心如圖所示。各鍵座以端銑刀切削而成。各軸承藉壓入配合倚靠於軸肩上。試求其最小的疲勞損壞安全因數。

問題 6-21*
所有內圓角半徑為 2 mm。尺寸以 mm 標示

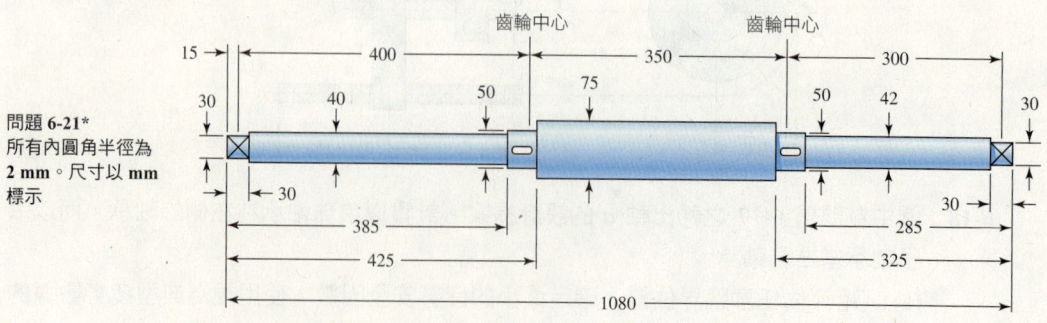

6-22* 藉核驗撓度是否滿足表 6-2 對軸承及齒輪之最小推薦值繼續解問題 6-21。如果有任何撓度超過推薦值，試做適宜的更改使它們都能在限值之內。

6-23 圖示的軸是由位在右邊鍵槽的齒輪所驅動，該軸帶動位在左邊鍵槽的風扇，並由兩個深槽滾珠軸承支承。該軸由 AISI 1020 冷拉鋼製成。在穩態速率下，該齒輪在 200 mm 節圓直徑處傳輸 1.1 kN 的徑向負荷及 3 kN 的切向負荷。
(a) 在任何潛在的關鍵位置，試求其疲勞損壞安全因數。
(b) 核驗撓度是否滿足對軸承及齒輪之最小推薦值。

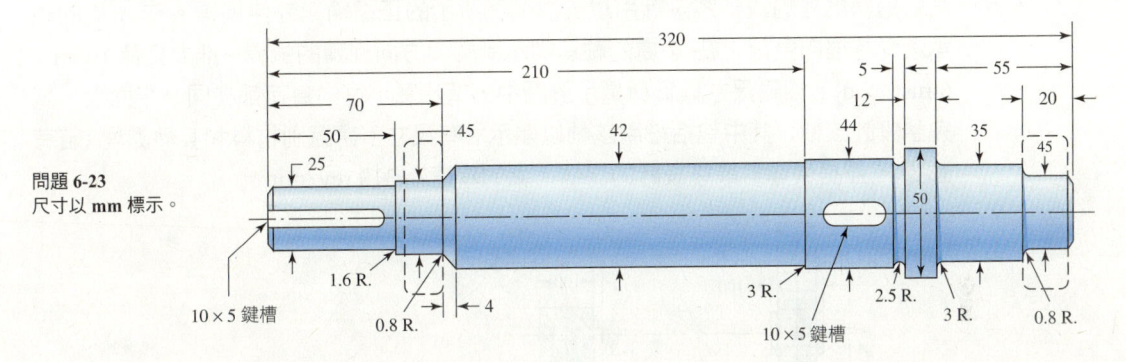

問題 6-23
尺寸以 mm 標示。

6-24 圖中顯示某 AISI 1020 冷拉鋼軸承受橫向負荷 7 kN 及扭矩 107 N·m。試檢視該軸的強度及撓度。若其最大容許斜率在軸承處為 0.001 rad，在齒輪嚙合位置為 0.0005 rad。試問其防範畸變損壞的安全因數為若干？其防範疲勞損壞的安全因數為若干？若其結果為不安全，你推薦修正問題的方法為何？

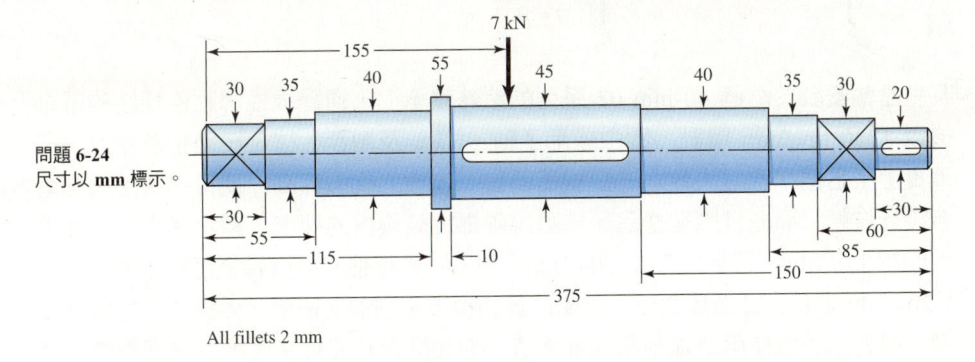

問題 6-24
尺寸以 mm 標示。

All fillets 2 mm

6-25 某軸將設計用以於軸承中心相距 700 mm 間支撐圖中所示的正齒輪與螺旋齒輪。A 處的軸承為圓柱滾子軸承，僅能承受徑向負荷。B 處的軸承承受了螺旋齒輪產生的推力負荷 900 N，並分攤徑向負荷。B 處的軸承可以是滾珠軸承。兩齒輪的徑向負荷在相同平面上，而且在小齒輪上的值為 2.7 kN，在大齒輪上的值為 900 N。軸的轉速為 1200 rev/min。試設計該軸。繪製該軸依比例的圖，顯示所有內圓角尺寸、鍵槽、軸肩及直徑。規範其材料及熱處理。

問題 6-25
尺寸以 mm 標示。

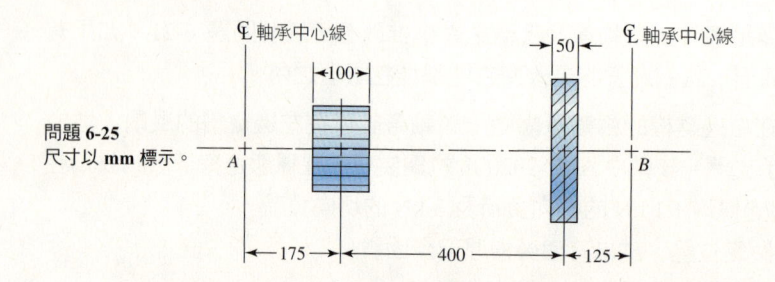

6-26 某經過熱處理的鋼軸將設計用以支撐如圖所示的正齒輪與外伸蝸桿。在 A 處的軸承承受純徑向負荷；在 B 處的軸承則承受兩個方向旋轉的蝸桿-推力負荷 (worm-thrust load)。相關尺寸與負荷標示於圖中，請注意，徑向負荷都在同一平面上。試完整設計該軸，其中包括繪製該軸以顯示所有尺寸。請識別材料和其熱處理 (若有必要)，並提供你對最終設計的評估。軸的轉速為 310 rev/min。

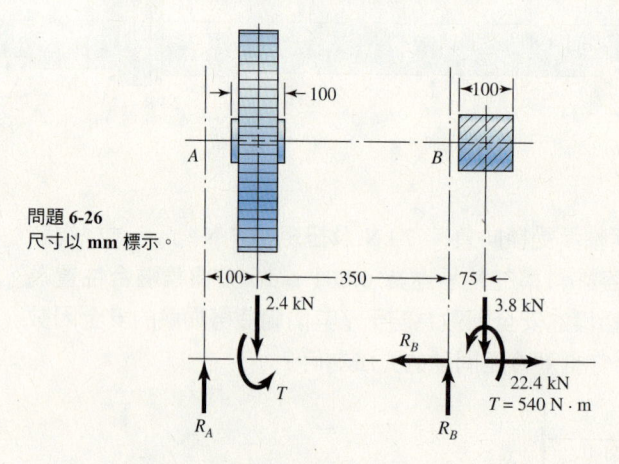

問題 6-26
尺寸以 mm 標示。

6-27 某斜齒輪安裝於兩個 40-mm 02-系列的滾珠軸承上，通過撓性聯軸器連結的電動機以 1720 rev/min 驅動。圖中顯示了軸，齒輪及軸承。該軸已經招惹麻煩 —— 事實上，它們都已經失效 —— 對機器而言，停機的代價很高，使得你決定親自重新設計該軸，而非訂購替換品。核驗兩軸鄰近破裂處的硬度，顯示其中之一的平均值為 198 Bhn，而另一軸為 204 Bhn。你盡可能地估計這兩軸損壞於 600 000 到 1 200 000 運轉壽命循環之間。兩軸的表面都屬車削並未研磨。內圓角尺寸並為量測，但對應於所使用滾珠軸承的推薦值。你知道它承受具有脈衝或陡震型態的負荷，但因為該軸驅動機器的分度機構，而這些力為慣性力。鍵槽寬 10 mm，寬 5 mm。直齒小斜齒輪驅動 48 齒的斜齒輪。試規範能維持長久且無煩惱的新軸之細節。

問題 6-27
尺寸以 **mm** 標示。

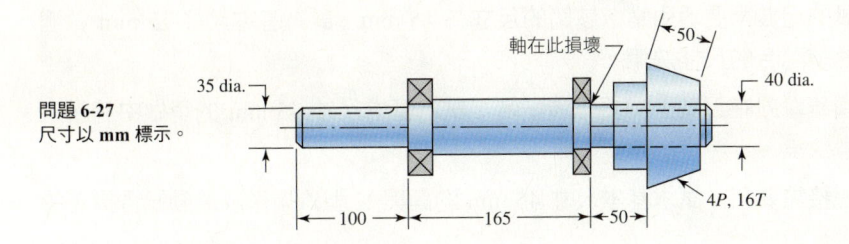

軸在此損壞
35 dia.
50
40 dia.
100
165
50
4P, 16T

6-28　某 25 mm 均勻直徑的鋼軸在兩軸承之間長 600 mm。
(a) 試求該軸的最小臨界速度。
(b) 如果目標是將臨界速度加倍，試求新的軸直徑。
(c) 試求尺寸為原軸一半之模型的臨界速度。

6-29　對問題 6-28 之均勻直徑的實心軸，請藉由將該軸分割為一個，然後兩個，最後三個元件，展示 Rayleigh 方法如何快速地收斂。

6-30　將求含兩圓盤之軸的角頻率的 (6-27) 式與 (6-28) 式比較，並注意兩式中的常數相等。
(a) 試導出求第二臨界速度的表示式。
(b) 試估算在範例 6-5 的 a 部分與 b 部分處理之軸的第二臨界速度。

6-31　就直徑均勻的軸，製成空心軸將使臨界速度提高或降低？

6-32　圖中的軸左端安裝 100 N 的齒輪，在右端安裝 175 N 的齒輪。試估算其負荷導致的第一臨界速度，無負荷的臨界速度，及合併的臨界速度。

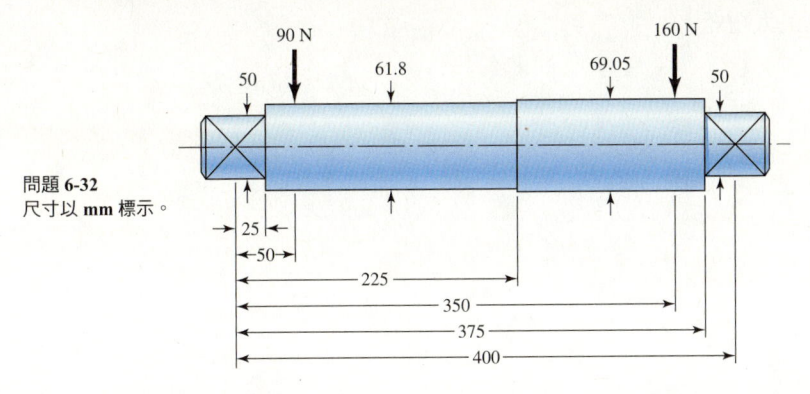

90 N　　　　　　160 N
50　　61.8　　69.05　　50
25
50
225
350
375
400

問題 6-32
尺寸以 **mm** 標示。

6-33　經修整的橫向鑽孔，於實心軸中用於握持固定及維持類似齒輪的輪轂等機械元件的軸向位置，並容許傳輸扭矩的定位銷。由於小直徑的孔導致高應力集中因數，大直徑的孔則減損抗禦彎矩及扭矩之剖面面積。試探究多大的銷孔直徑對軸的不良影響最小，然後加以擬式當做設計的法則。(提示：利用表 A-16)

6-34*　問題 6-19 中顯示的軸為問題 2-72 所定義之應用的設計提案，試以設計因數 1.1 為 B 處的齒輪指定方鍵。

6-35*　問題 6-21 中顯示的軸為問題 2-73 所定義之應用的設計提案，試以設計因數 1.1 為 B 處的齒輪指定方鍵。

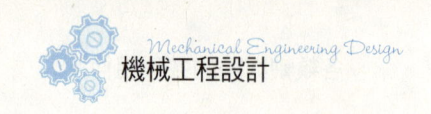

6-36 兩件式夾具的組裝需要導引銷。該銷的尺寸為 15 mm。試為基本尺寸 15 mm 做適宜的定位餘隙配合的尺寸決策。

6-37 某鑄鐵質齒輪輪轂在鋼軸上需要干涉配合。試為基本尺寸 45 mm 的銷做中等壓入配合的尺寸決策。

6-38 形成連桿樞接需要銷。試求基本尺寸 45 mm 的銷與 U 型鉤環形成滑動配合需要的尺寸。

6-39 試對具有 34 mm 基本尺寸之鬆轉動配合的軸與孔，求其尺寸。

6-40 已選用某型錄中內孔直徑規範為 35.000 mm 至 35.020 mm 的滾珠軸承，試規範適宜的最大及最小的軸直徑，以提供定位干涉配合。

6-41 某支軸的直徑經仔細量測得到 36.05 mm。從規格型錄中選用的軸承其內孔從 36 mm 到 36.025 mm。若這是個可接受的選擇，試問是否要求定位干涉配合？

6-42 某齒輪與標稱直徑 35 mm 的軸，將以如表 6-9 中之中級壓入配合 (medium drive fit) 裝配。該齒輪的輪轂外直徑 60 mm，總長度 50 mm。軸以 AISI 1020 CD 鋼製成，而齒輪以經穿透硬化至提供 S_u = 700 MPa 及 S_y = 600 MPa 的鋼料製成。

(a) 試求該軸及齒輪的內孔規範尺寸與裕度以達成該要求的配合。

(b) 試求在該指定裕度之介面可能經歷的最小與最大壓力值。

(c) 試求最壞情況下，基於畸變能損壞理論之防範因軸與齒輪裝配而降伏的靜態安全因數。

(d) 試求該接合於不發生滑動情況下，即對指定裕度當介面壓力為最小時，可期待能傳輸的最大扭矩。

chapter

7

螺旋、各類扣件與非永久接頭的設計

本章大綱

- **7-1** 螺紋標準與定義　392
- **7-2** 傳動螺旋力學　396
- **7-3** 螺紋扣件　405
- **7-4** 接頭—扣件勁度　408
- **7-5** 接頭—組件勁度　409
- **7-6** 螺栓強度　416
- **7-7** 拉力接頭──外施負荷　420
- **7-8** 關聯螺栓扭矩與螺栓拉力　421
- **7-9** 靜負荷下之具預施負荷的拉力接頭　425
- **7-10** 氣密接頭　428
- **7-11** 拉力接頭的疲勞負荷　429
- **7-12** 承受剪力的螺栓與鉚釘接頭　437

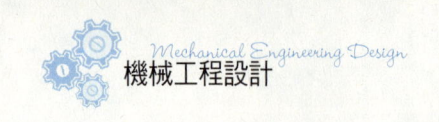

有螺紋的螺釘毫無疑問地是機械領域極重要的發明。它是傳動螺旋的基礎，將旋轉運動改變成直線運動以傳遞動力，或發展成大作用力 (壓機、千斤頂等)，及螺紋扣件，一種非永久接頭的重要元件。

本書預設讀者具有結合方法的基本知識。典型的結合或扣接部件使用像是螺栓 (bolts)、螺帽 (nuts)、帶頭螺釘 (cap screws)、定位螺釘 (setscrews)、鉚釘 (rivets)、扣環 (spring retainers)、鎖定裝置 (locking devices)、銷 (pins)、鍵 (keys)、熔接 (welds) 及黏合 (adhesives) 等方法。在工程圖學與金屬加工的研習中，經常含括對不同扣接方法的指引，而導致任何對機械工程感到興趣者的好奇心，能自然地獲得扣接方法的良好基礎知識。與最初印象相反的是，本論題是整個機械設計領域中，最令人關切的論題之一。

當前製造設計的關鍵目標之一是減少扣件的數目。然而，無論目的為何，為了裝卸容易，扣件總是少不了的。例如，像是波音 747 的巨無霸客機需要兩百五十萬個扣件，有些單價達到數美元。為了降低成本，航空製造業者及他們的下游業者，恆常地檢討新的扣件設計、安裝技巧，以及相關機具。

扣件領域中，超過了任何時期的新發明數量得提及，為數驚人的扣件類別可供設計者選用。認真的設計者通常單獨對扣件保存一本特定的筆記。接頭部件在工程設計品質中極為重要，對扣件與接頭在所有使用與設計條件下的性能，必須有透澈的瞭解。

7-1 螺紋標準與定義

圖 7-1 中標示的螺紋術語說明如下：

節距 (pitch) 為在平行於螺紋軸之方向上，所量得的兩相鄰螺紋間的距離。英制螺紋的節距就是每英寸所含螺紋數 N 的倒數。

大徑 (major diameter) d 為螺紋的最大直徑。

小徑 (minor diameter) d_r 為螺紋的最小直徑。

節徑 (pitch diameter) d_p 為在大徑與小徑之間的理論直徑。

導程 (lead) l 為螺帽每旋轉一圈時，沿著與螺紋軸平行方向所前進的距離，對單一螺紋而言，導程與節距相等，如圖 7-1 所示。

複螺紋 (multiple-threaded) 產品由兩條或兩條以上的螺紋相鄰切削而成 (想像兩條或兩條以上的弦線以邊與邊相鄰的方式纏繞於鉛筆上的情形)，標準化的產品，如螺旋、螺栓、與螺帽都只有單螺紋；雙螺紋的導程是節距的兩倍，三螺紋的導程是節距的三倍，並依此類推。

所有螺紋都依右手定則製成，除非有特別註明者。亦即若螺栓以順時針方向旋轉，螺栓將朝向螺帽前進。

圖 7-1 螺紋的術語。為了清晰起見，以尖銳的 V 形螺紋顯示峰頂與谷；實務上，在成形時均製成平的或圓的。

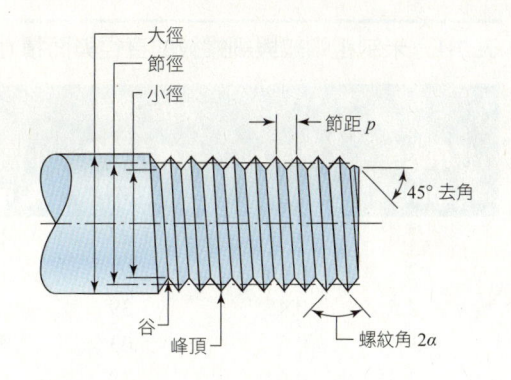

圖 7-2 米制 M 與 MJ 螺紋的基本螺紋。
d = 大徑
d_r = 小徑
d_p = 節徑
p = 節距
$H = \frac{\sqrt{3}}{2} p$

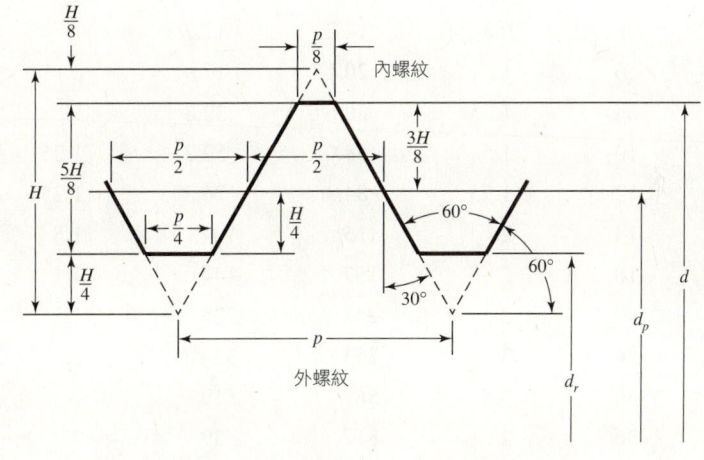

美國國家 (統一) 螺紋 [American National (Unified) thread] 標準已經成為美國與大不列顛之螺紋產品的標準。其螺紋角為 60°，螺牙頂部不是平的就是成圓形。

圖 7-2 顯示米制 (metric) M 及 MJ 之螺紋的剖面，M 輪廓取代了英制螺紋，並具有基本 ISO 68 輪廓的 60° 對稱螺紋，MJ 輪廓在陽螺紋根部具有圓角，而且在陰螺紋與陽螺紋的小徑都比較大，此輪廓在需要高疲勞強度的場合特別有用。

表 7-1 與表 7-2 於規範及設計螺紋零件特別有用，請注意，螺牙的大小在米制是以節距 p 來指定，統一系列則是以每吋所含的螺牙數來指定。表 7-2 中的螺旋其直徑小於 $\frac{1}{4}$ in 時，以量規的號碼表示之。表 7-2 中的第二行顯示 8 號螺旋的標稱大徑為 0.1640 in。

大量的螺紋桿件的試驗顯示，若無螺紋桿件的直徑等於螺紋桿件之節徑與小徑的平均值，將與該螺紋桿件有相同的抗拉強度。此無螺紋桿件的剖面直徑稱為該螺紋桿件的拉應力面積 A_t。兩個表都列有 A_t 的值。

統一螺紋的兩個主要系列 UN 與 UNR 的螺旋都能通用，兩者差別僅在於 UNR 必須使用根半徑 (root radius)。因為降低了螺紋的應力集中因數，UNR 系列的螺紋

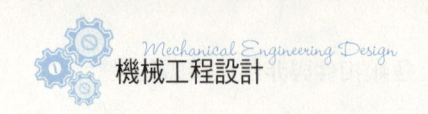

表 7-1　米制粗螺紋與細螺紋的直徑與面積 (所有的單位均為 mm)*

標稱大徑 mm	粗牙系列 節徑 p mm	粗牙系列 拉應力面積 A_t mm²	粗牙系列 小徑面積 A_r mm²	細牙系列 節徑 p mm	細牙系列 拉應力面積 A_t mm²	細牙系列 拉應力面積 A_r mm²
1.6	0.35	1.27	1.07			
2	0.40	2.07	1.79			
2.5	0.45	3.39	2.98			
3	0.5	5.03	4.47			
3.5	0.6	6.78	6.00			
4	0.7	8.78	7.75			
5	0.8	14.2	12.7			
6	1	20.1	17.9			
8	1.25	36.6	32.8	1	39.2	36.0
10	1.5	58.0	52.3	1.25	61.2	56.3
12	1.75	84.3	76.3	1.25	92.1	86.0
14	2	115	104	1.5	125	116
16	2	157	144	1.5	167	157
20	2.5	245	225	1.5	272	259
24	3	353	324	2	384	365
30	3.5	561	519	2	621	596
36	4	817	759	2	915	884
42	4.5	1120	1050	2	1260	1230
48	5	1470	1380	2	1670	1630
56	5.5	2030	1910	2	2300	2250
64	6	2680	2520	2	3030	2980
72	6	3460	3280	2	3860	3800
80	6	4340	4140	1.5	4850	4800
90	6	5590	5360	2	6100	6020
100	6	6990	6740	2	7560	7470
110				2	9180	9080

*用於發展本表的公式以及數據取自 ANSI B1.1-1974 與 B18.3.1-1978。$d_r = d - 1.226\,869p$，而節徑則得自 $d_p = d - 0.649\,519p$。節徑與小徑的平均值用於計算拉應力面積。

改善了疲勞強度。統一螺紋以陳述每吋所含牙數，與螺紋系列予以規範，例如 $\frac{5}{8}$ in-18 UNRF 或 0.625 in-18 UNRF。

　　米制螺旋以依序寫出 mm 表示的外徑與節距來規範。故 M12×1.75 表示標稱直徑為 12 mm 而節距為 1.75 mm 的螺紋。請注意，置於外徑之前的字母 M 代表米制螺紋。

　　方牙螺紋與 Acme 螺紋，分別如圖 7-3(a) 與圖 7-3(b) 所示，當作傳動螺旋使

表 7-2　英制螺紋的直徑與面積*

尺寸標示	標稱大徑 in	粗牙系列-UNC 每吋螺牙數 N	粗牙系列-UNC 拉應力面積 A_t in²	粗牙系列-UNC 最小直徑面積 A_r in²	細牙系列-UNF 每吋螺牙數 N	細牙系列-UNF 拉應力面積 A_t in²	細牙系列-UNF 最小直徑面積 A_r in²
0	0.0600				80	0.001 80	0.001 51
1	0.0730	64	0.002 63	0.002 18	72	0.002 78	0.002 37
2	0.0860	56	0.003 70	0.003 10	64	0.003 94	0.003 39
3	0.0990	48	0.004 87	0.004 06	56	0.005 23	0.004 51
4	0.1120	40	0.006 04	0.004 96	48	0.006 61	0.005 66
5	0.1250	40	0.007 96	0.006 72	44	0.008 80	0.007 16
6	0.1380	32	0.009 09	0.007 45	40	0.010 15	0.008 74
8	0.1640	32	0.014 0	0.011 96	36	0.014 74	0.012 85
10	0.1900	24	0.017 5	0.014 50	32	0.020 0	0.017 5
12	0.2160	24	0.024 2	0.020 6	28	0.025 8	0.022 6
$\frac{1}{4}$	0.2500	20	0.031 8	0.026 9	28	0.036 4	0.032 6
$\frac{5}{16}$	0.3125	18	0.052 4	0.045 4	24	0.058 0	0.052 4
$\frac{3}{8}$	0.3750	16	0.077 5	0.067 8	24	0.087 8	0.080 9
$\frac{7}{16}$	0.4375	14	0.106 3	0.093 3	20	0.118 7	0.109 0
$\frac{1}{2}$	0.5000	13	0.141 9	0.125 7	20	0.159 9	0.148 6
$\frac{9}{16}$	0.5625	12	0.182	0.162	18	0.203	0.189
$\frac{5}{8}$	0.6250	11	0.226	0.202	18	0.256	0.240
$\frac{3}{4}$	0.7500	10	0.334	0.302	16	0.373	0.351
$\frac{7}{8}$	0.8750	9	0.462	0.419	14	0.509	0.480
1	1.0000	8	0.606	0.551	12	0.663	0.625
$1\frac{1}{4}$	1.2500	7	0.969	0.890	12	1.073	1.024
$1\frac{1}{2}$	1.5000	6	1.405	1.294	12	1.581	1.521

*本表編譯自 ANSI B1.1-1974。其中小徑由 $d_r = d - 1.299\,038p$，而節徑則由 $d_p = d - 0.649\,519p$。節徑與小徑的平均值用於計算拉應力面積。

圖 7-3　(a) 方牙螺紋；(b) Acme 螺紋。

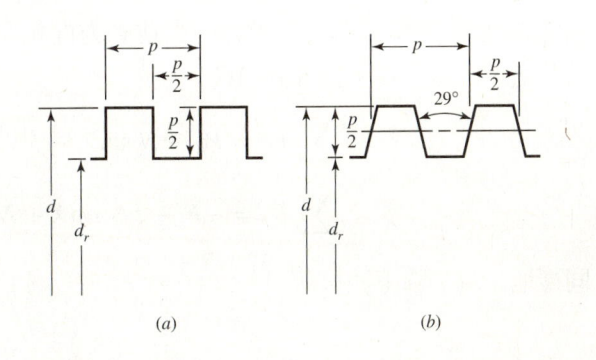

表 7-3　Acme 螺紋

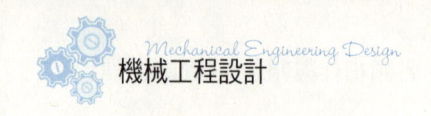

d, in	$\frac{1}{4}$	$\frac{5}{16}$	$\frac{3}{8}$	$\frac{1}{2}$	$\frac{5}{8}$	$\frac{3}{4}$	$\frac{7}{8}$	1	$1\frac{1}{4}$	$1\frac{1}{2}$	$1\frac{3}{4}$	2	$2\frac{1}{2}$	3
p, in	$\frac{1}{16}$	$\frac{1}{14}$	$\frac{1}{12}$	$\frac{1}{10}$	$\frac{1}{8}$	$\frac{1}{6}$	$\frac{1}{6}$	$\frac{1}{5}$	$\frac{1}{5}$	$\frac{1}{4}$	$\frac{1}{4}$	$\frac{1}{4}$	$\frac{1}{3}$	$\frac{1}{2}$

用。表 7-3 中列出了吋系列 Acme 螺紋的優先節距。然而，其它的節距也可以使用，而且經常使用，因為對此螺紋的標準並沒有殷切的需求。

方牙螺紋與 ACME 螺紋經常修正。例如，有時藉著切去方牙螺紋牙間的空隙，得到 10° 至 15° 的螺紋角。這麼做並無困難，因為這些螺紋通常是以單點刀具切削製成，如此不僅能維持方牙螺紋固有的高效率，並能使切削更為容易。有時則以製成較短的螺牙，以形成短牙的型式修正 Acme 螺旋，導致較大的小徑，並使螺旋稍微增強。

7-2　傳動螺旋力學

機械中常用傳動螺旋裝置於將旋轉運動轉換成直線運動，通常也用來傳遞動力。較熟悉的應用有車床的導螺桿，虎鉗、壓機、與千斤頂的螺桿等。

圖 7-4 展示了以傳動螺旋應用於以動力驅動之千斤頂，你應該能分辨出那一個是蝸輪、蝸齒輪、螺紋與螺帽。蝸齒輪是由一個或兩個軸承支撐？

在圖 7-5 中的是單紋的方牙傳動螺旋，其平均直徑 d_m、節距 p、導程角 λ，及螺旋角 ψ，承受軸向壓力 F。現在希望求得計算頂升此負荷所需扭矩的公式。

首先，想像展開正好是一整圈的單螺紋螺旋 (圖 7-6)，那麼螺紋的一邊將形成直角三角形的斜邊，其底邊則是平均螺紋直徑所形成之圓周長，而它的高則是導程。圖 7-5 與圖 7-6 中的角 λ 為該螺紋的導程角 (lead angle)。現在以 F 代表作用於法向螺紋面積之所有軸向負荷的總和。為了頂升負荷，以 P_R 力向右方作用 [圖 7-6(a)]，為了降下負荷，則以 P_L 力向左方作用 [圖 7-6(b)]。摩擦力是摩擦係數 f 與法向力 N 的乘積，而且作用方向與運動方向相反。在這些力的作用下，系統維持於平衡，所以，為了頂升該負荷

$$\sum F_x = P_R - N\sin\lambda - fN\cos\lambda = 0$$

$$\sum F_y = -F - fN\sin\lambda + N\cos\lambda = 0$$

(a)

同樣地，為了降下該負荷，

圖 7-4　Joyce 蝸桿－齒輪螺旋千斤頂。
(Courtesy Joyce-Dayton Corp., Dayton, Ohio.)

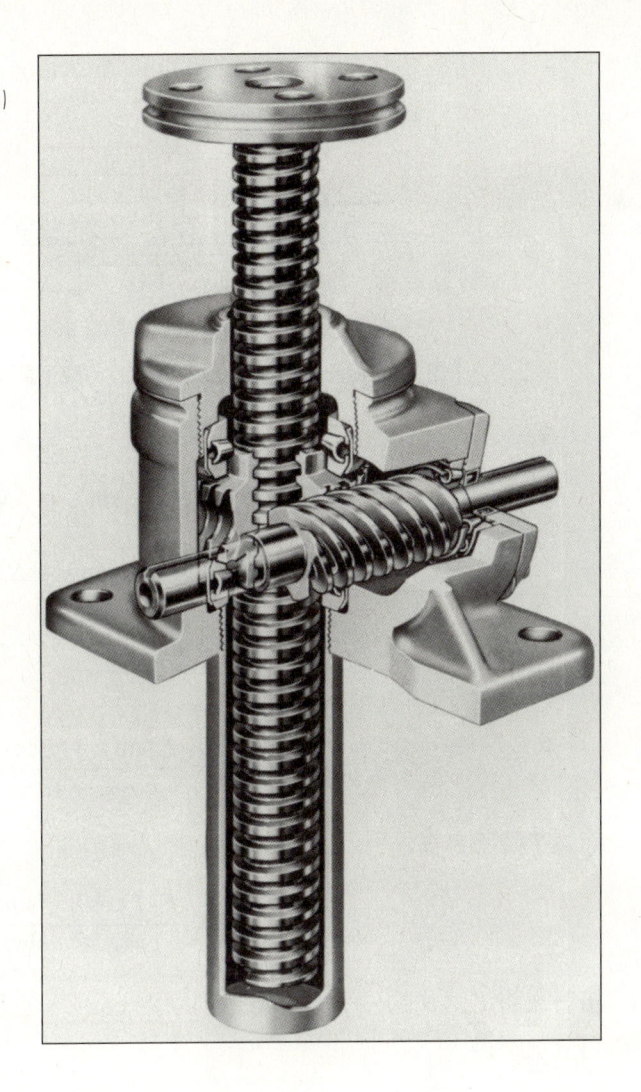

圖 7-5　動力螺旋的一部分。

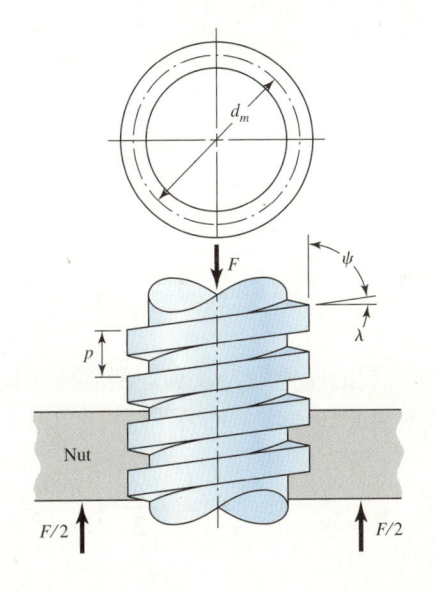

397

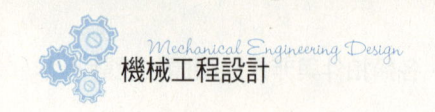

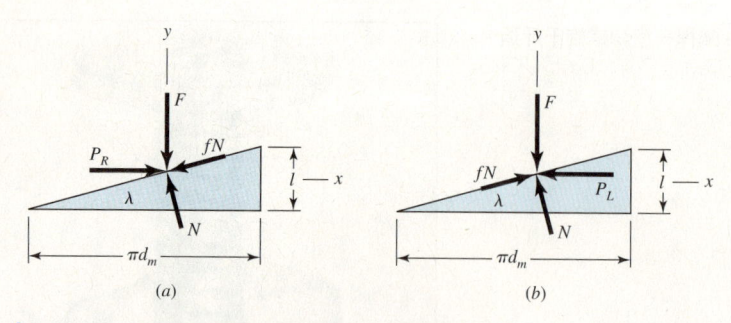

圖 7-6 分離體圖：(a) 頂升負荷；(b) 降下負荷。

$$\sum F_x = -P_L - N\sin\lambda + fN\cos\lambda = 0$$

$$\sum F_y = -F + fN\sin\lambda + N\cos\lambda = 0 \qquad \text{(b)}$$

由於對法向力 N 並無興趣，從這兩組方程式中將它消去，並求解 P。為了頂升可得負荷

$$P_R = \frac{F(\sin\lambda + f\cos\lambda)}{\cos\lambda - f\sin\lambda} \qquad \text{(c)}$$

而為了降下負荷，

$$P_L = \frac{F(f\cos\lambda - \sin\lambda)}{\cos\lambda + f\sin\lambda} \qquad \text{(d)}$$

接著，將這兩式的分子與分母分別除以 $\cos\lambda$，並且令 $\tan\lambda = l/\pi d_m$ (圖 7-6)。然後可分別獲得，

$$P_R = \frac{F[(l/\pi d_m) + f]}{1 - (fl/\pi d_m)} \qquad \text{(e)}$$

$$P_L = \frac{F[f - (l/\pi d_m)]}{1 + (fl/\pi d_m)} \qquad \text{(f)}$$

最後請注意扭矩為施力 P 與平均半徑 $d_m/2$ 的乘積，可得頂高負荷時

$$T_R = \frac{Fd_m}{2}\left(\frac{l + \pi f d_m}{\pi d_m - fl}\right) \qquad (7\text{-}1)$$

式中 T_R 為克服螺紋的摩擦與升起負荷所必要之扭矩。

降下負荷所需要的扭矩，從 (f) 式可求得為

$$T_L = \frac{Fd_m}{2}\left(\frac{\pi f d_m - l}{\pi d_m + fl}\right) \qquad (7\text{-}2)$$

此為降下負荷時，克服部分摩擦所需要的扭矩。在特殊的情況，如導程很大或摩擦很小時，在無任何外施力作用下負荷本身能導致螺旋轉動。於此情況下，由 (7-2) 式所得的扭矩將為負值或等於零。如果由該式所得的扭矩為正值，即稱該螺旋**自鎖** (self-locking)。所以螺旋自鎖的條件為

$$\pi f d_m > l$$

現在對不等式兩端都以 πd_m 除之，並認知 $l/\pi d_m = \tan \lambda$，則可得

$$f > \tan \lambda \tag{7-3}$$

這關係式陳述當螺紋的摩擦係數等於或大於螺紋之導程角時，螺旋就能自鎖。

效率公式常用於評估傳動螺旋，若 (7-1) 式中的 $f = 0$，可得

$$T_0 = \frac{Fl}{2\pi} \tag{g}$$

因為消除了螺紋的摩擦，此項扭矩僅是升起負荷所需要者，因此效率為

$$e = \frac{T_0}{T_R} = \frac{Fl}{2\pi T_R} \tag{7-4}$$

先前導得的式子得自螺紋的法向負荷平行於螺旋軸的方牙螺紋。若為 Acme 或其它螺紋時，螺紋的法向負荷與螺旋軸形成傾斜，因為螺紋角為 2α 而導程角為 λ。由於導程角很小，此項傾斜可予以忽略，僅考慮螺紋角的影響 (圖 7-7a)。α 角的效應是藉螺紋的楔效應以提升摩擦力。因此，(7-1) 式中的摩擦項應以 $\cos \alpha$ 除之。所以，欲頂升負荷或旋緊螺釘或螺栓時

$$T_R = \frac{F d_m}{2} \left(\frac{l + \pi f d_m \sec \alpha}{\pi d_m - f l \sec \alpha} \right) \tag{7-5}$$

使用 (7-5) 式時，應記得它只是個近似值，因為忽略了導程角產生的效果。

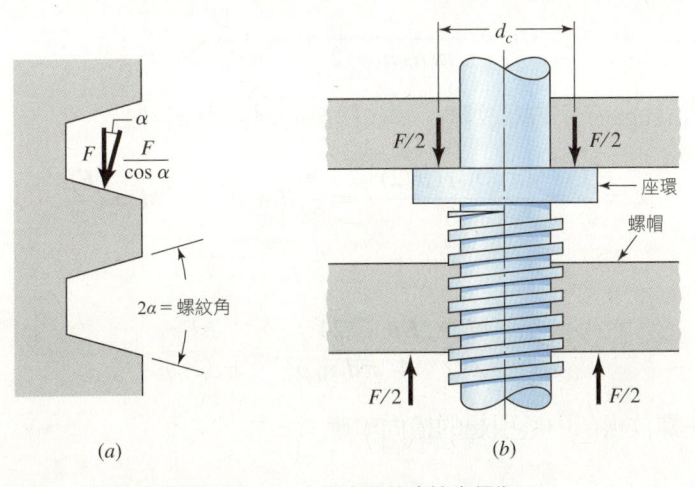

圖 7-7 (a) 由於角 α 法向螺紋力增大了。(b) 止推座環的摩擦直徑為 d_c。

對傳動螺旋而言，因為楔效應產生的額外摩擦，Acme 螺紋的效率不及方牙螺紋，但通常卻優先選用它，因為它較容易加工，而且容許使用對合螺帽 (split nut)，可藉調整以補償磨耗。

傳動螺旋的應用中，通常必須加入第三項扭矩分量。因螺旋承受軸向負荷，在旋轉與固定的元件間，必須使用止推或座環軸承 (collar bearing)，藉以承受軸向負荷。圖 7-7b 中為一典型的止推座環，假設負荷集中於套環的平均直徑 d_c 處。若 f_c 為座環的摩擦係數，則所需扭矩為

$$T_c = \frac{Ff_c d_c}{2} \tag{7-6}$$

對於較大的座環，該扭矩可能需要以使用於碟式離合器的方式計算之。

傳動螺旋中的標稱本體應力 (nominal body stress) 可以與螺紋參數扯上關係如下。於扭轉該螺旋本體時的標稱剪應力 τ 可以表示為

$$\tau = \frac{16T}{\pi d_r^3} \tag{7-7}$$

在不考量柱效應的情況下，螺旋本體中由於負荷 F 導致的軸向應力 σ 為

$$\sigma = \frac{F}{A} = \frac{4F}{\pi d_r^2} \tag{7-8}$$

對短柱而言，J. B. Johnson 方程式如 (4-43) 式，

$$\left(\frac{F}{A}\right)_{\text{crit}} = S_y - \left(\frac{S_y}{2\pi}\frac{l}{k}\right)^2 \frac{1}{CE} \tag{7-9}$$

傳動螺旋中的標稱螺紋應力與螺紋參數間的關聯如下。圖 7-8 中的承應力，σ_B 為

$$\sigma_B = -\frac{F}{\pi d_m n_t p/2} = -\frac{2F}{\pi d_m n_t p} \tag{7-10}$$

式中 n_t 為咬合 (engaged) 的螺紋數。螺紋根部的彎應力 σ_b 由

$$Z = \frac{I}{c} = \frac{(\pi d_r n_t)(p/2)^2}{6} = \frac{\pi}{24} d_r n_t p^2 \qquad M = \frac{Fp}{4}$$

所以

$$\sigma_b = \frac{M}{Z} = \frac{Fp}{4}\frac{24}{\pi d_r n_t p^2} = \frac{6F}{\pi d_r n_t p} \tag{7-11}$$

負荷 F 在螺紋根部中心引起的橫向剪應力 τ 為

圖 7-8 方牙螺紋的幾何圖形，對求螺牙根部的彎應力與橫向剪應力非常有用。

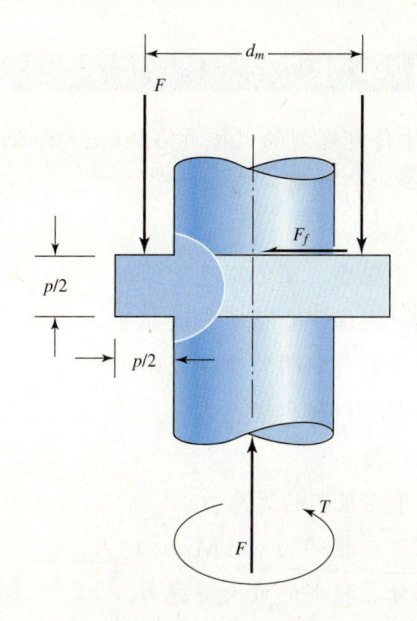

$$\tau = \frac{3V}{2A} = \frac{3}{2}\frac{F}{\pi d_r n_t p/2} = \frac{3F}{\pi d_r n_t p} \tag{7-12}$$

而在根部的上方則等於零。在根部上方"平面"的 von Mises 應力可經由辨認正交的法向應力與剪應力而求得。從圖 7-8 中的座標系，可將各應力標示為

$$\sigma_x = \frac{6F}{\pi d_r n_t p} \qquad \tau_{xy} = 0$$

$$\sigma_y = -\frac{4F}{\pi d_r^2} \qquad \tau_{yz} = \frac{16T}{\pi d_r^3}$$

$$\sigma_z = 0 \qquad \tau_{zx} = 0$$

然後使用 4-5 節中的 (4-14) 式。

　　從分析的觀點來看，螺旋之螺紋的型式很複雜。記得原始的拉應力面積得自試驗。傳動螺旋頂高負荷是在承壓的情況，螺紋的節距因彈性變形而縮短。與它咬合的螺帽則是處於拉伸的狀態，螺紋節距因而拉長。咬合的螺牙並不能平均地分擔負荷。有些實驗證實，咬合的第一個螺牙承受了 38% 的負荷，第二個螺牙承受了 25% 的負荷，第三個則承受了 18% 的負荷，而第七個螺牙則沒有承受負荷。在使用前述的公式估算螺牙應力時，以 0.38F 取代 F，而令 $n_t = 1$，將得到螺牙－螺帽組合中的最大應力水準。

範例 7-1

某方牙傳動螺旋的大徑為 32 mm，節距為 4 mm，且具有雙螺紋。將被使用於類似圖 7-4 中的應用。已知的數據有 $f=f_c=0.08$，$d_c=40$ mm 及每根螺旋承受 $F=6.4$ kN。試求：

(a) 螺牙深度、螺牙寬度、節徑、小徑及導程。
(b) 頂升與降下負荷所需的扭矩。
(c) 頂升負荷期間的螺旋效率。
(d) 本體的扭轉與壓應力。
(e) 承應力。
(f) 螺牙在根部的彎應力。
(g) 螺牙在根部的 von Mises 應力。
(h) 螺牙在根部的最大剪應力。

解答 (a) 由圖 7-3a 可知螺紋的深度與寬度相同而且等於節距之半，或 2 mm。同時

$$d_m = d - p/2 = 32 - \tfrac{4}{2} = 30 \text{ mm}$$

答案
$$d_r = d - p = 32 - 4 = 28 \text{ mm}$$
$$l = np = 2(4) = 8 \text{ mm}$$

(b) 利用 (7-1) 與 (7-6) 式，並假設正扭矩為頂升負荷的扭矩，旋轉螺旋以反抗負荷所需的扭矩為

$$T_R = \frac{Fd_m}{2}\left(\frac{l+\pi f d_m}{\pi d_m - fl}\right) + \frac{F f_c d_c}{2}$$

$$= \frac{6.4(30)}{2}\left[\frac{8+\pi(0.08)(30)}{\pi(30)-0.08(8)}\right] + \frac{6.4(0.08)40}{2}$$

答案
$$= 15.94 + 10.24 = 26.18 \text{ N·m}$$

利用 (7-2) 與 (7-6) 式，求得降下負荷的扭矩

$$T_L = \frac{Fd_m}{2}\left(\frac{\pi f d_m - l}{\pi d_m + fl}\right) + \frac{F f_c d_c}{2}$$

$$= \frac{6.4(30)}{2}\left[\frac{\pi(0.08)30 - 8}{\pi(30)+0.08(8)}\right] + \frac{6.4(0.08)(40)}{2}$$

答案
$$= -0.466 + 10.24 = 9.77 \text{ N·m}$$

第一項是負值指出該螺旋不是自鎖螺旋,而將在負荷作用下旋轉,除非存在座環摩擦,而且能克服第一項的扭矩。因此,旋轉該承受負荷的螺旋所需的扭矩小於單獨要克服座環摩擦所必要的扭矩。

(c) 頂升負荷的總效率為

答案
$$e = \frac{Fl}{2\pi T_R} = \frac{6.4(8)}{2\pi(26.18)} = 0.311$$

(d) 由於扭矩 T_R 在螺旋本體外側所導致的本體剪應力 τ 為

答案
$$\tau = \frac{16 T_R}{\pi d_r^3} = \frac{16(26.18)(10^3)}{\pi(28^3)} = 6.07 \text{ MPa}$$

軸向的標稱法向應力 σ 為

答案
$$\sigma = -\frac{4F}{\pi d_r^2} = -\frac{4(6.4)10^3}{\pi(28^2)} = -10.39 \text{ MPa}$$

(e) 以單螺牙承受 38% F 的承應力 σ_B 為

答案
$$\sigma_B = -\frac{2(0.38F)}{\pi d_m(1)p} = -\frac{2(0.38)(6.4)10^3}{\pi(30)(1)(4)} = -12.9 \text{ MPa}$$

(f) 以單螺牙承受 0.38F 的牙根彎應力 σ_b 為

答案
$$\sigma_b = \frac{6(0.38F)}{\pi d_r(1)p} = \frac{6(0.38)(6.4)10^3}{\pi(28)(1)4} = 41.5 \text{ MPa}$$

(g) 在牙根剖面的極端位置由彎矩引起的橫向剪應力等於零。然而,在牙根剖面的極端位置處有周向剪應力 (circumferential shear stress),如 (d) 部分所示的 6.07 Mpa。在圖 7-8 後面的三維應力為

$$\sigma_x = 41.5 \text{ MPa} \qquad \tau_{xy} = 0$$
$$\sigma_y = -10.39 \text{ MPa} \qquad \tau_{yz} = 6.07 \text{ MPa}$$
$$\sigma_z = 0 \qquad \tau_{zx} = 0$$

請注意:z 軸指向頁面。依 4-5 節的 (4-14) 式,von Mises 應力可寫成

答案
$$\sigma' = \frac{1}{\sqrt{2}}\{(41.5-0)^2 + [0-(-10.39)]^2 + (-10.39-41.5)^2 + 6(6.07)^2\}^{1/2}$$
$$= 48.7 \text{ MPa}$$

令一種解法,可先求得主應力,然後用 (4-12) 式求 von Mises 應力。這種解法在估算 τ_{max} 很有幫助。主應力可由 (2-15) 式求得;然後,繪製應力元素圖,並在 x 表面沒有剪應力。這表示 σ_x 為主應力,其餘的應力可用

平面應力的 (3-13) 式作轉換。因此，其它的主應力為

$$\frac{-10.39}{2} \pm \sqrt{\left(\frac{-10.39}{2}\right)^2 + 6.07^2} = 2.79, -13.18 \text{ MPa}$$

將主應力依大小排序得 σ_1、σ_2、$\sigma_3 = 41.5$、2.79、-13.18 MPa。將這些值代入 (4-12) 式，得

答案
$$\sigma' = \left\{\frac{[41.5 - 2.79]^2 + [2.79 - (-13.18)]^2 + [-13.18 - 41.5]^2}{2}\right\}^{1/2}$$

$$= 48.7 \text{ MPa}$$

(h) 最大剪應力可由 (2-16) 式求得，在此 $\tau_{max} = \tau_{1/3}$，可得

答案
$$\tau_{max} = \frac{\sigma_1 - \sigma_3}{2} = \frac{41.5 - (-13.18)}{2} = 27.3 \text{ MPa}$$

Ham 與 Ryan[1] 證實螺旋之螺牙間的摩擦係數與軸向負荷無關，實務上也與速率無關，隨著使用的潤滑劑較黏而減少，顯示隨著材料的搭配有稍許變化，其最佳的搭配是鋼對青銅。傳動螺旋中的滑動摩擦係數值約在 0.10~0.15 之間。

表 7-4 顯示保護運動表面無不正常磨耗的螺牙安全承壓力值。表 7-5 顯示常用材料配對的滑動摩擦係數。

表 7-6 顯示常用材料配對的啟動與運轉的摩擦係數。

表 7-4　螺旋的承壓力
來源：H. A. Rothbart and T. H. Brown, Jr., *Mechanical Design Handbook*, 2nd ed., McGraw-Hill, New York, 2006.

螺旋材料	螺帽材料	安全的 p_b, MPa	備註
鋼	青銅	17.2-24.1	低速
鋼	青銅	11.0-17.2	≤ 50 mm/s
	鑄鐵	6.9-17.2	≤ 40 mm/s
鋼	青銅	5.5-9.7	100-200 mm/s
	鑄鐵	4.1-6.9	100-200 mm/s
鋼	青銅	1.0-1.7	≥ 250 mm/s

---

[1] Ham and Ryan, *An Experimental Investigation of the Friction of Screw-threads*, Bulletin 247, University of Illinois Experiment Station, Champaign-Urbana, Ill., June 7, 1932.

表 7-5　螺紋對的摩擦係數 *f*
來源：H. A. Rothbart and T. H. Brown, Jr., *Mechanical Design Handbook*, 2nd ed., McGraw-Hill, New York, 2006.

螺桿材料	螺帽材料			
	鋼	青銅	黃銅	鑄鐵
鋼、乾	0.15-0.25	0.15-0.23	0.15-0.19	0.15-0.25
鋼、機油	0.11-0.17	0.10-0.16	0.10-0.15	0.11-0.17
青銅	0.08-0.12	0.04-0.06	—	0.06-0.09

表 7-6　推力座環摩擦係數
來源：H. A. Rothbart and T. H. Brown, Jr., *Mechanical Design Handbook*, 2nd ed., McGraw-Hill, New York, 2006.

組合	滑動	起動
軟鋼對鑄鐵	0.12	0.17
硬鋼對鑄鐵	0.09	0.15
軟鋼對青銅	0.08	0.10
硬鋼對青銅	0.06	0.08

7-3　螺紋扣件

當研習有關螺紋扣件及其應用的各節時，應該對隨機與確定性觀點之存在有所警覺。大多數情況下，此項威脅來自扣件的過安全負荷，這種情形最好利用統計法來處理。來自疲勞的威脅較少，使用確定法就足夠了。

圖 7-9 是標準六角頭螺栓的圖形，各應力集中點在內圓角處、螺紋的起始 (終結區)，及若螺帽存在時，在螺帽平面中螺紋根部的內圓角處。尺寸請看表 A-29。墊圈表面的直徑與跨越六角形平行邊的寬度相同。in-系列螺栓的螺紋長度為

$$L_T = \begin{cases} 2d + \frac{1}{4} \text{ in} & L \leq 6 \text{ in} \\ 2d + \frac{1}{2} \text{ in} & L > 6 \text{ in} \end{cases} \tag{7-13}$$

而米制螺栓則為

圖 7-9　六角頭螺栓；請注意其墊圈面，在螺栓頭下方的內圓角，螺紋的起始位置，及其兩端的倒角。螺栓長度都是從螺帽下方量起。

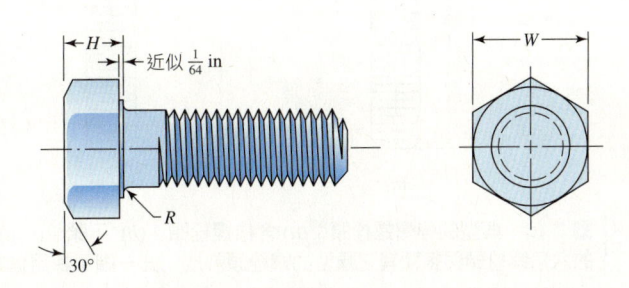

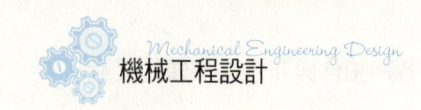

$$L_T = \begin{cases} 2d + 6 & L \leq 125 \quad d \leq 48 \\ 2d + 12 & 125 < L \leq 200 \\ 2d + 25 & L > 200 \end{cases} \tag{7-14}$$

其中的單位為 mm。理想的螺栓長度在旋緊螺帽後，僅有一個或兩個螺牙露在螺帽之外。螺栓孔於鑽孔後可能有毛邊 (burrs) 或尖銳的邊，這些可能會咬入內圓角而升高應力集中。所以，在螺栓頭下方永遠必須記得使用墊圈，以防範此種情況發生。它們應具硬鋼質地，並承受施加於螺栓的負荷，使衝孔的圓滑孔緣面對螺栓的墊圈面，有時候螺帽的下方也必須使用墊圈。

螺栓的目的在於將兩個或更多的元件緊緊地夾在一起。夾緊力拉長了螺栓；該負荷得自扭轉螺帽，直到螺栓伸長至幾乎到彈性限。如果螺帽並未鬆脫，螺栓中的拉力維持於預施負荷或夾緊力。當夾緊時，如果可能，機匠應維持螺栓頭於靜止，並旋轉螺帽；依此種方式，螺栓柄將不會感受到螺牙的摩擦扭矩。

帶帽六角頭螺旋 (hexagon-head cap screw) 的螺栓頭稍薄於一般六角頭螺栓。帶帽六角頭螺旋的尺寸列於表 A-30 中。帶帽六角頭螺旋的應用與螺栓相同，也用於受夾持元件之一攻牙的情況。圖 7-10 中顯示了三種常用帶帽螺旋的頭部型式。

圖 7-11 中顯示多種機製螺栓頭的型式，inch-系列的機製螺旋能提供的尺寸從 No. 0 到大約 $\frac{3}{8}$ in。

圖 7-12 中顯示許多六角螺帽的型式。其尺寸列於表 A-31 中。螺帽的材料必須

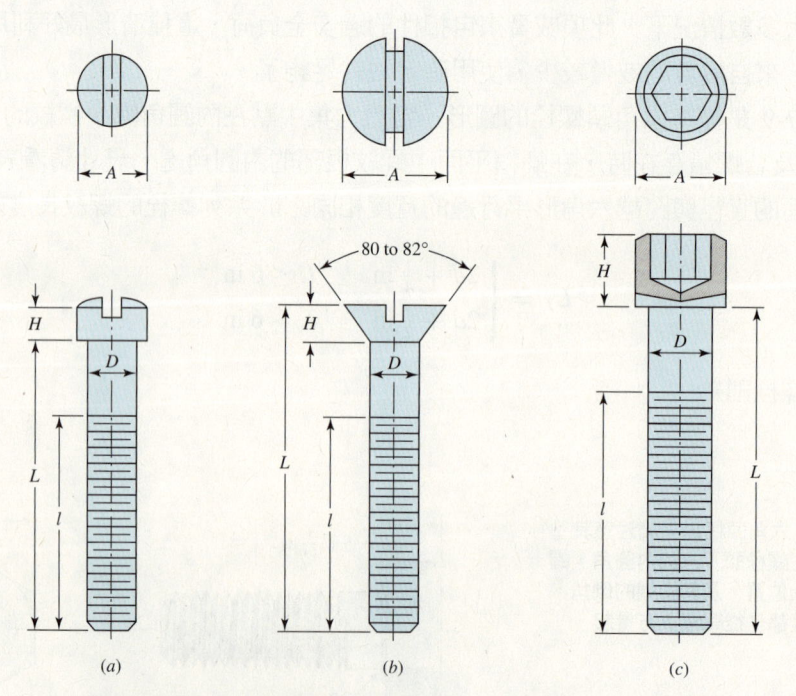

圖 7-10　典型的帶帽螺栓頭；(a) 含槽螺栓頭；(b) 平頭；(c) 六角凹頭；帶帽螺栓也是以類似圖 7-9 中的六角螺栓頭與多種其它類型的螺栓頭製成。此一圖示採用傳統的螺旋表示法。

第 7 章　螺旋、各類扣件與非永久接頭的設計

仔細選擇，以與螺栓適配。旋緊期間，螺帽的第一個螺牙幾乎承擔了全部負荷；除了發生降伏外，由於冷作效應導致有些強化作用，而終究將負荷分佈於大約三個螺牙上。職是之故，螺帽應當永不重複使用，它可能產生危險。

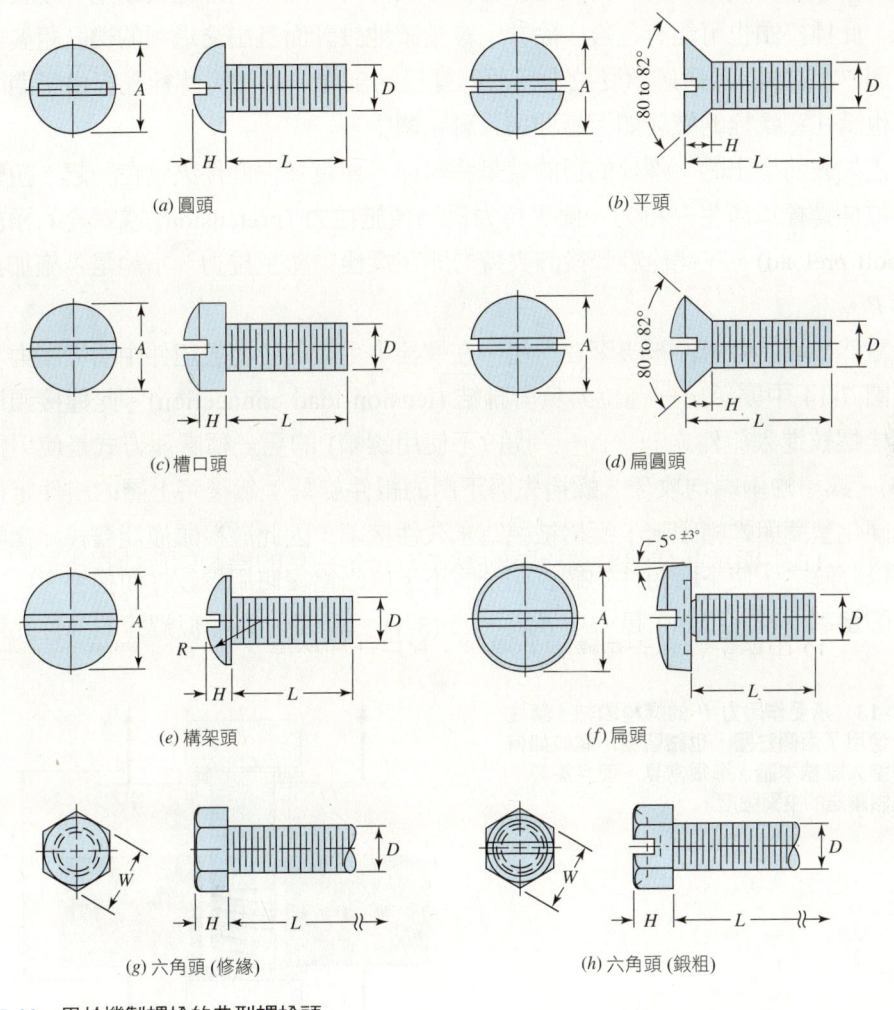

(a) 圓頭

(b) 平頭

(c) 槽口頭

(d) 扁圓頭

(e) 構架頭

(f) 扁頭

(g) 六角頭 (修緣)

(h) 六角頭 (鍛粗)

圖 7-11　用於機製螺栓的典型螺栓頭。

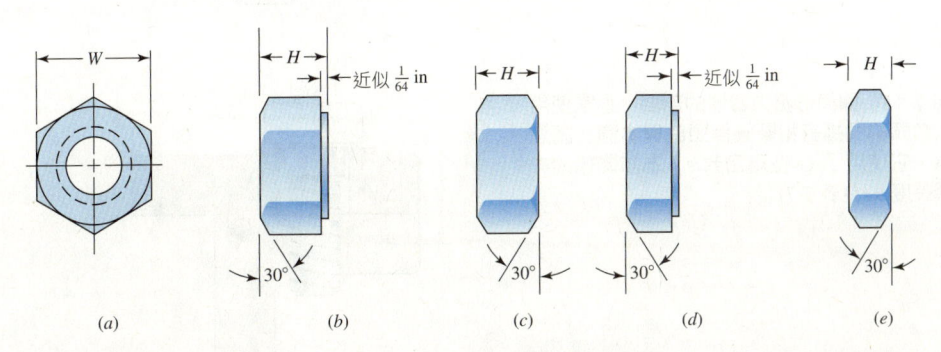

(a)　(b)　(c)　(d)　(e)

圖 7-12　六角螺帽；(a) 端視圖，一般的螺帽；(b) 具墊圈面的常規螺帽；(c) 兩端倒角的常規螺帽；(d) 兩端倒角的鎖緊螺帽。

7-4 接頭─扣件勁度

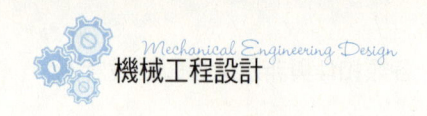

當聯結處需要可以不用破壞的方法解開,而且必須有足夠的強度以抵抗外施的拉力負荷、力矩負荷、剪負荷或它們的複合負荷時,簡單的螺栓接頭是一項良好的選擇。此種接頭也可能有危險,除非它經精確地設計而且由受過訓的機匠組裝。

圖 7-13 中顯示通過承受拉力負荷的螺栓的剖面。請注意螺栓孔提供了間隙空間。也請注意螺栓的螺牙如何延伸進入聯結體中。

正如先前指出的,螺栓的目的就是將兩件,或更多件部件夾緊在一起。扭緊螺帽而拉伸螺栓以產生夾持力。此夾持力稱為**預施拉力 (pretension)** 或螺栓的**預施負荷 (bolt preload)**。在螺栓旋緊後該夾持力即在螺栓中產生拉力,不論是否施加拉力負荷 P。

當然,因為各組件被夾緊在一起,在螺栓中生成的拉力於組件中引發壓力。

圖 7-14 中顯示另一種拉力負荷聯結 (tension-load connection)。此種接頭以帶帽螺栓螺紋進入組件之一。此一問題 (不使用螺帽) 的另一種處理方式是使用螺椿 (stub)。螺椿的兩端均攻牙。螺椿先與下層的組件旋緊;然後將上層的組件定位,再以硬化墊圈與螺帽鎖緊。螺椿被視為永久性接頭,因此該接頭僅能藉移除螺帽與墊圈以分解之,使下層組件的螺紋部分,不至於因重複使用螺紋件而損壞。

彈簧率 (spring rate) 是一項界限,如 (3-1) 式所示。對類似螺栓的彈性元件而

圖 7-13 承受作用力 P 的螺栓聯結。請注意,使用了兩個墊圈。也請留意,螺紋如何延伸進入聯結本體。這很常見,而且需要。l_G 為該聯結的夾緊強度。

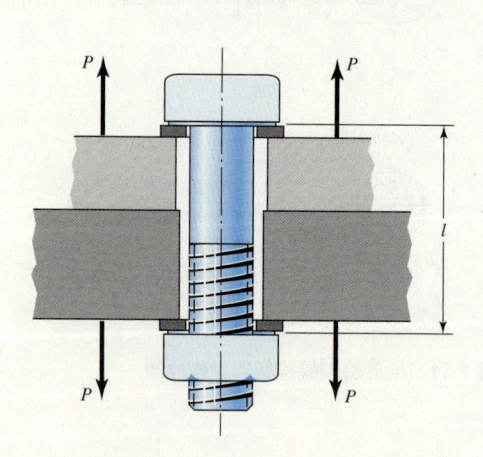

圖 7-14 圓筒形壓力容器的剖面。通常使用六角頭帶頭螺釘扣緊圓筒頭部與本體。請注意,它使用了 O-型環密封。l 為該聯結的夾緊長度。(見表 7-7)

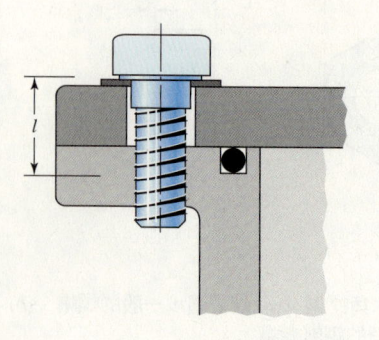

言，正如於 (3-2) 式中所學的，它是作用於該組件的力，與該力所導致的變形量的比值。藉 (3-4) 式與問題 (3-1) 所得到的結果，求得任何螺栓扣件 (fastener) 聯結的勁度常數 (stiffness constant)。

聯結的**夾緊長度** (grip) l 是受夾持材料的總厚度。在圖 7-13 中，夾緊長度是兩組件厚度再加上墊圈厚度之和。圖 7-14 中的有效夾緊長度列於表 7-7 中。

在夾緊區中，螺栓或螺旋部分的勁度通常包含兩部分，沒有螺紋的螺栓柄部分與含螺紋部分。因此螺栓的勁度常數相當於兩串聯彈簧的勁度。藉問題 3-1 所得，可得對兩個串聯的彈簧

$$\frac{1}{k} = \frac{1}{k_1} + \frac{1}{k_2} \quad \text{或} \quad k = \frac{k_1 k_2}{k_1 + k_2} \tag{7-15}$$

由 (3-4) 式，夾緊區中螺栓含螺紋部分與無螺紋部分的彈簧率分別為

$$k_t = \frac{A_t E}{l_t} \qquad k_d = \frac{A_d E}{l_d} \tag{7-16}$$

式中　　A_t = 拉應力面積 (請參考表 7-1 與表 7-2)
　　　　l_t = 夾緊長度中含螺紋部分的長度。
　　　　A_d = 扣件大徑的面積。
　　　　l_d = 夾緊長度中不含螺紋部分的長度

將這些勁度代入 (7-15) 式中可得

$$k_b = \frac{A_d A_t E}{A_d l_t + A_t l_d} \tag{7-17}$$

式中的 k_b 用於評估螺栓或帶帽螺栓於夾緊區中的有效勁度，對短扣件而言，例如圖 7-14 所示者，無螺紋部分的長度甚小，(7-16) 式中的第一式可用於求 k_b。而在長扣件的情況下，含螺紋部分的長度相對的甚小，因此 (7-16) 式中的第二式可用於求 k_b。表 7-7 相當有用。

7-5　接頭―組件勁度

前一節中，求得了夾緊區中扣件的勁度。本節將探討在夾緊區中之組件的勁度。為了瞭解組合聯結承受外施拉力負荷時究竟發生了什麼，這些勁度都必須知道。

在扣件的夾緊長度中，可能含兩個以上的組件，它們的作用就像串聯的壓縮彈簧。因此這些組件的總彈簧率為

表 7-7　尋求扣件勁度時建議的程序

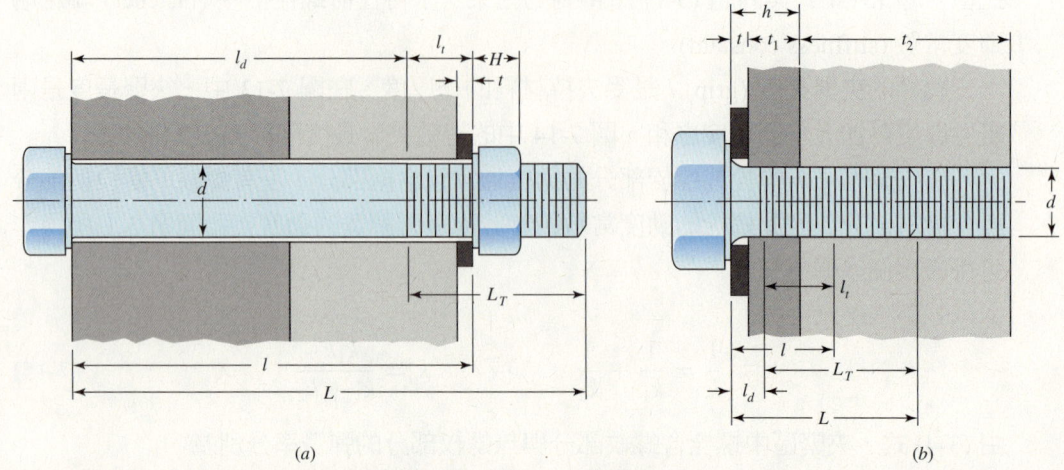

(a)　　　　　　　　　　　　　　(b)

指定以 mm 表示的扣件直徑 d 及節距 p 或每 in. 的螺紋數

墊圈厚度：t 得自表 A-32 或 A-33
螺帽厚度 [僅圖 (a)]：H　　得自表 A-31
夾緊長度：
　　就圖 (a)：　　　$l=$ 在螺栓面和螺帽面所有受擠壓的材料
　　就圖 (b)：　　　$l = \begin{cases} h + t_2/2, & t_2 < d \\ h + d/2, & t_2 \geq d \end{cases}$

扣件長度 (捨入後利用表 A-17*)：
　　就圖 (a)：　　　$L > l + H$
　　就圖 (b)：　　　$L > h + 1.5d$
螺紋長度 L_T：　　Inch 系列：

$$L_T = \begin{cases} 2d + \frac{1}{4} \text{ in}, & L \leq 6 \text{ in} \\ 2d + \frac{1}{2} \text{ in}, & L > 6 \text{ in} \end{cases}$$

　　　　　　　　　米制系列：

$$L_T = \begin{cases} 2d + 6 \text{ mm}, & L \leq 125 \text{ mm}, d \leq 48 \text{ mm} \\ 2d + 12 \text{ mm}, & 125 < L \leq 200 \text{ mm} \\ 2d + 25 \text{ mm}, & L > 200 \text{ mm} \end{cases}$$

夾緊長度之無螺紋部分長度：　　$l_d = L - L_T$
夾緊長度之有螺紋部分長度：　　$l_t = l - l_d$
無螺紋部分的剖面積：　　　　　$A_d = \pi d^2/4$
含螺紋部分的剖面積：　　　　　A_t 從表 7-1 或 7-2 查詢
扣件勁度：　　　　　　　　　　$k_b = \dfrac{A_d A_t E}{A_d l_t + A_t l_d}$

* 螺栓與帶頭螺釘列於表 A-17 中所有的優先尺寸可能無法全部取得。大型扣件可能無法取得 in 系列中含分數者。米制系列中可能無法取得個位數非零者。為了可取得性，請與供應商核對一下。

第 7 章　螺旋、各類扣件與非永久接頭的設計

$$\frac{1}{k_m} = \frac{1}{k_1} + \frac{1}{k_2} + \frac{1}{k_3} + \cdots + \frac{1}{k_i} \tag{7-18}$$

如果組件中有一個軟質的密合墊 (soft gasket) 時，其勁度相較於其它組件小至通常於實務上可以將其它組件忽略，而僅使用密合墊的勁度。

如果沒有密合墊，則組件的勁度除非以實驗求得，否則相當難以取得，因為壓力分佈於螺栓頭與螺帽間，而且面積也不是均勻的。然而，有某些情況該面積可以求得。

伊藤[2] 利用超音波技術來決定組件介面間的壓力分佈，其結果顯示，在大約是螺栓半徑之 1.5 倍範圍內，壓力仍居高不下，然而距離螺栓再稍遠一些壓力降了下來。因此伊藤提議使用 Rotscher 之具有可變錐角的壓力錐法來計算勁度。這個方法相當複雜，因此我們在此選擇使用較簡單的固定錐角法。

圖 7-15 顯示使用半錐角 α 之一般圓錐的幾何形狀。半錐角 α 為 45° 之圓錐幾何形狀。已經使用 $\alpha = 45°$，可是 Little[3] 的報告指出這高估了夾緊勁度。當將負荷限制於墊圈面 (硬化鋼、鑄鐵或鋁) 的環形區之中時，錐角比較小，Osgood[4] 指出，多數組合之 α 角的範圍在 $25° \leq \alpha \leq 33°$。本書中採用 $\alpha = 30°$ 除非是材料不足以容許錐台存在。

現在參考圖 7-15b，縮小成厚度 dx 的錐台元素承受壓力 P 作用，從 (3-3) 式，

$$d\delta = \frac{P\,dx}{EA} \tag{a}$$

該元素的面積為

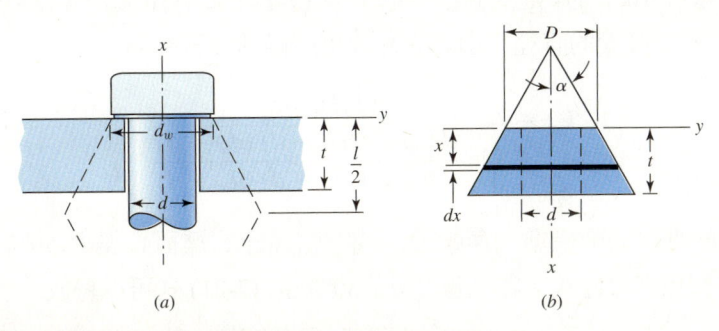

▌圖 7-15　組件的受壓區的等效彈性性質可用中空的圓錐錐台代表。

---

[2] Y. Ito, J. Toyoda, and S. Nagata, "Interface Pressure Distribution in a Bolt-Flange Assembly," ASME paper no. 77-WA/DE-11, 1977。
[3] R. E. Little, "Bolted Joints: How Much Give?" *Machine Design*, Nov. 9, 1967.
[4] C. C. Osgood, "Saving Weight on Bolted Joints," *Machine Design*, Oct. 25, 1979.

$$A = \pi(r_o^2 - r_i^2) = \pi\left[\left(x\tan\alpha + \frac{D}{2}\right)^2 - \left(\frac{d}{2}\right)^2\right]$$
$$= \pi\left(x\tan\alpha + \frac{D+d}{2}\right)\left(x\tan\alpha + \frac{D-d}{2}\right) \quad (b)$$

將此式代入 (a) 式並積分左端，可得伸長量為

$$\delta = \frac{P}{\pi E}\int_0^t \frac{dx}{[x\tan\alpha + (D+d)/2][x\tan\alpha + (D-d)/2]} \quad (c)$$

利用積分表，可得積分的結果為

$$\delta = \frac{P}{\pi E d\tan\alpha}\ln\frac{(2t\tan\alpha + D - d)(D + d)}{(2t\tan\alpha + D + d)(D - d)} \quad (d)$$

因此，該錐台的勁度為

$$k = \frac{P}{\delta} = \frac{\pi E d\tan\alpha}{\ln\dfrac{(2t\tan\alpha + D - d)(D + d)}{(2t\tan\alpha + D + d)(D - d)}} \quad (7\text{-}19)$$

令 $\alpha = 30°$，則此式將變成

$$k = \frac{0.5774\pi E d}{\ln\dfrac{(1.155t + D - d)(D + d)}{(1.155t + D + d)(D - d)}} \quad (7\text{-}20)$$

(7-20) 或 (7-19) 式必須分別用於接頭中的各錐台，然後以 (7-18) 式組合個別的勁度以求得 k_m。

若接頭中的各組件具有背對背的對稱錐台，而且楊氏模數 E 相同時，則它們的作用如同兩個相同的彈簧串聯在一起，由 (7-18) 式可知 $k_m = k/2$。令夾緊長度 $l = 2t$，而 d_w 為墊圈面的直徑。由 (7-19) 式可解得其彈簧率為

$$k_m = \frac{\pi E d\tan\alpha}{2\ln\dfrac{(l\tan\alpha + d_w - d)(d_w + d)}{(l\tan\alpha + d_w + d)(d_w - d)}} \quad (7\text{-}21)$$

因為墊圈面的直徑約較標準六角螺栓，或帶帽螺栓的標稱直徑大 50%，可以藉令 $d_w = 1.5d$ 以簡化 (7-21) 式。如果也令 $\alpha = 30°$，則 (7-21) 式可以寫成

$$k_m = \frac{0.5774\pi E d}{2\ln\left(5\dfrac{0.5774l + 0.5d}{0.5774l + 2.5d}\right)} \quad (7\text{-}22)$$

本節中編號的各式很容易寫成程式，而且也應該將它寫成程式。花費在程式上的時

間，可以節省許多鍵入公式的時間。

為了瞭解 (7-21) 式有多好，由它解得 k_m/E_d：

$$\frac{k_m}{Ed} = \frac{\pi \tan\alpha}{2 \ln\left[\dfrac{(l\tan\alpha + d_w - d)(d_w + d)}{(l\tan\alpha + d_w + d)(d_w - d)}\right]}$$

本節稍早推薦對硬化鋼、鑄鐵、或鋁質組件使用 $\alpha = 30°$。Wileman、Choudury及 Green[5] 等人帶領以有限元素研究此一問題，其結果繪製於圖 7-16中，與推薦的 $\alpha = 30°$ 於展弦比 (aspect ratio) $d/l = 0.4$ 時完全重合。此外他們提供一個指數適配曲線，其公式為

$$\frac{k_m}{Ed} = A \exp(Bd/l) \tag{7-23}$$

其中的定值 A 與 B 定義於表 7-8 中。對於標準墊圈面及相同材質的組件而言，(7-23) 式提供了組件勁度 k_m 的簡潔計算法。對背離這些條件的情況，(7-20) 式仍然是處理此一問題的基礎。

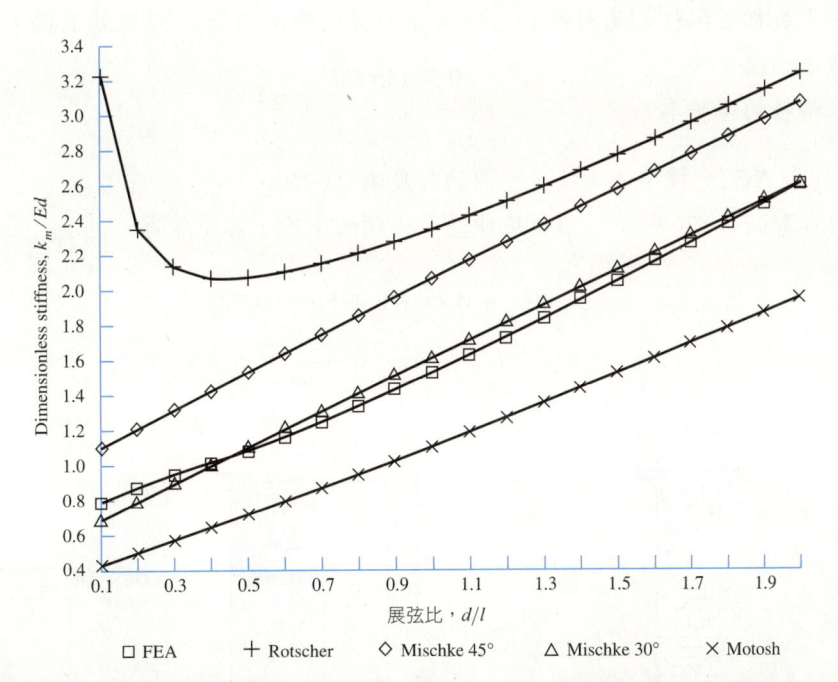

圖 7-16　螺栓接頭之勁度對展弦比的無因次圖。顯示 Rotscher、Mischke、Motosh 法與由 Wileman，Choudury 及 Green 等人帶領以有限元素分析 (FEA) 之結果比較的相對精確度。(進一步的資訊請看表 7-8 的腳註)。

---

[5] J. Wileman, M. Choudury, and I. Green, "Computation of Member Stiffness in Bolted Connections," *Trans. ASME, J. Mech. Design*, vol. 113, December 1991, pp. 432–437.

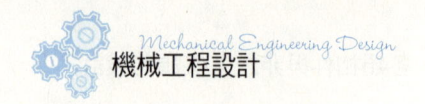

表 7-8 不同組件材料的勁度參數

來源：J. Wileman, M. Choudury, and I. Green, "Computation of Member Stiffness in Bolted Connections," *Trans. ASME, J. Mech. Design*, vol. 113, December 1991, pp. 432–437.

使用材料	Poisson 比	彈性模數 GPa	Mpsi	A	B
鋼	0.291	207	30.0	0.787 15	0.628 73
鋁	0.334	71	10.3	0.796 70	0.638 16
銅	0.326	119	17.3	0.795 68	0.635 53
灰鑄鐵	0.211	100	14.5	0.778 71	0.616 16
一般表示				0.789 52	0.629 14

範例 7-2

如圖 7-17a 所示，兩張平板以 UNC SAE 5 等級，墊圈面直徑為 $\frac{1}{2}$ in 的螺栓夾緊，每個螺栓具有一個標準的 $\frac{1}{2}$ N 鋼質平墊圈。

(a) 試求其組件的彈簧率 k_m。若在上方的是鋼板，而在下方的是灰鑄鐵。
(b) 若兩者都是鋼板，試使用圓錐台法求該組件的彈簧率 k_m。
(c) 若兩平板都是鋼板，試利用 (7-23) 式求組件的彈簧率 k_m。試將結果與 (b) 部分的結果比較。
(d) 試求螺栓的彈簧率 k_b。

解答 從表 A-32，標準的 $\frac{1}{2}$ N 平墊圈的厚度為 0.095 in。

(a) 如圖 7-17b 所示，錐台延伸進入接頭的半途，其距離為

$$\frac{1}{2}(0.5 + 0.75 + 0.095) = 0.6725 \text{ in}$$

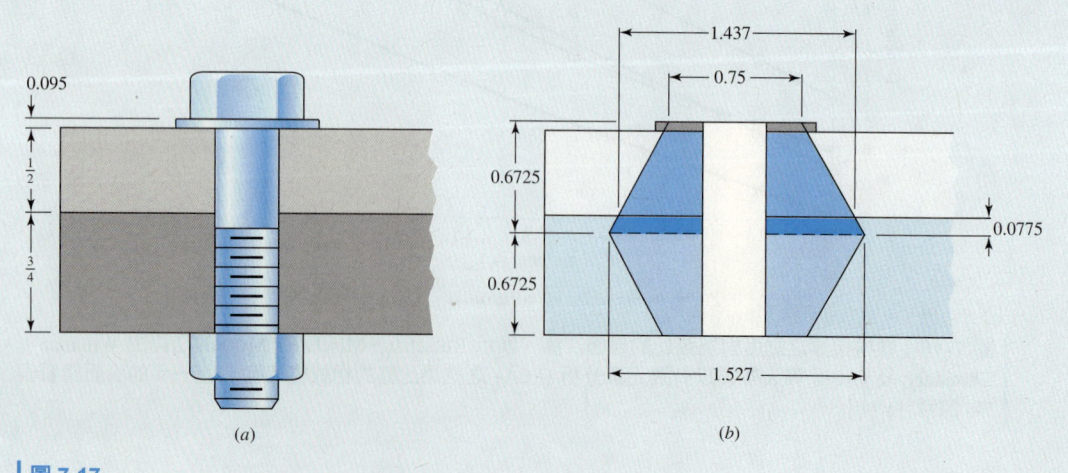

圖 7-17
尺寸以 in 表示。

接頭界線與錐台的點線間之距離為 $0.6725 - 0.5 - 0.095 = 0.0775$ in.。因此，上方的錐台包含墊圈，鋼板與 0.0775 in 厚的鑄鐵。由於墊圈與上方的平板都屬鋼質，其 $E = 30(10^6)$ psi。它們可視為厚度 0.595 in 的單一錐台。該鋼組件之錐台的外直徑於接頭介面處為 $0.75 + 2(0.595)\tan 30° = 1.437$ in。於整個接頭中點處的外直徑為 $0.75 + 2(0.6725)\tan 30° = 1.527$ in。以 (7-20) 式，鋼質部分的彈簧率為

$$k_1 = \frac{0.5774\pi(30)(10^6)0.5}{\ln\left\{\frac{[1.155(0.595) + 0.75 - 0.5](0.75 + 0.5)}{[1.155(0.595) + 0.75 + 0.5](0.75 - 0.5)}\right\}} = 30.80(10^6)\text{ lbf/in}$$

鑄鐵質錐台上方部分的彈簧率為

$$k_2 = \frac{0.5774\pi(14.5)(10^6)0.5}{\ln\left\{\frac{[1.155(0.0775) + 1.437 - 0.5](1.437 + 0.5)}{[1.155(0.0775) + 1.437 + 0.5](1.437 - 0.5)}\right\}} = 285.5(10^6)\text{ lbf/in}$$

鑄鐵質錐台下方部分的彈簧率則為

$$k_3 = \frac{0.5774\pi(14.5)(10^6)0.5}{\ln\left\{\frac{[1.155(0.6725) + 0.75 - 0.5](0.75 + 0.5)}{[1.155(0.6725) + 0.75 + 0.5](0.75 - 0.5)}\right\}} = 14.15(10^6)\text{ lbf/in}$$

這三個錐台形成串聯，因此，由 (7-18) 式

$$\frac{1}{k_m} = \frac{1}{30.80(10^6)} + \frac{1}{285.5(10^6)} + \frac{1}{14.15(10^6)}$$

答案 此項結果為 $k_m = 9.378(10^6)$ lbf/in。

(b) 若整個接頭均為鋼質，於 (7-22) 式中令 $l = 2(0.6725) = 1.345$ in 可得

答案
$$k_m = \frac{0.5774\pi(30.0)(10^6)0.5}{2\ln\left\{5\left[\frac{0.5774(1.345) + 0.5(0.5)}{0.5774(1.345) + 2.5(0.5)}\right]\right\}} = 14.64(10^6)\text{ lbf/in.}$$

(c) 從表 7-8 可查得，$A = 0.787\ 15$，$B = 0.628\ 73$。藉 (7-23) 式可得

答案 $k_m = 30(10^6)(0.5)(0.787\ 15)\exp[0.628\ 73(0.5)/1.345] = 14.92(10^6)$ lbf/in

在此例中，(7-22) 式與 (7-23) 式的結果之間，差異小於 2%。

(d) 依循表 7-7 的程序，0.5 in 螺栓的螺紋長度為 $L_T = 2(0.5) + 0.25 = 1.25$ in，其無螺紋部分的長度為 $l_d = 1.5 - 1.25 = 0.25$ in，夾緊長度中，無螺紋部分的長度為 $l_t = 1.345 - 0.25 = 1.095$ in。大徑的剖面面積為 $A_d = (\pi/4)(0.5^2) = 0.196\ 3$ in^2。由表 7-2，其拉應力面積為 $A_t = 0.159\ 9$ in^2 從 (7-17)

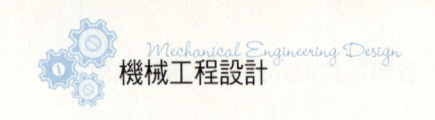

式可得

答案
$$k_b = \frac{0.196\,3(0.159\,9)30(10^6)}{0.196\,3(1.095) + 0.159\,9(0.25)} = 3.69(10^6) \text{ lbf/in}$$

7-6 螺栓強度

在標準螺栓的規格中，強度是以陳述 SAE 或 ASTM 的最小量，**最小安全強度** (minimum proof strength) 或**最小安全負荷** (minimum proof load) 及最小抗拉強度 (minimum tensile strength) 來規定。**安全負荷** (proof load) 是指螺栓於不產生永久變形的條件下，所能承受的最大負荷。**安全強度** (proof strength) 為安全負荷除以拉應力面積所得的商值。因此安全強度約略對應於比例限及扣件中產生 0.0001 in 永久變形(最早可量度的彈性行為的偏差)時的應力。 表 7-9、7-10 及 7-11 提供鋼質螺栓的最小強度規定。安全強度的平均值，抗拉強度的平均值及相對應的標準差並非規範的一部分，所以獲得這些值是設計者的責任，也許在標示可靠度規範之前，以在實驗室中試驗的方式取得。

在表 7-9 中可以找到 SAE 的規格。螺栓的等級乃依據抗拉強度編號，帶小數者用於表示相同強度的變異。表列中所有等級的螺栓與螺釘都可取得。螺樁可取得的等級有 1、2、4、5、8 與 8.1。等級 8.1 並未列出。

ASTM 的螺栓規格列於表 7-10 中。由於 ASTM 螺紋幾乎都用於結構上，ASTM 的螺牙較短；結構聯結主要的負荷為剪力，因此縮短螺牙長度可提供較大的螺栓柄面積。

米制扣件的規格列於表 7-11 中。

值得提出的是，所有合乎規格等級的美國製螺栓，在螺栓頭上都會標示製造商的標記與螺栓的等級，此種標記確認螺栓能符合或超過規定。如果沒有此一標記，該螺栓可能是進口的，因為進口的螺栓並無符合此項規定的義務。

承受軸向疲勞負荷的螺栓在頭部下方的內圓角位置，在螺紋結束處與咬入螺帽的第一個螺牙處損壞。如果在螺帽下方有標準的肩部，其 k_f 的值在 2.1 到 2.3 之間，而該肩部的功能在於防範遭到墊圈刮傷。如果螺紋終結槽有 15° 或較小的半圓錐角，在螺帽中的第一個咬入之螺牙的應力較高。螺栓藉檢驗在螺帽之墊圈面的負荷區分大小。這是螺栓最脆弱的部分，若且唯若滿足了前述的條件 (防護墊圈的肩部內圓角及螺紋終結槽 ≤ 15°)。疏忽此一條件已導致一項紀錄，15% 的扣件疲勞損壞發生於頭部下方，20% 於螺紋終結槽，及 65% 在設計者關注的位置。若它不是最脆弱的位置，集中注意於螺帽的墊圈面，好處不多。

表 7-9　鋼質螺栓的 SAE 規格

SAE 等級 No.	涵蓋的尺寸範圍 in	最小安全強度* kpsi	最小承拉強度* kpsi	最小降伏強度* kpsi	材料	螺栓頭標記
1	$\frac{1}{4}$–$1\frac{1}{2}$	33	60	36	低碳或中碳	
2	$\frac{1}{4}$–$\frac{3}{4}$	55	74	57	低碳或中碳	
	$\frac{7}{8}$–$1\frac{1}{2}$	33	60	36		
4	$\frac{1}{4}$–$1\frac{1}{2}$	65	115	100	中碳，冷拉	
5	$\frac{1}{4}$–1	85	120	92	中碳，淬火並回火	
	$1\frac{1}{8}$–$1\frac{1}{2}$	74	105	81		
5.2	$\frac{1}{4}$–1	85	120	92	低碳麻田散，淬火並回火	
7	$\frac{1}{4}$–$1\frac{1}{2}$	105	133	115	中碳合金，淬火並回火	
8	$\frac{1}{4}$–$1\frac{1}{2}$	120	150	130	中碳合金，淬火並回火	
8.2	$\frac{1}{4}$–1	120	150	130	低碳麻田散，淬火並回火	

* 最小強度是 99% 的扣件能超過的強度。

　　螺帽也分等級，使它們能匹配相對應等級的螺栓。使用螺帽的目的是使其螺牙撓曲，以將螺栓的負荷更均勻地分佈於螺帽。為了達成此一目的，螺帽的性質應是受控制的，螺帽應該與螺栓的等級相同。

表 7-10　鋼質螺栓的 ASTM 規格

ASTM 等級號碼	涵蓋的尺寸範圍 in	最小安全強度 kpsi	最小承拉強度* kpsi	最小降伏強度* kpsi	材料	螺栓頭標記
A307	$\frac{1}{4}$–$1\frac{1}{2}$	33	60	36	低碳	
A325 type 1	$\frac{1}{2}$–1 $1\frac{1}{8}$–$1\frac{1}{2}$	85 74	120 105	92 81	中碳鋼，淬火並回火	A325
A325 type 2	$\frac{1}{2}$–1 $1\frac{1}{8}$–$1\frac{1}{2}$	85 74	120 105	92 81	低碳，麻田散，淬火並回火	A325
A325 type 3	$\frac{1}{2}$–1 $1\frac{1}{8}$–$1\frac{1}{2}$	85 74	120 105	92 81	風化鋼，淬火並回火	A325
A354 grade BC	$\frac{1}{4}$–$2\frac{1}{2}$ $2\frac{3}{4}$–4	105 95	125 115	109 99	合金鋼，淬火並回火	BC
A354 grade BD	$\frac{1}{4}$–4	120	150	130	合金鋼，淬火並回火	
A449	$\frac{1}{4}$–1 $1\frac{1}{8}$–$1\frac{1}{2}$ $1\frac{3}{4}$–3	85 74 55	120 105 90	92 81 58	中碳鋼，淬火並回火	
A490 type 1	$\frac{1}{2}$–$1\frac{1}{2}$	120	150	130	合金鋼，淬火並回火	A490
A490 type 3	$\frac{1}{2}$–$1\frac{1}{2}$	120	150	130	風化鋼，淬火並回火	A490

* 最小強度是 99% 的扣件能超過的強度。

表 7-11　Metric Mechanical-Property Classes for Steel Bolts, Screws, and Studs*

性質等級	涵蓋的尺寸範圍 in	最小安全強度† MPa	最小承拉強度† MPa	最小降伏強度† MPa	材料	螺栓頭標記
4.6	M5–M36	225	400	240	低碳或中碳	4.6
4.8	M1.6–M16	310	420	340	低碳或中碳	4.8
5.8	M5–M24	380	520	420	低碳或中碳	5.8
8.8	M16–M36	600	830	660	中碳，淬火與回火	8.8
9.8	M1.6–M16	650	900	720	中碳並淬火與回火	9.8
10.9	M5–M36	830	1040	940	低碳麻田散並淬火與回火	10.9
12.9	M1.6–M36	970	1220	1100	合金，並淬火與回火	12.9

*螺栓與帶帽螺釘的螺紋長度為

$$L_T = \begin{cases} 2d+6 & L \leq 125 \\ 2d+12 & 125 < L \leq 200 \\ 2d+25 & L > 200 \end{cases}$$

式中的 L 為螺栓長度。結構用螺栓的螺牙長度較前面所給的稍短。
† 最小強度是 99% 的扣件能超過的強度。

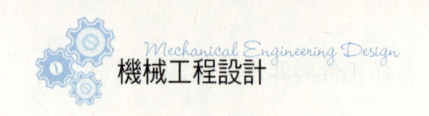

7-7 拉力接頭 ── 外施負荷

現在考慮如圖 7-13 的情形，當外施力 P 作用於螺栓接頭時究竟發生了什麼？當然，假設夾緊力，也就是所謂的**預施負荷** (preload) F_i，已經在施加外力之前藉旋緊螺帽產生。使用的術語有：

F_i = 預施負荷
P_{total} = 作用於接頭的總外施力
P = 每支螺栓的外施負荷
P_b = 外施力 P 由螺栓承受的部分
P_m = 外力 P 由螺組件受的部分
$F_b = P_b + F_i$ = 螺栓承受的總負荷
$F_m = P_m - F_i$ = 組件承受的總負荷
C = 外施力由螺栓承受的比值
$1 - C$ = 外施力由組件承受的比值
N = 接頭的螺栓數目

若由 N 個螺栓均分總外施力，則

$$P = P_{total}/N \tag{a}$$

負荷 P 是拉力，而且它導致聯結產生拉伸或伸長達 δ 的距離。回顧 k 是力除以變形量，可將該伸長量與勁度 k 扯上關係。所以

$$\delta = \frac{P_b}{k_b} \quad \text{及} \quad \delta = \frac{P_m}{k_m} \tag{b}$$

或

$$P_m = P_b \frac{k_m}{k_b} \tag{c}$$

由於 $P = P_b + P_m$，可得

$$P_b = \frac{k_b P}{k_b + k_m} = CP \tag{d}$$

而

$$P_m = P - P_b = (1 - C)P \tag{e}$$

式中

$$C = \frac{k_b}{k_b + k_m} \tag{f}$$

稱為接頭的**勁度常數** (stiffness constant of the joint)，總螺栓負荷為

$$F_b = P_b + F_i = CP + F_i \qquad F_m < 0 \qquad (7\text{-}24)$$

而聯結組件的總負荷為

$$F_m = P_m - F_i = (1 - C)P - F_i \qquad F_m < 0 \qquad (7\text{-}25)$$

當然這些結果僅在組件中仍然維持部分夾緊力時才有效。方程式可以指示出這項鑑別條件。

表 7-12 提供了一些曾遭遇的勁度之相對值的資訊。夾緊區僅含兩個鋼質組件，而且沒有墊圈。比值 C 與 $1-C$ 為 (7-24) 與 (7-25) 式中之 P 的係數。它們描述了由螺栓與組件分別承受的外施力之分配。在所有的例子中，組件都承受了 80% 以上的外施負荷，可想見當疲勞負荷存在時，這樣的結果有多重要。也應注意，使夾緊區更長，將導致組件承受更大百分比的外施力。

表 7-12 螺栓與組件勁度的計算鋼質組件以一個 1/2 in-13 NC 的鋼質螺栓夾緊。

$$C = \frac{k_b}{k_b + k_m}$$

螺栓夾緊長度, in	勁度, M lbf/in k_b	k_m	C	$1-C$
2	2.57	12.69	0.168	0.832
3	1.79	11.33	0.136	0.864
4	1.37	10.63	0.114	0.886

7-8 關聯螺栓扭矩與螺栓拉力

已經瞭解在重要的螺栓聯結處，很需要高預施負荷，其次要考慮當組合各零件時，保證能夠形成所需預施負荷的方法。

若於組裝後，螺栓的總長度能以測微器量得，由預施負荷所產生的螺栓伸長量可以由公式 $\delta = F_i l/(AE)$ 計算求得。則僅需將螺帽旋緊至其伸長量達到 δ 為止，這樣就能保證螺栓獲得所期望的預施負荷。

然而，由於螺栓的尾端常留在未貫穿的孔中，螺栓的伸長量通常無法量得。許多情況下，量測螺栓的伸長量也很不實際。在這類情況下，為發展出指定的預施負荷，就得估算所需要的扳手扭矩。於是可以採用扭力扳手 (torque wrench)，氣動衝擊扳手，或旋緊螺帽法等以獲取所需的扭矩。

扭力扳手中裝有一具指針盤，它可以顯示精確的扭矩。

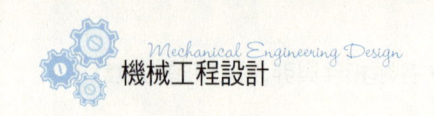

衝擊扳手的氣壓可以調整，以便於得到適宜的扭矩後，能自動停止旋緊。某些扳手於得到所需的扭矩後，空氣能自動地關閉。

旋緊螺帽法首先得定義適貼鎖緊 (snug-tight) 的意義。適貼狀態是使用衝擊扳手做幾次衝擊後得到的鎖緊狀態，或由人工以普通扳手盡全力鎖緊的鎖緊狀態。當達到適貼鎖緊狀態後，所有額外的旋緊都將在螺栓中形成有用的拉力。旋緊螺帽法需要計算從適貼旋緊狀態後，要發展出所需預施負荷，須再旋轉多少轉。例如，對重級結構用螺栓 (heavy structural bolt)，螺帽旋緊規範陳述：在最適狀態下，螺帽必須從適貼鎖緊狀態至少再旋轉 180°。請注意，這些規定也與客運車輛的車輪螺帽所需的修正旋轉角度有關。問題 7-15 至 7-17 進一步說明該方法。

雖然摩擦係數的變化可能很大，仍可經由結合 (7-5) 式與 (7-6) 式計算，得到產生指定預施負荷所需扭矩的良好估計值。所以

$$T = \frac{F_i d_m}{2}\left(\frac{l + \pi f d_m \sec\alpha}{\pi d_m - f l \sec\alpha}\right) + \frac{F_i f_c d_c}{2} \tag{a}$$

式中的 d_m 為大徑與小徑的平均值。因為 $\tan\lambda = l/\pi d_m$，將右端第一項的分子與分母分別除以 πd_m，可得

$$T = \frac{F_i d_m}{2}\left(\frac{\tan\lambda + f\sec\alpha}{1 - f\tan\lambda\sec\alpha}\right) + \frac{F_i f_c d_c}{2} \tag{b}$$

六角螺帽的墊圈面徑與兩平行邊的跨度相同，並且等於標稱直徑的 1.5 倍。因此，平均軸環直徑為 $d_c = (d + 1.5d)/2 = 1.25d$。於是 (b) 式可整理成

$$T = \left[\left(\frac{d_m}{2d}\right)\left(\frac{\tan\lambda + f\sec\alpha}{1 - f\tan\lambda\sec\alpha}\right) + 0.625 f_c\right] F_i d \tag{c}$$

現在將括弧裡的那一項定義為**扭矩係數** (torque coefficient) K，即

$$K = \left(\frac{d_m}{2d}\right)\left(\frac{\tan\lambda + f\sec\alpha}{1 - f\tan\lambda\sec\alpha}\right) + 0.625 f_c \tag{7-26}$$

於是 (c) 式可以寫成

$$T = K F_i d \tag{7-27}$$

摩擦係數值視表面光滑度、精度及潤滑程度而定。一般而言，f 與 f_c 的值大約等於 0.15。有趣的是當 $f = f_c = 0.15$ 時，不論使用之螺栓尺寸的大小，或是螺紋是粗是細，(7-26) 式的 $K = 0.20$。

Blake 與 Kurtz 曾經發表對螺栓扭矩實驗的結果[6]，以統計分析他們發表的數據，得知有關扭矩係數及所得預施負荷的分佈情形，Blake 和 Kurtz 對 $\frac{1}{2}$ in-20 UNF 的螺栓在經潤滑及未經潤滑的情況下，施以 800 lbf·in 之扭矩以確定預施負荷的

---

[6] J. C. Blake and H. J. Kurtz, "The Uncertainties of Measuring Fastener Preload," *Machine Design*, vol. 37, Sept. 30, 1965, pp. 128–131.

大小。這約略對應於以 90 N・m 的扭矩施加於 M12 ×1.25 的螺栓。經轉換為 SI 單位後，列於表 7-13 與表 7-14 中。

首先，要指出這兩組螺栓有大略相等的平均預施負荷 34 kN。未經潤滑的螺栓其標準差為 4.9 kN，大約是 COV 為 0.15，經潤滑的螺栓其標準差為 3 kN，而 COV 為 0.9。

這表示從這兩組試片得到的結果幾乎完全相同，大約是 34 kN；利用 (7-27) 式將發現對兩組試片而言，$K = 0.208$。

Bowman Distribution，一家扣件的大廠商，推薦表 7-15 中所列的值。本書中將於未陳述螺栓的狀況時採用這些值。

表 7-13 20 次以 90 N・m 扭矩旋緊未經潤滑的螺栓所得預施負荷 F_i 的試驗值

23.6	27.6	28.0	29.4	30.3	30.7	32.9	33.8	33.8	33.8
34.7	35.6	35.6	37.4	37.8	37.8	39.2	40.0	40.5	42.7

平均值 $\bar{F}_i = 34.3$ kN。標準差，$\hat{\sigma} = 4.91$ kN。

表 7-14 10 次以 90 N・m 扭矩旋緊經潤滑的螺栓所得預施負荷的試驗值

30.3	32.5	32.5	32.9	32.9	33.8	34.3	34.7	37.4	40.5

平均值 $\bar{F}_i = 34.18$ kN。標準差，$\hat{\sigma} = 2.88$ kN。

表 7-15 (7-27) 式使用的扭矩因數 K

螺栓狀態	K
未經電鍍，粗加工	0.30
鍍鋅	0.20
經潤滑	0.18
鍍鎘	0.16
具 Bowman 防熔執	0.12
具 Bowman-夾緊螺帽	0.09

範例 7-3

某 $\frac{3}{4}$ in-16 UNF $\times 2\frac{1}{2}$ in SAE 等級 5 的螺栓於一拉力接頭中承受 6 kip 的負荷 P。該螺栓的初拉力為 $F_i = 25$ kip。而螺栓與接頭的勁度分別為 $k_b = 6.50$ 及 $k_m = 13.8$ Mlbf/in。

(a) 試求螺栓中的預施負荷與使用負荷 (service load) 的應力。將所得與螺栓的 SAE 最小安全強度作比較。

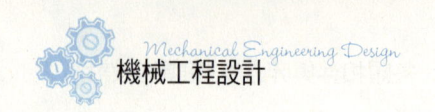

(b) 試使用 (7-27) 式規定發展預施負荷必須的扭矩。

(c) 試使用 (7-26) 式指定發展預施負荷必須的扭矩。令 $f = f_c = 0.15$。

解答 從表 7-2，$A_t = 0.373$ in^2。

(a) 預施負荷的應力為

答案
$$\sigma_i = \frac{F_i}{A_t} = \frac{25}{0.373} = 67.02 \text{ kpsi}$$

其勁度常數為

$$C = \frac{k_b}{k_b + k_m} = \frac{6.5}{6.5 + 13.8} = 0.320$$

由 (7-24) 式，使用負荷下的應力為

$$\sigma_b = \frac{F_b}{A_t} = \frac{CP + F_i}{A_t} = C\frac{P}{A_t} + \sigma_i$$

答案
$$= 0.320\frac{6}{0.373} + 67.02 = 72.17 \text{ kpsi}$$

從表 7-9，該螺栓之 SAE 最小安全強度為 $S_p = 85$ kpsi。預施負荷與使用負荷應力分別小於安全強度 21% 及 15%。

(b) 由 (7-27) 式，達到其預施負荷必要的扭矩為

答案
$$T = KF_i d = 0.2(25)(10^3)(0.75) = 3750 \text{ lbf} \cdot \text{in}$$

(c) 從表 7-2 的最小剖面積可求得小徑 $d_r = \sqrt{4A_r/\pi} = \sqrt{4(0.351)/\pi} = 0.6685$ in。因此，平均直徑 $d_m = (0.75 + 0.6685)/2 = 0.7093$ in。其導程角為

$$\lambda = \tan^{-1}\frac{l}{\pi d_m} = \tan^{-1}\frac{1}{\pi d_m N} = \tan^{-1}\frac{1}{\pi(0.7093)(16)} = 1.6066°$$

由於 $\alpha = 30°$，從 (7-26) 式

$$T = \left\{\left[\frac{0.7093}{2(0.75)}\right]\left[\frac{\tan 1.6066° + 0.15(\sec 30°)}{1 - 0.15(\tan 1.6066°)(\sec 30°)}\right] + 0.625(0.15)\right\}25(10^3)(0.75)$$

$$= 3551 \text{ lbf} \cdot \text{in}$$

這個值小於 (b) 部分所求得的值 5.3 %。

7-9　靜負荷下之具預施負荷的拉力接頭

(7-24) 式與 (7-25) 式表示具預施負荷之螺栓接頭中的力。其螺栓中的拉應力如範例 7-3 中所求得的

$$\sigma_b = \frac{F_b}{A_t} = \frac{CP + F_i}{A_t} \tag{a}$$

因此，降伏的安全因數是防範靜應力超過安全負荷而為

$$n_p = \frac{S_p}{\sigma_b} = \frac{S_p}{(CP + F_i)/A_t} \tag{b}$$

或

$$n_p = \frac{S_p A_t}{CP + F_i} \tag{7-28}$$

因為一般加載螺栓制接近安全強度，降伏的安全因數通常比 1 大不了多少。降伏的另一項指標有時稱為**負荷因數** (load factor)，只應用於 P 作為防範過負荷。將此一負荷因數應用於 (a) 式中的負荷 P，並令它等於安全強度，可得

$$\frac{C n_L P + F_i}{A_t} = S_p \tag{c}$$

解出此負荷因數可得

$$n_L = \frac{S_p A_t - F_i}{CP} \tag{7-29}$$

它對外施負荷小於導致接頭分開的安全接頭也是不可或缺的。若發生接頭分開的情形，則整個外施負荷將全部作用於螺栓。令 P_0 為導致接頭分開的外施負荷值，在分開時 (7-25) 式中的 $F_m = 0$，所以

$$(1 - C)P_0 - F_i = 0 \tag{d}$$

令防範接頭分開的安全因數 n_0 為

$$n_0 = \frac{P_0}{P} \tag{e}$$

將 $P_0 = n_0 P$ 代入 (d) 式，可求得

$$n_0 = \frac{F_i}{P(1 - C)} \tag{7-30}$$

當作防範接頭分開的負荷因數。

圖 7-18 為品質良好之材料的應力－應變圖。應注意的是降伏點並不明顯，而

且圖形平滑地上升直到斷裂為止，斷裂時相當於拉力強度，這意味著無論施予螺栓多大的預施負荷，它仍將保有其負荷的承受能力，使螺栓維持鎖緊並決定了接頭強度。該預施拉力為接頭的"肌肉"，它的值由螺栓強度決定。假若整個螺栓強度並未全用於產生預拉力，則不僅浪費錢，接頭也比較弱。

品質良好之螺栓可以藉著將負荷預加至塑性範圍以產生更高的強度，部分鎖緊螺栓的扭矩所造成之扭轉會增加主拉應力。然而此種扭矩只能由螺栓與螺帽之間的摩擦來維持，有時候它會鬆弛而稍微降低螺栓的拉力。因此，一般而言螺栓將可能在鎖緊時斷裂，或者完全沒有損傷。

最重要的是莫過於依賴扳手的扭矩，它並非預負荷的良好指示，盡可能使用實際螺栓伸長量——特別是承受疲勞負荷時。事實上，若要求高可靠度的設計，那麼應以螺栓伸長量來決定預施負荷。

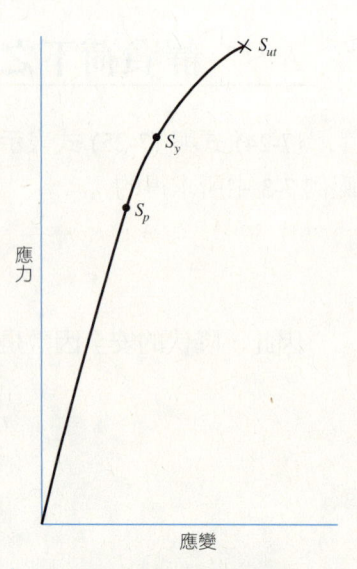

圖 7-18 螺栓材料的典型應力—應變圖。顯示安全應力 S_P，降伏強度 S_y，與極限承拉強度 S_{ut}。

當 SAE 等級 5 的螺栓用於非永久性接頭時，RB&W 公司推介的預施負荷為 60 kpsi，而 A325 螺栓 (相當於 SAE 等級 5) 運用於結構上時，可旋緊至安全負荷或超過安全負荷 (85kpsi，直到 1 in 直徑)[7]。Bowman[8] 推介 75% 的安全負荷為預施負荷，與 RB&W 對重複使用之螺栓的推介值相當，根據這些規則，對靜負荷與疲勞負荷之預加負荷之推介值如下：

$$F_i = \begin{cases} 0.75F_p & \text{對非永久聯結，重複使用的扣件} \\ 0.90F_p & \text{對永久聯結} \end{cases} \qquad (7\text{-}31)$$

其中 F_p 為安全負荷，得自下式

$$F_p = A_t S_p \qquad (7\text{-}32)$$

式中 S_p 為得自表 7-9 至表 7-11 中的安全強度。至於其它的材質，一項近似值為 $S_p = 0.85S_y$。必須注意不要以軟質材料製作螺紋扣件。對於當作結構鋼連結器使用的高強度鋼質螺栓而言，如果使用更進步的旋緊方法，可旋緊至降伏。

你可以看到 RB&W 推薦的預施負荷值，與本章中看到的值是一致的。推導的目的是要給予讀者正確的認識，以理解 (7-31) 式與用於操控較該式之推薦值更特殊情況的方法。

---

[7] Russell, Burdsall & Ward Inc., *Helpful Hints for Fastener Design and Application*, Mentor, Ohio, 1965, p. 42.
[8] Bowman Distribution–Barnes Group, *Fastener Facts*, Cleveland, 1985, p. 90.

範例 7-4

圖 7-19 為某等級 25 之鑄鐵質的壓力容器的剖面圖，該壓力容器以總數 N 支螺栓用於抵抗 36 kip 的分開作用力。

(a) 試求 k_b、k_m 及 C。

(b) 試求負荷因數 2 所需的螺栓數目，接頭分開後螺栓可能重複使用。

(c) 以 (b) 部分所得的螺栓數，試求對過負荷的真正負荷因數，降伏的安全因數，以及接頭分開的負荷因數。

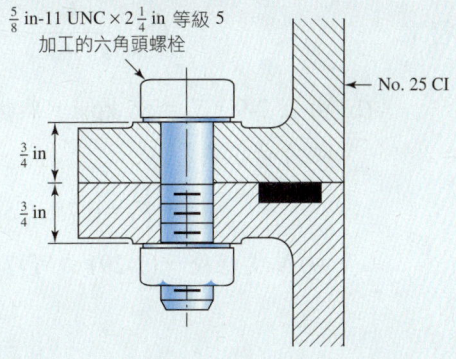

| 圖 7-19

解答 (a) 夾緊長度為 $l = 1.50$ in。從表 A-31，螺帽厚度為 $\frac{35}{64}$ in，加上超出螺帽的兩螺紋長 $\frac{2}{11}$ in，可得螺栓長度為

$$L = \frac{35}{64} + 1.50 + \frac{2}{11} = 2.229 \text{ in}$$

從表 A-17 其下一個帶分數尺寸的螺栓 $L = 2\frac{1}{4}$ in。從 (7-13) 式，其含螺紋的長度為 $L_T = 2(0.625) + 0.25 = 1.50$ in。因此，無螺紋部分的長度為 $l_d = 2.25 - 1.50 = 0.75$ in。夾緊區中含螺紋的長度為 $l_t = l - l_d = 0.75$ in。從表 7-2，$A_t = 0.226$ in^2。大徑部分的剖面面積為 $A_d = \pi(0.625)^2/4 = 0.3068$ in^2。則螺栓的勁度為

$$k_b = \frac{A_d A_t E}{A_d l_t + A_t l_d} = \frac{0.3068(0.226)(30)}{0.3068(0.75) + 0.226(0.75)}$$

答案
$$= 5.21 \text{ Mlbf/in}$$

由表 A-24，對 no. 25 鑄鐵將採用 $E = 14$ Mpsi。從 (7-22) 式，組件的勁度為

答案
$$k_m = \frac{0.5774\pi E d}{2\ln\left(5\dfrac{0.5774l + 0.5d}{0.5774l + 2.5d}\right)} = \frac{0.5774\pi(14)(0.625)}{2\ln\left[5\dfrac{0.5774(1.5) + 0.5(0.625)}{0.5774(1.5) + 2.5(0.625)}\right]}$$

$$= 8.95 \text{ Mlbf/in}$$

若使用 (7-23) 式，從表 7-8，$A = 0.778\,71$ 及 $B = 0.616\,16$，而

$$k_m = EdA \exp(Bd/l)$$
$$= 14(0.625)(0.778\,71) \exp[0.616\,16(0.625)/1.5]$$
$$= 8.81 \text{ Mlbf/in}$$

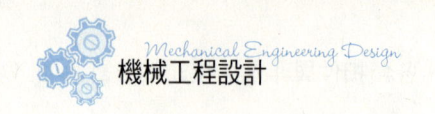

這個值僅比前面的結果少 1.6％。

取最初計算的 k_m，勁度常數 C 為

答案
$$C = \frac{k_b}{k_b + k_m} = \frac{5.21}{5.21 + 8.95} = 0.368$$

(b) 由表 7-9，$S_p = 85$ kpsi。然後使用 (7-31) 式及 (7-32) 式，可得到推薦的預施負荷值為

$$F_i = 0.75\, A_t\, S_p = 0.75(0.226)(85) = 14.4 \text{ kip}$$

就 N 支螺栓，(7-29) 式可以寫成

$$n_L = \frac{S_p A_t - F_i}{C(P_\text{total}/N)} \qquad (1)$$

或

$$N = \frac{C n_L P_\text{total}}{S_p A_t - F_i} = \frac{0.368(2)(36)}{85(0.226) - 14.4} = 5.52$$

答案 將使用 6 支螺栓以提供指定的負荷因數。

(c) 以 6 支螺栓，實際的負荷因數為

答案
$$n_L = \frac{85(0.226) - 14.4}{0.368(36/6)} = 2.18$$

從 (7-28) 式，降伏的安全因數為

答案
$$n_p = \frac{S_p A_t}{C(P_\text{total}/N) + F_i} = \frac{85(0.226)}{0.368(36/6) + 14.4} = 1.16$$

從 (7-30) 式，防範接頭分開的負荷因數為

答案
$$n_0 = \frac{F_i}{(P_\text{total}/N)(1 - C)} = \frac{14.4}{(36/6)(1 - 0.368)} = 3.80$$

7-10 氣密接頭

如果在接頭中存在完整的氣密墊，則氣密壓力 p 可以由作用於組件上的力除以每個螺栓的氣密墊面積求得。因此，對 N 支螺栓

$$p = -\frac{F_m}{A_g/N} \qquad (a)$$

具有負荷因數 n 時，則 (7-25) 式可寫成

$$F_m = (1-C)nP - F_i \tag{b}$$

將此式代入 (a) 式，可得氣密壓力為

$$p = [F_i - nP(1-C)]\frac{N}{A_g} \tag{7-33}$$

在完整的氣密接頭中，壓力在氣密墊上的均勻性很重要。為維持足夠的壓力均勻性，螺圈圓上相鄰的兩個螺栓之距離，不應超過螺栓標稱直徑的六倍，而為了維持扳手的空隙，螺栓至少得維持在相距三個標稱直徑的距離。環繞螺栓圓之螺栓間距的粗略法則為

$$3 \leq \frac{\pi D_b}{Nd} \leq 6 \tag{7-34}$$

式中的 D_b 為螺栓圓直徑，而 N 為螺栓的數目。

7-11 拉力接頭的疲勞負荷

　　承受疲勞作用的拉力接頭，可直接使用第 5 章的方法分析。表 7-16 列出了螺栓頭下面內圓角處，及螺栓柄上螺紋的起始位置處之平均疲勞應力集中因數。這些值都已經做了缺口敏感度與表面精製的修正。因為它們都只是平均值，設計者應留意一些情況可能必須更精確地探究這些因數。事實上，Peterson[9] 經由觀察得知，典型的螺栓損壞分佈有：約 15% 發生於螺栓頭下方；20% 發生於螺紋的端部；65% 發生於螺帽表面的螺紋。

　　應用表 7-16 處，使用滾製螺紋是螺紋扣件中螺紋成形最具優點的方法。對設計者而言，並不知道滾製螺紋時的冷作與應變強化的總量；所以將已經完全修正 (含 K_f) 的軸向持久強度列示於表 7-17 中。至於車削螺紋，第 5 章的方法很管用。預期它的持久強度相當低。

　　對具有定值預施負荷，而每支螺栓得承受外施負荷波動於 $P_{\min}$ 與 $P_{\max}$ 間的一般情況而言，每支螺栓將經歷如下的波動力

表 7-16　螺紋元件的疲勞應力集中因數 K_f

SAE 等級	米制等級	滾製螺紋	切削螺紋	內圓角
0 到 2	3.6 到 5.8	2.2	2.8	2.1
4 到 8	6.6 到 10.9	3.0	3.8	2.3

---

[9] W. D. Pilkey, *Peterson's Stress-Concentration Factors*, 2nd ed., John Wiley & Sons, New York, 1997, p. 387.

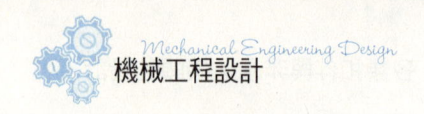

表 7-17　具有滾製螺紋之螺栓與螺釘的完全修正的持久強度*

螺栓等級	尺寸範圍	持久強度
SAE 5	$\frac{1}{4}$–1 in	18.6 kpsi
	$1\frac{1}{8}$–$1\frac{1}{2}$ in	16.3 kpsi
SAE 7	$\frac{1}{4}$–$1\frac{1}{2}$ in	20.6 kpsi
SAE 8	$\frac{1}{4}$–$1\frac{1}{2}$ in	23.2 kpsi
ISO 8.8	M16–M36	129 MPa
ISO 9.8	M1.6–M16	140 MPa
ISO 10.9	M5–M36	162 MPa
ISO 12.9	M1.6–M36	190 MPa

*重複作用，軸向負荷，完全修正。

$$F_{b\min} = CP_{\min} + F_i \tag{a}$$

$$F_{b\max} = CP_{\max} + F_i \tag{b}$$

每支螺栓經歷的交變應力為

$$\sigma_a = \frac{(F_{b\max} - F_{b\min})/2}{A_t} = \frac{(CP_{\max} + F_i) - (CP_{\min} + F_i)}{2A_t}$$

$$\sigma_a = \frac{C(P_{\max} - P_{\min})}{2A_t} \tag{7-35}$$

每支螺栓的中值應力為

$$\sigma_m = \frac{(F_{b\max} + F_{b\min})/2}{A_t} = \frac{(CP_{\max} + F_i) + (CP_{\min} + F_i)}{2A_t}$$

$$\sigma_m = \frac{C(P_{\max} + P_{\min})}{2A_t} + \frac{F_i}{A_t} \tag{7-36}$$

每支螺栓經歷的典型負荷線如圖 7-20，其中應力從預施應力起始，並以定值斜率 $\sigma_a/(\sigma_m - \sigma_i)$ 遞增，在圖 7-20 中也顯示了 Goodman 損壞線。經由負荷線與 Goodman 線的交叉可找到其交點 (S_m, S_a)，而求得疲勞的安全因數。負荷線已知為

負荷線： $$S_a = \frac{\sigma_a}{\sigma_m - \sigma_i}(S_m - \sigma_i) \tag{a}$$

經調整的 Goodman 線，(5-40) 式為

Goodman 線： $$S_a = S_e - \frac{S_e}{S_{ut}} S_m \tag{b}$$

令 (a) 與 (b) 式相等，解得 S_m，然後將 S_m 倒回代入 (b) 式，可得

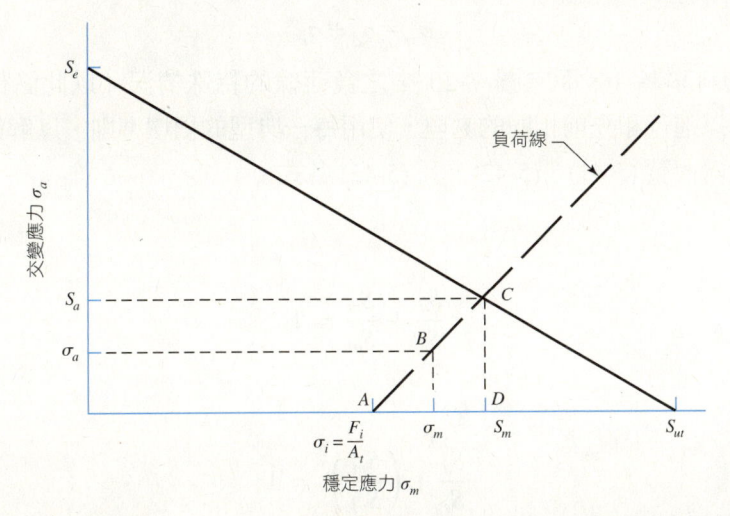

圖 7-20 設計者的疲勞圖顯示了 Goodman 的損壞線與一般使用之具有定值預施負荷及波動負荷的負荷線。

$$S_a = \frac{S_e \sigma_a (S_{ut} - \sigma_i)}{S_{ut}\sigma_a + S_e(\sigma_m - \sigma_i)} \tag{c}$$

疲勞的安全因數可求得為

$$n_f = \frac{S_a}{\sigma_a} \tag{7-37}$$

將 (c) 式代入 (7-37) 式,可得

$$n_f = \frac{S_e(S_{ut} - \sigma_i)}{S_{ut}\sigma_a + S_e(\sigma_m - \sigma_i)} \tag{7-38}$$

雖然得到與 (7-38) 式相似型式的代數演算有點冗長而乏味,但相同的處理方式可用於其它損壞曲線。較容易的處理方式是先 S_m,然後 S_a,最後 n_f,循序計算其數值。

分析螺栓接頭時,通常遭遇的疲勞負荷型態,屬於外施負荷在 0 與某個最大的作用力 P 間波動。此一狀態,就像一個壓力容器,其壓力可以存在或不存在。對此種情況,藉令 $P_{\max} = P$ 與 $P_{\min} = 0$,可簡化 (7-35) 及 (7-36) 式成

$$\sigma_a = \frac{CP}{2A_t} \tag{7-39}$$

$$\sigma_m = \frac{CP}{2A_t} + \frac{F_i}{A_t} \tag{7-40}$$

請注意 (7-40) 式可視為交變應力與預施應力的和。若預施負荷考量為定值,負荷線之交變與中值應力間的關係式能寫成

431

$$\sigma_m = \sigma_a + \sigma_i \tag{7-41}$$

該負荷線的斜率為 1，而為圖 7-20 中之負荷線的特殊情況。以此簡化的代數演算，現在可以進行和先前相同的處理，使用每一典型的損壞準則，以解得疲勞的安全因數，此處複製 (5-41)、(5-42)，及 (5-43) 各式。

Goodman：

$$\frac{S_a}{S_e} + \frac{S_m}{S_{ut}} = 1 \tag{7-42}$$

Gerber：

$$\frac{S_a}{S_e} + \left(\frac{S_m}{S_{ut}}\right)^2 = 1 \tag{7-43}$$

ASME-橢圓：

$$\left(\frac{S_a}{S_e}\right)^2 + \left(\frac{S_m}{S_p}\right)^2 = 1 \tag{7-44}$$

現在，如果使 (7-41) 式與 (7-42) 至 (7-44) 各式相交，以解得 S_a，並代入 (7-37) 式，可求得各損壞準則於重複負荷情況下之疲勞的安全因數。

Goodman：

$$n_f = \frac{S_e(S_{ut} - \sigma_i)}{\sigma_a(S_{ut} + S_e)} \tag{7-45}$$

Gerber：

$$n_f = \frac{1}{2\sigma_a S_e}\left[S_{ut}\sqrt{S_{ut}^2 + 4S_e(S_e + \sigma_i)} - S_{ut}^2 - 2\sigma_i S_e\right] \tag{7-46}$$

ASME-橢圓：

$$n_f = \frac{S_e}{\sigma_a(S_p^2 + S_e^2)}\left(S_p\sqrt{S_p^2 + S_e^2 - \sigma_i^2} - \sigma_i S_e\right) \tag{7-47}$$

請注意，(7-45) 至 (7-47) 式只能應用於重複負荷。得確認同時對 σ_a 及 σ_m 乘 K_f，否則負荷線的斜率不再維持 1 對 1。

若需要，從 (7-39) 式得到的 σ_a 及 $\sigma_i = F_i/A_t$ 能直接代入 (7-45) 至 (7-47) 式中的任何一式。現在就將它代入 Goodman 準則的 (7-45) 式，可得當預施負荷 F_i 存在時

$$n_f = \frac{2S_e(S_{ut}A_t - F_i)}{CP(S_{ut} + S_e)} \tag{7-48}$$

若沒有預施負荷，$C = 1$，$F_i = 0$，而 (7-48) 式變成

$$n_{f0} = \frac{2S_e S_{ut} A_t}{P(S_{ut} + S_e)} \tag{7-49}$$

當 n_f/n_{f0} 大於 1 時，預施負荷對抗拒疲勞是有益的。就 Goodman 準則而言，令 $n_f/n_{f0} \geq 1$，(7-48) 與 (7-49) 賦予預施負荷 F_i 上限值

$$F_i \leq (1 - C)S_{ut} A_t \tag{7-50}$$

若未能達成此項約束，而且不能滿足 n_f，可使用 Gerber 或 ASME-橢圓準則，以獲得比較不保守的評估值。如果設計仍然未能滿足，就可能需要額外的螺栓/或不同尺寸的螺栓。

螺栓鬆弛，由於它們是利用摩擦的裝置，而循環負荷與振動負荷以及其它效應，使得螺栓隨著時間喪失拉力。如何抗拒鬆弛呢？在強度的約束下，預施負荷愈高愈好。依經驗是預施負荷為安全負荷的 60% 時極少鬆弛。若更緊些更好，那麼應該更緊多少？那就是重複使用的扣件不會成為未來危險的威脅即可。另一種作法是使用扣件緊鎖方案。

在解得疲勞的安全因數之後，也須核驗降伏的可能性，使用安全強度

$$n_p = \frac{S_p}{\sigma_m + \sigma_a} \tag{7-51}$$

此式對等於 (7-28) 式。

範例 7-5

圖 7-21 顯示某使用帶帽螺釘的連結。該接頭承受波動負荷，每支螺釘承受的最大值是 5 kip。必要數據有：帶帽螺釘是 SAE 等級 5 的 $\frac{5}{8}$ in-11 NC 螺釘；硬化鋼墊圈 $t_w = \frac{1}{16}$ in，鋼質蓋板的厚度 $t_1 = \frac{5}{8}$ in，$E_s = 30$ Mpsi；鑄鐵質本體的厚度 $t_2 = \frac{5}{8}$ in，$E_{ci} = 16$ Mpsi。

(a) 試使用圖 7-21 中的假設，求 k_b、k_m 及 C。
(b) 試求所有的安全因數，並說明它們的意義。

解答　(a) 以圖 7-15 與 7-21 中的符號，$h = t_1 + t_w = 0.6875$ in，$l = h + d/2 =$ in，而 $D_2 = 1.5d = 0.9375$ in。該接頭由三個錐台組成；上面的兩個錐台為鋼質，下方的錐台為鑄鐵質。

就上方的錐台：$t = \frac{1}{2} = 0.5$ in，$D = 0.9375$ in，而 $E = 30$ Mpsi。使用這些值代入 (7-20) 式可得 $k_1 = 46.46$ Mlbf/in。

就中間錐台：$t = h - \frac{1}{2} = 0.1875$ in 及 $D = 0.9375 + 2(l - h)\tan 30° = 1.298$ in。以這些值與 $E_s = 30$ Mpsi，由 (7-20) 式得到 $k_2 = 197.43$ Mlbf/in。

圖 7-21 帶帽螺釘之壓力錐台的組件模型。
此一模型的主要尺寸如下：

$$l = \begin{cases} h + t_2/2 & t_2 < d \\ h + d/2 & t_2 \geq d \end{cases}$$

$D_1 = d_w + l \tan \alpha = 1.5d + 0.577l$
$D_2 = d_w = 1.5d$
式中的 l = 有效夾緊長度。
其中 $\alpha = 30°$，而 $d_w = 1.5d$。

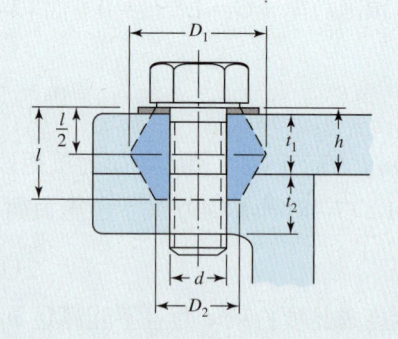

下方的錐台：$D = 0.9375$ in，$t = l - h = 0.3125$ in，而 $E_{ci} = 16$ Mpsi。由相同的公式可得 $k_3 = 32.39$ Mlbf/in。

將這三項勁度代入 (7-18) 式，可得 $k_m = 17.40$ Mlbf/in。該帶帽螺釘短且通體螺紋。以 $l = 1$ in 為夾緊長度，從表 7-2 找到 $A_t = 0.226$ in^2。即可求得螺釘的勁度為 $k_b = A_t E/l = 6.78$ Mlbf/in。所以，接頭常數為

答案
$$C = \frac{k_b}{k_b + k_m} = \frac{6.78}{6.78 + 17.40} = 0.280$$

(b) 以 (7-30) 式求得預施負荷為

$$F_i = 0.75 F_p = 0.75 A_t S_p = 0.75(0.226)(85) = 14.4 \text{ kip}$$

其中由表 7-9，查得 SAE 等級 5 帶帽螺釘的 $S_p = 85$ kpsi。使用 (7-28) 式，可得負荷因數如降伏的安全因數為

答案
$$n_p = \frac{S_p A_t}{CP + F_i} = \frac{85(0.226)}{0.280(5) + 14.4} = 1.22$$

這是傳統的安全因數，它是以最大螺栓應力與安全強度比較。
使用 (7-29) 式，

答案
$$n_L = \frac{S_p A_t - F_i}{CP} = \frac{85(0.226) - 14.4}{0.280(5)} = 3.44$$

此一因數是對 P 的過負荷指標，作用的 P 不可超出安全強度。
其次，使用 (7-30) 式，可得

答案
$$n_0 = \frac{F_i}{P(1-C)} = \frac{14.4}{5(1 - 0.280)} = 4.00$$

如果 P 值太大，該接頭將會分開而螺栓將承擔全部的負荷。這個因數防範這種情況發生。

至於其它的因數，請參照圖 7-22，圖中包含了修訂的 Goodman 線、Gerber 線、安全強度線，及負荷線。負荷線與對應的損壞線分別相交於

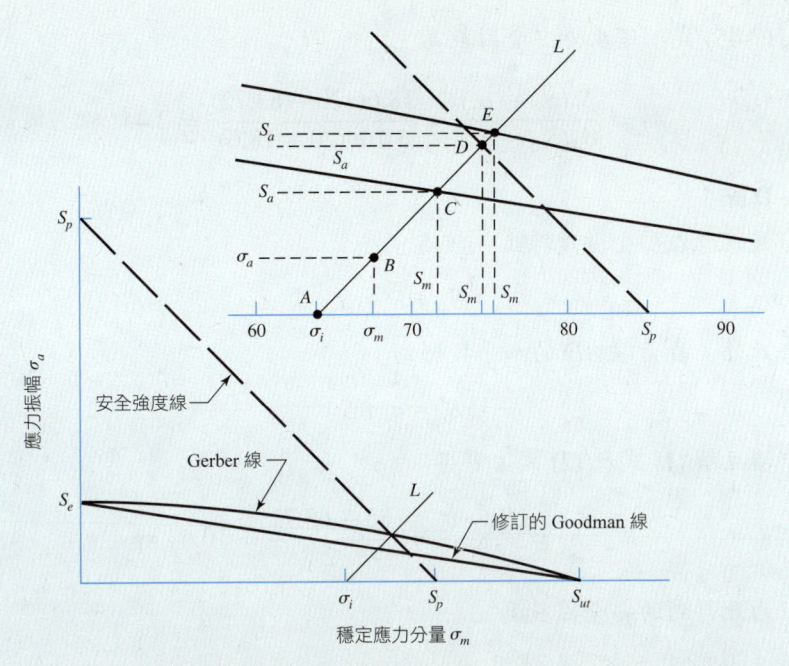

[圖示：預施負荷之螺栓疲勞圖，含修訂的Goodman線、Gerber線、及Langer安全強度線，座標軸為穩定應力分量 σ_m 與應力振幅 σ_a]

圖 7-22 經預施負荷之螺栓的設計者疲勞圖，依比例繪製，呈現修訂的 Goodman 線、Gerber 線，及 Langer 安全強度線，並含關切區域的放大圖。使用的強度為 $S_p = 85$ kpsi，$S_e = 18.6$ kpsi，及 $S_{ut} = 120$ kpsi。各座標值為 A，$\sigma_i = 63.72$ kpsi；B：$\sigma_a = 3.10$ kpsi，$\sigma_m = 66.82$ kpsi；C：$S_a = 7.55$ kpsi，$S_m = 71.29$ kpsi；D：$S_a = 10.64$ kpsi，$S_m = 74.36$ kpsi；E：$S_a = 11.32$ kpsi，$S_m = 75.04$ kpsi。

C、D、及 E，在每個焦點處各定義了一組強度 S_a 與 S_m。B 點代表應力狀態 σ_a、σ_m。A 點為預施應力 σ_i。所以負荷線自 A 點起始，並形成斜率為 1 的角。這個角只有兩應力軸的比例尺相同時是 45° 角。

各安全因數值可由以 AB 的距離除 AC、AD，及 AE 的距離得之。請注意，這與以 σ_a 除各理論的 S_a，其意義是一致的。

圖 7-22 標題下方顯示的量，可以下列方式求得：

A 點

$$\sigma_i = \frac{F_i}{A_t} = \frac{14.4}{0.226} = 63.72 \text{ kpsi}$$

B 點

$$\sigma_a = \frac{CP}{2A_t} = \frac{0.280(5)}{2(0.226)} = 3.10 \text{ kpsi}$$

$$\sigma_m = \sigma_a + \sigma_i = 3.10 + 63.72 = 66.82 \text{ kpsi}$$

C 點

這是修訂的 Goodman 準則，從表 7-17，可查得 $S_e = 18.6$ kpsi。然後使用

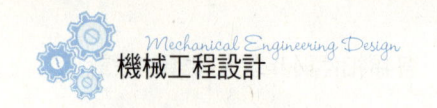

(7-45) 式，可求得安全因數為

答案
$$n_f = \frac{S_e(S_{ut} - \sigma_i)}{\sigma_a(S_{ut} + S_e)} = \frac{18.6(120 - 63.72)}{3.10(120 + 18.6)} = 2.44$$

D 點：
這個點在安全強度線上，該處

$$S_m + S_a = S_p \tag{1}$$

此外，負荷線 AD 的水平投影為

$$S_m = \sigma_i + S_a \tag{2}$$

聯立解 (1) 式及 (2) 式，可得

$$S_a = \frac{S_p - \sigma_i}{2} = \frac{85 - 63.72}{2} = 10.64 \text{ kpsi}$$

由此得到的安全因數為

答案
$$n_p = \frac{S_a}{\sigma_a} = \frac{10.64}{3.10} = 3.43$$

當然，這個值與先前使用 (7-29) 式所得的結果完全相同。

使用降伏強度取代安全強度以分析疲勞圖的相似分析至此完成。雖然兩種強度有些關聯，但使用安全因數較佳，而且對承受負荷的螺栓，它也是比降伏強度更正面的指標。也值得記住的是在設計規範中記載了安全強度，而降伏強度則沒有。

已經求得基於疲勞及修訂的 Goodman 線之安全因數 $n_f = 2.44$，而基於安全強度則為 $n_p = 3.43$。因此，損壞的威脅來自疲勞而非超過安全強度。這兩項因數應該都拿來比較，以確定較大的危險落在何處。

E 點：
利用 (7-46) 式的 Gerber 準則，得出安全因數 n_f 為

$$n_f = \frac{1}{2\sigma_a S_e} \left[S_{ut}\sqrt{S_{ut}^2 + 4S_e(S_e + \sigma_i)} - S_{ut}^2 - 2\sigma_i S_e \right]$$

答案
$$= \frac{1}{2(3.10)(18.6)} \left[120\sqrt{120^2 + 4(18.6)(18.6 + 63.72)} - 120^2 - 2(63.72)(18.6) \right]$$

$$= 3.65$$

此值大於 $n_p = 3.43$ 而與稍早損壞威脅來自疲勞的結論相違，圖 7-22 中清楚地呈現了此項矛盾，D 點落在 C 點和 E 點之間。再一次，Goodman 準則的保守性質，說明了此一差異，而設計者必須做出自己的結論。

7-12 承受剪力的螺栓與鉚釘接頭[10]

承受剪應力的鉚釘與螺栓接頭在設計及分析中的處理完全相似。

圖 7-23a 顯示一承受剪力的鉚釘接頭。現在要研討可能使該聯解損壞的各種方法。

圖 7-23b 顯示以彎苗使鉚釘或鉚接組件損壞。彎矩大約 $M = Ft/2$，式中的 F 為剪力，而 t 為鉚釘柄長，也就是連結部件的總厚度。忽略應力集中因數，在組件或鉚釘中的彎應力為

$$\sigma = \frac{M}{I/c} \tag{7-52}$$

式中 I/c 為最弱組件或鉚釘的剖面模數，視欲求的應力而定。以此方式計算彎應力是一項假設，因為負荷如何分佈於鉚釘，或鉚釘及組件的相對變形並未精確地知曉。雖然此式可用於決定彎應力，卻少見使用於設計中。取而代之的是以提高安全因數來補償其效應。

圖 7-23c 呈現以純剪力損壞鉚釘。鉚釘中的應力為

$$\tau = \frac{F}{A} \tag{7-53}$$

其中 A 是所有整群鉚釘的總剖面面積。應提醒的是在結構設計中，使用鉚釘的標稱直徑，而非鉚釘孔的直徑是標準實務，即使熱鉚鉚釘膨脹而幾乎填滿了鉚釘孔。

圖 7-23d 中說明聯結組件或板因純拉力破裂，其拉應力為

$$\sigma = \frac{F}{A} \tag{7-54}$$

其中 A 為板的淨面積，也就是板的剖面面積扣除所有鉚釘孔的總面積。對脆性材料承受淨負荷，及延性或脆性材料承受疲勞負荷而言，應力集中效應必須加以考量。有時使用具有預施負荷的螺栓，在環繞鉚釘孔周圍預置壓力可以鈍化應力集中的效應是真的，但得依一定步驟以確保預施負荷不致鬆弛。應採保守設計，就像應力集中效應完整地存在。做結構設計時不考慮應力集中效應，因為承受靜負荷而且是延性材料。

在計算 (7-54) 式的面積時，設計者當然應使用得到最小面積的鉚釘或螺栓孔的剖面面積。

---

[10] 鍋爐、橋樑、建築物以及其它結構等涉及人類生命安全連結的螺栓及鉚釘連結設計，嚴格地受各種結構法規的支配。當設計這些結構物時，工程師應參考美國鋼結構學院手冊 (*American Institute of Steel Construction Handbook*)，美國鐵道工程學會規範 (the American Railway Engineering Association specifications)，或美國機械工程師學會鍋爐結構法規 (or the Boiler Construction Code of the American Society of Mechanical Engineers)。

(a)　　　　(b)　　　　(c)　　　　(d)

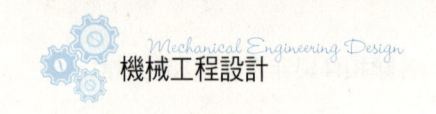

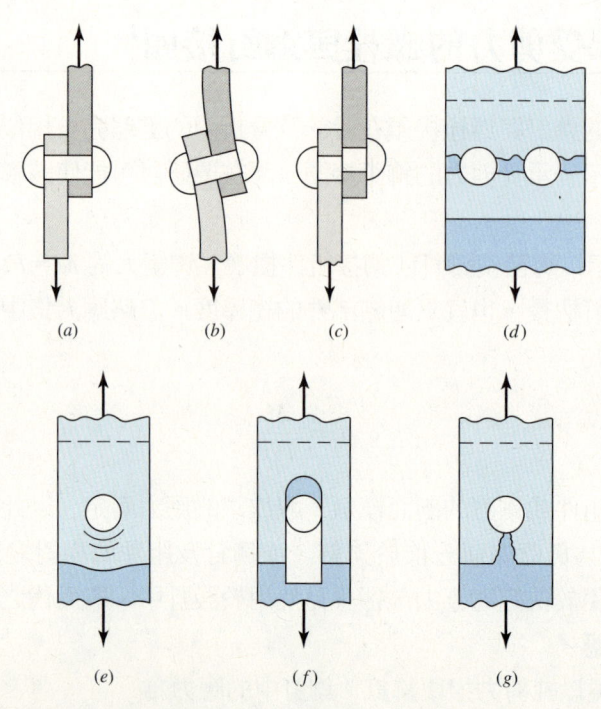

(e)　　　　(f)　　　　(g)

圖 7-23　螺栓或鉚釘承受剪力的損壞模式：(a) 剪力負載；(b) 鉚釘的彎曲；(c) 鉚釘的剪切；(d) 組件的拉力損壞；(e) 鉚釘在組件上的承壓組件在鉚釘上的承壓；(f) 剪力撕裂；(g) 拉力撕裂。

圖 7-23e 說明鉚釘或板的擠壓損壞。此一通常稱為**承應力** (bearing stress) 的計算，因負荷在鉚釘圓柱表面上的負荷分佈而顯得複雜。作用於鉚釘上之力的正確值並不知道，所以，習慣上假設這些力的分量均勻地分佈於鉚釘的整個接觸面的投影面積上。從而得到應力為

$$\sigma = -\frac{F}{A} \tag{7-55}$$

其中對單一鉚釘的投影面積為 $A = td$。式中的 t 為最薄板件的厚度，而 d 為鉚釘或螺栓的直徑。

在邊界的邊緣剪切，或撕裂，分別顯示於圖 7-23f 及 7-23g 中。在結構的實務上此種損壞可藉使鉚釘與邊緣維持至少一個直徑之 $1\frac{1}{2}$ 的距離加以避免。為了滿足外觀，螺栓聯結的間距甚至更大些，所以，此一形式的損壞通常可以忽略。

鉚接接頭中，各鉚釘都分攤剪力負荷、鉚釘的承應力、組件的承應力，及鉚釘的剪應力。只有部分接頭會加入其它形式的損壞。在螺栓接頭，剪力由夾緊摩擦承擔，承應力並不存在。當螺栓的預施負荷消失了，一個螺栓開始承受剪應力，及承應力直到降伏，逐漸地讓其它扣件分攤剪應力及承應力。最後，如果所有扣件的預施負荷完全消失，所有的扣件都加入分攤，這就是大多數螺栓接頭分析的基礎。通常的分析涉及

- 螺栓中的承應力 (所有的螺栓都加入)
- 組件中的承應力 (所有的孔都加入)
- 螺栓的剪應力 (所有的螺栓最後都加入)
- 區分螺紋與無螺紋部分的剪應力
- 組件的邊緣剪切及撕裂 (邊緣的螺栓加入)
- 跨越組件螺栓孔的的拉伸降伏
- 核驗組件的承載容量

範例 7-6

圖 7-24 中展示的螺栓連結使用 SAE 等級 5 的螺栓。組件都是熱軋的 AISI 1018 HR 鋼。作用於聯結上的是拉伸剪力 $F = 4000$ lbf。試求對所有損壞模式的安全因數。

解答 組件：$S_y = 32$ kpsi

螺栓：$S_y = 92$，$S_{Sy} = (0.577)92 = 53.08$ kpsi

螺栓的剪力損壞

$$A_s = 2\left[\frac{\pi(0.375)^2}{4}\right] = 0.221 \text{ in}^2$$

答案

$$\tau = \frac{F_s}{A_s} = \frac{4}{0.221} = 18.1 \text{ kpsi}$$

$$n = \frac{S_{sy}}{\tau} = \frac{53.08}{18.1} = 2.93$$

螺栓上的承應力

$$A_b = 2(0.25)(0.375) = 0.188 \text{ in}^2$$

$$\sigma_b = \frac{-4}{0.188} = -21.3 \text{ kpsi}$$

答案

$$n = \frac{S_y}{|\sigma_b|} = \frac{92}{|-21.3|} = 4.32$$

圖 7-24

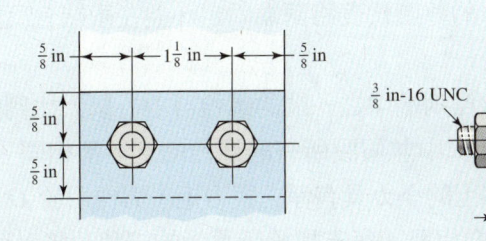

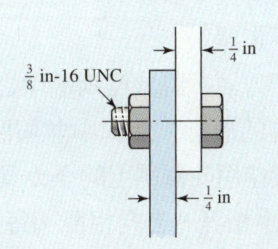

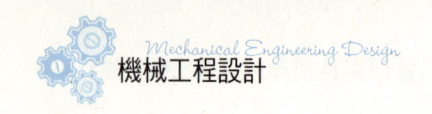

組件上的承應力

答案 $n = \dfrac{S_{yc}}{|\sigma_b|} = \dfrac{32}{|-21.3|} = 1.50$

組件中的拉應力

$$A_t = (2.375 - 0.75)(1/4) = 0.406 \text{ in}^2$$
$$\sigma_t = \dfrac{4}{0.406} = 9.85 \text{ kpsi}$$

答案 $n = \dfrac{S_y}{A_t} = \dfrac{32}{9.85} = 3.25$

具偏心負荷的剪力接頭

先前的範例中，負荷分佈在各螺栓上是均勻的，因為負荷循扣件的對稱軸作用。分析承受偏心負荷的剪力接頭需要兩組件間相對運動中心的定位。在圖 7-25 中令 A_1 到 A_5 對應於 5 支成群之銷的剖面面積，或預熱鉚釘，或緊配合軸肩螺栓。在此假設下，合理的樞點 (pivot point) 位於銷，鉚釘，或螺栓組剖面面積排列模式的形心。藉靜力學，可知形心 G 可以座標 $\bar{x}$ 與 $\bar{y}$ 定位，其中 x_i 及 y_i 為形心至第 i 個螺栓剖面中心的距離：

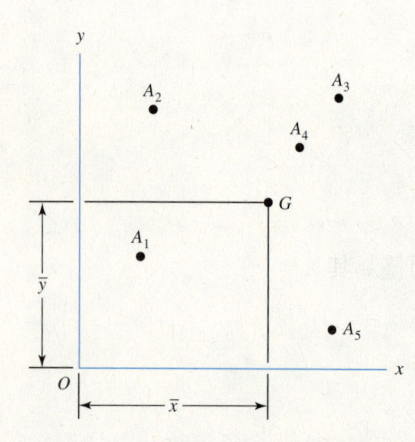

圖 7-25 銷、鉚釘、或螺栓群的形心。

$$\bar{x} = \dfrac{A_1 x_1 + A_2 x_2 + A_3 x_3 + A_4 x_4 + A_5 x_5}{A_1 + A_2 + A_3 + A_4 + A_5} = \dfrac{\sum_1^n A_i x_i}{\sum_1^n A_i}$$

$$\bar{y} = \dfrac{A_1 y_1 + A_2 y_2 + A_3 y_3 + A_4 y_4 + A_5 y_5}{A_1 + A_2 + A_3 + A_4 + A_5} = \dfrac{\sum_1^n A_i y_i}{\sum_1^n A_i} \quad (7\text{-}56)$$

許多例子中，這些形心間的距離可利用對稱關係定出。

圖 7-26 中顯示一個扣件承受偏心負荷的例子。這是個機台，含一支承受彎曲負荷的樑。此例中的樑於兩端以特別準備用於分攤負荷的螺栓扣接於垂直組件上。你將會瞭解圖 7-26b 的草圖代表將兩端固定，並在兩端有反力矩 M 及反剪力 V 作用的靜不定樑。

為了方便，將該樑兩端中之一端的螺栓群中心以大比例繪成圖 7-26c。O 點代表螺栓群的形心。此例中並假設所有的螺栓的直徑都相同。請注意，圖 7-26c 中的各力視作用於個銷上的合力具有淨力與力矩，與作用於 O 點之反作用負荷 V_1 及 M_1 的大小相等，方向相反。每支螺栓所承受的總負荷將以三個步驟計算。第一步

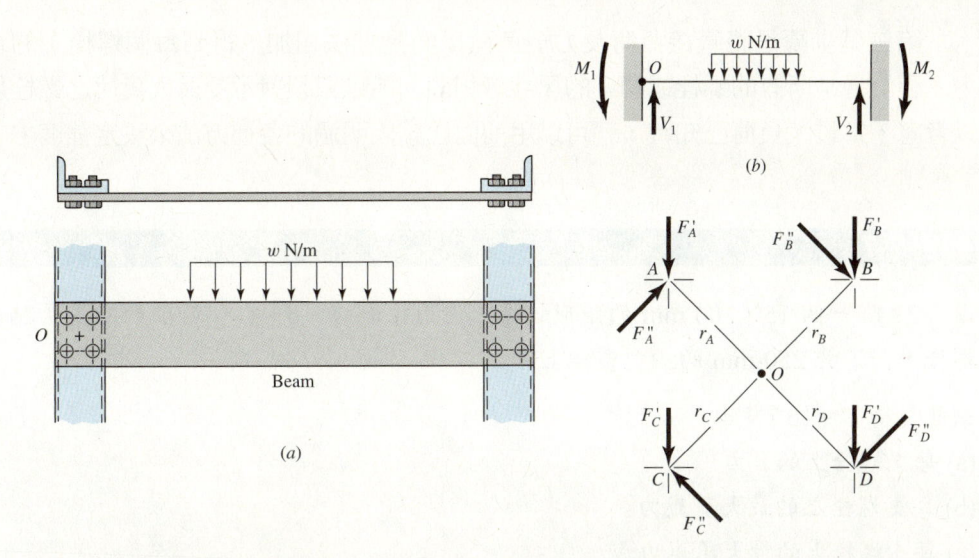

第 7 章　螺旋、各類扣件與非永久接頭的設計

圖 7-26　(a)兩端以螺栓聯結之承受均佈負荷的樑；(b) 樑的分離體圖；(c) 形心位於 O 點之螺栓群的放大視圖，顯示煮剪力及次剪力的合力。

是將剪力 V 平均分攤於各螺栓，因此每一個螺栓分攤 $F' = V_1/n$，式中的 n 代表螺栓的數目，而 F' 為**直接負荷** (direct load) 或**主剪力** (primary shear)。

此處應留意直接負荷平均分配於螺栓上是基於螺栓是絕對剛體的假設，由於螺栓的排列或是組件的形狀及尺寸的不同，有時候負荷分配須調整為其它的假設。直接負荷 F'_n 以向量標示於負荷圖上 (圖 7-26c)。

力矩負荷 (moment load) 或是**次剪力** (secondary shear) 是因為力矩 M_1 對每個螺栓所造成之額外負荷。假若 r_A、r_B、r_C 等代表形心至每一個螺栓中心的徑向距離，則力矩及力矩負荷的關係如下：

$$M_1 = F''_A r_A + F''_B r_B + F''_C r_C + \cdots \tag{a}$$

式中之 F'' 為力矩負荷。每一個螺栓所承受的力視其與形心間的徑向距離而定；亦即，距離重心最遠的螺栓，承受了最大的負荷，而最近的螺栓僅承受了最小的負荷。因此寫成

$$\frac{F''_A}{r_A} = \frac{F''_B}{r_B} = \frac{F''_C}{r_C} \tag{b}$$

此處再次假設各個螺栓的直徑都相等。若非如此，則在 (b) 式中的每個螺栓，都應以剪應力 $\tau'' = 4F''/\pi d^2$ 取代 F''。聯立 (a) 式及 (b) 式得

$$F''_n = \frac{M_1 r_n}{r_A^2 + r_B^2 + r_C^2 + \cdots} \tag{7-57}$$

式中的下標 n 是代表負荷待求的螺栓，這些力距負荷也以向量顯示於負荷圖上。

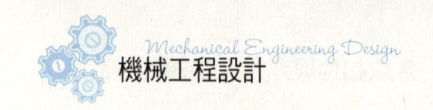

第三個步驟是將直接負荷及力矩負荷以向量加法相加，得到每個螺栓上的合力。因為通常所有的螺栓或鉚丁的尺寸皆相同，所以只須對承受最大負荷之螺栓加以考慮。當最大負荷已知時，就可以用前面已經說明過的各種方法來決定強度。

範例 7-7

圖 7-27 為一個 15×200 mm 的矩形鋼棒，使用位於 A、B、C，及 D 的四支緊配合螺栓，附著於 250-mm 的槽型型鋼上。

試就負荷 $F = 16$ kN 求

(a) 每支螺栓上的合力。
(b) 每支螺栓上的最大剪應力。
(c) 每支螺栓上的最大承應力
(d) 該鋼棒中的臨界彎應力。

解答 (a) 由對稱關係可知 O 點為圖 7-27 中螺栓群剖面面積的形心。若考慮樑構成的分離體圖，反剪力將會通過該形心 O，而反力矩將是對 O 的力矩。這兩項反作用為

$$V = 16 \text{ kN} \qquad M = 16(425) = 6800 \text{ N} \cdot \text{m}$$

在圖 7-28 中，螺栓群以較大比例尺繪成，並標示了反作用。從其形心至各螺栓中心的距離是

$$r = \sqrt{(60)^2 + (75)^2} = 96.0 \text{ mm}$$

每支銷上的主剪力為

圖 7-27
尺寸以 mm 標示。

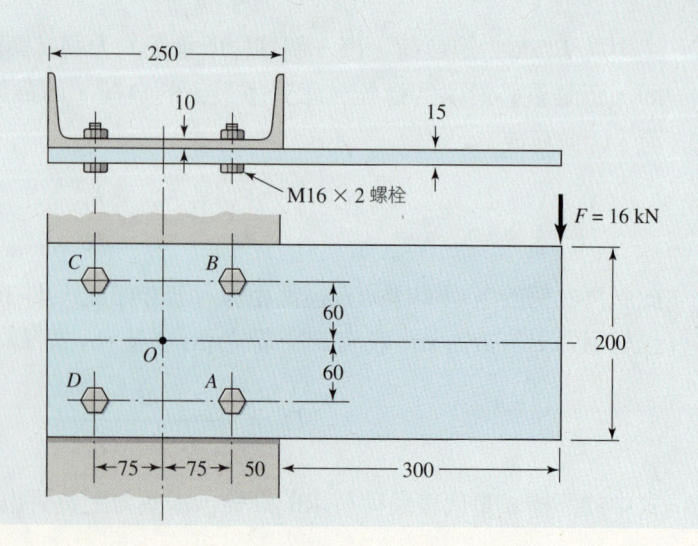

| 圖 7-28

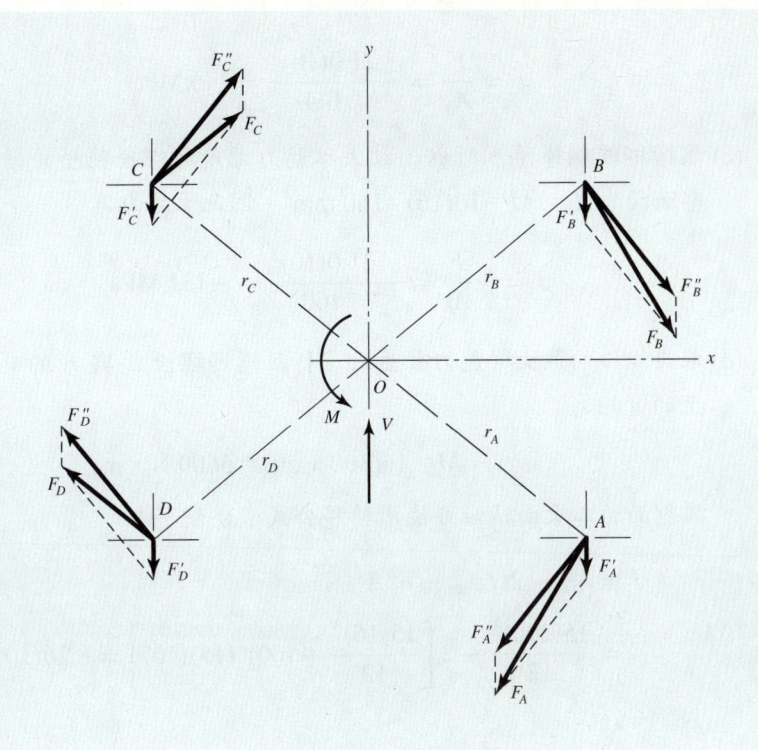

$$F' = \frac{V}{n} = \frac{16}{4} = 4 \text{ kN}$$

因為次剪力都相等，(7-57) 式變成

$$F'' = \frac{Mr}{4r^2} = \frac{M}{4r} = \frac{6800}{4(96.0)} = 17.7 \text{ kN}$$

主剪應力與次剪應力於圖 7-28 中依比例尺繪成，並以平行四邊形法獲得其合力。以量度 (或分析) 得到其值為

答案 $\qquad F_A = F_B = 21.0 \text{ kN}$

答案 $\qquad F_C = F_D = 14.8 \text{ kN}$

(b) 螺栓 A 與 B 為臨界點，因為它們承受最大剪力。此剪力作用於螺栓含螺紋的部分，或無螺紋的部分呢？螺紋長度為 25 mm 加上螺帽高度及大約 2 mm 的墊圈厚度，從表 A-31 可查得螺帽高度為 14.8 mm。包含超出螺帽的 2 螺紋，加起來得到長 43.8 mm，所以需要 46 mm 長的螺栓。從 (7-14) 式，可算得含螺紋部分長為 $L_T = 38$ mm。因此，無螺紋部分長為 $46 - 38 = 8$ mm 長，這個值小於圖 7-27 中的板厚 15 mm，因此，該螺栓傾向於在小徑處承受剪力。所以，剪應力面積為 $A_s = 144 \text{ mm}^2$，而得知剪應力為

答案
$$\tau = \frac{F}{A_s} = -\frac{21.0(10)^3}{144} = 146 \text{ MPa}$$

(c) 該槽鋼較鋼棒薄，所以，最大承應力源起於螺栓施壓於槽鋼的腹板。承壓面積為 $A_b = td = 10(16) = 160 \text{ mm}^2$。因此承應力為

答案
$$\sigma = -\frac{F}{A_b} = -\frac{21.0(10)^3}{160} = -131 \text{ MPa}$$

(d) 假設鋼棒的最大彎應力發生於平行且通過螺栓 A 與 B 的剖面。在此剖面上的彎矩為

$$M = 16(300 + 50) = 5600 \text{ N} \cdot \text{m}$$

該剖面的二次面積矩可使用轉移公式求得如下：

$$I = I_{\text{bar}} - 2(I_{\text{holes}} + \bar{d}^2 A)$$

$$= \frac{15(200)^3}{12} - 2\left[\frac{15(16)^3}{12} + (60)^2(15)(16)\right] = 8.26(10)^6 \text{ mm}^4$$

則

答案
$$\sigma = \frac{Mc}{I} = \frac{5600(100)}{8.26(10)^6}(10)^3 = 67.8 \text{ MPa}$$

問題

7-1 某傳動螺旋直徑 25 mm，螺紋節距為 5 mm。
(a) 若使用方牙螺紋，試求螺紋深度、螺紋寬度、平均直徑與根直徑及導程。
(b) 換成 Acme 螺紋，試重做 (a) 部分。

7-2 利用表 7-1 腳註的資訊，證明拉應力面積是

$$A_t = \frac{\pi}{4}(d - 0.938\,194p)^2$$

7-3 證明無軸環摩擦之方螺紋效率為

$$e = \tan\lambda \frac{1 - f\tan\lambda}{\tan\lambda + f}$$

試以 $f = 0.08$ 繪製導程角為 $45°$ 之效率曲線。

7-4 某單螺紋 25 mm 動力螺紋之直徑為 25 mm，節距為 5 mm，此螺旋之法向負荷最大可達 5 kN，軸環之摩擦係數為 0.06，而螺紋間的摩擦係數為 0.09，軸環之摩擦

半徑為 45 mm，試求 "頂升" 負荷及 "降下" 負荷之總效率和所需之扭矩。

7-5 圖中的機器能用來作拉力測試而非壓力測試，為什麼？這兩支螺旋的螺旋方向是否相同？

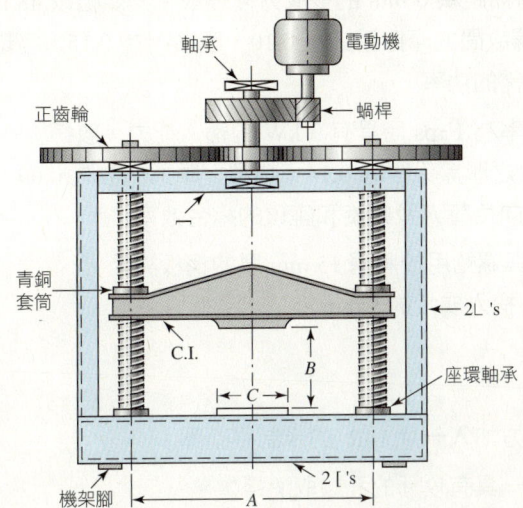

問題 7-5

7-6 問題 7-5 所示壓機的額定負荷為 5000 lbf，此雙螺桿具有 Acme 螺紋，直徑為 2 in，節距為 $\frac{1}{4}$ in，螺紋間的摩擦係數為 0.05，軸環軸承則為 0.08，軸環直徑為 3.5 in，齒輪之效率為 95%，而速度比為 60：1，電動機軸上有個滑動離合器，以防止過負荷，全負荷的電動機轉速為 1720 rpm。試問：
(a) 當電動機啟動時壓頭的移動有多快？
(b) 電動機之額定馬力應為多少？

7-7 圖示的螺旋夾具有直徑 $\frac{3}{8}$ in，以冷拉鋼 AISI 1006 製成的手柄，力作用於距離螺桿中心線 $3\frac{1}{2}$ in 處，螺旋為 $\frac{3}{4}$ in-10 UNC，總長 8 in。
(a) 導致手柄永久彎曲的螺旋扭矩為若干？
(b) 若忽略軸環摩擦且螺紋摩擦係數是 0.15，則 (a) 部分的夾緊力有多大？
(c) 導致螺栓產生挫曲 (buckle) 的夾緊力為若干？
(d) 是否需要核驗任何其它應力或可能的損壞。

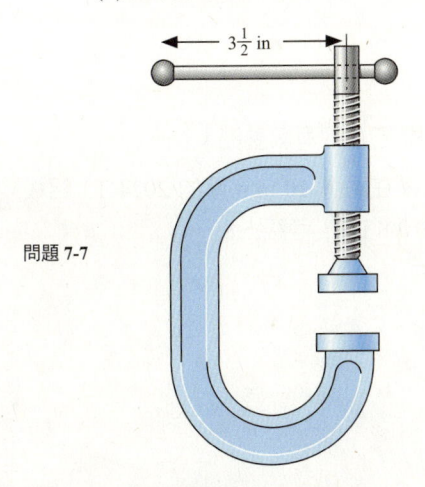

問題 7-7

445

7-8 問題 7-7 圖中所示的 C 形夾使用 $\frac{3}{4}$ in-6 的 Acme 螺紋。螺紋與座環的摩擦係數為 0.15，於本例中的座軸環是鍛造機的轉節，軸環之摩擦直徑為 1 in。基於在距離螺栓中心線半徑為 $3\frac{1}{2}$ in 的手柄處施加最大值為 8 lbf 的力，試求夾緊力。

7-9 某 40 mm 的傳動螺旋具有節距為 6 mm 的雙紋方牙螺紋。其螺帽以 48 mm/s 的速度移動負荷 F = 10 kN。螺紋間的摩擦係數為 0.10，座環則為 0.15。座環的摩擦直徑為 60 mm。試求驅動所需的功率。

7-10 某單紋方牙傳動螺旋在速率為 1 rps 時具有 3 kW 的輸入能力，該螺旋的直徑為 40 mm，節距為 8 mm，螺紋之摩擦係數為 0.14，軸環之摩擦係數為 0.09，軸環之摩擦半徑為 50 mm，試求軸向負荷 F 及螺旋和座環的綜合效率。

7-11 某 M14×2 的六角頭螺栓與螺帽用於將兩 15 mm 厚的鋼板夾緊。
(a) 試求合適的螺栓長度，捨入成大約 5 mm。
(b) 試求螺栓勁度。
(c) 試求其組件勁度。

7-12 重解問題 7-11，但螺帽下方加入一片 14R 的米制平墊圈。

7-13 重解問題 7-11，但鋼板之一具有攻牙的孔以取消螺帽。

7-14 某 2-in 厚鋼板與 1-in 厚鑄鐵板以 $\frac{1}{2}$ in-13 UNC 螺栓與螺帽壓迫在一起。
(a) 試求該螺栓的合適長度，捨入成大約 $\frac{1}{4}$ in。
(b) 試求螺栓勁度。
(c) 試求其組件勁度。

7-15 重解問題 7-14，但在螺栓頭與螺帽下方各加入一個 $\frac{1}{2}$ N 美國標準平墊圈。

7-16 重解問題 7-14，但鑄鐵板具有攻牙的孔以取消螺帽。

7-17 兩相同的鋁板各 2 in 厚，以一支螺栓及螺帽緊壓在一起。並在螺栓頭與螺帽下方使用墊圈。
墊圈的性質：鋼；ID = 0.531 in；OD = 1.062 in；厚度 = 0.095 in
螺帽的性質：鋼；高 = $\frac{7}{16}$ in。
螺栓的性質：$\frac{1}{2}$ in-13 UNC 等級 8
板的性質：鋁；E = 10.3 Mpsi；S_u = 47 kpsi；S_y = 25 kpsi
(a) 試求該螺栓的合適長度，捨入成大約 $\frac{1}{4}$ in。
(b) 試求螺栓勁度。
(c) 試求其組件勁度。

7-18 重解問題 7-17，螺栓頭下方沒有墊圈，但在螺帽下方用兩個墊圈。

7-19 某 30 mm 厚的 AISI 1020 鋼板以螺栓與螺帽緊夾在兩張 10 mm 厚的 2024-T3 鋁板之間形成夾層構造，不使用墊圈。該螺栓為 M10×1.5，等級 5.8。
(a) 試求該螺栓的合適長度，捨入成大約 5 mm。
(b) 試求螺栓勁度。
(c) 試求其組件勁度。

7-20 重解問題 7-19，但底部的鋁板以 20 mm 厚的鋁板取代。

7-21 重解問題 7-19，但底部鋁板具有攻牙的孔以取消螺帽。

7-22 兩張 20 mm 厚的鋼板以螺栓和螺帽夾緊在一起。試指定一個螺栓以提供在 0.2 與 0.3 間的接頭常數 C。

7-23 某 2 in 厚的鋼板與厚 1 in 的鑄鐵板以一支螺栓和螺帽夾緊在一起。試指定一個螺栓以提供在 0.2 與 0.3 間的接頭常數 C。

7-24 某鋁製托架有 $\frac{1}{2}$ in 厚的凸緣，以夾緊到壁厚 $\frac{3}{4}$-in 的鋼柱上。一支帶帽螺栓穿過托架凸緣的孔並經攻螺紋的孔穿過鋼柱壁。試指定螺釘以提供在 0.2 與 0.3 間的接頭常數 C。

7-25 一支 M14×2 的六角頭螺栓與一個螺帽用於夾緊兩張 20 mm 厚的鋼板。試比較使用 (7-20)、(7-22)，與 (7-23) 式所得的總組件勁度。

7-26 一支 $\frac{3}{4}$ in 16 UNF 系列的 SAE 等級 5 螺栓，藉著將螺帽旋轉至適貼 (nut snug) 後，再多旋轉 $\frac{1}{3}$ 圈，而在螺栓與兩墊圈面之間夾住一根 $\frac{3}{4}$ in ID，長 10 in 的鋼管，該鋼管的 OD 為墊圈面的直徑 $d_w = 1.5d = 1.5(0.75) = 1.125$ in = OD。

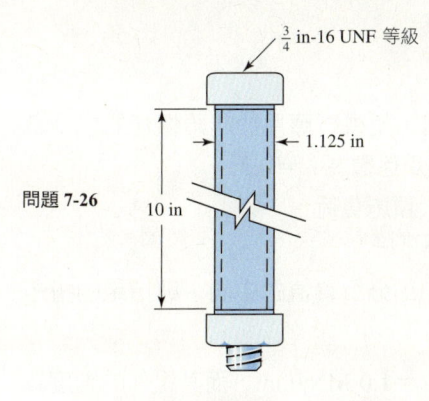

問題 7-26

(a) 試求螺栓勁度、鋼管勁度，及接頭常數 C。
(b) 當螺帽多旋轉 $\frac{1}{3}$ 時，螺栓中的初拉力 F_i 為若干？

7-27 從你得自問題 7-26 的經驗，將你的解通用化以發展成螺帽旋緊圈數方程式 (turn-of-nut equation)。

$$N_t = \frac{\theta}{360°} = \left(\frac{k_b + k_m}{k_b k_m}\right) F_i N$$

式中　　N_t = 自適貼後增加的旋轉圈數
　　　　θ = 以度數表示的螺帽旋轉圈數
　　　　N = 螺紋數/in ($1/p$，p 為節距)
　　　　F_i = 預施的初拉力
　　　　k_b, k_m = 分別為螺栓、組件與接頭的彈簧率

試利用此方程式求扭力扳手的設定值 T 與螺帽旋緊圈數 t 間的關係。[適貼之意是接頭可能已經旋緊至預負荷之半，以磨平墊圈與組件表面突起尖點 (asperities)。然

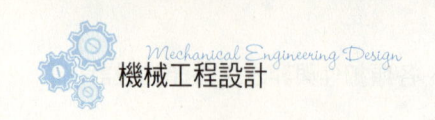

後鬆開螺帽，重新以手指將螺帽旋緊，而螺帽旋緊的圈數如該方程式所示。精確地執行後，其結果與以扭力扳手可以比美。]

7-28 RB&W[11] 推薦從適貼後旋轉螺帽以配合預負荷，可遵循下列準則：對夾緊長度為直徑之 1-4 倍者增 $\frac{1}{3}$ 圈，夾緊長度為直徑之 4-8 倍者增 $\frac{1}{2}$ 圈，夾緊長度為直徑之 8-12 倍者增 $\frac{2}{3}$ 圈。這些推薦值都用於結構鋼材製作 (永久接頭)，產生 100% 甚至超過安全強度的預負荷。具有疲勞負荷的機器製作與接頭可能拆卸者，適貼後螺帽旋轉圈數遠小於此數。RB&W 的推薦值已經進入非線性的塑性變形區。

就範例 7-4，使用 (7-27) 式取 $K = 0.2$ 以估算建立所需預施負荷必要的扭矩。然後以由問題 7-27 所得的結果求得度為單位的螺帽旋轉圈數。試將該值與 RB&W 的推薦值相比較？

7-29 就有六支螺栓的組合件，每支螺栓的勁度為 $k_b = 3$ Mlbf/in，而其組件的勁度為每支螺栓 $k_m = 12$ Mlbf/in。有 80 kips 的外施力作用於整個接頭。假設該負荷均勻地分佈於所有的螺栓。已經決定要使用 $\frac{1}{2}$ in-13 UNC 等級 8 的滾製螺栓。假設螺栓都預施負荷至 75% 安全負荷。試求：
(a) 降伏的安全因數。
(b) 過負荷的安全因數。
(c) 接頭分開的安全因數。

7-30 對問題 7-29 的螺栓組合冀求尋得扭矩的範圍，使機匠應用於起始螺栓的預施負荷，一旦承受負荷後，不預期會損壞。假設扭矩係數為 $K = 0.2$。
(a) 試求不超過螺栓之安全強度所能施予的最大預施負荷。
(b) 試求能避免接頭分開的最小螺栓預施負荷。
(c) 試求若冀求預施負荷的值在 (a) 部分及 (b) 部分所得值的中間，應指定的扭矩值，以 lbf·ft 為單位。

7-31 就有八支螺栓的組合件，每支螺栓的勁度為 $k_b = 1.0$ MN/mm，而其組件的勁度為每支螺栓 $k_m = 2.6$ MN/mm。為了維護工作，該接頭偶爾會拆卸，預施負荷時得加以考量。假設外施負荷均勻地分佈於所有的螺栓。已經決定使用 M6×1 等級 5.8 的滾製螺栓。試求：
(a) 可作用於整個接頭而不超過螺栓安全強度之最大外施負荷 P_{max}。
(b) 可作用於整個接頭而不致使接頭自受壓鬆弛之最大外施負荷 P_{max}。

7-32 某支螺栓的組合件，每支螺栓的勁度為 $k_b = 4$ Mlbf/in，其組件的勁度為每支螺栓 $k_m = 12$ Mlbf/in。為了維護工作，該接頭偶爾會拆卸，預施負荷時得加以考量。外施負荷在 $P_{max} = 80$ kips 及 $P_{min} = 20$ kips 之間波動。假設外施負荷均勻地分佈於所有的螺栓。已經決定使用 $\frac{1}{2}$ in-13 UNC 等級 8 的滾製螺栓。試求：
(a) 避免螺栓降伏必要的最少螺栓數。
(b) 避免接頭分開必要的最少螺栓數。

---
[11] Russell, Burdsall & Ward, Inc., Metal Forming Specialists, Mentor, Ohio.

第 7 章　螺旋、各類扣件與非永久接頭的設計

7-33 至 7-36

圖中顯示鋼質汽缸頭使用 N 支螺栓與等級 30 之鑄鐵質壓力容器的連結。其受限的氣密墊之有效氣密直徑為 D。該汽缸儲存最大壓力為 p_g 的氣體。試就為規範指定的問題於表中給予的規格，於表 A-17 的優先尺寸中，選出合適的螺栓長度。然後求降伏的安全因數 n_p，負荷因數 n_L，及接頭分開因數 n_0。

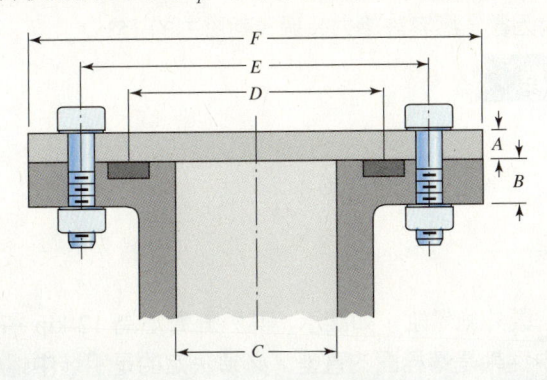

問題 7-33 至 7-36

問題編號	7-33	7-34	7-35	7-36
A	20 mm	$\frac{1}{2}$ in	20 mm	$\frac{3}{8}$ in
B	20 mm	$\frac{5}{8}$ in	25 mm	$\frac{1}{2}$ in
C	100 mm	3.5 in	0.8 m	3.25 in
D	150 mm	4.25 in	0.9 m	3.5 in
E	200 mm	6 in	1.0 m	5.5 in
F	300 mm	8 in	1.1 m	7 in
N	10	10	36	8
p_g	6 MPa	1500 psi	550 kPa	1200 psi
螺栓等級	ISO 9.8	SAE 5	ISO 10.9	SAE 8
螺栓規格	M12 × 1.75	$\frac{1}{2}$ in-13	M10 × 1.5	$\frac{7}{16}$ in-14

7-37 至 7-40

試重解表中指定的問題，若其螺栓及螺帽都以帶頭螺釘，即在鑄鐵質氣缸體中以攻牙孔取代螺帽。

問題編號	原始問題
7-37	7-33
7-38	7-34
7-39	7-35
7-40	7-36

7-41 至 7-44

試為表中指定的問題裡定義的壓力容器重新設計螺栓規格，以滿足下列所有的條件。

- 使用粗牙螺栓，試為問題 7-41 及 7-43 從表 7-11，選擇一級別 (class)，或對問題

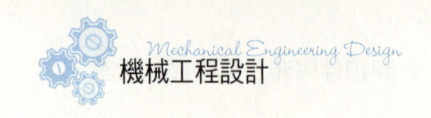

7-42 及 7-44，自表 7-9 中選擇一等級。
- 為了保證環繞螺栓圓有足夠的氣密密封，使用足夠的螺栓數以提供 4 螺栓之間最大的中心至中心的距離。
- 獲得在 0.2 到 0.3 間的接頭勁度，以保證大部分的壓力負荷由組件承擔。
- 螺栓可能重複使用，所以降伏的安全因數必須至少為 1.1。
- 過負荷因數與接頭分開因數，應容許壓力超過預期壓力的 15%。

問題編號	原始問題
7-41	7-33
7-42	7-34
7-43	7-35
7-44	7-36

7-45 螺栓分佈成圓形常藉以抗禦外施彎矩，如圖示。其外施彎矩為 12 kip·in 而螺栓圓直徑為 8 in。彎曲的中性軸是螺栓圓的直徑。必須決定的是組裝中螺栓承受之最嚴苛的負荷。

(a) 將螺栓的效應視如以強度 F'_b，單位為 lb/in 的線負荷環繞螺栓圓作用，並以與中性軸間的距離依 $F'_b = F'_{b,\max} R \sin\theta$ 的關係線性地變化。作用於任何特定螺栓上的負荷，可看成連結該螺栓之弧線上的線負荷效應。例如圖中有 12 支螺栓，因此每支螺栓的負荷假設分佈於螺栓圓的 30° 弧線上。在這些條件下，最大的螺栓負荷為若干？

(b) 視將強度 $F'_{b,\max}$ 與連接每支螺栓之弧線的乘積視為最大負荷，試求該最大的螺栓負荷。

(c) 以 $F = F_{\max} \sin\theta$ 表示作用於任何螺栓上的負荷，試求每個螺栓產生的力矩之和，並估算最大的螺栓負荷。試比較這三種方法的結果，並決定未來如何解決此一問題。

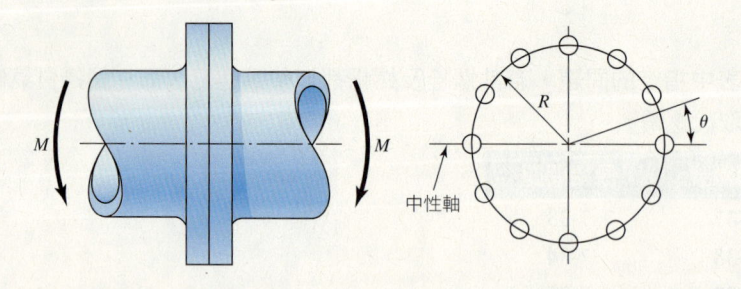

問題 7-45
承受彎矩的螺栓連結

7-46 圖示為一鑄鐵質的軸承座，以 M24 ISO 等級 8.8 的粗牙螺栓，及置於螺栓頭與螺帽下方厚 4.6 mm 的墊圈，固定於頂棚鋼架上，用於支撐 18 kN 的重力負荷如圖示。托架的凸緣厚 20 mm，圖中之 A 的尺寸為 20 mm。軸承材料的彈性模數為 135 GPa。

(a) 如果接合是永久性而且扣件皆已潤滑時，使用的扭緊扭矩應為若干？
(b) 試求防範降伏，過負荷及接頭分開的安全因數。

問題 7-46

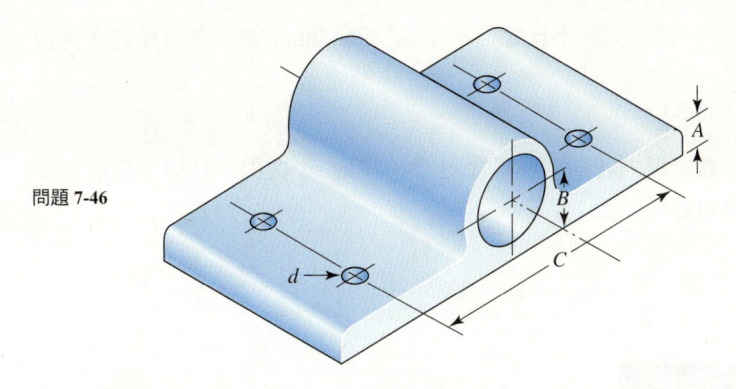

7-47 圖示為一倒 A 型托架，以 ISO 等級 8.8 的螺栓固定於機器房天花板之鋼架上，這個架子用來支撐 40 kN 之徑向負荷，如圖所示，螺栓柄長度為 48 mm，其中包含鋼樑 A 型架之腳及鋼墊圈的厚度，螺栓的尺寸為 M20×2.5。

(a) 如果接合是永久性而且扣件皆已潤滑時，該使用的扭緊扭矩為若干？

(b) 試求防範降伏，過負荷及接頭分開的安全因數。

問題 7-47

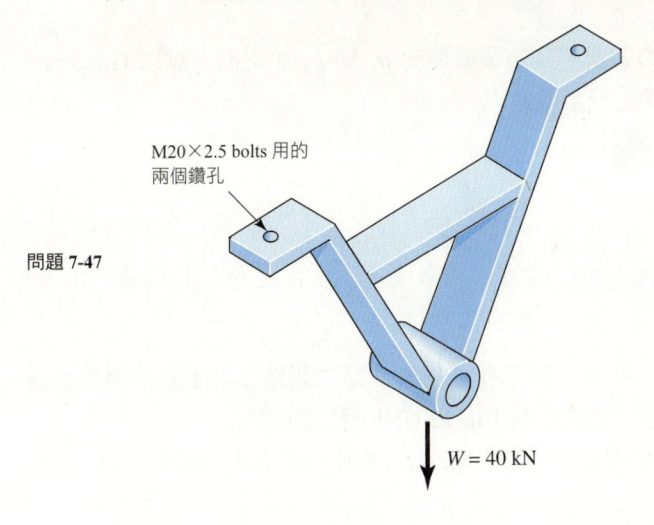

M20×2.5 bolts 用的兩個鑽孔

$W = 40$ kN

7-48 對問題 7-29 中的螺栓組合件，假設外施負荷為重複負荷。試使用下列的損壞準則求螺栓之疲勞損壞的安全因數：

(a) Goodman。

(b) Gerber。

(c) ASME-橢圓。

7-49 就某具有 8 支螺栓的組合件，每支螺栓的勁度為 $k_b = 1.0$ MN/mm，而每支螺栓的組件勁度為 $k_m = 2.6$ MN/mm。各螺栓預施負荷至 75% 的安全強度。假設外施負荷均勻地分佈於所有的螺栓上。螺栓為 M6×1 類別 5.8 的滾製螺栓。作用於整個接頭的外施負荷波動波動於 $P_{max} = 60$ kN 及 $P_{min} = 20$ kN 之間，試求：

(a) 對降伏的安全因數。

(b) 對過負荷的安全因數。

(c) 接頭分開的安全因數。

(d) 使用 Goodman 準則求疲勞的安全因數。

7-50 就問題 7-32 中的組合件假設使用十支螺栓，試以 Goodman 準則求螺栓對疲勞損壞的安全因數。

7-51 至 7-54

就表中所列問題中定義的壓力容器，其氣壓循環於零與 p_g 之間，試以下列損壞準則求螺栓之疲勞損壞的安全因數：

(a) Goodman。

(b) Gerber。

(c) ASME-橢圓。

問題編號	原始問題
7-51	7-33
7-52	7-34
7-53	7-35
7-54	7-36

7-55 至 7-58

就表中所列問題定義的壓力容器，其氣壓循環於 p_g 與 $p_g/2$ 之間。試以 Goodman 損壞準則求螺栓之疲勞損壞的安全因數：

問題編號	原始問題
7-55	7-33
7-56	7-34
7-57	7-35
7-58	7-36

7-59 某直徑 1-in 的熱軋 AISI 1144 鋼棒以熱作成形製成類似問題 2-122 圖中的環首螺栓，具有內直徑 3 in 的環眼。其螺紋為 1 in-12 UNF 且以模切製成。

(a) 就對螺紋軸共線的反覆作用負荷，使用 Gerber 準則，試問疲勞損壞更可能發生於環首或螺紋？

(b) 在較脆弱的位置可如何處理以提高強度。

(c) 若防範疲勞損壞的安全因數為 $n_f = 2$，可作用於環首的最大反覆作用負荷為若干？

7-60 圖中顯示的密封接頭承受循環於 4 與 6 kips 間的負荷。組件的 $E = 16$ Mpsi。所有的螺栓都仔細地預施負荷至 $F_i = 25$ kip。

(a) 對降伏的安全因數。

(b) 對過負荷的安全因數。

(c) 基於接頭分開的安全因數。

(d) 使用 Goodman 線的安全因數。

問題 7-60

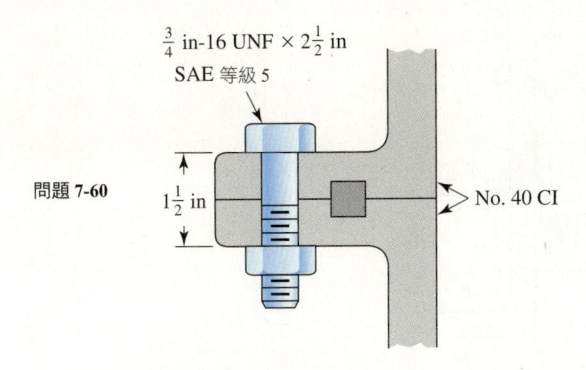

7-61 假設如圖所示之熔接托架以螺栓鎖於鋼質結構頂篷的下面，以支撐由銷及軛所加諸於其上的波動垂直負荷。螺栓為 $\frac{1}{2}$-in 粗牙螺紋的 SAE 等級 8 螺栓，組裝時旋緊至非永久組裝的推薦預施負荷。勁度值已算出為 k_b = 4 Mlb/in 及 k_m = 16 Mlb/in。
(a) 假設此設計強度支配的是螺栓而非熔接，試利用 Goodman 準則與圖 7-20 中的負荷線，而且防範疲勞的設計因數為 2，估算此組合件之安全的反覆負荷 P 值。
(b) 根據 (a) 部分所求得之負荷計算靜負荷因數。

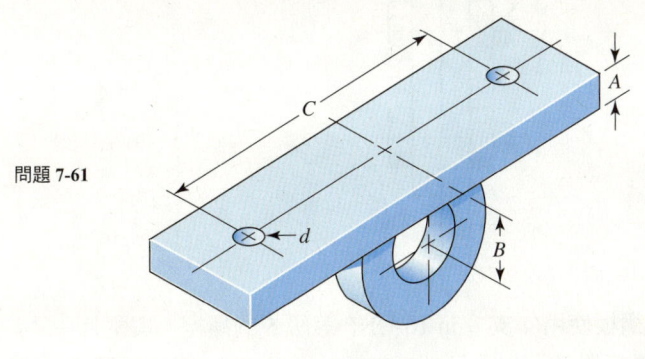

問題 7-61

7-62 試利用 Gerber 線及防範疲勞的設計因數為 2，決定一個 SAE 等級 5 的 $1\frac{1}{4}$ in 粗螺紋螺栓所能承受的外施重複負荷 P，並且和相同規格之細螺紋所能承受的外施重複負荷 P 相較。粗螺紋之接頭常數 C = 0.32，細螺紋之接頭常數 C = 0.30。

7-63 使用於某接頭且已施予預施負荷的某 M30×3.5 ISO 8.8 螺栓，而且該接頭的每支螺栓承受重複的拉張疲勞負荷 P = 65 kN。其接頭常數為 C = 0.28。試求靜負荷因數，及基於 Gerber 疲勞準則之防範疲勞損壞的安全因數。

7-64 圖示某液壓直線運動致動器 (液壓缸)，其 D = 4 in，$t = \frac{3}{8}$ in，L = 12 in，而 $w = \frac{3}{4}$ in，兩個托架及液壓缸皆為鋼質，致動器的工作壓力為 2000 psi，使用 6 個 SAE 等級 5 的 $\frac{3}{8}$ in 粗螺紋的螺栓，並旋緊至安全負荷的 75%。試求：
(a) 假設整個液壓缸受到均勻的壓力，而且兩端的托架子具有完全的剛性，試求螺栓及組件的勁度。
(b) 利用 Gerber 疲勞準則，求防範疲勞損壞的安全因數。
(c) 導致整個接頭分離之壓力為何？

問題 7-64

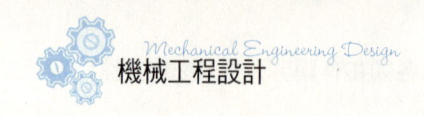

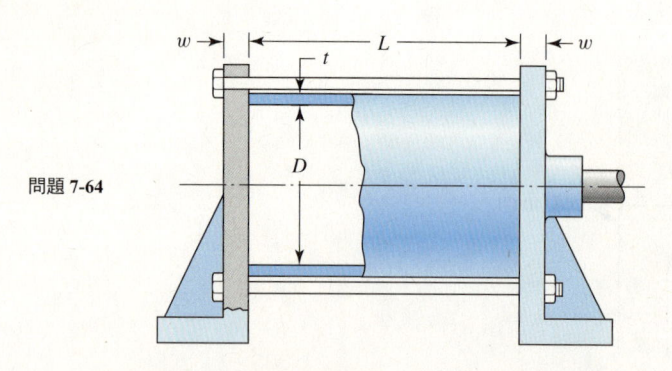

7-65 試使用 Goodman 疲勞準則，以工作壓力循環於 1200 psi 與 2000 psi 之間，重解問題 7-64。

7-66 圖中的螺栓搭接接頭使用 SAE 等級 5 的螺栓，其組件由冷拉 AISI 1020 鋼製成，試求作用於該聯結，對下列損壞模式能提供最小為 2 之安全因數的剪力負荷：螺栓的剪應力、螺栓的承應力、組件的承應力，及組件的拉應力。

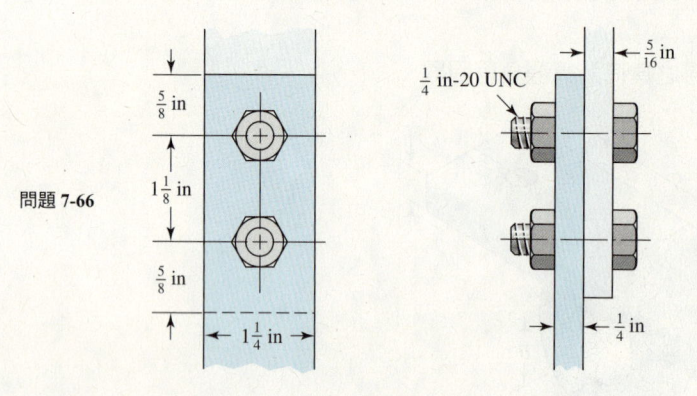

問題 7-66

7-67 兩片 1×4 in 的 1018 冷軋鋼板使用 4 支 $\frac{3}{4}$ in 16-UNF 等級 5 的螺栓，與兩片 $\frac{1}{2}$×4 in 的 1018 冷軋鋼質的對疊板對接，如圖示。試就設計因素 $n_d = 1.5$，使螺栓失去預施負荷的靜負荷 F。

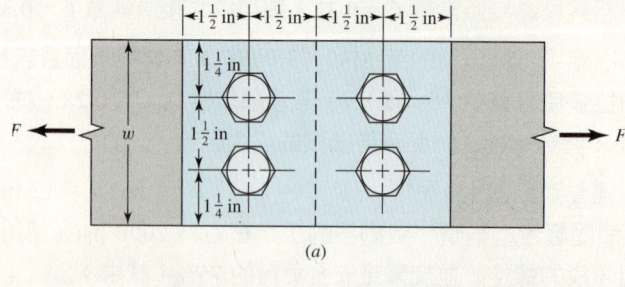

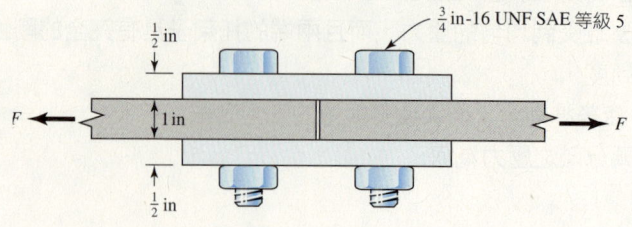

問題 7-67

第 7 章　螺旋、各類扣件與非永久接頭的設計

7-68　某搭接接頭使用 ISO 類別 5.8 的螺栓，其組件以冷拉鋼 SAE 1040 製成如圖示。有拉剪負荷 F 作用於該聯結，試求對下列損壞模式，能提供最小為 2.5 之安全因數的拉剪負荷值：螺栓的剪應力、螺栓的承應力、組件的承應力，及組件的拉應力。

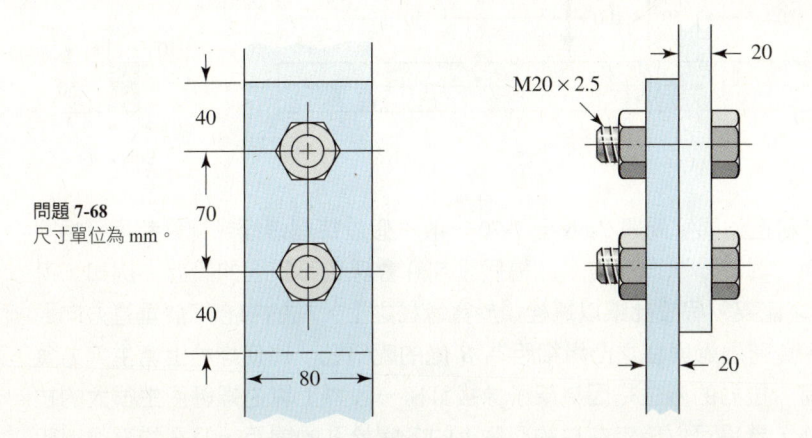

問題 7-68
尺寸單位為 mm。

7-69　圖中的螺栓連結成受拉剪負荷 90 kN。其螺栓為 ISO 級別 5.8 而組件為 AISI 1015 冷拉鋼。試求該連結對所有可能之損壞模式的安全因數。

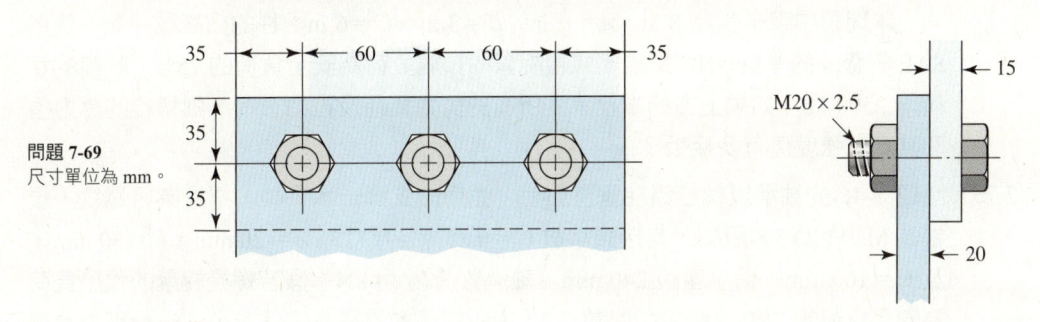

問題 7-69
尺寸單位為 mm。

7-70　圖中顯示的聯結中使用三支 SAE 等級 4 的螺栓。作用於該接頭上的拉剪負荷為 5000 lbf。其組件為冷拉鋼 AISI 1020。試求該連結對所有可能之損壞模式的安全因數。

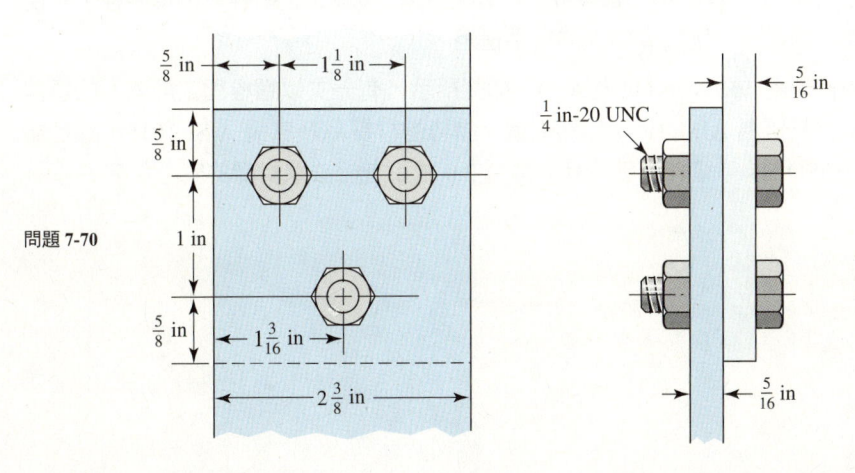

問題 7-70

7-71 圖示為螺栓以搭接方式結合兩 AISI 1018 冷拉鋼棒而成的樑，使用之螺栓為 ISO 5.8 級。忽略任何扭轉，試求聯結的安全因數。

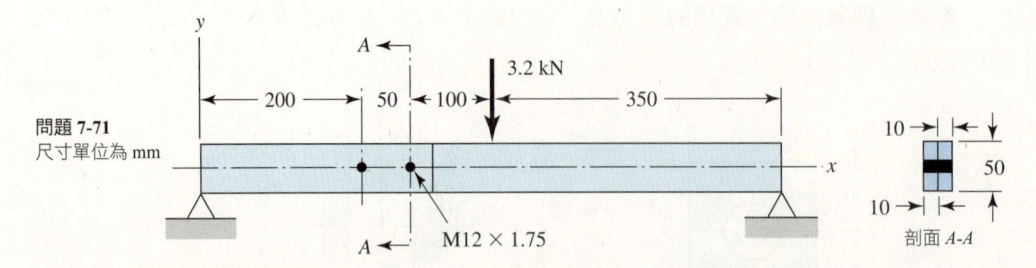

問題 7-71
尺寸單位為 mm

剖面 A-A

7-72 標準的設計實務正如同解問題 7-66 至 7-70 一般，假設每個螺栓或鉚釘都承受相同的剪力。然而，對許多狀況而言，此種假設或許會導致不安全的設計。例如，考慮問題 7-61 之軛架，假設此架以螺栓鎖於寬緣柱之上，柱的中心線於垂直方向通過兩個螺栓，負荷經過與柱之凸緣相距為 B 處的軛銷孔，將使螺栓上產生剪力負荷及拉力負荷。拉力的產生是因為架子像拔釘槌一般對上層之螺釘產生很大的拉力負荷。此外，幾乎可以確定在柱的凸緣上的各螺栓孔的間距，及孔的直徑與軛架上的各孔的間距及孔的直徑略為不同。因此除非發生降伏，否則將只有其中之一個螺栓承受剪力負荷，然而設計者無從確認哪一支螺栓會承受剪力負荷。

本問題中架子長為 8 in、$A = \frac{1}{2}$ in、$B = 3$ in、$C = 6$ in。柱的凸緣厚 $\frac{1}{2}$ in，使用 SAE 等級 4 的 $\frac{1}{2}$ in UNC 螺栓，螺帽旋緊的預施負荷為安全負荷的 75%，軛銷的負荷是 2500 lb，如果上方的螺栓承受所有的剪力負荷及拉力負荷，則螺栓的應力值和其安全強度值有多接近？

7-73 問題 7-46 的軸承以螺栓鎖在垂直面上，並用於支撐一水平軸，螺栓為粗螺紋，規格為 M20 ISO 5.8 級的，其接頭常數 $C = 0.25$，各尺寸為 $A = 20$ mm，$B = 50$ mm，及 $C = 160$ mm。軸承座長 240 mm，軸承負荷為 14 kN。假若螺栓旋緊的預施負荷為安全負荷的 75%，使用如問題 7-72 中所討論的最糟負荷狀況，則螺栓應力是否將超過安全強度值？

7-74 如問題 4-67 所描述之某開口環的鉗型座環者，必須支撐 1000 lbf 的座環負荷，使用設計因數 $n = 3$，且摩擦係數為 0.12，指定 SAE 等級 5 之細螺紋帶帽螺栓，若使用經過潤滑的螺栓，則需要多大的板手扭矩？

7-75 某垂直的槽型鋼 152×76 (見表 A-7)，如圖所示，有一支以螺栓固定於其上的懸臂樑。槽型鋼材質為 AISI 1006 的熱軋鋼。鋼棒的材質為熱軋鋼 AISI 1015，螺栓為 M10×1.5 ISO 5.8 等級。試就設計因數為 2.0 求可施於該懸臂樑的安全負荷 F。

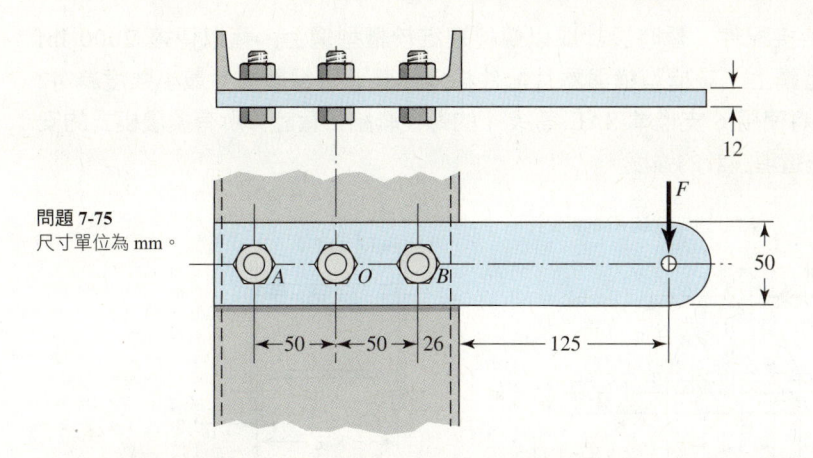

第 7 章　螺旋、各類扣件與非永久接頭的設計

問題 7-75
尺寸單位為 mm。

7-76　懸臂拖架以三支 M12×1.75 ISO 5.8 的螺栓連結於柱上。該托架以 AISI 1020 熱軋鋼製成，試求對下列損壞模式的安全因數：螺栓的剪應力、螺栓的承應力、組件的承應力，及組件的拉應力。

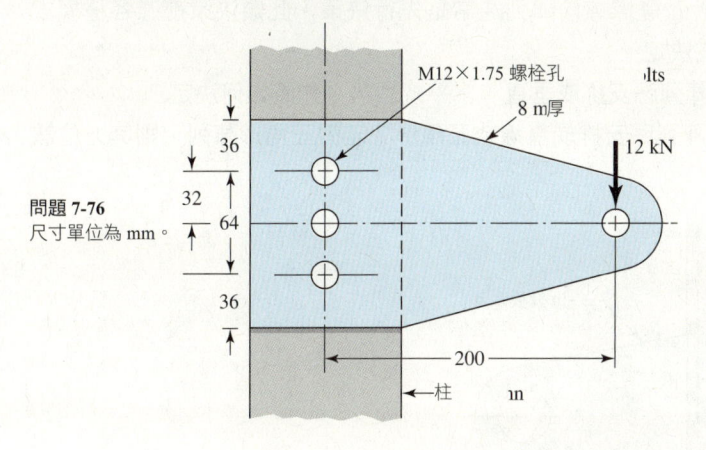

問題 7-76
尺寸單位為 mm。

7-77　某 $\frac{3}{8}$-×2-in 之 AISI 1018 冷拉鋼棒當作懸臂樑以支持 250 lbf 靜負荷，如圖示。該鋼棒以二支 $\frac{3}{8}$ in-16 UNC SAE 等級 4 的螺栓固定於支柱上。試求對下列損壞模式的安全因數：螺栓的剪應力、螺栓上的承應力，組件的承應力、及組件的強度。

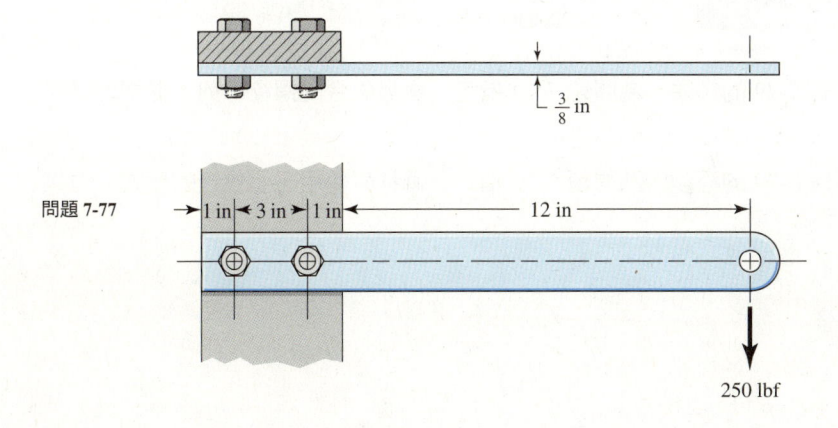

問題 7-77

457

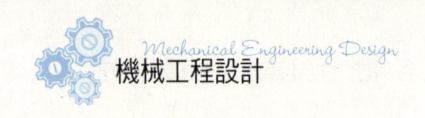

7-78 圖中顯示的熔接配件，暫時設計成以螺栓連結於槽型鋼上，藉以傳達 2000 lbf 的負荷至槽型鋼上。該槽型鋼與兩片配件板以熱軋低碳鋼製成，最小強度為 42 kpsi；該配件將使用 6 支標準 SAE 等級 4 的螺栓聯結。藉計算所有損壞模式的安全因數以核驗這項設計的強度。

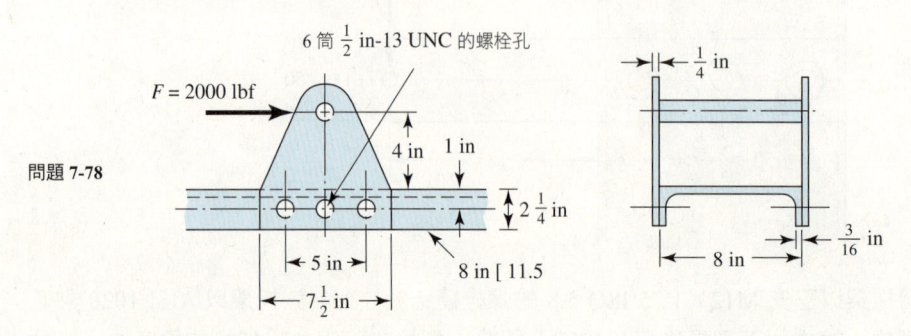

問題 7-78

7-79 某懸臂樑將附著於當作柱之 6-in, 13.0-lbf/in 槽型鋼的平側邊上。該懸臂樑承受如圖示的負荷。作為設計者選擇螺栓陣列通常是先行決策。此類決策都憑各種模式之有效的知識背景做成決定。

(a) 若使用兩個扣件，陣列應安排成垂直，水平或對角，你將如何決定？

(b) 若使用三個扣件，陣列應安排成直線或三角形？若對三角形陣列，則其方位該如何選擇？

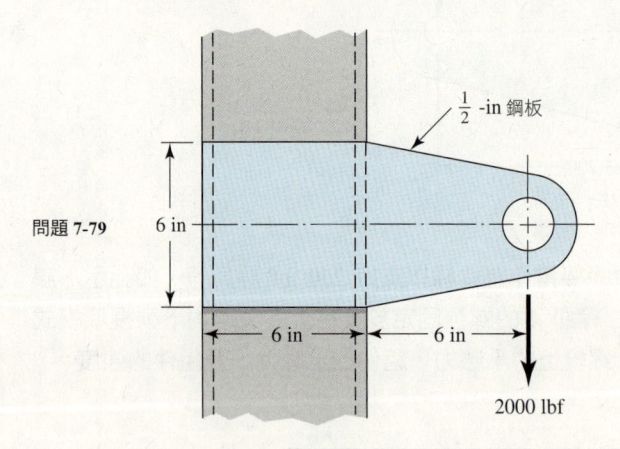

問題 7-79

7-80 試用得自問題 7-79 的經驗，為問題 7-79 指定一個最適合的螺栓陣列，並指定其尺寸。

7-81 試用得自問題 7-79 的經驗，為問題 7-79 指定一個托架使用三個螺栓的模式，並指定其尺寸。

chapter 8

機械彈簧

本章大綱

- 8-1　螺圈彈簧中的應力　460
- 8-2　曲率效應　461
- 8-3　螺圈彈簧的撓曲　462
- 8-4　承壓彈簧　463
- 8-5　穩定度　464
- 8-6　彈簧材料　465
- 8-7　為靜態伺服設計螺圈承壓彈簧　470
- 8-8　螺圈彈簧的臨界頻率　477
- 8-9　受疲勞負荷的螺圈承壓彈簧　479
- 8-10　設計承受疲勞負荷的螺圈承壓彈簧　483
- 8-11　承拉彈簧　486
- 8-12　螺圈扭轉彈簧　495
- 8-13　貝里彈簧　503
- 8-14　雜類彈簧　504
- 8-15　摘要　506

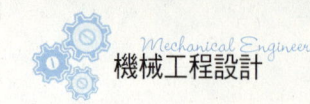

當設計者需要剛固性時，忽略撓度即是可接受的趨近方式，只要它的功能不是妥協的。有時候可撓性是需要的，且常由能聰明地控制幾何形狀的金屬物體提供。這些物體能展現設計者所尋求程度的可撓性。此類可撓性之撓度對負荷的關係可以是線性的或是非線性的。這些裝置容許控制負荷或扭矩的作用，能量的儲存與釋放是其它的目的。可撓性具有容許突然作用的暫時變形，並且立即回復的功能。設計者而言，由於機器的價值，彈簧已經做了徹底的研究。再者，它們是量產 (所以成本低)，而且為了各種需要的性質，也已經發現了各種智巧的構形。本章中，我們將討論比較常用的彈簧型式，它們必要的參數關係，它們的適用性評估及設計。

通常，彈簧可區分為線彈簧 (wire springs)、扁平彈簧 (flat spring) 或特殊形狀彈簧 (special-shaped springs)，這些區分中又有許多變異。線彈簧包含用以承受拉力、壓力或扭矩的圓線 (round wire) 或方線 (square wire) 的螺圈彈簧 (helical spring)。扁平彈簧則含懸臂型 (cantilever type) 及橢圓型 (elliptical type)、繞線馬達型 (wound-motor) 或鐘型 (clock-type) 動力彈簧，而扁平彈簧墊圈 (flat spring washers) 通常稱為 Belleville 彈簧。

8-1 螺圈彈簧中的應力

圖 8-1a 展示承受軸向力 F 的圓線螺圈壓縮彈簧。以 D 代表**平均線圈直徑** (mean coil diameter)，d 則代表**線徑** (wire diameter)。現在想像自彈簧的某一點切開 (圖 8-1b)，移開其中一部分，並以內力取代移除部分遺留的效應。則如圖所示，切除部分將作用於彈簧保留部分的是直接剪力 F 及扭矩 $T = FD/2$。

線中的最大應力可藉令 $V = F$，由計算直接剪應力的 (2-23) 式，和計算扭轉剪應力的 (2-37) 式重疊求得，在彈簧內側纖維的剪應力為

$$\tau_{\max} = \frac{Tr}{J} + \frac{F}{A} \tag{a}$$

圖 8-1 (a) 承受軸相負荷的螺圈彈簧；(b) 分離體圖顯示彈簧線承受直接剪應力及扭轉剪應力。

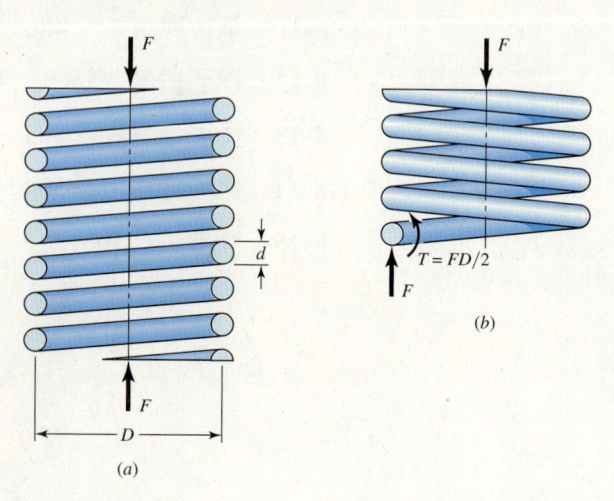

以 $\tau_{max}=\tau$、$T=FD/2$、$r=d/2$、$J=\pi d^4/32$ 及 $A=\pi d^2/4$ 取代式中各項，可得

$$\tau = \frac{8FD}{\pi d^3} + \frac{4F}{\pi d^2} \tag{b}$$

現在定義**彈簧指數** (spring index)

$$C = \frac{D}{d} \tag{8-1}$$

作為彈簧曲率的量度。C 的優先值範圍在 4 到 12 之間。[1] 使用此關係，重新安排 (b) 式成

$$\tau = K_s \frac{8FD}{\pi d^3} \tag{8-2}$$

式中 K_s 為**剪應力修正因數** (shear stress correction factor)，並定義為

$$K_s = \frac{2C+1}{2C} \tag{8-3}$$

除非受空間限制而不得不之外，並不推介使用方形或矩形鋼線的彈簧。特殊形狀的彈簧不像圓線彈簧大量製造；因為它們不具更進一步發展的好處，而且其強度不如圓線繞成的彈簧。當空間受到嚴格的限制時，通常考慮使用巢型圓線彈簧 (nested round-wire springs)，這些彈簧在經濟上及強度方面均優於使用特殊剖面的彈簧。

8-2 曲率效應

(8-2) 式乃基於彈簧線為直線所得，然而，彈簧線的曲率提高了彈簧線內側的應力，但僅稍微降低了外側的應力。此一曲率應力的重要性在疲勞負荷，由於負荷降低而沒有機會發生局部降伏。就靜負荷而言，這些應力因第一次施加負荷而發生應變強化，通常可以忽略。

不幸的是，曲率因數必須以迂迴的方式尋得。理由是發表的方程式中也包括了直接剪應力的效應。假設 (8-2) 式中的 K_s 以另一個修正曲率和直接剪應力的因數 K 取代，則此因數可由下列兩式表示之

$$K_W = \frac{4C-1}{4C-4} + \frac{0.615}{C} \tag{8-4}$$

---

[1] *Design Handbook: Engineering Guide to Spring Design*, Associated Spring-Barnes Group Inc., Bristol, CT, 1987.

$$K_B = \frac{4C + 2}{4C - 3} \tag{8-5}$$

其中的第一個稱為 Wahl 因數 (Wahl factor)，第二個稱為 *Bergsträsser* 因數 *factor* (Bergsträsser factor)。[2] 因這兩因數的結果相差不到百分之一，而優先選用 (8-6) 式。現在可以藉消去直接剪應力之效應的方式獲得曲率修正因數。於是，使用 (8-5) 式及 (8-3) 式可得曲率修正因數為

$$K_c = \frac{K_B}{K_s} = \frac{2C(4C + 2)}{(4C - 3)(2C + 1)} \tag{8-6}$$

現在，K_s、K_B、K_W 及 K_c 只是用於乘在臨界位置之 Tr/J，以估算特殊應力的應力提升因數 (stress concentration factors) 而已，沒有應力集中因數。本書中使用

$$\tau = K_B \frac{8FD}{\pi d^3} \tag{8-7}$$

於預測最大剪應力。

8-3 螺圈彈簧的撓曲

利用卡氏定理 (Castigliano's theorem) 可以容易地獲得撓曲和力的關係。螺圈彈簧的總應變能是由扭轉分量和剪力分量組成。從 (3-18) 及 (3-20) 式，總應變能為

$$U = \frac{T^2 l}{2GJ} + \frac{F^2 l}{2AG} \tag{a}$$

以 $T = FD/2$、$l = \pi DN$、$J = \pi d^4/32$ 及 $A = \pi d^2/4$ 代入得

$$U = \frac{4F^2 D^3 N}{d^4 G} + \frac{2F^2 DN}{d^2 G} \tag{b}$$

式中 $N = N_a =$ 有效圈數。然後使用 (3-26) 式的卡氏定理，求得總撓度 y

$$y = \frac{\partial U}{\partial F} = \frac{8FD^3 N}{d^4 G} + \frac{4FDN}{d^2 G} \tag{c}$$

因為 $C = D/d$，重新整理 (c) 式，可得

$$y = \frac{8FD^3 N}{d^4 G}\left(1 + \frac{1}{2C^2}\right) \doteq \frac{8FD^3 N}{d^4 G} \tag{8-8}$$

---

[2] Cyril Samónov, "Some Aspects of Design of Helical Compression Springs," *Int. Symp. Design and Synthesis*, Tokyo, 1984.

彈簧率，也稱為**彈簧度** (scale of spring) 為 $k = F/y$，所以

$$k \doteq \frac{d^4 G}{8D^3 N} \tag{8-9}$$

8-4 承壓彈簧

圖 8-2 展示了承壓彈簧端部最常使用的四種型式，**平端** (plain end) 彈簧具有不中斷的螺旋體 (helicoid)；其端部與將長彈簧截成數段所得的剖面相同。稱為**方** (squared) 端或**密合** (closed) 端的彈簧，其兩端變形成螺旋角為零的情況。對於較重要的應用，彈簧應具有方端並磨平，因為負荷傳遞較佳。

表 8-1 顯示端圈型式的使用是如何影響螺圈數目與彈簧的長度[3]。請注意，表 8-1 中出現的數字 0、1、2 與 3 常常使用不成問題。表中有些需要仔細審查，因為它們可能不是整數。這將視彈簧製造商使尾端如何成型而定。Forys[4] 指出，研磨方

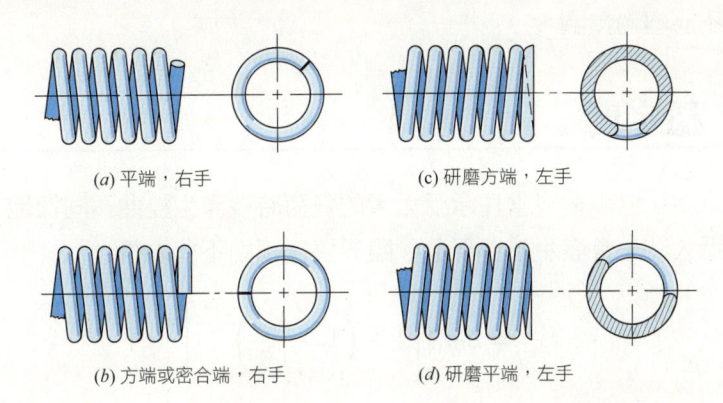

(a) 平端，右手

(c) 研磨方端，左手

(b) 方端或密合端，右手

(d) 研磨平端，左手

圖 8-2 承壓彈簧的端部型式；(a) 兩端都是平端；(b) 兩端都是方端；(c) 兩端都是研磨方端；(d) 兩端都是研磨平端。

表 8-1 計算承壓彈簧尺寸特徵的公式。($N_a = N$ 作用圈數)

	彈簧兩端的型式			
項	平端	研磨平端	方端或密合端	研磨方端
端圈數，N_e	0	1	2	2
總圈數，N_t	N_a	$N_a + 1$	$N_a + 2$	$N_a + 2$
自由長度，L_0	$pN_a + d$	$p(N_a + 1)$	$pN_a + 3d$	$pN_a + 2d$
壓實長度，L_s	$d(N_t + 1)$	dN_t	$d(N_t + 1)$	dN_t
節距，p	$(L_0 - d)/N_a$	$L_0/(N_a + 1)$	$(L_0 - 3d)/N_a$	$(L_0 - 2d)/N_a$

來源：From *Design Handbook*, 1987, p. 32. Courtesy of Associated Spring。

---

[3] 完整的討論與推導這些關係式，請參考 Cyril Samónov, "Computer-AidedDesign of Helical Compression Springs," ASME paper No. 80-DET-69, 1980.

[4] Edward L. Forys, "Accurate Spring Heights," *Machine Design*, vol. 56, no. 2, January 26, 1984.

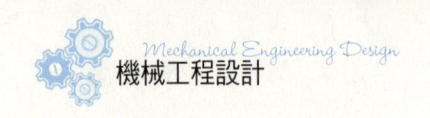

端的壓實長度為

$$L_s = (N_t - a)d$$

式中的 a 值可變，平均值為 0.75，因此表 8-1 中 dN_t 項的值可能有些誇張。核驗這些變異的方法是從特定的彈簧製造商取得彈簧，將它們壓實，並量取它們的壓實高度。另一種方式是注意該彈簧並計算在壓實堆疊中的線徑。

預調 (set removal or presetting) 是製造壓縮彈簧中的製程之一，以產生有用之殘留應力。它是經由使彈簧長於所需要的長度，然後將它壓縮至密實高度 (solid height)。經此操作使彈簧達到所需要的最後長度，並因超過其扭轉降伏強度而獲得與工作應力反方向的殘餘應力。待預調的彈簧應設計成在預調程序中除去初始長度的 10% 到 30%。如果密實高度的應力大於扭轉降伏強度的 1.3 倍，將發生畸變 (distorsion)。如果密實高度時的應力遠低於 1.1 倍的扭轉降伏強度，則很難控制其成品的自由長度。

預調提高了彈簧強度，因此當彈簧用於儲存能量時特別有用。然而彈簧承受疲勞負荷時則不應經過預調。

8-5　穩定度

在第 3 章中，已經習得當柱承受太大的負荷時會產生挫曲。同樣地，壓縮螺旋彈簧於撓度過大時也會發生挫曲現象。臨界撓度可由下式求得

$$y_{cr} = L_0 C_1' \left[1 - \left(1 - \frac{C_2'}{\lambda_{\text{eff}}^2} \right)^{1/2} \right] \tag{8-10}$$

式中的 y_{cr} 是對應於不穩定性開始時的撓度。Samónov[5] 說明此公式是由 Wahl[6] 提出，並由 Haringx[7] 以實驗證實。(8-10) 式中的 λ_{eff} 為**有效細長比** (effective slenderness ratio)，可由下式求得

$$\lambda_{\text{eff}} = \frac{\alpha L_0}{D} \tag{8-11}$$

C_1' 與 C_2' 為彈性常數，並且以下列方程式定義之

$$C_1' = \frac{E}{2(E - G)}$$

---

[5] Cyril Samónov "Computer-Aided Design," op. cit.
[6] A. M. Wahl, *Mechanical Springs*, 2d ed., McGraw-Hill, New York, 1963.
[7] J. A. Haringx, "On Highly Compressible Helical Springs and Rubber Rods and Their Application for Vibration-Free Mountings," I and II, *Philips Res. Rep.*, vol. 3, December 1948, pp. 401- 449, and vol. 4, February 1949, pp. 49-80.

$$C_2' = \frac{2\pi^2(E-G)}{2G+E}$$

(8-11) 式包含了**端點狀態常數** (end-condition constant) α，其值視彈簧端點之支撐狀況而定。表 8-2 列出了一般狀態的 α 值，請留意這些值和柱的端點狀態值的相似程度。

絕對穩定發生於 (8-10) 式中的 $C_2'/\lambda_{\text{eff}}^2$ 項之值大於 1 時。這表示絕對穩定的條件是

$$L_0 < \frac{\pi D}{\alpha}\left[\frac{2(E-G)}{2G+E}\right]^{1/2} \tag{8-12}$$

對鋼線而言，此結果為

$$L_0 < 2.63\frac{D}{\alpha} \tag{8-13}$$

對方端與圓端 $\alpha = 0.5$ 而 $L_0 < 5.26\,D$。

8-6 彈簧材料

彈簧通常視彈簧材料的尺寸、彈簧指數，及需要的性質而定，以熱作或冷作製成。如果 $D/d < 4$ 或 $d > 6$ mm，預硬化鋼線通常不能使用。捲繞彈簧導致經由彎曲而殘留應力，但這些應力與螺圈彈簧中之扭轉工作應力垂直。在彈簧製造時常於彈簧捲繞後，施行熱處理以消除之。

對設計者而言，可供選擇的彈簧材料很多。其中含普通碳鋼、合金鋼、耐蝕鋼及像磷青銅、彈簧黃銅、鈹銅合金，及各種鎳合金等非鐵金屬。在表 8-3 中對最通用的鋼材有些說明，附錄中的 UNS 鋼材可用於熱作，重負荷螺圈彈簧 (heavy-coil springs) 以及平板彈簧 (flat springs)、葉片彈簧 (leaf springs) 及扭力桿的設計。

彈簧材料可經由測試其承拉強度加以比較。這些承拉強度的值依線徑的大小變

表 8-2　螺圈承壓彈簧*的端點狀態常數 α

端點狀態	常數 α
彈簧支持於兩平行平面間 (兩固定端)	0.5
一端以與彈簧軸線垂直之平面支持 (固定端)； 　另一端為圓端 (鉸鏈)	0.707
兩端為樞端 (鉸鏈)	1
一端夾持；另一端自由	2

*端點以平面支撐必須是研磨方端。

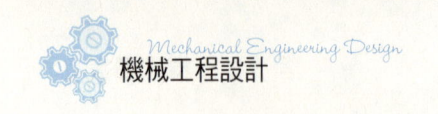

化幅度很大，以至於除非已知線徑，否則無法確定承拉強度值。材料及其製程對其承拉強度也有影響。這些承拉強度對線徑的 log-log 圖形幾乎成一直線。其關係式可寫為

$$S_{ut} = \frac{A}{d^m} \tag{8-14}$$

當截距 A 和線之斜率 m 為已知時，這是預估最小承拉強度很好的方法。這些常數值已經從最近之數據求出，並且將強度以單位 kpsi 及 Mpa 列於表 8-4 中。(8-14) 式中，當 d 以 mm 量度時，A 的單位為 MPa · mm^m；當 d 以 in 量度時，A 的單位為 kpsi · in^m。

雖然設計彈簧與分析性能需要扭轉降伏強度，習慣上，彈簧材料僅作承拉強度試驗 — 可能是此項試驗執行容易而且花費不多。對扭轉降伏強度的粗略估算，可以由假設拉張降伏強度介於承拉強度的 60% 到 90% 之間，然後藉畸變能理論來求得扭轉降伏強度 ($S_{sy} = 0.577S_s$)。此一處理方式對鋼而言，可以得到下列的範圍

$$0.35S_{ut} \leq S_{sy} \leq 0.52S_{ut} \tag{8-15}$$

對列於表 8-5 中的線材，彈簧中的最大許用剪應力可自其中第三欄讀取 (譯者按：應指表 8-6 的第三欄)。琴鋼線與硬拉鋼彈簧線的範圍在下端。閥門彈簧線，Cr-Va、Cr-Si，及其它 (未展示) 硬化與調質碳鋼，及低合金鋼線為一群。許多非鐵材料 (未展示) 為一群，其 $S_{sy} \geq 0.35S_{ut}$。對靜態應用，Joerres[8] 使用表 8-6 中展示的最大容許扭轉剪應力。對於你知道扭轉降伏強度的特定材料，可利用該表當指引。在表 8-6 中 Joerres 提供了預調的資訊，彈簧製造商僅需額外操作的花費，透過冷作提升強度 $S_{sy} \geq 0.65S_{ut}$。有時這些額外操作可由製造商於裝配時完成之。有些碳鋼彈簧的相關關係顯示彈簧線的承拉降伏強度於承受扭矩時可以 $0.75S_{ut}$ 為估算值。基於畸變能理論估算的相關承剪降伏強度為 $S_{sy} = 0.577(0.75)S_{ut} = 0.433S_{ut} \approx 0.45S_{ut}$，Samónov 討論容許應力問題，並證實就高承拉強度彈簧鋼而言，

$$S_{sy} = \tau_{\text{all}} = 0.56S_{ut} \tag{8-16}$$

這個值接近 Joerres 對硬化鋼所提的值。他指出，此容許應力值由德意志聯邦共和國製圖標準 2089 規定，用於無應力修正因數的情況。

---

[8] Robert E. Joerres, "Springs," Chap. 6 in Joseph E. Shigley, Charles R. Mischke, and Thomas H. Brown, Jr. (eds.), *Standard Handbook of Machine Design*, 3rd ed., McGraw-Hill, New York, 2004.

表 8-3　高碳與合金彈簧鋼

材料名稱	類似規格	說明
琴鋼線，0.80-0.95C	UNS G10850 AISI 1085 ASTM A228-51	這是廣泛用於小彈簧的最佳、最強韌的彈簧材料。承拉強度較其它任何彈簧材料具有更高，而且在反覆負荷下較其它彈簧材料能承受更高的應力。可取得的線徑在 0.12 到 3 mm (0.005 in 到 0.125 in) 間，溫度高於 120°C (250°F) 或低於零度的場合不宜使用。
油浴回火鋼線，0.60-0.70C	UNS G10650 AISI 1065 ASTM 229-41	這是泛用彈簧鋼，用於使用琴鋼線時成本太高，或所需之線徑大於琴鋼線規格之各種型式彈簧。不能承受陡震或衝擊負荷。可取得的線徑在 3 到 12 mm (0.125 in 到 0.5000 in) 間，但略大或略小之尺寸也可以取得。不能使用於溫度高於 180°C (350°F) 或低於零度的場合。
硬拉鋼線，0.60-0.70C	UNS G10660 AISI 1066 ASTM A227-47	這是最廉價的多用途彈簧鋼，僅能使用於壽命、精度及撓度不甚重要的場合。可取得的線徑在 0.8 mm 到 12 mm (0.031 in 到 0.500 in) 間。不適合溫度高於 120°C (250°F) 以上或低於零度的場合。
鉻-釩鋼線	UNS G61500 AISI 6150 ASTM 231-41	這是應力高於高碳鋼能承受，而且需要長疲勞壽命之場合，最通用的合金彈簧鋼材。耐陡震及衝擊性良好。廣泛地使用於飛機引擎的閥門彈簧及溫度達 220°C (425°F) 的場合，已退火或預回火，且由 0.8 mm 到 12 mm (0.031 in 到 0.500 in) 間的線徑均可取得。
鉻-矽鋼線	UNS G92540 AISI 9254	這種合金是在高應力且要求長壽命及承受陡震負荷的情況下的最佳彈簧材料，一般具有 C50 到 C53 的洛氏硬度。溫度可以使用至 250°C (475°F)。可取得的線徑從 0.8 mm 到 12 mm (0.031 in 到 0.500 in)。

來源：取自 Harold C. R. Carlson, "Selection and Application of Spring Materials," *Mechanical Engineering, vol. 78*, 1956, pp. 331-334。

表 8-4　估算常用彈簧線之最小承拉強度之 $S_{ut} = A/d^m$ 式中的常數 A 與 m

材料	ASTM No.	指數 m	直徑 in	A, kpsi in^m	直徑 mm	A, MPa·mm^m	彈簧線的相對成本
琴鋼線[*]	A228	0.145	0.004-0.256	201	0.10-6.5	2211	2.6
油浴調質鋼線[†]	A229	0.187	0.020-0.500	147	0.5-12.7	1855	1.3
硬拉鋼線[‡]	A227	0.190	0.028-0.500	140	0.7-12.7	1783	1.0
鉻釩鋼線[§]	A232	0.168	0.032-0.437	169	0.8-11.1	2005	3.1
鉻鉬鋼線	A401	0.108	0.063-0.375	202	1.6-9.5	1974	4.0
302 不鏽鋼線[#]	A313	0.146	0.013-0.10	169	0.3-2.5	1867	7.6-11
		0.263	0.10-0.20	128	2.5-5	2065	
		0.478	0.20-0.40	90	5-10	2911	
磷青銅線[**]	B159	0	0.004-0.022	145	0.1-0.6	1000	8.0
		0.028	0.022-0.075	121	0.6-2	913	
		0.064	0.075-0.30	110	2-7.5	932	

來源：取自 *Design Handbook*, 1987, p. 19. Courtesy of Associated Spring.
[*]　表面光滑，沒有瑕疵，經明亮、光澤加工。
[†]　有在電鍍前應先移除之輕微熱處理鱗皮。
[‡]　表面光滑明亮，沒有可見的痕跡。
[§]　航空品質的調質鋼線，也可以得自退火處理。
[‖]　調質至洛氏硬度 C49，但也能不經調質得之。
[#]　302 型不鏽鋼。
[**]　調質 CA510。

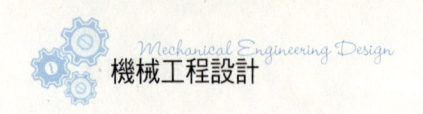

表 8-5 部分彈簧鋼線的機械性質

材料	彈性限, S_{ut} 的百分比 張力	扭轉	線徑 d, in	mm	E Mpsi	GPa	G Mpsi	GPa
琴鋼線 A228	65–75	45–60	<0.032	<8	29.5	203.4	12.0	82.7
			0.033–0.063	0.8–1.6	29.0	200	11.85	81.7
			0.064–0.125	1.61–3	28.5	196.5	11.75	81.0
			>0.125	>3	28.0	193	11.6	80.0
硬拉彈簧鋼 A227	60–70	45–55	<0.032	<8	28.8	198.6	11.7	80.7
			0.033–0.063	0.8–1.6	28.7	197.9	11.6	80.0
			0.064–0.125	1.61–3	28.6	197.2	11.5	79.3
			>0.125	>3	28.5	196.5	11.4	78.6
油浴回火鋼 A239	85–90	45–50			28.5	196.5	11.2	77.2
閥門彈簧 A230	85–90	50–60			29.5	203.4	11.2	77.2
鉻-釩鋼 A231	88–93	65–75			29.5	203.4	11.2	77.2
A232	88–93				29.5	203.4	11.2	77.2
鉻-矽鋼 A401	85–93	65–75			29.5	203.4	11.2	77.2
不鏽鋼								
A313*	65–75	45–55			28	193	10	69.0
17-7PH	75–80	55–60			29.5	208.4	11	75.8
414	65–70	42–55			29	200	11.2	77.2
420	65–75	45–55			29	200	11.2	77.2
431	72–76	50–55			30	206	11.5	79.3
磷青銅 B159	75–80	45–50			15	103.4	6	41.4
鈹銅 B197	70	50			17	117.2	6.5	44.8
	75	50–55			19	131	7.3	50.3
英高鎳合金 X-750	65–70	40–45			31	213.7	11.2	77.2

* 也包含 302、304 及 316。
請注意：參見表 8-6 的容許偶轉應力的設計值。

表 8-6 螺圈成壓彈簧於靜負荷應用的容許扭轉應力值

材料	承拉強度的最大百分比 預調之前 (含 K_W 或 K_B)	預調之後 (含 K_s)
琴鋼線與冷拉碳鋼	45	60-70
硬化鋼及回火碳鋼與奧斯田不鏽鋼與低合金鋼	50	65-75
奧斯田不鏽鋼	35	55-65
非鐵合金	35	55-65

來源：Robert E. Joerres, "Springs," Chap. 6 in Joseph E. Shigley, Charles R. Mischke, and Thomas H. Brown, Jr. (eds.), *Standard Handbook of Machine Design*, 3rd ed., McGraw-Hill, New York, 2004.

範例 8-1

以 No.16 琴鋼線製成之螺圈壓縮彈簧，彈簧之外徑為 11 mm。兩端為方端，總圈數為 $12\frac{1}{2}$ 圈

(a) 試估計該彈簧線之扭轉降伏強度。
(b) 試求對應於降伏強度之靜負荷。
(c) 試估算彈簧率為何？
(d) 試計算承受 (b) 小題之負荷時引起的撓曲。
(e) 試估算彈簧之壓實長度 (solid length of the spring)。
(f) 當彈簧壓實後釋放，而自由長度並無任何永久變化，則此彈簧之長度應為若干？
(g) 由 (f) 小題所獲得的長度是否有發生挫曲 (buckling) 之可能性？
(h) 彈簧本體螺圈之節距為若干？

解答 (a) 從表 A-28，彈簧線的直徑為 $d = 0.94$ mm。從表 8-4，可查得 $A = 2211$ MPa·mm^m 及 $m = 0.145$。所以由 (8-14) 式

$$S_{ut} = \frac{A}{d^m} = \frac{2211}{0.94^{0.145}} = 2231 \text{ MPa}$$

然後，從表 8-6，

答案
$$S_{sy} = 0.45 S_{ut} = 0.45(2231) = 1004 \text{ MPa}$$

(b) 平均彈簧直徑為 $D = 11 - 0.94 = 10.06$ mm，而彈簧指數 $C = 10.06/0.94 = 10.7$。然後，從 (8-6) 式

$$K_B = \frac{4C + 2}{4C - 3} = \frac{4(10.7) + 2}{4(10.7) - 3} = 1.126$$

現在重整 (8-7) 式，分別以 K_B 取代 K_s，以 S_{sy} 取代 τ，並求解 F：

答案
$$F = \frac{\pi d^3 S_{sy}}{8 K_B D} = \frac{\pi (0.94^3) 1004}{8(1.126) 10.06} = 31 \text{ N}$$

(c) 從表 8-1，$N_a = 12.5 - 2 = 10.5$ turns 於表 8-5 中，$G = 81\,700$ MPa，於是，從 (8-9) 式，可求得

答案
$$k = \frac{d^4 G}{8 D^3 N_a} = \frac{0.94^4 (81\,700)}{8(10.06^3) 10.5} = 0.9 \text{ N/mm}$$

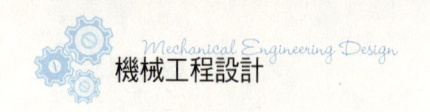

答案 (d)
$$y = \frac{F}{k} = \frac{31}{0.9} = 34.4 \text{ mm}$$

(e) 由表 8-1，

答案
$$L_s = (N_t + 1)d = (12.5 + 1)0.94 = 12.7 \text{ mm}$$

答案 (f)
$$L_0 = y + L_s = 34.4 + 12.7 = 47.1 \text{ mm}$$

(g) 為避免挫曲，由 (8-13) 式及表 8-2 可得

$$L_0 < 2.63 \frac{D}{\alpha} = 2.63 \frac{10.06}{0.5} = 52.9 \text{ mm}$$

從數學的觀點來看，自由長度 47.1 mm 小於 52.9 mm，挫曲不可能發生。然而，兩端成型時應考慮 α 有多接近 0.5。這點必須加以探究，而且可能需要內桿，或外管或孔。

(h) 最後，從表 8-1，本體螺圈的節距為

答案
$$p = \frac{L_0 - 3d}{N_a} = \frac{47.1 - 3(0.94)}{10.5} = 4.4 \text{ mm}$$

8-7 為靜態伺服設計螺圈承壓彈簧

彈簧指數的優先範圍是 $4 \leq C \leq 12$，指數較小的彈簧比較不容易成型 (因為有表面破裂的危險)，指數較大的彈簧則趨於常常互相糾纏而需要個別包裝。這成為適用性評估的首項。作用圈數的優先範圍是 $3 \leq N_a \leq 15$。為了於彈簧幾乎緊密時仍維持線性，必須避免逐漸觸及螺圈 (由不完美的節距所導致)。螺圈彈簧的特徵是理想的線性。實務上它也幾乎是，但在力-撓度曲線的兩端則不是。撓度非常小的彈簧力無法重現，而且在接近密合 (closure) 時，螺圈開始接觸，作用圈數減少，開始非線性的性質。設計者將彈簧的操作範圍限定於從無負荷的 $F = 0$，及密合的 $F = F_s$ 間曲線中央部分的 75%。因此，最大操作力應限制於 $F_{\max} \leq \frac{7}{8} F_s$。定義超限 (overrun) 對密合的比為 ξ，

$$F_s = (1 + \xi) F_{\max} \tag{8-17}$$

從而可得

$$F_s = (1 + \xi) F_{\max} = (1 + \xi) \left(\frac{7}{8}\right) F_s$$

由其外品質 $\xi = 1/7 = 0.143 \doteq 0.15$，因此推薦 $\xi \geq 0.15$。

除了彈簧的關係式及材料性質之外，現在要推薦一些應該遵循的設計條件，即：

$$4 \leq C \leq 12 \tag{8-18}$$
$$3 \leq N_a \leq 15 \tag{8-19}$$
$$\xi \geq 0.15 \tag{8-20}$$
$$n_s \geq 1.2 \tag{8-21}$$

其中 n_s 為密合時的安全因數。

當考慮設計量產的彈簧時，捲繞成彈簧的成本即成為優點數 (the figure of merit)。fom 與相對的材料成本、比重及體積成正比：

$$\text{fom} = -(\text{相對的材料成本}) \frac{\gamma \pi^2 d^2 N_t D}{4} \tag{8-22}$$

於鋼料間做比較時，比重 γ 可以省略。

彈簧設計為開端程序 (open-ended process)。需要做許多決策，而且有許多可能的求解途徑及解答。過去為了簡化彈簧的設計問題，設計線圖 (design charts)、列線圖 (nomographs)，及「彈簧設計計算尺」(spring design slide rules) 使用的人很多。目前，計算機使設計者能以許多不同的格式創作設計彈簧的程式 — 直接撰寫成程式，試算表 (spreadsheet)，MATLAB，等等。商用程式也能購得[9]，幾乎有與程式員一樣多的途徑可以創作彈簧設計程式。在此推薦一則可能的設計方法。

設計策略

做先行決策，以硬拉鋼線為首選 (相對成本為 1.0)。選擇線徑 d。以所有已決定的決策產生參數欄 (column of parameters)：d, D, C, OD 或 $\text{ID}, N_a, L_s, L_0, (L_0)_{cr}$，$n_s$，及 fom。經由增大可購得的線徑，掃描整個參數表，藉檢視應用設計推薦值。剔除不適用線徑後，選擇優點數最高的設計。即使存在離散的設計變數線徑 d，品質的集成及不等式的約束條件，此設計流程仍可提供最佳設計。資訊的行向量可利用於圖 8-3 中展示的流程圖產生。它通常足以容納類捲繞 (as wound) 彈簧及預調 (set-removed) 彈簧，於心桿上，無心桿或在孔中操作。類捲繞彈簧的支配方程式必須如隨後的方式解彈簧指數。從 (8-3) 式以 $\tau = S_{sy}/n_s$，$C = D/d$，及 (8-6) 式的 K_B，以及 (8-17) 式

$$\frac{S_{sy}}{n_s} = K_B \frac{8 F_s D}{\pi d^3} = \frac{4C+2}{4C-3} \left[\frac{8(1+\xi) F_{\max} C}{\pi d^2} \right] \tag{a}$$

令

---

[9] For example, see *Advanced Spring Design*, a program developed jointly between the Spring Manufacturers Institute (SMI), www.smihq.org, and Universal Technical Systems, Inc. (UTS), www.uts.com.

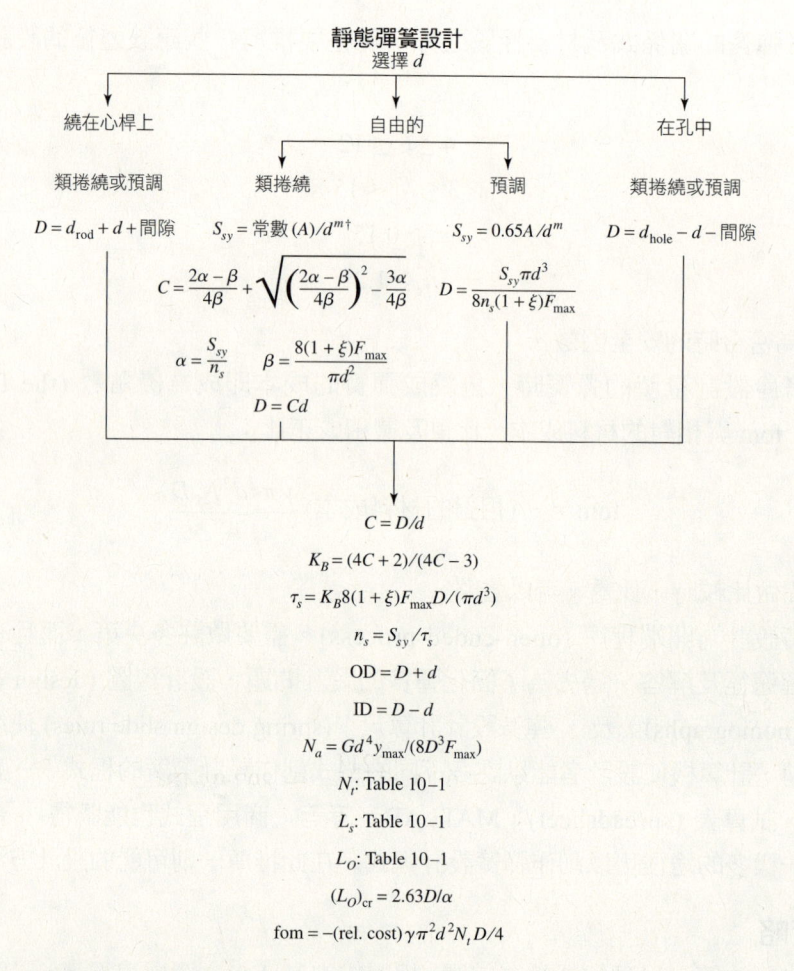

```
                          靜態彈簧設計
                             選擇 d
         ┌──────────────────────┼──────────────────────┐
         ↓                      ↓                      ↓
       繞在心桿上                 自由的                   在孔中
         │                ┌─────┴─────┐                  │
         ↓                ↓           ↓                  ↓
      類捲繞或預調          類捲繞        預調             類捲繞或預調
    $D = d_{rod} + d + 間隙$  $S_{sy} = 常數(A)/d^m{}^\dagger$   $S_{sy} = 0.65A/d^m$   $D = d_{hole} - d - 間隙$
```

$$C = \frac{2\alpha - \beta}{4\beta} + \sqrt{\left(\frac{2\alpha - \beta}{4\beta}\right)^2 - \frac{3\alpha}{4\beta}} \qquad D = \frac{S_{sy}\pi d^3}{8n_s(1+\xi)F_{max}}$$

$$\alpha = \frac{S_{sy}}{n_s} \qquad \beta = \frac{8(1+\xi)F_{max}}{\pi d^2}$$

$$D = Cd$$

$$C = D/d$$

$$K_B = (4C+2)/(4C-3)$$

$$\tau_s = K_B 8(1+\xi)F_{max}D/(\pi d^3)$$

$$n_s = S_{sy}/\tau_s$$

$$OD = D + d$$

$$ID = D - d$$

$$N_a = Gd^4 y_{max}/(8D^3 F_{max})$$

N_t: Table 10–1

L_s: Table 10–1

L_O: Table 10–1

$(L_O)_{cr} = 2.63 D/\alpha$

fom = −(rel. cost)$\gamma \pi^2 d^2 N_t D/4$

列印或展示：$d, D, C, OD, ID, N_a, N_t, L_s, L_O, (L_O)_{cr}, n_s$, fom
建立數表，藉由檢視導引設計
評估顯示作用的約束條件以消除不可行設計。
利用優點數從能滿足的設計中做選擇。
† 常數值從表 8-6 中查詢。

圖 8-3 承受靜負荷之螺圈彈簧的設計流程圖。

$$\alpha = \frac{S_{sy}}{n_s} \tag{b}$$

$$\beta = \frac{8(1+\xi)F_{max}}{\pi d^2} \tag{c}$$

將 (b) 及 (c) 兩式代入 (a) 式並簡化，可得 C 的二次方程式。兩個解當中較大的解即為彈簧指數。

$$C = \frac{2\alpha - \beta}{4\beta} + \sqrt{\left(\frac{2\alpha - \beta}{4\beta}\right)^2 - \frac{3\alpha}{4\beta}} \tag{8-23}$$

範例 8-2

某琴鋼線質的螺圈承壓彈簧，於受壓縮 50.8 mm 後必須支撐 89-N 的負荷。由於組裝上的考量，它的壓實高度不得超過 25.4 mm，自由長度則不得大於 101.6 mm。試設計該彈簧。

解答　先行決策為

- 琴鋼線，A228；由表 8-4，$A = 2211$ MPa · mm^m；$m = 0.145$；從表 8-5，$E = 196.5$ GPa，$G = 81$ GPa (預期 $d > 1.61$ mm)
- 兩端為研磨方端
- 功能：$F_{max} = 89$ N，$y_{max} = 50.8$ mm
- 安全性：於壓實高度時使用設計因數 $(n_s)_d = 1.2$
- 強健的線性：$\xi = 0.15$
- 使用捲繞彈簧 (比較便宜)，依表 8-6，$S_{sy} = 0.45 S_{ut}$
- 決策變數：表 A-26 中規號 #30 的琴鋼線，$d = 2.03$ mm，從圖 8-3 及表 8-6

$$S_{sy} = 0.45 \frac{2211}{2.03^{0.145}} = 897.9 \text{ MPa}$$

從圖 8-3 或 (8-23) 式

$$\alpha = \frac{S_{sy}}{n_s} = \frac{897.9}{1.2} = 748.3 \text{ MPa}$$

$$\beta = \frac{8(1+\xi)F_{max}}{\pi d^2} = \frac{8(1+0.15)89}{\pi(2.03^2)} = 63.2 \text{ MPa}$$

$$C = \frac{2(748.3) - 63.2}{4(63.2)} + \sqrt{\left[\frac{2(748.3) - 63.2}{4(63.2)}\right]^2 - \frac{3(748.3)}{4(63.2)}} = 10.5$$

繼續圖 8-3 中的步驟：

$$D = Cd = 10.5(2.03) = 21.3 \text{ mm}$$

$$K_B = \frac{4(10.5) + 2}{4(10.5) - 3} = 1.128$$

$$\tau_s = 1.128 \frac{8(1+0.15)89(21.3)}{\pi(2.03)^3} = 748 \text{ MPa}$$

$$n_s = \frac{897.9}{748} = 1.2$$

$$OD = 21.3 + 2.03 = 23.3 \text{ mm}$$

$$N_a = \frac{2.03^4(81\,000)50.8}{8(21.3)^3 89} = 10.16 \text{ turns}$$

$$N_t = 10.16 + 2 = 12.16 \text{ total turns}$$

$$L_s = 2.03(12.16) = 24.3 \text{ mm}$$

$$L_0 = 24.3 + (1 + 0.15)50.8 = 82.7 \text{ mm}$$

$$(L)_{cr} = 2.63(21.3/0.5) = 112 \text{ mm}$$

$$\text{fom} = -2.6 \frac{\pi^2(2.03)^2 12.16(21.3)}{4(25.4)^3} = -0.417$$

以其它線徑重複以上的計算並形成下表 (以試算表程式執行很容易達成)：

d:	1.6	1.7	1.8	1.9	2.03	2.1	2.3	2.4
D	9.9	12.2	14.6	17.5	21.3	25.2	31.1	36.0
C	6.2	7.2	8.1	9.2	10.5	12.0	13.5	15.0
OD	11.5	13.8	16.4	19.3	23.3	27.8	32.8	38.4
N_a	39.1	26.9	19.3	14.2	10.2	7.3	5.4	4.1
L_s	65.2	48.8	38.1	30.7	24.3	19.9	16.8	14.6
L_0	123.8	107.3	96.6	89.1	82.7	78.3	75.2	73
$(L_0)_{cr}$	52.1	63.7	76.9	91.5	112	160.5	161.0	189.9
n_s	1.2	1.2	1.2	1.2	1.2	1.2	1.2	1.2
fom	−0.41	−0.40	−0.40	−0.404	−0.42	−0.44	−0.47	−0.51

現在檢視上表，並執行適用性評估。表中的陰影指示這些值超出推薦範圍或指定值。約束條件 $3 \leq N_a \leq 15$ 排除線徑小於 1.9 mm 的鋼線；彈簧指數的約束 $4 \leq C \leq 12$ 排除直徑大於 2.1 mm 的鋼線；約束條件 $L_s \leq 1$ 排除線徑小於 0.203 mm；約束條件 $L_0 \leq 4$ 排除線徑小於 1.8 mm；挫曲準則排除自由長度大於 $(L_0)_{cr}$ 者，而排除了直徑小於 1.9 mm 者；安全因數 n_s 正好 1.20，因為數學逼使它如此。若存在孔中或繞於心桿上，螺圈直徑的選擇不需參考 $(n_s)_d$。所得的結果在可行區中只有兩規格彈簧線，其一的線徑為 0.203 mm，另一者的線徑為 2.1 mm。由優點數做決定，而其決策是以 0.203 mm 做設計。

已經設計好彈簧，是否必須依決定的規格去製作呢？並不需要。有許多經銷商實際上庫存了許多琴鋼線承壓彈簧。瀏覽他們的型錄，通常可發現許多非常接近的產品。最大撓度與最大負荷列於特徵展示處。核驗它是否容許壓實而不致損壞。常常不是如此。僅有彈簧率很接近。至少容許訂購少量現貨供應的彈簧以供測試。其決策常取決於特別訂貨的經濟性與相近適配的可接受性。

彈簧設計並非式密閉型處理的方式，它需要疊代。範例 8-2 經由提供首先選擇線徑為靜態伺服的彈簧設計提供疊代的處理方法。線徑的選擇毋寧是任意的。在下一個範例中，首選線徑將針對彈簧指數 C，它是在推薦範圍內。

範例 8-3

圖 8-4 中的拉伸彈簧具有兩完整的扭圈端。其材質為 AISI 1065 OQ&T 鋼線。該彈簧有 84 圈，而且以預施負荷做緊密捲繞。
(a) 試求該彈簧的密實長度。
(b) 試求彈簧中對應於預施負荷的扭轉剪應力。
(c) 試估算彈簧率。
(d) 試求導致永久變形的負荷為若干？
(e) 試求該彈簧對應於 d 部分求得之負荷的變形。

解答 已知 $N_b = 84$ 圈，$F_i = 80$ N， OQ&T 鋼線，OD = 38 mm，$d = 4$ mm，$D = 38 - 4 = 34$ mm

(a) 從 (8-39) 式：

答案
$$L_0 = 2(D - d) + (N_b + 1)d$$
$$= 2(34 - 4) + (84 + 1)(4) = 400 \text{ mm}$$

或 $\quad 2d + L_0 = 2(4) + 400 = 408$ mm 總長度。

(b) $\quad C = \dfrac{D}{d} = \dfrac{34}{4} = 8.5$

$$K_B = \dfrac{4(8.5) + 2}{4(8.5) - 3} = 1.161$$

答案
$$\tau_i = K_B \left[\dfrac{8F_i D}{\pi d^3}\right] = 1.161 \left[\dfrac{8(80)(34)}{\pi(4)^3}\right] = 125.7 \text{ MPa}$$

(c) 從表 8-5 中使用：$G = 79.3$ GPa 及 $E = 196.5$ GPa

$$N_a = N_b + \dfrac{G}{E} = 84 + \dfrac{79.3}{196.5} = 84.4 \text{ turns}$$

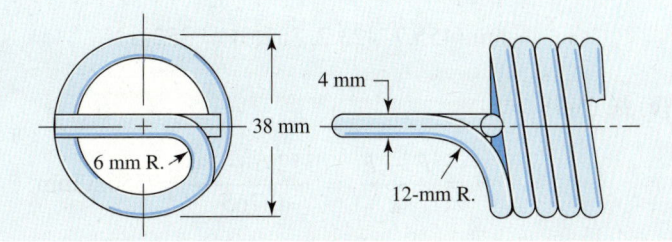

圖 8-4

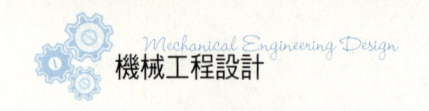

答案
$$k = \frac{d^4 G}{8D^3 N_a} = \frac{(4)^4(79\,300)}{8(34)^3(84.4)} = 0.765 \text{ N/mm}$$

(d) 表8-4：
$$A = 1855 \text{ MPa} \cdot \text{mm}^m，m = 0.187$$

$$S_{ut} = \frac{1855}{(4)^{0.187}} = 1431.4 \text{ MPa}$$

$$S_y = 0.75(1431.4) = 1073.6 \text{ MPa}$$

$$S_{sy} = 0.75(1431.4) = 715.7 \text{ MPa}$$

本體
$$F = \frac{\pi d^3 S_{sy}}{\pi K_B D}$$

$$= \frac{\pi(4)^3(715.7)}{8(1.161)(34)} = 455.7 \text{ N}$$

鉤部 B 點的扭轉剪應力
$$C_2 = \frac{2r_2}{d} = \frac{2(6 + 4/2)}{4} = 4$$

$$(K)_B = \frac{4C_2 - 1}{4C_2 - 4} = \frac{4(4) - 1}{4(4) - 4} = 1.25$$

$$F = \frac{\pi(4)^3(715.7)}{8(1.25)(34)} = 423.2 \text{ N}$$

鉤部 A 點的法向應力
$$C_1 = \frac{2r_1}{d} = \frac{34}{4} = 8.5$$

$$(K)_A = \frac{4C_1^2 - C_1 - 1}{4C_1(C_1 - 1)} = \frac{4(8.5)^2 - 8.5 - 1}{4(8.5)(8.5 - 1)} = 1.096$$

$$S_{yt} = \sigma = F\left[\frac{16(K)_A D}{\pi d^3} + \frac{4}{\pi d^2}\right]$$

答案
$$F = \frac{1073.6}{[16(1.096)(34)]/[\pi(4)^3] + \{4/[\pi(4)^2]\}} = 352.6 \text{ N}$$

$$= \min(455.7, 423.2, 352.6) = 352.6 \text{ N}$$

(e) 從 (8-48) 式：

答案
$$y = \frac{F - F_i}{k} = \frac{352.6 - 80}{0.765} = 356.3 \text{ mm}$$

8-8 螺圈彈簧的臨界頻率

如果在游泳池的一端因擾動而產生波紋，此波紋將沿著池子的長度前進，到達遠端再反射回來，並且這種往返運動將持續到因阻滯作用消失為止。這種相同的效應也發生於彈簧，而稱為**彈簧顫動** (spring surge)。若壓縮彈簧的一端以平面抵住，而另一端受到干擾，將產生壓縮波 (compression wave)。在兩端之間往返傳遞，有如游泳池中的波一般。

彈簧製造商曾經拍攝汽車的閥用彈簧顫動的慢動作影片。這些影片顯示非常劇烈的顫動，實際上彈簧甚至彈出接觸的端板。圖 8-5 是此類損壞之彈簧的圖片。

當螺圈彈簧於需要迅速往返運動的應用使用時，設計者必須確定彈簧的各項實體尺寸 (physical dimensions)，使其自然振動頻率 (natural vibratory frequency) 不與施力頻率相近；否則因為彈簧材料的內阻作用 (internal damping) 很低，可能發生共振 (resonance) 而誘發導致毀損的應力。

彈簧平移振動的支配方程式為波動方程式 (wave equation)

$$\frac{\partial^2 u}{\partial x^2} = \frac{W}{kgl^2}\frac{\partial^2 u}{\partial t^2} \tag{8-24}$$

式中　$k =$ 彈簧率
　　　$g =$ 重力加速度
　　　$l =$ 彈簧長度
　　　$W =$ 彈簧重量
　　　$x =$ 沿著彈簧長度的座標
　　　$u =$ 距離為 x 處的任何質點的移動

此方程式的解為諧和函數，並且視給予的物理性質及彈簧的端點狀況而定。置於兩平行平板之間的彈簧，其諧和、**自然** (natural) 頻率，以 rad/s 為單位時

$$\omega = m\pi\sqrt{\frac{kg}{W}} \qquad m = 1, 2, 3, \ldots$$

其中的基本頻率得自令 $m = 1$，$m = 2$ 時為第二諧振頻率。而通常所關切的頻率以每秒循環數表示；假設彈簧兩端總是與平板接觸，因 $\omega = 2\pi f$，可得以 hertz 表示的基本頻率

$$f = \frac{1}{2}\sqrt{\frac{kg}{W}} \tag{8-25}$$

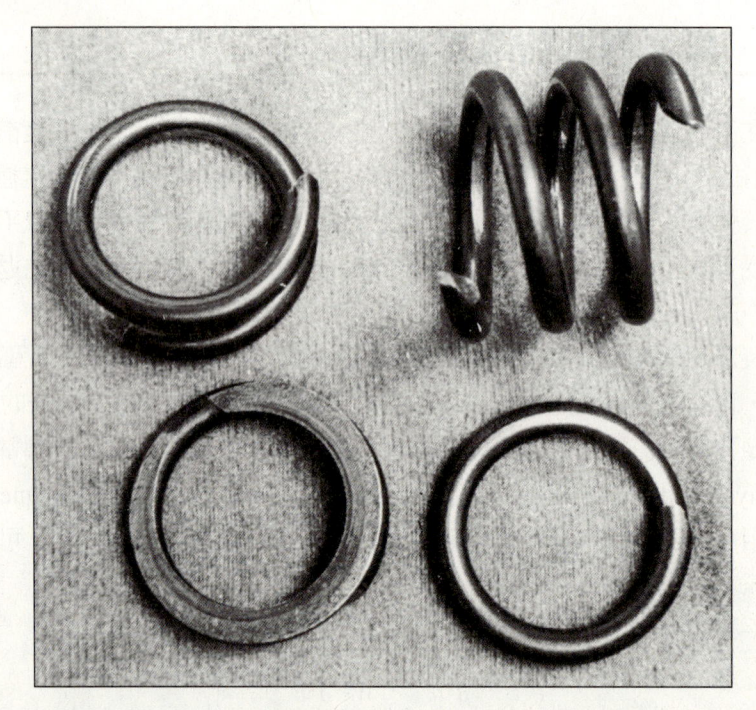

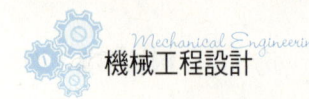

圖 8-5　引擎用的閥彈簧的破壞，破裂循伴隨純扭轉負荷的 45° 的最大主應力線。

Wolford and Smith[10] 證明此頻率為

$$f = \frac{1}{4}\sqrt{\frac{kg}{W}} \tag{8-26}$$

此處的彈簧一端固定於一平板上，而另一端則為自由端，他們也指出 (8-25) 式可運用於當彈簧之一端固定於平板上而另一端以正弦波運動來驅動時。

螺圈彈簧之作用部分的重量為

$$W = AL\gamma = \frac{\pi d^2}{4}(\pi DN_a)(\gamma) = \frac{\pi^2 d^2 DN_a \gamma}{4} \tag{8-27}$$

式中 γ 為彈簧線的比重。

基本臨界頻率必須是彈簧作用力頻率或彈簧運動頻率的 15 倍到 20 倍，以避免與諧振發生共振。若該頻率不夠高，則應重新設計以提高 k 值或減少 W 值。

---

[10] J. C. Wolford and G. M. Smith, "Surge of Helical Springs," *Mech. Eng. News*, vol. 13, no. 1, February 1976, pp. 4-9.

8-9　受疲勞負荷的螺圈承壓彈簧

彈簧幾乎總是承受疲勞負荷。有許多例子，要求壽命的循環數可能很少，比如說，掛鎖 (padlock) 彈簧或肘節開關 (toggle-switch) 僅需數千循環。但汽車引擎的閥門必須支撐數百萬運轉循環而不損壞；所以，它必須以無限壽命設計。

為了改善承載動態負荷之彈簧的疲勞強度，可使用珠擊法，它可以提升扭轉疲勞強度大約 20% 或更多。噴珠的尺寸大約是 0.4 mm，所以，彈簧圈線徑及節距必須容許完整地涵蓋彈簧的表面。

彈簧鋼的扭轉持久限最好的數據是由 Zimmerli[11] 所提出的，他發現令人驚異的事實，就是對尺寸在 10 mm 以下的彈簧鋼，其持久限 (僅無限壽命) 不受本身尺寸、材料及承拉強度的影響。早先已經觀察到，圖 5-17 中於高承拉強度區持久限趨於沒有差異，但原因何在並不清楚。Zimmerli 認為可能是原始表面相似，或由於試驗期間的塑性流使得它們相同。未經珠擊的彈簧從最小 138 MPa 到 620 MPa，而經珠擊的彈簧從 138 MPa 到 930 MPa 測試。發現其對應於無限壽命的持久強度分量為

未經珠擊：

$$S_{sa} = 241 \text{ MPa} \qquad S_{sm} = 379 \text{ MPa} \qquad (8\text{-}28)$$

經珠擊：

$$S_{sa} = 398 \text{ MPa} \qquad S_{sm} = 534 \text{ MPa} \qquad (8\text{-}29)$$

例如，已知某未經珠擊的彈簧具有 S_{su} = 1480 MPa，其剪應力的 Gerber 縱座標截距從 (5-42) 式為

$$S_{se} = \frac{S_{sa}}{1 - \left(\dfrac{S_{sm}}{S_{su}}\right)^2} = \frac{241}{1 - \left(\dfrac{379}{1480}\right)^2} = 257.9 \text{ MPa}$$

對 Goodman 損壞準則其截距將為 331.1 MPa。每種可能的線徑將改變這些數字，因為 S_{su} 值改變。

可取得一項相關的延伸研究[12] 文獻發現，若最大應力範圍不等於或超過該金屬的扭轉降伏強度，對拋光 (polished)、無缺口、柱狀的試片承受扭轉剪應力，其可能施加且不至於導致損壞的最大交變應力值為**定值** (constant)，而且與應力循環中的平均應力值無關。缺口及剖面突然改變這種一致性並未發現。彈簧都沒有缺口，

---

[11] F. P. Zimmerli, "Human Failures in Spring Applications," *The Mainspring*, no. 17, Associated Spring Corporation, Bristol, Conn., August-September 1957.

[12] Oscar J. Horger (ed.), *Metals Engineering: Design Handbook*, McGraw-Hill, New York, 1953, p. 84.

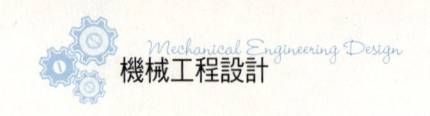

通常表面都很光滑。此一損壞準則於扭轉疲勞中稱為 **Sines 損壞準則** (Sines failure criterion)。

在設計者的扭轉疲勞圖中構成損壞軌跡,需要扭轉破裂模數 S_{su},此處繼續使用 (5-54) 式,即

$$S_{su} = 0.67 S_{ut} \tag{8-30}$$

軸與許多其它機械組件的情況是,以完全反覆應力作用的形式承受疲勞負荷相當普遍。另一方面,螺圈彈簧從未用於同時兼具承壓及承拉彈簧的用途。事實上,這些彈簧於組裝時都施以預加負荷,使其工作負荷成為額外的負擔。因此,圖 5-23d 中的應力－時間圖,顯示螺圈彈簧中應力的一般情況。最惡劣的情況是發生在沒有預加負荷時,此時 $\tau_{\min} = 0$。

現在定義

$$F_a = \frac{F_{\max} - F_{\min}}{2} \tag{8-31a}$$

$$F_m = \frac{F_{\max} + F_{\min}}{2} \tag{8-31b}$$

式中的下標與圖 5-23d 中的下標具有相同的意義,則應力大小為

$$\tau_a = K_B \frac{8 F_a D}{\pi d^3} \tag{8-32}$$

式中 K_B 為 Bergsträsser 因數,由 (8-5) 式求得,並且修正了直接剪應力和曲線效應。如 8-2 節所言,如有必要,可用 Wahl 因數替代。

中值應力可由下式求得

$$\tau_m = K_B \frac{8 F_m D}{\pi d^3} \tag{8-33}$$

範例 8-4

某琴鋼線製作之類捲繞承壓彈簧,線徑 2.3 mm,而外圈直徑為 14 mm,自由長度為 98 mm,作用圈數為 21,兩端為研磨方端。該彈簧未經珠擊處理,而且將以預施負荷 22 N 組裝,使用時將以最大負荷為 156 N 運轉。

(a) 試利用扭轉 Gerber 的疲勞損壞準則,及 Zimmerli 數據估算防範疲勞損壞的安全因數。

(b) 試利用扭轉的 Sine 疲勞損壞準則 (穩定應力分量沒有影響),Zimmerli 數據,重解 (a) 部分。

(c) 試以 Goodman 疲勞損壞準則及 Zimmerli 數據，重解前述問題。

(d) 試估算該彈簧的臨界頻率。

解答 平均螺圈直徑 $D = 14 - 2.3 = 11.7$ mm。彈簧指數為 $C = D/d = 11.7/2.3 = 5.09$。則

$$K_B = \frac{4C+2}{4C-3} = \frac{4(5.09)+2}{4(5.09)-3} = 1.288$$

從 (8-31) 式

$$F_a = \frac{156-22}{2} = 67 \text{ N} \qquad F_m = \frac{156+22}{2} = 89 \text{ N}$$

由 (8-32) 式可以求得交變剪應力分量為

$$\tau_a = K_B \frac{8F_a D}{\pi d^3} = (1.288)\frac{8(67)11.7}{\pi(2.3)^3} = 211.3 \text{ MPa}$$

(8-33) 式提供了中值應力分量之值

$$\tau_m = K_B \frac{8F_m D}{\pi d^3} = (1.288)\frac{8(89)11.7}{\pi(2.3)^3} = 280.7 \text{ MPa}$$

從表 8-4 可查到 $A = 2211$ MPa·mm^m 及 $m = 0.145$。及現承拉強度以 (8-14) 式可估算為

$$S_{ut} = \frac{A}{d^m} = \frac{2211}{2.3^{0.145}} = 1959 \text{ MPa}$$

而極限承剪強度可以下式估算

$$S_{su} = 0.67 S_{ut} = 0.67(1959) = 1312 \text{ MPa}$$

負荷線的斜率為 $r = \tau_a/\tau_m = 211.3/280.7 = 0.75$。

(a) 對 Zimmerli 數據，Gerber 圖的縱座標截距由 (8-28) 式為

$$S_{se} = \frac{S_{sa}}{1-(S_{sm}/S_{su})^2} = \frac{241}{1-(379/1312)^2} = 263 \text{ MPa}$$

從表 5-7，強度的振幅分量 S_{sa}，為

$$S_{sa} = \frac{r^2 S_{su}^2}{2S_{se}} \left[-1 + \sqrt{1 + \left(\frac{2S_{se}}{rS_{su}}\right)^2} \right]$$

$$= \frac{0.75^2 1312^2}{2(263)} \left\{ -1 + \sqrt{1 + \left[\frac{2(263)}{0.75(1312)}\right]^2} \right\} = 246.5 \text{ MPa}$$

而疲勞的安全因數 n_f 可解得為

答案
$$n_f = \frac{S_{sa}}{\tau_a} = \frac{246.5}{211.3} = 1.17$$

(b) Sines 損壞準則忽略 S_{sm} 使得 $S_{sa} = 241$ MPa 時，

答案
$$n_f = \frac{S_{sa}}{\tau_a} = \frac{241}{211.3} = 1.14$$

(c) 對 Goodman 損壞準則與 Zimmerli 數據，其縱座標截距為

$$S_{se} = \frac{S_{sa}}{1 - (S_{sm}/S_{su})} = \frac{241}{1-(379/1312)} = 338.9 \text{ MPa}$$

對 Goodman 準則，強度的振幅分量 S_{sa} 從表 5-6，為

$$S_{sa} = \frac{rS_{se}S_{su}}{rS_{su} + S_{se}} = \frac{0.75(338.9)1312}{0.75(1312) + 338.9} = 252 \text{ MPa}$$

疲勞的安全因數可求得為

答案
$$n_f = \frac{S_{sa}}{\tau_a} = \frac{252}{211.3} = 1.19$$

(d) 利用 (8-9) 式及表 8-5，可估算彈簧率為

$$k = \frac{d^4 G}{8 D^3 N_a} = \frac{2.3^4(81\,000)}{8(11.7)^3 21} = 8.4 \text{ N/mm}$$

從 (8-27) 式，可估算彈簧的重量為

$$W = \frac{\pi^2 (2.3^2) 11.7(21) 82 \times 10^{-6}}{4} = 0.26 \text{ N}$$

而從 (8-25) 式可求得基本波的頻率為

答案
$$f_n = \frac{1}{2} \left[\frac{8400(9.81)}{0.26}\right]^{1/2} = 281 \text{ Hz}$$

如果運轉或激勵的頻率大於 $281/20 = 14.1$ Hz，該彈簧得重新設計。

範例 8-4 中，使用了三種方法估算疲勞的安全因數，其結果依從最小到最大的順序為 1.18 (Sines)、1.21 (Gerber)，及 1.23 (Goodman)。雖然這些所得彼此非常接近，正如方才所為使用 Zimmerli 數據，Sines 準則總是最為保守，而 Goodman 則最不保守。若採取如第 5 章中使用強度性質執行疲勞分析，將獲得不同的結果，此時 Goodman 準則比 Gerber 準則更為保守。準備好去瞭解設計者或設計軟體使用這些技巧中的任一種。這就是為何要在此涵蓋它們。哪一種準則是正確的？請記住，此處是在執行估算，而只有試驗能揭示真相—統計地。

8-10　設計承受疲勞負荷的螺圈承壓彈簧

現在開始陳述問題。為了比較靜態負荷彈簧與動態負荷彈簧，範例 8-2 中的彈簧將設計成適用於動態伺服。

範例 8-5

某琴鋼線螺圈承壓彈簧，必須抗拒以 5 Hz 頻率變化於 20 N 到 80 N 間的動態負荷，而撓度則在 12 到 50 mm 間變化，且具有無限壽命。基於組裝的考量，其壓實長度不能超過 25 mm，而自由程度不能超過 100 mm。彈簧製造商有下列庫存線徑：1.7，1.8，2.0，2.15，2,3，2.4，2.6 及 2.8 mm。

解答　先行決策為：

- 材料及條件：琴鋼線的 $A = 2211$ MPa·mm^m、$m = 0.145$、$G = 81$ GPa；相對成本為 2.6
- 表面處理：未經珠擊
- 端圈處理：研磨方端
- 強健的線性：$\xi = 0.15$
- 預調：使用類捲繞
- 疲勞安全因數：$n_f = 1.5$，使用 Sines-Zimmerli 疲勞損壞準則
- 功能：$F_{min} = 20$ N，$F_{max} = 80$ N，$y_{min} = 12$ mm，$y_{max} = 50$ mm，彈簧運轉自由 (無心桿無孔)
- 決策變數：線徑 d

優點數將是捲繞成彈簧之鋼線的體積，(8-22) 式。設計策略是設定線徑 d，建立一個表，檢視該表，然後經由檢視該表，選出滿足條件之彈簧中，具有最高之優點數者。

令 $d = 2.8$ mm，則

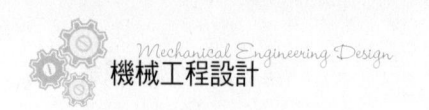

$$F_a = \frac{80-20}{2} = 30 \text{ N} \qquad F_m = \frac{80+20}{2} = 50 \text{ N}$$

$$k = \frac{F_{\max}}{y_{\max}} = \frac{80}{50} = 1.6 \text{ N/mm}$$

$$S_{ut} = \frac{2211}{2.8^{0.145}} = 1904 \text{ MPa}$$

$$S_{su} = 0.67(1904) = 1276 \text{ MPa}$$

$$S_{sy} = 0.45(1904) = 857 \text{ MPa}$$

由 (8-28) 式，取 Sines 準則，$S_{se} = S_{sa} = 241$ MPa。(8-23) 式可用於分別以 S_{se}、n_f，及 F_a 取代以 S_{sy}、n_s，及 $(1+\xi)F_{\max}$ 決定 C。因此

$$\alpha = \frac{S_{se}}{n_f} = \frac{241}{1.5} = 161 \text{ MPa}$$

$$\beta = \frac{8F_a}{\pi d^2} = \frac{8(30)}{\pi(2.8^2)} = 9.7 \text{ MPa}$$

$$C = \frac{2(161) - 9.7}{4(9.7)} + \sqrt{\left[\frac{2(161) - 9.7}{4(9.7)}\right]^2 - \frac{3(161)}{4(9.7)}} = 15.3$$

$$D = Cd = 15.3(2.8) = 42.8 \text{ mm}$$

$$F_s = (1 + \xi)F_{\max} = (1 + 0.15)80 = 92 \text{ N}$$

$$N_a = \frac{d^4 G}{8D^3 k} = \frac{2.8^4(8\,1000)}{8(42.8)^3 1.6} = 4.96 \text{ turns}$$

$$N_t = N_a + 2 = 4.96 + 2 = 6.96 \text{ turns}$$

$$L_s = dN_t = 2.8(6.96) = 19.5 \text{ mm}$$

$$L_0 = L_s + \frac{F_s}{k} = 19.5 + 92/1.6 = 77 \text{ mm}$$

$$\text{ID} = 42.8 - 2.8 = 40 \text{ mm}$$

$$\text{OD} = 42.8 + 2.8 = 45.6 \text{ mm}$$

$$y_s = L_0 - L_s = 77 - 19.5 = 57.5 \text{ mm}$$

$$(L_0)_{cr} < \frac{2.63D}{\alpha} = 2.63\frac{(42.8)}{0.5} = 225 \text{ mm}$$

$$K_B = \frac{4(15.3) + 2}{4(15.3) - 3} = 1.09$$

$$W = \frac{\pi^2 d^2 D N_a \gamma}{4} = \frac{\pi^2 2.8^2 (42.8) 4.96 (82 \times 10^{-6})}{4} = 0.34 \text{ N}$$

$$f_n = 0.5\sqrt{\frac{9.81k}{W}} = 0.5\sqrt{\frac{9.81(1600)}{0.34}} = 107 \text{ Hz}$$

$$\tau_a = K_B \frac{8F_a D}{\pi d^3} = 1.09 \frac{8(30)42.8}{\pi 2.8^3} = 162 \text{ MPa}$$

$$\tau_m = \tau_a \frac{F_m}{F_a} = 162(50)/30 = 270 \text{ MPa}$$

$$\tau_s = \tau_a \frac{F_s}{F_a} = 162(92)/30 = 497 \text{ MPa}$$

$$n_f = \frac{S_{sa}}{\tau_a} = 241/162 = 1.5$$

$$n_s = \frac{S_{sy}}{\tau_s} = 857/497 = 1.7$$

$$\text{fom} = -(相對材料成本)\pi^2 d^2 N_t D/4$$
$$= -2.6\pi^2(2.8)^2 6.96(42.8)/[4(25)^3] = -1.01$$

檢視所有的結果，顯示除了 $4 \leq C \leq 12$ 之外，所有條件都能滿足。使用其它可取得的線徑重複以上程序，並發展成下列的表：

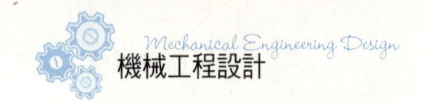

d:	1.7	1.8	2.0	2.15	2.3	2.4	2.6	2.8
D	9.5	10.6	15.4	18.7	22.5	26.4	34.8	42.8
ID	6.3	7.2	11.9	15.0	18.6	22.6	32.1	40
OD	9.9	10.9	16.1	19.4	23.2	27.5	37.4	45.6
C	5.6	5.9	7.7	8.7	9.8	11.0	13.4	15.3
N_a	105.2	84.7	37.0	25.21	17.61	12.73	7.13	4.96
L_s	194.3	161.5	81.5	59.9	45.8	36.1	24.3	19.5
L_0	270.3	234.1	145.6	121.7	106.0	95.3	82.3	77
$(L_0)_{cr}$	42.6	47.6	80.8	90.7	110.1	131.8	182.8	225
n_f	1.5	1.5	1.5	1.5	1.5	1.5	1.5	1.5
n_s	1.82	1.81	1.78	1.77	1.75	1.74	1.71	1.7
f_n	86.7	88.9	96.0	98.8	101.0	102.8	105.6	107
fom	−1.17	−1.12	−0.98	−0.95	−0.93	−0.93	−0.96	−1.01

規範問題的不等式約束為

$$L_s \leq 25 \text{ mm}$$

$$L_0 \leq 100 \text{ mm}$$

$$f_n \geq 5(20) = 100 \text{ Hz}$$

一般的約束條件：

$$3 \leq N_a \leq 15$$

$$4 \leq C \leq 12$$

$$(L_0)_{cr} > L_0$$

可看出沒有能滿足已知約束條件的線徑。直徑 2.6 mm 的線徑最接近能滿足所有條件。$C = 13.4$ 不是很嚴重的偏離而可以容忍。然而，對 L_s 的緊約束必須強調。如果組裝條件可以放鬆以接受壓實高度 24.3 mm，就有了一個解。如果不行，唯一的可能性是使用線徑 2.8 mm，並接受 $C = 15.3$，個別包裝該彈簧，並可能地再考量於伺服中支援此彈簧。

8-11 承拉彈簧

　　承拉彈簧異於承壓彈簧處，在於它們承受拉伸負荷，需要以某些手段將負荷從支撐位置傳遞到彈簧本體。而且彈簧以具初拉力的方式捲繞。負荷的傳遞可藉螺紋塞 (threaded plug) 或轉鉤 (swivel hook) 達成；但這兩種分是都會增加產品的成本，所以，通常採用圖 8-6 中之一的方式。

(a) 機製半環−開口型   (b) 升起鉤型

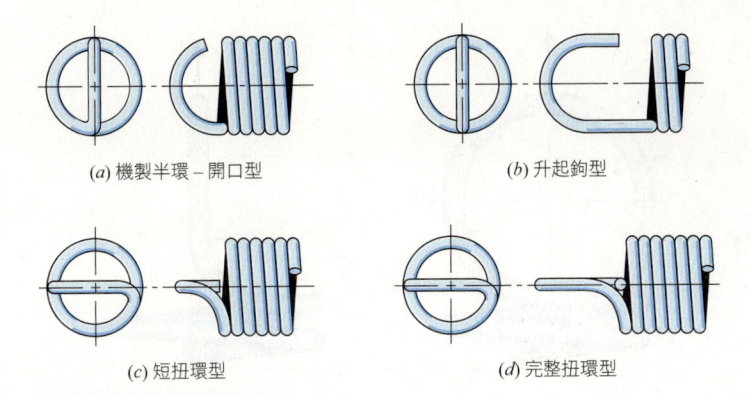

(c) 短扭環型   (d) 完整扭環型

圖 8-6 用於處理承拉彈簧兩端的型式。(*Courtesy of Associated Spring*)

承拉彈簧本體中的應力以與承壓彈簧相同的方式處理。設計具有端鉤的彈簧時，鉤中的彎矩與扭矩都須包含於分析中。圖 8-7a 及 b 中顯示常見的端圈設計法，其最大拉應力出現於 A 處，由彎矩及軸向負荷引發。由於急遽彎曲導致的應力，使得 A 處的最大剪應力可自下式求得：

$$\sigma_A = F\left[(K)_A \frac{16D}{\pi d^3} + \frac{4}{\pi d^2}\right] \qquad (8\text{-}34)$$

式中 $(K)_A$ 為彎應力的曲率應力集中因數，可由下式求得

$$(K)_A = \frac{4C_1^2 - C_1 - 1}{4C_1(C_1 - 1)} \qquad C_1 = \frac{2r_1}{d} \qquad (8\text{-}35)$$

B 點的最大扭轉剪應力為

$$\tau_B = (K)_B \frac{8FD}{\pi d^3} \qquad (8\text{-}36)$$

式中的曲率的應力集中因數，$(K)_B$，為

$$(K)_B = \frac{4C_2 - 1}{4C_2 - 4} \qquad C_2 = \frac{2r_2}{d} \qquad (8\text{-}37)$$

圖 8-7c 及 d 顯示由於縮減螺圈直徑的改良設計。

當承拉彈簧以螺圈間維持接觸的方式製成時，稱為**緊密捲繞** (close-wound)。為了使彈簧掌握更精確的自由長度，彈簧製造商偏愛使緊密捲繞彈簧中保有初始拉力。對應的負荷−撓度曲線顯示於圖 8-8a 中，其中 y 為超出自由長度的伸長量 L_0 而 F_i 為彈簧撓曲前必須超越的初始拉力。於是，負荷−撓度的關係式為

$$F = F_i + ky \qquad (8\text{-}38)$$

式中的 k 為彈簧率。彈簧的自由長度如圖 8-8b 中所示，量測自兩端環或兩端鉤內

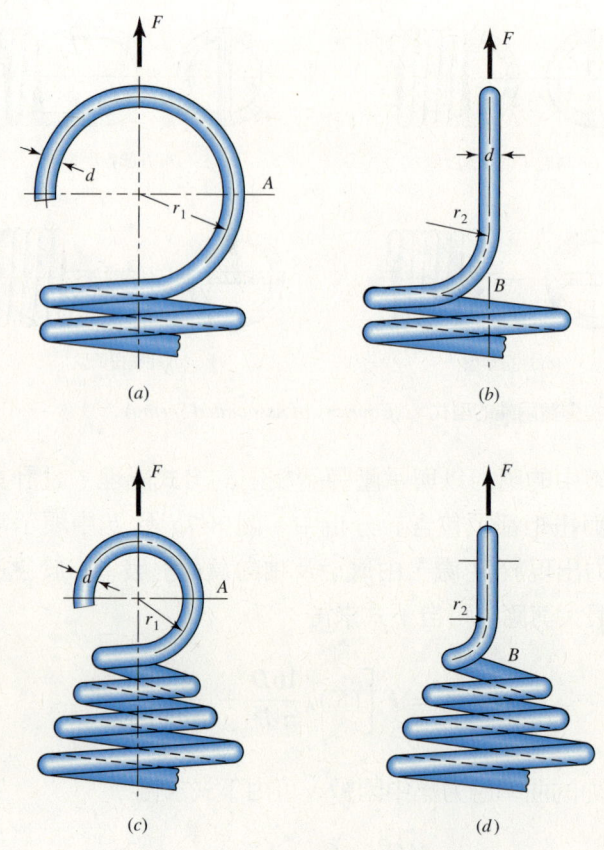

註：半徑 r_1 在端圈 之曲樑彎應力的平面內。
半徑 r_2 對承受扭轉剪應力的端圈成垂直。

圖 8-7 承拉彈簧的兩端部：(a) 一般的設計；A 處的應力來自軸向力與彎矩的複合作用；(b) a 部分的側視圖應力主要來自 B 處的扭力；(c) 改良的設計 A 處的應力源自軸向力及彎矩的複合；(d) c 部分的側視圖，B 處的應力主要是扭轉應力。

側的距離，可以表示為

$$L_0 = 2(D-d) + (N_b+1)d = (2C-1+N_b)d \tag{8-39}$$

式中 D 為平均螺圈直徑，N_b 為本體螺圈數，而 C 為彈簧指數。彈簧具有如圖 8-8b 中之常見扭轉端環者，於確定其彈簧率時，為了計入兩端圈的撓度，使用 (8-9) 式中的螺圈彈簧的等效作用圈數 N_a 其值為

$$N_a = N_b + \frac{G}{E} \tag{8-40}$$

式中的 G 與 E 分別為承剪與承拉的彈性模數 (見問題 8-38)。

彈簧的初始拉力產生自捲繞製程中，於心軸上捲繞彈簧線時。當彈簧完成捲繞從心軸上卸下時，由於彈簧無法再縮短，而將初始拉力鎖入彈簧中。彈簧製造商能

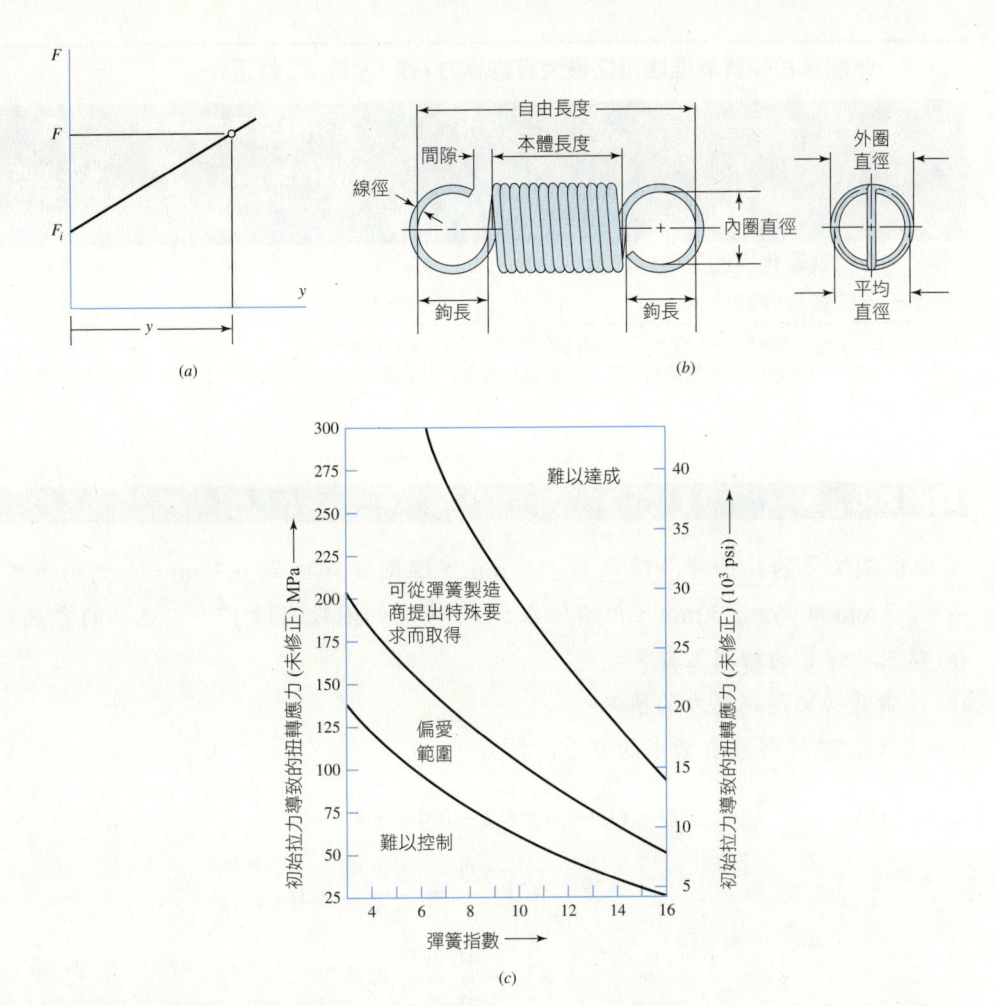

圖 8-8 (a) 承拉彈簧之力 F 與拉伸量 y 的關係曲線；(b) 承拉彈簧的幾何形狀；及 (c) 由於初始拉力導致的扭轉剪應力，在螺圈承拉彈簧中為彈簧指數 C 的函數。

以例行方式植入的初始拉力如圖 8-8c 所示。其優先的範圍可用**未修正的扭轉剪應力** (uncorrected torsional stress) τ_i 表示為

$$\tau_i = \frac{231}{\exp(0.105C)} \pm 6.9\left(4 - \frac{C-3}{6.5}\right) \quad \text{MPa} \tag{8-41}$$

式中的 C 為彈簧指數。

承拉彈簧靜態應用的最大容許修正應力的指引列於表 8-7。

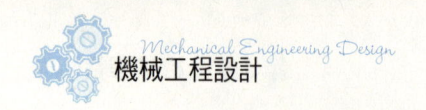

表 8-7　螺圈承拉彈簧靜態應用之最大容許應力 (經 K_W 或 K_B 修正)

材料	承拉強度的百分比		
	承受扭轉 本體	承受扭轉 端鉤	承受彎曲 端鉤
專利，冷拉或硬化與回火碳鋼與低合金鋼	45-50	40	75
奧斯田不鏽鋼與非鐵合金	35	30	55

來源：取自 *Design Handbook*, 1987, p. 52. Courtesy of Associated Spring.
此項資訊基於下列條件：為實施預調處理，經低溫熱處理。對需要高初始拉力的彈簧使用與一端不相同的承拉強度百分比。

範例 8-6

某硬化鋼線質的拉伸彈簧線徑為 0.9 mm，螺圈外直徑為 6.3 mm，端鉤半徑為 $r_1 = 2.7$ mm 及 $r_2 = 2.3$ mm，初始拉力 5 N。本體的圈數為12.17。從已知的資訊：
(a) 試求該彈簧的物理參數。
(b) 核驗其初始預施應力的情況。
(c) 試求在 23 N 靜態負荷下的安全因數。

解答　(a)　　　　　$D = OD - d = 6.3 - 0.9 = 5.4$ mm

$$C = \frac{D}{d} = \frac{5.4}{0.9} = 6.0$$

$$K_B = \frac{4C + 2}{4C - 3} = 1.24$$

由 (8-40) 式及表 8-5：

$$N_a = N_b + G/E = 12.17 + 79/198 = 12.57 \text{ turns}$$

(8-9) 式：$k = \dfrac{d^4 G}{8D^3 N_a} = \dfrac{0.9^4(79\,000)}{8(5.4^3)12.57} = 3.27$ N/mm

(8-39) 式：$L_0 = (2C - 1 + N_b)d = [2(6.0) - 1 + 12.17]\,0.9 = 20.9$ mm

伺服負荷下彈簧的撓度為

$$y_{\max} = \frac{F_{\max} - F_i}{k} = \frac{23 - 5}{3.27} = 5.5 \text{ mm}$$

彈簧長度變成 $L = L_0 + y = 20.9 + 5.5 = 26.4$ mm。
(b) 未修正的初始應力可由不具正因數的 (8-2) 式求得為

$$(\tau_i)_{\text{uncorr}} = \frac{8F_iD}{\pi d^3} = \frac{8(5)(5.4)}{\pi(0.9^3)} = 94.3 \text{ MPa}$$

優先範圍可由 (8-41) 式求得，而在此情況下為

$$(\tau_i)_{\text{pref}} = \frac{231}{\exp(0.105C)} \pm 6.9\left(4 - \frac{C-3}{6.5}\right)$$

$$= \frac{231}{\exp[0.105(6.0)]} \pm 6.9\left(4 - \frac{6.0-3}{6.5}\right)$$

$$= 123 \pm 24.4 = 147.4 \text{,} 98.6 \text{ MPa}$$

答案 所以，初始拉應力 94.3 MPa 在優先範圍內。

(c) 因使用硬拉鋼線，從表 8-4 查得 $m = 0.190$ 及 $A = 1783$ MPa·mm^m。從 (8-14) 式，

$$S_{ut} = \frac{A}{d^m} = \frac{1783}{0.9^{0.190}} = 1819 \text{ MPa}$$

就彈簧本體的剪應力而言，從表 8-7，

$$S_{sy} = 0.45 S_{ut} = 0.45(1819) = 818.6 \text{ MPa}$$

伺服負荷下的剪應力為

$$\tau_{\max} = \frac{8K_B F_{\max} D}{\pi d^3} = \frac{8(1.24)23(5.4)}{\pi(0.9^3)} = 538 \text{ MPa}$$

因此，安全因數為

答案
$$n = \frac{S_{sy}}{\tau_{\max}} = \frac{818.6}{538} = 1.52$$

端鉤 A 處的彎應力

$$C_1 = 2r_1/d = 2(2.7)/0.9 = 6$$

從 (8-35) 式，

$$(K)_A = \frac{4C_1^2 - C_1 - 1}{4C_1(C_1 - 1)} = \frac{4(6^2) - 6 - 1}{4(6)(6-1)} = 1.14$$

從 (8-34) 式，

$$\sigma_A = F_{\max}\left[(K)_A \frac{16D}{\pi d^3} + \frac{4}{\pi d^2}\right]$$

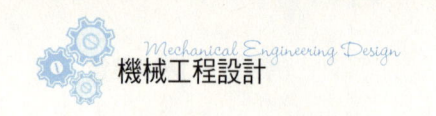

$$= 23\left[1.14\frac{16(5.4)}{\pi(0.9^3)} + \frac{4}{\pi(0.9^2)}\right] = 1025.8 \text{ MPa}$$

從表 8-7，其降伏強度為

$$S_y = 0.75 S_{ut} = 0.75(1819) = 1364.3 \text{ MPa}$$

於是，端鉤 A 處彎應力的安全因數為

答案
$$n_A = \frac{S_y}{\sigma_A} = \frac{1364.3}{1025.8} = 1.33$$

就端鉤 B 處的扭轉剪應力，從 (8-37) 式

$$C_2 = 2r_2/d = 2(2.3)/0.9 = 5.1$$

$$(K)_B = \frac{4C_2 - 1}{4C_2 - 4} = \frac{4(5.1) - 1}{4(5.1) - 4} = 1.18$$

對應的應力可由 (8-36) 式求得為

$$\tau_B = (K)_B \frac{8F_{\max}D}{\pi d^3} = 1.18\frac{8(23)5.4}{\pi(0.9^3)} = 511.9 \text{ MPa}$$

使用從表 8-7 求得的降伏強度，端鉤 B 處的安全因數為

答案
$$n_B = \frac{(S_{sy})_B}{\tau_B} = \frac{0.4(1819)}{511.9} = 1.42$$

端鉤將因彎曲先發生降伏。

接下來要考量疲勞的問題。

範例 8-7

範例 8-6 中的螺圈拉伸彈簧承受由 6.5 N 至 20 N 的動態負荷。試利用 Gerber 疲勞準則求：(a) 螺圈疲勞；(b) 螺圈降伏；(c) 端鉤於圖 8-7a 中的 A 點彎曲疲勞；與 (d) 端鉤於圖 8-7b 中的 B 點扭轉疲勞的安全因數。

解答 有些量的值與範例 8-6 中之值相同：$d = 0.9$ mm，$S_{ut} = 1819$ MPa，$D = 5.4$ mm，$r_1 = 2.7$ mm，$C = 6$，$K_B = 1.24$，$(K)_A = 1.14$，$(K)_B = 1.18$，$N_b = 12.17$ turns，$L_0 = 20.9$ mm，$k = 3.27$ N/mm，$F_i = 5$ N，及 $(\tau_i)_{\text{uncorr}} = 94.3$ MPa。則

$$F_a = (F_{\max} - F_{\min})/2 = (20 - 6.5)/2 = 6.75 \text{ N}$$

$$F_m = (F_{\max} + F_{\min})/2 = (20 + 6.5)/2 = 13.25 \text{ N}$$

從範例 8-6 可得到的強度有 $S_{ut} = 1819$ MPa，$S_y = 1364.3$ MPa，及 $S_{sy}=818.6$ MPa。極限承剪強度以 (8-30) 式估算可得

$$S_{su} = 0.67 S_{ut} = 0.67(1819) = 1218.7 \text{ MPa}$$

(a) 本體螺圈的疲勞：

$$\tau_a = \frac{8K_B F_a D}{\pi d^3} = \frac{8(1.24)6.75(5.4)}{\pi(0.9^3)} = 157.9 \text{ MPa}$$

$$\tau_m = \frac{F_m}{F_a} \tau_a = \frac{13.25}{6.75} 157.9 = 310 \text{ MPa}$$

使用 (8-28) 式的 Zimmerli 數據

$$S_{se} = \frac{S_{sa}}{1 - \left(\frac{S_{sm}}{S_{su}}\right)^2} = \frac{241}{1 - \left(\frac{379}{1218.7}\right)^2} = 266.8 \text{ MPa}$$

從表 5-7，承剪情況的 Gerber 疲勞準則為

答案
$$(n_f)_{\text{body}} = \frac{1}{2} \left(\frac{S_{su}}{\tau_m}\right)^2 \frac{\tau_a}{S_{se}} \left[-1 + \sqrt{1 + \left(2 \frac{\tau_m}{S_{su}} \frac{S_{se}}{\tau_a}\right)^2}\right]$$

$$= \frac{1}{2} \left(\frac{1218.7}{310}\right)^2 \frac{157.9}{266.8} \left[-1 + \sqrt{1 + \left(2 \frac{310}{1218.7} \frac{266.8}{157.9}\right)^2}\right] = 1.46$$

(b) 螺圈本體的負荷線由 $S_{sm} = \tau_i$，而斜率 $r = \tau_a/(\tau_m - \tau_i)$。它與降伏線的交點可證實為 $(S_{sa})_y = [r/(r+1)](S_{sy} - \tau_i)$。

所以，$\tau_i = (F_i/F_a)\tau_a = (5/6.75)(157.9) = 117$ MPa，$r = 157.9/(310 - 117) = 0.82$，而

$$(S_{sa})_y = \frac{0.82}{0.82 + 1}(818.6 - 117) = 316 \text{ MPa}$$

因此

答案
$$(n_y)_{\text{body}} = \frac{(S_{sa})_y}{\tau_a} = \frac{316}{157.9} = 2.0$$

(c) 端鈎的彎曲疲勞：使用 (8-34) 式及 (8-35) 式

$$\sigma_a = F_a \left[(K)_A \frac{16D}{\pi d^3} + \frac{4}{\pi d^2}\right]$$

$$= 6.75 \left[1.14 \frac{16(5.4)}{\pi(0.9^3)} + \frac{4}{\pi(0.9^2)}\right] = 301 \text{ MPa}$$

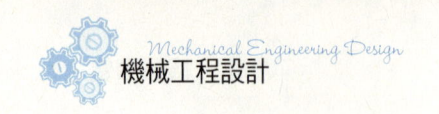

$$\sigma_m = \frac{F_m}{F_a}\sigma_a = \frac{13.25}{6.75}301 = 590.9 \text{ MPa}$$

為估算承拉持久限，使用畸變能理論

$$S_e = S_{se}/0.577 = 266.8/0.577 = 462.4 \text{ MPa}$$

使用承拉的 Gerber 準則

答案
$$(n_f)_A = \frac{1}{2}\left(\frac{S_{ut}}{\sigma_m}\right)^2 \frac{\sigma_a}{S_e}\left[-1 + \sqrt{1 + \left(2\frac{\sigma_m}{S_{ut}}\frac{S_e}{\sigma_a}\right)^2}\right]$$

$$= \frac{1}{2}\left(\frac{1819}{590.9}\right)^2 \frac{301}{462.4}\left[-1 + \sqrt{1 + \left(2\frac{590.9}{1819}\frac{462.4}{301}\right)^2}\right] = 1.27$$

(c) 端鉤的扭轉疲勞：使用 (8-36) 式

$$(\tau_a)_B = (K)_B \frac{8F_a D}{\pi d^3} = 1.18\frac{8(6.75)(5.4)}{\pi(0.9^3)} = 150.2 \text{ MPa}$$

$$(\tau_m)_B = \frac{F_m}{F_a}(\tau_a)_B = \frac{13.25}{6.75}150.2 = 294.8 \text{ MPa}$$

然後再次使用 Gerber 準則

答案
$$(n_f)_B = \frac{1}{2}\left(\frac{S_{su}}{\tau_m}\right)^2 \frac{\tau_a}{S_{se}}\left[-1 + \sqrt{1 + \left(2\frac{\tau_m}{S_{su}}\frac{S_{se}}{\tau_a}\right)^2}\right]$$

$$= \frac{1}{2}\left(\frac{1218.7}{294.8}\right)^2 \frac{150.2}{266.8}\left[-1 + \sqrt{1 + \left(2\frac{294.8}{1218.7}\frac{266.8}{150.2}\right)^2}\right] = 1.53$$

範例 8-6 及 8-7 的分析顯示，承拉彈簧與承壓彈簧的差異何在。端鉤一般是最脆弱的部位，支配的通常是彎曲。也應該瞭解疲勞損壞分離了負荷作用下的承拉彈簧。紛飛的破片、流失的負荷及機器的停頓，對人員的安全及機器的功能造成威脅。基於這些理由，承拉彈簧的設計安全因數高於承壓彈簧的安全因數。

範例 8-7 中，以 Zimmerli 數據估算端鉤的彎曲持久限，它是基於承壓彈簧的扭轉及畸變能理論。另一種方法是使用表 8-8，它基於應力比 $R = \tau_{min}/\tau_{max} = 0$。在此情況下，$\tau_a = \tau_m = \tau_{max}/2$。表 8-8 中的彎曲強度標示為 S_r，扭轉強度標示為 S_{sr}。然後，就扭轉而言，$S_{sa} = S_{sm} = S_{sr}/2$ 和 Gerber 縱座標的剪應力截距，由 (5-42) 式可得為

$$S_{se} = \frac{S_{sa}}{1 - (S_{sm}/S_{su})^2} = \frac{S_{sr}/2}{1 - \left(\frac{S_{sr}/2}{S_{su}}\right)^2} \tag{8-42}$$

表 8-8　ASTM A228 與 302 型不鏽鋼承拉螺圈彈簧承受循環負荷的最大容許應力

| | 承拉強度的百分比 | | |
| | 承受扭轉 | | 承受彎曲 |
循環次數	本體	端鉤	端鉤
10^5	36	34	51
10^6	33	30	47
10^7	30	28	45

來源：取自 *Design Handbook*, 1987, p. 52. Courtesy of Associated Spring.
此一資訊乃基於下列條件：未經珠擊，無顫動而且環境具有低溫熱處理作用。應力比 = 0。

因此，範例 8-7 中以表 8-8 估算的彎曲持久強度為

$$S_r = 0.45 S_{ut} = 0.45(1819) = 818.6 \text{ MPa}$$

而從 (8-42) 式，

$$S_e = \frac{S_r/2}{1 - [S_r/(2S_{ut})]^2} = \frac{818.6/2}{1 - \left(\frac{818.6/2}{1819}\right)^2} = 431 \text{ MPa}$$

使用這個值取代範例 8-7 中的 462.4 MPa，可得 $(n_f)_A = 1.03$，少了 5%。

8-12 螺圈扭轉彈簧

當螺圈彈簧承受端部的扭矩時，稱為**扭轉彈簧** (torsion spring)。它通常採緊密捲繞，就像螺圈承拉彈簧一樣，但僅具有可忽略的初始拉力。圖 8-9 中繪出了單體與雙體兩種型式的扭轉彈簧。扭轉彈簧兩端以易於作用扭矩於本體上的型式構成，有具短鉤端，樞紐式直偏位端、直式扭轉端與特殊端等方式。其兩端終究與和螺圈中心軸有點距離的力連接，以作用扭矩。最常遭遇的 (而且是花費最少的) 是直式扭轉端。如果螺圈間的摩擦可以完全地避免，螺圈彈簧可以剛好分開本體螺圈的節距捲繞。當螺圈扭轉彈簧兩端無法利用植入 (build in) 方式處理以維持直線時，通常會以桿子或心軸 (arbor) 做反力的支撐，如果需要，並提供挫曲的抵抗。

扭轉彈簧的彈簧線承受彎曲作用，與螺圈壓縮和拉伸彈簧承受扭轉相反。此種彈簧設計成於伺服時能捲繞在一起。當作用的扭矩增加時，螺圈的內直徑縮小，必須小心以避免纏住銷、桿子或心軸。在螺圈中的彎曲模式使得方形或矩形剖面似乎可以使用，但從成本，材料的範圍及可取得性，並不鼓勵使用它。端部的處理全視其應用而定。

扭轉彈簧可從衣夾、窗簾、捕獸器等在屋子附近出現的器具，及在視線外的抗

圖 8-9　扭轉彈簧 (Courtesy of Associated Spring)。

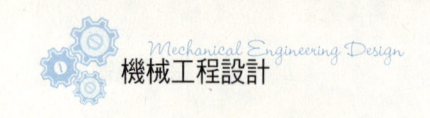

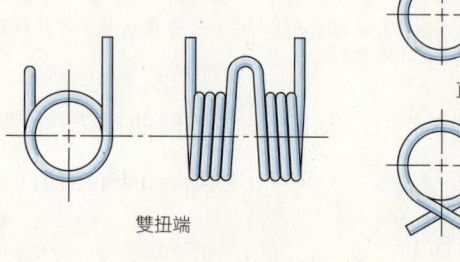

特殊鉤端
短鉤端
鉸鏈端
雙扭端
直偏位端
直扭端

衡機構、棘輪與其它機械分件上熟悉之。扭轉彈簧可自供應商處得到許多現貨供應。此種選擇對小專案可以提升經濟的調節,避免訂製設計與小規模製造的費用。

描述端腳位置

規範扭轉彈簧時,兩端必須彼此相對定位。商用彈簧對這種相對位置的公差,表示一端相對於另一端的位置,列於表 8-9 中。最單純的方案就是以如圖 8-10 所示,藉定義存在於螺圈本體中非完整圈為 $N_p = \beta/360°$,如圖 8-10 所示。為了分析的目的,將使用圖 8-10 中的術語。與彈簧製造商溝通時通常依據背角 (back angle) α。

本體圈數 N_b 為自由彈簧計數所得的圈數。本體圈數計數相對於初始位置角 β 有

$$N_b = 整數 + \frac{\beta}{360°} = 整數 + N_p$$

式中的 N_p 為不完整的圈數。上式意指設計規範的彈簧時,N_b 取非整數,可能是如 5.3、6.3、7.3、……等,值相差一的連續分離數。此一考量將於稍後討論。

彎應力

扭轉彈簧於彈簧圈中引發彎應力,而非扭轉剪轉剪應力。這表示在捲繞期間的殘留應力方向一致,而與使用時之工作應力的符號相反。若負荷總是作用於捲繞方向,應變硬化以與使用時之工作應力相反方向的殘留應力鎖在其中。扭轉彈簧能於彎應力超過該彈簧捲繞時的降伏強度下運轉。

表 8-9　螺圈扭轉彈簧端圈的位置公差 (適於 D/d 比小於等於 16)。

總圈數	公差：±度數*
至 3 圈	8
超過 3-10 圈	10
超過 10-20 圈	15
超過 20-30 圈	20
超過 30	25

來源：取自 *Design Handbook*, 1987, p. 52. Courtesy of Associated Spring.

*更小的公差可經請求取得。

圖 8-10　自由端的定位角為 β。旋轉座標 θ 與 Fl 的乘積成正比。其背角為 α。對所有運動端的位置 $\theta+\alpha=\Sigma=$ 定值。

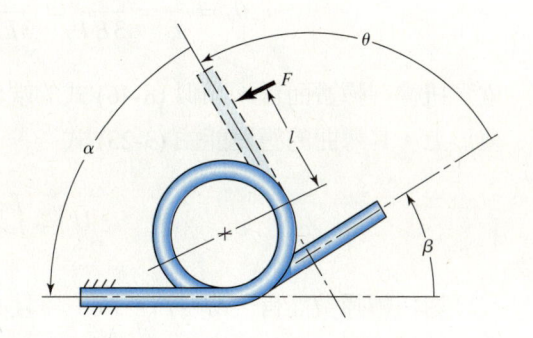

彎應力可由曲樑理論求得，表示成下式

$$\sigma = K\frac{Mc}{I}$$

式中的 K 為應力集中因數。K 的直視彈簧線的剖面及考慮螺圈的內緣或外緣而定。Wahl 分析得到圓形剖面彈簧線的 K 值可由下式求得

$$K_i = \frac{4C^2 - C - 1}{4C(C-1)} \qquad K_o = \frac{4C^2 + C - 1}{4C(C+1)} \tag{8-43}$$

式中的 C 為彈簧指數，而下標 i 與 o 分別標示內緣或外緣。基於 K_o 總是小於一的事實，估算應力時僅用 K_i。當彎矩為 $M=Fr$ 而剖面模數為 $I/c=d^3/32$ 時，可將彎應力計算式寫成

$$\sigma = K_i \frac{32Fr}{\pi d^3} \tag{8-44}$$

此式可算出圓線扭轉彈簧的彎應力。

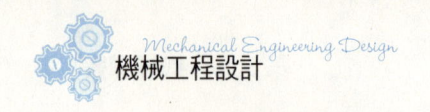

撓度與彈簧率

對扭轉彈簧而言,角變形可用弳度 (radian) 或捲數 (turns) 表示。如有含圈單位的項加上撇號標示,彈簧率 k' 表示其單位扭矩/圈 (lbf・in/rev 或 N・mm/rev)。而扭矩與以圈標示,而非以弳度表示的 θ 角成正比。則彈簧率若為線性,可以表示成

$$k' = \frac{M_1}{\theta'_1} = \frac{M_2}{\theta'_2} = \frac{M_2 - M_1}{\theta'_2 - \theta'_1} \tag{8-45}$$

其中的力矩 M 可以表示成 Fl 或 Fr。

當從植入端看時,懸臂樑端撓度所對的角為 y/l rad。從表 A-9-1,

$$\theta_e = \frac{y}{l} = \frac{Fl^2}{3EI} = \frac{Fl^2}{3E(\pi d^4/64)} = \frac{64Ml}{3\pi d^4 E} \tag{8-46}$$

就直扭轉端彈簧而言,類似 (8-46) 式的端修正 (end correction) 必須加到本體螺圈撓變形上。其彎曲的應變能由 (3-23) 式

$$U = \int \frac{M^2\, dx}{2EI}$$

對扭轉彈簧而言,$M = Fl = Fr$,而且必須對本體螺圈線長完成積分,力 F 將隨撓曲移動距離,其中 θ 為螺圈本體的角變形量。應用 Castigliano 定理,可得

$$r\theta = \frac{\partial U}{\partial F} = \int_0^{\pi DN_b} \frac{\partial}{\partial F}\left(\frac{F^2 r^2\, dx}{2EI}\right) = \int_0^{\pi DN_b} \frac{Fr^2\, dx}{EI}$$

對圓線以 $I = \pi d^4/64$ 代入,並求解可得 θ 為

$$\theta = \frac{64FrDN_b}{d^4 E} = \frac{64MDN_b}{d^4 E}$$

以弳度表示的總變形量可將每端的長度 l_1、l_2 加入 (8-46) 式,可得

$$\theta_t = \frac{64MDN_b}{d^4 E} + \frac{64Ml_1}{3\pi d^4 E} + \frac{64Ml_2}{3\pi d^4 E} = \frac{64MD}{d^4 E}\left(N_b + \frac{l_1 + l_2}{3\pi D}\right) \tag{8-47}$$

等效作用圈數 N_a 可以表示成

$$N_a = N_b + \frac{l_1 + l_2}{3\pi D} \tag{8-48}$$

彈簧率 k 以每弳度扭矩為單位時,表示成

$$k = \frac{Fr}{\theta_t} = \frac{M}{\theta_t} = \frac{d^4 E}{64 D N_a} \tag{8-49}$$

彈簧率 k' 也能以每圈扭矩為單位表示。此一表示式得自 2π rad/turn 乘以 (8-49) 式，因此彈簧率 k' (單位扭矩/turn) 為

$$k' = \frac{2\pi d^4 E}{64 D N_a} = \frac{d^4 E}{10.2 D N_a} \tag{8-50}$$

試驗顯示各螺圈與心桿間的摩擦效應，使得常數值 10.2 應提高至 10.8。則上式變成

$$k' = \frac{d^4 E}{10.8 D N_a} \tag{8-51}$$

(單位扭矩/turn)。(8-51) 式可得到較佳的結果。而 (8-47) 式也變成

$$\theta'_t = \frac{10.8 MD}{d^4 E}\left(N_b + \frac{l_1 + l_2}{3\pi D}\right) \tag{8-52}$$

扭轉彈簧常環繞於圓桿或銷之上使用。當負荷作用於扭轉彈簧時，彈簧將捲緊，使螺圈的內直徑縮小。必須確認彈簧圈的內直徑都將不等於或小於銷的直徑，在那種情況下，彈簧可能喪失功能。螺圈直徑 D' 變成

$$D' = \frac{N_b D}{N_b + \theta'_c} \tag{8-53}$$

式中的 θ'_c 為圈體的角變形量，以圈為單位，可由下式求得

$$\theta'_c = \frac{10.8 MDN_b}{d^4 E} \tag{8-54}$$

新的內圈直徑為 $D'_i = D' - d$，使本體螺圈與直徑為 D_p 之銷間的徑向餘隙 Δ 等於

$$\Delta = D' - d - D_p = \frac{N_b D}{N_b + \theta'_c} - d - D_p \tag{8-55}$$

由 (8-55) 式可解得

$$N_b = \frac{\theta'_c(\Delta + d + D_p)}{D - \Delta - d - D_p} \tag{8-56}$$

由此式能得到對應於規定之心軸徑向餘隙的本體圈數。這個角可能與必要的不完整圈的餘數不一致。所以，徑向餘隙可能超過而不會相等。

靜態強度

將表 8-6 中的第一欄各項除以 0.577 (依據畸變能理論) 得到

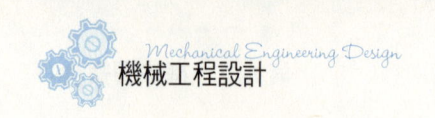

$$S_y = \begin{cases} 0.78S_{ut} & \text{琴鋼線與冷拉鋼} \\ 0.87S_{ut} & \text{OQ \& T 鋼與低合金} \\ 0.61S_{ut} & \text{奧斯田不鏽鋼與非鐵合金} \end{cases} \quad (8\text{-}57)$$

疲勞強度

由於彈簧線承受彎矩，將不能應用 Sine 方程式。Sine 模式用於存在扭轉的情況，Zimmerli 的結果則用於承壓彈簧 (彈簧線承受純剪應力)。此處將使用表 8-10 中由 Associated Spring 提供的重複彎應力 ($R = 0$)。將以 Gerber 疲勞損壞準則結合 Associated Spring 之 $R = 0$ 的疲勞強度：

$$S_e = \frac{S_r/2}{1 - \left(\frac{S_r/2}{S_{ut}}\right)^2} \quad (8\text{-}58)$$

S_r (與 S_e) 的值已經對線徑、表面狀態與負荷類型做了修正，但未對溫度及雜項因數作修正。現在 Gerber 疲勞損壞準則已經可以定義。其強度變幅分量從表 5-7 可求得為

$$S_a = \frac{r^2 S_{ut}^2}{2S_e}\left[-1 + \sqrt{1 + \left(\frac{2S_e}{rS_{ut}}\right)^2}\right] \quad (8\text{-}59)$$

其中負荷線的斜率 $r = M_a/M_m$。負荷線為通過設計者疲勞圖圓點的徑向線。防範疲勞損壞的安全因數為

$$n_f = \frac{S_a}{\sigma_a} \quad (8\text{-}60)$$

另一種解法是直接使用表 5-7 的 n_f 式：

$$n_f = \frac{1}{2}\frac{\sigma_a}{S_e}\left(\frac{S_{ut}}{\sigma_m}\right)^2\left[-1 + \sqrt{1 + \left(2\frac{\sigma_m}{S_{ut}}\frac{S_e}{\sigma_a}\right)^2}\right] \quad (8\text{-}61)$$

表 8-10 承受循環負荷之扭轉螺圈彈簧，以 S_{ut} 之百分比表示的最大彎應力的推薦值 (已作 K_B 修正)。

疲勞壽命循環數	ASTM A228 及 302 型不鏽鋼 未經珠擊	經珠擊*	ASTM A230 與 A232 未經珠擊	經珠擊*
10^5	53	62	55	64
10^6	50	60	53	62

來源：Courtesy of Associated Spring.
此一資訊基於：無顫動、類應力消除狀態。
* 並非不可能。

範例 8-8

圖 8-11 顯示材質為直徑 1.8 mm 的琴鋼線現貨彈簧，總圈數為 $4\frac{1}{4}$ 圈，具有直扭轉端。它套於直徑 10 mm 的銷上使用，螺圈外徑為 15 mm。

(a) 試求最大運轉扭矩及其對應的旋轉角。
(b) 當承受 (a) 部分的扭矩時，其螺圈內緣直徑為若干？
(c) 如果作用的力矩變化於 $M_{min} = 0.1$ N·m 至 $M_{max} = 0.5$ N·m 之間時，試估算其疲勞的安全因數。

解答 (a) 從表 8-4，可查得琴鋼線的 $A = 2211$ MPa·mm^m 與 $m = 0.145$。所以

$$S_{ut} = \frac{A}{d^m} = \frac{2210}{(1.8)^{0.145}} = 2029 \text{ MPa}$$

利用 (8-57) 式可得

$$S_y = 0.78 S_{ut} = 0.78(2029) = 1582 \text{ MPa}$$

平均螺圈直徑為 $D = 15 - 1.8 = 13.2$ mm。彈簧的彈簧指數 $C = D/d = 1.32/1.8 = 7.33$。其應力修正因數 K_i 由 (8-43) 式可得為

$$K_i = \frac{4(7.33)^2 - 7.33 - 1}{4(7.33)(7.33 - 1)} = 1.113$$

現在重新安排 (8-44) 式，以 S_y 取代 σ，並解得最大扭矩 Fr 為

$$M_{max} = (Fr)_{max} = \frac{\pi d^3 S_y}{32 K_i} = \frac{\pi (1.8)^3 1583}{32(1.113)} = 814 \text{ N·mm}$$

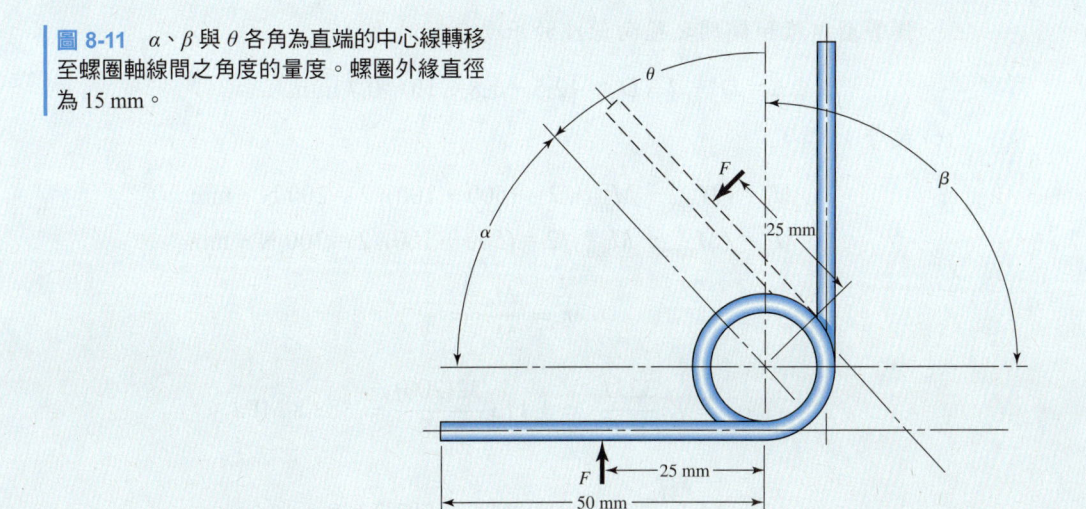

圖 8-11 α、β 與 θ 各角為直端的中心線轉移至螺圈軸線間之角度的量度。螺圈外緣直徑為 15 mm。

請注意,並未使用安全因數。接著,從 (8-54) 式及表 8-5,螺圈本體的圈數 θ'_c 為

$$\theta'_c = \frac{10.8MDN_b}{d^4E} = \frac{10.8(814)13.2(4.25)}{1.8^4(196\,000)} = 0.24 \text{ turn}$$

答案
$$(\theta'_c)_{\text{deg}} = 0.24(360°) = 86.4°$$

作用圈數可從 (8-48) 式求得為

$$N_a = N_b + \frac{l_1 + l_2}{3\pi D} = 4.25 + \frac{25 + 25}{3\pi(13.2)} = 4.65 \text{ turns}$$

完整彈簧的彈簧率可從 (8-51) 式求得,為

$$k' = \frac{1.8^4(196\,000)}{10.8(13.2)4.65} = 3104 \text{ N·mm}$$

完整彈簧的圈數 θ' 為

$$\theta' = \frac{M}{k'} = \frac{814}{3104} = 0.26 \text{ turn}$$

答案
$$(\theta'_s)_{\text{deg}} = 0.26(360°) = 93.6°$$

(b) 無負荷作用時,該彈簧的平均螺圈直徑為 13.2 mm。由 (8-53) 式

$$D' = \frac{N_bD}{N_b + \theta'_c} = \frac{4.25(13.2)}{4.25 + 0.24} = 12.5 \text{ mm}$$

彈簧圈內緣和銷間之徑向餘隙於承受負荷時為

答案
$$\Delta = D' - d - D_p = 12.5 - 1.8 - 10 = 0.7 \text{ mm}$$

(c) 疲勞:

$$M_a = (M_{\max} - M_{\min})/2 = (500 - 100)/2 = 200 \text{ N·mm}$$
$$M_m = (M_{\max} + M_{\min})/2 = (500 + 100)/2 = 300 \text{ N·mm}$$

$$r = \frac{M_a}{M_m} = \frac{2}{3}$$

$$\sigma_a = K_i\frac{32M_a}{\pi d^3} = 1.113\frac{32(200)}{\pi 1.8^3} = 388.8 \text{ MPa}$$

$$\sigma_m = \frac{M_m}{M_a}\sigma_a = \frac{3}{2}(388.8) = 583.2 \text{ MPa}$$

從表 8-10，$S_r = 0.50 S_{ut} = 0.50(2029) = 1014.5$ MPa。則

$$S_e = \frac{1014.5/2}{1 - \left(\frac{1014.5/2}{2029}\right)^2} = 541 \text{ MPa}$$

強度的振幅分量 S_a，從 (8-59) 式，為

$$S_a = \frac{(2/3)^2 2029^2}{2(541)} \left[-1 + \sqrt{1 + \left(\frac{2}{2/3} \frac{541}{2029}\right)^2} \right] = 474.4 \text{ MPa}$$

因此，疲勞的安全因數為

答案
$$n_f = \frac{S_a}{\sigma_a} = \frac{474.4}{388.8} = 1.22$$

8-13 貝里彈簧

圖 8-12 中的插圖顯示一**錐形碟彈簧** (coned-disk spring)，通常稱之為**貝里彈簧** (Belleville spring)。雖然它的數學處理超出了本書的範圍，但仍應該熟悉這類彈簧的非凡特性。

貝里彈簧除了僅佔用較小空間的明顯優點外，h/t 比值的變化能使負荷−撓曲曲線的形狀產生大的變化，如圖 8-12 所示。例如，令 h/t 值為 2.83 或更大些，則將得到可用於扣緊機構 (snap-acting mechanism) 的 S 曲線，將比值減少至 1.41 到 2.1 之間將使曲線的中央部分成為水平，這表示在相當大的撓曲範圍內負荷維持定值。

對指定的撓度，可藉形成巢狀承受較高的負荷，也就是利用平行地堆疊這種彈簧。另一方面，藉串接堆疊可以對相同的負荷提供較大的撓度，然而這種方式有產生不穩定的危險。

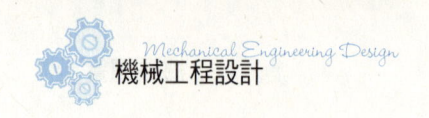

圖 8-12 貝里彈簧的負荷-撓曲曲線。(*Courtesy of Associated Spring.*)

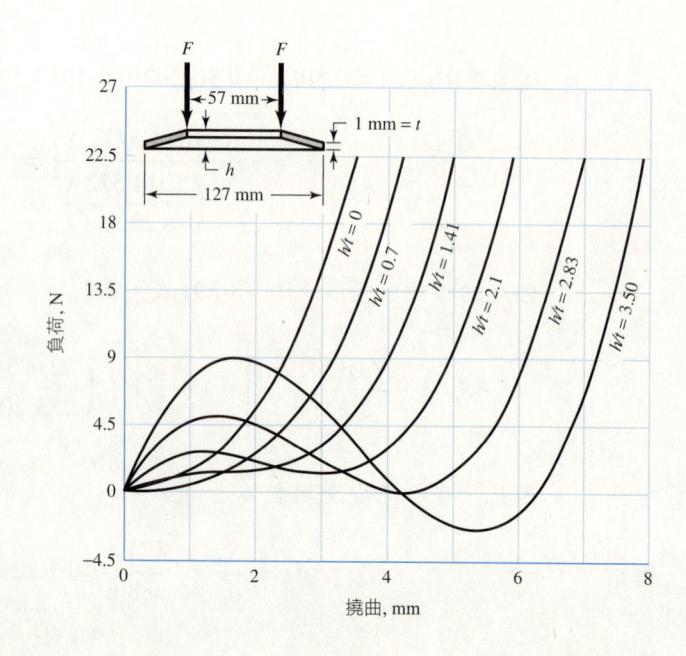

8-14 雜類彈簧

圖 8-13 中的承拉彈簧以略具彎曲的鋼帶製成，而解開彈簧所需的力維持常數；因此稱為**恆力彈簧** (constant-force spring)；這相當於彈簧率為零。此類彈簧也可以製成具有正值或負值的彈簧率。

圖 8-14a 所示之**渦卷彈簧** (volute spring)，以由寬且薄的鋼帶，或"扁平的"材料捲繞於扁平的材料上，使螺圈匹配內側的另一螺圈。由於渦捲並未推疊，其密實長度即為鋼條的寬度。承壓渦卷彈簧若容許渦圈與支撐接觸，即能得到可變的彈簧率。因此，當撓曲增加時，則作用圈數將減少。渦卷彈簧，另外具有圓線彈簧無法獲得的優點；若捲繞成的渦圈在作用時彼此接觸或滑動，則滑動摩擦具有消除振動或其它不想要之暫態擾動的作用。

圓錐彈簧 (conical spring)，正如名稱所示，乃是繞成錐形的螺圈彈簧 (參見問題 8-28)。大多數的錐形彈簧是由圓線繞成的承壓彈簧。但渦卷彈簧也屬於圓錐形彈簧。這種型式的彈簧最主要的優點可能是它可以繞成使密實長度僅為單一線徑。

現貨扁鋼使用於很多種類的彈簧，例如時鐘彈簧 (clock spring)、動力彈簧 (power spring)、扭轉彈簧 (torsion spring)、懸臂彈簧 (cantilever spring)、及游絲彈簧 (hair spring)；通常保險絲夾 (fuse clips)、繼電器彈簧 (relay spring)、彈簧墊圈、扣環 (snap rings) 及扣圈 (retainers) 都要製成特殊的形狀以產生確實的彈簧作用。

以現貨扁鋼或鋼帶設計的許多彈簧，為經濟性及使價值與材料成比例，通常使整個彈簧材料內的應力維持常數，均勻剖面之懸臂彈簧其應力為

第 8 章　機械彈簧

$$\sigma = \frac{M}{I/c} = \frac{Fx}{I/c} \qquad (a)$$

若 I/c 為定值，則應力 σ 與距離 x 成正比。但是並沒有理由使 I/c 必須為定值，例如，彈簧可以設計成成圖 8-14b 的形狀，其厚度 h 為常數，但是寬度 b 則可變化，由於矩形斷面之 $I/c = bh^2/6$，由 (a) 式可得

$$\frac{bh^2}{6} = \frac{Fx}{\sigma}$$

或

$$b = \frac{6Fx}{h^2\sigma} \qquad (b)$$

因為 b 與 x 的關係為線性，彈簧根部的寬度 b_o 為

$$b_o = \frac{6Fl}{h^2\sigma} \qquad (8\text{-}62)$$

良好的撓度近似值可藉 Castigliano 理論求得。為了說明，假設三角形扁鋼彈

圖 8-13　恆力彈簧。
(Courtesy of Vulcan Spring & Mfg. Co. Telford, PA. www.vulcanspring.com.)

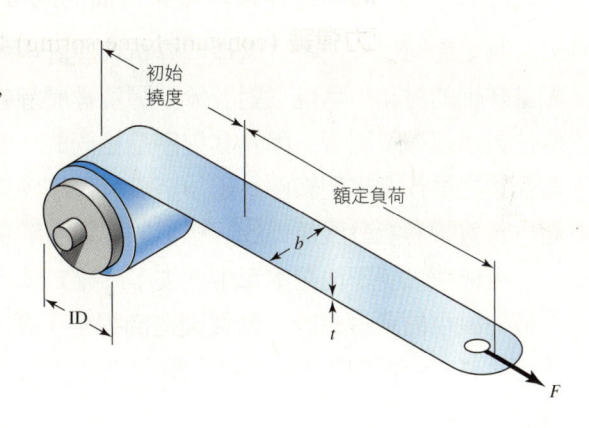

圖 8-14　(a) 渦卷彈簧；
(b) 扁平三角彈簧。

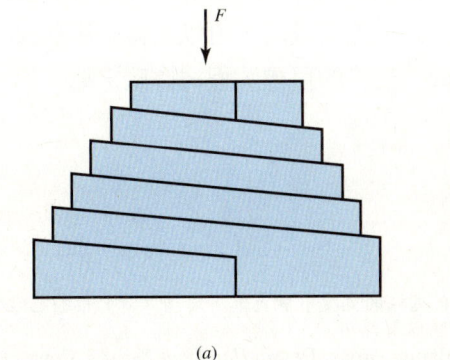

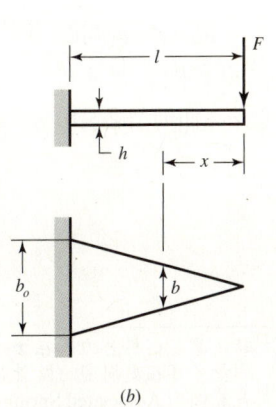

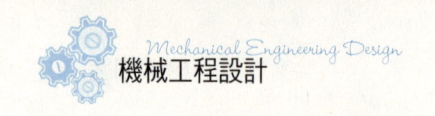

簧的撓度主要由彎矩所導致，而忽略橫向剪力[13]的影響。彎矩以 x 的函數表示可寫成 $M = -Fx$，而於 x 處樑的寬度可以表示成 $b = b_o x/l$。因此，導至的撓度可由 (3-31) 式求得為

$$y = \int_0^l \frac{M(\partial M/\partial F)}{EI} dx = \frac{1}{E} \int_0^l \frac{-Fx(-x)}{\frac{1}{12}(b_o x/l)h^3} dx$$

$$= \frac{12Fl}{b_o h^3 E} \int_0^l x\, dx = \frac{6Fl^3}{b_o h^3 E}$$

(8-63)

於是彈簧常數 $k = F/y$，推估為

$$k = \frac{b_o h^3 E}{6l^3}$$

(8-64)

本章前幾節闡釋的應力及撓曲分析法，已用於說明彈簧的分析與設計可運用本書前幾章的基本理論。這種情況對本章所提的各種雜項彈簧也同樣適用。現在你應該已具有閱讀並瞭解此類彈簧之文獻的能力了。

8-15 摘要

為了彰顯工程問題之處理或分析或設計中的重要觀點，本章中對螺圈彈簧做了相當詳細的討論。呈現了對於承壓彈簧經歷靜態與疲勞負荷的完整設計程序。對於承拉與承扭彈簧則否，因為其程序是相同的，雖然支配條件並不相同。然而從對承壓彈簧提供什麼支配條件，延伸至設計程序應該是直截了當的。章末提供的一些問題，希望讀者能發展額外的、相似的問題去解決。

隨機考量明顯地在本章中迷失了。確定式處理的複雜性與細緻的差別，足以處理最先展現的彈簧設計。彈簧製造商提供了關於彈簧容差的大量資訊[14]。這些資訊連同第 4、5 章的內容，將提供讀者充分的能力至更高階並伴隨隨機分析於他們的設計評估中。

因為彈簧問題變得涉及更多的計算，必須用程式計算器及計算機。對重複計算試算表程式非常普遍。正如早先提及的，可以購得商用程式。借助這些程式，可以執行倒回求解；也就是輸入最終的目標，程式會確定輸入值。

---

[13] 請注意，由於剪力，在 $x = 0$ 處樑的寬度不能為零，這項設計的模型已經作了一些簡化。所有的這些考量，可在更周密的模型上加以解釋。

[14] 見範例，Associated Spring-Barnes Group, *Design Handbook*, Bristol, Conn., 1987.

問題

8-1 在推薦的彈簧指數 C 值的範圍內，試求 Bergsträsser 因數、K_B 及 Wahl 因數 K_W 間差異的最大及最小的百分比。

8-2 這是用於檢視 (8-14) 式中參數 A 之單位的指引。使用美國習用單位的 A_{uscu} 為 kpsi·in^m，而使用 SI 單位的 A_{SI} 為 MPa·mm^m。使得每一種材料應用於 (8-14) 式時 A_{uscu} 與 A_{SI} 的單位都不一樣？也請證明從 A 到 1 的轉換式為

$$A_{SI} = 6.895(25.40)^m A_{uscu}$$

8-3 螺圈承壓彈簧以直徑 2.5 mm 的琴鋼線捲繞而成，彈簧的外直徑為 31 mm，兩端為研磨平端，總圈數為 14 圈。
(a) 當彈簧壓至密實時，保證其應力未超過降伏強度，亦即壓實時安全，則此彈簧之自由長度為何？
(b) 需要多大的力才能把此彈簧壓縮至密實長度？
(c) 試估算其彈簧率。
(d) 此彈簧在運作時是否可能發生挫曲？

8-4 問題 8-3 的承壓縮彈簧用於承受 130 N 的靜負荷。若該彈簧幾近壓實長度，試作以 (8-13) 式及 (8-18) 式到 (8-21) 式的設計評估。

8-5 螺圈承壓彈簧以直徑 5 mm 的油浴回火鋼線捲繞而成，平均螺圈直徑為 50 mm，總圈數為 12 圈，自由長度為 125 mm，兩端為方端。
(a) 試求壓實長度。
(b) 試求使該彈簧變形至壓實長度所需要的力。
(c) 試求當彈簧壓成壓實長度時，該彈簧防範降伏的安全因數。

8-6 以直徑 4 mm 的油浴回火鋼線，捲繞成彈簧指數 $C=10$ 的螺圈承壓彈簧，該彈簧運轉於一個孔內，所以挫曲不會成為問題，而其兩端為平端。該彈簧的自由長度為 80 mm，承受 50 N 的施力時產生 15 mm 撓度。
(a) 試求其彈簧率。
(b) 試求該彈簧運轉的最小孔徑。
(c) 試求所需要的螺圈數。
(d) 試求其壓實長度。
(e) 如果該彈簧壓成壓實長度，試求基於彈簧降伏的靜態安全因數。

8-7 螺圈壓縮彈簧由硬拉鋼線製成，線徑為 2 mm，外徑為 22 mm，兩端為研磨平端，總圈數為 $8\frac{1}{2}$ 圈。
(a) 該彈簧捲繞成自由長度，即具免於壓實性質。試求其自由長度。
(b) 試求該彈簧之節距為何？
(c) 試問需要多大的力才能把此彈簧壓縮至密實長度？
(d) 試估算其彈簧率。

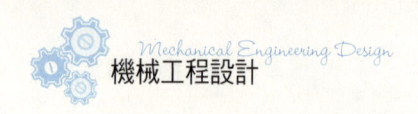

(e) 該彈簧運作時是否會發生挫曲？

8-8 問題 8-7 的彈簧用於承受 75 N 的靜態負荷，試作以 (8-13) 式及 (8-18) 式到 (8-21) 式的設計評估，若該彈簧幾近壓實長度。

8-9 至 8-19

下表中列出 6 種參數不同的彈簧。試探究這些研磨方端的螺圈承壓彈簧是否免於壓實，若不是，於 $n_s = 1.2$ 時，其捲繞成的最大自由長度為若干？

問題編號	d, mm	OD, mm	L_0, mm	N_t	材料
8-9	0.15	0.9	16	40	A228 琴鋼線
8-10	0.3	3.0	20.6	15.1	B159 磷青銅
8-11	1.0	6.0	19.1	10.4	A313 不鏽鋼
8-12	3.5	50	74.6	5.25	A227 硬拉鋼
8-13	3.7	25	95.3	13.0	A229 OQ&T 鋼
8-14	4.9	76	228.6	8.0	A232 鉻釩鋼

	d, mm	OD, mm	L_0, mm	N_t	材料
8-15	0.25	0.95	12.1	38	A313 不鏽鋼
8-16	1.2	6.5	15.7	10.2	A228 琴鋼線
8-17	3.5	50.6	75.5	5.5	A229 OQ&T 彈簧鋼
8-18	3.8	31.4	71.4	12.8	B159 磷青銅
8-19	4.5	69.2	215.6	8.2	A232 鉻釩鋼

8-20 考量圖中的鋼質彈簧。試求

(a) 節距、壓實長度，及作用圈數。

(b) 彈簧率。假設材料為 A227 HD 鋼。

(c) 壓實彈簧必要的力 F_s。

(d) 力 F_s 所導致的剪應力。

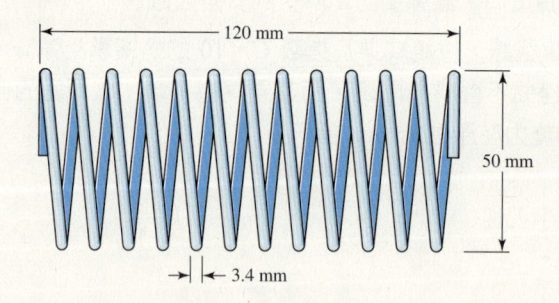

問題 8-20

8-21 某靜態伺服的琴鋼線螺圈承壓彈簧必須於壓縮 50 mm 後支撐 90 N 的負荷。彈簧的密實高度不得超過 38 mm。自由長度則不得超過 100 mm。靜態安全因數必須等於或大於 1.2。就強健的線性關係，使用為 0.15 的超限比，將設計兩個彈簧，從線徑 1.9 mm 著手。

(a) 彈簧必須套在 20 mm 直徑的桿子上運作。1.2 mm 的餘隙即足以避免桿子與彈簧因不夠圓而導致的干涉。試設計該彈簧。

(b) 彈簧必須在直徑 25 mm 的孔中運作。1.2 mm 的餘隙即足以避免桿子與彈簧間彈簧直徑因受壓膨脹或不夠圓而導致的干涉。試設計該彈簧。

8-22 試取初始值 $C = 10$，以疊代法解問題 8-21，如果你已解得問題 8-21，試比較其結果。

8-23 即將設計的是維持 37.5 mm 厚之工件於夾持位置的夾具。夾鉗之一的細節如圖示。當以 45 N 的起始力移除或置入工件時，需要一個彈簧驅動該夾鉗向上。夾鉗的螺釘具有 M10×1.25 的螺牙，它與未壓縮彈簧間的容許徑向餘隙為 1.25 mm。進而規範彈簧的自由長度 $L_0 \le 48$ mm，壓實長度，而當近乎壓實時安全因數。以 $d = 2$ mm 著手，試為此夾具設計一只合適的螺圈承壓彈簧。線徑在 0.2 mm 到 3.2 mm 間，以 0.2 mm 為增量的彈簧線都能取得。

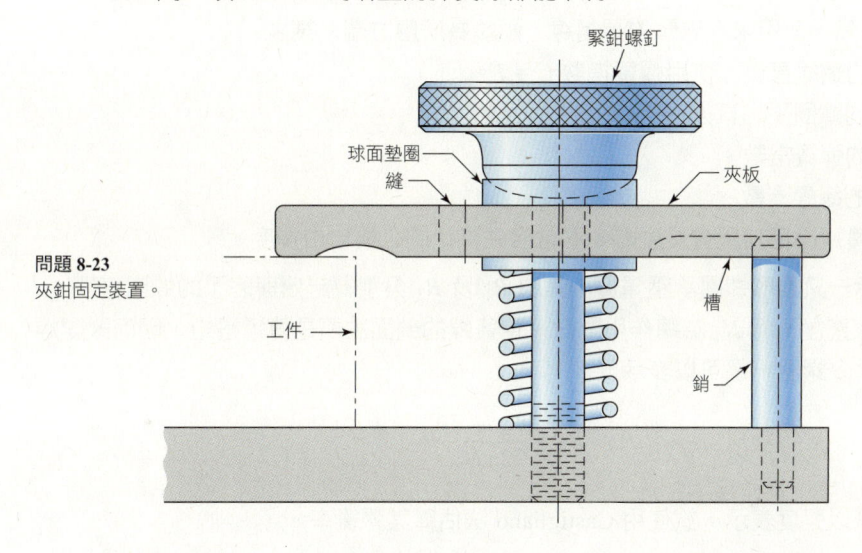

問題 8-23
夾鉗固定裝置。

8-24 試取初始值 $C = 8$，以疊代法解問題 8-23，如果你已解得問題 8-23，試比較其結果。

8-25 你的老師將提供你現貨彈簧供應商的型錄，或是型錄的複製本。以選用可購得的現貨彈簧完成問題 8-23 的任務。(這是經由選擇的設計。)

8-26 某承壓彈簧需適配於直徑 12 mm 的心桿上。為了容許有一些餘隙，彈簧的內緣直徑為 15 mm。為了確保有合理的彈簧，採用彈簧指數 10。該彈簧將用於機器上，藉壓縮從自由長度 125 mm 經歷 75 mm 的衝程到它的壓實長度。彈簧的兩端為研磨方端，以冷拉鋼線製成，未經珠擊。試求
(a) 適宜的鋼線直徑。
(b) 適宜的總螺圈數。
(c) 彈簧常數。
(d) 當壓縮至它的壓實長度時，其靜態的安全因數。
(e) 當重複從零至壓實長度的循環時，其疲勞的安全因數為若干？

8-27 某程壓彈簧必須適配於一直徑為 25 mm 的孔中。為了容許有一些餘隙，彈簧的外緣直徑不大於 22 mm。為了確保有合理的彈簧，採用彈簧指數 8。該彈簧將用於機器上，將從自由長度 75 mm 壓縮至它的壓實長度 25 mm。彈簧的兩端為方端，

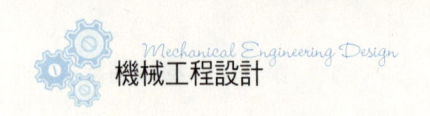

以琴鋼線製成，未經珠擊。試求
(a) 適宜的鋼線直徑。
(b) 適宜的總螺圈數。
(c) 彈簧常數。
(d) 當壓縮至它的壓實長度時，其靜態的安全因數。
(e) 當重複從零至壓實長度的循環時，其疲勞的安全因數為若干？

8-28 某螺圈承壓彈簧將以 25 mm 的衝程，循環於負荷 600 N 及 1.2 kN 之間。循環的數目甚少，所以不會疲勞。該彈簧必須適配於直徑 52 mm 的孔中，環繞彈簧具有 2 mm 的餘隙。使用未經珠擊的琴鋼線，兩端為研磨方端。試求
(a) 適宜的鋼線直徑。使用彈簧指數 $C = 7$。
(b) 適宜的螺圈平均直徑。
(c) 必要的彈簧常數。
(d) 適宜的總螺圈數。
(e) 若彈簧遭壓至其壓實長度時，不會發生降伏的必要自由長度。

8-29 圖中展示一只錐形螺圈承壓彈簧，其中 R_1 及 R_2 分別為起始與終了的螺圈直徑，d 為彈簧線直徑，而 N_a 為總作用圈數。彈簧線的剖面主要是傳遞扭矩，因而改變螺圈半徑。令螺圈半徑可以表示成

$$R = R_1 + \frac{R_2 - R_1}{2\pi N_a}\theta$$

式中的 θ 以弧度表示。試使用 Castigliano 法估算其彈簧率。

$$k = \frac{d^4 G}{16 N_a (R_2 + R_1)(R_2^2 + R_1^2)}$$

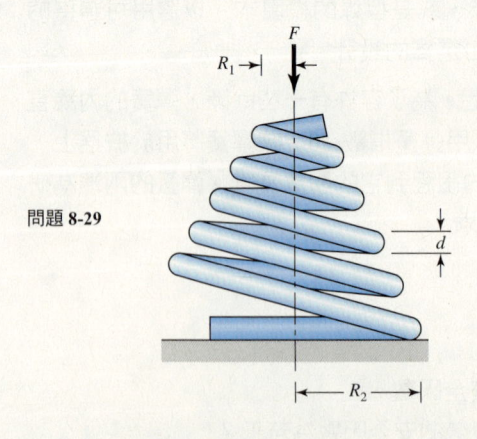

問題 8-29

8-30 某食品機械需要一只螺圈承壓縮彈簧。其負荷從最小的 20 N 變化至最大的 90 N。彈簧率 k 為 1660 N/m。彈簧的外緣直徑不得超過 62 mm。彈簧製造商可以提供適合拉製線徑為 2、2.3、2.6 及 3 mm 的模具。試取疲勞的安全因數 n_f 為 1.5，及 Gerber-Zimmerli 疲勞損壞準則設計適宜的彈簧。

8-31 試使用 Goodman-Zimmerli 疲勞損壞準則求解問題 8-30。

8-32 試使用 Sine-Zimmerli 疲勞損壞準則求解問題 8-30。

8-33 試使用 Gerber 疲勞損壞準則設計範例 8-5 的彈簧。

8-34 試使用 Goodman-Zimmerli 疲勞損壞準則求解問題 8-33。

8-35 某硬拉鋼承拉彈簧，設計以承受靜態負荷 90 N 時伸長 12 mm，對彎應力取設計因數 $n_y = 1.5$。使用整圈端鉤具有最完整的彎曲半徑 $r = D/2$ 及 $r_2 = 2d$。其自由長度必須不超過 75 mm，而本體圈數必須少於 30。整數與半整數的本體圈數，容許兩端鉤置於相同平面。這將增加成本，只在必要時使用。

8-36 試以硬拉鋼線設計兩端平端的承壓彈簧。當施力 90 N 時的撓度為 56 mm，而當接近壓實時的施力為 100 N。鄰近閉合時，使用 1.2 為防範降伏的設計因數。選用 W&M 最小線規的剛線。

8-37 試設計一只具有完整端環，環的彎曲半徑寬裕，且具有無限壽命的螺圈承拉彈簧，以承受最小 40 N 最大 80 N 的負荷，並伴隨著 6 mm 的伸長量變化。該彈簧將使用於食品伺服裝置，必須是不鏽鋼質。螺圈的外直徑不得超過 25 mm，自由長度則不得超過 62 mm。試以疲勞的設計因數 2 完成該項設計，確認其商用公差，並為彈簧製造商準備好該彈簧的規格單。

8-38 試證明 (8-40) 式。提示：利用 Castigliano 定理，以確定如同端鉤固定於聯結的彈簧本體端部，端鉤僅因彎矩導致撓曲。考量線徑 d 與該鉤的平均半徑 $R = D/2$ 比較甚小。將鉤端的撓度與本體的撓度相加以取得最終的彈簧常數，然後令其與 (8-9) 式相等。

8-39 圖示為執法警官及運動員用於增強其握力的手指練習器。它以 A227 冷拉線捲繞於心軸上的方式成型。當手指在密接位置時其圈數為 $2\frac{1}{2}$ 圈。在捲繞後，將線裁斷並留下兩支腳以便當作手柄，然後塑膠製作手柄。將手柄擠壓一起後，並以線夾置於腳上以獲得初始張力，並且使手柄處於最好抓握的位置，夾子作成 8 字形以防止它脫落。當手柄位於密接位置時，彈簧中的應力不應超過容許應力，試決定
(a) 手柄組裝前彈簧的形狀。
(b) 使手柄密接所需的力。

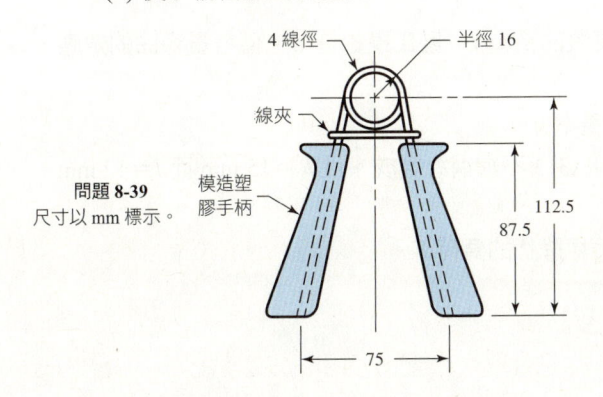

問題 8-39
尺寸以 mm 標示。

4 線徑
半徑 16
線夾
模造塑膠手柄
112.5
87.5
75

8-40 圖示的捕鼠器使用兩個鏡像對映 (opposite-image) 的扭轉彈簧。彈簧線直徑 2 mm，彈簧的外徑 12 mm，每個彈簧有 11 圈，摸索刻度顯示設定捕鼠器約需 36 N 的作用力。

(a) 在組合前先求得彈簧的可能外形。

(b) 捕鼠器設定好時彈簧之最大剪應力。

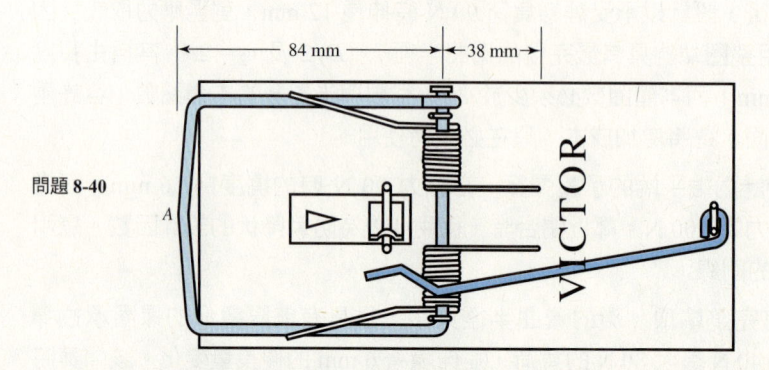

問題 8-40

8-41 線形彈簧可以製成各種形狀，圖示的夾子以施力 F 操作。其線徑為 d，直段的長為 l，楊氏模數為 E。僅考量彎曲的效應，令 $d \ll R$。

(a) 試以 Castigliano 定理求其彈簧率 k。

(b) 若該夾子使用直徑 2 mm 的 A227 硬拉鋼線製成，令 $R = 6$ mm 及 $l = 25$ mm，試求其彈簧率。

(c) 試估算導致鋼線降伏的負荷 F。

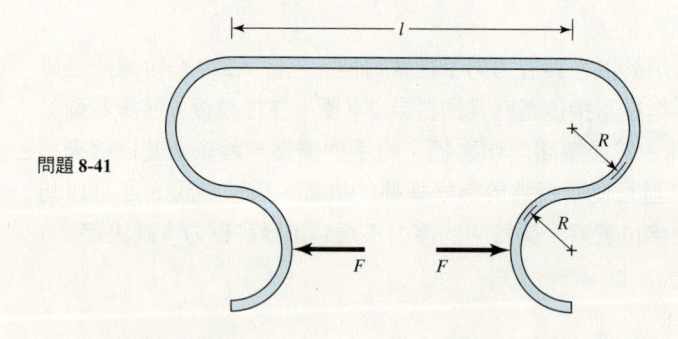

問題 8-41

8-42 鋼線形如圖示。其線徑為 d，直段的長為 l，楊氏模數為 E。僅考量彎曲的效應，令 $d \ll R$。

(a) 試以 Castigliano 定理求其彈簧率 k。

(b) 若該線形以直徑為 0.7 mm 的 A313 不鏽鋼線製成。且 $R = 15$ mm 而 $l = 12$ mm。試求其彈簧率 k。

(c) 試就 (b) 部分估算將導致彈簧線降伏的負荷 F。

問題 8-42

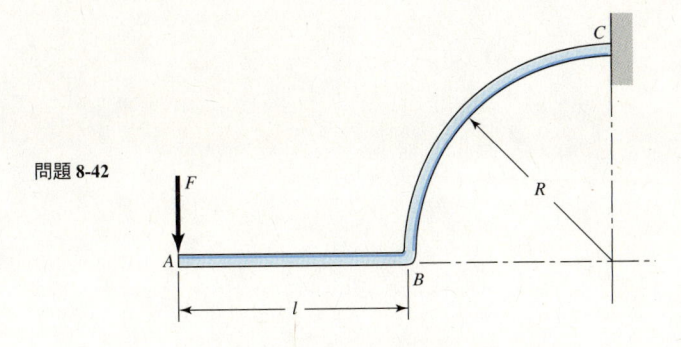

8-43 圖 8-14b 顯示一只具定值厚度及定值應力的彈簧。定值應力彈簧可設計成如圖示的寬度 b 為定值。
(a) 試求 h 如何依 x 的函數變化。
(b) 已知楊氏模數 E，試求以 E，l，b，及 h_o 表示的彈簧率 k。試驗證 k 的單位。

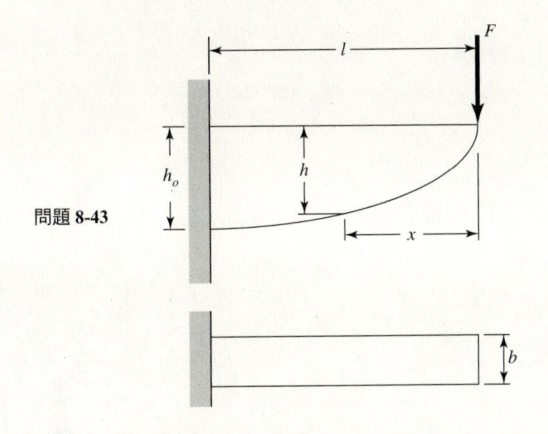

問題 8-43

8-44 使用從問題 8-30 獲得的經驗，撰寫一計算機程式以協助設計螺圈承壓彈簧。

8-45 使用從問題 8-37 獲得的經驗，撰寫一計算機程式以協助設計螺圈承拉彈簧。

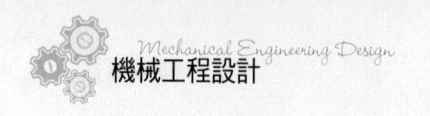

chapter 9

滾動接觸軸承

本章大綱

9-1　軸承型式　　517

9-2　軸承壽命　　519

9-3　額定可靠度下的軸承負荷壽命　　520

9-4　軸承的殘存量：可靠度對壽命　　522

9-5　關聯負荷，壽命與可靠度　　523

9-6　結合徑向與推力負荷　　526

9-7　變動負荷　　531

9-8　滾珠與圓柱滾子軸承的選用　　536

9-9　圓錐滾子軸承的選用　　538

9-10　選用滾動接觸軸承的設計評估　　547

9-11　潤滑　　552

9-12　安裝與封裝　　553

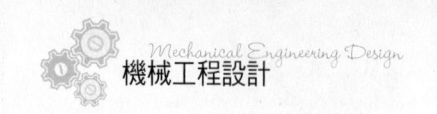

滾動接觸軸承 (rolling-contact bearing)、抗摩擦軸承 (antifriction bearing) 及滾動軸承 (rolling bearing) 等詞，都用於描述藉滾動接觸而不是滑動接觸以傳遞主要負荷的軸承。滾動軸承的起動摩擦約為運轉摩擦的二倍，但如果與套筒軸承 (sleeve bearing) 的起動摩擦相比，仍可忽略不計。負荷、轉速與潤滑劑的黏度都足以影響滾動軸承的摩擦特性。以抗摩擦描述滾動軸承也許是一種錯誤，但這個詞卻在整個工業中普遍地使用著。

由機械設計者的觀點來看，抗摩擦軸承的研習與其它論題的研習相比較，有許多方面不相同，那是因為軸承的規格已經設計完成。設計抗摩擦軸承的專家所面對的問題是設計一組能組成軸承的元件。這些元件必須配合指定的空間來設計，必須將它們設計成能承受某些特性的負荷；最後，這些元件的設計必須能在指定條件下運轉時，有令人滿意的壽命。因此，軸承專家必須考慮疲勞負荷、摩擦熱、耐蝕性、運動問題、材料性質、潤滑、配合公差、組裝、使用及成本等因素。依據所有這些因素的考量，軸承專家將獲致依他們的判斷，是所陳述之問題折衷處理後的良好解決方案。[1]

此處將從軸承的型式的概觀著手，然後將指出軸承的壽命無法以確定的方式描述。並介紹不變量，壽命的統計分佈，它屬於強健的 Weibull 分佈。有一些有用的確定性方程式用於在定值可靠度下處理壽命-負荷的交換。也將介紹型錄上在額定壽命下的額定值。

可靠度-壽命交換處理涉及 Weibull 的統計學。負荷-壽命-可靠度的交換處理結合了統計性與確定性的關係。依此方式得到 (9-5) 式，提供設計者以一個方程式從所需要的負荷及壽命移向型錄額定值 (catalog rating) 的方法。

滾珠軸承 (ball bearing) 也能抗拒推力，而且每一迴轉單位推力 (thrust) 會造成不同於單位徑向負荷所造成的損壞。所以，必須求得造成的損壞與徑向負荷與推力負荷同時存在時所造成之損壞相同的等效純徑向負荷 (equivalent pure radial load)。接下來逐步而且連續地處理可變負荷，而量化了造成相同損壞的等效純徑向負荷。也提及了振盪性的負荷 (oscillatory loading)。

藉助這些準備，已經有了足以考慮選擇滾珠軸承與圓柱滾子軸承 (cylindrical roller bearing) 的工具。欠對準 (misalignment) 的問題將以量化的方法處理。

圓錐滾子軸承 (tapered roller bearing) 有些複雜，我們目前的經驗只對瞭解它們有助益。

有了尋求精確之型錄額定值的工具，即可以做決策 (選用)，執行設計評估，而量化軸承的可靠度。潤滑與安裝作為此一導論的總結。針對軸承製造規範的細節，應該查詢供應商的手冊。

---

[1] 為了完全瞭解本章的統計元素，鼓勵讀者複習 Chap. 20, 20-1 節至 20-3 節。

9-1 軸承型式

軸承乃為了承當純軸向負荷，純推力負荷，或結合這兩種負荷的負荷而製作。軸承的四個重要部分是外環 (outer ring)、內環 (inner ring)、滾珠或滾動元件，及分隔器 (separator)。低價軸承中有時會省略分隔器，但它具有分隔滾動元件，防止它們發生擦損接觸的重要功能。

本節中包含從已經製作成功的標準化軸承型式中選出來的一些軸承。大多數軸承製造商會提供對可購得之軸承型式有充分描述的工程手冊與小冊子。由於篇幅有限，此處僅對一些最泛用的軸承提供概略的描述。因此，研習本節時，應準備好軸承製造商的文獻。

圖 9-1 中顯示了一些已經製成之各式的標準化軸承。單列深槽軸承 (single-row, deep-groove bearing) 可承擔徑向負荷及部分推力負荷。滾珠於內環偏移後填入珠槽中。而於承受負荷後予以隔離，並加上分隔器。在內外環上使用填入槽 (filling notch) (圖 9-1b) 可以填入較多的鋼珠，而提高負荷容量。然而，當推力存在時，鋼珠將碰擊填入槽邊緣，而降低了推力容量。斜角接觸軸承 (圖 9-1c) 可提供較大的推力容量。

所有這些軸承都可以在單側或雙側加上防塵遮罩 (shield)。這些防塵遮罩並非完全封閉，但提供了對灰塵的某些程度的防範。有多種軸承製成在單側或雙側具有油封 (oil seals) 的型式。當兩側都製成有油封時，軸承在工廠中即已潤滑妥善。雖然密封的軸承都視為在其壽命期間有適宜的潤滑，但有時也提供再潤滑的方法。

單列軸承可以忍受軸撓曲導致的稍許欠對準，但在此種情況嚴重的場合，則宜

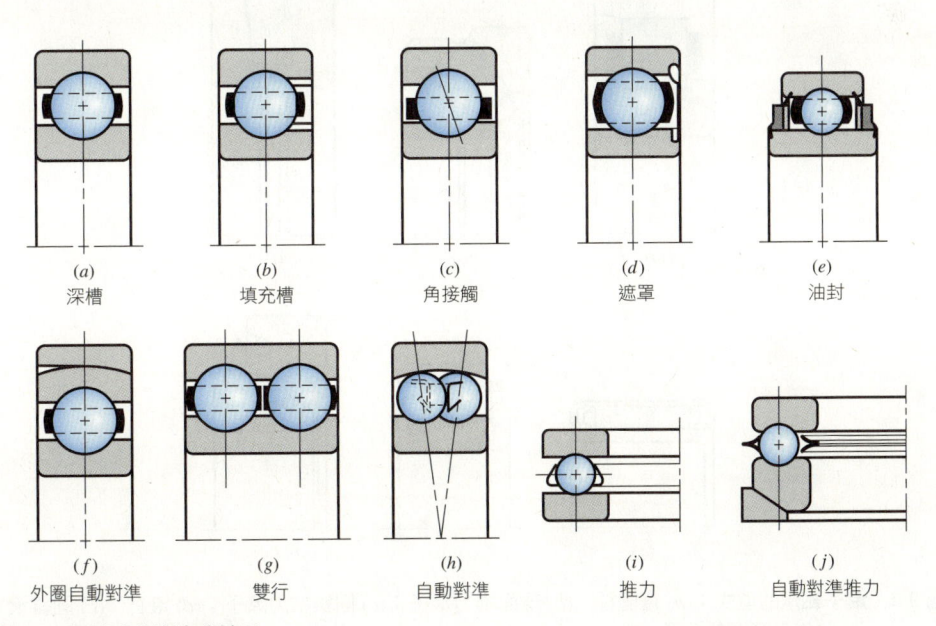

(a) 深槽　(b) 填充槽　(c) 角接觸　(d) 遮罩　(e) 油封

(f) 外圈自動對準　(g) 雙行　(h) 自動對準　(i) 推力　(j) 自動對準推力

圖 9-1　各種型式的滾珠軸承。

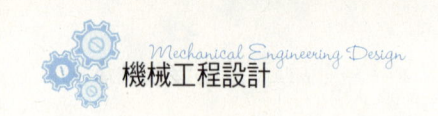

使用自動對準軸承 (self-aligning bearing) 雙行軸承製成了多種型式及尺寸，以承受較大的徑向與推力負荷。一般而言，雖然雙行軸承必要的元件較少，佔用的空間也較少，有時也會為了相同的理由而並用兩個單列軸承。單向推力滾珠軸承 (圖 9-1i) 製成許多型式及尺寸。

圖 9-2 中顯示了多種可購得的標準型式的滾子軸承。圓柱滾子軸承 (圖 9-2a) 較相同尺寸的滾珠軸承可以承受更大的負荷，因為它的接觸面積較大。然而，它的缺點是需要幾何造型近乎完美的座圈道 (raceway) 及滾子。稍微欠對準即導致滾子歪斜而偏離正軌。由於這個緣故，必須使用中型的扣圈 (retainer)。當然，圓柱滾子軸承不能承受推力。

螺旋滾子軸承以矩形剖面的材料捲繞，然後施以硬化與研磨而成。由於其本身即具有可撓性，而可以容許相當的欠對準。如有必要，可以軸與軸承殼作為座圈道，取代分離的內外座圈。當徑向空間受拘束時，這項性質尤其重要。

球面滾子推力軸承 (圖 9-2b) 對重負荷，而且發生欠對準的場合非常有用。球面軸承有接觸面隨著負荷增加而增大的優點。

滾針軸承 (needle bearing) (圖 9-2d) 在徑向空間受限制的場合非常有用，當它們使用分隔器時，具有極高的負荷容量 (load capacity)，但也有不使用分隔器的型式。此種軸承有含座圈及不含座圈兩種型式。

由於圓錐滾子軸承 (tapered roller bearing) (9-2e, f) 能承受徑向、推力、或兩者

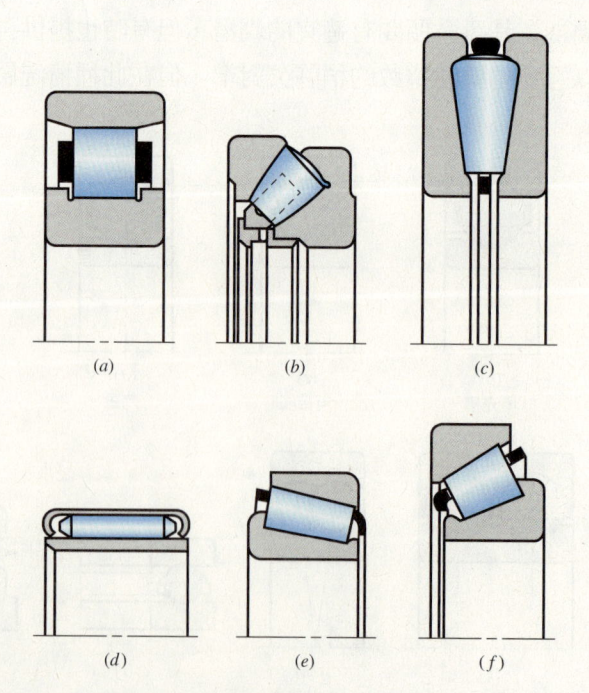

圖 9-2 滾子軸承的型式；(a) 直圓柱；(b) 球面推力滾子；(c) 圓錐推力滾子；(d) 滾針；(e) 圓錐滾子；(f) 斜角圓錐滾子。(*Courtesy of The Timken Company.*)

兼之的負荷，此外，它具有直筒滾子軸承的高負荷容量，也就是綜合了滾珠與滾子軸承的優點。圓錐滾子軸承設計成滾子表面及圈道上所有的元件在軸承的軸線上形成共同的交點。

此處所描述的軸承僅為眾多可供選擇之軸承的一小部分。許多軸承是為了特殊目的而製作，同時也為特殊的機器製作多種軸承。這些軸承中比較典型的如：

- 儀器軸承，精密度高，而且以不鏽鋼與耐熱材料所製成者也能購得。
- 低精度軸承，通常沒有分隔器，有時以對合件或薄金屬板沖成的座圈組成。
- 滾珠套筒 (ball bushing)，它容許做旋轉、滑動、或兩者兼之的運動。
- 可撓滾子軸承 (flexible roller)。

9-2 軸承壽命

當滾動接觸軸承的滾珠或滾子滾動時，在其內環、滾動元件、及外環中產生接觸應力。由於接觸元件在軸向上的曲率與徑向上的曲率不同，這些應力的方程式較諸第 2 章中的 Hertz 方程式更為複雜。如果是乾淨且適當地潤滑，安裝並密封以防止塵土進入，維持於此種狀態並在合理的溫度下運轉，則導致損壞的原因將只有金屬疲勞。由於疲勞損壞意指成功地忍受了數百萬次應力作用，即需要量化的壽命量度。一般的壽命量度為

- 直到初次出現確切的疲勞徵兆時，內環經歷的迴轉數。
- 直到初次出現確切的疲勞徵兆時，以標準角速率運轉的小時數。

一般使用的術語為**軸承壽命** (bearing life)，它可應用於上述任何一種狀況。瞭解正如所有的疲勞問題，上面定義的壽命為隨機變數，都有分佈與伴隨的統計參數是很重要的事。個別軸承的壽命定義為：在固定轉速下，運轉至達到損壞準則之標準所經歷的總迴轉數或總小時數。理想狀態下，疲勞損壞將含承受負荷之表面的粗化 (spalling)。抗摩擦軸承製造者協會 (Anti-Friction Bearing Manufacturer Association, AFBMA) 標準以最初的疲勞徵兆為損壞的準則。然而經常以堪用壽命 (useful life) 作為疲勞壽命的定義。Timken Company 實驗室以 0.01 in^2 面積內出現粗化或孔蝕為疲勞損壞的準則。Timken 觀察發現，堪用壽命超出此點甚多。這是滾動軸承疲勞損壞之運作的定義

額定壽命 (rating life) 為 AFBMA 認可的名詞，並為大多數軸承製造商採用。一組標稱相同之滾珠或滾子軸承的額定壽命定義為：使一組軸承以指定的轉速運轉，至其中 90% 之軸承達到損壞標準前所達到或超越的迴轉次數或小時數。**最小壽命** (minimum life)，L_{10} 壽命，及 B_{10} 壽命也作為額定壽命的同義詞。額定壽命在該軸承組至疲勞的轉數分佈之 10% 位置。

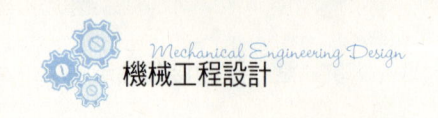

中值壽命 (median life) 是一組軸承中有 50% 軸承能達到的壽命。**平均壽命** (average life) 用為中值壽命的同義詞，造成了混淆。當測試許多組軸承時，中值壽命大約在四到五倍 L_{10} 壽命之間。

每家軸承製造商都將為其軸承的額定負荷選擇規範的額定壽命。最常使用的額定壽命是 10^6 迴轉數。Timken 公司是眾所皆知的例外，其軸承的額定壽命是以 500 rev/min 旋轉 3 000 小時，即 $90(10^6)$ 迴轉數。這些額定壽命的水準對今日的軸承而言，實際上是太低了，但額定壽命是個任意的參考點，這個傳統值通常還是維持下來。

9-3　額定可靠度下的軸承負荷壽命

當標稱相同的各軸承組在不同的負荷下測試壽命－疲勞準則時，數據可以使用 log-log 轉換繪成圖 9-3。為了建立單一的點，經對數轉換的負荷 F_1 及一軸承組的 $(L_{10})_1$ 成為其座標值。伴隨於此點與所有其它各點的可靠度為 0.90。於是可得到在 0.90 可靠度時負荷－壽命協調功能的概觀。利用下式的回歸方程式

$$FL^{1/a} = 定值 \tag{9-1}$$

對不同種類的軸承測試的結果，得到

- 對滾珠軸承，$a = 3$
- 對滾子軸承 (圓柱與圓錐滾子)，$a = 10/3$

型錄負荷額定值 (catalog load rating) 定義為導致一組軸承的 10% 在軸承製造商的額定壽命條件下損壞的徑向負荷。並以符號 C_{10} 標示之。型錄負荷額定值通常以**基本動負荷額定值** (Basic Dynamic Load Rating) 稱呼，或有時僅稱為**基本負荷額定值** (Basic Load Rating)，如果製造商的額定壽命是 10^6 迴轉數。在這麼低的壽命要導致損壞的徑向負荷高得不切實際，結果基本負荷額定值將被視為參考值，而不是

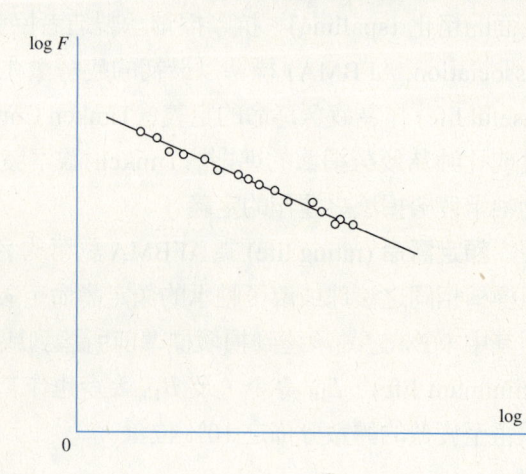

圖 9-3　典型軸承負荷-壽命的 log-log 曲線。

要由軸承去達成的實際負荷。

為指定的應用選擇軸承，需要將要求的負荷與壽命條件與型錄額定壽命對應之公告的型錄負荷額定值產生關聯。(9-1) 式可寫成

$$F_1 L_1^{1/a} = F_2 L_2^{1/a} \tag{9-2}$$

式中的下標 1 與 2 當作任意一組的負荷及壽命條件。令 F_1 及 L_1 關聯到型錄負荷額定值與額定壽命，而 F_2 及 L_2 關聯到應用所要求的負荷及壽命，則 (9-2) 式可以寫成

$$F_R L_R^{1/a} = F_D L_D^{1/a} \tag{a}$$

式中 L_R 及 L_D 的單位為 revolutions，而下標 R 及 D 分別代表額定及要求。

在已知速率的情況下，有時候以小時數表示壽命比較方便。因此，任何以迴轉數計的壽命 L 可表示成

$$L = 60 \, \mathscr{L} n \tag{b}$$

式中 $\mathscr{L}$ 以小時計，n 以 rev/min，而 60 min/h 為轉換因子。

將 (b) 式併入 (a) 式

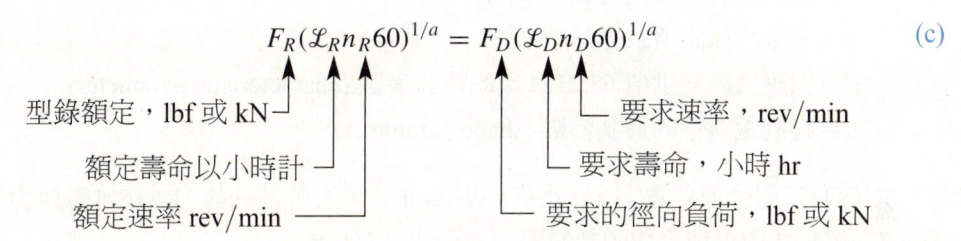

$$F_R(\mathscr{L}_R n_R 60)^{1/a} = F_D(\mathscr{L}_D n_D 60)^{1/a} \tag{c}$$

型錄額定，lbf 或 kN
額定壽命以小時計
額定速率 rev/min
要求速率，rev/min
要求壽命，小時 hr
要求的徑向負荷，lbf 或 kN

解 (c) 式得 F_R，並指出這僅是型錄負荷額定值 C_{10} 的另一種標示法，可得型錄負荷額定的一種表示法，為要求負荷、要求壽命，及型錄額定壽命的函數。

$$C_{10} = F_R = F_D \left(\frac{L_D}{L_R}\right)^{1/a} = F_D \left(\frac{\mathscr{L}_D n_D 60}{\mathscr{L}_R n_R 60}\right)^{1/a} \tag{9-3}$$

有時候定義 $x_D = L_D/L_R$ 為無因次的額定壽命乘子會比較方便。

範例 9-1

考慮 SKF 軸承公司，將其軸承的額定壽命訂定為一百萬迴轉。如果要在可靠度 90% 的情形下，於 1725 rev/min 的轉速承受 2 kN 的負荷而有 5000 h 的壽命時，在 SKF 的型錄中，將搜尋的型錄額定值將為若干？

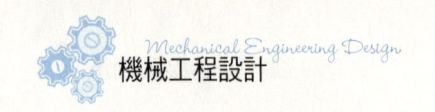

解答 其額定壽命 $L_{10} = L_R = \mathscr{L}_R n_R 60 = 10^6$ 迴轉，由 (9-3) 式，

答案 $C_{10} = F_D \left(\dfrac{\mathscr{L}_D n_D 60}{\mathscr{L}_R n_R 60} \right)^{1/a} = 2 \left[\dfrac{5000(1725)60}{10^6} \right]^{1/3} = 16.1 \text{ kN}$

9-4 軸承的殘存量：可靠度對壽命

在定值的負荷下，壽命量度的分佈向右歪斜。分佈曲線適配的候選對象，有對數常態與 Weibull 曲線。到目前，Weibull 曲線用得最普遍，主要的原因是其調整歪斜性 (skewness) 總量變化的可能性。如果壽命量度以無因次量表示 $x = L/L_{10}$，則可靠度可以表示成

$$R = \exp\left[-\left(\dfrac{x - x_0}{\theta - x_0} \right)^b \right] \tag{9-4}$$

式中　R ＝ 可靠度

x ＝ 無因次壽命量度變數，L/L_{10}

x_0 ＝ 變量的保證值或 "最小值"

θ ＝ 對應於該變量值 63.2121% 的特徵參數 (characteristic parameter)

b ＝ 控制歪斜性的形狀參數 (shape parameter)

由於有三個分佈參數 x_0，θ 及 b，Weibull 分佈有強健的能力以順應數據串。而且，在 (9-4) 式中累積分佈函數的顯式表示式是有可能的：

$$F = 1 - R = 1 - \exp\left[-\left(\dfrac{x - x_0}{\theta - x_0} \right)^b \right] \tag{9-5}$$

範例 9-2

試構成 02-30 mm 深槽滾珠軸承的分佈性質。若 Weibull 參數為 $x_0 = 0.02$，$(\theta - x_0) = 4.439$，及 $b = 1.483$。試求平均，中值，10% 壽命，標準差及變異係數。

解答 由 (20-28) 式，其平均無因次壽命 μ_x 為

答案 $\mu_x = x_0 + (\theta - x_0)\Gamma\left(1 + \dfrac{1}{b}\right) = 0.02 + 4.439\Gamma\left(1 + \dfrac{1}{1.483}\right) = 4.033$

中值無因次壽命為由 (20-26) 式，其中的 $R = 0.5$。

答案
$$x_{0.50} = x_0 + (\theta - x_0)\left(\ln\frac{1}{R}\right)^{1/b} = 0.02 + 4.439\left(\ln\frac{1}{0.5}\right)^{1/1.483}$$
$$= 3.487$$

無因次壽命 x 的 10% 值為

答案
$$x_{0.10} = 0.02 + 4.439\left(\ln\frac{1}{0.90}\right)^{1/1.483} \doteq 1 \quad \text{(因為它該當如此)}$$

無因次壽命的標準差可由 (20-29) 式求得

答案
$$\hat{\sigma}_x = (\theta - x_0)\left[\Gamma\left(1 + \frac{2}{b}\right) - \Gamma^2\left(1 + \frac{1}{b}\right)\right]^{1/2}$$
$$= 4.439\left[\Gamma\left(1 + \frac{2}{1.483}\right) - \Gamma^2\left(1 + \frac{1}{1.483}\right)\right]^{1/2} = 2.753$$

無因次壽命的變量係數為

答案
$$C_x = \frac{\hat{\sigma}_x}{\mu_x} = \frac{2.753}{4.033} = 0.683$$

9-5　關聯負荷、壽命與可靠度

　　這是設計者的問題。要求的負荷不是製造商測試時的負荷或型錄中的條目。要求的速率與供應商的測試速率不同，而且預期的可靠度遠高於型錄中之條目所伴隨的 0.90。圖 9-4 顯示此種狀況。型錄的資訊繪於 A 點，其座標 (對數值) 為 C_{10} 及 $x_{10} = L_{10}/L_{10} = 1$，在 0.90 可靠度輪廓線上的一個點。設計點在 D 點，其座標值 (對數值) 為 F_D 及 x_D，是在 $R = R_D$ 的可靠度輪廓線上的點。設計者必須如隨後的程序從 D 點經 B 點移向 A 點。沿著定值可靠度輪廓線 (BD)，應用 (9-2) 式可以求得：

$$F_B x_B^{1/a} = F_D x_D^{1/a}$$

由此式

$$F_B = F_D\left(\frac{x_D}{x_B}\right)^{1/a} \quad\quad\quad (a)$$

沿著定值負荷線 (AB)，應用 (9-4) 式可得：

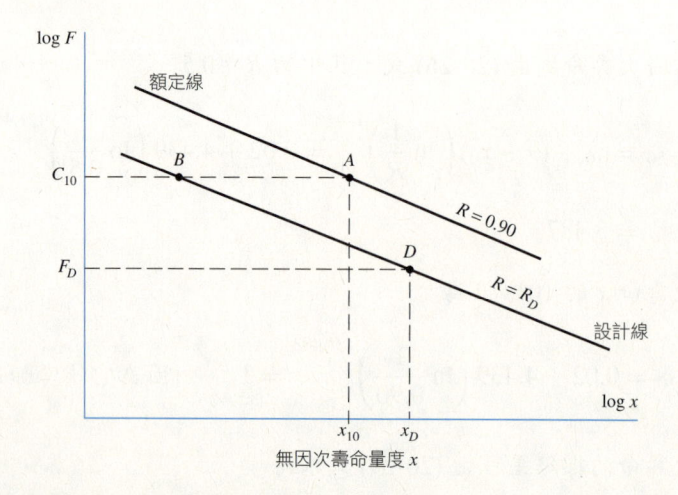

圖 9-4 定值可靠度的輪廓。A 點代表型錄額定值 C_{10}，在 $x = L/L_{10} = 1$。B 點在目標可靠度軌跡 R_D 上，具有 C_{10} 的負荷。D 點在要求的可靠度軌跡 F_D 上展現設計壽命 $x_D = L_D/L_{10}$。

$$R_D = \exp\left[-\left(\frac{x_B - x_0}{\theta - x_0}\right)^b\right]$$

解得 x_B 為

$$x_B = x_0 + (\theta - x_0)\left(\ln\frac{1}{R_D}\right)^{1/b}$$

現在將此式代入 (a) 式中的 x_B，可得

$$F_B = F_D\left(\frac{x_D}{x_B}\right)^{1/a} = F_D\left[\frac{x_D}{x_0 + (\theta - x_0)(\ln 1/R_D)^{1/b}}\right]^{1/a}$$

請留意，$F_B = C_{10}$，並加入設計負荷的作用因數 a_f 可得

$$C_{10} = a_f F_D\left[\frac{x_D}{x_0 + (\theta - x_0)(\ln 1/R_D)^{1/b}}\right]^{1/a} \tag{9-6}$$

作用因數可視為安全因數，用於提升設計負荷以考量過負荷，動態負荷及不確定性。對某些應用形式的作用因數，將做簡短的討論。

為了計算器輸入，(9-6) 式可藉下式稍作簡化

$$\ln\frac{1}{R_D} = \ln\frac{1}{1 - p_f} = \ln(1 + p_f + \cdots) \doteq p_f = 1 - R_D$$

式中的 p_f 為損壞的機率。則 (9-6) 式可以寫成

$$C_{10} \doteq a_f F_D \left[\frac{x_D}{x_0 + (\theta - x_0)(1 - R_D)^{1/b}} \right]^{1/a} \qquad R \geq 0.90 \qquad (9\text{-}7)$$

不論 (9-6) 式或 (9-7) 式，可能用於將具有要求負荷、壽命，及可靠度的設計處境，轉換成基於 90% 可靠度額定壽命的型錄負荷額定值。請注意，當 $R_D = 0.90$，其分母等於一，而該式簡化成 (9-3) 式。Weibull 參數常於製造商型錄中提供。典型的值提供於本章的章末問題起始處。

範例 9-3

某滾珠軸承的設計負荷為 1840 N，而適宜的作用因數為 1.2。該軸的轉速為 300 rev/min，在可靠度 0.99 的情況下壽命為 30 kh。當在基於 10^6 次迴轉為額定壽命之製造商型錄中搜尋深槽軸承時，C_{10} 條目中的那一個適合(或超過)？Weibull 參數為 $x_0 = 0.02$、$(\theta - x_0) = 4.439$ 及 $b = 1.483$。

解答
$$x_D = \frac{L}{L_{10}} = \frac{60 L_D n_D}{60 L_R n_R} = \frac{60(30\,000)300}{10^6} = 540$$

因此，設計壽命為 L_{10} 壽命的 540 倍，因滾珠軸承的 $a = 3$，則由 (9-7) 式，

答案
$$C_{10} = (1.2)(1.84) \left[\frac{540}{0.02 + 4.439(1 - 0.99)^{1/1.483}} \right]^{1/3} = 29.7 \text{ kN}$$

軸通常都有兩個軸承，這兩個軸承常常是不相同的。如果這根軸之成對軸承的軸承可靠度為 R，則 R 與兩個軸承之個別可靠度 R_A 及 R_B 之間的關係為

$$R = R_A R_B$$

首先觀察，如果 $R_A R_B$ 的乘積等於 R，則通常 R_A 及 R_B 都大於 R。由於任何一個軸承或兩個軸承同時損壞都會導致傳動軸的停頓，則可能 A 或 B 或兩者同時損壞。其次，當選擇軸承尺寸時，可以由令 R_A 及 R_B 等於可靠度目標 R 的平方根 $\sqrt{R}$ 著手。在範例 9-3 中，如果該軸承是成對軸承之一，則其可靠度目標將是 $\sqrt{0.99}$ 或 0.995。這兩個軸承的選擇在問題中，其可靠度的性質是分離的，所以選擇的程序是"挨次"的，而其整體可靠度超過目標值 R。第三，有可能若 $R_A > \sqrt{R}$，降低 B 的值，而使 $R_A R_B$ 的乘積仍然超過目標值 R。

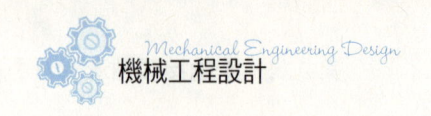

9-6 結合徑向與推力負荷

滾珠軸承能抵抗徑向負荷，它也能抵抗推力負荷。而且它們可以伴合出現。考量 F_a 及 F_r 分別為軸向推力及徑向負荷，而 F_e 為**等效徑向負荷** (equivalent radial load)，它能造成相當於結合徑向與推力負荷所造成的損壞。旋轉因數 V 定義為：當軸承內環迴轉時，$V = 1$；外環迴轉時，$V = 1.2$。現在可形成兩個無因次組 (dimensionless group)：F_e/VF_r 及 F_a/VF_r。當這兩個無因次組繪製成如圖 9-5 時，其數據落於可以用兩段直線作良好趨近的緩和曲線上。橫座標 e 定義為這兩線段的交點。在圖 9-5 中顯示之兩線的方程式為

$$\frac{F_e}{VF_r} = 1 \qquad 當 \frac{F_a}{VF_r} \leq e \tag{9-8a}$$

$$\frac{F_e}{VF_r} = X + Y\frac{F_a}{VF_r} \qquad 當 \frac{F_a}{VF_r} > e \tag{9-8b}$$

式中，如圖所示，X 為縱座標截距，而當 $F_a/VF_r > e$ 時，Y 為該線的斜率。通常 (9-8a) 及 (9-8b) 式可以表示成單一式

$$F_e = X_i VF_r + Y_i F_a \tag{9-9}$$

當 $F_a/VF_r \leq e$ 時式中的 $i = 1$，而當 $F_a/VF_r > e$ 時，$i = 2$。因數 X 與 Y 視特定軸承的幾何形狀與構造。表 9-1 中列出了 X_1、Y_1、X_2 的代表值，而 Y_2 為 e 的函數，e 又是 F_a/C_0 的函數。其中的 C_0 為**基本靜負荷額定值** (basic static load rating)。基本靜負荷額定值為能在座圈道或滾動元件的任何接觸點，造成滾動元件直徑之 0.0001

圖 9-5 無因次組 $F_e/(VF_r)$ 及 $F_a/(VF_r)$ 的關係圖及代表數據的直線段。

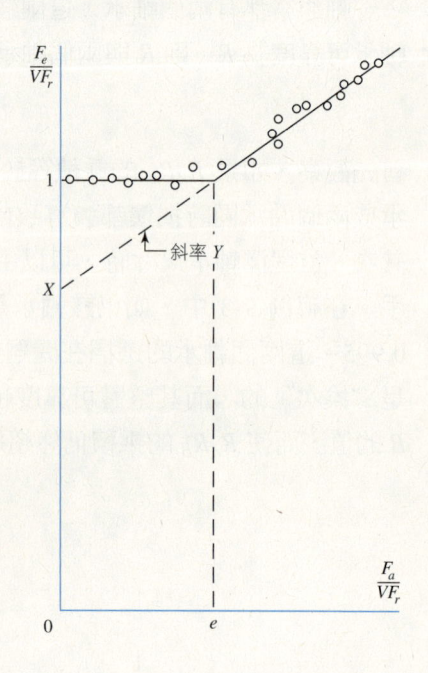

表 9-1　滾珠軸承等效徑向負荷

| F_a/C_0 | e | $F_a/(VF_r) \leq e$ || $F_a/(VF_r) < e$ ||
		X_1	Y_1	X_2	Y_2
0.014*	0.19	1.00	0	0.56	2.30
0.021	0.21	1.00	0	0.56	2.15
0.028	0.22	1.00	0	0.56	1.99
0.042	0.24	1.00	0	0.56	1.85
0.056	0.26	1.00	0	0.56	1.71
0.070	0.27	1.00	0	0.56	1.63
0.084	0.28	1.00	0	0.56	1.55
0.110	0.30	1.00	0	0.56	1.45
0.17	0.34	1.00	0	0.56	1.31
0.28	0.38	1.00	0	0.56	1.15
0.42	0.42	1.00	0	0.56	1.04
0.56	0.44	1.00	0	0.56	1.00

* 若 $F_a/C_0 < 0.014$，則使用 0.014。

倍永久變形的負荷。在許多軸承製造商的出版品中，基本靜負荷額定值 C_0，與基本動負荷額定值 C_{10} 並排列示，如表 9-2 所示。

這些式子中，旋轉因數 V 試圖用於旋轉條件。外環迴轉的因數為 1.2 單純地承認在此條件下疲勞壽命會減損。自動對準軸承是例外：不論那一個環，旋轉都是 $V=1$。

由於直圓柱滾子軸承不能承受，或僅能承受稍許推力負荷，其 Y 因數值永遠為 0。

ABMA 已經建立了軸承的標準邊界尺寸，它定義了軸承的內孔，外直徑 (OD)，寬度，在軸肩與軸承殼肩的內圓角直徑。其基本計畫涵蓋米制中所有的滾珠與直圓柱軸承。該項計畫非常有彈性，針對指定的內孔，有各種適合的外直徑與寬度。此外，外直徑的選擇，通常對指定的外直徑，你有不同內孔與寬度的各種軸承可以選擇。

此一基本 ABMA 計畫展示於圖 9-6。各軸承以兩位數字來辨識，稱為**尺寸系列編碼** (dimension-series code)。編碼中的第一位數字取自**寬度系列** (width series) 0、1、2、3、4、5 及 6。第二位數字取自**直徑系列** (diameter series) (OD)，8、9、0、1、2、3 及 4。圖 9-6 顯示了各種可能取得特殊內孔直徑的軸承。由於尺寸系列並沒有直接地揭示其尺寸，因而必須憑藉列表。此處使用 02 系列軸承為例，展示可取得那些軸承。見表 9-2。

為了保證對軸承的充分支持及抗拒最大的推力負荷 (圖 9-7)，可能的話，應使用列於表中的軸承殼肩與軸肩的直徑。表 9-3 列出一些直圓柱滾子軸承的尺寸與負

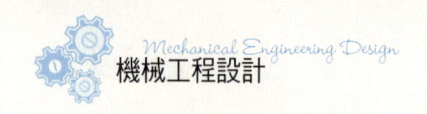

表 9-2　02-系列之單列深槽與角接觸軸承的尺寸及負荷額定值

內孔 mm	外徑 mm	寬度 mm	內圓角半徑 mm	軸肩直徑 mm d_S	軸肩直徑 mm d_H	深槽 C_{10}	深槽 C_0	角接觸 C_{10}	角接觸 C_0
10	30	9	0.6	12.5	27	5.07	2.24	4.94	2.12
12	32	10	0.6	14.5	28	6.89	3.10	7.02	3.05
15	35	11	0.6	17.5	31	7.80	3.55	8.06	3.65
17	40	12	0.6	19.5	34	9.56	4.50	9.95	4.75
20	47	14	1.0	25	41	12.7	6.20	13.3	6.55
25	52	15	1.0	30	47	14.0	6.95	14.8	7.65
30	62	16	1.0	35	55	19.5	10.0	20.3	11.0
35	72	17	1.0	41	65	25.5	13.7	27.0	15.0
40	80	18	1.0	46	72	30.7	16.6	31.9	18.6
45	85	19	1.0	52	77	33.2	18.6	35.8	21.2
50	90	20	1.0	56	82	35.1	19.6	37.7	22.8
55	100	21	1.5	63	90	43.6	25.0	46.2	28.5
60	110	22	1.5	70	99	47.5	28.0	55.9	35.5
65	120	23	1.5	74	109	55.9	34.0	63.7	41.5
70	125	24	1.5	79	114	61.8	37.5	68.9	45.5
75	130	25	1.5	86	119	66.3	40.5	71.5	49.0
80	140	26	2.0	93	127	70.2	45.0	80.6	55.0
85	150	28	2.0	99	136	83.2	53.0	90.4	63.0
90	160	30	2.0	104	146	95.6	62.0	106	73.5
95	170	32	2.0	110	156	108	69.5	121	85.0

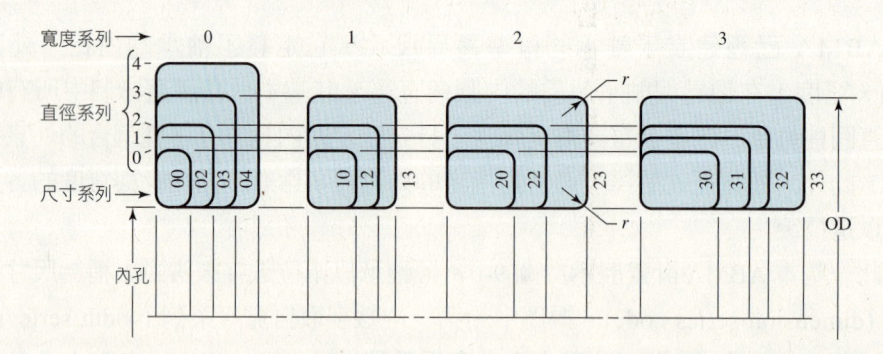

圖 9-6　針對邊界尺寸的基本 ABMA 計畫。這些可應用於滾珠、直滾子軸承，及球座滾子軸承，但不能使用於 in-系列滾珠軸承或圓錐滾子軸承。其角落的輪廓並未規定，但可能是圓角或去角。但它必須小至足以清空標準中規定的內圓角半徑。

圖 9-7 軸與軸承殼肩的直徑 d_s 與 d_H，應足以保證對軸承做良好的支撐。

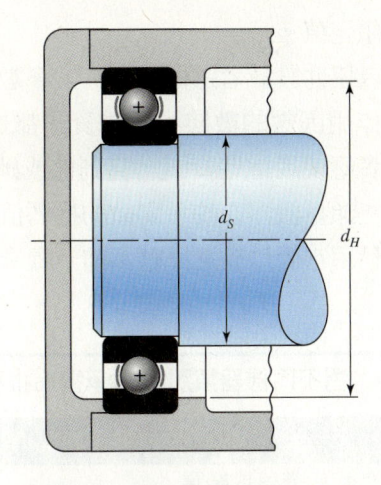

表 9-3 圓柱滾子軸承的尺寸與基本負荷額定值

內孔 mm	02-系列 外徑 mm	寬度 mm	負荷額定值, kN C_{10}	C_0	03-系列 外徑 mm	寬度 mm	負荷額定值, kN C_{10}	C_0
25	52	15	16.8	8.8	62	17	28.6	15.0
30	62	16	22.4	12.0	72	19	36.9	20.0
35	72	17	31.9	17.6	80	21	44.6	27.1
40	80	18	41.8	24.0	90	23	56.1	32.5
45	85	19	44.0	25.5	100	25	72.1	45.4
50	90	20	45.7	27.5	110	27	88.0	52.0
55	100	21	56.1	34.0	120	29	102	67.2
60	110	22	64.4	43.1	130	31	123	76.5
65	120	23	76.5	51.2	140	33	138	85.0
70	125	24	79.2	51.2	150	35	151	102
75	130	25	93.1	63.2	160	37	183	125
80	140	26	106	69.4	170	39	190	125
85	150	28	119	78.3	180	41	212	149
90	160	30	142	100	190	43	242	160
95	170	32	165	112	200	45	264	189
100	180	34	183	125	215	47	303	220
110	200	38	229	167	240	50	391	304
120	215	40	260	183	260	55	457	340
130	230	40	270	193	280	58	539	408
140	250	42	319	240	300	62	682	454
150	270	45	446	260	320	65	781	502

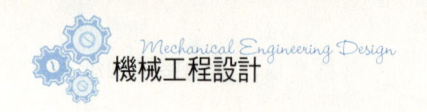

荷的額定值。

為協助設計者選擇軸承,大多數製造商的手冊都包含許多類型機器的壽命,與負荷作用因數的數據。這些資訊都是以很辛苦的方法,即以經驗累積所得,菜鳥設計者應使用這些資訊,直到他或她得到足夠經驗,知道何時可以有變異。表 9-4 含某些類型機器之軸承壽命的推薦值。表 9-5 中的負荷作用因數其作用有如安全因數,利用它們以於選擇軸承前,提高它的等效負荷值。

表 9-4　對不同機器類別的 軸承壽命推薦值

應用類型	壽命,kh
不常使用的儀器或裝置	約 0.5
飛機引擎	0.5-2
短時間或中等時間運轉於伺服中突然中斷之不具重要性的機器	4-8
可靠的運轉非常重要的中等伺服機器	8-14
不經常全力運轉的 8 小時伺服機器	14-20
全力運轉 8 小時的伺服機器	20-30
連續 24 小時伺服的機器	50-60
可靠度極端重要之連續 24 小時伺服的機器	100-200

表 9-5　負荷作用因數

應用類型	負荷因數
精密齒輪	1.0-1.1
商用齒輪	1.1-1.3
軸承密封不良的應用狀況	1.2
無衝擊性的機器	1.0-1.2
具有輕度衝擊的機器	1.2-1.5
具有中度衝擊的機器	1.5-3.0

範例 9-4

某 SKF 6210 角接觸滾珠軸承承受 1780 N 軸向負荷 F_a,及 2225 N 的徑向負荷 F_r,於外圈靜止的情況下。其基本靜負荷額定值 C_0 為 19 800 N,而基本動負荷額定值 C_{10} 為 35 150 N。試估算在以 720 rev/min 運轉時的壽命 L_{10}。

解答　$V = 1$,$F_a/C_0 = 1780/19\,800 = 0.090$。於表 9-1 中內插求 e:

F_a/C_0	e
0.084	0.28
0.090	e
0.110	0.30

由此可得 $e = 0.285$

$F_a/(VF_r) = 1780/[(1)2225] = 0.8 > 0.285$。因此，以內插法求 Y_2：

F_a/C_0	e
0.084	1.55
0.090	Y_2
0.110	1.45

由此可得 $Y_2 = 1.527$

由 (9-9) 式，

$$F_e = X_2 VF_r + Y_2 F_a = 0.56(1)2225 + 1.527(1780) = 3964 \text{ N}$$

令 $L_D = L_{10}$ 與 $F_D = F_e$，由 (9-3) 式解 L_{10} 可得

答案
$$L_{10} = \frac{60 L_R n_R}{60 n_D} \left(\frac{C_{10}}{F_e}\right)^a = \frac{10^6}{60(720)} \left(\frac{35\,150}{3964}\right)^3 = 161\,395 \text{ h}$$

現在已經知道如何結合穩定的徑向負荷與穩定的推力負荷，成為每迴轉數反映相同損壞的穩定的等效徑向負荷了。

9-7 變動負荷

軸承的負荷常常是呈現變化的，而且以一些可辨識的模式發生：

- 以循環模式出現的片段定值負荷
- 以可重複之循環模式呈現的連續變化負荷
- 隨機變化模式

(9-1) 式可以寫成

$$F^a L = 定值 = K \tag{a}$$

請注意：F 可能已經是結合徑向-推力負荷的等效穩定徑向負荷。圖 9-8 為以 F^a 為縱座標軸，及 L 為橫座標軸繪製的 (a) 式的軌跡圖，如果 F_1 的水準已經選定，並且運轉至損壞的準則，則在 F_1-L_1 跡線下方之面積的數值等於 K。對負荷水準 F_2 也同樣成立；也就是在 F_2-L_2 跡線下方之面積的數值等於 K。線性損壞理論

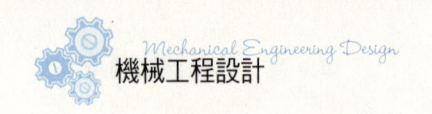

圖 9-8 以 F^a 為縱座標軸，及 L 為橫座標軸繪製成 $F^a L=$ 常數的軌跡。線性損壞假說的說法是：在負荷水準為 F_1 的情況下，從 $L=0$ 到 $L=L_A$ 下方的面積為 $D=F_1^a L_A$。造成之損傷的量度。完全的損壞以 $F_{10}^a L_B$。

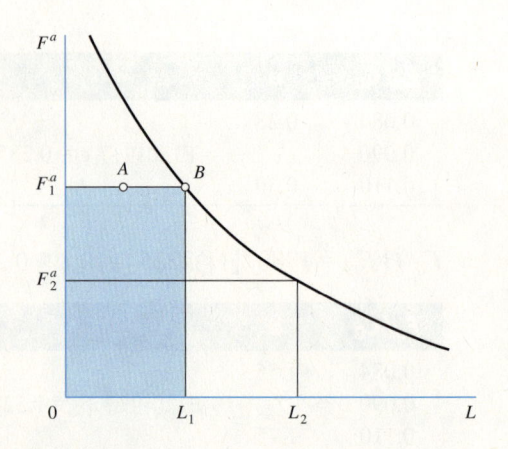

圖 9-9 三段式片段連續週期性負荷循環，涉及的負荷為 F_{e1}、F_{e2} 及 F_{e3}。F_{eq} 為等效穩定負荷，反映了與運轉 $l_1+l_2+l_3$ 迴轉數造成的損傷，每一週期造成相同的損傷 D。

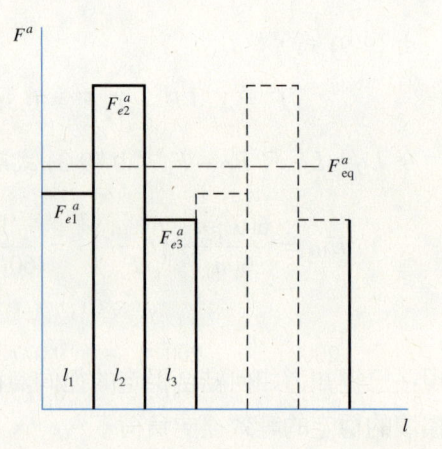

的說法是：在負荷水準為 F_1 的情況下，從 $L=0$ 到 $L=L_A$ 的面積所造成的損傷以 $F_1^a L_A = D$ 來量度。

考慮圖 9-9 中的片段連續循環，負荷 F_{ei} 為對結合徑向-推力之等效的穩定靜向負荷。由負荷 F_{e1}、F_{e2} 及 F_{e3} 造成的破壞為

$$D = F_{e1}^a l_1 + F_{e2}^a l_2 + F_{e3}^a l_3 \tag{b}$$

式中的 l_i 為在壽命 L_i 中的迴轉數。等效穩定負荷 F_{eq} 於運轉 $l_1+l_2+l_3$ 時所造成相同的損傷。因此

$$D = F_{eq}^a (l_1 + l_2 + l_3) \tag{c}$$

令 (b) 與 (c) 兩式相等，並求解 F_{eq}，可得

$$F_{eq} = \left[\frac{F_{e1}^a l_1 + F_{e2}^a l_2 + F_{e3}^a l_3}{l_1+l_2+l_3} \right]^{1/a} = \left[\sum f_i F_{ei}^a \right]^{1/a} \tag{9-10}$$

式中的 f_i 為以 F_{ei} 作用的迴轉數佔總迴轉數的百分比。因為 l_i 可表示為 $n_i t_i$，其中 n_i

為在負荷 F_{ei} 作用下的轉速，而 t_i 為在該轉速下持續的期間，則可得

$$F_{\text{eq}} = \left[\frac{\sum n_i t_i F_{ei}^a}{\sum n_i t_i} \right]^{1/a} \tag{9-11}$$

個別負荷的特性可以改變，所以每個 F_{ei} 前可以前置作用因數 a_f 而變成 $(a_{fi} F_{ei})^a$；則 (9-10) 式可以寫成

$$F_{\text{eq}} = \left[\sum f_i (a_{fi} F_{ei})^a \right]^{1/a} \qquad L_{\text{eq}} = \frac{K}{F_{\text{eq}}^a} \tag{9-12}$$

範例 9-5

某滾珠軸承在下表中所列的四種片段連續負荷下運轉，其中欄 (1)、(2) 及 (5) 到 (8) 為已知條件。

(1) 時間分數	(2) 速率, rev/min	(3) 乘積欄, (1) × (2)	(4) 轉數分數, (3)/∑(3)	(5) F_{ri},	(6) F_{ai},	(7) F_{ei},	(8) a_{fi}	(9) $a_{fi}F_{ei}$,
0.1	2000	200	0.077	2700	1350	3573	1.10	3930
0.1	3000	300	0.115	1350	1350	2817	1.25	3521
0.3	3000	900	0.346	3375	1350	3951	1.10	4346
0.5	2400	1200	0.462	1688	1350	3006	1.25	3758
		2600	1.000					

第 1 欄與第 2 欄相乘得到第 3 欄。第 3 欄中各項除以其各項之總和 2600，得到第 4 欄列中的各項。第 5、6 及 7 欄分別是徑向、軸向與等效負荷。第 8 欄為適宜的作用因數，第 9 欄為 7、8 兩欄的乘積。

解答 從 (9-10) 式，令 $a = 3$，等效徑向負荷為 F_e 為

答案 $F_e = [0.077(3930)^3 + 0.115(3521)^3 + 0.346(4346)^3 + 0.462(3758)^3]^{1/3} = 3971$ N

有時候在許多負荷水準之後的問題是：如果下一個應力水準將持續至軸承損壞，將仍有若干的壽命？在線性損傷假說之下，損壞發生於損傷 D 等於定值 $K = F^a L$。取 (9-10) 式的最初型式

$$F_{\text{eq}}^a L_{\text{eq}} = F_{e1}^a l_1 + F_{e2}^a l_2 + F_{e3}^a l_3$$

並且指出

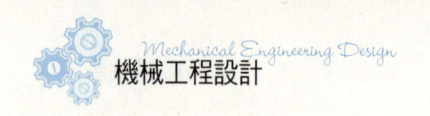

$$K = F_{e1}^a L_1 = F_{e2}^a L_2 = F_{e3}^a L_3$$

K 也等於

$$K = F_{e1}^a l_1 + F_{e2}^a l_2 + F_{e3}^a l_3 = \frac{K}{L_1}l_1 + \frac{K}{L_2}l_2 + \frac{K}{L_3}l_3 = K\sum \frac{l_i}{L_i}$$

由前一式的首尾我們可得

$$\sum \frac{l_i}{L_i} = 1 \tag{9-13}$$

此式於 1924 年先由 Palmgren 導出，然後 1945 年再次由 Miner 導出。見 (5-58) 式。

提及的第二種負荷為如圖 9-10 所示的連續、週期性變化的負荷。在經歷迴轉 $d\theta$ 角期間，由力 F^a 造成的微量損傷為

$$dD = F^a d\theta$$

此種負荷的範例如凸輪，其軸承隨著該凸輪經歷 $d\theta$ 角。一次完整的凸輪旋轉期間的總損傷可由下式求得

$$D = \int dD = \int_0^\phi F^a d\theta = F_{eq}^a \phi$$

由此式可解得其等效負荷為

$$F_{eq} = \left[\frac{1}{\phi}\int_0^\phi F^a d\theta\right]^{1/a} \qquad L_{eq} = \frac{K}{F_{eq}^a} \tag{9-14}$$

ϕ 角的值通常為 2π，雖然也發生其它的值。對執行指示的積分，數值積分常常很有用，尤其是當 a 不為整數，而且涉及三角函數時。現在已經學得如何求造成與連續變化之循環負荷同樣損傷的穩定等效負荷了。

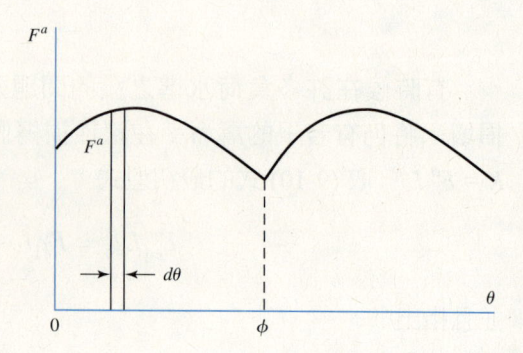

圖 9-10 具有循環性質，其週期為 ϕ 的連續負荷變化。

範例 9-6

某特殊之迴轉泵的運轉涉及的需求功率為 $P = \overline{P} + A' \sin\theta$，式中的 $\overline{P}$ 為平均功率。該軸承感受相同變化的負荷 $F = \overline{F} + A \sin\theta$。試為此滾珠軸承的應用推導其作用因數 (a_f)。

解答 由 (9-14) 式，以及 $a = 3$，

$$F_{\text{eq}} = \left(\frac{1}{2\pi}\int_0^{2\pi} F^a d\theta\right)^{1/a} = \left(\frac{1}{2\pi}\int_0^{2\pi}(\bar{F} + A\sin\theta)^3 d\theta\right)^{1/3}$$

$$= \left[\frac{1}{2\pi}\left(\int_0^{2\pi}\bar{F}^3 d\theta + 3\bar{F}^2 A\int_0^{2\pi}\sin\theta\, d\theta + 3\bar{F}A^2\int_0^{2\pi}\sin^2\theta\, d\theta \right.\right.$$

$$\left.\left. + A^3\int_0^{2\pi}\sin^3\theta\, d\theta\right)\right]^{1/3}$$

$$F_{\text{eq}} = \left[\frac{1}{2\pi}(2\pi\bar{F}^3 + 0 + 3\pi\bar{F}A^2 + 0)\right]^{1/3} = \bar{F}\left[1 + \frac{3}{2}\left(\frac{A}{\bar{F}}\right)^2\right]^{1/3}$$

以 $\overline{F}$ 表示，作用因數為

答案
$$a_f = \left[1 + \frac{3}{2}\left(\frac{A}{\bar{F}}\right)^2\right]^{1/3}$$

這個結果可以列表表示如下：

A/$\bar{F}$	a_f
0	1
0.2	1.02
0.4	1.07
0.6	1.15
0.8	1.25
1.0	1.36

9-8　滾珠與圓柱滾子軸承的選用

此刻已經擁有關於滾動接觸之滾珠及滾子軸承承載的足夠資訊來，以用於導出對軸承造成與存在負荷所造成之損傷相當的穩定等效徑向負荷。現在就用它來工作。

範例 9-7

圖 9-11 中為某支與惰滾子匹配之擠壓滾子的齒輪驅動示意圖。滾子設計是為了作用 5.25 N/mm 法向力於滾子長度，並對製程中的材料施以 4.2 N/mm 的拖力。滾子的轉速 300 rev/min，設計壽命的要求是 30 kh。作用因數取 1.2，從表 9-2 中選擇 02 系列的角接觸滾珠軸承以安裝於 O 及 A 點。使用相同尺寸的軸承於兩個位置，而且其合併的可靠度至少為 0.92。

解答　假設集中力作用如圖示，

圖 9-11
尺寸以 mm 標示。

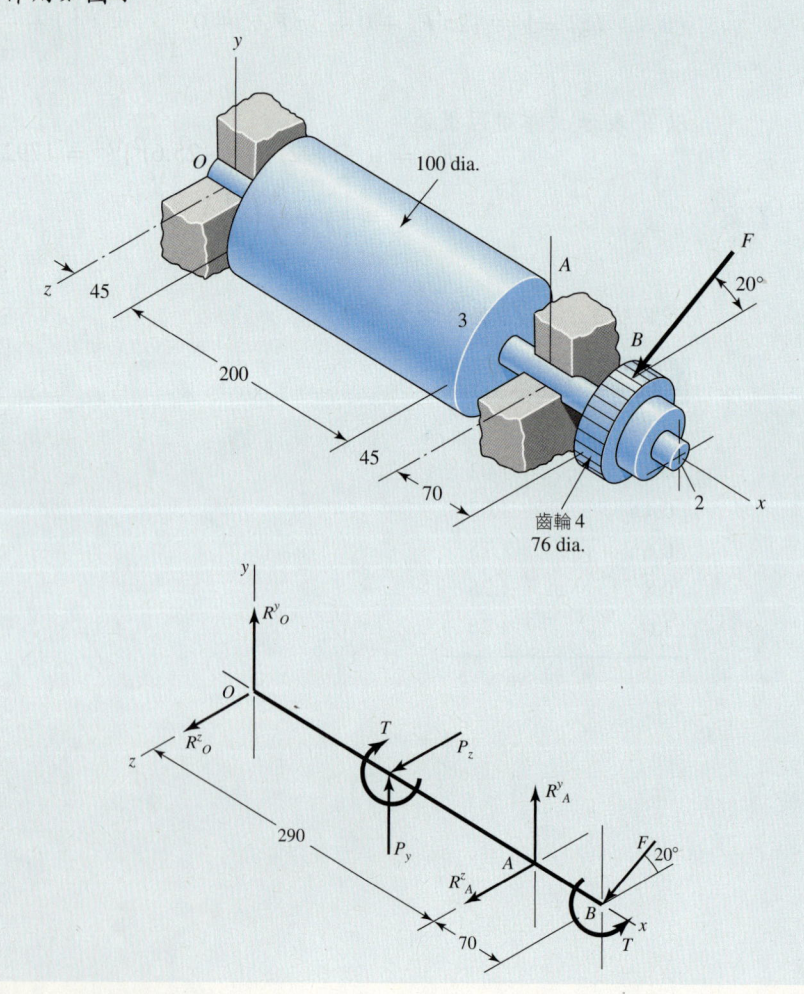

$$P_z = 200(4.2) = 840 \text{ N}$$
$$P_y = 200(5.25) = 1050 \text{ N}$$
$$T = 840(50) = 42\,000 \text{ N} \cdot \text{mm}$$
$$\sum T^x = -42\,000 + 38F \cos 20° = 0$$
$$F = \frac{42\,000}{38(0.940)} = 1176.2 \text{ N}$$
$$\sum M_O^z = 145 P_y + 290 R_A^y - 360 F \sin 20° = 0 \ ;$$

因此

$$145(1050) + 290 R_A^y - 360(1176.2)(0.342) = 0$$
$$R_A^y = -25.6 \text{ N}$$
$$\sum M_O^y = -145 P_z - 290 R_A^z - 360 F \cos 20° = 0 \ ;$$

因此

$$-145(840) - 290 R_A^z - 360(1176.2)(0.940) = 0$$
$$R_A^z = -1792 \text{ N} \ ;$$
$$R_A = [(-1792)^2 + (-25.6)^2]^{1/2} = 1792 \text{ N}$$
$$\sum F^z = R_O^z + P_z + R_A^z + F \cos 20° = 0$$
$$R_O^z + 840 - 1792 + 1176.2(0.940) = 0$$
$$R_O^z = -153.3 \text{ N}$$
$$\sum F^y = R_O^y + P_y + R_A^y - F \sin 20° = 0$$
$$R_O^y + 1050 - 25.6 - 1176.2(0.342) = 0$$
$$R_O^y = -622 \text{ N}$$
$$R_O = [(-153.3)^2 + (-622)^2]^{1/2} = 640.6 \text{ N}$$

所以，由 A 點支配。

可靠度目標：$\sqrt{0.92} = 0.96$

$$F_D = 1.2(1792) = 2150.4 \text{ N}$$
$$x_D = 30\,000(300)(60/10^6) = 540$$
$$C_{10} = 2150.4 \left\{ \frac{540}{0.02 + 4.439[\ln(1/0.96)]^{1/1.483}} \right\}^{1/3}$$
$$= 21.59 \text{ kN}$$

編號 02-35 的軸承即能滿足。

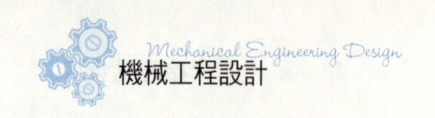

答案 決策指定角接觸 02-35 mm 的滾珠軸承安置於 A 及 O 點。核驗合併的可靠度。

9-9 圓錐滾子軸承的選用

圓錐滾子軸承有幾點特性，使得它們顯得複雜。強調圓錐滾子軸承和滾珠及圓柱滾子軸承間的不同時，請注意其潛藏的基本原理是相同的，只是在細節上有所不同。此外軸承與杯環 (cup) 之組合的價格不須與其容量成比例。任何型錄都呈現混和了高產量、低產量與成功的特別訂購的設計。軸承供應商擁有的計算機程式可以讀入你的問題之陳述，並提供即時的適用性評估資訊，並為了降低成本列出一些能滿足的杯與錐的組合 (cup-and-cone combinations)。公司的銷售部門提供廣泛的工程服務以協助設計者選擇並使用它們的軸承。在一個大型的新建裝置製造廠可能會有個軸承公司的駐在代表。

軸承供應商提供有價值的工程服務，其細節在他們的型錄及工程導引中，兩者都有線上及印刷兩種版本。強力推薦設計者熟悉供應商的規格。它通常使用有如在此展現的處理法，但可能包含不同的修正因數，像是溫度及潤滑。許多供應商提供線上軟體工具，以協助選擇軸承。工程師總能從理論的通盤瞭解使用此類軟體工具獲益。此處的目標是介紹相關的字彙，顯示與早先已經學過的字彙基本上是一致的，提供範例並發展信心。最後習題中的問題將能補強學習的經驗。

組合成圓錐滾子軸承的四分件：

- 錐環 (cone) (內環)
- 杯環 (cup) (外環)
- 圓錐滾子 (tapered rollers)
- 滾子籠 (cage) (空間分隔器，spacer-retainer)

組合成的軸承含可分離的兩個部分：(1) 內錐組合：含錐環、滾子，及滾子籠 (cage)；及 (2) 杯環。軸承可以製成單列、雙列、四列及推力軸承等組裝。此外也使用類似分隔器 (spacer) 及鎖合器 (closures) 等輔助元件。圖 9-12 顯示圓錐滾子軸承的專用術語 (nomenclature)，而負荷的徑向與軸向負荷分量通過 G 點作用。

圓錐滾子軸承可以同時承受徑向與軸向 (推力) 負荷，或這兩種負荷的任意組合。然而，即使外施的推力負荷並不存在，由於圓錐形的滾子，徑向負荷也會在軸承中誘發軸向的反力。為了避免座圈道與滾子分開來，此一推力必須以相等但反向的力來抵抗它。產生此力的方法之一是至少在軸上使用兩個圓錐滾子軸承。並以彼此背與背相對的方式安裝，稱為直接安裝 (direct mounting)；或使錐環的面與面相

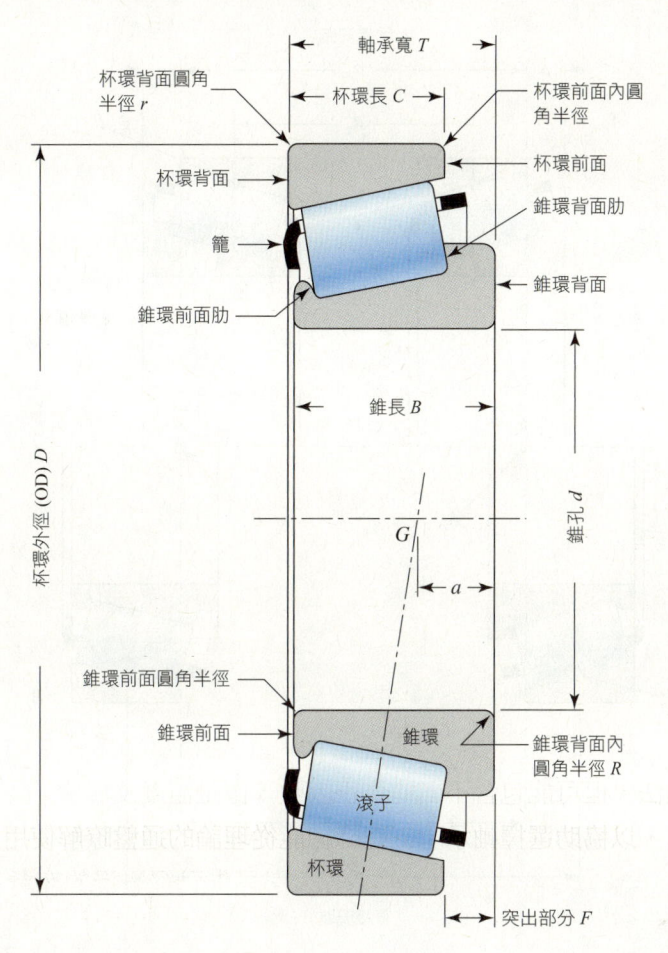

圖 9-12 圓錐滾子軸承的專用術語。G 點為有效負荷中心的位置；利用這個點以估算軸承的徑向負荷。(Courtesy of The Timken Company.)

對安裝，稱為**間接安裝** (indirect mounting)。

圖 9-13 顯示一對圓錐滾子軸承直接安裝 (b) 及間接安裝 (a)，與軸承反力的在軸上的位置 A_0 和 B_0。就軸而言，就像一支樑，其跨度 (span) a_e 為有效的間距 (spread)。通過 A_0 點及 B_0 點徑向負荷垂直地作用於軸的中心線，而推力負荷則循軸的中心線作用。直接安裝的幾何間距 a_g 較間接安裝的幾何間距大，相對於直接安裝，間接安裝的兩個軸承比較接近。然而系統的穩定度則相同 (兩種情況的 a_e 值相同)。所以，直接與間接安裝涉及必要的與要求的空間及緊緻性 (compactness) 有關，但是具有相同的系統穩定度。

除了一般的額定值及幾何資訊外，對圓錐滾子軸承型錄提供的數據還有有效力中心的位置。摘自 Timken 型錄的兩頁樣板顯示於圖 9-14 中。

徑向負荷作用於圓錐滾子軸承上將誘發軸向的反力。**負荷區** (load zone) 含大約半數的滾子並且面對的角大約有 180°。使用符號 F_i 作為由徑向負荷與 180° 的負荷

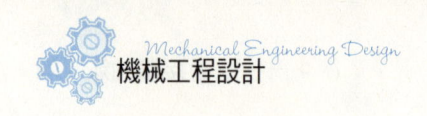

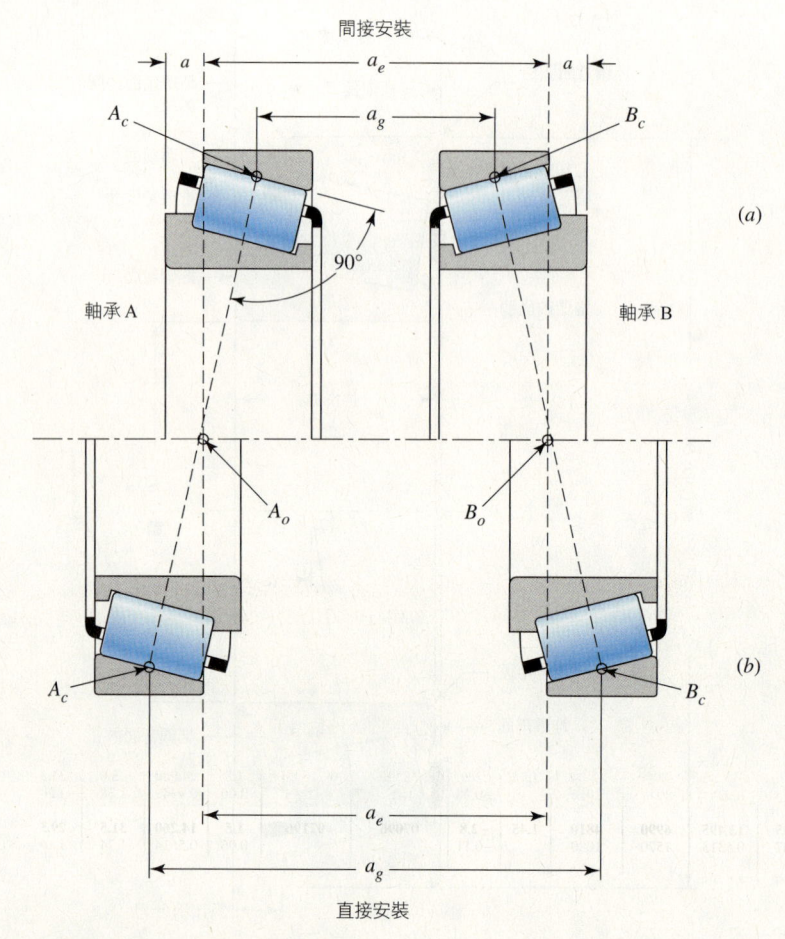

圖 9-13　間接與直接安裝間之安裝穩定度的比較。(*Courtesy of The Timken Company.*)

區誘發的推力負荷，Timken 公司提供計算式

$$F_i = \frac{0.47 F_r}{K} \tag{9-15}$$

式中的 K 因數為幾何比值 (geometric-specific value)，為徑向負荷額定值對推力負荷額定值的比值。K 因數的首近似值，對徑向軸承取 1.5，對初步選擇的陡角軸承 (steep angle bearing) 取 0.75。在辨識出可能的軸承後，每個軸承的精確 K 值可自軸承型錄中找到。

　　圖 9-15 顯示以一對直接安裝的圓錐滾子軸承支撐軸。力向量顯示作用於軸上的情形。F_{rA} 及 F_{rB} 為軸承支撐的徑向負荷。作用於有效力中心 G_A 及 G_B。由於徑向負荷作用於圓錐滾子軸承誘發的軸向力 F_{iA} 及 F_{iB} 也顯示於圖中。此外，可能會有些來自其它來源的外施軸向負荷 F_{ae} 作用於軸上，例如螺旋齒輪的軸向推力。由於該軸承同時承受徑向及軸向負荷，有必要求得等效徑向負荷。遵循 (9-9) 式的型

第 9 章　滾動接觸軸承

單列直內孔

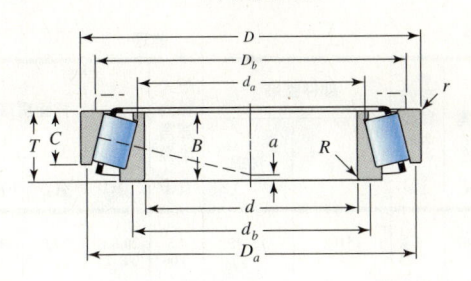

孔徑 d	外徑 D	寬 T	L₁₀ 3000 小時的額定負荷 one-row radial N / lbf	thrust N / lbf	因數 K	有效負荷中心 a②	部件號碼 錐環	部件號碼 杯環	錐環 最大軸內圓角半徑 R①	錐環 寬 B	錐環 背面肩直徑 d_b	錐環 背面肩直徑 d_a	杯環 最大殼內圓角半徑 r①	杯環 寬 C	杯環 背面肩直徑 D_b	杯環 背面肩直徑 D_a
25.000 0.9843	52.000 2.0472	16.250 0.6398	8190 1840	5260 1180	1.56	−3.6 −0.14	◆30205	◆30205	1.0 0.04	15.000 0.5906	30.5 1.20	29.0 1.14	1.0 0.04	13.000 0.5118	46.0 1.81	48.5 1.91
25.000 0.9843	52.000 2.0472	19.250 0.7579	9520 2140	9510 2140	1.00	−3.0 −0.12	◆32205-B	◆32205-B	1.0 0.04	18.000 0.7087	34.0 1.34	31.0 1.22	1.0 0.04	15.000 0.5906	43.5 1.71	49.5 1.95
25.000 0.9843	52.000 2.0472	22.000 0.8661	13200 2980	7960 1790	1.66	−7.6 −0.30	◆33205	◆33205	1.0 0.04	22.000 0.8661	34.0 1.34	30.5 1.20	1.0 0.04	18.000 0.7087	44.5 1.75	49.0 1.93
25.000 0.9843	62.000 2.4409	18.250 0.7185	13000 2930	6680 1500	1.95	−5.1 −0.20	◆30305	◆30305	1.5 0.06	17.000 0.6693	32.5 1.28	30.0 1.18	1.5 0.06	15.000 0.5906	55.0 2.17	57.0 2.24
25.000 0.9843	62.000 2.4409	25.250 0.9941	17400 3910	8930 2010	1.95	−9.7 −0.38	◆32305	◆32305	1.5 0.06	24.000 0.9449	35.0 1.38	31.5 1.24	1.5 0.06	20.000 0.7874	54.0 2.13	57.0 2.24
25.159 0.9905	50.005 1.9687	13.495 0.5313	6990 1570	4810 1080	1.45	−2.8 −0.11	07096	07196	1.5 0.06	14.260 0.5614	31.5 1.24	29.5 1.16	1.0 0.04	9.525 0.3750	44.5 1.75	47.0 1.85
25.400 1.0000	50.005 1.9687	13.495 0.5313	6990 1570	4810 1080	1.45	−2.8 −0.11	07100	07196	1.0 0.04	14.260 0.5614	30.5 1.20	29.5 1.16	1.0 0.04	9.525 0.3750	44.5 1.75	47.0 1.85
25.400 1.0000	50.005 1.9687	13.495 0.5313	6990 1570	4810 1080	1.45	−2.8 −0.11	07100-S	07196	1.5 0.06	14.260 0.5614	31.5 1.24	29.5 1.16	1.0 0.04	9.525 0.3750	44.5 1.75	47.0 1.85
25.400 1.0000	50.292 1.9800	14.224 0.5600	7210 1620	4620 1040	1.56	−3.3 −0.13	L44642	L44610	3.5 0.14	14.732 0.5800	36.0 1.42	29.5 1.16	1.3 0.05	10.668 0.4200	44.5 1.75	47.0 1.85
25.400 1.0000	50.292 1.9800	14.224 0.5600	7210 1620	4620 1040	1.56	−3.3 −0.13	L44643	L44610	1.3 0.05	14.732 0.5800	31.5 1.24	29.5 1.16	1.3 0.05	10.668 0.4200	44.5 1.75	47.0 1.85
25.400 1.0000	51.994 2.0470	15.011 0.5910	6990 1570	4810 1080	1.45	−2.8 −0.11	07100	07204	1.0 0.04	14.260 0.5614	30.5 1.20	29.5 1.16	1.3 0.05	12.700 0.5000	45.0 1.77	48.0 1.89
25.400 1.0000	56.896 2.2400	19.368 0.7625	10900 2450	5740 1290	1.90	−6.9 −0.27	1780	1729	0.8 0.03	19.837 0.7810	30.5 1.20	30.0 1.18	1.3 0.05	15.875 0.6250	49.0 1.93	51.0 2.01
25.400 1.0000	57.150 2.2500	19.431 0.7650	11700 2620	10900 2450	1.07	−3.0 −0.12	M84548	M84510	1.5 0.06	19.431 0.7650	36.0 1.42	33.0 1.30	1.5 0.06	14.732 0.5800	48.5 1.91	54.0 2.13
25.400 1.0000	58.738 2.3125	19.050 0.7500	11600 2610	6560 1470	1.77	−5.8 −0.23	1986	1932	1.3 0.05	19.355 0.7620	32.5 1.28	30.5 1.20	1.3 0.05	15.080 0.5937	52.0 2.05	54.0 2.13
25.400 1.0000	59.530 2.3437	23.368 0.9200	13900 3140	13000 2930	1.07	−5.1 −0.20	M84249	M84210	0.8 0.03	23.114 0.9100	36.0 1.42	32.5 1.27	1.5 0.06	18.288 0.7200	49.5 1.95	56.0 2.20
25.400 1.0000	60.325 2.3750	19.842 0.7812	11000 2480	6550 1470	1.69	−5.1 −0.20	15578	15523	1.3 0.05	17.462 0.6875	32.5 1.28	30.5 1.20	1.5 0.06	15.875 0.6250	51.0 2.01	54.0 2.13
25.400 1.0000	61.912 2.4375	19.050 0.7500	12100 2730	7280 1640	1.67	−5.8 −0.23	15101	15243	0.8 0.03	20.638 0.8125	32.5 1.28	31.5 1.24	2.0 0.08	14.288 0.5625	54.0 2.13	58.0 2.28
25.400 1.0000	62.000 2.4409	19.050 0.7500	12100 2730	7280 1640	1.67	−5.8 −0.23	15100	15245	3.5 0.14	20.638 0.8125	38.0 1.50	31.5 1.24	1.3 0.05	14.288 0.5625	55.0 2.17	58.0 2.28
25.400 1.0000	62.000 2.4409	19.050 0.7500	12100 2730	7280 1640	1.67	−5.8 −0.23	15101	15245	0.8 0.03	20.638 0.8125	32.5 1.28	31.5 1.24	1.3 0.05	14.288 0.5625	55.0 2.17	58.0 2.28

圖 9-14 部分 Timken 之單列直滾內孔滾子軸承型錄的條目。(*Courtesy of The Timken Company.*)

(下頁續)

機械工程設計

圖 9-14 （續） 單列直內孔

			\$L_{10}\$ 3000 小時的額定負荷		因數	有效負荷中心	部件號碼		錐環 最大軸內圓角半徑	寬	背面肩直徑		杯環 最大殼內圓角半徑	寬	背面肩直徑	
孔徑	外徑	寬	one-row radial	thrust			錐環	杯環								
d	D	T	N lbf	N lbf	K	\$a^②\$			\$R^①\$	B	\$d_b\$	\$d_a\$	\$r^①\$	C	\$D_b\$	\$D_a\$
25.400 1.0000	62.000 2.4409	19.050 0.7500	12100 2730	7280 1640	1.67	−5.8 −0.23	15102	15245	1.5 0.06	20.638 0.8125	34.0 1.34	31.5 1.24	1.3 0.05	14.288 0.5625	55.0 2.17	58.0 2.28
25.400 1.0000	62.000 2.4409	20.638 0.8125	12100 2730	7280 1640	1.67	−5.8 −0.23	15101	15244	0.8 0.03	20.638 0.8125	32.5 1.28	31.5 1.24	1.3 0.05	15.875 0.6250	55.0 2.17	58.0 2.28
25.400 1.0000	63.500 2.5000	20.638 0.8125	12100 2730	7280 1640	1.67	−5.8 −0.23	15101	15250	0.8 0.03	20.638 0.8125	32.5 1.28	31.5 1.24	1.3 0.05	15.875 0.6250	56.0 2.20	59.0 2.32
25.400 1.0000	63.500 2.5000	20.638 0.8125	12100 2730	7280 1640	1.67	−5.8 −0.23	15101	15250X	0.8 0.03	20.638 0.8125	32.5 1.28	31.5 1.24	1.5 0.06	15.875 0.6250	55.0 2.17	59.0 2.32
25.400 1.0000	64.292 2.5312	21.433 0.8438	14500 3250	13500 3040	1.07	−3.3 −0.13	M86643	M86610	1.5 0.06	21.433 0.8438	38.0 1.50	36.5 1.44	1.5 0.06	16.670 0.6563	54.0 2.13	61.0 2.40
25.400 1.0000	65.088 2.5625	22.225 0.8750	13100 2950	16400 3690	0.80	−2.3 −0.09	23100	23256	1.5 0.06	21.463 0.8450	39.0 1.54	34.5 1.36	1.5 0.06	15.875 0.6250	53.0 2.09	63.0 2.48
25.400 1.0000	66.421 2.6150	23.812 0.9375	18400 4140	8000 1800	2.30	−9.4 −0.37	2687	2631	1.3 0.05	25.433 1.0013	33.5 1.32	31.5 1.24	1.5 0.06	19.050 0.7500	58.0 2.28	60.0 2.36
25.400 1.0000	68.262 2.6875	22.225 0.8750	15300 3440	10900 2450	1.40	−5.1 −0.20	02473	02420	0.8 0.03	22.225 0.8750	34.5 1.36	33.5 1.32	1.5 0.06	17.462 0.6875	59.0 2.32	63.0 2.48
25.400 1.0000	72.233 2.8438	25.400 1.0000	18400 4140	17200 3870	1.07	−4.6 −0.18	HM88630	HM88610	0.8 0.03	25.400 1.0000	39.5 1.56	39.5 1.56	2.3 0.09	19.842 0.7812	60.0 2.36	69.0 2.72
25.400 1.0000	72.626 2.8593	30.162 1.1875	22700 5110	13000 2910	1.76	−10.2 −0.40	3189	3120	0.8 0.03	29.997 1.1810	35.5 1.40	35.0 1.38	3.3 0.13	23.812 0.9375	61.0 2.40	67.0 2.64
26.157 1.0298	62.000 2.4409	19.050 0.7500	12100 2730	7280 1640	1.67	−5.8 −0.23	15103	15245	0.8 0.03	20.638 0.8125	33.0 1.30	32.5 1.28	1.3 0.05	14.288 0.5625	55.0 2.17	58.0 2.28
26.162 1.0300	63.100 2.4843	23.812 0.9375	18400 4140	8000 1800	2.30	−9.4 −0.37	2682	2630	1.5 0.06	25.433 1.0013	34.5 1.36	32.0 1.26	0.8 0.03	19.050 0.7500	57.0 2.24	59.0 2.32
26.162 1.0300	66.421 2.6150	23.812 0.9375	18400 4140	8000 1800	2.30	−9.4 −0.37	2682	2631	1.5 0.06	25.433 1.0013	34.5 1.36	32.0 1.26	1.3 0.05	19.050 0.7500	58.0 2.28	60.0 2.36
26.975 1.0620	58.738 2.3125	19.050 0.7500	11600 2610	6560 1470	1.77	−5.8 −0.23	1987	1932	0.8 0.03	19.355 0.7620	32.5 1.28	31.5 1.24	1.3 0.05	15.080 0.5937	52.0 2.05	54.0 2.13
† 26.988 † 1.0625	50.292 1.9800	14.224 0.5600	7210 1620	4620 1040	1.56	−3.3 −0.13	L44649	L44610	3.5 0.14	14.732 0.5800	37.5 1.48	31.0 1.22	1.3 0.05	10.668 0.4200	44.5 1.75	47.0 1.85
† 26.988 † 1.0625	60.325 2.3750	19.842 0.7812	11000 2480	6550 1470	1.69	−5.1 −0.20	15580	15523	3.5 0.14	17.462 0.6875	38.5 1.52	32.0 1.26	1.5 0.06	15.875 0.6250	51.0 2.01	54.0 2.13
† 26.988 † 1.0625	62.000 2.4409	19.050 0.7500	12100 2730	7280 1640	1.67	−5.8 −0.23	15106	15245	0.8 0.03	20.638 0.8125	33.5 1.32	33.0 1.30	1.3 0.05	14.288 0.5625	55.0 2.17	58.0 2.28
† 26.988 † 1.0625	66.421 2.6150	23.812 0.9375	18400 4140	8000 1800	2.30	−9.4 −0.37	2688	2631	1.5 0.06	25.433 1.0013	35.0 1.38	33.0 1.30	1.3 0.05	19.050 0.7500	58.0 2.28	60.0 2.36
28.575 1.1250	56.896 2.2400	19.845 0.7813	11600 2610	6560 1470	1.77	−5.8 −0.23	1985	1930	0.8 0.03	19.355 0.7620	34.0 1.34	33.5 1.32	0.8 0.03	15.875 0.6250	51.0 2.01	54.0 2.11
28.575 1.1250	57.150 2.2500	17.462 0.6875	11000 2480	6550 1470	1.69	−5.1 −0.20	15590	15520	3.5 0.14	17.462 0.6875	39.5 1.56	33.5 1.32	1.3 0.06	13.495 0.5313	51.0 2.01	53.0 2.09
28.575 1.1250	58.738 2.3125	19.050 0.7500	11600 2610	6560 1470	1.77	−5.8 −0.23	1985	1932	0.8 0.03	19.355 0.7620	34.0 1.34	33.5 1.32	1.3 0.05	15.080 0.5937	52.0 2.05	54.0 2.13
28.575 1.1250	58.738 2.3125	19.050 0.7500	11600 2610	6560 1470	1.77	−5.8 −0.23	1988	1932	3.5 0.14	19.355 0.7620	39.5 1.56	33.5 1.32	1.3 0.05	15.080 0.5937	52.0 2.05	54.0 2.13
28.575 1.1250	60.325 2.3750	19.842 0.7812	11000 2480	6550 1470	1.69	−5.1 −0.20	15590	15523	3.5 0.14	17.462 0.6875	39.5 1.56	33.5 1.32	1.5 0.06	15.875 0.6250	51.0 2.01	54.0 2.13
28.575 1.1250	60.325 2.3750	19.845 0.7813	11600 2610	6560 1470	1.77	−5.8 −0.23	1985	1931	0.5 0.03	19.355 0.7620	34.0 1.34	33.5 1.32	1.3 0.05	15.875 0.6250	52.0 2.05	55.0 2.17

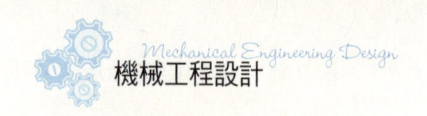

①這些最大內圓角半徑將被軸承角清除。
②負值指出中心在錐環背面中。
† 僅適用於標準型，其中最大米制尺寸都是 mm 單位。

★ "J" 部件公差：請參考先前見過的米制公差及配合實務。
◆ ISO 錐環及杯環的組合以共同的編碼標示，而且以組合件採購。
關於 ISO 軸承的公差，請參見米制公差，及配合實務。

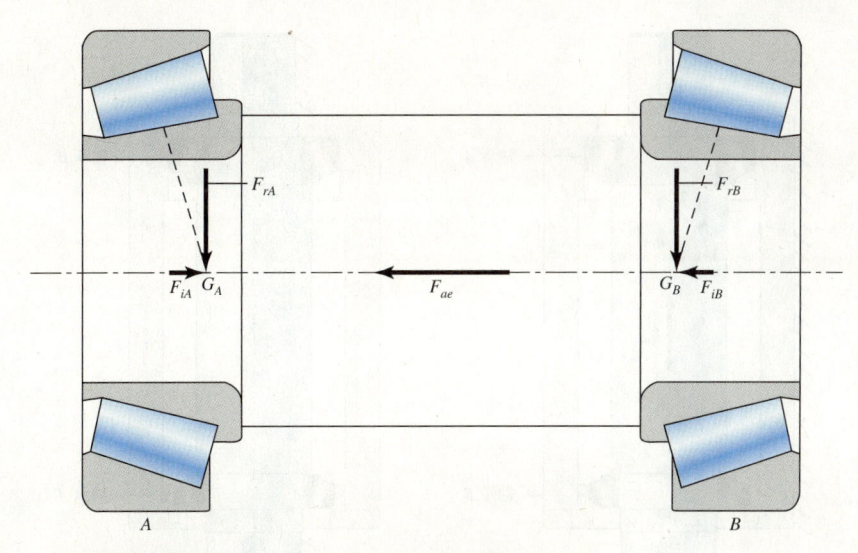

圖 9-15 直接安裝之圓錐滾子軸承，顯示徑向、誘發推力及外施推力。

式，其中 $F_e = XVF_r + YF_a$，Timken 推薦對所有的情況使用 $X = 0.4$ 及 $V = 1$，而對特定軸承以 K 因數取代 Y。於是得到方程式的型式為

$$F_e = 0.4F_r + KF_a \tag{a}$$

軸向負荷 F_a 為由結合另一軸承誘發的軸向力及外施軸向力所導致之徑軸向負荷的淨軸向負荷。然而，將只有一個軸承承受淨軸向負荷，而由哪個承受負荷，則視軸承安裝的方向、誘發軸向負荷的相對大小、外施負荷的方向，及軸或軸承殼是否為運動分件而定。Timken以一個含各式佈置及對外施負荷帶約定符號的表來操控。而且其應用必須是水平導向，左端及右端軸承必須與左端與右端的約定符號相匹配。此處展示的方法可得到等效的結果，但是對視覺化及瞭解其後面之邏輯更具有傳導例。

首先，憑目視確定哪個軸承受到外施推力"擠壓"，並將它標示為 A。而另一個軸承標示為 B。例如圖 9-15 中，外施推力 F_{ae} 導致軸推向左抵住左端軸承的錐環，擠壓它抵住滾子集杯環。另一方面，它傾向從右端軸承推出杯環。因此左端軸承標示為軸承 A。如果 F_{ae} 的方向反過來，則右端的軸承將標示為軸承 A。這種藉受外施推力作用標示擠壓的軸承的方法，與軸承是直接或間接安裝、軸和軸承殼是否承受外施推力無關，也與組裝的方位無關。以實例來釐清，考量圖 9-16 中的垂直軸與圓筒，圖 9-16a 中以直接式安裝軸承，外施推力以向上的方向作用於軸上，擠壓上方的軸承，它應該標示為軸承 A。另一方面，圖 9-16b 中，向上的外施負荷作用於靜止軸外圍的旋轉圓筒，在此例中，下方的軸承受擠壓而應標示為軸承 A。如果沒有外施推力，則可以任意標示其中一個軸承為軸承 A。

其次，確定哪個軸承實際承受淨軸向負荷。通常期盼由軸承 A 承受軸向負

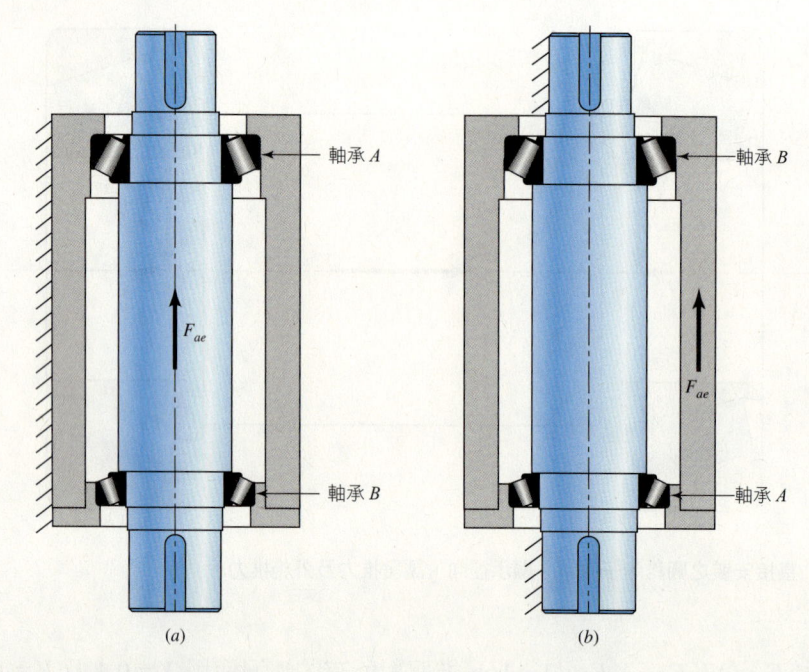

圖 9-16 確定哪個軸承受外施推力的範例。每一案例中，受壓的軸承標示為軸承 A。(a) 外施推力作用於旋轉軸；(b) 外施推力作用於旋轉圓筒。

荷，因為外施推力負荷 F_{ae} 伴隨由軸承 B 誘發的推力 F_{iB} 指向軸承 A。然而，如果由軸承 A 誘發的推力 F_{iA} 大於外施推力與由軸承 B 誘發之推力的合力時，則軸承 B 將承擔淨推力負荷。求軸承承擔的推力負荷時將使用 (a) 式。Timken 公司建議讓另一個軸承承受原來的徑向負荷，而不是由於負的淨推力負荷而降低。其結果以下列的方程式型式呈現，其中的誘發推力以 (9-15) 式定義之

若　　$F_{iA} \leq (F_{iB} + F_{ae})$　　$\begin{cases} F_{eA} = 0.4F_{rA} + K_A(F_{iB} + F_{ae}) & \text{(9-16a)} \\ F_{eB} = F_{rB} & \text{(9-16b)} \end{cases}$

若　　$F_{iA} > (F_{iB} + F_{ae})$　　$\begin{cases} F_{eB} = 0.4F_{rB} + K_B(F_{iA} - F_{ae}) & \text{(9-17a)} \\ F_{eA} = F_{rA} & \text{(9-17b)} \end{cases}$

在任何情況下，如果等效徑向負荷小於原來的徑向負荷，則應使用原來的徑向負荷。

一旦確定了等效徑向負荷，應該像先前使用 (9-3) 式、(9-6) 式，或 (9-7) 式以求得型錄額定負荷值。Timken 公司使用兩參數 Weibell 模型，取 $x_0 = 0$、$\theta = 4.48$ 及 $b = 3/2$。請注意，由於 K_A 與 K_B 視所選用的特定軸承而定，它可能必須行疊代程序。

範例 9-8

圖 9-17a 中的軸上載有承受切線力 3980 N，徑向力 1770 N，及推力 1690 N 於圖示之節圓柱上的螺旋齒輪，力的方向如圖示。齒輪的節圓直徑為 200 mm。該軸以速率 800 rev/min 旋轉，而直接安裝的兩軸承之間距 (有效跨距) 為 150 mm。 其設計壽命為 5000 h 而適宜的作用因數為 1。如果軸承的可靠度設定為 0.99，試從 Timken 公司的軸承中，選擇適合的單列圓錐滾子軸承。

解答 由圖 9-17b，xz 平面中的反力為

$$R_{zA} = \frac{3980(50)}{150} = 1327 \text{ N}$$

$$R_{zB} = \frac{3980(100)}{150} = 2653 \text{ N}$$

由圖 9-17c，xy 平面中的反力為

$$R_{yA} = \frac{1770(50)}{150} + \frac{169\,000}{150} = 1716.7 = 1717 \text{ N}$$

$$R_{yB} = \frac{1770(100)}{150} - \frac{169\,000}{150} = 53.3 \text{ N}$$

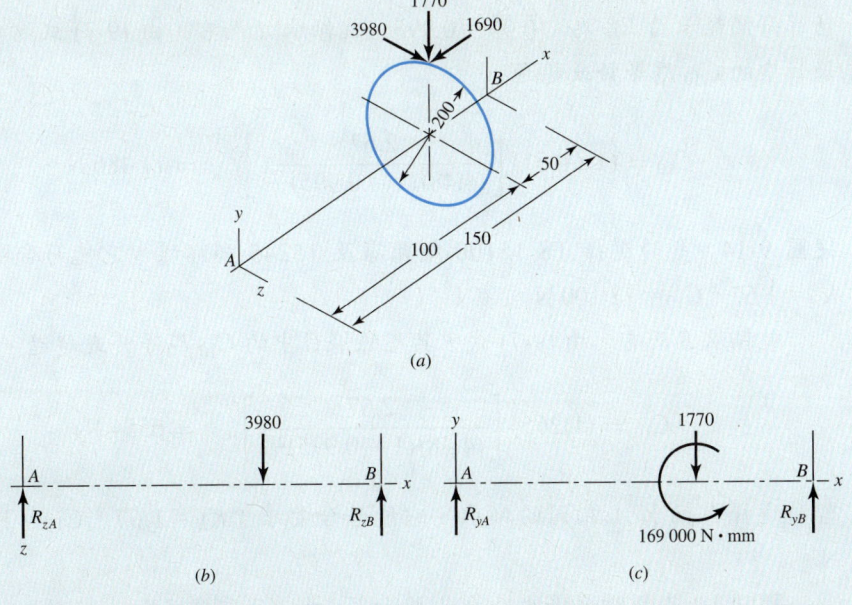

圖 9-17 螺旋齒輪與軸的示意圖。長度以 mm，負荷以 N，力矩以 N·mm 為單位。(a) 草圖 (未依比例) 顯示推力、徑向及切線力。(b) xz 平面中的力。(c) xy 平面中的力。

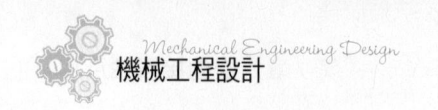

徑向負荷 F_{rA} 及 F_{rB} 分別為 R_{yA} 及 R_{zA}，與 R_{yB} 及 R_{zB} 的向量和：

$$F_{rA} = (R_{zA}^2 + R_{yA}^2)^{1/2} = (1327^2 + 1717^2)^{1/2} = 2170\,\text{N}$$

$$F_{rB} = (R_{zB}^2 + R_{yB}^2)^{1/2} = (2653^2 + 53.3^2)^{1/2} = 2654\,\text{N}$$

嘗試 1：以軸承直接式安裝及外施推力作用於軸上，遭擠壓的軸承標示成軸承 A 如圖 9-17a。K 使用 1.5 作為每個軸承的初猜測值，嘗試從軸承誘發的負荷為

$$F_{iA} = \frac{0.47 F_{rA}}{K_A} = \frac{0.47(2170)}{1.5} = 680\,\text{N}$$

$$F_{iB} = \frac{0.47 F_{rB}}{K_B} = \frac{0.47(2654)}{1.5} = 832\,\text{N}$$

因為 F_{iA} 明顯地小於 $F_{iB} + F_{ae}$，由軸承 A 承擔淨推力負荷，而可應用 (9-16) 式。所以，等效動態負荷為

$$F_{eA} = 0.4 F_{rA} + K_A(F_{iB} + F_{ae}) = 0.4(2170) + 1.5(832 + 1690) = 4651\,\text{N}$$
$$F_{eB} = F_{rB} = 2654\,\text{N}$$

額定壽命的倍數為

$$x_D = \frac{L_D}{L_R} = \frac{\mathcal{L}_D n_D 60}{L_R} = \frac{(5000)(800)(60)}{90(10^6)} = 2.67$$

估算每個軸承的 R_D 為 $\sqrt{0.99} = 0.995$。就軸承 A 而言，由 (9-7) 式，其型錄條目中的 C_{10} 應等於或超過

$$C_{10} = (1)(4651)\left[\frac{2.67}{(4.48)(1-0.995)^{2/3}}\right]^{3/10} = 11\,486\,\text{N}$$

從圖 9-14，暫時選擇 TS 15100 型錐環及 15245 型杯環，它能符合要求：$K_A = 1.67$，$C_{10} = 12\,100\,\text{N}$。

就軸承 B 而言，由 (9-7) 式，其型錄條目中的 C_{10} 應等於或超過

$$C_{10} = (1)2654\left[\frac{2.67}{(4.48)(1-0.995)^{2/3}}\right]^{3/10} = 6554\,\text{N}$$

暫時選擇與軸承 A 相同的軸承，它能符合要求：$K_B = 1.67$，$C_{10} = 12\,100\,\text{N}$。

嘗試 2：從暫時選擇的軸承以 $K_A = K_B = 1.67$ 重複程序。

$$F_{iA} = \frac{0.47 F_{rA}}{K_A} = \frac{0.47(2170)}{1.67} = 611 \text{ N}$$

$$F_{iB} = \frac{0.47 F_{rB}}{K_B} = \frac{0.47(2654)}{1.67} = 747 \text{ N}$$

由於 F_{iA} 仍然小於 $F_{iB} + F_{ae}$，(9-16) 式仍可應用

$$F_{eA} = 0.4 F_{rA} + K_A(F_{iB} + F_{ae}) = 0.4(2170) + 1.67(747 + 1690) = 4938 \text{ N}$$

$$F_{eB} = F_{rB} = 2654 \text{ N}$$

就軸承 A：從 (9-7) 式其修正的型錄條目 C_{10} 值應等於或大於

$$C_{10} = (1)(4938) \left[\frac{2.67}{(4.48)(1-0.995)^{2/3}} \right]^{3/10} = 12\,195 \text{ N}$$

雖然此型錄條目稍大於暫選的軸承 A，但因軸承 B 的可靠度要求超過 0.995，而仍將保留它。在下一節中，將量化證明結合軸承 A 與 B 的可靠度超過可靠度目標 0.99。

就軸承 B：$F_{eB} = F_{rB} = 2654$ N。從 (9-7) 式，

$$C_{10} = (1)2654 \left[\frac{2.67}{(4.48)(1-0.995)^{2/3}} \right]^{3/10} = 6554 \text{ N}$$

未軸承 A 與軸承 B 分別選用錐環 15100 及杯環 15245。請注意，從圖 9-13 有效負荷中心落在 $a = -5.8$ mm，亦即從杯背進入杯環內 5.8 mm。因此，軸肩至軸肩的尺寸應為 $150 - 2(5.8) = 138.4$ mm。請留意，(9-7) 式尋求型錄負荷額定值的每一次疊代，方程式中的方形括號內的部分是完全相同的，不需要每次重新輸入至計算器。

9-10　選用滾動接觸軸承的設計評估

在教科書中，機械元件一般都作單獨處理。這樣會導引讀者假定設計評估僅涉及該元件，本案例中指滾動接觸軸承。其緊鄰的元件 (軸頸及軸承殼內孔) 對其性能有直接的影響。其它稍遠的元件 (產生軸承負荷的齒輪) 也會有影響。就像有人說，"如果你在環境中穿戴某物，你會發現它也與其它的每一事物相關聯。" 對於那些與機械相關的元件，應屬直覺而明顯。然後，該如何驗證問題陳述中並未提及之軸的屬性？由於軸承仍未設計完成 (細節部分)，這是可能的。所有這些問題都

指出設計必須疊代的性質。比如說，減速機，如果功率、速率與減速比已有規定，則齒輪組的尺寸、幾何構形及位置可以粗略地估算出來，並可確認軸所承受的負荷與彎矩，暫時地選出軸承，確認密封。整體開始變得明朗，軸承殼及潤滑系統草圖與冷卻系統的考量變得比較清晰，顯現了軸的延伸端與聯軸器的適應性。這是開始疊代的時候了，此時再次處理每個元件，對所有其它元件的瞭解更多。當完成了必要的疊代時，將知道執行軸承的設計評估時，需要些什麼？同時，甚至在暫時性的疊代時，盡可能地做能做的設計評估，避免不良的選擇。請牢牢記住，為強調設計能完全滿足，終究得執行它。

滾動接觸軸承設計評估的大綱至少含：

- 軸承對施加負荷與預期壽命的可靠度
- 軸肩與軸承殼肩的滿足
- 軸頸加工，直徑與公差的相容 (compatible)
- 軸承殼加工，直徑與公差的相容
- 依據製造商推薦之潤滑劑的類型；潤滑劑的通路及維持滿足之運轉溫度的供應量
- 預施負荷，如果需要時的施予

由於本章的焦點在滾動接觸軸承，而且能量化處理可靠度及肩靠的問題。其它的量化處理必須等到軸與軸承殼的材料、表面品質、直徑與公差知道時才能處理。

軸承之可靠度

(9-6) 式可以解得以選出軸承之基本負荷額定值 C_{10} 表示之可靠度 R_D：

$$R = \exp\left(-\left\{\frac{x_D\left(\frac{a_f F_D}{C_{10}}\right)^a - x_0}{\theta - x_0}\right\}^b\right) \tag{9-18}$$

(9-7) 式也能以相同的方式解得 R_D：

$$R \doteq 1 - \left\{\frac{x_D\left(\frac{a_f F_D}{C_{10}}\right)^a - x_0}{\theta - x_0}\right\}^b \qquad R \geq 0.90 \tag{9-19}$$

範例 9-9

範例 9-3 中,99% 可靠度之最小必要的負荷額定值在 $x_D = L_D/L_{10} = 540$,為 $C_{10} = 29.7$ kN。表 9-2 的 02-40 mm 深槽滾珠軸承將能滿足此要求。若應用中的內孔為 70 mm 或更大 (選擇 02-70 mm 深槽滾珠軸承),則所得的可靠度為若干?

解答 從表 9-2,02-70 mm 深槽滾珠軸承的 $C_{10} = 61.8$ kN,使用 (9-19) 式,回顧範例 9-3 中,$a_f = 1.2$,FD = 1840 kN,$x_0 = 0.02$,$(\theta - x_0) = 4.439$,及 $b = 1.483$,

答案
$$R \doteq 1 - \left\{ \frac{\left[540 \left[\frac{1.2(1840)}{61\,800} \right]^3 - 0.02 \right]}{4.439} \right\}^{1.483} = 0.999\,962$$

此值正如預期,高於範例 9-3 的 0.99。

圓錐滾子軸承,或其它雙參數 Weibull 分佈之軸承,就 $x_0 = 0$,$\theta = 4.48$,$b = 3/2$ 時,(9-18) 式變成

$$R = \exp\left\{ -\left[\frac{x_D}{\theta[C_{10}/(a_f F_D)]^a} \right]^b \right\}$$

$$= \exp\left\{ -\left[\frac{x_D}{4.48[C_{10}/(a_f F_D)]^{10/3}} \right]^{3/2} \right\}$$

(9-20)

而 (9-19) 式變成

$$R \doteq 1 - \left\{ \frac{x_D}{\theta[C_{10}/(a_f F_D)]^a} \right\}^b = 1 - \left\{ \frac{x_D}{4.48[C_{10}/(a_f F_D)]^{10/3}} \right\}^{3/2} \quad (9\text{-}21)$$

範例 9-10

範例 9-8 中,軸承 A 及 B (錐環 15100 及杯環 15245) 的。該對軸承 A 與 B 之可靠度為若干?

解答 要求壽命 x_D 為 $5000(800)60/[90(10^6)] = 2.67$ 倍額定壽命。對軸承 A 使用 (9-21) 式,從範例 9-8,$F_D = F_{eA} = 4938$ N,及 $a_f = 1$,可得

$$R_A \doteq 1 - \left\{\frac{2.67}{4.48\,[12\,100/(1\times 4938)]^{10/3}}\right\}^{3/2} = 0.994\,791$$

這個值正如預期略小於 0.995。對軸承 B 使用 (9-21) 式，與 $F_D = F_{eB} = 2654$ N，可得

$$R_B \doteq 1 - \left\{\frac{2.67}{4.48\,[12\,100/(1\times 2654)]^{10/3}}\right\}^{3/2} = 0.999\,766$$

答案 該軸承對的可靠度為

$$R = R_A R_B = 0.994\,791(0.999\,766) = 0.994\,558$$

這個值大於整體可靠度目標值 0.99。當兩個軸承為了單純的目的或為了減少備件，或為了約定而採用相同規格，但兩者承受不同負荷時，兩個軸承都可選用其中之較小者，而仍能符合可靠度的目標值。如果負荷相差懸殊，則負荷大的軸承可以選擇使其可靠度目標值稍大於整體目標值。

一個對顯示純推力負荷時將發生什麼很有用的範例。

範例 9-11

考慮受約束的軸承殼，如圖 9-18 所示。它具有兩個直接安裝的圓錐滾子軸承以抗拒 8000 N 的外施推力 F_{ae}。該軸的轉速為 950 rev/min 旋轉，要求壽命 10 000 h，預期的軸徑大約為 1 in。可靠度目標值為 0.95。作用因數以 $a_f = 1$ 為宜。
(a) 試選出適合當軸承 A 的圓錐滾子軸承。
(b) 試選出適合當軸承 B 的圓錐滾子軸承。
(c) 試求可靠度 R_A、R_B 及 R。

解答 (a) 經由檢視指出左端的軸承承受軸向負荷，並正確地標示為軸承 A。在 A 處的反力為

$$F_{rA} = F_{rB} = 0$$
$$F_{aA} = F_{ae} = 8000 \text{ N}$$

由於軸承 B 未承受負荷，可從 $R = R_A = 0.95$ 著手。

沒有徑向負荷，也就沒有誘發的推力負荷，可應用 (9-16) 式

$$F_{eA} = 0.4 F_{rA} + K_A (F_{iB} + F_{ae}) = K_A F_{ae}$$

如果令 $K_A = 1$，可從推力欄中找到 C_{10} 而避免疊代運算。

$$F_{eA} = (1)8000 = 8000 \text{ N}$$
$$F_{eB} = F_{rB} = 0$$

額定壽命的倍數為

$$x_D = \frac{L_D}{L_R} = \frac{\mathcal{L}_D n_D 60}{L_R} = \frac{(10\,000)(950)(60)}{90(10^6)} = 6.333$$

然後從 (9-7) 式，對軸承 A

$$C_{10} = a_f F_{eA} \left[\frac{x_D}{4.48(1-R_D)^{2/3}} \right]^{3/10}$$

$$= (1)8000 \left[\frac{6.33}{4.48(1-0.95)^{2/3}} \right]^{3/10} = 16\,159 \text{ N}$$

答案 圖 9-14 代表 對大小 1-in (25.4-mm) 內孔的一個可能選擇：錐環、HM88630、杯環 HM88610 具有推力額定值 $(C_{10})_a = 17\,200$ N。

答案 (b) 軸承 B 未承受負荷，因此，使用具有相同內孔之最便宜的滾珠或滾子軸承即可。

(c) 軸承 A 的實際可靠度可從 (9-21) 式求得，為

答案
$$R_A \doteq 1 - \left\{ \frac{x_D}{4.48[C_{10}/(a_f F_D)]^{10/3}} \right\}^{3/2}$$

$$\doteq 1 - \left\{ \frac{6.333}{4.48\,[17\,200/(1 \times 8000)]^{10/3}} \right\}^{3/2} = 0.963$$

正如預期，此值大於 0.95。對軸承 B，

答案
$$F_D = F_{eB} = 0$$

$$R_B \doteq 1 - \left[\frac{6.333}{0.85(17\,200/0)^{10/3}} \right]^{3/2} = 1 - 0 = 1$$

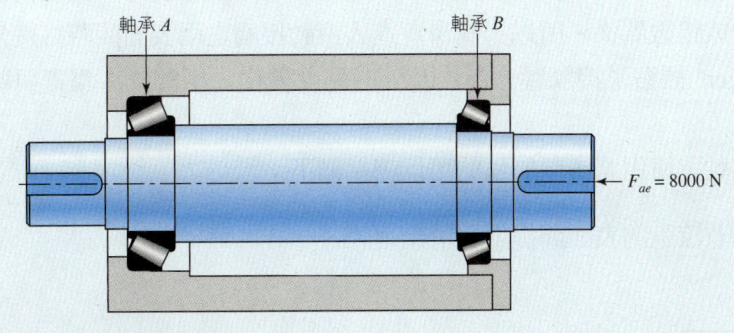

圖 9-18 範例 9-11 中受約束的軸承殼。

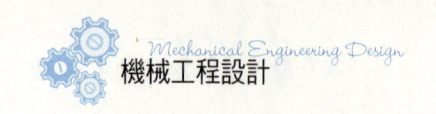

> 正如預期。軸承 A 與軸承 B 成對的複合可靠度為
>
> **答案**
> $$R = R_A R_B = 0.963(1) = 0.963$$
>
> 此值大於可靠度目標 0.95。

配合的事項

表 9-2 (與圖 9-7) 顯示單列，02-系列，深槽及斜角滾珠軸承的額定值，含推薦給內環軸座之肩部直徑，及外環的肩部直徑，分別以 d_S 及 d_H 表示之。軸肩可以大於 d_S 但不大到足以妨礙其環帶 (annulus)。維持與軸之中心線的同心度及垂直度，還有對端部的軸肩直徑應大於或等於 d_S 是很重要的。軸承殼肩的直徑 d_H 將等於或少於 d_H 以維持與軸承殼內孔之軸線的同心度及垂直度。不論軸肩或軸承殼肩都不應容許潤滑劑能透過軸承環帶移動的干涉。

在圓錐滾子軸承中 (圖 9-14) 中，杯環殼肩的直徑應該等於或小於 D_b。錐環的軸肩應該等於或大於 d_b。此外，潤滑劑的自由流動不應遭到任何環帶阻塞而受到阻礙。在減速機通用的飛濺方式潤滑中，將潤滑劑投射至軸承殼的上蓋 (housing cover) (類似天花板)，並以肋條將油滴導引至軸承。在直接式安裝中，圓錐滾子軸承將潤滑由從軸承外泵入軸承內，需要提供讓潤滑油流至軸承外的油通道。由於軸承的泵作用，油將回至油盤 (sump)。依間接式安裝時，將油導引至軸承內環帶，由該軸承將它泵至軸承外。必須提供油從軸承外至油盤的通道。

9-11 潤滑

滾動軸承接觸面上之相對運動兼具滾動及滑動，因此不易瞭解其間究竟發生什麼狀況。若滑動面上的相對速度夠高，則潤滑劑將呈現液動 (hydrodynamic) 作用。**彈性液動潤滑** (elastohyrodynamic lubrication, EHD) 發生於潤滑劑引入作純滾動的兩接觸面間時，齒輪輪齒、滾動軸承內及凸輪與從動件間的接觸面即為典型的例子。當潤滑劑陷入滾動接觸的兩表面間時，潤滑劑薄膜內發生壓力大幅提高的現象。但黏度與壓力成指數關係。所以，潤滑劑進入滾動接觸之兩表面間時黏度升高很多。Leibensperger[2] 觀察了接觸壓力區內及外的黏度變化，相當於冷瀝青與輕縫衣機油間的差異。

抗摩擦軸承使用潤滑劑的目的可以總結如下：

1. 在滑動兼滾動的表面間提供潤滑劑薄膜

---

[2] R. L. Leibensperger, "When Selecting a Bearing," *Machine Design*, vol. 47, no. 8, April 3, 1975, pp. 142–147.

2. 協助摩擦熱的分散及消除
3. 防止軸承表面腐蝕
4. 保養機件防止外來物侵入

潤滑油或油脂都可使用為潤滑劑，下列的法則有助於在兩者之間作抉擇：

使用油脂的時機	使用潤滑油的時機
1. 溫度不超過 200°F。 2. 轉速低。 3. 需要特殊防護措施以防止外物侵入。 4. 僅需簡單的軸承油封。 5. 可經長時間運轉而不需要維修。	1. 高轉速。 2. 溫度較高的場合。 3. 需要潤滑油封的裝置。 4. 不適合使用油脂的軸承 5. 由一個也供應其它機件潤滑劑的中央供應裝置提供軸承的潤滑。

9-12 安裝及密封

安裝抗摩擦軸承有許多方法，每一種新的設計對設計者的巧思而言，都是一項真正的挑戰。軸承殼內孔及軸的外徑必須維持相當緊密，當然頗為昂貴。通常需要進行一次或一次以上的平頭鑽 (counterboring)、多次的平面研削 (facing)、鑽孔 (drilling)、開孔 (tapping) 及螺紋切削 (threading) 等作業，這些作業都得在軸、軸承殼及蓋板上執行。而每項作業都會增加產品的成本，所以，設計者搜尋無困擾，且低成本的安裝方法時，面對的是困難且重要的問題。不同製造商的手冊中幾乎對每個設計領域提供了許多安裝的細節。然而，由於教科書的性質，僅能提供裸露的細節。

最常遭遇到的安裝問題是軸的各端需要的是哪一種軸承。這一類的設計可能在兩端都用一個滾珠軸承，兩端都用一個圓錐滾子軸承，或一端滾珠軸承另一端直筒滾子軸承。其中有個軸承還負承擔軸向定位的額外功能。圖 9-19 顯示一種此類問題的常見的解決方法。軸承內環以軸肩支撐，並用螺帽鎖在切削了螺紋的軸上，以維持於固定的位置上。左端軸承的外環由軸承殼肩部抵住，而以圖中未顯示的裝置固定其位置。右端軸承的外環可在軸承殼中游動。

圖 9-19 中的方法有許多可能的變化。例如，軸肩的功能可以由扣環、齒輪或皮帶輪的輪轂、間隔管 (spacing tube) 或環替代。圓螺帽可由扣環或以螺旋、栓或推拔銷固定位置的墊圈取代。軸承殼肩可用扣環替代。軸承的外環可製作扣環槽，或使用有凸緣的外環。通常以蓋板來提供抵制左端軸承外環的作用力，若推力不存在，則外環可使用扣環定位。

圖 9-20 顯示另一種安裝方式，和先前的方式一樣，以內座圈抵住軸肩，但不需要內環裝置。這種方式可將外座圈完全固定。而免除了扣環槽或螺紋，在延伸端

圖 9-19　常見的軸承安裝。

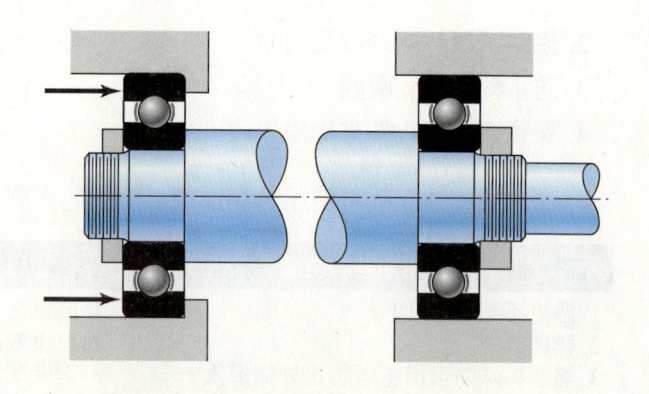

圖 9-20　圖 9-19 的另一種軸承安裝方式。

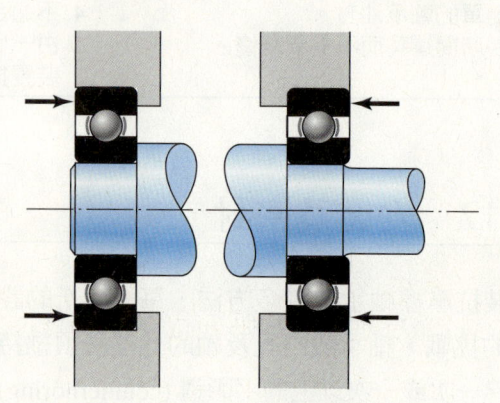

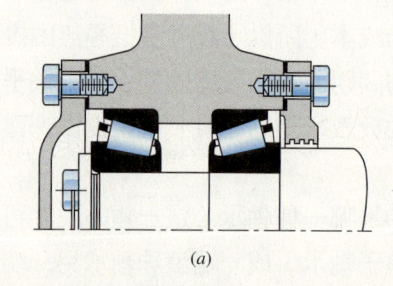

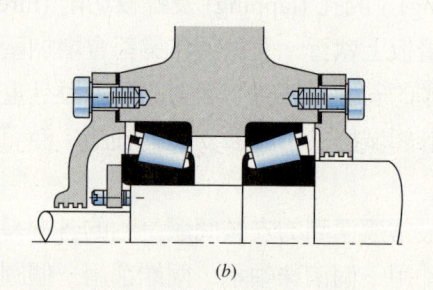

(a)　　(b)

圖 9-21　雙軸承安裝。(*Courtesy of The Timken Company.*)

引起應力集中現象。但這種方式在軸向方向需要精確的尺寸，或使用可調整的方法。這種方法的缺點是，兩軸肩的距離較大時，運轉導致的溫度較高可能使軸的伸長量大得足以破壞軸承。

　　經常需要在軸的一端安裝兩個或兩個以上之軸承。例如，使用雙軸承以獲得額外的剛性，或提高負荷力或使軸成懸臂狀態。圖 9-21 中顯示數種安裝雙軸承的方式。這些方法可用於圓錐滾子軸承，也可用於滾珠軸承，如圖示。應注意的是不論哪一種方法，其效果都是在對軸承施以軸向的預加負荷。

　　圖 9-22 顯示另一種安裝軸承的方式。請注意這種方式以墊圈抵住錐背。

　　當需要最大剛性及抵抗軸的欠對準時，常使用成對的斜角滾珠軸承 (見圖 9-1)

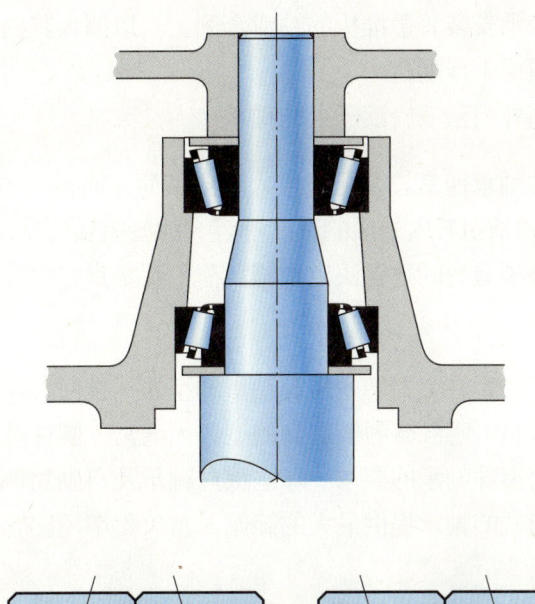

圖 9-22 盥洗機心軸的安裝。
(*Courtesy of The Timken Company.*)

(*a*) (*b*) (*c*)

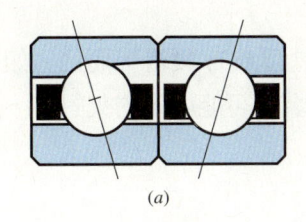

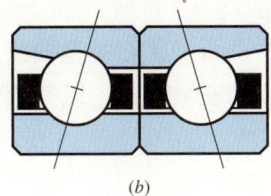

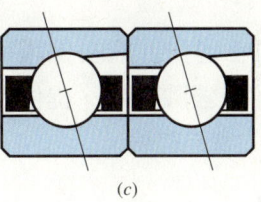

圖 9-23 斜角滾珠軸承的安排。(*a*) DF 安裝；(*b*) DB 安裝；(*c*) DT 安裝。(*Courtesy of The Timken Company.*)

作**複式排列** (duplexing)。製作複式排列的軸承時，其內外環都研磨成具有補償作用，使軸承成對夾緊時能自動建立預加負荷。圖 9-23 顯示三種安排方式。面對面安裝稱為 DF，能承受大的徑向負荷及來自任何方向的推力負荷。DB 安裝（背對背）的對準剛度最大，也適合承擔大的徑向負荷及來自任何方向的推力負荷。串列式 (tandem) 排列稱為 DT 安裝用於推力負荷總是來自相同方向的情況；因為兩個軸承的推力功能都指向相同的方向，若需要預加負荷，必須採取其它的方式。

不論是外環或內環，軸承的迴轉環通常採壓入配合 (press fit) 安裝。而靜止環則以推入配合 (push fit) 安裝。這種方式容許靜止環於安裝後能夠稍微蠕動，而將環的另一部分帶入負荷區，使磨耗均勻。

預施負荷

預加負荷的目的在於消除軸承中常發現的內部餘隙，以提高軸承壽命，並減少軸在軸承位置的斜率。圖 9-24 顯示典型的軸承餘隙，為了清晰的目的，已將其間隙誇大。

直圓柱滾子軸承的預加負荷得自：

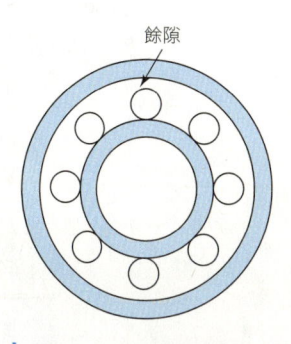

圖 9-24 現貨供應軸承的餘隙，為了表達清晰，以誇大方式顯示。

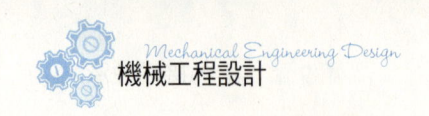

1. 將軸承安裝於帶推拔的軸或套筒上，以擴大其內環。
2. 外環採干涉配合。
3. 採購外環預縮於滾子上的軸承。

滾珠軸承通常於裝配時植入軸向負荷，而得到預加負荷。然而，圖 9-23(a) 及 (b) 中的軸承由於內外環的寬度不等，故於組裝時施以預加負荷。

遵循製造商的建言決定預施負荷，都是良好的實務作法。

對準

軸承的容許欠對準視規範軸承的型式、幾何形狀、材料性質而定。對指定軸承的詳細規格，應該參考製造商的型錄。通常，圓柱及圓錐滾子軸承要求的欠對準較接近深槽滾珠軸承的要求。球座滾珠軸承及自動對準軸承最為寬容。表 6-2 中，為每一種形式的軸承提供最大的範圍。當欠對準超出容許值時，軸承的壽命將嚴重地減損。

抗欠對準的額外保護可自製造商推薦的完整軸肩 (見圖 9-7) 獲得。而且，如果有任何欠對準存在，提供大約 2 的安全因數，以考量安裝時可能增大的欠對準，是良好的實務經驗。

密封

為排除污垢及外物並保存油脂，安裝軸承必須包含油封 (seal)。毛氈油封、商用油封及曲折油封 (見圖 9-25) 是三種主要的油封方式。

於低速以油脂潤滑時可使用毛氈油封 (felt seal)。其摩擦表面應作高度拋光。為了防止沾染污垢，油封應置於機製槽溝中，或採用以金屬鍛製成的防塵遮罩。

商用油封 (commercial seal) 是一種通常安置於薄金屬套中，包含摩擦元件及彈簧背托 (spring backing) 的組合。這些油封一般都以壓入配合安置在軸承殼上的平頭鑽孔中。因為它們藉著摩擦而獲得密封的效果，所以不宜用於高轉速的情況。

曲折油封 (labyrinth seal) 對高轉速的安裝效果特別好，不論使用油脂或潤滑油都能適應，有時與凸緣 (flingers) 一起使用。必須在內孔或外直徑上製作三道溝槽。其間隙變化於 0.25 mm 至 1.0 mm 之間，視速率及溫度而定。

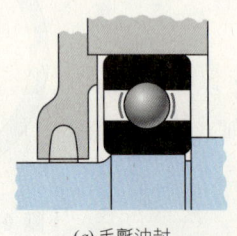

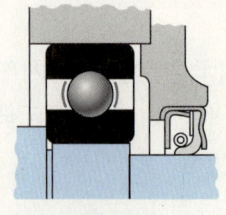

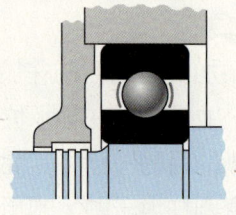

(a) 毛氈油封　　　　(b) 商用油封　　　　(c) 曲折油封

圖 9-25 典型的密封法。(*General Motors Corp. Used with permission, GM Media Archives*)

問題

具有星號 (*) 的問題，與其它章節的問題鏈結，如 **1-16** 節的表 **1-1** 所示。

由於每家製造商對材料，處理及製程各自作決策，製造商之軸承壽命分佈的經驗並不相同。此處將使用下表所列兩家製造商的經驗，求解隨後的問題。

製造商	額定壽命, 迴轉數	Weibull 參數 額定壽命 x_0	θ	b
1	$90(10^6)$	0	4.48	1.5
2	$1(10^6)$	0.02	4.459	1.483

表 9-2 及表 9-3 基於製造商 2 所得。

9-1 某應用需要滾珠軸承，其內環迴轉，在 350 rev/min 的速率下設計壽命為 25 kh。其徑向負荷為 2.5 kN，作用因數為 1.2。可靠度目標值為 0.90。試求要求的額定壽命倍數，x_D，及用來查軸承表的型錄額定負荷值 C_{10}。試由表 9-2 中挑選 02-系列的深槽滾珠軸承，並估算使用時的可靠度。

9-2 某應用需要斜角接觸，內環迴轉之 02-系列滾珠軸承，要求的壽命是在轉速 480 rev/min 下達 50 kh，其設計的負荷為 2745 N，作用因數為 1.4，可靠度目標為 0.90。試求要求的額定壽命倍數 x_D，及用來查軸承表的型錄額定負荷值 C_{10}。試由表 9-2 中挑選 02-系列的深槽滾珠軸承，並估算使用時殘存的可靠度。

9-3 在問題 9-2 中軸的另一個軸承是 03-系列的圓柱滾子軸承、內環迴轉。試就徑向負荷 7342-N，可靠度目標值為 0.90，求用來查軸承表 9-3 之型錄額定負荷值 C_{10}。試選出軸承，並估算其使用時的可靠度因數。

9-4 問題 9-2 與問題 9-3 產生了軸上軸承對之可靠度的問題。因為組合的可靠度 R 為 $R_1 R_2$，在問題 9-2 及問題 9-3 中你所做決策之兩個軸承的可靠度 (兩個軸承之一或兩個都不損壞的機率) 為若干？為軸上之軸承對的每一個軸承設定可靠度的意義為何？

9-5 合併問題 9-2 與 9-3 就整體可靠度 $R = 0.90$ 求解。試重新考慮你的選擇以滿足整體可靠度的目標值。

9-6 某直 (圓柱) 滾子軸承承受 20 kN 徑向負荷，要求壽命為在 950 rev/min 轉速下運轉 8000 h，而且展現 0.95 的可靠度。要用於製造商 2 中選出軸承的基本負荷額定值為若干？

9-7 選自不同的製造商的兩個滾珠軸承，考量將用於某項應用，軸承 A 具有在 500 rev/min 轉速下，基於型錄額定系統 3 000 h 的型錄額定負荷值 2.0 kN。軸承 A 具有在 10^6 次循環下的型錄額定值 7.0 kN。試就指定的應用，確定哪個軸承承擔較大的負荷。

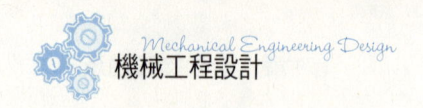

9-8 至 9-13

試就在表中指定的軸承應用規範作為指派的問題,求用於查軸承型錄的基本負荷額定值。

問題編號	徑向負荷	設計壽命	要求可靠度
9-8	2 kN	10^9 rev	90%
9-9	8 kN	5 kh, 900 rev/min	90%
9-10	4 kN	8 kh, 500 rev/min	90%
9-11	3 kN	5 年, 40 h/week, 400 rev/min	95%
9-12	9 kN	10^8 rev	99%
9-13	8 kN	5 kh, 900 rev/min	96%

9-14* 到 9-17*

對表中指定的問題,試基於原始問題的結果,求 C 處滾珠軸承具有 95% 可靠度的基本負荷額定值。軸以 1200 rev/min 旋轉,要求的軸承壽命為 15 kh,作用因數取 1.2。

問題編號	原始問題
9-14*	2-68
9-15*	2-69
9-16*	2-70
9-17*	2-71

9-18* 對問題 2-77 中定義之軸的應用,以定值速率 191 rev/min 驅動其輸入軸 EG。試就 A 處的滾珠軸承擁有 95% 可靠度及 12 kh 軸承壽命的基本負荷額定值。

9-19* 對問題 2-79 中定義之軸的應用,以定值速率 280 rev/min 驅動其輸入軸 EG。試就 A 處的圓柱滾子軸承擁有 98% 可靠度及 14 kh 軸承壽命的基本負荷額定值。

9-20 某 02-系列單列深槽滾珠軸承的內孔 65-mm (見表 9-1 及 9-2 的規格),承受 3-kN 的軸向負荷及 7-kN 的徑向負荷,其外環以 500 rev/min 旋轉。
(a) 試求此一特定軸承將承受的等效徑向負荷。
(b) 試確定此軸承是否可預期在承受其負荷於 95% 可靠度下有 10 kh 的軸承壽命。

9-21 某 02-系列單列深槽滾珠軸承的內孔 30-mm (見表 9-1 及 9-2 的規格),承受 2-kN 的軸向負荷及 5-kN 的徑向負荷,其內環以 400 rev/min 旋轉。
(a) 試求此一特定軸承將承受的等效徑向負荷。
(b) 試求此一軸承在本應用中,於 99% 可靠度要求下的預期壽命。

9-22 到 9-26

試從表 9-2 中選出一個 02-系列的單列深槽滾珠軸承以用於表中規範的問題。假設若有需要可以應用表 9-1。嘗試從表 9-2 中選出能滿足這些條件之最小內孔的軸承。

問題編號	徑向負荷	軸向負荷	設計壽命	旋轉的環	要求可靠度
9-22	8 kN	0 kN	10^9 rev	內環	90%
9-23	8 kN	2 kN	10 kh, 400 rev/min	內環	99%
9-24	8 kN	3 kN	10^8 rev	外環	90%
9-25	10 kN	5 kN	12 kh, 300 rev/min	內環	95%
9-26	9 kN	3 kN	10^9 rev	外環	99%

9-27* 圖中的軸乃為問題 2-72 定義之軸提出的初步設計。實際的齒輪力傳遞中心如圖示。已估算軸承表面的尺寸 (以交叉符號標示)。該軸以 1200 rev/min 旋轉，而要求軸承壽命為 15 kh 並具有 95% 可靠度。作用因數使用 1.2。

(a) 試求右側滾珠軸承的基本負荷額定值。

(b) 試使用線上軸承型錄，查出滿足必要基本負荷額定值的規格軸承，及其幾何條件。如果需要，對軸承表面尺寸標示適宜的調整。

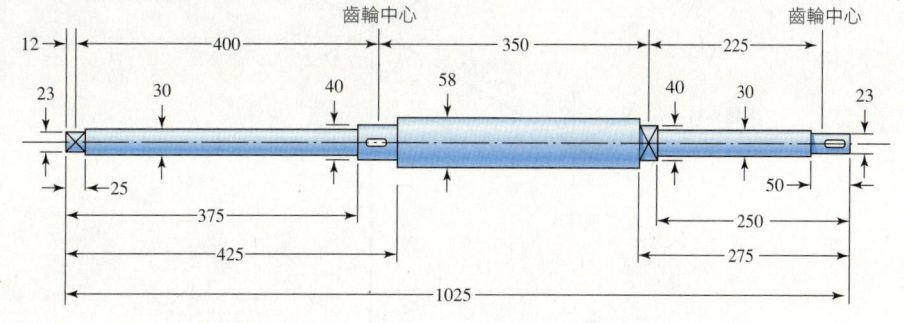

問題 9-27*
所有的內圓角半徑為 2 mm
尺寸以 mm 標示。

9-28* 重複問題 9-27 的條件，求該軸左端的軸承。

9-29* 圖中的軸乃為問題 2-73 定義之軸提出的初步設計。實際的齒輪力傳遞中心如圖示。已估算軸承表面的尺寸 (以交叉符號標示)。該軸以 900 rev/min 旋轉，而要求軸承壽命為 12 kh 並具有 98% 可靠度。作用因數使用 1.2。

(a) 試為在右端的軸承求基本負荷額定值。

(b) 試使用線上軸承型錄，查出滿足必要基本負荷額定值的規格軸承，及其幾何條件。如果需要，對軸承表面尺寸標示適宜的調整。

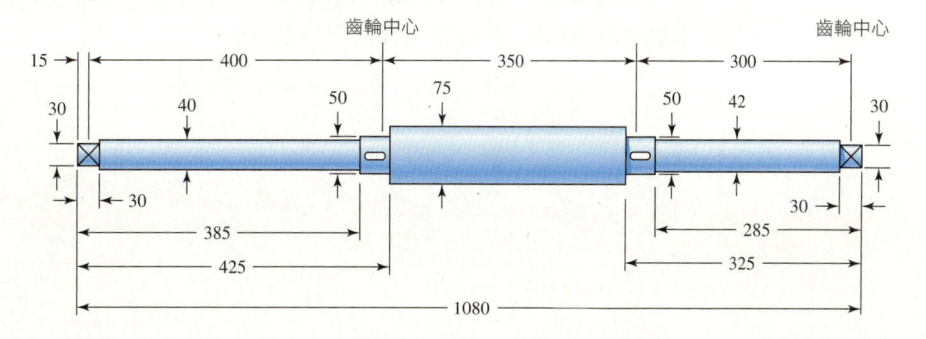

問題 9-29*
所有的內圓角半徑為 2 mm
尺寸以 mm 標示。

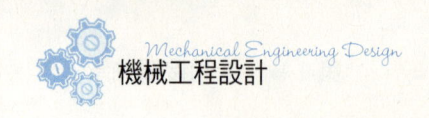

9-30* 重複問題 9-29 的條件，求該軸左端的軸承。

9-31 某鑄工廠之 18.7 kW 吊重機的平行軸減速機，有一個節圓直徑 205 mm 的螺旋齒輪。螺旋齒輪傳遞力的分量在切線，徑向及軸向等方向上 (見第 10 章)。傳遞至第二傳動軸上承受的負荷顯示於 A 點。軸承反力作用於 C 及 D 處，假設為簡支狀態。試為位置 C 選用一個滾珠軸承以承受推力，而於位置 D 處使用圓柱滾子軸承。該減速機的壽命目標為 10 kh，且四個軸承 (兩支軸上) 就範例 9-3 之 Weibull 參數的整體可靠度等於 0.96。作用因數為 1.2。

(a) 試為位置 D 選擇滾子軸承。
(b) 試為位置 C 選擇滾珠 (斜角) 軸承，假設內環旋轉。

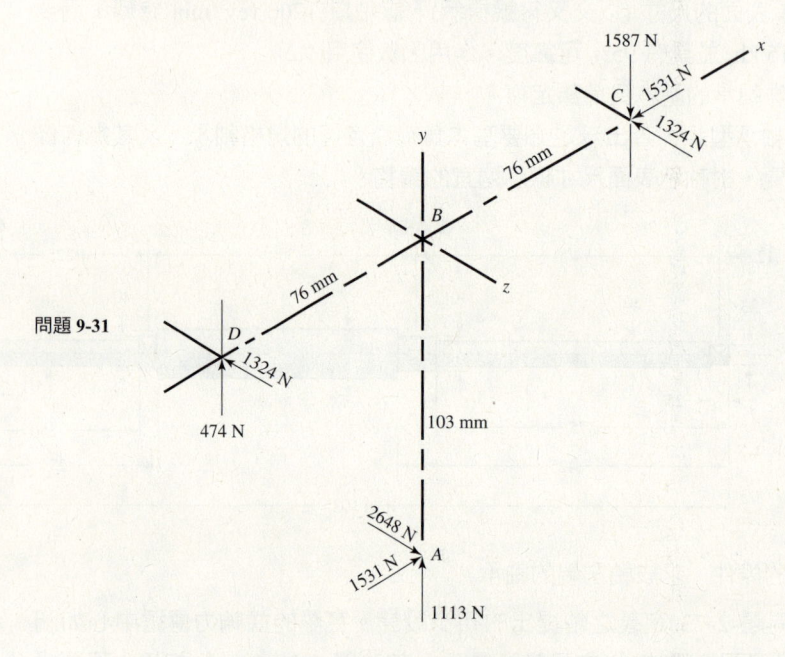

問題 9-31

9-32 圖中由齒輪驅動的副軸 (countershaft)，在 C 處有個外懸的小齒輪 (overhanging pinion)。試從表 9-2 選擇一個角接觸滾珠軸承安裝於 O，並從表 9-3 選出一個圓柱滾子軸承以安裝於 B。作用於齒輪 A 之力為 $F_A = 2670$ N，而軸以 480 rev/min 的速率運轉。該靜力學問題的解顯示，在 O 點軸承施加於軸的力為 $\mathbf{R}_O = 1722\,\mathbf{j} + 2078$ N，而在 B 點為 $\mathbf{R}_B = 1406\mathbf{j} - 7187$ N。試找出需要的軸承，使用作用因數 1.4，要求壽命為 50 kh，而複合可靠度目標為 0.9。

問題 9-32
尺寸以 mm 標示。

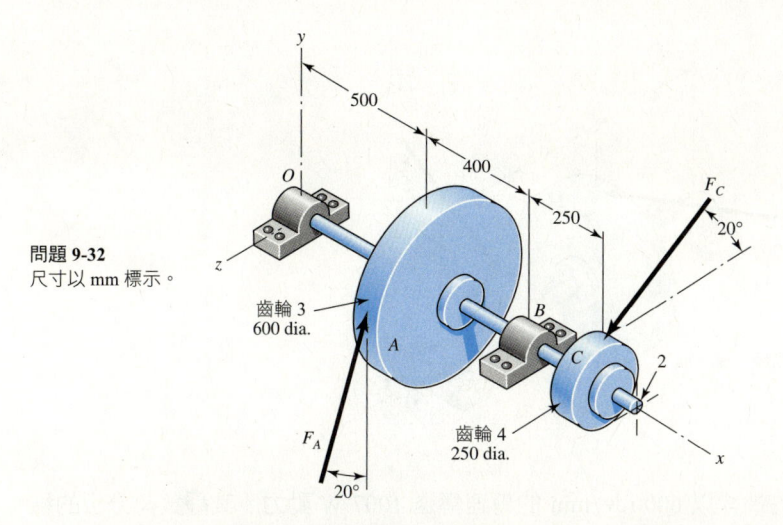

9-33 圖中為支持兩個 V 皮帶帶輪之副軸的草圖。該副軸以 1500 rev/min 旋轉。而且於 0.98 的複合可靠度下軸承的要求壽命為 60 kh。皮帶輪 A 的鬆邊皮帶張力為緊邊張力的 15%。試求由皮帶的拉力在 O 及 E 處引起的軸承反力。假設皮帶拉力互相平行。試從表 9-2 選出用於 O 及 E 處的深槽滾珠軸承，作用因數為 1。

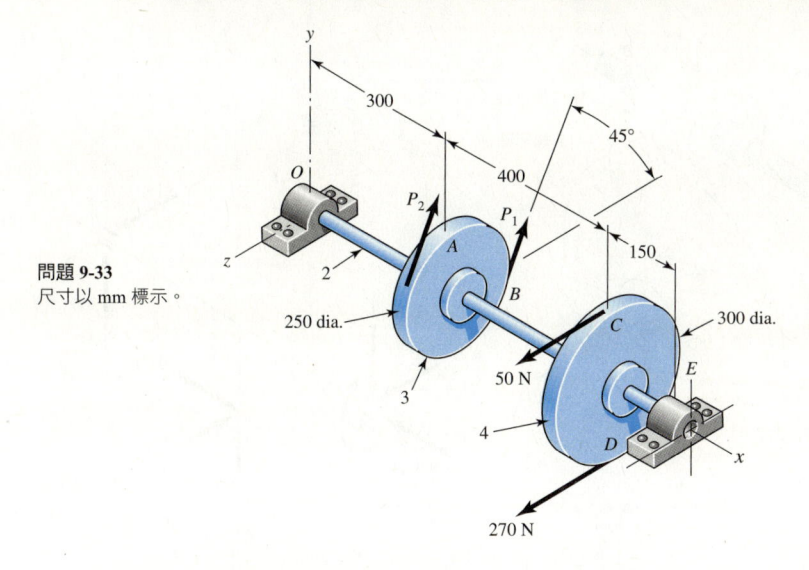

問題 9-33
尺寸以 mm 標示。

9-34 圖中為某齒輪減速裝置使用的副軸。試求兩軸承之反力。這兩個軸承將是斜角滾珠軸承，當轉速為 200 rev/min 時，要求壽命為 40 kh，使用作用因數取 1.2，複合之可靠度目標值為 0.95。試從表 9-2 中選出適用的軸承對。

561

問題 9-34
尺寸以 mm 標示。

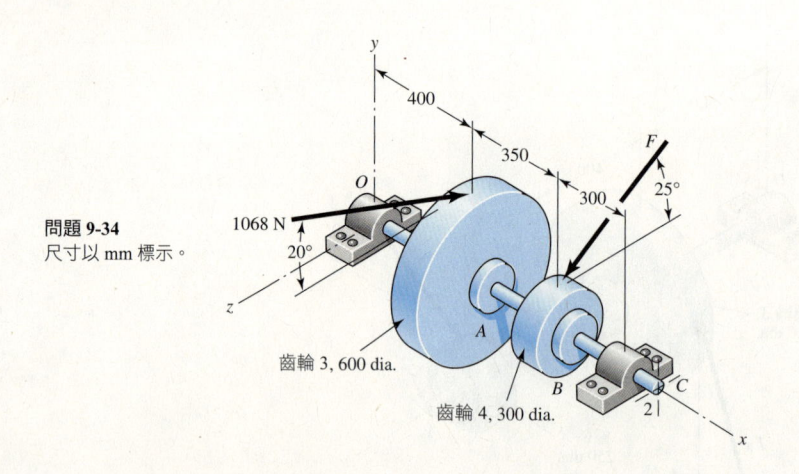

9-35 在圖中 a 部分的蝸桿以 600 rev/min 的轉速傳送 1007 W 動力。其靜負荷分析的結果顯示於圖 b 部分中。軸承 A 將裝置角接觸滾珠軸承以承受 2470 N 的推力。B 處的軸承將僅受徑向負荷，所以將採用圓柱滾子軸承。試以作用因數 1.3，壽命 25 kh 對應於 0.99 的可靠度目標等條件，指定各軸承的規格。

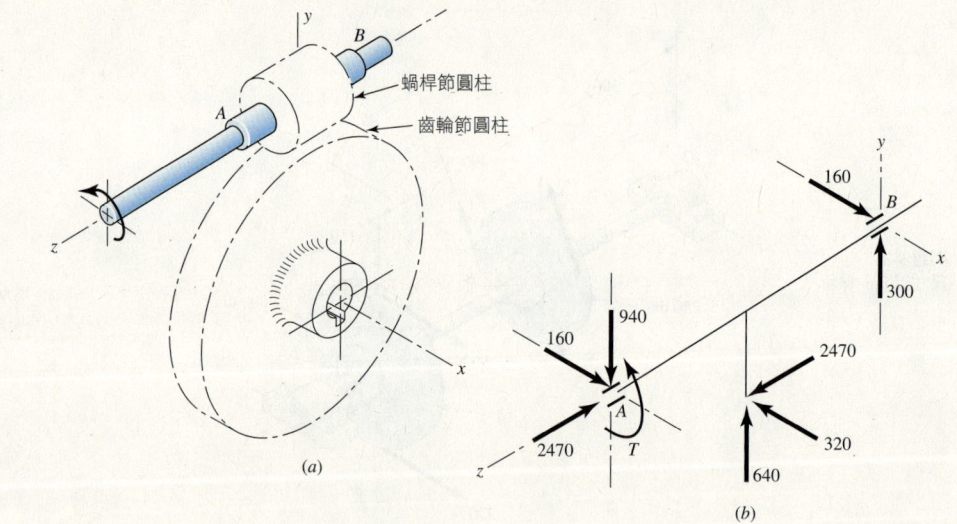

問題 9-35
(a) 蝸桿與蝸齒輪
(b) 蝸齒輪軸的力分析，力以 N 標示。

9-36 於 2000 rev/min 轉速，施以 18 kN 穩定徑向負荷的軸承試驗中，某一組軸承顯示了 115 h 的 L_{10} 壽命及 600 h 的 L_{80} 壽命。該軸承的基本負荷額定值為 39.6 kN。試估算 Weibull 形狀因數 b 及 2 參數模型的特徵壽命 θ。該製造商以一百萬轉為滾珠軸承的額定壽命。

9-37 圖中 16 齒的小齒輪驅動二級減速的正齒輪系，所有齒輪的壓力角都是 25°。小齒輪以 1200 rev/min 作 ccw 旋轉，並傳輸動力至齒輪系。該傳動軸尚未完成設計，但已畫好分離體圖。各軸的轉速分別為 1200 rev/min、240 rev/min，及 80 rev/min。軸承以具有 10 kh 壽命及齒輪箱整體軸承的可靠度 0.99 著手研究。適宜的作用因數為 1.2。試提出此六個軸承的規格。

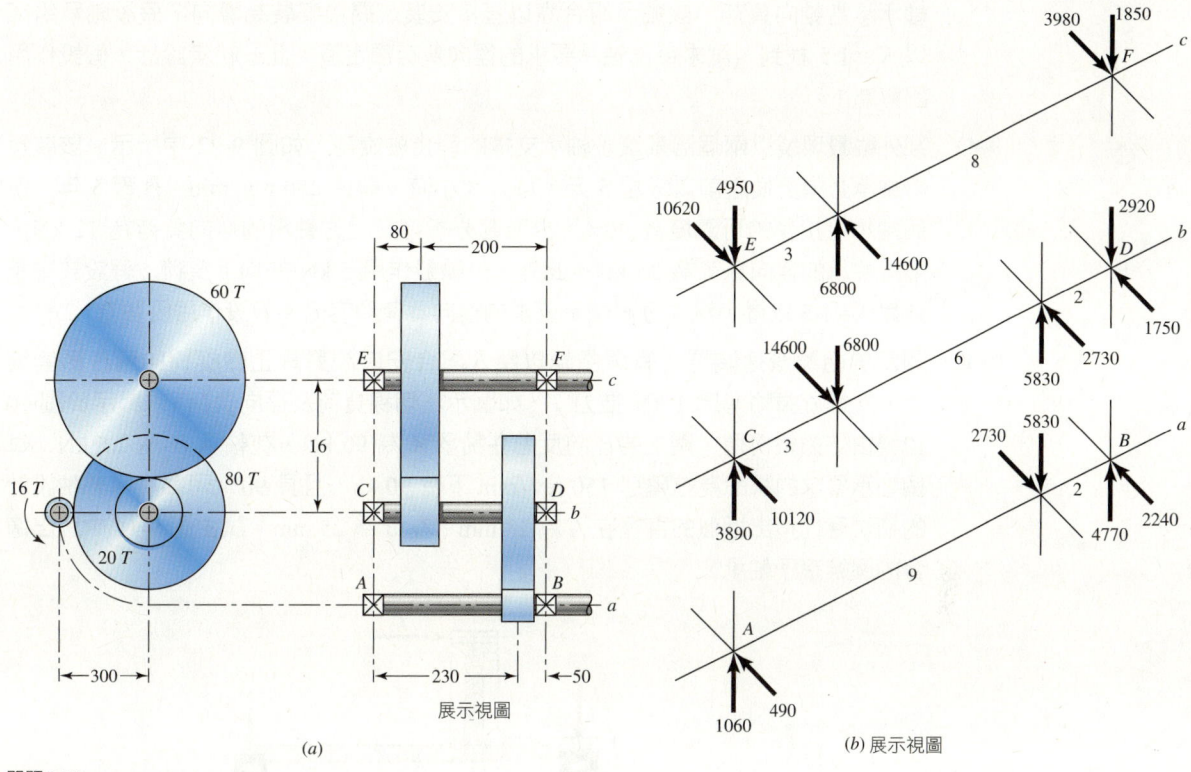

問題 9-37
(a) 驅動細節；(b) 軸的負荷分析。力以 N；線性尺寸以 mm 標示。

9-38 某 02-30 mm 角接觸滾珠軸承，已經在承受 18 kN 軸向負荷下運轉 200 000 迴轉，若現在開始承受的負荷改成 30 kN，試求其殘餘壽命，以迴轉數計。

9-39 與問題 9-38 相同的 02-30 mm 角接觸軸承，將承受 18 kN 負荷作用 4 分鐘，及 30 kN 負荷 6 分鐘的兩段負荷循環。此一循環將重複至軸承損壞，試估算以迴轉數、小時計的總壽命，及承載的循環數。

9-40 某副軸以兩個間接式安裝的圓錐滾子軸承支撐。其承受的徑向負荷分別為左側軸承 2240 N，右側軸承為 4380 N。軸向負荷 800 N 由左側軸承承當。該軸以 400 rev/min 旋轉，且要求壽命 40 kh。使用作用因數 1.4 及複合可靠度目標為 0.90。以初值 $K = 1.5$，試求每個軸承要求的徑向負荷額定值。試從圖 9-14 中選出兩個適用軸承。

9-41* 針對問題 2-74 所定義的軸應用，為在 C 及 D 處的圓錐滾子軸承執行初步的規範。該軸承組合要求的軸承壽命為 10^8 迴轉數，具有 90% 的複合可靠度。為使 C 處的軸承承當軸向負荷，該軸承組合應以直接安裝或間接安裝為導向？假設軸承組能以 $K = 1.5$ 找到，試求每個軸承要求的徑向負荷額定值。此一初步設計，假設作用因數為 1。

9-42 針對問題 2-76 所定義的軸應用，為在 A 及 B 處的圓錐滾子軸承執行初步的規範。該軸承組合要求的軸承壽命為 $5(10^8)$ 迴轉，具有 90% 的複合可靠度。為以 A 處的

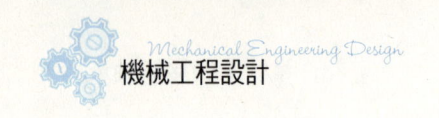

軸承承當軸向負荷，該軸承組合應以直接安裝或間接安裝為導向？假設軸承組能以 $K = 1.5$ 找到，試求每個軸承要求的徑向負荷額定值。此一初步設計，假設作用因數為 1。

9-43 某外輪轂環繞以兩個圓錐滾子軸承支撐的靜止軸旋轉，如圖 9-22 中所示。該裝置於軸承必須更換之前以每週 5 天，每天 8 小時，轉速 250 rev/min，運轉 5 年。每個軸承可接受的可靠度為 90%。分離體分析確定上方軸承的徑向負荷為 12 kN，下方軸承的徑向負荷為 25 kN。此外，外輪轂作用 5 kN 的向下負荷。假設該軸承能以 $K= 1.5$ 取得，試求每個軸承要求的徑向負荷額定值。假設作用因數為 1.2。

9-44 圖示的齒輪減速裝置，有個齒輪以壓入配合安裝於對靜止軸旋轉的圓柱形套筒上。該螺旋齒輪傳遞 1 kN 推力 T，如圖示。切線負荷及徑向負荷 (未顯示於圖中) 也經由該齒輪傳遞，產生的徑向反力在軸承 A 為 90 kN，在軸承 B 為 2.5 kN。每個軸承要求的壽命為在轉速 150 rev/min 下有 90 kh，且具 90% 可靠度。該軸設計的初次疊代指出近似的直徑在 A 為 28 mm，在 B 為 25 mm。試由圖 9-14 中選出適合的圓錐滾子軸承。

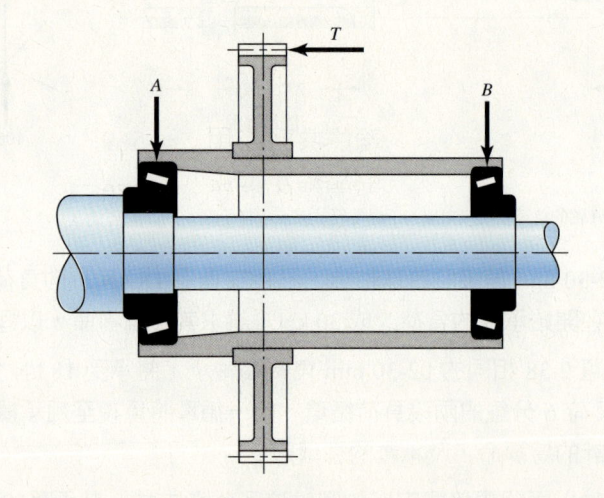

問題 9-44
(*courtesy of the Timken Company*)

chapter 10

齒輪──通論

本章大綱

- 10-1 齒輪的型式　566
- 10-2 術語　567
- 10-3 輪齒共軛作用　569
- 10-4 漸開線的性質　570
- 10-5 基本原理　571
- 10-6 接觸比　576
- 10-7 干涉　578
- 10-8 輪齒的成形　580
- 10-9 直齒斜齒輪　582
- 10-10 平行軸螺旋齒輪　583
- 10-11 蝸齒輪　587
- 10-12 輪齒齒制　589
- 10-13 齒輪系　591
- 10-14 作用力分析──正齒輪　599
- 10-15 作用力分析──斜齒輪　602
- 10-16 作用力分析──螺旋齒輪　606
- 10-17 作用力分析──蝸齒輪　609

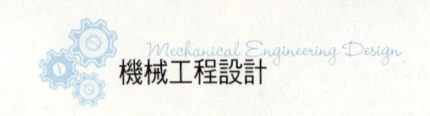

本章將處理四種主要型式之齒輪：正齒輪、螺旋齒輪、斜齒輪及蝸齒輪的幾何、運動學及重要的力與力矩的分析。力與力矩在嚙合齒輪間傳遞的力提供扭矩至傳動軸，以產生運動及傳輸動力，並產生影響軸及其軸承的力與力矩。隨後的兩章將處理這四型齒輪的應力、強度、安全性，及可靠度。

10-1　齒輪的型式

如圖 10-1 所示，**正齒輪** (spur gear) 具有與旋轉軸平行的輪齒，而用於將運動由該軸傳送至另一平行軸。在所有各齒輪型式中，正齒輪最單純，因此將用於發展輪齒形狀的基本運動學關係式。

螺旋齒輪 (helical gear)，如圖 10-2 所示，其輪齒則對旋轉軸傾斜。螺旋齒輪可用於和正齒輪相同的應用場合，如此使用時較不吵雜，因為嚙合以漸進方式進行。其傾斜的輪齒也將誘導出使用正齒輪傳動時原不存在的推力負荷與彎曲力矩。有時螺旋齒輪會用於不平行之兩軸間的傳動。

斜齒輪 (bevel gear)，如圖 10-3 所示，它在圓錐面上形成輪齒，而大多用於兩相交軸間的傳動。圖中顯示的實際上是**直齒斜齒輪** (straight-tooth bevel gear)。蝸線

圖 10-1　正齒輪用於在兩平行軸間傳遞旋轉運動。

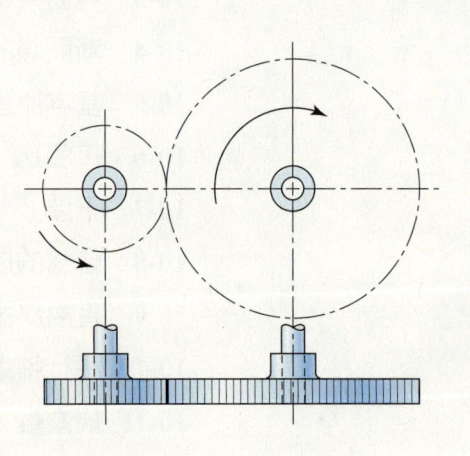

圖 10-2　螺旋齒輪用於在兩平行軸，或非平行軸間傳遞旋轉運動。

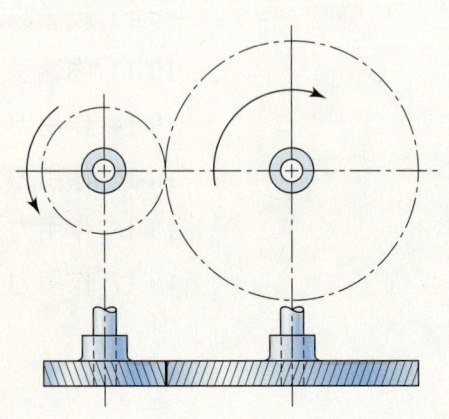

圖 10-3　斜齒輪用於兩相交軸間傳遞旋轉運動。

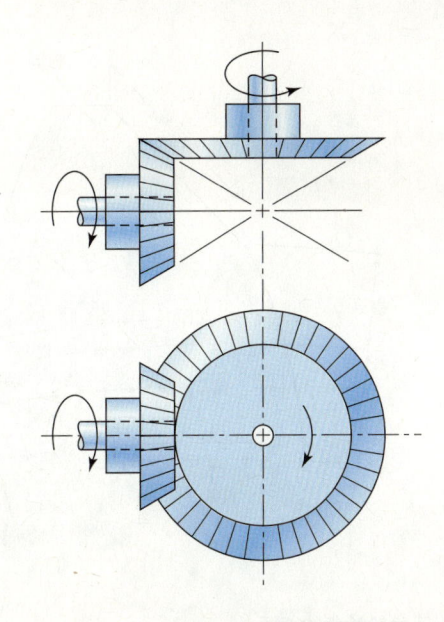

圖 10-4　蝸齒輪組用於非平行也未相交之兩軸間傳遞旋轉運動。

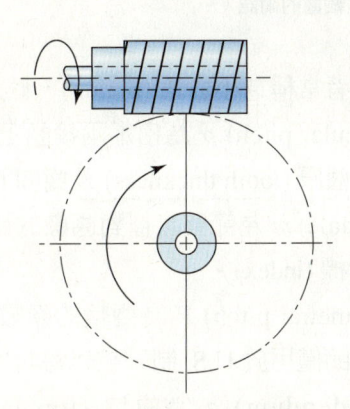

　　斜齒輪 (spiral bevel gear) 所切成之輪齒不再是直齒而形成圓弧形。戟齒輪 (hypoid gear) 則除了軸偏位 (offset) 及不相交外，與蝸線斜齒輪非常相似。

　　圖 10-4 中顯示第四種基本齒輪型式，**蝸桿** (worm) 及**蝸齒輪** (worm gear)。正如圖中顯示，蝸桿與螺旋非常相似。蝸齒輪亦稱**蝸輪** (worm wheel)。其旋轉方向視蝸桿的旋轉方向及蝸齒是依右手或左手螺旋切削而定。蝸桿-蝸輪組的製成也使其中之一或二者的輪齒部分地裹住另一組的輪齒。像這樣的組合稱為**單包面** (single-enveloping) 或**雙包面** (double-enveloping) 蝸桿－蝸輪組。蝸桿－蝸輪組大多用於兩軸間的轉速比相當高，比如說 3，或更高的場合。

10-2　術語

　　圖 10-5 中說明了有關正齒輪的術語。**節圓** (pitch circle) 為所有計算所依據的理論圓；其直徑稱為**節圓直徑** (pitch diameter)。一對嚙合齒輪的節圓彼此相切。兩嚙

567

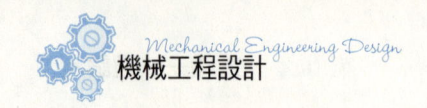

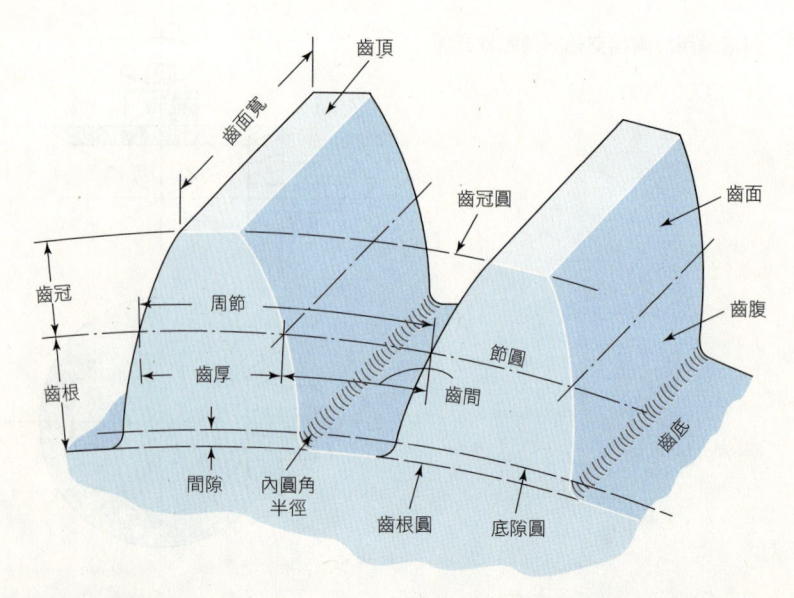

圖 10-5 正齒輪輪齒的術語。

嚙合齒輪中較小者常稱為**小齒輪** (pinion)，較大者常稱為**大齒輪** (gear)。

周節 (circular pitch) p 為相鄰兩輪齒上的對應點間在節圓圓周上量得的距離，因此周節等於**齒厚** (tooth thickness) 及**齒間** (width of space) 的和。

模數 (module) m 為節圓直徑對齒數的比值。其慣用的長度單位為 mm。模數為 SI 制齒輪的指標 (index)。

徑節 (diametral pitch) P 為齒輪的齒數對節圓直徑的比值。因此，它是模數的倒數。因為徑節僅用於 U.S. 制，它以每吋所含齒數表示。

齒冠 (addendum) a 為**齒頂** (top land) 與節圓之間的徑向距離。而**齒根** (dedendum) b 為**齒底** (bottom land) 至節圓的徑向距離。**總深度** (whole depth) h_t 為齒冠與齒根之和。

底隙圓 (clearance circle) 為與嚙合齒輪之齒冠圓相切的圓。**間隙** (clearance) c 為已知齒輪的齒根超過其嚙合齒輪齒冠的部分。**背隙** (backlash) 在節圓上量得的齒間大於嚙入齒厚的間隙。

讀者應自行證明下列公式的有效性：

$$P = \frac{N}{d} \tag{10-1}$$

$$m = \frac{d}{N} \tag{10-2}$$

$$p = \frac{\pi d}{N} = \pi m \tag{10-3}$$

第 10 章　齒輪——通論

$$pP = \pi \tag{10-4}$$

其中　$P =$ 徑節，teeth/in
　　　$N =$ 齒數
　　　$d =$ 節圓直徑，in
　　　$m =$ 模數，mm
　　　$d =$ 節圓直徑，mm
　　　$p =$ 周節

10-3　輪齒共軛作用

下列的討論假設輪齒有完美的齒形，完全光滑，而且絕對剛固。當然，這樣的假設不切實際，因為力的作用將導致輪齒撓曲。

嚙合齒輪的輪齒彼此抵觸以產生旋轉運動，類似於凸輪的運轉。當設計輪齒或凸輪輪廓，使它們於嚙合期間能產生固定轉速比時，即稱之為具**共軛作用** (conjugate action)。理論上，至少可能對其中之一的輪齒任意地選擇任何輪廓，然後找出能獲得共軛作用的嚙合齒的輪廓。**漸開線齒廓** (involute profile) 為解答之一，除少數情況外，它是通用的輪齒齒廓，也是唯一在本書中討論的齒廓。

當一個曲面推擠另一曲面 (圖 10-6) 時，兩曲面彼此相切的位置 (c 點) 即為其接觸點，而其作用力任何時刻都沿著兩曲面的**公法線** (common normal)。ab 線表示作用力的作用方向，稱為**作用線** (line of action)。作用線與聯心線 O-O 將交會於某個點 P。兩旋轉臂間的轉速比與它們至 P 點的徑向距離成反比。自各個圓心所畫的通過 P 點的圓稱為**節圓** (pitch circle)，而每個圓的半徑稱為**節圓半徑**(pitch radius)。

圖 10-6　凸輪 A 與從動件 B 接觸中。當接觸表面都是漸開線時，將發生共軛作用，而產生定值的角速度比。

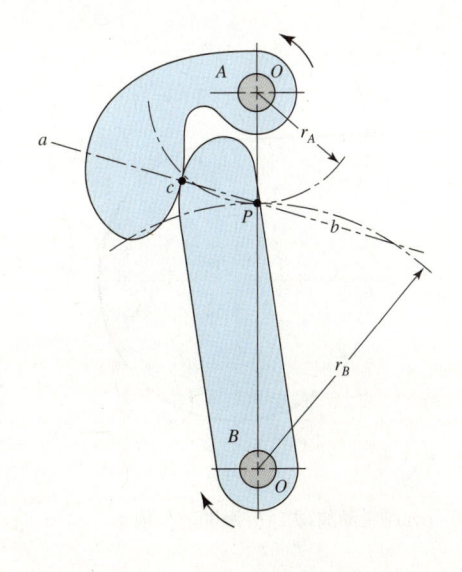

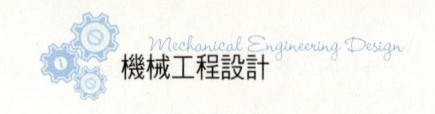

P 點則稱為**節點** (pitch point)。

圖 10-6 用於其它的觀察很有用，一對齒輪實際上是一對凸輪，它們通過一段小弧作用，並且在離開該漸開線輪廓之前為另一對完全相同的凸輪所取代。這些凸輪能作兩個方向的旋轉，並且具有能傳遞等角速度的構形。如果使用漸開線，該齒輪對容忍中心距離略有改變而定值角速比仍不變。此外，齒條輪廓的齒腹為直線，使得基本工具比較單純。

為了以等角速度比傳遞運動，節點必須維持固定；也就是每一瞬時之接觸點的作用線都必須通過相同的 P 點。如果是漸開線齒廓，將可證明所有的接觸點都發生在相同的直線 ab 上，所有在接觸點與齒廓線正交的法線都與 ab 線重合，因此，這些齒廓能夠傳遞均勻的迴轉運動。

10-4　漸開線的性質

漸開線曲線可能以圖 10-7a 顯示的方式產生，部分**凸緣** (flange) 附著於圓柱 A 上，環繞圓柱的是繃緊的弦線 def。弦線上的 b 點代表**描繪點** (tracing point)。而當弦線在圓柱上捲繞或反方向捲繞時，b 點將描繪出漸開線 ac。漸開線的曲率半徑連續地變化，在 a 點時其值為 0，而在 c 點時有最大值。在 b 點的半徑等於 be，因為 b 點對 e 點作瞬時旋轉。因此，創生線在與漸開線相交的交點上，都與漸開線正交，同時也都與圓柱 A 相切。創生漸開線所用的圓稱為**基圓** (basic circle)。

現在開始檢視漸開線齒廓如何滿足傳遞均勻運動的必要條件。圖 10-7b 中，顯示中心固定於 O_1 及 O_2 的兩齒輪胚，具有半徑分別為 O_1a 及 O_2b 的基圓，如圖示。現在想像有一根弦線以順時針方向纏繞於齒輪 1 的基圓上，並以逆時針方向纏繞於

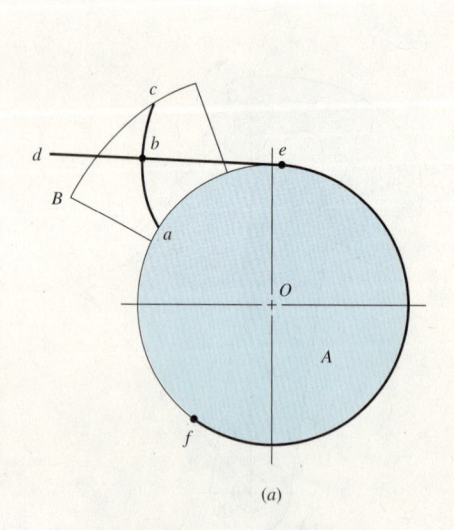

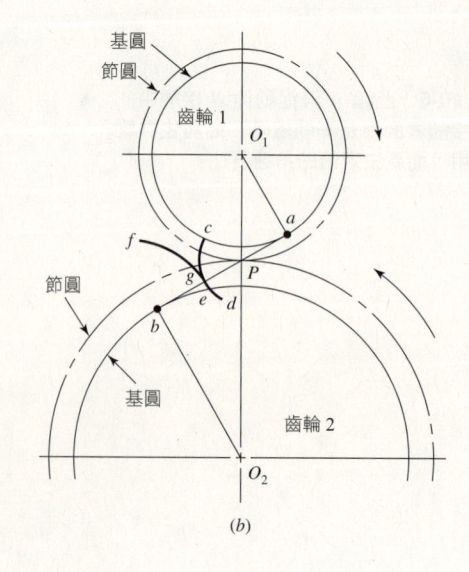

圖 10-7　(a) 創生漸開線；(b) 漸開線作用。

齒輪 2 的基圓上，繃緊 a 點與 b 點間的部分。若基圓以不同方向旋轉來維持弦線於繃緊的狀態，則弦線上的 g 點將在齒輪 1 上描繪出漸開線 cd，而在齒輪 2 上描繪出漸開線 ef。因此，兩段漸開線由該描繪點同時創生出來。所以，當弦線 ab 部分為創生線時，該描繪點代表接觸點。該接觸點沿著創生線移動，該創生線不會改變位置，因為它總是與兩個基圓相切。而且，由於創生線在接觸點總是與漸開線正交，因此能滿足傳遞均勻運動的要求。

10-5　基本原理

在其它相關事項中，你實際上必須具有在一對嚙合的齒輪上繪出輪齒的能力。然而，應該瞭解的是繪製輪齒不是為製造，而是為了瞭解嚙合輪齒於嚙合時所涉及的問題。

首先必須瞭解漸開線如何構成。如圖 10-8 所示，將基圓分割成幾個等分，並繪出徑向線 OA_0、OA_1、OA_2 等。從 A_1 點開始，繪出 A_1B_1、A_2B_2、A_3B_3 等垂直線。然後沿 A_1B_1 線上截取 A_1A_0 的長度，沿 A_2B_2 線上截取兩倍 A_1A_0 的長度等；通過所截取的點，即可繪出漸開線。

為了探究輪齒作用的基本原理，現在要依在一對齒輪上繪製輪齒的程序一步接一步地進行繪製。當兩個輪齒嚙合時，它們的節圓將互相作無滑動的滾動。以 r_1 和 r_2 分別標示節圓半徑，並以 ω_1 與 ω_2 分別標示其角速度。則節線速度為

$$V = |r_1\omega_1| = |r_2\omega_2|$$

所以，半徑與角速度間的關係為

$$\left|\frac{\omega_1}{\omega_2}\right| = \frac{r_2}{r_1} \tag{10-5}$$

假設現在希望設計一具輸入轉速為 1800 rev/min，輸出轉速為 1200 rev/min 的減速

圖 10-8　漸開線的構成。

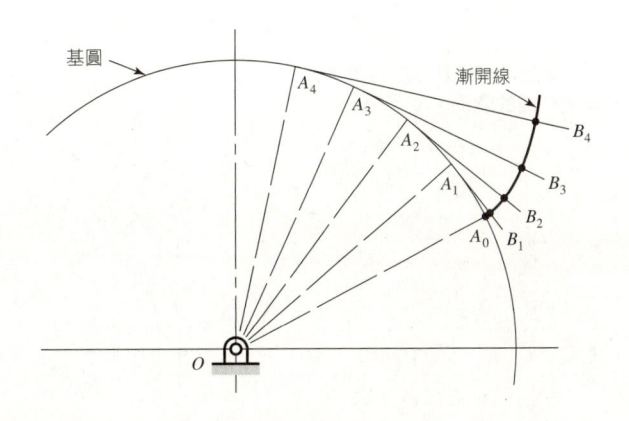

機,其轉速比為 3：2。則節圓直徑的比值應相同。例如,4-in 的小齒輪驅動 6-in 的大齒輪。在齒輪系中出現的各種尺寸,都以節圓為其基準。

假設指定以 18 齒的小齒輪與與 30 齒的大齒輪嚙合,而且該齒輪組的徑節為 2 teeth/in。則由 (10-1) 式可知,小齒輪與大齒輪的節圓直徑分別為

$$d_1 = \frac{N_1}{P} = \frac{18}{2} = 9 \text{ in} \qquad d_2 = \frac{N_2}{P} = \frac{30}{2} = 15 \text{ in}$$

在一對嚙合齒輪上繪製輪齒的第一步如圖 10-9 所示。其中心距為節圓半徑之和,在本例中為 12 in。因此,配置的小齒輪及大齒輪的中心 O_1 及 O_2 相距 12 in。然後繪製半徑為 r_1 及 r_2 的兩個節圓,它們相切於**節點** (pitch point) P。接著通過節點畫公切線 ab。現在指定齒輪 1 為驅動齒輪,因為它逆時針方向旋輪,並經 P 點繪製與公切線 ab 成 ϕ 角的線段 cd。線段 cd 有三個都很通用的名稱,即稱為**壓力線** (pressure line)、**創生線** (generating line),及**作用線** (line of action)。它表示在兩齒輪間合力的作用方向。雖然角 ϕ 一度使用過 $14\frac{1}{2}°$,其值通常為 $20°$ 及 $25°$。

其次,每個齒輪畫一個與作用線相切的圓。這些圓為**基圓** (basic circle)。由於它們與作用線相切,壓力角決定了它們的大小。如圖 10-10 所示,基圓的半徑為

圖 10-9 齒輪輪廓的各個圓。

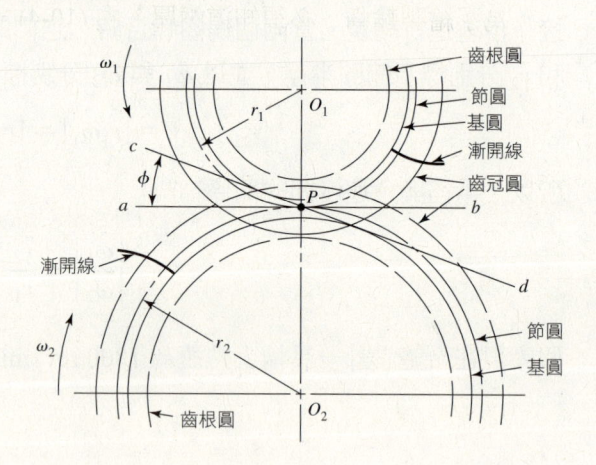

圖 10-10 基圓半徑可以與壓力角 ϕ 及節圓半徑間形成的關係。$r_b = r \cos \phi$。

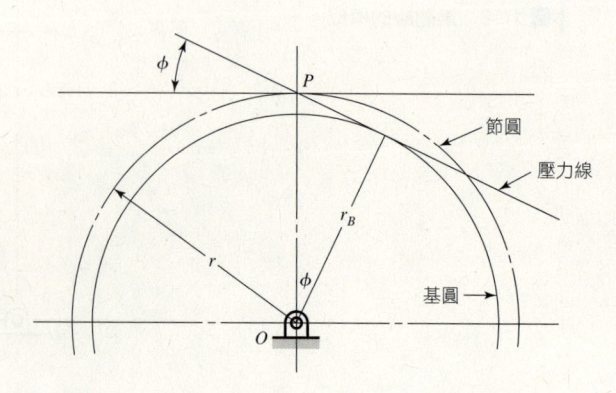

$$r_b = r \cos \phi \qquad (10\text{-}6)$$

其中 r 為節圓半徑。

現在依先前的敘述及如圖 10-9 所示,在每個基圓上創生漸開線。該漸開線用於代表齒輪輪齒一邊的輪廓,輪齒的另一邊無須再繪製逆向的漸開線,因為可使用樣板,將樣板翻轉,即可獲得輪齒的另一邊輪廓。

可互換的標準齒輪,其齒冠與齒根的距離,稍後將會學到,分別為 $1/P$ 及 $1.25/P$。因此,本對齒輪將以

$$a = \frac{1}{P} = \frac{1}{2} = 0.500 \text{ in} \qquad b = \frac{1.25}{P} = \frac{1.25}{2} = 0.625 \text{ in}$$

來建構,使用這些距離在小齒輪與大齒輪上繪出齒冠圓及齒根圓,如圖 10-9 所示。

接著使用重磅繪圖紙,或 0.015 in 至 0.020 in 厚的透明膠片更合適,為每一漸開線裁製樣板,用它來仔細地配置相對於各漸開線的精確的齒輪中心。圖 10-11 是一件重製的樣板,用於創製本書中的某些說明圖例。注意,樣板上僅製作輪齒一邊的輪廓。為了得到另一邊的齒廓,可將樣板翻轉。為了某些問題,可能會希望製成全齒廓的樣板。

為了繪製輪齒,必須知道齒厚。由 (10-4) 式,周節為

$$p = \frac{\pi}{P} = \frac{\pi}{2} = 1.57 \text{ in}$$

所以,在基圓上量得的齒厚為

$$t = \frac{p}{2} = \frac{1.57}{2} = 0.785 \text{ in}$$

使用這個值作為齒厚及齒間之值,於節圓上標出幾個點後,以樣板畫出所需要的齒數。在圖 10-12 中,每個齒輪上僅畫出一個齒。若基圓大於齒根圓,則繪製輪齒時可能遭遇麻煩。原因是漸開線是由基圓繪起,基圓以下並無定義。因此,基圓以下的部分通常以徑向線作為齒廓。然而,實際情況則視以一種機器製作輪齒,也就是齒廓如何產生而定。

輪齒在間隙圓和齒根圓之間的部分為內圓角。本例中的間隙為

$$c = b - a = 0.625 - 0.500 = 0.125 \text{ in}$$

圖 10-11 繪製輪尺的樣板。

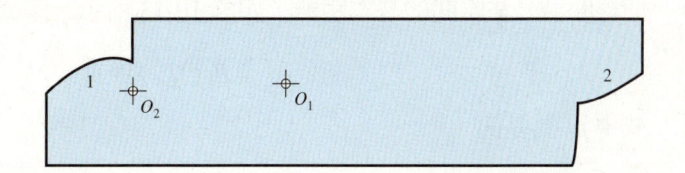

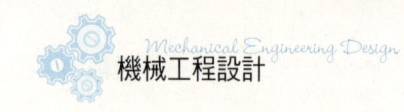

圖 10-12　輪尺作用。

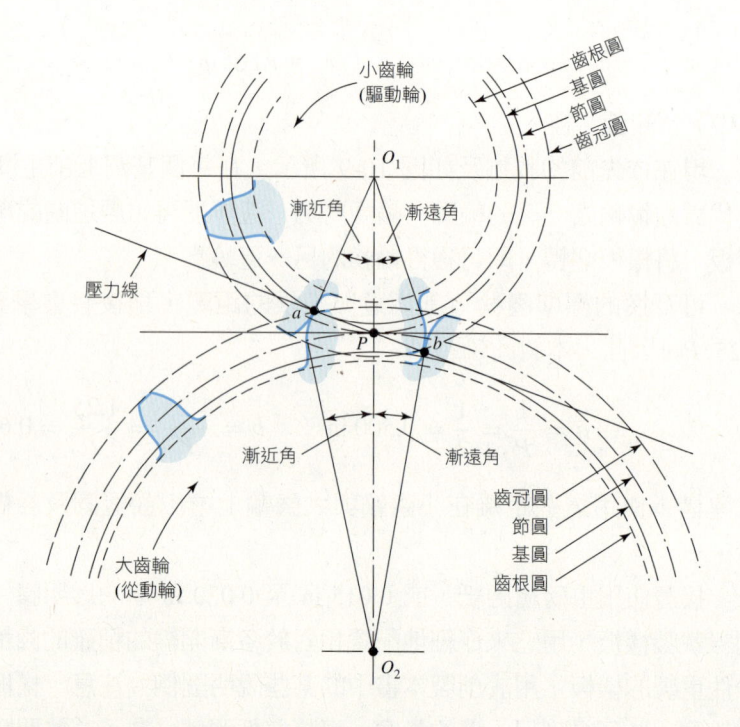

當內圓角繪成後，即完成繪製工作。

再次參考圖 10-12，以中心位於 O_1 的小齒輪為驅動輪，而且依逆時針方向旋轉。壓力或創生線，與在圖 10-7a 中用於創生漸開線的弦線相同，輪齒接觸即沿著此線發生。接觸始於驅動輪的齒腹與從動輪的齒尖接觸。此種情況發生於圖 10-12 中的 a 點，從動輪的齒冠圓就由該點通過壓力線。現在若通過 a 點繪製齒廓，並由這些齒廓線與節圓的交點至各齒輪的中心畫徑向線，即可得到各齒輪的**漸近角** (angle of approach)。

當兩個輪齒進入嚙合時，接觸點將滑向驅動輪齒的齒尖，使得驅動輪齒的齒尖正好在接觸結束之前發生接觸。因此，接觸的終點為驅動輪的齒冠圓通過壓力線處。就是圖 10-12 中的 b 點，通過 b 點繪出另一組齒廓線，依循求漸近角的相同方式，可在每個齒輪得到**漸遠角** (angle of recess)。每個齒輪的漸近角和漸遠角之和，稱為**作用角** (angle of action)。線段 ab 稱為**作用線** (line of action)。

齒條 (rack) 可以想像成節圓直徑無限大的正齒輪。所以，齒條是齒數無限的輪齒，而基圓與節點間的距離亦為無限。齒條上漸開線輪齒的兩邊都成直線，而連心線形成一個與壓力角相等的角。圖 10-13 顯示漸開線齒條與小齒輪嚙合的情形。漸開線輪齒的各個對應邊為平行的曲線；其**基節** (base pitch) 為常數，而且是相鄰兩曲線間沿公法線間的基本距離，如圖 10-13 所示。基節與周節間的關係式為

$$p_b = p_c \cos \phi \tag{10-7}$$

式中 p_b 為基節。

| 圖 10-13　漸開線小齒輪與齒條。

| 圖 10-14　內齒輪與小齒輪。

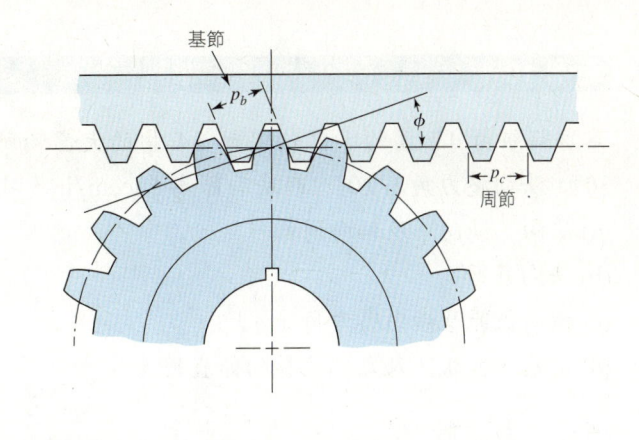

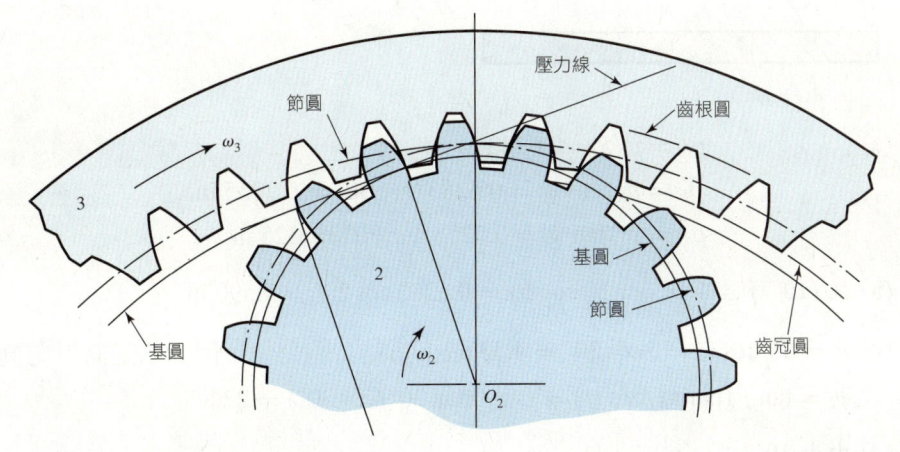

　　圖 10-14 中顯示與**內齒輪** (internal gear) 或**環齒輪** (ring gear) 嚙合的小齒輪。請注意，現在兩個齒輪的旋轉中心都在節點的同一邊。因此齒冠圓與齒根圓的相對位置正好倒過來。內齒輪的齒冠圓落在節圓的*內側*。由圖 10-14 顯示內齒輪的基圓也落在節圓的內側而非常接近齒冠圓，也應予注意。

　　另一項有趣的觀察與一對嚙合齒輪之節圓的運轉直徑 (operating diameters) 事實上不必和齒輪設計時對應的節圓直徑相等有關，雖然在圖 10-12 中它們是依此方式繪成。若將中心距增大，則由於節圓必須在節點處彼此相切，因此將形成兩個新的直徑較大的運轉節圓。因此，在一對齒輪進入嚙合之前，齒輪的節圓實際上並不存在。

　　由於用於產生齒廓的是基圓，而改變中心距對基圓並無影響。因此，基圓為齒輪的根本。增大中心距會使壓力角增大且縮短作用線，但輪齒仍然維持共軛，角速比並不會改變。

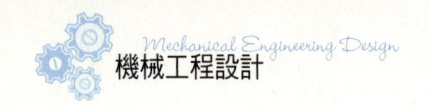

範例 10-1

某齒輪組由 17-齒的小齒輪驅動 34 齒的大齒輪所組成。小齒輪的右手螺旋角為 30°，法向壓力角為 20°，而法向節為 5 teeth/in。試求
(a) 法向、橫向、及軸向周節。
(b) 法向基節
(c) 橫向徑節及橫向壓力角節。
(d) 齒冠、齒根、及每個齒輪的節直徑。

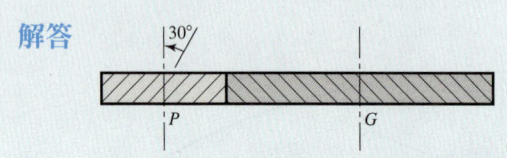

解答

答案 (a)
$$p_n = \pi/5 = 0.6283 \text{ in}$$
$$p_t = p_n/\cos\psi = 0.6283/\cos 30° = 0.7255 \text{ in}$$
$$p_x = p_t/\tan\psi = 0.7255/\tan 30° = 1.25 \text{ in}$$

答案 (b) 從 (10-7) 式；$p_{nb} = p_n \cos\phi_n = 0.6283 \cos 20° = 0.590$ in

答案 (c) $P_t = P_n \cos\psi = 5\cos 30° = 4.33$ teeth/in
$$\phi_t = \tan^{-1}(\tan\phi_n/\cos\psi) = \tan^{-1}(\tan 20°/\cos 30°) = 22.8°$$

答案 (d) 由表 10-4：
$$a = 1/5 = 0.200 \text{ in}$$
$$b = 1.25/5 = 0.250 \text{ in}$$
$$d_P = \frac{17}{5\cos 30°} = 3.926 \text{ in}$$
$$d_G = \frac{34}{5\cos 30°} = 7.852 \text{ in}$$

10-6 接觸比

圖 10-15 中顯示了嚙合輪齒的作用區。回顧輪齒的接觸始於與終於兩個齒冠圓與作用線交點。圖 10-15 中，最初的接觸開始於 a 點，而最終的接觸則在 b 點。通過這兩點所畫的齒廓將分別與節圓交於 A 點和 B 點。圖中所示之距離 AP 稱為**漸近弧** (arc of approach) q_a，而距離 PB 則為**漸遠弧** (arc of recess) q_r，兩弧之和稱為**作用弧** (arc of action) q_t。

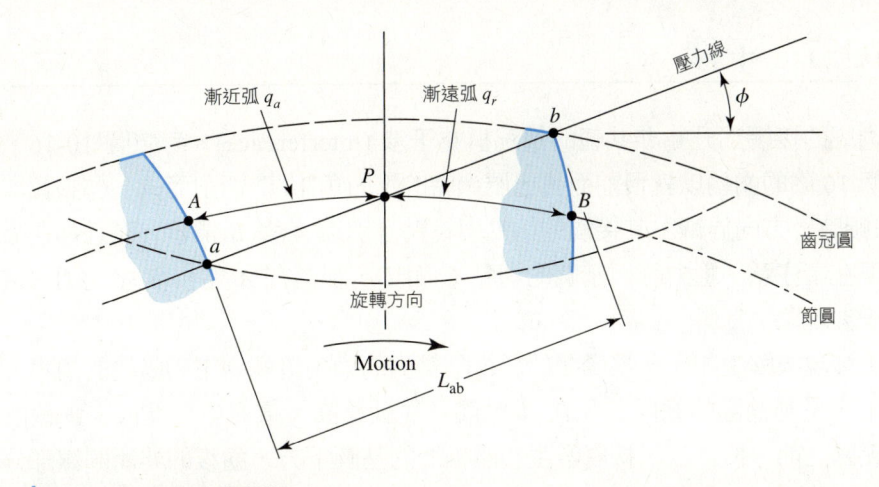

圖 10-15 接觸比的定義。

現在考慮作用弧正好和周節相等，即 $q_t = p$ 的情況。這表示某個輪齒及其齒間將佔滿整個 AB 弧。換言之，當某個輪齒剛開始在 a 點接觸時，前一個輪齒也正好在 b 點結束其接觸。所以，在輪齒由 a 至 b 間作用時，將正好有一對輪齒在接觸中。

其次，考慮接觸弧大於周節，但大得不多，比如說 $q_t \doteq 1.2p$ 的情況。這表示當某一對輪齒正在 a 點進入接觸時，另有一對輪齒已在接觸中，而尚未到達 b 點。因此，在一段很短的期間內，將有兩對輪齒在接觸中，一對鄰近 A 點，另一對則鄰近 B 點。當嚙合進行時，鄰近 B 的一對輪齒必將終止接觸，留下唯一的一對接觸中的輪齒，直到接觸程序再次重複為止。

由於輪齒這項有一對或兩對輪齒於接觸中之接觸的性質，為了方便而定義**接觸比** (contact ratio) 為

$$m_c = \frac{q_t}{p} \tag{10-8}$$

一個指出接觸中輪齒之平均對數的數字。請注意，這個比值也與路徑長度除以基節的值相等。齒輪設計通常不應使其接觸比小於 1.20，因為安裝的不夠精確，可能使接觸減少很多，而提高了輪齒間衝擊及噪音增大的可能性。

得到接觸比較簡單的方法是以量度作用線 ab 取代 AB 弧長。因為在圖 10-15 中若延長 ab 將與基圓相切，因而必須以基節 p_b 取代 (10-8) 式中的周節來計算接觸比 m_c。將作用線長度以 L_{ab} 標示，則接觸比為 m_c。

$$m_c = \frac{L_{ab}}{p \cos \phi} \tag{10-9}$$

其中已用 (10-7) 式來表示基節。

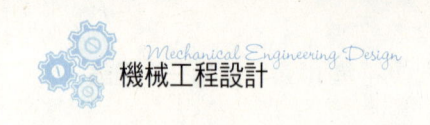

10-7 干涉

齒廓的接觸部分為非共軛的情況稱為**干涉** (interference)。考慮圖 10-16。圖中的兩個 16 齒的齒輪以就目前而言已屬過時的壓力角 $14\frac{1}{2}°$ 切削而成。驅動輪即齒輪 2，依順時針方向旋轉，其接觸的始點與終點分別以 A 與 B 標示，而且都在壓力線上。現在請注意，壓力線與基圓的切點 C 與 D，都落在 A 點和 B 點之間。這就會出現干涉現象。

干涉現象解說如下：接觸開始於從動輪齒的齒尖接觸到主動齒輪的齒腹。在此情況下，主動輪齒的齒腹首先在 A 點觸及從動輪齒，這發生於進入主動輪齒的漸開線範圍之前。換言之，接觸發生於齒輪 2 的基圓下方，齒腹的非漸開線部分。其實際效應為從動齒輪的漸開線齒尖或齒面，有挖掘驅動齒輪的非漸開線齒腹部分的趨勢。

在本例中，相同的效應於輪齒結束接觸而分離時，將再度發生。接觸應該在 D 點或 D 點之前結束。因為若未到 B 點即告結束，將產生主動齒輪的齒尖，挖掘從

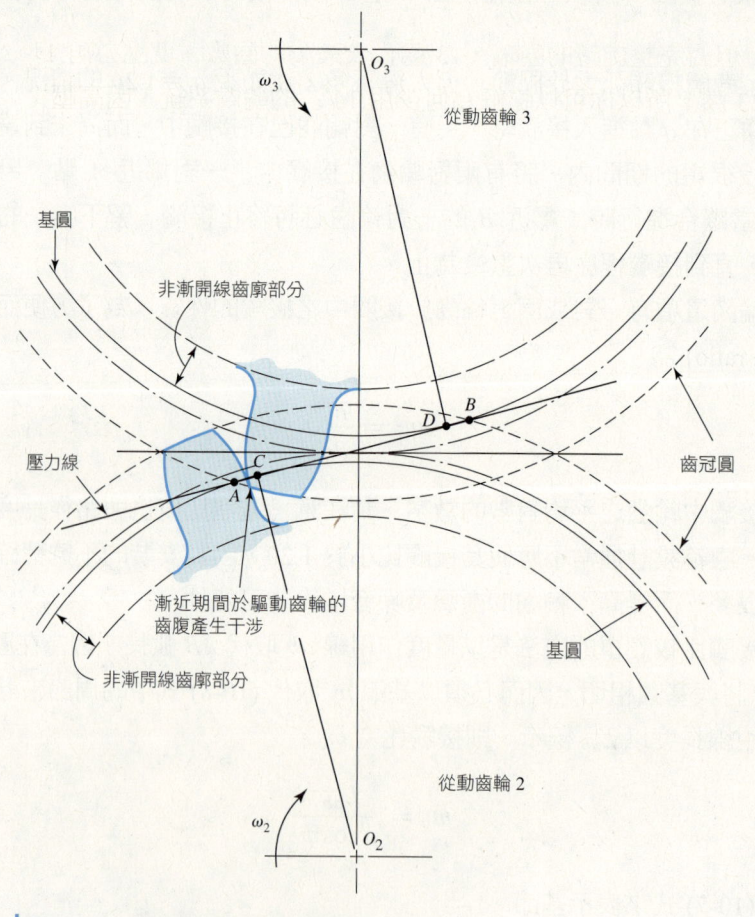

圖 10-16 輪齒作用中的干涉現象。

動齒輪的齒腹或干涉的效應。

當輪齒以**創生法** (generation method) 產生時，由於切削刀具去除了齒腹的干涉部分，自動的消除了干涉現象。這種效果稱為**清角** (undercutting)；若過度清角，清角的輪齒將顯著地削弱。因此，以創生法消除干涉的效應，只是以另一個問題取代原有的問題而已。

齒數比[1]為 1 比 1 的嚙合正齒輪組不會發生干涉的最少齒數為 N_P，正齒輪的這個齒數可以由下式求得

$$N_P = \frac{2k}{3\sin^2\phi}\left(1 + \sqrt{1 + 3\sin^2\phi}\right) \tag{10-10}$$

式中若為全深齒 $k = 1$；若為短齒 $k = 0.8$。而 $\phi = $ 壓力角。

就 20° 壓力角的齒輪，當 $k = 1$，

$$N_P = \frac{2(1)}{3\sin^2 20°}\left(1 + \sqrt{1 + 3\sin^2 20°}\right) = 12.3 = 13 \text{ 齒}$$

因此，當小齒輪與大齒輪上有 13 齒時，即可避免干涉。瞭解在嚙合弧上 12.3 齒是可能的，但對完整旋轉的齒輪，13 齒代表最少的齒數。就壓力角 $14\frac{1}{2}°$ 的齒輪而言，$N_P = 23$ 齒。所以你可以瞭解為何少用 $14\frac{1}{2}°$ 的輪齒系統，因高壓力角產生較小的小齒輪及較小的中心至中心的距離。

如果嚙合的齒輪齒數多於小齒輪，也就是 $m_G = N_G/N_P = m$ 大於 1，則在小齒輪上不會發生干涉的最少齒數可由下式求得

$$N_P = \frac{2k}{(1 + 2m)\sin^2\phi}\left(m + \sqrt{m^2 + (1 + 2m)\sin^2\phi}\right) \tag{10-11}$$

例如，若 $m = 4$，$\phi = 20°$，

$$N_P = \frac{2(1)}{[1 + 2(4)]\sin^2 20°}\left[4 + \sqrt{4^2 + [1 + 2(4)]\sin^2 20°}\right] = 15.4 = 16 \text{ 齒}$$

所以 16 齒的小齒輪將與 64 齒的大齒輪嚙合而不會發生干涉。

與指定的小齒輪免於發生干涉的最大齒數為

$$N_G = \frac{N_P^2 \sin^2\phi - 4k^2}{4k - 2N_P \sin^2\phi} \tag{10-12}$$

例如，對壓力角 ϕ 為 20° 的 13 齒小齒輪，

---

[1] Robert Lipp, "Avoiding Tooth Interference in Gears," *Machine Design*, Vol. 54, No. 1, 1982, pp. 122-124.

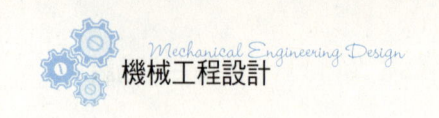

$$N_G = \frac{13^2 \sin^2 20° - 4(1)^2}{4(1) - 2(13) \sin^2 20°} = 16.45 = 16 \text{ 齒}$$

對 13 齒正齒輪，大齒輪免於發生干涉之可能的最大齒數為 16 齒。

與齒條運轉而免於發生干涉之最少的小齒輪齒數為

$$N_P = \frac{2(k)}{\sin^2 \phi} \tag{10-13}$$

對 20° 壓力角的全深齒 (full-depth tooth) 齒輪與齒條嚙合的最少齒數為

$$N_P = \frac{2(1)}{\sin^2 20°} = 17.1 = 18 \text{ 齒}$$

因為齒輪刨製工具與齒條接觸的總量，和齒輪滾製製程相似，防範干涉以防止於滾製期間中遭清角的齒數，當 N_G 為無限大時等於 N_P 的值。

輪齒因清角而弱化的問題，不宜過度強調其重要性。當然，採用齒數較多的齒輪也能消除干涉現象。然而，若該小齒輪用於傳遞某指定功率，則唯有增大齒輪的節圓直徑才能有更多的齒數。

使用較大壓力角也能消除干涉現象，這是較小的基圓使得齒廓中漸開線的部分增加所得的結果。即使摩擦力及軸承負荷將會增加，而且接觸比將減少，但需要齒數較少的小齒輪時，仍以使用 25° 壓力角較合適。

10-8 輪齒的成形

輪齒成形的方法很多，例如**砂模鑄造** (sand casting)、**殼模鑄造** (shell molding)、**包模鑄造** (investment casting)、**金屬模鑄造** (permanent-mold casting)、**壓鑄** (die casting) 及**離心鑄造** (centrifugal casting) 等等。輪齒成形也可採用**粉末冶金** (powder-metallurgy) 製程或使用**擠壓成形** (extrusion)，也許先形成單一鋁棒，然後切片以形成齒輪。承受的負荷與其大小比值大的齒輪通常為鋼質，而以**成形刀具** (form cutter) 或**創生刀具** (generation cutter) 切製而成。以成形刀具切削時，齒間的形狀與齒刀完全相同。創生法係以形狀與齒廓不同的刀具，與齒輪的模胚作相對運動而形成輪齒。最新而且最具前途的輪齒成形法稱為**冷作成形** (cold forming) 或**冷軋** (cold rolling) 法，此法以模具對鋼質模胚滾軋而形成輪齒。金屬的機械性質由於滾軋程序而大幅改善，同時也獲得高品質的創生齒廓。

輪齒能以銑製 (milling)、刨削 (shaping) 或滾齒 (hobbing) 等方法製成。並可採用剃刨 (shaving)、擦光 (burnishing)、研磨 (grinding) 及擦準 (lapping) 等方法加以精製。

以類似尼龍 (nylon)、聚碳物 (polycarbonate)、乙縮醛 (acetal) 等熱塑性材料製成的齒輪十分普遍，也易於以**射出成形** (injection molding) 的方式製作。這些齒輪的精確度中等偏低，由於高度量產而成本低廉，能承擔輕負荷，並運轉於無潤滑的情況。

銑製

齒輪的輪齒能以成形銑刀銑製出齒間。理論上，這種方法製作不同的齒輪時需要不同的刀具。因為，比如說，25 齒的齒輪與 24 齒的齒輪，其齒間的形狀並不相同。實際上齒間的變化並不大，而且已經知道由 12 齒至齒條的範圍內，僅需八具銑刀，即足以銑製出相當精確的任意齒數的齒輪。

刨削

輪齒能以小齒輪或齒條為刀具以創生法製成。小齒輪刀具 (pinion cutter) 沿垂直軸往復運動，並對齒輪模胚作緩慢的進給，以達到所需要的深度，當兩節圓相切時，每一次切削行程之後，刀具及模胚都稍微旋轉。因為刀具的每一輪齒都是切削刀具，當模胚完成一個迴轉後，輪齒即全部切成。漸開線齒條的輪齒兩側都呈直線。因此，齒條滾銑刀具 (rack-generation tool) 提供了精確的輪齒切削法。這也是一種刨削作業，說明於圖 10-17 中。作業時，刀具作往返運動先向齒輪胚模進給，直到與節圓相切。然後，在每次切削行程後，齒輪胚模及刀具在其節圓略作旋轉。當齒輪胚模旋轉了等於一個周節的距離時，刀具即回到起點，該程序將會持續至所有輪齒都切削完成為止。

滾齒

滾齒刀只是形狀類似蝸桿的刀具，其輪齒有如齒條，兩邊呈直線，但為了切削正齒輪的輪齒，滾齒刀的軸線必須經由一個導角作旋轉。由於這個緣故，以滾齒刀

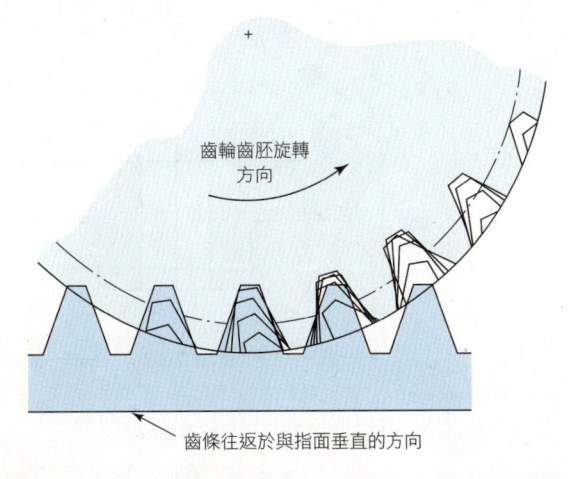

圖 10-17 以齒條刨製輪齒。(這是一幅繪畫板的圖，大約於 35 年前為了回答來自 University of Michigan 的學生所提問題而繪製。)

滾銑而成的輪齒其齒形與以齒條銑成者略有不同。滾銑刀具與胚模必須以正確的角速比旋轉。然後，滾銑刀具緩慢地進給，橫過胚模表面，直到所有輪齒切削完畢為止。

精製

高速旋轉及傳遞大負荷的齒輪，若輪齒齒廓有誤差，將承受額外的動態負荷。這些誤差可經由齒廓的精製而稍微減小。輪齒切成之後也許會以剃刨或擦光方式精製。有許多剃刨機械可用於削除微量金屬，而使輪齒的精確度維持於 250μ in 的限值內。

擦光就像剃刨，使用於已完成切削，而仍未熱處理的輪齒。擦光時是以輪齒稍微過大的硬化齒輪與齒輪嚙合，直到輪齒表面光滑為止。

研磨與擦準用於已經熱處理後的硬化齒輪。研磨作業係利用創生原理 (generating principle) 而產生非常精確的齒輪。在擦準作業中，輪齒與研磨刀具沿著軸向滑動，使整個輪齒表面能均勻地磨耗。

10-9 直齒斜齒輪

當齒輪用於兩相交軸之間傳動時，需要某些型式的斜齒輪 (bevel gear)。斜齒輪如圖 10-18 所示。雖齒輪組軸角形成 90°，但幾乎可形成任何角度。其輪齒能以鑄造、銑製或滾銑法 (或創生法) 製造，但僅滾銑法可歸類為精密級。

斜齒輪的專業用詞如圖 10-18 所示。斜齒輪的節圓直徑由輪齒的大端量測，周

圖 10-18 斜齒輪技術用語。

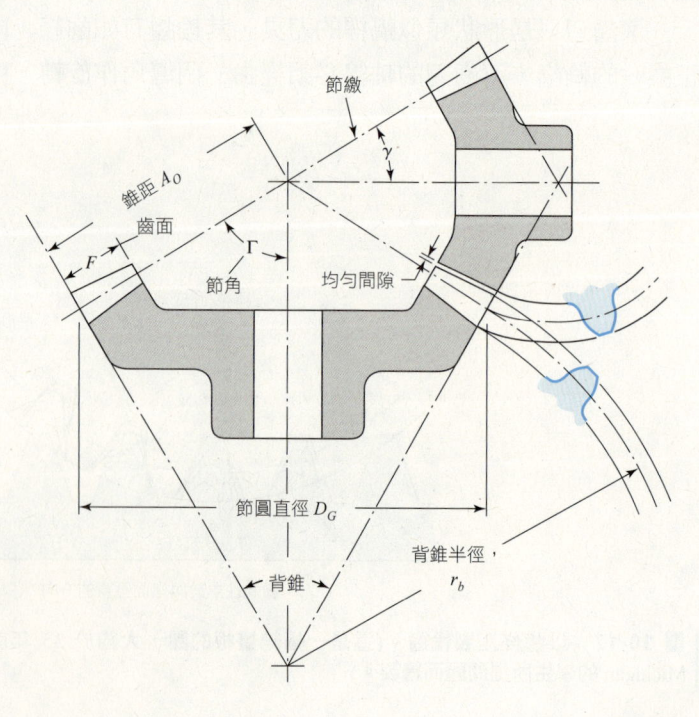

節與徑節的計算方式與正齒輪相同。應該指出的是輪齒的間隙值是一致的。節角 (pitch angle) 定義為節圓錐在頂點的交角，如圖示。它與輪齒數間的關係如下：

$$\tan \gamma = \frac{N_P}{N_G} \qquad \tan \Gamma = \frac{N_G}{N_P} \qquad (10\text{-}14)$$

其中的下標 P 與 G 分別表示小齒輪與大齒輪，而 γ 及 Γ 則分別代表小齒輪與大齒輪的節角。

圖 10-18 顯示輪齒的形狀，若將其投影於背圓錐，則其齒形與以背圓錐距 r_b 為節圓半徑之正齒輪的齒形相同。這是所謂的 Tredgold 近似法。此一虛齒輪的齒數為

$$N' = \frac{2\pi r_b}{p} \qquad (10\text{-}15)$$

式中 N' 為**虛齒數** (virtual number of teeth)，而 p 為由輪齒大端量得的周節。標準直齒斜齒輪以 20° 壓力角，不等齒冠與齒深及全深齒制切削成。這種作法可以增大接觸比，免於清角，且增加小齒輪的強度。

10-10　平行軸螺旋齒輪

用於兩平行軸間傳動的螺旋齒輪 (helical gear) 如圖 10-2 所示。每個齒輪的螺旋角都相同，但必須是一個齒輪為右手螺旋，而另一個齒輪為左手螺旋。輪齒的形狀為漸開線螺旋體 (involute helicoid)，如圖 10-19 所示。若將切割成平行四邊形的紙片捲繞於圓柱上，紙的邊緣即形成螺旋線。若將紙片解開，則角緣上的每個點都將產生一條漸開線。由角緣上的每個點產生的漸開線形成的表面，稱為漸開線螺旋體。

正齒輪的輪齒接觸之初即為橫貫齒面的一條直線。而螺旋齒輪的輪齒由一個點開始接觸，當輪齒嚙合更多時，即擴延成為一直線。正齒輪的接觸線與旋轉軸平行。螺旋齒輪的接觸線則為橫越齒面的對角線。由於輪齒的嚙合是漸進式的，並將

圖 10-19　漸開線螺旋體。

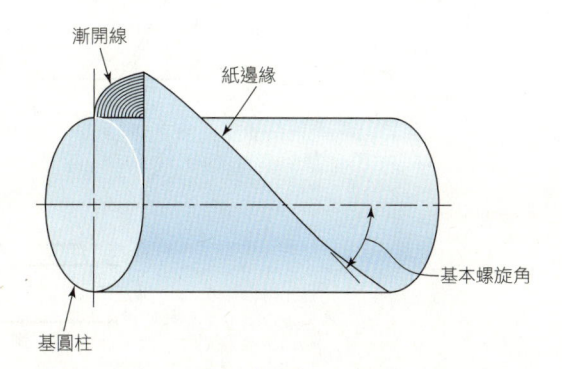

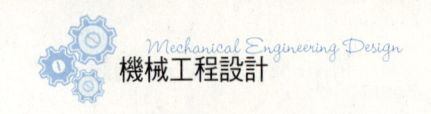

負荷平滑地由一個輪齒傳遞至另一個輪齒,這使得螺旋齒輪能在高轉速下傳送大的負荷。由於螺旋齒輪間的接觸性質,其接觸比僅略具重要性,而與齒面寬成正比的接觸面積則變得重要了。

螺旋齒輪使軸的軸承受徑向及推力負荷。當推力負荷變大或有其它理由時,也許需要使用雙螺旋齒輪 (double helical gear)。有一種雙螺旋齒輪 (herringbone) 相當於兩個螺旋線反向的螺旋齒輪,邊靠著邊安置於同一軸上。它們誘發反方向的推力,因而抵銷了推力負荷。

當兩個或更多個齒輪安裝於同一軸上時,螺旋方向的選擇應使推力負荷為最小。

圖 10-20 代表部分螺旋齒條的上視圖。*ab* 線與 *cd* 線為相同節平面 (pitch plane) 上相鄰兩螺旋齒的中心線。ψ 角為**螺旋角** (helix angle)。距離 *ac* 為旋轉平面上的**橫向周節** (transverse circular pitch) (常稱為周節)。距離 *ae* 為**法向周節** (normal circular pitch),與橫向周節的關係如下:

$$p_n = p_t \cos \psi \tag{10-16}$$

距離 *ad* 為**軸向周節** (axial pitch),其關係

$$p_x = \frac{p_t}{\tan \psi} \tag{10-17}$$

圖 10-20　螺旋齒輪術語。

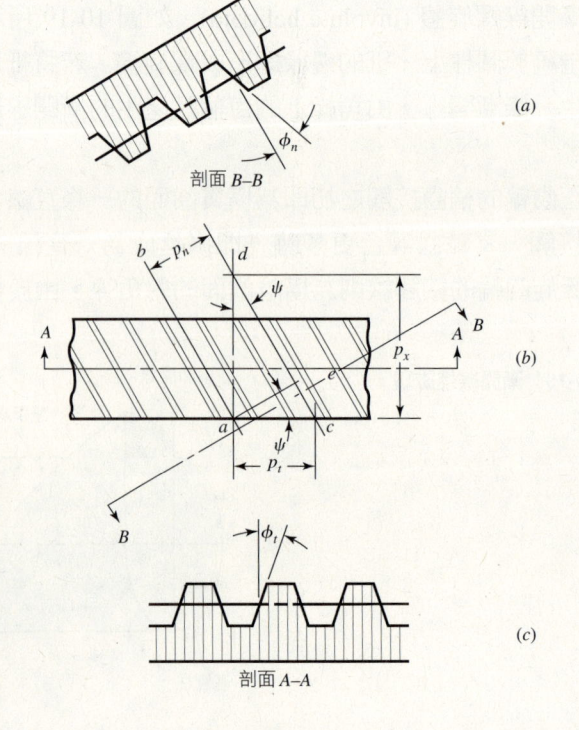

由於 $p_n P_n = \pi$，法向徑節 (normal diametral pitch)為

$$P_n = \frac{P_t}{\cos \psi} \tag{10-18}$$

由於輪齒的角度狀態，法向的壓力角 ϕ_n 與旋轉方向的壓力角 ϕ_t 不同。這些角之間的關係如下列方程式所示

$$\cos \psi = \frac{\tan \phi_n}{\tan \phi_t} \tag{10-19}$$

圖 10-21 中顯示以與正剖面成 ψ 角的傾斜平面 ab 切割圓柱的情形。傾斜平面切割出一段曲率半徑為 R 的弧。在 $\psi = 0$ 的條件下，曲率半徑 $R = D/2$。若想像 ψ 角緩慢地由 0 增加到 90°，將可見到 R 由 $D/2$ 開始增大，到 $\psi = 90°$ 時 $R = \infty$ 為止。半徑 R 沿輪齒元素方向觀看時為螺旋齒輪的虛表節圓半徑 (apparent pitch radius)。徑節相同，而以 R 為半徑的齒輪，由於半徑增大，將擁有較多的齒數。以齒輪的術語而言，這稱為**虛齒數** (virtual number of teeth)。以解析幾何可以證明虛齒數與實際齒數間的關係為

$$N' = \frac{N}{\cos^3 \psi} \tag{10-20}$$

其中 N' 為虛齒數，而 N 為實際齒數。在作強度設計及有時為切削螺旋齒輪時必知道虛齒數。此一明顯的較大的曲率半徑，表示在螺旋齒上可以使用較少的齒，因為比較不會產生清角的現象。

圖 10-21　遭傾斜平面切割的圓柱。

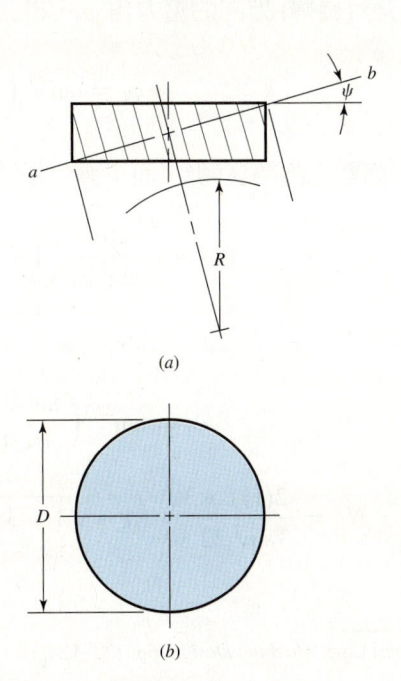

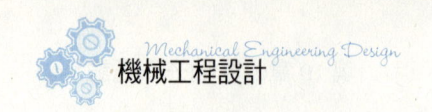

範例 10-2

某庫存螺旋齒輪的法向壓力角為 20°，螺旋角 25°，橫向模數為 5.0 mm，而且有 18 齒，試求：

(a) 節圓直徑
(b) 橫向、法向及軸向周節
(c) 法向徑節
(d) 橫向壓力角

解答

答案 (a) $$d = Nm_t = 18(5) = 90 \text{ mm}$$

答案 (b) $$p_t = \pi m_t = \pi(5) = 15.71 \text{ mm}$$

答案 $$p_n = p_t \cos \psi = 15.71 \cos 25° = 14.24 \text{ mm}$$

答案 $$p_x = \frac{p_t}{\tan \psi} = \frac{15.71}{\tan 45°} = 15.71 \text{ mm}$$

答案 (c) $$m_n = m_t \cos \psi = 5 \cos 45° = 3.54 \text{ mm}$$

答案 (d) $$\phi_t = \tan^{-1} \left(\frac{\tan \phi_n}{\cos \psi} \right) = \tan^{-1} \left(\frac{\tan 20°}{\cos 25°} \right) = 21.88°$$

就和正齒輪一樣，螺旋齒輪的輪齒也一樣會發生干涉現象。(10-19) 式可以用來求解在切線 (旋轉) 方向的壓力角 ϕ_t，得到

$$\phi_t = \tan^{-1} \left(\frac{\tan \phi_n}{\cos \psi} \right)$$

與具有相同齒數之齒輪運轉[2]，而不發生干涉現象之螺旋正齒輪的小齒輪齒數為

$$N_P = \frac{2k \cos \psi}{3 \sin^2 \phi_t} \left(1 + \sqrt{1 + 3 \sin^2 \phi_t} \right) \tag{10-21}$$

例如，法向壓力角 ϕ_n 為 20°，螺旋角 ψ 為 30°，則 ϕ_t 為

$$\phi_t = \tan^{-1} \left(\frac{\tan 20°}{\cos 30°} \right) = 22.80°$$

$$N_P = \frac{2(1) \cos 30°}{3 \sin^2 22.80°} \left(1 + \sqrt{1 + 3 \sin^2 22.80°} \right) = 8.48 = 9 \text{ 齒}$$

---
[2] Op. cit., Robert Lipp, *Machine Design*, pp. 122–124.

對指定的齒輪比 $m_G = N_G/N_P = m$，最少的小齒輪齒數為

$$N_P = \frac{2k \cos \psi}{(1 + 2m) \sin^2 \phi_t} \left[m + \sqrt{m^2 + (1 + 2m) \sin^2 \phi_t} \right] \qquad (10\text{-}22)$$

與指定之小齒輪配對的最大大齒輪齒數可由下式求得

$$N_G = \frac{N_P^2 \sin^2 \phi_t - 4k^2 \cos^2 \psi}{4k \cos \psi - 2N_P \sin^2 \phi_t} \qquad (10\text{-}23)$$

例如，就法向壓力角 $\phi_n = 20°$，螺旋角 $\psi = 30°$，並回顧其切向壓力角為 $22.80°$ 的 9 齒小齒輪而言，

$$N_G = \frac{9^2 \sin^2 22.80° - 4(1)^2 \cos^2 30°}{4(1) \cos 30° - 2(9) \sin^2 22.80°} = 12.02 = 12$$

可與齒條運轉的最小小齒輪齒數為

$$N_P = \frac{2k \cos \psi}{\sin^2 \phi_t} \qquad (10\text{-}24)$$

就法向壓力角 $\phi_n = 20°$，螺旋角 ψ 為 $30°$，及 $\phi_t = 22.80°$ 的情況而言，

$$N_P = \frac{2(1) \cos 30°}{\sin^2 22.80°} = 11.5 = 12 \text{ 齒}$$

由於螺旋齒輪橫過齒面寬嚙合的輪齒數目大於 1，而以**術語面接觸比** (face-contact ratio) 來描述它。此接觸比提升，並以逐漸滑入的方式嚙合，導致較安靜的齒輪傳動。

10-11　蝸齒輪

蝸桿及蝸齒的術語如圖 10-22 所示。成組的蝸桿及蝸輪和叉交螺旋齒輪一樣，有相同指向 (same hand) 的螺旋線，螺旋角通常差異相當大。蝸桿上的螺旋角一般而言相當大。而在蝸輪上則很小。由於這個緣故，通常在蝸桿上指定導程角 λ，在蝸輪上則指定螺旋角 ψ_G，軸角 (shaft angle) 成 90° 時，此二角相等。蝸桿的導程角為蝸輪螺旋角的餘角，如圖 10-22 所示。

在規範蝸輪組的周節時，習慣上是陳述蝸桿的**軸向周節** (axial pitch) p_x 及嚙合蝸輪的**橫向周節** (transverse circular pitch) p_t，通常簡稱為周節。若軸角成 90°，則兩者相等。蝸輪的節圓直徑，由包含蝸桿中心軸的平面上量度，如圖 10-22 所示。其定義與正齒輪的節圓直徑相似，而為

圖 10-22 單包絡線蝸輪組術語。

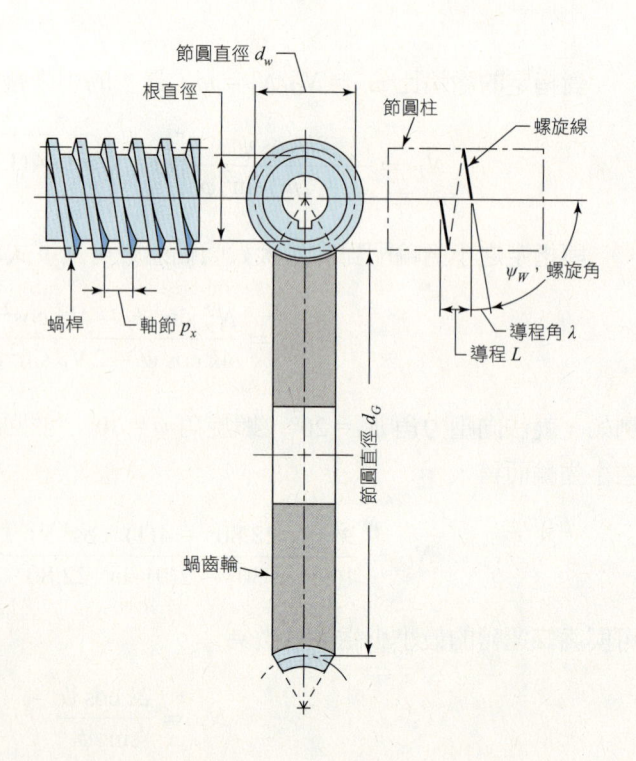

$$d_G = \frac{N_G p_t}{\pi} \tag{10-25}$$

由於此式與齒數無關，蝸桿可以有任意的節圓直徑；然而，此直徑應與切削蝸輪輪齒的滾齒刀具的節圓直徑相同。通常蝸桿所選用的節圓直徑，應該在下列的範圍內

$$\frac{C^{0.875}}{3.0} \leq d_W \leq \frac{C^{0.875}}{1.7} \tag{10-26}$$

其中 C 為中心距。這些比值可以使蝸輪組得到最佳化的馬力容量。

蝸桿的**導程** (lead) 及**導程角** (lead angle) 間的關係如下：

$$L = p_x N_W \tag{10-27}$$

$$\tan \lambda = \frac{L}{\pi d_W} \tag{10-28}$$

10-12 輪齒齒制[3]

輪齒齒制 (tooth system) 是一項標準,它定義了涉及齒冠、齒根、工作深度、輪齒厚度及壓力角之間的關係。這些標準原先是為計畫達成具有相同壓力角及周節的所有齒數的齒輪間的可互換性。

表 10-1 中含正齒輪最常用到的標準。$14\frac{1}{2}°$ 的壓力角曾經一度使用,目前已經過時。為了避免干涉問題,其所得的齒輪相對地比較大。

表 10-2 於選擇齒輪的徑節或模數時特別有用。該表中所列輪齒大小的刀具一般都能取得。

表 10-3 列出直齒斜齒輪標準輪齒的比例。這些大小用於輪齒的大端。其術語定義於圖 10-18 中。

螺旋齒輪標準齒的比例列於表 10-4 中。輪齒比例乃是基於法向壓力角 (normal pressure angle);這些角的標準化與正齒輪的標準化是一樣的。雖然有例外,但為了得到良好的螺旋齒輪作用,螺旋齒輪的齒面寬至少必須是軸節 (axial pitch) 的兩倍。

蝸輪的輪齒形狀仍未高度標準化,可能因為必要性較低之故。使用的壓力角

表 10-1 正齒輪的通用標準輪齒系統

齒制	壓力角 ϕ, deg	齒冠 a	齒根 b
全深齒	20	$1/P_d$ 或 $1m$	$1.25/P_d$ 或 $1.25m$
			$1.35/P_d$ 或 $1.35m$
	$22\frac{1}{2}$	$1/P_d$ 或 $1m$	$1.25/P_d$ 或 $1.25m$
			$1.35/P_d$ 或 $1.35m$
	25	$1/P_d$ 或 $1m$	$1.25/P_d$ 或 $1.25m$
			$1.35/P_d$ 或 $1.35m$
短	20	$0.8/P_d$ 或 $0.8m$	$1/P_d$ 或 $1m$

表 10-2 通用輪齒大小

徑節	
粗	2, $2\frac{1}{4}$, $2\frac{1}{2}$, 3, 4, 6, 8, 10, 12, 16
細	20, 24, 32, 40, 48, 64, 80, 96, 120, 150, 200

模數	
優先	1, 1.25, 1.5, 2, 2.5, 3, 4, 5, 6, 8, 10, 12, 16, 20, 25, 32, 40, 50
次優先	1.125, 1.375, 1.75, 2.25, 2.75, 3.5, 4.5, 5.5, 7, 9, 11, 14, 18, 22, 28, 36, 45

---
[3] 經由美國齒輪製造者協會 [American Gear Manufacturers Association (AGMA)] 標準化。由於時時都有變化,寫信向 AGMA 要求完整的標準列表。地址是:1500 King Street, Suite 201, Alexandria, VA 22314;或 www.agma.org。

表 10-3　20° 直齒斜齒輪的標準輪齒比例

條目	公式
工作深度	$h_k = 2.0/P\ [\ = 2.0\ m]$
間隙	$c = (0.188/P) + 0.002\ \text{in}\ [\ = 0.188\ m + 0.05\ \text{mm}]$
齒輪的齒冠	$a_G = \dfrac{0.54}{P} + \dfrac{0.460}{P(m_{90})^2}\ \left[\ = 0.54\ m + \dfrac{0.46\ m}{(m_{90})^2}\right]$
齒數比	$m_G = N_G/N_P$
等效 90° 比	$m_{90} = m_G$ 當 $\Gamma = 90°$
	$m_{90} = \sqrt{m_G \dfrac{\cos \gamma}{\cos \Gamma}}$ 當 $\Gamma \neq 90°$
齒面寬	$F = 0.3\ A_0$ 或 $F = \dfrac{10}{P}$，其中之較小者 $\left[F = \dfrac{A_0}{3}$ 或 $F = 10\ m\right]$
最少齒數	小齒輪　16　15　14　13 大齒輪　16　17　20　30

對應的 SI 制單位公式在方形括號中。

表 10-4　螺旋齒輪的標準輪齒比例

量[*]	公式	量[*]	公式
齒冠	$\dfrac{1.00}{P_n}\ [1.0\ m_n]$	外齒輪：	
齒根	$\dfrac{1.25}{P_n}\ [1.25\ m_n]$	標準中心距	$\dfrac{D+d}{2}$
小齒輪節圓直徑	$\dfrac{N_P}{P_n \cos \psi}\ \left[\dfrac{N_P m_n}{\cos \psi}\right]$	大齒輪外直徑	$D + 2a$
大齒輪節圓直徑	$\dfrac{N_G}{P_n \cos \psi}\ \left[\dfrac{N_P m_n}{\cos \psi}\right]$	小齒輪外直徑	$d + 2a$
法向弧輪齒厚度[†]	$\dfrac{\pi}{P_n} - \dfrac{B_n}{2}\ \left[\pi m_n - \dfrac{B_n}{2}\right]$	大齒輪齒根直徑	$D - 2b$
小齒輪基圓直徑	$d \cos \phi_t$	小齒輪齒根直徑	$d - 2b$
		內齒輪：	
大齒輪基圓直徑	$D \cos \phi_t$	中心距	$\dfrac{D-d}{2}$
基本螺旋角	$\tan^{-1}(\tan \psi \cos \phi_t)$	內直徑	$D - 2a$
		根直徑	$D + 2b$

[*] 所有的尺寸以 in 為單位，而角以度為單位。
[†] B_n 為法向背隙。
對應於 SI 制單位的公式在方形括號中。

表 10-5　蝸齒輪之壓力角與輪齒深度的推薦值

導程角 λ, deg	壓力角 ϕ_n, deg	齒冠 a	齒根 b_G
0-15	14 1/2	$0.3683p_x$	$0.3683p_x$
15-30	20	$0.3683p_x$	$0.3683p_x$
30-35	25	$0.2865p_x$	$0.3314p_x$
35-40	25	$0.2546p_x$	$0.2947p_x$
40-45	30	$0.2228p_x$	$0.2578p_x$

視導程角 (lead angle) 而定，並且必須大到足以避免蝸輪的輪齒在接觸端造成清角 (undercutting)。滿足的齒深維持大約對導程角成正確的比例，可能可以令該深度為其軸向周節的某個比例獲得。表 10-5 可視為壓力角與輪齒深度之良好實務值的摘要。

蝸齒輪的**齒面寬** (face width) F_G 應該使之與蝸桿節圓切線及其齒冠圓之兩交點之間的長度相等，如圖 10-23 所示。

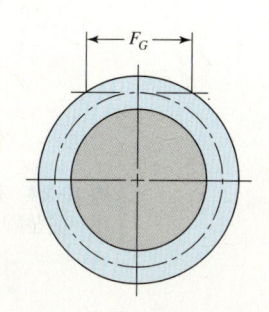

圖 10-23　蝸齒輪組之齒面寬的圖示。

10-13　齒輪系

考慮以小齒輪 2 驅動大齒輪 3，則從動齒輪的轉速為

$$n_3 = \left|\frac{N_2}{N_3}n_2\right| = \left|\frac{d_2}{d_3}n_2\right| \tag{10-29}$$

其中　　n = 迴轉數或每分鐘迴轉數
　　　　N = 輪齒數
　　　　d = 節圓直徑

(10-29) 式可應用於任何齒輪組，不論是正齒輪、螺旋齒輪、斜齒輪或蝸齒輪組。絕對值符號用於容許完全自由地選擇正向或負向旋轉。在正齒輪及平行軸螺旋齒輪的情況下通常對應於右手法則，而且逆時針旋轉的方向為正方向。

對蝸齒輪及叉交齒輪之旋轉方向的推論，則較為困難。圖 10-24 對瞭解這些狀況有所幫助。

圖 10-25 中所示的齒輪系由五個齒輪組成。齒輪 6 的轉速為

$$n_6 = -\frac{N_2}{N_3}\frac{N_3}{N_4}\frac{N_5}{N_6}n_2 \tag{a}$$

此處要指出齒輪 3 為惰齒輪 (idler)，亦即在 (a) 式中其齒數將會消失，所以它僅影

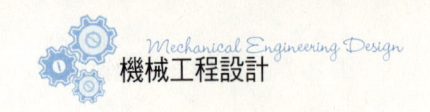

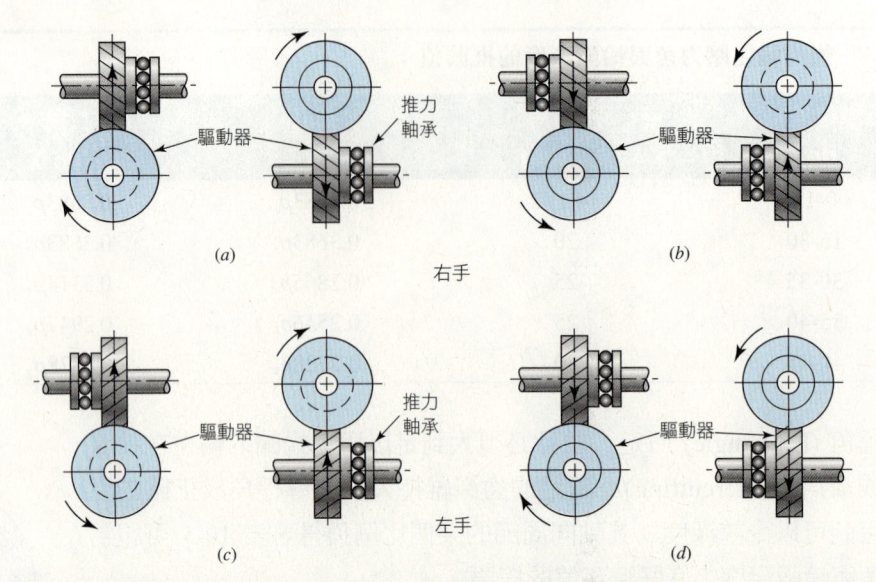

圖 10-24 對叉交螺旋齒輪的推力、旋轉與左右手旋轉方向的關係。請注意，每一對圖參照單一的齒輪組。這些關係也可以應用於蝸輪組。(Reproduced by permission, Boston Gear Division, Colfax Corp.)

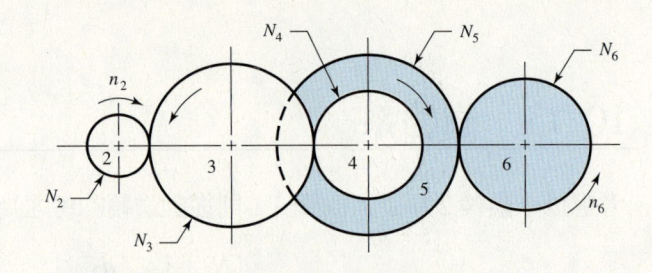

圖 10-25 大齒輪輪系。

響齒輪 6 的旋轉方向。此外也要指出，齒輪 2、3 和 5 為驅動齒輪，而 3、4 和 6 為從動齒輪。現在定義**輪系值** (train value) e 為

$$e = \frac{\text{各驅動齒輪齒數的乘積}}{\text{各從動齒輪齒數的乘積}} \tag{10-30}$$

請注意 (10-30) 式中也可以使用節圓直徑。當 (10-30) 式使用於正齒輪時，若最後一個齒輪與第一個齒輪的旋轉方向相同時，e 值為正。若最後的齒輪以反方向旋轉時 e 值為負。

現在可以寫成

$$n_L = e n_F \tag{10-31}$$

其中 n_L 為齒輪系中最後一個齒輪的轉速，而 n_F 為第一個齒輪的轉速。

作為一項粗略的導引，輪系值從 1 到 10，可由一對齒輪獲得。較大的比值可藉複合額外的齒輪對取得較小的空間要求及較少的動力問題。如圖 10-26 中的二級複合齒輪系可獲得從 1 到 100 的系值。

設計齒輪系以達成指定的輪系值是很直接的。由於齒輪上的齒數必須是整數，最好先決定這些值，然後再求節圓直徑。確定必須的級數以獲得整體比值，然後將整體比值劃分成幾個在各級中應達成的部分。為了最小化空間需求，應盡可能地在各級間維持各部分的平衡。如果整體輪系值僅需要近似值，各級的值可以完全相同。例如，二級複合齒輪系，可指派整體輪系值的平方根給每個級。如果需要全等的輪系值。則為了避免干涉，對各級的指定比值，指派容許的最少齒數 (見 10-7 節) 給各級中最小的齒輪。最後，應用各級的比值決定必要的嚙合齒輪齒數。捨入成最接近的整數，並核驗所得的整體比值是否在可接受的容差之內。

圖 10-26 二級複合齒輪系。

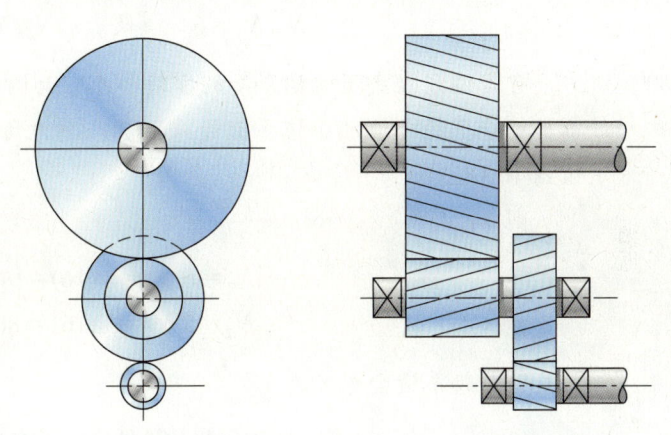

範例 10-3

某齒輪箱需要提供 30:1 (誤差 ±1%) 的增速，同時最小化整體齒輪箱的體積。試規範其各齒數。

解答　因為比值大於 10:1，但小於 100:1，需要如圖 10-26 中的二級複合齒輪系。每一級中要達成的部分比值為 $\sqrt{30} = 5.4772$，為此比值，假設使用典型的 20° 壓力角，其避免干涉的齒數依 (10-11) 式為 16 齒，嚙合齒輪必要的齒數為

答案
$$16\sqrt{30} = 87.64 \doteq 88$$

從 (10-30) 式，整體輪系值為
$$e = (88/16)(88/16) = 30.25$$

這個值的誤差在 1% 容差之內。若要求的容差更小，則增大小齒輪的大小至下一個整數，然後再試一試。

範例 10-4

某齒輪箱需要提供精準的 (exact) 30：1 (0 誤差) 增速，同時最小化整體齒輪箱的體積。試規範其各齒數。

解答 前一範例中演示了找出提供全等比值之整數齒數的困難。為了得到整數，將整體比值因數化成兩級整數。

$$e = 30 = (6)(5)$$
$$N_2/N_3 = 6 \quad 及 \quad N_4/N_5 = 5$$

有兩個方程式及四個未知的齒數，可有兩個自由的選擇。選擇 N_3 與 N_5 為盡可能免於干涉的小值。假設採用 20° 壓力角，則 (10-11) 式提供的最小值為 16。

則

$$N_2 = 6\,N_3 = 6\,(16) = 96$$
$$N_4 = 5\,N_5 = 5\,(16) = 80$$

於是整體輪系值全等，為

$$e = (96/16)(80/16) = (6)(5) = 30$$

有時候二級複合齒輪系的輸入軸與輸出軸要在同一線上，如圖 10-27 所示。此一構形稱為**複合回歸齒輪** (compound reverted gear train)。這需要齒輪系之兩級的軸間距離相等，而將增加設計任務的複雜性。此一距離的約束條件是

$$d_2/2 + d_3/2 = d_4/2 + d_5/2$$

徑節關聯了節直徑與齒數，$P = N/d$。以此關係取代所有的直徑可得

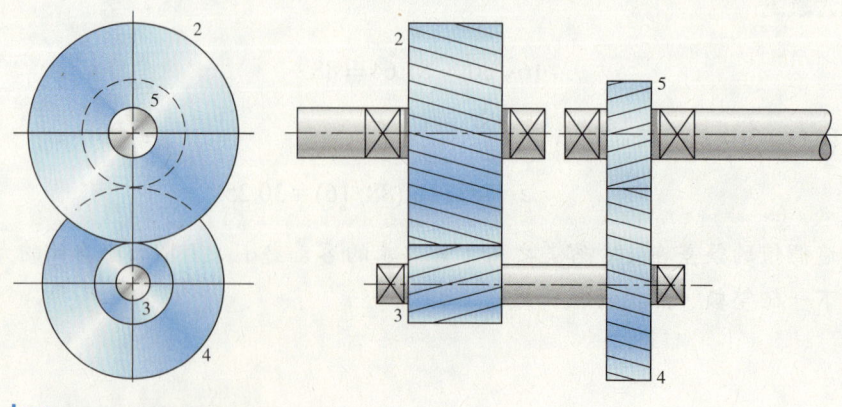

圖 10-27 複合回歸齒輪系。

$$N_2/(2P) + N_3/(2P) = N_4/(2P) + N_5/(2P)$$

假設兩級的徑節是一樣的，則能以齒數來陳述幾何條件：

$$N_2 + N_3 = N_4 + N_5$$

除了先前的比值方程式，這個條件必須確切地滿足，以提供輸入軸與輸出軸在同一線上的條件。

範例 10-5

某齒輪箱需要提供精準的 30：1 (0 誤差) 增速，同時最小化整體齒輪箱的體積。其輸入軸與輸出軸必須在同一條線上。試規範適宜的齒數。

解答 支配方程式為

$$N_2/N_3 = 6$$
$$N_4/N_5 = 5$$
$$N_2 + N_3 = N_4 + N_5$$

以三個方程式及四個未知的齒數，僅得一個齒數可供自由選擇。其兩個較小的齒輪的齒數，N_3 與 N_5，該自由選擇應用於最小化 N_3，因為在此級中要達成較大的齒數比。為了避免干涉，N_3 的值為 16。

應用支配方程式可得

$$N_2 = 6N_3 = 6(16) = 96$$
$$N_2 + N_3 = 96 + 16 = 112 = N_4 + N_5$$

以 $N_4 = 5N_5$ 代入，可得

$$112 = 5N_5 + N_5 = 6N_5$$
$$N_5 = 112/6 = 18.67$$

若僅要求輪系值的近似值，則可將此值捨入成為最接近的整數值。但對精準解而言，必須自由選擇的 N_3，其初始值能使得待求的其它齒數都正好是整數。這可以藉試誤法 (trial and error) 完成。令 $N_3 = 17$，然後 18，並依此類推，直到自由選擇的值可行。或這個問題可常規化成迅速地決定自由選擇的最小值。再次從頭來，令 $N_3 = 1$。應用支配方程式可得

$$N_2 = 6N_3 = 6(1) = 6$$
$$N_2 + N_3 = 6 + 1 = 7 = N_4 + N_5$$

以 $N_4 = 5N_5$ 代入，可得

$$7 = 5N_5 + N_5 = 6N_5$$
$$N_5 = 7/6$$

此一分數如果乘以 6 的倍數即可消除。自由選擇的最少齒數應選擇大於避免干涉且為 6 的倍數之最小數字。這將指出 $N_3 = 18$。最後一次重複應用支配方程式可得

$$N_2 = 6N_3 = 6(18) = 108$$
$$N_2 + N_3 = 108 + 18 = 126 = N_4 + N_5$$
$$126 = 5N_5 + N_5 = 6N_5$$
$$N_5 = 126/6 = 21$$
$$N_4 = 5N_5 = 5(21) = 105$$

因此

答案
$$N_2 = 108$$
$$N_3 = 18$$
$$N_4 = 105$$
$$N_5 = 21$$

核驗，計算整體比值 $e = (108/18)(105/21) = (6)(5) = 30$。

然後核對同一線上必要的幾何約束條件，計算如下

$$N_2 + N_3 = N_4 + N_5$$
$$108 + 18 = 105 + 21$$
$$126 = 126$$

齒輪系中，若容許某些齒輪的軸對其它齒輪的軸旋轉，則將得到不尋常的效果。此種輪系稱為**行星齒輪系** (planet trains) 或**周轉齒輪系** (epicyclic trains)。行星齒輪系通常含一個**太陽齒輪** (sun gear)、一具**行星載具** (planet carrier) 或**臂桿** (arm) 及一個或更多個**行星齒輪** (planet gears)，如圖 10-28 所示。行星齒輪系為不尋常的機構，因為它們具有兩個自由度；也就是，由於是受約束的運動，行星齒輪系必須有兩個輸入。例如，在圖 10-28 中，這兩個輸入可以是齒輪系中任意兩個元件的運動。在圖 10-28 中可能指定，譬如說，太陽齒輪以 100 rev/min 順時針方向旋轉，而環齒輪以逆時針方向的 50 rev/min 旋轉；這兩項都是輸入。輸出則為臂桿的運動，大多數行星齒輪系中，其元件之一將固定於機架上而無運動。圖 10-29 顯示某行星齒輪系由太陽齒輪 2，臂桿或載具 3 及行星齒輪 4 與 5 所組成。齒輪 2 相對於臂桿的相對角速度以 rev/min 計，為

$$n_{23} = n_2 - n_3 \tag{b}$$

圖 10-28　行星齒輪系。

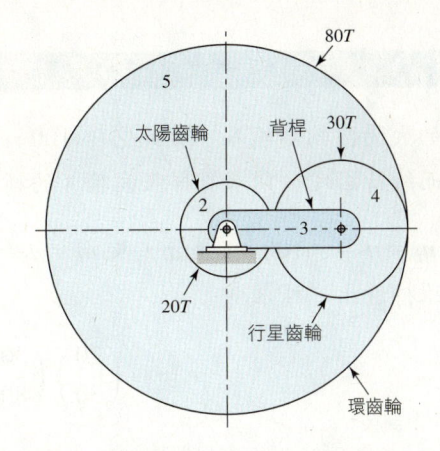

圖 10-29　在行星齒輪系臂桿上的齒輪系。

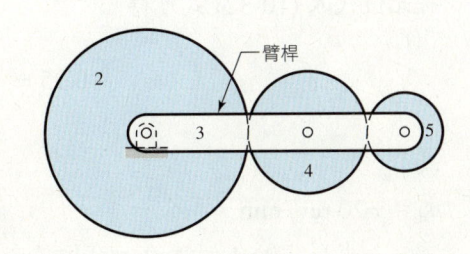

同時，齒輪 5 相對於臂桿的角速度為

$$n_{53} = n_5 - n_3 \tag{c}$$

以 (b) 式除 (c) 式可得

$$\frac{n_{53}}{n_{23}} = \frac{n_5 - n_3}{n_2 - n_3} \tag{d}$$

(d) 式表示齒輪 5 與齒輪 2 分別對臂桿的相對運動之比值。不論臂桿是否旋轉，這個比值相同，而且與齒數成比例。這就是系值。所以可以寫成

$$e = \frac{n_5 - n_3}{n_2 - n_3} \tag{e}$$

此式可用於求解任何行星齒輪系的輸出運動。下列的式子是更方便的寫法

$$e = \frac{n_L - n_A}{n_F - n_A} \tag{10-32}$$

式中　n_F = 行星齒輪系中第一個齒輪的轉速，rev/min
　　　n_L = 行星齒輪系中最後一個齒輪的轉速，rev/min
　　　n_A = 臂桿的轉速，rev/min

範例 10-6

圖 10-28 中的太陽齒輪為輸入，驅動它以 100 rev/min 順時針方向旋轉。環齒輪緊鎖於機架上而維持固定。試求臂桿及齒輪 4 的轉速及方向。

解答 標示 $n_F = n_2 = -100$ rev/min，及 $n_L = n_5 = 0$。想像解除齒輪 5 的約束，並使臂桿維持靜止。可求得

$$e = -\left(\frac{20}{30}\right)\left(\frac{30}{80}\right) = -0.25$$

將此值代入 (10-32) 式可得

$$-0.25 = \frac{0 - n_A}{(-100) - n_A}$$

或

答案 $n_A = -20$ rev/min

為求得齒輪 4 的轉速，可依循由 (b)、(c) 及 (d) 各式構成的程序，所以

$$n_{43} = n_4 - n_3 \qquad n_{23} = n_2 - n_3$$

因而，可得

$$\frac{n_{43}}{n_{23}} = \frac{n_4 - n_3}{n_2 - n_3} \tag{1}$$

但

$$\frac{n_{43}}{n_{23}} = -\frac{20}{30} = -\frac{2}{3} \tag{2}$$

將這個值代入 (1) 式，可得

$$-\frac{2}{3} = \frac{n_4 - (-20)}{(-100) - (-20)}$$

解此方程式，可得

答案 $n_4 = 33\frac{1}{3}$ rev/min

10-14 作用力分析 — 正齒輪

在著手作齒輪系的作用力分析之前，先就使用的標示法取得一致性。從用以表示機架的 1 號開始，輸入齒輪將以齒輪 2 標示，然後連續地以 3、4 等數字標示後續的齒輪，直到齒輪系中最後的一個齒輪為止。其次，也許涉及許多軸，而且通常每一軸上安裝一個或兩齒輪及其它元件。這些軸將以小寫的英文字母 a、b、c 等標示之。

使用這種標示法，則齒輪 2 作用於齒輪 3 上的力可標示為 F_{23}。齒輪 2 作用於 a 軸的力標示為 F_{2a}。而且 a 軸作用於齒輪 2 的力可標示為 F_{a2}。不幸的是必須使用上標以指出作用的方向。座標方向通常以 x、y、z 標示，而徑向方向則以 r 及 t 作為上標。使用這套標示法，則 F^t_{43} 表示齒輪 4 作用於齒輪 3 的力在切線方向的分力。

在圖 10-30a 中，顯示裝置於 a 軸上的小齒輪以順時針方向 n_2 rev/min 的轉速驅動在 b 軸上以 n_3 rev/min 轉速旋轉的大齒輪。嚙合齒輪間的作用力沿著壓力線發生。圖 10-30b 中，已經從大齒輪及軸上將小齒輪分離出來，而它們的效應則已由兩個力取代。F_{a2} 及 T_{a2} 分別為 a 軸作用於小齒輪 2 上的力及扭矩。F_{32} 為齒輪 3 作用於小齒輪的力。採用相似的處理法，可得圖 10-30c 中的大齒輪分離體圖。

圖 10-31 為重新繪製的小齒輪分離體圖，而各作用力已分解成切線及徑向分量。現在定義

$$W_t = F^t_{32} \tag{a}$$

為**傳動負荷** (transmitted load)。此切線負荷為實際上有效的分力，因為徑向分量

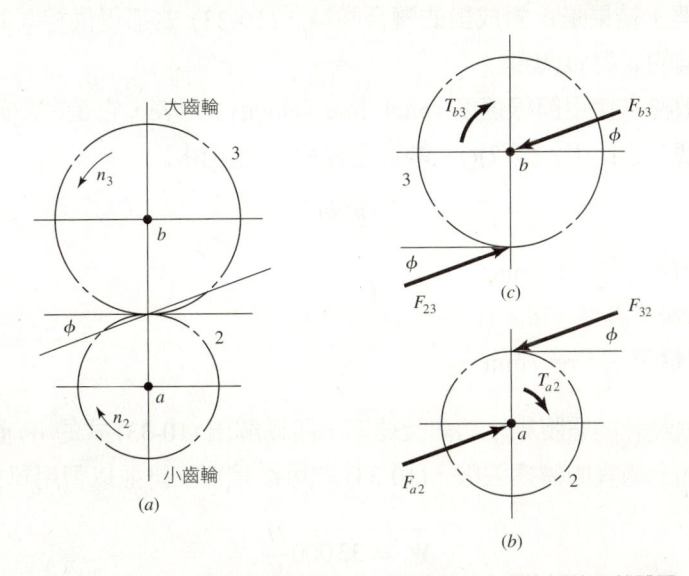

圖 10-30　作用於某簡單的齒輪系上之兩個齒輪的力與力矩的分離體圖。

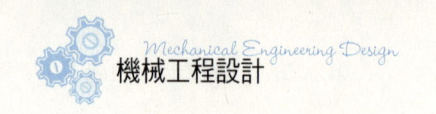

圖 10-31 齒輪上各作用力的分解。

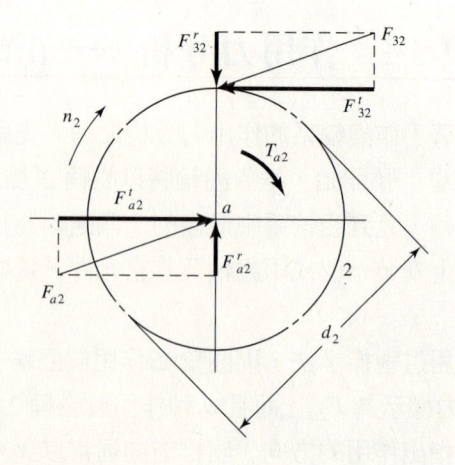

F^r_{32} 不具傳動功能。作用扭矩與傳動負荷間的關係可以下式表示

$$T = \frac{d}{2} W_t \tag{b}$$

式中為了得到通用的式子，而使 $T = T_{a2}$ 及 $d = d_2$。

經由旋轉齒輪傳遞的功率 H，可從標準關係式扭矩 T 及角速度 ω 的乘積求得

$$H = T\omega = (W_t d/2)\omega \tag{10-33}$$

儘管任何單位都能使用此方程式，所得功率的單位明顯地視其它參數的單位而定。用於功率的單位通常是馬力 (horsepower) 或仟瓦 (kilowatt)，而且應使用適宜的轉換因子。

由於嚙合齒輪有合理的效率，僅有 2% 以下的損失，通常透過嚙合傳遞的功率視為定值處理。結果是，對成對的嚙合齒輪，(10-33) 式都提供相同的功率，而與使用那個齒輪的 d 與 ω 無關。

齒輪的數據常使用**節線速度** (pitch-line velocity) 列表，它是在齒輪節圓半徑上之點的線速度。因此 $V = (d/2)\omega$。轉換至習用單位可得

$$V = \pi \, dn/12 \tag{10-34}$$

式中　$V =$ 節線速度，ft/min
　　　$d =$ 齒輪節直徑，in
　　　$n =$ 齒輪速率，rev/min

許多齒輪設計問題將規定功率及速率，所以解出 (10-33) 式的 W_t 頗為方便。使用節線速度加上適宜的轉換因數，(10-33) 式可以重新安排並以習用單位表示成

$$W_t = 33\,000 \frac{H}{V} \tag{10-35}$$

式中　　W_t = 傳動負荷，lbf
　　　　H = 功率，hp
　　　　V = 節線速度，ft/min

SI 制的對應式為

$$W_t = \frac{60\,000H}{\pi dn} \tag{10-36}$$

式中　　W_t = 傳動負荷，kN
　　　　H = 功率，kW
　　　　d = 齒輪的節圓直徑，mm
　　　　n = 速率，rev/min

範例 10-7

圖 10-32a 中的小齒輪以 1750 rev/min 旋轉，並傳送 2.5 kW 的功率至惰齒輪 3。輪齒以 20° 全深齒制切削而成，模數為 $m = 2.5$ mm。試繪製齒輪 3 的分離體圖，並將作用於該齒輪上的力標示出來。

解答　齒輪 2 與齒輪 3 的節圓直徑為

$$d_2 = N_2 m = 20(2.5) = 50 \text{ mm}$$
$$d_3 = N_3 m = 50(2.5) = 125 \text{ mm}$$

由 (10-36) 式可求得傳動負荷為

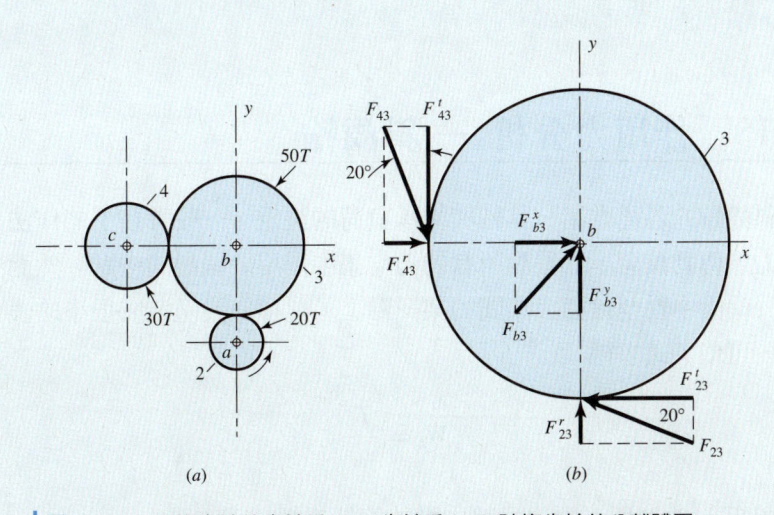

圖 10-32　含惰齒輪的齒輪系。(a) 齒輪系；(b) 該惰齒輪的分離體圖。

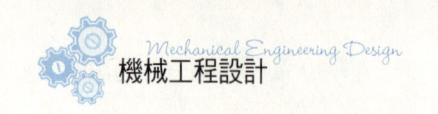

$$W_t = \frac{60\,000H}{\pi d_2 n} = \frac{60\,000(2.5)}{\pi(50)(1750)} = 0.546 \text{ kN}$$

因此，齒輪 2 作用於齒輪 3 的切線力為 $F_{23}^t = 0.546$ kN，如圖 10-32b 所示。所以，

$$F_{23}^r = F_{23}^t \tan 20° = (0.546) \tan 20° = 0.199 \text{ kN}$$

因而

$$F_{23} = \frac{F_{23}^t}{\cos 20°} = \frac{0.546}{\cos 20°} = 0.581 \text{ kN}$$

由於齒輪 3 為惰齒輪，功率 (扭矩) 不傳送至其軸上，因此，齒輪 4 作用於齒輪 3 上的切線作用力也等於 W_t。所以，

$$F_{43}^t = 0.546 \text{ kN} \qquad F_{43}^r = 0.199 \text{ kN} \qquad F_{43} = 0.581 \text{ kN}$$

而其方向如圖 10-32b 所示。

在 x 及 y 方向的軸反力為

$$F_{b3}^x = -\left(F_{23}^t + F_{43}^r\right) = -(-0.546 + 0.199) = 0.347 \text{ kN}$$
$$F_{b3}^y = -\left(F_{23}^r + F_{43}^t\right) = -(0.199 - 0.546) = 0.347 \text{ kN}$$

軸反力的合力為

$$F_{b3} = \sqrt{(0.347)^2 + (0.347)^2} = 0.491 \text{ kN}$$

這些力都標示在圖中。

10-15　作用力分析 — 斜齒輪

對於斜齒輪的各種應用，其軸與軸承負荷的決定，一般實務上的作法是利用產生的切線力或傳動負荷，並假設所有的力均集中作用於輪齒的中點。然而，實際上合力發生於輪齒中點至輪齒大端間的某一點上，此項假設僅造成很小的誤差。關於傳動負荷，可依下式求得

$$W_t = \frac{T}{r_{\text{av}}} \tag{10-37}$$

其中 T 為扭矩，r_{av} 為所考慮之齒輪中點的節圓半徑。

第 10 章　齒輪——通論

各力作用於輪齒中點的情況如圖 10-33 所示。其合力有一項分量：切向力 W_t、徑向力 W_r 及軸向力 W_a。由圖中的三角關係，可得

$$W_r = W_t \tan\phi \cos\gamma$$
$$W_a = W_t \tan\phi \sin\gamma$$

(10-38)

這三個力，W_t、W_r 及 W_a 彼此間各成直角，並可藉靜力學的方法決定軸承負荷。

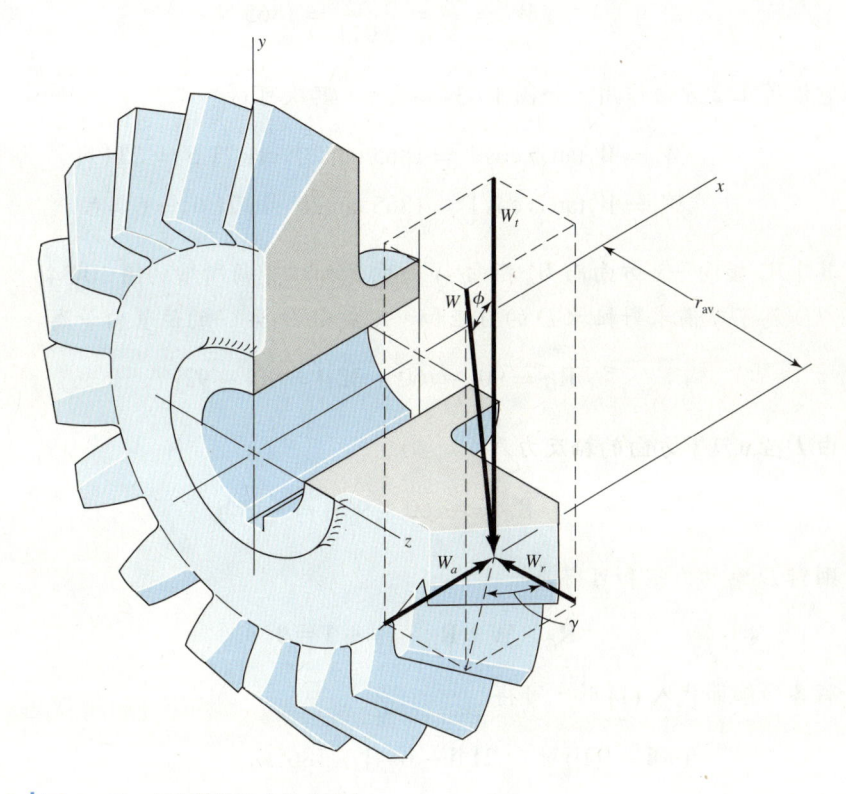

│ 圖 10-33　斜齒輪輪齒上的作用力。

範例 10-8

圖 10-34a 中的小斜齒輪以 600 rev/min 的轉速，依圖示方向旋轉，並傳遞 3.75 kW 的功率至大齒輪，安裝的距離、所有各軸承的位置及小齒輪及大齒輪的平均節圓半徑都已顯示於圖中。為了簡化，輪齒以節圓錐取代，軸承 A 和 C 將承受推力負荷。試求齒輪上各軸承承受的力。

解答　兩節角分別為

$$\gamma = \tan^{-1}\left(\frac{75}{225}\right) = 18.4° \qquad \Gamma = \tan^{-1}\left(\frac{225}{75}\right) = 71.6°$$

對應於平均節圓半徑的節線速度為

$$V = 2\pi r_P n = \frac{2\pi(32)(600)}{60} = 2011 \text{ mm/s}$$

所以,傳動負荷為

$$W_t = \frac{H}{V} = \frac{3750}{2.011} = 1865 \text{ N}$$

它沿著正 z 方向作用,如圖 10-34b 所示。其次可得

$$W_r = W_t \tan \phi \cos \Gamma = 1865 \tan 20° \cos 71.6° = 214 \text{ N}$$
$$W_a = W_t \tan \phi \cos \Gamma = 1865 \tan 20° \sin 71.6° = 644 \text{ N}$$

其中 W_r 指向 $-x$ 方向而 W_a 指向 $-y$ 方向,如以等角所繪的圖 10-34b 所示。

為了準備求對軸承 D 的力矩和,定義由 D 至 G 的位置向量為

$$\mathbf{R}_G = 90\mathbf{i} - (60 + 32)\mathbf{j} = 90\mathbf{i} - 92\mathbf{j}$$

由 D 至 C 的位置向量:

$$\mathbf{R}_C = -(60 + 90)\mathbf{j} = -150\mathbf{j}$$

則對 D 點的力矩和可得為

$$\mathbf{R}_G \times \mathbf{W} + \mathbf{R}_C \times \mathbf{F}_C + \mathbf{T} = \mathbf{0} \tag{1}$$

將各項細節代入 (1) 時,可得

$$\begin{aligned}(90\mathbf{i} - 92\mathbf{j}) &\times (-214\mathbf{i} - 644\mathbf{j} + 1865\mathbf{k}) \\ &+ (-150\mathbf{j}) \times \left(F_C^x \mathbf{i} + F_C^y \mathbf{j} + F_C^z \mathbf{k}\right) + T\mathbf{j} = \mathbf{0}\end{aligned} \tag{2}$$

執行兩項交乘積後,可得

$$(-171\,580\mathbf{i} - 167\,850\mathbf{j} - 77\,712\mathbf{k}) + (-150 F_C^z \mathbf{i} + 150 F_C^x \mathbf{k}) + T\mathbf{j} = 0$$

由上式,可得

$$\mathbf{T} = 168\mathbf{j} \text{ N·m} \qquad F_C^x = 518 \text{ N} \qquad F_C^z = -1144 \text{ N} \tag{3}$$

現在令各力的總和為零,則

$$\mathbf{F}_D + \mathbf{F}_C + \mathbf{W} = \mathbf{0} \tag{4}$$

當各項細節代入後,(4)式變成

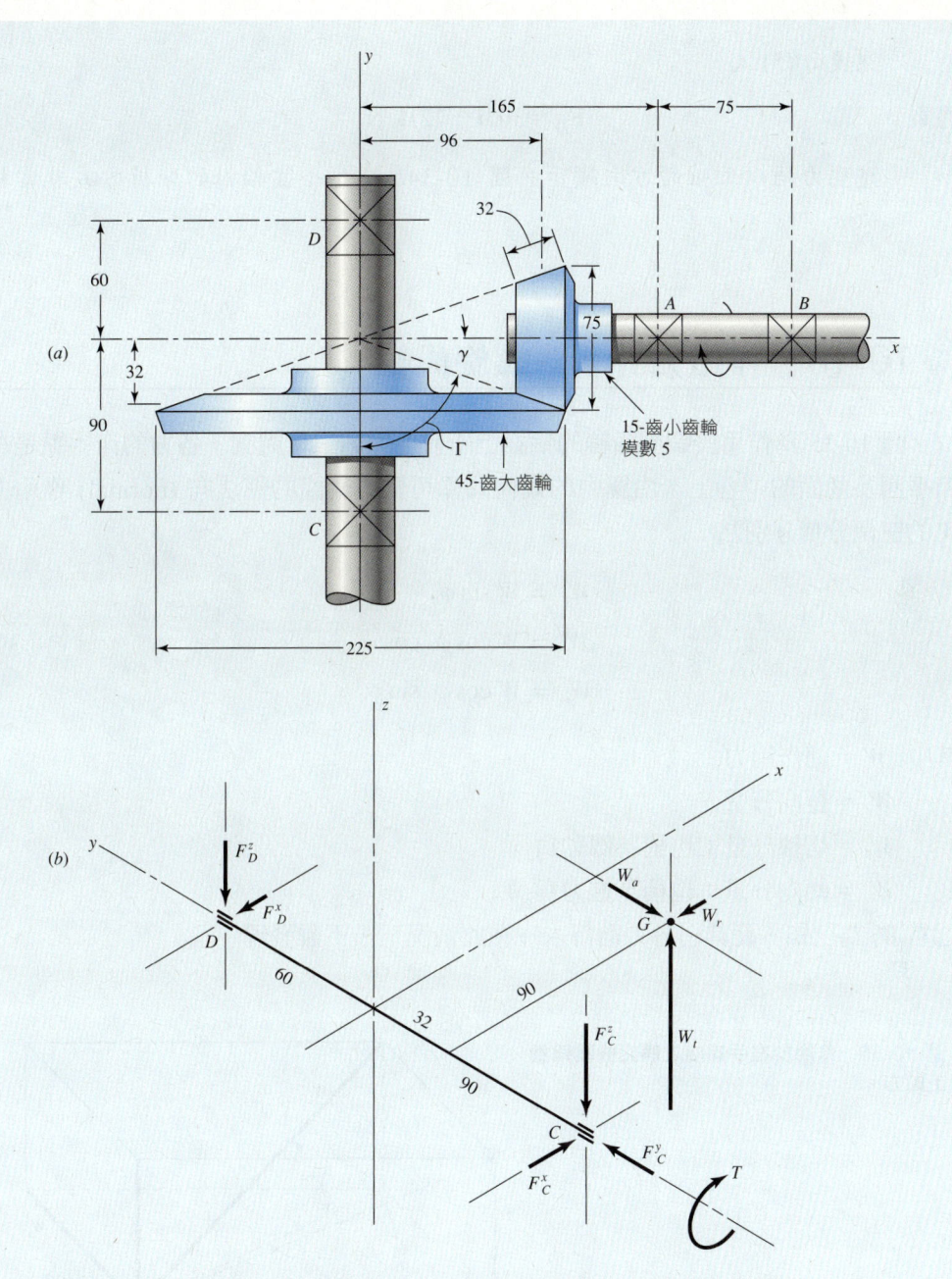

圖 10-34 (a) 範例 10-8 的斜齒輪組；(b) 軸 CD 的分離體圖。尺寸以 mm 標示。

$$(F_D^x \mathbf{i} + F_D^z \mathbf{k}) + (518\mathbf{i} + F_C^y \mathbf{j} - 1144\mathbf{k}) + (-214\mathbf{i} - 644\mathbf{j} + 1865\mathbf{k}) = \mathbf{0} \qquad (5)$$

首先看見 $F_C^y = 644$ N，所以

答案
$$\mathbf{F}_C = 518\mathbf{i} + 644\mathbf{j} - 1144\mathbf{k} \text{ N}$$

然後由 (5) 式，

答案 $\mathbf{F}_D = 303\mathbf{i} - 721\mathbf{k}$ N

這些力均以正確的方向顯示於圖 10-34b 中。小齒輪軸的分析方式非常相似。

10-16 作用力分析－螺旋齒輪

圖 10-35 為作用於螺旋齒輪的輪齒上所有各力的三維視圖。各力的作用點是在節平面及齒面的中心上。由圖中的幾何關係可知，輪齒的總法向 (normal) 作用力 W 的三個分量分別為

$$W_r = W \sin \phi_n$$
$$W_t = W \cos \phi_n \cos \psi \tag{10-39}$$
$$W_a = W \cos \phi_n \sin \psi$$

其中 W ＝總作用力
W_r ＝徑向分量
W_t ＝切線分量；也稱為傳動負荷
W_a ＝軸向分量；也稱為推力負荷

通常 W_t 為已知，而其它各力則待求。在此情況下，不難發現

圖 10-35 作用於右手螺旋之螺旋齒輪輪齒上的力。

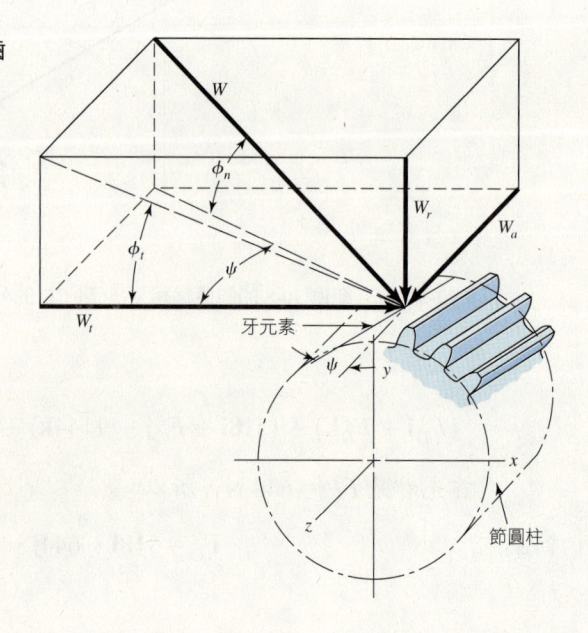

$$W_r = W_t \tan \phi_t$$
$$W_a = W_t \tan \psi \tag{10-40}$$
$$W = \frac{W_t}{\cos \phi_n \cos \psi}$$

範例 10-9

圖 10-36 中的 750 W 的電動機，以由正 x 軸方向觀看為順時針方向的 1800 rev/min 轉速旋轉，用鍵固定於電動機軸的是一個18齒的螺旋齒輪，其法向壓力角 20°，螺旋角 30°，而法向徑節為 12 teeth/in。螺旋線的方向如圖示。試繪一電動機軸及小齒輪的三維草圖，並標示作用於小齒輪上的各個力及在 A 與 B 處的軸承反力。軸向推力應從 A 點去除。

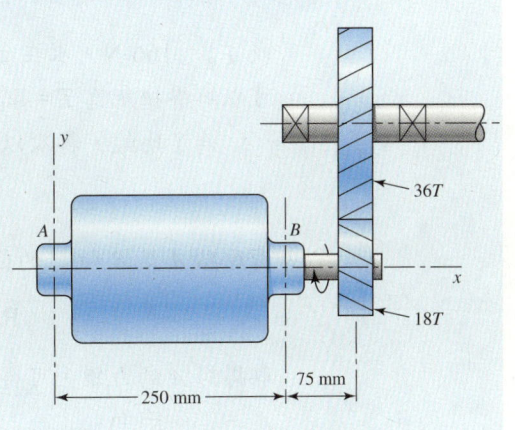

圖 10-36 範例 10-9 的電動機與齒輪系。

解答 由 (10-19) 式可得

$$\phi_t = \tan^{-1} \frac{\tan \phi_n}{\cos \psi} = \tan^{-1} \frac{\tan 20°}{\cos 30°} = 22.8°$$

而且，$m_t = m_n/\cos \psi = 3/\cos 30° = 3.46$ mm。所以，小齒輪的節圓直徑為 $d_p = 18(3.46) = 62.3$ mm。而節線速度為

$$V = \pi dn = \frac{\pi(62.3)(1800)}{60} = 5871.6 \text{ mm/s} = 5.87 \text{ m/s}$$

傳動負荷為

$$W_t = \frac{H}{V} = \frac{750}{5.87} = 128 \text{ N}$$

從 (10-40) 式可得

$$W_r = W_t \tan \phi_t = (128) \tan 22.8° = 54 \text{ N}$$
$$W_a = W_t \tan \psi = (128) \tan 30° = 74 \text{ N}$$
$$W = \frac{W_t}{\cos \phi_n \cos \psi} = \frac{128}{\cos 20° \cos 30°} = 157 \text{ N}$$

這三個力中，W_r 指向 $-y$ 方向，W_a 指向 $-x$ 方向，而 W_t 指向 $+z$ 方向，如圖 10-37 所示，都作用於 C 點。假設 A 和 B 處的軸承反力如圖示。則 $F_A^x =$

$W_a = 74$ N。取對 z 軸的力矩得

$$-(54)(325) + (74)\left(\frac{62.3}{2}\right) + 250F_B^y = 0$$

或 $F_B^y = 61$ N。求在 y 軸方向各作用力的總和得 $F_A^y = 7$ N。其次，對 y 軸取力矩，則

$$250F_B^z - 128(325) = 0$$

或 $F_B^z = 166$ N。求在 z 軸方向各作用力的總和，並求其解得 $F_A^z = 38$ N。也可以解得扭矩為 $T = W_t d_p/2 = 128(62.3/2) = 3982$ N・mm。

為了比較，再次以向量解這個問題。在 C 處的力

$$\mathbf{W} = -74\mathbf{i} - 54\mathbf{j} + 128\mathbf{k} \text{ N}$$

由原點 A 至 B 和 C 的位置分別為

$$\mathbf{R}_B = 250\,\mathbf{i} \qquad \mathbf{R}_C = 325\mathbf{i} + 31.15\mathbf{j}$$

取得對 A 的力矩，可得

$$\mathbf{R}_B \times \mathbf{F}_B + \mathbf{T} + \mathbf{R}_C \times \mathbf{W} = \mathbf{0}$$

使用圖 10-37 中所假設的各力的方向，並將已知的值代入得

$$250\mathbf{i} \times (F_B^y \mathbf{j} - F_B^z \mathbf{k}) - T\mathbf{i} + (325\mathbf{i} + 31.15\mathbf{j}) \times (-74\mathbf{i} - 54\mathbf{j} + 128\mathbf{k}) = \mathbf{0}$$

展開叉積，可得

$$(250F_B^y \mathbf{k} + 250F_B^z \mathbf{j}) - T\mathbf{i} + (3987\mathbf{i} - 41\,600\mathbf{j} - 15\,245\mathbf{k}) = \mathbf{0}$$

所以，$T = 4$ kN・mm，$F_B^y = 61$ N，$F_B^z = 166$ N

接著，

$$\mathbf{F}_A = -\mathbf{F}_B - \mathbf{W}，所以，\mathbf{F}_A = 74\mathbf{i} - 7\mathbf{j} + 38\mathbf{k} \text{ N}$$

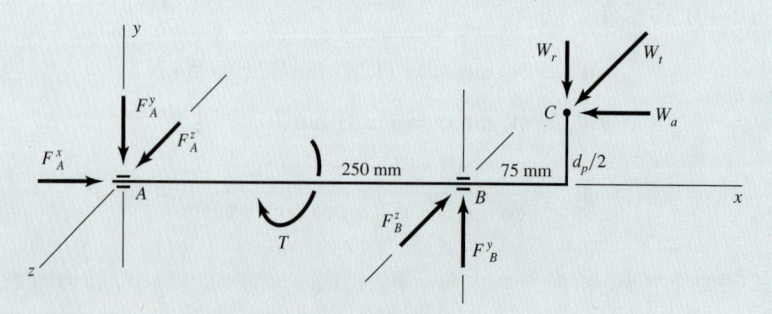

▌圖 10-37　範例 10-9 的電動機軸的分離體圖。

10-17 作用力分析－蝸齒輪

若忽略摩擦力，則齒輪所作用的力將僅有 W，如圖 10-38 所示，具有三個正交分量 W^x、W^y 及 W^z。由圖中的幾何關係可知

$$W^x = W \cos\phi_n \sin\lambda$$
$$W^y = W \sin\phi_n \quad\quad (10\text{-}41)$$
$$W^z = W \cos\phi_n \cos\lambda$$

現在使用下標 W 與 G 以分別作用於蝸桿與蝸齒輪上的力。請注意，W^y 表示同時作用於蝸桿及蝸齒輪上的分離 (separating) 或軸向作用力。假設軸角為 90° 時，作用於蝸桿上的切線力為 W^x，而作用於蝸桿上的軸向力為 W^z，作用於蝸輪上的軸向力為 W^x。由於蝸齒輪的作用力與蝸桿的作用力方向相反，可以總結這些關係而寫成

$$W_{Wt} = -W_{Ga} = W^x$$
$$W_{Wr} = -W_{Gr} = W^y \quad\quad (10\text{-}42)$$
$$W_{Wa} = -W_{Gt} = W^z$$

使用右手直角座標系，並使蝸輪軸平行於 x 方向，而蝸桿軸平行於 z 方向，則對 (10-41) 式及 (10-42) 式的使用有所助益。

在學習正齒輪的輪齒時，已經學到輪齒相對於嚙合輪齒的運動以滾動為主。事實上，當接觸發生於節點時的運動為純滾動。相反的，在蝸桿與蝸齒輪間輪齒的相對運動為純滑動，所以，可以預期在蝸齒輪系的性能中，摩擦將扮演主要的角色。引入摩擦係數 f，則可導出另一組類似 (10-41) 式的關係式。由圖 10-38 中可看出作

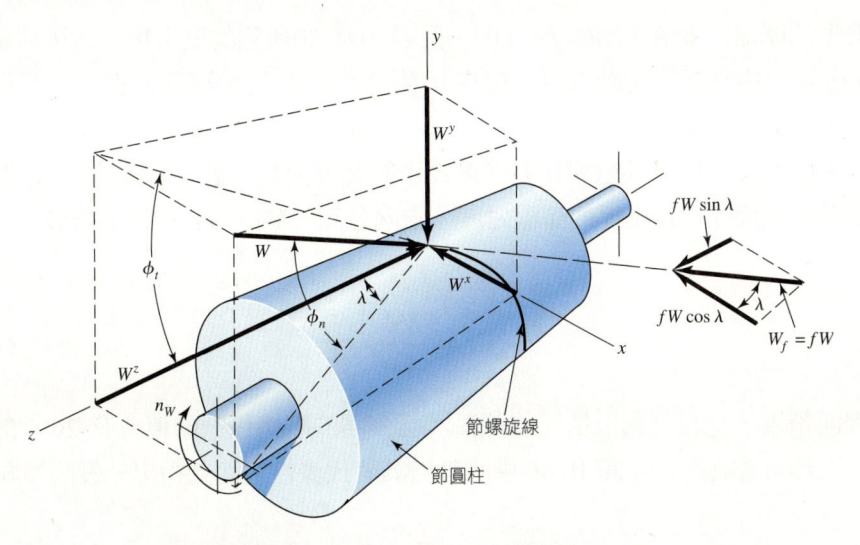

▌圖 10-38　某蝸桿節圓柱的圖。顯示由蝸輪作用於其上的力。

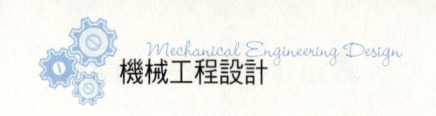

用力 W 沿蝸桿齒廓的法方向作用，而產生摩擦力 $W_f = fW$，而其分量 $fW\cos\lambda$ 指向負 x 方向，另一個分量 $fW\sin\lambda$ 指向正 z 軸方向。因此，(10-41) 式變成

$$\begin{aligned} W^x &= W(\cos\phi_n \sin\lambda + f\cos\lambda) \\ W^y &= W\sin\phi_n \\ W^z &= W(\cos\phi_n \cos\lambda - f\sin\lambda) \end{aligned} \tag{10-43}$$

(10-42) 式當然仍可應用。

若 (10-43) 式中的 W^z 以 (10-42) 式的 $-W_{Gt}$ 代入，並兩端乘以 f，可求得摩擦力 W_f 為

$$W_f = fW = \frac{fW_{Gt}}{f\sin\lambda - \cos\phi_n \cos\lambda} \tag{10-44}$$

兩切線力，W_{Wt} 及 W_{Gt} 之間另一個很有用的關係式，可由聯立 (10-42) 式中的第一和第三部分，及 (10-43) 式並消去 W。其結果為

$$W_{Wt} = W_{Gt}\frac{\cos\phi_n \sin\lambda + f\cos\lambda}{f\sin\lambda - \cos\phi_n \cos\lambda} \tag{10-45}$$

效率 (efficiency) η 可用下式定義

$$\eta = \frac{W_{Wt}\,(無摩擦)}{W_{Wt}\,(有摩擦)} \tag{a}$$

令 (10-45) 式中的 $f = 0$ 作為 (a) 式的分子，但分母維持相同。經整理後可得效率為

$$\eta = \frac{\cos\phi_n - f\tan\lambda}{\cos\phi_n + f\cot\lambda} \tag{10-46}$$

選擇典型的摩擦係數值，例如 $f = 0.05$，及表 10-6 中所列的壓力角，則可利用 (10-46) 式得到一些有用的設計資訊。對從 1 到 30° 的螺旋角解該方程式，可得到表 10-6 中的有趣的結果。

許多實驗證實摩擦係數視相對速度或滑動速度而定。圖 10-39 中，V_G 為蝸輪的節線速度，而 V_W 為蝸桿的節線速度。求向量和，$\mathbf{V}_W = \mathbf{V}_G + \mathbf{V}_S$；結果，滑動速度為

$$V_S = \frac{V_W}{\cos\lambda} \tag{10-47}$$

由於表面精製，材料及潤滑情況的差異，已公開的摩擦係數的值，有 20% 的變化幅度，是無可置疑的。在圖 10-40 中的數值具有代表性，而且指出一般的傾向。

表 10-6　$f=0.05$ 時，蝸齒輪組的效率

螺旋角 ψ, deg	效率 η, %
1.0	25.2
2.5	45.7
5.0	62.0
7.5	71.3
10.0	76.6
15.0	82.7
20.0	85.9
30.0	89.1

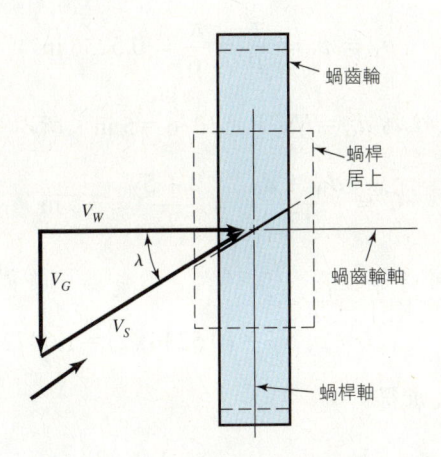

圖 10-39　蝸齒輪系上的速度分量。

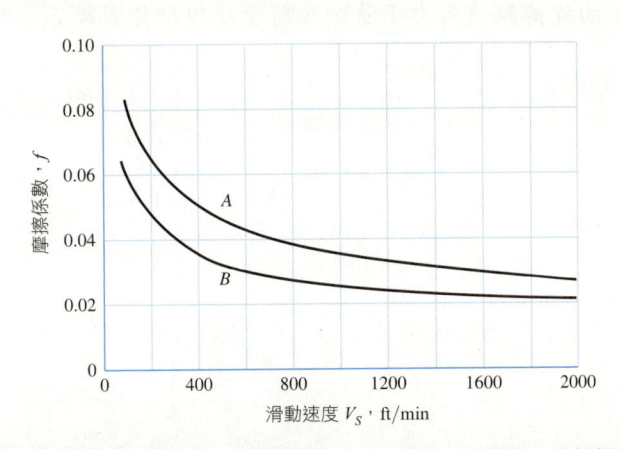

圖 10-40　蝸輪摩擦係數的代表值。這些值乃基於良好的潤滑狀況。曲線 B 用於類似滲碳鋼之蝸桿與磷青銅之蝸輪的高品質材料。當預期會有較大的摩擦時，例如鑄鐵蝸桿與鑄鐵蝸輪嚙合時，使用曲線 A。

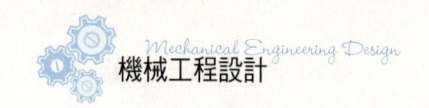

範例 10-10

某 2 齒的右手螺旋蝸桿以 1200 rev/min 的轉速,傳送 1 hp 至一個 30 齒的蝸輪。該蝸輪的橫向徑節為 6 teeth/in,而齒面寬為 1 in。蝸桿的節圓直徑為 $2\frac{1}{2}$ in。法向壓力角為 $14\frac{1}{2}°$。而它的材質及製作品質適合由圖 10-40 中的曲線 B 取得摩擦係數。

(a) 試求軸向周節、中心距、導程及導程角。

(b) 圖 10-41 乃是以相對於本節稍早描述的座標系方位繪製的蝸輪組圖;蝸輪由軸承 A 和軸承 B 支持。試求軸承作用於蝸輪軸上的力及輸出的扭矩。

解答 (a) 軸向周節與蝸齒輪的橫向周節相同,其值為

答案
$$p_x = p_t = \frac{\pi}{P} = \frac{\pi}{6} = 0.5236 \text{ in}$$

蝸輪的節圓直徑為 $d_G = N_G/P = 30/6 = 5$ in。所以,中心距為

答案
$$C = \frac{d_W + d_G}{2} = \frac{2+5}{2} = 3.5 \text{ in}$$

由 (10-27) 式可得導程為

$$L = p_x N_W = (0.5236)(2) = 1.0472 \text{ in}$$

答案 也可由 (10-28) 式求得,

答案
$$\lambda = \tan^{-1}\frac{L}{\pi d_W} = \tan^{-1}\frac{1.0472}{\pi(2)} = 9.46°$$

(b) 對蝸桿的旋轉軸使用右手法則,將會發現拇指對準正 z 軸方向。現在利

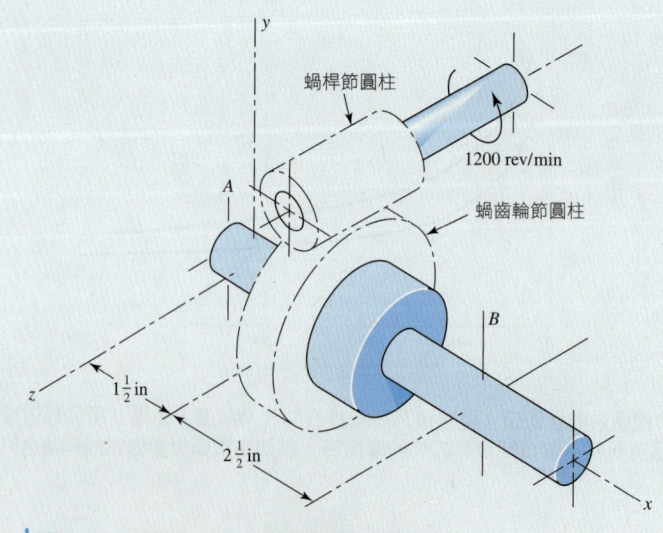

圖 10-41 範例 10-10 之蝸齒輪系的節圓柱。

用螺旋和螺帽的類比方式 (蝸桿為右手螺旋，與螺栓的螺紋相似)。以右手使螺栓順時針方向旋轉。同時，以左手防止螺帽旋轉，則螺帽將沿螺栓的軸向，向右端移動。所以，蝸輪 (圖 10-41) 的表面與蝸桿接觸時將向負 z 軸方向移動。因此，以右手拇指指向負 x 軸方向時，蝸齒輪將對 x 軸依順時針方向旋轉。

蝸桿的節線速度為

$$V_W = \frac{\pi d_W n_W}{12} = \frac{\pi(2)(1200)}{12} = 628 \text{ ft/min}$$

蝸輪的轉速為 $n_G = (\frac{2}{30})(1200) = 80$ rev/min。所以節線速度為

$$V_G = \frac{\pi d_G n_G}{12} = \frac{\pi(5)(80)}{12} = 105 \text{ ft/min}$$

則利用 (10-47) 式，可得滑動速度為 V_S

$$V_S = \frac{V_W}{\cos \lambda} = \frac{628}{\cos 9.46°} = 637 \text{ ft/min}$$

現在開始求各作用力，由馬力的公式著手

$$W_{Wt} = \frac{33\,000 H}{V_W} = \frac{(33\,000)(1)}{628} = 52.5 \text{ lbf}$$

此力沿著負 x 的方向作用，與圖 10-38 中的情況相同。利用圖 10-40，可求得 $f = 0.03$。於是由 (10-42) 式中的第一式及 (10-43) 式可求得

$$W = \frac{W^x}{\cos \phi_n \sin \lambda + f \cos \lambda}$$

$$= \frac{52.5}{\cos 14.5° \sin 9.46° + 0.03 \cos 9.46°} = 278 \text{ lbf}$$

而且，從 (10-43) 式，

$$W^y = W \sin \phi_n = 278 \sin 14.5° = 69.6 \text{ lbf}$$

$$W^z = W(\cos \phi_n \cos \lambda - f \sin \lambda)$$

$$= 278(\cos 14.5° \cos 9.46° - 0.03 \sin 9.46°) = 264 \text{ lbf}$$

現在辨識作用於蝸齒輪上的各力為

$$W_{Ga} = -W^x = 52.5 \text{ lbf}$$

$$W_{Gr} = -W^y = -69.6 \text{ lbf}$$

$$W_{Gt} = -W^z = -264 \text{ lbf}$$

此刻，為了簡化隨後的工作，應繪製這個點的三維線圖。圖 10-42 為一很容易繪製的等角線圖。而且也有助於避免錯誤。

為了使蝸輪軸處於受壓狀態，我們將令 B 為推力軸承。則求 x 方向各作用力的和可得

答案
$$F_B^x = -52.5 \text{ lbf}$$

對 z 軸取力矩，可得

答案
$$-(52.5)(2.5) - (69.6)(1.5) + 4F_B^y = 0 \qquad F_B^y = 58.9 \text{ lbf}$$

對 y 軸取力矩可得，

答案
$$(264)(1.5) - 4F_B^z = 0 \qquad F_B^z = 99 \text{ lbf}$$

這三個分力現在添加到草圖的 B 點處，如圖 10-42 所示。求 y 方向的合力，

答案
$$-69.6 + 58.9 + F_A^y = 0 \qquad F_A^y = 10.7 \text{ lbf}$$

同樣地，求 z 方向的合力

答案
$$-264 + 99 + F_A^z = 0 \qquad F_A^z = 165 \text{ lbf}$$

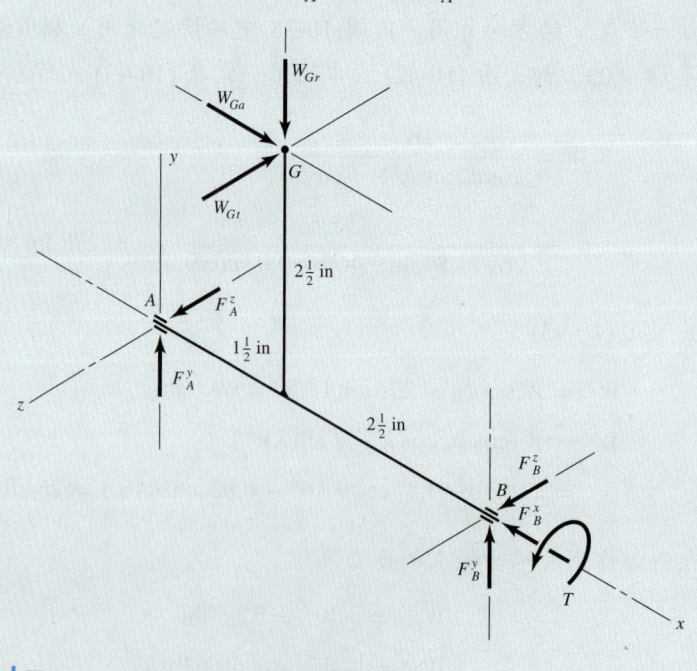

圖 10-42 範例 10-10 中使用的等角線草圖。

現在將這二力置入草圖中的 A 點處。此時尚需寫一個方程式，對 x 軸取力矩

答案
$$-(264)(2.5) + T = 0 \qquad T = 660 \text{ lbf} \cdot \text{in}$$

由於摩擦損失，此一輸出扭矩小於齒輪比與輸入扭矩的乘積。

問題

具有星號 (*) 的問題，與其它章節的問題鏈結，如 **1-16 節的表 1-1** 所示。

10-1 徑節 8 teeth/in 的 17 齒小正齒輪，以 1120 rev/min 旋轉並驅動一齒輪以 544 rev/min 的轉速旋轉。試求該齒輪的齒數及其理論中心距。

10-2 某模數 3 mm 的 15 齒小正齒輪，以 1600 rev/min 的轉速旋轉。其從動齒輪有 60 齒。試求從動齒輪的轉速、周節及理論中心距。

10-3 某正齒輪的模數為 6 mm 而速比為 4。小齒輪的齒數為 16 齒，試求從動齒輪的齒數、節圓直徑，及理論的中心至中心的距離。

10-4 某 21 齒的正齒輪與 28 齒的大齒輪嚙合。徑節為 3 teeth/in。而壓力角為 20°。試繪製每個齒輪上顯示一齒的圖。試求並表列下列的結果：齒冠、齒根、背隙、周節、齒厚、及基圓直徑；漸近弧、漸遠弧及作用弧弧長；基節及接觸比。

10-5 某壓力角為 20°，14 齒而且徑節為 6 teeth/in 的直齒斜齒輪用於驅動 32 齒的大齒輪。兩軸成 90° 且在同一平面。試求
(a) 節錐距
(b) 周節角
(c) 節圓直徑
(d) 齒面寬

10-6 平行軸螺旋齒輪組，使用 16 齒的小齒輪驅動 40 齒的大齒輪。小齒輪的徑節為 2，而齒冠與齒根分別為 $1/P$ 及 $1.25/P$。齒輪都以 20° 壓力角切削製成。
(a) 試計算其周節、中心距及基圓半徑。
(b) 安裝這些齒輪時中心距偏差大了 $\frac{1}{4}$ in。試計算新的壓力角與節圓直徑。

10-7 平行軸螺旋齒輪組由 19 齒的小齒輪驅動一個 57 齒的大齒輪組成。小齒輪左手螺旋角為 30°，法向壓力角為 20°，法向模數為 2.5 mm。試求
(a) 法向周節、橫向周節及軸向周節
(b) 橫向徑節及橫向壓力角
(b) 每個齒輪的齒冠、齒根及節圓直徑

10-8 一對正齒輪為了避免干涉問題，使用 20° 壓力角，試為下列每一齒輪比規定小齒輪尚容許的最少齒數。

(a) 2 比 1
(b) 3 比 1
(c) 4 比 1
(d) 5 比 1

10-9 試使用 25° 壓力角重解問題 10-8。

10-10 就 $\phi = 20°$ 的正齒輪組，為避免干涉，試求：
(a) 能與自身運轉的最少小齒輪齒數。
(b) 齒數比 $m_G = 2.5$ 時的最少小齒輪齒數，及可能與此小齒輪搭配之大齒輪的最多齒數。
(c) 與齒條運轉的最少小齒輪齒數。

10-11 以 $\phi_n = 20°$ 及 $\psi = 30°$ 的螺旋齒輪重解問題 10-10。

10-12 已經做好使用 $\phi_n = 20°$，$m_t = 3$ mm，及 $\psi = 30°$ 設計 2：1 減速的決策。試選擇適合的小齒輪與大齒輪以避免干涉。

10-13 試以 6：1 減速重解問題 10-12。

10-14 藉由使用大於標準的壓力角，可能使用較少的小齒輪齒數，據此得到於加工時無干涉的較少小齒輪齒數。如果兩齒輪是螺旋齒輪，對欲與齒條嚙合的 9 齒小齒輪，試求其可能的最小壓力角 ϕ。

10-15 某平行軸齒輪組由 18 齒的小螺旋齒輪驅動一個 32 齒的大齒輪而成。小齒輪左手螺旋角為 25°，法向壓力角為 20°，法向模數為 3 mm。試求：
(a) 法向周節、橫向周節及軸向周節
(b) 橫向模數及橫向壓力角
(c) 兩齒輪的節圓直徑

10-16 圖中所顯示的二段減速螺旋齒輪組，由 a 軸以 900 rev/min 的轉速驅動。齒輪 2 與 3 的法向徑節為 12 teeth/in，螺旋角 30°，法向壓力角為 20°。齒輪系中的第二對齒輪，齒輪 4 與 5 的法向徑節為 8 teeth/in，螺旋角 25°，法向壓力角為 20°。齒數分別是：$N_2 = 14$，$N_3 = 54$，$N_4 = 16$，$N_5 = 36$。試求：
(a) 每個齒輪作用於其軸上的推力方向
(b) c 軸的旋轉方向及轉速
(c) 各軸間的中心距

問題 10-16
尺寸以 mm 標示。

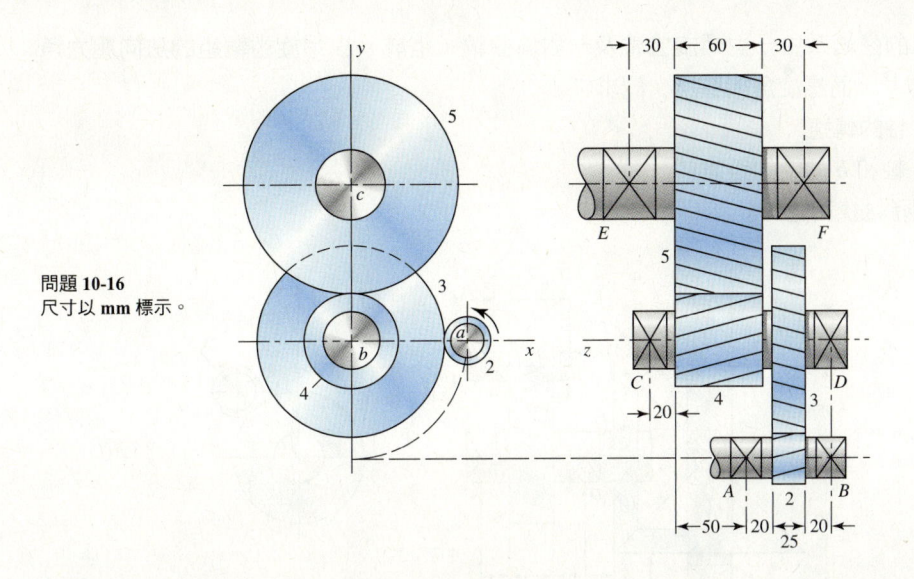

10-17 圖中的 a 軸以 600 rev/min 轉速依圖示方向旋轉。試求 d 軸的轉速及旋轉方向。

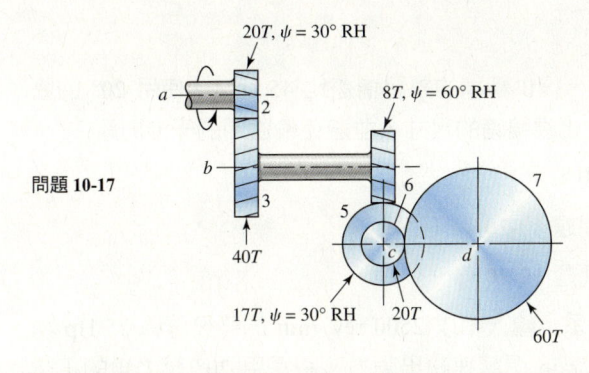

問題 10-17

10-18 圖示的機構系 (mechanism train) 由多種齒輪及皮帶輪組成以驅動齒輪 9，皮帶輪 2 以 1200 rev/min 的轉速依圖示的方向旋轉。試求齒輪 9 的旋轉方向及轉速。

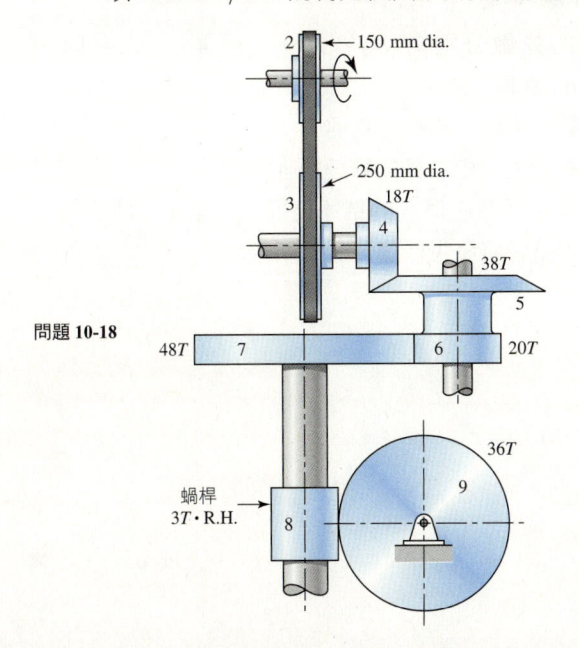

問題 10-18

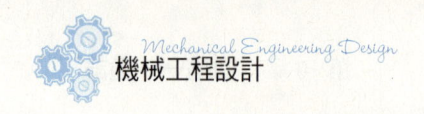

10-19 圖示的齒輪系由一對螺旋齒輪及一對斜齒輪所組成。該螺旋齒輪組的法向壓力角為 $17\frac{1}{2}°$，而螺旋角如圖示。試求：
(a) c 軸的轉速
(b) a 軸和 b 軸間的距離
(c) 兩斜齒輪的直徑

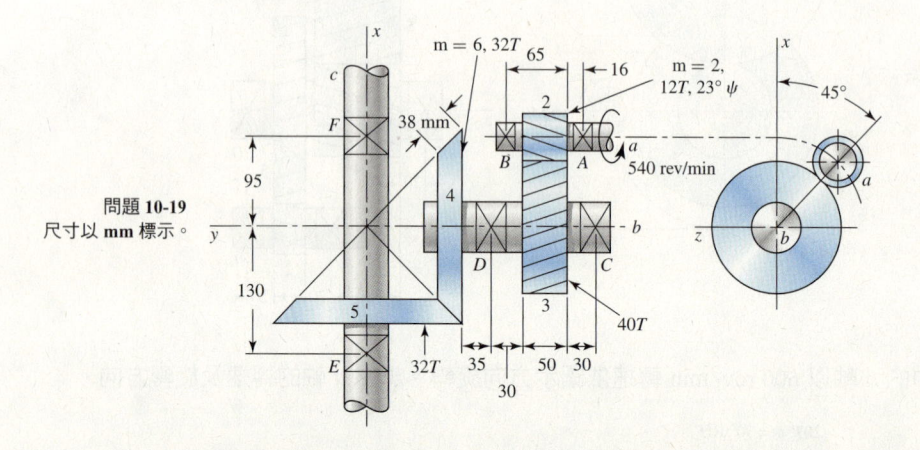

問題 10-19
尺寸以 mm 標示。

10-20 某複合回歸齒輪系設計成增速器，提供精準的整體增速比 45 比 1。使用 20° 的壓力角，試規範適宜的齒數以最小化齒輪箱的尺寸，並避免輪齒間的干涉問題。

10-21 試以 25° 的壓力角重解問題 10-20。

10-22 試以精準的齒輪比 30 比 1 重解問題 10-20。

10-23 試以近似的齒輪比 45 比 1 重解問題 10-20。

10-24 某齒輪箱經設計成複合迴歸齒輪系，輸入軸以 2500 rev/min 的轉速傳輸 25 Hp 功率。輸出軸將以 280 到 300 rev/min 間轉速輸出動力。將採用 20° 壓力角的正齒輪。試求每個齒輪適宜的齒數，以最小化齒輪箱尺寸，並提供在規定範圍內的輸出轉速。請確認各輪齒間能免於干涉問題。

10-25 圖示之汽車的差速器中各齒輪的齒數分別為 $N_2 = 16$，$N_3 = 48$，$N_4 = 14$，$N_5 = N_6 = 20$。驅動軸以 900 rev/min 旋轉。試求：
(a) 若汽車在良好的路面上直線行駛，則輪子的轉速為何？
(b) 假設將右輪架高，而左輪壓在路面上，則右輪的轉速為何？
(c) 假設某後輪驅動的車輛，停車時後輪壓在濕潤的結冰路面上，則 (b) 部分的答案是否對啟動該車並企圖驅車上路時將發生什麼情況有所暗示。

問題 10-25

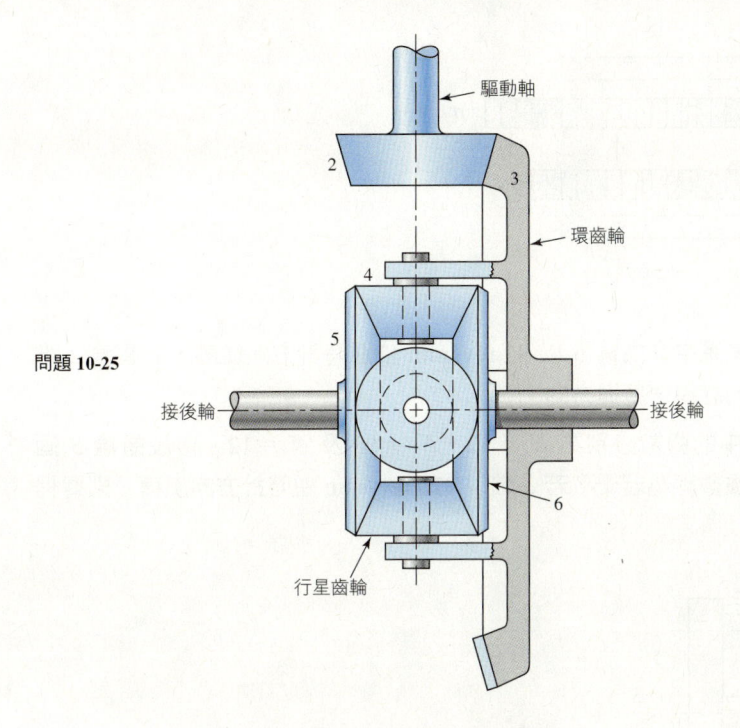

環齒輪

接後輪　　　　　　　　接後輪

行星齒輪

10-26 圖中顯示使用三個差速器的四輪驅動概念，其中之一用於前輪軸，另一個用於後輪軸，而第三個用於聯接驅動軸。
(a) 試說明為何此一構想容許有較大的加速度。
(b) 假設由於某種路面狀況，鎖定了中央或後輪差速器或同時鎖定兩者。這些作用中的任一或兩種作用是否提供較大的牽引作用，為什麼？

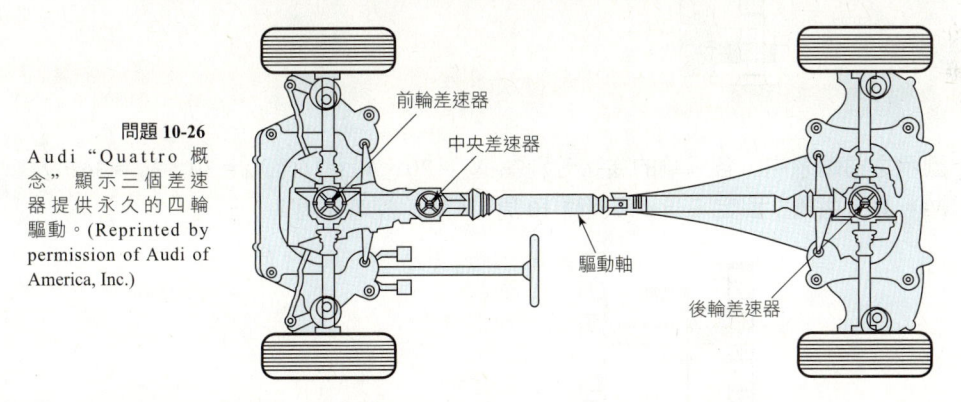

問題 10-26
Audi "Quattro 概念" 顯示三個差速器提供永久的四輪驅動。(Reprinted by permission of Audi of America, Inc.)

前輪差速器
中央差速器
驅動軸
後輪差速器

10-27 在圖示的回歸行星齒輪系 (reverted planetary train) 中，若齒輪 2 不能旋轉，而且迫使齒輪 6 以 12 rev/min 的轉速依逆時針方向旋轉。試求臂桿的旋轉速度與方向。

機械工程設計

問題 10-27

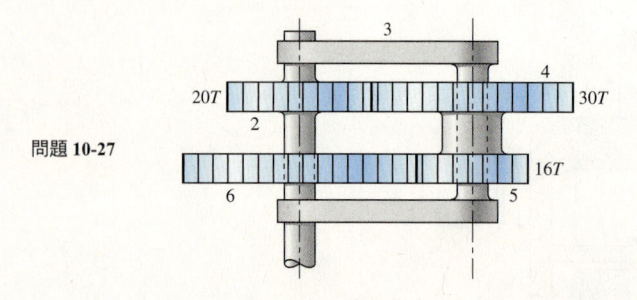

10-28 於問題 10-27 的齒輪系中令齒輪 6 以 85 rev/min 依逆時針方向從動，而齒輪 2 維持靜止。試求臂桿的旋轉速度與方向。

10-29 圖中所示之齒輪系中的齒數分別為 $N_2 = 12$，$N_3 = 16$ 及 $N_4 = 12$。假設齒輪 5 固定，則內齒輪 5 的齒數應為若干？若 a 軸以 320 rev/min 逆時針方向旋轉，則臂桿的轉速應為何？

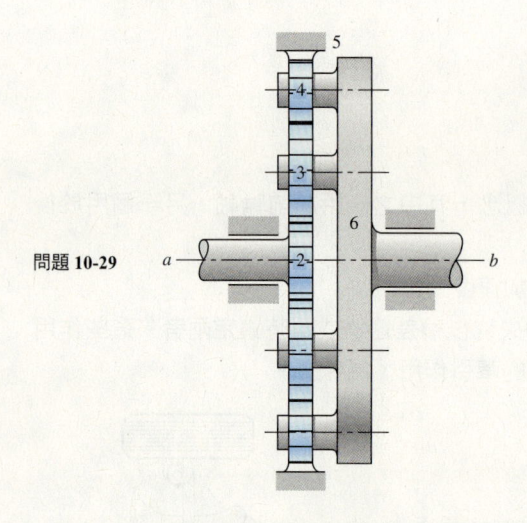

問題 10-29

10-30 圖示之齒輪系中，各齒輪的齒數分別為 $N_2 = 20$，$N_3 = 16$，$N_4 = 30$，$N_6 = 36$，及 $N_7 = 46$。齒輪 7 固定。若 a 軸旋轉 10 周，b 軸將旋轉幾周？

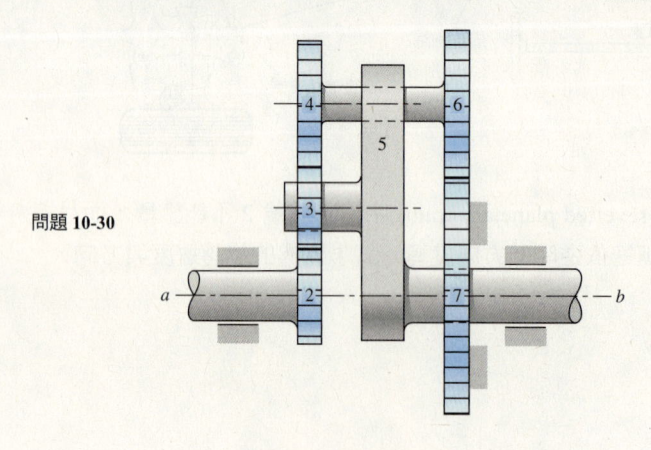

問題 10-30

620

10-31 圖中的 a 軸以逆時針方向 1000 rev/min 的轉速輸入 75 kW。齒輪的模數 5 mm，壓力角 20°。齒輪 3 為惰齒輪。
(a) 試求齒輪 3 作用於 b 的力 F_{3b}。
(b) 試求齒輪 4 作用於 c 軸的扭矩 T_{4c}。

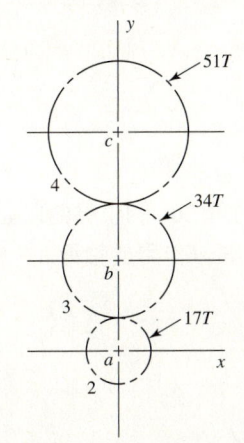

問題 10-31

10-32 圖示的 24 齒，徑節 6，壓力角 20° 的小齒輪 2 以 1000 rev/min 順時針方向旋轉，而且受 25 hp 功率所驅動。齒輪 4、5 和 6 分別有 24、36 及 144 齒，試求臂桿 3 傳送到輸出軸的扭矩為若干？試繪臂桿及每個齒輪的分離體圖，並顯示作用於這些分離體的力。

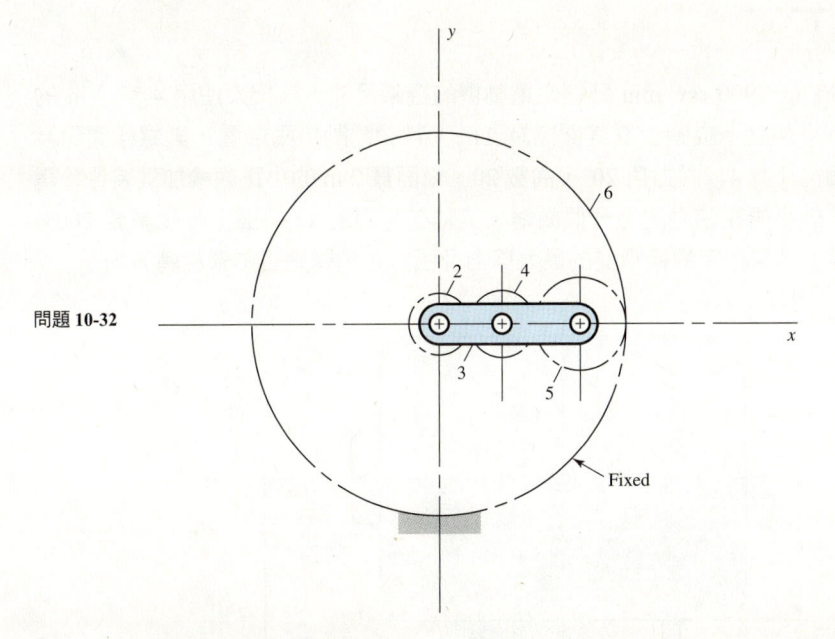

問題 10-32

10-33 圖中所示的這些齒輪的模數為 12 mm，而壓力角為 20°。小齒輪以 1800 rev/min 的轉速依順時針方向旋轉，並經惰齒輪對將 150 kW 傳送至 c 軸。試求齒輪 3 與 4 傳送至惰齒輪系的力為若干？

問題 10-33

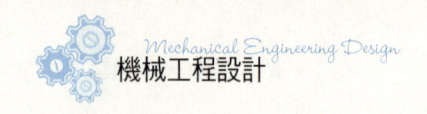

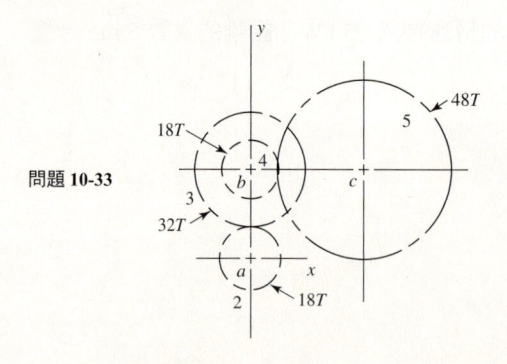

10-34 圖示的一對軸，安置徑節為 5 teeth/in，18-齒，壓力角 20° 的小齒輪以驅動 45-齒的大齒輪，並以 1800 rev/min 輸入最大功率 32 hp。試求作用於軸承 A、B、C，及 D 上各力的大小以及其方向。

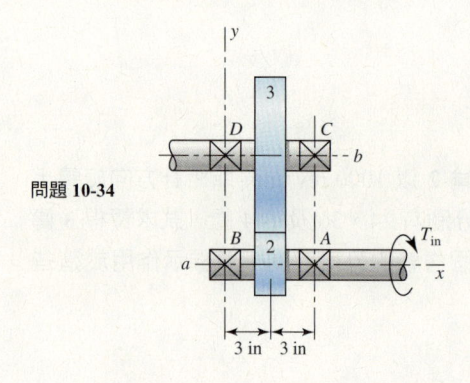

問題 10-34

10-35 圖中顯示 30 hp，900 rev/min 轉速之電動機的機架尺寸。該機架使用 4 支 $\frac{3}{4}$ in 的螺栓鎖於其支架上。從圖上看其間隔為 $11\frac{1}{4}$，若從電動機兩端看，則螺栓間隔為 14 in。一個徑節為 4，壓力角 20°，齒數 20，齒面寬 2 in 的小正齒輪加鍵裝置於電動機軸上。該小齒輪驅動的另一個齒輪，其軸在相同的 xz 平面上。試基於 200% 過負荷扭矩，計算固定螺栓承受的最大剪力及張力，試問是否影響旋轉方向。

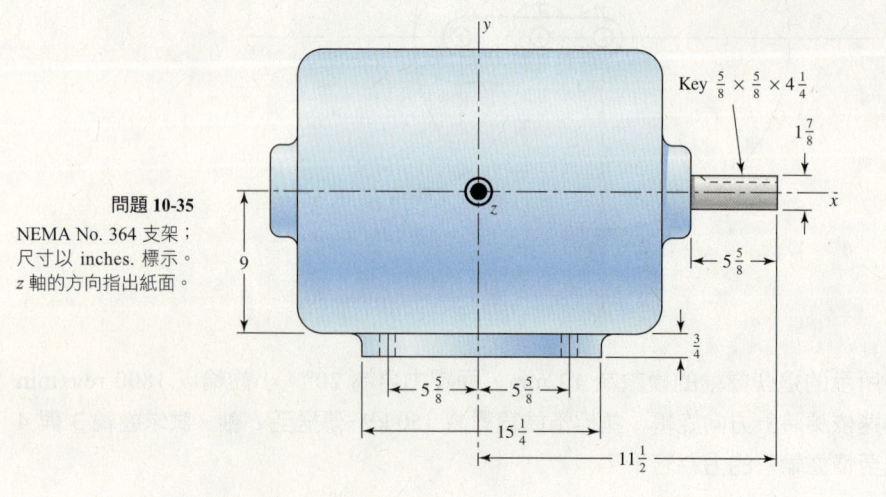

問題 10-35
NEMA No. 364 支架；
尺寸以 inches. 標示。
z 軸的方向指出紙面。

10-36 假設徑節為 6 teeth/in，試繼續問題 10-24 求下列資訊。
(a) 確定每個齒輪的節直徑。
(b) 確定各齒輪組的節線速度 (單位為 in ft/min)。
(c) 確定各齒輪組間傳遞之切向、徑向力及總力的值。
(d) 確定輸入扭矩。
(e) 確定輸出扭矩，忽略摩擦損失。

10-37 某減速齒輪箱含複合回歸齒輪系，以 1200 rev/min的輸入轉速傳輸 35 hp，使用 20° 壓力角的正齒輪，每個小齒輪有 16 齒，每個較大齒輪有 48 齒。提議採用徑節 10 teeth/in。
(a) 試求中間及輸出軸的轉速。
(b) 試求每組齒輪的節線速度 (單位為 in ft/min)。
(c) 試求每組齒輪間傳遞之切向力、徑向力及總力的值。
(d) 試求輸入扭矩。
(e) 試求輸出扭矩，忽略摩擦損失。

10-38* 對問題 2-72 的副軸，假設從齒輪 B 至與其嚙合之齒輪的齒數比為 2：1。
(a) 試求齒輪 B 可以使用而無干涉問題之最少齒數。
(b) 使用由 (a) 部分求得的齒數，需要多大的徑節才可以達成指定的節圓直徑 200 mm。
(c) 假設以 20° 壓力角的齒輪交換 25° 壓力角的齒輪，而維持相同的徑節與節直徑，如果傳輸相同的功率，試求新的作用 F_A 及 F_B。

10-39* 對問題 2-73 的副軸，假設從齒輪 B 至其匹配齒輪的齒輪比為 5 比 1。
(a) 確定能用於齒輪 B 而無干涉問題的最少齒數。
(b) 使用得自 (a) 部分的齒數，也必須達成指定節圓直徑為 300 mm 的模數為若干？
(c) 假設壓力角 20° 的齒輪 A 換成壓力角 25° 的齒輪，同時維持相同的節直徑及模數。如果傳輸相同的功率，試求新的力 F_A 及 F_B。

10-40* 對於問題 2-77 中齒輪與鏈輪組合的分析，齒輪大小及經由齒輪傳遞各力的資訊，提供於問題的陳述中。本問題中將執行取得分析資訊必要的先行設計步驟。某電動機提供 2 kW 動力運轉於 191 rev/min。需要一齒輪裝置降低電動機速率至一半，以驅動小鏈輪。
(a) 以最小化尺寸，同時能避免干涉問題，規範齒輪 F 及 C 上的齒數。
(b) 假設齒輪 F 的初始猜測值為節圓直徑 125 mm，則用於分析輪齒應力的模數應為若干？
(c) 計算作用於 EFG 軸的輸入扭矩。
(d) 計算在齒輪 F 與 C 間傳遞的徑向力、切向力及總力的值。

10-41* 對於問題 2-79 中齒輪與鏈輪組合的分析，齒輪大小及經由齒輪傳遞各力的資訊，提供於問題的陳述中。本問題中將執行取得分析資訊必要的先行設計步驟。某電動機提供 0.75 kW 動力運轉於 70 rev/min。需要一齒輪裝置將電動機速率加倍，

以驅動小鏈輪。

(a) 以最小化尺寸，同時能避免干涉問題，規範齒輪 F 及 C 上的齒數。

(b) 假設齒輪 F 的初始猜測值為節直徑 250 mm，則用於分析輪齒應力的模數應為若干？

(c) 計算作用於 EFG 軸的輸入扭矩。

(d) 計算在齒輪 F 與 C 間傳遞的徑向力、切向力及總力的值。

10-42* F 對於分別在問題 2-74 與 2-76 的斜齒輪組，軸 AB 以 600 rev/min 旋轉，並傳輸動力 7.5 kW。各齒輪的壓力角為 20°。

(a) 確定軸 AB 上之齒輪的節角。

(b) 求節線速度。

(c) 確定經由齒輪傳遞之切向，徑向及軸向各力的值。問題 2-74 所指定的各力正確嗎？

10-43 圖中顯示一個 16T，壓力角 20° 的小直齒斜齒輪驅動一個 32 齒的大齒輪，及軸承的中心線。小齒輪軸 a 以 240 rev/min 接受 2.5 hp。試求 A 和 B 處的軸承反力。若軸承 A 同時承受徑向及軸向負荷。

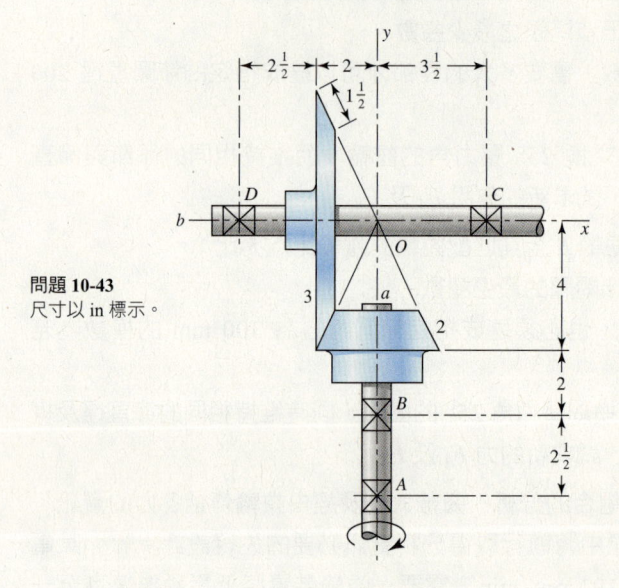

問題 10-43
尺寸以 in 標示。

10-44 圖中顯示一個徑節 10，齒數 18，壓力角 20° 的小直齒斜齒輪，驅動一個 30 齒的大齒輪，傳遞負荷為 25 lbf。若軸承 D 承受徑向及推力負荷，試求輸出軸在 C 及 D 的軸承反力。

問題 10-44
尺寸以 in 標示。

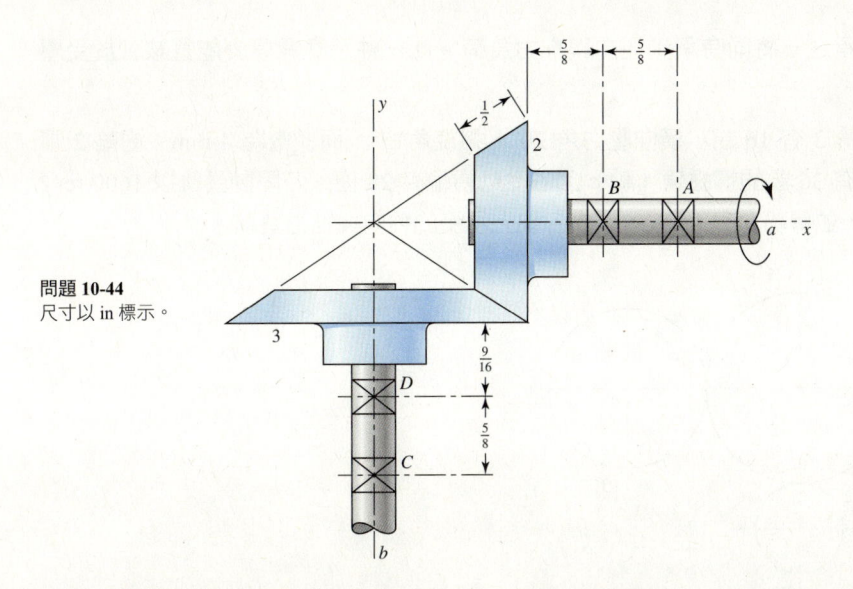

10-45 圖中所示的兩個齒輪系之模數為 3 mm，法向壓力角為 20°，而螺旋角為 30°。兩齒輪系均傳遞 3.5 kN 的負荷。圖 a 中的小齒輪對 y 軸做逆時針方向旋轉。試求圖 a 中每個齒輪作用於其軸上的力。

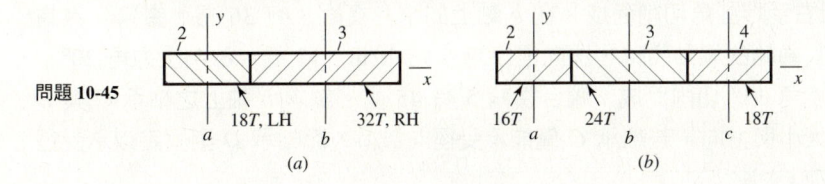

問題 10-45

10-46 這是問題 10-45 的後續。此處要求如圖 b 所示，由齒輪 2 及齒輪 3 作用於其軸上的力。齒輪 2 對 y 軸作順時針方向旋轉。齒輪 3 則是個惰齒輪。

10-47 某齒輪系由四個軸都在單一平面上的螺旋齒輪組成，如圖示。各齒輪的法向壓力角為 20°，而螺旋角為 30°。b 軸作為惰軸，而且作用於齒輪 3 上的傳遞負荷為 500 lbf。b 軸上的齒輪法向徑節都是 7 teeth/in 而且齒數分別為 54 及 14 齒。試求由齒輪 3 與齒輪 4 作用於 b 軸上的力。

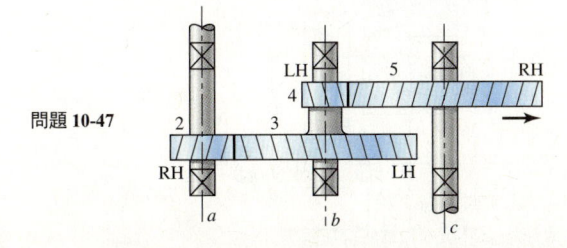

問題 10-47

10-48 在問題 10-34 中，小齒輪 2 為右手螺旋齒輪，螺旋角為 30°，法向壓力角為 20°，16 齒，而法向徑節為 6 teeth/in。某 25 hp 的電動機對 x 軸依順時針方向以 1720 rev/min 的速率驅動 a 軸。齒輪 3 有 42 齒，試求 b 軸之軸承 C 與 D 作用的反力。

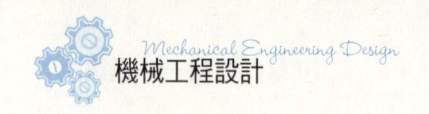

這兩個軸承之一將同時承受徑向與推力負荷。此一軸承應選擇於能置該軸於受壓力的情況。

10-49 圖中的齒輪 2 有 16 齒，橫向壓力角 20°，螺旋角 15°，而模數為 4 mm。齒輪 2 驅動軸 b 上有 36 齒的惰輪。軸 c 上的從動齒輪有 28 齒。若驅動齒輪以 1600 rev/min 旋轉，並傳輸功率 6 kW，試求各軸上承受的軸向與推力負荷。

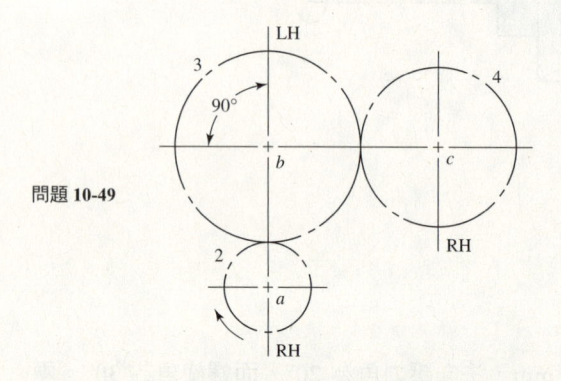

問題 10-49

10-50 圖中顯示一具兩段減速螺旋齒輪組。小齒輪 2 為驅動齒輪，從它的軸承受圖示方向的扭矩 1200 lbf·in。小齒輪 2 的法向徑節為 8 teeth/in，14 齒，法向壓力角 20°，而且以右手螺旋角切削而成。在 b 軸上的嚙合齒輪 3 有 36 齒。齒輪 4 為齒輪系中第二對齒輪的驅動齒輪，法向徑節為 5 teeth/in，15 齒，法向壓力角 20°。並以左手螺旋角 15° 切削而成。嚙合齒輪 5 有 45 齒。試求 b 軸上之軸承 C 與 D 作用的力之大小與方向，若軸承 C 僅能承受徑向負荷，而軸承 D 則固定以承受徑向與推力負荷。

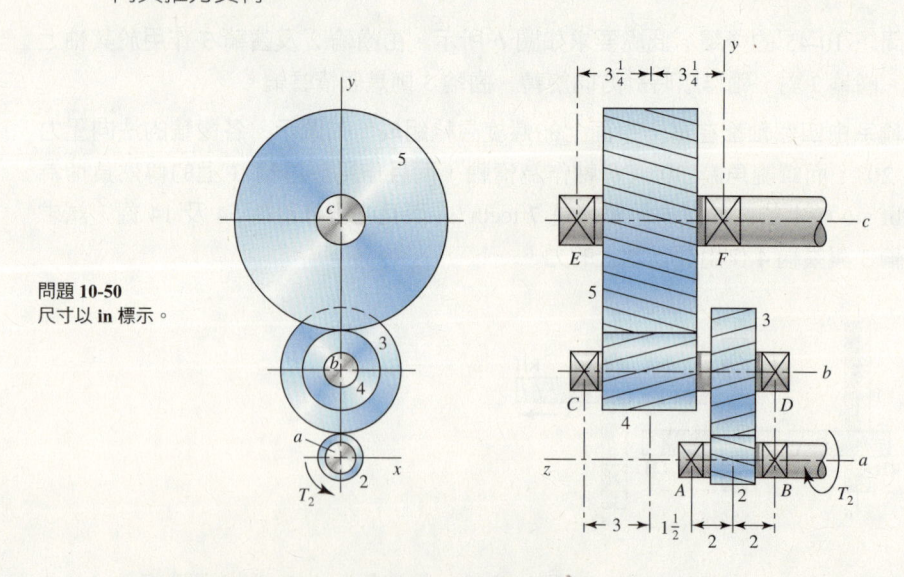

問題 10-50
尺寸以 in 標示。

10-51 某右手，單齒硬化鋼 (硬度未指明) 的蝸桿，當與 48 齒鑄鐵蝸輪嚙合，於 600 rev/min 時的額定功率為 2000 W。其軸向節距為 25 mm，法向壓力角為 $14\frac{1}{2}°$，節直徑為 100 mm，而蝸桿與蝸輪的齒面寬分別為 100 mm 與 50 mm。圖中所示，在蝸桿軸上的軸承 A 與 B 置於對稱於蝸桿並相距 200 mm 的位置上。試求哪一個應該是推力軸承，以及由兩個軸承作用之各力的大小與方向。

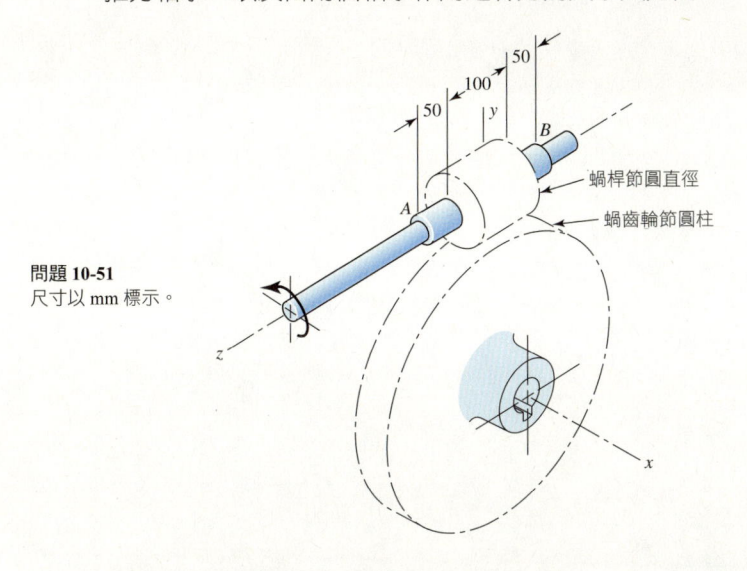

問題 10-51
尺寸以 mm 標示。

10-52 問題 10-51 中蝸輪的輪轂直徑與投影分別為 100 mm 與 37.5 mm。蝸輪的齒面寬為 50 mm。將軸承 C 及 D 置於相對的位置，C 置於與蝸輪的隱藏面 (見圖) 相距 10 mm 處，而 D 與輪轂平面相距 10 mm。試求輸出扭矩與由各軸承作用於蝸輪軸的力的大小與方向。

10-53 某 2 齒的左手蝸桿，以 600 rev/min 的轉速傳輸 3/4 hp 功率至 36 齒的蝸輪，其橫向徑節為 8 teeth/in。蝸桿的法向壓力角 20°，節圓直徑為 $1\frac{1}{2}$ in，齒面寬為 $1\frac{1}{2}$ in。試使用摩擦係數 0.05，求由蝸齒輪對蝸桿作用的力及其輸入扭矩。其幾何佈置與問題 10-51 所示者相同，蝸桿對 z 軸作順時針方向的旋轉。

10-54 試撰寫一個分析正齒輪或螺旋齒輪的計算機程式。輸入 ϕ_n、ψ、P_t、N_P 及 N_G；計算 m_G、d_P、d_G、p_t、p_n、p_x 及 ϕ_t；而且提供有關與本身相同之齒輪，與其大齒輪，及與齒條運轉，不致發生干涉之最少齒數的建議，並提供配合將使用之小齒輪之大齒輪的可能的最大齒數。

chapter 11

正齒輪與螺旋齒輪

本章大綱

- **11-1** Lewis 彎應力方程式　630
- **11-2** 表面耐久性　640
- **11-3** AGMA 應力方程式　643
- **11-4** AGMA 強度方程式　644
- **11-5** 幾何因數 I 與 J (Z_I 與 Y_J)　650
- **11-6** 彈性係數 C_p (Z_E)　654
- **11-7** 動態因數 K_v　654
- **11-8** 過負荷因數 K_o　656
- **11-9** 表面狀態因數 C_f (Z_R)　656
- **11-10** 尺寸因數 K_s　656
- **11-11** 負荷分佈因數 K_m (K_H)　657
- **11-12** 硬度比因數 C_H (Z_w)　658
- **11-13** 應力循環因數 Y_N 與 Z_N　660
- **11-14** 可靠度因數 K_R (Y_Z)　661
- **11-15** 溫度因數 K_T (Y_θ)　662
- **11-16** 環厚因數 K_B　663
- **11-17** 安全因數 S_F 與 S_H　663
- **11-18** 分析　664
- **11-19** 齒輪嚙合設計　676

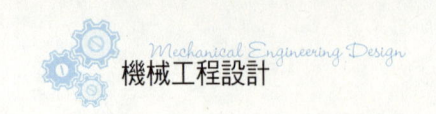

本章主要是致力於正齒輪與螺旋齒輪的分析與設計，以抵抗輪齒因彎曲損壞和避免齒面的點蝕 (pitting) 損壞。彎曲損壞發生於有意義的輪齒應力等於或超過降伏強度或疲勞限時。表面破壞發生於有意義的接觸應力等於或超過了表面疲勞限時。起頭的兩節展示了一些分析的歷史，目前的分析法就經由它發展出來。

通用的美國齒輪製造者協會[1] (AGMA) 處理法需要許多圖表 —— 多到無法在本書單獨一章中納入。在此，本書採取藉單一壓力角及僅使用全深齒 (full-depth teeth) 的方式省略了許多此類圖表。此一簡化降低了複雜性，但不妨礙該處理方式的基本瞭解。此外，這麼簡化使得較佳的基礎發展成為可能，所以應建立使用通用的 AGMA 法理想的引介。11-1 及 11-2 節為 AGMA 法[2] 的基本知識並作為檢驗的基礎。表 11-1 列出大量的 AGMA 術語。

11-1　Lewis 彎應力方程式

Wilfred Lewis 引介了一個將齒形考慮在計算齒輪中之輪齒彎應力的方程式。此方程式發表於 1892 年，而且直到今日仍是多數齒輪設計的基礎。

為了導出基本 Lewis 方程式，請參考圖 11-1a，其中顯示一支剖面尺寸為 F 和 t 的懸臂樑，其長度為 l 而負荷 W^t 則均勻地分佈於面寬 F 上。剖面模數 I/c 為 $Ft^2/6$，因此彎曲應力為

$$\sigma = \frac{M}{I/c} = \frac{6W^t l}{Ft^2} \tag{a}$$

齒輪設計者將齒輪承受的力標示為 W_t、W_r、W_a 或 W^t、W^r、W^a，是可以互換的。後一種符號留下給分離體圖用來標示的空間。例如，齒輪 2 與齒輪 3 嚙合，W^t_{23} 代表齒輪 2 作用於齒輪 3 的傳動力，W^t_{32} 代表齒輪 3 作用於齒輪 2 的傳動力。當處理二段或三段減速的減速機時，此一符號很簡潔而且對思考的清晰很重要。由於齒輪力分量難得有指數，這不至於導致混淆。如有必要，畢氏定理可以用括號處理，避免將它表示成三角學型式的關係。

---

[1] 500 Montgomery Street, Suite 350, Alexandria, VA 22314-1560.

[2] The standards ANSI/AGMA 2001-D04 (修訂 AGMA 2001-C95) and ANSI/AGMA 2101-D04 (米制版本 ANSI/AGMA 2001-D04), *Fundamental Rating Factors and Calculation Methods for Involute Spur and Helical Gear Teeth*，使用於本章中。美國國家標準的使用是完全自願的；它們的存在性並沒有對防止人們，不論他們是否已經批准，從製造、市場、採購、或使用產品、製程或程序不依從標準加以關切。

美國國家標準學院並沒有發展標準，而且將無條件提供任何美國國家標準的闡釋。要求闡釋這些標準應寫信給美國齒輪製造者協會 (American Gear Manufacturer Association)。[表或其它自身支援的各節 (self-supporting sections) 可以其整體中引用或抽離。版權宣告為 "經出版者美國齒輪製造者協會，500 Montgomery Street, Suite 350, Alexandria, Virginia 22314-1560 同意，摘取自 ANSI/AGMA 標準 2001-D04或 2101-D04 *Fundamental Rating Factors and Calculation Methods for Involute Spur and Helical Gear Teeth.*"] 前面的敘述改寫自這些標準之 ANSI 前言的一部分。

表 11-1　齒輪所使用的符號名稱及所處位置*

符號	名稱	所處位置
b	最窄組件的淨面寬	(11-16) 式
C_e	嚙合對準修正數	(11-35) 式
C_f	表面狀況因數	(11-16) 式
C_H	硬度比因數	(11-18) 式
C_{ma}	嚙合對準因數	(11-34) 式
C_{mc}	負荷修正因數	(11-31) 式
C_{mf}	齒面負荷分佈因數	(11-30) 式
C_p	彈性係數	(11-13) 式
C_{pf}	小齒輪比例因數	(11-32) 式
C_{pm}	小齒輪比例修正子	(11-33) 式
d	小齒輪的運轉節圓直徑	範例 11-1
d_P	小齒輪的節圓直徑	(11-22) 式
d_G	大齒輪的節圓直徑	(11-22) 式
E	彈性模數	(11-10) 式
F	最窄組件的淨面寬	(11-15) 式
f_P	小齒輪的齒面光製	圖 11-13
H	功率	圖 11-17
H_B	Brinell 硬度	範例 11-3
H_{BG}	大齒輪齒面的 Brinell 硬度	11-12 節
H_{BP}	小齒輪齒面的 Brinell 硬度	11-12 節
h_p	馬力	範例 11-1
h_t	齒輪輪齒全深	11-16 節
I	抗孔蝕的幾何因數	(11-16) 式
J	彎曲強度的幾何因數	(11-15) 式
K	抗孔蝕的接觸負荷因數	(5-65) 式
K_B	環厚因數	(11-40) 式
K_f	疲勞應力集中因數	(11-9) 式
K_m	負荷分佈因數	(11-30) 式
K_o	過負荷因數	(11-15) 式
K_R	可靠度因數	(11-17) 式
K_s	尺寸因數	11-10 節
K_T	溫度因數	(11-17) 式
K_v	動態因數	(11-27) 式
m	米制模數	(11-15) 式
m_B	背托比	(11-39) 式

(續)

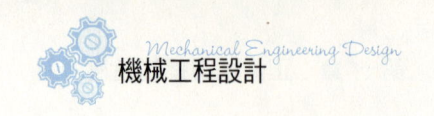

表 11-1　齒輪所使用的符號名稱及所處位置 (續)

符　號	名　　稱	所處位置
m_G	齒輪比 (絕不小於 1)	(11-22) 式
m_N	負荷分攤比	(11-21) 式
N	應力循環數	圖 11-14
N_G	大齒輪的應力循環數	(11-22) 式
N_P	小齒輪的應力循環數	(11-22) 式
n	轉速	範例 11-1
n_P	小齒輪轉速	範例 11-4
P	徑節	(11-2) 式
P_d	小齒輪的徑節	(11-15) 式
p_N	法向基節	(11-24) 式
p_n	法向周節	(11-24) 式
p_x	軸向周節	(11-19) 式
Q_v	傳動精確水準數	(11-29) 式
R	可靠度	(11-38) 式
R_a	粗糙度均方根	圖 11-13
r_f	輪齒內圓角半徑	圖 11-1
r_G	大齒輪節圓半徑	
r_P	小齒輪節圓半徑	
r_{bP}	小齒輪基圓半徑	(11-25) 式
r_{bG}	大齒輪基圓半徑	(11-25) 式
S_C	Buckingham 表面持久強度	範例 11-3
S_c	AGMA 表面持久強度	(11-18) 式
S_t	AGMA 彎曲強度	(11-17) 式
S	軸承跨度	圖 11-10
S_1	小齒輪自中心跨度的補償	圖 11-10
S_F	安全因數−彎曲	(11-41) 式
S_H	安全因數−孔蝕	(11-42) 式
W^t 或 $W_t^{\dagger}$	傳動負荷	圖 11-1
Y_N	彎曲強度的應力循環因數	圖 11-14
Z_N	孔蝕強度的應力循環因數	圖 11-15
β	指數	(11-44) 式
σ	彎應力	(11-2) 式
σ_C	得自 Hertz 關係式的接觸應力	(11-14) 式
σ_c	得自 AGMA 關係式的接觸應力	(11-16) 式
σ_{all}	容許彎應力	(11-17) 式
$\sigma_{c,all}$	AGMA 的容許接觸應力	(11-18) 式
ϕ	壓力角	(11-12) 式

表 11-1　齒輪所使用的符號名稱及所處位置 (續)

符　號	名　　稱	所處位置
ϕ_t	橫向壓力角	(11-23) 式
ψ	標準節圓處的螺旋角	範例 11-5

* Because ANSI/AGMA 2001-C95 引入相當多的新專業用語，並於 ANSI/AGMA 2001-D04 中接續，提供此摘要以便使用，直至讀者的詞彙成長。
† 見緊隨於 11-1 節 (a) 式之後的闡釋。

圖 11-1

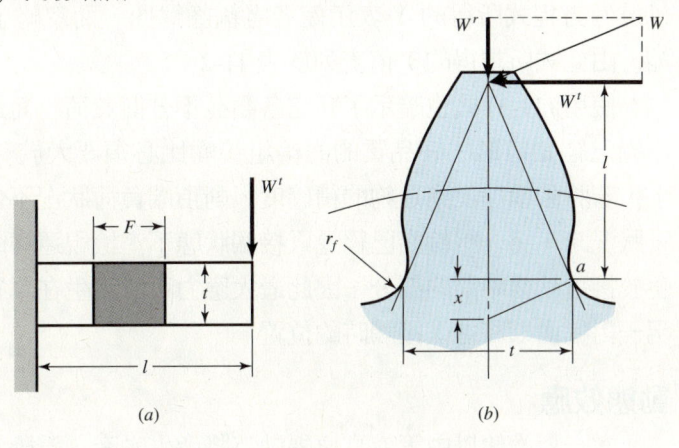

現在參照圖 11-1b，我們假設輪齒的最大應力發生於 a 點。由相似三角形可得

$$\frac{t/2}{x} = \frac{l}{t/2} \quad \text{或} \quad x = \frac{t^2}{4l} \tag{b}$$

經由整理 (a) 式，

$$\sigma = \frac{6W^t l}{F t^2} = \frac{W^t}{F} \frac{1}{t^2/6l} = \frac{W^t}{F} \frac{1}{t^2/4l} \frac{1}{\frac{4}{6}} \tag{c}$$

如果將 (b) 式求得的值代入 (c) 式，並將分子、分母都以周節 p 乘之，可得

$$\sigma = \frac{W^t p}{F\left(\frac{2}{3}\right) xp} \tag{d}$$

令 $y = 2x/3p$，可得

$$\sigma = \frac{W^t}{Fpy} \tag{11-1}$$

如此便完成了原始 Lewis 方程式的推導過程。因數 y 稱為**齒形因數** (Lewis form factor)，可由輪齒的圖形輪廓或數值計算求得。

使用這個方程式時，很多工程師喜歡以徑節求應力，這可藉令 $P = \pi/p$ 及 $Y = \pi y$ 代入 (11-1) 式，得到

$$\sigma = \frac{W^t P}{FY} \tag{11-2}$$

其中

$$Y = \frac{2xP}{3} \tag{11-3}$$

以這個方程式所得的 Y 表示僅考慮輪齒彎曲，而忽略了由徑向力的分量導致的壓縮。由此式所求得的 Y 值表列於表 11-2。

使用 (11-3) 式也暗示了其它各齒並不分攤負荷，而最大的力發生在齒的頂端。不過已經知道形成好品質的齒輪組接觸比必須要大於一，比如說 1.5 左右。事實上，若將齒輪加工到足夠的精確度，則頂端負荷狀況不會是最糟的，因為當發生此一狀況時，另一組輪齒已經進入接觸狀態了。檢視運轉的輪齒，發現最重的負荷發生於接近輪齒中間的部分。因此最大應力可能產生在單獨一對輪齒承受全負荷，而另一對輪齒即將進入接觸時的位置。

動態效應

當一對齒輪以中等或高速驅動時將產生噪音，這確定有動態效應存在。最早期用來計算負荷因速度而增加的方法中，使用了許多相同大小、材料，及強度的齒輪。這些齒輪中有許多於速度為零的情況嚙合並加載至損壞。例如，如果一對齒輪於零速度時毀於 500 lbf 切向力，及於速度 V_1 毀於 250 lbf，則速度因數 (velocity factor) 標示為 K_v，指定齒輪組速度為 V_1 時的值為 2。則其它相同的齒輪對運轉於節線速度為 V_1 時，可以假設承受兩倍於切向或傳動負荷兩倍的運轉負荷。

表 11-2 Lewis 因數值 Y。(這些數值適用於法向壓力角 20°、全深齒且轉動平面上的徑節為 1)

齒數	Y	齒數	Y
12	0.245	28	0.353
13	0.261	30	0.359
14	0.277	34	0.371
15	0.290	38	0.384
16	0.296	43	0.397
17	0.303	50	0.409
18	0.309	60	0.422
19	0.314	75	0.435
20	0.322	100	0.447
21	0.328	150	0.460
22	0.331	300	0.472
24	0.337	400	0.480
26	0.346	Rack	0.485

請注意動態因數 K_v 的定義已經改變。AGMA 標準 ANSI/AGMA 2001-D04 及 2101-D04 中含此項警語：

請注意動態因數 K_v 已經重新定義為先前用於 AGMA 標準者之倒數。現在它的值大於 1.0。較早的 AGMA 標準中它的值小於 1.0。

參考標準改變前完成的成果時必須加以注意。

在 19 世紀時，Carl G. Barth 將速度因數以式子表達，而依據現行的 AGMA 標準，它們表示為

$$K_v = \frac{600 + V}{600} \qquad \text{(鑄鐵，鑄造齒廓)} \tag{11-4a}$$

$$K_v = \frac{1200 + V}{1200} \qquad \text{(切削或銑製齒廓)} \tag{11-4b}$$

式中的 V 為以 ft/min 表示的節線速度。因為測試的時代，很可能這些測試的齒輪是具有擺線齒廓 (cycloidal profile)，而非漸開線齒廓 (involute profile)。由於較漸開線齒輪容易鑄造，擺線輪齒廣用於 19 世紀中。(11-4a) 式稱為 **Barth 方程式** (Barth equation)。對切削或銑製齒 Barth 方程式常修正為 (11-4b) 式。後來 AGMA 增加了

$$K_v = \frac{50 + \sqrt{V}}{50} \qquad \text{(滾製或鉋製齒廓)} \tag{11-5a}$$

$$K_v = \sqrt{\frac{78 + \sqrt{V}}{78}} \qquad \text{(剃刨或研磨齒廓)} \tag{11-5b}$$

若使用 SI 制，(11-4a) 至 (11-5b) 變成

$$K_v = \frac{3.05 + V}{3.05} \qquad \text{(鑄鐵，鑄造齒廓)} \tag{11-6a}$$

$$K_v = \frac{6.1 + V}{6.1} \qquad \text{(切削或銑製齒廓)} \tag{11-6b}$$

$$K_v = \frac{3.56 + \sqrt{V}}{3.56} \qquad \text{(滾製或鉋製齒廓)} \tag{11-6c}$$

$$K_v = \sqrt{\frac{5.56 + \sqrt{V}}{5.56}} \qquad \text{(剃刨或研磨齒廓)} \tag{11-6d}$$

式中 V 的單位為 m/s。

將速度因數引入 (11-2) 式，可得

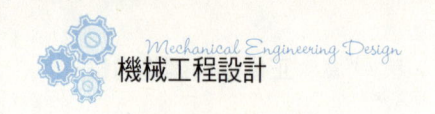

$$\sigma = \frac{K_v W^t P}{FY} \tag{11-7}$$

此式於米制版本為

$$\sigma = \frac{K_v W^t}{FmY} \tag{11-8}$$

式中的齒面寬 F 與模數都以 mm 為單位。負荷的切線分量 W^t 以牛頓 (N) 表示，則得到的應力單位為 MPa。

有一項通則，正齒輪的齒面寬 F 應為周節 p 的三到五倍。

(11-7) 與 (11-8) 式很重要，因為它們構成了 AGMA 處理齒輪輪齒彎曲強度的基礎。當齒輪的壽命與可靠度不屬重要的考量因素時，通常它們用於估計齒輪的驅動容量。這兩個方程式可用於初步獲取齒輪大小的估計值，許多應用上都需要它們。

範例 11-1

某個可取用的庫存正齒輪的模數為 3 mm，齒面寬 38 mm，16 齒，壓力角為 20°，具有全深齒形。其材料為 AISI 1020 鋼，處於類熱軋的狀況。使用設計因數 $n_d = 3$，以估算該齒輪對應於轉速 20 rev/s，一般應用時的額定輸出馬力值。

解答 一般應用一詞似乎暗示，該齒輪可以使用降伏強度作為損壞準則，以計算額定值。由表 A-20，可找到 $S_{ut} = 379$ MPa 及 $S_y = 206$ MPa。設計因數 3 表示許用彎應力為 $206/3 = 68.7$ MPa。節圓直徑為 $Nm = 16(3) = 48$ mm。所以，節線速度為

$$V = \pi dn = \pi(0.048)20 = 3.02 \text{ m/s}$$

由 (11-4b) 式，速度因數為

$$K_v = \frac{6.1 + V}{6.1} = \frac{6.1 + 3.02}{6.1} = 1.5$$

從表 11-2 查得 16 齒的齒形因數 $Y = 0.296$。現在可將各值代入 (11-4b) 式如下：

$$W^t = \frac{mFY\sigma_{\text{all}}}{K_v} = \frac{0.003(0.038)0.296(68.7)10^6}{1.5} = 1545.5 \text{ N}$$

所以，它可傳送的馬力值為

答案
$$hp = W^t V = 1545.5(3.02) = 4667 \text{ W}$$

強調這是個粗估值很重要,而且這種處理法絕不能用於重要的應用。此例企圖幫助你瞭解一些涉及 AGMA 法的一些基礎。

範例 11-2

試估算前題中的齒輪依據彎曲壽命為無限所得的額定馬力。

解答 迴轉樑持久限可依下式估算 (5-8) 式

$$S'_e = 0.5\, S_{ut} = 0.5(55) = 27.5 \text{ kpsi}$$

為獲得表面加工的 Marin 因數 k_a,參考表 5-3 中的切削表面,查得 $a = 2.70$ 及 $b = -0.265$。然後由 (5-19) 式可算出表面加工的 Marin 因數 k_a 為

$$k_a = a S_{ut}^b = 2.70(55)^{-0.265} = 0.934$$

下個步驟是估算尺寸因數 k_b,從表 10-1,齒冠與齒根的和為

$$l = \frac{1}{P} + \frac{1.25}{P} = \frac{1}{8} + \frac{1.25}{8} = 0.281 \text{ in}$$

圖 11-1b 中的齒厚可於 11-1 節 [(b) 式] 求得,當 (11-3) 式的 $x = 3Y/(2P)$ 時,$t = (4lx)^{1/2}$。所以,從範例 11-1 $Y = 0.296$ 及 $P = 8$,

$$x = \frac{3Y}{2P} = \frac{3(0.296)}{2(8)} = 0.0555 \text{ in}$$

則

$$t = (4lx)^{1/2} = [4(0.281)0.0555]^{1/2} = 0.250 \text{ in}$$

由於已瞭解輪齒是一支具有矩形剖面的懸臂樑,所以,等效迴轉樑直徑必須從 (5-25) 式求得:

$$d_e = 0.808(hb)^{1/2} = 0.808(Ft)^{1/2} = 0.808[1.5(0.250)]^{1/2} = 0.495 \text{ in}$$

則由 (5-20) 式可得 k_b 為

$$k_b = \left(\frac{d_e}{0.30}\right)^{-0.107} = \left(\frac{0.495}{0.30}\right)^{-0.107} = 0.948$$

由 (5-26) 式可知負荷因數 k_c 為 1。溫度與可靠度由於沒有相關資訊,將令

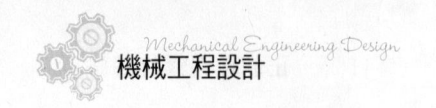

$k_d = k_e = 1$。

通常輪齒僅承受單向彎曲，除非是含惰齒輪或用於逆向機構中。此處將以建立雜項效應的 Marin 因數 k_f 以含括單向彎曲效應。

就單向彎曲而言，其穩定與交變應力分量為 $\sigma_a = \sigma_m = \sigma/2$，其中的 σ 為由 (11-7) 式所求得的最大反覆作用彎應力。如果材料呈現 Goodman 損壞軌跡，

$$\frac{S_a}{S'_e} + \frac{S_m}{S_{ut}} = 1$$

因為 S_a 與 S_m 等於單向彎曲應力時相等，此處以 S_a 取代 S_m 並從該式解得 S_a 為

$$S_a = \frac{S'_e S_{ut}}{S'_e + S_{ut}}$$

現在以 S_a 取代 $\sigma/2$，而且在分母以 S'_e 取代 $0.5 S_{ut}$ 而得到

$$\sigma = \frac{2S'_e S_{ut}}{0.5 S_{ut} + S_{ut}} = \frac{2S'_e}{0.5 + 1} = 1.33 S'_e$$

此時 $k_f = \sigma/S'_e = 1.33 S'_e/S'_e = 1.33$。然而，Gerber 疲勞軌跡提供的平均值為

$$\frac{S_a}{S'_e} + \left(\frac{S_m}{S_{ut}}\right)^2 = 1$$

令 $S_a = S_m$，並解此 S_a 的二次方程式得

$$S_a = \frac{S_{ut}^2}{2S'_e}\left(-1 + \sqrt{1 + \frac{4S'^2_e}{S_{ut}^2}}\right)$$

令 $S_a = \sigma/2$，$S_{ut} = S'_e/0.5$ 可得

$$\sigma = \frac{S'_e}{0.5^2}\left[-1 + \sqrt{1 + 4(0.5)^2}\right] = 1.66 S'_e$$

而 $k_f = \sigma/S'_e = 1.66$。因為 Gerber 軌跡穿行於疲勞數據之間，而 Goodman 軌跡則否，所以，此處將使用 $k_f = 1.66$。完全修正疲勞強度的 Marin 方程式為

$$S_e = k_a k_b k_c k_d k_e k_f S'_e$$
$$= 0.934(0.948)(1)(1)(1)1.66(27.5) = 40.4 \text{ kpsi}$$

對於應力，將先確定疲勞應力集中因數 K_f。就壓力角 $20°$ 的全深齒而言，齒

根的內圓角半徑標示為 r_f，其中

$$r_f = \frac{0.300}{P} = \frac{0.300}{8} = 0.0375 \text{ in}$$

從圖 A-15-6，

$$\frac{r}{d} = \frac{r_f}{t} = \frac{0.0375}{0.250} = 0.15$$

由於 $D/d = \infty$，以 $D/d = 3$ 近似之，可得 $K_t = 1.68$。從圖 5-20，$q = 0.62$。再從 (5-32) 式

$$K_f = 1 + (0.62)(1.68 - 1) = 1.42$$

針對設計因數 $n_d = 3$，就如範例 11-1 中所使用的，應用於負荷或強度，則最大彎應力為

$$\sigma_{\max} = K_f \sigma_{\text{all}} = \frac{S_e}{n_d}$$

$$\sigma_{\text{all}} = \frac{S_e}{K_f n_d} = \frac{40.4}{1.42(3)} = 9.5 \text{ kpsi}$$

則傳動負荷 W^t 為

$$W^t = \frac{FY\sigma_{\text{all}}}{K_v P} = \frac{1.5(0.296)9\,500}{1.52(8)} = 347 \text{ lbf}$$

而以範例 11-1 所得的 $V = 628$ ft/min，傳送的功率為

$$hp = \frac{W^t V}{33\,000} = \frac{347(628)}{33\,000} = 6.6 \text{ hp}$$

要再次強調這些結果僅在初步估算時可以接受，以提醒你彎應力在齒輪輪齒中的性質。

在範例 11-2 中的資料來源 (圖A-15-6) 並不直接處理輪齒的應力集中。1942 年中，由 Dolan 與 Broghamer 所做的偏光彈性 (photoelastic) 研究報告[3] 構成應力集中的主要資料來源。Mitchiner 與 Mabie[4] 依據疲勞應力集中因數 k_f 將這些結果解釋為

---

[3] T. J. Dolan and E. I. Broghamer, *A Photoelastic Study of the Stresses in Gear Tooth Fillets*, Bulletin 335, Univ. Ill. Exp. Sta., March 1942, See also W. D. Pilkey, *Peterson's Stress-Concentration Factors*, 2nd ed., John Wiley & Sons, New York, 1997, pp. 383-385, 412-415.

[4] R. G. Mitchiner and H. H. Mabie, "Determination of the Lewis Form Factor and the AGMA Geometry Factor J of External Spur Gear Teeth," *J. Mech. Des., Vol.* 104, No. 1, Jan. 1982, pp. 148-158.

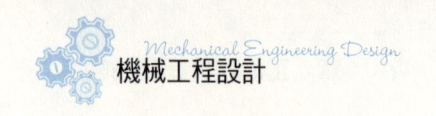

$$K_f = H + \left(\frac{t}{r}\right)^L \left(\frac{t}{l}\right)^M \tag{11-9}$$

式中　　$H = 0.34 - 0.458\,366\,2\phi$
　　　　$L = 0.316 - 0.458\,366\,2\phi$
　　　　$M = 0.290 + 0.458\,366\,2\phi$

$$r = \frac{(b - r_f)^2}{(d/2) + b - r_f}$$

在這些方程式中，l 與 t 如圖 11-1 所示，ϕ 為壓力角，r_f 為內圓角半徑，b 為齒根，而 d 為節圓直徑。比較從 (11-9) 式所得的 k_f 與在範例 11-2 中利用圖 A-15-6 所得的近似值，就留給讀者做練習之用了。

11-2　表面耐久性

在本節中所關切的是齒輪輪齒的表面損壞，通常稱之為**磨耗、孔蝕**，如 6-16 節解說的，它是一種由於經歷重複的高接觸應力導致的表面疲勞損壞。其它表面損壞有**擦傷** (scoring)，屬於潤滑失效導致，及**磨蝕** (abrasion)，屬於存在外來物導致的磨耗。

為了獲得表面接觸應力 (surface-contact stress) 的表示式，將使用 Hertz 理論。在 (2-74) 式中所顯示兩圓柱間的接觸應力可由下式計算

$$p_{\max} = \frac{2F}{\pi b l} \tag{a}$$

式中　　$p_{\max}$ = 最大表面壓力
　　　　F = 推壓兩圓柱的力
　　　　l = 圓柱的長度

而半寬 b 則得自 (2-73) 式：

$$b = \left\{ \frac{2F}{\pi l} \frac{\left[(1 - v_1^2)/E_1\right] + \left[(1 - v_2^2)/E_2\right]}{(1/d_1) + (1/d_2)} \right\}^{1/2} \tag{11-10}$$

式中 v_1、v_2、E_1 與 E_2 為彈性常數，而 d_1 與 d_2 分別為兩個互相接觸之圓柱的直徑。

為了使用齒輪所用的符號改寫這些關係式，將以 $W'/\cos\phi$ 取代 F，以 $2r$ 取代 d，以 F 取代 l。經這些改變後，可用由 (11-10) 式求得的 b 值代入 (a) 式。以 σ_C 取代 $p_{\max}$，則**表面壓應力** (surface compressive stress, Hertzian stress) 可由下式求得

$$\sigma_C^2 = \frac{W^t}{\pi F \cos\phi} \frac{(1/r_1) + (1/r_2)}{\left[(1-v_1^2)/E_1\right] + \left[(1-v_2^2)/E_2\right]} \tag{11-11}$$

式中的 r_1 與 r_2 分別為小齒輪與大齒輪齒廓，在接觸點之曲率半徑的瞬間值。經由分攤負荷的考量，(11-11) 式可解得從輪齒開始接觸到結束間之任一點或所有各點的 Hertz 應力。當然純滾動僅存在於節點處。其它位置的運動是滾動混合著滑動。(11-11) 式於估算應力時，無法含括任何滑動作用。要提醒 AGMA 以 μ 標示 Poisson 比，取代了此處所使用的 v。

先前已指出最初的磨耗跡象出現於接近節線的位置。在節點處，齒廓的曲率半徑分別為

$$r_1 = \frac{d_P \sin\phi}{2} \qquad r_2 = \frac{d_G \sin\phi}{2} \tag{11-12}$$

式中的 ϕ 為壓力角，而 d_P 與 d_G 分別為小齒輪與大齒輪的節直徑。

請注意，(11-11) 式中，分母的第二個項群中含有四個彈性常數，兩個屬於小齒輪，另兩個屬於大齒輪。作為簡單的結合方式，將小齒輪與大齒輪之各種材料的組合列成表，AGMA 以下式定義**彈性係數** (elastic coefficient) C_P

$$C_p = \left[\frac{1}{\pi\left(\frac{1-v_P^2}{E_P} + \frac{1-v_G^2}{E_G}\right)}\right]^{1/2} \tag{11-13}$$

經此簡化，並加上速度因數 K_v，(11-11) 式可以寫成

$$\sigma_C = -C_p\left[\frac{K_v W^t}{F\cos\phi}\left(\frac{1}{r_1} + \frac{1}{r_2}\right)\right]^{1/2} \tag{11-14}$$

式中的負號代表 σ_C 為壓應力。

範例 11-3

範例 11-1 與 11-2 中的小齒輪將與 ASTM No. 50 鑄鐵製成的 50 齒大齒輪嚙合。使用切線負荷 1700 N，試估算在基於表面疲勞損壞之可能性的情況下，該驅動的安全因數為若干？

解答 從表 A-5 可知彈性常數為 $E_p = 207$ GPa，$v_p = 0.292$，$E_G = 100$ GPa 以及 $v_G = 0.211$。將這些值代入 (11-13) 式，可得彈性係數為

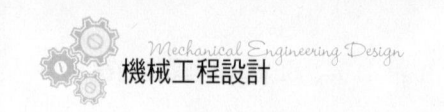

$$C_p = \left\{ \cfrac{1}{\pi \left[\cfrac{1-(0.292)^2}{207(10^9)} + \cfrac{1-(0.211)^2}{100(10^9)} \right]} \right\}^{1/2} = 150\,927.3$$

從範例 11-1，小齒輪的節圓直徑為 $d_p = 48$ mm，大齒輪則為 $d_G = 50(3) = 150$ mm。然後以 (11-12) 式求節點處的曲率半徑。則

$$r_1 = \frac{48 \sin 20°}{2} = 8.2 \text{ mm} \qquad r_2 = \frac{150 \sin 20°}{2} = 25.7 \text{ mm}$$

齒面寬已知為 $F = 38$ mm。使用範例 11-1 所得的 $K_v = 1.5$。將所有的這些值及 $\phi = 20°$ 代入 (11-14) 式可求得接觸應力為

$$\sigma_C = -150\,927.3 \left[\frac{1.5(1700)}{0.038 \cos 20°} \left(\frac{1}{0.0082} + \frac{1}{0.0257} \right) \right]^{1/2} = -511.5 \text{ MPa}$$

鑄鐵的表面持久強度就應力循環之值，可由下式估算之，

$$S_C = 2.206 H_B \text{ MPa}$$

由表 A-22 鑄鐵 ASTM No.50 的 $H_B = 262$，所以，$S_C = 2.206(262) = 578$ MPa。接觸應力與傳動負荷間的關係是非線性的 [見 (11-14) 式]。如果安全因數定義為喪失功能 (loss-of-function) 的負荷除以施加的負荷，則該負荷比為應力平方之比。換言之，

$$n = \frac{\text{喪失功能的負荷}}{\text{施加的負荷}} = \frac{S_C^2}{\sigma_C^2} = \left(\frac{578}{511.5} \right)^2 = 1.28$$

某人隨意地定義安全因數為 S_C/σ_C。當他比較某特定齒輪之彎曲疲勞的安全因數與表面疲勞的安全因數時，出現了困難的處境。假設該齒輪彎曲疲勞的安全因數為 1.20，而表面疲勞的安全因數為 1.28 如前述。問題是，因為 1.28 大於彎曲疲勞的安全因數 1.20，而兩個值都是基於負荷比。如果表面疲勞的安全因數基於 $S_C/\sigma_C = \sqrt{1.28} = 1.13$，則 1.20 大於 1.13，但威脅並非來自表面疲勞。表面疲勞的安全因數可依任一方式定義，方式之一具有當兩個直覺上似乎可比較的值，於比較前必須先平方的煩惱。

除了已介紹過的動態因數 K_v 外，尚有傳動負荷偏移 (excursion)，傳動負荷在整個齒面上的非均勻分佈，及環厚對彎應力的影響。表列的強度值可能是平均值，ASTM 最小值，或具有未知的承襲值。表面疲勞沒有持久限。持久強度必須以對

應的循環數來鑑別,而且必須知道 S-N 線的斜率。在彎曲疲勞時鄰近 10^6 循環之 S-N 曲線的斜率有明確的變化,但某些證據顯示持久限並不存在。齒輪的經驗率先到達 10^{11} 次或更多的循環。在彎曲中削弱持久限的證據也包含於 AGMA 方法中。

11-3 AGMA 應力方程式

在 AGMA 方法中,有兩個基本應力方程式,一個針對彎應力,而另一個針對抗孔蝕 (接觸應力)。在 AGMA 術語中,這些稱為**應力數** (stress numbers),並使用小寫字母 s 取代我們用於本書中 (而且仍將繼續使用) 的小寫希臘字母 σ。這些基本方程式為

$$\sigma = \begin{cases} W^t K_o K_v K_s \dfrac{P_d}{F} \dfrac{K_m K_B}{J} & \text{(U.S. 習用單位)} \\ W^t K_o K_v K_s \dfrac{1}{bm_t} \dfrac{K_H K_B}{Y_J} & \text{(SI 單位)} \end{cases} \quad (11\text{-}15)$$

其中前一個方程式使用美國習用單位,而後者使用 SI 單位。而且

- W^t = 切線傳動負荷
- K_o = 過負荷因數
- K_v = 動態因數
- K_s = 尺寸因數
- P_d = 橫向徑節 (transverse diametral pitch)
- $F(b)$ = 較窄組件之面寬。
- $K_m(K_H)$ = 負荷分佈因數 (load-distribution factor)
- K_B = 環厚因數 (rim-thickness factor)
- $J(Y_J)$ = 彎曲強度的幾何因數 (含齒根內圓角的應力集中因數 K_f)
- (m_t) = 橫向米制模數

在開始嘗試挖掘 (11-15) 式中所有各項的意義之前,不妨將它視為來自 AGMA 對關於設計者是否應自願遵從標準之各項建言。這些項目包含

- 傳動負荷的大小
- 過負荷
- 傳動負荷的動態提升
- 大小
- 幾何因素:周節與面寬
- 橫跨齒面的負荷分佈

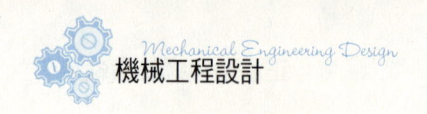

- 環對輪齒的支持
- Lewis 因數與齒根內圓角應力集中

針對孔蝕抵抗 (接觸應力) 的基本方程式為

$$\sigma_c = \begin{cases} C_P \sqrt{W^t K_o K_v K_s \dfrac{K_m}{d_P F} \dfrac{C_f}{I}} & \text{(U.S. 習用單位)} \\ Z_E \sqrt{W^t K_o K_v K_s \dfrac{K_H}{d_{w1} b} \dfrac{Z_R}{Z_I}} & \text{(SI 單位)} \end{cases} \quad (11\text{-}16)$$

其中 W^t、K_o、K_v、K_s、K_m、F 及 b 與 (11-15) 式中的定義相同。對 U.S. 習用單位 (SI 單位),額外的幾項是

$C_P(Z_E)$ = 彈性係數,$\sqrt{\text{lbf/in}^2}$ ($\sqrt{\text{N/mm}^2}$)
$C_f(Z_R)$ = 表面狀態因數
$d_P(d_{w1})$ = 小齒輪的節圓直徑,in (mm)
$I(Z_I)$ = 抗孔蝕的幾何因數

所有這些因數的評估,將在隨後的各節中說明。(11-16) 式的推導,則將在 11-5 節的第二部分闡明。

11-4　AGMA 強度方程式

AGMA 使用稱為**許用應力值** (allowable stress numbers) 的用詞,並以符號 S_a 標示它們,以取代使用**強度** (strength) 這個名詞。如果繼續本書中的經驗,以大寫字母 S 標示強度,而以小寫希臘字母 σ 與 τ 代表應力,造成的混淆比較少。為了完全清晰,我們將使用 AGMA 強度一詞作為 AGMA 所使用的許用應力值一詞的代替品。

遵循此常規,此處將 AGMA 的**彎曲強度值** (gear bending strength) 標示為 S_t,會在圖 11-2、圖 11-3,及圖 11-4 中,與表 11-3、及表 11-4 中看到。因為 AGMA 強度並未與用於本書其它各處類似 S_{ut}、S_e 或 S_y 等強度區分,它們將僅限使用於齒輪的問題。

在 AGMA 法中,強度以產生彎應力與接觸應力極限值的各種因數修正。
許用彎應力的方程式為

$$\sigma_{\text{all}} = \begin{cases} \dfrac{S_t}{S_F} \dfrac{Y_N}{K_T K_R} & \text{(U.S. 習用單位)} \\ \dfrac{S_t}{S_F} \dfrac{Y_N}{Y_\theta Y_Z} & \text{(SI 單位)} \end{cases} \quad (11\text{-}17)$$

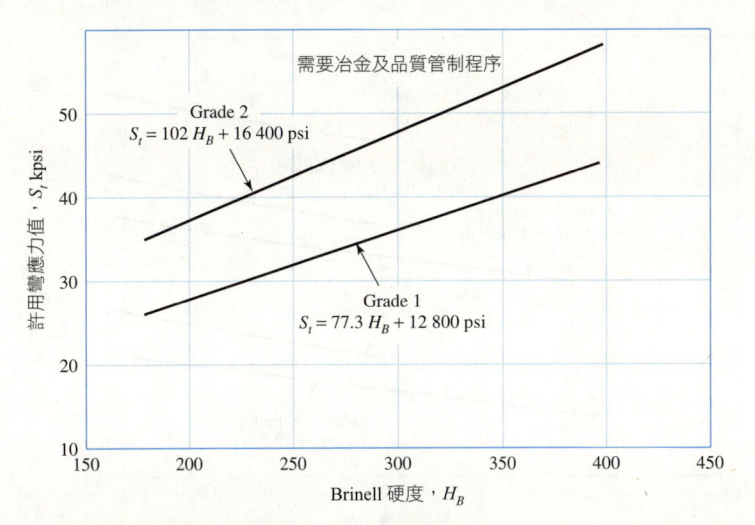

圖 11-2 完全硬化鋼的許用彎應力值。SI 方程式為 $S_t = 0.533 H_B + 88.3$ MPa，grade 1，及 $S_t = 0.703 H_B + 113$ MPa，grade 2。
來源：*ANSI/AGMA 2001-D04 及 2101-D04*。

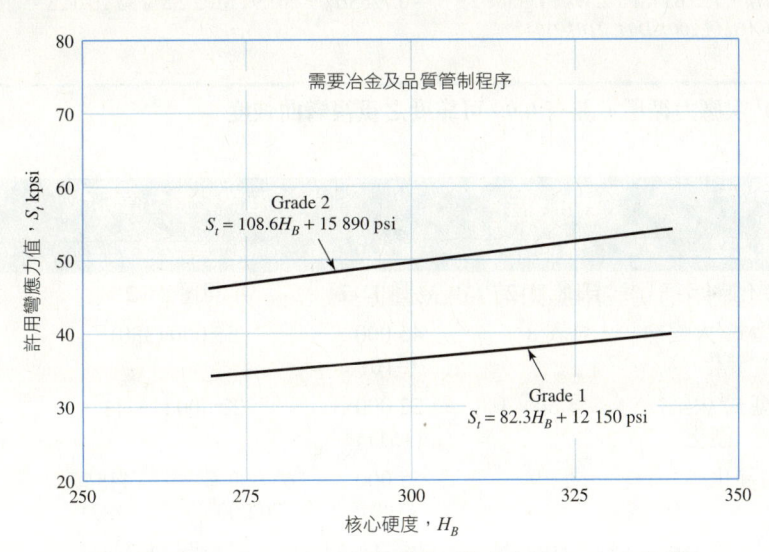

圖 11-3 氮化完全硬化鋼(i.e. AISI 4140, 4340) 齒輪的許用彎應力值 S_t。SI 方程式為 $S_t = 0.568 H_B + 83.8$ MPa，grade 1，及 $S_t = 0.749 H_B + 110$ MPa，grade 2。
來源：*ANSI/AGMA 2001-D04 及 2101-D04*。

其中對 U.S. 習用單位 (SI 單位)

$S_t =$ 許用彎應力，lbf/in^2 (N/mm^2)

$Y_N =$ 彎應力的應力循環因數

$K_T (Y_\theta) =$ 溫度因數

$K_R (Y_z) =$ 可靠度因數

$S_F =$ AGMA 的安全因數，應力比

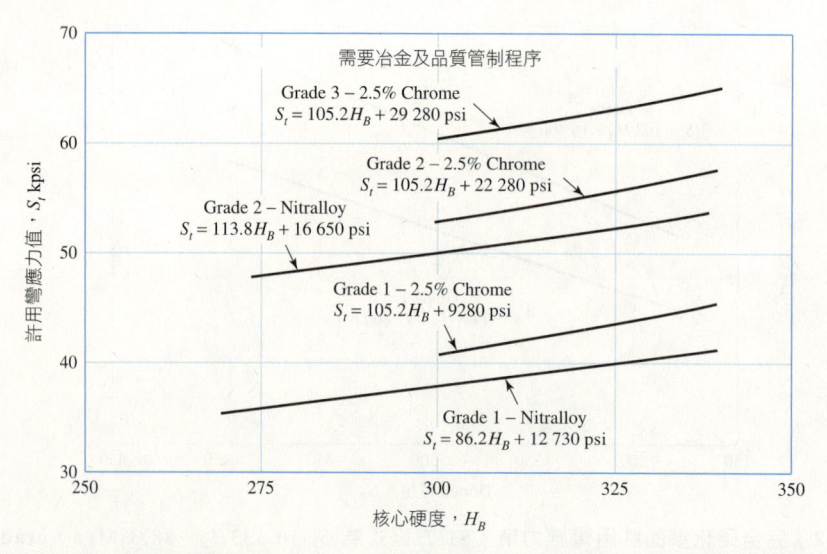

圖 **11-4** 氮化鋼齒輪的許用彎應力值 S_t。SI 方程式為 $S_t = 0.594H_B + 87.76$ MPa 氮化合金 grade 1，$S_t = 0.784H_B + 114.81$ MPa 氮化合金 grade 2，$S_t = 0.7255H_B + 63.89$ MPa 2.5% 鉻 grade 1，$S_t = 0.7255H_B + 153.63$ MPa 2.5% 鉻 grade 2，$S_t = 0.7255H_B + 201.91$ MPa 2.5% 鉻 grade 3。
來源：ANSI/AGMA 2001-D04, 2101-D04。

表 11-3　鋼質齒輪於 10^7 次應力循環，並有 0.99 可靠度之重複彎曲強度
來源：ANSI/AGMA 2001-D04。

材料標示	熱處理	最小表面硬度[1]	容許彎應力值 S_t,[2] 等級 1	等級 2	等級 3
鋼[3]	完全硬化	見圖 11-2	見圖 11-2	見圖 11-2	—
	以 A 型式[5]火焰[4]或感應[4]硬化	見表 8*	45 000 (310)	55 000 (380)	—
	以 B 型式[5]火焰[4]或感應、硬化	見表 8*	22 000 (1511)	22 000 (1511)	—
	滲碳並硬化	見表 9*	55 000 (380)	65 000 或 70 000[6]	(448 或 482)	75 000 (517)
	滲氮[4,7] (完全硬化鋼)	83.5 HR15N	見圖 11-3	見圖 11-3	—
氮化用鋼 135M 氮合金 N，及 2.5% 鉻 (不含鋁)	氮[4,7]	87.5 HR15N	見圖 11-4	見圖 11-4	見圖 11-4

註釋：請參考 ANSI/AGMA 2001-D04 註釋 1-7 引用的參考資料。
[1] 硬度將等效於在齒間中央根直徑處與齒面寬的硬度。
[2] 就每一鋼質齒輪之應力等級的主要冶金因數，請參考表 7 到表 10。
[3] 鋼料的選擇必須能配合所選擇的熱處理程序與硬度的要求。
[4] 該許用應力值指出可能用於 16.1 所規定的硬化深度。
[5] 見圖 12 的硬度模式的型式 A 與型式 B。
[6] 如果變韌鐵與微裂限制在等級 3 的水準，可以使用 70 000 psi。
[7] 氮化齒輪的過負荷能力不佳，因為有效 S-N 曲線是平的，在進行設計之前應探究其對陡震的敏感度。[7]
*ANSI/AGMA 2001-D04 的表 8 及 9 為火焰硬化與感應硬化 (表 8)，及滲碳硬化 (表 9) 鋼齒輪影響主要 S_t 與 S_c 之主要冶金因數的綜合列表。

表 11-4　鐵質與青銅質之齒輪重複施加 10^7 次循環，並有 0.99 可靠度之重複彎曲強度
來源：ANSI/AGMA 2001-D04。

材料	材料標示[1]	熱處理	典型的最小表面硬度[2]	容許彎應力值 S_t,[3] psi (MPa)
ASTM A48 灰鑄鐵	Class 20	類鑄造	—	5000 (35)
	Class 30	類鑄造	174 HB	8500 (58)
	Class 40	類鑄造	201 HB	13 000 (90)
ASTM A536 韌性鐵 (球化鐵)	Grade 60–40–18	退火	140 HB	22 000-33 000 (151-227)
	Grade 80–55–06	淬火與回火	179 HB	22 000-33 000 (151-227)
	Grade 100–70–03	淬火與回火	229 HB	27 000-40 000 (186-275)
	Grade 120–90–02	淬火與回火	269 HB	31 000-44 000 (213-275)
青銅		砂鑄	最小承拉強度 40 000 psi	5700 (39)
	ASTM B–148 合金 954	熱處理	最小承拉強度 90 000 psi	23 600 (163)

註譯：
1 見 ANSI/AGMA 2004-B89, Gear Materials and Heat Treatment Manual.
2 硬度將等效於在齒間中央根直徑處與齒面寬的硬度。
3 較小的值應使用於一般的設計。較大的值可以用於當：
  使用高品質的材料。
  剖面尺寸與設計容許對熱處理有最大的反應。
  藉適宜的檢驗做精確的品質控制。
  操作的經驗證明了它們的用途。

許用接觸應力 $\sigma_{c,\text{all}}$ 的方程式為

$$\sigma_{c,\text{all}} = \begin{cases} \dfrac{S_c}{S_H} \dfrac{Z_N C_H}{K_T K_R} & \text{(U.S. 習用單位)} \\ \dfrac{S_c}{S_H} \dfrac{Z_N Z_W}{Y_\theta Y_Z} & \text{(SI 單位)} \end{cases} \tag{11-18}$$

其中前一個方程式使用美國習用單位，而後者使用 SI 單位。而且

S_c = 許用接觸應力，lbf/in^2 (N/mm^2)
Z_N = 應力循環的壽命因數
C_H (Z_W) = 抵抗孔蝕的硬度比因數
K_T (Y_θ) = 溫度因數
K_R (Y_Z) = 可靠度因數
S_H = AGMA 的安全因數，應力比

許用的接觸應力值在此標示為 S_c，可自圖 11-5 及表 11-5、表 11-6，及表 11-7 查得。

AGMA 的許用彎應力與接觸應力值用於

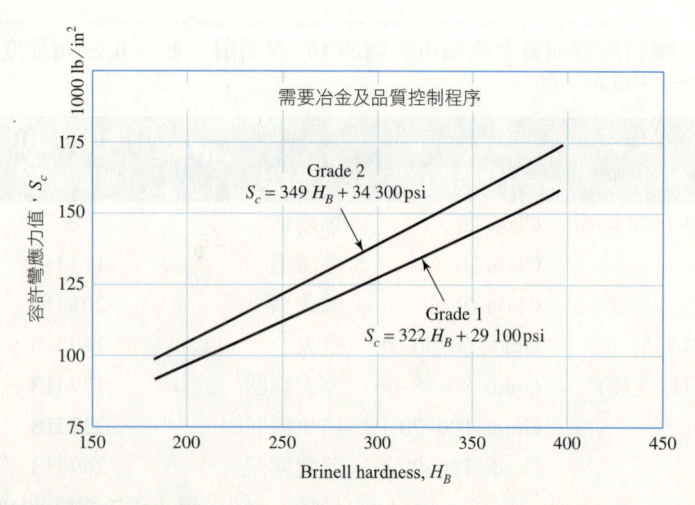

圖 11-5 完全硬化鋼質之齒輪於 10^7 次應力循環，並有 0.99 可靠度之接觸疲勞強度 S_c。SI 方程式為 $S_c = 2.22H_B + 200$ MPa，grade 1，或 $S_c = 2.41H_B + 237$ MPa，grade 2。
來源：ANSI/AGMA 2001-D04 及 ANSI/AGMA 2101-D04。

表 11-5 用於氮化與獲得硬度之標稱溫度
來源：Darle W. Dudley, *Handbook of Practical Gear Design*, rev. ed., McGraw-Hill, New York, 1984

鋼	氮化前的溫度, °F	氮化溫度, °F	Rockwell C 硬度 Case	Rockwell C 硬度 Core
氮合金 135*	1150	975	62-65	30-35
氮合金 135M	1150	975	62-65	32-36
氮合金 N	1000	975	62-65	40-44
AISI 4340	1100	975	48-53	27-35
AISI 4140	1100	975	49-54	27-35
31 Cr Mo V 9	1100	975	58-62	27-35

* 氮合金為紐約 Nitralloy 公司的註冊商標。

- 單向負荷
- 10×10^6 次應力循環
- 99 % 可靠度

本節中的鉻因數也將在後續各節中評估。

當發生雙向(反覆)負荷，就像惰齒輪時，AGMA 建議使用 70% 的 S_t 值。這相當於 $1/0.70 = 1.43$ 就像範例 11-2 中的 k_e 值。此建議直落在 Goodman 損壞軌跡之 $k_e = 1.33$ 與 Gerber 損壞軌跡之 $k_e = 1.66$ 之間。

表 11-6　鋼質齒輪重複施加 10^7 次循環，並有 0.99 可靠度之重複彎曲強度

來源：ANSI/AGMA 2001-D04。

材料標示	熱處理	最小表面硬度[1]	容許彎應力值 S_t,[2] S_c, psi (σ_{Hp}, MPa) 等級 1	等級 2	等級 3
鋼[3]	完全硬化[4]	見圖 11-5	見圖 11-5	見圖 11-5	—
	火焰[5] 或感應硬化[5]	50 HRC	170 000 (1172)	190 000 (1310)	—
		54 HRC	175 000 (1206)	195 000 (1344)	—
	滲碳並硬化[5]	見表 9*	180 000 (1240)	225 000 (1551)	275 000 (1896)
	Nitrided[5] (完全硬化鋼)	83.5 HR15N	150 000 (1035)	163 000 (1123)	175 000 (1206)
		84.5 HR15N	155 000 (1068)	168 000 (1158)	180 000 (1240)
	滲氮[5]	87.5 HR15N	155 000 (1068)	172 000 (1186)	189 000 (1303)
2.5% 鉻 (不含鋁)	滲氮[5]	90.0 HR15N	170 000 (1172)	183 000 (1261)	195 000 (1344)
氮合金 135M	滲氮[5]	90.0 HR15N	172 000 (1186)	188 000 (1296)	205 000 (1413)
氮合金 N 2.5% 鉻 (不含鋁)	滲氮[5]	90.0 HR15N	176 000 (1213)	196 000 (1351)	216 000 (1490)

註釋：請參考 ANSI/AGMA 2001-D04 註釋 1-5 引用的參考資料。
[1] 硬度將等效於在齒間與齒面寬中心根直徑處的硬度。
[2] 就每一鋼質齒輪之應力等級的主要冶金因數，請參考表 7 到 10。
[3] 鋼料的選擇必須能配合所選擇的熱處理程序與硬度的要求。
[4] 這些材料必須做最小程度的退火與調質。
[5] 該許用應力值指出可能用於 16.1 所規定的硬化深度。
* ANSI/AGMA 2001-D04 的表 9 為能影響滲碳及硬化鋼質齒輪之 S_t 及 S_c 的主要冶金因數的綜合列表。

表 11-7　鐵質與青銅質之齒輪重複施加 10^7 次循環，並有 0.99 可靠度之重複彎曲強度

來源：ANSI/AGMA 2001-D04。

材料	材料標示[1]	熱處理	典型的最小表面硬度[2]	許用接觸應力值,[3] S_c, psi (σ_{Hp}, MPa)
ASTM A48 灰鑄鐵	Class 20	類鑄造	—	50 000-60 000 (344-415)
	Class 30	類鑄造	174 HB	65 000-75 000 (448-517)
	Class 40	類鑄造	201 HB	75 000-85 000 (517-586)
ASTM A536 延性 (球化) 鐵	Grade 60-40-18	退火	140 HB	77 000-92 000 (530-634)
	Grade 80-55-06	淬火及調質	179 HB	77 000-92 000 (530-634)
	Grade 100-70-03	淬火及調質	229 HB	92 000-112 000 (634-772)
	Grade 120-90-02	淬火及調質	269 HB	103 000-126 000 (710-868)
青銅	—	砂鑄	最小承拉強度 40 000 psi	30 000 (206)
	ASTM B-148 Alloy 954	熱處理	最小承拉強度 90 000 psi	65 000 (448)

註釋：
1 請參考 ANSI/AGMA 2004-B89, *Gear Materials and Heat Treatment Manual*。
2 硬度將相當於齒面寬中央作用齒廓起始處。
3 較小的值將用於一般設計。
　較大的值可用於使用高品質材料時。
　剖面尺寸及設計容許對熱處理作最大的反應。
　藉適宜的檢驗做精確的品質控制。
　操作的經驗證明了它們的用途。

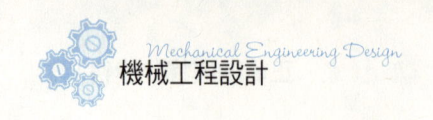

11-5　幾何因數 I 與 J (Z_I 與 Y_J)

我們已經知道因數 Y 如何用於 Lewis 方程式，以將輪齒形狀的影響介入應力方程式中。AGMA 因數[5] I 與 J 企圖於考慮更周詳的情況下完成相同的目的。

I 與 J 的決定視**面接觸比** (face-contact ratio) m_F 而定。其定義為

$$m_F = \frac{F}{p_x} \tag{11-19}$$

式中的 p_x 為軸向周節，而 F 為齒面寬。就正齒輪而言 $m_F = 0$。

低接觸比 (LCR) 的螺旋齒輪具有小螺旋角或薄的齒面寬，或兩者兼之，其面接觸比小於 1 ($m_F \leq 1$)，將不在此處討論。此類齒輪具有與正齒輪大不相同的噪音水準。於是，此處我們將考慮的只是 $m_F = 0$ 的正齒輪與 $m_F > 1$ 的螺旋齒輪。

彎曲強度的幾何因數 J (Y_J)

AGMA 的因數 J 使用 Lewis 因數的修正值，也以 Y 標示之；**疲勞應力集中因數** K_f；及**輪齒負荷分攤比** (load-sharing ratio) m_N。所得的 J 方程式為

$$J = \frac{Y}{K_f m_N} \tag{11-20}$$

指出 (11-20) 式中的齒形因數不是 Lewis 因數是很重要的。此處的 Y 值得自 AGMA 908-B89 中的計算，並且常基於在最高點作單輪齒接觸。

AGMA 稱 (11-20) 式中的因數 K_f 為**應力修正因數** (stress correction factor)。它是基於 50 年前以偏光彈性探究應力集中推導所得的公式。

負荷分攤比 m_N 等於齒面寬除以最小的接觸線長度。此因數視橫向接觸比 (transverse contact ratio) m_p、面接觸比 (face-contact ratio) m_F、任何齒廓修正，及輪齒撓曲而定。就正齒輪而言，$m_N = 1.0$。就螺旋齒輪而言，它的面接觸比 $m_F > 2.0$，保守的趨近值可由下式求得

$$m_N = \frac{p_N}{0.95 Z} \tag{11-21}$$

式中 p_N 為法向基節，而 Z 為在橫向平面上的作用線長 (圖 10-15 中的距離 L_{ab})。

使用圖 11-6 以取得壓力角 20° 且為全深齒的正齒輪之幾何因數 J。使用圖 11-7 與 11-8 以取得法向壓力角 20°，而面接觸比 $m_F = 2$ 或更大之螺旋齒輪的幾何因數 J。至於其它的齒輪請向 AGMA 標準諮詢。

---

[5] AGMA 908-B89, *Geometry Factors for Determining Pitting Resistance and Bending Strength of Spur, Helical and Herringbone Gear Teeth* 為有用的參考資料。

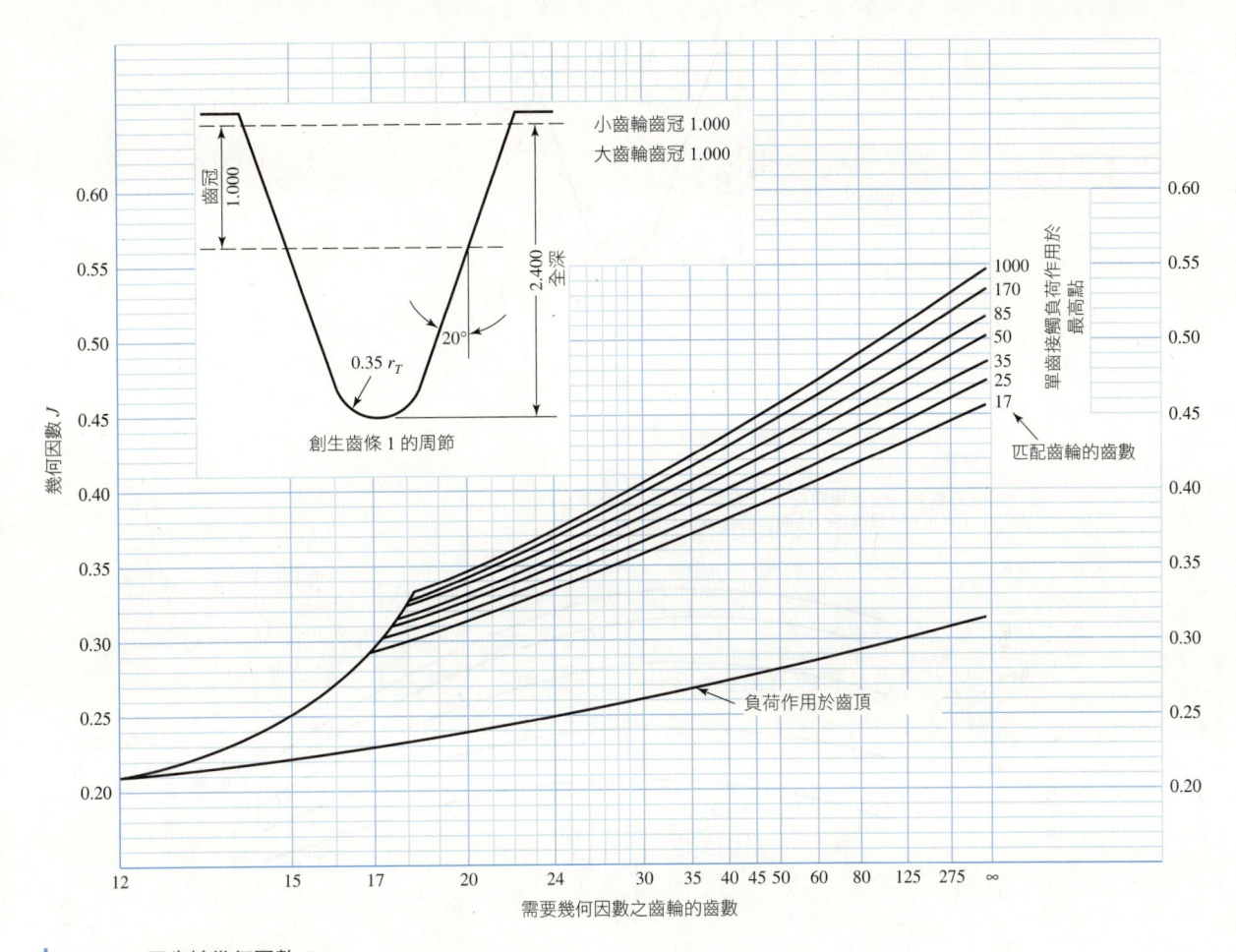

圖 11-6 正齒輪幾何因數 J。
來源：此圖取自 AGMA 218.01，與從現今 AGMA 908-B89 中取得的表列值一致。本圖適用於設計目的。

表面強度幾何因數 $I\ (Z_I)$

AGMA 也將因數 I 稱為**抗孔蝕幾何因數** (pitting-resistance geometry factor)。此處從將 (11-12) 式中的倒數和寫成下式開始：

$$\frac{1}{r_1} + \frac{1}{r_2} = \frac{2}{\sin\phi_t}\left(\frac{1}{d_P} + \frac{1}{d_G}\right) \tag{a}$$

式中以橫向壓力角 ϕ_t 取代 ϕ，使得該方程式也能應用於螺旋齒輪。定義**轉速比** (speed ratio) m_G 為

$$m_G = \frac{N_G}{N_P} = \frac{d_G}{d_P} \tag{11-22}$$

現在可將 (a) 式寫成

$$\frac{1}{r_1} + \frac{1}{r_2} = \frac{2}{d_P \sin\phi_t} \frac{m_G + 1}{m_G} \tag{b}$$

(a)

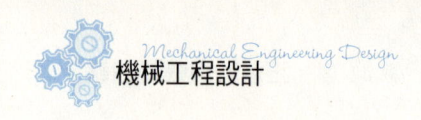

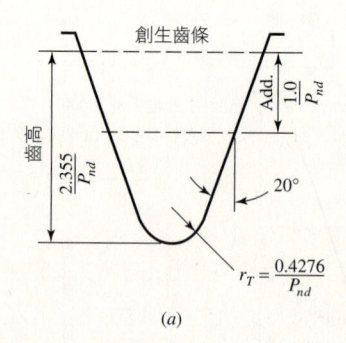

$$m_N = \frac{p_N}{0.95Z}$$

Z 的值指示與 75 齒的齒輪嚙合元件的齒數。

小齒輪與大齒輪輪齒之法向齒厚各減少 0.024 in，以提供每一法向徑節各 0.048 in 的齒隙。

(b)

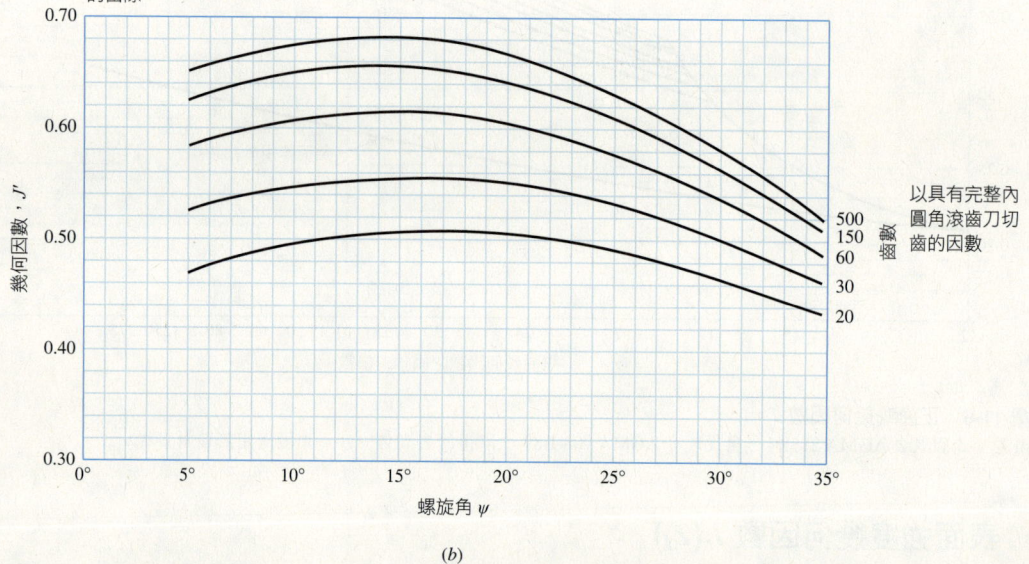

以具有完整內圓角滾齒刀切齒的因數

圖 11-7 螺旋齒輪的幾何因數 J'。
來源：此圖取自 AGMA 218.01，與從現今 AGMA 908-B89 中取得的表列值一致。本圖適用於設計目的。

以 (b) 式取代 (11-14) 式中的倒數和。其結果可以寫成

$$\sigma_c = -\sigma_C = C_p \left[\frac{K_V W^t}{d_P F} \frac{1}{\frac{\cos\phi_t \sin\phi_t}{2} \frac{m_G}{m_G + 1}} \right]^{1/2} \quad (c)$$

外正齒輪的幾何因數 I 為 (c) 式中括弧內第二項的分母。藉著加入負荷分攤比 m_N 可以得到對正齒輪與螺旋齒輪都有效的因數。這個式子可寫成

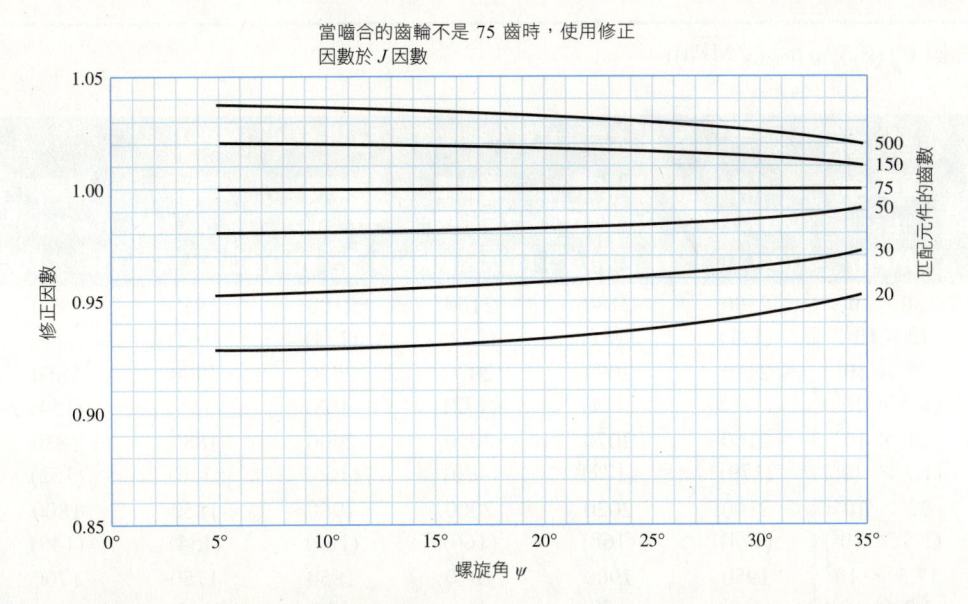

当啮合的齿轮不是 75 齿时，使用修正因数於 J 因数

图 11-8 与图 11-7 一齐使用以求得 J' 的乘子。
来源：此图来自 AGMA 218.01，与从现今 AGMA 908-B89 中取得的表列值一致。本图适用於设计目的。

$$I = \begin{cases} \dfrac{\cos\phi_t \sin\phi_t}{2m_N} \dfrac{m_G}{m_G + 1} & \text{外齿轮} \\ \dfrac{\cos\phi_t \sin\phi_t}{2m_N} \dfrac{m_G}{m_G - 1} & \text{内齿轮} \end{cases} \tag{11-23}$$

式中当 $m_N = 1$ 时用於正齿轮。於 (11-21) 式中求解，请注意

$$p_N = p_n \cos\phi_n \tag{11-24}$$

式中的 p_N 为法向周节。如果未制作齿轮的设计图 (layout)，则 (11-21) 式中使用的 Z 值，可以由下列方程式求得

$$Z = \left[(r_P + a)^2 - r_{bP}^2\right]^{1/2} + \left[(r_G + a)^2 - r_{bG}^2\right]^{1/2} - (r_P + r_G)\sin\phi_t \tag{11-25}$$

式中的 r_P 与 r_G 为节圆半径，而 r_{bP} 与 r_{bG} 为基圆半径[6]，基圆的半径为

$$r_b = r\cos\phi_t \tag{11-26}$$

使用 (11-25) 式之前，必须做某些先行的措施。在基圆以下，齿廓并未共轭，结果是，如果中括弧内开始两项的一项或另一项大於第三项，则需以第三项取代该项。此外，由於磨除毛边或将齿顶磨圆，齿轮的有效外半径可能小於 $r + a$，在此情况下应以有效外半径取代。

---

[6] 式子的推导，请参考 Joseph E. Shigley and John J. Uicker Jr., *Theory of Machines and Mechanisms*, McGraw-Hill, New York, 1980, p.262。

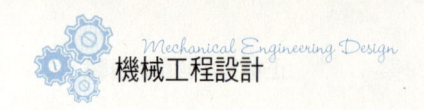

表 11-8　彈性係數 C_p (Z_E), $\sqrt{\text{psi}}$ ($\sqrt{\text{MPa}}$)

來源：AGMA 218.01

小齒輪材料	小齒輪彈性模數 E_p psi (MPa)*	鋼 30×10^6 (2×10^5)	球化鐵 24×10^6 (1.7×10^5)	延性鐵 25×10^6 (1.7×10^5)	鑄鐵 22×10^6 (1.5×10^5)	鋁青銅 17.5×10^6 (1.2×10^5)	錫青銅 16×10^6 (1.1×10^5)
鋼	30×10^6 (2×10^5)	2300 (191)	2180 (181)	2160 (179)	2100 (174)	1950 (162)	1900 (158)
延性鐵	25×10^6 (1.7×10^5)	2180 (181)	2090 (174)	2070 (172)	2020 (168)	1900 (158)	1850 (154)
球化鐵	24×10^6 (1.7×10^5)	2160 (179)	2070 (172)	2050 (170)	2000 (166)	1880 (156)	1830 (152)
鑄鐵	22×10^6 (1.5×10^5)	2100 (174)	2020 (168)	2000 (166)	1960 (163)	1850 (154)	1800 (149)
鋁青銅	17.5×10^6 (1.2×10^5)	1950 (162)	1900 (158)	1880 (156)	1850 (154)	1750 (145)	1700 (141)
錫青銅	16×10^6 (1.1×10^5)	1900 (158)	1850 (154)	1830 (152)	1800 (149)	1700 (141)	1650 (137)

大齒輪材料及彈性模數 E_G, lbf/in² (MPa)*

Poisson 比 = 0.30。

* 當從滾子接觸試驗得到更精確的彈性模數質實，可以使用它們。

11-6　彈性係數 C_p (Z_E)

C_P 的值可直接由 (11-13) 式計算，或自表 11-8 中查詢得之。

11-7　動態因數 K_v

正如早先指出的，動態因數用於考量製造及作用中之嚙合輪齒的不精確度。**傳動誤差** (transmission error) 的定義是：從齒輪對之均勻角速度的偏離。會產生傳動誤差的一些效應有：

- 創生齒廓時產生的不精確度 (inaccuracies)；這些不精確度包含了齒間，靠模導程 (profile lead)，及偏轉 (runout) 等誤差。
- 由輪齒勁度所導致的嚙合期間的輪齒振動。
- 節線速度的大小。
- 旋轉組件的動態不平衡。
- 輪齒接觸部位的磨耗及永久變形。
- 齒輪軸對準不良，及軸的線性與角度偏移。
- 輪齒摩擦

為了企圖對這些效應取得一些控制，AGMA 定義了一組**品質管制數** (quality

numbers)[7]。這些數值定義了不同尺寸的齒輪於規定的**品質等級** (quality class) 下製造時的公差。等級 3 至等級 7 包含了大多數商用品質的齒輪。等級 8 至等級 12 為精良品質。AGMA **傳動精準數** (transmission accuracy level number) Q_v 與品質數的意義相同。下列動態因數的方程式即依據這些 Q_v 估算：

$$K_v = \begin{cases} \left(\dfrac{A + \sqrt{V}}{A}\right)^B & V \text{ 的單位為 ft/min} \\ \left(\dfrac{A + \sqrt{200V}}{A}\right)^B & V \text{ 的單位為 m/s} \end{cases} \tag{11-27}$$

式中

$$A = 50 + 56(1 - B)$$
$$B = 0.25(12 - Q_v)^{2/3} \tag{11-28}$$

而代表 Q_v 曲線端點的最大速度，可由下式求得

$$(V_t)_{\max} = \begin{cases} [A + (Q_v - 3)]^2 & \text{ft/min} \\ \dfrac{[A + (Q_v - 3)]^2}{200} & \text{m/s} \end{cases} \tag{11-29}$$

圖 11-9 為動態因數 K_v 的線圖，用於以圖解方式估算 K_v 時，其值為節線速度的函數。

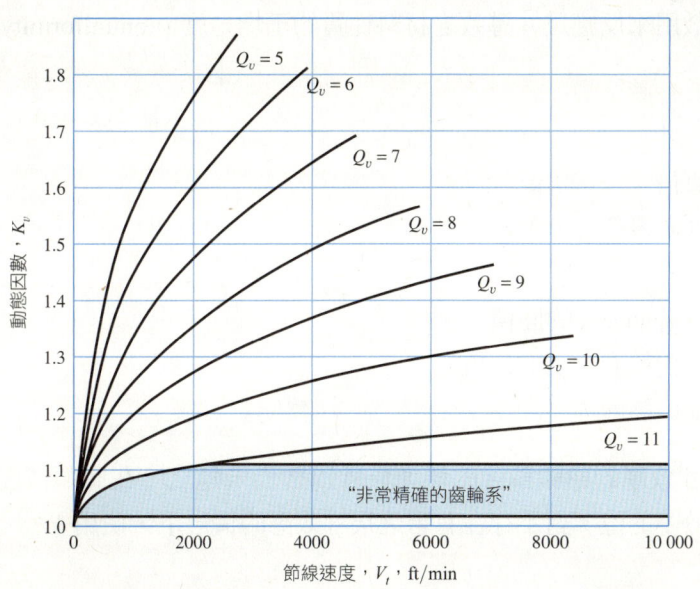

圖 11-9 動態因數 K_v。這些曲線的方程式為 (11-27) 式，而終點以 (11-29) 式計算。
來源：*ANSI/AGMA 2001-D04, Annex A*。

---

[7] AGMA 2000-A88. ANSI/AGMA 2001-D04，於 2004 年採用，並合併了 ANSI/AGMA 2015-1-A01 以 A_v 取代 Q_v。A_v 的範圍從 6 到 12，以較小的數值代表較大的精確度。Q_v 法仍然維持作為另一種處理法，而所得的 K_v 值是可比較的。

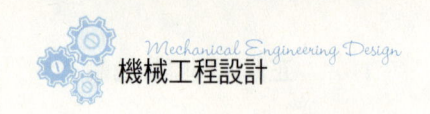

11-8　過負荷因數 K_o

過負荷因數 K_o 企圖對所有外施負荷於特定應用時，給予超過標稱切線負荷 W^t 的裕量 (allowance)。其範例含內燃機引擎汽缸點燃導致的扭矩偏離其平均值發生變化，或對柱塞泵驅動扭矩的變化。相似因數的其它稱呼有應用因數 (application factor) 或使用因數 (service factor)。[8]

11-9　表面狀態因數 $C_f(Z_R)$

表面狀態因數 C_f 或 Z_R 僅應用於抗孔蝕方程式。其值視下列效應而定：

- 受表面加工如切削、剃刨 (shaving)、研光 (lapping)、研磨 (grinding)、珠擊 (shot peening) 的影響，但未予限制。
- 殘留應力。
- 塑性效應 (plastic effects) [工作硬化]。

齒輪輪齒的標準表面狀態仍未建立。當已知存在有害的表面加工效應時，AGMA 建議 C_f 使用大於 1 的值。

11-10　尺寸因數 K_s

尺寸因數用來反應尺寸導致之材料性質的不均勻度 (nonuniformity)。它視下列因素而定：

- 輪齒的尺寸
- 零件的直徑
- 輪齒尺寸對零件直徑的比值
- 齒面寬
- 應力模式 (pattern) 的面積
- 硬化深度對輪齒尺寸的比值
- 硬化性能與熱處理

對有害之尺寸效應的齒輪輪齒的標準尺寸因數仍未建立。在此類情況下，AGMA 建議使用大於 1 的值。對不存在有害之尺寸效應的情形下，使用 1。

---

[8] Howard B. Schwerdlin, "Couplings," Chap. 16 in Joseph E. Shigley, Charles R. Mischke，及 Thomas H. Brown, Jr. (eds.), *Standard Handbook of Machine Design*, 3rd ed., McGraw-Hill, New York, 2004. 中有廣泛的使用因數表。

AGMA 已確認並提供尺寸效應的符號。AGMA 也建議 $K_s=1$，使 K_s 維持 (11-15) 及 (11-16) 式中的位置，以待集結更多的資料。就此方式遵循該標準，對應用你所有的知識是一項失敗。從表 13-1，$l=a+b=2.25/P$。圖 11-6 的齒厚 t 可由 11-1 節的 (a) 式求得 $t=\sqrt{4lx}$，其中 x 由 (11-9) 式可知為 $3Y/(2P)$。由 (5-25) 式矩形剖面於彎曲時的等效直徑為 $d_e=0.808\sqrt{Ft}$。由 (5-20) 式 $k_b=(d_e/0.3)^{-0.107}$。請注意，AGMA 的 K_s 為 k_b 的倒數，經代數代入後的結果是

$$K_s = \frac{1}{k_b} = 1.192 \left(\frac{F\sqrt{Y}}{P}\right)^{0.0535} \quad \text{(U.S. 習用單位)}$$

$$= 0.904\,(bm\sqrt{Y})^{0.0535} \quad \text{(SI 單位)}$$

(a)

AGMA 的 K_s 可以視為 Lewis 幾何因數與 Marin 之疲勞尺寸因數的結合。你可以令 $K_s=1$ 或選用前面的 (a) 式。這問題可以與你的教師討論。本書將使用 (a) 式，以提醒你可以有選擇。如果 (a) 式中的 K_s 小於 1，則令 $K_s=1$。

11-11　負荷分佈因數 K_m (K_H)

負荷分佈因數修正應力方程式，以反應負荷橫跨接觸線時的不均勻性。最理想的是將齒輪置於兩軸承間跨距的中央，當負荷作用時斜率等於零的位置。但這不是都可能辦得到的。下列的程序可應用於

- 淨齒面寬對小齒輪節圓直徑的比值 $F/d \le 2$
- 齒輪元件安裝在兩軸承中間
- 齒面寬值直到 40 in
- 當承受負荷時，接觸橫跨最窄元件的整個齒面寬

在這些條件下，**面負荷分佈因數** (face load distribution factor) C_{mf} 可由下式求得，其中

$$K_m = C_{mf} = 1 + C_{mc}(C_{pf}C_{pm} + C_{ma}C_e) \tag{11-30}$$

$$C_{mc} = \begin{cases} 1 & \text{用於齒面無隆起的齒輪} \\ 0.8 & \text{用於齒面隆起的齒輪} \end{cases} \tag{11-31}$$

表 11-9 (11-34) 式中的經驗常數 A、B，與 C 的值。齒面寬 F 以 in* 計。
(來源：ANSI/AGMA 2001-D04)

Condition	A	B	C
開式齒輪系	0.247	0.0167	$-0.765(10^{-4})$
商用的封閉齒輪裝置	0.127	0.0158	$-0.930(10^{-4})$
精密的封閉齒輪裝置	0.0675	0.0128	$-0.926(10^{-4})$
超精密的封閉齒輪裝置	0.00360	0.0102	$-0.822(10^{-4})$

* 請參考 ANSI/AGMA 2101-D04, pp. 20-22 的 SI 擬式。

$$C_{pf} = \begin{cases} \dfrac{F}{10d} - 0.025 & F \leq 1 \text{ in} \\ \dfrac{F}{10d} - 0.0375 + 0.0125F & 1 < F \leq 17 \text{ in} \\ \dfrac{F}{10d} - 0.1109 + 0.0207F - 0.000\,228F^2 & 17 < F \leq 40 \text{ in} \\ \dfrac{b}{10d} - 0.025 & b \leq 25 \text{ mm} \\ \dfrac{b}{10d} - 0.0375 + 4.92(10^{-4})b & 25 < b \leq 425 \text{ mm} \\ \dfrac{b}{10d} - 0.1109 + 8.15(10^{-4})b - 3.53(10^{-7})b^2 & 425 < b \leq 1000 \text{ mm} \end{cases} \quad (11\text{-}32)$$

請注意，$F/(10d) < 0.05$ 時，使用 $F/(10d) = 0.05$

$$C_{pm} = \begin{cases} 1 & \text{用於 } S_1/S < 0.175 \text{ 時的跨裝方式} \\ 1.1 & \text{用於 } S_1/S \geq 0.175 \text{ 時的跨裝方式} \end{cases} \quad (11\text{-}33)$$

$$C_{ma} = A + BF + CF^2 \quad (A \text{、} B \text{，與 } C \text{ 的值見表 11-9}) \quad (11\text{-}34)$$

$$C_e = \begin{cases} 0.8 & \text{用於齒輪在組裝時調整，或以研光改善兼容性，或兩者兼之} \\ 1 & \text{用於其它狀況} \end{cases} \quad (11\text{-}35)$$

用於 (11-33) 式中之 S 與 S_1 的定義，請見圖 11-10，而 C_{ma} 的值請見圖 11-11 之 C_{ma} 的線圖。

11-12 硬度比因數 $C_H(Z_w)$

小齒輪的齒數通常比大齒輪少，結果承受了更多的接觸應力循環。如果小齒輪與大齒輪都做穿透硬化，則藉著使小齒輪的硬度高於大齒輪，可以獲得均勻的表面硬度。當做表面硬化的小齒輪與做穿透硬化的大齒輪嚙合時，也可以得到相似的效

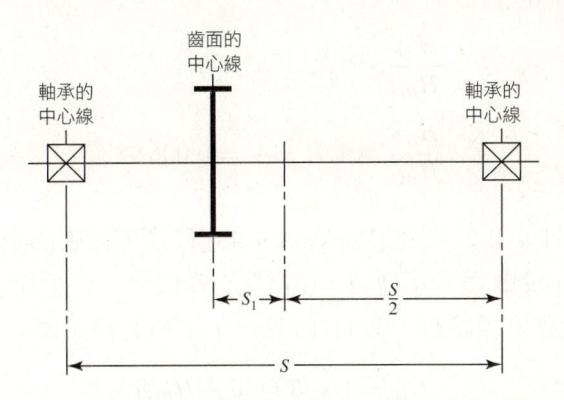

圖 11-10　用於估算 (11-33) 式中 C_{pm} 值之距離 S 與 S_1 的定義圖。
(來源：*ANSI/AGMA 2001-D04.*)

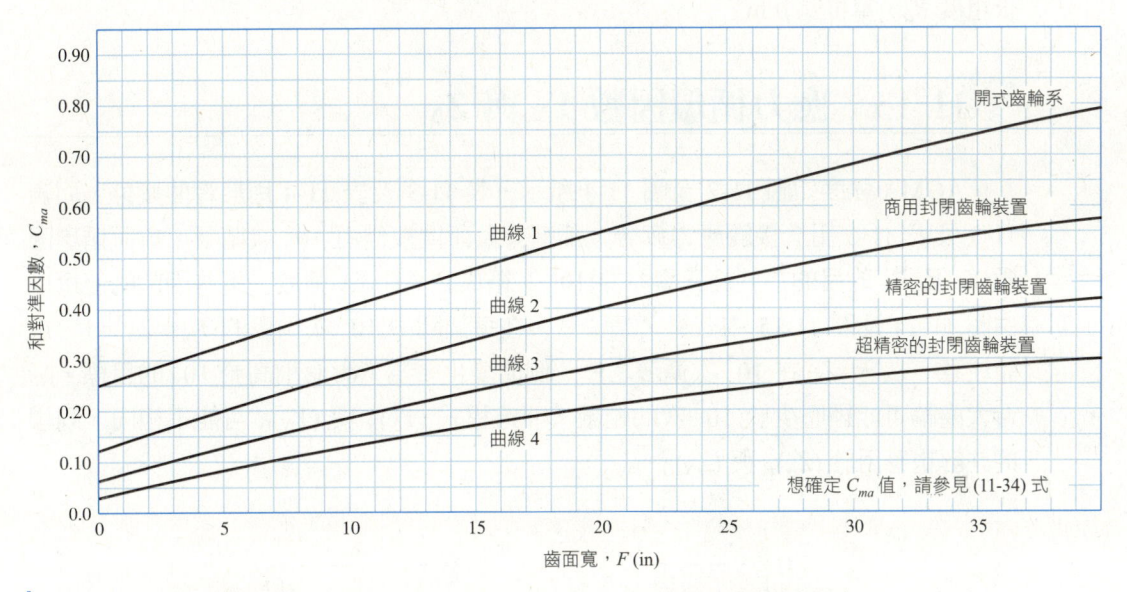

圖 11-11　嚙和對準因數 C_{ma}。在表 11-9 (*ANSI/AGMA 2001-D04.*) 中的曲線適配方程式。

果。硬度比因數 C_H 僅用於大齒輪。C_H 的值得自下式

$$C_H = 1.0 + A'(m_G - 1.0) \tag{11-36}$$

式中

$$A' = 8.98(10^{-3})\left(\frac{H_{BP}}{H_{BG}}\right) - 8.29(10^{-3}) \quad 1.2 \leq \frac{H_{BP}}{H_{BG}} \leq 1.7$$

H_{BP} 與 H_{BG} 兩項分別為小齒輪與大齒輪之 Brinell 硬度 (10 mm 鋼珠於 3000 kg 負荷下)。m_G 這一項為由 (11-22) 式所得的轉速比。請參見 (11-36) 式所繪成的圖 11-12。則

$$\frac{H_{BP}}{H_{BG}} < 1.2, \quad A' = 0$$

$$\frac{H_{BP}}{H_{BG}} > 1.7, \quad A' = 0.006\,98$$

當具有 48 Rockwell C 刻度 (Rockwell C48) 硬度或更硬的小齒輪，與穿透硬化大齒輪 (180-400 Brinell) 嚙合運轉時，會發生工作硬化。C_H 因數為小齒輪表面加工 f_P 與嚙合之大齒輪硬度的函數。圖 11-13 展示了下列的關係式：

$$C_H = 1 + B'(450 - H_{BG}) \tag{11-37}$$

式中 $B' = 0.000\,75\,\exp[-0.0112 f_P]$，而 f_P 為小齒輪的表面加工狀態，表示成均方根粗度 R_a，單位為 μ in。

11-13 應力循環因數 Y_N 與 Z_N

AGMA 強度如圖 11-2 至圖 11-4 所示，表 11-3 及表 11-4 用於彎曲疲勞，而表 11-5 及表 11-6 用於接觸應力疲勞，都基於負荷重複作用 10^7 次循環。負荷循環因數 Y_N 及 Z_N 的目的在於修正壽命非 10^7 次循環之 AGMA 強度。這些因數的值可以由圖 11-14 及圖 11-15 中查得。請注意，在每個圖中 10^7 次循環的 $Y_N = Z_N = 1$。也請注意，Y_N 及 Z_N 在 10^7 次循環之任一側的變化。為了壽命稍高於 10^7 的目標，嚙合大齒輪可能經歷少於 10^7 次的循環，而方程式 $(Y_N)_P$ 與 $(Y_N)_G$ 可能不相同。同樣的註解也應用於 $(Z_N)_P$ 與 $(Z_N)_G$。

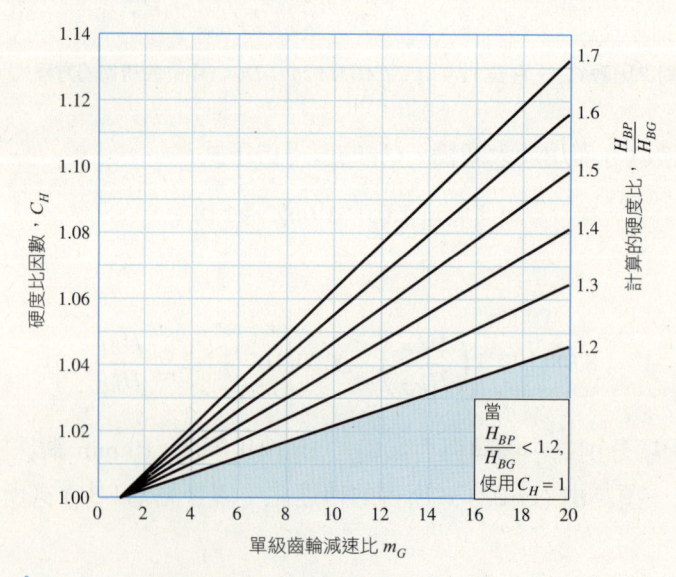

圖 11-12 硬度比因數 C_H (穿透硬化鋼)。(*ANSI/AGMA 2001-D04.*)

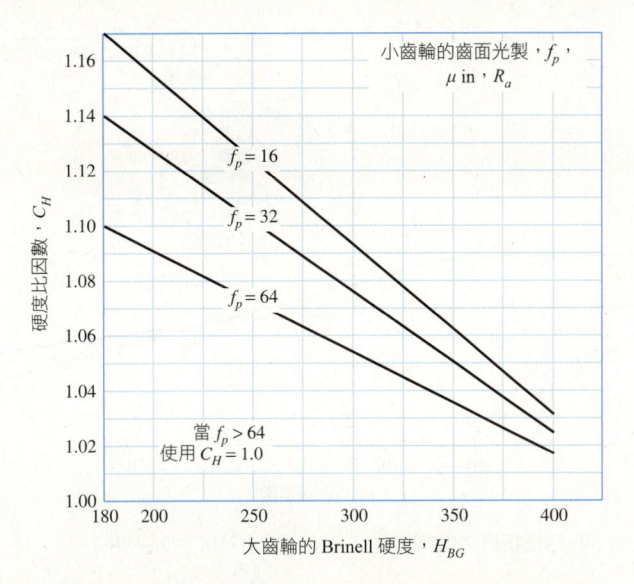

▌圖 11-13　硬度比因數(表面硬化鋼，小齒輪) C_H (表面硬化鋼小齒輪)。(ANSI/AGMA 2001-D04.)

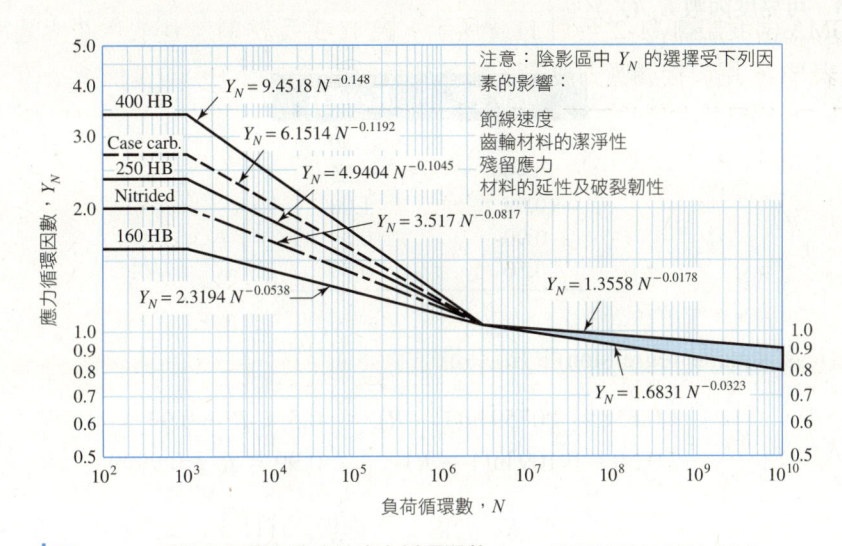

▌圖 11-14　重複作用彎曲強度的應力循環因數 Y_N。(ANSI/AGMA 2001-D04.)

11-14　可靠度因數 K_R (Y_Z)

可靠度因數考量材料疲勞損壞的統計分佈效應。此處不強調負荷的變異。AGMA 的強度 S_t 與 S_c 基於 99% 的可靠度。表 11-10 乃是依據 U.S. 海軍對彎曲及接觸應力疲勞損壞所發展的數據。

K_R 與可靠度間的泛函 (functional relationship) 關係具有高度的非線性。需要內插法時，線性內插仍然太粗糙。對每個量作對數轉換以產生線性關係。最小平方迴

661

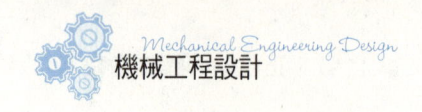

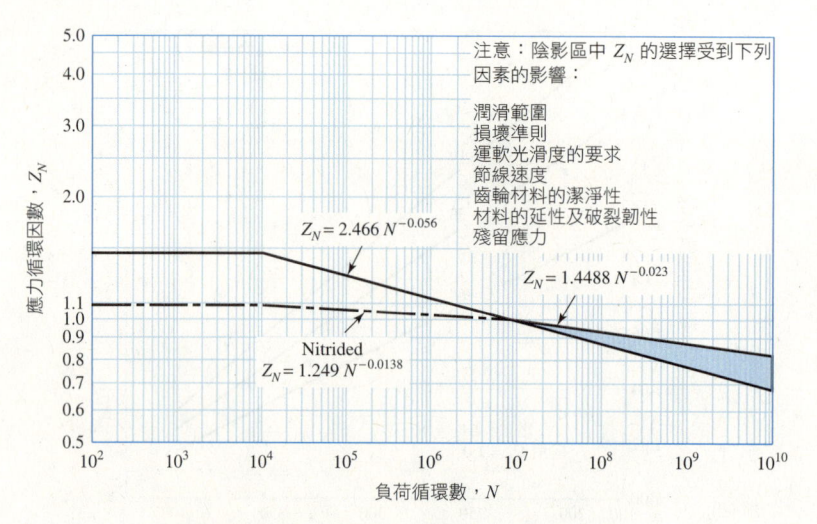

注意：陰影區中 Z_N 的選擇受到下列因素的影響：
潤滑範圍
損壞準則
運軟光滑度的要求
節線速度
齒輪材料的潔淨性
材料的延性及破裂韌性
殘留應力

$Z_N = 2.466\, N^{-0.056}$

$Z_N = 1.4488\, N^{-0.023}$

Nitrided
$Z_N = 1.249\, N^{-0.0138}$

圖 11-15 孔蝕抵抗應力循環因數 Z_N。(*ANSI/AGMA 2001-D04.*)

表 11-10 可靠度因數 K_R (Y_Z)
(來源：*ANSI/AGMA 2001-D04*)

可靠度	K_R (Y_Z)
0.9999	1.50
0.999	1.25
0.99	1.00
0.90	0.85
0.50	0.70

歸適配 (least-squares regression) 的結果是

$$K_R = \begin{cases} 0.658 - 0.0759\ln(1-R) & 0.5 < R < 0.99 \\ 0.50 - 0.109\ln(1-R) & 0.99 \leq R \leq 0.9999 \end{cases} \tag{11-38}$$

就 R 的基數值而言，從該表中取 K_R 的值。否則使用 (11-38) 式所提供的對數內插公式計算。

11-15　溫度因數 K_T (Y_θ)

當潤滑油或齒輪胚料的溫度達到 250°F (120°C) 前，使用 $K_T = Y_\theta = 1$。對於更高的溫度，這些因數應該大於 1。可以使用熱交換器以保證運轉溫度相當地低於此值，而為潤滑劑所需要的溫度。

11-16 環厚因數 K_B

當環厚不足以對輪齒齒根提供完整支撐時，彎曲疲勞破壞的位置將穿透輪環而非在齒根處。此種狀況下，推薦使用應力修正因數 (stress modifying factor) K_B 或(t_R)。此因數，環厚因數 K_B，針對薄環齒輪調整估算的彎應力。它是背托比 (backup ratio) m_B 的函數，

$$m_B = \frac{t_R}{h_t} \tag{11-39}$$

式中 t_R＝輪齒下方的環厚，in，而 h_t＝輪齒的全深。幾何圖示如圖 11-16。環厚因數 K_B 為

$$K_B = \begin{cases} 1.6 \ln \dfrac{2.242}{m_B} & m_B < 1.2 \\ 1 & m_B \geq 1.2 \end{cases} \tag{11-40}$$

圖 11-16 中也以線圖提供了 K_B 的值。當可應用時，除了反覆負荷因數 0.7 外，也應用環厚因數 K_B。

11-17 安全因數 S_F 與 S_H

ANSI/AGMA 標準 2001-D04 and 2101-D04 已經含防範彎曲疲勞損壞安全因數及防範孔蝕損壞的安全因數 S_H。

S_F 的定義由 (11-17) 式，為

$$S_F = \frac{S_t Y_N / (K_T K_R)}{\sigma} = \frac{\text{完全修訂的彎曲強度}}{\text{彎應力}} \tag{11-41}$$

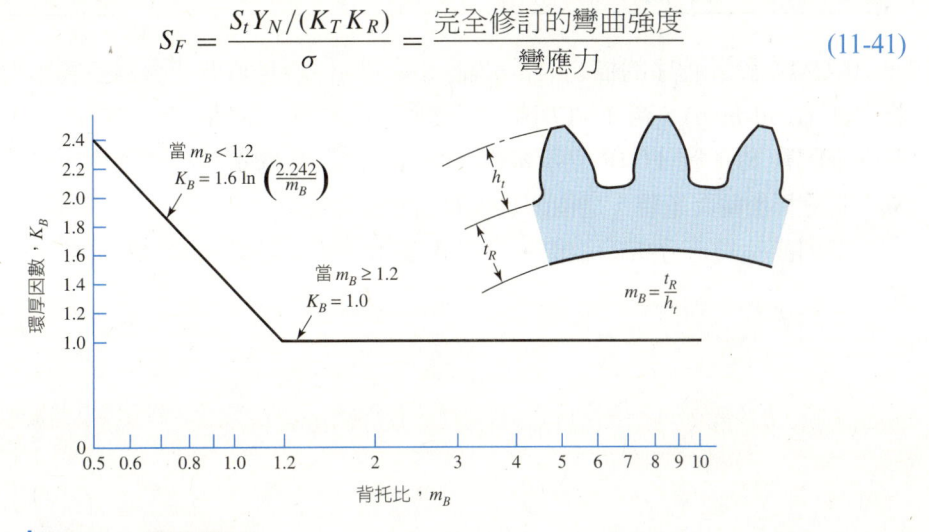

圖 11-16 環厚因數 K_B。
(*ANSI/AGMA 2001-D04.*)

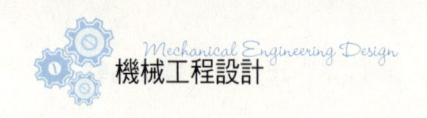

式中 σ 以 (11-15) 式估算。它是個強度除以應力的定義，在此一定義下應力與傳動負荷間為線性關係。

S_H 的定義由 (11-18) 式，為

$$S_H = \frac{S_c Z_N C_H/(K_T K_R)}{\sigma_c} = \frac{完全修訂的接觸強度}{接觸應力} \tag{11-42}$$

當 σ_c 以 (11-16) 式估算。它也是個強度除以應力的定義，在此一定義下，其應力與傳動負荷 W^t 間為非線性關係。

雖然 S_H 的定義與它預計的功能並不衝突，但為了確認喪失功能之性質及嚴重性，分析中比較 S_F 與 S_H 時，必須小心。為了使 S_H 能與傳動負荷 W^t 呈現線性關係，可將它定義為

$$S_H = \left(\frac{完全修訂的接觸強度}{施加的接觸強度}\right)^2 \tag{11-43}$$

對線性或螺旋式接觸的指數為 2，對於有隆起 (球面式接觸) 的輪齒指數為 3。藉該 AGMA 定義，(11-42) 式，當嘗試有信心地辨識喪失功能的威脅時，比較 S_F 與 S_H^2 (或隆起輪齒時的 S_H^3)。

過負荷因數 K_o 用於含括基於經驗可預計會偏離超過 W^t 的負荷。除了 K_o 之外，安全因數企圖涵蓋不可量化的成分。當設計輪齒嚙合時，在本書使用的意義之內，S_F 變成設計因數 $(S_F)_d$。S_F 的估算視為適用性評估的一部分，就是安全因數。這種應用方式，同樣地用於 S_H。

11-19 分析

AGMA 設計程序的描述非常詳細。最佳的檢視是彎曲疲勞與接觸應力疲勞的指引圖 (road-map)。圖 11-17 展示了彎應力方程式，彎曲方程式中的持久強度，及安全因數 S_F。圖 11-18 展示接觸應力方程式，接觸疲勞持久強度，及安全因數 S_H。當分析齒輪問題時，這個圖是很有用的參考資料。

下列齒輪嚙合分析的範例，乃是企圖用來使更熟悉有關 AGMA 法所有的細節。

正齒輪彎曲分析
依據 ANSI/AGMA 2001-D04

$$d_P = \frac{N_P}{P_d}$$

$$V = \frac{\pi d n}{12}$$

$$W^t = \frac{33\,000\,H}{V}$$

輪齒彎應力方程式 (11-15) 式

$$\sigma = W^t K_o K_v K_s \frac{P_d}{F} \frac{K_m K_B}{J}$$

箭頭標註：
- W^t → 1 [或 11-10 節 (a) 式]
- K_v → (11-30) 式
- K_m → (11-40) 式
- J → 圖 11-6
- K_s → (11-27) 式
- K_o → 下表

齒輪彎曲持久強度方程式 (11-17) 式

$$\sigma_{\text{all}} = \frac{S_t}{S_F} \frac{Y_N}{K_T K_R}$$

箭頭標註：
- $0.99(S_t)_{10^7}$；表 11-3, 11-4
- Y_N；圖 11-14
- K_T：1 若 $T < 250°F$
- K_R：表 11-10, (11-38) 式

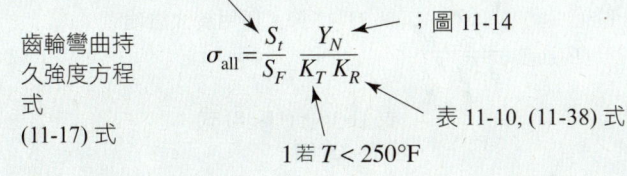

彎曲的安全因數 (11-41) 式

$$S_F = \frac{S_t Y_N / (K_T K_R)}{\sigma}$$

記得當要確定是彎曲或磨耗威脅到功能時，比較 S_F 與 S_H^2。對齒面隆起的齒輪比較 S_F 及 S_H^3。

過負荷因數表，K_o

	從動機器		
動力來源	均勻	中度衝擊	重衝擊
均勻	1.00	1.25	1.75
輕度衝擊	1.25	1.50	2.00
中度衝擊	1.50	1.75	2.25

圖 11-17　基於 AGMA 標準之彎曲方程式的導引圖。(*ANSI/AGMA 2001-D04*.)
The SI version of this figure can be found in Appendix B.

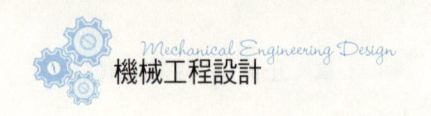

正齒輪彎曲分析
依據 ANSI/AGMA 2001-D04

$$d_P = \frac{N_P}{P_d}$$

$$V = \frac{\pi d n}{12}$$

$$W^t = \frac{33\,000\,H}{V}$$

齒輪接觸應力方程式 (11-16) 式

$$\sigma_c = C_p \left(W^t K_o K_v K_s \frac{K_m}{d_P F} \frac{C_f}{I} \right)^{1/2}$$

- W^t : (11-13) 式，表 11-8
- K_o : 下表
- K_v : (11-27) 式
- K_s : 1 [11-10 節 (a) 式]
- K_m : (11-30) 式
- C_f : 1
- I : (11-23) 式

齒輪接觸持久強度 (11-18) 式

$$\sigma_{c,\text{all}} = \frac{S_c Z_N C_H}{S_H K_T K_R}$$

- S_c : $0.99(S_c)_{10^7}$ 表 11-6, 11-7
- Z_N : 圖 11-15
- C_H : 11-12 節，僅用於大齒輪
- K_R : 表 11-10，(11-38) 式
- K_T : 1，若 $T < 250°F$

磨耗安全因數 (11-42) 式

$$S_H = \frac{S_c Z_N C_H/(K_T K_R)}{\sigma_c}$$

- C_H : 僅用於大齒輪

當要確定是彎曲或磨耗威脅到功能時，記得比較 S_F 與 S_H^2。
對齒面隆起的齒輪，比較 S_F 及 S_H^3。

過負荷因數表，K_o

	從動機器		
動力來源	均勻	中度衝擊	重衝擊
均勻	1.00	1.25	1.75
輕度衝擊	1.25	1.50	2.00
中度衝擊	1.50	1.75	2.25

圖 11-18　基於 AGMA 標準之齒輪磨耗方程式的導引圖。(*ANSI/AGMA 2001-D04.*)

範例 11-4

某 17 齒，壓力角 20° 的正齒輪以 1800 rev/min 旋轉，並傳遞 4 hp 功率至 52 齒的盤形大齒輪。齒輪的徑節為 10 teeth/in，齒面寬 1.5 in，而品質標準為 No.6。這兩個齒輪採跨裝方式，緊鄰兩個軸承。小齒輪為 grade 1 鋼料製成，齒面硬度 $H_B = 240$，並穿透至核心。大齒輪也是作穿透硬化之 grade 1 鋼料製成，齒面與核心具有的硬度為 $H_B = 200$。Poisson's 比為 0.30，$J_P = 0.30$，$J_G = 0.40$，而楊氏模數為 $30(10^6)$ psi。電動機與負荷導致的負荷狀態平穩。假設小齒輪的壽命為 10^8 循環，可靠度為 0.90，並使用 $Y_N = 1.3558 N^{-0.0178}$，$Z_N = 1.4488 N^{-0.023}$。齒廓沒有隆起。這是個商用的封閉齒輪單位。

(a) 試求這兩個齒輪之彎曲的安全因數。
(b) 試求這兩個齒輪之磨耗的安全因數。
(c) 試檢視其安全因數，確認對每一齒輪及嚙合之損壞的威脅。

解答 有多項值待求，因此使用圖 11-17 及 11-18 作為求得所需項的導引。

$$d_P = N_P/P_d = 17/10 = 1.7 \text{ in} \qquad d_G = 52/10 = 5.2 \text{ in}$$

$$V = \frac{\pi d_P n_P}{12} = \frac{\pi (1.7) 1800}{12} = 801.1 \text{ ft/min}$$

$$W^t = \frac{33\,000\, H}{V} = \frac{33\,000(4)}{801.1} = 164.8 \text{ lbf}$$

假設負荷均勻，$K_o = 1$。為評估 K_v，以品質數 $Q_v = 6$ 從 (11-28) 式

$$B = 0.25(12 - 6)^{2/3} = 0.8255$$
$$A = 50 + 56(1 - 0.8255) = 59.77$$

然後從 (11-27) 式得到動態因數為

$$K_v = \left(\frac{59.77 + \sqrt{801.1}}{59.77} \right)^{0.8255} = 1.377$$

為求得尺寸因數 K_s，需要 Lewis 齒形因數。從表 11-2，以 $N_P = 17$ 齒，得 $Y_P = 0.303$。以大齒輪的 $N_G = 52$ 齒用內插法得到 $Y_G = 0.412$。則從 11-10 節的 (a) 式，以 $F = 1.5$ in，

$$(K_s)_P = 1.192 \left(\frac{1.5 \sqrt{0.303}}{10} \right)^{0.0535} = 1.043$$

$$(K_s)_G = 1.192 \left(\frac{1.5\sqrt{0.412}}{10} \right)^{0.0535} = 1.052$$

負荷分佈因數 K_m 由 (11-30) 式求得，式中需要五個項。它們是 $F = 1.5$ in：

無隆起齒面，於 (11-30) 式中：$C_{mc} = 1$；

從 (11-32) 式：$C_{pf} = 1.5/[10(1.7)] - 0.0375 + 0.0125(1.5) = 0.0695$；

緊鄰軸承，從 (11-33) 式：$C_{pm} = 1$；

商用封閉齒輪裝置從 (圖 11-11)：$C_{ma} = 0.15$；

從 (11-35) 式：$C_e = 1$

因此，

$$K_m = 1 + C_{mc}(C_{pf}C_{pm} + C_{ma}C_e) = 1 + (1)[0.0695(1) + 0.15(1)] = 1.22$$

假設齒輪厚度固定，環厚因數 $K_B = 1$。轉速比為 $m_G = N_G/N_P = 52/17 = 3.059$。負荷循環因數於問題陳述中已知，$N$(小齒輪) $= 10^8$ cycles 而 N(大齒輪) $= 10^8/m_G = 10^8/3.059$ cycles，為

$$(Y_N)_P = 1.3558(10^8)^{-0.0178} = 0.977$$
$$(Y_N)_G = 1.3558(10^8/3.059)^{-0.0178} = 0.996$$

從表 11-10，以可靠度 0.9，查得 $K_R = 0.85$。由圖 11-18，溫度及表面狀態因數為 $K_T = 1$ 及 $C_f = 1$。自 (11-23) 式，以 $m_N = 1$，就正齒輪而言，

$$I = \frac{\cos 20° \sin 20°}{2} \frac{3.059}{3.059 + 1} = 0.121$$

從表 11-8，$C_p = 2300\sqrt{\text{psi}}$。

接著，需要齒輪的持久強度方程式。由表 11-3，針對 grade 1 鋼以 $H_{BP} = 240$ 及 $H_{BG} = 200$，利用圖 11-2，可得

$$(S_t)_P = 77.3(240) + 12\,800 = 31\,350 \text{ psi}$$
$$(S_t)_G = 77.3(200) + 12\,800 = 28\,260 \text{ psi}$$

同樣地，從表 11-6，利用圖 11-5，可得

$$(S_c)_P = 322(240) + 29\,100 = 106\,400 \text{ psi}$$
$$(S_c)_G = 322(200) + 29\,100 = 93\,500 \text{ psi}$$

從圖 11-15，

$$(Z_N)_P = 1.4488(10^8)^{-0.023} = 0.948$$

$$(Z_N)_G = 1.4488(10^8/3.059)^{-0.023} = 0.973$$

對於硬度比因數 C_H，硬度比為 $H_{BP}/H_{BG} = 240/200 = 1.2$。然後，從 11-12 節

$$A' = 8.98(10^{-3})(H_{BP}/H_{BG}) - 8.29(10^{-3})$$
$$= 8.98(10^{-3})(1.2) - 8.29(10^{-3}) = 0.002\,49$$

於是，由 (11-36) 式，

$$C_H = 1 + 0.002\,49(3.059 - 1) = 1.005$$

(a) **小齒輪彎曲**　將小齒輪的適當項代入 (11-15) 式，可得

$$(\sigma)_P = \left(W^t K_o K_v K_s \frac{P_d}{F} \frac{K_m K_B}{J}\right)_P = 164.8(1)1.377(1.043)\frac{10}{1.5}\frac{1.22(1)}{0.30} = 6417\ \text{psi}$$

將小齒輪的適當項代入 (11-41) 式，可得

答案
$$(S_F)_P = \left(\frac{S_t Y_N/(K_T K_R)}{\sigma}\right)_P = \frac{31\,350(0.977)/[1(0.85)]}{6417} = 5.62$$

大齒輪彎曲　將大齒輪的適當項代入 (11-15) 式，可得

$$(\sigma)_G = 164.8(1)1.377(1.052)\frac{10}{1.5}\frac{1.22(1)}{0.40} = 4854\ \text{psi}$$

將大齒輪的適當項代入 (11-41) 式，可得

答案
$$(S_F)_G = \frac{28\,260(0.996)/[1(0.85)]}{4854} = 6.82$$

(b) **小齒輪磨損**　將小齒輪的適當項代入 (11-16) 式，可得

$$(\sigma_c)_P = C_p \left(W^t K_o K_v K_s \frac{K_m}{d_P F} \frac{C_f}{I}\right)_P^{1/2}$$

$$= 2300\left[164.8(1)1.377(1.043)\frac{1.22}{1.7(1.5)}\frac{1}{0.121}\right]^{1/2} = 70\,360\ \text{psi}$$

將小齒輪的適當項代入 (11-42) 式，可得

答案
$$(S_H)_P = \left[\frac{S_c Z_N/(K_T K_R)}{\sigma_c}\right]_P = \frac{106\,400(0.948)/[1(0.85)]}{70\,360} = 1.69$$

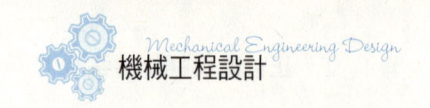

大齒輪磨損 (11-16) 式中僅有 K_s 一項因大齒輪而改變，因此，

$$(\sigma_c)_G = \left[\frac{(K_s)_G}{(K_s)_P}\right]^{1/2} (\sigma_c)_P = \left(\frac{1.052}{1.043}\right)^{1/2} 70\,360 = 70\,660 \text{ psi}$$

將大齒輪的適當項代入 (11-42) 式，取 $C_H = 1.005$ 可得

答案
$$(S_H)_G = \frac{93\,500(0.973)1.005/[1(0.85)]}{70\,660} = 1.52$$

(c) 對於小齒輪，以 $(S_F)_P$ 與 $(S_H)_P^2$，或 5.73 與 $1.69^2 = 2.86$ 比較，可知小齒輪損壞的威脅來自磨耗。對於大齒輪，以 $(S_F)_G$ 與 $(S_H)_G^2$，或 6.96 與 $1.52^2 = 2.31$ 比較，所以大齒輪損壞的威脅也來自磨耗。

從範例 11-4 可以得到一些透視。該小齒輪的強度彎曲相對於磨損太過了些。磨損的性能可以經由類似火焰或感應硬化，滲氮或滲碳及表面硬化，與珠擊法等表面增硬的技術改善。這轉而容許該齒輪裝置製作得更小一些。其次，承受彎曲的能力是大齒輪高於小齒輪，指出大齒輪核心硬度可降低，輪齒可縮小，也就是 P 值增大，並減少這兩個齒輪的直徑，或可能容許使用比較廉價的材料。第三，考慮磨耗時，表面強度方程式含 $(Z_N)/K_R$ 比，$(Z_N)_P$ 與 $(Z_N)_G$ 的值受到轉速比 m_G 的影響。設計者可以藉指定表面硬度控制強度。這一點將在稍後作更詳盡的說明。

接在範例 11-4 中正齒輪的詳細分析之後，現在已經是分析在相似的環境下之螺旋齒輪裝置，以觀察其相似性與差異的時候了。

範例 11-5

某 17 齒，法向壓力角 20°，具有右手螺旋角的螺旋齒輪以 1800 rev/min 旋轉，並傳遞 4 hp 功率至 52 齒的螺旋大齒輪。齒輪的法向徑節為 10 teeth/in，齒面寬 1.5 in，且該裝置的品質數為 No.6。這兩個齒輪採跨裝方式，緊鄰兩個軸承。小齒輪齒面為 grade 1 鋼料製成，齒面硬度 $H_B = 240$，並穿透至核心。大齒輪也是作穿透硬化之 grade 1 鋼料製成，齒面與核心具有的硬度為 $H_B = 200$。連結電動機與離心泵的負荷狀態平穩。假設小齒輪的壽命為 10^8 循環，可靠度為 90%，並使用圖 11-14 與圖 11-15 中上方的曲線。
(a) 試求這兩個齒輪之彎曲的安全因數。
(b) 試求這兩個齒輪之磨耗的安全因數。
(a) 試檢視其安全因數，並確認每一齒輪及嚙合之損壞的威脅。

解答 此範例除了使用螺旋齒輪之外，所有參數都與範例 11-4 中的參數相同。

因此，許多項將與範例 11-4 中相同。讀者應證實這些項維持不變：
$K_o = 1$，$Y_P = 0.303$，$Y_G = 0.412$，$m_G = 3.059$，$(K_s)_P = 1.043$，$(K_s)_G = 1.052$，
$(Y_N)_P = 0.977$，$(Y_N)_G = 0.996$，$K_R = 0.85$，$K_T = 1$，$C_f = 1$，$C_p = 2300 \sqrt{\text{psi}}$，
$(S_t)_P = 31\,350$ psi，$(S_t)_G = 28\,260$ psi，$(S_c)_P = 106\,380$ psi，$(S_c)_G = 93\,500$ psi，
$(Z_N)_P = 0.948$，$(Z_N)_G = 0.973$，及 $C_H = 1.005$。

就螺旋齒輪而言，其橫向徑節可由 (10-18) 式求得為

$$P_t = P_n \cos \psi = 10 \cos 30° = 8.660 \text{ teeth/in}$$

因此，節圓直徑為 $d_P = N_P/P_t = 17/8.660 = 1.963$ in 及 $d_G = 52/8.660 = 6.005$ in。其節線速度與傳動力分別為

$$V = \frac{\pi d_P n_P}{12} = \frac{\pi(1.963)1800}{12} = 925 \text{ ft/min}$$

$$W^t = \frac{33\,000 H}{V} = \frac{33\,000(4)}{925} = 142.7 \text{ lbf}$$

正如範例 11-4，動態因數 $B = 0.8255$ 及 $A = 59.77$。於是由 (11-27) 式可得

$$K_v = \left(\frac{59.77 + \sqrt{925}}{59.77}\right)^{0.8255} = 1.404$$

螺旋齒輪的幾何因數 I 需要稍作處理，首先，橫向壓力角可由 (10-19) 式求得

$$\phi_t = \tan^{-1}\left(\frac{\tan \phi_n}{\cos \psi}\right) = \tan^{-1}\left(\frac{\tan 20°}{\cos 30°}\right) = 22.80°$$

小齒輪與大齒輪的節圓半徑分別為 $r_P = 1.963/2 = 0.9815$ in 及 $r_G = 6.004/2 = 3.002$ in，齒冠為 $a = 1/P_n = 1/10 = 0.1$。則小齒輪與大齒輪的基圓半徑 r_b 分別為

$$(r_b)_P = r_P \cos \phi_t = 0.9815 \cos 22.80° = 0.9048 \text{ in}$$

$$(r_b)_G = 3.002 \cos 22.80° = 2.767 \text{ in}$$

從 (11-25) 式，表面強度的幾何因數

$$Z = \sqrt{(0.9815 + 0.1)^2 - 0.9048^2} + \sqrt{(3.004 + 0.1)^2 - 2.769^2}$$
$$- (0.9815 + 3.004) \sin 22.80°$$
$$= 0.5924 + 1.4027 - 1.544\,4 = 0.4507 \text{ in}$$

因為前兩項小於 1.544 4，該 Z 的方程式成立。由 (11-24) 式，法向周節 p_N

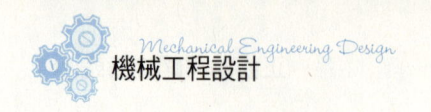

為

$$p_N = p_n \cos\phi_n = \frac{\pi}{P_n}\cos 20° = \frac{\pi}{10}\cos 20° = 0.2952 \text{ in}$$

由 (11-21) 式，負荷分攤比

$$m_N = \frac{p_N}{0.95Z} = \frac{0.2952}{0.95(0.4507)} = 0.6895$$

代入 (11-23) 式，可得幾何因數 I 為

$$I = \frac{\sin 22.80° \cos 22.80°}{2(0.6895)}\frac{3.06}{3.06+1} = 0.195$$

由圖 11-7，幾何因數 $J'_P = 0.45$ 及 $J'_G = 0.54$，並由圖 11-8 查得 J'-因數乘子為 0.94 及 0.98，將 J'_P 與 J'_G 修正為

$$J_P = 0.45(0.94) = 0.423$$
$$J_G = 0.54(0.98) = 0.529$$

負荷分佈因數 K_m 可由 (11-32) 式估算之：

$$C_{pf} = \frac{1.5}{10(1.963)} - 0.0375 + 0.0125(1.5) = 0.0577$$

以 $C_{mc} = 1$，$C_{pm} = 1$，並從圖 11-11 得 $C_{ma} = 0.15$ 及 $C_e = 1$。因此，從 (11-30) 式，可得

$$K_m = 1 + (1)[0.0577(1) + 0.15(1)] = 1.208$$

(a) 小齒輪彎曲 將小齒輪適宜的各項代入 (11-15) 式，使用 P_t 可得

$$(\sigma)_P = \left(W^t K_o K_v K_s \frac{P_t}{F}\frac{K_m K_B}{J}\right)_P = 142.7(1)1.404(1.043)\frac{8.66}{1.5}\frac{1.208(1)}{0.423}$$

$$= 3445 \text{ psi}$$

將適合小齒輪的各項代入 (11-41) 式，可得

答案
$$(S_F)_P = \left(\frac{S_t Y_N/(K_T K_R)}{\sigma}\right)_P = \frac{31\,350(0.977)/[1(0.85)]}{3445} = 10.5$$

大齒輪彎曲 將適合大齒輪的各項代入 (11-15) 式，可得

$$(\sigma)_G = 142.7(1)1.404(1.052)\frac{8.66}{1.5}\frac{1.208(1)}{0.529} = 2779 \text{ psi}$$

將適合大齒輪的各項代入 (11-41) 式,可得

答案
$$(S_F)_G = \frac{28\,260(0.996)/[1(0.85)]}{2779} = 11.9$$

(b) 小齒輪輪齒磨損 將適合小齒輪的各項代入 (11-16) 式,可得

$$(\sigma_c)_P = C_p \left(W^t K_o K_v K_s \frac{K_m}{d_P F} \frac{C_f}{I} \right)_P^{1/2}$$

$$= 2300 \left[142.7(1)1.404(1.043) \frac{1.208}{1.963(1.5)} \frac{1}{0.195} \right]^{1/2} = 48\,230 \text{ psi}$$

將適合小齒輪的各項代入 (11-42) 式,可得

答案
$$(S_H)_P = \left(\frac{S_c Z_N/(K_T K_R)}{\sigma_c} \right)_P = \frac{106\,400(0.948)/[1(0.85)]}{48\,230} = 2.46$$

大齒輪輪齒磨損 (11-16) 式中僅有 K_s 一項因大齒輪而改變,因此,

$$(\sigma_c)_G = \left[\frac{(K_s)_G}{(K_s)_P} \right]^{1/2} (\sigma_c)_P = \left(\frac{1.052}{1.043} \right)^{1/2} 48\,230 = 48\,440 \text{ psi}$$

將適合大齒輪的各項代入 (11-42) 式,取 $C_H = 1.005$ 可得

答案
$$(S_H)_G = \frac{93\,500(0.973)1.005/[1(0.85)]}{48\,440} = 2.22$$

(c) 對於小齒輪,此處以 S_F 與 S_H^2,或 10.5 與 $2.46^2 = 6.05$ 比較,所以小齒輪損壞的威脅來自磨耗。對於大齒輪,比較 S_F 與 S_H^2,或 11.9 與 $2.22^2 = 4.93$,所以大齒輪損壞的威脅也來自磨耗。就該對嚙合齒輪而言,該齒輪裝置由齒輪的磨耗支配。

範例 11-4 與範例 11-5 值得做一比較。正齒輪與螺旋齒輪置於幾乎完全相同的環境。螺旋齒輪的輪齒因為螺旋角與相同的齒面寬,而有較長的接觸線。螺旋齒輪的節圓直徑較大。其 J 因數與 I 因數較大,應力因而降低。導致有較大的安全因數。在設計階段時,範例 11-4 與範例 11-5 的齒輪裝置可以藉控制材料與相對硬度而製作成小一些。

此刻這兩個範例給予 AGMA 參數實質的內容,是檢視嚙合中之正齒輪材料間之一些必要關係式的時候了。於承受彎曲的情況,將 AGMA 的方程式並排展示如下:

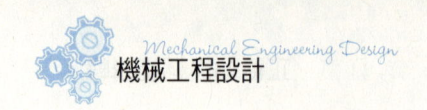

$$\sigma_P = \left(W^t K_o K_v K_s \frac{P_d}{F} \frac{K_m K_B}{J}\right)_P \qquad \sigma_G = \left(W^t K_o K_v K_s \frac{P_d}{F} \frac{K_m K_B}{J}\right)_G$$

$$(S_F)_P = \left(\frac{S_t Y_N/(K_T K_R)}{\sigma}\right)_P \qquad (S_F)_G = \left(\frac{S_t Y_N/(K_T K_R)}{\sigma}\right)_G$$

令兩安全因數相等，將應力與強度公式代入，消去相同的項 (K_s 幾乎相等或正好相等)，並解得

$$(S_t)_G = (S_t)_P \frac{(Y_N)_P}{(Y_N)_G} \frac{J_P}{J_G} \tag{a}$$

其應力循環因數 Y_N 來自圖 11-14，其中針對特定硬度 $Y_N = \alpha N^\beta$。對小齒輪，$(Y_N)_P = \alpha N_P^\beta$，而對大齒輪，$(Y_N)_G = \alpha (N_P/m_G)^\beta$。將這些代入 (a) 式並簡化，可得

$$(S_t)_G = (S_t)_P m_G^\beta \frac{J_P}{J_G} \tag{11-44}$$

通常，$m_G > 1$ 及 $J_G > J_P$，所以 (11-44) 式顯示安全因數相同時，大齒輪的強度可以略低 (較低的 Brinell 硬度) 於小齒輪。

範例 11-6

某正齒輪組合，其硬度 $H_B = 300$ 的小齒輪 18 齒，徑節 16，與 64 齒的大齒輪嚙合。兩者都以 grade 1 穿透硬化鋼製成。若使用 $\beta = -0.023$，則安全因數相同時，大齒輪的硬度應為若干？

解答 grade 1 穿透硬化鋼之小齒輪的強度可自圖 11-2 中取得：

$$(S_t)_P = 0.533(300) + 88.3 = 248.2 \text{ MPa}$$

由圖 11-6，齒形因數為 $J_P = 0.32$ 及 $J_G = 0.41$。則由 (11-44) 式可得

$$(S_t)_G = 248.2 \left(\frac{64}{18}\right)^{-0.023} \frac{0.32}{0.41} = 188.1 \text{ MPa}$$

再次使用圖 11-2 中的方程式

答案
$$(H_B)_G = \frac{188.1 - 88.3}{0.533} = 187 \text{ Brinell}$$

將 AGMA 的接觸應力方程式也並排排列如下

$$(\sigma_c)_P = C_p \left(W^t K_o K_v K_s \frac{K_m}{d_P F} \frac{C_f}{I} \right)^{1/2}_P \qquad (\sigma_c)_G = C_p \left(W^t K_o K_v K_s \frac{K_m}{d_P F} \frac{C_f}{I} \right)^{1/2}_G$$

$$(S_H)_P = \left(\frac{S_c Z_N/(K_T K_R)}{\sigma_c} \right)_P \qquad (S_H)_G = \left(\frac{S_c Z_N C_H/(K_T K_R)}{\sigma_c} \right)_G$$

令兩安全因數相等，將應力與強度公式代入，消去相同含 K_s 的項，然後解 $(S_c)_G$ 得

$$(S_c)_G = (S_c)_P \frac{(Z_N)_P}{(Z_N)_G} \left(\frac{1}{C_H} \right)_G = (S_C)_P m_G^\beta \left(\frac{1}{C_H} \right)_G$$

其中，就像推導 (11-44) 式，$(Z_N)_P/(Z_N)_G = m_G^\beta$ 與得自圖 11-15 的 β 值。因為 C_H 值非常接近 1，通常可以忽略，所以

$$(S_c)_G = (S_c)_P m_G^\beta \tag{11-45}$$

範例 11-7

穿透硬化鋼，grade 1 的 $\beta = -0.056$，試就磨損繼續範例 11-6。

解答 從圖 11-5，

$$(S_c)_P = 2.22(300) + 200 = 866 \text{ MPa}$$

由 (11-45) 式，

$$(S_c)_G = (S_c)_P \left(\frac{64}{18} \right)^{-0.056} = 866 \left(\frac{64}{18} \right)^{-0.056} = 807 \text{ MPa}$$

答案
$$(H_B)_G = \frac{807 - 200}{2.22} = 273 \text{ Brinell}$$

此值稍小於小齒輪的硬度 300 Brinell。

(11-44) 式及 (11-45) 式也適用於螺旋齒輪。

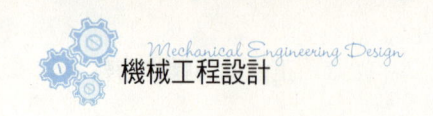

11-19 齒輪嚙合設計

正齒輪與螺旋齒輪設計之有用的決策集合含：

- 功能：負荷、速率、可靠度、壽命、K_o
- 無法量化的風險：設計因數 n_d ⎫
- 齒制：ϕ、ψ、齒冠、齒根、齒根內圓角半徑 ⎬ 先行決策
- 齒輪比 m_G、N_P、N_G
- 品質數 Q_v ⎭

- 徑節 P_d ⎫
- 齒面寬 F ⎬ 設計決策
- 小齒輪材料、中心硬度、表面硬化
- 大齒輪材料、中心硬度、表面硬化   ⎭

起頭兩項告知決策集合的**維數**。如果分別計算有四項設計類別，八項設計決策。與先前遭遇者比較，這是個較大的數目。使用設計策略，對不論是一般的執行或計算機作業都方便。設計決策已經依重要性置放 (影響疊代程序重做的工作量)。在先行決策之後，這些步驟已經確定為

- 選擇徑節。
- 檢視涉及的齒面寬、節圓直徑，及材料性質。如果不能滿足，回到徑節決策做改變。
- 選擇小齒輪材料並檢視核心及表面硬度條件。如果不能滿足，回到徑節決策並疊代至不需要再改變決策。
- 選擇大齒輪材料並檢視核心及表面硬度條件。如果不能滿足，回到徑節決策並疊代至不需要再改變決策。

將這些計畫步驟謹記於心，就可以更仔細地考量它們。

首先選擇一個試誤的徑節。

小齒輪彎曲：

- 為此徑節選擇中值的齒面寬，$4\pi/P$
- 尋求必要的極限強度範圍
- 選擇材料及核心硬度
- 尋求符合承受彎曲之安全因數的齒面寬
- 選定齒面寬
- 核校承受彎曲的安全因數

大齒輪彎曲：
- 尋求必要的相伴核心硬度
- 選定材料及核心硬度
- 核校承受彎曲的安全因數

小齒輪磨損：
- 尋求必要的 S_c 及伴隨的表面硬度
- 選定表面硬度
- 核校承受磨損的安全因數

大齒輪磨損：
- 尋求相伴的表面硬度
- 選定表面硬度
- 核校承受磨損的安全因數

完成此集合的設計步驟將產生滿足的設計。以鄰近最先滿足之設計的徑節延伸的額外設計，將產生多項可以從中選擇的徑節。為了選出最佳者，優點數 (figure of merit) 是必要的。不幸的是，因為材料及製程的變化，在學術環境中，齒輪設計的優點數很複雜。如果齒輪在廠內製作，選用製程的可能性視製造設備而定。

在檢視範例 11-4 及範例 11-5 並見識安全因數的寬廣範圍之後，你可能考量令所有安全因數相等這項想法[9]。鋼質齒輪通常控制磨耗，而 $(S_H)_P$ 及 $(S_H)_G$ 可以處理至幾乎相等。使用較軟的核心會使 $(S_F)_P$ 及 $(S_F)_G$ 降低，但維持它們於較高的值有其價值。如果齒輪箱鎖住，輪齒因彎曲疲勞斷裂不僅毀損該齒輪裝置，也會使軸彎曲，損壞軸承，並在動力系的上、下游中產生慣性的應力，導致其它處損壞。

範例 11-8

某鋼質正齒輪的徑節為 6 teeth/in，具有銑製的全深齒 17 齒，壓力角為 20°。其小齒輪漸開線齒面的極限承拉強度為 116 kpsi，Brinell 硬度為 232，而降伏強度為 90 kpsi。其軸的轉速為 1120 rev/min，齒面寬 2 in，嚙合的大齒輪有 51 齒。如果設計因數為 2，試求小齒輪動力傳輸的額定值。

(a) 小齒輪彎曲疲勞對功率施加了什麼限制？
(b) 小齒輪表面疲勞對功率施加了什麼限制？關於材料，大齒輪的強度與小齒輪完全相同。

---

[9] 設計齒輪時，對無隆起齒面的齒輪磨損的安全因數定義為 $(S)_H^2$ 有其意義，所以不至於產生混淆。ANSI，在 ANSI/AGMA 2001-D04 及 2101-D04 的序言中，陳述"其使用是完全自願的……並不排斥任何人使用……程序……不遵守該項標準。"

(c) 考慮大齒輪因彎曲及表面疲勞的限制。

(d) 賦予該齒輪系額定功率。

解答 初步：
$$N_P = 17, \quad N_G = 51$$

$$d_P = \frac{N}{P_d} = \frac{17}{6} = 2.833 \text{ in}$$

$$d_G = \frac{51}{6} = 8.500 \text{ in}$$

$$V = \pi d_P n / 12 = \pi(2.833)(1120)/12 = 830.7 \text{ ft/min}$$

由 (11-4b) 式：
$$K_v = (1200 + 830.7)/1200 = 1.692$$

$$\sigma_{\text{all}} = \frac{S_y}{n_d} = \frac{90\,000}{2} = 45\,000 \text{ psi}$$

由表 11-2： $Y_P = 0.303, \quad Y_G = 0.410$

(11-7) 式：
$$W^t = \frac{F Y_P \sigma_{\text{all}}}{K_v P_d} = \frac{2(0.303)(45\,000)}{1.692(6)} = 2686 \text{ lbf}$$

$$H = \frac{W^t V}{33\,000} = \frac{2686(830.7)}{33\,000} = 67.6 \text{ hp}$$

基於彎曲的降伏，其功率為 67.6 hp。

(a) 小齒輪疲勞

彎曲

(5-8) 式 $\quad S'_e = 0.5 S_{ut} = 0.5(116) = 58$ kpsi

(5-19) 式：$a = 2.70, \quad b = -0.265, \quad k_a = 2.70(116)^{-0.265} = 0.766$

表 10-1：
$$l = \frac{1}{P_d} + \frac{1.25}{P_d} = \frac{2.25}{P_d} = \frac{2.25}{6} = 0.375 \text{ in}$$

(11-3) 式：
$$x = \frac{3 Y_P}{2 P_d} = \frac{3(0.303)}{2(6)} = 0.0758$$

11-1 節 (b) 式：$t = \sqrt{4lx} = \sqrt{4(0.375)(0.0758)} = 0.337$ in

(5-25) 式：$d_e = 0.808\sqrt{Ft} = 0.808\sqrt{2(0.337)} = 0.663$ in

(5-20) 式：
$$k_b = \left(\frac{0.663}{0.30}\right)^{-0.107} = 0.919$$

$k_c = k_d = k_e = 1$。估計有兩項成分起作用，首先，基於單向彎曲及 Gerber 損壞準則，$k_{f1} = 1.66$ (請見範例 11-2)。其次，由於應力集中

$$r_f = \frac{0.300}{P_d} = \frac{0.300}{6} = 0.050 \text{ in} \qquad \text{(見範例 11-2)}$$

從附錄圖 A-15-6： $\quad \dfrac{r}{d} = \dfrac{r_f}{t} = \dfrac{0.05}{0.338} = 0.148$

以 $D/d = 3$，推估 $D/d = \infty$，$K_t = 1.68$。從圖 5-20，$q = 0.86$，及 (5-32) 式，

$$K_f = 1 + 0.86(1.68 - 1) = 1.58$$

$$k_{f2} = \frac{1}{K_f} = \frac{1}{1.58} = 0.633$$

$$k_f = k_{f1} k_{f2} = 1.66(0.633) = 1.051$$

$$S_e = 0.766(0.919)(1)(1)(1)(1.051)(58) = 42.9 \text{ kpsi}$$

$$\sigma_{\text{all}} = \frac{S_e}{n_d} = \frac{42.9}{2} = 21.5 \text{ kpsi}$$

$$W^t = \frac{F Y_P \sigma_{\text{all}}}{K_v P_d} = \frac{2(0.303)(21\,500)}{1.692(6)} = 1283 \text{ lbf}$$

答案

$$H = \frac{W^t V}{33\,000} = \frac{1283(830.7)}{33\,000} = 32.3 \text{ hp}$$

(b) 小齒輪疲勞

磨損

從附錄中鋼料的表 A-15： $\quad v = 0.292, \quad E = 30(10^6) \text{ psi}$

(11-13) 式或表 11-8：

$$C_p = \left\{ \frac{1}{2\pi [(1 - 0.292^2)/30(10^6)]} \right\}^{1/2} = 2285 \sqrt{\text{psi}}$$

準備代入 (11-14) 式：

(11-12) 式：

$$r_1 = \frac{d_P}{2} \sin\phi = \frac{2.833}{2} \sin 20° = 0.485 \text{ in}$$

$$r_2 = \frac{d_G}{2} \sin\phi = \frac{8.500}{2} \sin 20° = 1.454 \text{ in}$$

$$\left(\frac{1}{r_1} + \frac{1}{r_2} \right) = \frac{1}{0.485} + \frac{1}{1.454} = 2.750 \text{ in}$$

(5-68) 式： $\quad (S_C)_{10^8} = 0.4 H_B - 10 \text{ kpsi}$

依據大齒輪的標示

$$\sigma_C = [0.4(232) - 10]10^3 = 82\,800 \text{ psi}$$

接著將引入設計因數 n_d，因為它是接觸應力用於負荷 W^t 將除以 $\sqrt{2}$。

$$\sigma_{C,\text{all}} = -\frac{\sigma_c}{\sqrt{2}} = -\frac{82\,800}{\sqrt{2}} = -58\,548 \text{ psi}$$

為求 W^t，解 (11-14) 式，

$$W^t = \left(\frac{-58\,548}{2285}\right)^2 \left[\frac{2\cos 20°}{1.692(2.750)}\right] = 265 \text{ lbf}$$

答案
$$H_{\text{all}} = \frac{265(830.7)}{33\,000} = 6.67 \text{ hp}$$

對 10^8 次循環 (小齒輪旋轉周次)，其容許的功率為 6.67 hp。

(c) 大齒輪因彎曲及磨損疲勞

彎曲

(11-3) 式：
$$x = \frac{3Y_G}{2P_d} = \frac{3(0.4103)}{2(6)} = 0.1026 \text{ in}$$

11-1 節 (b) 式：
$$t = \sqrt{4(0.375)(0.1026)} = 0.392 \text{ in}$$

(5-25) 式：
$$d_e = 0.808\sqrt{2(0.392)} = 0.715 \text{ in}$$

(5-20) 式：
$$k_b = \left(\frac{0.715}{0.30}\right)^{-0.107} = 0.911$$

$$k_c = k_d = k_e = 1$$

$$\frac{r}{d} = \frac{r_f}{t} = \frac{0.050}{0.392} = 0.128$$

以 $D/d = 3$ 近似 $D/d = \infty$，從圖 A-15-6 得 $k_t = 1.80$。從圖 5-20，$q = 0.82$，

(5-32) 式：$k_f = 1 + (0.82)(1.80 - 1) = 1.66$

$$S_e = 0.766(0.911)(1)(1)(1)(1.66)(58) = 67.2 \text{ kpsi}$$

$$\sigma_{\text{all}} = \frac{S_e}{K_f n_d} = \frac{67.2}{1.66(2)} = 20.2 \text{ kpsi}$$

$$W^t = \frac{FY_G \sigma_{\text{all}}}{K_v P_d} = \frac{2(0.4103)(20\,200)}{1.692(6)} = 1633 \text{ lbf}$$

答案
$$H_{all} = \frac{1633(830.7)}{33\,000} = 41.1 \text{ hp}$$

此大齒輪於承受彎曲時較小齒輪更強。

磨損

因為小齒輪與大齒輪的材料相同,其接觸強度相同,兩者容許的傳輸功率相等。因此,兩者對 10^8 次旋轉的 $H_{all} = 6.67$。仍然無法建立 $10^8/3$ 次旋轉的 S_c。

(d) 小齒輪承受彎曲: $H_1 = 32.3$ hp

小齒輪磨損: $H_2 = 6.67$ hp

大齒輪承受彎曲: $H_3 = 41.1$ hp

大齒輪磨損: $H_4 = 6.67$ hp

因此,該齒輪系的額定功率為

答案
$$H_{rated} = \min(32.3, 6.67, 41.1, 6.67) = 6.67 \text{ hp}。$$

此設計範例顯示一個滿足的徑節為 4 之正齒輪嚙合的設計。材料與徑節一樣是可以改變的。會有一些其它滿足的設計,因此必須有優點數以鑑別其中之最佳者。

齒輪設計是早期數值計算機在機械工程中的應用項目之一。此程式應該是互動的,能顯示計算的結果,能為了做決策由設計者暫停,並顯示決策的結果,能以迴圈的方式回頭改變決策,以獲得較佳的結果。這個程式可以具有圖騰柱型態 (totem-pole fashion) 的結構,讓最具影響的決策居於頂端,然後向下發展,一項決策接著一項決策,而以改變目前之決策的能力或再從頭開始作為結局。此一程式可以當成很好的課堂專題。微程式碼除錯可以增強你的知識。在隨後各項中加入彈性與額外的令人驚豔的功能。

標準齒輪不見得是符合功能要求之最經濟的設計,因為沒有各方面都是標準的應用[10]。設計習用齒輪的各種方法都有良好的瞭解,並常用於活動的裝置中,以提供良好的重量對性能的指數。包含最佳化所必要的計算,都在個人電腦的計算能力之內。

---

[10] 請參見 H. W. Van Gerpen, C. K. Reece, and J. K. Jensen, *Computer Aided Design of Custom Gears*, Van Gerpen–Reece Engineering, Cedar Falls, Iowa, 1996.

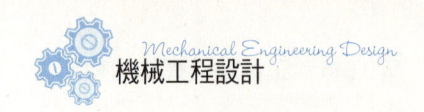

問題

具有星號 (*) 的問題，與其它章節的問題鏈結，如 **1-16** 節的表 **1-1** 所示。
由於齒輪系的問題較難，其問題依章節呈現。

11-1節

11-1 某模數為 3 mm 的鋼質正小齒輪，有壓力角 20° 的全深齒 22 齒。該小齒輪以轉速 1200 rev/min 旋轉並傳輸11 kW 動力至 60 齒的大齒輪。如果其齒面寬為 50 mm，試估算其彎應力。

11-2 某鋼質的正小齒輪徑節為10 teeth/in，有壓力角 20° 的全深齒 18 齒，齒面寬為 1 in。預期該小齒輪以轉速 600 rev/min 傳輸 2 hp。試求其彎應力。

11-3 某模數為 1.25 mm 的鋼質正小齒輪，具有壓力角 20° 的全深齒 18 齒，齒面寬為 12 mm。其轉速為 1800 rev/min，預期該齒輪將傳輸穩定負荷 0.5 kW。試求其承受的彎應力。

11-4 某模數為 8 mm 的鋼質正小齒輪，具有壓力角 20° 的全深齒 16 齒，齒面寬為 90 mm。這個小齒輪以 150 rev/min 旋轉，並傳輸 6 kW 至嚙合的鋼質大齒輪。試問其導致的彎應力為若干？

11-5 某模數為 1 mm 的鋼質正小齒輪，具有壓力角 20° 的全深齒 16 齒，並以 400 rev/min. 承載 0.15 kW。試基於容許彎應力為 150 MPa 決定適合的齒面寬。

11-6 某壓力角 20° 的全深齒鋼質正小齒輪，模數 2 mm，有 20 齒，並於 200 rev/min 的轉速傳輸 0.5 kW。若彎應力不得超過 75 MPa，試求其適宜的齒面寬。

11-7 某徑節為 5 teeth/in 的鋼質小正齒輪，具有壓力角 20° 的全深齒 24 齒，並以 50 rev/min 傳輸 4.5 kW。試基於許用彎應力為 140 MPa 決定其適合的齒面寬。

11-8 某鋼質正小齒輪以 400 rev/min 傳輸 20 hp。該全深齒小齒輪的壓力角 20°，徑節為 4 teeth/in，有 16 齒。試基於許用應力為 12 kpsi 求其適宜的齒面寬。

11-9 某壓力角 20° 的全深齒的鋼質正小齒輪，有 18 齒，並於 600 rev/min 的轉速傳輸 2.5 hp。試基於許用彎應力 10 kpsi，試求其適宜的齒面寬及徑節。

11-10 某壓力角 20° 全深齒的鋼質正小齒輪以 900 rev/min 的轉速傳輸 1.5 kW。若該小齒輪有18 齒，試求其適宜的模數及齒面寬。彎應力不得超過 75 MPa。

11-2 節

11-11 某減速機以壓力角 20° 全深齒制的 22 齒鋼質正小齒輪驅動 60 齒的鑄鐵值大齒輪。小齒輪以 1200 rev/min 的轉速傳輸 11 kW 動力。試就模數為 4 mm 及齒面寬 50 mm 求其接觸應力。

11-12 某齒輪驅動含 16 齒的 20° 壓力角的鋼質正小齒輪，及 48 齒的鑄鐵質大齒輪，齒輪的徑節為 12 teeth/in。試針對小齒輪轉速 700 rev/min 的情況下輸入 1.5 hp 時，基於容許接觸應力 100 kpsi，選擇其齒面寬。

11-13 某齒輪組的模數為 5 mm，壓力角 20°，並以 24 齒的鑄鐵質正小齒輪驅動 48 齒的鑄鐵質大齒輪。該小齒輪以 50 rev/min 旋轉。若其接觸應力受限於 690 MPa 且 $F = 60$ mm，試問該齒輪組能使用的輸入功率。

11-14 某壓力角 20° 的 20 齒鑄鐵質正小齒輪的模數為 4 mm 驅動 32 齒的鑄鐵質大齒輪。若小齒輪以 1000 rev/min 旋轉，齒面寬 50 mm，並傳輸 10 kW 動力，試求其接觸應力。

11-15 某鋼質正小齒輪的徑節 12 teeth/in，銑製齒，分別為 17 及 30 齒，壓力角為 20°，小齒輪轉速為 525 rev/min。輪齒的性質為 $S_{ut} = 76$ kpsi，$S_y = 42$ kpsi 且 Brinell 硬度為 149。試就設計因數 2.25，齒面寬 7/8 in，求該齒輪組的額定功率。

11-16 某具有銑製齒的鋼質正小齒輪及輪對的 $S_{ut} = 113$ kpsi，$S_y = 86$ kpsi 且其漸開線齒面的硬度為 262 Brinell。其徑節為 3 teeth/in，齒面寬 2.5 in，小齒輪的轉速為 870 rev/min。齒輪齒數為 20 與 100。試就設計因數 1.5，試同時考量彎曲及磨損，求該齒輪組的額定功率值。

11-17 某壓力角 20° 的全深齒鋼質正小齒輪以 1145 rev/min 旋轉。若其模數為 6 mm，齒面寬 75 mm，並有銑製齒 16。其漸開線齒面的極限承拉強度為 900 MPa，展現 260 的 Brinell 硬度。其大齒輪有 30 齒而且具有相同的材料強度。試就設計因數 1.3 求基於齒輪組小齒輪與大齒輪抗彎及抗磨損疲勞的功率額定值。

11-18 試為 100 hp 設計 4：1 的正齒輪減速裝置，使用以 1120 rev/min 旋轉的三相鼠籠式感應電動機。其負荷平順，需提供小齒輪於 10^9 次循環 0.95 的可靠度。齒輪系的空間不寬裕。材料使用氮合金 135M grade 1，以維持齒輪有較小的尺寸。齒輪都先經熱處理，然後氮化。

11-3 節至 11-19 節

11-19 某商用封閉的齒輪驅動由壓力角 20°，16 齒的正小齒輪驅動 48 齒的大齒輪。小齒輪以 300 rev/min 旋轉，齒面寬 50 mm，模數為 4 mm。大齒輪的材質為 grade 1 的鋼料，經穿透硬化至 $H_B = 200$，以品質標準 No. 6 製成無隆起齒面，而將做精確且剛固的安裝。假設小齒輪的壽命有 10^8 次循環，可靠度為 0.90。若將傳輸 4 kW 動力時，試求 AGMA 的彎曲及接觸應力，及對應的安全因數。

11-20 某 20° 正小齒輪具有 20 齒，模數 2.5 mm，傳輸 120 W 動力至 36 齒大齒輪。該小齒輪的轉速為 100 rev/min，齒輪的材料都是 grade 1 鋼材，齒面寬 18 mm，經穿透硬化至 $H_B = 200$，無隆起齒面，以品質標準 No. 6 製成，並考量做開式齒輪系的品質安裝。試求 AGMA 的彎曲及接觸應力，並求對應於小齒輪的壽命有 10^8 次循環，可靠度為 0.95 的安全因數。

11-21 試以法向節角 20°，螺旋角 30°，法向徑節 6 teeth/in 的螺旋齒輪重解問題 11-19。

11-22 某鋼質小輪輪具有 17 個全深銑製輪齒，另一大齒輪具有 51 齒，壓力角為 20°，過負荷因數 $K_o = 1$。其徑節為 6 teeth/in，齒面寬 2 in。小齒輪的循環壽命將為可靠度 $R = 0.99$ 的條件下有 10^8 次循環。品質數為 5，材料為 grade 1 的穿透硬化鋼，

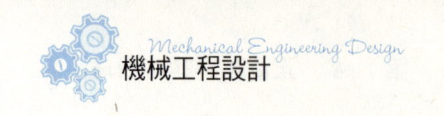

兩齒輪的核心與表面都具有 $H_B = 232$ 的硬度。試使用 AGMA 法，就安全因數為 2，訂定該齒輪組在這些條件下的額定功率。

11-23 在 11-10 節中的 (a) 式，基於範例 11-2 的程序提供了 K_s，試導出該式。

11-24 某減速機具有壓力角 20° 的全深齒，而該單級減速正齒輪齒輪組的齒數為 22 及 60 齒。其徑節為 4 teeth/in 而齒面寬為 $3\frac{1}{4}$ in。小齒輪軸的轉速為 1145 rev/min。壽命目標為 5 年，每日 24 小時使用，大約是小齒輪旋轉 $3(10^9)$ 次。徑節絕對值的變化使得傳動的精確度數為 6。使用的材料為 4340 穿透硬化鋼 grade 1，熱處理至兩齒輪的核心與表面硬度都為 $H_B = 250$。負荷有中等振動，動力變化平滑。試就 0.99 可靠度訂定該減速機的額定功率。

11-25 問題 11-24 的減速機用於需要在 1145 rev/min 下傳遞 40 hp 的應用。試估算小齒輪的彎曲、大齒輪的彎曲、小齒輪的磨耗、大齒輪的磨耗等應力，及伴隨的 AGMA 安全因數 $(S_F)_P$、$(S_F)_G$、$(S_H)_P$ 及 $(S_H)_G$。就該減速機而言，它對 W^t 未可量化之急迫要求的安全因數為若干？何種模式的損壞最具威脅？

11-26 問題 11-24 的齒輪組需要改善其抗磨耗的能力。為了達成目的，將這兩個齒輪氮化，使得該 grade 1 的材料硬度如下：小齒輪的核心為 250，表面為 390 Brinell，大齒輪也是核心為 250，表面為 390 Brinell。試為該組新齒輪估算額定功率。

11-27 問題 11-24 的齒輪組已將齒輪其規格改成 9310 以便滲碳，而表面硬化的結果是：Brinell 硬度，小齒輪的核心 285，表面 580-600，大齒輪的硬度也是核心 285，表面 580-600。試為該組新齒輪估算額定功率。

11-28 問題 11-27 的齒輪組將把材料升級為 9310 grade 2，試為該組新齒輪估算額定功率。

11-29 將問題 11-24 中齒輪組的物理尺寸縮減一半。並注意其估算傳輸負荷 W^t 及功率的結果。

11-30 由於壽命的預估不易，對鑄鐵的齒輪對與對鋼質的齒輪對，AGMA 的程序並不相同。所以 $(Y_N)_P$、$(Y_N)_G$、$(Z_N)_P$ 及 $(Z_N)_G$ 都取為 1。這麼做的結果是小齒輪與大齒輪之材料的疲勞強度相同。可靠度是 0.99，而小齒輪的壽命是 10^7 次循環 ($K_R = 1$)。為了更長的壽命，減速機將額定功率降低。試就問題 11-24 之減速機，兩齒輪都使用 grade 40 的鑄鐵 ($H_B = 201$ Brinell)，估算 S_F 與 S_H 為 1 時，減速機的額定功率。

11-31 正齒輪輪齒做滾動兼滑動的接觸 (通常約 8% 滑動)。正齒輪的磨耗損壞測試，以 10^8 次循環做成 Buckingham 表面疲勞負荷-應力因數 K 的報告。此一因數與 Hertz 接觸應力 S_C 的關係為

$$S_C = \sqrt{\frac{1.4K}{(1/E_1 + 1/E_2)\sin\phi}}$$

式中的 ϕ 為法向壓力角。兩個 grade 20 的鑄鐵齒輪，壓力角為 $\phi = 14\frac{1}{2}°$。而 20° 壓力角分別呈現 0.56 的最小 K 值及 0.77 MPa。這與 $S_C = 2.2\, H_B$ 的比較如何？

11-32 你可能已經注意到雖然 AGMA 法乃基於兩方程式，組合所有的因數的細節卻是密集的計算。為了減少並省略誤差，計算機程式將很有用。試撰寫一則計算機程式以執行訂定已存在之齒輪裝置的額定功率。並使用問題 11-24、11-26、11-27、11-28 及 11-29 藉將所得的結果與你以手算所得的結果比較，以測試你的程式。

11-33 範例 11-5 中使用氮化的 grade 1 鋼材 (4140)，它將產生核心 $H_B = 250$ 及 $H_B = 500$ (表面) 的硬度。試使用圖 11-14 及 11-15 中上方的方程式，以安全因數 $S_F = S_H = 1$ 估算該嚙合的功率容量。

11-34 範例 11-5 中使用滲碳及表面硬化的 grade 1 鋼質齒輪，能產生核心 $H_B = 200$ 及表面 $H_B = 600$ 的硬度。試使用圖 11-14 及 11-15 中上方的方程式，以安全因數 $S_F = S_H = 1$ 估算該嚙合的功率容量。

11-35 範例 11-5 中使用滲碳及表面硬化的 grade 2 鋼質齒輪，能產生 $H_B = 600$ Brinell 及核心 $H_B = 200$ 的硬度。試使用圖 11-14 及圖 11-15 中上方的方程式，以安全因數 $S_F = S_H = 1$ 估算該嚙合的功率容量。

11-36* 問題 2-72 中的副軸為減速複合齒輪系的一部分，使用 20° 壓力角的正齒輪。輸入軸上有個齒輪驅動齒輪 A。假設齒輪 B 驅動輸出軸上的一個齒輪。輸入軸以 2400 rev/min 旋轉。每對齒輪以 2：1 (而因此增大扭矩) 減速。所有的齒輪將以相同材料製作。因齒輪 B 是最小的齒輪，傳輸最大的負荷，可能處於臨界狀態，所以，將對它執行初步分析。試使用徑節 2 teeth/in，齒面寬 4 倍周節，Grade 2 鋼材，穿透硬化至 $H_B = 300$，且在可靠度 0.95 下，要求有 15 000 小時的壽命。試就彎曲及磨損求安全因數。

11-37* 問題 2-73 中的副軸為減速複合齒輪系的一部分，使用 20° 壓力角的正齒輪。輸入軸上有個齒輪驅動齒輪 A。使用 20° 壓力角的正齒輪。輸入軸上有個齒輪以減速比 2：1 驅動齒輪 A。齒輪 B 以減速比 5：1 驅動輸出軸上的一個齒輪。輸入軸以 1800 rev/min 運轉，所有的齒輪將以相同材料製作。因齒輪 B 是最小的齒輪，傳輸最大的負荷，可能處於臨界狀態，所以，將對它執行初步分析。試使用模數 18.75 mm，齒面寬 4 倍周節，Grade 2 鋼材，穿透硬化至 $H_B = 300$，且在可靠度 0.98 下，要求有 12 000 小時的壽命。試就彎曲及磨損求安全因數。

11-38* 試基於問題 10-40，求齒輪 F 對彎曲及磨損的安全因數。兩個齒輪都以 Grade 2 的滲碳並硬化鋼製作。齒面寬為 4 倍周節，在可靠度 0.95 下，要求有 12 kh 的壽命。

11-39* 試基於問題 10-41，求齒輪 C 對彎曲及磨損的安全因數。兩個齒輪都以 Grade 2 的滲碳並硬化鋼製作。齒面寬為 4 倍周節，在可靠度 0.98 下，要求有 14 kh 的壽命。

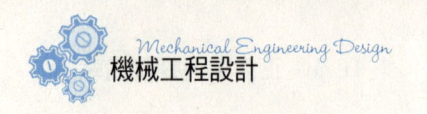

chapter 12

離合器、煞車、聯軸器及飛輪

本章大綱

- 12-1　離合器與煞車的靜態分析　689
- 12-2　具內擴環的離合器與煞車　694
- 12-3　具外縮環的離合器與煞車　702
- 12-4　帶式離合器與煞車　706
- 12-5　摩擦接觸軸向離合器　708
- 12-6　碟式煞車　711
- 12-7　圓錐離合器與煞車　716
- 12-8　能量考量　718
- 12-9　溫升　720
- 12-10　摩擦材料　724
- 12-11　雜類離合器與煞車　726
- 12-12　飛輪　728

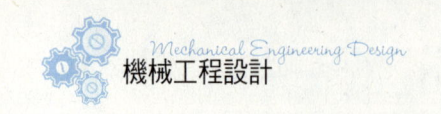

本章涉及一組通常與旋轉相關的元件，它們具有共通的儲存/或傳遞旋轉能量的功能。由於此一功能的相似性，離合器、煞車、聯軸器及飛輪在本書中一併處理。

圖 12-1a 中顯示摩擦離合器或煞車的簡化動態表示。兩慣量 I_1 及 I_2，分別以相對角速度 ω_1 與 ω_2 旋轉，若是煞車其中之一可能速度為零，都將藉嚙合離合器或煞車致使達到相同的速度。由於兩元件以不同速率運轉而發生滑動，在作動期間消耗能量導致溫度升高。分析這些裝置的性能應該關切下列各項：

1 致動力
2 傳輸的扭矩
3 能量損失
4 溫度升高

傳輸的扭矩和離合器或煞車的致動力、摩擦係數及幾何形狀相關。這是靜力學的問題，對每個幾何構形必須分別探討。然而，溫度上升與能量損失有關，能不管煞車或離合器的型式加以研究，因為關切的是散熱表面的幾何形狀。

即將探討的各種裝置可以歸類如下：

1 具內擴蹄塊的輪緣型
2 具外縮蹄塊的輪緣型
3 帶式
4 碟式或軸向式
5 圓錐式
6 雜類形式

飛輪為一種慣性儲能裝置。它以提升角速度吸收機械能，並藉降低角速度釋放能量。圖 12-1b 為飛輪的數學表示。輸入扭矩 T_i，對應於座標 θ_i，將導致飛輪的速率升高。而負荷或輸出扭矩 T_o 的座標為 θ_o，將從飛輪吸取能量，而導致飛輪速度下降。此處將專注於飛輪設計，以便獲得規範的速度調節量。

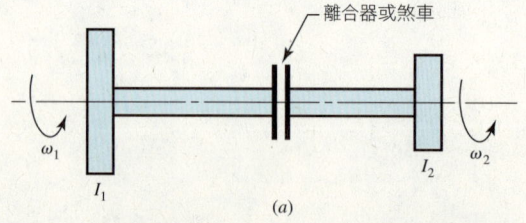

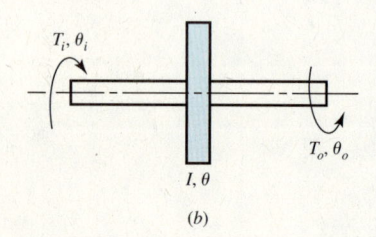

圖 12-1 (a) 離合器或煞車的表示；(b) 飛輪的數學表示。

12-1　離合器與煞車的靜態分析

許多型式的離合器及煞車可遵循一般的程序分析。此程序必須執行下列任務：

- 推估模型，或量測摩擦表面上的壓力分佈。
- 尋求最大壓力與任意點上之壓力間的關係式。
- 應用靜平衡條件，求得煞車力或煞車扭矩及支撐位置的反力。

現在將這些工作應用於圖 12-2a 中描述的制門器上。該制門器鉸接於銷 A 處，在摩擦襯墊下呈現法向應力分佈 $p(u)$，為從襯墊右緣為基準之位置 u 的函數。在地板相對於襯墊的方向，摩擦表面上還有相似分佈的剪摩擦引力 (shearing frictional traction)，其強度為 $fp(u)$，其中 f 為摩擦係數。摩擦襯墊進入紙面的寬度為 w_2。y 方向的淨力及壓力對 C 點的力矩分別為

$$N = w_2 \int_0^{w_1} p(u)\,du = p_{av} w_1 w_2 \tag{a}$$

$$w_2 \int_0^{w_1} p(u) u\,du = \bar{u} w_2 \int_0^{w_1} p(u)\,du = p_{av} w_1 w_2 \bar{u} \tag{b}$$

對 x-方向的力求總和可得

$$\sum F_x = R_x \mp w_2 \int_0^{w_1} fp(u)\,du = 0$$

式中的 − 或 + 分別對應於地板的相對運動向右或向左。假設 f 為定值，求解 R_x 可得

$$R_x = \pm w_2 \int_0^{w_1} fp(u)\,du = \pm f w_1 w_2 p_{av} \tag{c}$$

對 y 方向的力求總和，可得

$$\sum F_y = -F + w_2 \int_0^{w_1} p(u)\,du + R_y = 0$$

由此式可得對任一方向

$$R_y = F - w_2 \int_0^{w_1} p(u)\,du = F - p_{av} w_1 w_2 \tag{d}$$

對座落 A 點的銷求力矩的總和，可得

$$\sum M_A = Fb - w_2 \int_0^{w_1} p(u)(c+u)\,du \mp a f w_2 \int_0^{w_1} p(u)\,du = 0$$

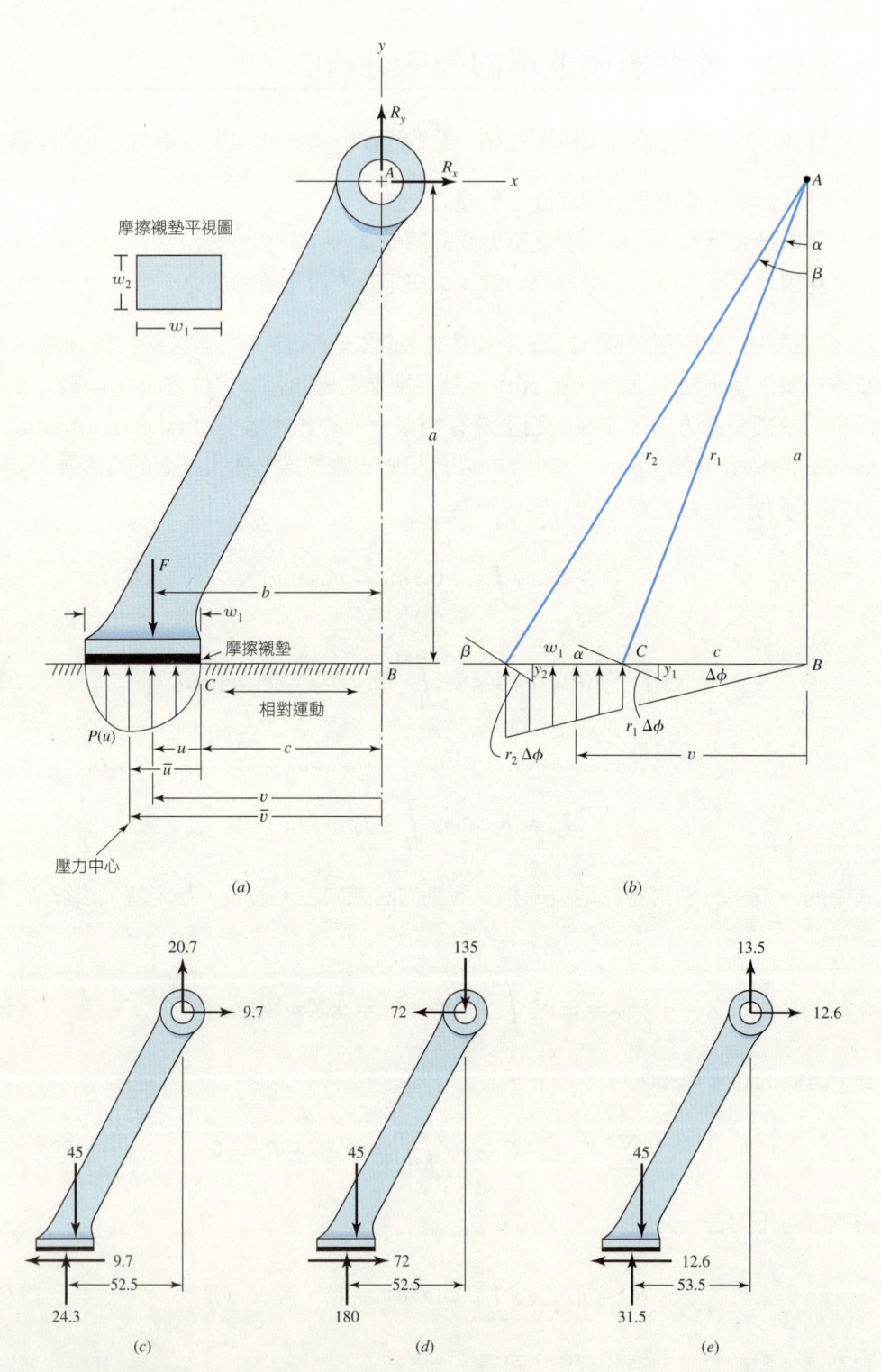

圖 12-2 常見制門器。
(a) 制門器分離體圖。(b) 襯墊上基於襯墊之線性變形的梯形壓力分佈。(c) 地板向左移動時的分離體圖，均勻壓力，範例 12-1。(d) 地板向右移動時的分離體圖，均勻壓力，範例 12-1。(e) 地板向左移動時的分離體圖，均勻壓力，範例 12-1。

第 12 章　離合器、煞車、聯軸器及飛輪

若摩擦蹄塊的力矩方向有助於制動，則該煞車蹄塊稱為**自添力** (self-energizing)；若該力矩阻擾制動，則稱為**自減力** (self-deenergizing)。接下來

$$F = \frac{w_2}{b}\left[\int_0^{w_1} p(u)(c+u)\,du \pm af\int_0^{w_1} p(u)\,du\right] \tag{e}$$

F 力之值可能等於或小於零嗎？這只有當地板向右運動時，(e) 式才可能等於或小於零。現在令括號內的值等於或小於零：

$$\int_0^{w_1} p(u)(c+u)\,du - af\int_0^{w_1} p(u)\,du \le 0$$

從此式

$$f_{\text{cr}} \ge \frac{1}{a}\frac{\int_0^{w_1} p(u)(c+u)\,du}{\int_0^{w_1} p(u)\,du} = \frac{1}{a}\frac{c\int_0^{w_1} p(u)\,du + \int_0^{w_1} p(u)u\,du}{\int_0^{w_1} p(u)\,du}$$

$$f_{\text{cr}} \ge \frac{c+\bar{u}}{a} \tag{f}$$

式中的 $\bar{u}$ 為自襯墊右緣到壓力中心的距離。結論是**自發** (self-acting) 或**自鎖** (self-locking) 是存在的，而與我們所知的法向壓力分佈 $p(u)$ 無關。尋求摩擦係數臨界值 f_{cr} 的能力則視我們對 $p(u)$ 的認知而定，經由它取得 $\bar{u}$。

範例 12-1

描繪於圖 12-2a 中的制閘器尺寸如下：$a = 100$ mm，$b = 50$ mm，$c = 40$ mm，$w_1 = 25$ mm，$w_2 = 18$ mm，其中 w_2 為襯墊進入紙面的深度。

(a) 對地板的向左相對運動而言，其作動力 $F = 45$ N，摩擦係數為 0.4，試使用均勻壓力分佈 p_{av}，求 R_x、R_y、p_{av}，及最大壓力 p_a。

(b) 對地板向右的相對運動重解問題 (a)。

(c) 將法向壓力模型化為襯墊的**壓碎** (crush)，就像它由許多小螺圈彈簧組成。試就地板向左作相對運動，其它條件與 (a) 題相同時，求 R_x、R_y、p_{av} 及 p_a。

(d) 對地板向右作相對運動時，該制閘器是否為自發煞車？

解答　(a)

(c) 式：　$R_x = fp_{\text{av}}w_1w_2 = 0.4(25)18\,p_{\text{av}} = 180\,p_{\text{av}}$

(d) 式：　$R_y = F - p_{\text{av}}w_1w_2 = 45 - p_{\text{av}}(25)(18) = 45 - 450\,p_{\text{av}}$

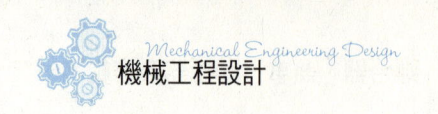

(e) 式：$$F = \frac{w_2}{b}\left[\int_0^{25} p_{av}(c+u)\,du + af\int_0^{25} p_{av}\,du\right]$$

$$= \frac{w_2}{b}\left(p_{av}c\int_0^{25}du + p_{av}\int_0^{25}u\,du + afp_{av}\int_0^{25}du\right)$$

$$= \frac{w_2 p_{av}}{b}\left(25c + \frac{25^2}{2} + 25af\right)$$

$$= 832.5\,p_{av}$$

解 p_{av} 得到

$$p_{av} = \frac{F}{922.5} = \frac{45}{832.5} = 0.054\text{ MPa}$$

估算 R_x 及 R_y

答案 $\qquad R_x = 180(0.054) = 9.7\text{ N}$

答案 $\qquad R_y = 45 - 450(0.05) = 20.7\text{ N}$

作用於襯墊上的法向力 N 為 $F - R_y = 45 - 20.7 = 24.3\text{ N}$，向上。作用線通過壓力的中心，即襯墊的中心。其摩擦力為 $fN = 0.4(24.3) = 9.7\text{ N}$ 指向左側。核驗對 A 點的力矩

$$\sum M_A = Fb - fNa - N(w_1/2 + c)$$

$$= 45(50) - 0.4(24.3)100 - 24.3(25/2 + 40) = 0$$

答案 最大壓力 $p_a = p_{av} = 0.054\text{ MPa}$。

(b)

(c) 式：$\quad R_x = -fp_{av}w_1w_2 = -0.4(25)(18)p_{av} = -180\,p_{av}$

(d) 式：$\quad R_y = F - p_{av}w_1w_2 = 45 - p_{av}(25)(18) = 45 - 450\,p_{av}$

(e) 式：$$F = \frac{w_2}{b}\left[\int_0^{25} p_{av}(c+u)\,du - af\int_0^{25} p_{av}\,du\right]$$

$$= \frac{w_2}{b}\left(p_{av}c\int_0^{25}du + p_{av}\int_0^{25}u\,du - afp_{av}\int_0^{25}du\right)$$

$$= 112.5\,p_{av}$$

由此

$$p_{av} = \frac{F}{112.5} = \frac{45}{112.5} = 0.4\text{ MPa}$$

這使得

答案
$$R_x = -180(0.4) = 72 \text{ N}$$

答案
$$R_y = 45 - 450(0.4) = -135 \text{ N}$$

襯墊上的法向力 N 為 $45 + 135 = 180$ N 向上。摩擦剪力為 $fN = 0.4(180) = 72$ N 向右方。現在核驗對 A 點的力矩：

$$M_A = fNa + Fb - N(c + 0.5) = 72(100) + 45(50) - 180(40 + 12.5) = 0$$

請注意，平均壓力已經從 (a) 部分中的 0.05 MPa 變成 0.4 MPa。也要提醒力的方向如何改變。最大壓力 p_a 與 p_{av} 相似，其值從 0.05 MPa 變成 0.4 MPa。

(c) 襯墊變形的模型將如隨後所示。如果該制門器依逆時針方向旋轉 $\Delta\phi$，襯墊右側與左側將分別變形 y_1 與 y_2 (圖 12-2b)。從相似三角形，$y_1/(r_1\Delta\phi) = c/r_1$ 與 $y_2/(r_2\Delta\phi) = (c + w_1)/r_2$。所以，$y_1 = c\Delta\phi$ 而 $y_2 = (c + w_1)\Delta\phi$。這意指 y 直接正比與樞點 A 間的距離；亦即，$y = C_1 v$，其中 C_1 為定值 (見圖 12-2b)。假設壓力正比於變形，則 $p(v) = C_2 v$，其中 C_2 為定值。以 u 來表達，則壓力為 $p(u) = C_2(c + u) = C_2(40 + u)$。

(e) 式：

$$F = \frac{w_2}{b}\left[\int_0^{w_1} p(u)c\,du + \int_0^{w_1} p(u)u\,du + af\int_0^{w_1} p(u)\,du\right]$$

$$= \frac{18}{50}\left[\int_0^{25} C_2(40 + u)40\,du + \int_0^{25} C_2(40 + u)u\,du + af\int_0^{25} C_2(40 + u)\,du\right]$$

$$= 0.36C_2[1600(25) + 40(25)^2 + (25)^3/2 + 100(0.4)(40(25) - (25)^2/2)]$$

$$= 33\,592.5C_2$$

因為 $F = 45$ N，於是 $C_2 = 45/33\,592.5 = 0.001\,34$ MPa/mm，而 $p(u) = 0.001\,34(40 + u)$。平均壓力可求得為

答案
$$p_{av} = \frac{1}{w_1}\int_0^{w_1} p(u)\,du = \frac{1}{25}\int_0^{25} 0.001\,34(40 + u)du = 0.001\,34(40 + 12.5) = 0.07 \text{ MPa}$$

最大壓力發生於 $u = 25$ mm，其值為

答案
$$p_a = 0.001\,34(40 + 25) = 0.087 \text{ MPa}$$

12-1 節的 (c) 式及 (d) 式依然有效。因此

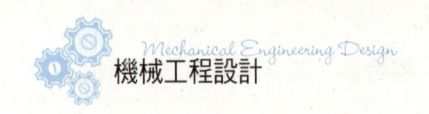

答案
$$R_x = 180\, p_{av} = 180(0.07) = 12.6 \text{ N}$$

$$R_y = 45 - 450\, p_{av} = 45 - 450(0.07) = 13.5 \text{ N}$$

其平均壓力為 $p_{av} = 0.07$ MPa，最大壓力為 $p_a = 0.087$ MPa，它比平均壓力大約高 24%。在 (a) 題中預設為平均壓力 (因為襯墊不大，或由於計算比較容易？)，低估了峰值壓力。將此襯墊視為一維彈簧組的模型化較佳，但該襯墊實際上是三維的連續體。此問題固有的一些不確定性，使得彈性力學的處理法或有限元素的建模可能太過火，但它仍然代表較佳的模型。

(d) 為了估算 $\bar{u}$，必須計算兩項積分式

$$\int_0^c p(u)u\, du = \int_0^{25} 0.001\,34(40+u)u\, du = 27.2 \text{ N}$$

$$\int_0^c p(u)\, du = \int_0^{25} 0.001\,34(40+u)\, du = 1.76 \text{ N}$$

因此 $\bar{u} = 27.2/1.76 = 15.5$ mm。然後，從 12-1 節的 (f) 式可得臨界摩擦係數為

答案
$$f_{cr} \geq \frac{c + \bar{u}}{a} = \frac{40 + 15.5}{100} = 0.56$$

該制門器摩擦襯墊不具使制門器成為自發煞車的足夠摩擦係數。其構形必須改變及/或襯墊材料的規格必須改變，以支持該制門器的功能。

12-2　具內擴環的離合器與煞車

內蹄塊環形離合器 (internal-shoe rim clutch) 主要由三個元件組成：匹配的摩擦表面、將扭矩從表面傳輸或傳輸至表面的裝置，及致動機構。視運轉機構的差異，此類離合器尚可分類為**擴張環式** (expanding-ring)、**離心式** (centrifugal)、**電磁式** (magnetic)、**液動式** (hydraulic)，及**氣動式** (pneumatic)。

擴張環式離合器通常用於紡織機器、挖掘機，及工具機中，其離合器可以安裝於驅動皮帶輪內。擴張環離合器的優點來自離心效應，甚至在低轉速都能傳輸高扭矩；它同時需要正確的嚙合，及充分的釋放力。

離心式離合器絕大多數用於自動運轉。如果不使用彈簧，傳輸扭矩正比於速度的平方。對電動機驅動這點特別有用，在起動期間，從動機器增高速率時不致有陡

震。也可能使用彈簧以防範電動機速度達到某定值前即嚙合,但可能發生某些陡震。

電磁式離合器對自動化及遙控系統特別有用。此類離合器於承受複雜之負荷循環 (見 9-7 節) 的驅動也很有用。

液動及氣動離合器於驅動承受複雜之負荷循環及自動機器,或機器手臂,也很有用。其流體流動可以藉電磁閥遙控。這些離合器也有圓碟式、圓錐式,及多片式離合器可供選用。

於制動系統中,**內蹄塊** (internal-shoe) 或鼓式煞車幾乎都用於汽車應用上。

為分析內蹄塊裝置,請參照圖 12-3,其中顯示樞接於 A 點的蹄塊,其致動力作用於蹄塊的另一端。因為蹄塊頗長,不能假設法向力的分佈是均勻的。機械的安排容許無壓力作用於其根部,所以假設在該點的壓力為零。

省略距根部 (A 點) 一小段長度的摩擦材料是一項平常的實務作法。它能消除干涉,而且這段材料對性能的貢獻很小,稍後將予以證明。某些設計的鉸銷可以移動,以提供額外的根部壓力。這賦予浮動蹄塊的效果。

(本書中不處理浮動蹄塊,雖然其設計遵循相同的通用原理。)

現在來考量座落於摩擦材料區域內,距鉸銷 θ 角 (圖 12-3) 處,承受壓力 p 作用的面積元素。在距鉸銷 θ_a 處的最大壓力將標示為 p_a。為尋求內蹄塊周邊上的壓力分佈,考慮蹄塊上的 B 點 (圖 12-4)。正如範例 12-1,若蹄塊變形對樞點 A 作 $\Delta\phi$ 的無限小旋轉,垂直於 AB 的變形為 $h\,\Delta\phi$,從等腰三角形,AOB,$h = 2r\sin(\theta/2)$,所以

$$h\,\Delta\phi = 2r\,\Delta\phi\sin(\theta/2)$$

垂直於環的變形為 $h\,\Delta\phi\,\cos(\theta/2)$,即

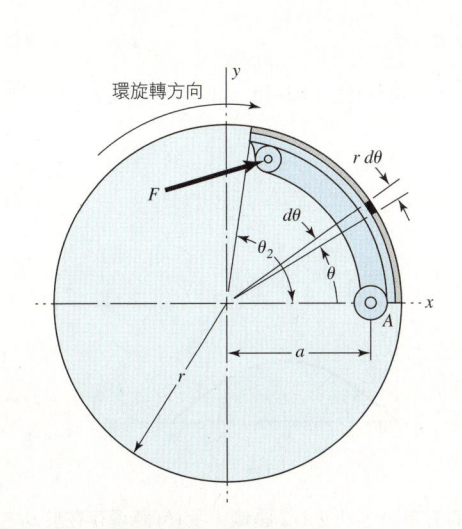

▌圖 12-3　內摩擦蹄塊幾何形狀。 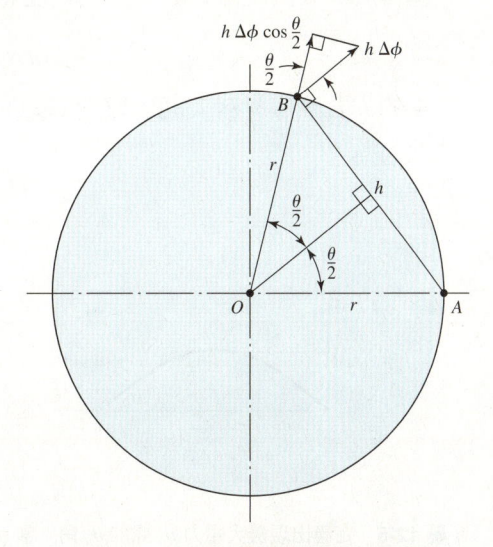　　▌圖 12-4　蹄塊上任一點與幾何形狀的關聯。

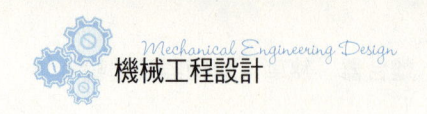

$$h\,\Delta\phi\cos(\theta/2) = 2r\,\Delta\phi\sin(\theta/2)\cos(\theta/2) = r\,\Delta\phi\sin\theta$$

於是，其變形及因而其壓力正比於 $\sin\theta$。依據在 B 點的壓力，及最大壓力的位置，這表示

$$\frac{p}{\sin\theta} = \frac{p_a}{\sin\theta_a} \tag{a}$$

整理後得

$$p = \frac{p_a}{\sin\theta_a}\sin\theta \tag{12-1}$$

此壓力分佈具有值得關切及有用的特性：

- 該壓力分佈對 θ 角呈現正弦曲線變化。
- 若蹄塊不長，如圖 12-5a 所示，蹄塊上的最大壓力為 p_a，出現於蹄塊的端點，θ_2。
- 如果蹄塊夠長，如圖 12-5b，蹄塊上的最大壓力 p_a 出現於 $\theta_a = 90°$。

因為摩擦材料以襯料的最大容許壓力作為限制，設計者應以 p_a 考量而非以正弦分佈的振幅來處理蹄塊之外的位置。

當 $\theta = 0$，(12-1) 式顯示其壓力為零。因此，處於根部的摩擦材料對制動作用的貢獻非常小，而可以將它省略。良好的設計應該將摩擦材料盡可能地集中於鄰近最大壓力點處。圖 12-6 就是這樣的設計。在此圖中，摩擦材料自角 θ_1 處開始，從鉸銷 A 量起，而終於角 θ_2 處。類似的任何安排將賦予摩擦材料良好的應力分佈。

現在繼續 (圖 12-6)，鉸銷的反力為 R_x 及 R_y。致動力 F 具有分力 F_x 及 F_y，並且運轉於與鉸銷距離 c 處。距鉸銷任意角 θ 處作用一微小法向力 dN 其值為

$$dN = pbr\,d\theta \tag{b}$$

式中的 b 為摩擦材料表面的寬度 (垂直於紙面)。將得自 (12-1) 式的壓力代入，可得法向力為

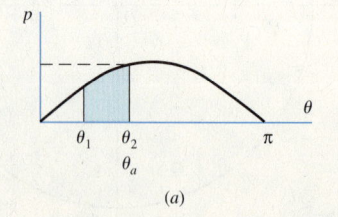

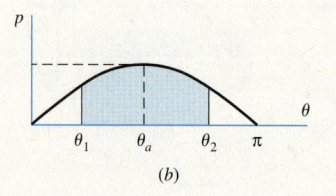

圖 12-5 定義出現最大壓力 p_a 處的 θ_a 角，當 (a) 蹄塊存在於 $\theta_1 \leq \theta_2 \leq \pi/2$ 區域，及 (b) 蹄塊存在於 $\theta_1 \leq \pi/2 \leq \theta_2$。

圖 12-6 蹄塊上的各力。

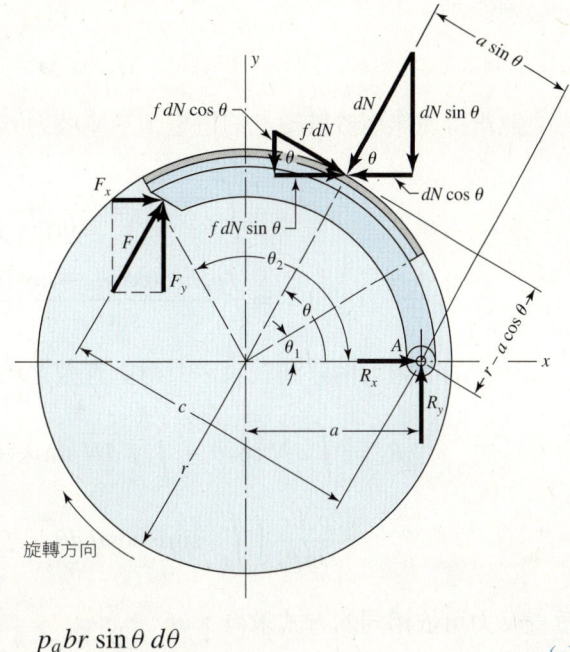

$$dN = \frac{p_a br \sin\theta \, d\theta}{\sin\theta_a} \tag{c}$$

此法向力 dN 有水平及垂直分量 $dN\cos\theta$ 與 $dN\sin\theta$，如圖中所示。它的摩擦力 $f\,dN$ 具有水平及垂直分量，其值分別為 $f\,dN\sin\theta$ 及 $f\,dN\cos\theta$。藉應用靜平衡條件，即可求得致動力 F、扭矩 T，及銷處的反力 R_x 與 R_y。

利用對鉸銷之力矩和為零這項條件，將可求得致動力 F。摩擦力對鉸銷的力臂為 $r - a\cos\theta$。這些摩擦力的力矩 M_f 為

$$M_f = \int f\,dN(r - a\cos\theta) = \frac{fp_a br}{\sin\theta_a}\int_{\theta_1}^{\theta_2}\sin\theta(r - a\cos\theta)\,d\theta \tag{12-2}$$

此式由得自 (c) 式的 dN 代入後所得。針對每一個問題積分 (12-2) 式比較方便，因此，此處將保持此種型式。法向力 dN 對鉸銷的力臂為 $a\sin\theta$。以 M_N 標示法向力的力矩，並求這些力對鉸銷之力矩的總和，可得

$$M_N = \int dN(a\sin\theta) = \frac{p_a bra}{\sin\theta_a}\int_{\theta_1}^{\theta_2}\sin^2\theta\,d\theta \tag{12-3}$$

致動力必須平衡這些力矩。因此

$$F = \frac{M_N - M_f}{c} \tag{12-4}$$

在此可看出致動力為零的條件存在。換言之，若使 $M_N = M_f$，即可獲得自鎖而無需致動力。如此提供了可得到某些自添力作用尺寸的方法。因此，圖 12-6 中的

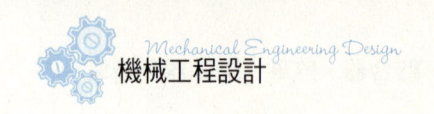

a 必須使得

$$M_N > M_f \tag{12-5}$$

煞車蹄塊作用於鼓輪上的扭矩 T 為摩擦力 $f\,dN$ 與鼓輪半徑乘積之總和：

$$\begin{aligned} T = \int fr\,dN &= \frac{fp_a br^2}{\sin\theta_a}\int_{\theta_1}^{\theta_2}\sin\theta\,d\theta \\ &= \frac{fp_a br^2(\cos\theta_1 - \cos\theta_2)}{\sin\theta_a} \end{aligned} \tag{12-6}$$

鉸銷的反力可由分別對水平力與垂直力之和求得。因此，就 R_x 而言可得

$$\begin{aligned} R_x &= \int dN\cos\theta - \int f\,dN\sin\theta - F_x \\ &= \frac{p_a br}{\sin\theta_a}\left(\int_{\theta_1}^{\theta_2}\sin\theta\cos\theta\,d\theta - f\int_{\theta_1}^{\theta_2}\sin^2\theta\,d\theta\right) - F_x \end{aligned} \tag{d}$$

垂直反力可依相同的方式求得：

$$\begin{aligned} R_y &= \int dN\sin\theta + \int f\,dN\cos\theta - F_y \\ &= \frac{p_a br}{\sin\theta_a}\left(\int_{\theta_1}^{\theta_2}\sin^2\theta\,d\theta + f\int_{\theta_1}^{\theta_2}\sin\theta\cos\theta\,d\theta\right) - F_y \end{aligned} \tag{e}$$

若旋轉方向相反，則摩擦力的方向也相反。因此對於逆時針方向，致動力為

$$F = \frac{M_N + M_f}{c} \tag{12-7}$$

由於兩力矩的方向相同而失去了自添力的效應。而且對逆時針方向的旋轉，銷之反力方程式中的摩擦項，其正負號改變，(d) 式與 (e) 式變成

$$R_x = \frac{p_a br}{\sin\theta_a}\left(\int_{\theta_1}^{\theta_2}\sin\theta\cos\theta\,d\theta + f\int_{\theta_1}^{\theta_2}\sin^2\theta\,d\theta\right) - F_x \tag{f}$$

$$R_y = \frac{p_a br}{\sin\theta_a}\left(\int_{\theta_1}^{\theta_2}\sin^2\theta\,d\theta - f\int_{\theta_1}^{\theta_2}\sin\theta\cos\theta\,d\theta\right) - F_y \tag{g}$$

(d)、(e)、(f) 及 (g) 各式可以簡化以利於計算方便。因此，令

$$\begin{aligned} A &= \int_{\theta_1}^{\theta_2}\sin\theta\cos\theta\,d\theta = \left(\frac{1}{2}\sin^2\theta\right)_{\theta_1}^{\theta_2} \\ B &= \int_{\theta_1}^{\theta_2}\sin^2\theta\,d\theta = \left(\frac{\theta}{2} - \frac{1}{4}\sin 2\theta\right)_{\theta_1}^{\theta_2} \end{aligned} \tag{12-8}$$

則對如圖 12-6 中所示的順時針旋轉，鉸銷的反力為

$$R_x = \frac{p_a b r}{\sin \theta_a}(A - fB) - F_x$$

$$R_y = \frac{p_a b r}{\sin \theta_a}(B + fA) - F_y$$

(12-9)

對逆時針旋轉，(f) 及 (g) 式變成

$$R_x = \frac{p_a b r}{\sin \theta_a}(A + fB) - F_x$$

$$R_y = \frac{p_a b r}{\sin \theta_a}(B - fA) - F_y$$

(12-10)

使用這些方程式時，參考系統的原點總是置於鼓輪的中心。正 x 軸必須通過鉸銷，而正 y 軸方向總是指向蹄塊，即使這麼做會導致左手系統。

前面的分析中隱含下列的假設：

1. 假設蹄外上任意點的壓力正比於它到鉸銷的距離，而根部的壓力為零。製造商規範的壓力為平均壓力而非最大壓力。
2. 忽略了離心力的效應。於煞車的情況時，蹄塊並未旋轉，因此離心力不存在。於離合器設計時，靜平衡方程式中必須將離心力效應列入考量。
3. 假設蹄塊為剛體，由於不可能為真，視負荷、壓力、及蹄塊的條件將發生某些撓曲，導致壓力分佈與原先的假設有些不同。
4. 整個分析基於摩擦係數不隨壓力變化。實際上，壓力可能隨溫度、磨耗及環境等條件而改變。

範例 12-2

圖 12-7 為具有 4 個內擴蹄塊且直徑為 400 mm 的煞車輪鼓。每一個鉸銷 A 和 B 支撐一對蹄塊，其致動機構被配置而能對每一蹄塊施加相同作用力 F。這些蹄塊的面寬皆為 75 mm，使用的材料容許一摩擦係數 0.24 及最大壓力 1000 kPa。

(a) 試求致動力。
(b) 試求煞車容量。
(c) 請注意其旋轉可能是任一方向，試估算鉸銷反力。

解答　(a) 已知：$\theta_1 = 10°$，$\theta_2 = 75°$，$\theta_a = 75°$，$p_a = 10^6 \, Pa$，$f = 0.24$，$b = 0.075$ m (蹄塊寬)，$a = 0.150$ m，$r = 0.200$ m，$d = 0.050$ m，$c = 0.165$ m。有些項先計算如下：

$$A = \left[r\int_{\theta_1}^{\theta_2}\sin\theta\,d\theta - a\int_{\theta_1}^{\theta_2}\sin\theta\cos\theta\,d\theta\right] = r[-\cos\theta]_{\theta_1}^{\theta_2} - a\left[\frac{1}{2}\sin^2\theta\right]_{\theta_1}^{\theta_2}$$

$$= 200[-\cos\theta]_{10°}^{75°} - 150\left[\frac{1}{2}\sin^2\theta\right]_{10°}^{75°} = 77.5 \text{ mm}$$

$$B = \int_{\theta_1}^{\theta_2}\sin^2\theta\,d\theta = \left[\frac{\theta}{2} - \frac{1}{4}\sin 2\theta\right]_{10\pi/180 \text{ rad}}^{75\pi/180 \text{ rad}} = 0.528$$

$$C = \int_{\theta_1}^{\theta_2}\sin\theta\cos\theta\,d\theta = 0.4514$$

現在轉換成 Pa 及 m 的單位，可從 (12-2) 式得到

$$M_f = \frac{fp_a br}{\sin\theta_a}A = \frac{0.24[(10)^6](0.075)(0.200)}{\sin 75°}(0.0775) = 289 \text{ N}\cdot\text{m}$$

從 (12-3) 式

$$M_N = \frac{p_a bra}{\sin\theta_a}B = \frac{[(10)^6](0.075)(0.200)(0.150)}{\sin 75°}(0.528) = 1230 \text{ N}\cdot\text{m}$$

最後利用 (12-4) 式，可得

答案
$$F = \frac{M_N - M_f}{c} = \frac{1230 - 289}{165} = 5.70 \text{ kN}$$

(b) 對主蹄塊使用 (12-6) 式，

圖 12-7 具內擴蹄塊的煞車，尺寸以 mm 標示。
$a = 150, c = 165, R = 200, d = 50$

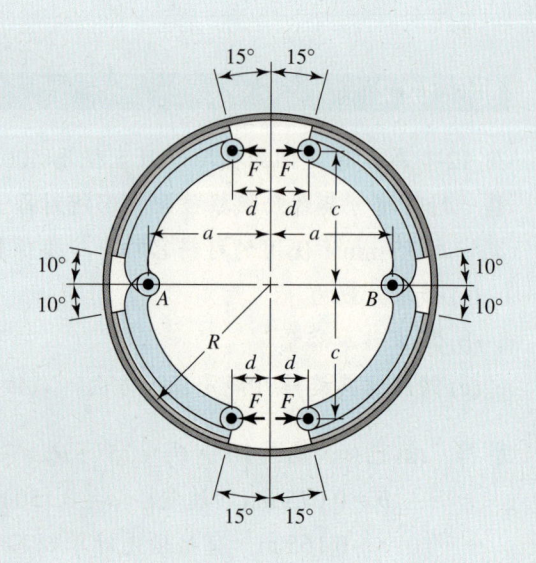

700

$$T = \frac{fp_a br^2(\cos\theta_1 - \cos\theta_2)}{\sin\theta_a}$$

$$= \frac{0.24[(10)^6](0.075)(0.200)^2(\cos 10° - \cos 75°)}{\sin 75°} = 541 \text{ N} \cdot \text{m}$$

對副蹄塊，必須先求得 p_a。

以及

$$M_N = \frac{1230}{10^6} p_a \quad \text{及} \quad M_f = \frac{289}{10^6} p_a \quad \text{代入 (12-7) 式中，}$$

$$5.70 = \frac{(1230/10^6)p_a + (289/10^6)p_a}{165} \text{，可解得 } p_a = 619(10)^3 \text{ Pa}$$

則

$$T = \frac{0.24[0.619(10)^6](0.075)(0.200)^2(\cos 10° - \cos 75°)}{\sin 75°} = 335 \text{ N} \cdot \text{m}$$

答案 所以，總煞車容量為 $T_{\text{total}} = 2(541) + 2(335) = 1750 \text{ N} \cdot \text{m}$

(c) 主蹄塊：

$$R_x = \frac{p_a br}{\sin\theta_a}(C - fB) - F_x$$

$$= \frac{(10^6)(0.075)(0.200)}{\sin 75°}[0.4514 - 0.24(0.528)](10)^{-3} - 5.70 = -0.658 \text{ kN}$$

$$R_y = \frac{p_a br}{\sin\theta_a}(B + fC) - F_y$$

$$= \frac{(10^6)(0.075)(0.200)}{\sin 75°}[0.528 + 0.24(0.4514)](10)^{-3} - 0 = 9.88 \text{ kN}$$

副蹄塊：

$$R_x = \frac{p_a br}{\sin\theta_a}(C + fB) - F_x$$

$$= \frac{[0.619(10)^6](0.075)(0.200)}{\sin 75°}[0.4514 + 0.24(0.528)](10)^{-3} - 5.70$$

$$= -0.143 \text{ kN}$$

$$R_y = \frac{p_a br}{\sin\theta_a}(B - fC) - F_y$$

$$= \frac{[0.619(10)^6](0.075)(0.200)}{\sin 75°}[0.528 - 0.24(0.4514)](10)^{-3} - 0$$

$$= 4.03 \text{ kN}$$

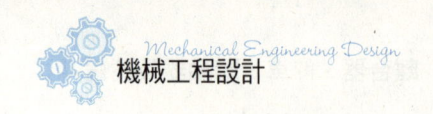

請注意，從圖 12-8，副蹄塊的 $+y$ 方向與主蹄塊的 $+y$ 方向相反。
合併水平及垂直的分力

$$R_H = -0.658 - 0.143 = -0.801 \text{ kN}$$
$$R_V = 9.88 - 4.03 = 5.85 \text{ kN}$$
$$R = \sqrt{(0.801)^2 + (5.85)^2}$$

答案
$$= 5.90 \text{ kN}$$

圖 12-8　鉸銷反力。

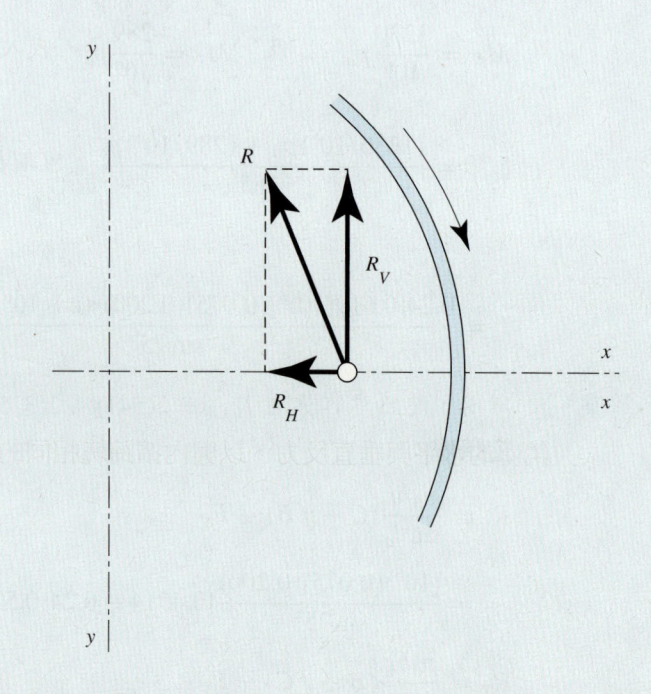

12-3　具外縮環的離合器與煞車

圖 12-9 中所示的專利離合器煞車，具有外縮摩擦元件，其致動機構可為氣動式。此處將僅研討樞接外縮蹄塊煞車及離合器，然而此展示的方法可以很容易地適用於圖 12-9 中的離合器-煞車。

運作機構可以分成：

1. 電磁閥
2. 槓桿、連桿或肘節裝置。
3. 具彈簧負荷的連桿
4. 液動或氣動裝置

這些裝置所需要的靜態分析已經含括於 2-1 節，其中提出的方法可應用於任何機構系統，包含煞車與離合器中使用者。重述第 2 章中直接應用於此類機構的內容並無必要。省略考慮其運作機構，可以專注於討論煞車與離合器的性能，而不受來自需要分析控制機構靜力所導致之外在的影響。

圖 12-10 中顯示了分析外縮蹄塊所使用的符號。摩擦力與法向力對鉸銷的力矩和內擴蹄塊所使用者相同。為了方便，此處再次使用 (12-2) 與 (12-3) 式

$$M_f = \frac{fp_abr}{\sin\theta_a} \int_{\theta_1}^{\theta_2} \sin\theta(r - a\cos\theta)\,d\theta \tag{12-2}$$

$$M_N = \frac{p_abra}{\sin\theta_a} \int_{\theta_1}^{\theta_2} \sin^2\theta\,d\theta \tag{12-3}$$

這兩個方程式用於外縮蹄塊時，其順時針力矩 (圖 12-10) 為正值。致動力必須大到足以平衡兩力矩：

$$F = \frac{M_N + M_f}{c} \tag{12-11}$$

鉸銷處的水平與垂直反力，以與內擴蹄塊相同的方式求得如下：

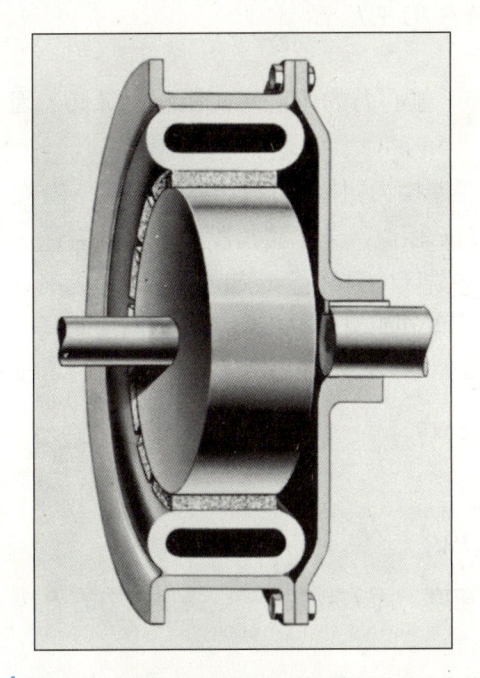

圖 12-9 藉壓縮空氣擴張可撓性管促成接合的外縮離合器-煞車。(Courtesy of Twin Disc.)

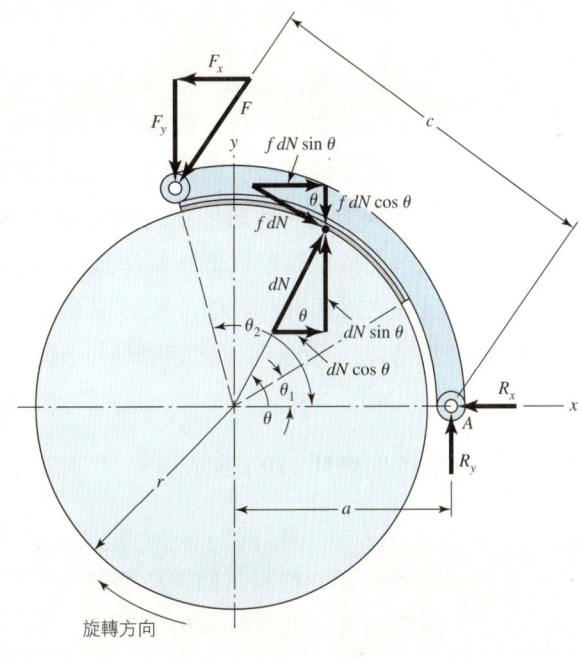

圖 12-10 外縮蹄塊分析使用的符號。

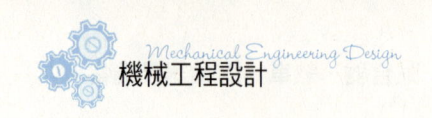

$$R_x = \int dN \cos\theta + \int f\,dN \sin\theta - F_x \tag{a}$$

$$R_y = \int f\,dN \cos\theta - \int dN \sin\theta + F_y \tag{b}$$

利用 12-2 節的 (12-8) 式及 (c) 式，可得

$$R_x = \frac{p_a b r}{\sin\theta_a}(A + fB) - F_x$$
$$R_y = \frac{p_a b r}{\sin\theta_a}(fA - B) + F_y \tag{12-12}$$

如果它依逆時針方向旋轉，則每個方程式中摩擦項的正負值反轉。因此，(12-11) 式的致動力變成

$$F = \frac{M_N - M_f}{c} \tag{12-13}$$

而且自添力存在於逆時針旋轉的情況。其水平及垂直分力可依與先前相同的方式求得為：

$$R_x = \frac{p_a b r}{\sin\theta_a}(A - fB) - F_x$$
$$R_y = \frac{p_a b r}{\sin\theta_a}(-fA - B) + F_y \tag{12-14}$$

請注意，當離合器使用外縮方式設計時，離心力的效應是使法向力降低，因此，於速率增大時，需要較大的致動力。

當樞軸座落於對稱位置，而且安排成使得摩擦力對樞軸的力矩等於零時，會發生特殊情況。此類煞車的幾何佈置與圖 12-11a 相似。為了獲得壓力分佈的關係，先指出襯墊的磨耗依然維持圓柱的形狀，如同銑床的銑刀從 x 方向進給，對以夾具夾住之蹄塊進行銑削一般。這意指對所有角位置 θ 而言，其橫座標軸方向之磨耗分量為 w_0。若徑向方向的磨耗以 $w(\theta)$ 表示，則

$$w(\theta) = w_0 \cos\theta$$

將徑向磨耗 $w(\theta)$ 表示為

$$w(\theta) = KPVt$$

式中的 K 為材料常數，P 為壓力，V 為輪緣速度，而 t 為時間。則將上式中的 P 標示為 $p(\theta)$，並求解 $p(\theta)$ 可得

> **圖 12-11** (a) 具對稱樞軸蹄塊的煞車；(b) 煞車襯墊的磨耗。

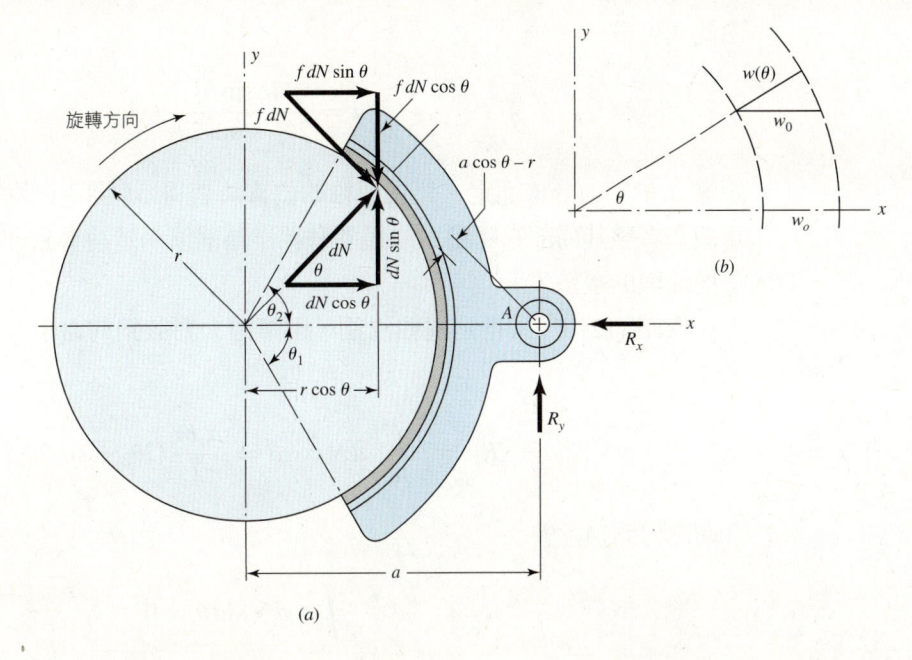

$$p(\theta) = \frac{w(\theta)}{KVt} = \frac{w_0 \cos\theta}{KVt}$$

由於摩擦材料的所有表面積元素在相同的時限中的摩擦速度相同，$w_0/(KVt)$ 為一定值，而

$$p(\theta) = (\text{定值}) \cos\theta = p_a \cos\theta \tag{c}$$

式中的 p_a 為 $p(\theta)$ 的最大值。

接著進行作用力分析，從圖 12-11a 中可觀察到

$$dN = pbr\, d\theta \tag{d}$$

或

$$dN = p_a br \cos\theta\, d\theta \tag{e}$$

與樞軸的距離 a 依使摩擦力的力矩 M_f 為零來選定。首先，這樣能保證反力 R_y 處於正確的位置，以建立對稱的磨耗。其次，保持餘弦波的壓力分佈，以保有預測的能力。對稱表示 $\theta_1 = \theta_2$，所以

$$M_f = 2\int_0^{\theta_2} (f\, dN)(a\cos\theta - r) = 0$$

將 (e) 式代入上式，可得

$$2fp_a br \int_0^{\theta_2} (a\cos^2\theta - r\cos\theta)\, d\theta = 0$$

705

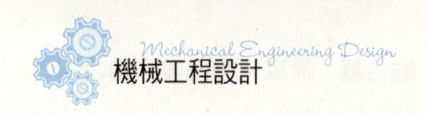

由此式可得

$$a = \frac{4r\sin\theta_2}{2\theta_2 + \sin 2\theta_2} \tag{12-15}$$

距離 a 依壓力分佈而定。錯置樞軸的位置將使得 M_f 對不同點的值為零。所以，煞車襯墊調整其局部接觸壓力，透過磨耗作為補償。這將導致非對稱磨耗，很快地需更換蹄塊的襯墊。

依據 (12-15) 式選定樞軸位置，則摩擦力對該銷的力矩為零，而水平與垂直反力為

$$R_x = 2\int_0^{\theta_2} dN \cos\theta = \frac{p_a b r}{2}(2\theta_2 + \sin 2\theta_2) \tag{12-16}$$

在此由於對稱，

$$\int f\, dN \sin\theta = 0$$

而且，

$$R_y = 2\int_0^{\theta_2} f\, dN \cos\theta = \frac{p_a b r f}{2}(2\theta_2 + \sin 2\theta_2) \tag{12-17}$$

在此也因為對稱

$$\int dN \sin\theta = 0$$

也請注意，$R_x = -N$ 及 $R_y = -fN$，這由特別選定的尺寸 a 可以預見，所以，其扭矩為

$$T = afN \tag{12-18}$$

12-4　帶式離合器與煞車

可撓性的離合器及煞車帶使用於動力挖掘機及起重機與其它機器上。其分析將依循圖 12-12 中的符號。

由於摩擦與鼓輪的旋轉，使致動力 P_2 小於其銷的反力 P_1。帶的任意元素其角長 $d\theta$，將在圖中各力的作用下達成平衡。於垂直方向求這些力的總和，可得

$$(P + dP)\sin\frac{d\theta}{2} + P\sin\frac{d\theta}{2} - dN = 0 \tag{a}$$

$$dN = P\, d\theta \tag{b}$$

圖 12-12 煞車帶上的各力。

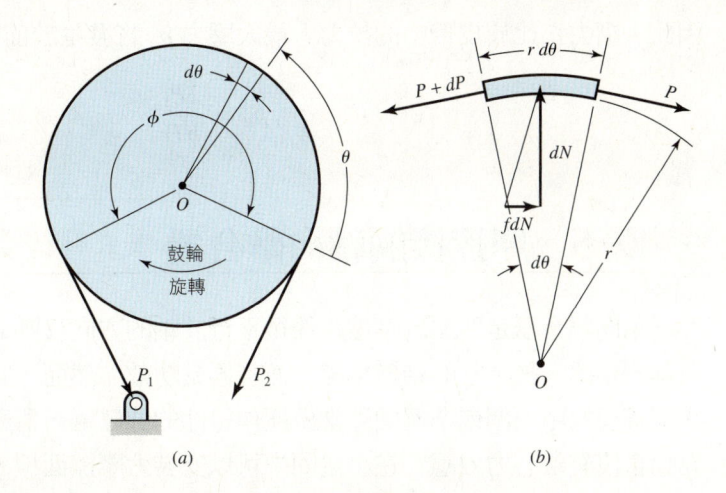

(a)

(b)

由於角很小，$\sin d\theta/2 = d\theta/2$。於水平方向求各力的總和，可得

$$(P + dP)\cos\frac{d\theta}{2} - P\cos\frac{d\theta}{2} - f\,dN = 0 \tag{c}$$

$$dP - f\,dN = 0 \tag{d}$$

由於角很小，$\cos(d\theta/2) \doteq 1$。將得自 (b) 式的 dN 代入 (d) 式，然後積分，得

$$\int_{P_2}^{P_1}\frac{dP}{P} = f\int_0^\phi d\theta \quad \text{或} \quad \ln\frac{P_1}{P_2} = f\phi$$

及

$$\frac{P_1}{P_2} = e^{f\phi} \tag{12-19}$$

扭矩可自下式求得

$$T = (P_1 - P_2)\frac{D}{2} \tag{12-20}$$

作用於寬 b 長 $r\,d\theta$ 之面積元素上的法向力 dN 為

$$dN = pbr\,d\theta \tag{e}$$

其中 p 為其壓力。將自 (b) 式求得的 dN 代入，可得

$$P\,d\theta = pbr\,d\theta$$

所以，

$$p = \frac{P}{br} = \frac{2P}{bD} \tag{12-21}$$

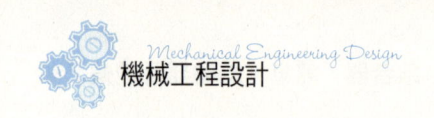

因此，壓力正比於皮帶中的拉力。最大壓力 p_a 將發生於前端，其值為

$$p_a = \frac{2P_1}{bD} \tag{12-22}$$

12-5 摩擦接觸軸向離合器

　　軸向離合器是匹配的摩擦組件循平行於軸的方向移動的離合器。錐型離合器即為其最早的一種，它的結構單純，而且極具功效。然而，除了安裝相對簡單之外，大部分已為由一個或多個圓碟當做運作組件的圓碟離合器所取代。圓碟離合器的優點包含沒有離心力效應，在小空間中可以安裝大摩擦面積，散熱面積比較有效，而且壓力分佈比較有利。圖 12-13 顯示一個單片蝶式離合器；多碟離合器-煞車展示於圖 12-14 中。此刻將依其材料及幾何形狀，確定此類離合器或煞車的容量。

　　圖 12-15 顯示一個外徑為 D，內徑為 d 的摩擦圓盤。在此關注對於產生特定扭矩 T 及壓力 p 所需要的軸向力 F。視該離合器的構造而定，通常有兩個方法可以解決此一問題。若其圓碟足夠剛固，則其最大的磨耗量首先將出現於外圍區域，因為在該區內摩擦力作了較大的功。發生某些程度的磨耗之後，其壓力分佈將改變，以容許均勻的磨耗。這是第一種解法的基礎。

　　另一種結構是使用彈簧以獲得整個面積上的壓力均勻。於第二種解法中假設壓力是均勻的。

圖 12-13 單片離合器的剖面圖；A：主動件；B：從動板 (鍵皆於從動軸上)；C：致動器。

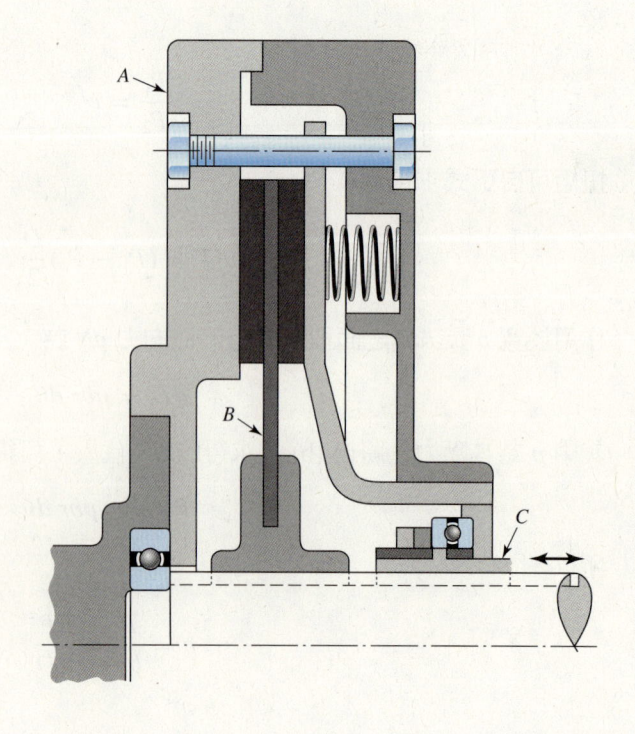

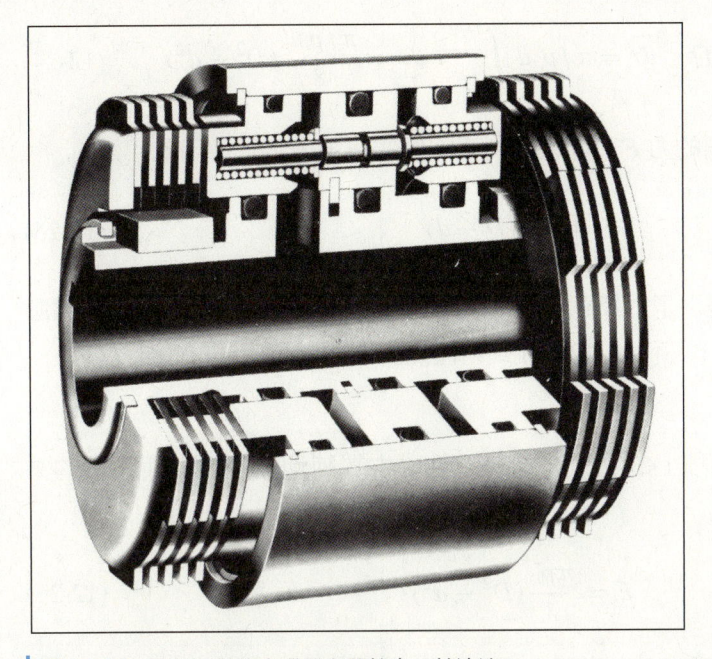

圖 12-14 液壓致動的多碟離合器煞車，於油池或油霧中運作。對快速循環特別有用。
(*Courtesy of Twin Disc.*)

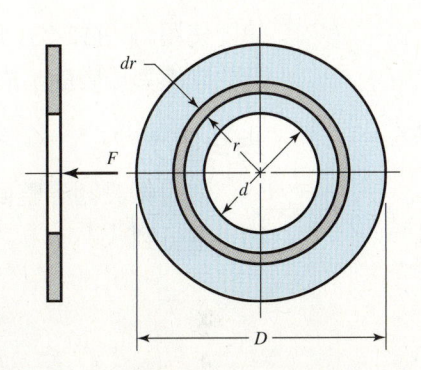

圖 12-15 摩擦圓盤。

均勻磨耗

於已發生初始磨耗，圓碟磨耗至形成均勻磨耗後，其軸向的磨耗將能表示為

$$w = f_1 f_2 KPVt$$

式中僅有 P 及 V 在摩擦表面上隨處變化。依據定義均勻磨耗為定值，不隨位置變化；所以

$$PV = (定值) = C_1$$
$$pr\omega = C_2 \qquad\qquad\qquad\qquad\qquad\qquad (a)$$
$$pr = C_3 = p_{\max} r_i = p_a r_i = p_a \frac{d}{2}$$

從 (a) 式可得到一個表示式，它表示在半徑 r 處和在半徑 $d/2$ 處所作的功相等的條件。參考圖 12-15，考慮一半徑為 r，厚度為 dr 的面積元素，該元素的面積為 $2\pi r\, dr$，使得作用於該元素的法向力為 $dF = 2\pi pr\, dr$。經由令 r 由 $d/2$ 變化至 $D/2$，並積分，即可求得總法向力。因此，以 pr 為定值，可得

$$F = \int_{d/2}^{D/2} 2\pi pr\, dr = \pi p_a d \int_{d/2}^{D/2} dr = \frac{\pi p_a d}{2}(D-d) \qquad (12\text{-}23)$$

其扭矩由積分摩擦力與半徑的乘積求得：

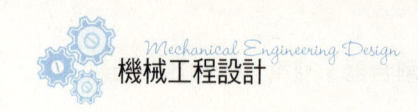

$$T = \int_{d/2}^{D/2} 2\pi f p r^2 \, dr = \pi f p_a d \int_{d/2}^{D/2} r \, dr = \frac{\pi f p_a d}{8}(D^2 - d^2) \qquad (12\text{-}24)$$

經由代入由 (12-23) 式得到的力 F，可以得到更方便的扭矩表示式。因此

$$T = \frac{Ff}{4}(D+d) \qquad (12\text{-}25)$$

使用時，(12-23) 式提供了對所選最大壓力 p_a 的致動力。此一方程式對任意數目的摩擦對或表面都成立。然而，(12-25) 式則僅提供單一摩擦表面的扭矩容量。

均勻壓力

當可假設圓碟整個面積上的壓力均勻時，致動力單純地僅是壓力與面積的乘積。這得到

$$F = \frac{\pi p_a}{4}(D^2 - d^2) \qquad (12\text{-}26)$$

正如先前，其扭矩由積分摩擦力與半徑的乘積求得：

$$T = 2\pi f p \int_{d/2}^{D/2} r^2 \, dr = \frac{\pi f p}{12}(D^3 - d^3) \qquad (12\text{-}27)$$

因為 $p = p_a$，從 (12-26) 式可將 (12-27) 式改寫為

$$T = \frac{Ff}{3} \frac{D^3 - d^3}{D^2 - d^2} \qquad (12\text{-}28)$$

該注意的是這兩個方程式中，其扭矩乃針對單一對匹配表面。因此，該值必須乘上維持接觸的表面對數。

現在將求均勻磨耗之扭矩的 (12-25) 式表示成

$$\frac{T}{fFD} = \frac{1 + d/D}{4} \qquad (b)$$

而求均勻壓力 (新離合器) 之扭矩的 (12-28) 式表示成

$$\frac{T}{fFD} = \frac{1}{3} \frac{1 - (d/D)^3}{1 - (d/D)^2} \qquad (c)$$

然後將它們繪製於圖 12-16 中。它所展示的是 (b) 式及 (c) 式的無因次表示，它將無因次變數由五個 (T、f、F、D 及 d) 減少至三個 (T/FD、f 及 d/D)，這是 Buckingham 法。這些無因次群 (稱為 pi 項) 為

$$\pi_1 = \frac{T}{FD} \qquad \pi_2 = f \qquad \pi_3 = \frac{d}{D}$$

第 12 章　離合器、煞車、聯軸器及飛輪

此法容許將五維空間降為三維空間。此外，由於 (b) 式與 (c) 式中 f 和 T 的 "乘法 (multiplicative)" 關係，就可能以二維空間 (紙張的面) 畫出 π_1/π_2 對 π_3 的線圖，以觀察 (b) 式與 (c) 式存在範圍內的所有情況，加以比較，而不致有疏忽的危險。經由檢視圖 12-16，可以推論：(b) 式所表示的新離合器，總是較 (c) 式表示的舊離合器，傳輸較多的扭矩。此外，由於此型離合器是成比例的，應使其直徑比 d/D 落在 $0.6 \leq d/D \leq 1$ 的範圍內。因此，(b) 式與 (c) 式間的最大差異是

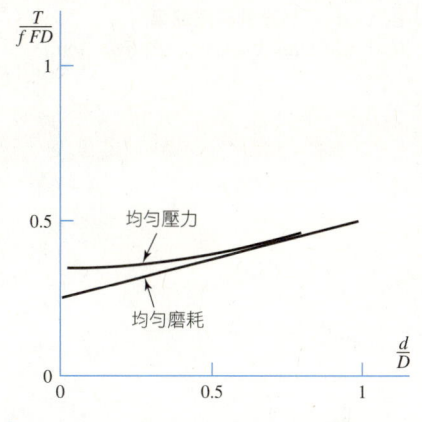

$$\frac{T}{fFD} = \frac{1+0.6}{4} = 0.400 \qquad \text{(舊離合器，均勻磨耗)}$$

$$\frac{T}{fFD} = \frac{1}{3}\frac{1-0.6^3}{1-0.6^2} = 0.4083 \qquad \text{(新離合器，均勻壓力)}$$

圖 12-16　(b) 式及 (c) 式的無因次線圖。

所以，其比例誤差為 $(0.4083 - 0.400)/0.400 = 0.021$，或大約 2%。已知實際的摩擦係數具有不確定性，而確定新離合器會變舊，因此，除了 (12-23)、(12-24) 及 (12-25) 式，實在少有理由去使用其它的方程式。

12-6　碟式煞車

如圖 12-17 所示，碟式離合器與碟式煞車沒有基本上的差異。前一節的分析也可以應用於碟式煞車。

已知輪緣或鼓輪煞車可以設計成自添力式。雖然此項性質在降低煞車需要的作用力上很重要，它也有其缺點。當鼓輪煞車當做載具煞車使用時，只要摩擦係數稍微改變，將導致煞車必要的踏板力極大的變化。例如，由於溫度或潮濕，常造成摩擦係數降低 30%，將導致要達到之前所能達到的相同扭矩，踏板力必須增大 50%。碟式煞車不具自添力，所以，比較不會受到摩擦係數變動的影響。

另一型碟式煞車為**浮動卡盤煞車** (floating caliper brake)，如圖 12-17 所示。其中的卡盤支撐由液壓致動的單浮動活塞，其動作很像螺旋夾具的動作，只是以活塞取代螺桿的功能。浮動的動作也補償了磨耗，並確保了摩擦襯墊整個面積上相當均勻的壓力。圖 12-17 中的密封墊與防護罩設計成當釋放活塞時，能從活塞後退而得到間隙。

卡盤煞車 (以致動、連桿組的性質命名) 及碟式煞車 (以無襯墊表面的形狀命名) 都向旋轉圓碟面推擠摩擦材料。圖 12-18 中描繪的是環狀墊塊煞車接觸區的形狀，其軸向磨耗的支配方程式為：

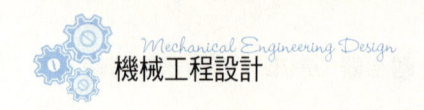

圖 12-17 汽車的圓碟煞車。
(*Courtesy DaimlerChrysler Corporation.*)

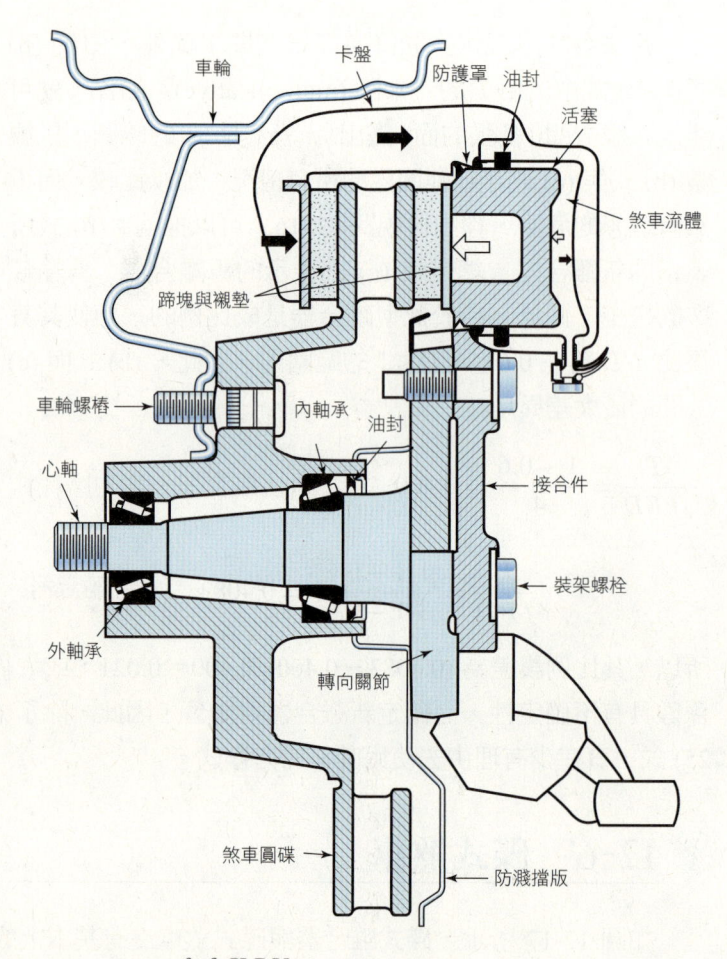

$$w = f_1 f_2 K P V t$$

座標 $\bar{r}$ 指出了和 y 軸相交之 F 力的作用線位置。另一項值得關切的是有效半徑 r_e，它代表具有無限小徑向厚度之等效蹄塊的半徑。若 p 為局部接觸應力，其致動力 F 與摩擦扭矩 T 分別為

$$F = \int_{\theta_1}^{\theta_2} \int_{r_i}^{r_o} pr\, dr\, d\theta = (\theta_2 - \theta_1) \int_{r_i}^{r_o} pr\, dr \qquad (12\text{-}29)$$

$$T = \int_{\theta_1}^{\theta_2} \int_{r_i}^{r_o} fpr^2\, dr\, d\theta = (\theta_2 - \theta_1) f \int_{r_i}^{r_o} pr^2\, dr \qquad (12\text{-}30)$$

其等效半徑 r_e 可由 $fFr_e = T$ 求得，或

$$r_e = \frac{T}{fF} = \frac{\int_{r_i}^{r_o} pr^2\, dr}{\int_{r_i}^{r_o} pr\, dr} \qquad (12\text{-}31)$$

圖 12-18 卡盤煞車之一小段環形墊塊接觸區的幾何形狀。

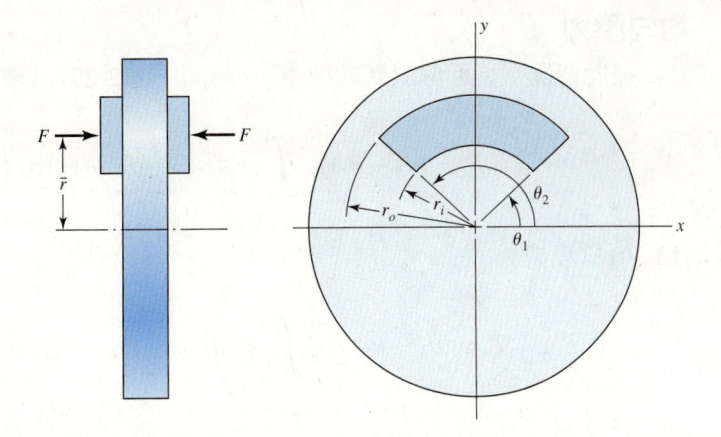

致動力的定位座標 $\bar{r}$ 可由對 x 軸取力矩求得：

$$M_x = F\bar{r} = \int_{\theta_1}^{\theta_2}\int_{r_i}^{r_o} pr(r\sin\theta)\,dr\,d\theta = (\cos\theta_1 - \cos\theta_2)\int_{r_i}^{r_o} pr^2\,dr$$

$$\bar{r} = \frac{M_x}{F} = \frac{(\cos\theta_1 - \cos\theta_2)}{\theta_2 - \theta_1} r_e \tag{12-32}$$

均勻磨耗

要各處的軸向磨耗相等，則 PV 的乘積必須為定值。從 12-5 節的 (a) 式，壓力 p 可用最大容許壓力 p_a（發生於內半徑 r_i 處）表示成 $p = p_a r_i / r$。則 (12-29) 式變成

$$F = (\theta_2 - \theta_1) p_a r_i (r_o - r_i) \tag{12-33}$$

(12-30) 式變成

$$T = (\theta_2 - \theta_1) f p_a r_i \int_{r_i}^{r_o} r\,dr = \frac{1}{2}(\theta_2 - \theta_1) f p_a r_i \left(r_o^2 - r_i^2\right) \tag{12-34}$$

(12-31) 式變成

$$r_e = \frac{p_a r_i \int_{r_i}^{r_o} r\,dr}{p_a r_i \int_{r_i}^{r_o} dr} = \frac{r_o^2 - r_i^2}{2}\frac{1}{r_o - r_i} = \frac{r_o + r_i}{2} \tag{12-35}$$

(12-32) 式變成

$$\bar{r} = \frac{\cos\theta_1 - \cos\theta_2}{\theta_2 - \theta_1}\frac{r_o + r_i}{2} \tag{12-36}$$

均勻壓力

在此情況下，近似於新的煞車，$p = p_a$。(12-29) 式變成

$$F = (\theta_2 - \theta_1)p_a \int_{r_i}^{r_o} r\, dr = \frac{1}{2}(\theta_2 - \theta_1)p_a\left(r_o^2 - r_i^2\right) \tag{12-37}$$

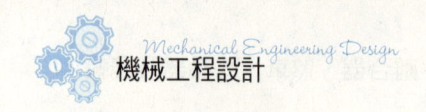

(12-30) 式變成

$$T = (\theta_2 - \theta_1)fp_a \int_{r_i}^{r_o} r^2\, dr = \frac{1}{3}(\theta_2 - \theta_1)fp_a\left(r_o^3 - r_i^3\right) \tag{12-38}$$

(12-31) 式變成

$$r_e = \frac{p_a \int_{r_i}^{r_o} r^2\, dr}{p_a \int_{r_i}^{r_o} r\, dr} = \frac{r_o^3 - r_i^3}{3}\frac{2}{r_o^2 - r_i^2} = \frac{2}{3}\frac{r_o^3 - r_i^3}{r_o^2 - r_i^2} \tag{12-39}$$

(12-32) 式變成

$$\bar{r} = \frac{\cos\theta_1 - \cos\theta_2}{\theta_2 - \theta_1}\frac{2}{3}\frac{r_o^3 - r_i^3}{r_o^2 - r_i^2} = \frac{2}{3}\frac{r_o^3 - r_i^3}{r_o^2 - r_i^2}\frac{\cos\theta_1 - \cos\theta_2}{\theta_2 - \theta_1} \tag{12-40}$$

範例 12-3

兩個環形襯墊，$r_i = 98$ mm，$r_o = 140$ mm，對著 $108°$ 的角度，摩擦係數為 0.37，並以一對直徑 38 mm 的液壓缸驅動。扭矩的需求為 1470 N·m。試就均勻磨耗

(a) 求最大法向壓力 p_a。
(b) 估算致動力 F。
(c) 求等效半徑 r_e 及力的作用位置 $\bar{r}$。
(d) 估算需要的液壓。

解答 (a) 從 (12-34) 式，每一襯墊的 $T = 1470/2 = 735$ N·m

答案
$$p_a = \frac{2T}{(\theta_2 - \theta_1)fr_i\left(r_o^2 - r_i^2\right)}$$

$$= \frac{2(735\,000)}{(144° - 36°)(\pi/180)0.37(98)(140^2 - 98^2)} = 2.15 \text{ MPa}$$

(b) 從 (12-33) 式，

答案
$$F = (\theta_2 - \theta_1)p_a r_i(r_o - r_i) = (144° - 36°)(\pi/180)2.15(98)(140 - 98)$$
$$= 16\,681 \text{ N}$$

(c) 從 (12-35) 式，

答案
$$r_e = \frac{r_o + r_i}{2} = \frac{140 + 98}{2} = 119 \text{ mm}$$

從 (12-36) 式，

答案
$$\bar{r} = \frac{\cos\theta_1 - \cos\theta_2}{\theta_2 - \theta_1}\frac{r_o + r_i}{2} = \frac{\cos 36° - \cos 144°}{(144° - 36°)(\pi/180)}\frac{140 + 98}{2}$$
$$= 102 \text{ mm}$$

(d) 每只液壓缸供應致動力 16 681 N

答案
$$p_{液壓} = \frac{F}{A_P} = \frac{16\,681}{\pi(38^2/4)} = 14.7 \text{ MPa}$$

圓 (鈕扣或冰球) 襯墊卡盤煞車

圖 12-19 展示其襯墊形狀。由於其邊界不易以閉合型處理，分析此一煞車需要數值積分。表 12-1 由 Fazekas 求得的該煞車之參數。其等效半徑為

$$r_e = \delta e \tag{12-41}$$

致動力為

$$F = \pi R^2 p_{av} \tag{12-42}$$

而扭矩為

$$T = fFr_e \tag{12-43}$$

表 12-1 圓襯墊卡盤煞

$\dfrac{R}{e}$	$\delta = \dfrac{r_e}{e}$	$\dfrac{p_{max}}{p_{av}}$
0.0	1.000	1.000
0.1	0.983	1.093
0.2	0.969	1.212
0.3	0.957	1.367
0.4	0.947	1.578
0.5	0.938	1.875

資料來源：G. A. fazekas, "On Circular Spot Brakes," Trans. ASME, J. Engineering for Industry, vol. 94, Series B, No. 3, August 1972, pp. 859-863.

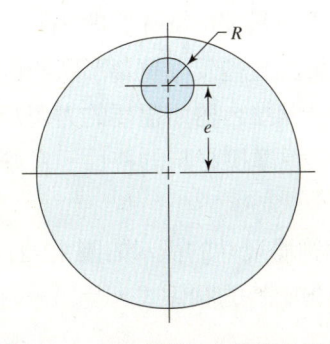

圖 12-19 卡盤煞車之圓襯墊的形狀。

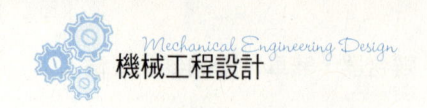

範例 12-4

某鈕扣襯墊的圓碟式煞車使用乾式燒結金屬襯墊。其襯墊半徑為 12 mm，其中心距離直徑 88 mm 之圓碟的旋轉軸線 48 mm。使用最大容許壓力 p_{max} = 2.4 MPa 的半值。試求其致動力及煞車扭矩。摩擦係數值為 0.31。

解答 因為襯墊半徑 R = 12 mm，而偏心值為 e = 48 mm，

$$\frac{R}{e} = \frac{12}{48} = 0.25$$

從表 12-1，藉內插法，δ = 0.963 而 p_{max}/p_{av} = 1.290。然後由 (12-41) 式可求得等效半徑：

$$r_e = \delta e = 0.963(48) = 46.2 \text{ mm}$$

而其平均壓力

$$p_{av} = \frac{p_{max}/2}{1.290} = \frac{2.4/2}{1.290} = 0.155 \text{ MPa}$$

致動力 F 可由 (12-42) 式求得為

答案 $$F = \pi R^2 p_{av} = \pi(12)^2 0.155 = 70 \text{ N} \qquad (單面)$$

摩擦扭矩 T 為

答案 $$T = fFr_e = 0.31(70)46.2 = 1002 \text{ N} \cdot \text{mm} \qquad (單面)$$

12-7 圓錐離合器與煞車

圖 12-20 中的**圓錐離合器** (cone clutch) 顯示，它是由**杯體** (cup) 與**錐體** (cone) 組成，其中杯體以鍵或以栓槽固定於軸上，錐體必須能在匹配之軸的鍵或栓槽上滑動上，並以螺圈彈簧維持離合器的接合。該離合器以**撥叉** (fork) 分開，而它是嵌入於摩擦錐體的移位槽中。**圓錐角** (cone angle) α 與錐直徑及面寬為形狀設計的重要參數。如果錐角太小，比如說小於 8° 左右，則分開離合器所需要的力可能非常大。而使用較大的錐角時，則楔型效應迅速變小。視摩擦材料的特性，良好的折衷錐角通常在 10 到 15° 之間。

為了尋求運轉力 F 與傳輸扭矩間的關係，摩擦錐體尺寸的標示如圖 12-21 中所示。正如軸向離合器的情況，可以求得一組針對均勻磨耗的關係式，及另一組針對均勻壓力假設的關係式。

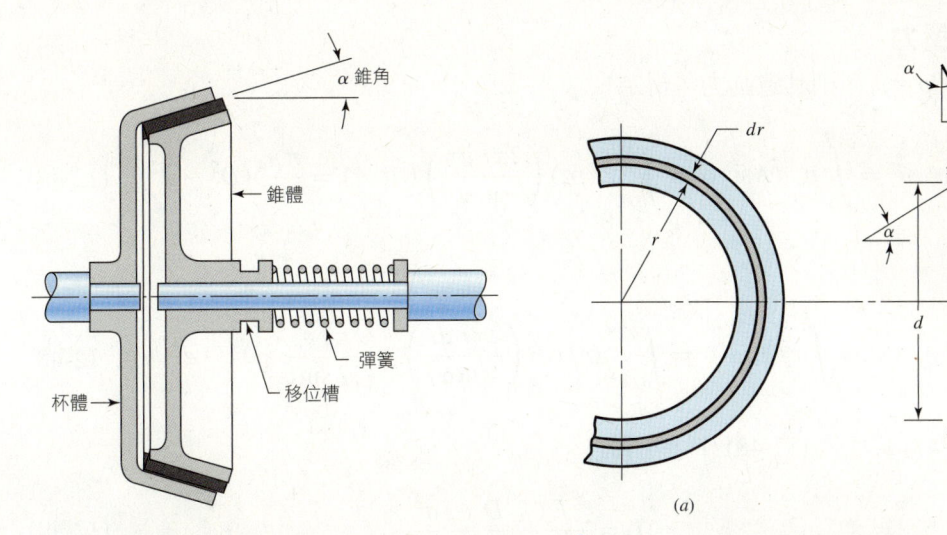

第 12 章　離合器、煞車、聯軸器及飛輪

| 圖 12-20　圓錐離合器的剖面。　　　　　　| 圖 12-21　圓錐離合器的接觸區域。

均勻磨耗

壓力關係式與軸向離合器的關係式相同：

$$p = p_a \frac{d}{2r} \tag{a}$$

接著，參照圖 12-22，可看到半徑為 r 的面積元素 dA，其寬度為 $dr/\sin \alpha$。所以，$dA = (2\pi r dr)/\sin \alpha$。如圖 12-22 中所示，其致動力將是微分力 pdA 之軸向分力的積分。因此

$$F = \int p \, dA \sin \alpha = \int_{d/2}^{D/2} \left(p_a \frac{d}{2r} \right) \left(\frac{2\pi r \, dr}{\sin \alpha} \right) (\sin \alpha)$$
$$= \pi p_a d \int_{d/2}^{D/2} dr = \frac{\pi p_a d}{2}(D - d) \tag{12-44}$$

此式與 (12-23) 式的結果相同。

微分的摩擦力為 $fp \, dA$，而其扭矩為此力與半徑之乘積的積分。因此

$$T = \int rfp \, dA = \int_{d/2}^{D/2} (rf) \left(p_a \frac{d}{2r} \right) \left(\frac{2\pi r \, dr}{\sin \alpha} \right)$$
$$= \frac{\pi f p_a d}{\sin \alpha} \int_{d/2}^{D/2} r \, dr = \frac{\pi f p_a d}{8 \sin \alpha}(D^2 - d^2) \tag{12-45}$$

請留意，(12-24) 式為 (12-45) 式於 $\alpha = 90°$ 時的特殊狀況。利用 (12-44) 式，可得扭矩也可以寫成

$$T = \frac{Ff}{4 \sin \alpha}(D + d) \tag{12-46}$$

717

均勻壓力

令 $p = p_a$，則其致動力可得為

$$F = \int p_a\, dA \sin\alpha = \int_{d/2}^{D/2} (p_a)\left(\frac{2\pi r\, dr}{\sin\alpha}\right)(\sin\alpha) = \frac{\pi p_a}{4}(D^2 - d^2) \quad (12\text{-}47)$$

其扭矩為

$$T = \int r f p_a\, dA = \int_{d/2}^{D/2} (r f p_a)\left(\frac{2\pi r\, dr}{\sin\alpha}\right) = \frac{\pi f p_a}{12\sin\alpha}(D^3 - d^3) \quad (12\text{-}48)$$

將 (12-47) 式代入 (12-48) 中，可得

$$T = \frac{Ff}{3\sin\alpha}\frac{D^3 - d^3}{D^2 - d^2} \quad (12\text{-}49)$$

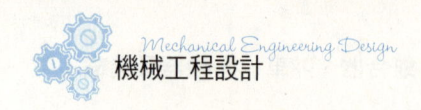

如同軸向離合器，(12-46) 式可以寫成無因次的

$$\frac{T\sin\alpha}{fFd} = \frac{1 + d/D}{4} \quad (b)$$

而 (12-49) 式可寫成

$$\frac{T\sin\alpha}{fFd} = \frac{1}{3}\frac{1 - (d/D)^3}{1 - (d/D)^2} \quad (c)$$

此次有六個參數 (T、α、f、F、D 與 d) 與四個 pi 項

$$\pi_1 = \frac{T}{FD} \qquad \pi_2 = f \qquad \pi_3 = \sin\alpha \qquad \pi_4 = \frac{d}{D}$$

如同圖 12-16，以 $T\sin\alpha/(fFD)$ 為縱軸，d/D 為橫軸繪圖。其圖形顯示與結論是相同的。因此，幾乎沒有理由不使用 (12-44)、(12-45)，及 (12-46) 等式。

12-8 能量考量

當機器的旋轉組件因使用煞車停下來時，其旋轉動能必須由煞車吸收。此能量以熱的形式顯現於煞車中。同樣地，當機器的組件由原先的靜止狀態開始啟動時，離合器間一定有滑動發生，直到從動組件與驅動組件的速率相同為止。不論離合器或煞車，於滑動期間會吸收動能，而此動能則以熱來呈現。

先前已經知道，離合器或煞車的容量如何視摩擦材料的摩擦係數及安全的法向壓力而定。然而，在容許的扭矩值下，負荷的特性可能使離合器或煞車為本身產生的熱所摧毀。因此，離合器的容量受限於兩項因子，即材料的特性與離合器散熱的

能力。本節中將考量由離合器或煞車所產生的熱量,若熱產生得較散逸快,則會有溫升的問題;那是下一節的論題。

為了釐清於單純的離合器或煞車運作期間發生的現象,請參照圖 12-1a,它是兩慣量系統以離合器聯結的數學模型。如圖中所示,慣量 I_1 與 I_2 分別具有初始角速度 ω_1 與 ω_2。於離合器運作期間兩角速度都在變化,最終變成相等。現在假設兩軸都具剛性,而且離合器的扭矩為定值。

寫出慣量 1 的運動方程式,可得

$$I_1\ddot{\theta}_1 = -T \tag{a}$$

式中的 $\ddot{\theta}_1$ 為 I_1 的角加速度,而 T 為離合器的扭矩。I_2 的類似方程式為

$$I_2\ddot{\theta}_2 = T \tag{b}$$

經由積分 (a) 及 (b) 式,即可獲得於任意時間 t 之後,I_1 與 I_2 的瞬時角速度 $\dot{\theta}_1$ 與 $\dot{\theta}_2$,其結果為

$$\dot{\theta}_1 = -\frac{T}{I_1}t + \omega_1 \tag{c}$$

$$\dot{\theta}_2 = \frac{T}{I_2}t + \omega_2 \tag{d}$$

式中當 $t=0$ 時,$\dot{\theta}_1 = \omega_1$ 及 $\dot{\theta}_2 = \omega_2$。其速度間的差異有時稱為相對速度,為

$$\begin{aligned}\dot{\theta} = \dot{\theta}_1 - \dot{\theta}_2 &= -\frac{T}{I_1}t + \omega_1 - \left(\frac{T}{I_2}t + \omega_2\right) \\ &= \omega_1 - \omega_2 - T\left(\frac{I_1+I_2}{I_1 I_2}\right)t\end{aligned} \tag{12-50}$$

離合器運作完成於兩角速度 $\dot{\theta}_1$ 與 $\dot{\theta}_2$ 變成相等瞬間。令整個運作需要的時間為 t_1,則當 $\dot{\theta}_1 = 0$ 時,$\dot{\theta}_1 = \dot{\theta}_2$,所以由 (12-50) 式可得到時間為

$$t_1 = \frac{I_1 I_2(\omega_1 - \omega_2)}{T(I_1 + I_2)} \tag{12-51}$$

此式顯示結合動作所需要的時間與速度差成正比,與其扭矩成反比。

先前已經假設離合器扭矩為定值,因此,使用 (12-50) 式,可求得在離合器運作期間,其**能量耗散率** (rate of energy-dissipation) 為

$$u = T\dot{\theta} = T\left[\omega_1 - \omega_2 - T\left(\frac{I_1+I_2}{I_1 I_2}\right)t\right] \tag{e}$$

此式顯示能量耗散率在剛開始,$t=0$ 時最大。

在離合器運作期間或煞車循環期間的總耗散能量,可經由自 $t=0$ 到 $t=t_1$,積

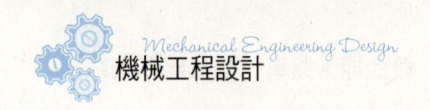

分 (e) 式求得。所得的結果是

$$E = \int_0^{t_1} u\, dt = T \int_0^{t_1} \left[\omega_1 - \omega_2 - T\left(\frac{I_1 + I_2}{I_1 I_2}\right) t \right] dt$$
$$= \frac{I_1 I_2 (\omega_1 - \omega_2)^2}{2(I_1 + I_2)} \tag{12-52}$$

其中使用了 (12-51) 式。請注意，能量耗散正比於速度差的平方，而與離合器的扭矩無關。

請注意，(12-52) 式中的 E 是損失或耗散的能量；就是由離合器或煞車所吸收的能量。由離合器組合吸收的能量為

$$H = E \tag{12-53}$$

耗散的能量以焦耳 (joules) 為單位。

12-9 溫升

離合器或煞車組合的溫升可藉典型的表示式近似之

$$\Delta T = \frac{H}{C_p W} \tag{12-54}$$

式中的 ΔT = 溫升，°F
        C_p = 比熱容量，Btu/(lbm・°F)，對鋼或鑄鐵使用 0.12
        W = 離合器或煞車零件的質量，lbm

對 SI 單位，相似的方程式可以寫成

$$\Delta T = \frac{E}{C_p m} \tag{12-55}$$

式中 ΔT = 溫升，°C
     C_p = 比熱容量，對鋼或鑄鐵使用 500 J/kg・°C
     m = 離合器或煞車零件的質量，kg

上述的溫升方程式，可用於說明離合器或煞車運作時發生了什麼現象。然而，由於涉及的變數很多，這樣的分析不可能近似於實驗的結果。職是之故，這種分析對反覆出現的循環，能精確地找出對性能最具影響的設計參數。

如果某物體於環境溫度為 T_1 時的初始溫度為 T_∞，則牛頓的冷卻模型 (Newton's cooling model) 可以表示為

$$\frac{T - T_\infty}{T_1 - T_\infty} = \exp\left(-\frac{\hbar_{CR} A}{W C_p} t\right) \tag{12-56}$$

式中　　$T = t$ 時刻的溫度，°C

T_1 = 初始溫度，°C

T_∞ = 環境溫度，°C

$\hbar_{CR}$ = 總熱傳係數，$W/(m^2 \cdot °C)$

A = 側表面面積，m^2

W = 物體質量，kg

C_p = 物體的比熱容量，$J/(kg \cdot °C)$

圖 12-22 顯示應用 (12-56) 式的結果。曲線 ABC 為由 (12-56) 式所得的指數衰退曲線。於 t_B 時刻開始第二次使用煞車。其溫度迅速上升至 T_2，而開始新的冷卻曲線。由於重複使用煞車，而發生後續的溫度峰值 T_3、T_4……直到該煞車能於兩次運作間，經由冷卻耗散等於使用煞車時吸收的能量為止。如果出現每 t_1 秒使用一次煞車的情況，則將發展成所有峰值 T_{max} 及所有谷值 T_{min} 重複出現的穩定狀態。

圓碟煞車的熱耗散容量 (heat-dissipation capacity) 需設計成避免達到對部件圓碟與襯墊有害的溫度。當圓碟煞車擁有上述的煞車節奏時，其熱傳率將以另一個牛頓方程式描述：

$$H_{loss} = \hbar_{CR} A (T - T_\infty) = (h_r + f_v h_c) A (T - T_\infty) \tag{12-57}$$

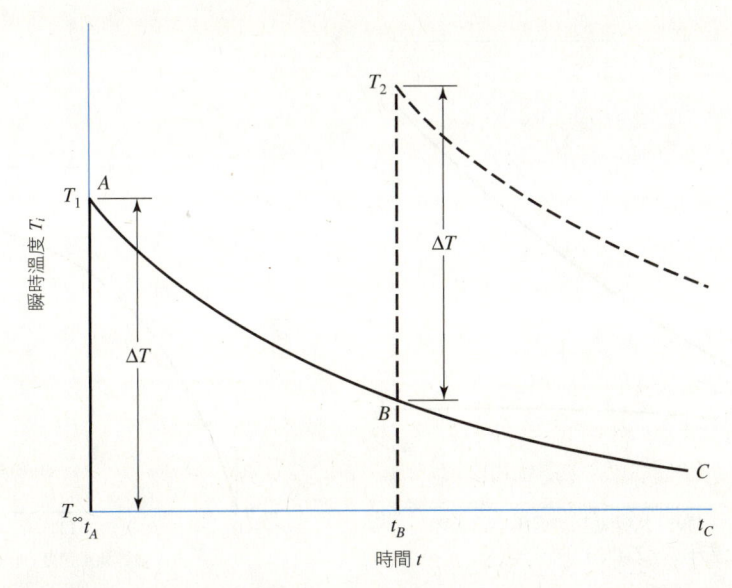

圖 12-22 離合器或煞車運作對溫度的影響。T_∞ 為環境溫度。請注意，每次運作的溫升值 ΔT 可能不同。

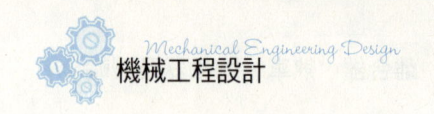

式中　H_{loss} = 能量損失率，J/s 或 W
　　　$\hbar_{CR}$ = 總熱傳係數，W/(m² · °C)
　　　h_r = $\hbar_{CR}$ 的輻射分量 W/(m² · °C)，圖 12-23a
　　　h_c = $\hbar_{CR}$ 的對流分量 W/(m² · °C)，圖 12-23a
　　　f_v = 通風因數，圖 12-23b
　　　T = 圓碟溫度，°C
　　　T_∞ = 環境溫度，°C

煞車停住吸收的能量 E 可由一個等效回轉慣量 I，以起始與最終的角速度 ω_o 及 ω_f 表示，可令 $I_1 = I$，及 $I_2 = 0$，由 (12-53) 式求得：

$$E = \frac{1}{2} I \left(\omega_o^2 - \omega_f^2 \right) \tag{12-58}$$

單位為 joule。單一停頓的溫升為 ΔT

$$\Delta T = \frac{E}{WC} \tag{12-59}$$

$T_{\max}$ 必須高到足以在 t_1 秒內傳輸 E joule。就穩定狀態而言，重整 (12-56) 式為

$$\frac{T_{\min} - T_\infty}{T_{\max} - T_\infty} = \exp(-\beta t_1)$$

式中的 $\beta = \hbar_{CR} A/(WC_p)$，交叉相乘並兩端各加 $T_{\max}$，令 $T_{\max} - T_{\min} = \Delta T$，重新整理得

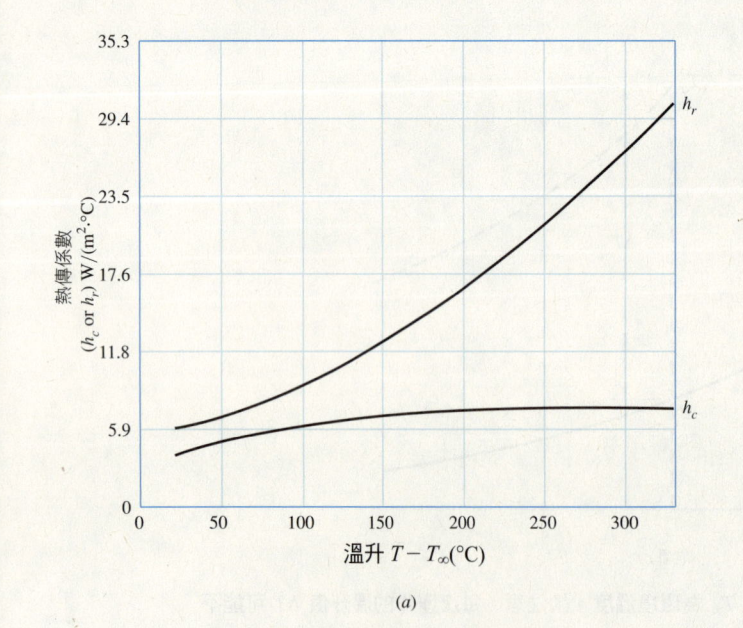

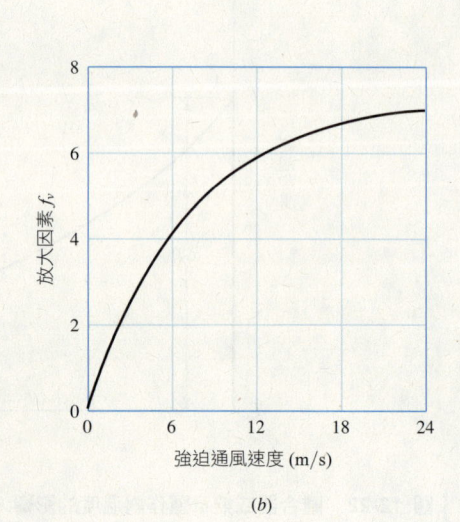

圖 12-23　(a) 靜態空氣中的熱傳係數。(b) 通風因數。(*Courtesy of Tolo-o-matic.*)

$$T_{\max} = T_\infty + \frac{\Delta T}{1 - \exp(-\beta t_1)} \tag{12-60}$$

範例 12-5

某卡盤煞車每小時使用 24 次，以將一機器的轉軸從轉速 250 rev/min 停止下來。該煞車的通風提供的平均風速為 8 m/s。從煞車軸來看，該機器的等效旋轉慣量為 32 kg·m·s。其鋼質圓碟的密度 $\gamma = 7800 \text{ kg/m}^3$，比熱容量為 0.45 kJ/(kg·°C)，使用乾式燒結金屬的襯墊，直徑 150 mm，厚度 6 mm。該煞車之側表面面積為 0.032 m^2。試求穩態運作的 $T_{\max}$ 及 $T_{\min}$。

解答
$$t_1 = 60^2/24 = 150 \text{ s}$$

假設溫升為 $T_{\max} - T_\infty = 100°C$，從圖 12-23a，
$$h_r = 8.8 \text{ W/(m}^2\cdot°C)$$
$$h_c = 5.9 \text{ W/(m}^2\cdot°C)$$

由圖 12-23b：
$$f_v = 4.8$$

$$\hbar_{\text{CR}} = h_r + f_v h_c = 8.8 + 4.8(5.9) = 37.1 \text{ W/(m}^2\cdot°C)$$

圓碟的質量為
$$W = \frac{\pi \gamma D^2 h}{4} = \frac{\pi(10)^3 7.8(0.15)^2 0.006}{4} = 0.83 \text{ kg}$$

從 (12-58) 式：
$$E = \frac{1}{2} I (\omega_o^2 - \omega_f^2) = \frac{32}{2}\left(\frac{2\pi}{60} 250\right)^2 = 11 \text{ kJ}$$

$$\beta = \frac{\hbar_{\text{CR}} A}{W C_p} = \frac{37.1(0.032)}{0.83(0.45)10^3} = 3.179(10^{-3}) \text{ s}^{-1}$$

從 (12-59) 式：
$$\Delta T = \frac{E}{W C_p} = \frac{11}{0.83(0.45)} = 29.5°C$$

答案 從 (12-60) 式：
$$T_{\max} = 21 + \frac{29.5}{1 - \exp[-3.179(10^{-3})150]} = 98.8°C$$

答案
$$T_{\min} = 98.8 - 29.5 = 69.3°C$$

此處預估的溫升是 $T_{\max} - T_\infty = 77.8°C$。以修正的 h_r 值與從圖 12-23a 得到的 h_c 值疊代，可使解收斂至 $T_{\max} = 104°C$ 及 $T_{\min} = 77°C$。

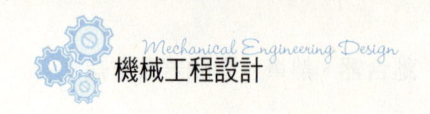

從表 12-3 的乾式燒結金屬襯墊可以連續運作於 300-350°C，所以沒有過熱的危險。

12-10 摩擦材料

煞車或摩擦離合器多少應有下列的裡襯材料特性，其程度則視使用時的嚴苛性而定：

- 高而且可重現的摩擦係數
- 不受環境條件，如水氣的影響
- 忍受高溫的能力，並具良好的熱傳導及擴散性，以及高比熱容量值
- 良好的衝擊值
- 對磨耗、刮傷及黏著具有高阻抗
- 可與環境相容
- 可撓性

表 12-2 列出數種摩擦功率需要的摩擦面積。表 12-3 則提供了一些煞車與離合器使用之摩擦材料的重要特性。

摩擦材料的製造是高度專業的程序，為指定的應用而選擇摩擦材料時，建議參考製造商的型錄與手冊，以及向製造商直接諮詢。選用時，涉及許多特性以及可用的標準尺寸的考量。

編織棉裡襯 (woven-cotton linings) 以纖維帶生產，經浸漬樹脂而後聚合。它大多使用於重機械，通常以 15 m 長成一卷供應，可供應的厚度從 3 mm 到 25 mm，寬度則可達 300 mm。

編織石棉裡襯 (woven-asbestos lining) 以類似棉裡襯的方式製造，而且可能含金屬顆粒。其撓性不如棉裡襯，而且尺寸範圍較小。棉裡襯之外，石棉裡襯也廣泛地使用於重機械中作為摩擦材料。

表 12-2 指定平均煞車功率所需的摩擦材料面積

工作週期	典型的應用	面積對平均煞車功率比 $(10^{-6})m^2/(joules/s)$		
		帶式與鼓輪煞車	碟片式煞車	卡盤式煞車
不常使用	緊急煞車	52	171	17.1
間歇使用	昇降機、吊車，及絞車	171	434	43
重負載使用	挖掘機、衝壓機	342-422	832	86

來源：M. J. Neale, *The Tribology Handbook*, Butterworth, London, 1973; *Friction Materials for Engineers*, Ferodo Ltd., Chapel-en-le-frith, England, 1968.

第 12 章 離合器、煞車、聯軸器及飛輪

表 12-3　煞車及離合器之摩擦材料的特性

材料	摩擦係數 f	最大壓力 P_{max}, MPa	最高溫度 瞬間 °C	最高溫度 連續 °C	最高速度 V_{max} m/s	應用
金屬陶瓷	0.32	1.0	815	400		煞車與離合器
燒結金屬 (乾式)	0.29-0.33	2.1-2.8	500-550	300-350	18	離合器及卡盤煞車
燒結金屬 (濕式)	0.06-0.08	3.4	500	300	18	離合器
剛固的模造石棉 (乾式)	0.35-0.41	0.7	350-400	180	18	鼓輪煞車與離合器
剛固的模造石棉 (濕式)	0.06	2.1	350	180	18	工業用離合器
剛固的模造石棉襯墊	0.31-0.49	5.2	500-750	230-350	24	碟式煞車
剛固的模造非石棉襯墊	0.33-0.63	0.7-1.0		260-400	24-38	離合器與煞車
半剛固的模造石棉	0.37-0.41	0.7	350	150	18	離合器與煞車
可撓性的模造石棉	0.39-0.45	0.7	350-400	150-180	18	離合器與煞車
纏繞石棉紗與線	0.38	0.7	350	150	18	載具與離合器
編織石棉紗與線	0.38	0.7	260	130	18	工業用離合器與煞車
編織棉	0.47	0.7	110	75	18	工業用離合器與煞車
彈性紙 (濕式)	0.09-0.15	2.8	150		$PV < 18$ Mpa·m/s	離合器與傳送帶

來源：Ferodo Ltd., Chapel-en-le-frith, England; Scan-pac, Mequon, Wisc.; Raybestos, New York, N.Y. and Stratford, Conn.; Gatke Corp., Chicago, Ill.; General Metals Powder Co., Akron, Ohio; D. A. B. Industries, Troy, Mich.; Friction Products Co., Medina, Ohio.

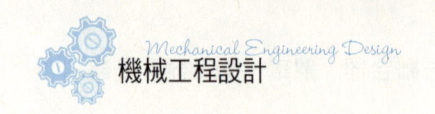

模造石棉裡襯 (molded-asbestos linings)，含石棉纖維及摩擦調整劑；使用熱固性聚合物並加熱，以形成剛固的或半剛固的模。主要使用於鼓輪煞車。

模造石棉襯墊 (molded-asbestos pads) 類似於模造裡襯，但不具可撓性；通常使用於離合器與煞車上。

燒結金屬襯墊 (sintered-metal pads) 以銅及/或鐵的粒子與摩擦調整劑混合製成，在高壓下成模，然後加熱至高溫以融解材料。這些襯墊使用於重負載應用的煞車與離合器。

金屬陶瓷襯墊 (cermet pads) 與燒結金屬襯墊類似含大量陶瓷成分。

表 12-4 列出典型的煞車襯裡的性質。這些襯裡的成分中可含纖維混和物，以提供強度及耐高溫的能力，各種摩擦粒子以獲得各種程度的磨耗阻抗及較高的摩擦係數，也含結合材料。

表 12-5 羅列了較廣類別的離合器摩擦材料，及它們的一些性質。這些材料中有些可以以滴油或噴油的方式於濕潤狀態運轉。這會稍微降低摩擦係數，但會攜走更多熱，並容許使用更高的壓力。

12-11 雜類離合器與煞車

圖 12-24*a* 中展示的方爪離合器 (square-jaw clutch) 為一種確動接觸型式的離合器。這類離合器具有下列特性：

1 不會發生滑動。
2 不會產生熱量。
3 高速時無法嚙合。

表 12-4 部分煞車裡襯的性質

	編織裡襯	模造裡襯	剛固模塊
承壓強度，kpsi	10-15	10-18	10-15
承壓強度，MPa	70-100	70-125	70-100
承拉強度，kpsi	2.5-3	4-5	3-4
承拉強度，MPa	17-21	27-35	21-27
最高溫度，°F	400-500	500	750
最高溫度，°C	200-260	260	400
最高速率，ft/min	7500	5000	7500
最高速率，m/s	38	25	38
最大壓力，psi	50-100	100	150
最大壓力，kPa	340-690	690	1000
摩擦係數，平均值	0.45	0.47	0.40-45

表 12-5 離合器的摩擦材料

材料	摩擦係數 濕	摩擦係數 乾	最高溫度 °F	最高溫度 °C	最大壓力 psi	最大壓力 kPa
鑄鐵支撐鑄鐵	0.05	0.15-0.20	600	320	150-250	1000-1750
鑄鐵支撐粉末金屬*	0.05-0.1	0.1-0.4	1000	540	150	1000
硬鋼支撐粉末金屬*	0.05-0.1	0.1-0.3	1000	540	300	2100
鋼或鑄鐵支撐木材	0.16	0.2-0.35	300	150	60-90	400-620
鋼或鑄鐵支撐皮革	0.12	0.3-0.5	200	100	10-40	70-280
鋼或鑄鐵支撐軟木	0.15-0.25	0.3-0.5	200	100	8-14	50-100
鋼或鑄鐵支撐毛氈	0.18	0.22	280	140	5-10	35-70
鋼或鑄鐵支撐編織石棉*	0.1-0.2	0.3-0.6	350-500	175-260	50-100	350-700
鋼或鑄鐵支撐編織石棉*	0.08-0.12	0.2-0.5	500	260	50-150	350-1000
鋼或鑄鐵支撐浸漬石棉*	0.12	0.32	500-750	260-400	150	1000
鋼支撐碳石墨	0.05-0.1	0.25	700-1000	370-540	300	2100

*對該組特定材料,其摩擦係數可以維持於 ±5% 之內。

4 當兩軸靜止時,有時無法嚙合。

5 在任何速度嚙合都有陡震伴隨。

各種確動離合器間的最大差異在於爪的設計。為提供嚙合期間較長的移位動作時間,爪可能為棘輪形、螺旋形或齒輪形。有時使用許多齒或爪,這些齒或爪可能沿周邊,或在匹配元件的表面切成,使之便於和匹配圓柱嚙合。

雖然確動型離合器使用範圍不如摩擦接觸型,但於需要同步運作時卻有重要的應用,例如,在動力壓機或輥軋廠的下壓螺旋中。

線性驅動或電動機驅動的螺絲起子之類的裝置,必須運轉至設定的界線然後停止。這些應用需要過載釋放 (overload-release) 型的離合器。圖 12-24b 為說明此型

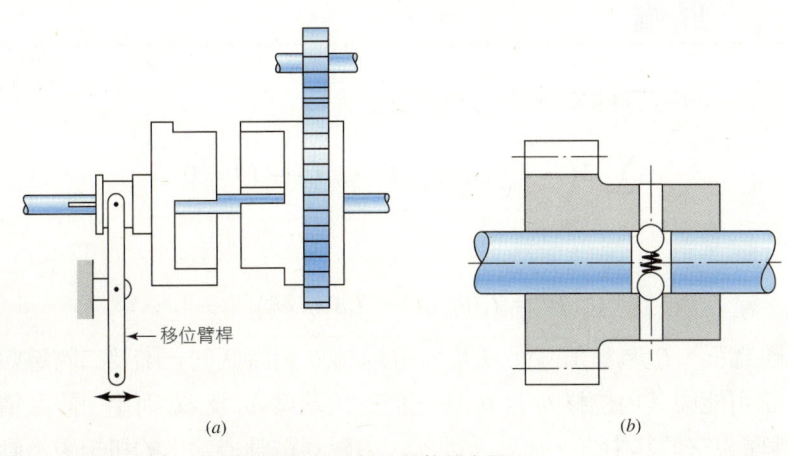

圖 12-24 (a) 方爪離合器;(b) 使用掣動器的超載釋放離合器。

圖 12-25 聯軸器：(*a*) 普通型；(*b*) 輕負載帶齒型；(*c*) BOST-FLEX® 貫通內孔設計，嵌入彈性體藉壓縮傳輸扭矩；嵌入物容許有 1° 的欠對準。(*d*) 三爪聯軸器有青銅、橡膠或聚安酯的嵌入物可選用，以最小化振動。
(*Reproduced by permission, Boston Gear Division, Colfax Corp.*)

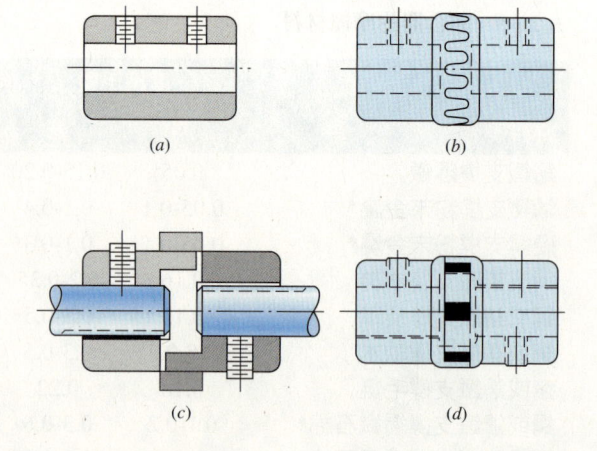

離合器運作原理的示意圖。這類離合器通常施以彈簧負荷，以便在某預定扭矩時能釋放。當達到過負荷點時，聽到滴答聲響可視為想要的訊號。

於獲取確動離合器各部分的應力及撓度時，必須同時考量疲勞與陡震負荷。此外，通常也必須考量磨耗。應用本書第一篇與第二篇的基本原理，通常即足以完整地設計這些裝置。

超速離合器 (overrunning clutch) 或超速聯軸器，容許機器的從動組件因其驅動元件停止，或其它動力源提升該從動機構的速率而自由轉動 (freewheel) 或超速 (overrun)。其構造是在外套筒與周緣有機製凸輪平面之內組件間置入輥子或滾珠。藉滾子楔入套筒與凸輪平面間得到驅動作用。因此，這類離合器等效於具有無限齒數的爪與棘輪。

有許多種類的超速離合器可選用，它們的容量有高達數百馬力者。由於不涉及滑動，軸承摩擦與風阻是唯一的動力損失。

圖 12-25 中展示了型錄中可供選擇之聯軸器的代表。

12-12 飛輪

代表圖 12-1*b* 中之飛輪的運動方程式為

$$\sum M = T_i(\theta_i, \dot{\theta}_i) - T_o(\theta_o, \dot{\theta}_o) - I\ddot{\theta} = 0$$

或

$$I\ddot{\theta} = T_i(\theta_i, \omega_i) - T_o(\theta_o, \omega_o) \tag{a}$$

式中的 T_i 視為正，T_o 為負值，而 $\dot{\theta}$ 及 $\ddot{\theta}$ 分別為 θ 對時間的一階及二階導數。請注意 T_i 及 T_o 都可能視其角位移 θ_i 及 θ_o 與它們的角速度 ω_i 及 ω_o 而定。許多情況下，扭矩的特性僅視它們其中之一而定。因此，由感應電動機輸出的扭矩視電動機的速

第 12 章　離合器、煞車、聯軸器及飛輪

率而定。事實上，電動機製造商公佈他們生產之各種電動機的扭矩－速率特性細節。

當已知輸入及輸出扭矩的函數時，使用熟悉的解線性及非線性微分方程式的技巧，可從 (a) 式解得飛輪的運動。此處以假設軸為剛軸，藉賦予 $\theta_i = \theta = \theta_o$ 及 $\omega_i = \omega = \omega_o$，省去這些程序。因此，(a) 式變成

$$I\ddot{\theta} = T_i(\theta, \omega) - T_o(\theta, \omega) \tag{b}$$

當已知兩個扭矩的函數，而且已知角位移 θ 及速度 ω 的起始值時，從 (b) 式可以解得 θ、ω 與 $\ddot{\theta}$ 為時間的函數。然而，在此並不關切這些項的瞬間值。主要的目的是想知道飛輪的總性能，其慣性矩應為若干？如何匹配動力源與負載？以及以選擇的系統之性能特性為何？

為了深入瞭解問題，圖 12-26 中描繪了一種假想的情況，當軸由 θ_1 旋轉至 θ_2 時，某輸入的動力源 T_i 使飛輪承受正值的定值扭矩，並向上繪出。(b) 式指出將導致正值的加速度 $\ddot{\theta}$，所以軸速度將從 ω_1 增加到 ω_2。如圖中所示，此時軸於零扭矩的情況從 θ_2 旋轉至 θ_3，因此，由 (b) 式可以知道加速度為零。所以，$\omega_3 = \omega_2$。從 θ_3 到 θ_4 時施加了定值的負荷或輸出扭矩，導致軸從 ω_3 減速至 ω_4。請注意，依據 (b) 式，輸出扭矩向負值方向繪製。

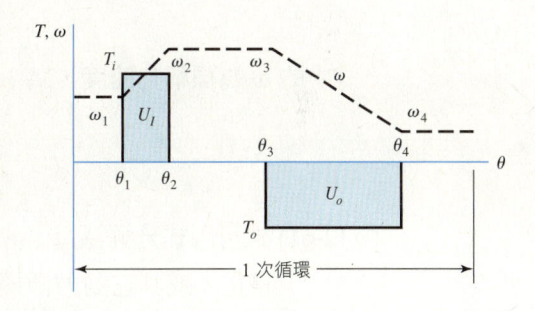

| 圖 12-26

輸入至飛輪的功是在 θ_1 與 θ_2 間的矩形面積，或

$$U_i = T_i(\theta_2 - \theta_1) \tag{c}$$

飛輪輸出的功為從 θ_3 到 θ_4 間的矩形面積或

$$U_o = T_o(\theta_4 - \theta_3) \tag{d}$$

若 U_o 大於 U_i，負荷使用了大於傳輸到飛輪的能量，所以 ω_4 將會小於 ω_1。若 $U_o = U_i$，ω_4 將等於 ω_1，因獲得的和損失的能量相等。此處是假設沒有摩擦損失。若 $U_i > U_o$，最終 ω_4 將會大於 ω_1。

這些關係式也能以動能來表示。於 $\theta = \theta_1$ 時飛輪的速度為 ω_1 rad/s，所以，其動能為

$$E_1 = \frac{1}{2}I\omega_1^2 \tag{e}$$

於 $\theta = \theta_2$ 時，其速度為 ω_2，所以

$$E_2 = \frac{1}{2}I\omega_2^2 \tag{f}$$

729

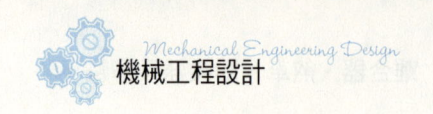

因此，動能的變化為

$$E_2 - E_1 = \frac{1}{2} I \left(\omega_2^2 - \omega_1^2 \right) \tag{12-61}$$

實際工程情況下，遭遇的許多扭矩位移函數非常複雜，使得它們必須執行數值積分的方法。例如，圖 12-27 為某單缸內燃機引擎於一個運動循環中的典型扭矩曲線。由於部分扭矩曲線為負值，飛輪必須將部分能量歸還至引擎。從 $\theta = 0$ 至 4π 積分該曲線，並將所得除以 4π，得到在該循環期間，可用於驅動負荷的平均扭矩 T_m。

定義**速率波動係數** (coefficient of speed fluctuation) 如下頗為方便：

$$C_s = \frac{\omega_2 - \omega_1}{\omega} \tag{12-62}$$

式中的 ω 為標稱角速度，為

$$\omega = \frac{\omega_2 + \omega_1}{2} \tag{12-63}$$

(12-61) 式可因式分解為

$$E_2 - E_1 = \frac{I}{2}(\omega_2 - \omega_1)(\omega_2 + \omega_1)$$

由於 $\omega_2 - \omega_1 = C_s \omega$ 及 $\omega_2 + \omega_1 = 2\omega$，可得

$$E_2 - E_1 = C_s I \omega^2 \tag{12-64}$$

(12-64) 式可用於求適合對應於能量變化為 $E_2 - E_1$ 之飛輪的慣量。

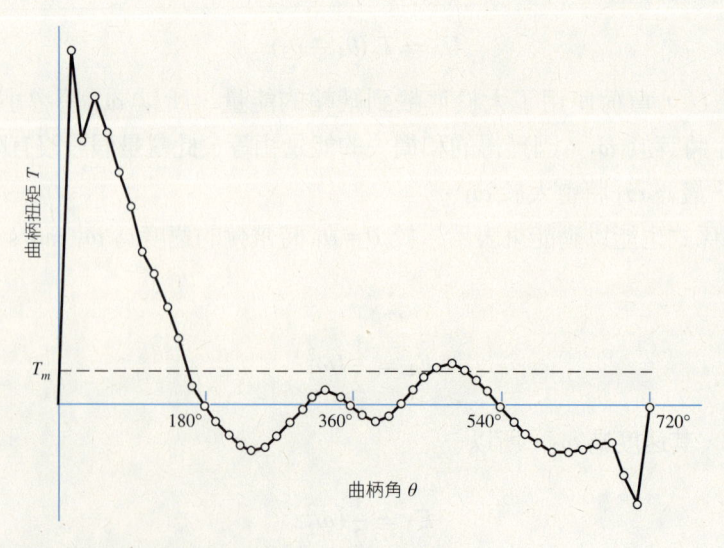

▌**圖 12-27** 某單缸四衝程內燃機引擎之扭矩與曲柄角間的關係。

範例 12-6

表 12-6 列出用於繪製圖 12-27 的扭矩值。該引擎的標稱速度為 250 rad/s。

(a) 積分單一循環的扭矩-位移函數，並求在該循環期間能輸出至負荷的能量。
(b) 試求其平均扭矩 T_m (見圖 12-27)。
(c) 最大的能量波動大約在該扭矩圖的 $\theta = 15°$ 到 $\theta = 150°$ 之間。也請注意 $T_o = -T_m$。試使用速度波動係數 $C_s = 0.1$，求適宜的飛輪慣量。
(d) 試求 ω_2 及 ω_1。

解答 (a) 利用 $n = 48$，使 $\Delta\theta = 4\pi/48$，表 12-6 的數據積分得到 $E = 338$ J。這是可以傳輸至負荷的能量。

表 12-6 繪製圖 12-28 的數據

θ deg	T N·m	θ deg	T N·m	θ deg	T N·m	θ deg	T N·m
0	0	195	−12	375	−9	555	−12
15	316	210	−23	390	−14	570	−23
30	236	225	−29	405	−10	585	−33
45	275	240	−36	420	0.9	600	−40
60	244	255	−35	435	14	615	−42
75	208	270	−27	450	27	630	−41
90	180	285	−14	465	35	645	−35
105	137	300	−0.9	480	36	660	−30
120	120	315	10	495	29	675	−31
135	91	330	14	510	23	690	−62
150	60	345	9	525	12	705	−86
165	21	360	0	540	0	720	0
180	0						

答案 (b)
$$T_m = \frac{388}{4\pi} = 30.9 \text{ N·m}$$

(c) 在扭矩-位移圖上的最大正值弧線發生於 $\theta = 0°$ 與 $\theta = 180°$ 之間。由於發生最大的速度變化而選擇此弧線。就此弧線區，從表 12-6 中的值減去 30.9 N·m，分別得到 −30.9、29.3、21.1、25.0、21.9、18.2、15.3、10.9、9.2、6.2、3.1、−1.0 及 30.9 N·m。對 θ 數值積分 $T - T_m$ 得到 $E_2 - E_1 = 408$ J。現在由 (12-64) 式求解 I，可得

答案
$$I = \frac{E_2 - E_1}{C_s \omega^2} = \frac{408}{0.1(250)^2} = 0.065 \text{ kg·s}^2\text{ m}$$

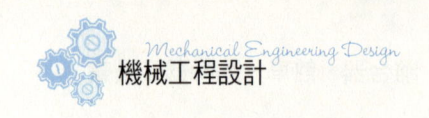

(d) 聯立 (12-62) 及 (12-63) 兩式可求得 ω_2 及 ω_1。以適宜的值代入這兩個方程式，得到

答案
$$\omega_2 = \frac{\omega}{2}(2 + C_s) = \frac{250}{2}(2 + 0.1) = 262.5 \text{ rad/s}$$

答案
$$\omega_1 = 2\omega - \omega_2 = 2(250) - 262.5 = 237.5 \text{ rad/s}$$

這兩個速度分別發生於 $\theta = 180°$ 及 $\theta = 0°$。

衝壓機扭矩的需求通常以劇烈的衝擊與驅動系統摩擦的形式表示。電動機於嘗試恢復飛輪速度這項主要任務時，也得同時進行克服摩擦的次要任務。這種情況可以理想化如圖 12-28 中所示。忽略運轉摩擦時，Euler 方程式可以寫成

$$T(\theta_1 - 0) = \frac{1}{2}I(\omega_1^2 - \omega_2^2) = E_2 - E_1$$

式中唯一有意義的慣量為飛輪的慣量。衝壓機能夠使電動機與飛輪在同一軸上，然後經由齒輪減速驅動承載衝壓刀具的滑塊機構。電動機可以連續地衝壓以形成衝壓的節奏；或是它可以透過離合器，允許一次衝擊和一個斷開的連接指令對於穩定衝壓的極度使用狀況，電動機及飛輪必須依此決定尺寸。所做的功為

$$W = \int_{\theta_1}^{\theta_2} [T(\theta) - T] d\theta = \frac{1}{2}I(\omega_{max}^2 - \omega_{min}^2)$$

這個方程式可以重整以將速率波動係數 C_s 含入如下：

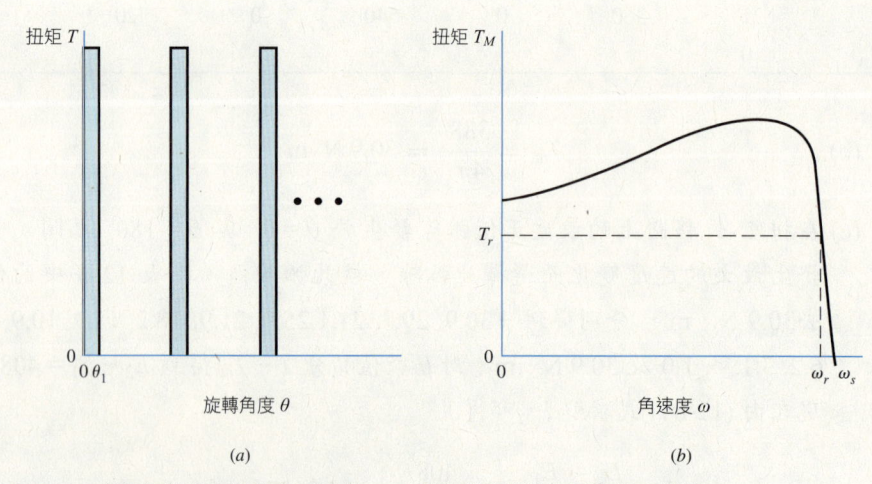

圖 12-28 (a) 衝壓期間衝壓機的扭矩需求。(b) 鼠籠式電動機的扭矩-速度特性。

$$W = \frac{1}{2}I(\omega_{max}^2 - \omega_{min}^2) = \frac{I}{2}(\omega_{max} - \omega_{min})(\omega_{max} + \omega_{min})$$

$$= \frac{I}{2}(C_s\bar{\omega})(2\omega_0) = IC_s\bar{\omega}\omega_0$$

當速率波動很小時，$\omega_0 \doteq \bar{\omega}$，因此

$$I = \frac{W}{C_s\bar{\omega}^2}$$

感應電動馬達在其運轉範圍內，具有線性的扭矩特性 $T = a\omega + b$，式中的常數 a 與 b 可從名牌上的標示速率 ω_r 及同步速率 ω_s 求得：

$$a = \frac{T_r - T_s}{\omega_r - \omega_s} = \frac{T_r}{\omega_r - \omega_s} = -\frac{T_r}{\omega_s - \omega_r}$$

$$b = \frac{T_r\omega_s - T_s\omega_r}{\omega_s - \omega_r} = \frac{T_r\omega_s}{\omega_s - \omega_r} \tag{12-65}$$

例如，某 3 kW 三相鼠籠式交流電動機，當它的速率為 1125 rev/min 時，其額定扭矩為 $3000/(1125(2)\pi/60) = 25.5$ N·m，其額定速率為 $\omega_r = 2\pi n_r/60 = 2\pi(1125)/60 = 117.81$ rad/s，而它的同步角速率為 $\omega_s = 2\pi(1200)/60 = 125.66$ rad/s。因此，$a = -3.25$ N·m·s/rad，而 $b = 408$ N·m，即可將 $T(\omega)$ 表示為 $a\omega + b$。在從 t_1 到 t_2 這段時域間，電動機依據 $I\ddot{\theta} = T_M$ (也就是 $Td\omega/dt = T_M$) 加速飛輪。將 $T_M = I\,d\omega/dt$ 式分離變數，可得

$$\int_{t_1}^{t_2} dt = \int_{\omega_r}^{\omega_2} \frac{I\,d\omega}{T_M} = I\int_{\omega_r}^{\omega_2} \frac{d\omega}{a\omega + b} = \frac{I}{a}\ln\frac{a\omega_2 + b}{a\omega_r + b} = \frac{I}{a}\ln\frac{T_2}{T_r}$$

或

$$t_2 - t_1 = \frac{I}{a}\ln\frac{T_2}{T_r} \tag{12-66}$$

減速時域出現於電動機與飛輪感受軸上的衝擊扭矩 T_L 時，$(T_M - T_L) = I\,d\omega/dt$，或

$$\int_0^{t_1} dt = I\int_{\omega_2}^{\omega_r} \frac{d\omega}{T_M - T_L} = I\int_{\omega_2}^{\omega_r} \frac{d\omega}{a\omega + b - T_L} = \frac{I}{a}\ln\frac{a\omega_r + b - T_L}{a\omega_2 + b - T_L}$$

或

$$t_1 = \frac{I}{a}\ln\frac{T_r - T_L}{T_2 - T_L} \tag{12-67}$$

以 (12-67) 式除以 (12-66) 式，可得

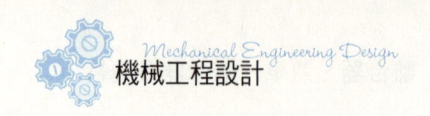

$$\frac{T_2}{T_r} = \left(\frac{T_L - T_r}{T_L - T_2}\right)^{(t_2-t_1)/t_1} \tag{12-68}$$

(12-68) 式可以數值法解得 T_2，得到 T_2 後飛輪的慣量可由 (12-66) 式求得

$$I = \frac{a(t_2 - t_1)}{\ln(T_2/T_r)} \tag{12-69}$$

重要的是 a 的單位必須為 N・m・s/rad，I 才會有正確的單位。

問題

12-1 圖中顯示一個內輪緣式煞車，其輪緣內直徑為 300 mm 及尺寸 $R = 125$ mm。蹄塊的面寬 40 mm，都承受至動力 2.2 kN。其平均摩擦係數為 0.28。
(a) 試求最大壓力，並指出發生於哪個蹄塊上。
(b) 試估算每個蹄塊的煞車扭矩，並求總煞車扭矩。
(c) 試估算鉸鏈銷上的總反力。

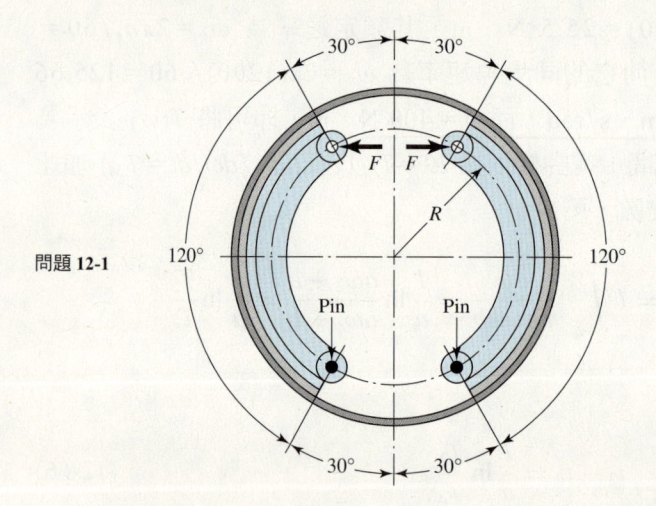

問題 12-1

12-2 試就問題 12-1 中的煞車，考量其鉸鏈銷與作動位置相同。然而令摩擦蹄塊摩擦表面對應 90° 角，以取代 120°，而且為中央定位。試求其最大壓力及總煞車扭矩。

12-3 於問題 12-1 的圖中，其內輪緣直徑為 280 mm，尺寸 R 為 90 mm，蹄塊面寬為 30 mm。若每個蹄塊的致動力為 1 kN，試求各蹄塊的最大壓力。鼓輪以逆時針方向旋轉，而其摩擦係數為 $f = 0.30$。

12-4 圖中顯示一個 300 mm 直徑的煞車鼓，致動機構將安排成對每個蹄塊施以相同的力 F。蹄塊都相同，其面寬為 32 mm，裡襯為模造石棉，具有容許摩擦係數 0.32，而最大壓力為 1000 kPa。試估算其最大

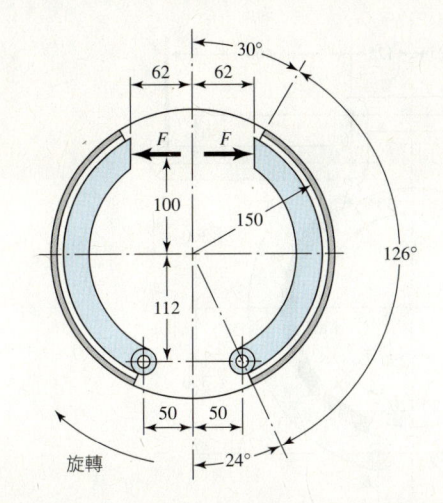

問題 12-4
具有內擴蹄塊的煞車，
尺寸以 mm 表示。

(a) 致動力 F。
(b) 煞車容量。
(c) 鉸銷上的反力。

12-5 圖中顯示的塊式手煞車的面寬 30 mm，平均摩擦係數為 0.25。若估計的致動力為 400 N，試求蹄塊上的最大壓力及其煞車扭矩。

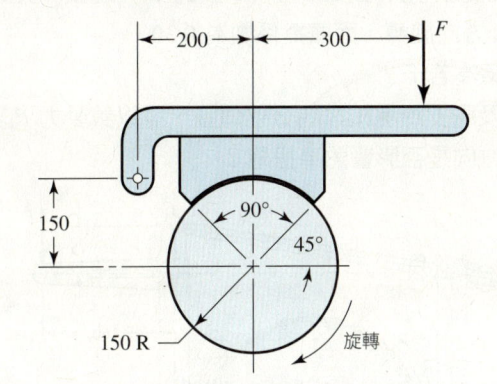

問題 12-5
尺寸以 mm 表示。

12-6 假設問題 12-5 之摩擦係數的標準差為 $\hat{\sigma}_f = 0.025$，其中與平均值的偏離完全由環境條件決定。試求對應於 $\pm 3\hat{\sigma}_f$ 的煞車扭矩。

12-7 圖中顯示的煞車具有摩擦係數 0.30，面寬 50 mm，而蹄塊襯裡壓力極限為 1 MPa。試求致動力的限值及扭矩容量。

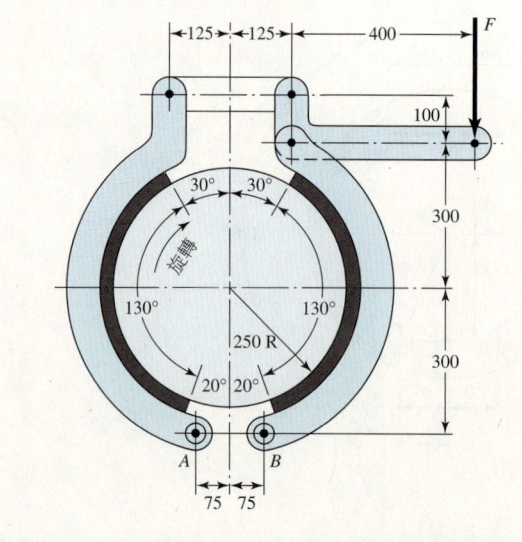

問題 12-7
尺寸以 mm 表示。

12-8 參照圖 12-11 中的對稱樞接外蹄塊煞車及 (12-15) 式。假設壓力分佈均勻，也就是壓力 p 與 θ 無關。試問其樞接距離 a' 應為若干？若 $\theta_1 = \theta_2 = 60°$，試比較 a 及 a'。

12-9 圖中煞車上的蹄塊面對圖示外樞接蹄塊煞車鼓的 90° 圓弧。其致動力 P 作用於槓桿上。鼓輪依逆時針方向旋轉，而摩擦係數為 0.30。
(a) 試求尺寸 e 的值應為若干？
(b) 試繪製操控槓桿及兩支蹄塊槓桿的分離體圖，並以致動力 P 表示其上的各力。
(c) 試問鼓輪的旋轉方向是否影響煞車扭矩？

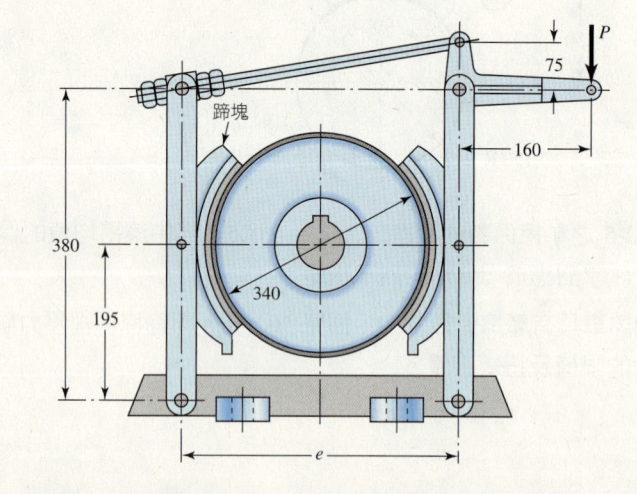

問題 12-9
尺寸以 mm 表示。

12-10 問題 12-9 為該煞車的初步分析。某剛固的非石棉模造襯裡以乾式的方式用於問題 12-9 的鑄鐵質鼓輪上。蹄塊寬 190 mm，面對 90° 弧面。試求最大容許致動力及煞車扭矩。

12-11 圖示帶式煞車的最大介面壓力為 620 kPa。使用直徑 350 mm 的鼓輪，帶寬為 25 mm，摩擦係數為 0.30，而圍包角為 270°。試求皮帶的拉力及其扭矩容量。

問題 12-11

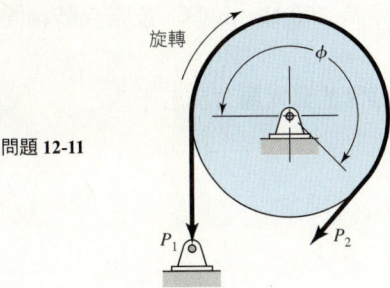

12-12 問題 12-11 中帶式煞車的鼓輪直徑為 300 mm。選用的皮帶之摩擦係數為 0.28，寬度則為 80 mm。它能安全地承受 7.6 kN 的拉力。若其圍包角為 270°，試求襯裡壓力極其扭矩容量。

12-13 圖示煞車的摩擦係數為 0.30 並且以最大力 F 400 N 運作。若其帶寬為 50 mm，試求皮帶中的拉力及其煞車扭矩。

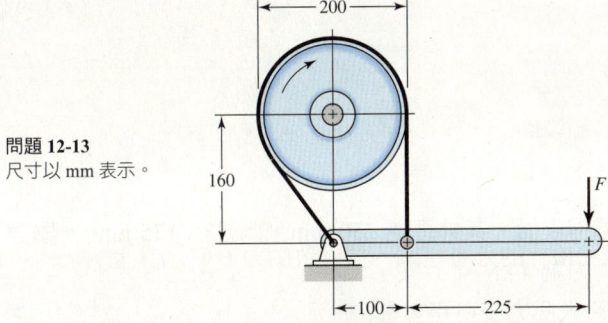

問題 12-13
尺寸以 mm 表示。

12-14 圖中描述的帶式煞車其鼓輪以 200 rev/min 作逆時針方向旋轉。鼓輪的直徑為 400 mm，而帶寬為 75 mm。 其摩擦係數為 0.20。最大襯裡的介面壓力為 480 kPa。
(a) 試求煞車扭矩，必要的致動力 P，及穩態的功率。
(b) 繪製其鼓輪的分離體圖。試求一對跨坐安裝之軸承必須承受的徑向負荷。
(c) 在接觸弧兩端的襯裡壓力為若干？

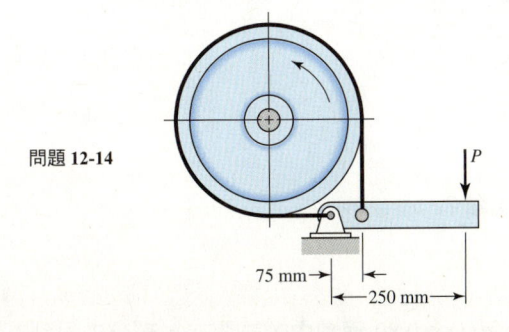

問題 12-14

12-15 圖示之帶式煞車用於防止軸的倒轉。其圍包角為 270°，帶寬 54 mm，而摩擦係數為 0.20。該煞車將抗拒的扭矩為 200 N·m。皮帶輪的直徑為 210 mm。試求
(a) 剛好能防止倒轉運動的距離 c_1 為若干？

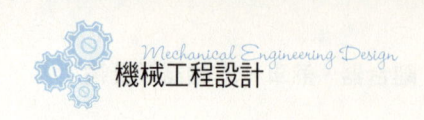

(b) 若搖桿設計的尺寸為 $c_1 = 25$ mm，則倒轉扭矩為 200 N·m 時，皮帶與鼓輪間的最大壓力為若干？

(c) 若倒轉扭矩的需求為 11 N·m，則皮帶與鼓輪間的最大壓力為若干？

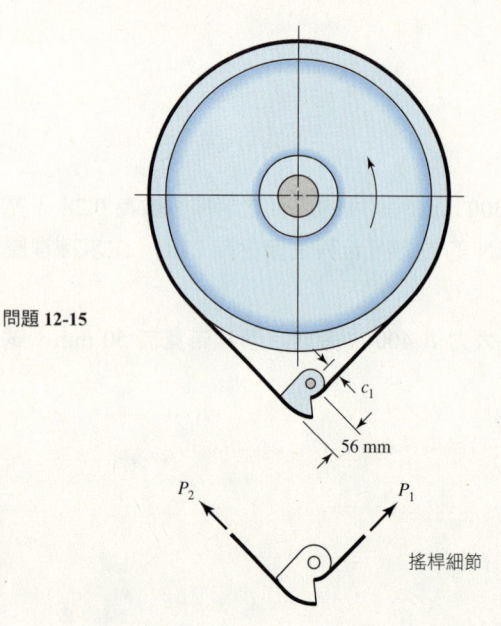

問題 12-15

12-16 某碟式離合器有一對匹配的摩擦表面，其外直徑 250 mm，內直徑 175 mm。摩擦係數的平均值為 0.30，而致動力為 4 kN。

(a) 試求使用均勻磨耗模型的最大壓力及扭矩容量。

(b) 試求使用均勻壓力模型的最大壓力及扭矩容量。

12-17 某液壓操作的多碟式離合器之有效的碟外直徑為 165 mm，內直徑為 100 mm。其摩擦係數為 0.24，而限制壓力為 830 kPa。共存在 6 個滑動平面。

(a) 試使用均勻磨耗模型估算其軸向力 F 及扭矩 T。

(b) 令摩擦對的內直徑 d 可變。試完成下表：

d, mm	50	75	100	125	150
T, N·m					

(c) 該表顯示了什麼？

12-18 再次參照問題 12-17。

(a) 試證明其最佳直徑 d^* 與外直徑如何相關？

(b) 最佳內直徑為若干？

(c) 列表顯示的最大值為何？

(d) 此類碟式離合器的常用比例在 $0.45 \leq d/D \leq 0.80$ 範圍內，試問在 a 部分中得到的結果有用嗎？

12-19 某錐形離合器的 $D = 330$ mm，$d = 306$ mm，而錐長 60 mm，摩擦係數則為 0.26。需傳輸的扭矩為 200 N·m。試就此條件，以兩種模型估算其致動力及壓力。

12-20 試證明就卡盤煞車而言，其 $T/(fFD)$ 對 d/D 的線圖有如 12-5 節中的 (b) 式及 (c) 式。

12-21 某延性鋼質的雙爪離合器的尺寸如圖中所示。該離合器以能在 500 rev/min 轉速下傳輸 2 kW 的功率設計。試求其鍵及爪承受的承應力及剪應力。

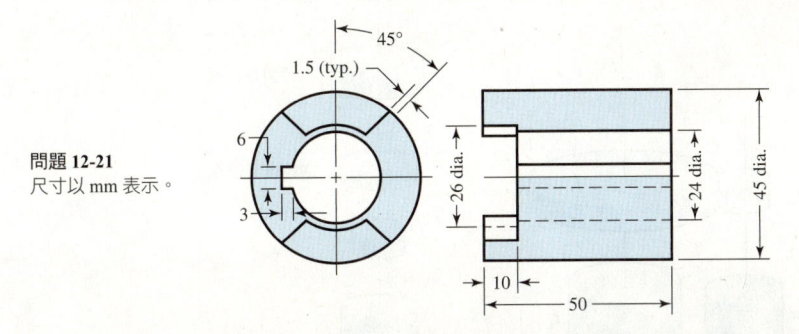

問題 12-21
尺寸以 mm 表示。

12-22 某煞車的法向煞車扭矩為 320 N·m，而熱耗散表面的質量為 18 kg。假設一負荷利用法向煞車扭矩於 8.3 s 內從初始的角速度 1800 rev/min 停止下來；試估算熱耗散表面的溫升。

12-23 某鑄鐵質飛輪輪緣的 OD 為 1.5 m，而 ID 為 1.4 m。該飛輪的重量必須使 6.75 kJ 的能量波動所導致的角速率變動，不得大於 240 到 260 rev/min 之間。試估算速率波動係數。如果忽略輪輻的重量，試求其寬度應為若干？

12-24 某單級齒輪下料衝壓機有 200 mm 的衝程，及額定容量 320 kN。假設其凸輪驅動的衝頭於等速衝程之最後 15% 期間，能以定值作用力輸出完整的衝壓負荷。若該凸輪軸的平均速度為 90 rev/min，並以 6：1 的齒輪比連結至飛輪軸。其所做的總功中含 16% 的摩擦裕量。
(a) 試估算最大的能量波動。
(b) 試就有效直徑 1.2 m 而且速率波動係數為 0.10 時，估算輪緣的質量。

12-25 試使用表 12-6 的數據，找出三缸直列引擎對應於標稱速率 2400 rev/min 的平均輸出扭矩，及所需要的飛輪慣量。令 $C_s = 0.30$。

12-26 當電動機的電樞慣量、小齒輪慣量，及電動機扭矩附著於電動機軸上，而大齒輪慣量、負荷慣量，及負荷扭矩則存在於第二根軸上。若能將所有扭矩與慣量反映於一支軸上，比如說，電樞軸上非常有用。為使此種反應易於進行，需要有一些規則。視小齒輪與大齒輪為具有節圓半徑的圓盤。

- 第二根軸上的扭矩在電動機軸上以負荷扭矩除以負值的減速比來反映。
- 第二根軸上的慣量以其慣量除以減速比的平方反映至電動機軸上。
- 在第二根軸上與在電動機軸上之小齒輪圓盤嚙合的大齒輪圓盤，其慣量以小齒輪慣量乘以減速比平方反映至電動機軸上。

(a) 試證明這三個規則。
(b) 使用這些規則，將圖中之二軸系統簡化成等效的串型多晶結構 (shish-kebab

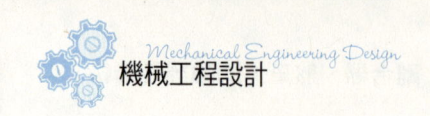

structure) 電動機軸。正確地完成後，此等效串型多晶結構軸的動態反應與實際系統完全相同。

(c) 試就漸減速比 $n = 10$ 比較串型多晶結構的慣量。

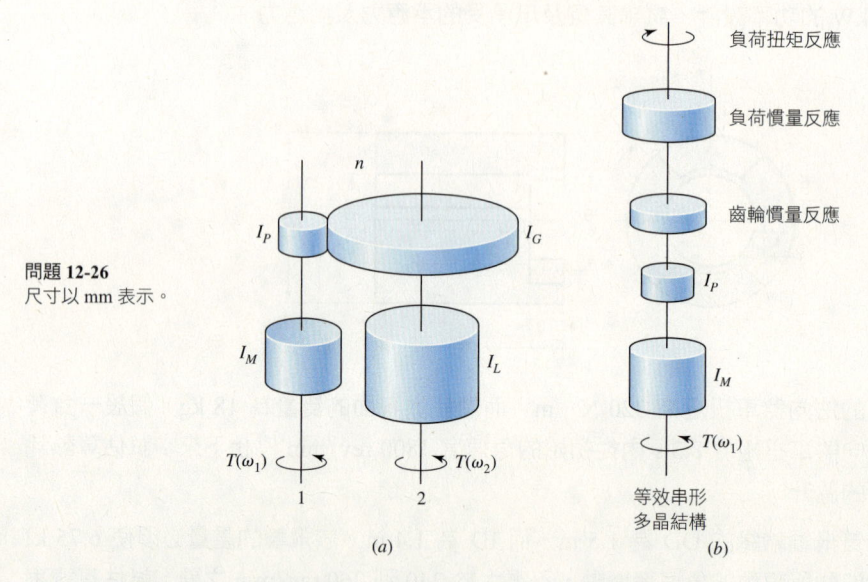

問題 12-26
尺寸以 mm 表示。

12-27 對圖中顯示的三軸系統，應用問題 12-26 中的法則以產生電動機軸的串形多晶結構。

(a) 試證明等效慣量 I_e 可由下式求得

$$I_e = I_M + I_P + n^2 I_P + \frac{I_P}{n^2} + \frac{m^2 I_P}{n^2} + \frac{I_L}{m^2 n^2}$$

(b) 若整體的齒輪減速比 R 為定值 nm，試證明其等效慣量變成

$$I_e = I_M + I_P + n^2 I_P + \frac{I_P}{n^2} + \frac{R^2 I_P}{n^4} + \frac{I_L}{R^2}$$

(c) 若問題為最小化齒輪系的慣量，試就 $I_p = 1$、$I_M = 10$、$I_L = 100$，及 $R = 10$ 求比值 n 與 m。

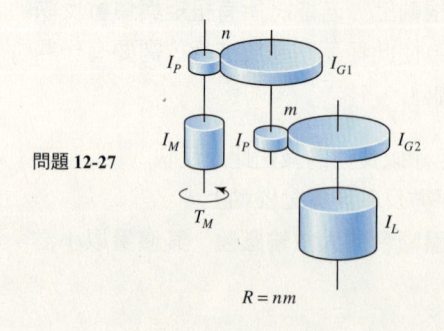

問題 12-27

12-28 試就問題 12-27 的條件，以等效慣量 I_e 為縱軸，漸減比 n 為橫軸，於 $1 \leq n \leq 10$ 範圍中繪圖。試問如何視最小慣量比為單階慣量 (single-step inertia)？

第 12 章　離合器、煞車、聯軸器及飛輪

12-29　某齒輪比 10：1 的衝壓機在 $\frac{1}{2}$ 秒間曲柄軸上的扭矩為 1800 N·m 的情況下，每分鐘作六次衝壓。電動機標示牌上標示於連續工作情況轉速為 1125 rev/min 的功率為 2.2 kW。試設計適合用於電動機軸上的飛輪，設計範圍包含指定所用的材料，輪緣的內、外直徑以及其寬度。當你準備你的規範時，請注意 ω_{max}、ω_{min}、速率波動係數 C_s、能量傳遞，及飛輪傳輸至衝壓機的功率峰值。請注意，因飛輪在電動機軸上而加諸齒輪系上之功率與陡震的情況。

12-30　問題 12-29 中的衝壓機使用時在其曲柄軸上需要飛輪。試設計能滿足其要求的飛輪，設計範圍包含指定所用的材料、輪緣的內、外直徑以及其寬度。請注意 ω_{max}、ω_{min}、C_s 速率波動係數 C_s、能量傳遞，及飛輪傳輸至衝壓機的功率峰值。試問齒輪系中的功率峰值為若干？齒輪系必須傳輸的功率與陡震的情況如何？

12-31　試比較問題 12-29 與 12-30 中指派設計的結果。你學到了什麼？你有沒有什麼建議？

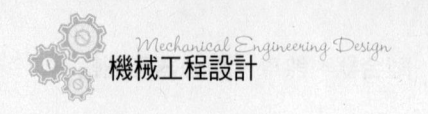

chapter 13

撓性機械元件

本章大綱

13-1 皮帶　744

13-2 平皮帶與圓皮帶驅動　747

13-3 V 型皮帶　764

13-4 正時皮帶　772

13-5 滾子鏈條　773

13-6 鋼絲索　782

13-7 撓性軸　791

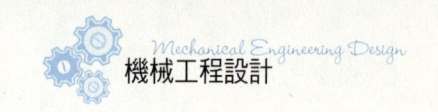

皮帶、纜索、鏈條及其它相似的彈性或可撓的機器元件，都用於輸送系統及相對長距離的動力傳輸。這些元件常用於取代齒輪、傳動軸、軸承及其它相對剛固的動力傳輸裝置。在許多情況下，使用它們簡化了機器的設計，實質上並且降低了成本。

此外，由於這些元件都具有彈性而且通常相當長，在吸收陡震及衰減並隔離振動效應方面，也扮演了重要的角色。就機器壽命而言，這是一項重要的優點。

大多數撓性元件不具無窮壽命。使用它們時，建立檢視時間表以防範磨耗、老化與彈性疲乏是很重要的。一旦出現劣化的跡象，應立即更換。

13-1 皮帶

表 13-1 中列出四種主要的皮帶類型及它們的一些特性。**隆面皮帶輪 (Crowned pulleys)** 用於搭配平皮帶，而**帶槽皮帶輪 (grooved pulleys)** 或**槽輪 (sheaves)** 用於圓皮帶或 V 型皮帶。**定時皮帶 (Timing belts)** 需要**帶齒帶輪 (toothed wheels)** 或**鏈輪 (sprockets)**。在所有的情況中，皮帶輪軸必須相隔一定的最小距離，視皮帶型式與尺寸而定，以準確地運轉。皮帶其它的特性有：

- 可以用於長中心距。
- 除了正時皮帶，其它皮帶都會有些滑動與蠕動 (creep)，所以驅動軸與從動軸間的轉速比既不會是定值，也不會正好等於皮帶輪直徑的比值。
- 某些情況下，可使用惰輪或拉緊帶輪 (tension pulley) 以避免調整中心距。通常皮帶使用已久或安裝新皮帶，會需要調整中心距。

表 13-1 常見皮帶類型的特性 (除了正時皮帶的圖示側視圖外，各圖都是剖面圖)

皮帶類型	圖形	接頭	尺寸範圍	中心距離
平皮帶		有	$t = \begin{cases} 0.03 \text{ 至 } 0.20 \text{ in} \\ 0.75 \text{ 至 } 5 \text{ mm} \end{cases}$	無上限
圓皮帶		有	$d = \begin{cases} \frac{1}{8} \text{ 至 } \frac{3}{4} \text{ in} \\ 3 \text{ 至 } 20 \text{ mm} \end{cases}$	無上限
V 型皮帶		沒有	$b = \begin{cases} 0.31 \text{ 至 } 0.91 \text{ in} \\ 8 \text{ 至 } 19 \text{ mm} \end{cases}$	受限
正時皮帶		沒有	$p = \begin{cases} 0.08 \text{ 以上} \\ 2 \text{ mm 以上} \end{cases}$	受限

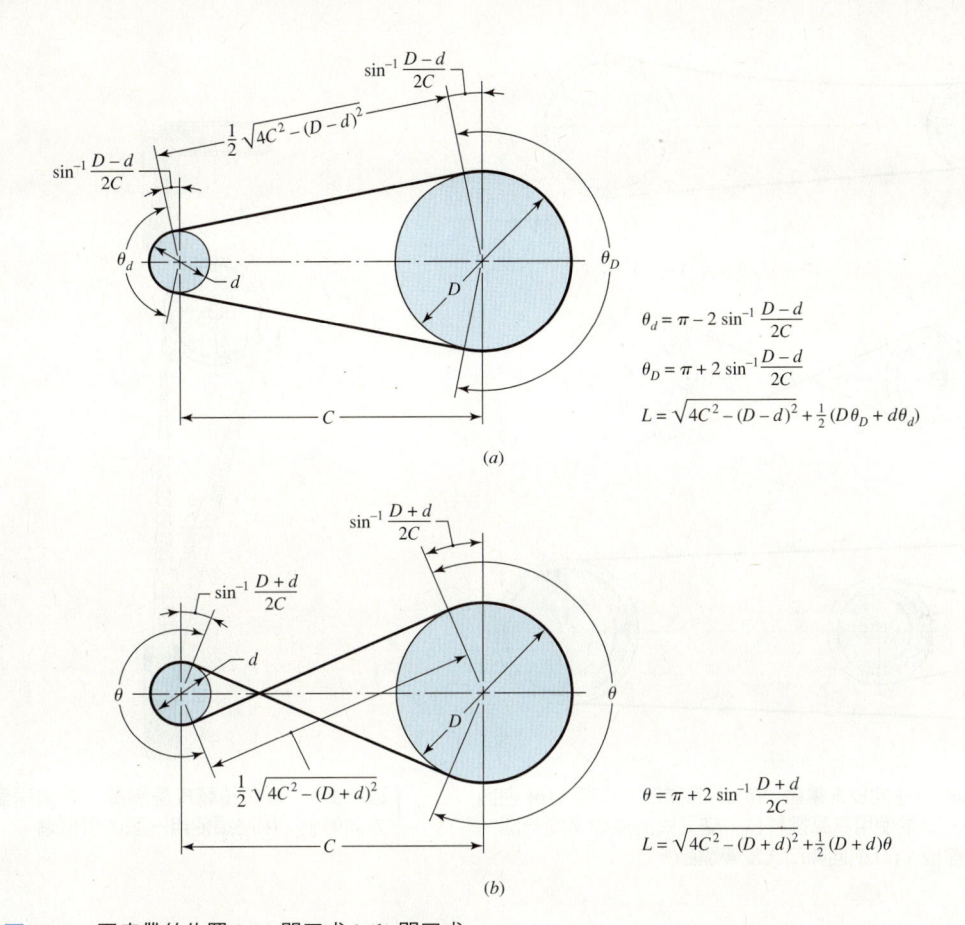

圖 13-1 平皮帶的佈置：(a) 開口式；(b) 閉口式。

$$\theta_d = \pi - 2\sin^{-1}\frac{D-d}{2C}$$

$$\theta_D = \pi + 2\sin^{-1}\frac{D-d}{2C}$$

$$L = \sqrt{4C^2 - (D-d)^2} + \tfrac{1}{2}(D\theta_D + d\theta_d)$$

$$\theta = \pi + 2\sin^{-1}\frac{D+d}{2C}$$

$$L = \sqrt{4C^2 - (D+d)^2} + \tfrac{1}{2}(D+d)\theta$$

圖 13-1 說明平皮帶的開式或閉式平皮帶驅動佈置。對平皮帶驅動而言，當它運轉時，皮帶的拉力應如圖 13-2a 中一般有可視的鬆垂 (sag) 或下垂 (droop)。雖然平皮帶的鬆邊在上方為優先的選擇，但因安裝時的拉力通常較大，對其它型皮帶而言，鬆邊在上方或下方都能使用。

圖 13-2 中顯示兩種轉向相反的驅動方式，請注意，圖 13-2b 及 13-2c 中，皮帶的兩面都與皮帶輪接觸，因此不能使用於 V 型皮帶或正時皮帶的傳動。

圖 13-3 顯示一不在同平面上的皮帶輪驅動，軸不必與本例一般成直角。請注意圖 13-3 圖中驅動的俯視圖，安置皮帶輪時，必須使得皮帶離開每一個皮帶輪處，正好在另一皮帶輪面的中央平面上。其它的配置可能需要導引輪才能達成此種情況。

圖 13-4 中顯示平皮帶的另一項優點，可藉從鬆輪將皮帶移到緊輪或從動輪，達成離合器的動作。

圖 13-5 顯示兩個可變速驅動裝置。圖 13-5a 的驅動一般僅使用於平皮帶；圖 13-5b 的驅動藉使用帶槽皮帶輪，也可以用於 V 型皮帶與圓皮帶。

平皮帶以聚胺酯製成，也有用橡膠填入纖維並以鋼線或尼龍線加強，以承受拉

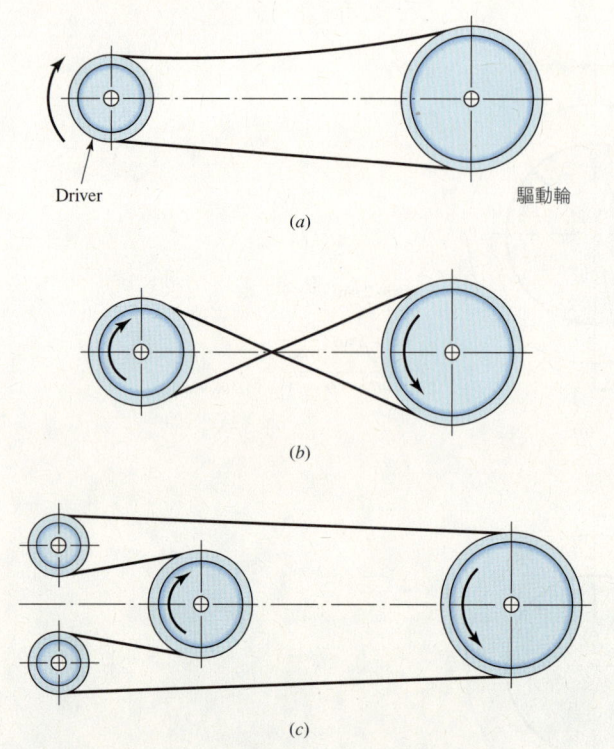

圖 13-2 順向與逆向皮帶驅動。(a) 順向開口式皮帶。(b) 逆向交叉式皮帶。如果使用高摩擦材料，交叉式的皮帶必須分開，以防範發生擦損。(c) 逆向開口式皮帶驅動。

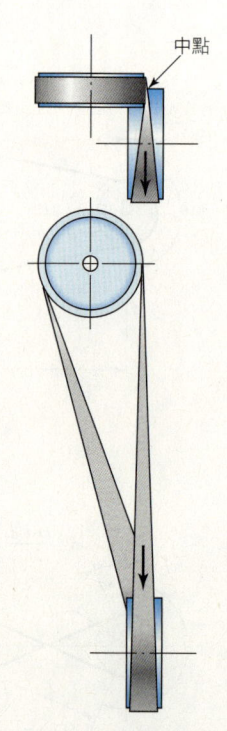

圖 13-3 直角扭轉皮帶驅動；若需兩個方向轉動，則必須使用一個導引惰輪。

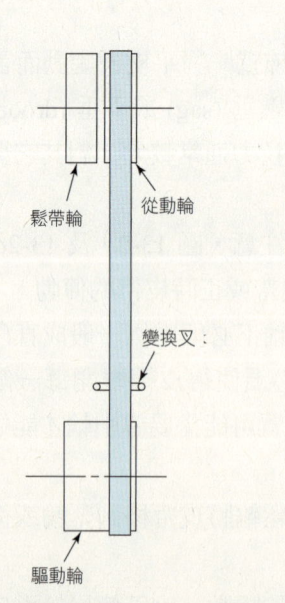

圖 13-4 這種驅動方式不用離合器。平皮帶可藉變換叉左右移動。

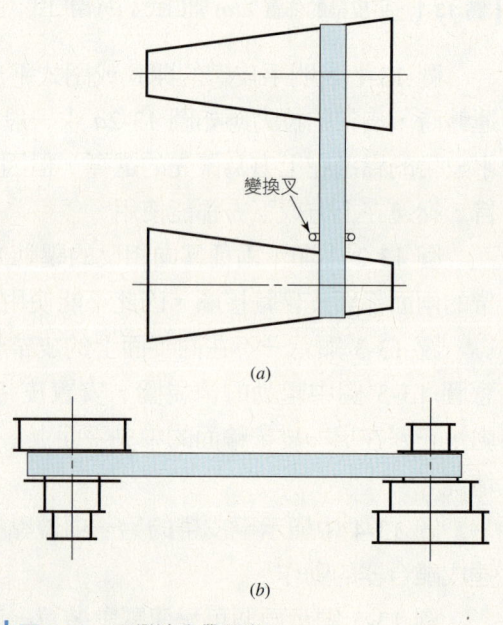

圖 13-5 可變速皮帶驅動。

力負荷的製品。有一面或兩面塗敷摩擦材料。平皮帶的運轉安靜，高速時效率良好，而且可以跨長中心距傳遞大動力。通常平皮帶以整卷購買，裁切成所需長度，再以製造商提供的特殊工具接合兩端。通常以兩條或更多平皮帶並排運轉，取代以單一寬皮帶構成輸送系統。

V 型皮帶以纖維及弦線製成，通常是於橡膠中填入棉線、人造纖維，或尼龍。與平皮帶成對比的是 V 型皮帶使用相似的帶槽帶輪，而且中心距較短。V 型皮帶的效率略低於平皮帶，但在單一槽輪尚可同時有多條皮帶，形成多重驅動。V 型皮帶僅製成某些長度，而且沒有接頭。

正時皮帶以橡膠化的纖維與鋼線製成，而且有齒以適配於鏈輪周邊上切出的齒槽。正時皮帶不會拉長或滑動，故而能以定值角速度比傳遞動力。帶齒的正時皮帶事實上具有一般皮帶沒有的優點，其中之一是不需要有出拉力，因而可以採固定中心驅動；另一項是去除了速率的約束。皮帶上的齒使它幾乎可以任何速率運轉，不論是慢是快。缺點是皮帶的初始成本高，鏈輪必須有齒槽，以及在帶-齒嚙合頻率下導致動力波動。

13-2 平皮帶與圓皮帶驅動

現代的平皮帶由強彈性核心與包覆核心的彈性體組成；這種驅動具有齒輪驅動與 V 型皮帶驅動所無的獨特優點。平皮帶驅動具有大約 98% 的效率，幾與齒輪驅動相同。另一方面，V 型皮帶驅動的效率大約在 70% 到 96%[1] 間。平皮帶驅動產生的噪音很小，而且比 V 型皮帶驅動或齒輪驅動更能由系統本身吸收扭轉振動。

採開口式皮帶驅動 (圖 13-1a) 時，其接觸角為

$$\theta_d = \pi - 2\sin^{-1}\frac{D-d}{2C}$$
$$\theta_D = \pi + 2\sin^{-1}\frac{D-d}{2C}$$

(13-1)

D = 大皮帶輪直徑
d = 小皮帶輪直徑
C = 中心距
θ = 接觸角

其皮帶長度為兩接觸弧長度加上兩倍接觸開始點與結束點間的距離。其結果是

---

[1] A. W. Wallin, "Efficiency of Synchronous Belts and V-Belts," *Proc. Nat. Conf. Power Transmission*, vol. 5, Illinois Institute of Technology, Chicago, Nov. 7-9, 1978, pp. 265-271.

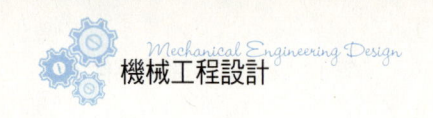

$$L = [4C^2 - (D-d)^2]^{1/2} + \frac{1}{2}(D\theta_D + d\theta_d) \qquad (13\text{-}2)$$

圖 13-2b 中的交叉皮帶驅動也可以導出一組相似的方程式。對此皮帶，兩皮帶輪的圍包角 (angle of wrap)，相同為

$$\theta = \pi + 2\sin^{-1}\frac{D+d}{2C} \qquad (13\text{-}3)$$

交叉皮帶驅動的皮帶長度為

$$L = [4C^2 - (D+d)^2]^{1/2} + \frac{1}{2}(D+d)\theta \qquad (13\text{-}4)$$

Firbank[2] 以下列方法解說平皮帶驅動理論。皮帶與皮帶輪間的摩擦力導致的皮帶拉力變化，將導致皮帶伸長或縮短，且相對於皮帶輪運動。這種由**彈性蠕動** (elastic creep) 導致的運動伴隨著滑動摩擦，不同於靜摩擦。在驅動皮帶輪的作用，是使得皮帶的運動速度由於彈性蠕動而比皮帶輪表面的速度慢，經由接觸角這部分實際傳輸動力。接觸角是由傳輸動力的**有效弧** (effective arc) 與**空轉弧** (idle arc) 構成。對驅動皮帶輪而言，皮帶以**緊邊拉力** (tight-side tension) F_1 及與皮帶輪表面相同的速度 V_1 開始與皮帶輪接觸。然後皮帶通過空轉弧而不改變其 F_1 或 V_1。然後開始蠕動或滑動接觸，皮帶即隨著摩擦力而改變。到有效弧終端，皮帶以**鬆邊拉力** (loose-side tension) F_2 及變慢的速率 V_2 離開皮帶輪。

Firbank 使用此一理論以數學式表達平皮帶驅動的力學，並以實驗證明其結果。他的觀察包括靜摩擦所傳輸的動力明顯地多於滑動摩擦所傳遞者。他也發現，皮帶為尼龍核心及皮革表面者，其摩擦係數的典型值為 0.7，但藉特殊的表面處理可以提升至 0.9。

此處的模型假設皮帶上的摩擦力正比於循接觸弧的法向壓力。首先，必須找到緊邊拉力與鬆邊拉力間的關係，它類似於帶式煞車，但納入運動的影響，也就是皮帶中的離心拉力。圖 13-6 中顯示一小皮帶的分離體，其中微小力 dS 即由離心力引發，dN 為皮帶與皮帶輪之間的法向力，而 fdN 為在滑動點由於滑動點摩擦導致的剪切引力。該皮帶寬 b，厚 t，單位長度的皮帶質量為 m。離心力 dS 可以表示為

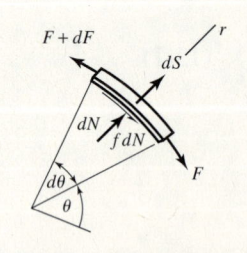

圖 13-6 與皮帶輪接觸之憑皮帶的無限小分離體。

$$dS = (mr\,d\theta)r\omega^2 = mr^2\omega^2\,d\theta = mV^2\,d\theta = F_c\,d\theta \qquad (a)$$

式中的 V 為皮帶速率。加總各徑向力得：

$$\sum F_r = -(F+dF)\frac{d\theta}{2} - F\frac{d\theta}{2} + dN + dS = 0$$

---

[2] T. C. Firbank, *Mechanics of the Flat Belt Drive*, ASME paper no. 72-PTG-21.

忽略高階項，可得

$$dN = F\,d\theta - dS \tag{b}$$

加總切線方向各力，得

$$\sum F_t = -f\,dN - F + (F + dF) = 0$$

由此式併入 (a) 式及 (b) 式，可得

$$dF = f\,dN = fF\,d\theta - f\,dS = fF\,d\theta - fmr^2\omega^2\,d\theta$$

或

$$\frac{dF}{d\theta} - fF = -fmr^2\omega^2 \tag{c}$$

此非齊次一階微分方程式的解為

$$F = A\exp(f\theta) + mr^2\omega^2 \tag{d}$$

式中的 A 為任意常數。假設 θ 自鬆邊開始，則 F 的邊界條件為：於 $\theta = 0$ 處，$F = F_2$，可得 $A = F_2 - mr^2\omega^2$。所以，解為

$$F = (F_2 - mr^2\omega^2)\exp(f\theta) + mr^2\omega^2 \tag{13-5}$$

在圍包角 ϕ 的終端為緊邊

$$F|_{\theta=\phi} = F_1 = (F_2 - mr^2\omega^2)\exp(f\phi) + mr^2\omega^2 \tag{13-6}$$

現在可以寫成

$$\frac{F_1 - mr^2\omega^2}{F_2 - mr^2\omega^2} = \frac{F_1 - F_c}{F_2 - F_c} = \exp(f\phi) \tag{13-7}$$

此處從 (a) 式，得 $F_c = mr^2\omega^2$。(13-7) 式也可以寫成

$$F_1 - F_2 = (F_1 - F_c)\frac{\exp(f\phi) - 1}{\exp(f\phi)} \tag{13-8}$$

現在可循下列程序求 F_c：令 n 為直徑 d 之皮帶輪的旋轉速率，單位為 rev/min，所以皮帶速率為：

$$V = \pi\,dn \quad \text{m/s}$$

每米皮帶長的重量 w 可以其比重 γ 單位為 N/m^3 表示為 $w = \gamma\,bt$ N/m，式中的 b 及 t 以 m 為單位。F_c 可寫成

$$F_c = w\,V^2/g \tag{e}$$

圖 13-7 顯示一個皮帶輪及部分皮帶的分離體圖。其緊邊拉力 F_1，鬆邊拉力 F_2，具有下列增項：

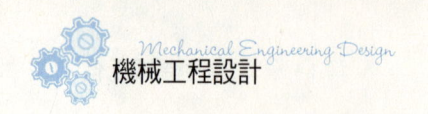

圖 13-7 皮帶輪上的作用力及扭矩。

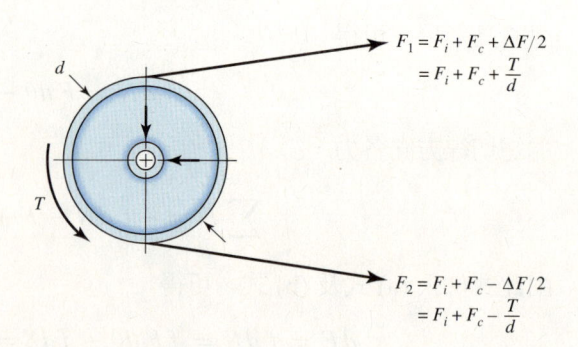

$$F_1 = F_i + F_c + \Delta F/2 = F_i + F_c + T/d \tag{f}$$

$$F_2 = F_i + F_c - \Delta F/2 = F_i + F_c - T/d \tag{g}$$

其中　　F_i = 初拉力。

F_c = 由離心力引發的環周張力 (hoop tension)

$\Delta F/2$ = 傳遞扭矩 T 導致的拉力

d = 皮帶輪直徑

F_1 與 F_2 的差值與皮帶輪的扭矩有關。(f) 式減去 (g) 式，得到

$$F_1 - F_2 = \frac{2T}{d} \tag{h}$$

(f) 式與 (g) 式相加，得

$$F_1 + F_2 = 2F_i + 2F_c$$

由此式可得

$$F_i = \frac{F_1 + F_2}{2} - F_c \tag{i}$$

將 (i) 式以 (h) 式除之，並利用 (13-7) 式，運算後得

$$\frac{F_i}{T/d} = \frac{(F_1 + F_2)/2 - F_c}{(F_1 - F_2)/2} = \frac{F_1 + F_2 - 2F_c}{F_1 - F_2} = \frac{(F_1 - F_c) + (F_2 - F_c)}{(F_1 - F_c) - (F_2 - F_c)}$$

$$= \frac{(F_1 - F_c)/(F_2 - F_c) + 1}{(F_1 - F_c)/(F_2 - F_c) - 1} = \frac{\exp(f\phi) + 1}{\exp(f\phi) - 1}$$

由上式可得到

$$F_i = \frac{T}{d}\frac{\exp(f\phi) + 1}{\exp(f\phi) - 1} \tag{13-9}$$

(13-9) 式提供對平皮帶的基本瞭解。若 F_i 等於零，則 T 等於零：無初拉力，無扭矩傳遞。該扭矩正比於初拉力。這意指如果要有滿意的平皮帶驅動，則初拉力必須：(1) 提供，(2) 持續，(3) 恰當的值，及 (4) 定期檢視及維護。

從 (f) 式併入 (13-9) 式，得到

$$F_1 = F_i + F_c + \frac{T}{d} = F_c + F_i + F_i \frac{\exp(f\phi) - 1}{\exp(f\phi) + 1}$$

$$= F_c + \frac{F_i[\exp(f\phi) + 1] + F_i[\exp(f\phi) - 1]}{\exp(f\phi) + 1}$$

$$F_1 = F_c + F_i \frac{2\exp(f\phi)}{\exp(f\phi) + 1} \tag{13-10}$$

以 (g) 式併入 (13-9) 式，可得

$$F_2 = F_i + F_c - \frac{T}{d} = F_c + F_i - F_i \frac{\exp(f\phi) - 1}{\exp(f\phi) + 1}$$

$$= F_c + \frac{F_i[\exp(f\phi) + 1] - F_i[\exp(f\phi) - 1]}{\exp(f\phi) + 1}$$

$$F_2 = F_c + F_i \frac{2}{\exp(f\phi) + 1} \tag{13-11}$$

(13-7) 式稱為**皮帶方程式** (belting equation)，但 (13-9)、(13-10)，及 (13-11) 式揭示皮帶如何工作。以 F_i 當橫座標可將 (13-10) 式及 (13-11) 式繪製成圖 13-8。初拉力必須足以使 F_1 與 F_2 曲線間的差為 $2T/d$。於沒有扭矩傳遞時，皮帶的最小可能的

圖 **13-8** 初拉力 F_i 對皮帶拉力 F_1 或 F_2 的關係圖。顯示截距 F_c、曲線方程式，及何處可找到 $2T/d$。

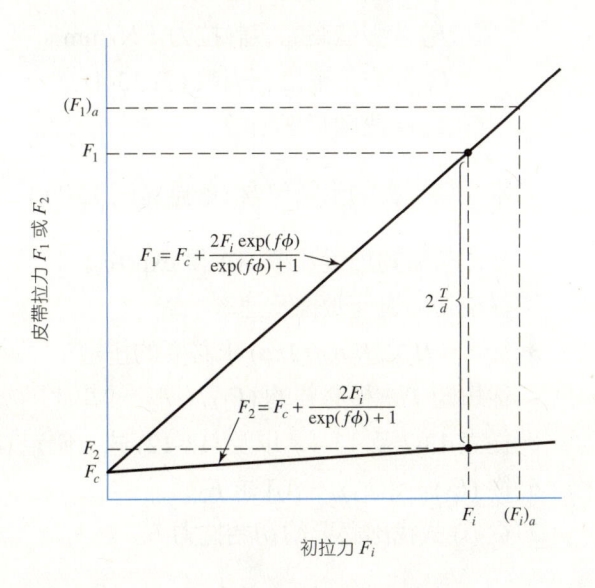

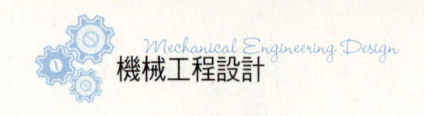

圖 13-9 不同厚度皮革皮帶的 C_v 值。
(來源：Machinery's Handbook, 20th ed., *Industrial Press, New York, 1976, p. 1047.*)

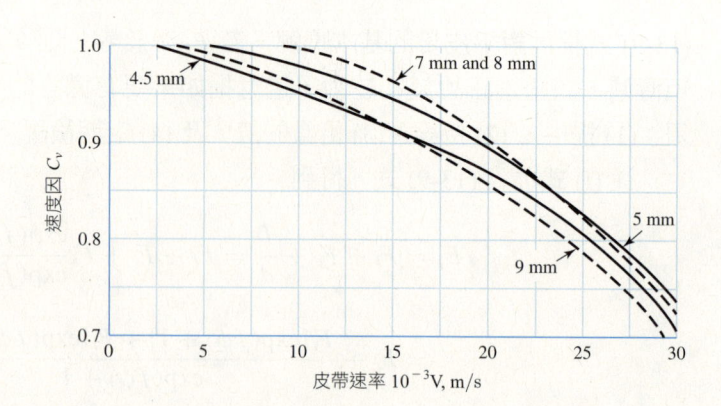

拉力為 $F_1 = F_2 = F_c$。

傳遞的功率為

$$H(F_1 - F_2)V \tag{j}$$

製造商會提供其生產皮帶的規格，也包含容許拉力 F_a (或容許應力 σ_{all})，其拉力的單位為每單位寬度承受的力。皮帶壽命通常達數年。皮帶通過皮帶輪時的嚴重彎曲對壽命的影響，以皮帶輪修正因數 C_p 反應。速率超過 3 m/s，對壽命的影響則反映於速度修正因數 C_v。對聚醯亞胺 (polyamide) 及聚胺酯 (urethane) 皮帶使用 $C_v = 1$。皮革皮帶的 C_v 見圖 13-9。使用因數 K_s 則用於偏離標稱負荷的情況，應用於標稱功率如 $H_d = H_{nom} K_s n_d$，式中的 n_d 為嚴苛狀態的設計因數。這些因數合併成：

$$(F_1)_a = bF_aC_pC_v \tag{13-12}$$

其中　$(F_1)_a$ = 容許最大拉力，N
　　　b = 皮帶寬度，mm
　　　F_a = 製造商的容許拉力，N/mm
　　　C_p = 皮帶輪修正因數 (表 13-4)
　　　C_v = 速度修正因數

分析平皮帶驅動的步驟包含 (參見範例 13-1)：

1 從皮帶驅動佈置及摩擦求得 $\exp(f\phi)$
2 從皮帶的幾何數據及速率求 F_c
3 從 $T = H_{nom} K_s n_d / (2\pi n)$ 求必要的扭矩
4 從扭矩 T 求得必要的 $(F_1)_a - F_2 = 2T/d$
5 從表 13-2 及 13-4，以及 (13-12) 式，確定 $(F_1)_a$
6 從 $(F_1)_a - [(F_1)_a - F_2]$ 求 F_2
7 從 (i) 式找出必要的初始拉力 F_i

8 核驗導致的摩擦係數，需能滿足 $f' < f$。使用 (13-7) 式解 f'：

$$f' = \frac{1}{\phi} \ln \frac{(F_1)_a - F_c}{F_2 - F_c}$$

9 以 $n_{fs} = H_a/(H_{nom} K_s)$ 求安全因數。

不幸的是，許多可取得的皮帶數據，都以過分單純的方式呈現。這些資訊來源使用各種型式的圖、列線 (nomographs) 及表，以方便一些對皮帶一無所知的人使用。這類人，如果需要，只需做稍許計算，即可得到有效的結果。由於在許多情況下，對分析程序缺乏瞭解，此人無法改變程序中的步驟，以獲得比較好的設計。

要合併可取得的皮帶驅動數據，形成能對皮帶力學有良好瞭解的型式，涉及對數據做一些調整。職是之故，從此處呈現之分析所得的結果，不會與從來源取得的數據精確地相吻合。

表 13-2 中，列出適度多樣的皮帶材料，及一些它們的性質。這些數據已經足以解決多種設計與分析的問題。使用的設計方程式是 (j) 式。

表 13-2 所示的容許皮帶拉力乃基於皮帶速率 600 ft/min。對較高的速率，使用圖 13-9 以取得皮革皮帶的 C_v 值。對聚酰亞胺及聚胺酯皮帶，則使用 $C_v = 1.0$。

V 型皮帶的使用因數 K_s 提供於 13-3 節中的表 13-15，在此也推薦使用於平皮帶及圓皮帶驅動。

不同皮帶的最小皮帶輪尺寸列於表 13-2 及 13-3 中。皮帶輪修正因數用於考量皮帶的彎曲或撓曲量以及它如何影響皮帶的壽命。基於此一理由，其值由皮帶的尺寸與材料決定，參見表 13-4。聚胺酯皮帶使用 $C_p = 1.0$。

平皮帶輪應具隆起表面，以維持皮帶免於脫離皮帶輪。如果僅有一個皮帶輪具有隆起表面，它應該是大皮帶輪。只要皮帶輪的輪軸不在水平位置，則兩個皮帶輪都必須有隆起表面。使用表 13-5 查詢隆起高度。

範例 13-1

寬 150 mm 的聚酰亞胺 A-3 平皮帶，用於在輕度陡震的情況下傳輸 11 kW，使用因數 $K_s = 1.25$，而適宜的安全因數是大於或等於 1.1。皮帶輪的旋轉軸互相平行，而且在同一水平面。兩軸相距 2.4 m。150 mm 直徑的驅動皮帶輪以鬆邊在上、1750 rev/min 的轉速旋轉。從動皮帶輪直徑為 450 mm，見圖 13-10。其安全因數乃針對難以估量的緊急狀態，試
(a) 估算離心拉力 F_c 及扭矩 T。
(b) 估算容許拉力 F_1、F_2、F_i 及容許功率 H_a。
(c) 估算安全因數，它是否能滿足？

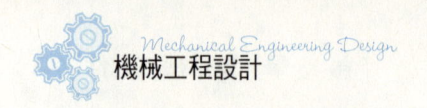

表 13-2　部分平及圓皮帶材料的性質。(直徑 = d, 厚度 = t, 寬度 = w)

材料	規格	尺寸, mm	最小皮帶輪直徑, mm	於 3 m/s 時每單位皮帶寬的容許拉力, (10^3) N/m	比重 kN/m^3	摩擦係數
皮革	1 ply	$t = 4.5$	75	5	9.5–12.2	0.4
		$t = 5$	90	6	9.5–12.2	0.4
	2 ply	$t = 7$	115	7	9.5–12.2	0.4
		$t = 8$	150	9	9.5–12.2	0.4
		$t = 9$	230	10	9.5–12.2	0.4
聚酰亞胺[b]	F–0[c]	$t = 0.8$	15	1.8	9.5	0.5
	F–1[c]	$t = 1.3$	25	6	9.5	0.5
	F–2[c]	$t = 1.8$	60	10	13.8	0.5
	A–2[c]	$t = 2.8$	60	10	10.0	0.8
	A–3[c]	$t = 3.3$	110	18	11.4	0.8
	A–4[c]	$t = 5.0$	240	30	10.6	0.8
	A–5[c]	$t = 6.4$	340	48	10.6	0.8
聚胺酯[d]	$w = 12.7$	$t = 1.6$	See	1.0[e]	10.3–12.2	0.7
	$w = 19$	$t = 2.0$	Table	1.7[e]	10.3–12.2	0.7
	$w = 32$	$t = 2.3$	17–3	3.3[e]	10.3–12.2	0.7
	圓	$d = 6$	See	1.4[e]	10.3–12.2	0.7
		$d = 10$	Table	3.3[e]	10.3–12.2	0.7
		$d = 12$	17–3	5.8[e]	10.3–12.2	0.7
		$d = 20$		13[e]	10.3–12.2	0.7

[a] 皮帶寬 8 in 或更大時皮帶輪尺寸增加 2 in。
[b] 來源：*Habasit Engineering Manual*, Habasit Belting, Inc., Chamblee (Atlanta), Ga.
[c] 兩面都有丙烯脂丁二烯摩擦面層。
[d] 來源：Eagle Belting Co., Des Plaines, Ill.
[e] 於伸長 6% 時，12% 為最大容許值。

表 13-3　聚胺酯平皮帶與圓皮帶的最小皮帶輪尺寸 (表列的是以 mm 為單位的皮帶輪直徑)

皮帶型式	皮帶尺寸, mm	皮帶輪轉速對皮帶長度，rev (m · s) 14 以下	14 至 27	28-55
平皮帶	12.7 × 1.6	9.7	11.2	12.7
	19 × 2.0	12.7	16	19
	32 × 2.3	12.7	16	19
圓皮帶	6	38.1	44.5	50.8
	10	57.1	66.5	76.2
	12	76.2	88.9	101.6
	20	127	152	177.8

來源：Eagle Belting Co., Des Plaines, Ill.

表 13-4 平皮帶之皮帶輪的修正因數 C_P*

材料		40-100	115-200	小皮帶輪直徑, mm 220-310	355-405	460-800	800 以上
皮革		0.5	0.6	0.7	0.8	0.9	1.0
聚酰亞胺	F–0	0.95	1.0	1.0	1.0	1.0	1.0
	F–1	0.70	0.92	0.95	1.0	1.0	1.0
	F–2	0.73	0.86	0.96	1.0	1.0	1.0
	A–2	0.73	0.86	0.96	1.0	1.0	1.0
	A–3	—	0.70	0.87	0.94	0.96	1.0
	A–4	—	—	0.71	0.80	0.85	0.92
	A–5	—	—	—	0.72	0.77	0.91

*指定範圍的 C_P 平均值來自 *Habasit Engineering Manual*, Habasit Belting, Inc., Chamblee (Atlanta), Ga.中曲線之近似值。

表 13-5 平皮帶輪的表面隆起高度及 ISO 皮帶輪直徑*

ISO 隆面皮帶輪 直徑, mm	ISO 高度, mm	皮帶輪 直徑, mm	隆起高度, in $w \le 250$ mm	$w > 250$ mm
40, 50, 62	0.3	315, 355	0.75	0.75
70, 80	0.3	315, 355	1.0	1.0
90, 100, 115	0.3	570, 635, 710	1.3	1.3
125, 142	0.4	800, 900	1.3	1.5
160, 180	0.5	1015	1.3	1.5
200, 230	0.6	1140, 1270, 1420	1.5	2.0
250, 285	0.75	1600, 1800, 2030	1.8	2.5

*隆起面必須磨圓,不能有角;最大粗糙度為 $R_a =$ AA 1500 μmm。

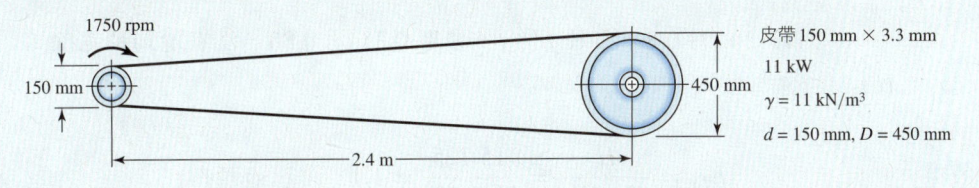

圖 13-10 範例 13-1 的平皮帶驅動。

皮帶 150 mm × 3.3 mm
11 kW
$\gamma = 11$ kN/m³
$d = 150$ mm, $D = 450$ mm

解答 (a)(13-1) 式:
$$\phi = \theta_d = \pi - 2\sin^{-1}\left[\frac{450-150}{2(2400)}\right] = 3.0165 \text{ rad}$$

$$\exp(f\phi) = \exp[0.8(3.0165)] = 11.17$$

$$V = \pi(0.15)1750/60 = 13.7 \text{ m/s}$$

從表 13-2: $\quad w = \gamma bt = 11\,000(0.15)0.0033 = 5.4$ N/m

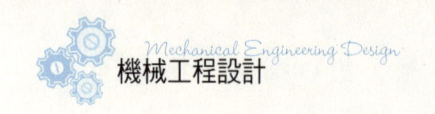

答案 從 (e) 式：
$$F_c = \frac{w}{g}V^2 = \frac{5.4}{9.81}(13.7)^2 = 103 \text{ N}$$

$$T = \frac{H_{\text{nom}} K_s n_d}{2\pi n} = \frac{1.25(1.1)11000}{2\pi 1750/60}$$

答案
$$= 82 \text{ N} \cdot \text{m}$$

(b) 傳遞扭矩 T 所需的 $(F_1)_a - F_2$ 從 (h) 式，

$$(F_1)_a - F_2 = \frac{2T}{d} = \frac{2(82)}{0.15} = 1093 \text{ N}$$

從表 13-2，$F_a = 18$ kN/m。對聚酰亞胺皮帶 $C_v = 1$，而從表 13-4 可得 $C_p = 0.70$。從 (13-12) 式，容許的最大皮帶拉力 $(F_1)_a$ 為

答案
$$(F_1)_a = bF_aC_pC_v = 0.15(18000)0.70(1) = 1890 \text{ N}$$

則

答案
$$F_2 = (F_1)_a - [(F_1)_a - F_2] = 1890 - 1093 = 797 \text{ N}$$

並從 (i) 式

$$F_i = \frac{(F_1)_a + F_2}{2} - F_c = \frac{1890 + 797}{2} - 103 = 1240 \text{ N}$$

答案 結合 $(F_1)_a$、F_2，及 F_i 將得到傳輸的設計功率為 $11(1.25)(1.1) = 15.125$ kW 並保護皮帶。現在求解 (13-7) 式，以核驗 f'：

$$f' = \frac{1}{\phi}\ln\frac{(F_1)_a - F_c}{F_2 - F_c} = \frac{1}{3.0165}\ln\frac{1890 - 103}{797 - 103} = 0.314$$

由表 13-2、$f = 0.8$。由於 $f' < f$，亦即 $0.314 < 0.80$，沒有滑動的危險。

(c)

答案
$$n_{fs} = \frac{H}{H_{\text{nom}} K_s} = \frac{15.125}{11(1.25)} = 1.1 \quad (\text{正如預期})$$

答案 此皮帶能滿足所求，而且存在最大容許拉力。如果能維持初拉力，其功率容量為設計功率 15.125 kW。

　　初拉力是平皮帶的功能可以如預期的關鍵。有數種控制初拉力的方法。方法之一是將電動機和驅動皮帶輪安置於一個能轉動的安裝板上，使電動機、皮帶輪，及安裝板的重量及部分皮帶的重量，能導致正確的初拉力並維持之。第二種方法是使用具負載彈簧的皮帶惰輪 (spring-loaded idler pulley)，做相同的調整任務。這兩種

方法都能適用於暫時性或永久性拉伸皮帶。請參見圖 13-11。

由於平皮帶用於長距離傳動，皮帶本身即能提供初拉力。靜止的皮帶撓曲成近似懸垂曲線，而從直皮帶凹陷的深度可相對於一拉張的琴弦線量得。從懸垂線理論，凹陷深度與初拉力的關係如

$$d = \frac{L^2 w}{8F_i} \tag{13-13}$$

式中　d = 凹陷深度，m
　　　C = 中心至中心的距離，m
　　　w = 皮帶單位長重量，N/m
　　　F_i = 初拉力，N

範例 13-1 中對應於初拉力 1240-N 的凹陷深度為

$$d = \frac{(2.4^2)5.4}{8(1240)} = 0.0032 \text{ m} = 3.2 \text{ mm}$$

平皮帶的決策組合為

- 功能：功率、速率、持久性、減速比、使用因數、C (中心距)
- 設計因數：n_d
- 初拉力的維持

圖 13-11 皮帶拉緊裝置示意圖。
(a) 配重式惰皮帶輪。(b) 繞樞軸旋轉的電動機安裝板。(c) 懸垂式誘發的拉力。

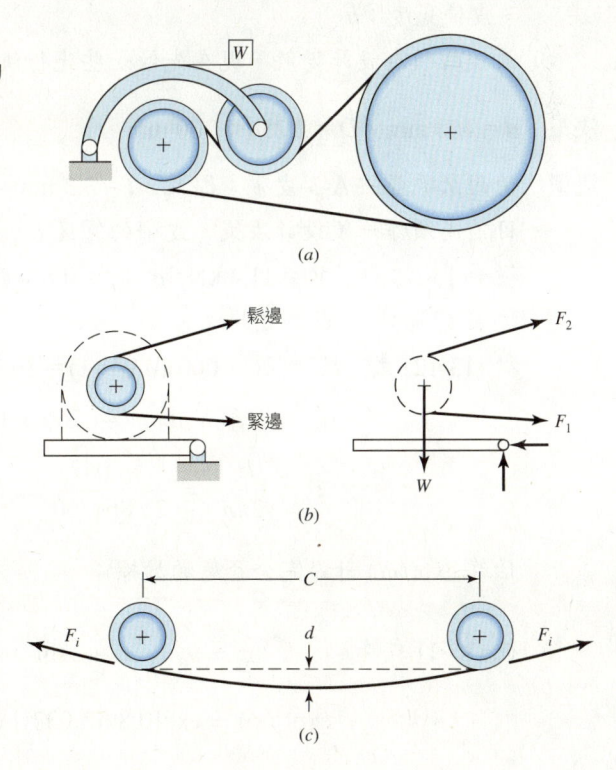

- 皮帶材料
- 驅動幾何尺寸：d、D
- 皮帶厚度：t
- 皮帶寬度：b

視問題而定，部分或所有的後四項可以為設計變數。皮帶的剖面積是真正的設計決策，但可取得的皮帶厚度與寬度是分立的選擇。可取得的尺寸可在供應商的型錄中查詢。

範例 13-2

試設計連接相距 4.8 m 之水平軸的平皮帶傳動。其速度比為 2.25:1，小驅動皮帶輪的轉速 860 rev/min，而在輕度陡震下其標稱傳輸功率為 44 760 W。

解答
- 功能：H_{nom} = 44 760 W，860 rev/min，減速比 2.25:1，K_s = 1.15，C = 4.8 m
- 設計因數：n_d = 1.05
- 初拉力維持：懸垂式
- 皮帶材料：聚醯亞胺
- 驅動幾何尺寸：d、D
- 皮帶厚度：t
- 皮帶寬度：b

最後四項為設計變數。現在先做一些先行決策。

決策 d = 400 mm，D = 2.25d = 900 mm。

決策   使用聚醯亞胺 A-3 皮帶：因此，t = 3.3 mm 而 C_v = 1。

目前尚須作一項設計決策，皮帶的寬度 b。

從表 13-2： γ = 11.4 kN/m^3；f = 0.8；於 600 rev/min 時，F_a = 18 kN/m

從表 13-4： C_p = 0.94

從 (13-12) 式：$F_{1a} = b(18\,000)(0.94)(1) = 16\,920b$ N   (1)

$$H_d = H_{nom} K_s n_d = 44\,760(1.15)1.05 = 54\,047 \text{ W}$$

$$T = \frac{H_d}{2\pi n} = \frac{54\,047}{2\pi 860/60} = 600 \text{ N} \cdot \text{m}$$

估算 $\exp(f\phi)$ 針對完全發展的摩擦：

從 (13-1) 式： $\phi = \theta_d = \pi - 2\sin^{-1}\dfrac{900 - 400}{2(4800)} = 3.037$ rad

$$\exp(f\phi) = \exp[0.80(3.037)] = 11.35$$

依據皮帶寬 b 估算離心力 F_c：

$$w = \gamma bt = (11\,400)b(0.0033) = 37.6b \text{ N/m}$$

$$V = \pi dn = \pi(0.4)860/60 = 18 \text{ m/s}$$

(e) 式： $\quad F_c = \dfrac{w}{g}V^2 = \dfrac{(37.6)b(18)^2}{9.81} = 1241.8b \text{ N}$ \hfill (2)

對於設計條件，亦即，於 H_d 功率水準，使用 (h) 式

$$(F_1)_a - F_2 = 2T/d = 2(600)/0.4 = 3000 \text{ N} \tag{3}$$

$$F_2 = (F_1)_a - [(F_1)_a - F_2] = 16\,920b - 3000 \text{ N} \tag{4}$$

使用 (i) 式，可得

$$F_i = \dfrac{(F_1)_a + F_2}{2} - F_c = \dfrac{16\,920b + 16\,920b - 3000}{2} - 1241.8b = 15\,678.2b - 1500 \text{ N} \tag{5}$$

置摩擦發展於其高水準，利用 (13-7) 式：

$$f\phi = \ln \dfrac{(F_1)_a - F_c}{F_2 - F_c} = \ln \dfrac{16\,920b - 1241.8b}{16\,920b - 3000 - 1241.8b} = \ln \dfrac{15\,678.2b}{15\,678.2b - 3000}$$

於摩擦完全發展的情況，從上式解皮帶寬 b

$$b = \dfrac{3000}{15\,678.2} \dfrac{\exp(f\phi)}{\exp(f\phi) - 1} = \dfrac{3000}{15\,678.2} \dfrac{11.38}{11.38 - 1} = 0.210 \text{ m} = 210 \text{ mm}$$

寬度大於 210 mm 的皮帶，產生的摩擦係數將小於 $f = 0.80$。製造商的數據指出次一個可選擇的較大寬度是 250 mm。

決策 採用 250 mm 寬的皮帶

250 mm 寬皮帶的數據為

由 (2) 式： $\quad F_c = 1241.8(0.25) = 310 \text{ N}$

由 (1) 式： $\quad (F_1)_a = 16\,920(0.25) = 4230 \text{ N}$

由 (4) 式： $\quad F_2 = 4230 - 3000 = 1230 \text{ N}$

由 (5) 式： $\quad F_i = 15\,678.2(0.25) - 1500 = 2420 \text{ N}$

從 (3) 式，傳輸功率為

$$H_t = [(F_1)_a - F_2]V = 3000(18) = 54\,000 \text{ W}$$

而從 (13-7) 式得到的摩擦水準 f' 為

$$f' = \dfrac{1}{\phi} \ln \dfrac{(F_1)_a - F_c}{F_2 - F_c} = \dfrac{1}{3.037} \ln \dfrac{4230 - 310}{1230 - 310} = 0.477$$

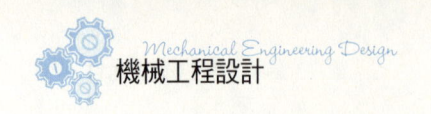

這個值小於 $f = 0.8$，因此可以滿足。若有寬度 225 mm 的皮帶可以取用，分析的結果將顯示 $(F_1)_a = 3807$ N，$F_2 = 811$ N，$F_i = 2260$ N，及 $f' = 0.63$。以具有反應成本的可用優質指數，較厚的皮帶 (A-4 或 A-5) 可能遭檢視以確定哪一個能滿足的選項是最好的。從 (13-13) 式，懸垂凹陷為

$$dip = \frac{L^2 w}{8F_i} = \frac{4.8^2(37.6)0.25}{8(2420)} = 0.011 \text{ m} = 11 \text{ mm}$$

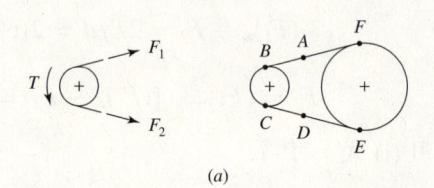

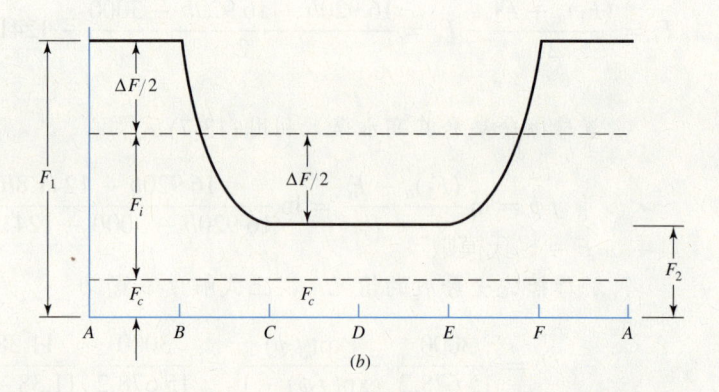

圖 13-12　平皮帶拉力。

圖 13-12 說明平皮帶通過某些主要的點時，撓性平皮帶拉力的變化。

平金屬帶

　　直到雷射熔接及可能製成薄至 0.05 mm，窄至 0.65 mm 之皮帶的薄軋延技術出現前，具有高強度及幾何穩定性的薄金屬平皮帶是無法製造的。引進在金屬帶上打孔的技巧可容許無滑動的應用。薄金屬帶展現

- 高強度對重量的比值
- 尺寸穩定性
- 精確的定時
- 溫度高達 370°C 時仍可使用
- 電傳導性與熱傳導性良好

此外，不鏽鋼合金可以提供適合惡劣 (腐蝕) 環境之"惰性 (inert)"，無吸收性的金屬帶，也可為食品與醫藥製作成無菌的應用。

　　薄金屬帶可以分類為摩擦、正時、或定位傳動或帶傳動。摩擦傳動有普通平皮

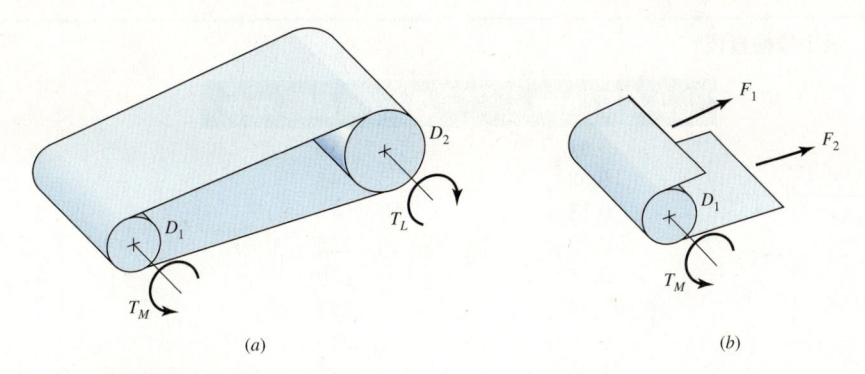

圖 13-13 平金屬帶的張力與扭矩。

帶、金屬塗覆帶，及打孔帶。隆起面帶輪用於補償循跡誤差 (tracking errors)。

圖 13-13 顯示的薄平金屬帶具有緊邊拉力 F_1 及鬆邊拉力 F_2。F_1 及 F_2 與驅動扭矩 T 間的關係如 (h) 式。(13-9)、(13-10)，及 (13-11) 式也能應用。最大容許拉力如 (13-12) 式，以金屬帶中的應力表示。使金屬帶服貼於帶輪上時，其拉應力值 σ_b 可以下式求得

$$\sigma_b = \frac{Et}{(1-\nu^2)D} = \frac{E}{(1-\nu^2)(D/t)} \tag{13-14}$$

其中　E = 楊氏模數
　　　t = 帶厚
　　　ν = Poisson 比
　　　D = 帶輪直徑

由帶施加拉力 F_1 及 F_2 產生的拉應力 $(\sigma)_1$ 及 $(\sigma)_2$ 為

$$(\sigma)_1 = F_1/(bt) \quad 及 \quad (\sigma)_2 = F_2/(bt)$$

其最大拉應力為 $(\sigma_b)_1 + F_1/(bt)$，而最小拉應力為 $(\sigma_b)_2 + F_2/(bt)$。當金屬帶通過帶輪時，這些應力都會顯現。

雖然驅動帶的形狀單純，但由於對頭熔接 (以形成環狀) 的狀況瞭解得不甚精確，而且樣品測試不易，Marin 法並不適用。金屬帶是在兩個尺寸相同的帶輪上運轉至損壞。表 13-6 中顯示之涉及壽命的資訊是可取得的，表 13-7 及表 13-8 則提供額外的資訊。

表 13-6 顯示金屬帶的預期壽命如不鏽鋼帶。從 (13-14) 式令 $E = 190$ GPa 及 $\nu = 0.29$，其彎應力對應於表中羅列的四個項目，所得的值為 337、527、633，及 1054 MPa。對於力及驅動帶通過次數以自然對數轉換顯示其回歸線 $(r = -0.96)$

表 13-6　不鏽鋼摩擦驅動帶的壽命*

$\dfrac{D}{t}$	驅動帶通過次數
625	$\geq 10^6$
400	$0.500 \cdot 10^6$
333	$0.165 \cdot 10^6$
200	$0.085 \cdot 10^6$

*數據是由 Belt Technologies, Agawam, Mass 所提供。

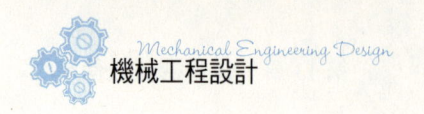

表 13-7 最小帶輪直徑*

帶厚, mm	最小帶輪直徑, mm
0.05	30
0.08	45
0.13	75
0.20	125
0.25	150
0.38	255
0.50	315
1.00	635

*數據是由 Belt Technologies, Agawam, Mass 所提供。

表 13-8 金屬帶典型材料*

合金	降伏強度, MPa	楊氏模數, GPa	Poisson 比 Ratio
301 或 302 不鏽鋼	1206	193	0.285
BeCu	1170	117	0.220
1075 或 1095 碳鋼	1585	207	0.287
鈦	1034	103	—
鐵鉻鎳合金	1103	207	0.284

*數據是由 Belt Technologies, Agawam, Mass 所提供。

為

$$\sigma = 97\,702\, N_p^{-0.407} \tag{13-15}$$

式中 N_p 為驅動帶通過次數。

金屬帶選用程序含下列各步驟：

1 從幾何尺寸及摩擦估算 $\exp(f\phi)$
2 求得耐久強度 (endurance strength)

$$S_f = 97\,702 N_p^{-0.407} \quad\quad 301、302 \text{ 不鏽鋼}$$

$$S_f = S_y/3 \quad\quad 其它金屬帶$$

3 容許拉力

$$F_{1a} = \left[S_f - \frac{Et}{(1-v^2)D}\right]tb = ab$$

4 $\Delta F = 2T/D$
5 $F_2 = F_{1a} - \Delta F = ab - \Delta F$

6. $F_i = \dfrac{F_{1a} + F_2}{2} = \dfrac{ab + ab - \Delta F}{2} = ab - \dfrac{\Delta F}{2}$

7. $b_{\min} = \dfrac{\Delta F}{a} \dfrac{\exp(f\phi)}{\exp(f\phi) - 1}$

8. 選擇 $b > b_{\min}$，$F_1 = ab$，$F_2 = ab - \Delta F$，$F_i = ab - \Delta F/2$，$T = \Delta F D/2$

9. 核驗摩擦係數 f'：

$$f' = \dfrac{1}{\phi} \ln \dfrac{F_1}{F_2} \qquad f' < f$$

範例 13-3

某不鏽鋼摩擦驅動金屬帶運轉於兩個直徑 100 mm 的金屬帶輪 ($f = 0.35$) 上，帶厚 0.08 mm。於平順的扭矩下 ($K_s = 1$)，預期壽命為 10^6 次迴轉，(a) 如果扭矩為 3.4 N·m，選用此皮帶，並 (b) 求初拉力 F_i。

解答 (a) 從步驟 1，$\phi = \theta_d = \pi$，所以，$(0.35\pi) = 3.00$。從步驟 2，

$$(S_f)_{10^6} = 97\,702(10^6)^{-0.407} = 353 \text{ MPa}$$

從步驟 3、4、5 及 6，

$$F_{1a} = \left[353(10^6) - \dfrac{193(10^9)0.08(10^{-3})}{(1 - 0.285^2)0.1} \right] 0.08(10^{-3})b = 14\,796b \text{ N} \qquad (1)$$

$\Delta F = 2T/D = 2(3.4)/0.1 = 68$ N·m

$F_2 = F_{1a} - \Delta F = 14\,796b - 68$ N (2)

$F_i = \dfrac{F_{1a} + F_2}{2} = \dfrac{14\,796b + 68}{2}$ N (3)

從步驟 7，

$$b_{\min} = \dfrac{\Delta F}{a} \dfrac{\exp(f\phi)}{\exp(f\phi) - 1} = \dfrac{68}{14\,796} \dfrac{3.00}{3.00 - 1} = 0.0069 \text{ m} = 6.9 \text{ mm}$$

決策 選用可取得的厚 0.08 mm，寬 19 mm 的金屬帶。

從 (1) 式： $F_{1a} = 14\,796(0.019) = 281$ N

從 (2) 式： $F_2 = 281 - 68 = 213$ N

從 (3) 式： $F_i = (281 + 213)/2 = 247$ N

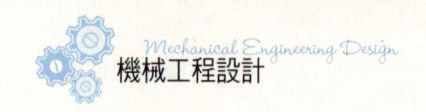

$$f' = \frac{1}{\phi} \ln \frac{F_1}{F_2} = \frac{1}{\pi} \ln \frac{281}{213} = 0.0882$$

注意：$f'<f$，亦即 0.0882 < 0.35。

13-3　V 型皮帶

　　V 型皮帶的剖面尺寸已由製造商標準化，每一剖面都以一個英文字母標示，大小以 in 表示。米制的大小以數字標示，雖然此處並未包含進來，但其分析與設計的程序與此處呈現的並無不同。表 13-9 中羅列了各字母所標示之剖面的尺寸、最小皮帶輪直徑，及功率容量的範圍。

　　為規範 V 型皮帶，須規定標示皮帶剖面的字母，後面跟著以 mm 單位表示的內緣周長 (標準內緣周長列於表 13-10)。例如，B75 是 B-剖面皮帶，其內緣周長為 1875 mm。

表 13-9　標準 V 型剖面

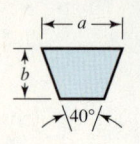

皮帶剖面	寬 *a*, mm	厚 *b*, mm	最小槽輪直徑, mm	功率範圍, 一條或多條皮帶
A	12	8.5	75	0.2–7.5
B	16	11	135	0.7–18.5
C	22	13	230	11–75
D	30	19	325	37–186
E	38	25	540	75 及以上

表 13-10　標準 V-型皮帶內緣周長

剖面	周長, mm
A	650, 775, 825, 875, 950, 1050, 1150, 1200, 1275, 1325, 1375, 1425, 1500, 1550, 1600, 1650, 1700, 1775, 1875, 1950, 2000, 2125, 2250, 2400, 2625, 2800, 3000, 3200
B	875, 950, 1050, 1150, 1200, 1275, 1325, 1375, 1425, 1500, 1550, 1600, 1650, 1700, 1775, 1875, 1950, 2000, 2125, 2250, 2400, 2625, 2800, 3000, 3200, 3275, 3400, 3450, 3950, 4325, 4500, 4875, 5250, 6000, 6750, 7500
C	1275, 1500, 1700, 1875, 2025, 2125, 2250, 2400, 2625, 2800, 3000, 3200, 3400, 3600, 3950, 4050, 4350, 4500, 4875, 5250, 6000, 6750, 7500, 8250, 9000, 9750, 10 500
D	3000, 3200, 3600, 3950, 4050, 4350, 4500, 4875, 5250, 6000, 6750, 7500, 8250, 9000, 9750, 10 500, 12 000, 13 500, 15 000, 16 500
E	4500, 4875, 5250, 6000, 6750, 7500, 8250, 9000, 9750, 10 500, 12 000, 13 500, 15 000, 16 500

表 13-11 長度轉換值 (將表列值加上內緣周長以獲得以 mm 表示的節長)

皮帶剖面	A	B	C	D	E
添加的值	32	45	72	82	112

涉及皮帶長的計算通常以節長 (pitch length) 為依據，對任意指定的剖面，其節長可由於內緣周長加上一個增量 (表 13-10 及 13-11) 而得。例如，B75 皮帶的節長為 1920 mm。同樣地，計算速度比使用槽輪的節圓直徑。以此之故，述及直徑時，一般的瞭解是指節圓直徑，即使它們並非總是有規範。

槽輪的槽角 (groove angle) 製作得略小於皮帶剖面的角，這導致皮帶自身楔入槽溝中，因而增大摩擦。此角的精確值視皮帶剖面、槽輪直徑，及接觸角而定。如果製作得小於皮帶剖面的角太多，則皮帶離開槽輪時，從槽中拉出皮帶需要的力會太大。最佳的角度可在商業文獻中找到。

最小槽輪直徑已列於表 13-9 中。為了最好的結果，V 型皮帶必須以很快的速度運轉，20 m/s 是個良好的速度。如果皮帶速度快過 25 m/s 或慢於 5 m/s 太多，可能會遭遇問題。

節線長 (pitch length) L_p 及中心至中心的距離 C 為

$$L_p = 2C + \pi(D+d)/2 + (D-d)^2/(4C) \tag{13-16a}$$

$$C = 0.25 \left\{ \left[L_p - \frac{\pi}{2}(D+d) \right] + \sqrt{\left[L_p - \frac{\pi}{2}(D+d) \right]^2 - 2(D-d)^2} \right\} \tag{13-16b}$$

式中的 $D =$ 大槽輪的節圓直徑；$d =$ 小槽輪的節圓直徑。

在平皮帶的案例中，中心至中心的距離幾乎沒有限制。V 型皮帶不建議用於長的中心至中心距離，因為鬆邊過度的振動會顯著地損及皮帶的壽命。通常中心至中心的距離不超過槽輪直徑和的三倍，也不小於大槽輪的直徑。鏈節型 V 皮帶的振動較小，因為平衡較佳，故可使用於較長的中心距。

三角皮帶之額定功率的基準常取決於製造商，在製造商的文件中，它不常以量化的形式提示，但可從經銷商處取得。其基準可能是時數，例如，24 000 小時，或 10^8 或 10^9 的皮帶通過數壽命。由於皮帶數目必定是整數，使用稍小的皮帶組合，一條皮帶的增加即可能明顯地超量。表 13-12 中提供標準 V-型皮帶的功率額定值。

不論是依據小時數或皮帶的通過數，額定功率是以一般長度的皮帶，在兩個直徑相同的槽輪 (圍包角180°) 上運轉，且傳輸穩定負荷情況下的值。偏離這些實驗室測試條件的情況，通常採乘子調整方式調整。C-剖面皮帶在 300 mm 直徑的槽輪上以 15 m/s 的圓周速度運轉，若表列 (表 13-12) 的功率為 7.06 kW，則此皮帶在其它條件下使用時，其表列功率 H_{tab} 值以下式調整之：

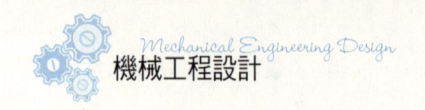

表 13-12　標準 V 型皮帶的額定功率 (kW)

皮帶剖面	槽輪節圓直徑, mm	皮帶速率, m/s 5	10	15	20	25
A	65	0.35	0.46	0.40	0.11	
	75	0.49	0.75	0.84	0.69	0.28
	85	0.60	0.98	1.17	1.64	0.84
	95	0.69	1.16	1.43	1.49	1.28
	105	0.77	1.30	1.64	1.78	1.63
	115	0.83	1.41	1.82	2.01	1.93
	125 及以上	0.87	1.51	1.97	2.21	2.16
B	105	0.80	1.18	1.25	0.94	0.16
	115	0.95	1.48	1.71	1.55	0.92
	125	1.07	1.74	2.09	2.06	1.57
	135	1.19	1.95	2.42	2.49	2.10
	145	1.28	2.14	2.69	2.87	2.57
	155	1.36	2.31	2.94	3.19	2.98
	165	1.43	2.45	3.16	3.48	3.34
	175 及以上	1.50	2.58	3.35	3.74	3.66
C	150	1.37	1.98	2.03	1.40	
	175	1.85	2.94	3.46	3.31	2.33
	200	2.21	3.66	4.54	4.74	4.12
	225	2.49	4.21	5.38	5.86	5.51
	250	2.72	4.66	6.05	7.16	6.63
	275	2.89	5.03	6.59	7.46	7.53
	300 及以上	3.05	5.33	7.06	8.13	8.28
D	250	3.09	4.57	4.89	3.80	1.01
	275	3.73	5.84	6.80	6.34	4.19
	300	4.26	6.91	8.36	8.50	6.85
	325	4.71	7.83	9.70	10.30	9.10
	350	5.09	8.58	10.89	11.79	11.04
	375	5.42	9.25	11.86	13.13	12.68
	400	5.71	9.85	12.76	14.32	14.17
	425 及以上	5.98	10.37	13.50	15.37	15.44
E	400	6.48	10.44	13.06	13.50	11.41
	450	7.40	12.46	15.82	17.16	16.04
	500	8.13	13.95	18.05	20.07	19.69
	550	8.73	15.14	19.84	22.53	22.75
	600	9.25	16.11	21.34	24.54	25.22
	650	9.70	17.01	22.60	26.19	27.38
	700 及以上	10.00	17.68	23.72	27.68	29.17

$$H_a = K_1 K_2 H_{tab} \tag{13-17}$$

式中　H_a = 每條皮帶的容許功率

　　　K_1 = 圍包角修正因數，表 13-13

　　　K_2 = 皮帶長度修正因數，表 13-14

表 13-13　VV* 及 V-Flat 驅動的接觸角修正因數 K_1

$\dfrac{D-d}{C}$	θ, deg	K_1 VV	K_1 V Flat
0.00	180	1.00	0.75
0.10	174.3	0.99	0.76
0.20	166.5	0.97	0.78
0.30	162.7	0.96	0.79
0.40	156.9	0.94	0.80
0.50	151.0	0.93	0.81
0.60	145.1	0.91	0.83
0.70	139.0	0.89	0.84
0.80	132.8	0.87	0.85
0.90	126.5	0.85	0.85
1.00	120.0	0.82	0.82
1.10	113.3	0.80	0.80
1.20	106.3	0.77	0.77
1.30	98.9	0.73	0.73
1.40	91.1	0.70	0.70
1.50	82.8	0.65	0.65

*VV 欄中的值以 θ 表示之適配的曲線是
$K_1 = 0.143\,543 + 0.007\,46\,8\,\theta - 0.000\,015\,052\,\theta^2$
其範圍在 $90° \leq \theta \leq 180°$。

表 13-14　皮帶長修正因數 K_2^*

長度因數	A 皮帶	B 皮帶	C 皮帶	D 皮帶	E 皮帶
	標稱皮帶長度, m				
0.85	0.88 及以下	1.15 及以下	1.88 及以下	3.2 及以下	
0.90	0.95–1.15	1.2–1.5	2.03–2.4	3.6–4.05	4.88 及以下
0.95	1.2–1.38	1.55–1.88	2.63–3.0	4.33–5.25	5.25–6.0
1.00	1.5–1.88	1.95–2.43	3.2–3.95	6.0	6.75–7.5
1.05	1.95–2.25	2.63–3.0	4.05–4.88	6.75–8.25	8.25–9.75
1.10	2.4–2.8	3.2–3.6	5.25–6.0	9.0–10.5	10.5–12.0
1.15	3.0 及以上	3.95–4.5	6.75–7.5	12.0	13.5–15.0
1.20		4.88 及以上	8.25 及以上	13.5 及以上	16.5

*將每條皮帶的額定功率乘以此因數即可得修正的功率。

容許的功率可以接近 H_{tab}，視環境狀況而定。

在 V 型皮帶中，有效的摩擦係數 f' 為 $f/\sin(\phi/2)$，由於槽的緣故，此有效的摩擦係數以一因數 3 增強而合計。此有效摩擦係數 f' 有時以相對於槽輪的槽角 30°、34° 及 38° 而列表，此表列的值分別為 0.50、0.45 及 0.40，對每一種情況，它揭示

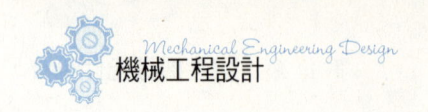

表 13-15　V 型皮帶驅動的推薦使用因數 K_S

從動機器	動力源 普通扭矩特性	高或非均勻扭矩
均勻	1.0 至 1.2	1.1 至 1.3
輕度衝擊	1.1 至 1.3	1.2 至 1.4
中等衝擊	1.2 至 1.4	1.4 至 1.6
中衝擊	1.3 至 1.5	1.5 至 1.8

皮帶材料在金屬上的摩擦係數為 0.13。Gates 橡膠公司宣稱，對槽而言，它的有效摩擦係數為 0.5123。因此，

$$\frac{F_1 - F_c}{F_2 - F_c} = \exp(0.5123\phi) \tag{13-18}$$

設計功率可由下式而得

$$H_d = H_{\text{nom}} K_s n_d \tag{13-19}$$

式中 H_{nom} 為標稱功率，K_s 是表 13-15 所列的使用因數，而 n_d 是設計因數。皮帶數目，N_b 通常採用下一個比 H_d/H_a 大的整數。
亦即

$$N_b \geq \frac{H_d}{H_a} \qquad N_b = 1, 2, 3, \ldots \tag{13-20}$$

設計者是在每條皮帶的基礎上演算。

平皮帶的拉力如圖 13-12 所示，忽略了皮帶環繞皮帶輪彎曲導致的拉力。這在 V-型皮帶更加明顯，如圖 13-14 所示。離心力 F_c 可自下式求得

$$F_c = K_c \left(\frac{V}{2.4}\right)^2 \tag{13-21}$$

K_c 值是從表 13-16 中查詢而得。

每條皮帶傳輸的功率乃是基於 $\Delta F = F_1 - F_2$，式中

$$\Delta F = \frac{H_d/N_b}{\pi nd} \tag{13-22}$$

然後由 (13-8) 式可得最大拉力 F_1 為

$$F_1 = F_c + \frac{\Delta F \exp(f\phi)}{\exp(f\phi) - 1} \tag{13-23}$$

從 ΔF 的定義，最小拉力為 F_2

圖 13-14 V 型皮帶拉力。

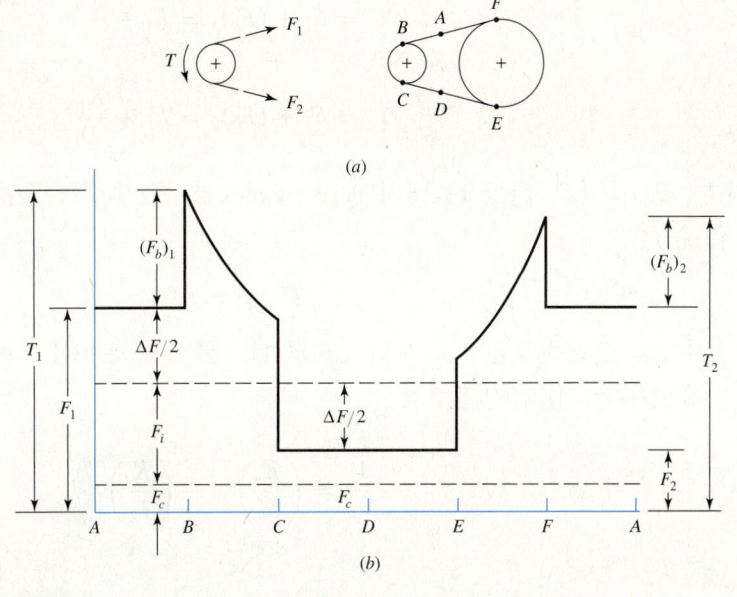

表 13-16 一些 V 型皮帶的參數*

皮帶剖面	K_b	K_c
A	220	0.561
B	576	0.965
C	1 600	1.716
D	5 680	3.498
E	10 850	5.041
3V	230	0.425
5V	1098	1.217
8V	4830	3.288

*數據由 Gates Rubber Co., Denver, Colo 所提供。

$$F_2 = F_1 - \Delta F \tag{13-24}$$

從 13-2 節的 (j) 式

$$F_i = \frac{F_1 + F_2}{2} - F_c \tag{13-25}$$

而安全因數為

$$n_{fs} = \frac{H_a N_b}{H_{\text{nom}} K_s} \tag{13-26}$$

耐久性 (壽命) 的關聯更為複雜，由於彎曲誘發皮帶的撓曲應力，及對應皮帶拉力誘發相等的最大拉應力，若在驅動槽輪與從動槽輪分別為 F_{b1} 及 F_{b2}，這些等效拉力加至 F_1 而成

769

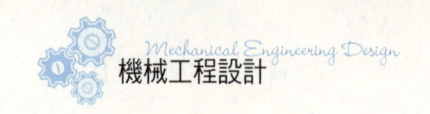

$$T_1 = F_1 + (F_b)_1 = F_1 + \frac{K_b}{d}$$

$$T_2 = F_1 + (F_b)_2 = F_1 + \frac{K_b}{D}$$

式中的 K_b 值可自表 13-16 中查得。Gates 橡膠公司用於取捨拉力對通過次數的方程式為

$$T^b N_P = K^b$$

其中 N_P 為通過次數，而 b 值大約是 11。請參見表 13-17。Miner 法則用於求兩應力峰值所造成損壞的總和：

$$\frac{1}{N_P} = \left(\frac{K}{T_1}\right)^{-b} + \left(\frac{K}{T_2}\right)^{-b}$$

或

$$N_P = \left[\left(\frac{K}{T_1}\right)^{-b} + \left(\frac{K}{T_2}\right)^{-b}\right]^{-1} \tag{13-27}$$

以小時計的壽命時間 t 為

$$t = \frac{N_P L_p}{3600} \tag{13-28}$$

常數 K 及 b 都有有效範圍。如果 $N_P > 10^9$，報告 $N_P = 10^9$ 及 $t > N_P L_p/(3600 V)$，別對超出有效範圍的數字太有信心。參見範例 13-4 接近總結處，有關 N_P 及 t 的陳述。

表 13-17　一些 V 型皮帶的持久性參數

皮帶剖面	10^8 至 10^9 力的峰值數 K	b	10^9 至 10^{10} 力的峰值數 K	b	最小槽輪直徑, mm
A	2999	11.089			75
B	5309	10.926			125
C	9069	11.173			215
D	18 726	11.105			325
E	26 791	11.100			540
3V	3240	12.464	4726	10.153	66
5V	7360	12.593	10 653	10.283	177
8V	16 189	12.629	23 376	10.319	312

來源：M. E. Spotts, *Design of Machine Elements*, 6th ed. Prentice Hall, Englewood Cliffs, N.J., 1985.

V 型皮帶驅動的分析含下列四個步驟：

- 求 V、L_p、C、ϕ，及 $\exp(0.5123\phi)$
- 從 H_d/H_a 求 H_d、H_a 及 N_b 並作捨入
- 求 F_c、ΔF、F_1、F_2，及 F_i 與 n_{fs}
- 求以通過次數表示的皮帶壽命，或可能的話，以小時計

範例 13-4

某 7.46-kW 分相電動機以 1750 rev/min 旋轉，用於驅動一具每天運轉 24 小時的旋轉泵。有個工程師指定了 188 mm 的小槽輪及 280 mm 的大槽輪，以及 3 條 B2800 的皮帶。由於連續運轉的要求，使用因數由 1.2 增加了 0.1。試分析該驅動規劃，並預估以通過次數與小時數表示的皮帶壽命。

解答 皮帶的圓周速度 V 為

$$V = \pi\,dn = \pi(0.188)1750/60 = 17 \text{ m/s}$$

從表 13-11：$L_p = L + L_c = 2800 + 45 = 2845$ mm

從 (13-16b) 式：

$$C = 0.25\left\{\left[2845 - \frac{\pi}{2}(280+188)\right] + \sqrt{\left[2845 - \frac{\pi}{2}(280+188)\right]^2 - 2(280-188)^2}\right\}$$

$$= 1054 \text{ mm}$$

從 (13-1) 式：$\phi = \theta_d = \pi - 2\sin^{-1}(280-188)/[2(1054)] = 3.054$ rad

$$\exp[0.5123(3.054)] = 4.781$$

於表 13-12 中以內插法查詢 $V = 17$ m/s 得 $H_{\text{tab}} = 3.5$ kW。圍包角的角度為 $3.054(180)/\pi = 175°$。從表 13-13，$K_1 = 0.99$；從表 13-14，$K_2 = 1.05$。因此，由 (13-17) 式

$$H_a = K_1 K_2 H_{\text{tab}} = 0.99(1.05)3.5 = 3.64 \text{ kW}$$

從 (13-19) 式：　　$H_d = H_{\text{nom}} K_s n_d = 7.46(1.2+0.1)(1) = 9.7$ kW

從 (13-20) 式：　　$N_b \geq H_d/H_a = 9.7/3.64 = 2.67 \rightarrow 3$

從表 13-16，$K_c = 0.965$，因此，由 (13-21) 式，

$$F_c = 0.965(17/2.4)^2 = 48.4 \text{ N}$$

由 (13-22) 式： $$\Delta F = \frac{9700/3}{\pi(1750/60)0.188} = 188 \text{ N}$$

由 (13-23) 式： $$F_1 = 48.4 + \frac{188(4.781)}{4.781-1} = 286 \text{ N}$$

從 (13-24) 式： $$F_2 = F_1 - \Delta F = 286 - 188 = 98 \text{ N}$$

從 (13-25) 式： $$F_i = \frac{286+98}{2} - 48.4 = 143 \text{ N}$$

從 (13-26) 式： $$n_{fs} = \frac{H_a N_b}{H_{\text{nom}} K_s} = \frac{3.64(3)}{7.46(1.3)} = 1.13$$

壽命：從表 13-16，$K_b = 576$。

$$F_{b1} = \frac{K_b}{d} = \frac{65}{0.188} = 346 \text{ N}$$

$$F_{b2} = 65/0.28 = 232 \text{ N}$$

$$T_1 = F_1 + F_{b1} = 286 + 346 = 632 \text{ N}$$
$$T_2 = F_1 + F_{b2} = 286 + 232 = 518 \text{ N}$$

從表 13-17，$K = 5309$ 及 $b = 10.926$。

由 (13-27) 式： $$N_P = \left[\left(\frac{5309}{632}\right)^{-10.926} + \left(\frac{5309}{518}\right)^{-10.926}\right]^{-1} = 11(10^9) \text{ 通過數}$$

答案 因為 N_P 已踰越 (13-27) 式的有效範圍，所以其揭示的壽命大於 10^9 通過數。則

答案 由 (13-28) 式： $$t > \frac{10^9(2.845)}{3600(17)} = 46\,500 \text{ h}$$

13-4　正時皮帶

　　正時皮帶是橡膠化織物塗覆尼龍織物製成，其中並置入承擔拉力負荷的鋼線，它有適配入切割於皮帶輪周緣齒槽的齒 (見圖 13-15)。正時皮帶沒有明顯的拉伸及滑動，所以能以定值轉速比傳遞功率，且無需初拉力。此類皮帶能於很大的速度範

圖 13-15　展示部分皮帶輪及皮帶的正時皮帶驅動。請注意：皮帶輪的節圓直徑大於跨越齒頂的徑向距離。

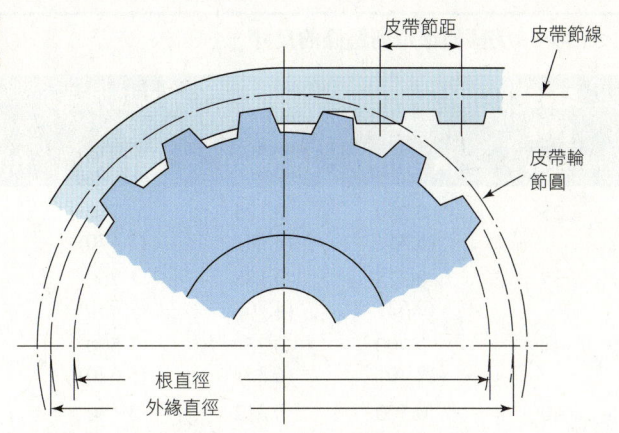

圍內運轉，其效率在 97% 至 99% 間。它不需潤滑，也比鏈條傳動安靜，也沒有鏈條運動中的弦速變化 (見 13-5 節)，所以是有精密傳動要求時極具吸引力的解決方案。

正時皮帶的鋼線或拉力元件置於皮帶的節線處 (見圖 13-15)，因此，不論背料厚度如何，其節長都相同。

可選購的五種標準 inch-系列節距及其標示字母列於表 13-18 中。可購得的標準節距長從 150 mm 到 4500 mm。皮帶輪尺寸由節圓直徑 15 mm 到 900 mm 而有 10 到 120 個槽。

正時皮帶的設計與選用程序和 V 型皮帶很相似，在此不再贅述。正如其它皮帶傳動，製造廠商會提供豐富的關於尺寸及強度的資料。

表 13-18　正時皮帶的標準節距

用途	標記	節距 p, mm
超輕	XL	5
輕	L	10
重	H	12
超重	XH	22
雙超重	XXH	30

13-5　滾子鏈條

鏈條驅動的基本特性含固定的速比，因為不涉及滑動與蠕動；長壽命；及從單一動力源驅動數支軸。

滾子鏈條的尺寸已經由 ANSI 標準化。圖 13-16 顯示其術語。其節距指相鄰兩滾子中心間的線性距離。寬度指內鏈板間的間隔。鏈條有單列、雙列、三列及四列等產品。其標準尺寸列於表 13-19。

圖 13-17 顯示一個以逆時針方向驅動鏈條的鏈輪。鏈條節距以 p 標示，鏈節角以 γ 標示，而鏈輪的節圓直徑以 D 標示，從圖中的三角關係可看出

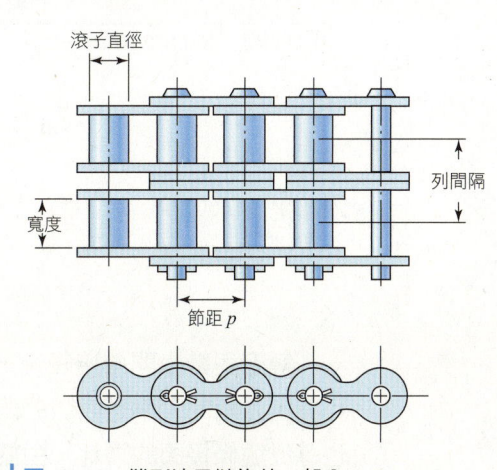

圖 13-16　雙列滾子鏈條的一部分。

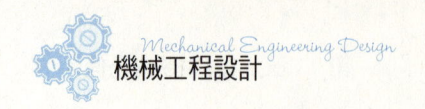

表 13-19　美國標準單列鏈條的尺寸

ANSI 鏈條號碼	節距, in (mm)	寬度, in (mm)	最小拉力強度, lbf (N)	平均重量, lbf/ft (N/m)	滾子直徑, in (mm)	多列間隔, in (mm)
25	0.250 (6.35)	0.125 (3.18)	780 (3 470)	0.09 (1.31)	0.130 (3.30)	0.252 (6.40)
35	0.375 (9.52)	0.188 (4.76)	1 760 (7 830)	0.21 (3.06)	0.200 (5.08)	0.399 (10.13)
41	0.500 (12.70)	0.25 (6.35)	1 500 (6 670)	0.25 (3.65)	0.306 (7.77)	—
40	0.500 (12.70)	0.312 (7.94)	3 130 (13 920)	0.42 (6.13)	0.312 (7.92)	0.566 (14.38)
50	0.625 (15.88)	0.375 (9.52)	4 880 (21 700)	0.69 (10.1)	0.400 (10.16)	0.713 (18.11)
60	0.750 (19.05)	0.500 (12.7)	7 030 (31 300)	1.00 (14.6)	0.469 (11.91)	0.897 (22.78)
80	1.000 (25.40)	0.625 (15.88)	12 500 (55 600)	1.71 (25.0)	0.625 (15.87)	1.153 (29.29)
100	1.250 (31.75)	0.750 (19.05)	19 500 (86 700)	2.58 (37.7)	0.750 (19.05)	1.409 (35.76)
120	1.500 (38.10)	1.000 (25.40)	28 000 (124 500)	3.87 (56.5)	0.875 (22.22)	1.789 (45.44)
140	1.750 (44.45)	1.000 (25.40)	38 000 (169 000)	4.95 (72.2)	1.000 (25.40)	1.924 (48.87)
160	2.000 (50.80)	1.250 (31.75)	50 000 (222 000)	6.61 (96.5)	1.125 (28.57)	2.305 (58.55)
180	2.250 (57.15)	1.406 (35.71)	63 000 (280 000)	9.06 (132.2)	1.406 (35.71)	2.592 (65.84)
200	2.500 (63.50)	1.500 (38.10)	78 000 (347 000)	10.96 (159.9)	1.562 (39.67)	2.817 (71.55)
240	3.00 (76.70)	1.875 (47.63)	112 000 (498 000)	16.4 (239)	1.875 (47.62)	3.458 (87.83)

來源：編輯自ANSI B29.1-1975。

$$\sin\frac{\gamma}{2} = \frac{p/2}{D/2} \quad 或 \quad D = \frac{p}{\sin(\gamma/2)} \tag{a}$$

因為 $\gamma = 360°/N$，式中 N 為鏈輪的齒數，(a) 式可以寫成

$$D = \frac{p}{\sin(180°/N)} \tag{13-29}$$

鏈節與鏈齒開始接觸後，擺動的角度 $\gamma/2$ 稱為**活節角** (angle of articulation)。可看出此角的大小是齒數的函數。鏈節旋轉此一角度導致滾子與鏈輪齒間的衝擊，也導致鏈條接頭的磨耗。由於合宜地選出的驅動，其壽命是滾子磨耗與滾子表面疲勞強度的函數，盡可能縮小活節角是很重要的。

> **圖 13-17** 鏈條與鏈輪的嚙合。

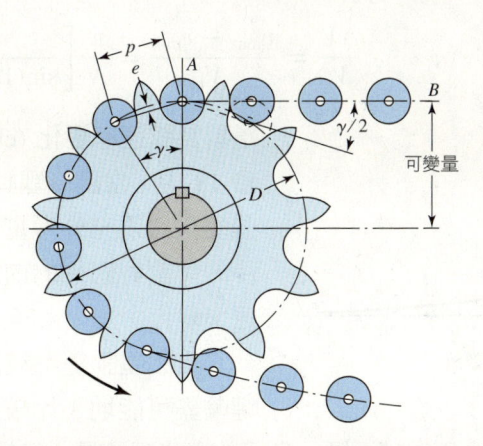

　　鏈輪齒的數目於旋轉節角 γ 期間也影響速比。在圖 13-17 中顯示的位置，鏈條 AB 與鏈輪的節圓相切。然而，當鏈輪旋轉 $\gamma/2$ 角時，鏈線 AB 會向更靠近鏈輪旋轉中心的方向移動，這表示鏈線上下移動，槓桿臂隨節角轉動而變動，這都導致不均勻的鏈條離開的速度。鏈輪可以想像成一個多邊形，鏈條離開的速度取決於它是從多邊形的角或邊離開。當然，相同的效應也發生於鏈條剛進入與鏈輪嚙合時。

　　鏈條的速度 V 定義為單位時間內離開鏈輪的呎數。因此，以每分鐘 ft 數表示的鏈條速度為

$$V = N p n \tag{13-30}$$

式中　N = 鏈輪的齒數
　　　p = 鏈條節距，mm
　　　n = 鏈輪速率，rev/min

鏈條的最大離開速度為

$$v_{\max} = \pi D n = \frac{\pi n p}{\sin(\gamma/2)} \tag{b}$$

式中已經以 (a) 式代入鏈輪的節直徑 D。最小離開速度發生於小於 D 的直徑 d。利用圖 13-17 中的幾何關係，將發現

$$d = D \cos \frac{\gamma}{2} \tag{c}$$

因此，最小離開速度為

$$v_{\min} = \pi d n = \pi n p \frac{\cos(\gamma/2)}{\sin(\gamma/2)} \tag{d}$$

現在將 $\gamma/2 = 180°/N$ 代入並使用 (13-30) 式，(b) 式及 (d) 式，可求得速度的變化為

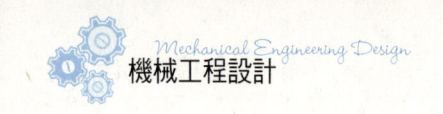

$$\frac{\Delta V}{V} = \frac{v_{max} - v_{min}}{V} = \frac{\pi}{N}\left[\frac{1}{\sin(180°/N)} - \frac{1}{\tan(180°/N)}\right] \qquad (13\text{-}31)$$

這稱為**弦速率變化** (chordal speed variation)，並繪製置於圖 13-18 中。當鏈條驅動用於同步化精密分件或程序時，對這些變化必須充分考量。例如，若以鏈條驅動同步化相片底片的切割與底片的前進時，切成的底片長度可能因這種弦速率變化而變化太多。此種變化也導致系統內的振動。

雖然驅動鏈輪被認為需要多一些齒數，但一般情況是鏈輪盡可能地小比較有利，而這需要齒數少的鏈輪。為了中、高速運轉平順，良好的實務經驗是小鏈輪至少要有 17、19，或 21 齒，當然將會預期有較佳的壽命與較小的鏈條噪音。在空間嚴重受限或速度很慢的情況下，可犧牲鏈條壽命而使用齒數較少的鏈輪。

從動鏈輪超過 120 齒即無標準尺寸，因為鏈節的拉長終將導致鏈條在磨毀之前變得很長。最成功的驅動其速度比可達 6：1，但可以在犧牲鏈條壽命的情況下，使用更高的速度比。

滾子鏈條很少因拉力強度不足而失效；更為常見的失效是因為很長時間的使用。實際的損壞可能是因為滾子銷的磨損或滾子表面的疲勞損壞。各滾子鏈條製造商都編製了對應於預期壽命為 15 kh 之各種鏈輪的轉速-功率容量表。對 17 齒的鏈輪，其功率容量表列於表 13-20 中。表 13-21 展示一家供應商能提供的各種齒數的鏈輪。表 13-22 列出非 17 齒之鏈輪齒修正因數；表 13-23 顯示多列因數 K_2。

鏈條的功率容量是基於下列條件得出：

- 全負載運轉 15 000 小時
- 單列
- ANSI 尺寸
- 使用因數為 1
- 鏈條長為 100 節距
- 採取推薦的潤滑方式
- 拉伸最大 3 %
- 兩水平軸
- 兩個 17 齒鏈輪

在較低速時，鏈板的疲勞強度支配功率容量。美國鏈條學會 (ACA) 的出版物 *Chains for Power Transmission and Materials Handling* (1982) 提出對單列鏈條的標稱功率 H_1，在鏈板限制下，為

$$H_1 = 0.003 N_1^{1.08} n_1^{0.9} p^{(3-0.07p)} \qquad \text{kW} \qquad (13\text{-}32)$$

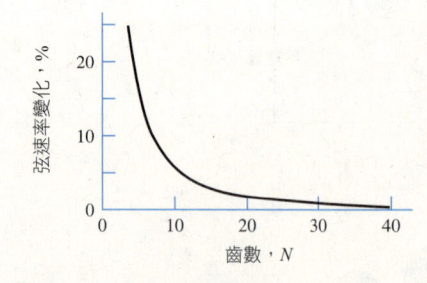

圖 13-18

而標稱功率 H_2，在滾子限制下，為

$$H_2 = \frac{746 K_r N_1^{1.5} p^{0.8}}{n_1^{1.5}} \quad \text{kW} \tag{13-33}$$

式中　N_1 ＝較小鏈輪的齒數

　　　n_1 ＝鏈輪速率，rev/min

　　　p ＝鏈條節距，mm

　　　K_r ＝ 29 用於鏈條號碼 25, 35；3.4 用於 41 號鏈條；17 用於 40-240 號鏈條

對 41 號輕量型鏈條此常數 0.003 改成 0.00165。表 13-20 中的標稱功率 $H_{\text{nom}} = \min(H_1, H_2)$。例如，對 $N_1 = 17$，$n_1 = 1000$ rev/min，40 號鏈條節距 $p = 12.5$ mm，由 (13-32) 式，

表 13-20　對 17 齒鏈輪之單列單節距鏈條的額定容量
來源：編輯自 ANSI B29.1-1975 information only section, and from B29.9-1958.

鏈輪速率 rev/min	25	35	ANSI 鏈條號碼 40	41	50	60
50	0.037	0.12	0.28	0.15	0.54	0.93
100	0.067	0.21	0.51	0.28	0.99	1.72
150	0.097*	0.30*	0.74*	0.42*	1.43*	2.48
200	0.12*	0.40*	0.96	0.53	1.87	3.20
300	0.17	0.58	1.38	0.75	2.69	4.63
400	0.22*	0.75*	1.80	0.98	3.50	6.00
500	0.28	0.93	2.20	1.20	4.25	7.32
600	0.33*	1.10*	2.60*	1.42*	5.01*	8.65
700	0.37	1.25	2.96	1.63	5.77	9.92
800	0.42*	1.40*	3.34*	1.84*	6.5*	11.20
900	0.46	1.56	3.72	2.04	7.23	12.50
1000	0.51*	1.72*	4.1	2.25	7.98	13.65
1200	0.60	2.04	4.81	2.45	9.40	16.11
1400	0.69*	2.33*	5.53	1.95	10.74	13.50
1600	0.78*	2.63*	6.24	1.60	9.55	11.00
1800	0.86	2.93	6.68	1.33	7.98	9.25
2000	0.95*	3.22*	5.76*	1.13*	6.89*	7.90
2500	1.16	3.94	4.11*	0.82*	4.90*	5.64
3000	1.37	4.2	3.11	0.62	3.72	4.30
	A 型		B 型		C 型	

* 以線性內插法自 ANSI 表估算。
注意：A 型——手工或滴油潤滑；B 型——油池或油盤潤滑；C 型——噴油潤滑 (續)

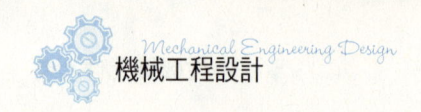

表 13-20　對 17 齒鏈輪之單列單節距鏈條的額定容量 (續)

來源：編輯自 ANSI B29.1-1975 information only section, and from B29.9-1958.

鏈輪速率 rev/min		80	100	120	ANSI 鏈條號碼 140	160	180	200	240
50	A 型	2.15	4.11	7	10.7	15.6	21.6	28.6	46.1
100		4.01	7.7	13	20	29.2	40.3	53.4	85.8
150		5.78	11	18.7	29	42	58	76.8	123.8
200		7.46	14.3	24.2	37.5	54.4	75.3	100	160.4
300		10.82	20.7	35	54.4	78.3	108	144	231.3
400		14	26.8	45.2	70	101.5	140.2	185.8	268.0
500	B 型	17	32.7	55.3	85.8	123.8	152.1	165.6	0
600		20.1	38.6	65.1	94.7	105.2	115.6	126	
700		23.1	44.3	66.4	75.3	83.6	91.8	0	
800		26.1	47	54.3	61.5	68.4	75.3		
900		29.8	39.4	45.5	51.5	57.3	63		
1000		28.1	33.6	38.8	44	49	53.8		
1200		21.4	25.6	29.5	33.5	37.2	0		
1400		16.9	20.3	23.5	26.5	0			
1600		13.9	18.6	19.3	0				
1800		11.6	14	16.1					
2000		9.92	11.9	0					
2500		7.13	0.3						
3000		5.4	0						
	C 型					C′ 型			

注意：A 型 ── 手工或滴油潤滑；B 型 ── 油池或油盤潤滑；C 型 ── 噴油潤滑 lubrication；C′ 型 ── C 型，但屬於吸著範圍，請將設計送交製造商評估。

表 13-21　一家供應商可提供之單列鏈輪齒數*

鏈條編號	可提供之單列鏈輪齒數
25	8-30, 32, 34, 35, 36, 40, 42, 45, 48, 54, 60, 64, 65, 70, 72, 76, 80, 84, 90, 95, 96, 102, 112, 120
35	4-45, 48, 52, 54, 60, 64, 65, 68, 70, 72, 76, 80, 84, 90, 95, 96, 102, 112, 120
41	6-60, 64, 65, 68, 70, 72, 76, 80, 84, 90, 95, 96, 102, 112, 120
40	8-60, 64, 65, 68, 70, 72, 76, 80, 84, 90, 95, 96, 102, 112, 120
50	8-60, 64, 65, 68, 70, 72, 76, 80, 84, 90, 95, 96, 102, 112, 120
60	8-60, 62, 63, 64, 65, 66, 67, 68, 70, 72, 76, 80, 84, 90, 95, 96, 102, 112, 120
80	8-60, 64, 65, 68, 70, 72, 76, 78, 80, 84, 90, 95, 96, 102, 112, 120
100	8-60, 64, 65, 67, 68, 70, 72, 74, 76, 80, 84, 90, 95, 96, 102, 112, 120
120	9-45, 46, 48, 50, 52, 54, 55, 57, 60, 64, 65, 67, 68, 70, 72, 76, 80, 84, 90, 96, 102, 112, 120
140	9-28, 30, 31, 32, 33, 34, 35, 36, 37, 39, 40, 42, 43, 45, 48, 54, 60, 64, 65, 68, 70, 72, 76, 80, 84, 96
160	8-30, 32–36, 38, 40, 45, 46, 50, 52, 53, 54, 56, 57, 60, 62, 63, 64, 65, 66, 68, 70, 72, 73, 80, 84, 96
180	13-25, 28, 35, 39, 40, 45, 54, 60
200	9-30, 32, 33, 35, 36, 39, 40, 42, 44, 45, 48, 50, 51, 54, 56, 58, 59, 60, 63, 64, 65, 68, 70, 72
240	9-30, 32, 35, 36, 40, 44, 45, 48, 52, 54, 60

*Morse Chain Company, Ithaca, NY, Type B hub sprockets.

表 13-22　鏈輪齒修正因數 K_1

驅動鏈輪上的齒數	K_1 預-極值功率	K_1 後-極值功率
11	0.62	0.52
12	0.69	0.59
13	0.75	0.67
14	0.81	0.75
15	0.87	0.83
16	0.94	0.91
17	1.00	1.00
18	1.06	1.09
19	1.13	1.18
20	1.19	1.28
N	$(N_1/17)^{1.08}$	$(N_1/17)^{1.5}$

表 13-23　多列因數，K_2

列數	K_2
1	1.0
2	1.7
3	2.5
4	3.3
5	3.9
6	4.6
8	6.0

$$H_1 = 0.003(17)^{1.08}\, 1000^{0.9}\, 12.5/25.4^{[3-0.07(12.5/25.4)]} = 3.92 \text{ kW}$$

由 (13-33) 式，

$$H_2 = \frac{746(17)17^{1.5}(12.5/25.4^{0.8})}{1000^{1.5}} = 15.94 \text{ kW}$$

表 13-20 中的表列值為 $H_{tab} = \min(3.92, 15.94) = 3.92$ kW。

驅動鏈輪的齒數以奇數 (17, 19, ...) 優先，鏈節數則以偶數優先，以避免使用特殊鏈節。以節數表示的近似鏈條長度 L 為

$$\frac{L}{p} \doteq \frac{2C}{p} + \frac{N_1 + N_2}{2} + \frac{(N_2 - N_1)^2}{4\pi^2 C/p} \tag{13-34}$$

軸心至軸心間的距離 C 為

$$C = \frac{p}{4}\left[-A + \sqrt{A^2 - 8\left(\frac{N_2 - N_1}{2\pi}\right)^2}\right] \tag{13-35}$$

式中

$$A = \frac{N_1 + N_2}{2} - \frac{L}{p} \tag{13-36}$$

容許功率 H_a 可由下式求得

$$H_a = K_1 K_2 H_{tab} \tag{13-37}$$

式中　K_1 = 非 17 齒鏈輪的修正因數 (表 13-22)
　　　K_2 = 列修正因數 (表 13-23)

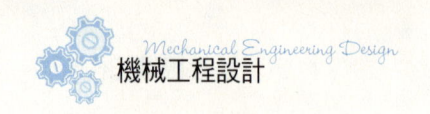

必須傳遞的功率 H_d 為

$$H_d = H_{\text{nom}} K_s n_d \tag{13-38}$$

(13-32) 式為表 13-20 中的預-極值功率項 (垂直的各項)，而鏈條功率受限於鏈板的疲勞。(13-33) 式為這些表中後-極值功率項的基礎，而鏈條功率的性能受限於衝擊疲勞。這些項適用於鏈條長 100 節距，鏈輪齒數 17 情況。對偏離此種情況時

$$H_2 = 746 \left[K_r \left(\frac{N_1}{n_1} \right)^{1.5} \left(\frac{p}{25.4} \right)^{0.8} \left(\frac{L_p}{100} \right)^{0.4} \left(\frac{15\,000}{h} \right)^{0.4} \right] \tag{13-39}$$

式中 L_p 為以鏈節數表示的鏈條長度，而 h 為以時數表示的壽命。從偏離的觀點來看，(13-39) 式可以寫成下列形式的捨入方程式：

$$\frac{H_2^{2.5} h}{N_1^{3.75} L_p} = \text{常數} \tag{13-40}$$

如果使用了鏈齒修正因數 K_1，則省略 $N_1^{3.75}$ 這一項。請注意 $(N_1^{1.5})^{2.5} = N_1^{3.75}$。

(13-40) 式中，你可能對 h/L_p 項有些期待，因為相同的循環數的情況下，其它條件維持不變時，兩倍的壽命時數需要加倍的鏈條長度。但以接觸應力的經驗，卻導引負荷壽命的關係至 $F^a L =$ 常數的型式。於滾子-套筒衝擊之更複雜的情況下，Diamond 鏈條公司已確認 $a = 2.5$。

鏈條驅動的最大速率 (rev/min) 受限於滾子的銷與套筒的吸著 (galling)。試驗的結果建議

$$n_1 \leq 746 \left[\frac{82.5}{7.95^{p/25.4}(1.0278)^{N_1}(1.323)^{F/1000}} \right]^{1.5/(1.59\log p/25.4 + 1.873)} \text{rev/min}$$

式中 F 為以鏈條的拉力 lb 計的鏈條拉力。

範例 13-5

試為 2：1 減速，以 300 rev/min 輸入 67 kW，不規則地每日長時間運轉 18 小時，潤滑不足，低溫，環境污穢的傳動條件，選擇驅動元件。短距離驅動 $C/p = 25$。

解答　功能：$H_{\text{nom}} = 67$ kW，$n_1 = 300$ rev/min，$C/p = 25$，$K_s = 1.3$
設計因數：$n_d = 1.5$
鏈輪齒數：$N_1 = 17$ 齒，$N_2 = 34$ 齒，$K_1 = 1$，$K_2 = 1, 1.7, 2.5, 3.3$
鏈條列數：

$$H_{\text{tab}} = \frac{n_d K_s H_{\text{nom}}}{K_1 K_2} = \frac{1.5(1.3)67}{(1)K_2} = \frac{130.65}{K_2}$$

列表：

列數	130.65/K2 (表 13-23)	鏈條號碼 (表 16-19)	潤滑型式
1	130.65/1 = 130.65	200	C'
2	130.65/1.7 = 76.85	160	C
3	130.65/2.5 = 52.26	140	B
4	130.65/3.3 = 39.59	140	B

決策 3 列的 140 號鏈條 (H_{tab} 54 kW)。

鏈條的鏈節數：

$$\frac{L}{p} = \frac{2C}{p} + \frac{N_1 + N_2}{2} + \frac{(N_2 - N_1)^2}{4\pi^2 C/p}$$

$$= 2(25) + \frac{17 + 34}{2} + \frac{(34 - 17)^2}{4\pi^2(25)} = 75.79 \text{ 鏈節}$$

決策 使用 76 鏈節。則 $L/p = 76$。

確認中心距：從 (13-35) 式及 (13-36) 式，

$$A = \frac{N_1 + N_2}{2} - \frac{L}{p} = \frac{17 + 34}{2} - 76 = -50.5$$

$$C = \frac{p}{4}\left[-A + \sqrt{A^2 - 8\left(\frac{N_2 - N_1}{2\pi}\right)^2}\right]$$

$$= \frac{p}{4}\left[50.5 + \sqrt{50.5^2 - 8\left(\frac{34 - 17}{2\pi}\right)^2}\right] = 25.104p$$

選用 140 號鏈條，$p = 44.45$ mm。因此，

$$C = 25.104p = 25.104(44.45) = 1115.9 \text{ mm}$$

潤滑型式：B 型

注釋：此運轉是在功率的預極值部分，因此預估超過 15 000 小時的壽命不可得。指定的運轉條件不良，預期壽命會短很多。

　　滾子鏈條的潤滑是必要的，以得到沒有問題的長久壽命。潤滑劑以點滴注油或置於淺槽中都符合要求，應該使用沒有添加物的中等或輕礦物油當潤滑劑。除非在不平常的情況下，並不建議使用重油和油脂，因為它們都太黏稠以至於無法進入鏈條元件中的間隙。

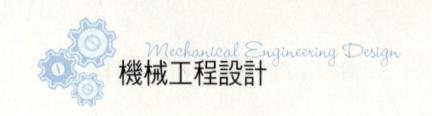

13-6 鋼絲索

鋼絲索以兩種繞法製作，如圖 13-19 所示。**常規捻法 (regular lay)** 為已認可的標準捻法，其形成股的鋼絲以單一方向扭轉纏繞，而股則以反方向扭轉纏繞而形成索。完成的鋼絲索可看到鋼絲大約平行於索的軸線。常規捻法的索不會糾結或鬆開，而且容易處理。

順向捻法 (Lang-lay) 的索，其股中的鋼絲及索內的各股都以同一方向扭轉纏繞，所以外層鋼絲以對角方式橫過索的軸線。順向捻的索比常規捻法的索更能抵禦磨耗性的磨損與疲勞損毀，但它比較容易糾結及鬆開。

標準索具有麻質核心，以支撐並潤滑各股；當索受熱時，必須使用鋼質核心，或鋼絲股心。

鋼絲索的標示如 28 mm 6×7 拖拉索。第一個數字是索的直徑 (圖 13-19c)；第二與第三個數字分別為股數與每股中的鋼絲數。表 13-24 列出可購得的各種鋼絲索及它們的特徵與性質。標準的吊與拖拉索的金屬面積為 $A_m = 0.38d^2$。

當鋼絲索繞過槽輪時，其元件會做某種程度的調整。每一鋼絲及每一股必須在其它幾根鋼絲及幾股上滑動，而且預期會有一些個別的彎曲發生。在這樣複雜的作用下，可能存在某些應力集中。繞過槽輪之鋼絲索中的鋼絲，其應力可以下列方式求得。從固體力學可知

$$M = \frac{EI}{\rho} \quad 及 \quad M = \frac{\sigma I}{c} \tag{a}$$

式中的各數具有其一般的意義。消去 M 並解得應力為

$$\sigma = \frac{Ec}{\rho} \tag{b}$$

曲率半徑 ρ，可以槽輪的半徑 $D/2$ 代入，並令 $c = d_w/2$，其中 d_w 為鋼絲的直徑。經過這些代換可得

$$\sigma = E_r \frac{d_w}{D} \tag{c}$$

圖 13-19 鋼絲索類型，兩種捻法都可取得左捻或右捻的索。

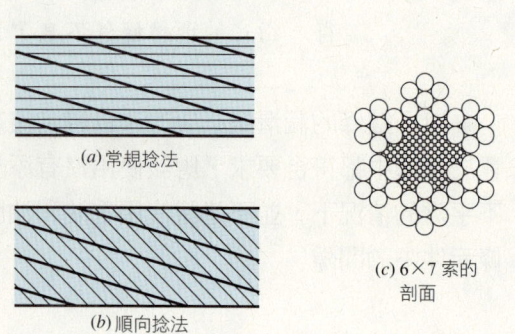

(a) 常規捻法

(b) 順向捻法

(c) 6×7 索的剖面

表 13-24　鋼絲索數據

鋼絲索	每米重 (10⁻³)N	直徑 mm	尺寸 d, mm	材料	外層鋼絲尺寸	彈性模數* GPa	強度† MPa
6×7 施拉索	$33.92d^2$	$42d$	6-38	炮鋼	$d/9$	96	690
				犁頭鋼	$d/9$	96	608
				軟犁頭鋼	$d/9$	96	524
6×19 標準吊索	$36.18d^2$	$26d$-$34d$	6-70	炮鋼	$d/13$-$d/16$	83	730
				犁頭鋼	$d/13$-$d/16$	83	640
				軟犁頭鋼	$d/13$-$d/16$	83	550
6×37 特殊撓性索	$35.05d^2$	$18d$	6-90	炮鋼	$d/22$	76	690
				犁頭鋼	$d/22$	76	608
8×19 超撓性索	$32.79d^2$	$21d$-$26d$	6-38	炮鋼	$d/15$-$d/19$	69	634
				犁頭鋼	$d/15$-$d/19$	69	550
7×7 飛機用索	$34.45d^2$	—	1.6-10	耐蝕鋼	—	—	850
				碳鋼			850
7×9 飛機用索	$39.58d^2$	—	3-36	耐蝕鋼	—	—	930
				碳鋼			986
19-鋼絲飛機用	$48.62d^2$	—	0.8-8	耐蝕鋼	—	—	1137
				碳鋼			1137

來源：編輯自 *American Steel and Wire Company Handbook*.
* 彈性模數只是近似值；它受索上負荷的影響，而且，通常隨索的壽命而增大。
† 強度乃基於索的標稱面積。列出的數值只是近似值，基於 25 mm 索的尺寸，以及 6 mm 飛機用索的尺寸。

式中的 E_r 為**鋼絲索的彈性模數** (modulus of elasticity of the rope)，而非鋼絲的模數。為了瞭解此一方程式，觀察單獨一根鋼絲在空中做成螺旋錐形，若拉此鋼絲，以確定其 E 值，則鋼絲將會拉伸或展現較其原生的 E 值更大的值。所以，E 仍然是鋼絲的彈性模數，但以其作為鋼絲索一部分的特殊構形，其模數較小。職是之故，稱呼 (c) 式中的 E_r 為鋼絲索的彈性模數，而非鋼絲的，認知此事可以不再爭辯使用的名稱。

(c) 式提供外層鋼絲的拉應力 σ。槽輪的直徑以 D 代表，此式揭示了使用大直徑槽輪的重要性。建議的最小槽輪直徑列於表 13-24，是基於 D/d_w 比值為 400 所得。如果可能，槽輪應以更大的值設計。對昇降機及礦井吊車，D/d_w 值通常取 800 至 1000 之間。若該值小於 200，大負荷常導致索中有永久變形。

給予鋼絲索如槽輪彎曲相同拉應力的拉力，稱為**等效彎曲力** (equivalent bending load) F_b，可由下式求得

$$F_b = \sigma A_m = \frac{E_r d_w A_m}{D} \tag{13-41}$$

鋼絲索可能因為靜負荷超過該索的極限強度而失效。此一性質的失效通常非設計者之過，而是容許該索承受非設計負荷的操作員的過失。

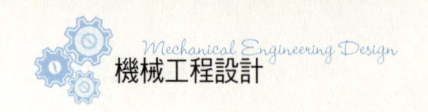

選擇鋼絲索首先考慮的是確定靜負荷。此負荷由下列各項組合而成：

- 已知的或靜重量
- 由突然停止或啟動導致的額外負荷
- 陡震負荷
- 槽輪軸承的摩擦力

當這些負荷加起來，其總值可以與索的極限強度比較，以求得安全因數。然而，該極限強度必須扣除當索通過靜止的槽輪或銷的曲面時導致的強度損失；見圖 13-20。

對一般的運轉，使用的安全因數為 5。如果對人類的生命有威脅及處於非常臨

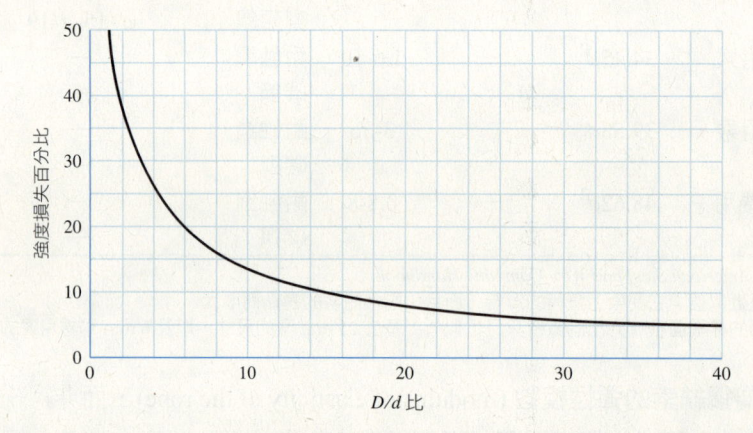

圖 13-20 由於不同的 D/d 比造成的強度損失百分比。導自 6×19 及 6×17 級鋼絲索的標準測試數據。
(內容提供者 *Wire Rope Technical Board (WRTB)*, Wire Rope Users Manual Third Edition, *Second printing. Reprinted by permission.*)

表 13-25 鋼絲索的最小安全因數*

軌道索	3.2	載客昇降機，m/s：	
牽索	3.5	0.25	7.60
礦井天軸，m：		1.52	9.20
152.5 以下	8.0	4.06	11.25
305-610	7.0	6.10	11.80
610-915	6.0	7.62	11.90
915 以上	5.0	載貨昇降機，m/s：	
起重吊索	5.0	0.25	6.65
拖索	6.0	1.52	8.20
起重機及人工起重機	6.0	4.06	10.00
電動吊車	7.0	6.10	10.50
人工昇降機	5.0	7.62	10.55
私人昇降機	7.5	動力菜餚輸送昇降機，m/s：	
人工菜餚輸送昇降機	4.5	0.25	4.8
穀物昇降機	7.5	1.52	6.6
		4.06	8.0

來源：編輯自各種來源，含 ANSI A17.1-1978。
* 使用這些因數並未排除疲勞失效的可能。

界的狀態時，安全因數可達 8 到 9。表 13-25 列示各種設計處境的最小安全因數。此處，安全因數定義為

$$n = \frac{F_u}{F_t}$$

式中 F_u 為鋼絲的極限負荷，而 F_t 為最大工作拉力。

一旦基於靜負荷暫時選擇了一種鋼絲索，接著要考量保證該索的磨耗壽命，及槽輪能符合某些條件。當承受負荷的索彎曲通過槽輪時，鋼索像彈簧般拉伸，並與槽輪擦磨，導致索及槽輪產生磨耗。產生的總磨耗量視所在槽輪之槽溝中的壓力而定。該壓力稱為承應力；其大小的良好估算式為

$$p = \frac{2F}{dD} \tag{13-42}$$

式中　$F=$ 索中的拉力
　　　$d=$ 索的直徑
　　　$D=$ 槽輪的直徑

表 13-26 中的容許壓力將僅用於粗略的導引；它們不能防範疲勞失效或嚴重的磨耗。它們展現於此，是因為它們代表以往的實務經驗，並能提供設計的一個起點。

鋼絲索可以得到不像 S-N 圖的疲勞圖。此一疲勞圖展示於圖 13-21。此圖的縱座標為壓力-強度比 p/S_u，S_u 為**鋼絲** (wire) 的極限強度。橫座標為該鋼絲索總壽命中發生的彎曲次數。該曲線暗示鋼絲索有個疲勞限；但一點也不真實。用於繞過槽輪的鋼絲索終究會毀損於疲勞或磨耗。然而，圖中顯示，如果 p/S_u 的值小於

表 13-26 鋼絲索在槽輪上的最大容許承壓力 (單位 MPa)

鋼絲索	木材[a]	鑄鐵[b]	鑄鋼[c]	冷激鑄鐵[d]	錳鋼[e]
常規捻法：					
6×7	1.0	2.1	3.8	4.5	10.1
6×19	1.7	3.3	6.2	7.6	16.6
6×37	2.1	4.0	7.4	9.1	20.7
8×19	2.4	4.7	8.7	10.7	24.1
順向捻法：					
6×7	1.1	2.4	4.1	4.9	11.4
6×19	1.9	3.8	6.9	8.3	19.0
6×37	2.3	4.6	8.1	10.0	22.8

來源：Wire Rope Users Manual, AISI, 1979.
[a] 橫紋切削之毛櫸、山胡桃或橡膠樹。
[b] H_B(min.) = 125。
[c] 30-40 鑄鐵；H_B(min.) = 160。
[d] 僅使用具有均勻表面硬度者。
[e] 用於高速且具有研磨表面的經平衡的槽輪。

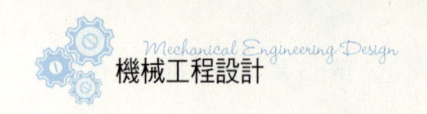

圖 13-21 實驗確定的鋼絲索疲勞壽命與槽輪壓力間的關係。

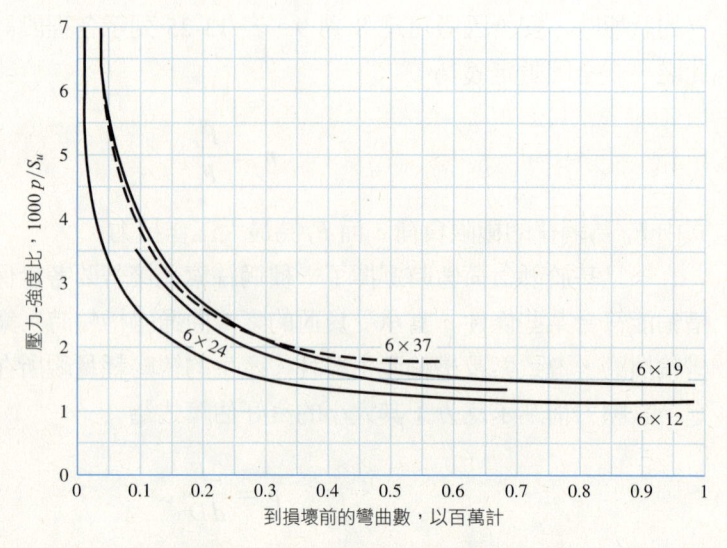

0.001，鋼絲索將會有很長的壽命。將此比值代入 (13-42) 式，得到

$$S_u = \frac{2000F}{dD} \qquad (13\text{-}43)$$

式中的 S_u 為鋼絲的，不是索的極限強度，而且 S_u 的單位與 F 的單位相關。這是個吸引人的方程式，包含了鋼絲的極限強度、負荷、索的直徑及槽輪的直徑 — 所有的四個變數於一式中。於 (13-42) 式兩端除以鋼絲的極限強度 S_u 並解得 F 為

$$F_f = \frac{(p/S_u)S_u dD}{2} \qquad (13\text{-}44)$$

式中的 F_f 解釋為對特定的索及預期壽命，鋼絲對從圖 13-21 中選出之 p/S_u 所對應彎曲次數的容許疲勞拉力。以疲勞損壞定義的安全因數為

$$n_f = \frac{F_f - F_b}{F_t} \qquad (13\text{-}45)$$

式中的 F_f 為索彎曲的拉力強度，而 F_t 為索彎曲位置的拉力。不幸地，設計者常有經銷商提供的鋼絲索極限拉力表，但沒有關於製索鋼絲之極限強度 S_u 的資訊。個別鋼絲之強度的一些導引如下：

改良犁頭鋼 (炮鋼) $1655 < S_u < 1930$ MPa
犁頭鋼 $1448 < S_u < 1655$ MPa
軟犁頭鋼 $1241 < S_u < 1448$ MPa

於鋼絲索的應用中，靜負載之安全因數的定義為 $n = F_u/F_t$ 或 $n = (F_u - F_b)/F_t$，其中 F_b 為能誘發與 (c) 式所得相同之外層鋼絲應力的鋼絲索拉力。疲勞負載之安全因數的定義如 (13-45) 式，或藉靜力分析，並以可應用於靜負載之大安全因數，如

表 13-25 中所列者加以補償。當使用法規、標準、公司或鋼絲索製造商的設計手冊，或文獻推薦的安全因數時，請確認評估安全因數的基礎，並依此進行。

如果索以犁頭鋼製作，其鋼絲可能是硬拉碳鋼 AISI 1070 或 1080。參照表 8-3，可看出這介於硬拉彈簧鋼線與琴鋼線之間。由於沒有 S_u 值，需要常數 m 及 A 以解 (8-14) 式。

實務工程師想解 (13-43) 式時，應當先拆解足夠的鋼絲測試其 Brinell 硬度，以確定在考量中之鋼絲的強度 S_u。鋼絲索的疲勞損壞不像固體般突然發生，而是逐漸的，而於外層鋼絲斷裂時呈現出來。這意指疲勞的發生可藉週期性例行檢視偵測到。

圖 13-22 是另一種圖形，顯示經由使用大的 D/d 比獲得的壽命增益。由使用於繞過槽輪之鋼絲索壽命有限的事實看來，設計者規範並堅持於鋼絲索的壽命期間，執行週期性的檢視、潤滑等維護程序是極端重要的。表 13-27 提供一些有用的鋼絲索的性質。

從先前的陳述，對於礦井吊索的問題可以導出工作方程式。因負荷及加速/減速導致的鋼絲索拉力為

$$F_t = \left(\frac{W}{m} + wl\right)\left(1 + \frac{a}{g}\right) \tag{13-46}$$

圖 13-22 僅基於彎應力及拉應力的使用壽命曲線。此曲線顯示對應於 $D/d=48$ 的壽命是 $D/d=33$ 的兩倍。(內容由 *Wire Rope Technical Board (WRTB)*, Wire Rope Users Manual Third Edition, *Second printing* 提供，經惠允重製。)

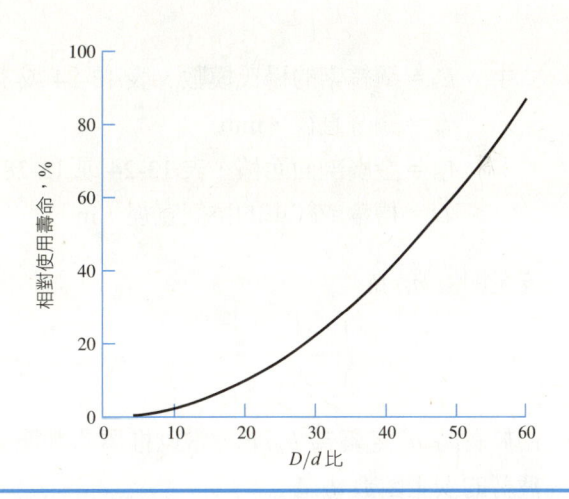

表 13-27 6×7、6×19 及 6×37 鋼絲索的一些有用的性質

鋼絲索	每米重量 w, N/m	含索心的每米重量 w, (10^{-3}) N/m	最小槽輪直徑 D, mm	較佳的槽輪直徑 D, mm	鋼絲直徑 d_w, mm	金屬面積 A_m, mm²	鋼絲索楊氏模數 E_r, GPa
6 × 7	$33.92d^2$		$42d$	$72d$	$0.111d$	$0.38d^2$	13×10^6
6 × 19	$36.18d^2$	$39.8d^2$	$30d$	$45d$	$0.067d$	$0.40d^2$	12×10^6
6 × 37	$35.05d^2$	$38.67d^2$	$18d$	$27d$	$0.048d$	$0.40d^2$	12×10^6

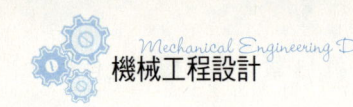

式中　W = 鋼絲索尾端的重量 (吊籠及負荷)，N
　　　m = 支撐負荷之鋼絲索的數目
　　　w = 鋼絲索的重量/每米鋼絲索，N/m
　　　l = 鋼絲索的懸掛長度，m
　　　a = 最大加速度/減速度的經驗值，m/s^2
　　　g = 重力加速度，m/s^2

對規範的提升力之疲勞拉力強度 F_f

$$F_f = \frac{(p/S_u)S_u Dd}{2} \tag{13-47}$$

式中　(p/S_u) = 規範的壽命，從圖 13-21 查詢
　　　S_u = 鋼絲的極限強度，Pa
　　　D = 槽輪或絞車的捲筒直徑，m
　　　d = 鋼絲索的標稱尺寸，m

其等效彎曲負荷 F_b 為

$$F_b = \frac{E_r d_w A_m}{D} \tag{13-48}$$

式中　E_r = 鋼絲索的楊氏模數，表 13-24 或 13-27，Pa
　　　d_w = 鋼絲直徑，mm
　　　A_m = 金屬剖面面積，表 13-24 或 13-28，m^2
　　　D = 槽輪或絞車的捲筒直徑，m

安全因數 n_s 為

$$n_s = \frac{F_u - F_b}{F_t} \tag{13-49}$$

由於有時 n_s 定義為 F_u/F_t，當以推薦的靜態安全因數與 (13-49) 式比較時得小心。疲勞的安全因數 n_f 為

$$n_f = \frac{F_f - F_b}{F_t} \tag{13-50}$$

範例 13-6

某暫時性建築物昇降機,設計為搭乘工人與運送材料至高 27 m 處。在速度不超過 0.6 m/s 的情況下,最大的吊掛負荷估計是 22 kN。針對最小槽輪直徑,及加速度 1.2 m/s^2,指定需要的鋼絲索數目。如果使用 25 mm 犁頭鋼 6×19 吊索。

解答 因為是設計任務,決策組很有用。

先行決策:
- 功能:負荷、高度、加速度、速度、壽命目標
- 設計因數:n_d
- 材料:IPS、PS、MPS 或其它
- 鋼絲索:捻法、股數、每股的鋼絲數

決策變數:
- 標稱鋼絲尺寸:d
- 支撐負荷的鋼絲數目:m

從問題 13-29 的經驗,25 mm 直徑的鋼絲索不可能有太長的壽命,所以,以 d 及 m 決策著手處理問題。

功能: 負荷 22 kN、昇程 27 m、加速度 = 1.2 m/s^2、速度 = 0.6 m/s、壽命目標 = 10^5 循環

設計因數: $n_d = 2$

材料: IPS

鋼絲索: 常規捻法,25 mm 犁頭鋼 6×19 吊索

設計變數

選擇 750 mm $D_{\min}$。表 13-27: $w = 0.0362d^2$ N/m

$$wl = 0.0362d^2 (27) = 0.253d^2 \text{ N, ea.}$$

從 (13-46) 式:

$$F_t = \left(\frac{W}{m} + wl\right)\left(1 + \frac{a}{g}\right) = \left(\frac{22\,000}{m} + 0.253d^2\right)\left(1 + \frac{1.2}{9.81}\right)$$

$$= \frac{24\,691}{m} + 0.284d^2 \text{ N,每條鋼絲}$$

(13-47) 式:

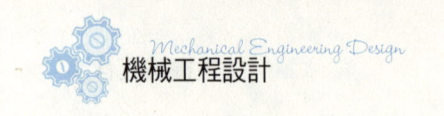

$$F_f = \frac{(p/S_u)S_u Dd}{2}$$

由圖 13-21，對 10^5 循環的 $p/S_u = 0.004$；$S_u = 1655$ MPa，基於金屬面積

$$F_f = \frac{0.004(1655)(750)d}{2} = 2482d \text{ N} \quad \text{每條鋼絲}$$

從 (13-48) 式及表 13-27：

$$F_b = \frac{E_w d_w A_m}{D} = \frac{83\,000(0.067d)(0.4d^2)}{750} = 2.97d^3 \text{ N}，每條鋼絲$$

疲勞的安全因數 n_f 從 (13-45) 式可得為：

$$n_f = \frac{F_f - F_b}{F_t} = \frac{2482d - 2.97d^3}{(24\,691/m) + 0.284d^2}$$

接著可以使用計算機程式以建立類似範例 13-6 的表。或者，認知 $0.284d^2$ 這一項遠比 $24691/m$ 這一項小而予忽略，則

$$n_f \doteq \frac{2482d - 2.97d^3}{24\,691/m} = \frac{m}{24\,691}(2482d - 2.97d^3)$$

最大化 n_f，

$$\frac{\partial n_f}{\partial d} = 0 = \frac{m}{24\,691}[2482 - 3(2.97)d^2]$$

由此式

$$d^* = \sqrt{\frac{2482}{8.91}} = 16.7 \text{ mm}$$

倒代回去

$$n_f = \frac{m}{24\,691}[2482(16.7) - 2.97(16.7)^3] = 1.118 \text{ m}$$

因此，對 $m = 1, 2, 3, 4$，分別為 $n_f = 1.12, 2.24, 3.35, 4.47$。如果選擇 $d = 1.25$ mm，則 $m = 2$

$$n_f = \frac{2482(12.5) - 2.97(12.5)^3}{(24\,691/2) + 0.284(12.5)^2} = 1.96$$

這略小於 $n_d = 2$。
決策 #1：$d = 12.5$ mm

答案 **決策 #2**：$m=2$ 條鋼絲索支撐負荷。鋼絲索必須每週檢視任何疲勞徵象(外層鋼絲斷裂)。

注釋：表 13-25 提供載貨昇降機依據速度的 n

$$F_u = (S_u)_{\text{nom}} A_{\text{nom}} = 730\left(\frac{\pi d^2}{4}\right) = 573.3d^2 \text{ N}，每條鋼絲$$

$$n = \frac{F_u}{F_t} = \frac{573.3(12.5)^2}{(24\,691/2) + 2.97(12.5)^2} = 7.0$$

經由以 0.6 m/s 內插，得到 7.08 的近似值。結構吊車這一分類在表 13-25 並未強調。在進行更深入前，應予探討。

13-7 撓性軸

　　實心軸最大的侷限之一就是無法拐過角落傳遞運動或功率。所以必須求諸皮帶，鏈條、或齒輪、與一起伴隨它們的軸承及支持構架。撓性軸常常是解決拐過角落傳遞的經濟作法。它除了無需昂貴的零件外，其應用也相當程度地降低了噪音。

　　撓性軸有兩主要的型式：單方向傳遞功率的動力驅動軸，及遠遙控或手控的雙向傳動軸。

　　撓性軸的結構如圖 13-23 所示。其纜索在中央核心外纏繞多層鋼絲而成。對於動力驅動軸，旋轉必須依著使外層捲緊的方向。遙控纜索形成纜索的鋼絲有不同捻法，且每層的鋼絲更多，使得任何方向的扭轉撓曲幾乎相同。

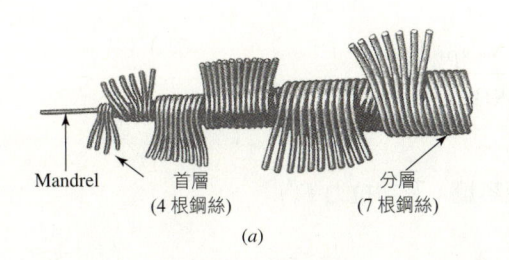

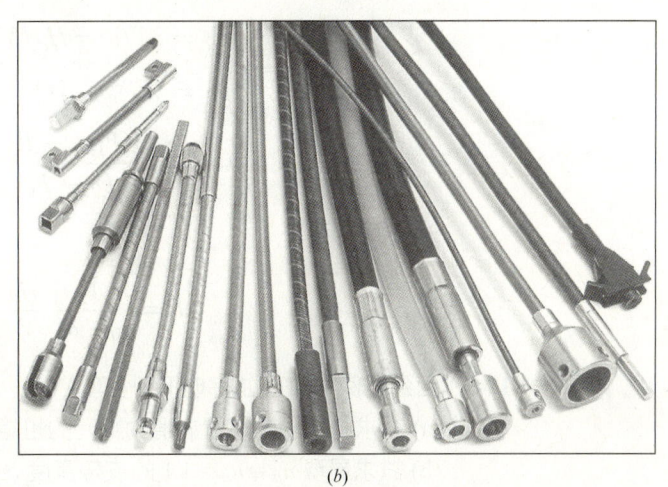

圖 13-23　撓性軸：(a) 構造詳圖；(b) 各種構形。(*Courtesy of S. S. White Technologies, Inc.*)

撓性軸以規範對應於套管不同曲率半徑的扭矩作為額定值。例如，曲率半徑 380 mm 將提供較 175 mm 曲率半徑者多 2 至 5 倍的扭矩容量。當撓性軸用於也使用齒輪傳動的驅動時，齒輪應置於能使撓性軸盡可能以高速運轉的位置，以便能傳遞最大的功率。

問題

13-1 某 150 mm 寬的尼龍 F_1 平皮帶，用於聯結 50 mm 的皮帶輪以角速比 0.5 驅動較大皮帶輪。軸心到軸心的距離 2.7 m。當小皮帶輪傳輸 1.5 kW 時的角速度為 1750 rev/min。其使用因數 K_s 取 1.25 是合宜的。
(a) 試求 F_c、F_i、F_{1a} 及 F_2。
(b) 試求 H_a、n_{fs} 及皮帶長。
(c) 試求凹陷深度。

13-2 經由將所有的幾何尺寸加倍並觀察對問題參數的影響，可獲得對問題的透視與洞見。試取問題 13-1 的驅動將尺寸加倍，並比較。

13-3 某平皮帶驅動由兩個相距 4.8 m 的直徑 1.2 m 的鑄鐵製皮帶輪組成。試選出能以 380 rev/min 皮帶輪速率傳輸 45 kW 的皮帶型式。使用因數取 1.1，設計因數取 1.0。

13-4 在求解問題與檢視範例時，你可能注意到一些重複出現的型式：

$$w = \gamma bt = (\gamma t)b = a_1 b,$$

$$(F_1)_a = F_a b C_p C_v = (F_a C_p C_v)b = a_0 b$$

$$F_c = \frac{wV^2}{g} = a_1 b V^2 = a_2 b$$

$$(F_1)_a - F_2 = 2T/d = H_d/V = H_{\text{nom}} K_s n_d / V$$

$$F_2 = (F_1)_a - [(F_1)_a - F_2] = a_0 b - 2T/d$$

$$f\phi = \ln \frac{(F_1)_a - F_c}{F_2 - F_c} = \ln \frac{(a_0 - a_2)b}{(a_0 - a_2)b - 2T/d}$$

試證明

$$b = \frac{1}{a_0 - a_2} \frac{H_d}{V} \frac{\exp(f\phi)}{\exp(f\phi) - 1}$$

13-5 回到範例 13-1，並完成下列各項。
(a) 試求將該驅動能置於滑動點時的扭矩容量，及初拉力 F_i。
(b) 試求展現 $n_{fs} = n_d = 1.1$ 的皮帶寬度 b。
(c) 試就 b 部分求對應的 F_{1a}、F_c、F_i、F_2、功率及 n_{fs}。

(d) 你從其中學到了什麼？

13-6 試取問題 13-5 的驅動，將皮帶寬度加倍。比較 F_c、F_i、F_{1a}、F_2、H_a、n_{fs} 及凹陷。

13-7 捲繞皮帶的皮帶輪將負荷轉嫁於軸上，誘發彎曲並加載軸承。試檢視圖 13-7 並導出皮帶置於皮帶輪上之負荷的表示式，然後將它應用於範例 13-2。

13-8 範例 13-2 的結果是選用 250 mm 寬的聚酰胺 A-3 平皮帶。試證明使 f 恢復至 0.8 的 F_1 為

$$F_1 = \frac{(\Delta F + F_c)\exp f\phi - F_c}{\exp f\phi - 1}$$

並比較其初拉力。

13-9 圖中展示的總軸用於藉平皮帶驅動從電動機傳輸功率至各個機器。皮帶輪 A 為來自電動機皮帶輪的垂直皮帶驅動。從皮帶輪 B 而來的皮帶，則以和垂線夾 70° 角的方向，驅動一部工具機，且軸心相距 2.7 m。另一條皮帶從皮帶輪 C 驅動軸心距為 3.4 m 處的一部磨床。皮帶輪 C 有雙倍的寬度，容許皮帶如圖 13-4 般平移。從皮帶輪 D 出去的皮帶，則驅動一部置於與總軸軸線水平相距 2.4 m 處之吸塵器的風扇。附加的數據有：

機器	速率, rev/min	功率, kW	總軸 皮帶輪	直徑, mm
工具機	400	9.3	B	400
研究機	300	3.4	C	350
吸塵器	500	6.0	D	450

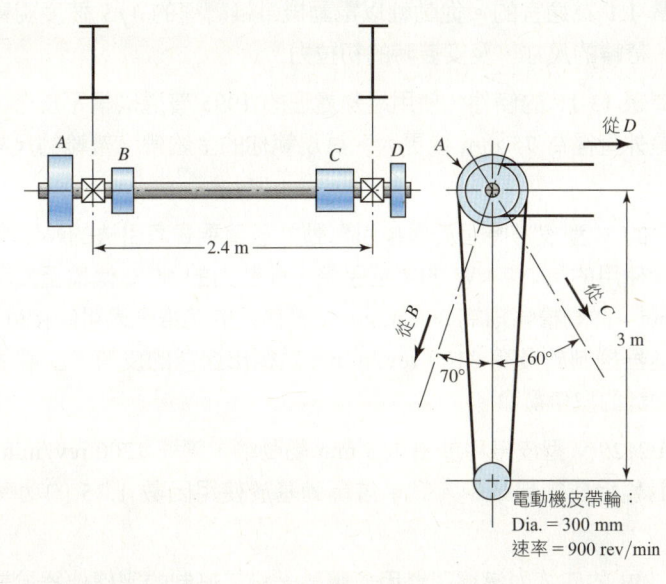

問題 13-9
(Courtesy of Dr. Ahmed F. Abdel Azim, Zagazig University, Cairo.)

電動機皮帶輪：
Dia. = 300 mm
速率 = 900 rev/min

上面所列的功率需求涵蓋了該項裝備的整體效率。兩支總軸的軸承座落於跨在兩寬翼樑上的兩個吊架上。試為此四處驅動的每一處選擇皮帶型式及尺寸。由於磨

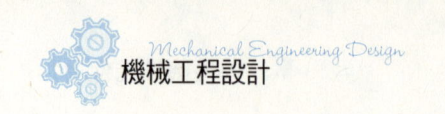

損或永久性拉伸，得為經常性更換皮帶預做準備。

13-10 中心軸在同一水平面上的兩支軸相距 6 m，以平皮帶相聯結，其驅動皮帶輪以額定功率 75-kW，轉速 1140 rev/min 的六極鼠籠式感應電動機供應動力，驅動第二支軸以其一半的轉速運轉。該從動軸驅動具輕度陡震的機器，試為此驅動選擇平皮帶。

13-11 平皮帶驅動的機械效率大約 98 %。由於其值甚高，其效率常遭忽略。若設計者選擇將它計入，他或她應在平皮帶草案中的何處將它介入。

13-12 金屬帶的離心拉力 F_c 由於甚小而忽略，試說服自己這是合理的問題簡化。

13-13 於合宜的使用因數 K_s 及設計因數 n_d 的情況下，某設計者必須選用金屬帶以傳遞功率 H_{nom}。設計目標變成 $H_d = H_{\text{nom}} K_s n_d$。試利用 (13-8) 式證明最小帶寬可由下式求得：

$$b_{\min} = \frac{1}{a}\left(\frac{H_d}{V}\right)\frac{\exp f\theta}{\exp f\theta - 1}$$

式中 a 為 $(F_1)_a = ab$ 中的 a。

13-14 試為將 1 kW，轉速 1750 rev/min 的鼠籠式感應電動機的動力傳輸至 380 mm 的距離處，而轉速減半。其運轉條件適合取使用因數 $k_s = 1.2$，設計因數 $n_d = 1.05$。壽命目標為 10^6 次金屬帶通過數，$f = 0.35$，環境的考量需要不鏽鋼的鋼帶，試為此驅動設計摩擦金屬帶傳動。

13-15 某鈹銅平金屬帶，疲勞強度 $S_f = 390$ MPa，用於以 1125 rev/min 轉速傳輸動力 3.7 kW，壽命目標為 10^6 次金屬帶通過數。兩軸相距 500 mm，其中心線在同一水平面上。金屬帶與帶輪間的摩擦係數為 0.32。這些條件使得取使用因數 1.25，及設計因數 1.1 為適宜的。從動軸以電動機帶輪轉速的 1/3 速度旋轉。試規範你的金屬帶、帶輪的尺寸，及安裝時的初拉力。

13-16 試就問題 13-15 的條件，使用經熱處理的 1095 普通碳鋼平皮帶。驅動帶輪輪轂的條件是外直徑為 75 mm 或更大。試規範你的金屬帶、帶輪的尺寸，及安裝時的初拉力。

13-17 某單一的 V 型皮帶將用於傳輸引擎動力至騎乘式牽引機的輪驅動 (wheel-drive) 變速器。使用的是 2.2 kW 的單缸引擎，此動力的 60% 傳輸至皮帶。驅動槽輪直徑 155 mm，從動槽輪則為 300 mm。皮帶節長的選擇應盡可能接近 2.3 m。引擎速率以調速器控制於最高 3100 rev/min。試選出合意的皮帶，並評估其安全因數及以通過數計的皮帶壽命。

13-18 兩條 B2125 V 型皮帶用於由 135 mm 驅動輪，轉速 1200 rev/min，及直徑 400 mm 之從動輪組成的驅動中。試求該驅動基於使用因數 1.25 的功率容量，並求中心距。

13-19 某 45 kW 的四缸內燃機引擎用於驅動一日二班制的製磚機器。該驅動由兩個相距 3.6 m 之直徑 650 mm 的槽輪組成，槽輪的轉速為 400 rev/min。試選用 V 型皮帶的配置。試求安全因數及以通過數及小時數計的皮帶壽命。

13-20 某往復式空氣壓縮機有 1.5 m 直徑，寬 350 mm 的飛輪，並以 170 rev/min 運轉。使用一個名牌上顯示 37 kW，以 875 rev/min 運轉的八極鼠籠式感應電動機。
(a) 試設計 V 型皮帶驅動。
(b) 能否藉使用 V 型皮帶驅動避免在飛輪上切割 V 型皮帶溝槽。

13-21 V-型皮帶驅動的意涵很有趣。
(a) 若地球的赤道是一條緊貼於球形地球之不可拉長的弦線，而你黏接 1.8 m 長的弦線到赤道線並安排它與赤道同心，則此時此弦線離地面多遠？
(b) 利用 a 部分的解，導出 m_G、θ_d 及 θ_D、L_p 及 C 之表示式的修正式。
(c) 由於此練習的所得，你將如何修訂問題 13-20(b) 部分的解？

13-22 某 1.5 kW 的電動機，以 1720 rev/min 選轉，驅動轉速 240 rev/min 的鼓風機。試為此應用選擇 V 型皮帶驅動、規範標準 V 型皮帶、槽輪尺寸，及所得的中心至中心的距離。電動機的大小限制了中心距至少為 550 mm。

13-23 標準鏈條號碼指出以 mm 表示的鏈條節距、結構比例、系列及列數如下：

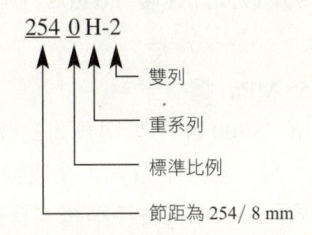

$$\underset{\underset{\text{節距為 254/ 8 mm}}{\underset{\text{標準比例}}{\underset{\text{重系列}}{\underset{\text{雙列}}{\uparrow\ \uparrow\ \uparrow\ \uparrow}}}}}{254\ 0\ \text{H-}2}$$

此一協定使節距可以直接從鏈條號碼獲知。範例 13-5 中從選用鏈條號碼查明節距，並從表 13-19 中加以確認。

13-24 令 (13-32) 式與 (13-33) 式相等以求得功率相等時的旋轉速率 n_1，並標示在預-最大功率與後-最大功率之間的區域。
(a) 試證明

$$n_1 = \left[\frac{0.25(10^6)K_r N_1^{0.42}}{p/25.4^{(2.2-0.07p/25.4)}}\right]^{1/2.4}$$

(b) 某 60 號鏈條，$p = 19$ mm，$N_1 = 17$，$K_r = 17$，試求速率 n_1 並從表 13-20 中確認。
(c) 轉速若干時 (13-40) 式才能應用。

13-25 某雙列 60 號的滾子鏈條，用於在以 300 rev/min 旋轉之 13 齒驅動鏈輪與 52 齒以 300 rev/min 旋轉的從動鏈輪間傳輸動力。試求
(a) 此驅動的容許功率為若干？
(b) 若鏈條長 82 節，試估算中心至中心的距離。
(c) 如果實際動力傳輸較修正功率 (容許功率) 少 30%，試估算鏈條作用於驅動軸上的扭矩與彎曲作用力。

13-26 某四列 40 號滾子鏈條，從 21 齒的驅動鏈輪傳輸動力至 84 齒的從動鏈輪。驅動鏈輪的角速度為 2000 rev/min。

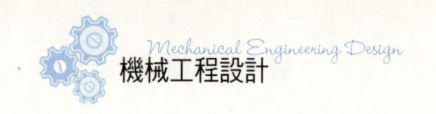

(a) 如果中心至中心的距離是 508 mm，試估算鏈條的長度。
(b) 若壽命目標為 20 000 小時，試估算表列的功率值 H'_{tab}。
(c) 試估算 20 000 小時壽命的容許功率。
(d) 試估算於容許功率下，鏈條中的拉力值。

13-27 某轉速 700 rev/min，功率 18.65 kW 的鼠籠式感應電動機，用於驅動置於室外棚架下的雙汽缸的往復式泵，取使用因數 K_s 為 1.5 及設計因數為 1.1 是合宜的。該泵的轉速為 140 rev/min。試選出適合的鏈條及鏈輪的尺寸。

13-28 某離心泵以一具 37.3 kW 的同步電動機驅動，其轉速為 1800 rev/min，而該泵將以 900 rev/min 旋轉。除了轉速外，其速度是平穩的 ($K_s = 1.2$)。試就設計因數 1.1 規範出鏈條與鏈輪，而能實現 50 000 小時的壽命目標。令鏈輪齒數分別為 19 齒及 38 齒。

13-29 某礦井吊車使用 50 mm 6×19 炮鋼鋼絲索。該索用於從 145 m 深的豎井中拉起 36 kN 的負荷。其捲筒直徑 1.8 m，槽輪以高品質鑄鋼製作，最小直徑為 1 m。
(a) 試使用最大吊速 6 m/s 及最大加速度 0.6 m/s^2，估算鋼絲索中的各應力。
(b) 試估算各種安全因數。

13-30 指定 6×19 炮鋼 (S_u = 1655 MPa) 鋼絲索。
(a) 試推導如圖示之 162 m、8900 N 吊籠與負荷的礦井吊車以起始加速度 0.6 m/s^2 運轉時，其鋼絲索拉力 F_t、疲勞拉力 F_f，及疲勞的安全因數 n_f 的表示式。
(b) 試以 (a) 部分導出的表示式，檢視各種鋼絲索直徑及支撐的索數 m 之安全因數 n_f 的變化。

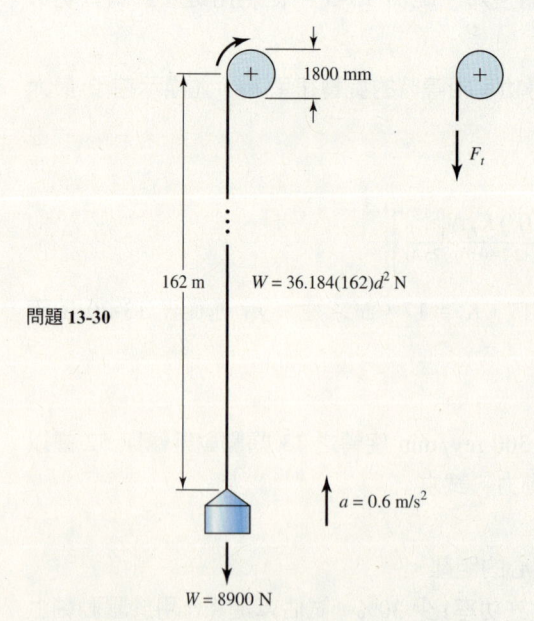

問題 13-30

13-31 某 600 m 礦井吊車以 1.8 m 的捲筒，使用 6×19 炮鋼鋼絲索運作。其吊籠及負重值為 36 kN，而且啟動時吊籠的加速度為 0.6 m/s^2。

(a) 對單股吊索而言，其安全因數 $n = F_f/F_t$ 如何隨所選用的鋼絲索直徑而變化？

(b) 對聯繫吊籠之四支撐索的鋼絲索而言，安全因數如何隨所選用的鋼絲索直徑而變化？

13-32 經由將安全因數 n 以

$$n = \frac{ad}{(b/m) + cd^2}$$

表示，其中 m 為支撐吊籠的鋼絲索數，而 a、b 及 c 為定值。試證明其最佳化的直徑為 $d^* = [b/(mc)]^{1/2}$，而對應的最大可企及的安全因數為 $n^* = a[m/(bc)]^{1/2}/2$。

13-33 從你得自問題 13-32 的結果，試證明為了符合疲勞的安全因數 n_1，其最佳解為

$$m = \frac{4bcn_1}{a^2} \text{ 鋼絲索數}$$

而直徑為

$$d = \frac{a}{2cn_1}$$

若要求安全因數 2，試求解問題 13-31。為適應索的直徑與索的數目之必要的離散性，試展示該做些什麼？

13-34 試就問題 13-29 估算若承載 40 kN 的吊籠內置入一部重 1 kN 的礦車，試估算鋼絲索的伸長量。可利用問題 3-7 的結果。

計算機程式

於處理接下來的計算機問題時，下列的建議可能會有助益：

- 決定分析或設計程式會更有助益。對這些如此單純的問題，你將發現其程序相似。為了最大的教學利益，請嘗試設計問題。
- 創作不具優質指數的設計程式會排斥替代設計的分級，但不會妨礙達成滿意的設計。你的指導教師能提供課堂設計題庫及商業性的型錄，其中不僅有價格資訊，也列示可提供的尺寸。
- 量化的理解及相互關係的邏輯是程式設計所必要的，程式設計中遭遇困難是給你的警訊，你的指導老師提升你對問題的瞭解。下列的程式可以在 100 至 500 條程式碼間完成。
- 製作互動式及對使用者友善的程式。
- 令計算機做它能做得最好的事；而使用者應作人類能做最好的事。
- 假設使用者有一本教科書，而且對提示的資訊能做出反應。
- 如果在井然有序的表中做內差，徵集表中鄰近的項，讓計算機處理這些數值。
- 在決策步驟中，即使條件不合意，也容許使用者做必要的決定。這將使使用者得以知道結果，並使用該程式做分析。
- 於總結時列示大量資訊。為使用者的透視，顯示先行的決策組合。
- 當完成總結時，可以容易地做出適宜的評估，所以應考慮加入這項性質。

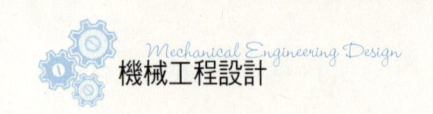

13-35 從解問題 13-1 到 13-11 的經驗，已經置你於能寫出設計選用平皮帶驅動元件之互動式計算機程式的位置。可能的決策組為

先行決策
- 功能：H_{nom}、rev/min、速度比、C 的約略值
- 設計因數：n_d
- 初拉力維護：懸垂度
- 皮帶材質：t、d_{min}、容許拉力、密度、f
- 驅動幾何尺寸：d、D
- 皮帶厚度：t (在材質決策中)

設計決策
- 皮帶寬度：b

13-36 問題 13-12 到 13-16 給予你一些金屬摩擦帶的經驗，指出計算機程式於設計/選用程序中大有助益。可能的決策組合為：

先行決策
- 功能：H_{nom}、rev/min、速度比、C 的約略值
- 設計因數：n_d
- 皮帶材料：S_y、E、v、d_{min}
- 驅動幾何尺寸：d、D
- 皮帶厚度：t

設計決策
- 皮帶寬度：b
- 皮帶長度 (通常是標準皮帶環周長)

13-37 從問題 13-17 到 13-22 已經賦予你足夠的經驗，確信計算機程式於設計/選用 V 型皮帶驅動的程序中大有助益。試撰寫此一程式。

13-38 從問題 13-23 到 13-28 的經驗能令人想到互動式的計算機程式，對設計/選用滾子鏈條元件大有助益。可能的決策組合為：

先行決策
- 功能：功率、速率、間隔，K_s、壽命目標
- 設計因數：n_d
- 鏈輪齒數計數：N_1、N_2、K_1、K_2

設計決策
- 鏈條號碼
- 列數
- 潤滑系統
- 以節數表示的連條長度

(中心至中心距離的參考值)

chapter 14

動力傳輸案例研習

本章大綱

- 14-1　動力傳輸的設計順序　　801
- 14-2　動力與扭矩的條件　　802
- 14-3　齒輪規格　　802
- 14-4　傳動軸的佈置　　810
- 14-5　作用力分析　　811
- 14-6　軸材料選用　　812
- 14-7　依據應力設計軸　　812
- 14-8　依據撓度設計軸　　813
- 14-9　軸承選用　　813
- 14-10　鍵與扣環選用　　815
- 14-11　最後分析　　816

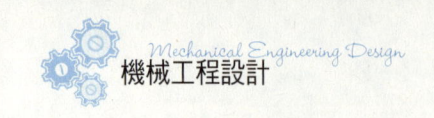

從像引擎或電動機之類的動力源,通過機器至輸出端的動力傳輸,是最普通不過的機器任務。傳輸動力最有效率的方法是透過以軸承支撐之軸的旋轉運動。齒輪、皮帶輪,或鏈輪可能通力合作在各軸間提供扭矩與速率的改變。大多數軸具圓柱形 (實心或中空),並含階梯式的直徑,具有軸肩以提供軸承、齒輪等的定位與支持。

設計傳輸動力的系統必須專注於設計與個別分件 (齒輪、軸承、傳動軸等) 的選用。然而,在設計案中,這些分件並非各自獨立。例如,為了依據應力與撓度設計傳動軸,就必須知道施加的力。如果這些力是透過齒輪傳遞,為了確定將傳遞至軸的各作用力,就必須知道齒輪的規格。但庫存齒輪具有某直徑的內孔,必須知道所需的軸直徑。設計程序相倚而且重複一點也不驚奇,但設計者應從何處著手呢?

機械設計教科書的特性是分別聚焦於單一分件。本章將聚焦於綜觀動力傳輸系統的設計,演示如何將每個分件的細節併入整個設計程序。此一討論將設定為如圖 14-1 中之典型的兩段齒輪減速裝置。設計順序相似於此特定傳輸系統的變化。

下列的大綱將有助於釐清邏輯的設計順序。本章中將依序討論大綱中的每一部分如何影響整個設計程序。主要分件的設計規範的細節與主要分件的選用已在獨立的各章中論及,尤其是第 6 章中針對軸的設計,第 9 章中對軸承的選用,以及第 10 與第 11 章中對軸承的規格。完整的案例研習以某特定載具演示程序的進行來呈現。

圖 14-1 複合回歸齒輪系。

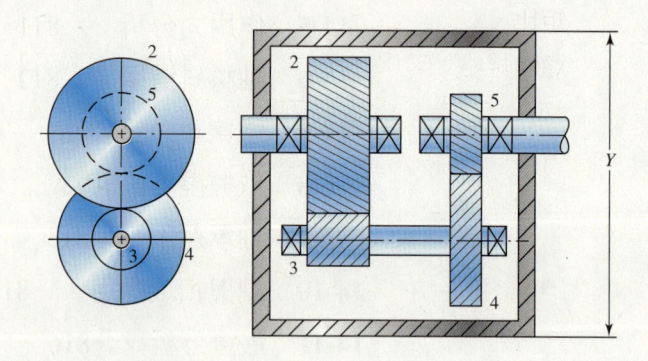

案例研習部分 1

問題規範

在 1-17 節中,展示了此涉及如圖 14-1 中之二段減速之複式迴歸齒輪系減速裝置的設計。

本章中,展示了中間軸及其分件的設計,必要時也考慮及其它軸。

本設計部分將需用到的設計規格次集合如下所示:

傳輸動力:15 kW

> 輸入轉速：1750 rpm
>
> 輸出轉速：82-88 rev/min
>
> 一般處於低陡震水準，偶爾有中度陡震
>
> 輸入及輸出軸延伸至減速機殼外 100 mm
>
> 減速機殼最大尺寸：機底 350×350 mm，高 550 mm 輸出軸與輸入軸對齊
>
> 齒輪與軸承的壽命 > 12 000 小時；軸具無限壽命

14-1 動力傳輸的設計順序

對任何設計程序並沒有精確的步驟順序。本質上，設計是一種重複的程序，它必須做一些暫時性的選擇，以建立設計的架構，並確定該設計的哪一部分處於臨界狀態。然而藉由瞭解問題中各部件的相倚關係，讓設計者知道任何賦予的改變將影響那個部件，將可省下很多時間。本節中每一步驟以簡潔的解說，僅作概略的展示。進一步的細節將於下列各節中討論。

- **動力與扭矩條件**　首先應處理動力考量，因為它將決定整個系統需要的整體尺寸。在提出齒輪/皮帶輪尺寸之前必須確定從輸入端到輸出端必要的轉速或扭矩比。

- **齒輪規格**　算出必要的齒輪比與傳輸的扭矩後，現在可以致力於選擇適宜的齒輪。由於規範齒輪只需要傳遞的負荷，要提醒軸的完整作用力分析仍不需要。

- **傳動軸佈置**　通常傳動軸的佈置，現在必須指明齒輪與軸承的軸向位置。必須決定如何將扭矩從齒輪傳遞至傳動軸 (鍵、拴槽等)，以及如何將齒輪與軸承維持於定位 (扣環、壓入配合、螺帽等)。然而不需在此刻指出這些元件的尺寸，因為它們的標準尺寸容許應力集中因數的估算。

- **作用力分析**　一旦知道齒輪/皮帶輪的直徑，也知道各齒輪與軸承的軸向位置，即可製作傳動軸的分離體、剪力及彎矩圖。作用於軸承的力即可確定。

- **選擇傳動軸材料**　由於疲勞設計對材料的選擇非常倚重，通常比較容易先選用一種合理的材料，然後才進行結果是否滿足的驗證。

- **依據應力 (疲勞或靜負荷) 設計傳動軸**　此時軸的應力設計，應該與來自傳動軸那一章 (第 6 章) 的典型設計問題非常相似。剪力與彎矩圖已知，臨界位置可以預知，可使用近似的應力集中因數，然後能確定估算的傳動軸直徑。

- **依據撓度設計傳動軸**　由於撓度分析與傳動軸的整個幾何形狀有關，而將它保留至此刻。現在已有傳動軸的完整幾何形狀估算，在軸承與齒輪位置的重要撓度，可藉分析驗證。

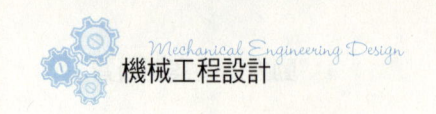

- **軸承選用** 此時已可以自型錄選出特定的軸承以匹配估算的傳動軸直徑。因為必須與型錄的規格匹配，軸徑可以稍作調整。
- **選用鍵與扣環** 軸徑已確定於穩定值，即可從標準尺寸中指定適宜的鍵與扣環。若在先前各步驟中假設了合理的應力集中因數，整個設計應只有稍許改變。
- **最終分析** 一旦針對本任務之任意特定部件的每一項值都已經指定，疊代並調整過，一項由起始到終了的完整分析，將提供最終的驗證，並指出真實系統的安全因數。

14-2 動力與扭矩的條件

動力傳輸系統典型的規格為動力容量，例如 30 kW 的齒輪減速機。此一額定值結合規範了該項裝置可以容忍的扭矩與速率。請記住，在理想的情況下，輸入功率等於輸出功率，使得我們可以認為通過系統功率維持相同。許多系統忽略了滾動軸承損失的功率。齒輪有合理的高效率，每對嚙合齒輪大約有 1% 到 2% 的功率損失。因此圖 14-1 中的兩段減速機中有兩對嚙合齒輪，其輸出功率可能低於輸入功率 2% 到 4%。因為損失很小，通常僅提系統的功率，而非輸入功率與輸出功率。平皮帶與定時皮帶一般在 90% 以上的中段。V 型皮帶與蝸齒輪的效率可能下降至更低值，需要指出必須的輸入功率，以獲得需要的輸出功率。

另一方面，通過傳輸系統的扭矩一般不會維持定值。記得功率等於扭矩與速率的乘積。因為輸入功率 = 輸出功率，可知對於齒輪系

$$H = T_i \omega_i = T_o \omega_o \tag{14-1}$$

於定值功率時，齒輪比降低角速率將同時提升扭矩。因此，齒輪系的齒輪比，或齒輪系值為

$$e = \omega_o/\omega_i = T_i/T_o \tag{14-2}$$

典型的動力傳輸系統設計問題將明訂需要的動力容量伴隨輸入與輸出的角速率，或輸入與輸出的扭矩。通常對輸出值會指定容差。在規格齒輪指定後，即可確定實際的輸出值。

14-3 齒輪規格

有了齒輪系的值，下一步是決定適宜的齒輪。作為一項粗略的導引，10 到 1 間的齒輪系值可由一對齒輪獲得。更大的比值可由結合額外的齒輪對獲得 (見 10-13 節)。圖 14-1 中的複合回歸齒輪系可獲得 1 到 100 的齒輪系值。

因為齒輪的齒數必須是整數，在設計適宜的齒數以滿足齒輪系值與任何必要的幾何條件，例如輸入軸與輸出軸對齊時，寧可憑齒數設計而非直徑。見範例 10-3、10-4 與 10-5。此刻應仔細尋找最佳的齒數組合，以最小化整體組裝的尺寸。若齒輪系值僅需取近似值，可藉此彈性嘗試不同的齒數選擇以最小化組裝尺寸。最小齒輪上一個齒的大小，可能導致整體組裝尺寸的明顯增大。

如果是大量生產設計，各齒輪可能有足夠大的採購量，就不必去煩惱優先尺寸。對於小量生產，就得在較小的齒輪箱與不易從貨架採購取得之非常用齒輪大小的超額成本間作權衡。若使用庫存齒輪，此時必須查驗具有預定徑節之指定齒數齒輪的可取得性。如有必要，應該為得到可取得的齒數而重複設計。

案例研習部分 2

速率、扭矩，與齒輪比

為了繼續案例研習，經由決定適宜的齒數，將輸入速率 $\omega_i = 1750$ rev/min 減少至

$$82 \text{ rev/min} < \omega_o < 88 \text{ rev/min}$$

範圍內的輸出速率。

一旦規定了最終齒數，試確定下列各值。

(a) 中間軸與輸出軸的速率。
(b) 傳遞動力 15 kW 時，輸入軸、中間軸與輸出軸的扭矩。

解答 使用圖 14-1 中齒輪編號的標示，選擇平均值作為初始設計，$\omega_5 = 85$ rev/min。

$$e = \frac{\omega_5}{\omega_2} = \frac{85}{1750} = \frac{1}{20.59} \qquad \text{(14-2) 式}$$

就複合回歸齒輪系而言，

$$e = \frac{1}{20.59} = \frac{N_2}{N_3}\frac{N_4}{N_5} \qquad \text{(10-30) 式}$$

為了最小的組裝尺寸，令兩階段的減速率相同。而且令兩階段完全相同，輸入軸與輸出軸對齊的條件將自動滿足。

$$\frac{N_2}{N_3} = \frac{N_4}{N_5} = \sqrt{\frac{1}{20.59}} = \frac{1}{4.54}$$

就此減速比，最小齒數可由 (10–11) 式，求得為 16。

$$N_2 = N_4 = 16 \text{ 齒}$$

$$N_3 = 4.54(N_2) = 72.64$$

嘗試捨入並核驗，ω_5 是否在限值內

$$\omega_5 = \left(\frac{16}{72}\right)\left(\frac{16}{72}\right)(1750) = 86.42 \text{ rev/min} \quad \text{可接受}$$

繼續以

$$N_2 = N_4 = 16 \text{ teeth}$$
$$N_3 = N_5 = 72 \text{ teeth}$$

$$e = \left(\frac{16}{72}\right)\left(\frac{16}{72}\right) = \frac{1}{20.25}$$

$$\omega_5 = 86.42 \text{ rev/min}$$

$$\omega_3 = \omega_4 = \left(\frac{16}{72}\right)(1750) = 388.9 \text{ rev/min}$$

為求得扭矩，回到動力關係式，

$$H = T_2\omega_2 = T_5\omega_5 \tag{14-1 式}$$

$$T_2 = H/\omega_2 = \left(\frac{15000 \text{ W}}{1750 \text{ rev/min}}\right)\left(\frac{1 \text{ rev}}{2\pi \text{ rad}}\right)\left(60\frac{\text{s}}{\text{min}}\right)$$

$$T_2 = 81.9 \text{ N}\cdot\text{m}$$

$$T_3 = T_2\frac{\omega_2}{\omega_3} = 81.9\frac{1750}{388.9} = 368.5 \text{ N}\cdot\text{m}$$

$$T_5 = T_2\frac{\omega_2}{\omega_5} = 81.9\frac{1750}{86.42} = 1658.5 \text{ N}\cdot\text{m}$$

若在問題規範中已經規定了齒輪箱的最大尺寸，此時藉寫出以齒輪直徑並經由徑節轉成齒數表示的表示式，可以推估最小的徑節 (輪齒最大)。例如從圖 14-1，齒輪箱的整體高度為

$$Y = d_3 + d_2/2 + d_5/2 + 2/P + \text{餘隙} + \text{壁厚}$$

式中 $2/P$ 這一項考量齒輪 2 及齒輪 5 超出節圓直徑部分的齒冠高。以 $d_i = N_i/P$ 代，得

$$Y = N_3/P + N_2/(2P) + N_5/(2P) + 2/P + \text{餘隙} + \text{壁厚}$$

以此式求解 P，得

$$P = (N_3 + N_2/2 + N_5/2 + 2)/(Y-餘隙-壁厚) \tag{14-3}$$

這是徑節可使用的最小值,因此是能維持整體齒輪箱於約束內之最大尺寸的輪齒。應將它捨入成次一標準徑節,它將縮小輪齒的尺寸。

AGMA 法,如第 11 章所描述,其彎應力與接觸應力兩者都將應用於接下來的確定適宜的齒輪參數。設計者規範的參數含材料、徑節、與齒面寬。建議設計程序從推估徑節開始,這將可以確定齒輪的直徑 ($d=N/P$)、節線速度 [(10-34) 式],及傳遞負荷 [(10-35) 或 (10-36) 式]。典型的正齒輪可取得齒面寬由 3 倍到 5 倍周節 p 的產品。使用平均值 4,首次推估可令齒面寬 $F = 4p = 4\pi/P$。此外,設計者可以單純地執行線上齒輪型錄的快速搜尋,找出適合徑節與齒數之可用的齒面寬。

接著第 11 章中的 AGMA 式可用來決定材料選擇以提供要求的安全因數。因處於最臨界狀況的齒輪將決定徑節與材料強度的限值,分析該齒輪,通常效率最佳。一般而言,最臨界的齒輪將是齒輪箱高扭矩 (低速率) 端較小的齒輪。

如果所需材料的強度太高,它則不是成本太高就是取得不易,以較小徑節 (輪齒較大) 重複設計會有幫助。當然,這將會增大整體齒輪箱的尺寸。過高應力常發生於較小齒輪之一。與其增大所有齒輪的輪齒,有時較佳的方式是重新設計齒數的安排,將較大的比值移往應力較小的齒輪對,而較小的比值移往應力過高的齒輪對。這將阻止齒輪有較多齒、有較大直徑,並降低其應力。

若接觸應力超出限值高於彎應力超出的程度,應考慮已熱處理過或滲碳硬化過的齒輪材料。如果能達成尺寸、材料,與成本的良好平衡,可以調整徑節。如果應力遠低於材料強度,訂購較大徑節的齒輪,將降低齒輪與齒輪箱的尺寸。

直到此刻的每一項都應重複設計以迄於得到可接受的結果,因為設計程序中這部分通常可以從後續階段獨立出來。設計者應該在進行軸設計前滿足齒輪選用。此時從型錄中選用指定的齒輪對後續階段有幫助,尤其是知道總寬度,孔徑,推薦軸肩支持,及最大內圓角半徑。

案例研習部分 3

齒輪規範

藉著規範適宜的齒輪,包含節圓直徑、徑節、齒面寬,以及材料以繼續案例研習。耐磨耗與彎曲的安全因數至少必須達到 1.2。

解答　針對整體齒輪箱高度,推估齒輪的最小徑節為 22 in。

由 (14-3) 式與圖 14-1,

$$P_{min} = \frac{\left(N_3 + \dfrac{N_2}{2} + \dfrac{N_5}{2} + 2\right)}{(Y-餘隙-壁厚)}$$

容許餘隙與壁厚為 1.5 in

$$P_{\min} = \frac{\left(72 + \dfrac{16}{2} + \dfrac{72}{2} + 2\right)}{(22 - 1.5)} = 5.76 \text{ teeth/in}$$

以 $P =$ <u>6 teeth/in</u> 開始

$$\boxed{\begin{array}{l} d_2 = d_4 = N_2/P = 16/6 = 2.67 \text{ in} \\ d_3 = d_5 = 72/6 = 12.0 \text{ in} \end{array}}$$

軸的轉速先前已經定為

$$\omega_2 = 1750 \text{ rev/min} \qquad \omega_3 = \omega_4 = 388.9 \text{ rev/min} \qquad \omega_5 = 86.4 \text{ rev/min}$$

為稍後使用，計算節線速度與傳遞負荷

$$V_{23} = \frac{\pi d_2 \omega_2}{12} = \frac{\pi(2.67)(1750)}{12} = \underline{1223 \text{ ft/min}} \tag{10-34 式}$$

$$V_{45} = \frac{\pi d_5 \omega_5}{12} = \underline{271.5 \text{ ft/min}}$$

$$W_{23}^t = 33\,000 \frac{H}{V_{23}} = 33\,000 \left(\frac{20}{1223}\right) = \underline{540.0 \text{ lbf}} \tag{10-35 式}$$

$$W_{45}^t = 33\,000 \frac{H}{V_{45}} = \underline{2431 \text{ lbf}}$$

從齒輪 4 著手，因為它是最小的齒輪，將傳遞最大負荷，而可能處於臨界狀態。從接觸應力導致的磨耗開始，因為它通常是個限制因素。

齒輪 4 磨耗

$$I = \frac{\cos 20° \sin 20°}{2(1)} \left(\frac{4.5}{4.5 + 1}\right) = 0.1315 \tag{11-23 式}$$

對 K_v，假設 $Q_v = 7$，$B = 0.731$，$A = 65.1$ （11-29 式）

$$K_v = \left(\frac{65.1 + \sqrt{271.5}}{65.1}\right)^{0.731} = 1.18 \tag{11-27 式}$$

典型的齒面寬介於 3 到 5 倍周節，嘗試

$$F = 4\left(\frac{\pi}{P}\right) = 4\left(\frac{\pi}{6}\right) = 2.09 \text{ in}$$

齒輪規格很容易從網路上找到，也可以同時查一般可取得的齒面寬。於網頁 www.globalspec.com 中，輸入 $P = 6$ teeth/in 與 $d = 2.67$ in，可從許多來源得

到齒面寬 1.5 in 或 2.0 in 的庫存正齒輪。這些齒輪也可用於與直徑 $d = 12$ in 的齒輪 5 匹配。

選擇 $F = \underline{2.0\text{ in}}$。

因為 K_m，　$C_{pf} = 0.0624$ 　　　　　　　　　　　　　　　　　　(11-32) 式
　　　　　　$C_{mc} = 1$ 無隆起輪齒　　　　　　　　　　　　　　　　(11-31) 式
　　　　　　$C_{pm} = 1$ 跨距安置　　　　　　　　　　　　　　　　　(11-33) 式
　　　　　　$C_{ma} = 0.15$ 商用包封裝置　　　　　　　　　　　　　　(11-34) 式
　　　　　　　$C_e = 1$ 　　　　　　　　　　　　　　　　　　　　　(11-35) 式

$K_m = 1.21$ 　　　　　　　　　　　　　　　　　　　　　　　　　　(11-30) 式
$C_p = 2300$ 　　　　　　　　　　　　　　　　　　　　　　　　　表 11-8
$K_o = K_s = C_f = 1$

$$\sigma_c = 2300\sqrt{\frac{2431(1.18)(1.21)}{2.67(2)(0.1315)}} = \underline{161\,700\text{ psi}} \quad \text{(11-16) 式}$$

取得 $\sigma_{c,\text{all}}$ 的因數 0 對壽命因數 Z_N，取得規範壽命 12 000 h 的循環數

$$L_4 = (12\,000\text{ h})\left(60\frac{\min}{\text{h}}\right)\left(389\frac{\text{rev}}{\min}\right) = 2.8 \times 10^8 \text{ rev}$$

$Z_N = 0.9$ 　　　　　　　　　　　　　　　　　　　　　　　　　　圖 11-15
$K_R = K_T = C_H = 1$

因設計因數為 1.2，

$$\sigma_{c,\text{all}} = S_c Z_N / S_H = \sigma_c \quad \text{(11-18) 式}$$

$$S_c = \frac{S_H \sigma_c}{Z_N} = \frac{1.2(161\,700)}{0.9} = \underline{215\,600\text{ psi}}$$

從表 11-6，Grade 2 的滲碳硬化鋼 $S_c = \underline{225\,000\text{ psi}}$，可以達到此一強度。為求得達成的安全因數，於 $S_H = 1$ 時 $n_c = \sigma_{c,\text{all}}/\sigma_c$，齒輪的安全因數為

$$n_c = \frac{\sigma_{c,\text{all}}}{\sigma_c} = \frac{S_c Z_N}{\sigma_c} = \frac{225\,000(0.9)}{161\,700} = \underline{1.25}$$

齒輪 4 抗彎

$$J = 0.27 \quad \text{圖 11-6}$$
$$K_B = 1$$

其它每一件都與之前相同。

$$\sigma = W_t K_v \frac{P_d}{F}\frac{K_m}{J} = (2431)(1.18)\left(\frac{6}{2}\right)\left(\frac{1.21}{0.27}\right) \qquad \text{(11-15) 式}$$

$$\sigma = 38\,570 \text{ psi}$$

$$Y_N = 0.9 \qquad \text{(11-15) 式}$$

使用 Grade 2 滲碳硬化鋼，就像為磨耗而選，查得 $S_t = 65\,000$ psi (表 11-3)。

$$\sigma_{\text{all}} = S_t Y_N = 58\,500 \text{ psi}$$

齒輪 4 抗彎的安全因數為

$$\boxed{n = \frac{\sigma_{\text{all}}}{\sigma} = \frac{58\,500}{38\,570} = 1.52}$$

齒輪 5 抗彎與耐磨耗

每項都與齒輪 4 相同，除了 J、Y_N 與 Z_N。

$$J = 0.41 \qquad \text{圖 11-6}$$

$$L_5 = (12\,000\text{h})(60 \text{ min/h})(86.4 \text{ rev/min}) = 6.2 \times 10^7 \text{ rev}$$

$$Y_N = 0.97 \qquad \text{圖 11-14}$$

$$Z_N = 1.0 \qquad \text{圖 11-15}$$

$$\sigma_c = 2300\sqrt{\frac{2431(1.18)(1.21)}{2.67(2)(0.1315)}} = 161\,700 \text{ psi}$$

$$\sigma = (2431)(1.18)\left(\frac{6}{2}\right)\left(\frac{1.21}{0.41}\right) = 25\,400 \text{ psi}$$

與齒輪 4 一樣選用 Grade 2 滲碳硬化鋼材

$$\boxed{\begin{aligned} n_c &= \frac{\sigma_{c.\text{all}}}{\sigma_c} = \frac{225\,000}{161\,700} = 1.39 \\ n &= \frac{\sigma_{\text{all}}}{\sigma} = \frac{65\,000(0.97)}{25\,400} = 2.48 \end{aligned}}$$

齒輪 2 耐磨耗

齒輪 2 與齒輪 3 經評估很類似。僅顯示所選擇的結果。

$$K_v = 1.37$$

以 $F = 1.5$ in 做試誤，因其負荷小於作用於齒輪 2 與齒輪 3 者，

$$K_m = 1.19$$

所有其它因數與齒輪 4 所有的因數值都相同。

$$\sigma_c = 2300\sqrt{\frac{(539.7)(1.37)(1.19)}{2.67(1.5)(0.1315)}} = 94\,000 \text{ psi}$$

$$L_2 = (12\,000 \text{ h})(60 \text{ min/h})(1750 \text{ rev/min}) = 1.26 \times 10^9 \text{ rev} \qquad Z_N = 0.8$$

以 grade 1 火焰硬化鋼材做嘗試，$S_c = 170\,000$ psi

$$\boxed{n_c = \frac{\sigma_{c,\text{all}}}{\sigma_c} = \frac{170\,000(0.8)}{94\,000} = 1.40}$$

齒輪 2 抗彎

$$J = 0.27 \qquad Y_N = 0.88$$

$$\sigma = 539.7(1.37)\frac{(6)(1.19)}{(1.5)(0.27)} = 13\,040 \text{ psi}$$

$$\boxed{n = \frac{\sigma_{\text{all}}}{\sigma} = \frac{45\,000(0.88)}{13\,040} = 3.04}$$

齒輪 3 耐磨耗與抗彎

$$J = 0.41 \qquad Y_N = 0.9 \qquad Z_N = 0.9$$

$$\sigma_c = 2300\sqrt{\frac{(539.7)(1.37)(1.19)}{2.67(1.5)(0.1315)}} = 94\,000 \text{ psi}$$

$$\sigma = 539.7(1.37)\frac{(6)(1.19)}{1.5(0.41)} = 8584 \text{ psi}$$

以 Grade 1 鋼材經穿透硬化至 300 H_B 做嘗試，從圖 14-2，
$S_t = 36\,000$ psi，並從圖 11-5，$S_c = 126\,000$ psi。

$$\boxed{\begin{aligned} n_c &= \frac{126\,000(0.9)}{94\,000} = 1.21 \\ n &= \frac{\sigma_{\text{all}}}{\sigma} = \frac{36\,000(0.9)}{8584} = 3.77 \end{aligned}}$$

綜合所得的齒輪規格為；

$$\boxed{\begin{aligned} &\text{所有的齒輪，} P = 6 \text{ teeth/in} \\ &\text{齒輪 2，Grade 1 火焰硬化，} S_c = 170\,000 \text{ psi 及 } S_t = 45\,000 \text{ psi} \\ &\qquad d_2 = 2.67 \text{ in，齒面寬} = 1.5 \text{ in} \\ &\text{齒輪 3，Grade 1 穿透硬化至 } 300\, H_B\text{，} S_c = 126\,000 \text{ psi 及 } S_t = 36\,000 \text{ psi} \end{aligned}}$$

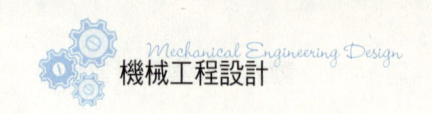

> $d_3 = 12.0$ in，面寬 = 1.5 in
> 齒輪 4，Grade 2 滲碳硬化鋼，$S_c = 225\,000$ psi 及 $S_t = 65\,000$ psi
> $d_4 = 2.67$ in，面寬 = 2.0 in
> 齒輪 5，Grade 2 滲碳硬化鋼，$S_c = 225\,000$ psi 及 $S_t = 65\,000$ psi
> $d_5 = 12.0$ in，面寬 = 2.0 in

14-4 傳動軸的佈置

　　一般傳動軸的佈置包含齒輪與軸承的軸向位置，為了執行分離體作用力分析，並得到剪力圖與彎矩圖，此時必須規範出來。如果沒有現有的軸可當做起頭，那麼確定傳動軸的佈置可能有許多解。6-3 節討論的問題涉及傳動軸佈置。該節中將聚焦於這些決定如何與整個程序關聯。

　　分離體作用力分析，可在軸直徑未知情況下執行，但無法在不知道齒輪與軸承之間的軸向距離情況下執行。維持小軸向距離極其重要，因為如果力臂夠大，甚至小小的作用力都會產生大彎矩。而且記得樑的撓度方程式通常包含長度的三次方。

　　此刻值得對整個齒輪箱審視，以決定是什麼因素駕馭傳動軸長，與各分件的安排。如圖 14-2 中的粗略草圖已足以滿足此一目的。

案例研習部分 4

傳動軸佈置

經由準備好足以決定各軸向距離的齒輪箱草圖，繼續案例研習。尤其是為了配合其它各軸的安置條件，推估整軸的總長，與中間軸上齒輪間的距離。

解答

　　圖 14-2 顯示粗略的草圖。其中包含三支傳動軸，以考量在本案例中如何安裝各軸承。此時已知齒輪的齒面寬，軸承寬度則以猜測為之。在中間軸上，彎矩較大處的較大軸承，容許給予稍大的軸承空間。軸承寬度的微小改變，對作用力分析僅產生很小的效應，因為主要反力的變化很小。在副軸上兩齒輪間的 100 mm 距離，將支配輸入軸與輸出軸的條件，包含齒輪箱安置各個軸承的空間。分配給扣環與各軸承後方的空間很小，將以上各項加總，即得到中間軸的長度為 290 mm。

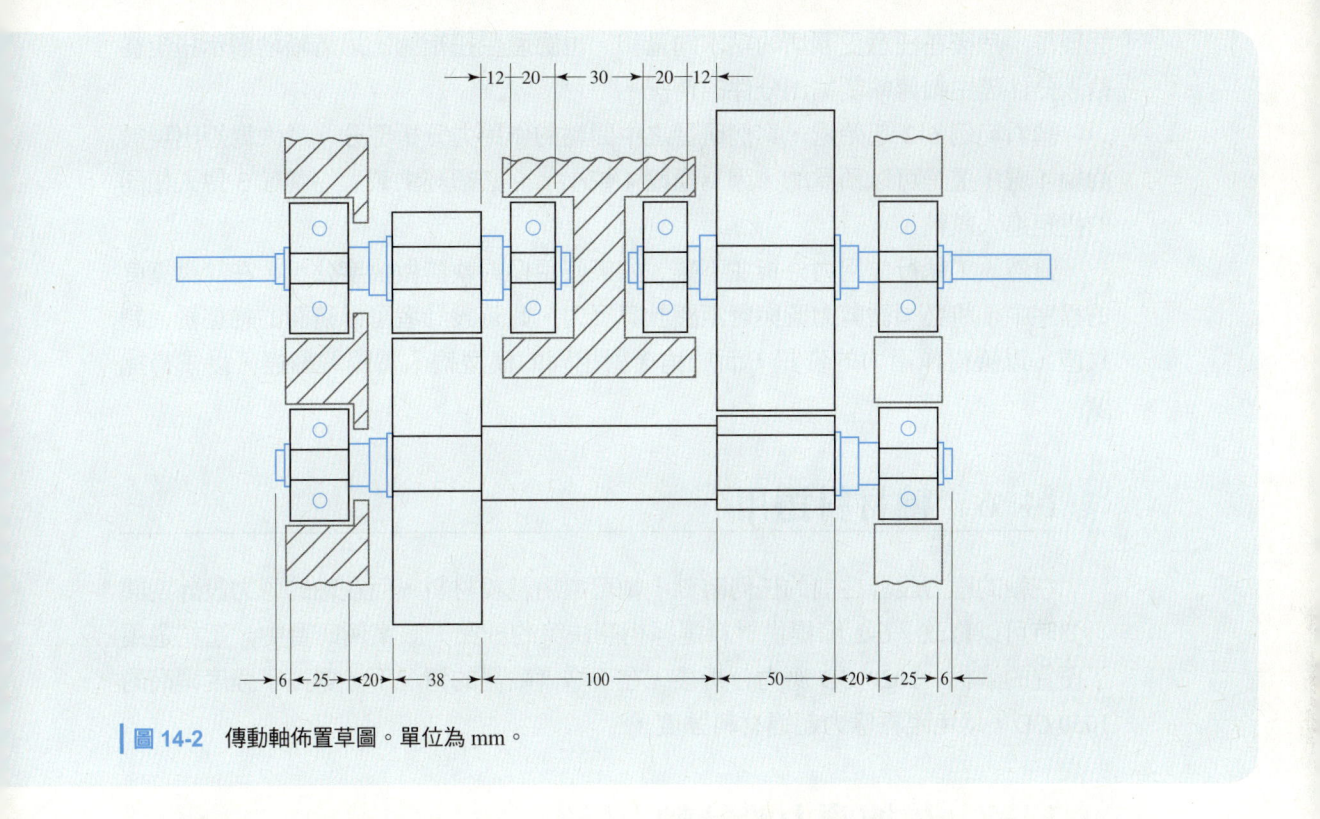

圖 14-2　傳動軸佈置草圖。單位為 mm。

齒輪上的齒面寬較寬要求的軸長較長。一開始此項設計考慮容許使用定位螺旋取代高應力集中的扣環，齒輪具有輪轂。然而，過長的輪轂讓軸長與齒輪箱增加了好幾吋。

圖 14-2 中的佈置有幾點值得注意。齒輪與軸承安置於與軸肩相抵處，以扣環維持它們的位置。雖然希望將齒輪安置於靠近軸承的位置，在它們間會提供少許額外的空間，以調整軸承殼延伸至軸承後方，並容許軸承拔取器有接近軸承背後的空間。軸承與齒輪間直徑的變化，容許軸承的軸肩高與齒輪的內孔尺寸有所不同。此一直徑可以有鬆的公差與大的內圓角半徑。

在軸向上每個軸承受約束，每一軸上只有一個軸承軸向固定於軸承殼，容許軸有少許的軸向熱膨脹。

14-5　作用力分析

一旦知道齒輪的節圓直徑，而且各分件的軸向位置已設定，即可產生分離體圖與剪力及彎矩圖。藉已知的傳輸負荷，確定經由齒輪傳遞的徑向與軸向負荷 (見 10-14 節到 10-17 節)。從作用於每一軸上的作用力與彎矩的和，可以確定軸承作用的反力。對具有齒輪與帶輪的軸而言，通常在循軸向的兩個平面上有分量。旋轉軸通常僅需要合力的值，所以在各軸承處以向量合成。剪力與彎矩圖則通常從兩個平

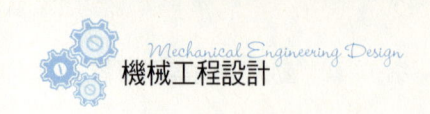

面獲得，然後在任意受關切的點求向量和。也應產生扭矩圖，以清晰地顯示扭矩從輸入分件經由軸傳輸制輸出分件的情況。

請看範例 6-2 起始處，案例研習之中間軸的作用力分析部分。最大彎矩出現於齒輪 4 處，這是可以預見的，因為齒輪 4 較小，而必須經由較大的齒輪 3 傳入相同的扭矩進入該軸。

雖然人工執行作用力分析並不難，如果使用樑的軟體做撓度分析，在計算撓度的程序中，將必須循剪力圖與彎矩圖計算反力。此時設計者可以猜測的軸徑輸入制軟體，以獲得作用力的資訊，而於稍後對相同的模型輸入實際的軸徑，以求得撓度。

14-6　軸材料選用

在軸的應力設計之前的任何時刻，軸可選用試誤材料，而在軸的應力設計期間必要時可以修改。6-2 節提供材料選擇相關決策的細節。該案例研習中，起初選用了便宜的鋼材，1020 CD 應力分析後，在不增大軸徑的情況下，選擇了強度稍高的 1050 CD，以免臨界應力超過材料強度。

14-7　依據應力設計軸

臨界軸徑依據在臨界位置的應力分析決定，在 6-4 節中，提供了涉及依據應力設計軸的詳細審查。

案例研習部分 5

依據應力設計

進行案例研習的下一階段時，基於對軸的無限壽命，提供充分的疲勞與靜應力容量，並且最小安全因數為 1.5，推估該軸每一剖面的軸徑。

解答

此一設計階段的解展現於，範例 6-2。

由於在齒輪 4 處彎矩最大，潛在的臨界應力點在其軸肩、鍵槽，與扣環槽等處。這裡指出鍵槽是臨界位置，而軸肩似乎經常最受矚目。此範例展示忽略像是鍵槽等其它應力集中源的危險。

在此階段的過程中，材料選擇做了改變，付出較高的強度以限制軸直徑於 2 in，如果軸的直徑變大了，小齒輪可能無法提供充分的內孔尺寸。如果必須增大軸的直徑，齒輪系的規格必須重新設計。

14-8　依據撓度設計軸

6-5 節提供了就樑考量撓度的詳細討論，通常軸的撓度問題不會導致嚴重的損壞，但將導致過度的噪音與振動，齒輪或軸承提早損壞。

案例研部分 6

核驗撓度

藉由核驗在中間軸上各齒輪與軸承處軸的撓度與斜率是否在可接受的範圍內，以進行案例研習的下一個階段。

解答

此一設計階段的解展示於，範例 6-3。

它指出在此問題中，對各軸承與齒輪處的撓度都在推薦的限制內。但並非總是呈現這種情況，忽略撓度分析將是不良的選擇。此案例研習的首次疊代由於使用具有輪轂的齒輪使得軸較長，撓度比應力更趨臨界。

14-9　軸承選用

現在軸承的反力與近似內孔直徑已知，選用軸承就簡單了，見第 9 章選用軸承的一般細節。滾動接觸軸承在很大的負荷容量與尺寸範圍都可取得，通常找到接近推估內孔直徑與寬度的合適軸承，不致有問題。

案例研習部分 7

軸承選用

現在藉著為中間軸選用具有 99% 可靠度的適用軸承，繼續案例研習。本問題指定設計壽命為 12 000 h。中間軸的轉速為 389 rev/min，推估孔徑為 25 mm，推估的軸承寬度為 25 mm。

解答

從分離體圖 (見範例 6-2)，

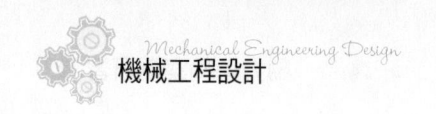

$$R_{Az} = 422 \text{ N} \qquad R_{Ay} = 1439 \text{ N} \qquad R_A = 1500 \text{ N}$$
$$R_{Bg} = 8822 \text{ N} \qquad R_{By} = 3331 \text{ N} \qquad R_B = 9430 \text{ N}$$

於軸轉速 389 rev/min，設計壽命 12 000 h 時，相關的軸承壽命
$L_D = (12\,000 \text{ h})(60 \text{ min/h})(389 \text{ rev/min}) = 2.8 \times 10^8$ rev。

從軸承 B 著手，因為它承受較高的負荷，可能發生一些潛藏的問題。從 (9-7) 式，假設用滾珠軸承，因 $a = 3$ 而 $L = 2.8 \times 10^6$ rev。

$$F_{RB} = 9430 \left[\frac{2.8 \times 10^8/10^6}{0.02 + 4.439(1-0.99)^{1/1.483}} \right]^{1/3} = 102.4 \text{ kN}$$

從網際網路查詢可取得的軸承 (www.globalspec.com) 核驗顯示，對孔徑鄰近 25 mm 的 A 滾珠軸承而言，此一負荷相對地顯得較高。取圓柱滾子軸承試試。以指數 $a = 3/10$ 對滾子軸承重新計算 F_{RB} 可得

$$F_{RB} = 80.7 \text{ kN}$$

在此範圍中可從許多來源取得圓柱滾子軸承。從 SKF，一家軸承的普通供應商，選出指定的軸承，其規格如下：

軸右端的圓柱滾子軸承
$C = 83$ kN、ID = 30 mm、OD = 72 mm、$W = 27$ mm
軸肩直徑 = 37 mm 至 39 mm，最大內圓角半徑 = 1.1 mm

對軸承 A，再次假設使用滾珠軸承，則

$$F_{RA} = 1500 \left[\frac{2.8 \times 10^8/10^6}{0.02 + 4.439(1-0.99)^{1/1.483}} \right]^{1/3} = 16.3 \text{ kN}$$

從 SKF 的網際網路型錄中選出滾珠軸承

軸左端的深槽滾珠軸承
$C = 20.3$ kN、ID = 25 mm、OD = 62 mm、$W = 19$ mm
軸肩直徑 = 32 mm 至 35 mm，最大內圓角半徑 = 2 mm

此刻，可對初始假設核驗軸承的實際尺寸。就軸承 B 而言，內孔直徑為 30 mm，稍大於原來的 25 mm。由於保留給軸肩直徑的空間，這沒有理由會成為問題。原先推估對軸肩的支撐直徑為 35 mm，小於 42 mm，該軸的鄰近階段，應該不會有任何問題。在本案例研習中，推薦的軸肩支撐直徑是在可接受的範圍內。對軸肩處的應力集中，原先的推估假設內圓角半徑使得 $r/d = 0.02$，實際選用的軸承

其比值為 0.036 及 0.080。這容許提升原始設計的內圓角半徑，而降低應力集中因數。

軸承寬度很接近原來的推估。軸的尺寸應作少許調整以匹配軸承。沒有重做設計的必要。

14-10 鍵與扣環選用

鍵的選用與尺寸已在 6-7 節中的範例 6-6 討論過了。鍵的剖面尺寸將遭受軸尺寸所左右 (見表 6-6 與 6-8)，而且必須與齒輪內孔的整個鍵槽相匹配。其設計決策含鍵的長度，如果有必要，可更改選用的材料。

鍵可能遭橫過鍵的剪力損壞，或遭承應力壓碎。對方鍵而言，顯示的是只要核驗壓碎損壞即足夠，因為依據畸變能損壞理論，剪力損壞低於壓碎損壞，依據最大剪應力損壞原理則兩者相當。核驗範例 6-6，探究為何如此。

案例研習部分 8

鍵設計

藉著位在中間軸上的兩個齒輪選擇合適的鍵，以提供安全因數 2，繼續案例研習。齒輪內孔將自行鑽孔，並按需要的規格置入鍵。先前求得的資訊包含下列各項：

$$\text{傳輸扭矩}：T = 360 \text{ N} \cdot \text{m}$$
$$\text{內孔直徑}：d_3 = d_4 = 42 \text{ mm}$$
$$\text{齒輪輪轂長度}：l_3 = 38 \text{ mm}，l_4 = 50 \text{ mm}$$

解答

從表 6-6，對直徑 42 mm 的軸選擇邊長 $t =10$ mm 的方鍵，材料選擇 $S_y=390$ Mpa 的 1020 CD。由軸表面作用於鍵上的力為

$$F = \frac{T}{r} = \frac{360}{0.042/2} = 17.14 \text{ kN}$$

核驗壓碎的損壞，面積使用鍵面積的二分之一。

$$n = \frac{S_y}{\sigma} = \frac{S_y}{F/(tl/2)}$$

求解 l，得

$$l = \frac{2Fn}{tS_y} = \frac{2(17140)(2)}{(0.01)(390 \times 10^6)} = 18 \text{ mm}$$

因兩齒輪的內孔直徑相同，也傳輸相同的扭矩，相同規格的鍵可以通用。

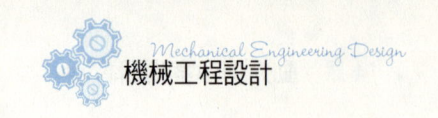

扣環選用只是單純的查詢型錄規格的工作。扣環依標稱軸直徑列表，而且有不同的軸向負荷容量可取得。一旦選定，設計者應該做槽深、槽寬與槽底內圓角半徑的註記。扣環的型錄規格也含邊緣差距，它是與鄰近改變成較小軸徑間的最小距離。這保證該扣環所承擔的軸向負荷。以實際尺寸核驗應力集中因數很重要，因為這些因數可能相當大。本案例研習中，在做潛在的臨界位置齒輪 4 處的應力分析時 (見範例 6-2)，指定的扣環已經過選定。安置扣環的其它位置不在高應力點上，所以不必煩惱在這些位置的扣環導致的應力集中。此時應該選取指定的扣環，以完成軸的尺寸規格。

就本案例研習而言，扣環規格加入了全球規格，指定扣環選自 Truarc Co., 有列規格：

	兩個齒輪	左端軸承	右端軸承
標稱軸直徑	42 mm	25 mm	30 mm
環槽直徑	38 ± 0.125 mm	24 ± 0.1 mm	28 ± 0.1 mm
環槽寬度	$1.7^{+0.1}_{-0.0}$ mm	$1.2^{+0.1}_{-0.0}$ mm	$1.4^{+0.1}_{-0.0}$ mm
標稱環槽深度	1.2 mm	0.8 mm	0.9 mm
最大環槽內圓角半徑	0.25 mm	0.25 mm	0.25 mm
最小邊緣差距	3.6 mm	2.6 mm	2.6 mm
容許軸向推力	52.7 kN	26.7 kN	31.2 kN

這些都在用於初始軸佈置的推估值內，而不需要任何重新設計。最終的軸應以這些尺寸更新。

14-11 最後分析

設計至此，似乎每一項都已核實。最終的細節含確定的尺寸和齒輪與軸承之合適宜配合的公差。對獲得之指定配合的細節，請見 6-8 節。自己指定之標稱直徑的任何小變化，對應力與撓度分析將可以忽略。然而，對製造與組裝目的而言，設計者不應忽視指定公差。有瑕疵的配合能導致設計失效。該中間軸的最終圖面展現於圖 14-3 中。

就文件目的與設計工作的核驗而言，設計程序應以最終設計的完整分析做結論。請記住，分析較設計直截了當得多，所以對最終分析投資的時間將相對的小。

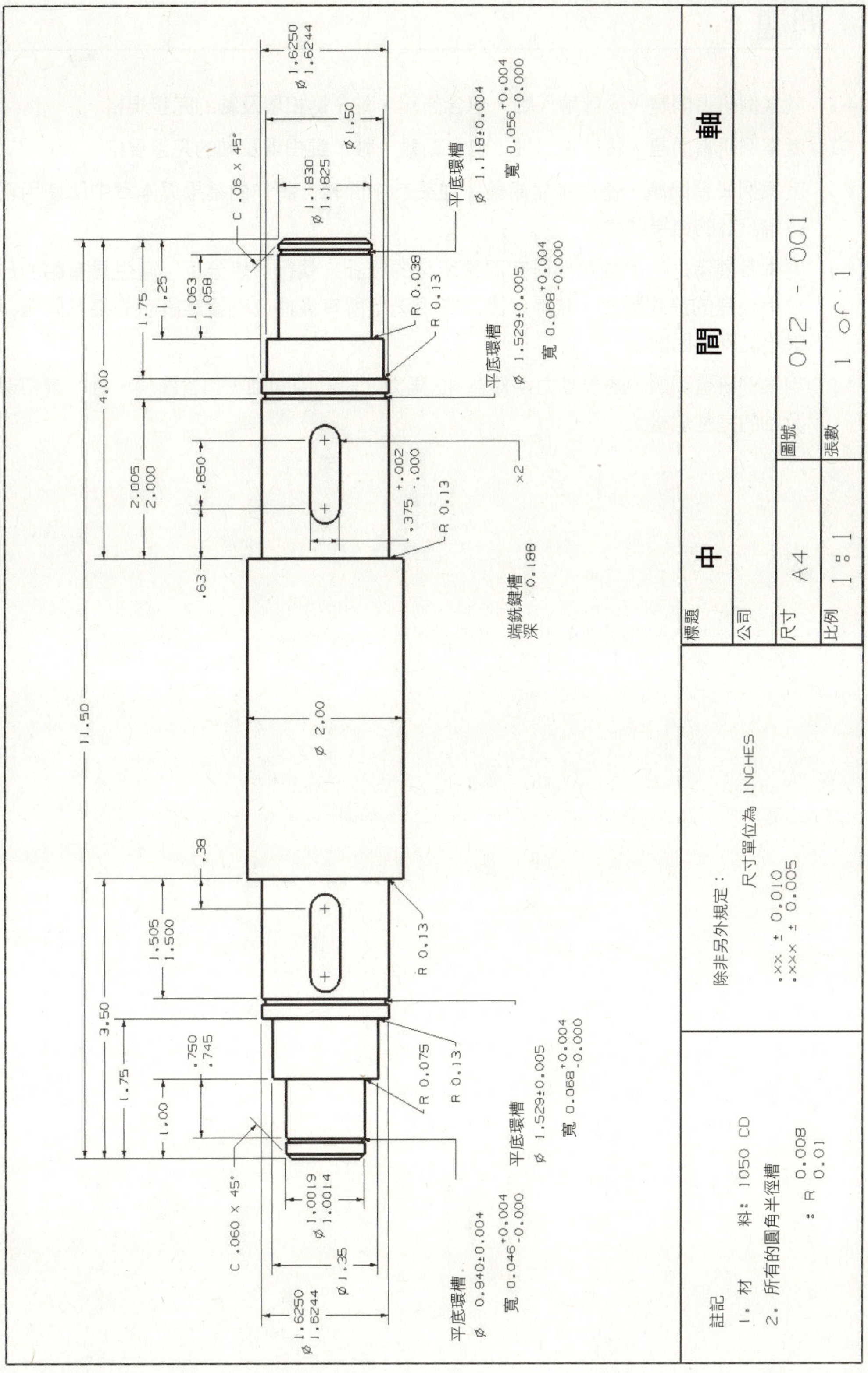

第 14 章 動力傳輸案例研習

圖 14-3

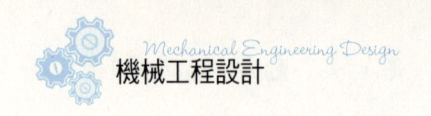

問題

14-1 就案例研習問題，設計輸入軸，包含齒輪、軸、鍵扣環及軸的完整規格。

14-2 就案例研習問題，設計輸出軸，包含齒輪、軸、鍵扣環及軸的完整規格。

14-3 就案例研習問題，使用螺旋齒輪，並設計中間軸。將你的結果與本章中所使用正齒輪設計的結果做比較。

14-4 對本章展示之中間軸案例研究問題所得的設計，執行最終分析。產生具有軸的尺寸與公差的最終圖面。該最終設計是否滿足所有條件？辨識該設計的臨界問題與最小的安全因數。

14-5 對案例研習問題，變更動力條件為 40 馬力。設計中間軸，包含齒輪、軸、鍵扣環及軸的完整規格。

附錄 A
參考圖表

Table A–1

Standard SI Prefixes*†

Name	Symbol	Factor
exa	E	$1\ 000\ 000\ 000\ 000\ 000\ 000 = 10^{18}$
peta	P	$1\ 000\ 000\ 000\ 000\ 000 = 10^{15}$
tera	T	$1\ 000\ 000\ 000\ 000 = 10^{12}$
giga	G	$1\ 000\ 000\ 000 = 10^{9}$
mega	M	$1\ 000\ 000 = 10^{6}$
kilo	k	$1\ 000 = 10^{3}$
hecto‡	h	$100 = 10^{2}$
deka‡	da	$10 = 10^{1}$
deci‡	d	$0.1 = 10^{-1}$
centi‡	c	$0.01 = 10^{-2}$
milli	m	$0.001 = 10^{-3}$
micro	μ	$0.000\ 001 = 10^{-6}$
nano	n	$0.000\ 000\ 001 = 10^{-9}$
pico	p	$0.000\ 000\ 000\ 001 = 10^{-12}$
femto	f	$0.000\ 000\ 000\ 000\ 001 = 10^{-15}$
atto	a	$0.000\ 000\ 000\ 000\ 000\ 001 = 10^{-18}$

*If possible use multiple and submultiple prefixes in steps of 1000.

†Spaces are used in SI instead of commas to group numbers to avoid confusion with the practice in some European countries of using commas for decimal points.

‡Not recommended but sometimes encountered.

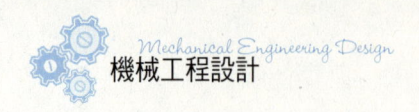

Table A–2

Conversion Factors A to Convert Input X to Output Y Using the Formula Y = AX*

Multiply Input X	By Factor A	To Get Output Y	Multiply Input X	By Factor A	To Get Output Y
British thermal unit, Btu	1055	joule, J	mile, mi	1.610	kilometer, km
			mile/hour, mi/h	1.61	kilometer/hour, km/h
Btu/second, Btu/s	1.05	kilowatt, kW	mile/hour, mi/h	0.447	meter/second, m/s
calorie	4.19	joule, J	moment of inertia, lbm · ft^2	0.0421	kilogram-meter^2, kg · m^2
centimeter of mercury (0°C)	1.333	kilopascal, kPa	moment of inertia, lbm · in^2	293	kilogram-millimeter^2, kg · mm^2
centipoise, cP	0.001	pascal-second, Pa · s	moment of section (second moment of area), in^4	41.6	centimeter^4, cm^4
degree (angle)	0.0174	radian, rad			
foot, ft	0.305	meter, m	ounce-force, oz	0.278	newton, N
foot^2, ft^2	0.0929	meter^2, m^2	ounce-mass	0.0311	kilogram, kg
foot/minute, ft/min	0.0051	meter/second, m/s	pound, lbf†	4.45	newton, N
foot-pound, ft · lbf	1.35	joule, J	pound-foot, lbf · ft	1.36	newton-meter, N · m
foot-pound/second, ft · lbf/s	1.35	watt, W	pound/foot^2, lbf/ft^2	47.9	pascal, Pa
			pound-inch, lbf · in	0.113	joule, J
foot/second, ft/s	0.305	meter/second, m/s	pound-inch, lbf · in	0.113	newton-meter, N · m
gallon (U.S.), gal	3.785	liter, L	pound/inch, lbf/in	175	newton/meter, N/m
horsepower, hp	0.746	kilowatt, kW	pound/inch^2, psi (lbf/in^2)	6.89	kilopascal, kPa
inch, in	0.0254	meter, m			
inch, in	25.4	millimeter, mm	pound-mass, lbm	0.454	kilogram, kg
inch^2, in^2	645	millimeter^2, mm^2	pound-mass/second, lbm/s	0.454	kilogram/second, kg/s
inch of mercury (32°F)	3.386	kilopascal, kPa	quart (U.S. liquid), qt	946	milliliter, mL
kilopound, kip	4.45	kilonewton, kN	section modulus, in^3	16.4	centimeter^3, cm^3
kilopound/inch^2, kpsi (ksi)	6.89	megapascal, MPa (N/mm^2)	slug	14.6	kilogram, kg
			ton (short 2000 lbm)	907	kilogram, kg
mass, lbf · s^2/in	175	kilogram, kg	yard, yd	0.914	meter, m

*Approximate.

†The U.S. Customary system unit of the pound-force is often abbreviated as lbf to distinguish it from the pound-mass, which is abbreviated as lbm.

Table A-3

Optional SI Units for Bending Stress $\sigma = Mc/I$, Torsion Stress $\tau = Tr/J$, Axial Stress $\sigma = F/A$, and Direct Shear Stress $\tau = F/A$

	Bending and Torsion				Axial and Direct Shear		
M, T	I, J	c, r	σ, τ		F	A	σ, τ
N · m*	m⁴	m	Pa		N*	m²	Pa
N · m	cm⁴	cm	MPa (N/mm²)		N†	mm²	MPa (N/mm²)
N · m†	mm⁴	mm	GPa		kN	m²	kPa
kN · m	cm⁴	cm	GPa		kN†	mm²	GPa
N · mm†	mm⁴	mm	MPa (N/mm²)				

*Basic relation.
†Often preferred.

Table A-4

Optional SI Units for Bending Deflection $y = f(Fl^3/EI)$ or $y = f(wl^4/EI)$ and Torsional Deflection $\theta = Tl/GJ$

	Bending Deflection					Torsional Deflection			
F, wl	l	I	E	y	T	l	J	G	θ
N*	m	m⁴	Pa	m	N · m*	m	m⁴	Pa	rad
kN†	mm	mm⁴	GPa	mm	N · m†	mm	mm⁴	GPa	rad
kN	m	m⁴	GPa	μm	N · mm	mm	mm⁴	MPa (N/mm²)	rad
N	mm	mm⁴	kPa	m	N · m	cm	cm⁴	MPa (N/mm²)	rad

*Basic relation.
†Often preferred.

Table A-5

Physical Constants of Materials

Material	Modulus of Elasticity E Mpsi	Modulus of Elasticity E GPa	Modulus of Rigidity G Mpsi	Modulus of Rigidity G GPa	Poisson's Ratio ν	Unit Weight w lbf/in³	Unit Weight w lbf/ft³	Unit Weight w kN/m³
Aluminum (all alloys)	10.4	71.7	3.9	26.9	0.333	0.098	169	26.6
Beryllium copper	18.0	124.0	7.0	48.3	0.285	0.297	513	80.6
Brass	15.4	106.0	5.82	40.1	0.324	0.309	534	83.8
Carbon steel	30.0	207.0	11.5	79.3	0.292	0.282	487	76.5
Cast iron (gray)	14.5	100.0	6.0	41.4	0.211	0.260	450	70.6
Copper	17.2	119.0	6.49	44.7	0.326	0.322	556	87.3
Douglas fir	1.6	11.0	0.6	4.1	0.33	0.016	28	4.3
Glass	6.7	46.2	2.7	18.6	0.245	0.094	162	25.4
Inconel	31.0	214.0	11.0	75.8	0.290	0.307	530	83.3
Lead	5.3	36.5	1.9	13.1	0.425	0.411	710	111.5
Magnesium	6.5	44.8	2.4	16.5	0.350	0.065	112	17.6
Molybdenum	48.0	331.0	17.0	117.0	0.307	0.368	636	100.0
Monel metal	26.0	179.0	9.5	65.5	0.320	0.319	551	86.6
Nickel silver	18.5	127.0	7.0	48.3	0.322	0.316	546	85.8
Nickel steel	30.0	207.0	11.5	79.3	0.291	0.280	484	76.0
Phosphor bronze	16.1	111.0	6.0	41.4	0.349	0.295	510	80.1
Stainless steel (18-8)	27.6	190.0	10.6	73.1	0.305	0.280	484	76.0
Titanium alloys	16.5	114.0	6.2	42.4	0.340	0.160	276	43.4

Table A–6

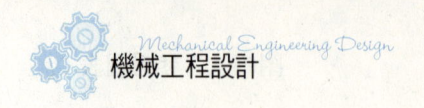

Properties of Structural-Steel Equal Legs Angles[*][†]

w = weight per foot, lbf/ft
m = mass per meter, kg/m
A = area, in² (cm²)
I = second moment of area, in⁴ (cm⁴)
k = radius of gyration, in (cm)
y = centroidal distance, in (cm)
Z = section modulus, in³, (cm³)

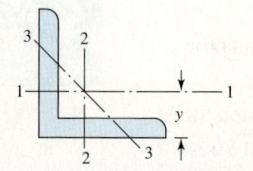

Size, in	w	A	I_{1-1}	k_{1-1}	Z_{1-1}	y	k_{3-3}
$1 \times 1 \times \frac{1}{8}$	0.80	0.234	0.021	0.298	0.029	0.290	0.191
$\times \frac{1}{4}$	1.49	0.437	0.036	0.287	0.054	0.336	0.193
$1\frac{1}{2} \times 1\frac{1}{2} \times \frac{1}{8}$	1.23	0.36	0.074	0.45	0.068	0.41	0.29
$\times \frac{1}{4}$	2.34	0.69	0.135	0.44	0.130	0.46	0.29
$2 \times 2 \times \frac{1}{8}$	1.65	0.484	0.190	0.626	0.131	0.546	0.398
$\times \frac{1}{4}$	3.19	0.938	0.348	0.609	0.247	0.592	0.391
$\times \frac{3}{8}$	4.7	1.36	0.479	0.594	0.351	0.636	0.389
$2\frac{1}{2} \times 2\frac{1}{2} \times \frac{1}{4}$	4.1	1.19	0.703	0.769	0.394	0.717	0.491
$\times \frac{3}{8}$	5.9	1.73	0.984	0.753	0.566	0.762	0.487
$3 \times 3 \times \frac{1}{4}$	4.9	1.44	1.24	0.930	0.577	0.842	0.592
$\times \frac{3}{8}$	7.2	2.11	1.76	0.913	0.833	0.888	0.587
$\times \frac{1}{2}$	9.4	2.75	2.22	0.898	1.07	0.932	0.584
$3\frac{1}{2} \times 3\frac{1}{2} \times \frac{1}{4}$	5.8	1.69	2.01	1.09	0.794	0.968	0.694
$\times \frac{3}{8}$	8.5	2.48	2.87	1.07	1.15	1.01	0.687
$\times \frac{1}{2}$	11.1	3.25	3.64	1.06	1.49	1.06	0.683
$4 \times 4 \times \frac{1}{4}$	6.6	1.94	3.04	1.25	1.05	1.09	0.795
$\times \frac{3}{8}$	9.8	2.86	4.36	1.23	1.52	1.14	0.788
$\times \frac{1}{2}$	12.8	3.75	5.56	1.22	1.97	1.18	0.782
$\times \frac{5}{8}$	15.7	4.61	6.66	1.20	2.40	1.23	0.779
$6 \times 6 \times \frac{3}{8}$	14.9	4.36	15.4	1.88	3.53	1.64	1.19
$\times \frac{1}{2}$	19.6	5.75	19.9	1.86	4.61	1.68	1.18
$\times \frac{5}{8}$	24.2	7.11	24.2	1.84	5.66	1.73	1.18
$\times \frac{3}{4}$	28.7	8.44	28.2	1.83	6.66	1.78	1.17

Table A–6

Properties of Structural-Steel Equal Legs Angles*†
(Continued)

Size, mm	m	A	I_{1-1}	k_{1-1}	Z_{1-1}	y	k_{3-3}
25 × 25 × 3	1.11	1.42	0.80	0.75	0.45	0.72	0.48
× 4	1.45	1.85	1.01	0.74	0.58	0.76	0.48
× 5	1.77	2.26	1.20	0.73	0.71	0.80	0.48
40 × 40 × 4	2.42	3.08	4.47	1.21	1.55	1.12	0.78
× 5	2.97	3.79	5.43	1.20	1.91	1.16	0.77
× 6	3.52	4.48	6.31	1.19	2.26	1.20	0.77
50 × 50 × 5	3.77	4.80	11.0	1.51	3.05	1.40	0.97
× 6	4.47	5.59	12.8	1.50	3.61	1.45	0.97
× 8	5.82	7.41	16.3	1.48	4.68	1.52	0.96
60 × 60 × 5	4.57	5.82	19.4	1.82	4.45	1.64	1.17
× 6	5.42	6.91	22.8	1.82	5.29	1.69	1.17
× 8	7.09	9.03	29.2	1.80	6.89	1.77	1.16
× 10	8.69	11.1	34.9	1.78	8.41	1.85	1.16
80 × 80 × 6	7.34	9.35	55.8	2.44	9.57	2.17	1.57
× 8	9.63	12.3	72.2	2.43	12.6	2.26	1.56
× 10	11.9	15.1	87.5	2.41	15.4	2.34	1.55
100 × 100 × 8	12.2	15.5	145	3.06	19.9	2.74	1.96
× 12	17.8	22.7	207	3.02	29.1	2.90	1.94
× 15	21.9	27.9	249	2.98	35.6	3.02	1.93
150 × 150 × 10	23.0	29.3	624	4.62	56.9	4.03	2.97
× 12	27.3	34.8	737	4.60	67.7	4.12	2.95
× 15	33.8	43.0	898	4.57	83.5	4.25	2.93
× 18	40.1	51.0	1050	4.54	98.7	4.37	2.92

*Metric sizes also available in sizes of 45, 70, 90, 120, and 200 mm.
†These sizes are also available in aluminum alloy.

Table A-7

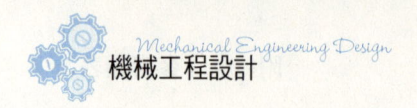

Properties of Structural-Steel Channels*

a, b = size, in (mm)
w = weight per foot, lbf/ft
m = mass per meter, kg/m
t = web thickness, in (mm)
A = area, in^2 (cm^2)
I = second moment of area, in^4 (cm^4)
k = radius of gyration, in (cm)
x = centroidal distance, in (cm)
Z = section modulus, in^3 (cm^3)

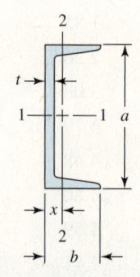

a, in	b, in	t	A	w	I_{1-1}	k_{1-1}	Z_{1-1}	I_{2-2}	k_{2-2}	Z_{2-2}	x
3	1.410	0.170	1.21	4.1	1.66	1.17	1.10	0.197	0.404	0.202	0.436
3	1.498	0.258	1.47	5.0	1.85	1.12	1.24	0.247	0.410	0.233	0.438
3	1.596	0.356	1.76	6.0	2.07	1.08	1.38	0.305	0.416	0.268	0.455
4	1.580	0.180	1.57	5.4	3.85	1.56	1.93	0.319	0.449	0.283	0.457
4	1.720	0.321	2.13	7.25	4.59	1.47	2.29	0.433	0.450	0.343	0.459
5	1.750	0.190	1.97	6.7	7.49	1.95	3.00	0.479	0.493	0.378	0.484
5	1.885	0.325	2.64	9.0	8.90	1.83	3.56	0.632	0.489	0.450	0.478
6	1.920	0.200	2.40	8.2	13.1	2.34	4.38	0.693	0.537	0.492	0.511
6	2.034	0.314	3.09	10.5	15.2	2.22	5.06	0.866	0.529	0.564	0.499
6	2.157	0.437	3.83	13.0	17.4	2.13	5.80	1.05	0.525	0.642	0.514
7	2.090	0.210	2.87	9.8	21.3	2.72	6.08	0.968	0.581	0.625	0.540
7	2.194	0.314	3.60	12.25	24.2	2.60	6.93	1.17	0.571	0.703	0.525
7	2.299	0.419	4.33	14.75	27.2	2.51	7.78	1.38	0.564	0.779	0.532
8	2.260	0.220	3.36	11.5	32.3	3.10	8.10	1.30	0.625	0.781	0.571
8	2.343	0.303	4.04	13.75	36.2	2.99	9.03	1.53	0.615	0.854	0.553
8	2.527	0.487	5.51	18.75	44.0	2.82	11.0	1.98	0.599	1.01	0.565
9	2.430	0.230	3.91	13.4	47.7	3.49	10.6	1.75	0.669	0.962	0.601
9	2.485	0.285	4.41	15.0	51.0	3.40	11.3	1.93	0.661	1.01	0.586
9	2.648	0.448	5.88	20.0	60.9	3.22	13.5	2.42	0.647	1.17	0.583
10	2.600	0.240	4.49	15.3	67.4	3.87	13.5	2.28	0.713	1.16	0.634
10	2.739	0.379	5.88	20.0	78.9	3.66	15.8	2.81	0.693	1.32	0.606
10	2.886	0.526	7.35	25.0	91.2	3.52	18.2	3.36	0.676	1.48	0.617
10	3.033	0.673	8.82	30.0	103	3.43	20.7	3.95	0.669	1.66	0.649
12	3.047	0.387	7.35	25.0	144	4.43	24.1	4.47	0.780	1.89	0.674
12	3.170	0.510	8.82	30.0	162	4.29	27.0	5.14	0.763	2.06	0.674

Table A-7
Properties of Structural-Steel Channels *(Continued)*

$a \times b$, mm	m	t	A	I_{1-1}	k_{1-1}	Z_{1-1}	I_{2-2}	k_{2-2}	Z_{2-2}	x
76 × 38	6.70	5.1	8.53	74.14	2.95	19.46	10.66	1.12	4.07	1.19
102 × 51	10.42	6.1	13.28	207.7	3.95	40.89	29.10	1.48	8.16	1.51
127 × 64	14.90	6.4	18.98	482.5	5.04	75.99	67.23	1.88	15.25	1.94
152 × 76	17.88	6.4	22.77	851.5	6.12	111.8	113.8	2.24	21.05	2.21
152 × 89	23.84	7.1	30.36	1166	6.20	153.0	215.1	2.66	35.70	2.86
178 × 76	20.84	6.6	26.54	1337	7.10	150.4	134.0	2.25	24.72	2.20
178 × 89	26.81	7.6	34.15	1753	7.16	197.2	241.0	2.66	39.29	2.76
203 × 76	23.82	7.1	30.34	1950	8.02	192.0	151.3	2.23	27.59	2.13
203 × 89	29.78	8.1	37.94	2491	8.10	245.2	264.4	2.64	42.34	2.65
229 × 76	26.06	7.6	33.20	2610	8.87	228.3	158.7	2.19	28.22	2.00
229 × 89	32.76	8.6	41.73	3387	9.01	296.4	285.0	2.61	44.82	2.53
254 × 76	28.29	8.1	36.03	3367	9.67	265.1	162.6	2.12	28.21	1.86
254 × 89	35.74	9.1	45.42	4448	9.88	350.2	302.4	2.58	46.70	2.42
305 × 89	41.69	10.2	53.11	7061	11.5	463.3	325.4	2.48	48.49	2.18
305 × 102	46.18	10.2	58.83	8214	11.8	539.0	499.5	2.91	66.59	2.66

*These sizes are also available in aluminum alloy.

Table A-8

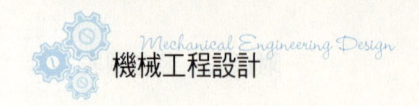

Properties of Round Tubing

w_a = unit weight of aluminum tubing, lbf/ft
w_s = unit weight of steel tubing, lbf/ft
m = unit mass, kg/m
A = area, in^2 (cm^2)
I = second moment of area, in^4 (cm^4)
J = second polar moment of area, in^4 (cm^4)
k = radius of gyration, in (cm)
Z = section modulus, in^3 (cm^3)
d, t = size (OD) and thickness, in (mm)

Size, in	w_a	w_s	A	I	k	Z	J
$1 \times \frac{1}{8}$	0.416	1.128	0.344	0.034	0.313	0.067	0.067
$1 \times \frac{1}{4}$	0.713	2.003	0.589	0.046	0.280	0.092	0.092
$1\frac{1}{2} \times \frac{1}{8}$	0.653	1.769	0.540	0.129	0.488	0.172	0.257
$1\frac{1}{2} \times \frac{1}{4}$	1.188	3.338	0.982	0.199	0.451	0.266	0.399
$2 \times \frac{1}{8}$	0.891	2.670	0.736	0.325	0.664	0.325	0.650
$2 \times \frac{1}{4}$	1.663	4.673	1.374	0.537	0.625	0.537	1.074
$2\frac{1}{2} \times \frac{1}{8}$	1.129	3.050	0.933	0.660	0.841	0.528	1.319
$2\frac{1}{2} \times \frac{1}{4}$	2.138	6.008	1.767	1.132	0.800	0.906	2.276
$3 \times \frac{1}{4}$	2.614	7.343	2.160	2.059	0.976	1.373	4.117
$3 \times \frac{3}{8}$	3.742	10.51	3.093	2.718	0.938	1.812	5.436
$4 \times \frac{3}{16}$	2.717	7.654	2.246	4.090	1.350	2.045	8.180
$4 \times \frac{3}{8}$	5.167	14.52	4.271	7.090	1.289	3.544	14.180

Size, mm	m	A	I	k	Z	J
12×2	0.490	0.628	0.082	0.361	0.136	0.163
16×2	0.687	0.879	0.220	0.500	0.275	0.440
16×3	0.956	1.225	0.273	0.472	0.341	0.545
20×4	1.569	2.010	0.684	0.583	0.684	1.367
25×4	2.060	2.638	1.508	0.756	1.206	3.015
25×5	2.452	3.140	1.669	0.729	1.336	3.338
30×4	2.550	3.266	2.827	0.930	1.885	5.652
30×5	3.065	3.925	3.192	0.901	2.128	6.381
42×4	3.727	4.773	8.717	1.351	4.151	17.430
42×5	4.536	5.809	10.130	1.320	4.825	20.255
50×4	4.512	5.778	15.409	1.632	6.164	30.810
50×5	5.517	7.065	18.118	1.601	7.247	36.226

Table A–9

Shear, Moment, and Deflection of Beams (*Note:* Force and moment reactions are positive in the directions shown; equations for shear force *V* and bending moment *M* follow the sign conventions given in Sec. 3–2.)

1 Cantilever—end load

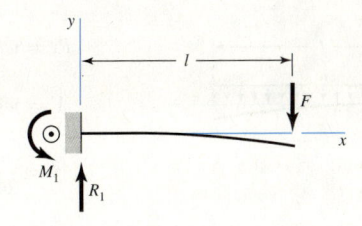

$$R_1 = V = F \qquad M_1 = Fl$$
$$M = F(x - l)$$
$$y = \frac{Fx^2}{6EI}(x - 3l)$$
$$y_{max} = -\frac{Fl^3}{3EI}$$

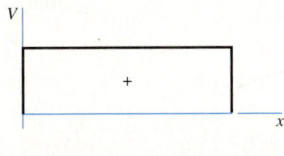

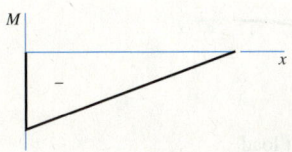

2 Cantilever—intermediate load

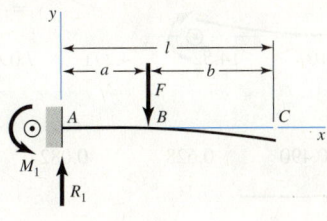

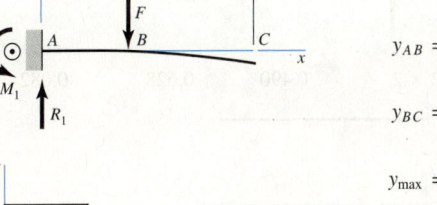

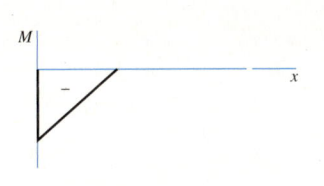

$$R_1 = V = F \qquad M_1 = Fa$$
$$M_{AB} = F(x - a) \qquad M_{BC} = 0$$
$$y_{AB} = \frac{Fx^2}{6EI}(x - 3a)$$
$$y_{BC} = \frac{Fa^2}{6EI}(a - 3x)$$
$$y_{max} = \frac{Fa^2}{6EI}(a - 3l)$$

(continued)

Table A–9

Shear, Moment, and Deflection of Beams *(Continued)*
(*Note:* Force and moment reactions are positive in the directions shown; equations for shear force V and bending moment M follow the sign conventions given in Sec. 3–2.)

3 Cantilever—uniform load

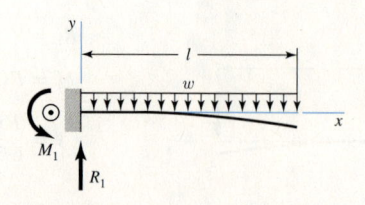

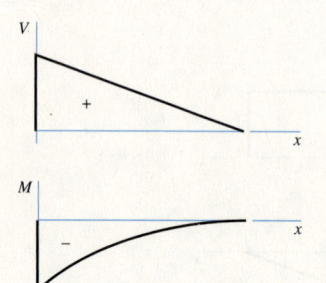

$$R_1 = wl \qquad M_1 = \frac{wl^2}{2}$$

$$V = w(l - x) \qquad M = -\frac{w}{2}(l - x)^2$$

$$y = \frac{wx^2}{24EI}(4lx - x^2 - 6l^2)$$

$$y_{\max} = -\frac{wl^4}{8EI}$$

4 Cantilever—moment load

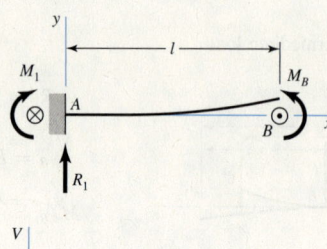

$$R_1 = V = 0 \qquad M_1 = M = M_B$$

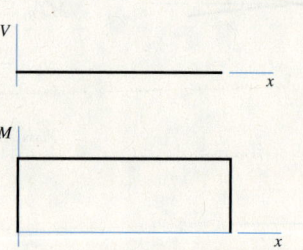

$$y = \frac{M_B x^2}{2EI} \qquad y_{\max} = \frac{M_B l^2}{2EI}$$

Table A–9

Shear, Moment, and Deflection of Beams *(Continued)*
(Note: Force and moment reactions are positive in the directions shown; equations for shear force V and bending moment M follow the sign conventions given in Sec. 3–2.)

5 Simple supports—center load

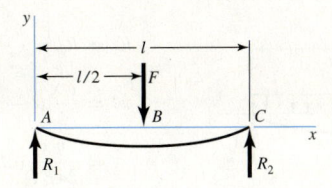

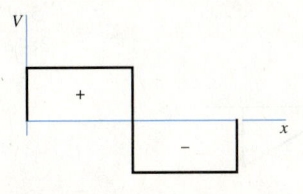

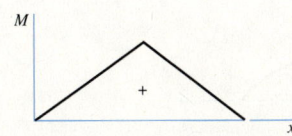

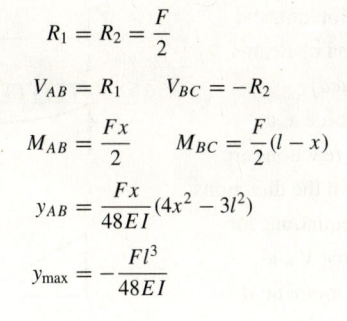

$$R_1 = R_2 = \frac{F}{2}$$

$$V_{AB} = R_1 \qquad V_{BC} = -R_2$$

$$M_{AB} = \frac{Fx}{2} \qquad M_{BC} = \frac{F}{2}(l - x)$$

$$y_{AB} = \frac{Fx}{48EI}(4x^2 - 3l^2)$$

$$y_{\max} = -\frac{Fl^3}{48EI}$$

6 Simple supports—intermediate load

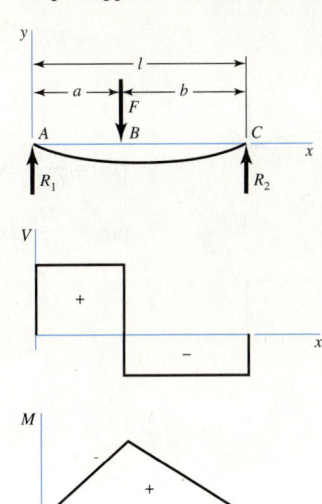

$$R_1 = \frac{Fb}{l} \qquad R_2 = \frac{Fa}{l}$$

$$V_{AB} = R_1 \qquad V_{BC} = -R_2$$

$$M_{AB} = \frac{Fbx}{l} \qquad M_{BC} = \frac{Fa}{l}(l - x)$$

$$y_{AB} = \frac{Fbx}{6EIl}(x^2 + b^2 - l^2)$$

$$y_{BC} = \frac{Fa(l - x)}{6EIl}(x^2 + a^2 - 2lx)$$

(continued)

Table A-9

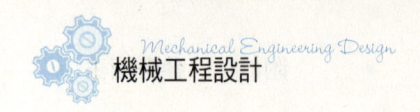

Shear, Moment, and Deflection of Beams *(Continued)*
(Note: Force and moment reactions are positive in the directions shown; equations for shear force V and bending moment M follow the sign conventions given in Sec. 3–2.)

7 Simple supports—uniform load

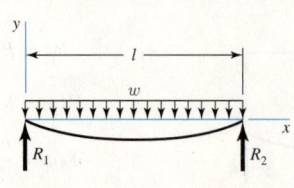

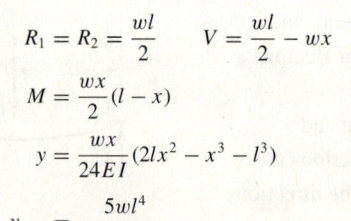

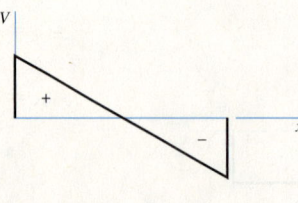

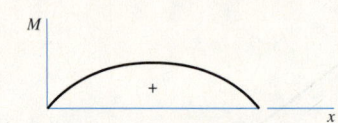

$$R_1 = R_2 = \frac{wl}{2} \qquad V = \frac{wl}{2} - wx$$

$$M = \frac{wx}{2}(l - x)$$

$$y = \frac{wx}{24EI}(2lx^2 - x^3 - l^3)$$

$$y_{max} = -\frac{5wl^4}{384EI}$$

8 Simple supports—moment load

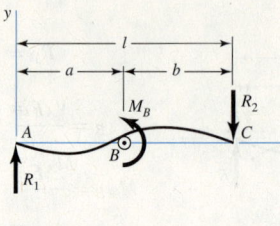

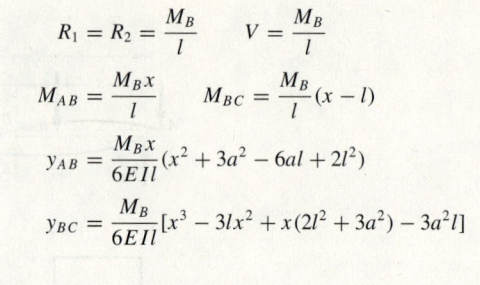

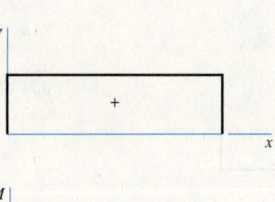

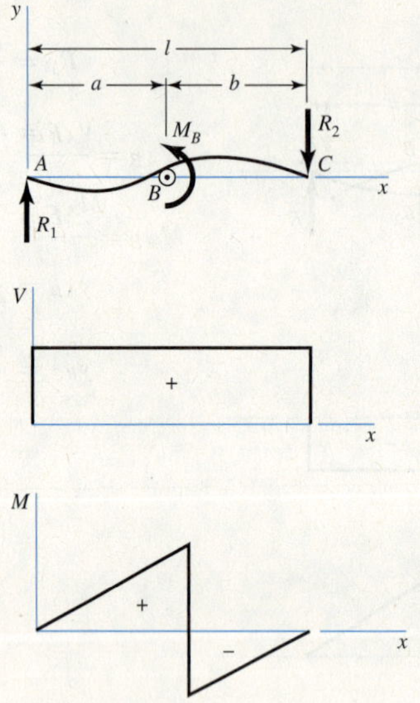

$$R_1 = R_2 = \frac{M_B}{l} \qquad V = \frac{M_B}{l}$$

$$M_{AB} = \frac{M_B x}{l} \qquad M_{BC} = \frac{M_B}{l}(x - l)$$

$$y_{AB} = \frac{M_B x}{6EIl}(x^2 + 3a^2 - 6al + 2l^2)$$

$$y_{BC} = \frac{M_B}{6EIl}[x^3 - 3lx^2 + x(2l^2 + 3a^2) - 3a^2 l]$$

830

Table A-9

Shear, Moment, and Deflection of Beams *(Continued)*
(Note: Force and moment reactions are positive in the directions shown; equations for shear force V and bending moment M follow the sign conventions given in Sec. 3–2.)

9 Simple supports—twin loads

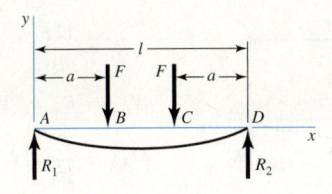

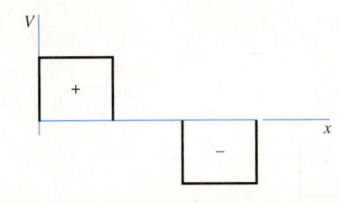

$R_1 = R_2 = F \qquad V_{AB} = F \qquad V_{BC} = 0$

$V_{CD} = -F$

$M_{AB} = Fx \qquad M_{BC} = Fa \qquad M_{CD} = F(l - x)$

$y_{AB} = \dfrac{Fx}{6EI}(x^2 + 3a^2 - 3la)$

$y_{BC} = \dfrac{Fa}{6EI}(3x^2 + a^2 - 3lx)$

$y_{\max} = \dfrac{Fa}{24EI}(4a^2 - 3l^2)$

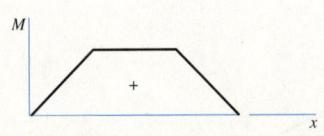

10 Simple supports—overhanging load

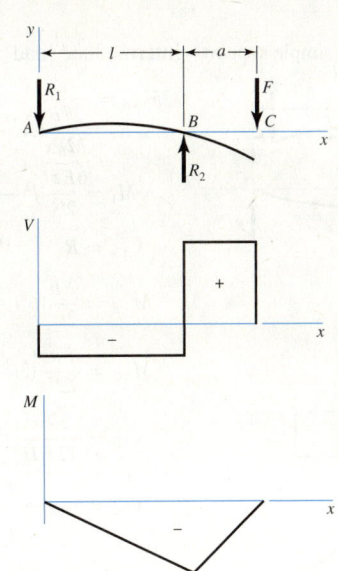

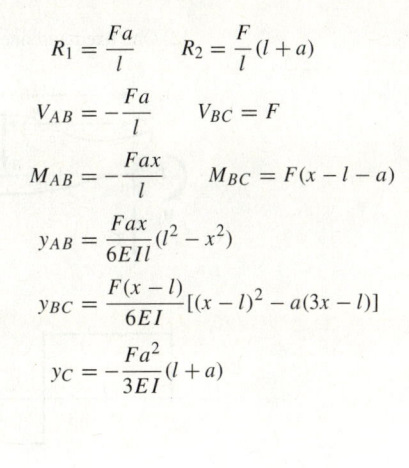

$R_1 = \dfrac{Fa}{l} \qquad R_2 = \dfrac{F}{l}(l + a)$

$V_{AB} = -\dfrac{Fa}{l} \qquad V_{BC} = F$

$M_{AB} = -\dfrac{Fax}{l} \qquad M_{BC} = F(x - l - a)$

$y_{AB} = \dfrac{Fax}{6EIl}(l^2 - x^2)$

$y_{BC} = \dfrac{F(x - l)}{6EI}[(x - l)^2 - a(3x - l)]$

$y_C = -\dfrac{Fa^2}{3EI}(l + a)$

(continued)

Table A–9

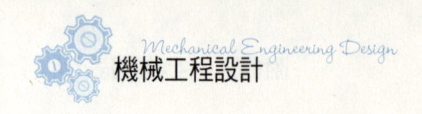

Shear, Moment, and Deflection of Beams *(Continued)*
(*Note:* Force and moment reactions are positive in the directions shown; equations for shear force V and bending moment M follow the sign conventions given in Sec. 3–2.)

11 One fixed and one simple support—center load

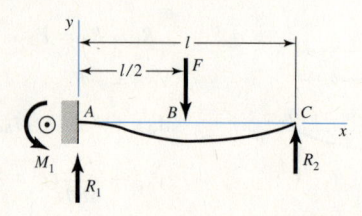

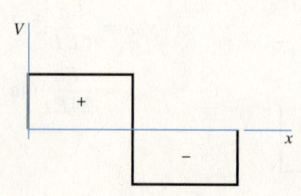

$$R_1 = \frac{11F}{16} \qquad R_2 = \frac{5F}{16} \qquad M_1 = \frac{3Fl}{16}$$

$$V_{AB} = R_1 \qquad V_{BC} = -R_2$$

$$M_{AB} = \frac{F}{16}(11x - 3l) \qquad M_{BC} = \frac{5F}{16}(l - x)$$

$$y_{AB} = \frac{Fx^2}{96EI}(11x - 9l)$$

$$y_{BC} = \frac{F(l-x)}{96EI}(5x^2 + 2l^2 - 10lx)$$

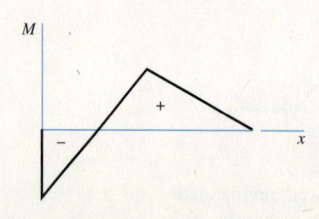

12 One fixed and one simple support—intermediate load

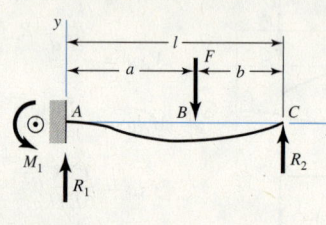

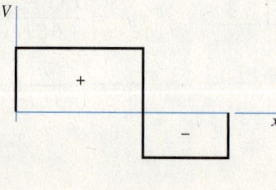

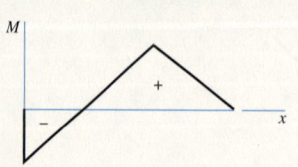

$$R_1 = \frac{Fb}{2l^3}(3l^2 - b^2) \qquad R_2 = \frac{Fa^2}{2l^3}(3l - a)$$

$$M_1 = \frac{Fb}{2l^2}(l^2 - b^2)$$

$$V_{AB} = R_1 \qquad V_{BC} = -R_2$$

$$M_{AB} = \frac{Fb}{2l^3}[b^2 l - l^3 + x(3l^2 - b^2)]$$

$$M_{BC} = \frac{Fa^2}{2l^3}(3l^2 - 3lx - al + ax)$$

$$y_{AB} = \frac{Fbx^2}{12EIl^3}[3l(b^2 - l^2) + x(3l^2 - b^2)]$$

$$y_{BC} = y_{AB} - \frac{F(x-a)^3}{6EI}$$

Table A–9

Shear, Moment, and Deflection of Beams (*Continued*)
(*Note:* Force and moment reactions are positive in the directions shown; equations for shear force *V* and bending moment *M* follow the sign conventions given in Sec. 3–2.)

13 One fixed and one simple support—uniform load

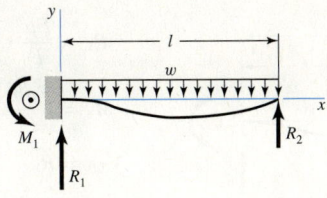

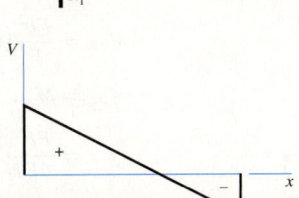

$$R_1 = \frac{5wl}{8} \qquad R_2 = \frac{3wl}{8} \qquad M_1 = \frac{wl^2}{8}$$

$$V = \frac{5wl}{8} - wx$$

$$M = -\frac{w}{8}(4x^2 - 5lx + l^2)$$

$$y = \frac{wx^2}{48EI}(l - x)(2x - 3l)$$

14 Fixed supports—center load

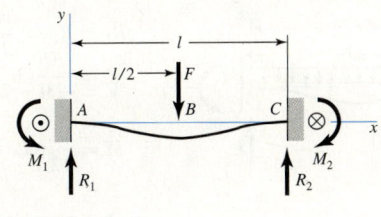

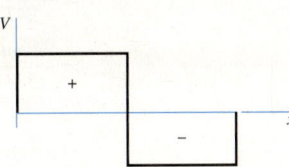

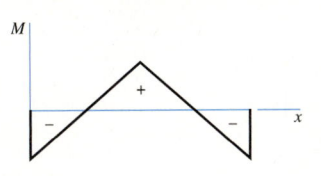

$$R_1 = R_2 = \frac{F}{2} \qquad M_1 = M_2 = \frac{Fl}{8}$$

$$V_{AB} = -V_{BC} = \frac{F}{2}$$

$$M_{AB} = \frac{F}{8}(4x - l) \qquad M_{BC} = \frac{F}{8}(3l - 4x)$$

$$y_{AB} = \frac{Fx^2}{48EI}(4x - 3l)$$

$$y_{\max} = -\frac{Fl^3}{192EI}$$

(*continued*)

Table A–9

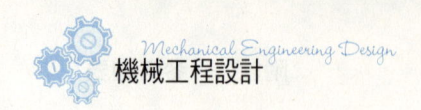

Shear, Moment, and Deflection of Beams *(Continued)*
(*Note:* Force and moment reactions are positive in the directions shown; equations for shear force V and bending moment M follow the sign conventions given in Sec. 3–2.)

15 Fixed supports—intermediate load

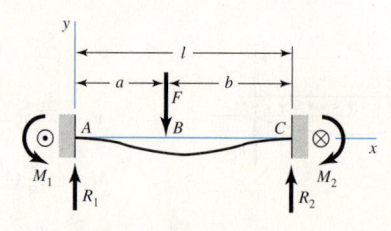

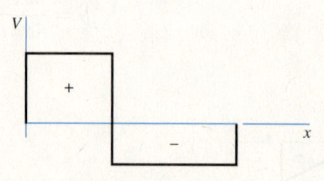

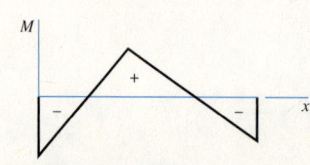

$$R_1 = \frac{Fb^2}{l^3}(3a+b) \qquad R_2 = \frac{Fa^2}{l^3}(3b+a)$$

$$M_1 = \frac{Fab^2}{l^2} \qquad M_2 = \frac{Fa^2 b}{l^2}$$

$$V_{AB} = R_1 \qquad V_{BC} = -R_2$$

$$M_{AB} = \frac{Fb^2}{l^3}[x(3a+b) - al]$$

$$M_{BC} = M_{AB} - F(x-a)$$

$$y_{AB} = \frac{Fb^2 x^2}{6EIl^3}[x(3a+b) - 3al]$$

$$y_{BC} = \frac{Fa^2(l-x)^2}{6EIl^3}[(l-x)(3b+a) - 3bl]$$

16 Fixed supports—uniform load

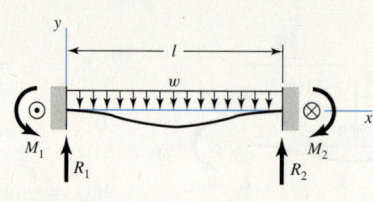

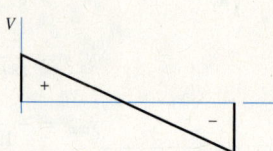

$$R_1 = R_2 = \frac{wl}{2} \qquad M_1 = M_2 = \frac{wl^2}{12}$$

$$V = \frac{w}{2}(l - 2x)$$

$$M = \frac{w}{12}(6lx - 6x^2 - l^2)$$

$$y = -\frac{wx^2}{24EI}(l - x)^2$$

$$y_{\max} = -\frac{wl^4}{384EI}$$

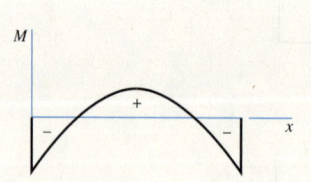

Table A-10

Cumulative Distribution Function of Normal (Gaussian) Distribution

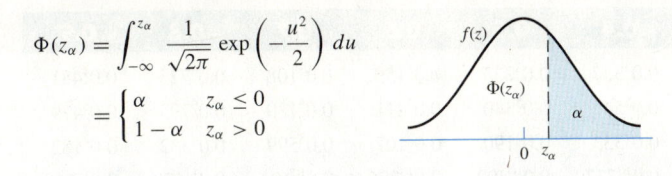

$$\Phi(z_\alpha) = \int_{-\infty}^{z_\alpha} \frac{1}{\sqrt{2\pi}} \exp\left(-\frac{u^2}{2}\right) du$$

$$= \begin{cases} \alpha & z_\alpha \leq 0 \\ 1-\alpha & z_\alpha > 0 \end{cases}$$

z_α	0.00	0.01	0.02	0.03	0.04	0.05	0.06	0.07	0.08	0.09
0.0	0.5000	0.4960	0.4920	0.4880	0.4840	0.4801	0.4761	0.4721	0.4681	0.4641
0.1	0.4602	0.4562	0.4522	0.4483	0.4443	0.4404	0.4364	0.4325	0.4286	0.4247
0.2	0.4207	0.4168	0.4129	0.4090	0.4052	0.4013	0.3974	0.3936	0.3897	0.3859
0.3	0.3821	0.3783	0.3745	0.3707	0.3669	0.3632	0.3594	0.3557	0.3520	0.3483
0.4	0.3446	0.3409	0.3372	0.3336	0.3300	0.3264	0.3238	0.3192	0.3156	0.3121
0.5	0.3085	0.3050	0.3015	0.2981	0.2946	0.2912	0.2877	0.2843	0.2810	0.2776
0.6	0.2743	0.2709	0.2676	0.2643	0.2611	0.2578	0.2546	0.2514	0.2483	0.2451
0.7	0.2420	0.2389	0.2358	0.2327	0.2296	0.2266	0.2236	0.2206	0.2177	0.2148
0.8	0.2119	0.2090	0.2061	0.2033	0.2005	0.1977	0.1949	0.1922	0.1894	0.1867
0.9	0.1841	0.1814	0.1788	0.1762	0.1736	0.1711	0.1685	0.1660	0.1635	0.1611
1.0	0.1587	0.1562	0.1539	0.1515	0.1492	0.1469	0.1446	0.1423	0.1401	0.1379
1.1	0.1357	0.1335	0.1314	0.1292	0.1271	0.1251	0.1230	0.1210	0.1190	0.1170
1.2	0.1151	0.1131	0.1112	0.1093	0.1075	0.1056	0.1038	0.1020	0.1003	0.0985
1.3	0.0968	0.0951	0.0934	0.0918	0.0901	0.0885	0.0869	0.0853	0.0838	0.0823
1.4	0.0808	0.0793	0.0778	0.0764	0.0749	0.0735	0.0721	0.0708	0.0694	0.0681
1.5	0.0668	0.0655	0.0643	0.0630	0.0618	0.0606	0.0594	0.0582	0.0571	0.0559
1.6	0.0548	0.0537	0.0526	0.0516	0.0505	0.0495	0.0485	0.0475	0.0465	0.0455
1.7	0.0446	0.0436	0.0427	0.0418	0.0409	0.0401	0.0392	0.0384	0.0375	0.0367
1.8	0.0359	0.0351	0.0344	0.0336	0.0329	0.0322	0.0314	0.0307	0.0301	0.0294
1.9	0.0287	0.0281	0.0274	0.0268	0.0262	0.0256	0.0250	0.0244	0.0239	0.0233
2.0	0.0228	0.0222	0.0217	0.0212	0.0207	0.0202	0.0197	0.0192	0.0188	0.0183
2.1	0.0179	0.0174	0.0170	0.0166	0.0162	0.0158	0.0154	0.0150	0.0146	0.0143
2.2	0.0139	0.0136	0.0132	0.0129	0.0125	0.0122	0.0119	0.0116	0.0113	0.0110
2.3	0.0107	0.0104	0.0102	0.00990	0.00964	0.00939	0.00914	0.00889	0.00866	0.00842
2.4	0.00820	0.00798	0.00776	0.00755	0.00734	0.00714	0.00695	0.00676	0.00657	0.00639
2.5	0.00621	0.00604	0.00587	0.00570	0.00554	0.00539	0.00523	0.00508	0.00494	0.00480
2.6	0.00466	0.00453	0.00440	0.00427	0.00415	0.00402	0.00391	0.00379	0.00368	0.00357
2.7	0.00347	0.00336	0.00326	0.00317	0.00307	0.00298	0.00289	0.00280	0.00272	0.00264
2.8	0.00256	0.00248	0.00240	0.00233	0.00226	0.00219	0.00212	0.00205	0.00199	0.00193
2.9	0.00187	0.00181	0.00175	0.00169	0.00164	0.00159	0.00154	0.00149	0.00144	0.00139

(continued)

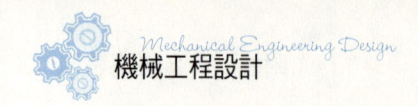

Table A–10

Cumulative Distribution Function of Normal (Gaussian) Distribution *(Continued)*

Z_α	0.0	0.1	0.2	0.3	0.4	0.5	0.6	0.7	0.8	0.9
3	0.00135	0.0^3968	0.0^3687	0.0^3483	0.0^3337	0.0^3233	0.0^3159	0.0^3108	0.0^4723	0.0^4481
4	0.0^4317	0.0^4207	0.0^4133	0.0^5854	0.0^5541	0.0^5340	0.0^5211	0.0^5130	0.0^6793	0.0^6479
5	0.0^6287	0.0^6170	0.0^7996	0.0^7579	0.0^7333	0.0^7190	0.0^7107	0.0^8599	0.0^8332	0.0^8182
6	0.0^9987	0.0^9530	0.0^9282	0.0^9149	$0.0^{10}777$	$0.0^{10}402$	$0.0^{10}206$	$0.0^{10}104$	$0.0^{11}523$	$0.0^{11}260$

z_α	−1.282	−1.643	−1.960	−2.326	−2.576	−3.090	−3.291	−3.891	−4.417	
$F(z_\alpha)$	0.10	0.05	0.025	0.010	0.005	0.001	0.0005	0.0001	0.000005	
$R(z_\alpha)$	0.90	0.95	0.975	0.990	0.995	0.999	0.9995	0.9999	0.999995	

Table A–11

A Selection of International Tolerance Grades—Metric Series (Size Ranges Are for *Over* the Lower Limit and *Including* the Upper Limit. All Values Are in Millimeters)

Source: Preferred Metric Limits and Fits, ANSI B4.2-1978. See also BSI 4500.

Basic Sizes	IT6	IT7	IT8	IT9	IT10	IT11
0–3	0.006	0.010	0.014	0.025	0.040	0.060
3–6	0.008	0.012	0.018	0.030	0.048	0.075
6–10	0.009	0.015	0.022	0.036	0.058	0.090
10–18	0.011	0.018	0.027	0.043	0.070	0.110
18–30	0.013	0.021	0.033	0.052	0.084	0.130
30–50	0.016	0.025	0.039	0.062	0.100	0.160
50–80	0.019	0.030	0.046	0.074	0.120	0.190
80–120	0.022	0.035	0.054	0.087	0.140	0.220
120–180	0.025	0.040	0.063	0.100	0.160	0.250
180–250	0.029	0.046	0.072	0.115	0.185	0.290
250–315	0.032	0.052	0.081	0.130	0.210	0.320
315–400	0.036	0.057	0.089	0.140	0.230	0.360

Table A–12

Fundamental Deviations for Shafts—Metric Series
(Size Ranges Are for *Over* the Lower Limit and *Including* the Upper Limit. All Values Are in Millimeters)
Source: Preferred Metric Limits and Fits, ANSI B4.2-1978. See also BSI 4500.

Basic Sizes	| Upper-Deviation Letter					| Lower-Deviation Letter				
	c	d	f	g	h	k	n	p	s	u
0–3	−0.060	−0.020	−0.006	−0.002	0	0	+0.004	+0.006	+0.014	+0.018
3–6	−0.070	−0.030	−0.010	−0.004	0	+0.001	+0.008	+0.012	+0.019	+0.023
6–10	−0.080	−0.040	−0.013	−0.005	0	+0.001	+0.010	+0.015	+0.023	+0.028
10–14	−0.095	−0.050	−0.016	−0.006	0	+0.001	+0.012	+0.018	+0.028	+0.033
14–18	−0.095	−0.050	−0.016	−0.006	0	+0.001	+0.012	+0.018	+0.028	+0.033
18–24	−0.110	−0.065	−0.020	−0.007	0	+0.002	+0.015	+0.022	+0.035	+0.041
24–30	−0.110	−0.065	−0.020	−0.007	0	+0.002	+0.015	+0.022	+0.035	+0.048
30–40	−0.120	−0.080	−0.025	−0.009	0	+0.002	+0.017	+0.026	+0.043	+0.060
40–50	−0.130	−0.080	−0.025	−0.009	0	+0.002	+0.017	+0.026	+0.043	+0.070
50–65	−0.140	−0.100	−0.030	−0.010	0	+0.002	+0.020	+0.032	+0.053	+0.087
65–80	−0.150	−0.100	−0.030	−0.010	0	+0.002	+0.020	+0.032	+0.059	+0.102
80–100	−0.170	−0.120	−0.036	−0.012	0	+0.003	+0.023	+0.037	+0.071	+0.124
100–120	−0.180	−0.120	−0.036	−0.012	0	+0.003	+0.023	+0.037	+0.079	+0.144
120–140	−0.200	−0.145	−0.043	−0.014	0	+0.003	+0.027	+0.043	+0.092	+0.170
140–160	−0.210	−0.145	−0.043	−0.014	0	+0.003	+0.027	+0.043	+0.100	+0.190
160–180	−0.230	−0.145	−0.043	−0.014	0	+0.003	+0.027	+0.043	+0.108	+0.210
180–200	−0.240	−0.170	−0.050	−0.015	0	+0.004	+0.031	+0.050	+0.122	+0.236
200–225	−0.260	−0.170	−0.050	−0.015	0	+0.004	+0.031	+0.050	+0.130	+0.258
225–250	−0.280	−0.170	−0.050	−0.015	0	+0.004	+0.031	+0.050	+0.140	+0.284
250–280	−0.300	−0.190	−0.056	−0.017	0	+0.004	+0.034	+0.056	+0.158	+0.315
280–315	−0.330	−0.190	−0.056	−0.017	0	+0.004	+0.034	+0.056	+0.170	+0.350
315–355	−0.360	−0.210	−0.062	−0.018	0	+0.004	+0.037	+0.062	+0.190	+0.390
355–400	−0.400	−0.210	−0.062	−0.018	0	+0.004	+0.037	+0.062	+0.208	+0.435

Table A–13

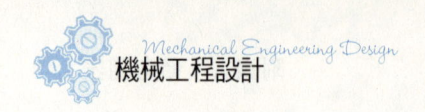

A Selection of International Tolerance Grades—Inch Series (Size Ranges Are for *Over* the Lower Limit and *Including* the Upper Limit. All Values Are in Inches, Converted from Table A–11)

Basic Sizes	IT6	IT7	IT8	IT9	IT10	IT11
0–0.12	0.0002	0.0004	0.0006	0.0010	0.0016	0.0024
0.12–0.24	0.0003	0.0005	0.0007	0.0012	0.0019	0.0030
0.24–0.40	0.0004	0.0006	0.0009	0.0014	0.0023	0.0035
0.40–0.72	0.0004	0.0007	0.0011	0.0017	0.0028	0.0043
0.72–1.20	0.0005	0.0008	0.0013	0.0020	0.0033	0.0051
1.20–2.00	0.0006	0.0010	0.0015	0.0024	0.0039	0.0063
2.00–3.20	0.0007	0.0012	0.0018	0.0029	0.0047	0.0075
3.20–4.80	0.0009	0.0014	0.0021	0.0034	0.0055	0.0087
4.80–7.20	0.0010	0.0016	0.0025	0.0039	0.0063	0.0098
7.20–10.00	0.0011	0.0018	0.0028	0.0045	0.0073	0.0114
10.00–12.60	0.0013	0.0020	0.0032	0.0051	0.0083	0.0126
12.60–16.00	0.0014	0.0022	0.0035	0.0055	0.0091	0.0142

Table A-14

Fundamental Deviations for Shafts—Inch Series (Size Ranges Are for *Over* the Lower Limit and *Including* the Upper Limit. All Values Are in Inches, Converted from Table A–12)

Basic Sizes	Upper-Deviation Letter c	d	f	g	h	k	Lower-Deviation Letter n	p	s	u
0–0.12	−0.0024	−0.0008	−0.0002	−0.0001	0	0	+0.0002	+0.0002	+0.0006	+0.0007
0.12–0.24	−0.0028	−0.0012	−0.0004	−0.0002	0	0	+0.0003	+0.0005	+0.0007	+0.0009
0.24–0.40	−0.0031	−0.0016	−0.0005	−0.0002	0	0	+0.0004	+0.0006	+0.0009	+0.0011
0.40–0.72	−0.0037	−0.0020	−0.0006	−0.0002	0	0	+0.0005	+0.0007	+0.0011	+0.0013
0.72–0.96	−0.0043	−0.0026	−0.0008	−0.0003	0	+0.0001	+0.0006	+0.0009	+0.0014	+0.0016
0.96–1.20	−0.0043	−0.0026	−0.0008	−0.0003	0	+0.0001	+0.0006	+0.0009	+0.0014	+0.0019
1.20–1.60	−0.0047	−0.0031	−0.0010	−0.0004	0	+0.0001	+0.0007	+0.0010	+0.0017	+0.0024
1.60–2.00	−0.0051	−0.0031	−0.0010	−0.0004	0	+0.0001	+0.0007	+0.0010	+0.0017	+0.0028
2.00–2.60	−0.0055	−0.0039	−0.0012	−0.0004	0	+0.0001	+0.0008	+0.0013	+0.0021	+0.0034
2.60–3.20	−0.0059	−0.0039	−0.0012	−0.0004	0	+0.0001	+0.0008	+0.0013	+0.0023	+0.0040
3.20–4.00	−0.0067	−0.0047	−0.0014	−0.0005	0	+0.0001	+0.0009	+0.0015	+0.0028	+0.0049
4.00–4.80	−0.0071	−0.0047	−0.0014	−0.0005	0	+0.0001	+0.0009	+0.0015	+0.0031	+0.0057
4.80–5.60	−0.0079	−0.0057	−0.0017	−0.0006	0	+0.0001	+0.0011	+0.0017	+0.0036	+0.0067
5.60–6.40	−0.0083	−0.0057	−0.0017	−0.0006	0	+0.0001	+0.0011	+0.0017	+0.0039	+0.0075
6.40–7.20	−0.0091	−0.0057	−0.0017	−0.0006	0	+0.0001	+0.0011	+0.0017	+0.0043	+0.0083
7.20–8.00	−0.0094	−0.0067	−0.0020	−0.0006	0	+0.0002	+0.0012	+0.0020	+0.0048	+0.0093
8.00–9.00	−0.0102	−0.0067	−0.0020	−0.0006	0	+0.0002	+0.0012	+0.0020	+0.0051	+0.0102
9.00–10.00	−0.0110	−0.0067	−0.0020	−0.0006	0	+0.0002	+0.0012	+0.0020	+0.0055	+0.0112
10.00–11.20	−0.0118	−0.0075	−0.0022	−0.0007	0	+0.0002	+0.0013	+0.0022	+0.0062	+0.0124
11.20–12.60	−0.0130	−0.0075	−0.0022	−0.0007	0	+0.0002	+0.0013	+0.0022	+0.0067	+0.0130
12.60–14.20	−0.0142	−0.0083	−0.0024	−0.0007	0	+0.0002	+0.0015	+0.0024	+0.0075	+0.0154
14.20–16.00	−0.0157	−0.0083	−0.0024	−0.0007	0	+0.0002	+0.0015	+0.0024	+0.0082	+0.0171

Table A–15

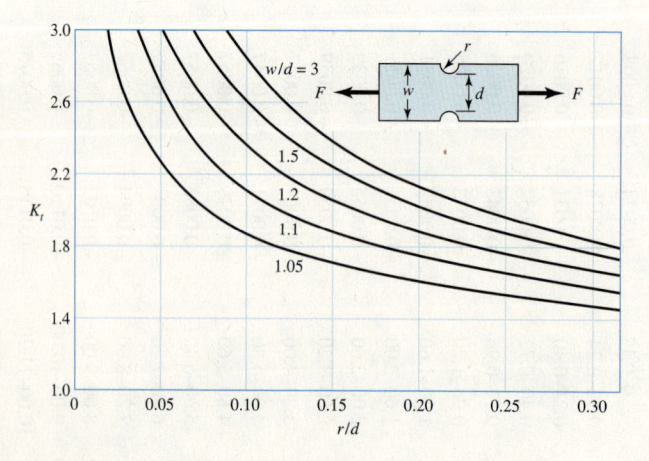

Charts of Theoretical Stress-Concentration Factors K_t^*

Figure A–15–1

Bar in tension or simple compression with a transverse hole. $\sigma_0 = F/A$, where $A = (w-d)t$ and t is the thickness.

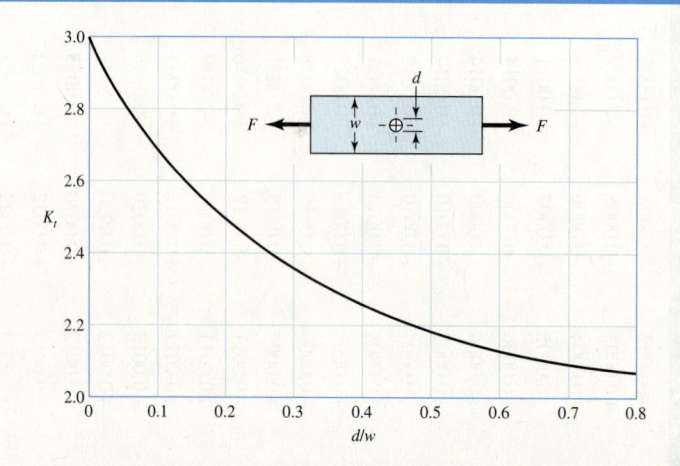

Figure A–15–2

Rectangular bar with a transverse hole in bending. $\sigma_0 = Mc/I$, where $I = (w-d)h^3/12$.

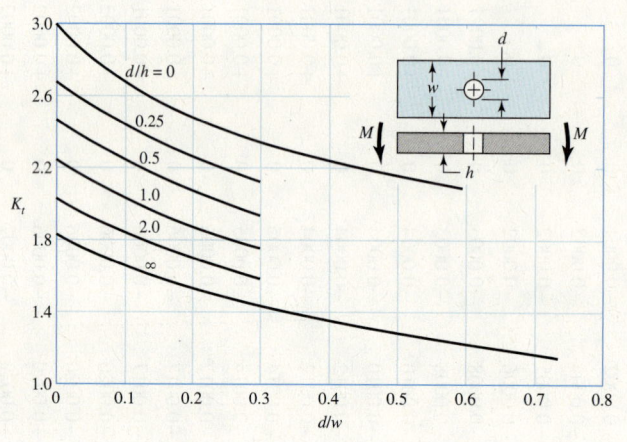

Figure A–15–3

Notched rectangular bar in tension or simple compression. $\sigma_0 = F/A$, where $A = dt$ and t is the thickness.

Table A–15

Charts of Theoretical Stress-Concentration Factors K_t^* *(Continued)*

Figure A-15-4

Notched rectangular bar in bending. $\sigma_0 = Mc/I$, where $c = d/2$, $I = td^3/12$, and t is the thickness.

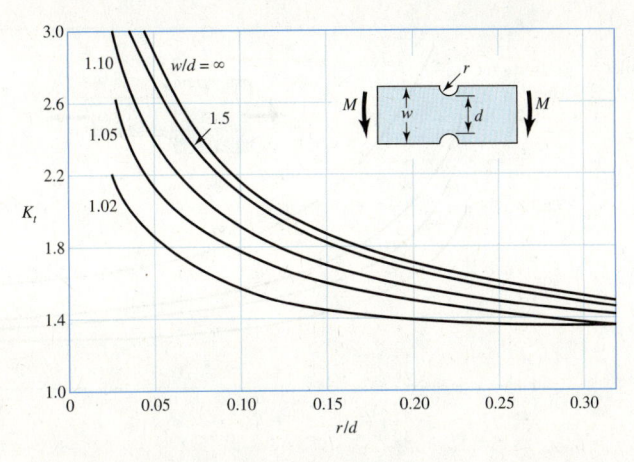

Figure A-15-5

Rectangular filleted bar in tension or simple compression. $\sigma_0 = F/A$, where $A = dt$ and t is the thickness.

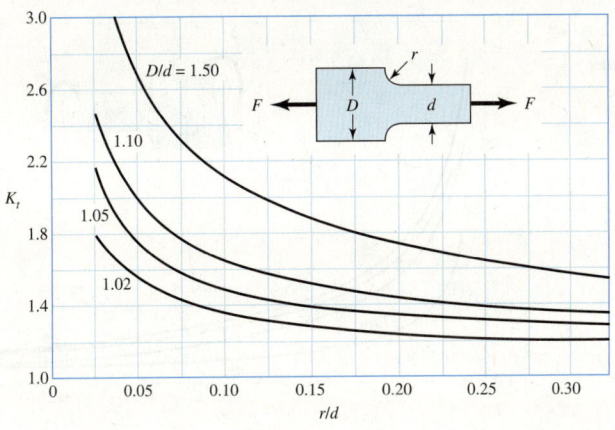

Figure A-15-6

Rectangular filleted bar in bending. $\sigma_0 = Mc/I$, where $c = d/2$, $I = td^3/12$, t is the thickness.

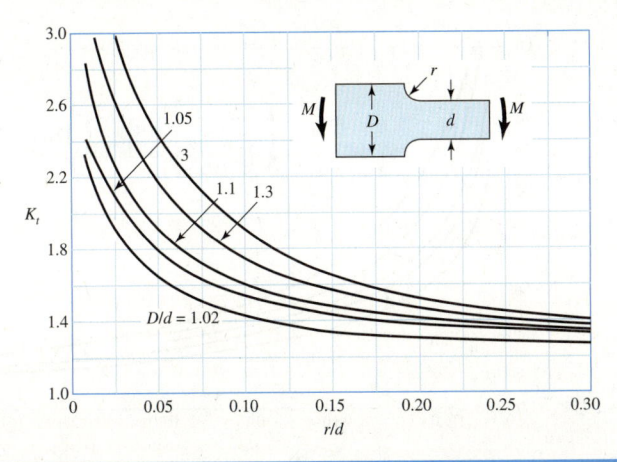

(continued)

*Factors from R. E. Peterson, "Design Factors for Stress Concentration," Machine Design, vol. 23, no. 2, February 1951, p. 169; no. 3, March 1951, p. 161, no. 5, May 1951, p. 159; no. 6, June 1951, p. 173; no. 7, July 1951, p. 155. Reprinted with permission from Machine Design, a Penton Media Inc. publication.

Table A–15

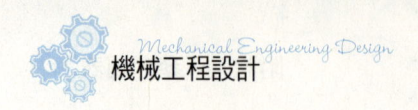

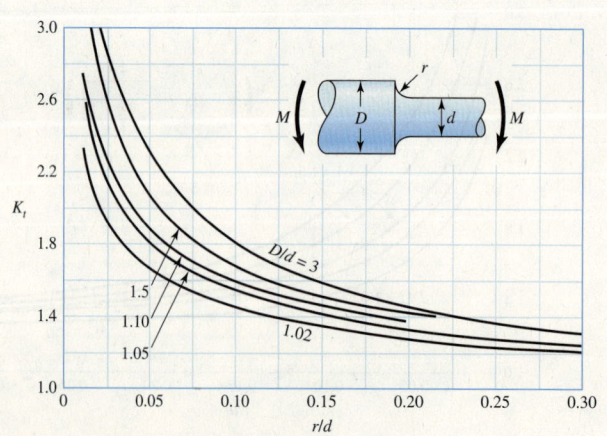

Charts of Theoretical Stress-Concentration Factors K_t^* *(Continued)*

Figure A–15–7

Round shaft with shoulder fillet in tension. $\sigma_0 = F/A$, where $A = \pi d^2/4$.

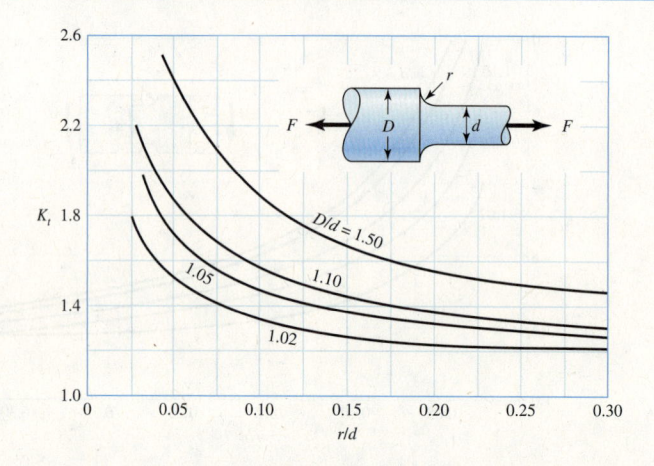

Curves labeled $D/d = 1.50$, 1.10, 1.05, 1.02. Axes: K_t vs r/d.

Figure A–15–8

Round shaft with shoulder fillet in torsion. $\tau_0 = Tc/J$, where $c = d/2$ and $J = \pi d^4/32$.

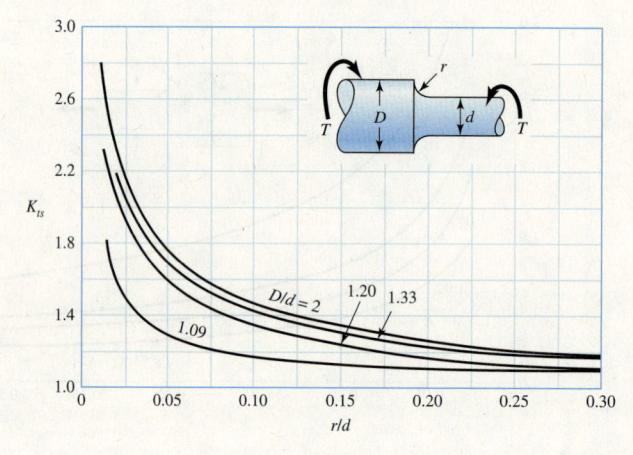

Curves labeled $D/d = 2$, 1.33, 1.20, 1.09. Axes: K_{ts} vs r/d.

Figure A–15–9

Round shaft with shoulder fillet in bending. $\sigma_0 = Mc/I$, where $c = d/2$ and $I = \pi d^4/64$.

Curves labeled $D/d = 3$, 1.5, 1.10, 1.05, 1.02. Axes: K_t vs r/d.

Table A–15

Charts of Theoretical Stress-Concentration Factors K_t^* *(Continued)*

Figure A–15–10

Round shaft in torsion with transverse hole.

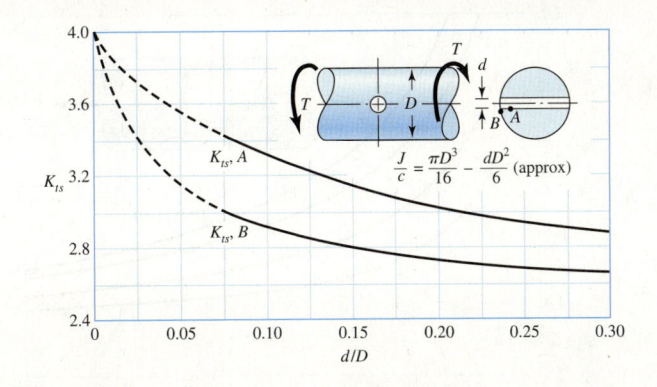

$$\frac{J}{c} = \frac{\pi D^3}{16} - \frac{dD^2}{6} \text{ (approx)}$$

Figure A–15–11

Round shaft in bending with a transverse hole. $\sigma_0 = M/[(\pi D^3/32) - (dD^2/6)]$, approximately.

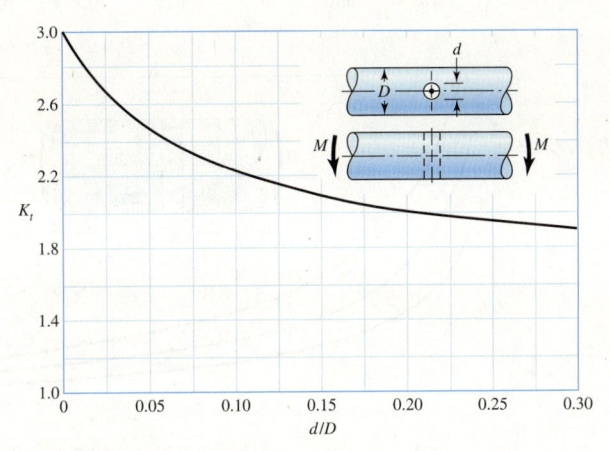

Figure A–15–12

Plate loaded in tension by a pin through a hole. $\sigma_0 = F/A$, where $A = (w - d)t$. When clearance exists, increase K_t 35 to 50 percent. (M. M. Frocht and H. N. Hill, "Stress-Concentration Factors around a Central Circular Hole in a Plate Loaded through a Pin in Hole," *J. Appl. Mechanics*, vol. 7, no. 1, March 1940, p. A-5.)

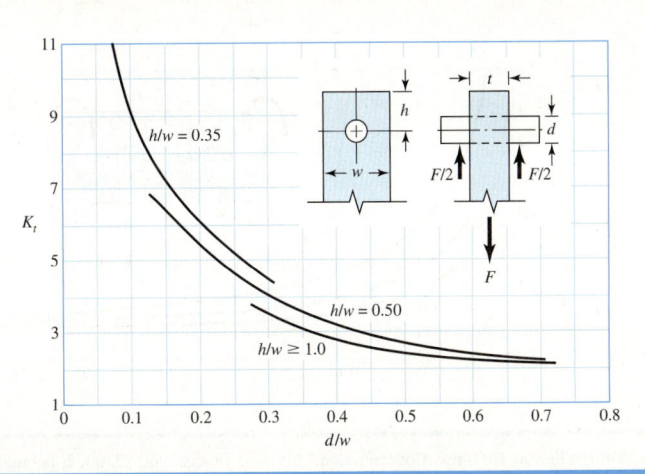

(continued)

---

*Factors from R. E. Peterson, "Design Factors for Stress Concentration," Machine Design, vol. 23, no. 2, February 1951, p. 169; no. 3, March 1951, p. 161, no. 5, May 1951, p. 159; no. 6, June 1951, p. 173; no. 7, July 1951, p. 155. Reprinted with permission from Machine Design, a Penton Media Inc. publication.

843

Table A–15

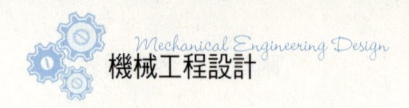

Charts of Theoretical Stress-Concentration Factors K_t^* *(Continued)*

Figure A–15–13

Grooved round bar in tension.
$\sigma_0 = F/A$, where $A = \pi d^2/4$.

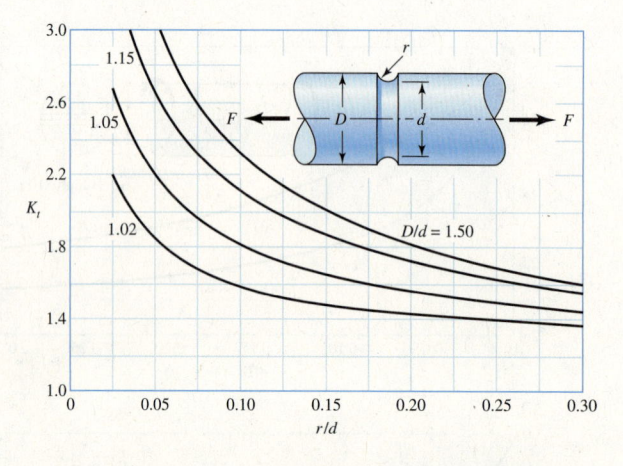

Figure A–15–14

Grooved round bar in bending.
$\sigma_0 = Mc/I$, where $c = d/2$ and $I = \pi d^4/64$.

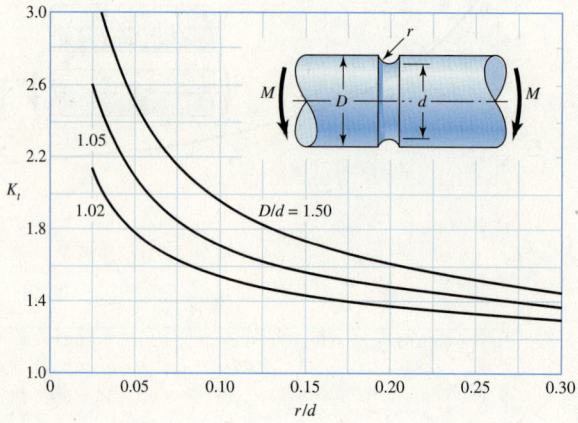

Figure A–15–15

Grooved round bar in torsion.
$\tau_0 = Tc/J$, where $c = d/2$ and $J = \pi d^4/32$.

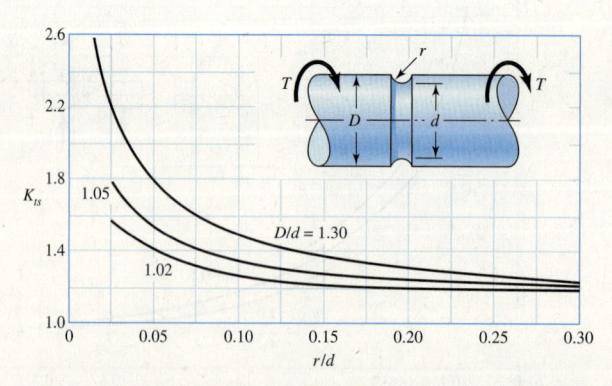

*Factors from R. E. Peterson, "Design Factors for Stress Concentration," Machine Design, vol. 23, no. 2, February 1951, p. 169; no. 3, March 1951, p. 161, no. 5, May 1951, p. 159; no. 6, June 1951, p. 173; no. 7, July 1951, p. 155. Reprinted with permission from Machine Design, a Penton Media Inc. publication.

Table A-15

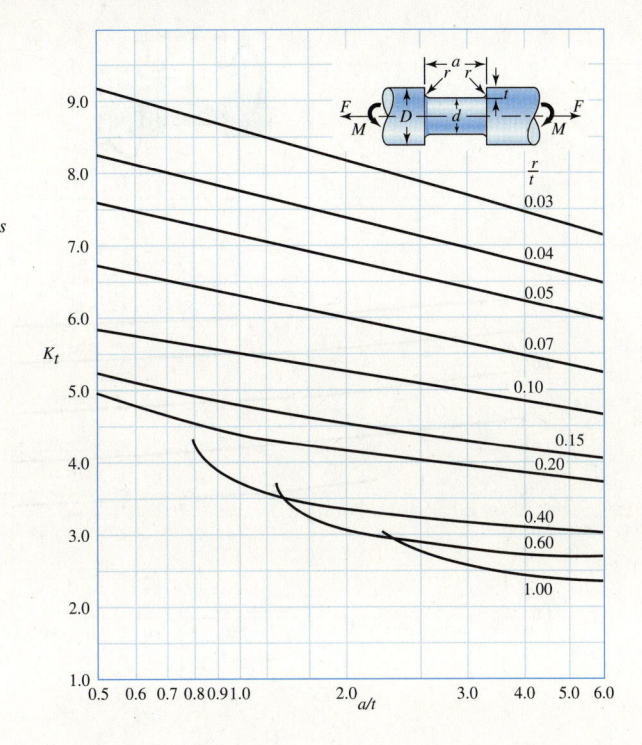

Charts of Theoretical Stress-Concentration Factors K_t^* *(Continued)*

Figure A-15-16

Round shaft with flat-bottom groove in bending and/or tension.

$$\sigma_0 = \frac{4F}{\pi d^2} + \frac{32M}{\pi d^3}$$

Source: W. D. Pilkey, *Peterson's Stress-Concentration Factors*, 2nd ed. John Wiley & Sons, New York, 1997, p. 115.

(continued)

Table A–15

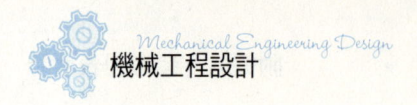

Charts of Theoretical Stress-Concentration Factors K_t^* *(Continued)*

Figure A–15–17

Round shaft with flat-bottom groove in torsion.

$$\tau_0 = \frac{16T}{\pi d^3}$$

Source: W. D. Pilkey, *Peterson's Stress-Concentration Factors,* 2nd ed. John Wiley & Sons, New York, 1997, p. 133

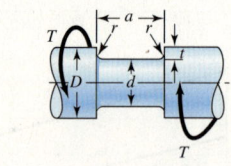

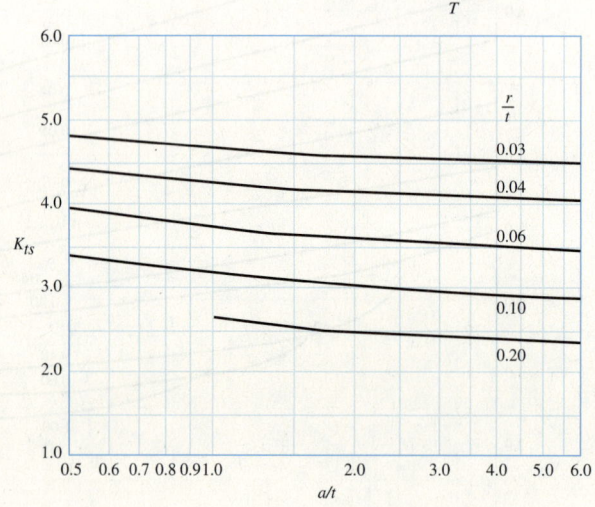

Table A–16

Approximate Stress-Concentration Factor K_t for Bending of a Round Bar or Tube with a Transverse Round Hole

Source: R. E. Peterson, *Stress-Concentration Factors*, Wiley, New York, 1974, pp. 146, 235.

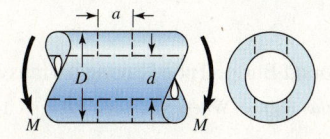

The nominal bending stress is $\sigma_0 = M/Z_{\text{net}}$ where Z_{net} is a reduced value of the section modulus and is defined by

$$Z_{\text{net}} = \frac{\pi A}{32 D}(D^4 - d^4)$$

Values of A are listed in the table. Use $d = 0$ for a solid bar

	d/D 0.9		d/D 0.6		d/D 0	
a/D	A	K_t	A	K_t	A	K_t
0.050	0.92	2.63	0.91	2.55	0.88	2.42
0.075	0.89	2.55	0.88	2.43	0.86	2.35
0.10	0.86	2.49	0.85	2.36	0.83	2.27
0.125	0.82	2.41	0.82	2.32	0.80	2.20
0.15	0.79	2.39	0.79	2.29	0.76	2.15
0.175	0.76	2.38	0.75	2.26	0.72	2.10
0.20	0.73	2.39	0.72	2.23	0.68	2.07
0.225	0.69	2.40	0.68	2.21	0.65	2.04
0.25	0.67	2.42	0.64	2.18	0.61	2.00
0.275	0.66	2.48	0.61	2.16	0.58	1.97
0.30	0.64	2.52	0.58	2.14	0.54	1.94

(continued)

Table A–16 *(Continued)*

Approximate Stress-Concentration Factors K_{ts} for a Round Bar or Tube Having a Transverse Round Hole and Loaded in Torsion   *Source:* R. E. Peterson, *Stress-Concentration Factors,* Wiley, New York, 1974, pp. 148, 244.

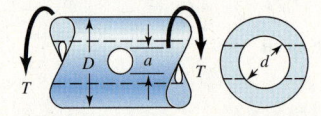

The maximum stress occurs on the inside of the hole, slightly below the shaft surface. The nominal shear stress is $\tau_0 = TD/2J_{net}$, where J_{net} is a reduced value of the second polar moment of area and is defined by

$$J_{net} = \frac{\pi A(D^4 - d^4)}{32}$$

Values of A are listed in the table. Use $d = 0$ for a solid bar.

a/D	d/D=0.9 A	K_{ts}	d/D=0.8 A	K_{ts}	d/D=0.6 A	K_{ts}	d/D=0.4 A	K_{ts}	d/D=0 A	K_{ts}
0.05	0.96	1.78							0.95	1.77
0.075	0.95	1.82							0.93	1.71
0.10	0.94	1.76	0.93	1.74	0.92	1.72	0.92	1.70	0.92	1.68
0.125	0.91	1.76	0.91	1.74	0.90	1.70	0.90	1.67	0.89	1.64
0.15	0.90	1.77	0.89	1.75	0.87	1.69	0.87	1.65	0.87	1.62
0.175	0.89	1.81	0.88	1.76	0.87	1.69	0.86	1.64	0.85	1.60
0.20	0.88	1.96	0.86	1.79	0.85	1.70	0.84	1.63	0.83	1.58
0.25	0.87	2.00	0.82	1.86	0.81	1.72	0.80	1.63	0.79	1.54
0.30	0.80	2.18	0.78	1.97	0.77	1.76	0.75	1.63	0.74	1.51
0.35	0.77	2.41	0.75	2.09	0.72	1.81	0.69	1.63	0.68	1.47
0.40	0.72	2.67	0.71	2.25	0.68	1.89	0.64	1.63	0.63	1.44

Table A-17

Preferred Sizes and Renard (R-Series) Numbers
(When a choice can be made, use one of these sizes; however, not all parts or items are available in all the sizes shown in the table.)

Fraction of Inches

$\frac{1}{64}, \frac{1}{32}, \frac{1}{16}, \frac{3}{32}, \frac{1}{8}, \frac{5}{32}, \frac{3}{16}, \frac{1}{4}, \frac{5}{16}, \frac{3}{8}, \frac{7}{16}, \frac{1}{2}, \frac{9}{16}, \frac{5}{8}, \frac{11}{16}, \frac{3}{4}, \frac{7}{8}, 1, 1\frac{1}{4}, 1\frac{1}{2}, 1\frac{3}{4}, 2, 2\frac{1}{4}, 2\frac{1}{2}, 2\frac{3}{4}, 3, 3\frac{1}{4}, 3\frac{1}{2}, 3\frac{3}{4}, 4, 4\frac{1}{4}, 4\frac{1}{2}, 4\frac{3}{4}, 5, 5\frac{1}{4}, 5\frac{1}{2}, 5\frac{3}{4}, 6, 6\frac{1}{2}, 7, 7\frac{1}{2}, 8, 8\frac{1}{2}, 9, 9\frac{1}{2}, 10, 10\frac{1}{2}, 11, 11\frac{1}{2}, 12, 12\frac{1}{2}, 13, 13\frac{1}{2}, 14, 14\frac{1}{2}, 15, 15\frac{1}{2}, 16, 16\frac{1}{2}, 17, 17\frac{1}{2}, 18, 18\frac{1}{2}, 19, 19\frac{1}{2}, 20$

Decimal Inches

0.010, 0.012, 0.016, 0.020, 0.025, 0.032, 0.040, 0.05, 0.06, 0.08, 0.10, 0.12, 0.16, 0.20, 0.24, 0.30, 0.40, 0.50, 0.60, 0.80, 1.00, 1.20, 1.40, 1.60, 1.80, 2.0, 2.4, 2.6, 2.8, 3.0, 3.2, 3.4, 3.6, 3.8, 4.0, 4.2, 4.4, 4.6, 4.8, 5.0, 5.2, 5.4, 5.6, 5.8, 6.0, 7.0, 7.5, 8.5, 9.0, 9.5, 10.0, 10.5, 11.0, 11.5, 12.0, 12.5, 13.0, 13.5, 14.0, 14.5, 15.0, 15.5, 16.0, 16.5, 17.0, 17.5, 18.0, 18.5, 19.0, 19.5, 20

Millimeters

0.05, 0.06, 0.08, 0.10, 0.12, 0.16, 0.20, 0.25, 0.30, 0.40, 0.50, 0.60, 0.70, 0.80, 0.90, 1.0, 1.1, 1.2, 1.4, 1.5, 1.6, 1.8, 2.0, 2.2, 2.5, 2.8, 3.0, 3.5, 4.0, 4.5, 5.0, 5.5, 6.0, 6.5, 7.0, 8.0, 9.0, 10, 11, 12, 14, 16, 18, 20, 22, 25, 28, 30, 32, 35, 40, 45, 50, 60, 80, 100, 120, 140, 160, 180, 200, 250, 300

Renard Numbers*

1st choice, R5: 1, 1.6, 2.5, 4, 6.3, 10

2d choice, R10: 1.25, 2, 3.15, 5, 8

3d choice, R20: 1.12, 1.4, 1.8, 2.24, 2.8, 3.55, 4.5, 5.6, 7.1, 9

4th choice, R40: 1.06, 1.18, 1.32, 1.5, 1.7, 1.9, 2.12, 2.36, 2.65, 3, 3.35, 3.75, 4.25, 4.75, 5.3, 6, 6.7, 7.5, 8.5, 9.5

*May be multiplied or divided by powers of 10.

Table A-18
Geometric Properties

Part 1 Properties of Sections

A = area

G = location of centroid

$I_x = \int y^2\, dA$ = second moment of area about x axis

$I_y = \int x^2\, dA$ = second moment of area about y axis

$I_{xy} = \int xy\, dA$ = mixed moment of area about x and y axes

$J_G = \int r^2\, dA = \int (x^2 + y^2)\, dA = I_x + I_y$

= second polar moment of area about axis through G

$k_x^2 = I_x/A$ = squared radius of gyration about x axis

Rectangle

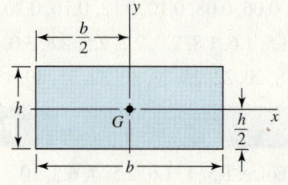

$A = bh \qquad I_x = \dfrac{bh^3}{12} \qquad I_y = \dfrac{b^3 h}{12} \qquad I_{xy} = 0$

Circle

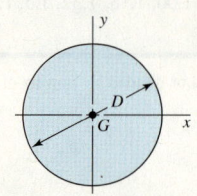

$A = \dfrac{\pi D^2}{4} \qquad I_x = I_y = \dfrac{\pi D^4}{64} \qquad I_{xy} = 0 \qquad J_G = \dfrac{\pi D^4}{32}$

Hollow circle

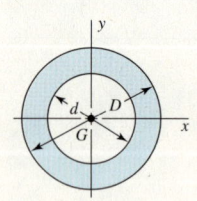

$A = \dfrac{\pi}{4}(D^2 - d^2) \qquad I_x = I_y = \dfrac{\pi}{64}(D^4 - d^4) \qquad I_{xy} = 0 \qquad J_G = \dfrac{\pi}{32}(D^4 - d^4)$

Table A-18
Geometric Properties *(Continued)*

Right triangles

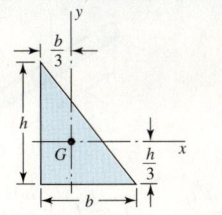

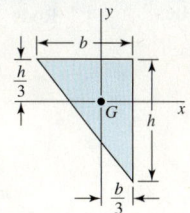

$$A = \frac{bh}{2} \qquad I_x = \frac{bh^3}{36} \qquad I_y = \frac{b^3h}{36} \qquad I_{xy} = \frac{-b^2h^2}{72}$$

Right triangles

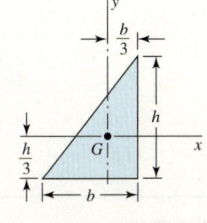

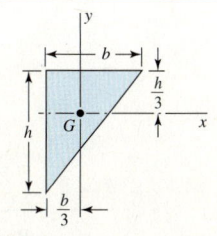

$$A = \frac{bh}{2} \qquad I_x = \frac{bh^3}{36} \qquad I_y = \frac{b^3h}{36} \qquad I_{xy} = \frac{b^2h^2}{72}$$

Quarter-circles

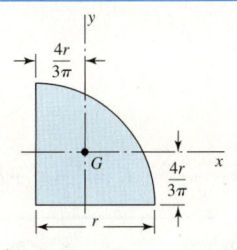

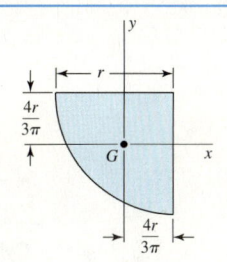

$$A = \frac{\pi r^2}{4} \qquad I_x = I_y = r^4\left(\frac{\pi}{16} - \frac{4}{9\pi}\right) \qquad I_{xy} = r^4\left(\frac{1}{8} - \frac{4}{9\pi}\right)$$

Quarter-circles

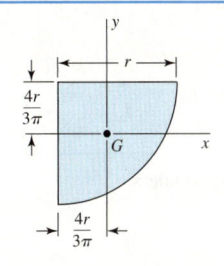

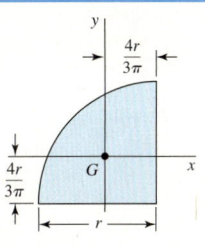

$$A = \frac{\pi r^2}{4} \qquad I_x = I_y = r^4\left(\frac{\pi}{16} - \frac{4}{9\pi}\right) \qquad I_{xy} = r^4\left(\frac{4}{9\pi} - \frac{1}{8}\right)$$

(continued)

Table A-18

Geometric Properties
(Continued)

Part 2 Properties of Solids (ρ = Density, Weight per Unit Volume)

Rods

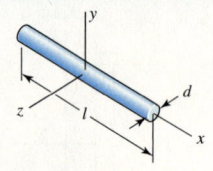

$$m = \frac{\pi d^2 l \rho}{4g} \qquad I_y = I_z = \frac{ml^2}{12}$$

Round disks

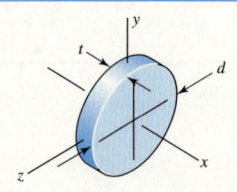

$$m = \frac{\pi d^2 t \rho}{4g} \qquad I_x = \frac{md^2}{8} \qquad I_y = I_z = \frac{md^2}{16}$$

Rectangular prisms

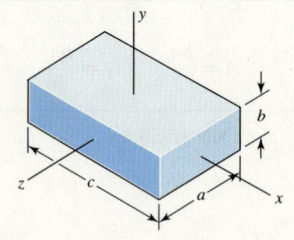

$$m = \frac{abc\rho}{g} \qquad I_x = \frac{m}{12}(a^2 + b^2) \qquad I_y = \frac{m}{12}(a^2 + c^2) \qquad I_z = \frac{m}{12}(b^2 + c^2)$$

Cylinders

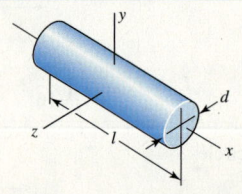

$$m = \frac{\pi d^2 l \rho}{4g} \qquad I_x = \frac{md^2}{8} \qquad I_y = I_z = \frac{m}{48}(3d^2 + 4l^2)$$

Hollow cylinders

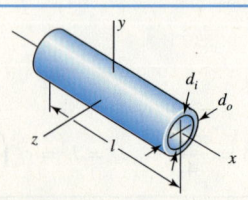

$$m = \frac{\pi (d_o^2 - d_i^2) l \rho}{4g} \qquad I_x = \frac{m}{8}(d_o^2 + d_i^2) \qquad I_y = I_z = \frac{m}{48}(3d_o^2 + 3d_i^2 + 4l^2)$$

Table A-19
American Standard Pipe

Nominal Size, in	Outside Diameter, in	Threads per inch	Wall Thickness, in Standard No. 40	Extra Strong No. 80	Double Extra Strong
$\frac{1}{8}$	0.405	27	0.070	0.098	
$\frac{1}{4}$	0.540	18	0.090	0.122	
$\frac{3}{8}$	0.675	18	0.093	0.129	
$\frac{1}{2}$	0.840	14	0.111	0.151	0.307
$\frac{3}{4}$	1.050	14	0.115	0.157	0.318
1	1.315	$11\frac{1}{2}$	0.136	0.183	0.369
$1\frac{1}{4}$	1.660	$11\frac{1}{2}$	0.143	0.195	0.393
$1\frac{1}{2}$	1.900	$11\frac{1}{2}$	0.148	0.204	0.411
2	2.375	$11\frac{1}{2}$	0.158	0.223	0.447
$2\frac{1}{2}$	2.875	8	0.208	0.282	0.565
3	3.500	8	0.221	0.306	0.615
$3\frac{1}{2}$	4.000	8	0.231	0.325	
4	4.500	8	0.242	0.344	0.690
5	5.563	8	0.263	0.383	0.768
6	6.625	8	0.286	0.441	0.884
8	8.625	8	0.329	0.510	0.895

Table A–20

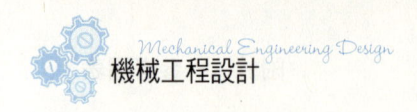

Deterministic ASTM Minimum Tensile and Yield Strengths for Some Hot-Rolled (HR) and Cold-Drawn (CD) Steels [The strengths listed are estimated ASTM minimum values in the size range 18 to 32 mm ($\frac{3}{4}$ to $1\frac{1}{4}$ in). These strengths are suitable for use with the design factor defined in Sec. 1–10, provided the materials conform to ASTM A6 or A568 requirements or are required in the purchase specifications. Remember that a numbering system is not a specification.] *Source:* 1986 SAE Handbook, p. 2.15.

1 UNS No.	2 SAE and/or AISI No.	3 Processing	4 Tensile Strength, MPa (kpsi)	5 Yield Strength, MPa (kpsi)	6 Elongation in 2 in, %	7 Reduction in Area, %	8 Brinell Hardness
G10060	1006	HR	300 (43)	170 (24)	30	55	86
		CD	330 (48)	280 (41)	20	45	95
G10100	1010	HR	320 (47)	180 (26)	28	50	95
		CD	370 (53)	300 (44)	20	40	105
G10150	1015	HR	340 (50)	190 (27.5)	28	50	101
		CD	390 (56)	320 (47)	18	40	111
G10180	1018	HR	400 (58)	220 (32)	25	50	116
		CD	440 (64)	370 (54)	15	40	126
G10200	1020	HR	380 (55)	210 (30)	25	50	111
		CD	470 (68)	390 (57)	15	40	131
G10300	1030	HR	470 (68)	260 (37.5)	20	42	137
		CD	520 (76)	440 (64)	12	35	149
G10350	1035	HR	500 (72)	270 (39.5)	18	40	143
		CD	550 (80)	460 (67)	12	35	163
G10400	1040	HR	520 (76)	290 (42)	18	40	149
		CD	590 (85)	490 (71)	12	35	170
G10450	1045	HR	570 (82)	310 (45)	16	40	163
		CD	630 (91)	530 (77)	12	35	179
G10500	1050	HR	620 (90)	340 (49.5)	15	35	179
		CD	690 (100)	580 (84)	10	30	197
G10600	1060	HR	680 (98)	370 (54)	12	30	201
G10800	1080	HR	770 (112)	420 (61.5)	10	25	229
G10950	1095	HR	830 (120)	460 (66)	10	25	248

Table A–21

Mean Mechanical Properties of Some Heat-Treated Steels
[These are typical properties for materials normalized and annealed. The properties for quenched and tempered (Q&T) steels are from a single heat. Because of the many variables, the properties listed are global averages. In all cases, data were obtained from specimens of diameter 0.505 in, machined from 1-in rounds, and of gauge length 2 in. unless noted, all specimens were oil-quenched.] *Source: ASM Metals Reference Book,* 2d ed., American Society for Metals, Metals Park, Ohio, 1983.

1 AISI No.	2 Treatment	3 Temperature °C (°F)	4 Tensile Strength MPa (kpsi)	5 Yield Strength, MPa (kpsi)	6 Elongation, %	7 Reduction in Area, %	8 Brinell Hardness
1030	Q&T*	205 (400)	848 (123)	648 (94)	17	47	495
	Q&T*	315 (600)	800 (116)	621 (90)	19	53	401
	Q&T*	425 (800)	731 (106)	579 (84)	23	60	302
	Q&T*	540 (1000)	669 (97)	517 (75)	28	65	255
	Q&T*	650 (1200)	586 (85)	441 (64)	32	70	207
	Normalized	925 (1700)	521 (75)	345 (50)	32	61	149
	Annealed	870 (1600)	430 (62)	317 (46)	35	64	137
1040	Q&T	205 (400)	779 (113)	593 (86)	19	48	262
	Q&T	425 (800)	758 (110)	552 (80)	21	54	241
	Q&T	650 (1200)	634 (92)	434 (63)	29	65	192
	Normalized	900 (1650)	590 (86)	374 (54)	28	55	170
	Annealed	790 (1450)	519 (75)	353 (51)	30	57	149
1050	Q&T*	205 (400)	1120 (163)	807 (117)	9	27	514
	Q&T*	425 (800)	1090 (158)	793 (115)	13	36	444
	Q&T*	650 (1200)	717 (104)	538 (78)	28	65	235
	Normalized	900 (1650)	748 (108)	427 (62)	20	39	217
	Annealed	790 (1450)	636 (92)	365 (53)	24	40	187
1060	Q&T	425 (800)	1080 (156)	765 (111)	14	41	311
	Q&T	540 (1000)	965 (140)	669 (97)	17	45	277
	Q&T	650 (1200)	800 (116)	524 (76)	23	54	229
	Normalized	900 (1650)	776 (112)	421 (61)	18	37	229
	Annealed	790 (1450)	626 (91)	372 (54)	22	38	179
1095	Q&T	315 (600)	1260 (183)	813 (118)	10	30	375
	Q&T	425 (800)	1210 (176)	772 (112)	12	32	363
	Q&T	540 (1000)	1090 (158)	676 (98)	15	37	321
	Q&T	650 (1200)	896 (130)	552 (80)	21	47	269
	Normalized	900 (1650)	1010 (147)	500 (72)	9	13	293
	Annealed	790 (1450)	658 (95)	380 (55)	13	21	192
1141	Q&T	315 (600)	1460 (212)	1280 (186)	9	32	415
	Q&T	540 (1000)	896 (130)	765 (111)	18	57	262

(continued)

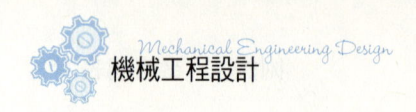

Table A–21 (Continued)

Mean Mechanical Properties of Some Heat-Treated Steels

[These are typical properties for materials normalized and annealed. The properties for quenched and tempered (Q&T) steels are from a single heat. Because of the many variables, the properties listed are global averages. In all cases, data were obtained from specimens of diameter 0.505 in, machined from 1-in rounds, and of gauge length 2 in. Unless noted, all specimens were oil-quenched.] Source: ASM Metals Reference Book, 2d ed., American Society for Metals, Metals Park, Ohio, 1983.

1 AISI No.	2 Treatment	3 Temperature °C (°F)	4 Tensile Strength MPa (kpsi)	5 Yield Strength, MPa (kpsi)	6 Elongation, %	7 Reduction in Area, %	8 Brinell Hardness
4130	Q&T*	205 (400)	1630 (236)	1460 (212)	10	41	467
	Q&T*	315 (600)	1500 (217)	1380 (200)	11	43	435
	Q&T*	425 (800)	1280 (186)	1190 (173)	13	49	380
	Q&T*	540 (1000)	1030 (150)	910 (132)	17	57	315
	Q&T*	650 (1200)	814 (118)	703 (102)	22	64	245
	Normalized	870 (1600)	670 (97)	436 (63)	25	59	197
	Annealed	865 (1585)	560 (81)	361 (52)	28	56	156
4140	Q&T	205 (400)	1770 (257)	1640 (238)	8	38	510
	Q&T	315 (600)	1550 (225)	1430 (208)	9	43	445
	Q&T	425 (800)	1250 (181)	1140 (165)	13	49	370
	Q&T	540 (1000)	951 (138)	834 (121)	18	58	285
	Q&T	650 (1200)	758 (110)	655 (95)	22	63	230
	Normalized	870 (1600)	1020 (148)	655 (95)	18	47	302
	Annealed	815 (1500)	655 (95)	417 (61)	26	57	197
4340	Q&T	315 (600)	1720 (250)	1590 (230)	10	40	486
	Q&T	425 (800)	1470 (213)	1360 (198)	10	44	430
	Q&T	540 (1000)	1170 (170)	1080 (156)	13	51	360
	Q&T	650 (1200)	965 (140)	855 (124)	19	60	280

*Water-quenched

Table A–22

Results of Tensile Tests of Some Metals* *Source:* J. Datsko, "Solid Materials," chap. 32 in Joseph E. Shigley, Charles R. Mischke, and Thomas H. Brown, Jr. (eds.-in-chief), *Standard Handbook of Machine Design*, 3rd ed., McGraw-Hill, New York, 2004, pp. 32.49–32.52.

Number	Material	Condition	Yield S_y, MPa (kpsi)	Strength (Tensile) Ultimate S_u, MPa (kpsi)	Fracture, σ_f, MPa (kpsi)	Coefficient σ_0, MPa (kpsi)	Strain Strength, Exponent m	Fracture Strain ϵ_f
1018	Steel	Annealed	220 (32.0)	341 (49.5)	628 (91.1)†	620 (90.0)	0.25	1.05
1144	Steel	Annealed	358 (52.0)	646 (93.7)	898 (130)†	992 (144)	0.14	0.49
1212	Steel	HR	193 (28.0)	424 (61.5)	729 (106)†	758 (110)	0.24	0.85
1045	Steel	Q&T 600°F	1520 (220)	1580 (230)	2380 (345)	1880 (273)†	0.041	0.81
4142	Steel	Q&T 600°F	1720 (250)	1930 (210)	2340 (340)	1760 (255)†	0.048	0.43
303	Stainless steel	Annealed	241 (35.0)	601 (87.3)	1520 (221)†	1410 (205)	0.51	1.16
304	Stainless steel	Annealed	276 (40.0)	568 (82.4)	1600 (233)†	1270 (185)	0.45	1.67
2011	Aluminum alloy	T6	169 (24.5)	324 (47.0)	325 (47.2)†	620 (90)	0.28	0.10
2024	Aluminum alloy	T4	296 (43.0)	446 (64.8)	533 (77.3)†	689 (100)	0.15	0.18
7075	Aluminum alloy	T6	542 (78.6)	593 (86.0)	706 (102)†	882 (128)	0.13	0.18

*Values from one or two heats and believed to be attainable using proper purchase specifications. The fracture strain may vary as much as 100 percent.
†Derived value.

Table A–23

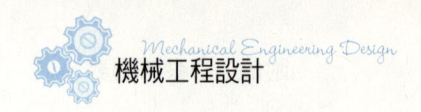

Mean Monotonic and Cyclic Stress-Strain Properties of Selected Steels *Source: ASM Metals Reference Book,* 2nd ed., American Society for Metals, Metals Park, Ohio, 1983, p. 217.

Grade (a)	Orientation (e)	Description (f)	Hardness HB	Tensile Strength S_{ut} MPa	ksi	Reduction in Area %	True Strain at Fracture ε_f	Modulus of Elasticity E GPa	10^6 psi	Fatigue Strength Coefficient σ'_f MPa	ksi	Fatigue Strength Exponent b	Fatigue Ductility Coefficient ε'_F	Fatigue Ductility Exponent c
A538A (b)	L	STA	405	1515	220	67	1.10	185	27	1655	240	−0.065	0.30	−0.62
A538B (b)	L	STA	460	1860	270	56	0.82	185	27	2135	310	−0.071	0.80	−0.71
A538C (b)	L	STA	480	2000	290	55	0.81	180	26	2240	325	−0.07	0.60	−0.75
AM-350 (c)	L	HR, A		1315	191	52	0.74	195	28	2800	406	−0.14	0.33	−0.84
AM-350 (c)	L	CD	496	1905	276	20	0.23	180	26	2690	390	−0.102	0.10	−0.42
Gainex (c)	LT	HR sheet		530	77	58	0.86	200	29.2	805	117	−0.07	0.86	−0.65
Gainex (c)	L	HR sheet		510	74	64	1.02	200	29.2	805	117	−0.071	0.86	−0.68
H-11	L	Ausformed	660	2585	375	33	0.40	205	30	3170	460	−0.077	0.08	−0.74
RQC-100 (c)	LT	HR plate	290	940	136	43	0.56	205	30	1240	180	−0.07	0.66	−0.69
RQC-100 (c)	L	HR plate	290	930	135	67	1.02	205	30	1240	180	−0.07	0.66	−0.69
10B62	L	Q&T	430	1640	238	38	0.89	195	28	1780	258	−0.067	0.32	−0.56
1005-1009	LT	HR sheet	90	360	52	73	1.3	205	30	580	84	−0.09	0.15	−0.43
1005-1009	LT	CD sheet	125	470	68	66	1.09	205	30	515	75	−0.059	0.30	−0.51
1005-1009	L	CD sheet	125	415	60	64	1.02	200	29	540	78	−0.073	0.11	−0.41
1005-1009	L	HR sheet	90	345	50	80	1.6	200	29	640	93	−0.109	0.10	−0.39
1015	L	Normalized	80	415	60	68	1.14	205	30	825	120	−0.11	0.95	−0.64
1020	L	HR plate	108	440	64	62	0.96	205	29.5	895	130	−0.12	0.41	−0.51
1040	L	As forged	225	620	90	60	0.93	200	29	1540	223	−0.14	0.61	−0.57
1045	L	Q&T	225	725	105	65	1.04	200	29	1225	178	−0.095	1.00	−0.66
1045	L	Q&T	410	1450	210	51	0.72	200	29	1860	270	−0.073	0.60	−0.70
1045	L	Q&T	390	1345	195	59	0.89	205	30	1585	230	−0.074	0.45	−0.68
1045	L	Q&T	450	1585	230	55	0.81	205	30	1795	260	−0.07	0.35	−0.69
1045	L	Q&T	500	1825	265	51	0.71	205	30	2275	330	−0.08	0.25	−0.68
1045	L	Q&T	595	2240	325	41	0.52	205	30	2725	395	−0.081	0.07	−0.60
1144	L	CDSR	265	930	135	33	0.51	195	28.5	1000	145	−0.08	0.32	−0.58

Grade	Orient.	Condition	(col1)	(col2)	(col3)	(col4)	(col5)	(col6)	(col7)	(col8)	(col9)
1144	L	DAT	305	1035	150	25	0.29	200	28.8	1585	230	-0.09	0.27	-0.53
1541F	L	Q&T forging	290	950	138	49	0.68	205	29.9	1275	185	-0.076	0.68	-0.65
1541F	L	Q&T forging	260	890	129	60	0.93	205	29.9	1275	185	-0.071	0.93	-0.65
4130	L	Q&T	258	895	130	67	1.12	220	32	1275	185	-0.083	0.92	-0.63
4130	L	Q&T	365	1425	207	55	0.79	200	29	1695	246	-0.081	0.89	-0.69
4140	L	Q&T, DAT	310	1075	156	60	0.69	200	29.2	1825	265	-0.08	1.2	-0.59
4142	L	DAT	310	1060	154	29	0.35	200	29	1450	210	-0.10	0.22	-0.51
4142	L	DAT	335	1250	181	28	0.34	200	28.9	1250	181	-0.08	0.06	-0.62
4142	L	Q&T	380	1415	205	48	0.66	205	30	1825	265	-0.08	0.45	-0.75
4142	L	Q&T and deformed	400	1550	225	47	0.63	200	29	1895	275	-0.09	0.50	-0.75
4142	L	Q&T	450	1760	255	42	0.54	205	30	2000	290	-0.08	0.40	-0.73
4142	L	Q&T and deformed	475	2035	295	20	0.22	200	29	2070	300	-0.082	0.20	-0.77
4142	L	Q&T and deformed	450	1930	280	37	0.46	200	29	2105	305	-0.09	0.60	-0.76
4142	L	Q&T	475	1930	280	35	0.43	205	30	2170	315	-0.081	0.09	-0.61
4142	L	Q&T	560	2240	325	27	0.31	205	30	2655	385	-0.089	0.07	-0.76
4340	L	HR, A	243	825	120	43	0.57	195	28	1200	174	-0.095	0.45	-0.54
4340	L	Q&T	409	1470	213	38	0.48	200	29	2000	290	-0.091	0.48	-0.60
4340	L	Q&T	350	1240	180	57	0.84	195	28	1655	240	-0.076	0.73	-0.62
5160	L	Q&T	430	1670	242	42	0.87	195	28	1930	280	-0.071	0.40	-0.57
52100	L	SH, Q&T	518	2015	292	11	0.12	205	30	2585	375	-0.09	0.18	-0.56
9262	L	A	260	925	134	14	0.16	205	30	1040	151	-0.071	0.16	-0.47
9262	L	Q&T	280	1000	145	33	0.41	195	28	1220	177	-0.073	0.41	-0.60
9262	L	Q&T	410	565	227	32	0.38	200	29	1855	269	-0.057	0.38	-0.65
950C (d)	LT	HR plate	159	565	82	64	1.03	205	29.6	1170	170	-0.12	0.95	-0.61
950C (d)	L	HR bar	150	565	82	69	1.19	205	30	970	141	-0.11	0.85	-0.59
950X (d)	L	Plate channel	150	440	64	65	1.06	205	30	625	91	-0.075	0.35	-0.54
950X (d)	L	HR plate	156	530	77	72	1.24	205	29.5	1005	146	-0.10	0.85	-0.61
950X (d)	L	Plate channel	225	695	101	68	1.15	195	28.2	1055	153	-0.08	0.21	-0.53

Notes: (a) AISI/SAE grade, unless otherwise indicated. (b) ASTM designation. (c) Proprietary designation. (d) SAE HSLA grade. (e) Orientation of axis of specimen, relative to rolling direction; L is longitudinal (parallel to rolling direction); LT is long transverse (perpendicular to rolling direction). (f) STA, solution treated and aged; HR, hot rolled; CD, cold drawn; Q&T, quenched and tempered; CDSR, cold drawn strain relieved; DAT, drawn at temperature; A, annealed. From *ASM Metals Reference Book, 2nd edition*, 1983; ASM International, Materials Park, OH 44073-0002; table 217. Reprinted by permission of ASM International®, www.asminternational.org.

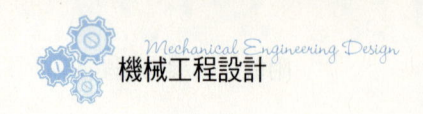

Table A–24

Mechanical Properties of Three Non-Steel Metals
(a) Typical Properties of Gray Cast Iron

[The American Society for Testing and Materials (ASTM) numbering system for gray cast iron is such that the numbers correspond to the *minimum tensile strength* in kpsi. Thus an ASTM No. 20 cast iron has a minimum tensile strength of 138 MPa (20 kpsi). Note particularly that the tabulations are *typical* of several heats.]

ASTM Number	Tensile Strength S_{ut}, MPa (kpsi)	Compressive Strength S_{uc}, MPa (kpsi)	Shear Modulus of Rupture S_{su}, MPa (kpsi)	Modulus of Elasticity, Mpsi Tension†	Modulus of Elasticity, Mpsi Torsion	Endurance Limit* S_e, MPa (kpsi)	Brinell Hardness H_B	Fatigue Stress-Concentration Factor K_f
20	152 (22)	572 (83)	179 (26)	9.6–14	3.9–5.6	69 (10)	156	1.00
25	179 (26)	669 (97)	220 (32)	11.5–14.8	4.6–6.0	79 (11.5)	174	1.05
30	214 (31)	752 (109)	276 (40)	13–16.4	5.2–6.6	97 (14)	201	1.10
35	252 (36.5)	855 (124)	334 (48.5)	14.5–17.2	5.8–6.9	110 (16)	212	1.15
40	293 (42.5)	970 (140)	393 (57)	16–20	6.4–7.8	128 (18.5)	235	1.25
50	362 (52.5)	1130 (164)	503 (73)	18.8–22.8	7.2–8.0	148 (21.5)	262	1.35
60	431 (62.5)	1293 (187.5)	610 (88.5)	20.4–23.5	7.8–8.5	169 (24.5)	302	1.50

*Polished or machined specimens.
†The modulus of elasticity of cast iron in compression corresponds closely to the upper value in the range given for tension and is a more constant value than that for tension.

Table A–24

Mechanical Properties of Three Non-Steel Metals *(Continued)*

(b) Mechanical Properties of Some Aluminum Alloys

[These *are typical* properties for sizes of about $\frac{1}{2}$ in; similar properties can be obtained by using proper purchase specifications. The values given for fatigue strength correspond to $50(10^7)$ cycles of completely reversed stress. Alluminum alloys do not have an endurance limit. Yield strengths were obtained by the 0.2 percent offset method.]

Aluminum Association Number	Temper	Yield, S_y, MPa (kpsi)	Strength Tensile, S_u, MPa (kpsi)	Fatigue, S_f, MPa (kpsi)	Elongation in 2 in, %	Brinell Hardness H_B
Wrought:						
2017	O	70 (10)	179 (26)	90 (13)	22	45
2024	O	76 (11)	186 (27)	90 (13)	22	47
	T3	345 (50)	482 (70)	138 (20)	16	120
3003	H12	117 (17)	131 (19)	55 (8)	20	35
	H16	165 (24)	179 (26)	65 (9.5)	14	47
3004	H34	186 (27)	234 (34)	103 (15)	12	63
	H38	234 (34)	276 (40)	110 (16)	6	77
5052	H32	186 (27)	234 (34)	117 (17)	18	62
	H36	234 (34)	269 (39)	124 (18)	10	74
Cast:						
319.0*	T6	165 (24)	248 (36)	69 (10)	2.0	80
333.0†	T5	172 (25)	234 (34)	83 (12)	1.0	100
	T6	207 (30)	289 (42)	103 (15)	1.5	105
335.0*	T6	172 (25)	241 (35)	62 (9)	3.0	80
	T7	248 (36)	262 (38)	62 (9)	0.5	85

*Sand casting.
†Permanent-mold casting.

(c) Mechanical Properties of Some Titanium Alloys

Titanium Alloy	Condition	Yield, S_y (0.2% offset) MPa (kpsi)	Strength Tensile, S_{ut} MPa (kpsi)	Elongation in 2 in, %	Hardness (Brinell or Rockwell)
Ti-35A†	Annealed	210 (30)	275 (40)	30	135 HB
Ti-50A†	Annealed	310 (45)	380 (55)	25	215 HB
Ti-0.2 Pd	Annealed	280 (40)	340 (50)	28	200 HB
Ti-5 Al-2.5 Sn	Annealed	760 (110)	790 (115)	16	36 HRC
Ti-8 Al-1 Mo-1 V	Annealed	900 (130)	965 (140)	15	39 HRC
Ti-6 Al-6 V-2 Sn	Annealed	970 (140)	1030 (150)	14	38 HRC
Ti-6Al-4V	Annealed	830 (120)	900 (130)	14	36 HRC
Ti-13 V-11 Cr-3 Al	Sol. + aging	1207 (175)	1276 (185)	8	40 HRC

†Commercially pure alpha titanium.

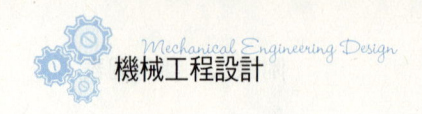

Table A–25

Stochastic Yield and Ultimate Strengths for Selected Materials *Source:* Data compiled from "Some Property Data and Corresponding Weibull Parameters for Stochastic Mechanical Design," Trans. *ASME Journal of Mechanical Design*, vol. 114 (March 1992), pp. 29–34.

Material		μ_{Sut}	$\hat{\sigma}_{Sut}$	x_0	θ	b	μ_{Sy}	$\hat{\sigma}_{Sy}$	x_0	θ	b	C_{Sut}	C_{Sy}
1018	CD	87.6	5.74	30.8	90.1	12	78.4	5.90	56	80.6	4.29	0.0655	0.0753
1035	HR	86.2	3.92	72.6	87.5	3.86	49.6	3.81	39.5	50.8	2.88	0.0455	0.0768
1045	CD	117.7	7.13	90.2	120.5	4.38	95.5	6.59	82.1	97.2	2.14	0.0606	0.0690
1117	CD	83.1	5.25	73.0	84.4	2.01	81.4	4.71	72.4	82.6	2.00	0.0632	0.0579
1137	CD	106.5	6.15	96.2	107.7	1.72	98.1	4.24	92.2	98.7	1.41	0.0577	0.0432
12L14	CD	79.6	6.92	70.3	80.4	1.36	78.1	8.27	64.3	78.8	1.72	0.0869	0.1059
1038	HT bolts	133.4	3.38	122.3	134.6	3.64						0.0253	
ASTM40		44.5	4.34	27.7	46.2	4.38						0.0975	
35018	Malleable	53.3	1.59	48.7	53.8	3.18	38.5	1.42	34.7	39.0	2.93	0.0298	0.0369
32510	Malleable	53.4	2.68	44.7	54.3	3.61	34.9	1.47	30.1	35.5	3.67	0.0502	0.0421
Malleable	Pearlitic	93.9	3.83	80.1	95.3	4.04	60.2	2.78	50.2	61.2	4.02	0.0408	0.0462
604515	Nodular	64.8	3.77	53.7	66.1	3.23	49.0	4.20	33.8	50.5	4.06	0.0582	0.0857
100-70-04	Nodular	122.2	7.65	47.6	125.6	11.84	79.3	4.51	64.1	81.0	3.77	0.0626	0.0569
201SS	CD	195.9	7.76	180.7	197.9	2.06						0.0396	
301SS	CD	191.2	5.82	151.9	193.6	8.00	166.8	9.37	139.7	170.0	3.17	0.0304	0.0562
304SS	A	105.0	5.68	92.3	106.6	2.38	46.8	4.70	26.3	48.7	4.99	0.0541	0.1004
310SS	A	85.0	4.14	66.6	86.6	5.11	37.9	3.76	30.2	38.9	2.17	0.0487	0.0992
403SS	A	84.8	4.23	71.6	86.3	3.45						0.0499	
17-7PSS		105.3	3.09	95.7	106.4	3.44	78.5	3.91	64.8	79.9	3.93	0.0293	0.0498
AM350SS	A	198.8	9.51	163.3	202.3	4.21	189.4	11.49	144.0	193.8	4.48	0.0478	0.0607
Ti-6AL-4V		149.1	8.29	101.8	152.4	6.68	63.0	5.05	38.0	65.0	5.73	0.0556	0.0802
2024	0	175.4	7.91	141.8	178.5	4.85	163.7	9.03	101.5	167.4	8.18	0.0451	0.0552
2024	T4	28.1	1.73	24.2	28.7	2.43						0.0616	
2024	T6	64.9	1.64	60.2	65.5	3.16	40.8	1.83	38.4	41.0	1.32	0.0253	0.0449
7075	T6 .025"	67.5	1.50	55.9	68.1	9.26	53.4	1.17	51.2	53.6	1.91	0.0222	0.0219
		75.5	2.10	68.8	76.2	3.53	63.7	1.98	58.9	64.3	2.63	0.0278	0.0311

Table A–26

Stochastic Parameters for Finite Life Fatigue Tests in Selected Metals *Source:* E. B. Haugen, *Probabilistic Mechanical Design*, Wiley, New York, 1980, Appendix 10–B.

1 Number	2 Condition	3 TS MPa (kpsi)	4 YS MPa (kpsi)	5 Distri-bution		6 10^4	7 10^5	8 10^6	9 10^7
							Stress Cycles to Failure		
1046	WQ&T, 1210°F	723 (105)	565 (82)	W	x_0	544 (79)	462 (67)	391 (56.7)	14.0 (2.03)
					θ	594 (86.2)	503 (73.0)	425 (61.7)	
					b	2.60	2.75	2.85	
2340	OQ&T 1200°F	799 (116)	661 (96)	W	x_0	579 (84)	510 (74)	420 (61)	77 (11.2)
					θ	699 (101.5)	588 (85.4)	496 (72.0)	
					b	4.3	3.4	4.1	
3140	OQ&T, 1300°F	744 (108)	599 (87)	W	x_0	510 (74)	455 (66)	393 (57)	
					θ	604 (87.7)	528 (76.7)	463 (67.2)	
					b	5.2	5.0	5.5	
2024 Aluminum	T-4	489 (71)	365 (53)	N	σ	26.3 (3.82)	21.4 (3.11)	17.4 (2.53)	35.1 (5.10)
					μ	143 (20.7)	116 (16.9)	95 (13.8)	
Ti-6A1-4V	HT-46	1040 (151)	992 (144)	N	σ	39.6 (5.75)	38.1 (5.53)	36.6 (5.31)	493 (71.6)
					μ	712 (108)	684 (99.3)	657 (95.4)	

Statistical parameters from a large number of fatigue tests are listed. Weibull distribution is denoted W and the parameters are x_0, "guaranteed" fatigue strength; θ, characteristic fatigue strength; and b, shape factor. Normal distribution is denoted N and the parameters are μ, mean fatigue strength; and σ, standard deviation of the fatigue strength. The life is in stress-cycles-to-failure. TS = tensile strength, YS = yield strength. All testing by rotating-beam specimen.

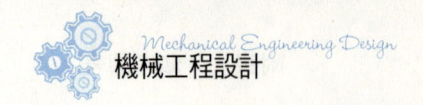

Table A–27

Finite Life Fatigue Strengths of Selected Plain Carbon Steels *Source:* Compiled from Table 4 in H. J. Grover, S. A. Gordon, and L. R. Jackson, *Fatigue of Metals and Structures*, Bureau of Naval Weapons Document NAVWEPS 00-25-534, 1960.

			Tensile Strength kpsi	Yield Strength kpsi								
								\multicolumn{6}{c	}{Stress Cycles to Failure}
Material	Condition	BHN*			RA*	10^4	$4(10^4)$	10^5	$4(10^5)$	10^6	$4(10^6)$	10^7	10^8
1020	Furnace cooled	135	58	30	0.63			37	34	30	28	25	
1030	Air-cooled	132	80	45	0.62		51	47	42	38	38	38	
1035	Normal	209	72	35	0.54			44	40	37	34	33	33
1040	WQT	195	103	87	0.65		80	72	65	60	57	57	57
1045	Forged	164	92	53	0.23				40	47	33	33	
1050	HR, N		107	63	0.49	80	70	56	47	47	47	47	
	N, AC	196	92	47	0.40	50	48	46	40	38	34	34	
	WQT 1200	193	97	70	0.58		60	57	52	50	50	50	50
.56 MN	N	277	98	47	0.42	61	55	51	47	43	41	41	41
	WQT 1200		111	84	0.57	94	81	73	62	57	55	55	55
1060	As Rec.	67 Rb	134	65	0.20	65	60	55	50	48	48	48	
1095		162	84	33	0.37	50	43	40	34	31	30	30	30
	OQT 1200	227	115	65	0.40	77	68	64	57	56	56	56	56
10120		224	117	59	0.12		60	56	51	50	50	50	
	OQT 860	369	180	130	0.15		102	95	91	91	91	91	

*BHN = Brinell hardness number; RA = fractional reduction in area.

Table A–28

Decimal Equivalents of Wire and Sheet-Metal Gauges* (All Sizes Are Given in Millimeters)

Name of Gauge:	American or Brown & Sharpe	Birmingham or Stubs Iron Wire	United States Standard†	Manu-facturers Standard	Steel Wire or Washburn & Moen	Music Wire	Stubs Steel Wire	Twist Drill
Principal Use:	Nonferrous Sheet, Wire, and Rod	Tubing, Ferrous Strip, Flat Wire, and Spring Steel	Ferrous Sheet and Plate, 75.4 kN/m³	Ferrous Sheet	Ferrous Wire Except Music Wire	Music Wire	Steel Drill Rod	Twist Drills and Drill Steel
7/0			12.7		12.446			
6/0	14.732		11.906		11.722	0.012		
5/0	13.119		11.112		10.935	0.127		
4/0	11.684	11.532	10.319		10.003	0.152		
3/0	10.388	10.795	9.525		9.207	0.178		
2/0	9.266	9.652	8.731		8.407	0.203		
0	8.252	8.636	7.937		7.785	0.229		
1	7.348	7.62	7.144		7.188	0.254	5.766	5.791
2	6.543	7.214	6.747		6.667	0.279	5.563	5.613
3	5.816	6.579	6.35	6.073	6.19	0.305	5.385	5.41
4	5.189	6.045	5.953	5.695	5.723	0.33	5.258	5.309
5	4.620	5.588	5.556	5.314	5.258	0.356	5.182	5.22
6	4.115	5.156	5.159	4.935	4.87	0.406	5.105	5.182
7	2.908	4.572	4.762	4.554	4.496	0.457	5.055	5.105
8	3.264	4.191	4.366	4.175	4.115	0.508	5.004	5.055
9	2.906	3.759	3.969	3.797	3.759	0.559	4.928	4.987
10	2.588	3.404	3.572	3.416	3.429	0.61	4.851	4.915
11	2.305	3.048	3.175	3.038	3.061	0.66	4.775	4.851
12	2.052	2.768	2.778	2.657	2.68	0.737	4.699	4.8
13	1.828	2.413	2.381	2.278	2.324	0.787	4.623	4.699
14	1.628	2.108	1.984	1.897	2.032	0.838	4.57	4.623
15	1.449	1.829	1.786	1.709	1.829	0.889	4.52	4.572
16	1.29	1.651	1.587	1.499	1.587	0.94	4.445	4.696
17	1.15	1.473	1.429	1.367	1.372	0.991	4.37	4.394

Table A–28

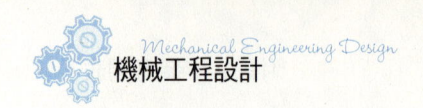

Decimal Equivalents of Wire and Sheet-Metal Gauges* (All Sizes Are Given in Millimeters) (*Continued*)

Name of Gauge:	American or Brown & Sharpe	Birmingham or Stubs Iron Wire	United States Standard[†]	Manu-facturers Standard	Steel Wire or Washburn & Moen		Stubs Steel Wire	Twist Drill
Principal Use:	Nonferrous Sheet, Wire, and Rod	Tubing, Ferrous Strip, Flat Wire, and Spring Steel	Ferrous Sheet and Plate, 75.4 kN/m³	Ferrous Sheet	Ferrous Wire Except Music Wire	Music Wire	Steel Drill Rod	Twist Drills and Drill Steel
18	1.024	1.245	1.27	1.265	1.206	1.041	4.267	4.305
19	0.912	1.067	1.111	1.062	1.041	1.092	4.166	4.216
20	0.812	0.889	0.952	0.912	0.884	1.143	4.089	4.089
21	0.723	0.813	0.873	0.836	0.805	1.194	3.988	4.039
22	0.644	0.711	0.794	0.759	0.726	1.245	3.937	3.988
23	0.573	0.635	0.714	0.683	0.655	1.295	3.886	3.912
24	0.511	0.559	0.635	0.607	0.584	1.397	3.835	3.861
25	0.455	0.508	0.556	0.531	0.518	1.499	3.759	3.797
26	0.405	0.457	0.476	0.455	0.46	1.6	3.708	3.734
27	0.361	0.406	0.437	0.417	0.439	1.702	3.632	3.658
28	0.321	0.356	0.397	0.378	0.411	1.803	3.531	3.556
29	0.286	0.33	0.357	0.343	0.381	1.905	3.404	3.454
30	0.255	0.305	0.318	0.305	0.356	2.032	3.226	3.264
31	0.227	0.254	0.278	0.267	0.335	2.159	3.048	3.048
32	0.202	0.229	0.258	0.246	0.325	2.286	2.921	2.946
33	0.18	0.203	0.238	0.229	0.3	2.413	2.845	2.87
34	0.16	0.178	0.128	0.208	0.264		2.794	2.819
35	0.143	0.127	0.198	0.19	0.241		2.743	2.794
36	0.127	0.102	0.179	0.17	0.229		2.692	2.705
37	0.113		0.169	0.163	0.216		2.616	2.642
38	0.101		0.159	0.152	0.203		2.565	2.578
39	0.09				0.19		2.515	2.527
40	0.08				0.178		2.464	2.489

*Specify sheet, wire, and plate by stating the gauge number, the gauge name, and the decimal equivalent in parentheses.
[†]Reflects present average and weights of sheet steel.

Table A-29

Dimensions of Square and Hexagonal Bolts

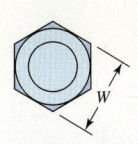

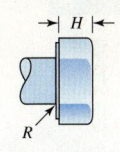

Nominal Size, in	Square W	Square H	Regular Hexagonal W	Regular Hexagonal H	Regular Hexagonal R_{min}	Heavy Hexagonal W	Heavy Hexagonal H	Heavy Hexagonal R_{min}	Structural Hexagonal W	Structural Hexagonal H	Structural Hexagonal R_{min}
$\frac{1}{4}$	$\frac{3}{8}$	$\frac{11}{64}$	$\frac{7}{16}$	$\frac{11}{64}$	0.01						
$\frac{5}{16}$	$\frac{1}{2}$	$\frac{13}{64}$	$\frac{1}{2}$	$\frac{7}{32}$	0.01						
$\frac{3}{8}$	$\frac{9}{16}$	$\frac{1}{4}$	$\frac{9}{16}$	$\frac{1}{4}$	0.01						
$\frac{7}{16}$	$\frac{5}{8}$	$\frac{19}{64}$	$\frac{5}{8}$	$\frac{19}{64}$	0.01						
$\frac{1}{2}$	$\frac{3}{4}$	$\frac{21}{64}$	$\frac{3}{4}$	$\frac{11}{32}$	0.01	$\frac{7}{8}$	$\frac{11}{32}$	0.01	$\frac{7}{8}$	$\frac{5}{16}$	0.009
$\frac{5}{8}$	$\frac{15}{16}$	$\frac{27}{64}$	$\frac{15}{16}$	$\frac{27}{64}$	0.02	$1\frac{1}{16}$	$\frac{27}{64}$	0.02	$1\frac{1}{16}$	$\frac{25}{64}$	0.021
$\frac{3}{4}$	$1\frac{1}{8}$	$\frac{1}{2}$	$1\frac{1}{8}$	$\frac{1}{2}$	0.02	$1\frac{1}{4}$	$\frac{1}{2}$	0.02	$1\frac{1}{4}$	$\frac{15}{32}$	0.021
1	$1\frac{1}{2}$	$\frac{21}{32}$	$1\frac{1}{2}$	$\frac{43}{64}$	0.03	$1\frac{5}{8}$	$\frac{43}{64}$	0.03	$1\frac{5}{8}$	$\frac{39}{64}$	0.062
$1\frac{1}{8}$	$1\frac{11}{16}$	$\frac{3}{4}$	$1\frac{11}{16}$	$\frac{3}{4}$	0.03	$1\frac{13}{16}$	$\frac{3}{4}$	0.03	$1\frac{13}{16}$	$\frac{11}{16}$	0.062
$1\frac{1}{4}$	$1\frac{7}{8}$	$\frac{27}{32}$	$1\frac{7}{8}$	$\frac{27}{32}$	0.03	2	$\frac{27}{32}$	0.03	2	$\frac{25}{32}$	0.062
$1\frac{3}{8}$	$2\frac{1}{16}$	$\frac{29}{32}$	$2\frac{1}{16}$	$\frac{29}{32}$	0.03	$2\frac{3}{16}$	$\frac{29}{32}$	0.03	$2\frac{3}{16}$	$\frac{27}{32}$	0.062
$1\frac{1}{2}$	$2\frac{1}{4}$	1	$2\frac{1}{4}$	1	0.03	$2\frac{3}{8}$	1	0.03	$2\frac{3}{8}$	$\frac{15}{16}$	0.062

Nominal Size, mm	W	H	W	H	R_{min}	W	H	R_{min}	W	H	R_{min}
M5	8	3.58	8	3.58	0.2						
M6			10	4.38	0.3						
M8			13	5.68	0.4						
M10			16	6.85	0.4						
M12			18	7.95	0.6	21	7.95	0.6			
M14			21	9.25	0.6	24	9.25	0.6			
M16			24	10.75	0.6	27	10.75	0.6	27	10.75	0.6
M20			30	13.40	0.8	34	13.40	0.8	34	13.40	0.8
M24			36	15.90	0.8	41	15.90	0.8	41	15.90	1.0
M30			46	19.75	1.0	50	19.75	1.0	50	19.75	1.2
M36			55	23.55	1.0	60	23.55	1.0	60	23.55	1.5

Table A–30

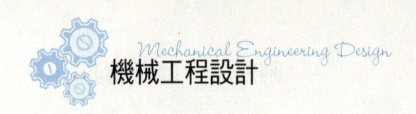

Dimensions of Hexagonal Cap Screws and Heavy Hexagonal Screws (W = Width across Flats; H = Height of Head; See Figure in Table A–29)

Nominal Size, in	Minimum Fillet Radius	Type of Screw Cap W	Heavy W	Height H
$\frac{1}{4}$	0.015	$\frac{7}{16}$		$\frac{5}{32}$
$\frac{5}{16}$	0.015	$\frac{1}{2}$		$\frac{13}{64}$
$\frac{3}{8}$	0.015	$\frac{9}{16}$		$\frac{15}{64}$
$\frac{7}{16}$	0.015	$\frac{5}{8}$		$\frac{9}{32}$
$\frac{1}{2}$	0.015	$\frac{3}{4}$	$\frac{7}{8}$	$\frac{5}{16}$
$\frac{5}{8}$	0.020	$\frac{15}{16}$	$1\frac{1}{16}$	$\frac{25}{64}$
$\frac{3}{4}$	0.020	$1\frac{1}{8}$	$1\frac{1}{4}$	$\frac{15}{32}$
$\frac{7}{8}$	0.040	$1\frac{5}{16}$	$1\frac{7}{16}$	$\frac{35}{64}$
1	0.060	$1\frac{1}{2}$	$1\frac{1}{8}$	$\frac{39}{64}$
$1\frac{1}{4}$	0.060	$1\frac{7}{8}$	2	$\frac{25}{32}$
$1\frac{3}{8}$	0.060	$2\frac{1}{16}$	$2\frac{3}{16}$	$\frac{27}{32}$
$1\frac{1}{2}$	0.060	$2\frac{1}{4}$	$2\frac{3}{8}$	$\frac{15}{16}$

Nominal Size, mm				
M5	0.2	8		3.65
M6	0.3	10		4.15
M8	0.4	13		5.50
M10	0.4	16		6.63
M12	0.6	18	21	7.76
M14	0.6	21	24	9.09
M16	0.6	24	27	10.32
M20	0.8	30	34	12.88
M24	0.8	36	41	15.44
M30	1.0	46	50	19.48
M36	1.0	55	60	23.38

Table A–31

Dimensions of Hexagonal Nuts

Nominal Size, in	Width W	Regular Hexagonal	Thick or Slotted	JAM
$\frac{1}{4}$	$\frac{7}{16}$	$\frac{7}{32}$	$\frac{9}{32}$	$\frac{5}{32}$
$\frac{5}{16}$	$\frac{1}{2}$	$\frac{17}{64}$	$\frac{21}{64}$	$\frac{3}{16}$
$\frac{3}{8}$	$\frac{9}{16}$	$\frac{21}{64}$	$\frac{13}{32}$	$\frac{7}{32}$
$\frac{7}{16}$	$\frac{11}{16}$	$\frac{3}{8}$	$\frac{29}{64}$	$\frac{1}{4}$
$\frac{1}{2}$	$\frac{3}{4}$	$\frac{7}{16}$	$\frac{9}{16}$	$\frac{5}{16}$
$\frac{9}{16}$	$\frac{7}{8}$	$\frac{31}{64}$	$\frac{39}{64}$	$\frac{5}{16}$
$\frac{5}{8}$	$\frac{15}{16}$	$\frac{35}{64}$	$\frac{23}{32}$	$\frac{3}{8}$
$\frac{3}{4}$	$1\frac{1}{8}$	$\frac{41}{64}$	$\frac{13}{16}$	$\frac{27}{64}$
$\frac{7}{8}$	$1\frac{5}{16}$	$\frac{3}{4}$	$\frac{29}{32}$	$\frac{31}{64}$
1	$1\frac{1}{2}$	$\frac{55}{64}$	1	$\frac{35}{64}$
$1\frac{1}{8}$	$1\frac{11}{16}$	$\frac{31}{32}$	$1\frac{5}{32}$	$\frac{39}{64}$
$1\frac{1}{4}$	$1\frac{7}{8}$	$1\frac{1}{16}$	$1\frac{1}{4}$	$\frac{23}{32}$
$1\frac{3}{8}$	$2\frac{1}{16}$	$1\frac{11}{64}$	$1\frac{3}{8}$	$\frac{25}{32}$
$1\frac{1}{2}$	$2\frac{1}{4}$	$1\frac{9}{32}$	$1\frac{1}{2}$	$\frac{27}{32}$

Nominal Size, mm				
M5	8	4.7	5.1	2.7
M6	10	5.2	5.7	3.2
M8	13	6.8	7.5	4.0
M10	16	8.4	9.3	5.0
M12	18	10.8	12.0	6.0
M14	21	12.8	14.1	7.0
M16	24	14.8	16.4	8.0
M20	30	18.0	20.3	10.0
M24	36	21.5	23.9	12.0
M30	46	25.6	28.6	15.0
M36	55	31.0	34.7	18.0

Table A–32

Basic Dimensions of American Standard Plain Washers (All Dimensions in Inches)

Fastener Size	Washer Size	Diameter ID	Diameter OD	Thickness
#6	0.138	0.156	0.375	0.049
#8	0.164	0.188	0.438	0.049
#10	0.190	0.219	0.500	0.049
#12	0.216	0.250	0.562	0.065
$\frac{1}{4}$ N	0.250	0.281	0.625	0.065
$\frac{1}{4}$ W	0.250	0.312	0.734	0.065
$\frac{5}{16}$ N	0.312	0.344	0.688	0.065
$\frac{5}{16}$ W	0.312	0.375	0.875	0.083
$\frac{3}{8}$ N	0.375	0.406	0.812	0.065
$\frac{3}{8}$ W	0.375	0.438	1.000	0.083
$\frac{7}{16}$ N	0.438	0.469	0.922	0.065
$\frac{7}{16}$ W	0.438	0.500	1.250	0.083
$\frac{1}{2}$ N	0.500	0.531	1.062	0.095
$\frac{1}{2}$ W	0.500	0.562	1.375	0.109
$\frac{9}{16}$ N	0.562	0.594	1.156	0.095
$\frac{9}{16}$ W	0.562	0.625	1.469	0.109
$\frac{5}{8}$ N	0.625	0.656	1.312	0.095
$\frac{5}{8}$ W	0.625	0.688	1.750	0.134
$\frac{3}{4}$ N	0.750	0.812	1.469	0.134
$\frac{3}{4}$ W	0.750	0.812	2.000	0.148
$\frac{7}{8}$ N	0.875	0.938	1.750	0.134
$\frac{7}{8}$ W	0.875	0.938	2.250	0.165
1 N	1.000	1.062	2.000	0.134
1 W	1.000	1.062	2.500	0.165
$1\frac{1}{8}$ N	1.125	1.250	2.250	0.134
$1\frac{1}{8}$ W	1.125	1.250	2.750	0.165
$1\frac{1}{4}$ N	1.250	1.375	2.500	0.165
$1\frac{1}{4}$ W	1.250	1.375	3.000	0.165
$1\frac{3}{8}$ N	1.375	1.500	2.750	0.165
$1\frac{3}{8}$ W	1.375	1.500	3.250	0.180
$1\frac{1}{2}$ N	1.500	1.625	3.000	0.165
$1\frac{1}{2}$ W	1.500	1.625	3.500	0.180
$1\frac{5}{8}$	1.625	1.750	3.750	0.180
$1\frac{3}{4}$	1.750	1.875	4.000	0.180
$1\frac{7}{8}$	1.875	2.000	4.250	0.180
2	2.000	2.125	4.500	0.180
$2\frac{1}{4}$	2.250	2.375	4.750	0.220
$2\frac{1}{2}$	2.500	2.625	5.000	0.238
$2\frac{3}{4}$	2.750	2.875	5.250	0.259
3	3.000	3.125	5.500	0.284

N = narrow; W = wide; use W when not specified.

Table A-33

Dimensions of Metric Plain Washers (All Dimensions in Millimeters)

Washer Size*	Minimum ID	Maximum OD	Maximum Thickness	Washer Size*	Minimum ID	Maximum OD	Maximum Thickness
1.6 N	1.95	4.00	0.70	10 N	10.85	20.00	2.30
1.6 R	1.95	5.00	0.70	10 R	10.85	28.00	2.80
1.6 W	1.95	6.00	0.90	10 W	10.85	39.00	3.50
2 N	2.50	5.00	0.90	12 N	13.30	25.40	2.80
2 R	2.50	6.00	0.90	12 R	13.30	34.00	3.50
2 W	2.50	8.00	0.90	12 W	13.30	44.00	3.50
2.5 N	3.00	6.00	0.90	14 N	15.25	28.00	2.80
2.5 R	3.00	8.00	0.90	14 R	15.25	39.00	3.50
2.5 W	3.00	10.00	1.20	14 W	15.25	50.00	4.00
3 N	3.50	7.00	0.90	16 N	17.25	32.00	3.50
3 R	3.50	10.00	1.20	16 R	17.25	44.00	4.00
3 W	3.50	12.00	1.40	16 W	17.25	56.00	4.60
3.5 N	4.00	9.00	1.20	20 N	21.80	39.00	4.00
3.5 R	4.00	10.00	1.40	20 R	21.80	50.00	4.60
3.5 W	4.00	15.00	1.75	20 W	21.80	66.00	5.10
4 N	4.70	10.00	1.20	24 N	25.60	44.00	4.60
4 R	4.70	12.00	1.40	24 R	25.60	56.00	5.10
4 W	4.70	16.00	2.30	24 W	25.60	72.00	5.60
5 N	5.50	11.00	1.40	30 N	32.40	56.00	5.10
5 R	5.50	15.00	1.75	30 R	32.40	72.00	5.60
5 W	5.50	20.00	2.30	30 W	32.40	90.00	6.40
6 N	6.65	13.00	1.75	36 N	38.30	66.00	5.60
6 R	6.65	18.80	1.75	36 R	38.30	90.00	6.40
6 W	6.65	25.40	2.30	36 W	38.30	110.00	8.50
8 N	8.90	18.80	2.30				
8 R	8.90	25.40	2.30				
8 W	8.90	32.00	2.80				

N = narrow; R = regular; W = wide.
*Same as screw or bolt size.

Table A-34

Gamma Function*

Source: Reprinted with permission from William H. Beyer (ed.), *Handbook of Tables for Probability and Statistics,* 2nd ed., 1966. Copyright CRC Press, Boca Raton, Florida.

Values of $\Gamma(n) = \int_0^\infty e^{-x} x^{n-1} dx$; $\Gamma(n+1) = n\Gamma(n)$

n	$\Gamma(n)$	n	$\Gamma(n)$	n	$\Gamma(n)$	n	$\Gamma(n)$
1.00	1.000 00	1.25	.906 40	1.50	.886 23	1.75	.919 06
1.01	.994 33	1.26	.904 40	1.51	.886 59	1.76	.921 37
1.02	.988 84	1.27	.902 50	1.52	.887 04	1.77	.923 76
1.03	.983 55	1.28	.900 72	1.53	.887 57	1.78	.926 23
1.04	.978 44	1.29	.899 04	1.54	.888 18	1.79	.928 77
1.05	.973 50	1.30	.897 47	1.55	.888 87	1.80	.931 38
1.06	.968 74	1.31	.896 00	1.56	.889 64	1.81	.934 08
1.07	.964 15	1.32	.894 64	1.57	.890 49	1.82	.936 85
1.08	.959 73	1.33	.893 38	1.58	.891 42	1.83	.939 69
1.09	.955 46	1.34	.892 22	1.59	.892 43	1.84	.942 61
1.10	.951 35	1.35	.891 15	1.60	.893 52	1.85	.945 61
1.11	.947 39	1.36	.890 18	1.61	.894 68	1.86	.948 69
1.12	.943 59	1.37	.889 31	1.62	.895 92	1.87	.951 84
1.13	.939 93	1.38	.888 54	1.63	.897 24	1.88	.955 07
1.14	.936 42	1.39	.887 85	1.64	.898 64	1.89	.958 38
1.15	.933 04	1.40	.887 26	1.65	.900 12	1.90	.961 77
1.16	.929 80	1.41	.886 76	1.66	.901 67	1.91	.965 23
1.17	.936 70	1.42	.886 36	1.67	.903 30	1.92	.968 78
1.18	.923 73	1.43	.886 04	1.68	.905 00	1.93	.972 40
1.19	.920 88	1.44	.885 80	1.69	.906 78	1.94	.976 10
1.20	.918 17	1.45	.885 65	1.70	.908 64	1.95	.979 88
1.21	.915 58	1.46	.885 60	1.71	.910 57	1.96	.983 74
1.22	.913 11	1.47	.885 63	1.72	.912 58	1.97	.987 68
1.23	.910 75	1.48	.885 75	1.73	.914 66	1.98	.991 71
1.24	.908 52	1.49	.885 95	1.74	.916 83	1.99	.995 81
						2.00	1.000 00

*For large positive values of x, $\Gamma(x)$ approximates the asymptotic series

$$x^x e^{-x} \sqrt{\frac{2x}{x}} \left[1 + \frac{1}{12x} + \frac{1}{288x^2} - \frac{139}{51\,840 x^3} - \frac{571}{2\,488\,320 x^4} + \cdots \right]$$

附錄 B
原文第 20 章統計學相關算式

$$F(x_i) = \sum_{x_j \leq x_i} f(x_j) \tag{20-1}$$

$$F(x) = \int_{-\infty}^{x} f(x)\,dx \tag{20-2}$$

$$\int_{-\infty}^{\infty} f(x)\,dx = 1 \tag{20-3}$$

$$\frac{dF(x)}{dx} = f(x) \tag{20-4}$$

$$\bar{x} = \frac{x_1 + x_2 + x_3 + \cdots + x_N}{N} = \frac{1}{N}\sum_{i=1}^{N} x_i \tag{20-5}$$

$$s_x^2 = \frac{(x_1-\bar{x})^2 + (x_2-\bar{x})^2 + \cdots + (x_N-\bar{x})^2}{N-1} = \frac{1}{N-1}\sum_{i=1}^{N}(x_i-\bar{x})^2 \tag{20-6}$$

$$s_x = \sqrt{\frac{1}{N-1}\sum_{i=1}^{N}(x_i-\bar{x})^2} \tag{20-7}$$

$$s_x = \sqrt{\frac{\sum_{i=1}^{N} x_i^2 - \left(\sum_{i=1}^{N} x_i\right)^2/N}{N-1}} = \sqrt{\frac{\sum_{i=1}^{N} x_i^2 - N\bar{x}^2}{N-1}} \tag{20-8}$$

$$\bar{x} = \frac{1}{N}\sum_{i=1}^{k} f_i x_i \tag{20-9}$$

$$s_x = \sqrt{\frac{\sum_{i=1}^{k} f_i x_i^2 - \left[\left(\sum_{i=1}^{k} f_i x_i\right)^2/N\right]}{N-1}} = \sqrt{\frac{\sum_{i=1}^{k} f_i x_i^2 - N\bar{x}^2}{N-1}} \tag{20-10}$$

$$F_i = \frac{f_i w_i}{2} + \sum_{j=1}^{i-1} f_j w_j \tag{20-11}$$

$$C_x = \frac{s_x}{\bar{x}} \tag{20-12}$$

$$\mathbf{x} = \mathbf{X}(\bar{x}, s_x) = \bar{x}\,\mathbf{X}(1, C_x) \tag{20-13}$$

$$f(x) = \frac{1}{\hat{\sigma}_x \sqrt{2\pi}} \exp\left[-\frac{1}{2}\left(\frac{x - \mu_x}{\hat{\sigma}_x}\right)^2\right] \tag{20-14}$$

$$\mathbf{x} = \mathbf{N}(\mu_x, \hat{\sigma}_x) = \mu_x \mathbf{N}(1, C_x) \tag{20-15}$$

$$\mathbf{z} = \frac{\mathbf{x} - \mu_x}{\hat{\sigma}_x} \tag{20-16}$$

$$f(x) = \begin{cases} \dfrac{1}{x\hat{\sigma}_y \sqrt{2\pi}} \exp\left[-\dfrac{1}{2}\left(\dfrac{\ln x - \mu_y}{\hat{\sigma}_y}\right)^2\right] & \text{for } x > 0 \\ 0 & \text{for } x \leq 0 \end{cases} \tag{20-17}$$

$$\mu_y = \ln \mu_x - \ln \sqrt{1 + C_x^2} \approx \ln \mu_x - \frac{1}{2}C_x^2 \tag{20-18}$$

$$\hat{\sigma}_y = \sqrt{\ln\left(1 + C_x^2\right)} \approx C_x \tag{20-19}$$

$$f(x) = \begin{cases} 1/(b-a) & a \leq x \leq b \\ 0 & a > x > b \end{cases} \tag{20-20}$$

$$F(x) = \begin{cases} 0 & x < a \\ (x-a)/(b-a) & a \leq x \leq b \\ 1 & x > b \end{cases} \tag{20-21}$$

$$\mu_x = \frac{a+b}{2} \tag{20-22}$$

$$\hat{\sigma}_x = \frac{b-a}{2\sqrt{3}} \tag{20-23}$$

$$R(x) = \exp\left[-\left(\frac{x - x_0}{\theta - x_0}\right)^b\right] \quad x \geq x_0 \geq 0 \tag{20-24}$$

$$R(x) = \exp\left[-\left(\frac{x}{\theta}\right)^b\right] \quad x \geq 0 \tag{20-25}$$

$$x = x_0 + (\theta - x_0)\left(\ln\frac{1}{R}\right)^{1/b} \tag{20-26}$$

$$f(x) = \begin{cases} \dfrac{b}{\theta - x_0}\left(\dfrac{x - x_0}{\theta - x_0}\right)^{b-1} \exp\left[-\left(\dfrac{x - x_0}{\theta - x_0}\right)^b\right] & x \geq x_0 \geq 0 \\ 0 & x \leq x_0 \end{cases} \tag{20-27}$$

$$\mu_x = x_0 + (\theta - x_0)\,\Gamma(1 + 1/b) \tag{20-28}$$

$$\hat{\sigma}_x = (\theta - x_0)\sqrt{\Gamma(1 + 2/b) - \Gamma^2(1 + 1/b)} \tag{20-29}$$

$$\mathbf{x} = \mathbf{W}(x_0, \theta, b) \tag{20-30}$$

$$y = mx + b \tag{20-31}$$

$$\hat{m} = \frac{N\sum x_i y_i - \sum x_i \sum y_i}{N\sum x_i^2 - (\sum x_i)^2} = \frac{\sum x_i y_i - N\bar{x}\bar{y}}{\sum x_i^2 - N\bar{x}^2} \tag{20-32}$$

$$\hat{b} = \frac{\sum y_i - \hat{m}\sum x_i}{N} = \bar{y} - \hat{m}\bar{x} \tag{20-33}$$

$$r = \hat{m}\frac{s_x}{s_y} \tag{20-34}$$

$$s_{\hat{m}} = \frac{s_{y\cdot x}}{\sqrt{\sum (x_i - \bar{x})^2}} \tag{20-35}$$

$$s_{\hat{b}} = s_{y\cdot x}\sqrt{\frac{1}{N} + \frac{\bar{x}^2}{\sum (x_i - \bar{x})^2}} \tag{20-36}$$

$$s_{y\cdot x} = \sqrt{\frac{\sum y_i^2 - \hat{b}\sum y_i - \hat{m}\sum x_i y_i}{N - 2}} \tag{20-37}$$

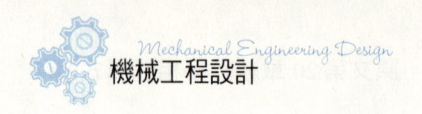

Table 20–6

Means and Standard Deviations for Simple Algebraic Operations on Independent (Uncorrelated) Random Variables

Function	Mean (μ)	Standard Deviation ($\hat{\sigma}$)
a	a	0
x	μ_x	$\hat{\sigma}_x$
$x + a$	$\mu_x + a$	$\hat{\sigma}_x$
ax	$a\mu_x$	$a\hat{\sigma}_x$
$x + y$	$\mu_x + \mu_y$	$\left(\hat{\sigma}_x^2 + \hat{\sigma}_y^2\right)^{1/2}$
$x - y$	$\mu_x - \mu_y$	$\left(\hat{\sigma}_x^2 + \hat{\sigma}_y^2\right)^{1/2}$
xy	$\mu_x \mu_y$	$\mu_x \mu_y \left(C_x^2 + C_y^2 + C_x^2 C_y^2\right)^{1/2}$
x/y	μ_x/μ_y	$\mu_x/\mu_y \left[\left(C_x^2 + C_y^2\right) / \left(1 + C_y^2\right)\right]^{1/2}$
x^n	$\mu_x^n \left[1 + \dfrac{n(n-1)}{2} C_x^2\right]$	$\lvert n \rvert \mu_x^n C_x \left[1 + \dfrac{(n-1)^2}{4} C_x^2\right]$
$1/x$	$\dfrac{1}{\mu_x}\left(1 + C_x^2\right)$	$\dfrac{C_x}{\mu_x}\left(1 + C_x^2\right)$
$1/x^2$	$\dfrac{1}{\mu_x^2}\left(1 + 3C_x^2\right)$	$\dfrac{2C_x}{\mu_x^2}\left(1 + \dfrac{9}{4} C_x^2\right)$
$1/x^3$	$\dfrac{1}{\mu_x^3}\left(1 + 6C_x^2\right)$	$\dfrac{3C_x}{\mu_x^3}\left(1 + 4C_x^2\right)$
$1/x^4$	$\dfrac{1}{\mu_x^4}\left(1 + 10 C_x^2\right)$	$\dfrac{4C_x}{\mu_x^4}\left(1 + \dfrac{25}{4} C_x^2\right)$
$\sqrt{x}$	$\sqrt{\mu_x}\left(1 - \dfrac{1}{8} C_x^2\right)$	$\dfrac{\sqrt{\mu_x}}{2} C_x \left(1 + \dfrac{1}{16} C_x^2\right)$
x^2	$\mu_x^2 \left(1 + C_x^2\right)$	$2\mu_x^2 C_x \left(1 + \dfrac{1}{4} C_x^2\right)$
x^3	$\mu_x^3 \left(1 + 3C_x^2\right)$	$3\mu_x^3 C_x \left(1 + C_x^2\right)$
x^4	$\mu_x^4 \left(1 + 6C_x^2\right)$	$4\mu_x^4 C_x \left(1 + \dfrac{9}{4} C_x^2\right)$

Note: The coefficient of variation of variate x is $C_x = \hat{\sigma}_x/\mu_x$. For small COVs their square is small compared to unity, so the first term in the powers of x expressions are excellent approximations. For correlated products and quotients see Charles R. Mischke, *Mathematical Model Building,* 2nd rev. ed., Iowa State University Press, Ames, 1980, App. C.

附錄 C
習題解答

Chapter 1

1-8 $P = 100$ units

1-11 (a) $e_1 = 0.005\ 751\ 311\ 1$, $e_2 = 0.008\ 427\ 124\ 7$, $e = 0.014\ 178\ 435\ 8$, (b) $e_1 = -0.004\ 248\ 688\ 9$, $e_2 = -0.001\ 572\ 875\ 3$, $e = -0.005\ 821\ 564\ 2$

1-14 (a) $w = 0.5 \pm 0.45$ mm, (b) $\bar{d} = 163.2$ mm

1-16 $a = 39.225 \pm 0.4$ mm

1-17 $D_o = 91.4 \pm 0.9$ mm

1-22 (a) $\sigma = 13.07$ MPa, (b) $\sigma = 70$ MPa, (c) $y = 15.5$ mm, (d) $\theta = 5.18°$

Chapter 2

2-1 $R_B = 166.7$ N, $R_O = 333.3$ N, $R_C = 166.7$ N

2-6 $R_O = 2.6$ kN, $M_O = 655$ N·m

2-14 (a) $M_{max} = 32.4$ N·m, (b) $a_{min} = 51.8$ mm, $M_{min} = 24.1$ N·m

2-15 (a) $\sigma_1 = 22$ MPa, $\sigma_2 = -12$ MPa, $\sigma_3 = 0$ MPa, $\phi_p = 14.0°$ cw, $\tau_1 = 17$ MPa, $\sigma_{ave} = 5$ MPa, $\phi_s = 31.0°$ ccw,
(b) $\sigma_1 = 18.6$ MPa, $\sigma_2 = 6.4$ MPa, $\sigma_3 = 0$ MPa, $\phi_p = 27.5°$ ccw, $\tau_1 = 6.10$ MPa, $\sigma_{ave} = 12.5$ MPa, $\phi_s = 17.5°$ cw,
(c) $\sigma_1 = 26.2$ MPa, $\sigma_2 = 7.78$ MPa, $\sigma_3 = 0$ MPa, $\phi_p = 69.7°$ ccw, $\tau_1 = 9.22$ MPa, $\sigma_{ave} = 17$ MPa, $\phi_s = 24.7°$ ccw,
(d) $\sigma_1 = 25.8$ MPa, $\sigma_2 = -15.8$ MPa, $\sigma_3 = 0$ MPa, $\phi_p = 72.4°$ cw, $\tau_1 = 20.8$ MPa, $\sigma_{ave} = 5$ MPa, $\phi_s = 27.4°$ cw

2-20 $\sigma_1 = 21.04$ MPa, $\sigma_2 = 5.67$ MPa, $\sigma_3 = -26.71$ MPa, $\tau_{max} = 23.88$ MPa

2-23 $\sigma = 79.6$ MPa, $\delta = 0.69$ mm, $\epsilon_1 = 384(10^{-6})$, $\epsilon_2 = -112(10^{-6})$, $\Delta d = -1.34(10^{-3})$ mm

2-27 $\delta = 5.9$ mm

2-29 $\sigma_x = 382$ MPa, $\sigma_y = -37.4$ MPa

2-35 $\sigma_{max} = 84.3$ MPa, $\tau_{max} = 5.63$ MPa

2-40 (c) $\sigma = 123.8$ MPa, $\tau = 23.6$ MPa,
(d) $\sigma = 176.8$ MPa, $\tau = 23.6$ MPa,
(e) $\sigma = 123.8$ MPa, $\tau = 23.6$ MPa

2-51 (a) $T = 169.3$ N·m, $\theta = 5.03°$, (b) $T = 164.9$ N·m, $\theta = 4.78°$

2-53 (a) $T_1 = 1.47$ N·m, $T_2 = 7.45$ N·m, $T_3 = 0$ N·m, $T = 8.92$ N·m, (b) $\theta_1 = 0.00348$ rad/mm

2-59 $H = 55.5$ kW

2-66 $d_c = 45$ mm

2-69 (a) $T_1 = 2880$ N, $T_2 = 432$ N, (b) $R_O = -3036$ N, $R_C = 1794$ N, (d) $\sigma = 263$ MPa, $\tau = 57.7$ MPa, (e) $\sigma_1 = 276$ MPa, $\sigma_2 = -12.1$ MPa, $\tau_{max} = 144$ MPa

2-72 (a) $F_B = 3750$ N, (b) $R_{Cy} = 916$ N, $R_{Cz} = 4307$ N, $R_{Oy} = 1043$ N, $R_{Oz} = 1296$ N, (d) $\sigma = 318.3$ MPa, $\tau = 66.5$ MPa, (e) $\sigma_1 = 331.6$ MPa, $\sigma_2 = -13.35$ MPa, $\tau_{max} = 172.5$ MPa

2-80 (a) Critical at the wall at top or bottom of rod. (b) $\sigma_x = 104.3$ MPa, $\tau_{xz} = 32.6$ MPa, (c) $\sigma_1 = 113.7$ MPa, $\sigma_2 = -9.4$ MPa, $\tau_{max} = 61.5$ MPa

2-84 (a) Critical at the top or bottom. (b) $\sigma_x = 257.9$ MPa, $\tau_{xz} = 147.4$ MPa, (c) $\sigma_1 = 324.8$ MPa, $\sigma_2 = 66.9$ MPa, $\tau_{max} = 195.8$ MPa

2-95 $x_{min} = 8.3$ mm

2-97 $x_{max} = 12.7$ MPa

2-100 $p_o = 82.8$ MPa

2-104 $\sigma_l = -1.72$ MPa, $\sigma_t = 39.16$ MPa, $\sigma_r = 157$ kPa, $\tau_{1/3} = 20.44$ MPa, $\tau_{1/2} = 19.66$ MPa, $\tau_{2/3} = 780$ kPa

2-108 $\tau_{max} = 19.3$ MPa

2-110 $\delta_{max} = 0.021$ mm, $\delta_{min} = 0.0005$ mm, $p_{max} = 65.2$ MPa, $p_{min} = 1.55$ MPa

2-116 $\delta = 0.025$ mm, $p = 57.5$ MPa, $(\sigma_t)_i = -57.5$ MPa, $(\sigma_t)_o = 149.5$ MPa

2-120 $e = 0.00340$ mm, 0.00333 mm

2-126 (a) $\sigma = \pm 382.7$ MPa, (b) $\sigma_i = -485.1$ MPa,

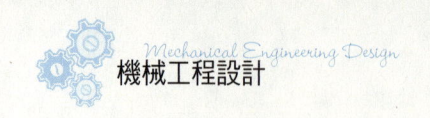

$\sigma_o = 312.5$ MPa, (c) $k_i = 1.27$, $k_o = 0.82$

2-129 $\sigma_i = 64.6$ MPa, $\sigma_o = 21.7$ MPa

2-133 $\sigma_{max} = 352 F^{1/3}$ MPa, $\tau_{max} = 106 F^{1/3}$ MPa

2-138 $F = 333$ N

2-141 $\sigma_x = -65.6$ MPa, $\sigma_y = -22.9$ MPa, $\sigma_z = -96.9$ MPa, $\tau_{max} = 37.0$ MPa

Chapter 3

3-3 (a) $k = \dfrac{\pi d^4 G}{32}\left(\dfrac{1}{x} + \dfrac{1}{l-x}\right)$,
$T_1 = 150\dfrac{l-x}{l}$, $T_2 = 150\dfrac{x}{l}$,
(b) $k = 2680.4$ N·m/rad, $T_1 = T_2 = 75$ N·m, $\tau_{max} = 221$ MPa

3-7 $\delta = 132.3$ mm, % elongation due to weight = 3.1%

3-10 $y_{max} = -25.4$ mm, $\sigma_{max} = -163$ MPa

3-13 $y_O = y_C = -3.72$ mm, $y|_{x=550mm} = 1.11$ mm

3-16 $d_{min} = 32.3$ mm

3-24 $y_A = -7.99$ mm, $\theta_A = -0.0304$ rad

3-27 $y_{Ay} = 2.7$ mm, $y_{Az} = 4.8$ mm, $\theta_{Ay} = -0.00167$ rad, $\theta_{Az} = 11(10^{-5})$ rad

3-30 $\theta_{Oz} = 0.0131$ rad, $\theta_{Cz} = -0.0191$ rad

3-33 $\theta_{Oy} = 0.0142$ rad, $\theta_{Oz} = 0.0102$ rad, $\theta_{Cy} = 0.0302$ rad, $\theta_{Cz} = -0.0149$ rad

3-36 $d = 62.0$ mm

3-39 $d = 70$ mm

3-41 $y = 2.55$ mm

3-43 Stepped bar: $\theta = 0.049$ rad, simplified bar: $\theta = 0.0619$ rad, 27% greater, 51.1 mm

3-46 $d = 38.1$ mm, $y_{max} = -0.0678$ mm

3-51 $y_B = -0.376$ mm

3-52 $k = 8.10$ N/mm

3-69 $\delta = 0.478$ mm

3-73 Stepped bar: $\delta = 44$ mm, uniform bar: $\delta = 51$ mm, 16% greater

3-76 $\delta = 0.0338$ mm

3-78 $\delta = 0.48$ mm

3-81 $\delta = 18.8$ mm

3-85 $\delta = 6.067$ mm

3-90 (a) $\sigma_b = 552$ MPa, $\sigma_c = -75.2$ MPa,
(b) $\sigma_b = 560$ MPa, $\sigma_c = -67.2$ MPa

3-92 $R_B = 1.6$ kN, $R_O = 2.4$ kN, $\delta_A = 0.0223$ mm

3-97 $R_C = 6.64$ kN, $R_O = 23.36$ kN,

$\delta_A = 0.14$ mm, $\sigma_{AB} = 91.6$ MPa

3-101 $\sigma_{BE} = 147$ MPa, $\sigma_{DF} = 74.9$ MPa, $y_B = -0.3$ mm, $y_C = -2.3$ mm, $y_D = -0.019$ mm,

3-106 (a) $t = 11$ or 12 mm, (b) No

3-112 $F_{max} = 676.6$ N, $\delta_{max} = 39.8$ mm

Chapter 4

4-1 (a) MSS: $n = 3.5$, DE: $n = 3.5$, (b) MSS: $n = 3.5$, DE: $n = 4.04$, (c) MSS: $n = 1.94$, DE: $n = 2.13$, (d) MSS: $n = 3.07$, DE: $n = 3.21$, (e) MSS: $n = 3.34$, DE: $n = 3.57$

4-3 (a) MSS: $n = 1.49$, DE: $n = 1.7$, (b) MSS: $n = 1.24$, DE: $n = 1.43$, (c) MSS: $n = 1.31$, DE: $n = 1.4$, (d) MSS: $n = 1.14$, DE: $n = 1.32$, (e) MSS: $n = 0.95$, DE: $n = 1.05$

4-7 (a) $n = 3.03$, (b) $n = 3.01$

4-12 (a) $n = 2.40$, (b) $n = 2.22$, (c) $n = 2.19$, (d) $n = 2.03$, (e) $n = 1.92$

4-17 (a) $n = 1.81$, (b) $n = 1.82$

4-19 (a) BCM: $n = 1.2$, MM: $n = 1.2$, (b) BCM: $n = 1.5$, MM: $n = 2.0$, (c) BCM: $n = 1.18$, MM: $n = 1.24$, (d) BCM: $n = 1.23$, MM: $n = 1.60$, (e) BCM: $n = 2.57$, MM: $n = 2.57$

4-24 (a) BCM: $n = 3.63$, MM: $n = 3.63$, (b) BCM and MM: $n = 3.67$

4-29 (a) $n = 1.54$, (b) $n = 1.52$

4-34 (a) $n = 1.53$, (b) $n = 1.52$

4-40 MSS: $n = 1.29$, DE: $n = 1.32$

4-48 MSS: $n = 14.1$, DE: $n = 14.5$

4-53 MSS: $n = 0.94$, DE: $n = 1.02$

4-58 For yielding: $p = 9.5$ MPa, For rupture: $p = 11.5$ MPa

4-63 $d = 21.6$ mm

4-65 Model c: $n = 1.81$, Model d: $n = 1.27$, Model e: $n = 1.81$

4-67 $F_x = 2\pi f T/(0.2d)$

4-68 (a) $F_i = 16.7$ kN, (b) $p_i = 111.3$ MPa, (c) $\sigma_t = 185.5$ MPa, $\sigma_r = -111.3$ MPa (d) $\tau_{max} = 148.4$ MPa, $\sigma' = 259.7$ MPa, (e) MSS: $n = 1.52$, DE: $n = 1.73$

4-74 $n_o = 1.84$, $n_i = 1.80$

4-76 $n = 1.91$

4-86 $\boldsymbol{\sigma}_{it} = \mathbf{N}(-241.5, 14.2)$ MPa, $\boldsymbol{\sigma}_{ot} = \mathbf{N}(378.6, 22.3)$ MPa

附錄 C　習題解答

Chapter 5

5-1 $S_e = 434$ MPa

5-3 $N = 117\,000$ cycles

5-5 $S_f = 990.8$ MPa

5-9 $(S_f)_{ax} = 1379.4\, N^{-0.0851}$ MPa for $10^3 \leq N \leq 10^6$

5-15 $n_f = 0.71$, $n_y = 1.46$

5-17 $n_f = 0.46$, $N = 2700$ cycles

5-20 $n_y = 1.67$, (a) $n_f = 1.06$, (b) $n_f = 1.31$, (c) $n_f = 1.32$

5-24 $n_y = 2.0$, (a) $n_f = 1.20$, (b) $n_f = 1.44$, (c) $n_f = 1.44$

5-25 $n_y = 3.3$, using Goodman: $n_f = 0.64$, $N = 34\,000$ cycles

5-30 The design is controlled by fatigue at the hole, $n_f = 1.38$

5-33 (a) $T = 3.22$ N·m, (b) $T = 3.96$ N·m, (c) $n_y = 2.03$

5-35 $n_f = 1.21$, $n_y = 1.43$

5-38 $n_f = 0.56$

5-38 $n_f = 6.18$

5-47 $n_f = 1.50$

5-51 $n_f = 0.53$, $N = 18$ cycles

5-57 $P = 17.6$ kN, $n_y = 5.10$

5-59 (a) $n_2 = 7\,000$ cycles, (b) $n_2 = 10\,000$ cycles

5-66 $R = 0.995$

5-68 $R = 0.7643$

Chapter 6

6-1 (a) DE-Gerber: $d = 25.85$ mm, (b) DE-Elliptic: $d = 25.77$ mm, (c) DE-Soderberg: $d = 27.70$ mm, (d) DE-Goodman: $d = 27.27$ mm

6-2 Using DE-Elliptic, $d = 24$ mm, $D = 32$ mm, $r = 1.6$ mm

6-6 These answers are a partial assessment of potential failure. Deflections: $\theta_O = 5.47(10)^{-4}$ rad, $\theta_A = 7.09(10)^{-4}$ rad, $\theta_B = 1.10(10)^{-3}$ rad. Compared to Table 7–2 recommendations, θ_B is high for an uncrowned gear. Strength: Using DE-Elliptic at the shoulder at A, $n_f = 3.42$

6-18 (a) Fatigue strength using DE-Elliptic: Left keyway $n_f = 3.8$, right bearing shoulder $n_f = 5.0$, right keyway $n_f = 2.7$. Yielding: Left keyway $n_y = 4.3$, right keyway $n_y = 2.7$, (b) Deflection factors compared to minimum recommended in Table 7–2: Left bearing $n = 1.38$, right bearing $n = 0.72$, gear slope $n = 0.63$

6-28 (a) $\omega = 883$ rad/s (b) $d = 50$ mm (c) $\omega = 1766$ rad/s (doubles)

6-30 (b) $\omega = 437$ rad/s

6-34 6-mm square key, 30 mm long, AISI 1020 CD

6-36 $d_{\min} = 14.989$ mm, $d_{\max} = 15.000$ mm, $D_{\min} = 15.000$ mm, $D_{\max} = 15.018$ mm

6-42 (a) $d_{\min} = 35.043$ mm, $d_{\max} = 35.059$ mm, $D_{\min} = 35.000$ mm, $D_{\max} = 35.025$ mm, (b) $p_{\min} = 35.1$ MPa, $p_{\max} = 115$ MPa, (c) Shaft: $n = 3.4$, hub: $n = 1.9$, (d) Assuming $f = 0.8$, $T = 2702$ N·m

Chapter 7

7-1 (a) Thread depth 2.5 mm, thread width 2.5 mm, $d_m = 22.5$ mm, $d_r = 20$ mm, $l = p = 5$ mm

7-4 $T_R = 15.85$ N·m, $T_L = 7.83$ N·m, $e = 0.251$

7-8 $F = 182$ lbf

7-11 (a) $L = 45$ mm, (b) $k_b = 874.6$ MN/m, (c) $k_m = 3\,116.5$ MN/m

7-14 (a) $L = 3.5$ in, (b) $k_b = 1.79$ Mlbf/in, (c) $k_m = 7.67$ Mlbf/in

7-19 (a) $L = 60$ mm, (b) $k_b = 292.1$ MN/m, (c) $k_m = 692.5$ MN/m

7-25 From Eqs. (8–20) and (8–22), $k_m = 2\,762$ MN/m. From Eq. (8–23), $k_m = 2\,843$ MN/m

7-29 (a) $n_p = 1.10$, (b) $n_L = 1.60$, (c) $n_0 = 1.20$

7-33 $L = 55$ mm, $n_p = 1.29$, $n_L = 11.1$, $n_0 = 11.8$

7-37 $n_p = 1.29$, $n_L = 10.6$, $n_0 = 12.0$

7-41 Bolt sizes of diameters 8, 10, 12, and 14 mm were evaluated and all were found acceptable. For $d = 8$ mm, $k_m = 854$ MN/m, $L = 50$ mm, $k_b = 233.9$ MN/m, $C = 0.215$, $N = 20$ bolts, $F_i = 6.18$ kN, $P = 2.71$ kN/bolt, $n_p = 1.22$, $n_L = 3.53$, $n_0 = 2.9$

7-46 (a) $T = 823$ N·m, (b) $n_p = 1.10$, $n_L = 17.7$, $n_0 = 57.7$

7-51 (a) Goodman: $n_f = 7.55$, (b) Gerber: $n_f = 11.4$, (c) ASME-elliptic: $n_f = 9.73$

7-55 Goodman: $n_f = 11.9$

7-60 (a) $n_p = 1.16$, (b) $n_L = 2.96$, (c) $n_0 = 6.70$, (d) $n_f = 4.56$

7-63 $n_f = 4.75$, $n_p = 1.24$, $n_L = 4.62$, $n_0 = 5.39$

7-67 $F = 54$ kip

7-70 Bolt shear, $n = 1.70$; bolt bearing, $n = 4.69$; member bearing, $n = 2.68$; member tension, $n = 6.68$

879

7-75 $F = 2.32$ kN based on channel bearing

7-77 Bolt shear, $n = 4.78$; bolt bearing, $n = 10.55$; member bearing, $n = 5.70$; member bending, $n = 4.13$

Chapter 8

8-3 (a) $L_0 = 162.8$ mm, (b) $F_s = 167.9$ N, (c) $k = 1.314$ N/mm, (d) $(L_0)_{cr} = 149.9$ mm, spring needs to be supported

8-5 (a) $L_s = 65$ mm, (b) $F_s = 289.5$ N, (c) $n_s = 2.05$

8-7 (a) $L_0 = 47.7$ mm, (b) $p = 5.61$ mm, (c) $F_s = 81.12$ N, (d) $k = 2.643$ N/mm, (e) $(L_0)_{cr} = 105.2$ mm, buckling is unlikely

8-11 Spring is not solid-safe, $n_s = 0.56$, $L_0 \leq 14.4$ mm

8-17 Spring is solid-safe, $n_s = 1.04$, $L_0 \leq 68.2$ mm

8-20 (a) $N_a = 12$ turns, $L_s = 44.2$ mm, $p = 10$ mm, (b) $k = 1.08$ N/mm, (c) $F_s = 81.9$ N, (d) $\tau_s = 271$ MPa

8-23 With $d = 2$ mm, $L_0 = 48$ mm, $k = 4.286$ N/mm, $D = 13.25$ mm, $N_a = 15.9$ coils, $n_s = 2.63 > 1.2$, ok. No other d works.

8-28 (a) $d = 6$ mm, (b) $D = 42$ mm, (c) $k = 24$ N/mm, (d) $N_t = 9.29$ turns, (e) $L_0 = 102.2$ mm

8-30 Use A313 stainless wire, $d = 2.3$ mm, OD $= 20.9$ mm, $N_t = 24.6$ turns, $L_0 = 118.9$ mm

8-39 $\Sigma = 31.3°$ (see Fig. 10–9), $F_{max} = 87.3$ N

8-42 (a) $k = 12EI\{4l^3 + 3R[2\pi l^2 + 4(\pi - 2)lR + (3\pi - 8)R^2]\}^{-1}$, (b) $k = 0.276$ N/m, (c) $F = 1.45$ N

Chapter 9

9-1 $x_D = 525$, $F_D = 3.0$ kN, $C_{10} = 25.5$ kN, 02–35 mm deep-groove ball bearing, $R = 0.920$

9-6 $C_{10} = 145$ kN

9-8 $C_{10} = 20$ kN

9-15 $C_{10} = 26.1$ kN

9-21 (a) $F_e = 5.34$ kN, (b) $\mathcal{L}_D = 444$ h

9-24 60 mm bearing

9-27 (a) $C_{10} = 64$ kN

9-33 $C_{10} = 5.7$ kN, 02–12 mm deep-groove ball bearing of 6.89 kN rating

9-34 $R_O = 0.495$ kN, $R_C = 1.322$ kN, deep-groove 02–12 mm at O, deep-groove 02–30 mm at C

9-38 $l_2 = 0.267(10^6)$ rev

9-43 $F_{RA} = 35.4$ kN, $F_{RB} = 17.0$ kN

Chapter 10

10-1 35 teeth, 3.25 in

10-2 400 rev/min, $p = 3\pi$ mm, $C = 112.5$ mm

10-4 $a = 0.3333$ in, $b = 0.4167$ in, $c = 0.0834$ in, $p = 1.047$ in, $t = 0.523$ in, $d_1 = 7$ in, $d_{1b} = 6.578$ in, $d_2 = 9.333$ in, $d_{2b} = 8.77$ in, $p_b = 0.984$ in, $m_c = 1.55$ in

10-5 $A_0 = 2.91$ in, $\gamma = 23.63°$, $\Gamma = 66.37°$, $F = 0.873$ in

10-10 (a) 13, (b) 15, 45, (c) 18

10-12 10:20 and higher

10-15 (a) $p_n = 3\pi$ mm, $p_t = 10.40$ mm, $p_x = 22.30$ mm, (b) $m_t = 3.310$ mm, $\phi_t = 21.88°$, (c) $d_p = 59.58$ mm, $d_G = 105.92$ mm

10-17 $n_d = 47.06$ rev/min cw

10-24 $N_2 = N_4 = 15$ teeth, $N_3 = N_5 = 44$ teeth

10-29 $n_A = 68.57$ rev/min cw

10-36 (a) $d_2 = d_4 = 2.5$ in, $d_3 = d_5 = 7.33$ in, (b) $V_i = 1636$ ft/min, $V_o = 558$ ft/min, (c) $W_{ti} = 504$ lbf, $W_{ri} = 184$ lbf, $W_i = 537$ lbf, $W_{to} = 1478$ lbf, $W_{ro} = 538$ lbf, $W_o = 1573$ lbf, (d) $T_i = 630$ lbf · in, $T_o = 5420$ lbf · in

10-38 (a) $N_{pmin} = 15$ teeth, (b) $m = 13.3$ mm/tooth, (c) $F_A = 1.56$ kN, $F_B = 3.89$ kN

10-41 (a) $N_F = 30$ teeth, $N_C = 15$ teeth, (b) $m = 8.33$ mm/tooth, (c) $T = 102.3$ N · m, (d) $W_r = 279.9$ N, $W_t = 818.5$ N, $W = 871$ N

10-43 $\mathbf{F}_A = 71.5\,\mathbf{i} + 53.4\,\mathbf{j} + 350.5\,\mathbf{k}$ lbf, $\mathbf{F}_B = -178.4\,\mathbf{i} - 678.8\,\mathbf{k}$ lbf

10-50 $\mathbf{F}_C = 1565\,\mathbf{i} + 672\,\mathbf{j}$ lbf, $\mathbf{F}_D = 1610\,\mathbf{i} - 425\,\mathbf{j} + 154\,\mathbf{k}$ lbf

Chapter 11

11-1 $\sigma = 89.8$ MPa

11-4 $\sigma = 32.6$ MPa

11-7 $F = 64$ mm

11-10 $m = 2$ mm, $F = 25$ mm

11-14 $\sigma_c = -617$ MPa

11-17 $W^t = 16\,390$ N, $H = 94.3$ kW (pinion bending); $W^t = 3469$, $H = 20$ kW (pinion and gear wear)

11-22 $W^t = 775$ lbf, $H = 19.5$ hp (pinion bending); $W^t = 300$ lbf, $H = 7.55$ hp (pinion wear), AGMA method accounts for more conditions

11-24 Rating power = min(157.5, 192.9, 53.0, 59.0) = 53 hp

11-28 Rating power = min(270, 335, 240, 267) = 240 hp

11-34 $H = 69.7$ hp

Chapter 12

12-1 (a) Right shoe: $p_a = 734.5$ kPa cw rotation, (b) Right shoe: $T = 277.6$ N · m; left shoe: 144.4 N · m; total $T = 422$ N · m, (c) RH shoe: $R^x = -1.007$ kN, $R^y = 4.128$ kN, $R = 4.249$ kN, LH shoe: $R^x = 570$ N, $R^y = 751$ N, $R = 959$ N

12-3 LH shoe: $T = 161.4$ N · m, $p_a = 610$ kPa, RH shoe: $T = 59$ N · m, $p_a = 222.8$ kPa, $T_{\text{total}} = 220.4$ N · m

12-5 $p_a = 203$ kPa, $T = 38.8$ N · m

12-8 $a' = 1.209r$, $a = 1.170r$

12-10 $P = 1.657$ kN, $T = 3.22$ kN · m

12-14 (a) $T = 878.6$ N · m, $P = 2.16$ kN, $H = 18.4$ kW, (b) $R = 1.932$ kN, (c) $p|_{\theta=0} = 480$ kPa, $p|_{\theta=270} = 187$ kPa

12-17 (a) $F = 8.474$ kN, $T = 808.5$ N · m, (c) torque capacity exhibits a stationary point maximum

12-18 (a) $d^* = D/\sqrt{3}$, (b) $d^* = 95.3$ mm, $T^* = 811.5$ N · m, (c) $75 \leq d \leq 125$ mm (d) $(d/D)^* = 1/\sqrt{3} = 0.577$

12-19 (a) Uniform wear: $p_a = 82.2$ kPa, $F = 949$ N, (b) Uniform pressure: $p_a = 79.1$ kPa, $F = 948$ N

12-23 $C_s = 0.08$, $t = 143$ mm

12-26 (b) $I_e = I_M + I_P + n^2 I_P + I_L/n^2$, (c) $I_e = 10 + 1 + 10^2(1) + 100/10^2 = 112$

12-27 (c) $n^* = 2.430$, $m^* = 4.115$, which are independent of I_L

Chapter 13

13-1 (a) $F_c = 4$ N, $F_i = 422$ N, $F_{1a} = 630$ N, $F_c = 222$ N, (b) $H_a = 1.88$ kW, $n_{fs} = 1.0$, (c) 4 mm

13-3 A-3 polyamide belt, $b = 150$ mm, $F_c = 326$ N, $T = 1.244$ kN · m, $F_1 = 2.582$ kN, $F_2 = 509$ N, $F_i = 1.2195$ kN, $d = 13.2$ mm

13-5 (a) $T = 82$ N · m, $F_i = 654$ N, (b) $b = 101.8$ mm, (c) $F_{1a} = 1.287$ kN, $F_c = 70.8$ N, $F_i = 670$ N, $F_2 = 194$ N, $H = 15$ kW, $n_{fs} = 1.09$

13-7 $R^x = (F_1 + F_2)\{1 - 0.5[(D-d)/(2C)]^2\}$, $R^y = (F_1 - F_2)(D - d)/(2C)$. From Ex. 17–2, $R^x = 5.453$ kN, $R^y = 156.3$ N

13-14 With $d = 50$ mm, $D = 100$ mm, life of 10^6 passes, $b = 350$ mm, $n_{fs} = 1.06$

13-7 $R^x = (F_1 + F_2)\{1 - 0.5[(D-d)/(2C)]^2\}$, $R^y = (F_1 - F_2)(D - d)/(2C)$. From Ex. 13–2, $R^x = 5.453$ kN, $R^y = 156.3$ N

13-14 With $d = 50$ mm, $D = 100$ mm, life of 10^6 passes, $b = 350$ mm, $n_{fs} = 1.06$

13-17 Select one B2250 belt

13-20 (a) Select nine C6750 belts, life > 10^9 passes, life > 142 480 h

13-24 (b) $n_1 = 1227$ rev/min. Table 13–20 confirms this point occurs in the range 1200 ± 200 rev/min, (c) Eq. (13–40) applicable at speeds exceeding 1227 rev/min for No. 60 chain

13-25 (a) $H_a = 5.9$ kW; (b) $C = 460$ mm, (c) $T = 131.5$ N · m, $F = 3.304$ kN

13-27 Four-strand No. 60 chain, $N_1 = 17$ teeth, $N_2 = 84$ teeth, rounded $L/p = 134$, $n_{fs} = 1.17$

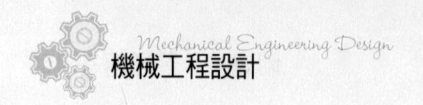

索引

二劃

力矩負荷 (moment load) 441

三劃

大徑 (major diameter) 392
小徑 (minor diameter) 392
干涉 (interference) 223

四劃

不穩定平衡 (unstable equilibrium) 153
中值壽命 (median life) 520
內齒輪 (internal gear) 575
內蹄塊 (internal-shoe) 695
公法線 (common normal) 569
切向剪應力 (tangential shear stress) 42
太陽齒輪 (sun gear) 596
尺寸系列編碼 (dimension-series code) 527

五劃

主方向 (principal directions) 43
主剪力 (primary shear) 441
主應力 (principal stresses) 43
平均應力法 (nominal mean stress method) 277
平面應力 (plane stress) 43
平面應力轉換方程式 (plane-stress transformation equations) 43
平衡狀態 (equilibrium) 34
正割柱公式 (secant column formula) 156
正齒輪 (spur gear) 566
皮帶方程式 (belting equation) 751

六劃

共軛作用 (conjugate action) 569
多餘的支撐 (redundant supports) 146
安全因數 (factor of safety) 18
安全性邊際 (margin of safety) 222
安全強度 (proof strength) 416
有限壽命區 (finite-life region) 249
有效弧 (effective arc) 748
自添力 (self-energizing) 691
自減力 (self-deenergizing) 691
行星齒輪 (planet gears) 596
行星齒輪系 (planet trains) 596

七劃

低循環數疲勞 (low-cycle fatigue) 249
作用弧 (arc of action) 576
作用線 (line of action) 569, 572
冷作成形 (cold forming) 580
冷軋 (cold rolling) 580
扭矩係數 (torque coefficient) 422
扭轉彈簧 (torsion spring) 495
抗孔蝕幾何因數 (pitting-resistance geometry factor) 651
抗摩擦軸承 (antifriction bearing) 516
貝里彈簧 (Belleville spring) 503

八劃

周轉齒輪系 (epicyclic trains) 596
定時皮帶 (Timing belts) 744
底隙圓 (clearance circle) 568
弦速率變化 (chordal speed variation) 776
承拉強度關聯法 (tensile strength correlation method) 308
承應力 (bearing stress) 438
拉開破裂傳播 (opening crack propagation) 215
拉應力 (tensile stress) 42
法向周節 (normal circular pitch) 584
法向應力 (normal stress) 42
直徑系列 (diameter series) 527
直接負荷 (direct load) 441
直接剪力 (direct shear) 52
直齒斜齒輪 (straight-tooth bevel gear) 566
空轉弧 (idle arc) 748
表面持久剪力 (surface endurance shear) 305
表面持久強度 (surface endurance strength) 306
表面壓應力 (surface compressive stress, Hertzian stress) 640
金屬陶瓷襯墊 (cermet pads) 726
非線性軟化彈簧 (nonlinear softening spring) 116

九劃

保持力 (holding power) 370
勁度 (stiffness) 163
型錄負荷額定值 (catalog load rating) 520
恆力彈簧 (constant-force spring) 504
持久限 (endurance limit) 249
是次剪力 (secondary shear) 441
活節角 (angle of articulation) 774
美國國家(統一)螺紋 [American National (Unified) thread] 393
背隙 (backlash) 568
負荷區 (load zone) 539
負荷強度 (load intensity) 37
負荷－應力因數 (load-stress factor) 305
重疊法 (Superposition) 122
面負荷分佈因數 (face load distribution factor) 657

十劃

剖面模數 (section modulus) 53
剝落 (flaking) 88
徑向干涉 (radial interference) 81
徑節 (diametral pitch) 568
浦松比 (Poisson's ratio) 381
浮動卡盤煞車 (floating caliper brake) 711
海灘痕 (beach marks) 240
疲勞比 (fatigue ratio) 308
疲勞延性係數 (fatigue ductility coefficient) 251
疲勞延性值指數 (fatigue ductility exponent) 251
疲勞的應力集中因數 (fatigue stress-concentration factor) 269
疲勞強度 (fatigue strength) 248
疲勞強度係數 (fatigue strength coefficient) 251
疲勞強度指數 (fatigue strength exponent) 252
疲勞損壞 (fatigue failure) 240
破裂韌度 (fracture toughness) 219
純拉 (pure tension) 51
純剪 (pure shear) 51
純壓 (pure compression) 51
缺口敏感度 (Notch sensitivity) 269
高循環數疲勞 (high-cycle fatigue) 249

十一劃

偏心率 (eccentricity ratio) 156
剪應力修正因數 (shear stress correction factor) 461
基本負荷額定值 (Basic Load Rating) 520
基本動負荷額定值 (Basic Dynamic Load Rating) 520
基本靜負荷額定值 (basic static load rating) 526
基圓 (basic circle) 570
基圓 (basic circle) 572
帶槽皮帶輪 (grooved pulleys) 744

帶齒帶輪 (toothed wheels) 744
常規捻法 (regular lay) 782
常態耦合方程式 (normal coupling equation) 223
強度 (strength) 16
斜齒輪 (bevel gear) 566
細長比 (slenderness ratio) 153
設計因數 (design factor) 18
速率波動係數 (coefficient of speed fluctuation) 730

十二劃

能量耗散率 (rate of energy-dissipation) 719
接觸疲勞強度 (contact fatigue strength) 306
接觸強度 (contact strength) 306
清角 (undercutting) 579
創生線 (generating line) 572
單包面 (single-enveloping) 567
戟齒輪 (hypoid gear) 567
最大法向應力 (maximum-normal stress, MNS) 208
最大剪應力 (maximum-shear-stress, MSS) 193
最小安全負荷 (minimum proof load) 416
最小安全強度 (minimum proof strength) 416
最小抗拉強度(minimum tensile strength) 416
最小承拉強度 (minimum tensile strength) 257
連續系統 (series system) 19
殘留應力 (residual stresses) 267
殘留應力法 (residual stress method) 277
無限壽命區 (infinite-life region) 249
短承壓元件 (short compression member) 160
等效尺寸 (equivalent diameter) 263
等效徑向負荷 (equivalent radial load) 526
等效彎曲力 (equivalent bending load) 783
絲索 (wire rope) 116
虛齒數 (virtual number of teeth) 583, 585
蛤殼痕 (clamshell marks) 240
裂痕 (cracks) 88
評估 (evaluation) 7

軸向周節 (axial pitch) 584
軸承壽命 (bearing life) 519
軸栓 (splines) 345
間接安裝 (indirect mounting) 539
順向捻法 (Lang-lay) 782

十三劃

迴轉半徑 (radius of gyration) 153
傳動負荷 (transmitted load) 599
傳動軸 (shaft) 340
傳動誤差 (transmission error) 654
圓錐彈簧 (conical spring) 504
損益平衡點 (breakeven point) 15
楊氏模數 (Young's modulus) 381
楊氏模數 (Young's modulus) 50
滑開模式 (sliding mode) 215
畸變能理論 (distortion-energy theory) 195
預施拉力 (pretension) 408
預施負荷 (bolt preload) 408
預施負荷 (preload) 420

十四劃

陡震 (shock) 163
滾動接觸軸承 (rolling-contact bearing) 516
滾動軸承 (rolling bearing) 516
端點條件常數 (end-condition constant) 153

十五劃

節徑 (pitch diameter) 392
節距 (pitch) 392
節圓 (pitch circle) 567
節圓 (pitch circle) 569
節圓半徑(pitch radius) 569
節圓直徑 (pitch diameter) 567
漸近角 (angle of approach) 574
漸近弧 (arc of approach) 576
漸開線齒廓 (involute profile) 569
漸遠角 (angle of recess) 574

漸遠弧 (arc of recess) 576
緊密捲繞 (close-wound) 487
緊邊拉力 (tight-side tension) 748
寬度系列 (width series) 527
彈性 (elasticity) 116
彈性不穩定 (elastic instability) 161
彈性液動潤滑 (elastohyrodynamic lubrication, EHD) 552
彈性模數 (modulus of elasticity) 50
彈性蠕動 (elastic creep) 748
彈簧 (spring) 116
彈簧指數 (spring index) 461
彈簧常數 (spring constant) 117
彈簧率 (spring rate) 116
彈簧率 (spring rate) 408
彈簧顫動 (spring surge) 477
影響係數 (influence coefficients) 365
撥叉 (fork) 716
槽輪 (sheaves) 744
模造石棉裡襯 (molded-asbestos linings) 726
模造石棉襯墊 (molded-asbestos pads) 726
模數 (module) 568
歐拉柱公式 (Euler column formula) 153
線性強化彈簧 (nonlinear stiffening spring) 116
線性彈性破裂力學 (linear elastic fracture Mechanics, LEFM) 213
線性彈簧 (linear spring) 116
線接觸 (line of contact) 91
編織石棉裡襯 (woven-asbestos lining) 724
編織棉裡襯 (woven-cotton linings) 724
蝸桿 (worm) 567
蝸線斜齒輪 (spiral bevel gear) 566
蝸輪 (worm wheel) 567
蝸齒輪 (worm gear) 567
衝擊 (impact) 163
複合回歸齒輪 (compound reverted gear train) 594
複螺紋 (multiple-threaded) 392
輪系值 (train value) 592

輪軸 (axle) 340
齒形因數 (Lewis form factor) 633
齒底 (bottom land) 568
齒冠 (addendum) 568
齒厚 (tooth thickness) 568
齒條 (rack) 574
齒頂 (top land) 568
齒間 (width of space) 568
橫向周節 (transverse circular pitch) 584

十六劃

隆面皮帶輪 (Crowned pulleys) 744
過度拘束 (overconstrained) 146
撕開模式 (tearing mode) 215
導程 (lead) 392
導程 (lead) 588
導程角 (lead angle) 588
橫向剪應力 (transverse shear stress) 59
燒結金屬襯墊 (sintered-metal pads) 726
磨耗因數 (wear factor) 305
鋼絲索的彈性模數 (modulus of elasticity of the rope) 783
錐形碟彈簧 (coned-disk spring) 503
靜不定 (statically indeterminate) 146

十七劃

壓力線 (pressure line) 572
壓應力 (compressive stress) 42
應力 (stress) 16
應力修正因數 (stress correction factor) 650
應力強度修飾因數 (stress intensity modification factor) 217
應力提升子 (stress raiser) 75
應力集中 (stress concentration) 75
應力-壽命法 (stress-life method) 247
應力數 (stress numbers) 643
應變能 (strain energy) 131
應變-壽命法 (strain-life method) 247

臨界負荷 (critical load)　152
臨界能 (critical energy)　193
臨界應力 (critical stress)　193
臨界應力強度因數 (critical stress intensity factor)　217
臨界應變 (critical strain)　193
臨界轉速 (critical speed)　364
螺旋角 (helix angle)　584
螺旋齒輪 (helical gear)　566
點蝕 (pits)　88

十八劃

環齒輪 (ring gear)　575
環應力 (hoop stress)　79
轉速比 (speed ratio)　651
雙包面 (double-enveloping)　567
額定壽命 (rating life)　519
鬆邊拉力 (loose-side tension)　748

十九劃

鏈輪 (sprockets)　744

二十劃

嚴格責任 (strict liability)　15

二十二劃

彎曲持久限 (flexural endurance limit)　305